U0609976

陈如恒文集

——石油矿场机械进展

第一卷　石油矿场机械进展

第二卷　混沌、分形及应用

谨以此文集纪念我的八十五岁生日和我老伴王丽仙副教授八十华诞，深谢她对我事业的支持和对全家的辛劳奉献！

中国石油大学出版社

图书在版编目(CIP)数据

陈如恒文集/陈如恒编著. —东营 : 中国石油大学出版社,2012.6

ISBN 978-7-5636-3539-9

Ⅰ.①陈… Ⅱ.①陈… Ⅲ.①石油化工设备—文集 Ⅳ.①TE65—53

中国版本图书馆 CIP 数据核字(2011)第 264230 号

书　　名:陈如恒文集
作　　者:陈如恒

责任编辑:曹秀丽(电话　0546—8392139)
封面设计:赵志勇

出 版 者:中国石油大学出版社(山东　东营,邮编　257061)
网　　址:http://www.uppbook.com.cn
电子信箱:yibian8392139@163.com
印 刷 者:山东临沂新华印刷物流集团有限责任公司
发 行 者:中国石油大学出版社(电话　0546—8392139)

开　　本:185 mm×260 mm　印张:33　字数:852 千字　插页:4
版　　次:2012 年 10 月第 1 版第 1 次印刷
定　　价:116.00 元

在美国A&M大学航空馆和主楼前

在鉴定会上发言

为本科生讲授“石油矿场机械”课程

与石油天然气集团公司总经理助理刘海胜在人民大会堂

与原石油部总工程师等合影（左起:白家祉 陈如恒 李虞庚 秦同洛 杨录）

宏华石油装备公司ZJ50DB交流变频电动机鉴定会上，与公司总经理张弥合影。

在胜利油田我国第一台电动钻机ZJ60DE鉴定会上

1997年，我国第一台顶驱DQ-60D签定会合影

实验室，绞车、起升系统台架试验装置

F1300型钻井泵整机模态测试

SL1300型钻井机架模态测试

1981年，兰州石油机械厂试验井场，ZJ45J钻机提升系统载荷谱测试组全体研究人员合影

在钻井泵模态测试操作现场

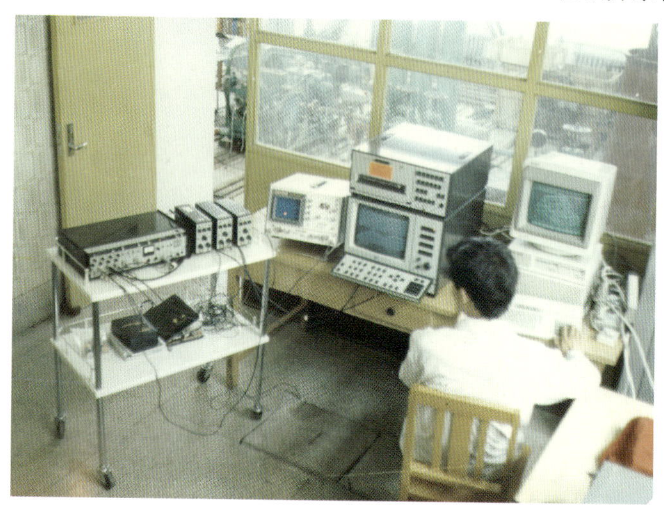

中国石油大学(华东)矿机实验室三缸机架模态测试仪器装置

在井场钻台铁钻工前

作者简介

陈如恒（1927— ），河北秦皇岛市人。1950年毕业于天津北洋大学机械工程系，中国石油大学（北京）教授，博士生导师，从事石油矿场机械和机械设计及自动化的专业教学科研工作60余年，是我国石油矿场机械学科创始人之一。经过一次调校（北洋→清华）、三次建校（北京→东营→北京）的艰苦创业，培养本专业本科生3 000多人，硕士、博士研究生50多人，指导专业教师60多人，建成省级矿机重点实验室，以单一（或第一）作者公开发表科技论文50多篇，作为第二作者发表论文50多篇，主编和编著高等学校教材和专著6种（10册）。获奖科研成果3项，优秀教学成果奖2项。1991年获得中国石油天然气总公司有突出贡献科技专家奖，获国家政府特殊津贴。学术及社会兼职前后30多个，如任矿机教研室主任30多年（1953—1984年），国家科委发明评审委员会特邀评审员，石油工程学会常务理事，“石油学报”第三届编委。现任石油化工工程研究会顾问，《石油矿场机械》和《石油与装备》期刊编委会顾问，4个石油制造企业的顾问。在中国石油大学（华东）任教20年，兼任校第三届工会主席（1989年获全国100个先进教育工会称号之一），校职工代表大会常设主席团主席，山东省第七届人大代表，山东省机械类正高工和正教授评审委员会副主任。1986年赴美国Texas州A&M大学做访问学者。作为我国石油教育的开拓者之一，教书不忘育人，曾多次被评为校优秀教师，劳动模范（嘉奖令），优秀党员，1998年获北京市总工会“爱国立功标兵”奖状和北京市教育工会“高校师德先进个人”奖状。

陈如恒手写稿

由动力学基本方程 $\sum(m\ddot{x}-X)\delta x=0$ 推导出

$$\int_{t_1}^{t_2}\delta L\,dt=0$$

上式中、拉格朗日函数 $L=T-V$

在 $\delta t=0$ 的条件下，$\delta(dr)=d(\delta r)$，可得哈密顿原理表达式 $\delta\int_{t_1}^{t}L\,dt=0$

哈密顿原理：它是一种最小作用原理，一个完整保守动力系在一给定时间间隔内，由一个定点运动到另一个定点的所有可能轨道中，真实轨道遵循其动能T与势能V之差对于时间积分最小的一个。

如令哈密顿作用量 $S=\int_{t_1}^{t_2}L\,dt=0$，则

$$\delta S=0$$

哈密顿原理又可简述为：对于完整保守系，哈密顿作用量取极小值（$\delta S=0$）实现真实运动。

$\delta S=0$，这是一个在数学美学上由4个数学符号组成的最简洁的动力学原理，广而言之：对于已知的机械系统和物理系统，流体的，电磁的，热力的，只要能写出拉格朗日函数L，就可利用哈密顿原理求出该系统的运动方程。

总 序

"211 工程"于 1995 年经国务院批准正式启动，是新中国成立以来由国家立项的高等教育领域规模最大、层次最高的工程，是国家面对世纪之交的国内国际形势而作出的高等教育发展的重大决策。"211 工程"抓住学科建设、师资队伍建设等决定高校水平提升的核心内容，通过重点突破，带动高校整体发展，探索了一条高水平大学建设的成功之路。经过 17 年的实施建设，"211 工程"取得了显著成效，带动了我国高等教育整体教育质量、科学研究、管理水平和办学效益的提高，初步奠定了我国建设若干所具有世界先进水平的一流大学的基础。

1997 年，中国石油大学跻身"211 工程"重点建设高校行列，学校建设高水平大学面临着重大历史机遇。在"九五"、"十五"、"十一五""211 工程"的三期建设过程中，学校始终围绕提升学校水平这个核心，以面向石油石化工业重大需求为使命，以实现国家油气资源创新平台重点突破为目标，以提升重点学科水平，打造学术领军人物和学术带头人，培养国际化、创新型人才为根本，坚持有所为、有所不为，以优势带整体，以特色促水平，学校核心竞争力显著增强，办学水平和综合实力明显提高，为建设石油学科国际一流的高水平研究型大学打下良好的基础。经过"211 工程"建设，学校石油石化特色更加鲜明，学科优势更加突出，"优势学科创新平台"建设顺利，5 个国家重点学科、2 个国家重点(培育)学科处于国内领先、国际先进水平。根据 ESI 2012 年 3 月份更新的数据，我校工程学和化学 2 个学科领域首次进入 ESI 世界排名，体现了学校石油石化主干学科实力和水平的明显提升。高水平师资队伍建设取得实质性进展，培养汇聚了两院院士、长江学者特聘教授、国家杰出青年基金获得者、国家"千人计划"、"百千万人才工程"入选者等一批高层次人才队伍，为学校未来发展提供了人才保证。科技创新能力大幅提升，高层次项目、高水平成果不断涌现，年到位科研经费突破 4 亿元，初步建立起石油特色鲜明的科技创新体系，成为国家科技创新体系的重要组成部分。创新人才培养能力不断提高，开展"卓越工程师教育培养计划"和拔尖创新人才培育特区，积极探索国际化人才的培养，深化研究生培养机制改革，初步构建了与创新人才培养相适应的创新人才培养模式和研究生培养机制。公共服务支撑体系建设不断完善，建成了先进、高效、快捷的公共服务体系，学校办学的软硬件条件显著改善，有力保障了教学、科研以及管理水平的提升。

17 年来的"211 工程"建设轨迹成为学校发展的重要线索和标志。"211 工程"

建设所取得的经验成为学校办学的宝贵财富。一是必须要坚持有所为、有所不为，通过强化特色、突出优势，率先从某几个学科领域突破，努力实现石油学科国际一流的发展目标。二是必须坚持滚动发展、整体提高，通过以重点带动整体，进一步扩大优势，协同发展，不断提高整体竞争力。三是必须坚持健全机制、搭建平台，通过完善“联合、开放、共享、竞争、流动”的学科运行机制和以项目为平台的各项建设机制，加强统筹规划、集中资源力量、整合人才队伍，优化各项建设环节和工作制度，保证各项工作的高效有序开展。四是必须坚持凝聚人才、形成合力，通过推进“211 工程”建设任务和学校各项事业发展，培养和凝聚大批优秀人才，锻炼形成一支甘于奉献、勇于创新的队伍，各学院、学科和各有关部门协调一致、团结合作，在全校形成强大合力，切实保证各项建设任务的顺利实施。这些经验是在学校“211 工程”建设的长期实践中形成的，今后必须要更好地继承和发扬，进一步推动高水平研究型大学的建设和发展。

为更好地总结“211 工程”建设的成功经验，充分展示“211 工程”建设的丰富成果，学校自 2008 年开始设立专项资金，资助出版与“211 工程”建设有关的系列学术专著，专款资助石大优秀学者以科研成果为基础的优秀学术专著的出版，分门别类地介绍和展示学科建设、科技创新和人才培养等方面的成果和经验。相信这套丛书能够从不同的侧面、从多个角度和方向，进一步传承先进的科学研究成果和学术思想，展示我校“211 工程”建设的巨大成绩和发展思路，从而对扩大我校在社会上的影响，提高学校学术声誉，推进我校今后的“211 工程”建设有着重要而独特的贡献和作用。

最后，感谢广大学者为学校“211 工程”建设付出的辛勤劳动和巨大努力，感谢专著作者孜孜不倦地整理总结各项研究成果，为学术事业、为学校和师生留下宝贵的创新成果和学术精神。

中国石油大学(华东)校长　山红红

2012 年 9 月

《陈如恒文集》出版面世了，令人欣喜，令人感动。这是陈如恒老师60余年智慧与心血的结晶，也是一部中国石油矿机理论创新、技术进步的60余年发展史册，是陈如恒老师献给石油装备业界的一份厚礼。

陈如恒教授是我国“石油矿场机械”学科创始人，是石油装备学界泰斗。他在中国石油大学从事教学事业50余年，历经三次建校、五次创业，始终坚守在教学和研究第一线，以严谨认真的态度，诲人不倦的精神，致力于石油矿场机械专业的教学与研究，在我国石油高等教育史上留下了浓墨重彩的篇章和辉煌的印迹。陈如恒教授为人谦和，乐于助人，甘为人梯，几十年春风化雨，滋润桃李千百，培养出一批又一批栋梁之才。陈如恒教授严谨治学，笃实研究，一丝不苟，理论结合实际地撰写了大量学术论文，成绩斐然，对推动石油矿场机械技术进步和理论创新发挥了重要作用。更令人敬佩的是，已届耄耋之年的陈老，仍然心系石油装备制造发展，坚持研究国际石油装备前沿技术和理论，也特别关注石油装备制造企业的发展。陈老坚持不懈、锲而不舍、精益求精的治学精神确实值得我们学习。

陈老始终认为，装备不仅是石油开发的后勤保障，更是工艺创新的开路先锋。他始终站在科技研究第一线，形成了大量研究成果。这部“文集”收集了陈如恒教授公开发表的50篇论文，这些论文理论联系实际地论述了石油矿场机械技术进展和装备的强度计算及动态测试技术。有些成果，如4 500 m钻机起升系统载荷谱测试、F1300型三缸钻井泵振动模态测试和泵的结构动力修改及减重等，已付诸实施，并都在应用中取得很好的效果，堪称科研成果转化为现实生产力的典范。另外，陈老还根据自己对研究生的讲义和科学报告，形成了“混沌、分形及应用”之卷，作为“文集”的第二卷，给人以知识领域的扩充。

这部“文集”不仅对高等院校是一本很好的教学参考书，对企业技术人员也是一本不可多得的学习参考书。

在此，祝贺《陈如恒文集》出版，感谢陈如恒教授对“石油矿场机械”学科作出的贡献，也衷心祝福陈老康泰长寿！

中国石油天然气集团公司
装备制造分公司总经理 張晗亮

2012年7月

自序

本文集(第一卷)选编了作者在60余年教学科研工作中公开发表的论文50篇(第一作者),按发表时间由近及远分编为4篇,作者和研究生合作的50篇论文(本书作者为第二作者)暂未编入,这些论文侧重论述石油矿场机械的新技术进展和装备的强度计算及动态测试技术。

论文编写的背景和动因主要有以下两个方面:一是装备制约增产,自主创新艰难。20世纪国产钻采装备多为仿制的,能耗高,效率低,故障多,严重拖后油气生产的步伐,与国外的差距越来越大。1987年我国各大石油公司加大投资力度,开展了装备更新改造工程,至今20多年来取得了骄人的业绩,独立自主创造出大批新技术装备,投放国内市场效果显著,跨越式的打入国际市场,雄踞世界第二石油装备制造业大国,主要产品有12 000 m电动钻机及同级的顶部驱动装置,4 000 m拖装快运钻机,多型无游梁和异型节能抽油机等,跃进的形势迫切要求及时总结交流新技术成果,以扩大其应用,为进一步发明创造开路。二是以油气上产为核心,落实人才战略。《石油钻采机械》过去10多年发行了万余套,其中3 000套用于石油高等学校培养专业人才,其余大部分为满足社会各界需要,作者所发表的50余篇文章也起了充实提高工程技术干部的作用。经过现场调研作者了解到,电动钻机在许多油田并不受欢迎,究其原因,竟认为还是大庆Ⅰ-130型钻机好,看得见、摸得着,电动钻机一出故障没电就得停工。看来要害在于缺乏人才,石油高校专业毕业生人数有限,企业办的培训班和在职研究生班也人数不多,而着力发表专著和论文,使更多技术干部在岗充电,扩展计算机以及自动化等知识和技能,才能排解新装备不能用,新技术推不广的难题。油气要上产,首要抓人才建设。

作者的研究工作和论文体现为5个特点:

1. 以机械设备在现场生产运行中的性能测试为主,例如,文46、47,主要内容为4 500 m钻机提升系统载荷测试;文40,主要内容为1 500 m前开口井架电阻片应力分析测试;文33、38、39,为钻井泵泵体的实验模态分析及动力修改后的效果再测验。此外,作者的博士生发表的论文《大功率柴油机现场运行中的故障诊断》、《抽油机减速箱实验模态分析及降噪效果测试》等,都是石油装备界首次对大型装备整体测试成功的范例。

2. 重视实验室内的台架模拟试验,以补充生产测试之不足,深入洞彻设备工作机理。如完成 1/4 和 1/10 井架的应力分析实验，采油射流泵多普勒激光测速仪流场测试及流场模拟仿真，绞车起升系统启动冲击台架试验，绞车滚筒多层缆绳的承载试验等。

3. 以制造厂的原始设计资料、技术鉴定书和油田现场数据为依据，参阅相关中外文献，系统总结成文。例如，文 24 钻机总体方案设计原则及评价指标、文 30 电动钻机的工作理论基础等。

4. 追踪国外技术发展动向，给出建议供领导机关决策和制造厂产品转型参考。1980 年作者参加石油工程学会在长沙召开的深井钻机研讨会，据此 1981 年发表论文 44，建议尽快开展直流电动钻机的研制；1983 年作者参加石油石化工程研究会在舟山召开的年会，根据作者的报告发表论文 35，建议从速开展交流变频电动钻机的研制，随后兰石、宝石、宏华各制造公司产出系列直流、交流电动钻机。

5. 全球经济一体化，科技发展日新月异，对作者早期发表的某些论文，其观点和方法值得质疑，应不断自我修正更新。例如文 20 更新为文 6，单轴绞车由单速发展为双速。在文 8 中，液压盘式刹车的承载动载系数由单一假设改为钻机分级计算，有些过时的文章仍保留在文集中是因为它们从一个侧面追溯了设备发展的脉络，可以作为设备进一步创新的基石和借鉴。

文集第二卷《混沌、分形及应用》是根据作者对研究生课程的讲义和 2002 年对全校的科学报告讲稿汇编而成，目的是充当高校的一种提高教材并为石油工程、装备工作者自学扩充知识领域，“混沌分形学”是非线性动力学的一个分支，它针对自然界广泛存在的在宏观上是有序的确定性运动，但在微观上却可能产生无序的随机的性态，形成对自然界的“混沌生宇宙”观和人们认识上的“浑浑噩噩”。本文研究混沌的本质特性和人们如何控制其不利的一面，应用其有利的一面。“分形”是相对“整形”而言的，众所周知，自然界存在一维、二维、三维的完整形态，却不知还存在大量断裂的不完整的物形，如海绵、雪花等，“分形学”是“微分几何”的发展分支，本文将扼要介绍分形的类型和“分维数”的计算确定。

在本书出版之际，不禁使作者深切怀念三位老师，他们对作者一生的事业和思想品德教诲颇多。第一位，潘承孝教授，北洋大学机械系主任，作者修他的课“热工学和内燃机”后，学识和治学方法受益匪浅，经他推荐得以留校任助教，对作者一生忠诚党的教育事业起到了决定性作用；第二位，曹本熹教授，清华大学化工系主任，他亲临课堂检查作者的讲课并给予课后讲评，关心备至，经他推荐作者工作两年即被破格提升为讲师；第三位，张定一院长，1953 年任北京石油学院副院长，他对当时作者这个年轻的教研室主任特别器重，对作者的教学任务和政治思想要求特别严格，给予了热情地帮助和引领。如今这三位伯乐和福星早已作古，谨以此书纪念恩师，终生难忘。

此外，还有两位国际友人对作者的无私帮助值得铭记：第一位是前苏联莫斯科石油学院教授维·米·卡西扬诺夫，1955 年他为教师和研究生讲授矿机专业课，和作者合带研究生三人，对新专业建设真情相助；第二位是美国 Texas 州农业与机械大学(A&M)机械系教授科扎克，作者进修他开的课“板壳弹性动力学”，参与研究生讨论课并请教研究生指导方法。作者得以对比苏、美两位专家不同的教学思想方法，择优而用。

本书得以如期出版，特别感谢齐明侠教授协助校对并安排出版事宜，做了大量细致周密的工作，感谢綦耀光教授对文章搜集复印做了大量工作。中国石油大学学科建设处和中国石油大学出版社的领导对本书的出版发行提供了大力支持，在此向他们致以诚挚的谢意。书中有些早年发表的文章，内容和观点落后于目前的新技术，不足为据，谨致歉意，如发现谬误，敬请不吝赐教。

作　者

2012年4月

目　录

第一卷　石油矿场机械进展

第一篇　破除旧观念　创造新钻机 …… 1

1. 立足创新　着眼国际竞争力 …… 3
2. 21 世纪是交流变频电动钻机的世纪 …… 5
3. 直流电动钻机比不上交流变频电动钻机 …… 6
4. 磁场定向矢量控制和直接转矩控制对比 …… 8
5. 独立自主发展超大型钻机 …… 11
6. 单轴绞车采用双速的原因 …… 13
7. 机电复合钻机取代机械钻机 …… 17
8. 液压盘式刹车成为钻机的常备设置　主刹车转化为副刹车 …… 21
9. 自动送钻系统成为钻机的常备装置　绞车主电机能耗制动送钻 …… 24
10. 顶驱成为钻机的常备装置　弱化转盘 …… 28
11. 钻机要实现快运 …… 33
12. 没有机械化　妄谈智能化 …… 40
13. 再认识钻机标准　对无序生产说“不” …… 49
14. 创造人性化钻机与司钻控制房 …… 53
15. 深化 HSE 理念　落实 HSE 管理体系 …… 57
16. HSE 管理体系之环境管理体系 …… 67
17. 节约能源保护资源　建设生态文明 …… 74
18. 破除旧观念　创造新钻机 …… 81
19. 电动钻机制动系统的选型设计 …… 84
20. 交流变频电动钻机单轴绞车的功率配备 …… 90
21. 机械驱动钻机起升系统的偶合器传动 …… 96
22. 三缸单作用钻井泵冲程与冲次的合理匹配 …… 103
23. 石油装备标准国际化 …… 110

参考文献 …… 120

第二篇 钻机设计系列专题 ······ 122
24. 钻机总体方案设计原则及评价指标
——系列专题之一 ······ 122
25. 钻采装备发展规律及创新思维
——系列专题之二 ······ 131
26. 钻机的模块化设计
——系列专题之三 ······ 137
27. 钻机的可靠性设计及评定基础
——系列专题之四 ······ 148
28. 我国钻井装备的技术进展
——系列专题之五 ······ 160
29. ZJ40 型钻机更新方案刍议
——系列专题之六 ······ 183
30. 电动钻机的工作理论基础
——系列专题之七 ······ 205
31. 钻机修井机设计使用中几个容易混淆的问题
——系列专题之八 ······ 236
参考文献 ······ 244
第三篇 钻井泵的实验模态分析 ······ 245
32. 1300 型中速三缸钻井泵液力端动态测试及其初步分析 ······ 245
33. 钻井泵泵体的模态分析和动态设计 ······ 257
34. Model Analysis and Dynamic Design of the Drilling Pump Frame ······ 267
35. 展望与启示
——21 世纪的石油钻采装备 ······ 279
36. 采油射流泵内流场数值模拟 ······ 286
37. 往复泵的模糊故障诊断 ······ 291
38. F 系列钻井泵改造
——机架的动态测试与设计 ······ 296
39. 大功率钻井泵机架的模态分析及动力修改后的再测试分析 ······ 300
参考文献 ······ 305
第四篇 钻机井架实验应力分析及起升系统载荷谱测试 ······ 307
40. 50 t 起重量前开口型井架在垂直静载下的压弯变形与应力分析 ······ 307
41. 不稳定交变应力作用下钻机零件的耐劳强度计算 ······ 327
参考文献 ······ 345
42. 石油钻机的基本参数计算原理 ······ 346
参考文献 ······ 365
43. 石油钻机的转盘、水龙头主轴承的计算 ······ 366
参考文献 ······ 376

44. 深井钻机驱动型式的选择 …… 377
参考文献 …… 390
45. 钻机起升动力学的研究 …… 391
参考文献 …… 407
46. ZJ45J 型钻机提升系统载荷谱的测试 …… 408
47. 4500 米钻机提升系统静动态载荷测试的初步分析 …… 418
参考文献 …… 431
48. 石油钻机起升系统动力学模型研究 …… 432
49. 影响喷射泵性能的实验研究 …… 439
参考文献 …… 442
50. 井架的静力非线性计算 …… 443
参考文献 …… 448

第二卷　混沌、分形及应用

一、馄饨学基础 …… 452
参考文献 …… 462
二、混沌概论 …… 463
参考文献 …… 486
三、分形浅论 …… 487
四、分岔—混沌—分形与应用 …… 492
五、湍流,湍流=混沌? …… 504
参考文献 …… 511
附录 …… 512
后记 …… 516

第一卷

石油矿场机械进展

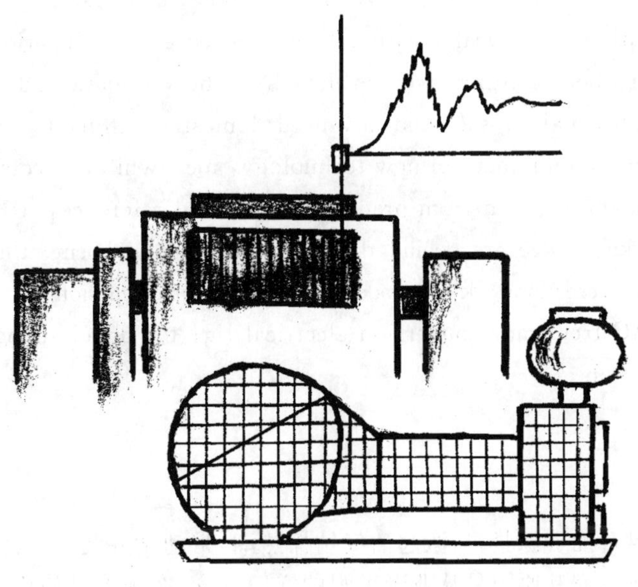

第一篇　破除旧观念　创造新钻机

【论文题名】 破除旧观念　创造新钻机

【期 刊 名】 石油矿场机械，2008 年第 37 卷第 3～10 期

【摘　　要】 由于世界石油资源紧张，油气勘探开发掀起高潮，带动钻井装备迅速发展。以交流变频电动钻机为龙头，以科技创新为核心，不断扩展电动钻机的优越性能，为自动化、智能化钻机构筑平台；以高可靠性、安全性和先进性创造国际名牌钻机，满足国内钻井新技术的要求，提高钻机的国际市场竞争力。通过现场调查和查阅文献，深感观念与知识落后于形势发展，提出一些有关钻机的变革和创新课题，供同行研讨。

【关 键 词】 交流变频电动钻机　顶部驱动钻井装置　智能化钻机　生态文明

【Abstract】 Due to the shortage of petroleum resource all over the world, the oil and gas exploration and exploit are rising greatly. As frequency-conversion electricity driven rig being in leading position, technical creation being the core, the superior performance of motor driven rig haven been continuously developed for the automatic and intelligent drilling platform to build high reliable, safe and advanced domestic drilling rig with international brand to meet domestic requirement of new technology, meanwhile, to compete in the world market. Based on the information from practical survey and reference, it is deeply felt that existing concept and knowledge are behind the development requirement, thus some proposals of rig transform and new creation task are made in this paper for discussion.

【Key words】 AC frequency conversion electrical rig; top drive drilling units; intelligent rig; ecological civilization

引　言

近年来，由于世界石油资源紧张，激起油气钻探热潮，带动钻井装备迅速发展。但我国钻井装备技术却发展缓慢，究其原因是从业者主观的守旧观念，客观上是使用方缺乏电气人员，对电动钻机缺乏认识，只着眼于钻井低成本战略，乐于购置一次性投资少的机械钻机和复合钻机，制造者按订单只生产少量电动钻机，主要供出口和境外钻井承包服务；创新资金投入不足，致使一度领先的技术优势落后于国际发展速度。扭转劣势的关键在于技术创新，本文拟分 18 个小专题介绍新技术和一些创新课题，供同行研讨，以期赶上国外钻机发展水平，提高国产钻机在国际市场的竞争力。

破除故步自封、墨守成规的老观念，强化改革开放、自主创新的新思维，石油钻机的科技开发只有走创新的路子，才能迎头赶上世界先进水平，在国际市场竞争环境中立于不败之地；以新装备、新工艺在本土和海外增加油气探明储量，增产油气，降低对外依存的程度，这在国家经济建设及国防上都具有重要的战略意义。

1. 立足创新　着眼国际竞争力

当今，经济全球化，科技发展日新月异，以高新技术为核心的技术与装备日益成为国际竞争的焦点。自2006年以来，国际原油价格不断飙升，由70美元/桶上升到2007年10月的90美元/桶，激起了前所未有的油气勘探开发热潮，推动钻井技术日益出新，钻井装备的设计、制造技术也日益进步，市场日益旺盛。

在世界范围内，陆地5 000 m以内的井已经钻完80%，纷纷向超深井找油，海洋钻探也向深水域发展(1 500～3 000 m水深)，这都要求研制、提供10 000～15 000 m井深的超大型钻机。美国2006年大于4 572 m井深的钻机共动用210台，最深完钻10 420.8 m。国民油井瓦科公司研制出系列交流变频电动钻机，钻机设计规范，成熟度和可靠度高，其绞车额定功率最大达5 292 kW(7 200 hp)，绞车能耗制动转矩大，能悬停最大钻柱载荷，可充任主刹车，TDS-1000型顶部驱动钻井系统提升能力907 t(1 000 st)，额定功率1 102.5 kW(1 500 hp)，处于世界领先水平。

我国已进入创新型国家行列，走中国特色的创新道路，载人航天工程、微电子技术、信息工程、生物工程(水稻优种)、机器人应用、新能源开发等取得了举世瞩目的成果。在石油钻井技术方面，正向着提高勘探成功率和油气采收率，降低钻井成本方向发展，“能打丛式井不打单井，能打水平井不钻直井”看似绝对化，却道出了发展大趋势。目前，全国的大位移井、水平井占总井数的1/5，仅中石油2006年就钻水平井600口。钻井技术的进展体现在以下诸多方面。

(1) 复杂井、超深钻井。7 000～10 000 m井深，硬岩漏塌，高温高压，高陡构造防斜钻直井，大型钻机，复合高强度钻具。

(2) 大位移井、水平井。位移在6 000 ～8 000 m，旋转导向MWD、LWD闭环钻井，井底动力钻具钻井。

(3) 碳酸盐岩层钻井。以欠平衡钻井为主，空气钻井，旋转BOP。

(4) 低压、低渗、薄层油藏钻井。丛式井、斜井、开窗侧钻、水平井、超短半径水平井、多分支井、小井眼钻井、欠平衡钻井等。

(5) 钻天然气井。高压大产量天然气井、反循环天然气钻井、煤层气钻井等。

(6) 其他超前钻井新工艺技术。套管钻井、连续管(CT)钻井修井、不间断循环钻井、超高压射流与钻头联合钻井、气液旋冲钻井等。

上述以水平井和欠平衡井完井数最多。

在发展钻井新技术的同时，我国“十五”期间钻井装备更新改造工程取得长足进展，除改造了大批老钻机以外，还新制造了大批复合驱动钻机和电动钻机，生产了1 000～9 000 m系列钻机约800套。为了超深井钻探的需要，我国研制了12 000 m超大型钻机，已生产20套超低温极地钻机出口俄罗斯，生产了直升机搬运的钻机出口菲律宾，在新几内亚丛林中钻井。全国6大钻机制造企业共有年产300套钻机的规模，我国已成为仅次于美国的世界第2大钻机生产国。

我国石油钻采装备以其性能良好、价格便宜而在国际市场上占有一席之地，其中，钻井泵、抽油机早在20世纪80年代初已出口加拿大等国，80年代末到90年代，电动钻机和车装钻机向多国出口。21 世纪以来，交流变频电动钻机、顶部驱动钻井装置和井控装置也成批向多国包括美国出口。以国产钻机组队境外承包钻井工程达 180 项，可以说，我国石油钻采装备已初具国际竞争的实力，跨国经营、境外投资建设油田、建制造厂也取得可喜进展。但应清醒地看到，美国的钻井装备无论从数量上、质量上都处于世界领先和垄断地位。德国和法国的钻机尤其是变频器交流调速系统都是无与伦比的。我国在用钻机约 1 800 台，大、中、轻型各占 35%，50%，15%，其中电动钻机仅 180 台，只占 10%，且大部分在境外作业。国产装备中部分核心器件仍依赖引进，这就制约了国产钻机的技术进步，自主知识产权较少，在国际市场上单靠价格优势终究处于被动吃亏的地位。现今正处于国际钻机制造业蓬勃发展的黄金时期，我们应该抓住难得的机遇，奋起迎接挑战。

首先，要广集信息，从加强国际交流合作、技术与样机引进入手，经过消化吸收再创造，以缩短新产品研发周期；其次，要满足国内外钻井新技术提出的要求，适应不同国家地区的特点，包括海洋、沙漠、极地、山地和丛林等地域；最后，按照国际标准要求设计制造钻机，并千方百计降低成本，扩大电动钻机的国内市场，打造国际名牌钻机，畅销国际市场，力争领先地位。

2. 21世纪是交流变频电动钻机的世纪

20世纪60年代至80年代是机械驱动钻机成熟并发展的时期，但无论是柴油机驱动或交流电动机驱动，都必须配备有限挡的齿链变速机构。1926年DC-DC直流电传动开始用于多种工业领域，如电车、轮船、造纸业等，它可连续无级调速，一直引领机械调速领域半个多世纪；1955年这种传动开始用于海洋钻机上；1967年，AC-SCR-DC直流电动钻机(SCR-可控硅整流器)开始用于海洋钻机上；1976年，它逐渐用于陆地钻机上，性能也日趋完善，并逐步取代部分机械钻机，这种钻机已称雄30 a，仍有相当多的市场需求。美国通用电气公司从1955年开始生产GE752型直流电动机配备于钻机上，如GE752AF8型他励直流电动机(800 kW)，性能优良，已成批供应市场。

AC-VFD-AC驱动交流变频电动钻机面世比较晚，约在20世纪80年代末期。90年代初，由于早期的逆变器是用GTO可关断晶闸管构成的，这种大功率开关元器件的开关频率低，开关损耗高，转矩动态响应慢，可靠性不高，初期尚无能耗制动；其次，整流过程由开关斩波形成梯形波，不可避免产生高次谐波、引起电网电压波形严重畸变，对电动机产生附加的功率损耗、发热及共振，对继电器保护回路及电控系统产生干扰和误动作，所以GTO交流变频电动钻机发展迟缓。直到90年代中期，改用IGBT绝缘栅双极型晶体管构成逆变器，其功能才渐趋完善。至21世纪初，多电平逆变器交流变频电动钻机及其能耗制动系统发展成熟，能与直流电动钻机的性能相抗衡并取而代之。GE公司生产的钻井专用交流变频电动机，如GEBAC型变频异步电动机(850 kW)其恒功率调速范围达2.8，它的尺寸和GE752直流电动机的完全相同，可以互换。至今，海洋平台上的直流电动钻机已基本改装成VFD驱动的。

超深井钻机要求其绞车和转盘的转矩超载倍数大，能处理恶性钻井事故，由于起下钻次数特别多，为了提高起钻时效，要求绞车功率大，恒功率调速范围宽，钻机可靠性高，安全性高，这些要求机械钻机是不能胜任的，直流电动钻机也有其局限性，所以，历史发展的必然是性能更优越，可靠性、安全性更高的交流变频电动钻机必将在21世纪大行其道，日臻发展和完善。

我国五十多年以来一直以机械钻机为主，1986年兰州石油化工机器总厂(简称兰石厂)生产了第1台SCR驱动的ZJ60D型钻机，1996年兰石厂生产了第1台VFD驱动的ZJ40DB型钻机，都由于性能不完善而停用。1997—2005年，兰石厂和宝鸡石油机械厂(简称宝石厂)生产了多台ZJ50DZ，ZJ70DZ型直流电动钻机。2000年，四川宏华石油设备有限公司(简称宏华公司)生产了ZJ40DBS，ZJ50DBS，ZJ70DBS型交流变频电动钻机，并成功配备了绞车能耗制动系统。2007年，宝石厂研制成功9 000 m交流变频电动钻机，配套北京石油机械厂制造的顶驱，迎头赶上国际钻机发展的主潮流。但我国交流变频电动钻机生产数量还很少，主要供出口，配套还不够完善，钻机的性能还有很大的扩展空间，应再接再厉不断改进和创新，谱写21世纪交流变频电动钻机大发展的新篇章。

3. 直流电动钻机比不上交流变频电动钻机

国内在用电动钻机数量很少(约占总台数的 2%),究其原因,首先推广电动钻机的最大障碍是缺乏电气技术人员;其次是造价高,这有待制造厂和高等院校联手加强培训从业者,同时努力降低造价;最后,就是从业者观念保守,对新生事物缺乏认识,通过考察和实践会克服原有思想障碍。

1 2 种电动钻机的共同优越性能

(1) 可频繁带载启动(不需装摩擦离合器),可增转矩 1.5~2.0 倍,处理钻井事故能力强,$n=0$ 时能静悬最大钻柱载荷。

(2) 适应钻井作业转矩变化特点,连续无级调速,功率利用率高,时效高。

(3) 发电机组交流电整流后在直流母线并网(电流统一驱动),根据钻井负载变化,自动摘挂挡、提高功率利用。

(4) 独立驱动、运移性高,适合钻丛式井和在海洋平台上应用。

(5) 可靠性高,取消了链条或 V 形带并车传动,不用装摩擦离合器等,故障率<2%。

(6) 安全性高,有电控限矩、限压联锁保护功能。

(7) 与机械钻机相比,节能性、经济性高,传动效率提高 20%~30%,可用功率提高 20%~25%,维修费节省 60%(直流)、90%(交流),节约燃料 10%~15%,柴油机大修周期延长 20%~25%。

(8) 易实现钻机的机械化、自动化和智能化。

2 交流变频电动钻机比直流电动钻机性能好(见表 1)

表 1 2 种电动钻机的性能和优缺点对比

序号	直流电动钻机	交流变频电动钻机
1	直流电动机有换向器和电刷,产生火花,在井口使用不安全	交流电动机无电刷,不产生火花,更安全
2	恒功率调速范围窄,$R=1.2\sim1.3$,必须配 4~6 挡绞车,2 挡转盘	恒功率调速范围宽,$R=2\sim3$,可配双速单轴绞车,单速转盘
3	网侧功率因数低,$\cos\varphi=0.5\sim0.7$,经滤波及无功补偿装置 $\cos\varphi=0.9$	网侧功率因数高 $\cos\varphi\approx1$,经滤波装置 $\cos\varphi=0.97\sim0.98$
4	无能耗制动,主刹为盘刹,辅刹为电磁刹车,在 $n=0$ 时转矩为 0,不能刹住最大钻柱载荷	主刹为能耗制动,在 $n=0$ 时能刹住并悬停最大钻柱载荷,副刹为盘刹
5	在轻载时出现电流断续区,加上动态转矩响应差、电动机难以实现自动送钻,只能依靠盘刹自动送钻	主电机与独立小电机能耗制动联合自动送钻

续表 1

序号	直流电动钻机	交流变频电动钻机
6	直流电动机结构复杂、可靠性差，故障率较高，<2%，造价较贵，维修工作量大	交流电动机结构简单，可靠耐用，造价低，免维修，故障率<1%
7	直流电动钻机造价约为机械钻机的 2 倍	造价比直流电动钻机贵 20%(缺点)
8	电压、电流双闭环控制或转速转矩双闭环控制，稳速精度低，动态性能差	无速度传感器控制，PWM 变频传动系统稳速精度高，动态性能好。要多装数个逆变器，变频柜发热量大，要大排量通风冷却

从上述 2 种电动钻机的共性和个性对比来看，电动钻机性能绝对优于机械钻机，而交流变频电动钻机更优于直流电动钻机；缺点就是造价更贵。而使用者最关心的恰恰是这一点，但从钻机的服役周期 15 a 来考虑，总成本包括制造成本和使用成本 2 方面，电动钻机的使用成本要低很多，其一次投资在使用中可补偿 50%～70%。这样一算总账，就会得到一个新认识：贵得值！

4. 磁场定向矢量控制和直接转矩控制对比

1 交流变频电动钻机调速系统控制原理

1.1 磁场定向矢量控制 VC

交流异步电动机的电磁关系具有多变量、非线性、强耦合的特点，这使其调速控制变得非常困难。1972 年 F. Blaschke 提出异步电动机的磁场定向矢量控制方法，该方法将异步电动机经过坐标变换(电流空间矢量变换)等效成直流电动机来控制，令转子磁链等于恒值，对定子磁链和电磁转矩分别采用闭环控制，实现磁场和电流的解耦，开拓了异步电动机的调速理论和控制技术，这样一来，异步电动机的调速特性就和他励直流电动机的调速特性相同。

图 1 给出 Siemens 的典型三电平中压电压源型变频器结构原理，首先经过隔离变压器、整流器、LC 滤波器和逆变器实现交—直—交的变换；其次通过逆变器中 IGBT 开关元器件构成的桥路，实现 PWM 脉宽调制的触发控制模式，使逆变器输出的电压基波的频率和幅值均可调控，但开关电路只能输出数值为正或负的矩形波电压，除基波外还含有频率为 3,5,7 次的高阶谐波，构成对电网和电气设备的干扰，必须装设滤波器或多电平逆变器以降低谐波含量，使输出电压波形接近正弦，使逆变器更适于钻机的大容量负载特性。

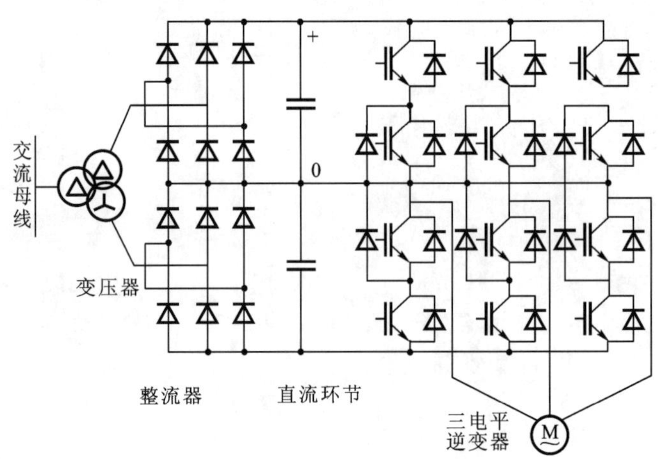

图 1 Siemens 三电平中压电压源型变频器拓扑结构

1.2 直接转矩控制 DTC(见图 2)

20 世纪 80 年代中期，德国 M. Depenbrock 和日本 I. Takahashi 等人相继提出六边形乃至接近圆形磁链轨迹的异步电动机转矩直接控制方法，该方法在电动机的模型中，通过直接在定子坐标上进行动态计算，得到定子磁链和转矩的大小，动态计算用高速数字信号处理器(每秒刷新 4 万次)根据连续不断运转的电动机更新数据，以及实际数值和设定数值之间的比较，在磁链的圆形轨迹气隙中产生与转矩同向的定子旋转磁链和电磁转

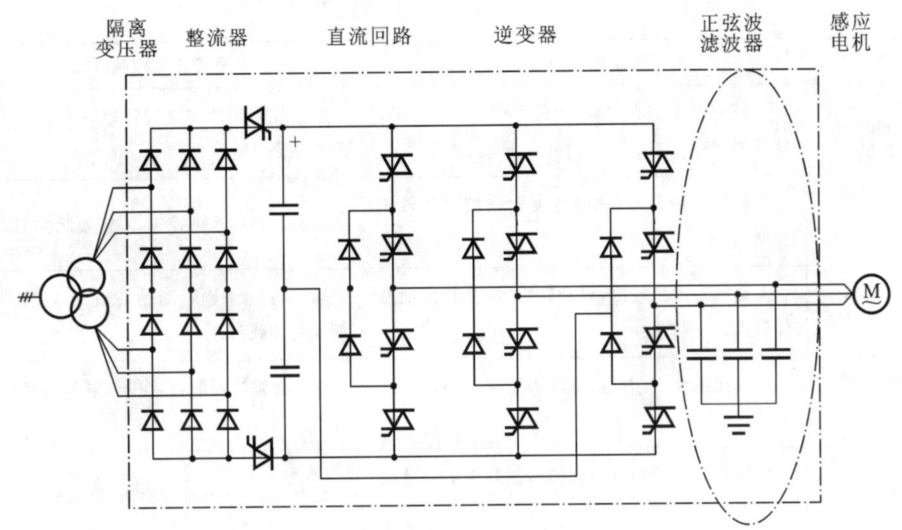

图 2　ABB 带正弦输出滤波器的三电平中压电压源型变频器拓扑结构

矩，二者联合控制逆变器的 IGCT 开关状态，即直接控制转矩，其触发控制模式与 PWM 方式不同。图 2 中逆变器由 24 支 IGCT 中间嵌位串联成三电平逆变桥路，产生光滑的正弦波电压和可调频率来控制异步电动机的转速，提供最快的转矩响应，如图 3 所示。

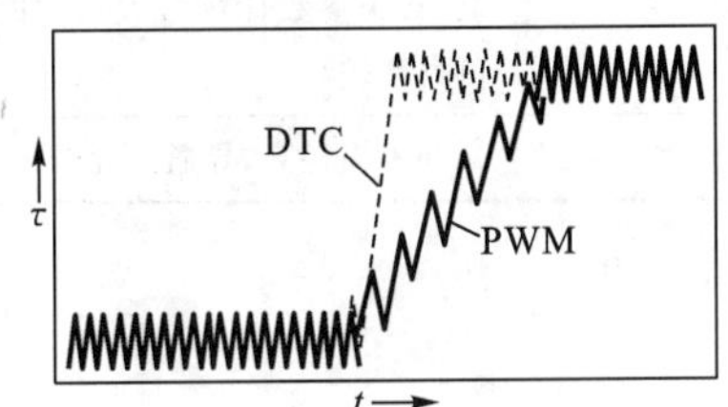

图 3　DTC 与 VC 的 PWM 转矩响应比较

DTC 在不使用速度编码器的情况下，无论电源波动或负载突变都能对电动机实现精确地控制。

2　2 种控制模式对比(见表 1)

VC 控制比 DTC 控制早应用 10 a，技术相对成熟一些，从表 2 看，二者总的性能相差不大，但从转矩、速度直接控制和部件、元器件数量及可靠性上看，则 DTC 控制略胜一筹。

表 1　2 种控制模式对比

特性	矢量控制(VC)	直接转矩控制(DTC)
代表生产厂典型产品	Siemens 中压电压源型变频器(图 1)，6SE70，71，交流变频调速系统	ABB 中压电压源型变频器(图 2)，ACS600，ACS1000 交流传动系统
功率开关元器件	IGBT 绝缘栅双极型晶体管	IGCT 集成门极换流型晶闸管
功率电路	紧凑的同步门极驱动器，需要保护回路	集成式门极驱动器

续表 1

特性	矢量控制(VC)	直接转矩控制(DTC)
触发控制类型	开环正弦双极脉宽调制 SBPWM 控制 IGBT 桥开关状态	定子旋转磁链和电磁转矩联合控制 IGCT 桥开关状态
速度控制	用脉冲编码器,精确的速度反馈控制和转矩控制	直接转矩和速度控制,不需要脉冲编码器
动态特性	动态转矩响应较慢,启动转矩大,零转速能悬停最大钻柱载荷	动态转矩响应快,启动转矩大,零转速能悬停最大钻柱载荷
变频器输出电压波形	经输出滤波器,电压、电流为不平滑的近似正弦波形	经正弦输出滤波器,电压、电流为光滑的正弦波形
整体设计	较紧凑,布线和连接较复杂,控制柜的尺寸较大	很紧凑,布线和连接简洁,控制柜的尺寸较小
可靠性	调速系统给定信号与反馈信号经过二次变流,转子参数计算量大,部件元器件数量较多,可靠性较高	直接转矩控制系统简洁、部件元器件数量少,可靠性高
效率	开关损耗高,导通损耗较高,效率较低	开关损耗低,导通损耗低,效率较高

5. 独立自主发展超大型钻机

1 世界陆地和海洋油气勘探向超深井发展

国外公司纷纷制造超大型钻机以抢先占领国际市场，我国也有同样的需要，是否需要自主研发超大型钻机有2种意见：一是肯定要；二是有些钻井承包商认为，这种钻机充其量只需要1～2台，自己造比引进成本高，应该引进。第二种观念早年较多，如今显然不合时宜。为解决我国油气资源严重不足，必须扩展勘探领域和深度，提高石油自给率，以满足国内日益增长的市场需求，保证国家石油战略储备的安全，必须提高我国超大型钻机的设计制造水平，打破大国的技术垄断，独立自主研发超大型钻机，主要是12 000～15 000 m井深的交流变频电动钻机，以独创技术进军世界钻机制造先进行列。

2 国内外超大型钻机发展现状

美国最大的NOV公司生产的4000-VOBE型直流电动钻机(12 000 m井深)，2 940 kW(4 000 hp)多速绞车和电磁刹车，现仍在生产供应。近年以制造交流变频电动钻机为主，绞车额定功率2 940～5 220 kW(4 000～7 100 hp)，齿轮传动单轴绞车，有单速和双速2种，主辅刹车采用主电机能耗制动，副刹车采用液压盘式刹车，配9 800 kN游车大钩和水龙头，TDS-1000型顶驱1 102 kW(1 500 hp)，提升能力907 t，工作扭矩97.82 kN·m，转速0～270 r/min。EMSCO公司生产的交流变频电动钻机，绞车有3 675，4 410，5 145 kW (5 000，6 000，7 000 hp)3种，3 675 kW的提升能力可满足15 240m井深的需要，配备1 536.7 mm(60英寸)转盘，静载荷907 t，551 kW(750 hp)，工作转矩68 kN·m，配备14-P-220型钻井泵4台，每台1 617 kW(2200 hp)，配备BOP组，476.25 mm，105 MPa或476.25 mm，140 MPa。为海洋平台可配备双联井架，高68.9 m，长24.4 m，宽24.4 m，装2套同类型钻机，4个单根提升。Hitco公司生产的交流变频电动钻机，绞车有4 851 kW(6 600 hp)和5 145 kW(7 000 hp) 2种，Lewco公司能生产2 205 kW(3 000 hp)，52.7～69 MPa高压钻井泵。WIRTH公司生产的交流变频电动钻机，绞车功率为2 205 kW(双速)～4 410 kW(单速)，另外还生产4 410 kW多速绞车，用14绳能提升11 900 kN，钩速1.7 m/s，也生产2 205 kW(3 000 hp)的高压钻井泵。

我国兰石国民油井石油工程有限公司(简称兰石公司)2004年生产了9 000 m直流电动钻机，宝鸡石油机械有限责任公司(简称宝石公司)2005年生产了9 000 m交流变频电动钻机，二者绞车都是2 940 kW(4 000 hp)，2007年宝石公司研发了12 000 m钻机。

我国在钻机设计制造方面与国际水平相比存在差距。

(1) 创新观念不强，自主知识产权不多。

(2) 部分基础件及电控系统尚需引进。

(3) 钻机质量和可靠性较低。

(4) 交流变频电动钻机性能尚未充分发挥，机械化、自动化水平不高。

(5) HSE及生态理念尚不到位。

3 超深钻井的特殊性及对钻机的要求

(1) 超深井要下重型套管,海洋深水钻井要下入与水深等长的大口径隔水管。钻大位移井和水平井,由于钻杆与井筒的摩阻加大,提升系统的起钻载荷增加了1.3～1.5倍,钻具多由厚壁钻杆和168.3 mm(6英寸)钻铤倒装组成组合钻柱;处理恶性钻井事故要具备超强的破阻能力,这些都要求钻机要有更大的提升能力,原来钻15 000 m直井绞车配备3 675 kW(5 000 hp)就够用了,现在需要配备4 410～5 145 kW(6 000～7 000 hp)。

(2) 复杂井裸眼深度长,地层易坍塌卡钻,因而API规定凡钻非直井,钻机都必须配备顶驱,以便钻井时尤其在起下钻过程中能循环和正、倒划眼,顺利解除事故。

(3) 超深井由于起下钻次数特别多,要提高时效就应采用交流变频电动钻机,这种钻机具有恒功率无级调速,功率利用率$\phi=1$,配合双速单轴绞车,提升空吊卡的速度可达1.8～2 m/s,用69 m高的井架起升4个单根的立根,井口机械化完备以加速起下钻的进程。

(4) 超深井地层温度≥150 ℃,井下钻具要及时充分冷却,否则单螺杆钻具的橡胶衬套容易脱胶,LWD等仪器及传感器要耐高温,返流钻井液要充分冷却和脱气。

(5) 为控制地层高压,井控装置要达到105～140 MPa,BOP组合高度>10 m,钻机底座>12 m。

(6) 水平钻井中的岩屑容易沉床,钻井液返流速度要>1.3 m/s,钻井泵要配ϕ210 mm的大缸套,大排量高泵压(69 MPa),为平衡高地层压力,泥浆密度高达1.8～2.5 kg/dm^3。

(7) 保证提升系统构件的强度、可靠性和安全性是技术关键。按照API Spec 8A的规定,对于最大钩载Q_{max}≥4 450 kN的构件,其许用安全系数$[n_{\sigma_b}]=3$,同时,对于$\sigma_s/\sigma_b=0.75$的高强度钢,其屈服许用安全系数$[n_{\sigma_s}]=2.25$,选用相当于AISI4140的合金钢,一般情况下,能用锻件不用铸件,且要经过无损探伤。

(8) 游车大钩、水龙头及顶驱的提环、主轴及壳体等承载构件都要经过2倍Q_{max}的载荷试验,承压件如钻井泵的阀箱,顶驱主轴,水龙带及高压管汇都要经过1.5倍p_{max}的试压,钻机控制系统要设限制超载(超转矩)、超压的安全装置。

(9) 对于钻机中最重的部件——井架和底座,应废除以吨论价,在保证强度、刚度、稳定性和抗振性的约束条件下,用先进的设计计算方法和试验方法达到减轻质量、优化设计的目的。

(10) 对于超深井钻具和组合钻柱,钻杆最低要用S135级($\sigma_s=951$ MPa)的,最强的有UD-165级($\sigma_s=1\ 138$ MPa)的,高强度低密度钛合金钻杆密度为S135级的65%,钻柱质量相同时可加深钻井>30%。

6. 单轴绞车采用双速的原因

0 本文符号说明

Q_{max}——钻机最大钩载，kN；

Z,Z'——游动系统钻井绳数和最多绳数；

Q_{max10},Q_{max16}——最多10绳和最多16绳时的最大钩载，kN；

Q_{max8}——Q_{max}在10绳时相对于钻井时的Q_{max}降低值，kN，$Q_{max8}=Q_{max}\times\frac{8}{10}$；

Q_{max12}——Q_{max}在16绳时相对于钻井时的Q_{max}降低值，kN，$Q_{max12}=Q_{max}\times\frac{12}{16}$；

$Q_{柱}$——最大钻柱重力，kN，$Q_{柱}=\phi114$ mm钻柱的井深/100×30，或$\phi127$ mm钻柱的井深/100×36；

$Q'_{柱}$——绞车主电机超矩的极限载荷，kN，$Q'_{柱}=1.5Q_{柱}=Q_T$；

$Q'_{max}=1.5Q_{max8}$，或$=1.5Q_{max12}$（在双速绞车中），或$=1.5Q'_{柱}$（在单速绞车中）；

K_Q——钩载储备系数，$=\frac{Q_{max}}{Q_{柱}}$；

v_0——对应$Q_{max8(或12)}$的事故挡钩速，m/s；

v_1——对应$Q_{柱}$的起钻Ⅰ挡钩速，m/s；

v_x——换挡点钩速，m/s；

v_k——最高钩速，m/s；

R——绞车主电机恒功率调速范围，一般取$R=2\sim3$；

K_T——超矩倍数，$K_T=\frac{最大钩载Q_{max8(或12)}时的主电机转矩T_{max}}{最大钻柱重力Q_{柱}时的主电机额定转矩T_{额}}$，对单速绞车，$K_T=\frac{Q_{max8}}{Q_{柱}}$，或$=\frac{Q_{max12}}{Q_{柱}}$，对双速绞车，$K_T=\frac{Q_{max8(或12)}}{Q_{v_0}}=1$；

$Q'_T=\frac{Q_{max8}}{Q_{柱}}$，或$=\frac{Q_{max12}}{Q_{柱}}$；

$P_{绞}$——绞车额定功率，kW；

$P_{钩}$——额定功率下大钩提升功率，$P_{钩}=P_{绞}\cdot\eta_{绞}\cdot\eta_{游}=Q_{柱}\cdot v_1$，kW；

$P'_{钩}$——1.5倍额定功率下大钩提升功率，$P'_{钩}=1.5P_{钩}$，kW。

1 单速单轴绞车

用于交流变频电动钻机的电动机恒功率调速范围宽，但是大功率链条的性能不过关，因而齿轮传动的单速单轴绞车问世。单速单轴绞车的传动方案、提升曲线和速度与超矩倍数见图1～2和表1。单速单轴绞车因其结构简洁、质量轻成为钻机中的一颗耀眼新星，但没过2 a便遇到了麻烦，其一是起下钻时效太低，当起升最大钻柱质量的最低速$v_1=0.5$ m/s时，电动机的恒功率调速范围$R=2.4$，则最高速$v_k=1.2$ m/s，此速度仅能提升480 kN，用于提升钻柱和在下钻过程中提空吊卡，国内钻机用户和出口钻机外商都反映1.2 m/s的速度太低了，v_k

应能达到 1.8～2.0 m/s；其二是绞车主电机用 1.5 倍的额定转矩（即极限转矩）提不起最大钩载 Q_{max}（图 2 中的 Q_{max8}），以 ZJ40DB 型钻机为例，其 $K_Q=2$，$Z'/Z=10/8=1.25$，$2/1.25=1.6$，10 绳提 Q_{max} 时相当于 8 绳时的 1.6 倍 $Q_柱$，$1.6>1.5$，超过 Q_T，所以提不起 Q_{max8}，即绞车额定功率下只能提起 64% 的 Q_{max}。

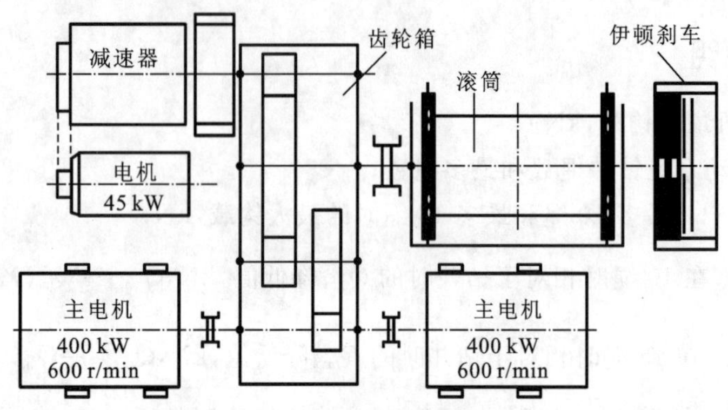

图 1　单速单轴绞车方案

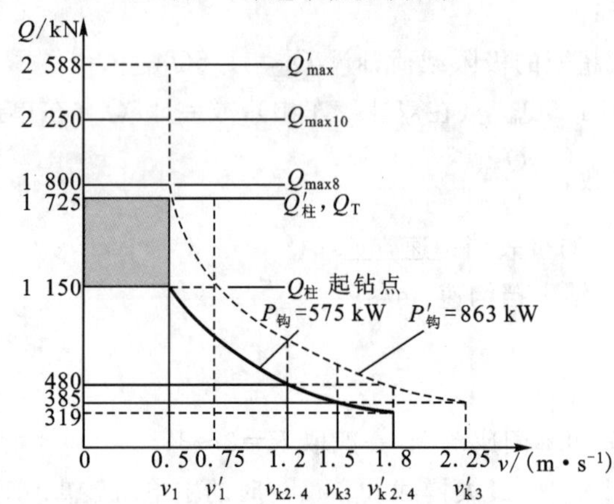

图 2　ZJ40DB 型钻机单速单轴绞车提升曲线

表 1　单速单轴绞车速度与超矩倍数

$P_钩$/kW	R	v_1 /(m·s^{-1})	v_1' /(m·s^{-1})	v_k /(m·s^{-1})	v_k' /(m·s^{-1})	K_T	K_T'	结论
$P_钩=735$	2.4	0.5		1.2		1.6		v_k 过低不合适，$K_T=1.6>1.5$，不能用
	3.0	0.5		1.5		1.6		v_k 过低不合适，$K_T=1.6>1.5$，不能用
$P_钩'=1.5P_钩=863$	2.4	0.75						v_k 合适，K_T 不能用
			0.5		1.2		1.043	v_k 不合适，$K_T=1.043<1.5$，能用
	3.0	0.75		2.25		1.6		v_k 合适，K_T 不能用
			0.5		1.5		1.043	v_k 不合适，K_T 能用

为了解决上述 2 个矛盾，提出将绞车额定功率提高 1.5 倍，其结果是当 $R=2.4$ 时，$v_1=0.75$ m/s，$v_k=1.8$ m/s，如表 1 和图 2 中虚线所示，第 1 个矛盾虽然解决了，但从 1.8 至 0.75

的虚线仍停留在 $Q_{柱}$ 的水平上，仍提不起 Q_{max8}，要想提起 Q_{max8}，必须将速度恢复到 1.2～0.5 m/s，这样才能达到 $Q_{柱}$ 的水平，只超矩 1.043 倍便可提起 Q_{max}。这一方案注重了速度，但提升不了 Q_{max8}，注重了 Q_{max8} 反而丧失了速度，顾此失彼，白白浪费了 1.5 倍的功率。若想两全其美，必须提高 1.5×1.5＝2.25 倍的额定功率（比 ZJ70DB 型钻机绞车的功率还高出 12.5%），这是极不经济，也极不合理的，所以说单速单轴绞车在性能上存在致命的缺陷，不宜发展。

2　双速单轴绞车

双速单轴绞车传动方案及结构如图 3 所示，结构简洁，只增加了一对Ⅰ挡齿轮；ZJ40DB 型、ZJ120DB 型绞车提升曲线如图 4～5 所示；双速单轴绞车速度与超矩倍数如表 2，由表 2 可见，无论 $K_Q=2.0$ 或 $K_Q=2.5$，$R=2.4$ 或 $R=3.0$，其 v_k 和 K_T 都很理想，$R=3.0$ 的双速单轴绞车更有发展前途。

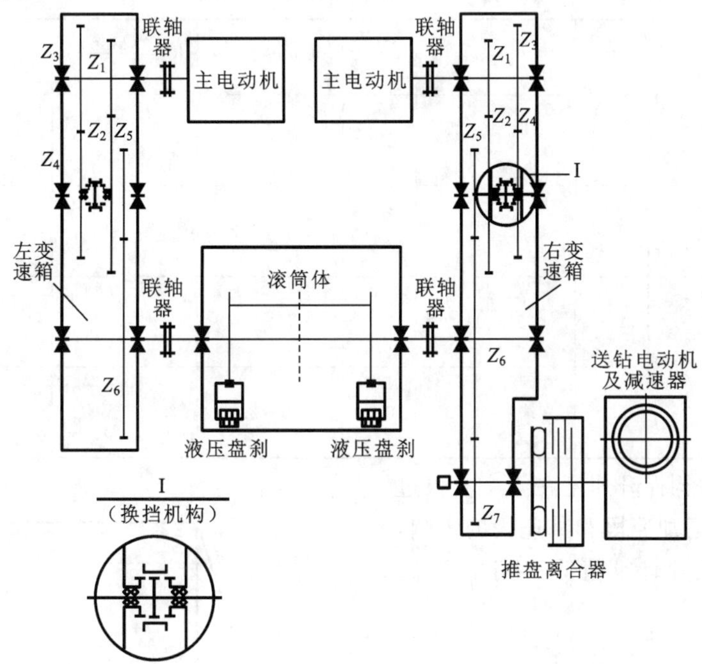

图 3　双速单轴绞车传动方案

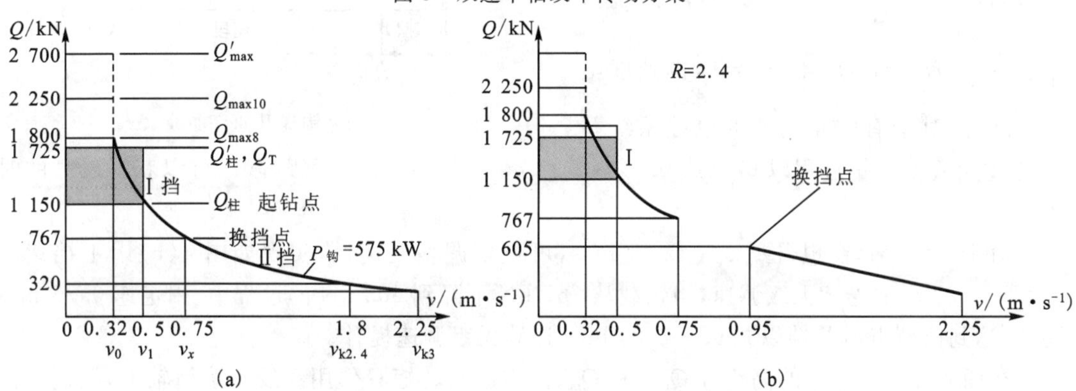

图 4　ZJ40DB 型钻机双速单轴绞车提升曲线

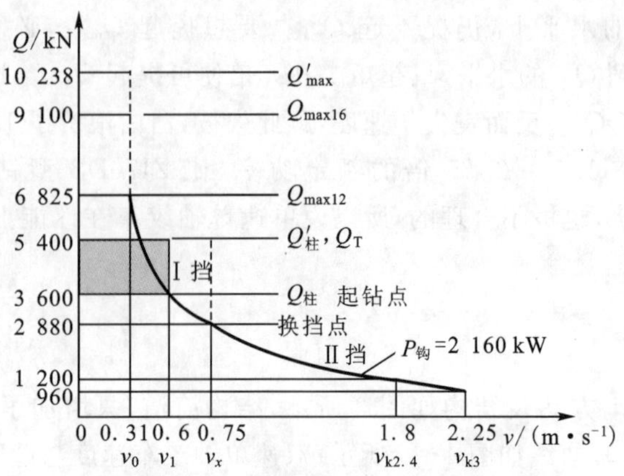

图 5　ZJ120DB 型钻机双速单轴绞车提升曲线

表 2　双速单轴绞车速度与超矩倍数

钻机型号	K_Q	R	$v_0 \sim v_x$	v_1	$v_x \sim v_k$	$K_T=\frac{Q_{max8(12)}}{Q_{v_0}}$	结　论
ZJ40DB（图 4）	2.0	2.4	0.32～0.75	0.5	0.75～1.8	1	$v_{k均}=1.5$ 偏低，可用 $K_T=1$ 不超矩，可用
		3.0	0.32～0.75	0.5	0.75～2.25	1	$v_{k均}=1.88$ 好用 K_T 可用
ZJ120DB（图 5）	2.5	2.4	0.31～0.75	0.6	0.75～1.8	1	$v_{k均}$ 偏低，可用 K_T 可用
		3.0	0.31～0.75	0.6	0.75～2.25	1	$v_{k均}$ 好用 K_T 可用

图 6 给出大钩提升速度在 1 个立根过程中的变化，考虑加速段和减速段的影响，提升平均速度要比计算值低，对于 v_k，$v_{k均}=\frac{v_k}{\lambda}$，速度系数 $\lambda=1.2\sim2.0$（梯形图至三角形图），$v_{k均}=\frac{1.8}{1.2}=1.5$ (m/s)，或 $v_{k均}=\frac{2.25}{1.2}=1.875$ (m/s)。2.25 m/s 的速度虽然偏高，但对于有防碰功能的电控系统并不高，1 个立根起钻过程以 0.5（或 0.6）～2.25 m/s 的速度连续无级提升，可以获得最高的时效。

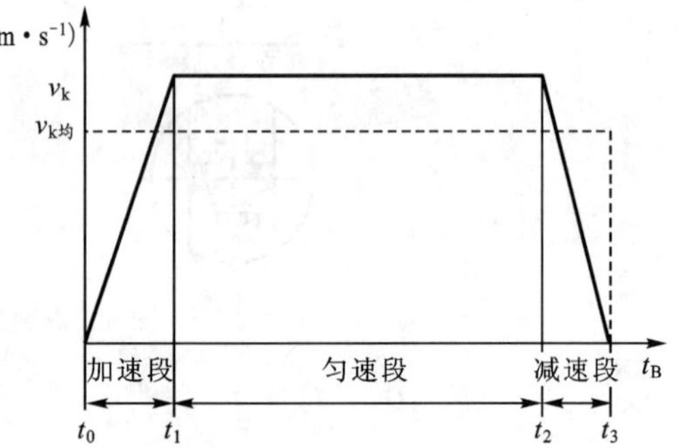

图 6　大钩提升速度曲线

对于 $R=2.4$，要想得到 $v_k=2.25$ m/s，可重新调整变速比，实现如图 4(b)中Ⅰ挡速度 0.32～0.75 m/s 连续无级调速，当钩载从 767 kN 下降到 605 kN 的过程中，用定速 0.75 m/s 提升，达到换挡点后Ⅱ挡以 0.95～2.25 m/s 连续无级调速提升。

在图 4(a)中，v_0 时的高钩载 Q_{max8} 和 Q'_{max} 对应的高转矩只作用在绞车滚筒轴上，经过Ⅰ挡齿轮增速后仍复归为 $Q_{柱}$ 和 $Q'_{柱}$ 对应的低转矩作用在主电机轴上，不会超矩。

7. 机电复合钻机取代机械钻机

机电复合驱动钻机源于1997年的大庆型钻机改造工程，改造内容之一是将原来2.5 m高的钻机底座升高到6 m，开始时是按机械统一驱动方案改造的，如图1所示，转盘装在高位，而绞车与泵仍在低位，窄V带联动，绞车与转盘之间只能通过6 m长的万向轴垂直传动，轴的两端还要增设2个换向锥齿轮箱。采用这一方案曾制造出多台钻机，但实践证明，由于长万向轴的转动振摆，其滚针轴承损坏很快，传动效率又低，所以此方案不成功。取而代之的是转盘单独电驱动方案一，如图2所示。因为直流电动机安装在井口不安全，且需配备2挡变速箱，所以多采用交流变频电动机驱动转盘，动力由联动机组加装1台节能发电机提供，各油田改造的复合钻机多采用此方案，而新制造的复合钻机则多采用链条并车方案，这种方案有4～5种钻机，大同小异，其特点是既提高了转盘的钻井功能，又比全电动钻机节约了一次性投资。

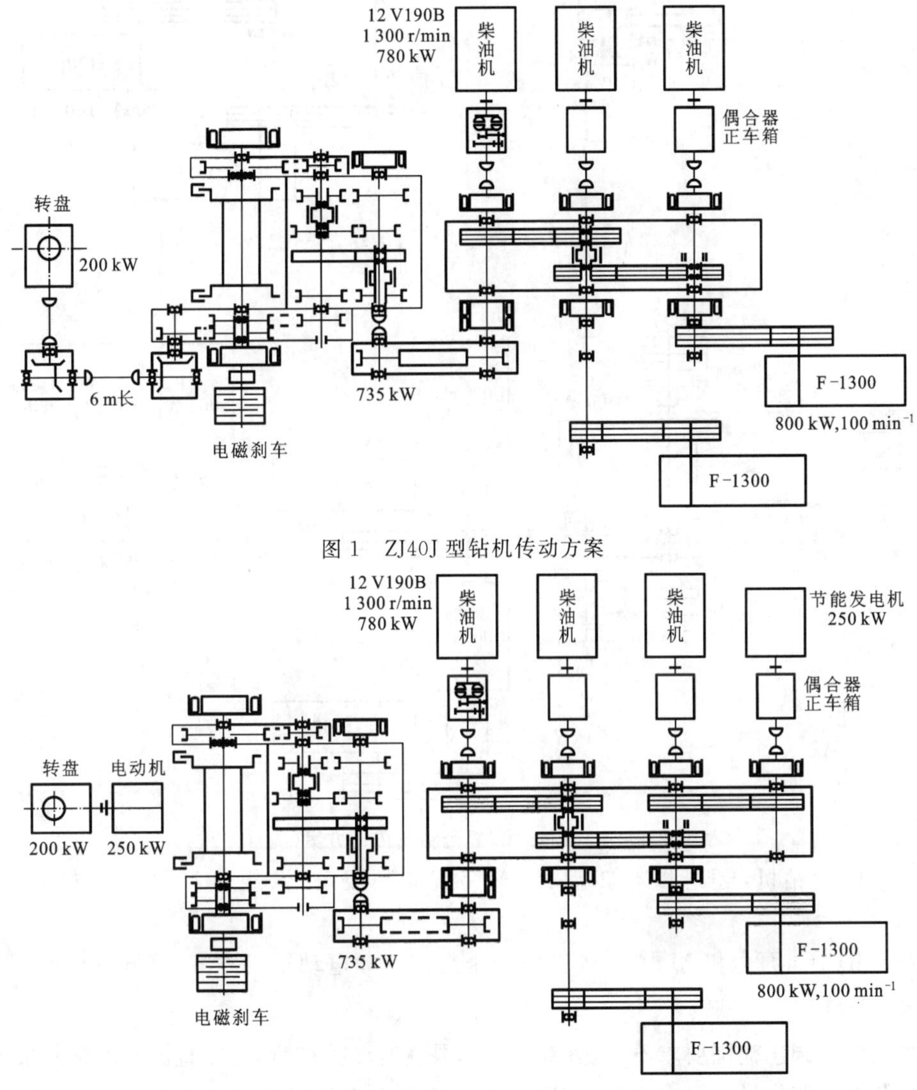

图1　ZJ40J型钻机传动方案

图2　ZJ40LDB1型复合钻机传动方案(一)

复合钻机方案一(见图 2)的绞车仍保留多挡变速,其结构复杂,功率利用率低,所以又提出第二种方案,转盘和绞车分别用交流变频电机驱动,如图 3 所示。在方案二的基础上,为了提高效率和运移性,提出配单机泵组的方案三,如图 4 所示,第二、第三方案尚很少见,值得试验,以考证其制造成本和使用性能总的经济性。

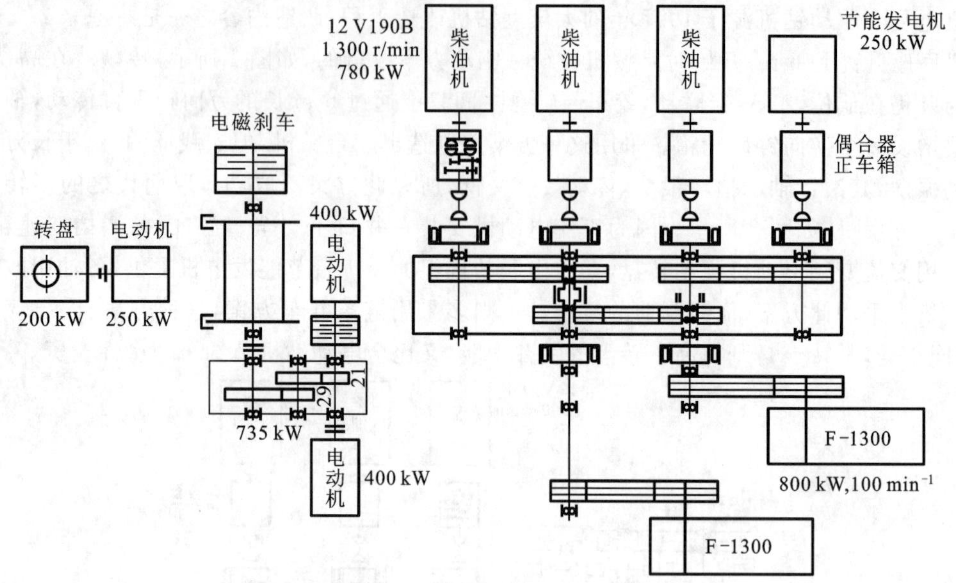

图 3　ZJ40LDB2 型复合钻机传动方案(二)

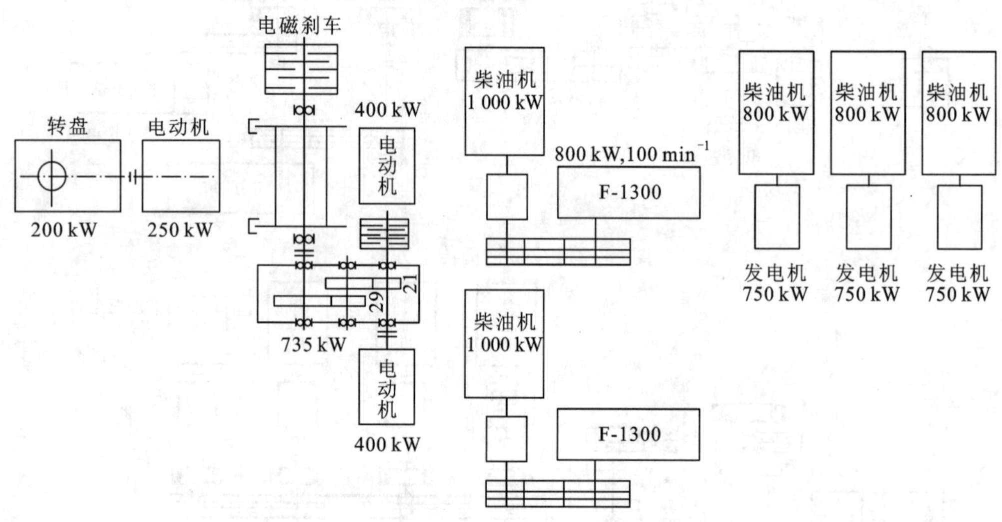

图 4　ZJ40LDB3 型复合钻机传动方案(三)

对于全电动钻机,还可以有转盘、绞车交流变频驱动,泵组直流驱动的方案,如图 5 所示。

将图 5(b)中带泵电机 $\underline{M}$ 改为 $\underset{\sim}{M}$ 就成为全交流变频电动钻机方案,该方案比前者多装 2 台逆变器。

钻井泵组的调速范围要求不大,开双泵或单泵就有 2 挡排量,所以直流驱动钻井泵也能胜任不换缸套无级调排量的要求,这一方案比全交流驱动钻机可节约 17%的投资,缺点是电机

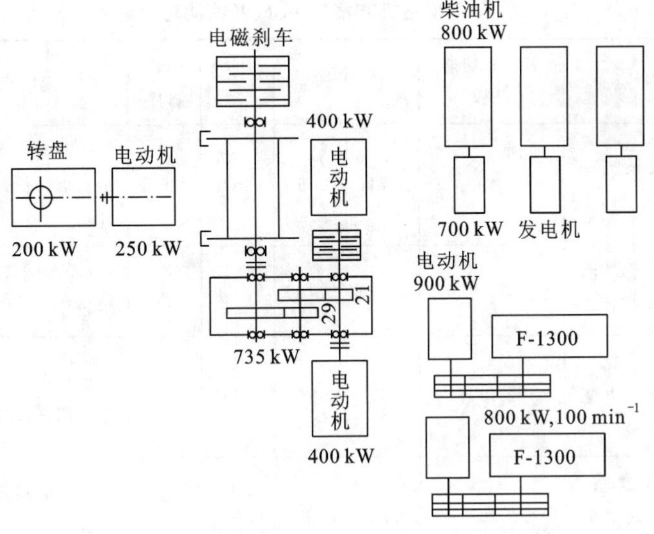

(a) 传动方案

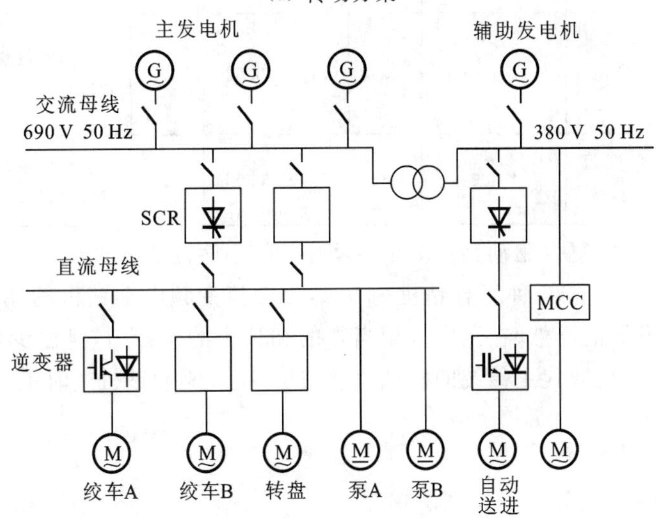

(b) 供电方式

图 5 ZJ40DBDZ 型复合电动钻机方案

多了一个品种,直流电动机维护工作量大。

对比各个方案的传动效率和功率利用率,可以定量地判定各个方案的优劣,以图 1 的 ZJ40J 型钻机为例,柴油机可用功率 $P_{可用}=0.9P_{标定}$,功率利用率 $\phi=$钻进或起下钻实用功率/配备电动机(柴油机)功率,$\phi_{泵}=0.85$,$\phi_{盘}=0.85$,Ⅲ挡起升 $\phi_{绞}=0.75$,Ⅳ挡起升 $\phi_{绞}=0.8$;电动无级调速 $\phi_{盘}=0.9$,$\phi_{绞}=1$。

钻井周期中开双泵、单泵各占 1/2,取平均值,3 台柴油机并车取 $\eta_{并}=0.92$,2 台柴油机并车取 $\eta_{并}=0.95$,偶合器正车箱传动 $\eta_{偶}=0.92$。

由 $\eta_{系统}=\prod_{i=1}^{n}\eta_{单机}$,得到 $\eta_{柴泵}=0.75$,$\eta_{柴盘}=0.687$,$\eta_{柴绞}=0.742$,钻井周期中设钻进占时 4/5,起下钻占时 1/5,按各个系统承担的功率不同加权取平均,全钻机的 $\eta_{均}=0.741$,$\phi_{均}=0.718$,综合功率利用率 $\Psi=\eta_{均}\cdot\phi_{均}=0.532$。

图 1～5 钻机方案的计算结果如表 1。

表 1　各种钻机方案的 η、ϕ、Ψ 性能对比

图序号	钻机方案特点	装机总功率/kW	$\eta_{均}$	$\phi_{均}$	Ψ	综合排序	性能特点	相对价格	备注
图 1	ZJ40J 型机械统一驱动	2 100	0.741	0.718	0.532	6	万向轴寿命短 η,ϕ,Ψ 最低,运移性最差	1.0	对比物
图 2	ZJ40LDB1 型复合,转盘单独电驱动	2 100	0.765	0.700	0.536	5	η,ϕ,Ψ 低,运移性较差	1.3	
图 3	ZJ40LDB2 型复合,转盘、绞车分别电驱动	2 100	0.775	0.762	0.591	4	η,ϕ,Ψ 中等,绞车结构好,性能好	1.6	
图 4	ZJ40DB3 型复合,转盘、绞车分别电驱动,单机泵组	2 400	0.881	0.678	0.605	3	η,ϕ,Ψ 较高,运移性好	1.5	
图 5	ZJ40DBDZ 型电复合,转盘、绞车交流,泵直接驱动	2 400	0.888	0.705	0.624	2	η,ϕ,Ψ 最高,运移性最好	2.0	
	ZJ40DB 型全交流变频电驱动	2 400	0.888	0.705	0.624	1	η,ϕ,Ψ 最高,运移性最好	2.4	

由表 1 可见,在机电复合驱动钻机 3 个方案中,单论 Ψ 性能和价格,居于机械钻机和全电动钻机之间,若从性价比看,3 种复合钻机为 0.4,而交流变频电动钻机的性价比为 0.26。可见复合钻机是钻机发展的必然,在国内有相当强的和长远的生命力,且已少量出口。结论是,机电复合、分组驱动钻机取代了传统的机械驱动钻机,统一驱动钻机过时了。

8. 液压盘式刹车成为钻机的常备装置 主刹车转化为副刹车

1 刹车的分类及作用

刹车是石油钻机的重要装置之一，直接关系到人身、设备、油井的安全，必须要高度保证其安全性和可靠性。绞车的刹车用于起下钻具，匀速、加减速、刹停，正常钻进的手动和自动送钻，下套管、下海洋隔水管和水下器具，起落井架和底座。顶驱的盘式刹车承受钻具反转矩和缓释钻具倒转能量。转盘的制动机构用于制动钻具反转矩，转盘的盘刹具有速停和缓释钻具倒转的能量。石油钻机的刹车装置分为主刹车和辅助刹车，有 6 种类型。

主刹车有带式刹车、液压盘式刹车、气动推盘式刹车(ETN)、主电机能耗制动。辅助刹车有水刹车、电磁刹车、ETN、主电机能耗制动。

轻型钻机和修井机多用带刹车和 ETN 作为主辅刹车，或带刹车为主，水刹车为辅。中大型钻机则以液压盘刹取代带刹，以 ETN 或电磁刹车作为辅刹。特例：美国 Varco 的 3 675 kW(5 000 hp)绞车以 2 台 ETN 分别作为主辅刹车，如图 1 所示。

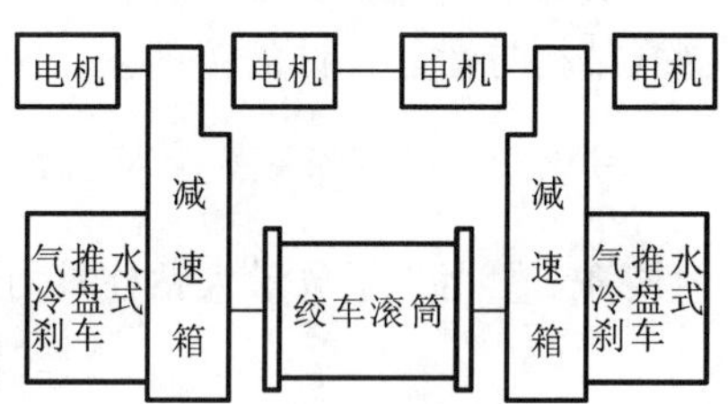

图 1 Varco 电动单轴绞车及 ETN 刹车装置示意

轻载时只开 1 台 ETN 作为主辅刹车或开 2 台，1 主、1 辅；重载时开 2 台 ETN 作为主辅刹车，互为备用。直流电动钻机以液压盘刹为主刹，电磁刹车为辅刹；交流变频电动钻机目前以液压盘刹为主刹，能耗制动为辅刹。气动钳盘式刹车虽然避免了漏油污染，但其响应滞后，需要紧急刹车时不紧急，目前尚不能实际应用。

2 液压盘式刹车

液压盘式刹车以其制动容量大、可靠性和安全性高、刹车灵敏度高、可遥控、体力劳动强度低、刹车副散热性好和热稳定性好而跃居为各种钻机的常备装置，具有 4 种功能：

(1) 工作制动，用开式工作钳在下钻过程中控制速度，转化能量。

(2) 驻车制动，用闭式安全钳短时悬停管柱的载荷。

(3) 紧急制动，开式钳和闭式钳联合工作，在紧急情况下刹停绞车及管柱。

(4) 防碰制动，根据绞车与游车位置给出的信号，游车运行到上、下限位前闭式钳刹车，以保证游车不上碰下砸。

2.1 制动转矩计算

制动转矩是液压盘刹的主要参数，标志着盘刹的各种制动能力，应大于钻井工艺要求的最小制动转矩。

对正常下钻过程的最小工作制动转矩，在计算方法上有了新的概念，老算法是根据下放钻柱的静转矩乘一个任选的动载系数 1.5～2.5 来计算的，不够精确；新算法改为根据钻井过程中可能遇到的最大载荷即下放最重套管柱时刹停套管柱，然后驻车以便安装套管头。因此，盘

刹应满足的最小制动转矩 $T_工$(单位为 kN·m)为

$$T_{工}=\beta\frac{Q_2 D_2}{2Z'}\eta_{游}\ \eta_{绞}$$

式中 $Q_套$——最大套管柱重力,kN,API 规定最大套管柱重力不得超过最大钩载 Q_{max},取 $Q_套=0.8Q_{max}$;

β——动载系数,取 1.25;

Q_2——下放到井中的套管柱形成的游动系统载荷,kN,$Q_2=0.8Q_{max}\times0.7+G_游$,0.7 为浮力系数×井筒摩阻系数,其中,$G_游$ 为游动系统固定重力,kN;

D_2——绞车滚筒第 2 层缠绳直径,m;

Z'——游动系统最多绳数;

$\eta_游$——最多绳数下的游动系统效率,按 API,$\eta_游=0.84\sim0.78$,$(Z'=8\sim12)$;

$\eta_绞$——绞车滚筒效率,$\eta_绞=0.98\beta\times\eta_游\times\eta_绞\approx1$。

所以
$$T_{工}=\frac{Q_2 D_2}{2Z'}$$

上式即下放井中最重套管柱的静制动转矩,亦即盘刹应满足的最小工作制动转矩,它应作为盘刹结构与性能设计的依据。

2.2 动载系数验算

核算 $T_工$ 用于下放最大钻柱重力时的动载系数 β'。

令
$$T_{工}=\frac{Q_2 D_2}{2Z'}=\beta'\frac{Q_1 D_2}{2Z'}\eta_{游}'\ \eta_{绞}$$

式中 Q_1——最大钻柱下入井中时游动系统载荷,kN,$Q_1=0.7Q_柱+G_游$,其中,$Q_柱$=井深/100×30(ϕ114 mm 钻杆),或 $Q_柱$=井深/100×36(ϕ127 mm 钻杆),kN;

Z——游动系统钻井绳数;

$\eta_游'$——钻井绳数下的游动系数效率,$\eta_游'=0.874,0.842,0.782$(对应 $Z=6,8,12$),则 $\frac{Z_1}{Z_1'}\cdot\frac{1}{\eta_{游}\ \eta_{绞}}=1.16,1,0.98\approx1$。

当计算 $G_游$ 时,对于 ZJ10~ZJ50 型钻机,误差为 8%,对于 ZJ70~ZJ120 型钻机,误差为 3%,即

$$\beta'=\frac{Q_2}{Q_1}=\frac{0.8Q_{max}\times0.7}{0.7Q_{柱}}=0.8K_Q$$

式中 K_Q——钩载储备系数,$K_Q=\frac{Q_{max}}{Q_{柱}}$。

纠正误差后,对于 ZJ10,ZJ20,ZJ30,ZJ40,ZJ50 型钻机,$K_Q=2$,$\beta'=0.8\times2\times1.16\times1.08\approx2$;对于 ZJ70,ZJ90,ZJ120 型钻机 $K_Q=2.5$,$\beta'=0.8\times2.5\times0.98\times1.03\approx2$。

即,无论轻、中、重型钻机,当下放最大钻柱时其动载系数统一为 $\beta'=2$,或

$$T_{工}=\frac{Q_1 D_2}{Z}\eta_{游}\ \eta_{绞}$$

2.3 驻车制动转矩 $T_驻$

悬停最大套管柱时安全钳应满足的最小驻车制动转矩 $T_驻$(单位 kN·m)因无动载,则无游动系统效率和绞车效率,即

$$T_{驻}=T_{工}=\frac{Q_2D_2}{2Z'}$$

紧急制动转矩

$$T_{急}=\beta'\frac{Q_1D_2}{2Z}\eta_{游}\ \eta_{绞}$$

紧急情况下制动,取 $\beta'=2.5$,需工作钳与安全钳二者联合制动。

对于防碰制动,起升钻柱或空吊卡到游车第一限位即减速,到第二限位自动联锁停电机(或绞车)再刹停,动载一般不大,只用安全钳即可。上述通用液压盘刹,用于机械驱动绞车和直流电动绞车的主刹车。对于交流变频电动绞车,其能耗制动单元有足够大的能力,既承担匀速下钻,又承担刹停,集主辅刹车于一身,而液压盘刹则转化为副刹车,只承担驻车和紧急刹车的任务,只需配备闭式安全钳,其最小制动转矩 $T_{驻急}=\beta'\frac{QD_2}{2Z}\eta_{游}\ \eta_{绞}$,$\beta'$取 2.5。

2.4 液压盘式刹车装置的冗余安全设计

(1) 全部刹车钳具备的制动能力即设计工作制动转矩(kN·m)为

$$T_{工}^{*}=2fmFR_e$$

式中 f——刹车块与刹车盘的摩擦系数,常温(<150 ℃),$f=0.45$,高温 300 ℃,$f=0.35$,400 ℃,$f=0.27$;

m——全部工作钳缸数;

R_e——有效摩擦半径,近似取为刹车块的内、外平均半径,m;

F——作用在单个刹车块上的正压力,N,$F=Ap$,其中,A 为钳缸活塞面积,m^2;p 为工作油缸压力,Pa,额定压力 $p_{额}\approx 8$ MPa。

注意,杠杆式钳一个钳(即一个缸)有 2 个刹车块作用,钳缸的弹簧力、密封阻力、轴承阻力被杠杆力抵消。设计时取

$$T_{工}^{*}=kT_{工}$$

式中 k——盘刹具备的能力储备系数,取 1.25。

(2) 绞车一般配备双刹车盘,2 套盘钳的油路各自独立。当一路出现故障时,另一路仍能独自工作,以 1.25 倍的静工作制动转矩下放最大钻柱载荷。当轻载时下放速度加快,则可用更大的动载系数,下钻载荷与速度的关系为

钩载>6 800 kN, 0.3~0.5 m/s; 4 500~6 800 kN, 0.75 m/s;
2 250~4 500 kN, 1 m/s; 1 000~2 250 kN, 1.5 m/s;
<1 000 kN, 1.5~2 m/s。

(3) 液压源配备 2 个同规格的液压泵,互为备用;蓄能器配备的数量应足够,当液压源失电时能保持工作钳操作 5~8 次。

(4) 紧急制动靠安全钳的碟簧恢复力,当整个液压系统失效时,安全钳立刻将绞车刹死,待修复后才能打开安全钳继续工作,碟簧要逐个测定位移-力的函数,并每年强制更换 1 套新碟簧。

(5) 水冷式刹车盘为铸钢件,必须经过无损探伤,并做 0.7 MPa 的水压试验,以确保不漏水失效。

(6) 电动钻机的绞车盘刹车与主电机联锁控制,避免电机运行时刹车憋电机或刹车还没松开即启动电机。

9. 自动送钻系统成为钻机的常备装置
绞车主电机能耗制动送钻

1 自动送钻的发展

石油钻机的自动送钻装置已发展多年，早在20世纪50年代，美国EMSCO、NSCO公司就有气控转差轮摩擦式送钻装置问世，前苏联有绞车下放驱动柱塞泵节流式送钻装置。在国内，1988年，兰石厂研制出ADE-1型全自动送钻装置。1986年以后，绞车用液压盘式刹车取代了带刹车，摆脱了司钻全天候扶刹把送钻的繁重体力劳动，司钻坐在控制室内握手柄手动送钻，因手柄无手感，只靠指重表，比扶刹把更难控制，迫切要求改善这种困境。20世纪90年代末期出现了以液压盘刹车为执行机构的自动送钻装置，我国北石所2003年研制的CED-1型电子司钻，其中包含自动送钻功能。美国Varco公司推出以ETN刹车为执行机构的电子司钻，美国BEN-TEC公司、德国WIRTH公司相继推出以独立送钻小电机——能耗制动为依托的自动送钻装置。以上3种装置适用于在机械驱动钻机和直流电动钻机上配置。交流变频电动钻机适用的自动送钻装置除了独立送钻电机的一种外，还有送钻电机加绞车主电机能耗制动联合送钻和美国TDC公司推出的单独以绞车主电机能耗制动送钻3种方式。据报道，绞车主电机送钻最高钻速能达到80 m/h，最低送钻速度没有透露。

2 自动送钻系统原理

钻机的起下钻系统由绞车、钢丝绳游动系统、钻具、钻具与井壁和钻井液的摩阻、钻头与井底岩石构成一个串并联的多级多自由度的弹簧阻尼动力学系统，如图1(a)所示。在钻具下放送钻过程中，系统的首端为绞车，由于钻具重力造成的主动转矩和刹车制动转矩相反的作用，如图1(a)、(b)所示，通过游动系统向钻具输入激励力(部分悬重)，钻具弹簧上部为拉伸状态，中和点以下为压缩状态。系统的末端由钻具部分重力向井底输出响应力(钻压 p)，形成一个具有时变、时滞、非线性、不确定性的复杂系统。对系统影响因素有钻压、钻速、转盘转速、钻井

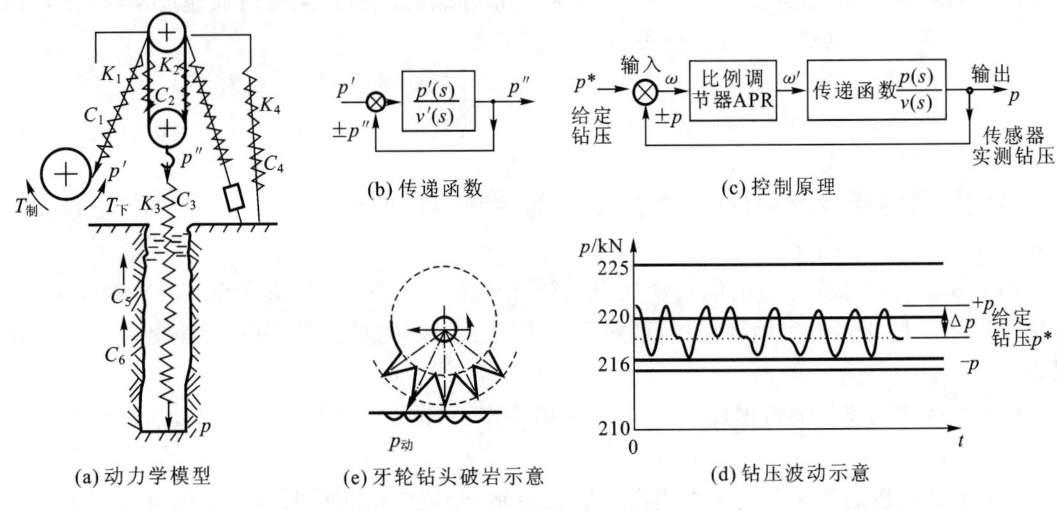

(a) 动力学模型 (b) 传递函数 (c) 控制原理 (e) 牙轮钻头破岩示意 (d) 钻压波动示意

图1 自动送钻系统原理

液压力和排量、钻井液密度和粘度、地层岩性，井架、钢丝绳、钻柱和钻头结构类型等，多层次关联关系不明，属于一个黑箱系统，很难建立精确的数学模型和按照典型的控制类型和计算方法求解(如随机过程灰色理论、模糊集合、人工智能神经网络和专家系统等)。图 1(b)、(c)所示“恒压”自动送钻闭环控制系统，只计输入、输出参数的黑箱系统，以传递函数 $p(s)/V(s)$ 表示(s 为拉普拉斯算子)。所谓恒压，只是波动钻压的近似平均值，平稳的恒定钻压值根本达不到，如图 1(d)所示。如图 1(e)所示，牙轮钻头在旋转时，轮齿前进时是冲击压入岩石的，钻压也是振动性非平稳的，目前在钻压 200～240 kN 下，实测钻压振幅 Δp=2～5 kN(平稳地层至一般变化地层)，送钻精度为 1.0%～2.5%，有资料说，钻压波动值为±5 kN 是失实。因此对于送钻系统没有必要进行深入的理论探讨和算法研究，刻意追求高的动态响应和高的送钻精度是不现实的。

3　液压盘刹自动送钻装置

系统原理如图 2 所示，司钻在操作台的触摸屏上给定钻压值 p^*，p^* 是根据本地区相邻井的地质资料、钻井工程设计的工艺措施(p、n、Q、r)和专家经验优选决定的，一般为 200～240 kN。给定钻压 p^* 通过送钻控制器、电液传感器将信号输送给液压司钻阀，调节盘刹的制动转矩，通过绞车—游动系统—钻具对钻头施压。死绳传感器将实测钻压±p 反馈到送钻控制器，±p 与 p^* 作比较，将 Δp 经过运算调整至给定钻压值，保持“恒压”送钻。

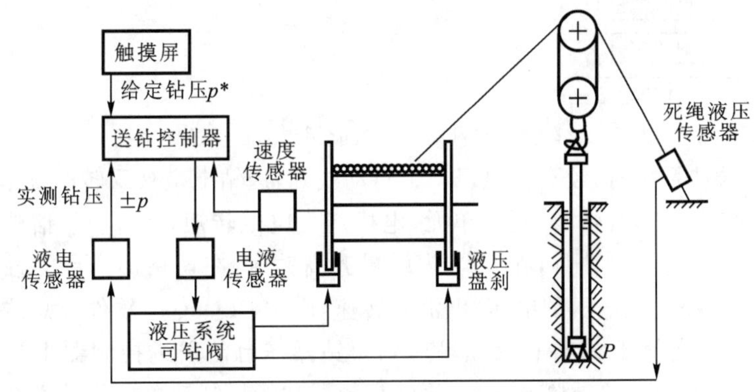

图 2　液压盘刹自动送钻系统原理

例如，用 CED 型电子司钻 2003 年在某油田某井的实测记录：

井深=3 100 m，钩载=1 140 kN，悬重=920 kN，钻压=220 kN(预定值)，实测钻压=221～216 kN，钻压波动=+1～−4 kN，波幅=5 kN，钻速=0.36 m/h。平均钻压 p=218.5 kN，即给定钻压，为安全起见，习惯上给定钻压低于预定值，如图 1(d)所示。

自动送钻比手动送钻钻速快 7%～10%(最高可达 30%)，送钻过程中也存在问题：

(1) 井深<500 m、钩载<200 kN 时，钻压加不上去；地层软、钻速过快时，自动送钻系统跟不上、自动送钻受限，切换用手动送钻。

(2) 井深>2 200 m，钩载>800 kN 时，钻压波动过大，且滞后，采取挂合电磁刹车系统增加一定阻尼，才能继续有效地利用自动送钻系统钻进。

4　交流变频自动送钻装置

如图 3 所示，电动钻机(交流和直流)多配备交流变频送钻电机能耗制动构成的自动送钻系统，由独立的送钻电机、摆线针轮减速器($i=1\ 000$)、绞车齿轮减速箱($i=6$)、绞车滚筒轴构成。送钻电机的功率有 22,37,45 kW(ZJ40,ZJ50,ZJ70 钻机配用)，970～1 500 r/min；变频器 30～50 kW，0～200 Hz($v/f=c$)；能耗制动单元 100～200 kW，电阻 8 Ω，一组至二组，强制风冷；控制送钻电机的频率 2～200 Hz，减速比 $i=6\ 000$，反拖滚筒转速 $n=0.005$～0.5 r/min。送钻速度控制在 0.1～10 m/h。

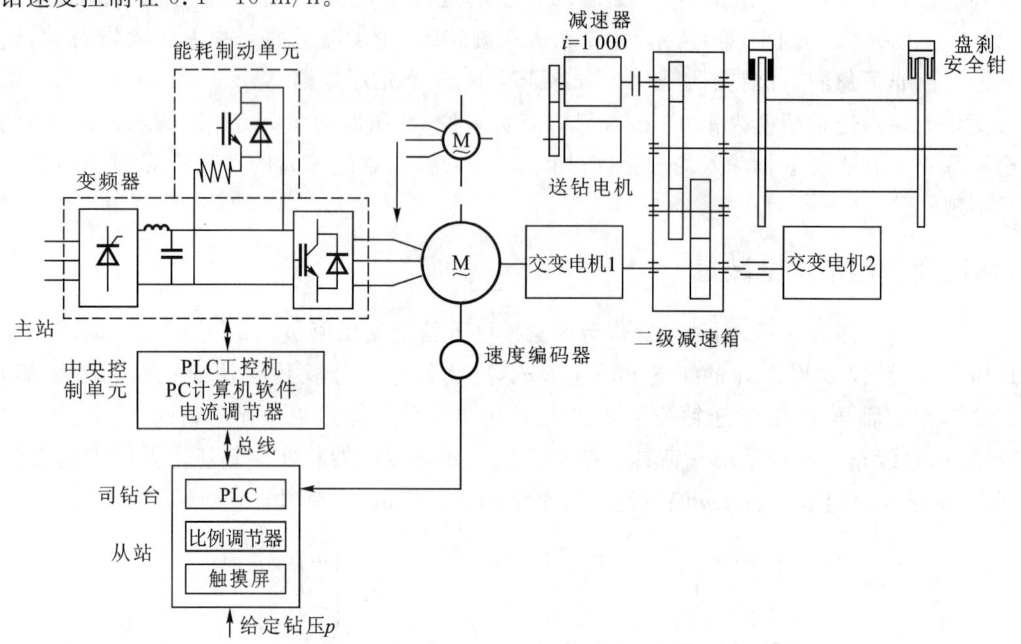

图 3　绞车主电机和送钻电机能耗制动自动送钻系统

当启动自动送钻系统时，绞车主电机联锁自动脱开，送钻电机被反转的绞车滚筒拖动处于“发电”状态，电流输入变频器能耗制动单元，电机产生电磁转矩，经 6 000 倍减速后以高制动转矩限制绞车滚筒旋转下放钻具，在 60 s 内缓慢升高钻压，在司钻操作台的触摸屏上输入钻压给定值 p，实时采集送钻电机的电压、电流和转速，通过 PLC 专用软件及总线网络系统等处理，得到实际钻压瞬变值 $\pm p$，将它反馈输送到司钻操作台的送进控制器中与给定钻压作比较，将误差值 Δp 送到中央控制单元处理，再经变频器和能耗制动单元修正送钻电机的电磁转矩，最终反拖绞车滚筒及钻具，实现“恒压”送钻。

在自动恒压送钻下，地层阶段性地变软或变硬，送钻速度就随着变快或变慢，送钻电机转速处于自动跟踪状态，可以动态寻优计算出并监控最快的跟踪送钻速度。送钻电机的钻速0.1～10 m/h，只适用于硬地层钻进。针对软地层，钻速＞10 m/h，超过了送钻电机的频率范围，需切换用绞车主电机能耗制动送钻系统。如图 3 所示，主电机能耗制动在 0 转速下能够悬停最大钻柱，因此可以用能耗制动控制绞车滚筒以极低的转速 0.5～2.0 r/min 旋转下放钻具，实现 10～40 m/h 的送钻速度，形成主电机和送钻电机分工钻进软、硬地层的联合自动送钻方式，即钻机要装备主电机能耗制动和送钻电机能耗制动 2 套自动送钻系统。

单独用绞车主电机能耗制动自动送钻的方式，取消送钻电机送钻系统的累赘是最理想的方式，目前尚属空白，值得创新研发。

初步提出 2 个方案，试图解决主电机能耗制动低速下稳定运行问题。

(1) 辅助滑差调速法。异步电动机传统的滑差调速法是通过改变串联在三相转子绕组回路中的外接电阻改变滑差率来调速的，滑差率越大，能量消耗越大，效率越低。在投入主电机能耗制动自动送钻系统的同时，辅以外接电阻制动，让主电机在能耗制动低速运行的基础上再用外接电阻精微调节，大幅降速运行，外接电阻的作用就是要消耗发电机(主电机)的能量，当然忽视效率的高低了。

(2) 借助晶闸管相控交流-交流直接变频器。并联能耗制动单元的自动送钻系统，变频器的原理线路如图 4 所示，图中每相变频器都是由 2 组反并联的三相半波整流器组成，用晶闸管作开关元件，利用交流电压过零变负后以反向电压关断已处于导通状态的晶闸管，可实现相控交流-交流直接变频、变压，可将能耗制动单元并联接在其整流回路上，控制主电机的电磁转矩，实现低速送钻。

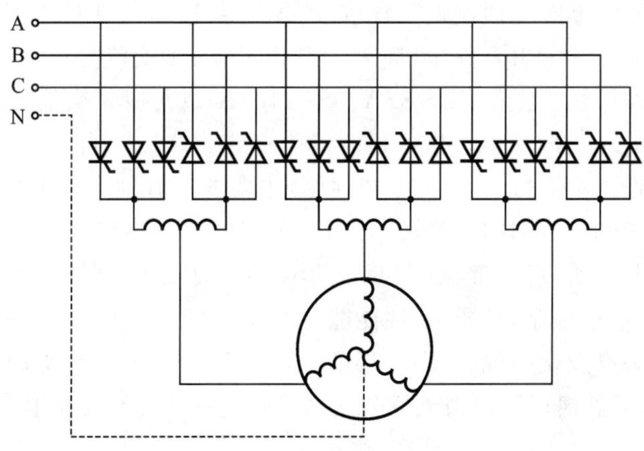

图 4　三相半波整流器构成的三相交流-交流直接变频器

这种交流-交流直接变频器作为大功率低速旋转机械的四象限双向传动的电源，即可用于驱动电动机，又可用于电机发电向电网反馈，其输出频率越低，输出电压波形质量越高。缺点是输入功率因数较低，控制较复杂，需另设一套交流-交流直接变频器能耗制动系统，当送钻时自动联锁切入运行。至于其适应性如何，即变频范围有多大尚不得而知，要在试验中改进。

10. 顶驱成为钻机的常备装置 弱化转盘

1 顶驱的发展

顶部驱动钻井装置(简称顶驱)以其对复杂井处理事故能力强、钻井时效高,从 1983 年上市即打破了百年传统的转盘钻井方法,成为 20 世纪钻井装备三大革新的佼佼者。

美国 Varco 公司自 1981 年研制试验样机 TDS-1 型,1983 年正式生产出第 1 台 TDS-3 型直流电驱动顶驱(500 t、1 000 hp),1993 年生产出 TDS-7S 型交流变频电驱动双电机整体式顶驱,1994 年到 1997 年生产出系列 TDS-8SA、9SA、10SA 型便携式交流变频电动顶驱、11SA,高度和自重大为降低。至今,Varco 公司顶驱已生产出约 1 200 台套,占全世界顶驱总数的 80%。全世界共有 8 个国家 11 个公司生产顶驱,主要的还有加拿大的 TESCO 和 CANR1G 公司,液压顶驱则以挪威的 MHCO 公司生产台数最多(约 120 台套)。

我国 1997 年由北石所设计,宝石厂生产出第 1 台 DQ60D 型直流电动顶驱,此后,北石厂研制出系列交流变频电动顶驱,其质量、性能能与 Varco 产品媲美,畅销国内外(包括美国),供不应求,成为科研成果产业化、产品走向世界的先进典型,其 1 000 t 级 DQ120 BSC 型顶驱也于 2008-04 出厂。我国盘锦辽河油田天意公司已研制出系列交流变频电动顶驱 32 台套,成功投入应用。

2 结构完善过程

顶驱经过 25 a 的发展,其结构和功能日益完善。由动力水龙头发展成顶驱;由直流双速驱动到交流变频单速驱动;从水龙头与电机减速箱分体式结构到整体式;从气胎摩擦式刹车到液压盘刹;从另设低速大扭矩液压行星轮减速冲扣器到主电机上、卸扣;从环形背钳到侧挂对开式背钳,目前结构已臻非常完美,形成由八大部件合一的集成体。

(1) 电动机及其冷却装置、盘刹取代转盘的动力、制动机构、惯性刹车。

(2) 动力水龙头本体、减速箱、提环取代通用水龙头、转盘、方钻杆及补芯、转盘变速箱。

(3) 悬挂平衡装置取代大钩和提环,直接挂到游车过渡梁上。

(4) 管子处理装置,包括回转头、吊环倾斜机构、手动和遥控 IBOP、背钳、防松接头和保护接头取代吊钳、液气大钳、钻台及二层台手工搬立根操作。

(5) 小车及单导轨取代转盘安装梁。

(6) 液压源及液控系统,包括油箱、电动油泵、蓄能器、仪表、液压阀组、液压管线取代转盘上钻台的传动机构及控制机构。

(7) 电力及电控系统,包括 VFD 电控房,MCC 柜、动力电缆、电控电缆(柴油机发电房与钻机二者合一)。

(8) 司钻操作台、二层台辅助操作台,包括旋轮、按钮、仪表、指示灯、报警装置、触摸屏等,如图 1 所示。

3 顶驱关键技术

(1) 全数字电控系统。以 DQ70BS 型顶驱的总线网络为例,如图 1 所示。

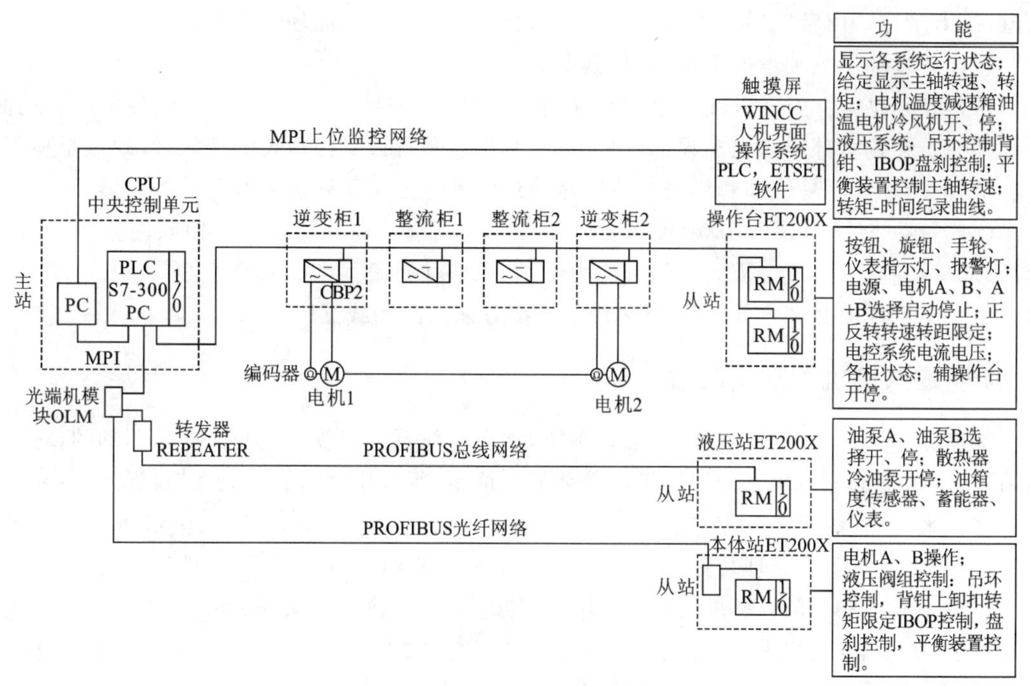

图 1 DQ70BS 型顶驱电控总线网络

全数字控制系统以 PLC 为核心，以中心处理单元为主站，包括 PLC 工控机、计算机及软件等，通过 PRDF1BUS 总线网络及光纤网络与司钻操作台、触摸屏从站、液压从站、顶驱本体从站双向通信，组成完善的数字控制系统，PLC 与变频器控制电机的启、停、正反转，大范围调速与转矩的调控，司钻操作台与二层台辅助操作台联锁，电机与盘刹联锁，IBOP 与钻井泵联锁。

(2) 双电机的功率均衡。双电机主从控制，设电机 A 为主动机，电机 B 为从动机，主动机采取直接转矩控制，司钻用电位器旋钮给定转矩信号，而从动机的变频器的给定转矩信号来自主动机变频器实时计算的转矩值，实现对主动机转矩的跟踪对比，从而保持主从之间转矩的一致性，2 电机驱动同一主轴，转速相同，功率必然均衡分配。

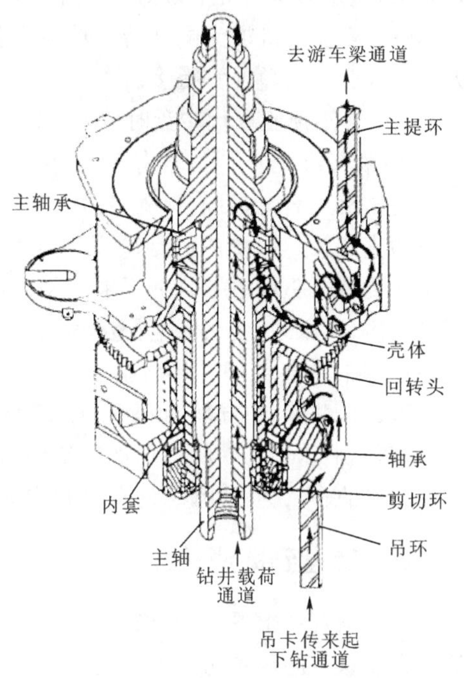

图 2 顶驱双负荷通道

DQ70BS 型顶驱装 2 台交流变频电动机，功率 2×294 kW(2×400 hp)。用牙轮钻头钻较浅井，控制转速 110～160 r/min，转矩 25 kN·m；用 PDC 钻头，转速 160～300 r/min，转矩 25 kN·m，开单电机。当井加深时开双电机，转矩可达 50 kN·m，用双电机卸扣、转矩可达最大值 75 kN·m，电机可长时间堵转，便于处理钻井事故。

(3) 双负荷通道。图 2 给出美国 National Oilwell Varco 顶驱的双负荷通道。

钻井负荷通道：主轴—主轴承—内套顶部—壳体—提环—游车。下套管和起下钻柱负荷通道:吊卡吊环—回转头吊耳—扶正轴承—内套下部—壳体—提环—游车。

这样就减轻了主轴承的负担,延长其寿命。

(4) 结构种类。美国 Varco 公司顶驱有 2 种结构,一种为普通型,其液压装置设于地面;另一种液压装置全部装在顶驱顶部电机旁边,其优点是省去 2 根粗长的液压管,缺点是顶驱加高加重、液压装置不易检视和维修。我国盘锦辽河天意公司系列顶驱有此结构方案。

(5) 主要部件。顶驱主要承载件有主轴、减速箱壳体、提环、回转头吊耳、内套等,要精心设计、选材和制造,经过有限元分析和应力测试,保证其屈服强度。安全系数应大于 API 规定的许用安全系数值 2.25～3,并经过 2 倍额定提升能力的加载试验。

4 顶驱成为钻机的常备装置

全世界所有海洋平台钻机全部装备顶驱,并且全部更新或改装成交流变频驱动的,对于陆地钻机,API 规定凡钻非直井的钻机都必须配备顶驱,所以顶驱已成为大型钻机的常备装置。

动力水龙头(液压水龙头)也是从管柱顶部驱动钻井和修井的,从广义上讲也属于顶驱的范畴,只是不配备管子处理装置,结构简洁轻便,适合在 ZJ10、ZJ15、ZJ20 型三级钻机上配备,在 XJ90、XJ110,XJ135 型修井机上也适用。ZJ30、ZJ40 钻机名义钻深 2 500～3 200 m,是我国钻井的主力机型,占钻机总数的 45%,占钻井总数的 75%,为它们配备轻便的 DQ30Y、DQ40Y 型液压顶驱,取代转盘、方钻杆和水龙头,实为优秀方案。

(1) 轻型钻机、车装钻机和修井机绝大多数是机械驱动的,其转盘的传动要靠垂直链条或万向轴,这些都是钻机中最薄弱的环节。

(2) 复合钻机多为电动转盘单独配备发电机、变频器、电控系统和操作台等,机电复合改为机液复合要简单便宜得多。

(3) 液压顶驱取代转盘时效高,转矩大,适合钻丛式井。全国在用近 2 000 台钻机,ZJ30、ZJ40 型钻机约 1 000 台,若有 500 台换装液压顶驱则大有可为,效益可观。

在钻机成套上,目前顶驱多为临时装备,大钩、水龙头、方钻杆和转盘是常备装置,多用它们来钻直井段。如要钻定向井,则要把水龙头和方钻杆拆下来,换装顶驱挂在大钩上,完钻搬家时又要将顶驱和单导轨拆下来,顶驱、普通水龙头、方钻杆和转盘都要搬到新井位,单设的顶驱发电房、液压站、变频器电控房和司钻操作台也都要搬,2 套钻井装备缺一不可。若顶驱作为钻机的常备装置,取消大钩、水龙头、方钻杆和转盘等钻机八大件中之三件,顶驱挂在游车上,搬家时,井架、单导轨、顶驱和游车整体化为一大模块拖运,顶驱操作台与司钻操作台合二为一,顶驱液压站与钻机多用液压站合二为一,顶驱的发电房就是钻机的发电房,顶驱的电控房和钻机的合二为一,搬家的车次和成本要少得多。

5 弱化转盘到取消转盘

从文献资料上看,都明确说顶驱取代了转盘、方钻杆钻井,但时至今日还没有取消转盘。笔者带着这一问题走访了 2 个油田的 2 位老司钻,一个说:“这口井一开钻就用顶驱,一直钻完 3 650 m,转盘摆在那儿没有用,顶驱钻井要比转盘快 20%。”而另一位司钻则说:“用不用顶驱看情况,钻定向井肯定用顶驱,钻直井就不一定用,先用转盘钻完直井段,在下套管注完水泥候凝停钻的空当中,再换装上顶驱钻定向井,用螺杆钻具钻井时也用顶驱活动钻柱。”可以肯定,无论钻直井或钻大位移井、水平井都可以一直用顶驱而不用转盘,海洋钻井是这样,我国陆地新疆莫深一井也是这样。表 1～表 2 给出系列顶驱、动力水龙头和转盘的参数对比,从中可见，在同一最大钩载（转盘静载荷）下，顶驱的连续工作转矩为转盘的 1.8～2.8 倍；顶驱的间歇最大转矩比转盘的也大同样的倍数。这就是顶驱钻井比转盘快的原因，也是顶驱处理事故能力强的另一根据。

持保留转盘的说法为：一是转盘作为备用，万一顶驱坏了还可改用转盘钻井；二是在易塌卡井段起下钻，顶驱暂脱离开钻柱时还可用转盘旋转活动钻柱；三是用震击器处理井下事故时会震坏顶驱，而击震力对转盘没有影响。看来有些老观念、老习惯一时还不能全改过来，可分 2 步走。第 1 步先弱化转盘，保留转盘，既然它已不是钻井主力，那么其工作转矩不变，转速降为 0～30 r/min，电机功率配备降 10 倍；或者设计新转盘，结构与顶驱的减速箱类似，小电机竖着倒置，经二级正齿轮驱动转盘的大正齿轮；第 2 步待所有技术成熟操作习惯适应后，彻底取消转盘（连同方钻杆、水龙头、大钩都取消），井口只设承重卡盘、钻杆、套管扶正器、气动卡瓦等。

表 1　系列顶驱与转盘参数对比

转盘型号	ZP175	ZP205	ZP275	ZP375	ZP495	RST605
开口直径/mm （英寸）	444.5 (17½)	502.7 (20½)	698.5 (27½)	925.5 (37½)	1 257.3 (49½)	1 536.7 (60½)
最大静载荷/kN	2 250	3 150	4 500	5 850	7 250	9 000
推荐配备功率/kW (hp)	250 (320)	400 (500)	450 (650)	550 (750)	750 (1 000)	实配 550 （实配 750）
最大工作转矩/(kN·m)	14	23	28	33	45	33
最高转速/(r·min^{-1})	300	300	300	300	300	300
适配钻机型号	ZJ30.40	ZJ40.50	ZJ50.70	ZJ70	ZJ70.90	ZJ120

北石顶驱型号	DQ30Y	DQ40Y	DQ40BC	DQ50BC	DQ70BSC	DQ70BSD	DQ09BSC	DQ120BSC
最大钩载/kN (st)	1 700 (190)	2 250 (250)	2 250 (250)	3 150 (400)	4 500 (500)	4 500 (500)	6 750 (750)	9 000 (10 000)
交变电机额定功率/kW (hp)	320 (436)	320 (436)	367 (500)	367 (500)	590 (800)	735 (1 000)	735 (1 000)	880 (1 200)
连续工作转矩/(kN·m)	50	50	40	40	50	60	70	85
最大转矩/(kN·m)	50	50	60	60	75	90	125	135
转速范围/(r·min^{-1})	0～180	0～200	0～200	0～200	0～220	0～200	0～200	0～200

Varco 顶驱型号	TDS10SA	TDS9SA	TDS11SA	TDS8SA	TDS10 000
额定提升能力/kN (st)	2 250 (250)	3 150 (400)	4 500 (500)	4 780/6 750 (650/750)	9 000 (10 000)
额定功率/kW (hp)	260 (350)	520 (700)	590 (800)	850 (1 150)	1 100 (1 500)
连续工作转矩/(kN·m)	27.12	64.07	49.49	85.43	97.82
间歇最大转矩/(kN·m)	49.49	62.38	74.58	127.46	146.45
转速范围/(r·min^{-1})	0～182	0～228	0～228	0～188	0～270

表2 南阳二机系列动力水龙头与轻型转盘参数对比

动力水龙头型号	DSL 60	DSL 120	DSL 135	DSL 160	DSL 225
额定载荷/kN	600	1 200	1 350	1 600	2 250
发动机功率/kN	80	110	265	350	475
最大工作转矩/(kN·m)	2	8.1	14	20	28
最高转速/(r·min^{-1})	160	160	160	180	180
适配钻机型号	ZJ10	ZJ15	ZJ20	ZJ30	ZJ40
适配修井机型号	老30,40	XJ90,XJ110	XJ135	XJ158	XJ225

转盘型号	E704	ZP1-90	ZP135	ZP175
通孔直径/mm (英寸)	ϕ180 (7½)	ϕ257.2 (10½)	ϕ315 (12½)	ϕ444.5 (17½)
最大静载荷/kN	600	900	1 350	2 250
推荐功率/kW	150	150	200	250
额定转矩/(kN·m)	10	11	12	13.9
最高转速/(r·min^{-1})	300	300	350	300
适配钻机型号	ZJ10	ZJ10	ZJ15,20	ZJ30,40

11. 钻机要实现快运

陆地钻机是流动作业设备，其拆卸、运输和安装时间占整个钻井周期的(1/10)～(1/4)。对于轻型和中型钻机，钻井周期短(4～20 d)，应对它们提出最高的运移性要求；对于大型钻机，近年也提出高运移性的要求。

1 搬家的启示

笔者搬迁新居，几多欣喜几多愁，数百本书要打包，纪念品和古董要用报纸包裹好装进木箱，搬到新居的结果是 30 张经典音乐唱片全部压裂报废，衣柜碎了玻璃，钢琴断了腿。第 1 次买了 2 个新衣柜，2 辆三轮车 100 元拉到家，第 2 次买了 3 个大书橱，1 辆大卡车 50 元拉到家，由此，领悟多多：

(1) 不要蚂蚁搬家，支离破碎，尽量用大木箱、铁箱搬运，集装箱化。

(2) 新买的 3 模块写字台和 5 模块双人床，上楼搬运非常方便。

(3) 装车一定要捆绑牢靠，避免在不平坦的路上互相碰撞，保证安全。

(4) 贵重电器不能一起运，电视机、计算机等坐出租车，以防振坏。

钻机搬家也同此理，详见 3。

2 模块化与集成化

2.1 模块化的特性

(1) 模块具有独立性。一个模块其功能单一，每一子模块完成一个子功能，多个子模块组成整体模块完成总功能。

(2) 模块结构独立，可单独拆卸、检验、测试，故障诊断与排除和维修等都不牵涉其他模块，即模块对内部有高的内聚性，对外部有最低的耦合性。

(3) 模块具有物料流，能量(力)流，或有信息流的输入和输出；有刚性接口(机械连接，电路插接)、柔性接口(管线及快速接头，电缆等无机械装配关系)和半刚性接口(万向轴、弹性联轴器，鼓形花键联轴器、挠性轴，连通泥浆罐之间的气压橡胶密封伸缩由任等)。

(4) 模块具有通用化、系列化的特点，具有标准化的连接尺寸，有简明互换的接口，一个模块可互换在不同用途不同系列的产品上。

2.2 集成化的特性

(1) 产品的每一个功能由多个组件共同完成，每一组件跨越多个功能。

(2) 组件之间界线很难划分，有高度耦合性。

(3) 产品设计力求完美的性能，多个功能集合成总功能实体，例如，钻机的功能由起升、旋转和循环 3 个功能实体集合而成，每一个子实体中包含多个组件，每一个组件的功能不独立，也可能有单一功能，任何一个组件的修改都要牵动全局，产品要重新设计。

实际上很少有产品是全模块化的或全集成化的，钻机运移拆分的单元即是独立模块又是集成组件，通称运输模块。根据运输工具和运输模式不同，可划分为一级大模块，二级、三级子模块。

3 快运钻机模块化设计

(1) 进行钻机整体方案设计之初,就要着重研究运输模块的划分,尽量不要在难以保证安装质量的界面拆分,降低每一个运输模块的质量,减小外形尺寸,使之符合公路和铁路运输的要求,尤其是最大最重的底座和井架。

(2) 根据运载工具的条件,尽量运大模块,以减少运输车次和装卸时间,大型钻机主机和外围设备共20～25个大模块,争取在1 d内拆运装完毕。

(3) 提高模块的独立性,应不按顺序安装,不互相牵连,与统一机械驱动钻机的安装正好相反。统一机械驱动钻机首先对准井眼中心安装底座和井架,然后安装转盘、转盘传动链、绞车、爬坡链条、正车箱、窄V带并车、柴油机组、泥浆泵传动V带,最后才能安装泵泥浆就位,个个对正安装非常费时间。独立驱动的电动钻机用电缆传动,可并行安装作业,节约了大量安装时间。

(4) 根据运载工具及安装模式,能整体运就不零散运输(大型绞车和泥浆泵不要拆成2～3块装车),能半拖挂运输就不用平板车运输,能自背车运输就不用吊车;底座、井架能用液缸起升就不用大绳旋升;井架能套装拖运就不整体火车拖运(井架的弯曲损伤大多是在运输中造成的)。

(5) 尽量降低接口的复杂程度,保证刚性接口的精度和刚度,多用半刚性接口和柔性接口。

(6) 为了使机器不受损伤,推广顶驱包装箱式的集装箱化运输模式,泥浆罐体、电控房体、营房体其刚度要足够,吊耳和牵引钩等要焊接牢固。

(7) 散件集装箱化,如钻头、钻杆接头、各种工具等分门别类,各就其位,安装的紧固件、锁轴等要用专用箱保管。

(8) 电控房、司钻控制房、录井房等仪器、仪表集中的模块远程运输要采取防震措施。

(9) 安装拆卸专用工具配备齐全,以加速作业,降低劳动强度。多用液压千斤顶、液压拉拔器、扭矩扳手等,不要抡大锤、用撬杠、倒链甚至动用拖拉机。

4 工欲善其事 必先利其器

4.1 树立运载工具一体化理念

整套钻机划分为几级、几个子模块,主要取决于运输工具和运输模式,主要有5种。

(1) 传统模式。块装钻机、小模块拆分、平板车装载和吊车上下,一般运输车次在60次以上,拆运装要4～5 d,拆装量大,运移成本最高。这种模块适用于所有级别钻机或作为装运底座及外围设备的辅助模式。应发展大吨位平板车,5～6桥大吨位自背车(40～60 t),以便装运大模块,不用吊车,另备特种车辆,例如管材运输车(带上下运输带和机械手)。

(2) 车装钻机。专用载车(详见4.2)、自备动力、分别驱动钻机,行驶运移性最高。美国早在20世纪60年代即开始生产车装钻机及修井机,现拥有车装钻机2 500台、修井机6 000台,制造厂有20家,主要有IR(Franks),Wilson,Cooper和Ideco等。美国1 700～2 500 m深的井数占总井数的65%,油区路况平坦坚硬,遇泥泞地用方木铺路或用mudboat进沼泽,大量应用车装钻机。我国70年代引进650B等型车装钻机64台,由于路况不适应,损坏严重,至今只有 20 台在用。我国主要生产车装钻机厂家有南阳二机石油装备(集团)有限公司(简称南阳二机)和江汉石油管理局第四石油机械厂(简称江汉四机),南阳二机生产的 ZJ40/2250 型车装钻机和四机生产的 ZJ40CZ 型车装钻机是世界上最大型的车装钻机,批量向美国出口。我国 1 700～2250 m 深的井数占总井数的 85%,用车装钻机完井数较少,多数是由大庆Ⅱ型钻机、ZJ20、30 级撬装钻机完成的。我国东部、东北部春季翻浆,夏、秋季多雨,道路泥泞,车装钻机有时要用 2～4 台拖拉机帮助通过。应投资改善路况,修简易硬土路,广开思路,例如,沙漠机场的钢网跑道;江苏油田的驳船进湖区,舟桥过河,使车装钻机在国内广开市场、创造更大的效益。

(3) 全拖挂钻机。车头与拖车一体化,二者不脱离,车头自备动力负责行驶,拖车自备动力负责钻井作业,拖车前桥往往超载,车头分担部分载重,以减轻轮胎接地比压,车头利用率不高,适用于少数＞5 000 m 井深的钻机。

(4) 半拖挂钻机。钻机拖车自备动力负责钻井作业,牵引车将拖车牵拉就位后与拖车分离,牵引车统一调度使用,利用率高,适于各级钻机远距离运移,详见本文 5。

4.2 对载车的要求

车装钻机的载车和拖挂钻机的拖车是石油特种车辆,对它应有特殊的要求。要具备行驶稳定性、通过性、越野性、适应性和作业稳定性。载车行驶时要有稳定性;在钻井时要有作业稳定性,但这二者往往是矛盾的,例如,钻井作业要求配大截面 K 形井架,但装车质量大,重心高,行驶不稳,只能装小截面套装桅架,但作业不稳定,创新设计就是寻求两全其美的形式与结构。

(1) 行驶稳定性。ZJ10、15、20 型车装钻机采用通用重型工程车;ZJ30、40 型车装钻机采用自制加重加长型车桥,2 根纵梁为高 525 mm 的槽钢,在满载工况下要满足车架的强度刚度要求,车台上平衡布置各种设备,前桥不要超载(往往难做到),车轮距越宽越好,全车重心越低越好,载车的转向系、制动系和操纵系灵活反应快。ZJ30 型车装钻机的载车型号为 DZJ70/14×8,其中,70 表示车能承载的总质量为 70 t;14 表示全车可承载的车轮数;8 表示参与驱动的车轮数。如载重 70 t、车重 70 t,总质量 140 t,前桥 6 轮胎可承载 6×11 t=66 t,后桥 8 轮胎可承载 8×13 t=104 t,全部轮胎承载能力为 170 t,承载率为 82%(要求承载率为 70%～80%)。

(2) 行驶通过性。车承载质量越轻越好,ZJ40 型车装钻机总质量 85 t,底盘 14×10,承载率已达 90%,接地比压大,转弯半径大,已经达到车装的极限。车装钻机总尺寸越小越好,公路限制为＜24 m×3.3 m×4.45 m;铁路限制为长不限,宽 3 m,货高 3.7 m,车载集装箱(大号)为 12.02 m×2.35 m×2.38 m。载车转弯半径越小越好(＜20 m),离地间隙越大越好(＞300 mm),接近角/离去角越大越好,爬坡度越大越好(＞26%)。

(3) 载车越野性。美国产的车装钻机多为前桥驱动,根据我国路况条件,国产车装钻机多为前后桥双驱,平地硬土路车速 40～60 km/h,配 20～22 型工业轮胎(浅花纹),山地行驶车速 20～30 km/h,配 457.2 mm×596.9 mm(18 英寸×23.5 英寸)或 596.9 mm×635.0 mm(23.5 英寸×25 英寸)宽面大花纹轮胎,通过 Allison 液力变速箱获得低挡、大转矩,满足爬坡性能要求。对半拖挂车要求有足够大的制动能力,保证行车安全。

(4) 载车适应性。对于沙漠中行驶的载车,轮胎接地比压要低,配用浮式低压沙漠轮胎 36.00-51 型,直径 3 m,大深花纹,自动充气和御压;对于热带地区行驶的载车,要用防爆胎;对于寒带极地行驶的载车,要保证柴油机启动及供气干燥。

（5）钻井作业平稳性。在钻井作业时，载车用4～6个液压千斤顶顶起，靠机械支腿落在基础上，支腿横距要宽，车四角斜丝杠拉筋，车装钻机尽量不用带绷绳的倾斜桅式井架，而用不带绷绳的K形直立井架。车架、井架与底座通过模态分析（计算与试验）保证其低谐抗振性能。

5 大型钻机也要实现快运

井深＞5 000 m的钻机，体积大、质量重（＞300 t），搬家要60车次左右，用4～5 d才能安装就位，成为降低钻井成本的难题。早在20世纪70年代，美国NSCO、IRI、Ideco等公司就致力于5 000～6 000 m钻机的半拖挂化和不拆卸整体搬迁。近年，意大利Drillmec公司的HH-300型5 000 m半拖挂全液压钻机创造了全套钻机20车搬迁100 km，5人8 h搬完的最快记录。

5.1 半拖挂钻机运移

（1）4 000 m半拖拉钻机。宝鸡石油机械有限责任公司（简称宝石公司）研制的GW-M1000型半拖挂沙漠钻机分装主机、井架2个半拖挂车，现应用于利比亚；ZJ40DJ型直流电动半拖挂沙漠钻机主机分2个大模块，也可整体拖运，总质量190 t；南阳二机研制的ZJ40/2250型半拖拉钻机，出口美国30台套。

（2）5 000 m半拖挂钻机。四川宏华石油设备有限公司（简称宏华公司）研制的“超越钻机”Be-yond Rig交流变频电驱动，3节套装井架，6立根底座，都用液缸起升；四机公司研制的“大（型）易（运）钻机”Bigeasy Rig井架是1个模块，底座是3个模块，三者用同一套三级液缸起升；兰石国民油井公司研制的“理想钻机”（Ideal Rig）共6个模块，2节套装井架2个模块，平行四边形底座3个模块，都是液缸起升，另外，低位绞车及其底座1个模块。宝石公司接美国订货正研制全球最大的7 000 m半拖挂钻机，2008年交付使用。

（3）共同特点。① 快运钻机的主导理念就是全套钻机包括外围设备搬家快、成本低，因而不单纯局限于半拖挂，可以半拖挂和大模块平板车运移相结合，例如井架2节套装连同游动系统半拖挂运移，底座拆分为3～4个大模块平板车运移，同时底座设计有拖拉接口，也可改为半拖挂运移，视道路条件，灵活采取不同的运输模式；② 井架和平行四边形或立柱式底座，都用双三级液缸起升，或同一套液缸换支点起升；③ 拖车和牵引车符合行驶稳定性要求，特别对于山地（公路）、丘陵、沙漠等地域，拖车和底座就位后符合作业稳定性要求；④ 使用大吨位（40～60 t）、5～6桥平板车和自背车，大功率牵引车（400～500 kW）和36.00-15型浮式低压沙漠轮胎。

5.2 钻机整体拖运

除丛式井钻机整体轨道滑移以外，钻机的轮式半拖挂整体运移是一种运移性最高的模式，适于＞5 000 m钻机在平坦开阔地域硬土路上近距离搬迁。根据运输工具不同，可分为3种类型。

（1）钻机与拖车一体式。如图1所示。拖车台架即是钻机底座的橇座，井架与主机不拆分，行驶时放倒，作业时井架与底座为双升式，牵引车脱离，拖车不脱离，美国National Oilwell Varco有此类型。

（2）横穿拖运梁式。如图2所示。2部前单车及2个拖运梁横穿进钻机底橇窗口，安装2

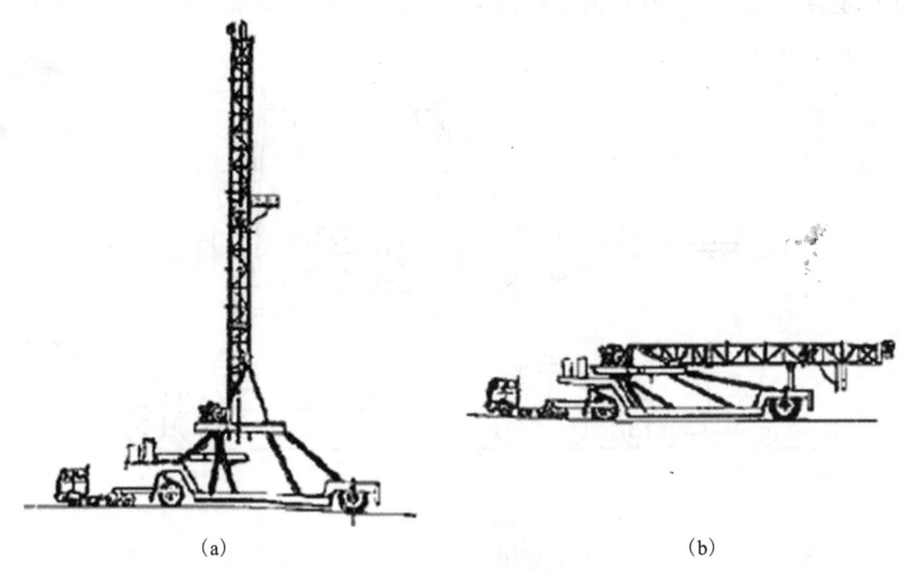

图 1　钻机与拖车一体式整体拖运示意

部后单车，用单车上的 8 台 30 t 液压千斤顶将 200 t 的钻机顶起，前单车用拉杆联结，2 台牵引车同步拖行，作业时底座落地，牵引车及拖车全脱离，美国 Moor Co. 有此类型。

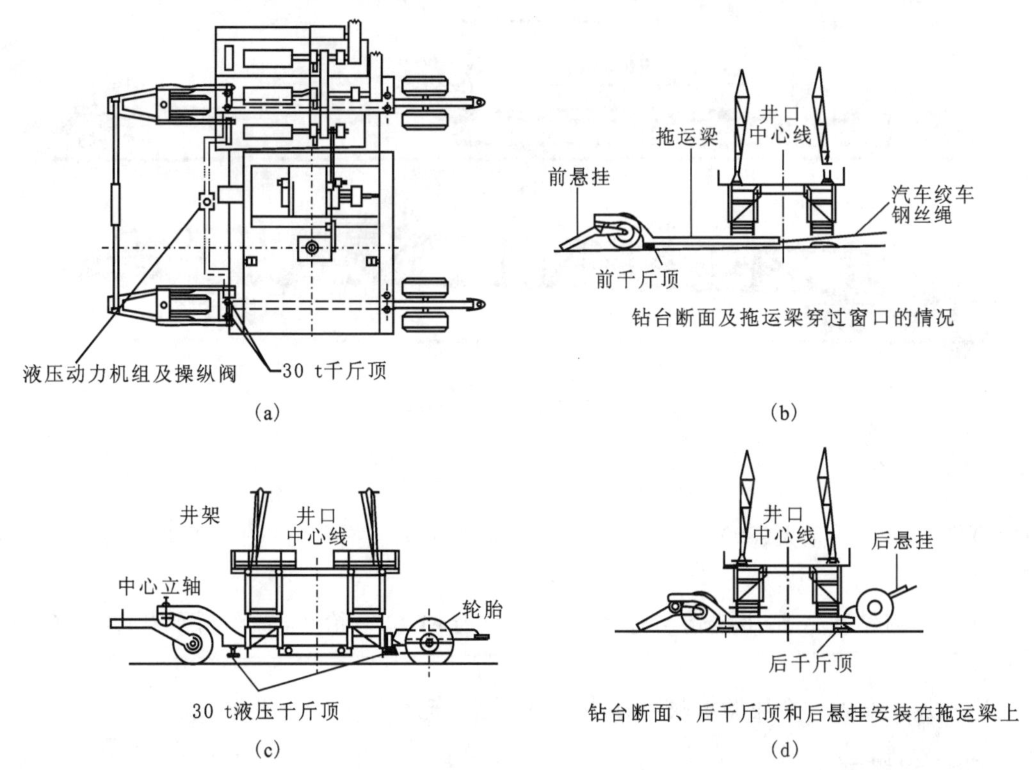

图 2　横穿拖运梁式整拖安装步骤及拖运示意

(3) 4 单车抬轿式。如图 3 所示。一套整拖挂车由 4 部单车组成，每部单车都有 4 轮悬挂，都有 1 台 100 t 的液压千斤顶，4 部单车连接在钻机底座四角，一起将整套 400 t 钻机顶起，由 2 部牵引车拖行，此类型与前 2 种不同，前 2 种钻机底座行驶时不受力，而此类型的底座受拉和弯曲力，必须加强设计。作业时底座落地，牵引车及全套拖车脱离，美国 Mid-Continent Co. 及 National Oilwell Varco 有此类型。

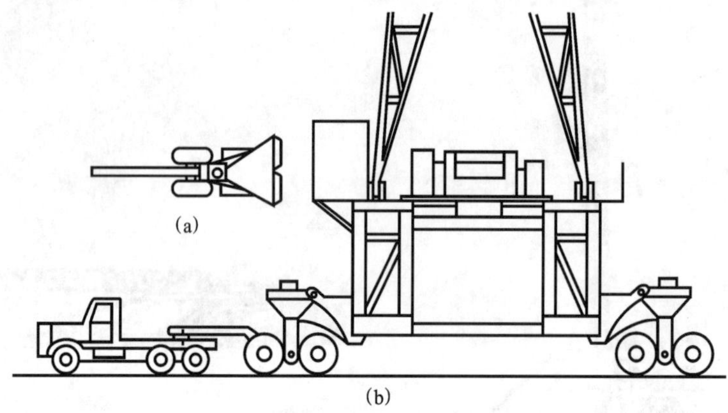

图 3　4 单车抬轿式整拖示意

（4）二模块整拖式。中油特种车辆有限公司研制出二模块整拖式，如图 4 所示。主机底座采用 4 部各为 100 t 承载力的单车抬桥式整拖，前部单车有鹅颈连接及起升千斤和牵引鞍座，后部单车有鹅颈连接及起升千斤，底座顶起摆平后用 2 部牵引车拖行，钻机的加强底橇为承载体。井架模块整拖，此类运输模式适于远途拖运。

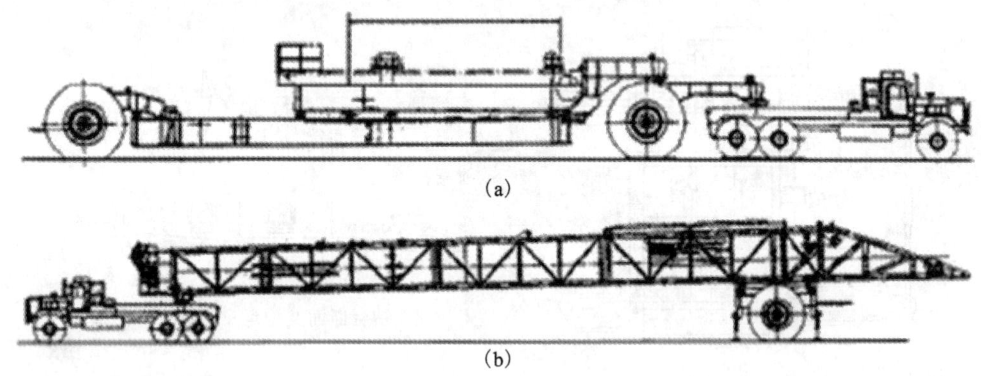

图 4　钻机二模块整拖行驶状态

5.3　设计理念

（1）钻机整体质量大(300～400 t)，需配置大吨位的承载拖车和液压千斤顶以及大功率的牵引车。

（2）拖车与钻机底座用挂钩与连接锁牢固结合，4 单车抬轿，每车轿承载 100 t(每轮 50 t)。

（3）底座调平使 8 个轮胎承载均匀，接地比压低，车速放慢，行驶平稳性好。

6　特殊运移模式

为适应特殊地域地貌，可采用非轮式特殊运输工具。

（1）丛式井钻机。海洋钻机一般都钻丛式井，配备纵横移动的叠层底座；陆地钻机采取液压步进式轨道滑移。宏华公司生产的 ZJ50DBS 型丛式井钻机底座用双液缸同步滑移，步进行程 1.0～1.5 m，用固定销换位，液缸压力 16 MPa，排量 32 L/min，滑移速度 0.5～0.7 m/min，纵或横运移 20～30 m，一次需 2 h，该机在泰国作业 10 多年，效果好。

(2) 直升机运移。美国 Ideco MSH-2000 型 6 000 m 钻机拆分为 2 t 小模块，直升机运移；江汉四机研制的直升机吊装钻机在新几内亚丛林中作业，吊装单位小于 4 t，吊装用 8 h，24 h 安装完毕。

(3) 飞艇运移。我国 2008 年雪灾后用飞艇吊装输电塔之间的电缆，效果很好，对于钻机，拆分为＞10 t 大模块，适于在丛林、山地中运移，运 1 次相当于直升机运 5 次，效益更高。

(4) 极地钻机。加拿大 DRACO 生产的 5 000 m 极地钻机，半拖挂运移，全拖车共装 45 个轮胎。英国的北极钻机用 ϕ114 mm(4½英寸)钻杆可钻 3 050 m 井深，SCR 直流驱动车装电动钻机，可拆散为 20 t 一个模块，部分可用直升机运输，1.8 t 一个模块，全封闭井架高 35.4 m，用双液缸起升。宏华公司为俄罗斯生产了 5 000 m 极地钻机；阿拉斯加地区钻机有的用履带车在冰雪地上运移或以钻机底橇为爬犁，用拖拉机来运移。

12. 没有机械化 妄谈智能化

1 钻机的机械化自动化和智能化

当前，国外自动化钻机发展的水平已经达到钻台和二层台无人化，一人室内操纵作业，一人场地维修，最大提升能力 4 540 kN(7 000 m 井深)，如美国 AIO-32、AIO-40 型自动钻机，意大利 Drillmec HH 系列全液压自动钻机等。直到目前，还没有一台智能化钻机问世，市场上的智能钻机、智能修井机、智能抽油机、智能仪表等都出自制造商的美好愿望，其实际性能远远达不到智能化水平，对钻机更不能随意贯以“智能化”的虚名，实现智能化必须首先实现全机械化和全自动化。目前我国制造的钻机还处于半机械化、半自动化的水平，钻台和二层台还需要 4～5 人从事重体力劳动，机械化装备仅限于动力钻杆钳和套管钳、液压猫头和小绞车、方钻杆旋扣器和吊卡、卡瓦等，自动化装备仅是部分钻机配备了盘式刹车自动送钻系统，交流变频电动钻机能耗制动送钻系统，尚未达到全自动化水平。

达到钻机起下钻操作机械化的要求：

(1) 钻柱及套管柱上扣、卸扣机械化。铁钻工、气(液)动卡瓦和液压吊卡等。

(2) 立根排放机械化。立根排放系统或二层台机械手。

(3) 单根上钻台机械化。搬运、入鼠洞卡紧接单根系统。

(4) 场地排管运管系统。36 t 运管车带机械手，履带运输机。

(5) 钻杆、套管螺纹清洗、涂润滑脂系统。

(6) 钻杆长度自动测量系统。目前已有激光测量井深系统，精度 25×10^{-6}，在显示屏上显示进尺及井深，尚未推广。

目前，我国已有 108.5 kN·m 的 2 种轻便型铁钻工样机在试用(荣盛公司、南阳二机公司各一)，气动卡瓦也在试用，但立根排放系统尚属空白，落后国外 30 a。究其原因：一是难度大；二是成本高，没有投资；三是钻井劳动力充足，没有紧迫感。但从贯彻 HSE 要求层面来看，实在是最大的缺口，最大的差距。

2 美国 Varco 公司的机械化产品

(1) ST-80 型轻便型铁钻工(如图 1 所示)。由液压驱动主钳和背钳完成上卸扣，驱动液缸完成弓臂翻转运动，基座中心安装于井眼中心和鼠洞中心平分线后方 1.85～1.90 m 处，可从鼠洞取单根。钻具直径 108～216 mm ($4\frac{1}{4}$～$8\frac{1}{2}$英寸)；上扣旋扣转矩 2.37 kN·m；旋扣转速 100 r/min；最大上扣转矩 81.5 kN·m；最大卸扣转矩 108.5 kN·m；水平移动距离 1.1 m；总质量 2.8 t。

(2) 排管系统。Varco PRS 系列管子排放系统如图 2(a)、(b)所示。可旋转的单立柱安装了上、下 2 个机械手臂，可从井眼中心向大门方向平移，用交流电动机驱动，1 人室内遥控，钻台二层台无人操作，技术规范见表 1。

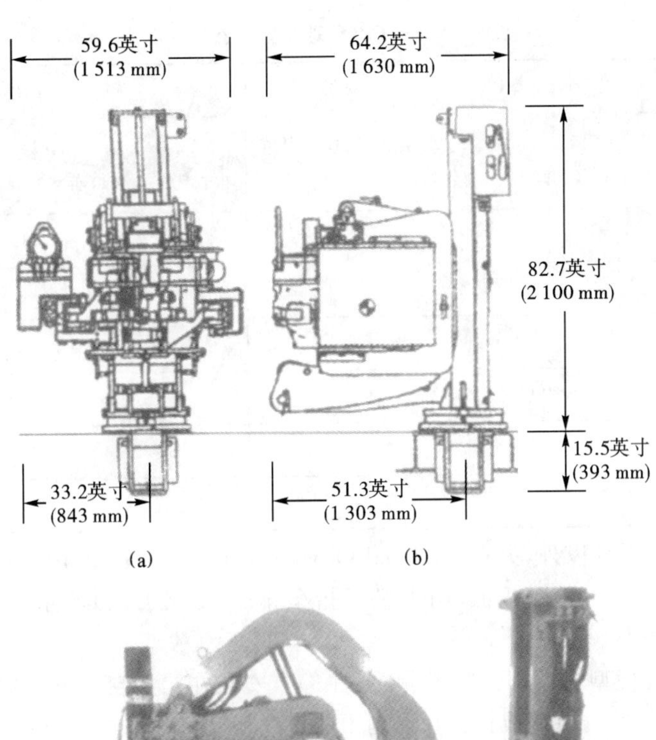

(c)

图 1　Varco ST-80 型铁砧工

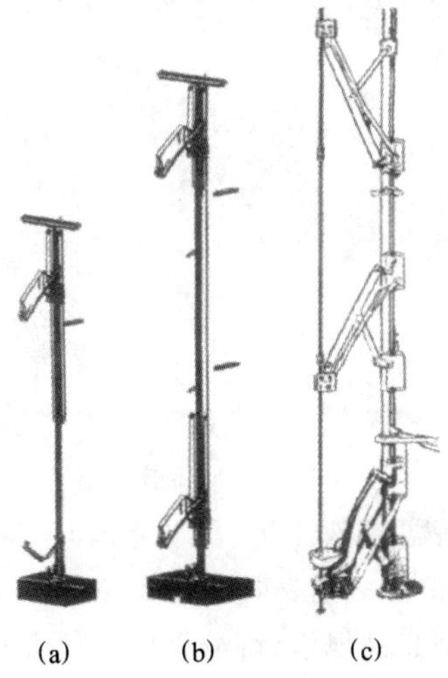

(a)　(b)　(c)

图 2　管子排放系统

(a) Varco PRS-4i 型;(b) Varco PRS 5 型;(c) Varco 钻杆排管器

表1 Varco PR系列排管系统技术规范

类型	PRS 4i	PRS 5
管子规格	ϕ88.9～247.6 mm(3½～9¾英寸)钻杆3根单根，ϕ346 mm(13⅜英寸)套管双根	ϕ88.9～247.6 mm(3½～9¾英寸)钻杆4根单根，ϕ508 mm(20英寸)套管3根
提升能力/kN	99.8	136.0
提升冲程/m	20.4	上臂2.4，下臂6.1
平移行程/m	4.6	4.6
指梁型式	井眼中心到大门纵向平行型	平行型
全高/m	31.7	42.7
总质量/t	34.5	51.3

除Varco排管系统以外，另有National Oilwell Varco的旋转单立柱排管器，配上、下2个机械臂。下端配IRI70型铁钻工，用于星形指梁排放，如图2(c)所示。Varco还有类似的PHM-3i型管子处理机。

(3) VCR型轻便型自动排管机械手(见图3)。安装在二层台下方指梁口中间，可将井眼中心钻柱送至立根盒中，可完成钻杆在鼠洞中的直线运动。技术参数：适用于ϕ73～ϕ168 mm(2⅞～6⅝英寸)钻杆和ϕ247.65 mm(9¾英寸)钻铤；提升能力1.45 kN；提升行程1.524 m；最大伸展距离4.57 m；最大操作速度0.46 m/s；侧向载荷6.8 kN；回转转矩10.17 kN·m；总质量2.22 t。

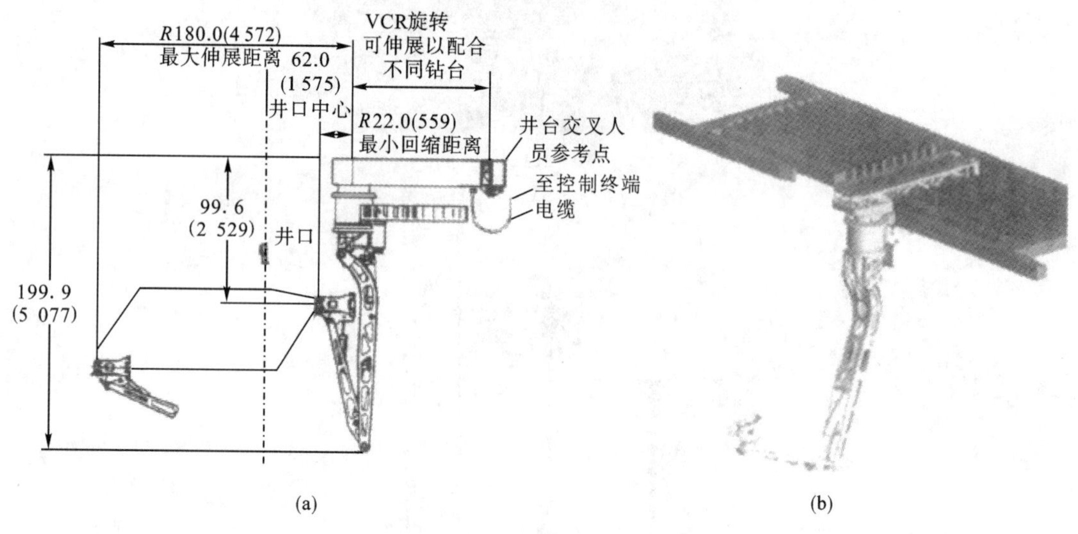

(a) (b)

图3 VCR型排管机械手

(4) RST49.5型液压弱化转盘带液压卡瓦(见图4)。适用于常备顶驱的钻机上，此转盘不承担钻井作业，仅在顶驱不在位时活动钻具和辅助MWD定向钻井，由2～4台液压马达驱动，马达有10-670型和10-950型2种规格，可分别组合成6种不同的转矩。技术参数：转盘开口尺寸1 257.3 mm(49½英寸)；静载荷10 000 kN；最大转速28 r/min；由2只10-670型液马达驱动在20.7 MPa液压下最大转矩17 kN·m；最大功率50 kW；齿轮传动比6.95∶1；最大锁紧转矩 162.7 kN·m;外形尺寸 2.56 m×2.13 m×0.775 m;总质量 9.07 t。

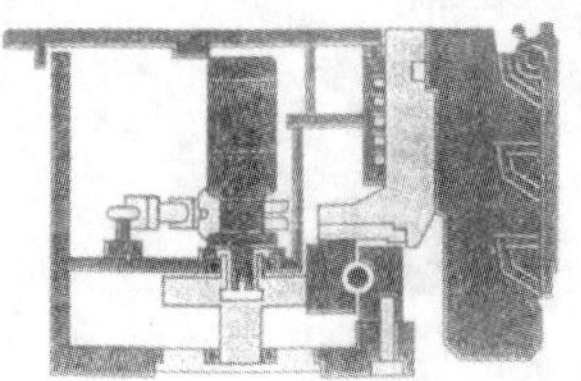

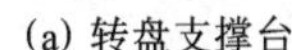

(a) 转盘支撑台　　(b) 带PS30型动力卡瓦的RST转盘

图 4　RST49.5 型液压弱化转盘

(5) BX 系列液压自动吊卡(见图 5)。当管子进入吊卡后,触发机械自动关闭吊卡,吊卡体可翻转±90°,更换补心可扩大管子尺寸,技术规范见表 2。

图 5　BX 型液压自动吊卡

表 2　BX 系列液压自动吊卡技术规范

类型	BX3-35	BX40-50
额定载荷	钻杆 3 500 kN 钻铤 1 500 kN <ϕ355.6 mm(14 英寸)套管 3 500 kN >ϕ355.6 mm(14 英寸)套管 2 500 kN	钻杆 5 000 kN 钻铤 1 500 kN 套管 3 500 kN
管子范围	钻杆 ϕ88.9～168.0 mm(3½～6⅝英寸) 钻铤 ϕ241.3～285.8 mm(9½～11¼英寸) 套管 ϕ244.5～508 mm(9⅝～20 英寸)	钻杆 ϕ88.9～168.0 mm(3½～6⅝英寸) 钻铤 ϕ120.65～274.65 mm(4¾～9¾英寸) 套管 ϕ114～244.5 mm(4½～9⅝英寸)
额定压力/MPa	13.8	13.8
流量/(L·min^{-1})	19	19

(6) PLS315 型单根自动抓放系统(见图 6)。可从井架大门前方运输带中抓取单根放入鼠洞中和送到井眼中心位置。整个系统包括双导轨架,起升车及绞盘,可调长度的起升臂,臂端 2 只机械手,可调换芯子以抓取钻杆、钻铤或套管。技术参数:适用于 ϕ73～247.6 mm (2⅞～9¾英寸)钻杆、钻铤和 ϕ273～508 mm(10¾～20 英寸)套管;载荷能力 31.75 kN,在井架大门内行程 12.19 m;提升转角 90°;总质量 16.2 t。

(7) 管子输送系统(见图 7)。安装在管子场地上正对着井架大门前方,包含装在栈桥顶上的履带连续运输机,液压驱动的送进辊子可适应不同长度的管子及不同喂进角度,将管子运送到钻台前方等待抓放系统抓管。技术参数:适用于 ϕ73.0～247.6 mm(2⅞～9¾英寸)钻杆、

钻铤和 ϕ273～508 mm(10¾～20 英寸)套管;载荷能力 31.75 kN;总质量16.33 t(以上系1998 年资料,至今进展不大)。

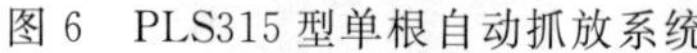

图 6　PLS315 型单根自动抓放系统

图 7　Varco 管子输送系统

3　我国交流变频电动钻机和交流变频电动顶驱的自动控制水平

3.1　已实现的控制与装置

(1) 机电液一体化,半机械化、半自动化,数字化,信息网络化。

(2) 绞车恒功率调整控制。

(3) 游车大钩提升速度能量控制,最快的加速减速和最短的行程时间。

(4) 绞车液压盘式刹车遥控电控,电磁刹车,气动推盘刹车下钻制动转矩与速度调控。

(5) 下钻能耗制动控制,主、辅刹车一体化。

(6) 游车位置闭环控制,防止上碰下砸,与机械式防碰装置双保险。

(7) 数控恒定钻压自动送钻,辅助监控转盘转速和钻进速度。

(8) 顶驱转速和转矩控制,顶驱管子处理系统遥控。

(9) 转盘转矩与钻井泵泵压限制控制。

(10) 绞车、顶驱和钻井泵双电机主从控制。

(11) 柴油机组周期调整控制,带负载自动摘挂挡控制,电喷燃油系统节能控制。

(12) 发电机调压控制,有功无功平衡控制。

(13) 关键部位摄像头,工业监视机多画面 TV 显控(滚筒排绳,二层台、钻井泵、振动筛等)。

(14) 触摸屏,钻井参数设定、显示、储存、打印、诊断和联锁保护。

(15) 总线网络技术,现场局域通信,局限于 1 台钻机现场。

3.2 尚未实现的控制与装置

(1) 钻机起下钻操作全盘机械化、自动化。

(2) 钻井泵组移相软泵控制。2 台泵排出时曲柄转角相差 15°,排量均匀,可取消空气包。

(3) 转盘钻具软转矩控制。

(4) 下钻时大钩悬重-速度自动控制。

(5) 钻井钢丝绳安全检测。研制钢丝绳无损探伤仪,研究基于疲劳与磨损的剩余寿命评估方法。

(6) 井涌、井喷预警及自动防控。

(7) 现场总线网络。多台钻机联网,实现最佳高度集中监控,信息资源共享。

(8) 远程总线网络。OOC(Offshore Operation Center)可在陆地基地通过宽带或卫星监控诊断处于恶劣环境的海洋钻机;在钻井总公司监控沙漠腹地和边远地区的陆地钻机。

4 智能机械

由于电力电子技术、微电子控制技术、机器人技术、总线网络技术、计算机和软件工程技术的迅猛发展,现代机械装备正朝着自动化、智能化方向发展,产品制造正朝着自动化、智能化制造流水线迈进。

智能机械的特点:

(1) 具有类似人的智能,即感知功能、思维功能和行为功能。感知功能指有视觉、听觉、嗅觉和触觉等工能;思维功能指有分析、计算、综合、归纳、推理、判断和决策等功能;行为功能有说、写、画、做等表达行动的能力及自学习、自诊断、记忆、创造等功能。

(2) 智能机械的核心是智能计算机系统,具有高级人机接口,可接受语言、手稿、图表、曲线和图像资料。能综合运用人工智能技术,模仿和延伸、扩展人的智能,处理和解决复杂的问题。人工智能技术重要分支之一就是人工智能专家系统 ANES,其结构组成如图 8 所示,由用户接口(键盘、触摸屏或话筒)、知识库、推理机和数据库等组成。ANES 与计算机软件有本质的区别,它没有算法解,只将专家的经验和知识表示为计算机能接受和处理的符号形式,在不确定、不精确的信息基础上,采用专家的推理方法和控制策略,达到专家级解决问题的水平。但是人类积累的经验和知识难以用规划和逻辑的方法来描述,ANES 较多地采用神经网络模型 ANN 来处理。

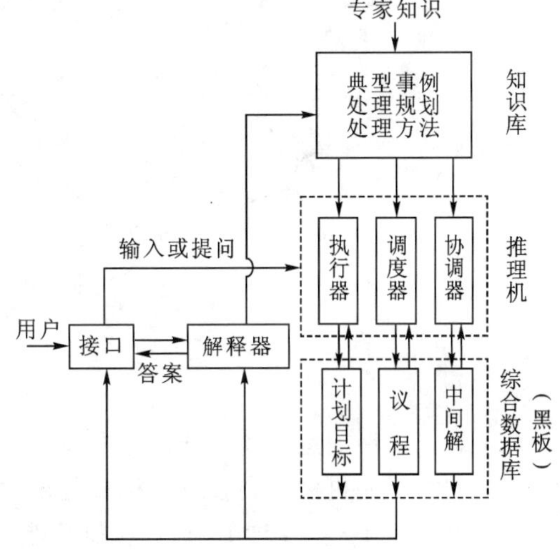

图 8 人工智能专家系统结构组成

(3) 人工神经网络(ANN)是一种模拟人脑神经网络结构,由大量神经元(节点)按一定拓扑结构组成的信息处理系统,如图 9 所示。计算机用逻辑规划运算,其运算速度可达数百亿次/s,其结果的精确性和可靠性人莫能及,但计算机的形象思维能力远不如人,要使计算机具有一定的形象思维能力要靠多模式识别的人工神经网络,它是一个具有高度非线性、超大规模、连续时间、非逻辑的、非语言的和非静态的动力系统,具有非线性动力学的共性——不可预测性、耗散结构、吸引性(混沌奇怪吸引子)、非平衡性、不可逆性、分维高维性、广泛联结性、高度鲁棒性、强的容错性(允许样本有缺损畸变);它善于记忆、联想、概括、类比、推理、映射,具有强的自适应、自学习能力,常用的BP型3层前馈型网络有1个输入层,1个输出层,二者之间有一个隐蔽含层,每层有不同的多个节点,一般识别过程有2个步骤:① 学习过程。通过对样本的学习建立起记忆,将未知模式判定为其最接近的记忆,再通过反向传播调整和修正网络之间联络的权值和阈值,使其输出的误差平方和最小。② 进入识别过程。将采集到的信息(输入模式)首先输进(激活)隐含层节点,经过作用函数(常用S型函数)用网络的权值和阈值进行特定的运算,网络的输出模式是一系列权值阈值和输入模式的线性组合。由于处理对象的随机性、模糊性,主要的综合模型有:

专家系统+人工神经网络
专家系统+模糊控制
}专家系统+模糊神经网络

此外还有灰色预测神经网络,模糊聚类神经网络、混沌神经网络等。模糊控制不要求精确的数学模型,但其精度不高,在设计值附近容易发生周期性波动,跟踪和抗干扰性能差;专家系统模糊控制可获得更多的过程知识,更灵活地利用知识来调整权值和进行多模式识别,具有强的推理判断能力,实现鲁棒性控制,精度高。

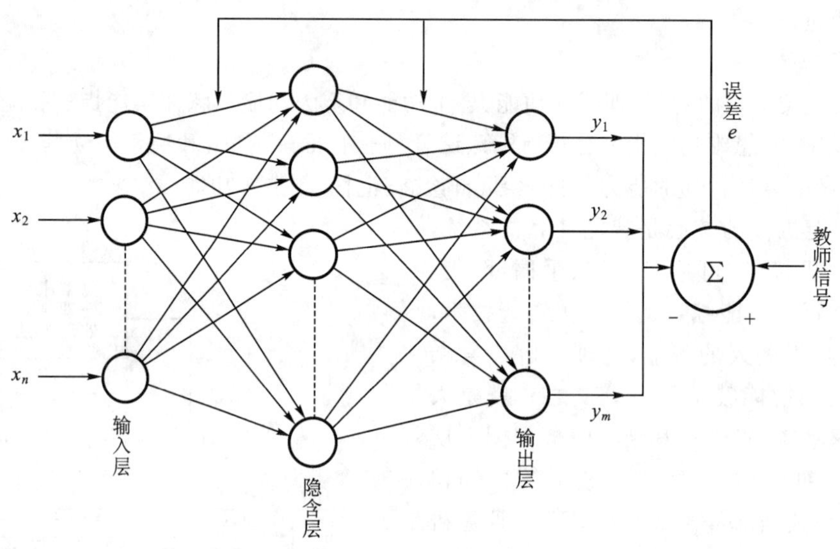

图9 人工神经网络拓扑结构

(4) 智能机械的运作离不开机器人技术,详见本文5.4。

(5) 初级智能机械或高级自动机械是由数控机床发展起来的,典型的自动机械加工流水线有计算机集成制造系统SIMS、计算机智能制造系统IMS、柔性制造系统FMS等,它们的集成一般包括数控组合机床,加工中心CNC;计算机、物料搬运系统(机器人、机械手、传输带)以及系统信息网络(联系管理层、设计、加工工艺、质检、供销、原材料库、半成品库和成品库等部门)。工人在控制室内监控各工序和工步,产品质量由智能管理、智能控制来保证,实现设计、生产、管理数字控制信息网络一体化,朝着自动化、信息智能化工厂迈进。

5 智能钻机

钻机就像深孔钻床,工件就是地球,钻床、深孔钻头、排钻屑冷却润滑液都和钻机极其相似，只有工件质地(岩石等)不同，所以在钻机上可以移植数控机床计算机智能制造系统的成熟技术。

5.1 智能钻机系统组成

智能钻机的理想是无比美好的，具有高度创新性，它必须首先搭建全机械化、自动化的平台，在此基础上创建智能化。其范围暂只限于钻井队完成的大部分钻井程序，主要有：正常钻进、接单根、起钻、换钻头、下钻、下套管等工序。由专业公司完成的钻前工程(安装)、固井、处理事故打捞、电测和试井等工序太复杂，暂时不包括在智能化范围内。

按照上述范围，钻机应具备的自动控制系统为：

(1) 交流变频电动钻机和顶驱的数字电控系统、全液压自动钻机的电-液控制系统。

(2) 转盘或顶驱运行控制系统。

(3) 钻井泵组运行控制系统。

(4) 钻头自动送进系统。

(5) 绞车起下钻过程机械化操作控制系统。

(6) 柴油发电机组工况监测控制系统。

(7) 钻井设备故障诊断在线监测系统。

(8) 井下钻具 DWD 故障随钻随诊断系统。

(9) MWD、LWD 系统和井眼轨迹自动控制系统。

(10) 钻井参数测录显示系统。

(11) 钻井信息网络系统和远程数据传输管理监控系统。

(12) 钻井 HSE 管理和安全应急系统。

5.2 智能钻机与故障诊断专家系统

钻井设备可概括为地面设备和井下工具系统 2 大部分，前者的智能化相对于后者比较容易一些。

首先，用智能计算机、神经网络专家系统使工作机械工况变化情况实时感知并自动适应地变换控制策略和控制参数(不用人干预)，在线或定时离线预诊断机械故障的发生(关键部件应变、轴承间隙及温度等)，自动采取预防措施(降低载荷或转矩、减慢速度)，依靠相关联锁控制来杜绝人为误操作，使机械故障率降至最低；其次，将钻井各子工序用计算机、PLC 系统、物料搬运机器人系统串、并联起来，使钻井程序按照设计计划安全地、平稳流畅地进行，实现一人监控；最后，实现井场无人化(多台钻机远程联网监控)。

相对于地面设备，井下工具系统实现智能化则困难得多，没有井下 TV 系统，看不见，摸不着，只能依靠有限的仪器协助；依靠地面钩载、转盘转矩和钻速反应的间接信息；依靠司钻经验猜测性地判断井下情况来摸索钻进。

(1) 智能钻具系统(Intelligent Drillingstring System)。根据地质岩层资料，对井下 MWD 仪器、地面钻机、电控系统传感器提供的实时钻井数据(井深、钻速等)，结合原始数据库、预测算法库、专家系统进行综合评价，诊断评价出钻杆柱(接头螺纹)的潜在故障、诊断出井底钻头的磨损程度，根据起下钻成本和钻头、钻井成本，决定何时起钻最经济。

(2) 井下信息网络。定向钻井通过高精度的 MWD、LWD 仪器的泥浆或钻具脉冲波，采取双向通信方式，将井下实时数据以 2 Mb/s 的高速传送至地面，经过专家系统分析，然后发指令给井下仪器,配合调控井下钻具。有可能借助航天控制技术,按照设计图纸的井眼轨迹,智能化地控制钻头走向,高质量完成大位移井和多分支水平井的钻进。

5.3 最优化参数钻井

20 世纪 90 年代初期,英国诺丁汉大学曾研究智能化钻机,利用计算机控制钻井,使用多年钻井资料构筑的数据库,产生一系列自动预测矩阵,用以确定最优化的钻井工艺参数。有 2 种控制模式:

(1) 最优化目标函数为最低钻井成本。以钻井成本方程式为依据,方程式中各项参数可采用实时测量的数据,约束条件为钻机和钻井工具等条件,结合预测矩阵和钻井方程式的分析计算,生成钻井成本矩阵,得出最经济的钻井参数(钻压、转盘转速、泥浆泵排量、泥浆密度粘度、钻头水功率等),用以自动控制钻进过程。

(2) 最优化目标函数为最大机械钻速。这种模式比第 1 种简单,因为它不包含其他影响钻井成本的复杂因素,同样得出钻速最高的钻井参数,用以控制钻进。

我国石油高校、钻井研究所在最优化参数钻井方面也有诸多研究成果。

总之,机械化要实现钻台、二层台、机泵房无人化;自动化要实现钻进、起下钻、下套管操作程序化、自适应控制;智能化要实现专家系统控制自寻最优钻井参数、钻机钻具最佳运行状态、钻井质量优、效益最大化。

5.4 机器人技术

(1) 机器人技术是 20 世纪 10 大技术革命学科之一,第 1 台工业机器人在美国 20 世纪 60 年代中期问世,但是从发展速度和经济效益层面来看,还要首推日本,它拥有世界机器人总量的 70%,企业机器人普及率达到 55%,在机械制造业中普及率达到 98%,全日本机器人制造业有 250 家。

当今机器人的功能和应用领域发展迅速,工业机器人在各种作业中从事繁重的重复性的装卸搬运操作,节约了工人的体力劳动 80%~100%,并且它不会产生自然人的“厌烦”、“疲倦”心理和生理的障碍及操作失误,因此,机器人的耐苦性、持续性、稳定性、高速性和精密性都远胜于自然人,能大幅度地提高劳动生产率。进一步扩大应用领域,即从事危险性、危害性工作,诸如 SIMS 制造系统、汽车生产线、核电站反应堆维修、高辐射环境、高压(如海底探矿)、高温、低温、噪声、粉尘、有毒(喷漆、电镀)、剧毒(H_2S 气等)、扫雪、运炸药、排险等工作。对于这些危险、危害性工作,机器人具有“免疫功能”。

(2) 我国在石油工业中机器人的应用比较落后,仅有海洋钻机的铁钻工和卧-竖排管系统,油井抢险灭火机器人(水力切割井口、换装 BOP 等),各钻采机械制造厂、柴油机厂、钢管厂的 SIMS 中的机器人和机械手,库房搬运机器人等。今后,在深海、极地勘探和维修、大漠腹地和边远地区的油气开采中,机器人和遥控智能机器人将大有用武之地。

(3) 机器人的类型:① 接功能划分有二维直角坐标式(x,y)、二维极坐标式(w,r)、三维直角坐标式(x,y,z)、三维圆柱坐标式(w,r,z)、关节式;② 按发展阶段划分有简单机器人(只能单一动作重复,可编程序,在原地不移动,应用于各行业)、功能机器人(具有视觉、听觉、触觉,可远程控制、可切换多个动作程序,能听取命令,步进式、轮式、履带式,进退转弯)、智能机器人(有部分人工智能的高级机器人,如会办公、打字翻译,当总机话务员、仓库管理员、交通协理员,家政护理、种花剪草等)。

13. 再认识钻机标准　对无序生产说“不”

1　老经验旧观念

我国共拥有约 2 000 台钻机，轻型的有早年生产的 1 200 m 钻机；中型的有 1975 年以后生产的大庆Ⅰ-130 型、ZJ45J 型、ZJ45 型、F-200 型；大型的有 F-320 型钻机。这些钻机为我国石油勘探开发立下了汗马功劳，已使用 30～40 a，有的经过改造还在服役，钻井公司领导到职工都有一套老经验和老观念。

(1) 还是机械驱动钻机好，便宜、好管理、好维修，电动钻机虽然性能好，但太贵，电这东西看不见摸不着，故障多，不好维修。

(2) 国产柴油机故障多，还是 3 台机联合驱动的好，要 E 型三角皮带并车，不要窄 V 联组皮带并车，更不要链条并车，难修换，链条箱易漏油。

(3) 保留液力变矩器，柔性传动，绞车、转盘连续无级调速，泵可变冲次，不用调柴油机转速，不用换缸套。

(4) 泥浆泵越大越好，起码 955.5 kW(1 300 hp)，可能的话用 1 176 kW(1 600 hp)，基本开单泵就可以钻完井。

(5) 大庆 130 型钻机改造主要是井架和底座的改造，井架改造成 A 型的开阔，底座加高到 6 m，用万向轴上钻台传动转盘。

(6) 机电复合钻机，转盘单独电驱动，加 1 台节能发电机给转盘供电，但是由于泵负荷波动，造成电压不稳定，转盘无力，要改进。

(7) 交流变频电动钻机的能耗制动不可靠，还是要装电磁刹车。

(8) 没有用过 ϕ114 mm(4½英寸)的钻杆钻井，4 000 m 钻机名不符实，应生产用ϕ127 mm(5 英寸)钻杆钻 4 000 m 的钻机。

此外，由于供需关系转向买方市场，制造商和使用方对钻机标准认识不到位，于是设计制造了 2 500 m 非标准钻机，设计出用 ϕ127 mm(5 英寸)钻杆钻 7 000 m、9 000 m 的非标准钻机。有的油田改造钻机，将 ZJ40L 型钻机加大了柴油机功率和泵功率，向 ZJ50 型钻机靠拢，用 ϕ127 mm 钻杆钻了 3 780 m 和 3 850 m 2 口井，殊不知这样做钻机是超负荷运行。钻机标准规定，ZJ40 型钻机用 ϕ127 mm(5 英寸)钻杆的井深范围是 2 000～3 200 m，用 ϕ114 m(4½英寸)钻杆的井深范围是 2 500～4 000m，而 ZJ50 型钻机用 ϕ127 mm(5 英寸)钻杆的井深范围是 2 800～4 500 m，正适合用于钻 3 850 m 的井。现在 ZJ40 型钻机绞车、天车、游车大钩、钢丝绳、水龙头、井架和底座都超载，这些机件即使不会产生一次性屈服破坏，但由于工作应力已经超过许用持久极限应力[σ_{-1}]，其疲劳寿命会大为缩短。使用者或曰可以将这些部件都改造成 3 150 kN 级的，那就变成了 ZJ50 型钻机，购置新的 ZJ50 型钻机更好，何必改造旧 ZJ40 型钻机？即使是买方市场，也应有标准约束，现在用户提什么方案，制造商就供什么钻机，仅 ZJ40 一级的新老钻机就有 12 个品种，柴油机和泥浆泵更是五花八门，这样不仅给制造商增加了成本，而且也给用户在管理和维修上增添了麻烦。这种无序竞争、无序生产的局面应急速扼止，需要领导机关的宏观调整，需要供需双方都重视和执行钻机标准！

2 对钻机标准的再认识

2.1 钻机标准建立的原则

(1) 实用化。自主设计制造钻机符合国情,符合有关国家标准和行业标准,能满足钻井工艺发展要求,促进技术进步和创新。

(2) 系列化。以最少的等级品种满足最多的工艺需要,在产品系列化的基础上扩大部件通用化和零件标准化,有利于提高产品质量和经济性,即井深和钩载的利用率最高,制造和使用综合成本最低。

(3) 国际化。全球经济一体化,我国已成为世界第 2 大钻机生产国,创中国名牌产品、钻机外销、钻井修井海外技术服务等都要求钻机的产品规格性能符合国际惯例和 ISO、API 规范,与国际先进标准接轨。

(4) 安全环保化。贯彻 HSE 要求,保证人、机、井的生产安全,减轻作业者劳动强度,节能减排,保护环境,建设生态文明。

2.2 钻机标准主参数剖析(见表 1)

表 1 中外钻机标准主参数新旧对比

	钻机型号 ZJ	10/600	15/900	20/1350	30/1700	40/2250	50/3150	70/4500	90/6800	120/9100
ISO API	最大钩载系列①/st	65	100	150	200	250	350	500	750	1 000
SY/T 5609—1999 标准	最大钩载②/kN	600	900	1 350	1 700 1 800	2 250	3 150	4 500	6 800	9 100
	名义钻深上限/m	1 000	1 500	2 000	3 000	4 000	5 000	7 000	9 000	12 000
	最大钻柱载荷/kN (以 ϕ114 mm 钻柱 30 kg/m 计)	300	450	600	900	1 200	1 500	2 100	2 700	3 600
	钩载储备系数 K_Q	2	2	2.25	1.89～2	1.875	2.1	2.14	2.52	2.53
	按 ϕ127 mm 钻杆 36 kg/m 计算名义钻深上限/m	833	1 250	1 875	2 500	3 125	4 595	6 250	7 555	10 111
GB 1806—1986	名义钻深上限/m		1 500	2 000		3 200	4 500	6 000	8 000	
	最大钩载/kN		900	1 350		2 250	3 150	4 500	5 850	
GB 1806—1993	最大钻柱载荷/kN		500	700		1 150	1 600	2 200	280	
	钩载储备系数 K_Q		1.8	1.93		1.96	1.97	2.05	2.09	

注:① ISO/TC67 1988-07-26《提升设备最大载荷系列》,API Spec 8A 1985《钻井和采油设备最大载荷系列》;

② 1999 标准 ZJ30/1700 型的最大钩载为 1 700 kN,同级修井机 XJ100 型的最大钩载为 1 800 kN,按 200 st,1 800 kN更合理。

2.3 钻机标准的统一规定

(1) SY/T 5609—1999《石油钻机型式与基本参数》为 1999 年国家标准总局批准的行业

标准，在没有修订新标准以前必须严格遵照执行。该标准参照 API Spec8A，8C(11 版)，4F(2 版)《钻井和采油提升设备最大载荷系列》和 4E《钻井和修井井架底座规范》等国际公认的技术规范，具有通用性、先进性和权威性。美国各大钻机制造公司 National Oilwell Varco，Emsco，ldeco 等都执行 API 规范，加拿大、罗马尼亚、俄罗斯等国也都执行。

(2) 国际上统一采用 ϕ114 mm(4½英寸)钻杆组成的钻柱(平均质量 30 kg/m)来标定名义钻深的上限，下限为上限的 60%～70%。

(3) 钻机的最大钩载由 ISO、API 的 st 系列值换算为 kN 值，如表 1，钩载储备系数 K_Q 对轻型、中型钻机一般取为 2，对重型钻机取为 2.5，最大钻柱载荷不作规定(可由井深上限计算出)。

(4) 钻井绞车功率(kW)由最大钻柱载荷乘以相应的大钩提升速度 0.5～0.6 m/s 来决定，同时计入绞车效率和钻井绳数下的游动系统效率，国际上绞车额定功率为：250，350，550，750，1 000，1 500，2 000，3 000，4 000 hp，我国 9 级绞车与之对应，世界上最大的 15 000 m 钻机绞车功率为 4 410～5 145 kW(6 000～7 000 hp)。

(5) 钻井钢丝绳直径系列按 API Spec 9A 和 API RP 9B 来选配，钻井时钢丝绳安全系数 >3；最大钩载时安全系数>2。

(6) 钻机配置的转盘开口直径按 API 系列为 445(17½英寸)，520(20½英寸)，700(27½英寸)，950(37½英寸)，1 260(49½英寸)，1 540mm(60½英寸)。

(7) 为了满足安装 BOP 组的需要，选用钻机底座高度为 4，5，6，7.5，9，10.5，12(16) m。

(8) 井架选用套装或整体 K 形井架，其高度根据提升钻杆立根的高度和有无顶驱来决定，见表 2。

表 2　无顶驱和有顶驱的井架高度　　单位：m

	无顶驱高度	有顶驱高度
立根 19	32	35
立根 28	41	45
立根 37	51	55(60)

(9) 钻井泵组配置比较灵活，可单泵，双泵，一大一小泵，3 台泵。海洋钻机要求大排量，一般配 4～6 台泵，泵压等级为 20(3 000 psi)，35(5 000 psi)，51.7 MPa(75 000 psi)。在泵的配置上建议降低功率 70%～80%使用。

3　对钻机标准修订的几点建议

现代科学技术发展迅猛，按常规，标准宜 5 a 修订一次，以跟上科技发展的步伐，满足生产建设的需要，如今钻机标准已过 9 a，早应修订，但在没有修订之前，仍应执行现行标准。

现行钻机标准存在的问题及修改意见如下：

(1) 随着海陆钻井深度的加深，建议将 9 级钻机拓宽为 10 级，增加一级 15 000 m 的 ZJ150/13500 型钻机。

(2) 原标准 ZJ30 钻机的最大钩载改为 1 800 kN(K_Q=2)，ZJ40 钻机的 K_Q 过低，但其最大钩载 2 250 kN 不宜改动，应改最大钻柱载荷为 1 150 kN(用 5 英寸钻杆钻 3 200 m 的井)，K_Q=1.96≈2，这些不需要在标准中规定。

(3) 国外都以绞车功率代表钻机的能力，为了提高时效，建议对于深井钻机，起升Ⅰ挡速

度 $v_1=0.75$ m/s，相应绞车功率提高 30%～50%，同时，在 $v_1\leqslant 0.5$ m/s 时钻大位移井和水平井，能提升摩擦阻力可能超过 50%～70%正常钩载的载荷。

(4) 交流变频电动钻机的单轴双速绞车也要增加功能，能耗制动为电动绞车的主要制动形式，各种绞车的最高提升速度应达到 1.8～2.0 m/s。

(5) 基本驱动形式为机械驱动、机电复合驱动、直流电驱动(AC—SCR—DC)、交流变频电驱动(AC—VFD—AC)、液压驱动共 5 种。

(6) 顶驱及自动送钻系统作为钻机的常备装置应纳入标准作相应规定，钻机总功率应为泵组功率、顶驱动率与辅助功率之和。

(7) 运移性是评价钻机先进性的重要指标，应规定车装自走式、块装式、拖挂式、整拖式和混合式 5 种快运形式。

(8) 各个参数统一用公制单位，有必要的在括号内辅注英制单位。

14. 创造人性化钻机与司钻控制房

1　人性化钻机

（1）以“以人为本”取代“以机器为本”。机械钻机的绞车有 6 个挡，起升用后 4 个挡，起升过程中要随钩载的减轻及时换挡。每起一个立根，司钻要有 8 个操作步骤，并要与钻工密切配合，例如从 5 000 m 井深开始起升，全井起升 185 个立根要重复操作 1 500 个步骤，司钻站着扶刹把，操作绞车气胎离合手柄，注意观察井口和二层台，不得有稍微迟疑懈怠，倍感身心疲惫，这就是“以机器为本的”现实。如今换用交流变频电动钻机，实现起升自动无级恒功率控制，钻台全机械化和电动的启停与盘刹的刹松采用 PLC 程序控制，司钻只操作 1 步即可，这就体现了“以人为本”的理念。

（2）以全机械化、自动化实现钻台、二层台无人化。目前，劳动者最大的操作量就是钻杆接头上卸扣和立根排放，钻工和二层台工昼夜连续作业，露天风雨无阻，时有人身伤害。

（3）司钻无论在钻进过程中还是在起下钻过程中都要用 400～500 N 的力量扶压刹把，应把全部钻机都改造成人性化司钻控制房，详见本文第 2 节。

（4）柴油机房无人值守，杜绝耳聋职业病；钻井泵房无人值守，一口井周期内不换缸套，交流变频电动机驱动的钻井泵由司钻调节泵的冲次（排量）。

（5）钻台及二层台有应急逃生装置，上二层台有助力器，保障工人健康与生命的安全。

2　人性化司钻控制房

2.1　我国司钻控制房发展的三个阶段

（1）第 1 代控制房。从 1986—1990 年，绞车带刹车改造成液压盘式刹车，绞车可以低位安装，液压遥控钻进和起下钻。这样司钻就有条件从露天搬到室内坐下来控制，简单直接地将原来的控制装置搬到室内，全部液气管线及阀件、指重表及钻井 8 参数仪照样摆上，唯一不同的就是将刹把换成刹车手柄，省力，不再受风吹雨淋，司钻感到很满意了！

（2）第 2 代控制房。从 1990—1995 年，更新了直流电动钻机，模拟控制仪表，全部气、液阀改成电动，现场总线只有 2 根控制电缆进控制房，仍保留指重表和钻井 8 参数仪。

（3）第 3 代控制房。1996 年交流变频电动钻机问世，2002 年国产交流变频电动顶驱代替转盘钻井，开始数字化控制，有大钩悬重和钻压等数字仪表、显示屏、触摸屏、TV 监视器等，但有的控制房仍保留指重表和钻井多参数仪，全数字化一时难以适应，数字和模拟仪表共存。

（4）第 4 代控制房。可以预计当实现了铁钻工、立根排放、单根上钻台等装置，可增设副司钻控制台分担其控制职能。

2.2　第 3 代司钻控制房存在的问题

（1）控制房和仪表盘没有设计规范，缺乏整体设计的理念，设计者将采购来的仪表随意拼装，以至于不同厂家不同型号的钻机配置都不一样，且都不好用。

（2）仪表的显示器与控制器布置与人的生理心理不对应、不协调，没有“以人为本”，而是

"以机器为本",没有考虑机器如何适应人的心理和体力所能承受的能力,显示器在东,其相关控制器在西,司钻操作顾此失彼,容易发生错读和误操作。

(3) 模拟仪表和数字仪表重复设置。数字仪表只显示参数的实时值、有较大的精度和可靠性,反应灵敏迅速,但不能显示参数的变化范围及其变化趋势;指针式仪表不仅指出实时值,而且标出参数范围和指出变化趋势,基于这一点,多数老司钻建议保留指重表和压力表等,但它们的读数不够精确、反应较慢。

(4) 显示器和控制器主次不分、轻重不分,有的很重要但使用频率很少,司钻必须站起来才能摸到。

2.3 显示器与控制器的人性化设计(见图1)

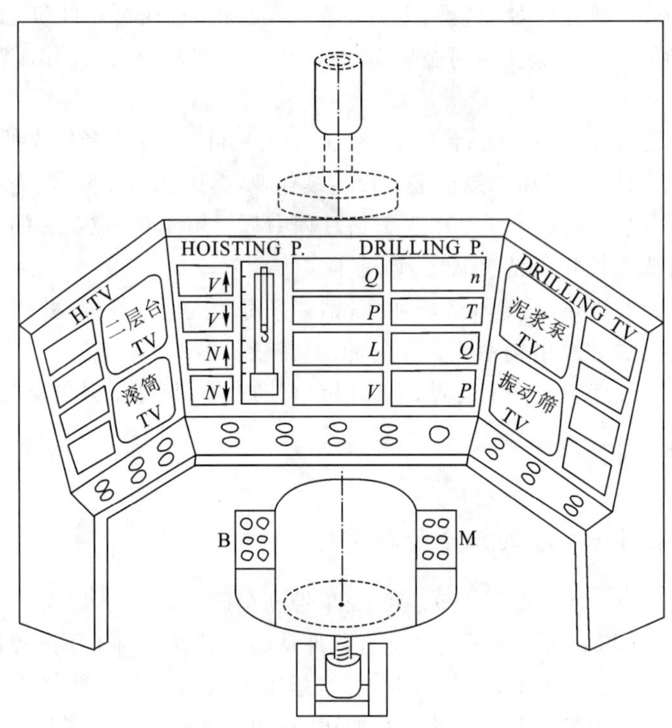

图1 司钻显示器与控制器的协调布置示意

(1) 设计指导原则。贯彻以人为本的理念;以单一控制功能的模块化取代多功能的集成化;保证信息流畅通;全数字化;主次轻重有别。

(2) 设计要点。在人-显示器-控制器-机器的系统中,人居于中心主导地位,所有环节都要保持与人的心理和感知能力相协调一致。显示器与控制器一对一配伍、按功能成对地分区域模块化设置,使司钻一目了然。在显示器下方设置控制器,即使数字显示器有个别重复也在所不惜。一是在空间布置上要协调;二是控制器的运动方向与显示器的数字变化趋势相一致;三是与机器运动方向相一致;四是控制器的形状、颜色,指示灯与人的视觉习惯相适应。显视器置于视力可及的范围内(眼表距离 500^{+200}_{-100} mm),重要参数用大屏幕大号字体显示(钩载、钻压、转速、井深、钻速等),一般参数皆可清晰认识,触摸屏操作简单,界面友好。司钻从显示器接受信息,信息通道主要是视觉、其次是听觉(警号),信息流通过大脑指挥控制器操作。信息通道的容量是有限的,一旦大脑疲劳,视觉模糊,通道阻塞,就会漏失部分信息,产生误操作,如果显示器数字飘移或失灵，就要应急停机。

(3) 功能控制模块(见图 1)。正常钻进模块置于正前方仪表盘中心及中心右侧，显示器显示(放大数字)钩载、钻压、井深、钻速，中心偏右为触摸屏，设定钻压及转盘转速，右扇仪表盘显示，转盘转速、转盘转矩、立管压力、钻井泵冲次、井出口排量。TV 监视画面监视泥浆泵，振动筛。控制器设在坐椅右扶手上，控制绞车主电机双机或右单机或左单机启、停，小电机能耗制动自动送钻启、停，转盘主电机启、停、正转、反转(顶驱代替转盘)。

正倒划眼模块的功能同上。

起下钻模块置于正前方仪表盘中心及左侧，显示器显示钩载(公用)、大钩升速、大钩降速、井深(公用)。中心偏左为大钩位置(动画演示)。左侧仪表盘显示起立根数、下立根数、上扣转速转矩、卸扣转速(顶驱管子处理系统参数同此)。TV 监视画面监视滚筒排绳、二层台操作。控制器设在坐椅左扶手上，控制主辅刹车能耗制动启、停，副刹车液压盘式刹车驻车、紧急刹车、防碰刹车(自动)，上卸扣及顶驱管子处理系统的控制在左控制台面上。

接单根模块共用上两模块(绞车升降，上、卸扣，卸、接水龙头方钻杆)。

紧急控制模块设在正前方控制台面上，采用大红按钮，控制所有柴油发电机组，变频柜、交流变频电动机、控制房、空压机、液压站、固控系统和井控系统电动机全部停机、报警铃响及红灯亮。

2.4 司钻控制房人性化设计

(1) 金属钢制房间，保暖隔音墙、地板铺设橡胶绝缘板，前窗敷设防弹玻璃，天窗敷设钢网玻璃，视野开阔，向外开的出入门及逃生门，室内设防爆空调、防爆灯、烟雾报警器、灭火器，与各工作点联系的对讲机及耳麦(当开门控制时备用)，通向井队队长和钻井监督的 TV 摄像头等，计算机能与邻井队和公司联网。

(2) 司钻坐椅与控制台仪表盘的协调关系要符合人机工程学的要求，坐椅高低、进退、旋转可调，人体竖垂中心即坐椅旋转中心。三扇仪表盘及控制台正好是此中心的圆内三个弦，即显示器和人眼的距离相同，控制器和人手的距离相近可及，重要的控制器在坐椅左右扶手上，随坐椅一起进退转动，仪表盘的上缘不能太高，司钻坐椅调的高度正好越过仪表盘观察到转盘上方的钻柱接头，实现显示和控制符合人体的生理和心理特征。如图 2 所示。

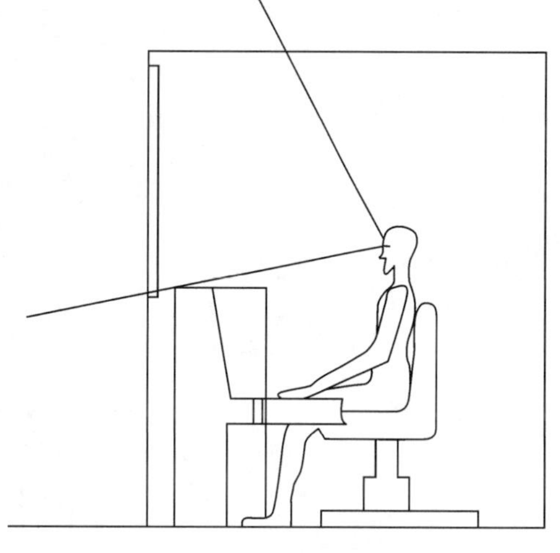

图 2 司钻坐椅与仪表盘的位置关系

2.5 司钻控制房设计中存在的两个问题

(1) 目前有的司钻控制房中数字仪表和模拟仪表共存，这主要是满足部分司钻的要求，他们认为数字仪表易坏，影响钻井，还是保留指重表和钻井多参数仪保险。笔者认为指重表等占地面积太大，使数字显示图框字体太小，影响观察，参数的变化范围和变化趋势完全可以数字显示(弧形图框和刻度、两种不同颜色示明当前实值)，进一步提高电子仪表的可靠性及维修性，发展全数字化仪表盘显示器。

(2) 关于控制房隔噪设计问题，从总体来看，应该防治噪声污染。在密闭控制房创造一个安静的小环境，使司钻注意力集中操作。但有些司钻则习惯开门操作，他习惯于根据井场声音来判断柴油机运转是否正常、转盘在打砾石等复杂地层时剧烈跳动声响、泥浆泵吸排不畅的撞击声以及快绳打井架的响声等，他们认为控制房隔噪声设计完全没有必要。笔者认为还是应该按隔噪声设计，至于开门还是关门操作随司钻习惯决定。

15. 深化 HSE 理念　落实 HSE 管理体系

1　健康、安全与环境管理体系术语、定义和诠释

健康(Health)——从业人员身体无病、无职业病、体格强壮有力,心理状态良好。

安全(Safety)——狭义单指人员在生产和生活过程中,身体免于伤害,生命得到保护,预知固有危险和潜在危险(隐患),为消除这些危险而采取的各种方法、手段和行动;广义兼指设备不被破坏,财产不受损失。

环境(Environment)——以人类为主体的客观物质体系,狭义指工作环境和自然环境,广义指人类的生存环境,包括自然环境,技术环境和社会环境的总体,例如大气、水、土地、资源、人口、经济建设和生态关系等,它与人类生活生产密切相关,一定要保护好人类赖以生存的环境不受破坏。

健康、安全和环境三者的关系为:人是生产安全管理的主体和客体,"以人为本",人的生命和健康始终属于第一位的,努力保护人的身心健康,捍卫生命的尊严,提升生命的品质,才能真正实现生命的价值——创造财富、贡献社会。

导致生产事故的原因主要由于人的因素、物的因素和环境条件三要素引起的,这三要素构成"人-机-环境"系统,为保证系统的安全,就要综合考虑三要素,消除导致事故的原因,使系统达到安全和最优的状态。

健康管理——维护员工健康,创造安全舒适的生产和生活环境。具体包括人员防护和工伤急救,医疗药品和保健制度(健康合格证制度),营区车间卫生管理等。

安全管理——方针是"以人为本、预防为主、防治结合",包括制定安全管理制度,管理机构和效能,安全技术措施,管理方法,例如安全检查表,周报告、月报告,安全评价与决策,事故统计:事故伤亡率,财产损失率,重大事故发生率(火灾、爆炸、中毒)等。安全管理和安全技术是经济建设和劳动生产现代化、科学化的标志。

环境管理见本书文 16。

健康、安全与环境管理体系(Health,Safety and Environment Management,HSE-MS)是企业总的管理体系的重要组成部分,它组织与其业务相关的健康、安全与环境风险的管理,包括为制定、实施、评审和实现健康、安全与环境方针所需的组织机构及其职责、法规惯例、程序和资源,详见本文 2.5。

危害(Hazard)——导致人员伤害、财产损失与环境破坏的根源或状态,它是超出人能控制之外的潜在危险。

危险(Dangerous)——是一种可以引起人身伤亡、设备破坏或降低其功能的事件或状态。

危险性——产生危险的可能性,可表示为危险的相对暴露,按其程序可分为安全的、临界的、危险的和破坏性的。

安全性——人员在生产和生活中感受到的危险或危害是已知的,可控制在可接受的水平上,安全性 $S\approx1-D$,D 为危险性。

风险(Risk)——一种特定的危害事件发生的可能性与事件后果的严重性。

风险性——在一定时间内造成人员伤亡和财产损失的可能性,其程序由损失大小与发生

概率的乘积来确定。

事故(Accident)——已经引起人员伤害、疾病、死亡、财产损失和环境破坏的一件或一系列突发的意外的事件。

事件(Incident)——导致或可能导致事故的事情,包括未遂事件、已遂事件,在运筹学的决策论中,事件 event 指原因和结果分析的动态逻辑过程——成功或失败。

可靠性(Reliability)——系统、设备或元件在规定的条件下,在规定的时间内完成设计规定的功能的能力,包括固有可靠性和使用可靠性。

故障(Fault)——系统、设备或元件在规定的条件下,在规定的时间内达不到设计规定的功能。故障是事故、失效和灾害的原因,例如机器不能启动,不能停止,提前动作,动作滞后,运行能力降低,超能量或能量受阻等。

失效(Failure)——机械零件和结构物由于过度变形、断裂、疲劳、失稳,材料的物理化学性能变坏而使整个机器或系统停止运行,不能完成设计规定的任务,严重的可能造成人身和财产的损失;对于不可修复的设备,故障即失效(二术语通用),对于可修复的设备,故障后不失效(二术语不通用)。

决策(Policy Decision)——策略和方法的决定。在可行的方案中选定符合政策、符合实际的最优方案,例如安全决策:针对生产中的安全问题,根据法规和标准,经过分析和评价,选定出最优的安全方案加以实施。

2 HSE 管理体系

2.1 企业贯彻 HSE 管理体系的必要性和目标

必要性:

(1) 识别危害,削减风险。

(2) 减少和预防人身和装备事故的发生。

(3) 节能降耗、节约资源、降低企业成本。

(4) 改善企业形象,提高经济效益和社会效益。

(5) 促进加速进入国际市场。

目标:

达到零伤害、零故障、零损失、零污染,安全管理法律化、规范化、程序化、科学化。

2.2 HSE 管理体系的发展史

20 世纪前半叶,西方国家工厂的生产条件恶劣,工人生活贫困,罢工和破坏机器事件时有发生,资本家为了摆脱矛盾和危机,调整了生产发展与职业健康安全和工人福利待遇问题;60 年代由于事故多发生在机器设备上,主要致力于提高设备的可靠性;70 年代着重研究人的劳动行为,开始关注员工健康和工作环境对生产效率的影响;80 年代,国际上恶性事故频发,特别是 1984 年英国在印度开设的农药厂毒气泄漏,造成 12 500 人丧生,20 万人受害,1986 年前苏联的切尔诺贝利核电站爆炸起火,放射线造成千人伤亡,1988 年英国北海帕波尔阿尔法钻井平台倒塌,造成 169 人死亡,1989 年埃克森石油公司油轮触礁、原油泄漏严重污染海洋。这些事故震撼了全世界,激发起对职业健康、安全与环保立法的要求;1995 年在荷兰第 1 届油气勘探开发国际会议上,壳牌公司首先提出 HSE 体系方针指南,1994 年在印尼召开的 HSE 国际会议上颁布了 HSE 管理体系准则，随着 ISO 9000 质量管理体系、ISO 14000 环境管理体系的成功实施，1996 年颁布了 ISO/CD 14690《石油天然气工业健康、安全与环境管理体系》，在国际上广泛认同并实施。

2.3 国外知名石油公司 HSE 管理特色

壳牌公司提出《危害和影响的管理程序 HEMP》、HSE 文化，使 HSE 上升到企业文化的层面，成为员工的自觉信念和自我约束、自我完善、自我激励的机制。

埃克森美孚公司提出《整体运作管理体系 OIMS》，《应急管理体系》和事故时间损耗率。

雪佛龙公司致力于保护大众的安全、健康和环境，以对社会负责的态度和合乎道德的标准来发展事业。

BP 公司的核心价值观为：业绩驱动，创新、进步和绿色。

斯伦贝谢公司的核心价值观为：确保质量、健康、安全和环境的优先地位，防止意外风险和损失的发生。

哈利伯顿公司的核心价值观为：保护健康与安全、预防环境污染，积极承担保护环境的责任。

2.4 我国 HSE 管理体系的发展状况

20 世纪 90 年代以来，我国制定了《安全生产法》、《安全生产责任制》等，安全一票否决制，确立了“安全第一，预防为主，防治结合”的方针和“以人为本”的管理理念，1997 年相继颁布了石油天然气行业标准《HSE 管理体系和钻井 HSE 管理体系指南》。石油天然气集团公司 CNPC 核心价值观为：“奉献能源、创造和谐”，“诚信、创新、业绩、和谐、安全”，“塑造健康、和谐、安全、绿色能源的企业形象”，“以人为本、健康至上、安全第一、环保优先”，“以防为主、防治结合”。管理与目标为：用风险矩阵来识别和评估风险，用伤害结果关联图来设置防止“顶端事件”发生的屏障，用百万人工时事故率 LTIS 指标来考核 HSE 管理的业绩，实现“零伤害、零损失、零污染”的目标。

从我国总体来看，随着国民经济的持续发展，安全生产的形势仍十分严峻，煤矿企业恶性事故频繁发生，石油企业井喷着火、H_2S 中毒，石化厂装置爆炸也有发生，落实执行 HSE 管理体系，认真贯彻国家有关系列法规，仍是一项紧迫而艰苦的任务。

2.5 HSE 管理体系的操作步骤与结构（见图 1）

从图 1 可见，HSE 管理体系的操作步骤为最外环：有计划、执行、考核与改进（反馈）PDCA 四个步骤，执行过程为居中的一条主线，从“领导和承诺”到“审核与评审”，带“·”号的为结构的 7 个要素，以风险管理、风险评价为核心。

2.6 关于要素的诠释

(1) 领导和承诺。政府统一领导，部门依法监管，企业全面负责，社会监督支持。由国务院直属国家安全生产监督管理总局总领，下至公司、井队（平台）车间领导负全责，保证 HSE 管理方针目标的实现，全体员工的积极响应和自觉行动是顺利推行 HSE 管理体系的基础。

(2) 方针和战略目标。方针是“安全第一、预防为主、防治结合”，“关爱生命、关注安全”。不断改进企业 HSE 管理体系，目标是零伤害、零损失、零污染，提高企业效益和社会形象。

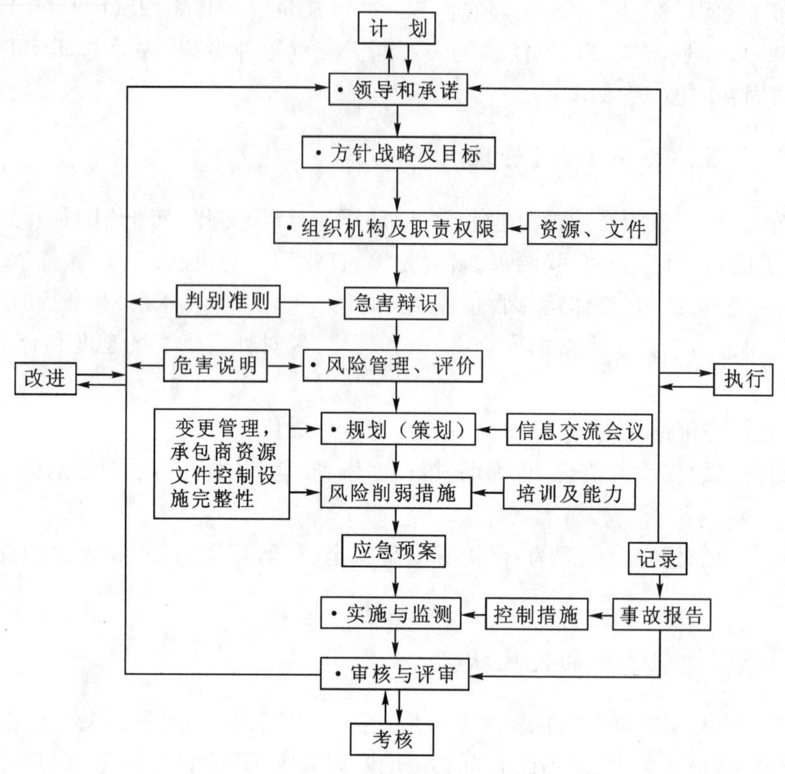

图 1 HSE 管理体系框架

(3) 组织机构和职责权限。合理科学地设置组织机构,明确各级的职责和权限,在生产中发生非常情况能及时作出反应,得到处理和解决。负责文件和资料控制、会议协商、组织培训,提高能力和意识,全体员工有高度责任感、有能力处理本岗位的 HSE 问题。

(4) 危害辨识。识别危害的存在并判定其性质,例如作业环境自然灾害,车间安全通道,抢险救灾支持条件,生产工艺过程事故失控,人员的不安全行为,机器设备的可靠性,误操作、误运转,电器设备故障,油库、锅炉房和氧气站等危险设施,现场火灾、爆炸和中毒的应急抢救措施,防护用品和卫生设施。

(5) 风险管理和风险评价。对系统和设备存在的固有和潜在危险作出定性和定量分析,判定其发生危险的可能性及其危害程度是否在可允许的范围内,为制定风险削减措施及危害应急措施提供依据,包括健康风险评价、设备安全评价、环境影响评价。

建立判别标准、目标及行为准则。评价目标有:危害等级,故障概率,事故造成的经济损失,危险区域半径,环境污染程度影响范围,持续时间等。评价方法有:车间岗位安全检查表,作业条件与危险性分析、故障树分析、事件树分析等。

(6) 事故应急预案(应急计划)。包括应急反映工作组织,参与应急人员,联络方法,危险源辨识,应急设备物资准备,紧急情况报告程序,应急报警程序,突发事件(例如,机械伤害、高空坠落、操作、食物中毒、有害物质泄漏、自然灾害、井喷、井喷失控着火、H_2S、CO 溢出),应急措施及演习程序,事故后行动步骤(包括报告、报警、现场逃生路线图,撤退程序,善后补救措施)。

(7) 规划(策划)。包括危害因素辨识,风险评价,风险控制策划,法律、规则、规范的要求,目标和指标。

(8) 执行实施。设施完善性、运行控制、健康管理、安全管理、应急响应、环境管理、变更管理、培训与会议、资料、文件、报告、记录、承包商和供应商。

(9) 考核、检查和改进。HSE 管理体系认证，事故调查原因分析处理报告，纠正、预防和改进措施，绩效监督、审核。

3　钻井装备的 HSE 管理体系

石油钻井是一环境恶劣、条件艰苦、高风险、多危害的行业，员工的人身伤害、机器破损事故、环境污染时有发生。在行标 SY/T 6283—1997《石油天然气钻井健康、安全与环境管理体系指南》中虽然有一些关于钻井装备的安全管理，但很少且已过时，目前急需制定有关钻井装备 HSE 管理体系(制造厂方和使用方分别制定)，图 2 给出了框架。

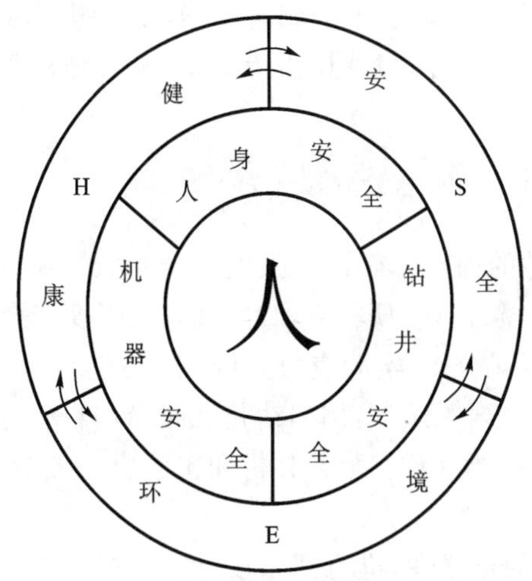

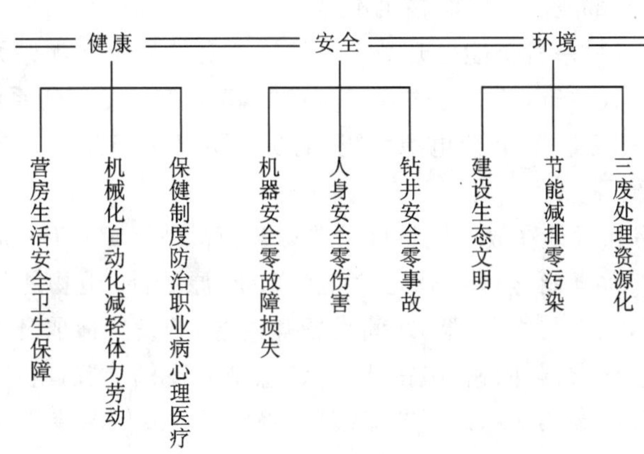

图 2　钻井装备 HSE 管理体系框架

钻井装备是为钻井工程服务的，它的 HSE 问题有些和钻井的结合在一起密不可分。

4　钻井装备安全技术

4.1　钻井装备曾发生的重大安全事故

(1) 井架起放过程中摔倒报废。

(2) 平行四边形底座起升过程中构件碰撞干涉。

(3) 钢丝绳意外断裂,砸转盘、钻柱落井、人员伤亡。

(4) 绞车、游动系统超载($>Q_{max}$),防碰系统故障,上碰下砸。

(5) 柴油机输出轴断裂。

(6) 发电机轴头断裂、烧毁。

(7) 电动机烧毁(绞车和顶驱配备的)。

(8) 转盘锥齿轮和减速箱斜齿轮断齿。

(9) 传动链条断裂及打坏链传动箱。

(10) 钻井泵曲轴断裂,曲轴轴承盖固定螺栓断裂。

(11) SCR、VFT 柜烧毁。

(12) 泥浆高压阀刺坏、分流管汇节流阀刺坏,立管阀刺坏、鹅颈管刺坏。

(13) 钻井未装防喷器,或防喷器压力等级低,高压地层气液喷出失控、地层塌垮、整台钻机沉入地下被吞末。

4.2 提高钻井装备可靠性与安全裕度

(1) 提高部件、零件的固有可靠性与强度安全系数。在设计上努力提高主要承载件的可靠性,例如绞车轴、钢丝绳、提环、顶驱主轴等,其屈服强度安全系数 n 要大于 API 规定的许用安全系数$[n_s]$,进行有限元分析,实验应力分析,模态试验,通过 $2Q_{max}$ 的拉力试验,目标是在钻机服役期内零故障。对主要承压件,例如钻井泵阀箱和空气包,防喷器壳体,液压钻机起升液缸,井架、底座起升液缸等要进行有限元分析和实验应力分析,通过 1.5 倍的额定压力水压试验。

(2) 提高机械系统的可靠性,进行冗余设计。它是以两个或两个以上的同功能的机件或结构并行工作,确保在局部发生故障时整机不至于丧失功能的设计。例如绞车双柴油机或双电机驱动,当一机故障时另一机仍能提升最大钻柱。整套钻机配双泥浆泵(或 3 台),双立管,防碰装置机械式与电子式并行,液压盘式刹车配双刹车盘,双独立液压系统,液压源配双泵,配 2 或 3 台振动筛,顶驱配双电机,冗余电源系统,配双 SCR(1 套备用),冗余 CPU 系统、HMI 系统、PLC 系统、网络系统等。

(3) 防止能量积聚和意外释放。能量可简单理解为机械能 $P=T\cdot\omega$ 或 $P=Q\cdot v$ 或 $P=p\cdot Q$(Q 为排量),推广为电能,热能、势能、声能、光能、原子能、生物能等。限制能量积累超限,控制能量释放速度,在人与物(机器)之间设置隔离屏障,设置薄弱环节,例如安全阀、溢流阀,易熔塞和电路,安全离合器,限速、限扭装置,紧急制动停机装置,电器接地绝缘装置,高压电防护装置,水库泄洪闸,高架水箱油罐节流装置,隔热降温或保温装置,隔光、隔噪装置,防辐射设施等。

(4) 电动钻机自动保护和报警功能。

① 柴油发电机组功率平衡和限制:过压(>750 V),欠压(<650 V),过频(>53 Hz),欠频(<47 Hz),逆功率继电保护。

② 主电机失磁、过速,过电流,缺相、堵转保护,短路保护,失风报警。

③ 电控系统:变频器过电流(过热),超速、短路保护,失风报警。

④ 转盘过扭,泵压超限保护。

⑤ 转盘被钻柱驱动倒转保护(缓释弹性能,避免钻杆脱扣落井的风险)。

⑥ 电磁刹车断电、失水报警。

⑦ 绞车主电机故障、自动送钻小电机充任应急电机，起升钻柱。

⑧ 温度超限报警：主电机>220℃，齿轮箱>75℃，液压油箱>85℃。

(5) 电动钻机联锁控制，防止误操作。

① 绞车主刹车与主电机联锁(防止憋电机)。

② 自动送钻小电机与绞车主电机联锁。

③ 转盘主电机与其惯性刹车联锁。

④ 转盘主电机与顶驱主电机联锁，与顶驱管子处理系统联锁。

⑤ 顶驱液控 BOP 与泥浆泵启动联锁。

(6) 设备状态监测与故障诊断。

① 避免设备恶性事故发生。

② 延长设备大修周期(视情维修)。

③ 避免继发性损坏。

④ 减少零部件浪费，科学采购备用件。

在线监测诊断应用最广的是对大型贵重旋转机械轴承的间隙与温度进行 24 h 的监测记录。开展运行趋势及剩余寿命预测，基于疲劳 *S-N* 曲线的安全寿命预测。

常用诊断技术有：振动诊断、无损探伤、电流与电阻诊断、压力脉冲诊断、红外线诊断、温度诊断和油液分析等。

钻井设备诊断有：在用柴油机状态监测故障诊断，钻井泵液力端故障诊断，井架与底座承载与起升过程监测，钻井钢丝绳无损检测及在线监测与剩余寿命评估，钻杆无损探伤、分级管理，齿轮箱油液铁谱分析、色谱分析。图 3 给出我国洛阳 TCK 钢丝绳检测技术有限公司制造的 TCK 型钢丝绳无损探伤仪。

图 3 TCK 型钢丝绳无损探伤仪

(7) 井场电路安全规范。电机及照明防爆，电器接地，SCR、VFD、MCC 电控房和司钻控制房橡胶板铺地绝缘，井架及营房防雷电设施。

(8) 局域通信联系。司钻控制房、发电房、泥浆泵房、电控房、井架二层台之间用耳麦对讲机联系，声光报警，TV 监视器，与队长室、钻井监督室对话，与公司远程对话。

4.3 钻井装备(钻井)安全管理

(1) 钻机安装拆卸运输安全技术。钻机大模块尺寸不超过公路铁路限制，载车及设备总重不超过道路、桥梁、涵洞、港口的限制，不破坏引水渠。装车多用自背车，少用吊车或不用吊车，避免 2 台吊车吊 1 台设备(危险作业)，设备安装和拆卸要文明科学，多用液压千斤顶、液压拉拔器、扭力扳手，少用或不用大锤、撬杠、气焊。

(2) 设备装车要捆绑牢固，游动系统、顶驱和井架不拆卸整体运输更要牢固，不得活动碰撞，管类装车不得超过 3 层，装卸要机械化。

(4) 在距地面 3 m 以上作业，例如在井架二层台、套管扶正台、天车台、顶驱、防喷器和高架罐上作业，一定要用安全带，防高空跌落。防重物高空落下伤人，检查梯子、扶手的牢固性和防滑性。

(5) 二层台安装逃生装置，钻台到地面安装逃生滑道。

(6) 防喷器和控制装置每周试开动 1 次，1 口井周期开腔检查 1 次，以防井喷失控和 H_2S 泄出。

(7) 井喷着火应急处理用足够的专用消防设备及井口抢险机器人更换新井口及防喷器。

(8) 严格执行设备润滑规程，定期检查密封有无渗漏。

(9) 禁止危险性操作，淘汰猫头，禁止塔架高空安装及未经允许的现场动用明火。

(10) 不得靠近危险地区，设有警示，例如井架起升附近严禁停留，高压线下禁止吊车作业和起立井架。

(11) 机器运转外露部分必须装坚固的护罩，护罩破损要及时修复，机器外露边角无尖棱毛刺，危险设备外涂红色，例如大钩、空气包、大钳等。

(12) 防止中暑、冻伤、触电、中毒，为员工配备必要的劳保用品(衣服、鞋、头盔、护眼镜、自含氧呼吸器)，井口装设有毒气体检测仪，严格执行 H_2S、CO 中毒应急程序。图 4 给出了 Drager Safety Co. 的红外有害气体检测仪。

图 4　红外有害气体检测仪

5　人员健康管理

(1) 贯彻执行 HSE 管理体系。人是主体和客体，人的健康和生命永远是属于第一位的，保证作业人员的健康无病、无伤害，预防职业病(水泥粉尘，柴油机司机耳聋)，操作体力充沛，动作灵活协调，反应机敏，注意力集中。人的不安全心理因素有：厌烦重复性操作，对危险的恐惧，夜班工作疲劳松懈，经济困难，家庭矛盾，领导与群众关系不和谐等，要通过培训教育和心理医疗加以缓解纠正。

(2) 发放员工健康合格证。持证上岗，定期体检，制定员工保健制度，设置医药箱及医治急救负责人(兼职医师)，大队及公司设保健中心。

(3) 提高机械化自动化水平，机房和泵房无人值守，争取钻台实现二层台无人化，“人性化”司钻操作房。

(4) 营房生活安全卫生保障。密封的野营房内设空调、电暖器、烟雾报警和消防设施。厨房洁净，伙食营养卫生，有淋浴，休息睡眠舒适，以便消除疲劳。

(5) 饮用水净化、碱水海水淡化。

(6) 沙漠腹地、海洋平台作业人员轮休制。

6　出国设备和技术服务人员培训和安全检查

(1) 出国设备的配套完整性。安全标准一定要在出国前彻底解决,不留后患,否则到国外整改代价太高,可靠性差、"残缺"设备的中标率低。

(2) 人员安全培训。包括权利义务交底、知情权、教育权、劳保权、避险权、批评建议权等,掌握岗位危害因素及防范措施、遵守操作规程,参加会议和安全事故报告,熟知当地政府的法律法规、社会风俗民情、治安情况,应对处理恐怖事件,生产与设备安全知识,HSE管理体系风险对策交底。

(3) 推行工作许可制。对潜在危害的工作需获得许可证,对违反法规和操作规程的指令可以拒绝工作。

(4) 不安全行为包括忽视安全及警示。未经许可开关机器,超速超载运转,机器运转时维修、加油和清扫,工作场所未着防护服具,在易燃品存放处明火吸烟,注意力不集中误操作。

(5) 机器、电器安全检查。简易用耳测机器振动噪声,检查所有固定螺栓是否松动,机器有无碰撞异常声响。电器牢靠接地,检查电器电缆是否老化、短路、接触不良,发热异味,机器关闭必须拉闸断电。

(6) 应急管理与应急预案。本着人的生命安全第一的原则,抓住第一时间作好应急工作,应急预案操作性强,人员熟知应急报告和应急指令下达的程序和途径,清楚应急疏散撤离的路线,本着与当地政友善互利的原则,获得对重大事故(爆炸、着火、中毒)的支持配合。

我国出口钻机主机基本符合标书要求,个别存在的问题有:① 外观油漆质量差,易老化脱落;② 个别设备没有API标志,如灌注泵、剪切泵等;③ 随机文件,产品说明书不完善;④ 对不同国家、不同地区的适应性考虑不周;⑤ 固控系统:搅拌器数量不够,有死角、叶片角度不对,4个罐不够用要增加1个罐,沉砂罐要装排砂口,罐底沉淀40～50 cm,清除劳动量大,除砂清洁器坡板低,振动筛网装得不牢固,筛网起码150目,最好200目,罐之间连接漏液、液面报警器不工作等;⑥ 井控系统:防喷器无分流器,节流阀刺漏,防喷器吊装装置滑轮不转动;⑦ 井场照明实际不防爆,二层台没有助力器;⑧ 全套钻机拆装搬家组织程序欠佳,耗费时间长。

7　钻井装备HSE管理的定期检查

我国钻井公司学习国外经验,对钻井承包商的HSE管理重点是设备及安全状态在授予中标合同之前,进行系统全面的检查(有时邀请第3方参加),集团公司对所属各分公司的设备与安全状态也组织每年一次的大检查,以监督HSE管理体系的贯彻和安全生产。

7.1　检查体系

(1) 要求。钻机及设备编号、所有者、主机生产日期,作业能力、检查地点、检查日期。

(2) 目的。确定主机及配套件状态,管理体系是否落实执行,明确设备是否满足标书要求和作业要求,是否授予项目合同,提出存在安全隐患及整改意见,减少开工后的安全风险和停工风险。

(3) 标准。API标准,石油工业行业标准,钻机制造商的技术规范。

(4) 范围。钻机主机、循环系统设备、井控系统、动力系统、电气系统、电控系统、安全系统、维护系统和备件管理系统。

(5) 方法。根据标书及合同规定逐项检查,采取现场查看和功能测试等方法,查阅设备文件资料,集团公司“2书1表”(HSE作业指导书,HSE作业计划书,HSE现场检查表)落实执行情况。

(6) 建议。分关键、重要与次要,建议3个等级提出。

(7) 评定。合格与否,量化指标。

7.2 CNPC HSE管理基层运行模式——2书1表

(1) HSE作业指导书。是集团公司或分公司制定的基础性文件,涵盖所有工种和岗位的作业活动、管理制度、操作规程、岗位职责、法规纪律、检查规范、危害辨识、风险评价、应急程序,其中风险管理是核心。控制危害,将风险控制到可接受的程度,虽然它要持续改进,但属于较长期的静态管理文件。

(2) HSE作业计划书。为单工种(如钻井、钻井装备)基层动态管理文件,不包括作业指导书的内容,是指导书的补充,简单、具体、实用。

(3) HSE作业检查表。是钻井作业检查表之一。设备部分包括绞车、天车、游车大钩、转盘、井架、底座、钻井泵、柴油机、并车传动、控制台、泥浆筛、防喷器、节流管汇、空气压缩机等。检查固定连接牢固否,标识明确否,仪表齐全、灵敏否,安全阀工作正常否、护罩完整否,有无油水跑、冒、滴、漏现象,逐项检查回答“是”或“否”,若“否”则提出纠正措施,检查责任人签名、签日期。

16. HSE 管理体系之环境管理体系

我们生活在同一个地球，都希望拥有蓝天白云、清新的空气和洁净的水源，我们需要的是一个可持续发展的地球家园。随着人类繁衍的进程，人类的生产能力和创造财富的热情越来越高涨，过度消耗能源和掠夺性地开发自然资源，使人类遭受到自然规律和经济规律的双重报复。环境污染、资源耗竭和生态恶化直接威胁着人类的生存，人们逐渐认识到保护环境和资源已成为拯救地球的迫切要求，只有走环境与发展协调的道路，才能创造一个清洁与美好的工作与生活环境，造福子孙后代。

1　环境概念

狭义的环境是指以人类为主体的、与人类发生相互作用的自然要素及其总体，广义的环境是指包括自然因素、工程因素和社会因素及其总体，即生存环境，如图 1 所示。

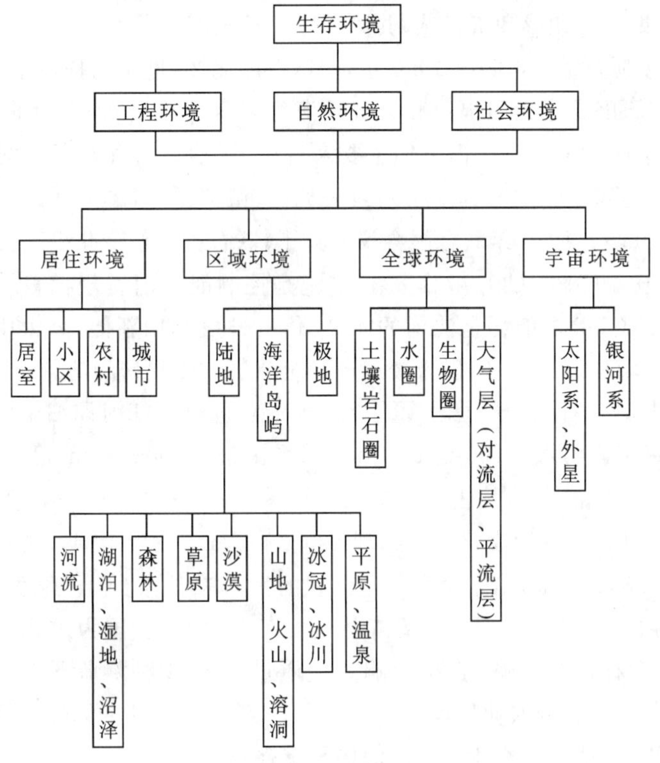

图 1　环境的组成和分类

自然环境是指直接或间接影响人类生活、生产的自然界中的物质和能量的总体，在《中华人民共和国环境保护法》中所指的环境包括：大气、水、土地、矿藏、森林、草原、野生动物、野生植物、水生生物、名胜古迹、风景游览区、温泉、疗养区、自然保护区、生活居住区等。

工程环境是指由人类的工业、农业、建筑、交通、通信等构成的人工环境。

社会环境是指通过人类有意识的社会劳动，改造了自然物质，创造了文明文化的总体，包括经济关系、道德观念、文化风俗、意识形态、法律关系等。

2 环境问题

环境问题已成为人类面临的严峻挑战之一，环境问题可概分为 2 类，其内含见表 1。

表 1 环境问题的分类

原生环境		火山、地震、台风、洪水、泥石流、干旱	灾害学
次生环境	环境破坏	水土流失、沙漠化、盐渍化、贫瘠化、草原退化、森林减少、物种灭绝	环境科学
	环境污染	大气污染、水污染、土壤污染、放射污染	
	环境干扰	振动、噪声、电磁波干扰、热干扰	

(1) 环境问题的发展。地球渡过了 46 亿年以后，距今 300 万年才有了人类，历经气候和食物危机。人类只知道适应环境变化而生存。距今 8 000 a 前由原始社会进入农业社会，才萌生保护环境的意识，到了工业社会，工业化、城市化、"三废"(废水、废气、固体废弃物)开始进入环境，污染和破坏了环境，发展成社会公害。例如，1952 年 12 月英国伦敦烟雾事件，烟尘及 SO_2 中毒，5 d 内死亡 4 000 人。全球性的环境问题有：全球气候变暖；臭氧层破坏；有害、有毒废弃物扩散；生态环境危机；生物数种锐减；发展中国家人口问题和贫困化。对这些问题需要全世界所有国家认识到迫切感和责任感，共同采取行动来解决。

(2) 全球气候变暖问题。1980—1990 年，全球温度比 20 世纪初提高了 0.59℃，全球海平面上升了 14 cm，其原因除了太阳辐射和大气环流等因素外，主要是人为的温度效应造成的，温室气体有：CO_2、CH_4、O_3、N_2O 等，它们主要来自煤、石油天然气及薪材的燃烧。1985 年排放到大气中的 CO_2 达到 50×108 t，排放大国是美国、俄罗斯、日本和中国，我国 2000 年燃煤排放量约为 6.5×108 t。1987 年联合国会议通过了《联合国气候变化框架公约》，限制 CO_2 排放量，约定 2010 年比 1990 年 CO_2 减排 8%，措施是控制能源消费规模，提高能源使用效率，(1987 年我国 1 美元 GDP 的能耗是法国的 4.96 倍)，开发利用新能源(太阳能、风能、地热能等)，扩大绿地面积，增加森林植被，以减缓或遏制全球气候变暖的趋势。

(3) 生态环境问题。① 大气污染严重。② 水资源危机。江河湖泊干淤、城市缺水、水质污染严重，全世界每年排污水 4 260 亿 m^3，造成水系污染 55 000 亿 m^3，我国水资源总量达到 2.8×104 亿 m^3，看似丰富，但人均占有量却只有世界平均占有量的 1/4，过渡开采地下水使地面沉降。③ 土地危机。全球沙漠化土地达到 40×10^{10} km^2，发展中国家占其中的 3/4，我国沙漠化土地面积为 76.6×10^4 km^2，占全国土地面积的 8%，耕地减少，土壤污染，贫瘠化，水土流失严重。④ 森森锐减，草原退化。全世界森林覆盖率为 72%，我国为 13%，森林火灾，酸雨毁林，乱砍滥伐，造成森林面积锐减，直接影响大气质量。⑤ 物种濒临灭绝。⑥ 自然灾害、洪水、干旱和虫鼠灾害直接影响农业发展及生态平衡。⑦ 工矿企业的固体废弃物和城市垃圾直接污染土壤、大气和水系，一再威胁人类的健康和生存。

3 环境保护与立法

环境保护是利用现代环境科学理论和立法，协调人类与环境的关系，解决各种环境问题，改善和创造一切人类活动的总称。

《中华人民共和国宪法》中规定："国家保护和改善生活环境和生态环境，防治污染和其他公害；……国家保证自然资源的合理利用，保护珍贵的动物和植物，禁止任何组织或个人用任何手段侵占或者破坏自然资源。"

《中华人民共和国环境保护法》中规定:"保护和改善环境、各种类型的生态系统、珍稀濒危野生动植物、水源、有重大科学价值的地质构造、溶洞、化石、冰川、火山、温泉、人文遗迹。"

环保的平行法——《环境资源法》中规定:"保护自然环境和自然资源免遭破坏,保证人类的生命维持系统,保护物种遗传的多样性,保证生物资源的永续利用。"

《农业环境保护法》中规定:"防治土壤污染、土地沙化、盐渍化、贫瘠化、沼泽化、地面沉降,防治植被破坏,水土流失,水源枯竭、种源灭绝和生态失衡。"

其他单行法有:《大气污染防治法》、《土地利用规划法》、《水污染防治法》、《固体废弃物污染环境保护法》、《海洋环境保护法》、《噪声污染防治法》、《关于城市烟尘控制区管理办法》、《关于防治煤烟污染技术政策的规定》、《海洋石油勘探开发环境保护管理条例》等。

有关国际和行业标准主要有:《环境空气质量标准》、《大气污染物综合排放标准》、《汽车尾气排放标准》、《工业锅炉烟尘排放标准》、《环境管理体系》等。

4　环境管理体系

体系包括计划、执行、考核和改进 4 个步骤,执行过程有 7 个要素。

(1) 领导和承诺。主要包括决心、动力、支持,对预防污染和持续改进的承诺,遵守有关法律法规的承诺。

(2) 方针与战略目标。对全部环境行为的意图和原则声明,建立评审环境目标和指标框架(量化),"三废"治理零污染。

(3) 组织结构及职责权限。对作用、职责权限作出明确规定,提供必要的人力资源、财力资源和专项技术支持,提高培训意识和能力,进行文件资源控制。

(4) 评价和风险管理。评价工作在于识别企业的环保现状和存在的问题,对"三废"、烟尘、垃圾排放污染环境的评价,风险管理是根据评价制定预防危害和风险削减措施。

(5) 规划(策划)。建立一个(或多个)程序以确定组织活动、产品和服务中能够控制的环境因素,判定哪些对环境有重大影响,制定实现目标指标的环境治理方案。

(6) 实施和运行。设施完整性,承包方和供应方,运行控制,变更管理,应急准备和响应。

(7) 审核与评审。确保环境管理体系的持续适用性、充分性和有效性,评审由企业最高管理者执行,评审结果应指出对方针目标及管理体系要做哪些改进。

5　环境污染治理技术

5.1　大气污染治理技术

大气中的固定成分(干洁空气)主要由氮气、氧气构成,占总量的 99%,其余为氩、氖、氢等稀有气体。变动成分为水汽、CO_2、O_3 及其他污染物(SO_2,H_2S、C_6H、HF 和烟尘),污染物来源于自然灾害及工业、生活排放的煤烟和汽车尾气等。

(1) 采取各种措施减少污染物的产生,如用天然气、液化气代煤、汽油采用欧Ⅲ、欧Ⅳ标准、降低 CO_2 排放及油中苯的浓度。

(2) 调整工业结构,合理工业布局。

(3) 采用各种防治设备、控制污染物排放,如各种烟尘洗涤器、除尘器、燃料及烟气脱硫装置,汽车节油器。改进各种工艺设备,提高能源利用率。

(4) 选用有效的非工程型措施,例如扩大绿色植物面积,提高环境自然能力。

(5) 强化大气环境管理，运用法律、行政、经济、技术和教育手段，从宏观上、战略上控制和限制大气污染物的排放，鼓励开发无毒气、无污染、无废技术。

5.2 水污染治理技术

水资源是指可被人类利用的并逐年可更新的淡水资源。地球水的分布：海水占 97.3%（经淡化处理可利用，但成本高），冰川与冰冠占 2.1%（不能利用），而江河水、湖泊水、土壤水、地下水（泉水）共占 0.6%，可见淡水之可贵和水危机之严重。

所谓水污染就是当排入水体的污染物超过水的自净能力时，就破坏了水原有的可用程度，不能再利用。

污染物来源有：

(1) 生活污水（含病原体、需氧物质、植物营养性物质）。

(2) 工业废水。石油化工、焦化、造纸、制革、酿造等企业排放的需氧物质、石油类物质，有毒化学物及重金属污染，氰化物、酚、苯、汞、镉、铅、铬等剧毒、致癌物质。

(3) 农村污水。有机氯化合物，磷、硫化合物，酸、碱、盐污染。

水污染治理技术有：

(1) 减少工业废水排放量、改革生产工艺、回收有用物质。

(2) 增建企业污水处理厂。

(3) 城市污水处理、雨水收集再利用（中水）。

(4) 加强对水源及其污染源的监测和管理。

5.3 土壤污染治理技术

土壤是向人类提供资源和排放废弃物的场所，当进入土壤物质能量超过它本身能承受的能力时，就发生了土壤污染，土壤污染物质向环境输出又污染了大气、水体和生物。污染源有大气污染型（大气中的 SO_2，N_2O 等通过降水进入土壤中），水污染型（工矿废水，生活污水未经处理排入土壤中），固体废弃物型（工矿废渣、农药化肥、城市垃圾等）。

土壤的自净化作用主要有：绿色植物根系吸收、转化、降解和生物合成作用；土壤中的细菌、真菌和微生物的降解、转化和生物固定作用；土壤的有机、无机胶体的吸收、络合和沉淀作用；土壤的离子交换作用；土壤和植物的机械阻留作用；土壤气体的扩散作用等。

土壤污染治理技术有：

(1) 控制和削减工业“三废”污染源。

(2) 控制化学农药及化肥的使用。

(3) 提高土壤的净化能力。

(4) 种植蕨属植物吸收重金属。

(5) 施加抑制剂（如石灰等）。

(6) 控制氧化还原条件。

(7) 改变耕作制度。

(8) 更换客土、深翻。

5.4 固体废弃物污染治理技术

固体废弃物污染源主要有：

(1) 矿山废渣,煤矿煤矸石堆积成座座高山,雨水冲蚀渗入土壤中污染地下水;各种化工厂、造纸厂等的废渣及未处理的废物、废液排入土壤中。

(2) 城市垃圾50%是厨余有机物,另一半是煤灰等无机物,有机物分解出有害气体(N_2O,H_2S,C_5H 等),恶臭毒性大,污染地表及地下水,"四害"滋生、传染疾病。

废弃物治理技术有:

(1) 矿渣、煤矸石回填,回收再利用。

(2) 建筑装修废物回收再利用,填坑造地,落叶收集制作饲料,煤渣造砖,废弃物燃烧发电。

(3) 建立完整的垃圾收集、运输、处理回收利用系统及垃圾箱分类管理。

(4) 建立固体废弃物分级处理再利用政策、生产废弃物记账政策、环境与经济效益统一政策。

5.5 环境污染治理技术装备

(1) 美国Varco公司的钻井完井固体液体废弃物管理系统是从有效采集、Brandt传递带、处理储存容器(见图2)到井场外包装运出全流水线生产装置。

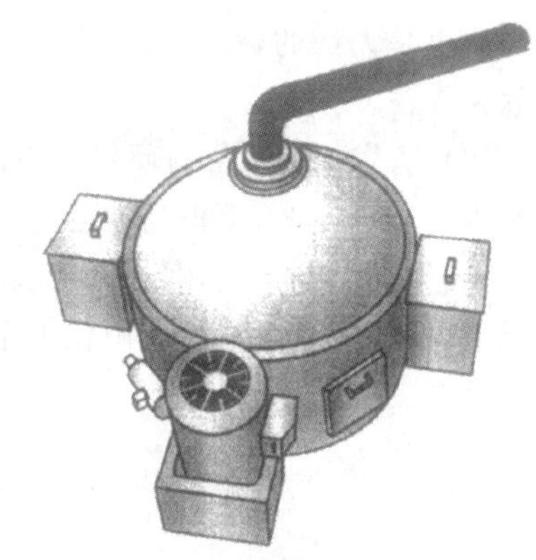

图2 Varco公司的固体废弃物处理器

(2) 美国CTV CO废气净化装置能处理含有高浓度污染物的废气(含硫、磷、氮、氧、氢、溴等化合物),其副产品的热能可以再利用,使排放达到法律允许的排放标准,避免环境污染。废弃物燃烧工厂燃烧处理污水沉淀物和垃圾等,消除灰尘、氮氧化物、硫氧化物及酚、苯、石油等有害物质,所产热能用于发电。

(3) CO_2 回收利用技术。以油田排放的富重组分尾气为原料,通过压缩制冷工艺生产液烃,此项重点新型高效环保项目每年可回收 10×10^4 m^3 液化气,减少 15×10^4 t CO_2 温室气体的排放。

国家重点科研项目——石化厂合成氨装置排放的 CO_2 用气体处理技术,年产液体 CO_2 3×10^4 t,干冰6 000 t,年回收 CO_2 2 400$\times10^4$ m^3(合3.63 t)。

(4) 转化 CO_2 废气的新技术。英国纽卡斯尔大学研究人员开发出一种将 CO_2 废气转化为一种称为"环状碳酸脂"的化合物,并研制出一种异常活跃的铝基催化剂,能使 CO_2 与环氧化物在常压常温下发生化学反应。这种环状碳酸脂是一种需要量很大的商品,可用作溶剂、脱漆剂、汽油抗震剂等。初步估计每年处理4 800 t CO_2 废气,可将英国的 CO_2 排放量减少4%。

(5) 油泥沙处理装置。目前,油田泥沙油水的危害混合物处理多采用露天堆放,落地油存池、填埋、燃烧等方法处理,既污染了环境,又浪费了可重复利用的资源。我国德州联合石油机械公司研发的YNSC-4-A/L型油泥沙处理装置如图3所示。该装置通过物理、化学工艺净化和分离,得到的产品为纯净的原油、沙和水,变废为宝,达到环境、经济、社会效益多元化。

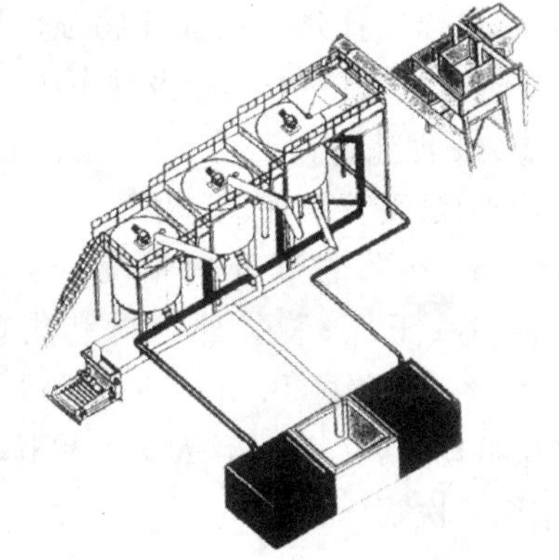

图3 油泥沙处理装置

6 钻井装置(钻井)环境管理技术

6.1 钻井装置(钻井)环境问题

(1) 钻井修路、平井场施工破坏植被,钻井、固井、完井产出“三废”污染环境。

(2) 钻井装备搬迁破坏农田、道路、桥梁、水渠等甚至河流。

(3) 海洋钻井平台产出“三废”,污染海洋环境,伴生天然气火炬燃烧,其烟尘和 CO_2 污染大气。

(4) 油轮触礁或撞船失事,原油大量排入海水及岸滩,污染海水、灭绝水禽及鱼类水生物。

(5) 从全国来看,石油石化企业是用车、柴油机和锅炉的大户,汽车数量占全国的1/10,其中大功率载重车及施工机械占很大比例,尾气排放量相当可观。油田注水开采返出的油砂水混合液也是大量的,石化与炼油厂也是用水和排污水大户,产出的废气严重污染大气,臭味毒气危害人畜。

(6) 钻井及其装备的环保重要性认识不到位,部分从业人员认为钻井施工多在荒郊野外,有些废气风吹即散,反正场地已经买下来了,油水污染不必去清理,噪声只影响柴油机司机一个人,其他人不受干扰,有人开玩笑地说:“在营房里听不到柴油机突突响,连觉也睡不踏实。”实际上,钻井作业和其他矿山化工企业一样存在环境污染问题,要加强教育,加强危害辨识和风险管理。

6.2 钻机固控系统的环境治理技术

(1) 移植海洋钻井经验,采用全密闭固控系统,做到泥浆无漏失。泥浆成分多样性,水基泥浆含碳酸盐类、硫氧化物、乙二醇类、胶凝剂、COD、酚、汞、铅等有毒物质,聚合物和化学药品,油基泥浆还含有原油、合成油等,泥浆流失入地会对大气、地下水和土壤构成严重污染。

(2) 转盘下方设置回收泥浆的接浆盒(泥浆伞),避免泥浆落地。

(3) 废泥浆、井场落地泥浆污水收集入水池中,经固化回收再利用。在污水池中,加入水泥、石灰和少量助凝剂、吸水剂和加重剂,搅拌均匀,固化之后,粉碎装袋外运再利用,或加以掩埋。因固化物强度低易碎,性质近似土壤,对农作物及地下水无害。

(4) 泥浆罐搬运前排空,清除箱底沉淀物,照前法妥善处理。

(5) 钻井岩屑处理系统。运输带、清洗、蒸馏、干燥、装袋外运再利用(建筑石料)。图4是美国Brandt Co.的VSM300型多层振动筛,从上到下依次为粗粒筛、主筛(细筛)、次筛(干燥筛)。

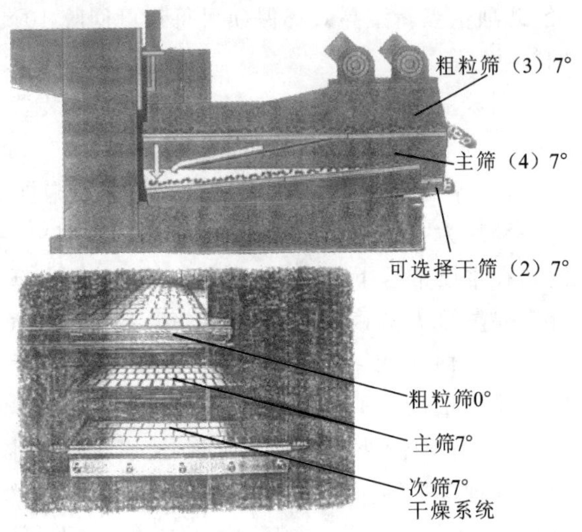

图4 VSM300型多层振动筛

6.3　水治理技术

(1) 污水处理系统。将油井测试放喷产出的油水混合液体经分离净化(浮法、膜法、综合电磁法等)产出油和水及悬浮物,可回收利用,我国江汉石油机械研究所研发此系统。

(2) 钻井水罐排空、清洗搬运。

(3) 海洋钻井、海水淡化系统,供工业用淡水和饮用水。

(4) 沙漠中钻井,苦碱水淡化系统。

6.4　油气处理技术

(1) 柴油罐、润滑油罐排空搬运。

(2) 放喷原油收集净化再利用,废润滑油净化再生利用。

(3) 伴生天然气和除气器及油气分离器产出天然气,除海上、沙漠中采取点燃处理外,陆地一般可采取管道输送、油气混输,有条件可利用小型液化装置,罐装再利用。天然气就近用于天然气发动机和锅炉。

(4) 杜绝油、气、水跑冒滴漏,采用优质密封装置,定期检查维护更新。

(5) 设置 H_2S 气体监测系统。

6.5　井场化学药品处理技术

(1) 井场化学药品、有毒危险物品集中严格管理,避免漏失造成危害。

(2) 选购无公害刹车材料、无毒油漆和溶剂,无铅燃料。

6.6　钻井施工现场处理技术

(1) 钻井施工尽量减少植被破坏,保护野生动物,保护文物古迹和自然景观。

(2) 井场营地不乱丢废弃物,保持清洁卫生。

(3) 完井后,如果探井为干井,则应负责恢复植被更新土壤,如为生产井,则应准备建设花园式采油井场。

6.7　特殊地域钻井处理技术

(1) 海洋钻机要有设备防腐系统、废弃物处理系统。

(2) 沙漠钻机要有防沙系统。

(3) 丛林钻机要有完善的防火系统。

(4) 极地钻机要有保温系统及废弃物处理系统。

(5) 城市钻机要有降噪系统。

6.8　钻井环境资料汇总

钻井设备(钻井)环境治理总结报告,环保计划完成情况、污染防治情况、环境影响程度报告,环境顶端事故(着火,硫化氢排放等)报告。

17. 节约能源保护资源　建设生态文明

1　概述

节能减排，保护资源是一项基本国策，自然资源（包括能源）是有限的，如果不合理开发利用，肆意破坏，总有一天会难以为继，生物繁殖受到限制，人类生存和生命受到威胁。

我国是能源消费大国之一，节能增效潜力巨大，例如，燃煤的火电厂，按产品计算，我国能源单耗比发达国家高出 30%～90%，按产值计算，能耗是发达国家的 3～4 倍，如果将能源的有效利用率提高到发达国家的水平，则全国每年可少耗费 3 亿多吨标准煤，（全国火电厂年耗煤 2×10^{8} t）。

全世界的石油储藏量同样是有限的，据权威人士乐观估计，到 2025 年世界石油将面临枯竭，世界将进入后石油——天然气时代，提高能源利用率，既节约了能源，又保护了环境。节能增效是一项系统工程，牵涉到生产工艺、技术装备等方面，需要政府和用户的决心和承诺。当前最关键的问题是改变人们的消费观念，节约资源和能源不仅是关系到降低生产成本、提高利润的商业行为，而且包含着高度的社会责任感和使命感。

2　资源的概念和分类

自然资源是指在一定的经济技术条件下，自然界中对人类有用的一切物质和能源的总称，自然资源可按更新能力和用途 2 方面来分类，如图 1 所示。

3　自然资源开发利用中的问题

（1）自然资源是有限的，其利用量超过更新量即造成资源破坏，如垦荒造田致草原退化，森林被砍伐后恢复需要 300～500 年。

（2）矿产资源是难以更新的人类宝贵财富，如果过度开发，将加速被破坏，例如，我国的延长油田周边被私营钻井恶性开发，造成油藏被破坏，环境污染严重。

（3）我国私营小煤矿有 1.5 万个，禁而复开，进行掠夺式挖掘，数千个小铁厂、小水泥、小造纸厂浪费资源，污染环境，事故频发，工人的健康和生命得不到保障。

（4）我国森林覆盖率只有世界平均覆盖率的 1/4，资源匮乏，但仍以各种名义（修宾馆、高尔夫球场等）乱砍滥伐。我国需要的木材大量进口，但仍在大批生产一次性筷子、高级卫生纸、铜版纸和高级包装纸。造纸厂是污染大户，由于利益趋使，有增无减。

（5）世界物种至今已有 4 000 多种灭绝，可喜的是我国的大熊猫和藏羚羊得到有效的保护，但有的种群仍岌岌可危，如华南虎等。

（6）各市县都在加大建设经济开发区，却长期不开发，良田变荒地，城市烂尾楼，天价楼盘长期售不出，占用了宝贵的土地资源。

4　节约能源保护资源的政策措施

4.1　保护自然资源的任务

保护、增殖与合理利用自然资源，确保可更新资源的永续使用，维护自然生态系统的动态

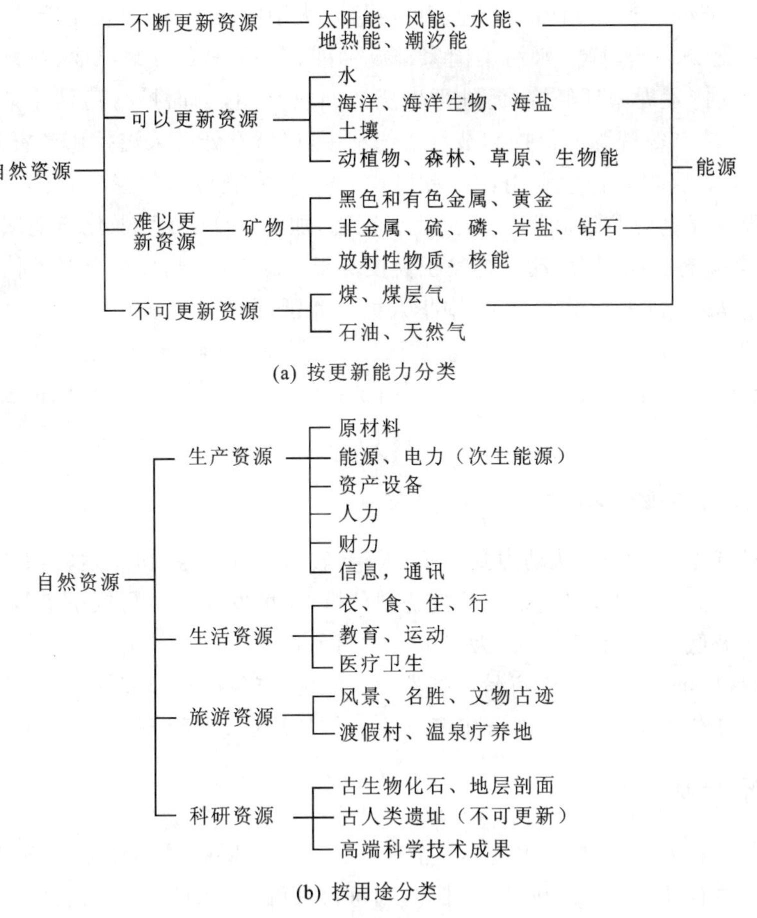

(a) 按更新能力分类

(b) 按用途分类

图 1　自然资源的分类

平衡;确保物种的多样性及遗传基因库,保护珍稀野生动植物,保护典型的脆弱的生态环境、保护水源涵养地、保护自然景观、保护自然历史遗产和文物、保护人类学遗址。

4.2　保护自然资源的措施

(1) 保护森林,禁止滥伐;封山造林,退耕还林;建农业林网,节约木材,综合利用。

(2) 保护草原,扩大种植(苜蓿等),以草定畜,建草原保护区。

(3) 保护水源地,有效控制水系污染,节约用水,实施水回收再利用,南水北调工程。

(4) 保护土壤,规划节约用地,恢复耕地,防治土壤污染,治理沙化、盐化及水土流失。

(5) 保护物种多样性,开展国际科研合作,建野生动物保护区。

(6) 保护矿产资源,从勘探、设计、矿山建设、采矿、选矿、冶炼整个过程和石油的钻井、采油、炼油整个过程,加以层层严格管理,防止矿产资源的流失和浪费,防止废水、废气、废渣污染,进行综合治理和再利用。

4.3　我国的政策和法规

温家宝总理在 2008 年的政府工程报告中明确节能减排和环境保护的十大任务:① 淘汰和关闭落后产能企业;② 重点企业节能和十大重点节能工程建设,推进墙体材料革新和建筑节能;③ 开发和推广节约、替代、循环利用资源的先进适用技术,实施节能减排重大技术和示范工程，发展节能服务产业和环保产业，开发风能、太阳能等清洁、可再生能源；④“三河三湖”等重点流域的污染防治，提高水污染国家排放标准；⑤ 保护农村水源地、畜禽、水产养殖污染治理；⑥ 鼓励支持发展循环经济，促进再生资源回收利用，全面推行清洁生产；⑦ 加强土地、水、草原、森林、矿产等资源的保护和节约集约利用，严厉查处乱采滥挖矿产资源等违法违规行为，搞好海洋资源保护和合理利用，发展海洋经济；⑧ 实施应对气候变化国家方案，加强能力建设；⑨ 完善能源资源节约和环境保护奖惩机制，加大执法力度，强化节能减排工作责任制；⑩ 增强全社会生态文明观念，动员全民积极投身于资源节约型、环境友好型社会建设。

我国自 1973 年以来相继颁布了《中华人民共和国环境保护法》、《中华人民共和国节约能源法》，单行的自然资源保护法规有：《森林法》、《草原法》、《矿产资源法》、《农业法》、《水法》、《土地利用规则法》、《土地管理法》、《水土保持法》、《渔业法》、《野生动物保护法》、《风景名胜区管理暂行条例》等。

5　钻井装备的节能技术

一台钻机有 10 大系统，从动力到绞车、大钩、转盘和泥浆泵，协调运转，有效地利用能量做功，似天衣无缝，无懈可击，但是如果认真解剖分析，便可发现：“大马拉小车”，单个环节和整个系统传动效率极低，节能潜力巨大，大有可为。当前仍有旧观念在作怪：搞石油的多费点柴油没啥！心安理得，油、气、水跑冒滴漏习以为常。可见，应急速唤起节能意识，要斤斤计较，如果每个钻井队每月节省柴油 20 t，则全年可节约 100 多万元，显著降低钻井成本，何乐而不为？

5.1　钻井柴油机

(1) 国产济柴 4000 型柴油机的燃油消耗率为 20 g/(kW・h)，较原 2000 型、3000 型节约 2 g/(kW・h)左右，以每台 1 000 kW 计算，则每台月可节省油近 1 t，每台钻机配 3 台柴油机，每月节省油近 3 t。

(2) 最低燃油消耗率是和柴油机的标定转速对应的，为发电机配备的柴油机标定转速为 1 500 r/min，为机械钻机(复合钻机)配备的为 1 300 r/min，12 h 标定功率，用来驱动绞车最佳，驱动泥浆泵组便差一些，更不能用 1 500 r/min 的柴油机直接驱动绞车和泵组。

(3) 柴油机在满载工况下运行最省油，欠载运行将多耗油 10%～15%，机械钻机当开 3 台柴油机驱动双泵时接近满载工况，开 2 台柴油机驱动单泵或绞车时往往欠载。电动钻机根据负载情况，柴油机组自动摘挂挡，可节约燃油 25%～35%。

(4) 柴油机在钻机下钻手动操作时空载，在下钻过程中起升空吊卡时只有 10%～20%负载，如能实现储能系统，则可大幅度节能。

(5) 柴油机尾气用于欠平衡钻井，废物利用，对低渗高稠油层起保护作用。

5.2　液力传动副

(1) 我国机械钻机自 1975 年以来，柴油机配备 YB-900 型离心式液力变矩器，当时只看重它的优点而轻视了它的缺点，优点主要是柔性传动无级变速，减速比 $i=0.65$，但其平均传动效率却只有 70%～85%，其非透穿特性当轻载或空载时，要消耗的燃油与满载工况下一样多，要配备很大的传动油冷却器。如今换用了偶合器正车箱，其综合传动效率为 $0.97\times0.95=0.92$，传动效率提高了 17%，计入非透穿性损失，综合功率利用率提高了 24%。以 ZJ40L 型钻机为例，每个井队每月节约燃油 20 t，则全年节约 120 万元，变矩器在全国 500 个井队用了

20 a，共浪费了 120 亿元的能源。

(2) 柴油机和液力传动副匹配不当，会进一步降低传动效率，例如，无论柴油机是 750 kW 的、860 kW 的，还是 1 000 kW 的，都配同一种 YB-900 型变矩器。偶合器正车箱传动副有 4 个品种，能较容易地选配合适的偶合器。

5.3　机械钻机传动效率

(1) 按传动件传动效率高低排序，联组窄 V 带优于 E 型 V 带；多排小节距链传动优于少排大节距链；万向轴爬台优于多级链爬坡；行星齿轮减速器优于定轴齿轮减速器；气盘式离合器优于气胎离合器。从柴油机、变矩器到大钩，全系统传动效率只有 50%，换言之，柴油机能量有 1/2 在作摩擦发热功，如果改造，精选高效传动件，减少传动件数，能增效 10%，则可取得显著节能效益。

(2) 充分润滑以提高传动效率，废止点滴润滑和飞溅润滑，采用齿轮油泵强制润滑的方式，按照钻机使用说明书，定期加注润滑脂，调整冬季和夏季用油类型。

5.4　提高功率利用率

(1) 柴油机和一般异步电动机都是恒转矩、定转速特性，要适应变转矩、变转速的工作机要求，必须设置变速机构。钻井绞车设 6 挡，用 4 挡起升钻柱，其最大可能的功率利用率为 80%，单轴单速电动绞车其功率利用率可接近 100%，单轴双速交变电动绞车是为提高最高挡速和提升最大钩载而设计的，其功率利用率可达 100%。

(2) 机械驱动的转盘一般有 2～3 个正挡，其功率利用率可达 75%～80%，如增设 2 挡变速箱，则功率利用率可高到 85%。

(3) 用 2 台柴油机驱动单台泥浆泵，用 3 台柴油机驱动 2 台泥浆泵，其功率利用率分别为 60% 和 80%，单泵换二级缸套，其功率利用率为 80% 左右。

以上的估算都是在柴油机额定转速下进行的，不赞成用调节柴油机转速来满足工作机的转速需要，那样做会降低效率和提高燃油率。

5.5　提高电动钻机的效率

(1) 在全世界工业领域，电动机能耗占 60%，提高电动机效率就意味着降低能耗，2007 年 Abb 在中国市场推出欧盟Ⅰ级能效电机，其运行效率为 93.8%，而一般电机效率为 92%，虽然该电机一次投资较贵，但在运行 130 d 后即可收回多出的投资。

电机运行时间长了轴承就要磨损松动甚至出故障，绝缘老化、发热量增大、效率降低要及时检修，以免能耗增加。

(2) 变频器比整流器多了逆变器，所以发热量大，要充分通风冷却，如变频器效率由 93% 提高到 95%，则全球的变频器每年就能节约 9 600 kW・h，相当于电厂(柴油机)减少排放 CO_2 800×10^4 t。

(3) 电动钻机的动力电缆质量高的效率可达 99%，我国产品仍有差距，还需进口。

5.6　节能滤波器

交流变频电动钻机的变频器输出电流由于是通过 PWM 的矩形波模拟正弦波，产生了 3，5，7 等高次谐波干扰，引起电网电压严重畸变，对电动机产生附加的功率消耗和发热，抑制谐波需在电源侧串联一套有源滤波器(由三相 IGBT 桥构成)和 LC 无源滤波器,在取得滤波作用的同时还起到无功补偿作用,有功节电率可达 10%～15%。

5.7 能量储存与回收利用

(1) 建筑物储热能和储冷能,如土法水窖储天然冰。我国莆田港液化天然气接收站每年输入 260×10^4 t 液化气,每吨液化气释放出 850 MJ(236 kW·h)的冷能。天然气用管道输送到 5 个城市用户,回收冷能带动起系列工业:冷藏库保鲜物流,制造干冰,冷能发电站,海水淡化,空气分离制氧制氮,轻烃分离,深冷加工(如粉碎旧轮胎等)。

(2) 机械能储能,储惯性能(液气大钳飞轮绷扣器),钻机并车传动系统储惯性能帮助启动带载绞车;储弹簧能,如钟表、液压盘式刹车安全钳等。

(3) 势能储存利用,如北京昌平蟒山高山水库,当电网低峰时,用泵将十三陵水库的水举升到高山水库中;当电网高峰时,高山水库电站发电补充和稳定电网用电。还有夹板锻锤、夯土机等。

(4) 液压气压储能,我国研发的节能液压修井机用液压蓄能器和氮气储能器提升助力,下钻不开柴油机,显著节约了能量。各种液压站的蓄能器在断电时继续支持工作。压缩空气站的储气罐保证在柴油机和发电机没启动以前就能提供控制。

(5) 电能储能,蓄电池储能只能用于小电量储能,如汽车、电瓶叉车等,而电动钻机下钻再生电能有 1 000～3 000 kW,无法用蓄电池储存,一来其效率只有 40%;二来要用 100 多个,不现实,必须另谋他法。

5.8 下钻能量的储能与回馈

石油钻机能耗的最大问题是下钻产生的巨大能量无法回收利用。在起钻时,钻机的能量消耗在提高井中钻柱的势能上;在下钻时,此势能还原所产生的能量,约为起升能量的 70%(由于下钻时钻柱受浮力和摩阻的双重影响)。百年以来想回收利用,苦对策,只能靠各种制动机构将它变成热能,耗散在空气中,或转变成刹车盘(毂)、摩擦片、电磁刹车和耗制动的冷却水的热能循环散掉,冷却水的温度不高,无法再利用。

电动钻机的绞车主电机四象限运行,当下钻时被下放的钻柱拖动,电机反转进入第四象限的再生电状态,此再生的电能如能回收利用,将取得大幅度节能效益,下面推介 3 种可能的方案。

(1) 超导磁体储能系统(简称方案 a)。该储能系统的 AC⇌DC 电力电子变换电路如图 2 所示。系统原设计是为了减小发电机 G 的功率储备。当电网负载过大时,由系统向交流电网反馈补充电能;当电网负载低时,利用发电机的剩余功率向超导磁体储能系统供电,将电能变成超导线圈 L 的磁能存储起来;当电网负载大于发电机的功率时,则系统受控将储存的磁能变为电能,反馈输送回电网。超导线圈 L 可以承载大电流而无功率损耗,因而可以存储大量磁能,超导线圈存储的磁能为 $1/2L_G I^2$,其电感 L_G 和电流 I 都很大,承载的电流只能是直流电,因此它和交流电网之间设一套大功率的三相桥式电压型 AC⇌DC 变换器(可逆 SCR),电网侧串接 LC 滤波器,直流侧接一大电容 C,当斩波器 T_7、T_8 同时导电时,超导线圈 L 输入直流功率储能,当 T_7、T_8 同时截止时,超导线圈 L 经 D_8、D_7 输出直流功率,经变换器的反相开关(晶闸管)输向交流电网。

将此系统用于交流变频电动钻机,当下钻时,虽然该系统可以存储“大量”磁能,但存储不

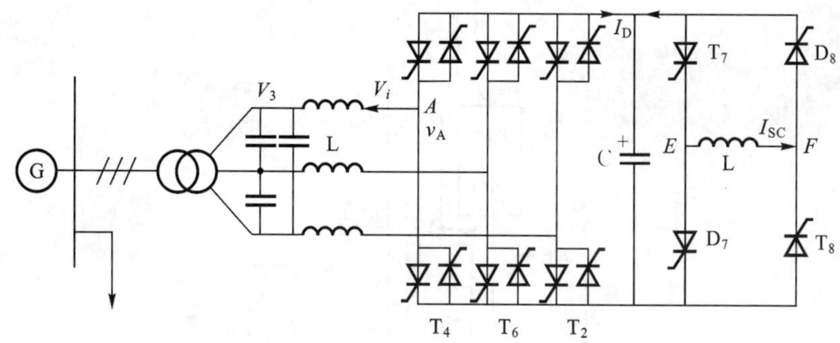

图 2　超导磁体储能系统 AC⇆DC 变换电路

了下钻时 1 000～3 000 kW 的磁能，只能回收够用的电能，即可用于手动操作大钳上扣和将钻柱瞬时低速提离卡瓦，下钻全过程可关掉柴油机，由此系统向交流母线提供所需电能，电动机再生发电时同时起部分制动作用，下钻速度仍需能耗制动来主控。

(2) 用可逆变频器向交流电网反馈电能（简称方案 b）。图 3 给出可逆变频器向交流电网反馈电能的电路图。在有工业电网地区用交流变频电动钻机钻井，在下钻过程中，绞车电动机反转再生发电，经变频器中间直流环节使储能电容 C 充电，当充到直流母线电压超过能量回馈电压的设定值时，回馈单元的控制部件立刻启动，由三相可逆 SCR 桥构成回馈单元，将直流电变为三相交流电馈入交流电网。它能解决回馈电压的相序、时序、幅值、正弦波形失真等问题，使馈入电网的电能与电网电压同频、同相、同波形，使回馈系统的功率因数接近于 1，达到回收 90％的下钻能量的目的。

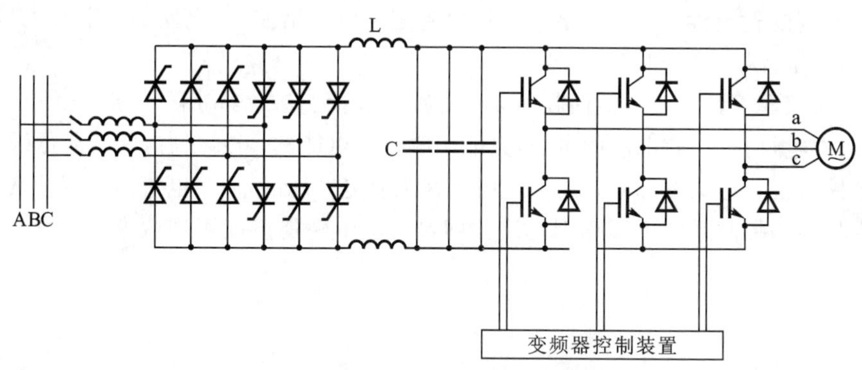

图 3　可逆变频器再生电能回馈电路

(3) 用双馈电机向交流电网反馈电能（简称方案 c）。图 4 给出双馈电机-可逆变频器-电网的系统框图。绕线式双馈感应异步电动机简称双馈电机，它的定子绕组直接接电网交流电（图中电机的外环），转子绕组通过滑环也接入交流电（由变频器输出的图中电机的内环），所以必须是绕线式异步电机结构，它即可作为电动机运行，也可作为发电机运行（这时可称为变速恒频交流励磁发电机）。

鼠笼式异步电机是采用定子变频的方法来调速的，定子频率恒定必须通过转子侧来调速，需要采用绕线式异步电机实现滑差方式调控转速。为转子供电的变频器的电压幅值、频率和相位按运行要求进行调节。

双馈电机的特点：① 转子通过变频器实现滑差调整，不用外接电阻耗能，效率高；② 所需变频器容量小 90％，造价降 80％；③ 定子侧功率因数可调，$\cos\varphi \geqslant 1$；④ 双馈电机迅速吸能或

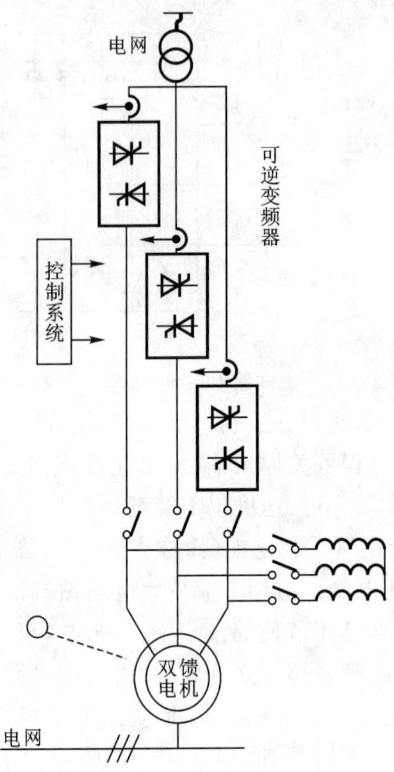

图 4　双馈电机-可逆变频器-电网系统

放能，提高电网的稳定性；⑤ 转子谐波分量引起定子电流谐波，对电网的影响较大，通过闭环和磁场定向矢量控制，可降低谐波干扰。

上述电动绞车下钻再生电能回收的 3 个方案各有特点，方案 a 用于大部分无电网地区，柴油发电机组供电，由于回收电能的量小，只能回收再生电能的 20%左右，同交流母线并网的要求不高，容易实现。方案 b 和 c 只局限应用于有工业电网地区，回馈电流向电网并网的要求严格，如果变频器的控制系统不可靠则无法并网，所以，下钻能量能否回收 90%，关键在于变频器的控制系统。

18. 破除旧观念　创造新钻机

1　破除旧观念

(1) 在更新研制新钻机中重主机轻配套。我国的出口钻机在竞标检查和施工过程中暴露出的问题多出在配套件上，如固控系统的5步净化多年没有改进，加工质量不佳，泥浆漏失；井控系统不规范，不符合不同地域的要求；井电不防爆，布线不安全；HSE管理体系不落实，事故多发。

(2) "重主机"也没完全做好，对交流变频电动钻机的核心技术——引进的电控系统没有做到在消化的基础上再创造，以致10 a来设计水平没有突破性进展，电动钻机的潜在优势尚待进一步开发。

(3) 悲观论者认为，我国钻机与世界先进水平相比还有15 a的差距，赶上难度太大；乐观论者认为，我国钻机已达到世界先进水平，可在全球采购钻机配套件，不一定都要国产化。

(4) 交流变频电动钻机价格太贵，一次投资承担不起，不如直流电动钻机价格便宜，技术成熟，要买就买最便宜的复合钻机，用起来顺手。

(5) 钻直井用转盘，钻定向井换用顶驱，但转盘、方钻杆、方补心和水龙头仍要留着。

(6) 井架和底座以吨论价，超重更可靠，减轻质量没有把握，不能轻举妄动。

2　创造新钻机

将本文的前17章加以回顾和总结，见表1。

表1　停造的和建议发展的设备和钻机

序号	停造(或限造)的	建议发展的
1	机械钻机，统一驱动，多级链或万向轴传动转盘，V带并车传动泵	机电复合钻机，分组驱动，交流变频电机单独驱动转盘，链条并车带泵，推荐交流变频电机驱动绞车和转盘
2	机械钻机	直流电动钻机，6挡绞车带电磁刹车，2挡转盘，特制直流顶驱，盘刹自动送钻(主要从经济性考虑，仍限量制造)
3	机械钻机	交流变频电动钻机，双速单轴绞车，能耗制动，单速转盘，顶驱，绞车主电机自动送钻
4	液力变频器	液力偶合器正车箱(风冷、水冷)
5	带开式工作钳和闭式安全钳的常规液压盘式刹车	交流变频电动钻机能耗制动为主辅刹车，只有闭式安全钳的液压盘式刹车为副刹车(驻车紧急刹车)
6	独立小电机、百倍减速能耗制动自动送钻系统，小电机+主电机联合送钻系统	交流变频电动钻机绞车主电机能耗制动自动送钻(超低速送钻平稳性控制)
7	带式刹车+水刹车、带刹车手动送钻(轻型钻机保留)	复合钻机，液压盘式刹车ETN刹车为主刹车，能耗制动为辅刹车(暂用电磁刹车过渡)，用盘刹或ETN为执行机构的自动送钻(或电子司钻)

续表 1

序号	停造(或限造)的	建议发展的
8	常规转盘、方钻杆、方补心、水龙头、大钩	电动(液压)顶驱作为常备,作为直井,定向井全井钻进主力,顶驱固定挂在游车上不拆,单导轨固定在井架上不拆,重新整体设计
9	常规转盘及其电机、齿轮传动	1/10 功率的液压弱化转盘(带液压卡瓦)用于顶驱钻井
10	单速单轴绞车,二级斜齿轮变速箱(暂保留)	交流变频电动钻机双速单轴绞车,行星齿轮传动(或装于滚筒腹内)
11	转盘气胎离合器惯性刹车,手控防倒转	转盘液压盘式刹车或能耗制动充任惯性刹车、装编码器防倒转系统
12	多构件散装底座	平行四边形旋升式底座,大模块箱叠式底座,轻型 4 立柱、6 立柱底座
13	A 形井架,塔形井架(海洋平台用除外)	K 形井架,局域用套装井架,车装钻机无绷绳桅架
14	双升式 2 次倒大绳起升	井架、底座不倒大绳 1 次旋升、双液缸起升底座、井架
15	钻台手工操作	铁钻工、液压卡瓦和液压吊卡,立根排放系统,单根抓放上钻台入鼠洞系统,液压排管架输送栈桥系统,自动清洗上螺纹脂系统,全套起下钻自动化操作系统
16	以机器为本的控制仪表盘	以人为本的司钻控制房、操纵仪表盘(功能模块分区,显示器控制器对应协调)
17	模拟控制,模拟传感器及仪表(保留局部),废除老式指重表,8 参数钻井参数仪,立管水压表,转盘转速及扭矩仪等	数字化控制,数字化仪表,游车位置动画显示,监视 TV 画面
18	传统现场多路电缆通信控制	信息网络化,现场总线技术,光缆总线,远程网络通信
19	小模块拆装,多平板车吊车装运	整体大模块运输装置与模块任意拆装结合

3 待国产化的设备

(1) 具有 Allison 液力机械传动箱同样性能的传动箱。

(2) 具有 ETN 气动推盘式刹车同样性能的刹车。

(3) SCR、VFD 全套电控系统。

(4) 能耗制动装置。

(5) 全套钻台起下操作系统(铁钻工我国已有 2 种在试用)。

(6) 轻型高速柴油机。

(7) 大恒功率调速范围的交流变频异步电动机($R \geqslant 3$)。

(8) 高级动力电缆。

(9) 新型高效振动筛及高目数筛布。

4 待创新的课题

(1) 直流电动钻机能耗制动系统。

(2) 交流变频电动钻机软泵、软转矩控制系统，起下钻速度能量自动控制系统，下钻能量回收利用系统。

(3) 全液压自动钻机，液压缸起下钻、下钻液压制动和液压储能系统。

(4) 大功率液压钻井泵。

(5) 连续管钻井装置及下套管装置全套系统、连续管内设通信电缆和井下仪器双通道网络系统。

(6) 超高射流冲蚀钻井的井下增压器。

(7) 交流变频电动钻机全套自动化、智能化控制系统。

(8) 进一步改进套管钻井、欠平衡钻井、空气钻井工具与装备。

5　待发明和创造的技术与装备

(1) 井底 TV。海底 TV 已经在应用，用于监视海底井口、海底管道、海底检修等。钻井井底情况看不见，摸不着，梦想实现 TV 网络，用以监视钻头破岩效率、钻头磨损情况、射流流场、携运岩屑情况、定向井斜率及方位，但泥浆为非透明介质，用何种物理方法(电磁波、超声、放射性)能实现?

(2) 潜艇连续管钻探机。人类智慧发展无限大，既然能宇宙航天，也能入地科学勘探地幔地核，海底舱检修和海底机器人作业都已实现，目前靠海洋半潜平台钻井，在深达 3 000 m 海域钻探，难度太大，成本过高，不妨另辟蹊径，建造深水潜艇钻探机(勘探海底锰矿、油气矿藏、天然气水合物等)。

(3) 激光破岩钻井。目前正处在原理性试验阶段，发展到工业化还相当远。

(4) 热力熔岩钻井。设想井筒玻璃化，省去套管固井。

(5) 聚能炸弹爆炸破岩钻井。

(6) 导弹制导钻定向超深井。

19. 电动钻机制动系统的选型设计

【论文题名】 电动钻机制动系统的选型设计

【期 刊 名】 石油机械,2006年第34卷第3期

【摘　　要】 电动钻机制动系统配置不当或系统失灵,就会造成重大事故。介绍了制动系统中电磁刹车、SY-PS型液压盘式刹车以及单气室型EATON气动推盘式刹车的主要参数,并在给出制动系统制动力矩计算及刹车配置的基础上,进一步探讨电动钻机能耗制动单元及绞车制动系统的配置,最后提出交变电动钻机制动系统中能耗制动充任主辅刹车的新概念,并指出制动系统散热的注意事项。

【关 键 词】 电动钻机　制动系统　主刹车　辅助刹车　能耗制动

【Abstract】 A severe accident would be caused by improper arrangement and failure of a brake system in an electric drive rig. The main parameters of some kinds of the brakes are introduced. On the basis of power torque calculation and brake arrangement for the brake system, the configuration of energy dissipation braking unit and draw work's brake system is further discussed. Eventually a new concept of energy dissipation brake of main motor serving as main and auxiliary brake for AC variable-frequency drill rig is proposed and precautions are put forward for heat disperse of the brake system.

【Key words】 electric drive rig; brake system; main brake; auxiliary brake; energy dissipation brake

0 引　　言

制动系统是钻机的要害部分,如配置不当或系统失灵,就会造成重大事故,如游车上碰下砸,溜钻落井,导致人员伤亡,钻井报废,所以必须精心设计,正确操作,确保安全生产。电动钻机制动系统具有以下功能:

(1) 将下放管柱释放的势能转化为热能发散掉,绞车辅助刹车负责匀速下放管柱,主刹车负责减速和刹止管柱。

(2) 主刹车紧急刹车和驻车。

(3) 调节钻压,手动送钻和自动送钻。

(4) 充当防碰装置的紧急刹车。

(5) 起放井架和底座。

(6) 转盘的惯性刹车,转盘主电动机反转能耗制动。

(7) 顶部驱动装置承受反扭矩的刹车。

现就电动钻机制动系统中部分刹车的主要参数作简单介绍,并在给出制动系统制动力矩计算及刹车配置的基础上,进一步探讨电动钻机能耗制动单元和绞车制动系统的配置,最后提出交变电动钻机制动系统中能耗制动充任主辅刹车的新概念。

1 部分刹车的主要参数及适配钻机

电动钻机制动系统中涉及的各种刹车包括带刹车、液压钳盘式刹车、EATON气动推盘式

刹车、水刹车、电磁刹车及主电动机能耗制动等，其中部分刹车的主要参数及适配钻机见表 1～表 3。

表 1　电磁刹车的制动力矩及适配钻机

型　号	DS40	DS50	DS70	DS90
当转速 $N=50$ r/min 时 额定制动力矩 M_b/(kN·m)	45	62	110	130
当 $N=150\sim500$ r/min 时 最大制动力矩 M_{bmax}/(kN·m)	52	74	120	150
适配钻机	ZJ40	ZJ50	ZJ70	ZJ90

表 2　SY-PS 型液压盘式刹车的制动力矩及适配钻机

型　号	1400/384	1500/480	1650/720	2000/1000*
双盘制动力矩/(kN·m)	90	120	180	250
适配钻机	ZJ40	ZJ50	ZJ70	ZJ90

注：* 参考数值。

表 3　单气室型 EATON 气动推盘式刹车的制动力矩及适配钻机

型　号	324WCB	236WCB	336WCB	436WCB	248WCB	348WCB	448WCB
0.54 MPa 气压下 制动力矩/(kN·m)	33.9	66.7	100	133.3	155	232.5	310
适配钻机	ZJ30 辅刹	ZJ40 辅刹	ZJ50 辅刹 ZJ40 主刹	ZJ70 辅刹 ZJ50 主刹	ZJ70 主刹	ZJ90 辅刹	ZJ90 主刹

2　制动力矩计算及刹车配置

2.1　下钻过程绞车力矩及刹车配置

绞车下钻工作原理示意图如图 1 所示。

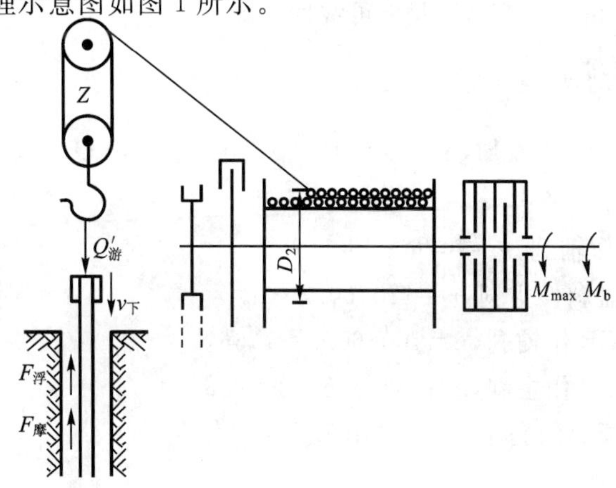

图 1　绞车下钻原理图

绞车滚筒轴静下钻力矩为

$$M_{静}=\frac{Q'_{游}D_2}{2Z}\eta_{游}\ \eta_{筒}$$

考虑动载,最大下钻力矩为

$$M_{max}=\beta M_{静}$$

式中 $Q'_{游}$——下钻时游系载荷,$Q'_{游}=Q'_{柱}+G_{游}$;

$Q'_{柱}$——考虑钻柱与井筒摩阻力 $F_{摩}$ 和浮力 $F_{浮}$ 后的最大钻柱重力,以 ZJ50 钻机为例,$Q'_{柱}=0.7\times1\ 600=1\ 120$ (kN);

$G_{游}$——游动系统本身固定重力,约为 110 kN,如果采用顶驱钻井,则有 $G_{游}=220$ kN,$Q'_{游}=1\ 340$ kN;

D_2——绞车带槽滚筒第 2 层缠绳直径,按滚筒直径 $D_0=685$ mm,钢绳直径 $d=35$ mm 计算,$D_2=734$ mm;

Z——起下钻游系绳数,$Z=10$;

$\eta_{游}$——下钻游系效率,$\eta_{游}=0.85$;

$\eta_{筒}$——绞车滚筒轴传动效率,$\eta_{筒}=0.99$,不考虑松绳效率;

β——动载系数,$\beta=1.5\sim2$,$\beta=1.5$ 时考虑下钻过程有加减速,缓慢刹车,$\beta=2$ 时急刹车。

$M_{静}=41.4$ kN·m,$\beta=1.5$ 时,$M_{max}=62$ kN·m,$\beta=2$ 时,$M_{max}=82.8$ kN·m。

选 DS50 型电磁刹车作辅刹,$M_{bmax}=74$ kN·m(见表 1)。当匀速下放时,安全系数 $n=74/41.4=1.8$;当下钻速度波动时,$n=74/62=1.2$。

选 1500/480 型液压盘式刹车作主刹,其 $M_b=120$ kN·m (见表 2),缓刹止时安全系数 $n=120/62\approx2$;急刹止时安全系数 $n=120/82.8=1.45$。

液压盘式刹车双盘独立控制,只用单盘即可刹止,单盘工作时液压 6 MPa,当双盘工作时,只需 3 MPa 即可,这样就可以延长摩擦副的寿命。

选 EATON 336WCB 作辅刹,$M_b=100$ kN·m(见表 3),下钻安全系数 $n=100/62=1.6$;选 EATON436WCB 作主刹,其 $M_b=133.3$ kN·m (见表 3),当急刹止时,$n=133.3/82.8=1.6$。

由于 EATON 刹车的额定制动力矩 M_b 是在进气压力 0.54 MPa 下测得的,系统最大允许压力为 1.0 MPa,如有需要,其 M_b 及 n 可线性提高。

2.2 下套管过程制动力矩及刹车配置

下放最大钩载 $Q_{max}=3\ 150$ kN·m,$Z=12$,$\eta_{游}=0.82$,由于 Q_{max} 包括动载在内,故不计 β;$M_{静}=60.2$ kN·m。

选 DS50 电磁刹车作辅刹,$n=74/60.2=1.23$。

选 1500/480 液压盘刹作主刹,$n=120/60.2\approx2$。

选 EATON 336WCB 作辅刹,$n=100/60.2\approx1.66$。

选 EATON 436WCB 作主刹,$n=133.3/60.2=2.2$。

由此可见,为下钻配套的刹车,完全可用于下套管作业。

3 电动钻机能耗制动单元的配置

3.1 能耗制动原理

交变电动钻机能耗制动原理示意图如图 2 所示。

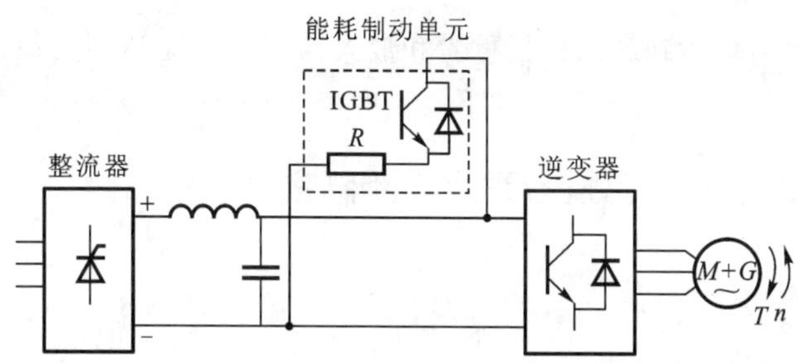

图 2 交变电动钻机能耗制动原理

绞车主电动机能耗制动是钻机制动系统的创新发展，在下钻过程中，游动系统悬重 $Q'_{游}$ 通过绞车滚筒，以反力矩拖动主电动机反转，使其处于发电状态，游动系统悬重下放释放的势能转化为滚筒的动能，再经主电动机再生的电能，通过逆变器变成直流电(见图 2)，反馈到直流母排上形成“再生电压”，当此电压升高超过一额定值时，就要通过能耗制动单元的电阻放电，将电能变为热能，由强制冷却的通风机将热能发散掉。当主电动机处于发电状态时，轴上的转矩变为电磁制动力矩，使电动机的转速下降，PLC 工控机通过对采集到的数字信号分析，感知游动系统悬重和主电动机的实际转速，将它和设定的电动机转速(频率)作比较，将这 2 个参考值发送到变频调速系统，动态控制主电动机的转速和绞车下放的速度，平稳安全地下放钻柱。当主电动机转速 $N=0$ r/min 时也能输出最大制动力矩，可以悬停最大钻柱重力，因而能耗制动既可当做辅刹，又可当做主刹。

3.2 能耗制动单元

单元柜中设控制回路、PLC 及软件，柜外设外部电阻，包括铜线电阻带、引出铜排，以及绝缘磁件和制冷轴流式通风机等。

(1) 绞车主电动机制动电阻。每组额定制动功率 $P_{20}=1\ 200$ kW；峰值制动功率 $P_3=1.5\times P_{20}$；持续制动功率 $P_{DB}=0.25\times P_{20}$，见图 3；每组制动电阻 4.45 Ω；强制通风冷却；允许温度<590 ℃。

(2) 自动送钻电动机能耗制动电阻。每组额定制动功率 $P_{20}=5$ kW，电阻 8 Ω，共 2 组。

(3) 转盘主电动机能耗制动电阻。每组额定制动功率 $P_{20}=200$ kW，4.45 Ω，1 组。

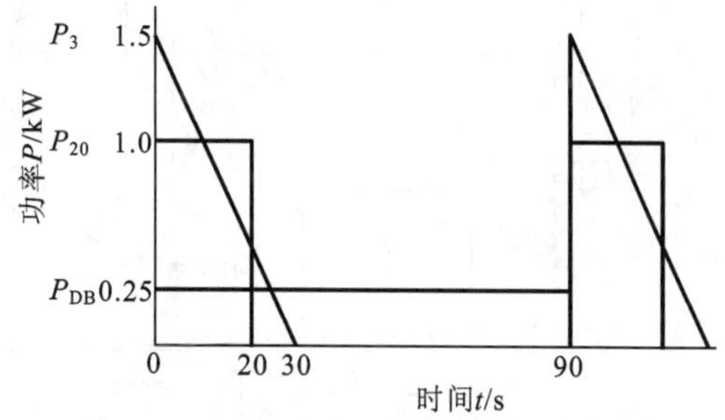

图 3 能耗制动电阻通电特性

3.3 下放速度与制动电阻的配置

电动钻机下钻产生的动能传到制动电阻处，$P_下=Q'_{游}v_下\ \eta$，以 ZJ50 DB 钻机为例，$Q'_{游}=1\ 340$ kN。从游系到绞车滚筒、减速箱、主电动机、电缆、逆变器到能耗制动单元，传动效率 η

$=0.68$,当 $Q_{柱}=1\ 600$ kN 时,希望下放速度 $v_{下}\approx 1$ m/s,$P_{下}=911$ kW。

此下放动能被制动电阻的持续制动功率平衡,制动电阻的额定制动功率 $P_{20}=911/0.25=3\ 644$ (kW);配备每组额定制动功率 1 200 kW 的制动电阻 3 组,共 3 600 kW,其持续制动功率 $P_{DB}=0.25\times 3\ 600=900$ (kW),实际下钻速度 $v_{下}=900/911=0.99$ (m/s),同样下放套管柱的速度 $v'_{下}=0.74$ m/s。

上述 $v_{下}$ 和 $v'_{下}$ 为钩载达到最大钻柱重力和最大钩载时可能达到的最快下放速度,当实际钩载较轻时,可控制得到比 $v_{下}$、$v'_{下}$ 更高的下放速度,为安全计,最大的 $v_{下}<2$ m/s。

4 电动钻机绞车制动系统配置方案及其新概念

4.1 配置方案

电动钻机绞车制动系统配置方案见表 4。

表 4 电动钻机绞车制动系数配置方案

序号	示意图	结构组成	特性
DZ1	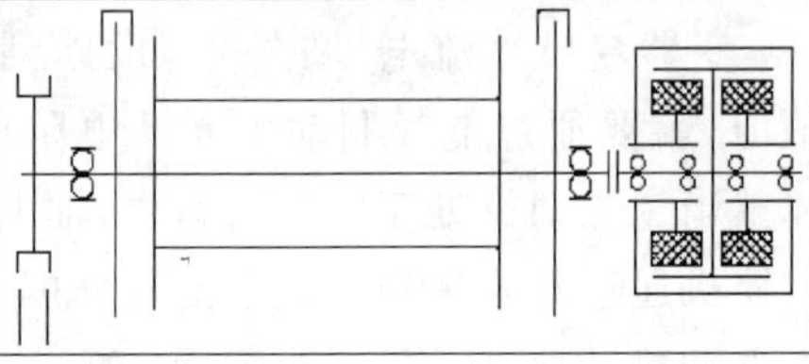	直流电驱动三轴四速绞车 主刹:液压盘式刹车 辅刹:电磁刹车	a. 主刹为摩擦式,辅刹为非摩擦式,当辅刹出现故障时,主刹也可充任辅刹,安全 b. 辅刹吸收 90%的下钻能量,主刹只负责减速刹止,磨损少,寿命长
DZ2	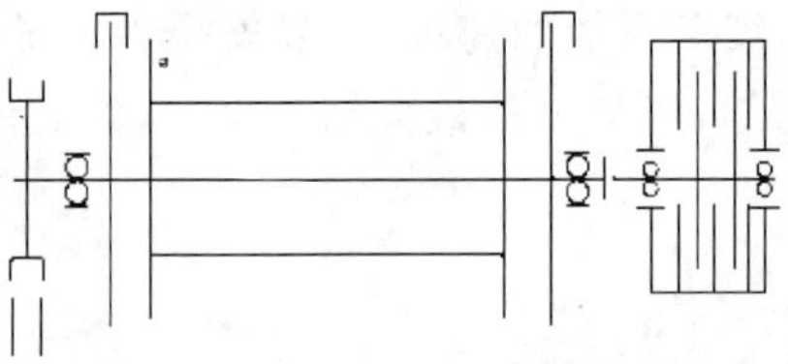	直流电驱动三轴四速绞车 主刹:液压盘式刹车 辅刹:气动推盘刹车	a. 主刹为摩擦式,辅刹为非摩擦式,当辅刹出现故障时,主刹也可充任辅刹,安全 b. 辅刹吸收 90%的下钻能量,主刹只负责减速刹止,磨损少,寿命长 c. 主刹作用时,辅刹助力,主刹更省力,磨损少
DB1	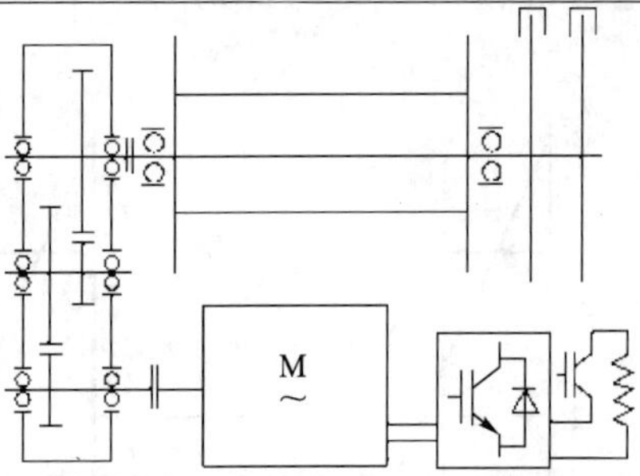 M ~	交变电驱动单轴单速绞车 主刹:液压盘式刹车 辅刹:能耗制动	a. 主刹为摩擦式,辅刹为非摩擦式,当辅刹出现故障时,主刹也可充任辅刹,安全 b. 辅刹吸收 90%的下钻能量,主刹只负责减速刹止,磨损少,寿命长 c. 主刹作用时,辅刹助力,主刹更省力,磨损少
DB2	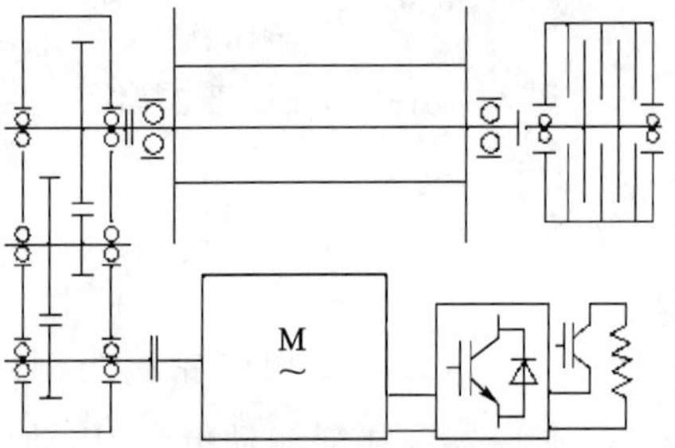 M ~	交变电驱动单轴单速绞车 主刹:气动推盘刹车 辅刹:能耗制动	a. 主刹为摩擦式,辅刹为非摩擦式,当辅刹出现故障时,主刹也可充任辅刹,安全 b. 辅刹吸收 90%的下钻能量,主刹只负责减速刹止,磨损少,寿命长 c. 主刹作用时,辅刹助力,主刹更省力,磨损少 d. 只有进气管线,无油污染

续表 4

序号	示意图	结构组成	特　性
DB3	M ~	交变电驱动单轴单速绞车 主辅刹：能耗制动 驻车：液压盘式刹常闭式安全钳	a. 主电动机能耗制动充任主辅刹车 b. 原液压盘刹只设常闭式安全钳，只负责紧急刹车、驻车，刹车盘不需水冷，但安全钳的碟簧必须每年换新，确保安全
DB4	M ~	交变电驱动单轴单速绞车 主辅刹：能耗制动 驻车：气动推盘刹车 EATON-DBB	a. 主电动机能耗制动充任主辅刹车 b. 原气动推盘刹车换置 DBB 型常闭式安全刹车 c. 只有进气管线，无油污染

4.2　新概念

对于 ZJ20 型交变电动钻机只配带式刹车(不能遥控)；对于 ZJ30 型交变电动钻机配备带式主刹车或 EATON 主刹车(能遥控)，能耗制动任辅刹；对于 ZJ40 型以上的直流电动钻机，由液压盘式刹车任主刹车，由于直流电机的能耗制动尚在研发试验中，故由电磁刹车或 EATON 刹车任辅刹；对于 ZJ40 型以上的交变电动钻机，由液压盘式刹车或 EATON 刹车任主刹，都用能耗制动任辅刹。

由于交变电动钻机能耗制动的成功应用，上述传统作法发生了有趣变化，能耗制动既可充任辅刹，也可充任主刹，一身二任主辅不分，而原有的主刹车则弱化为只保留常闭式安全钳或 EATON-DBB 型常闭式刹车，它们只负责紧急刹车和驻车(表 4 中 DB3、DB4 方案)。

有人质疑，万一能耗制动失灵，钻机将不能工作，于是在设置能耗制动的同时，还为绞车装配了电磁刹车，还保留了全套的液压盘式刹车。不过经过几年试用的结果，电磁刹车从来未用过，纯属多余的，在电力电子元器件高度可靠性发展的今天，可以充分依赖它，万一能耗制动失灵，绞车马上由安全钳刹死，在 1～2 min 内即可修复能耗制动单元，DB3、DB4 方案更为简单可行，推荐优先选用 DB4 方案。

4.3　制动系统的散热问题

下钻过程中刹车产生的热能必须及时发散掉，否则，机件过热致使能力下降，发生故障，诸如电磁刹车毂变形，励磁线圈烧毁，盘刹摩擦片加快磨损、烧坏，酿成碰砸溜钻事故，究其原因不外乎流道结水垢，水过滤器堵塞，冷却水流量不足，出水温度超标等。在这种情况下，应加大泵及通风机的排量，清除水垢，清洗过滤器，配备断电、断水、超温等安全报警装置。

20. 交流变频电动钻机单轴绞车的功率配备

【论文题名】 交流变频电动钻机单轴绞车的功率配备

【期 刊 名】 石油机械,2006 年第 34 卷第 4 期

【摘　　要】 分析宏华 ZJ50DBS 型交流变频电动钻机单轴绞车输入功率存在的问题表明,单轴绞车如按标准配备,则其功率不能满足钻井工艺要求,比如提升空钩的速度过低,绞车的最大转矩不足以提起最大钩载等。经过分析计算,对比分析现有各种单轴绞车的功率增加倍数 K'_N,认为比标准功率多配备 25%的功率,即可达到大钩提升速度 $v=0.5\sim1.5$ m/s,提最大钩载 Q_{max} 时增矩倍数 $K'_M\leqslant1.20$,满足钻井工艺要求,经济适用。

【关 键 词】 交流变频电动钻机　单轴绞车　功率配备　增矩倍数

【Abstract】 The problems in single-shaft drawworks used on Honghua ZJ50DBS variable-frequency AC drive rigs are analyzed, it indicates that if the single-shaft drawworks is of rated power arrangement, its power cannot meet the requirements of drilling process, including that no-load hook is lifted very slowly, and the maximum torque of the drawworks is insufficient for lifting the maximum hook load. By the calculation and comparison of power increament multiple K'_N of the available single-shaft drawworks, it is considered that, if 1.25 times of rated power arrangement is provided, the drawworks can meet the need of drilling operation, i.e. the lifting velocity of the hook $v=0.5\sim1.5$ m/s, and the torque increament multiple $K'_M\leqslant1.20$ for maximum hook load Q_{max}.

【Key words】 variable-frequency AC drive rig; single-shaft drawworks; power arrangement; torque increment multiple

0 引　　言

为了提高钻机的功率利用率、加速起钻,机械钻机的绞车要设置有限的 4～6 个挡;直流电动钻机电动机的恒功率调整范围小($R=1.2\sim1.3$),为了扩大调速范围,绞车也要设 4 个挡;交流变频电动钻机绞车的恒功率调速范围很宽($R=2\sim3$),所以绞车可设计成单速单轴绞车,它是随着交流变频调速技术的成功应用而诞生的一个新生事物,其结构简明,纵向尺寸小,占地面积小,便于运移。但是,有关单轴绞车的输入功率配备是一个全新的问题,值得探讨。

1 单轴绞车输入功率存在的问题

宏华 ZJ50DBS 型钻机的单轴绞车(见图 1),配备 2 台 YJ35AH 型交流变频电动机,每台额定功率 $P_{额}=550$ kW,额定转速 $n_{额}=780$ r/min,恒功率最高转速 $n_{max}=1\ 870$ r/min,恒功率调速范围 $R=2.4$,$n_{额}$ 对应于 v_1,用于提升最大钻柱重力 $Q_{柱}=1\ 600$ kN。大钩最低提升速度

$$v_1=\frac{P_{额}\ \eta_1\eta_{游}}{Q_{柱}+G_{游}}=\frac{2\times550\times0.92\times0.85}{1\ 600+120}=0.5\ (\mathrm{m/s})$$

式中 η_1——电动机到滚筒的传动效率,$\eta_1=0.92$;

$\eta_{游}$——钻机 10 绳系的游动系统效率,$\eta_{游}=0.85$;

$G_{游}$——游动系统固定重力,$G_{游}=120$ kN。

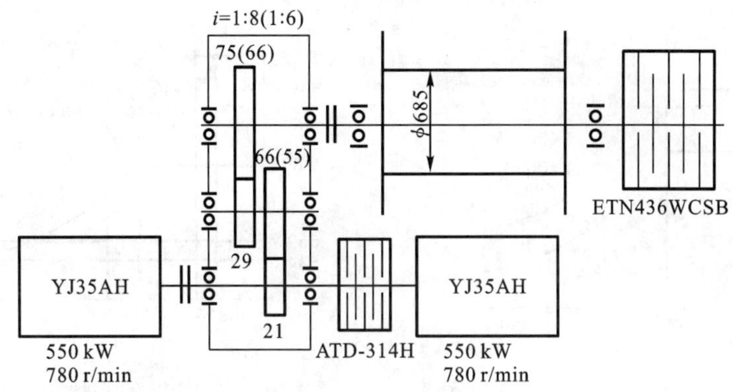

图 1　ZJ50DBS 钻机单轴绞车传动方案(局部)

大钩最高提升速度 $v_k=2.4\times0.5=1.2$ (m/s)，它用于下钻时提升空钩，偏低，最好 $v_k\geqslant 1.5$ m/s。

当电动机 $n_{额}=780$ r/min 时，为实现 $v_1=0.5$ m/s，减速箱的传动比由 $i=1:8$ 改为 $i=1:6$，双电动机额定转矩

$$M_{额}=\frac{P_{额}\ 60}{2\pi n_{额}}\eta_{电机}=\frac{1\ 100\times60}{2\pi\times780}\times0.95=12.8\ (\text{kN}\cdot\text{m})$$

双电动机短时最大转矩 $M_{max}=1.5\times12.8=19.2$ (kN·m)。ZJ50 型钻机最大钩载 $Q_{max}=3\ 150$ kN，绳系由 10 变为 12，钩载储备系数 $K_Q=3\ 150/1\ 600=1.97$，提起 Q_{max} 时双电动机最大转矩 $M'_{max}=1.97\times12.8\div1.2=21$ (kN·m)，$21>19.2$，起 Q_{max} 时的增矩倍数

$$K'_M=\frac{M'_{max}}{M_{额}}=\frac{21}{12.8}=1.64$$

交流变频电动机在满载下不允许 $K'_M>1.5$，由此可见，按标准功率 1 100 kW 配备单轴绞车的功率，不仅 v_k 偏低，并且提不起 Q_{max}，为使 $K'_M<1.5$，必须为单轴绞车增配功率，下面将探讨配备多少功率合适，针对不同型号的钻机分析 1 400，1 600 或 2 000 kW 3 种情况。

2　关于单轴绞车输入功率配备的讨论

2.1　配备 1 400 kW——对宏华 ZJ50DBS 型钻机的改进

为单轴绞车配备 2 台 YJ13C 型电动机，单台 $P_{额}=700$ kW，$n_{额}=660$ r/min，$n_{max}=1\ 580$ r/min，$R=2.4$。

功率增加倍数　$K_N=1\ 400/1\ 100=1.27$

$$v_1=1.27\times0.5=0.635\ (\text{m/s})$$

$$v_k=1.27\times1.2=1.524\ (\text{m/s})$$

用 1 100 kW 提升 $Q_{柱}$，双电动机额定转矩 $M_{额}=\dfrac{1\ 100\times60}{2\pi\times660}\times0.95=15.12$ (kN·m)；双电动机短时最大转矩 $M_{max}=1.5\times15.12=22.68$ (kN·m)；新增功率至 1 400 kW，双电动机额定转矩 $M'_{额}=1.27\times15.12=19.2$ (kN·m)；M_{max} 相对于 $M'_{额}$ 的增矩倍数 $K'_M=\dfrac{M_{max}}{M'_{额}}=1.18$ (见图 2)。

通过上述分析计算，说明对 ZJ50DBS 型钻机的单轴绞车进行改进，约比原标准多配备 25% 的功率即可使 $v_k\geqslant1.5$ m/s，又可使提 Q_{max} 时的增矩倍数控制在 1.20 以内，钻机更经济适用。改进后的钻机提升曲线见图 3。

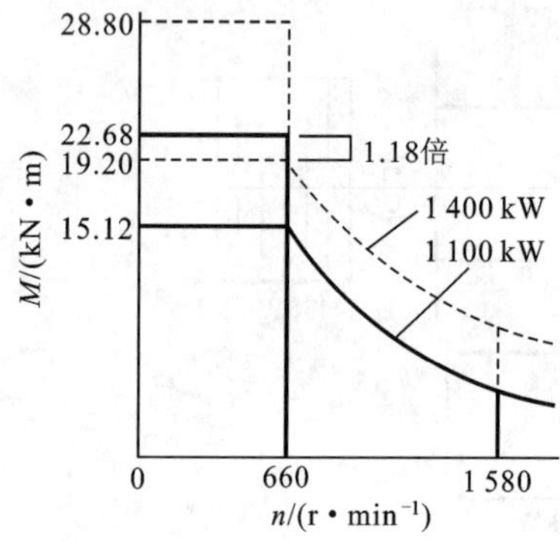

图 2 ZJ50DBS 改进型钻机单轴绞车的 M-n 关系

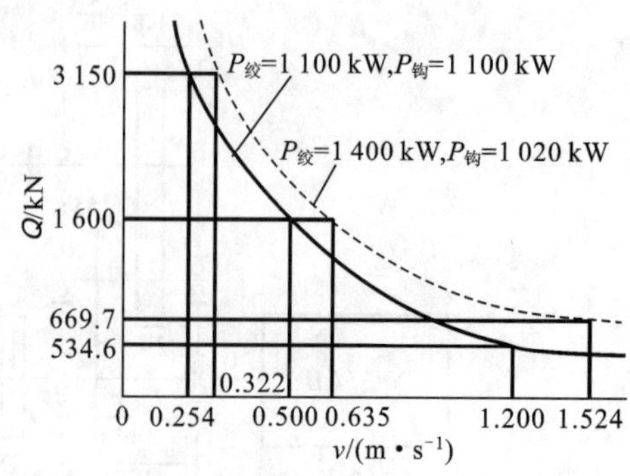

图 3 ZJ50DBS 改进型钻机的提升曲线

2.2 配备 1 600 kW——对三高 ZJ50DB 型钻机的分析

该钻机为单轴绞车配备 2 台 YJ13 型电动机，单台 $P_{额}=800$ kW，$n_{额}=600\sim1\,400$ r/min，$R=2.33$。

$$M_{额}=\frac{1\,100\times60}{2\pi\times600}\times0.95=16.63\ (\text{kN}\cdot\text{m})$$

$M_{max}=1.5\times16.63=24.95$ (kN·m)

新增功率 1 600 kW，$K_N=1\,600/1\,100=1.455$，

$M'_{额}=1.455\times16.63=24.20$

$K'_M=24.95/24.20=1.03$（见图 4）

增加功率至 1 600 kW 后的 $M'_{额}=24.20$，很接近标准功率 $M_{max}=24.95$，说明电动机只要超出很少的额定转矩即可提起 Q_{max}，电动机处于较佳工况，同时大钩提升速度提高很多，$v_1=1.455\times0.5=0.728$ (m/s)，$v_k=0.728\times2.33=1.7$ (m/s)。

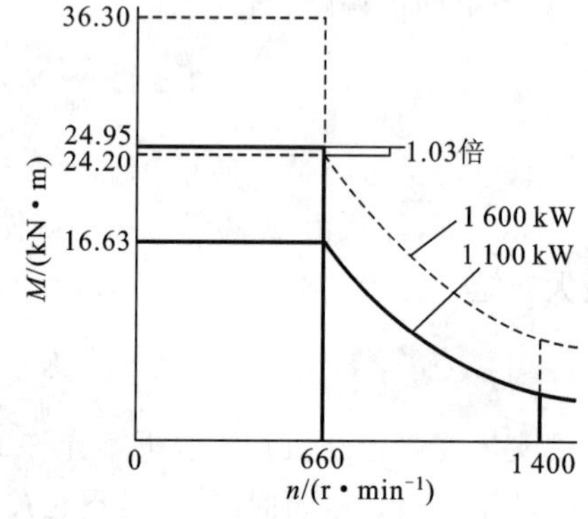

图 4 三高 ZJ50DB 型钻机单轴绞车电动机的 M-n 关系

从上述分析显然可见，如增加功率至 1.03 倍则可使 $M'_{额}$ 与 M_{max} 持平，即提起 Q_{max} 时电动机不超矩，处于最佳工况，但增加功率至 1.455～1.64 倍都过大，不够经济合理。

2.3 配备 2 000 kW——对三高 ZJ50DB-1 型钻机的分析

该钻机单轴绞车配备 2 台 YJ31F 型电动机，单台 $P_{额}=1\,000$ kW，$n_{额}=800\sim1\,800$ r/min，$R=2.25$。

$$K_N=\frac{2\times1\,000}{1\,100}=1.82$$

$$M_{额}=\frac{1\,100\times60}{2\pi\times800}\times0.95=12.47\ (\text{kN}\cdot\text{m})$$

$M_{max}=1.5\times12.47=18.71$ (kN·m)

$M'_{额}=1.82\times12.47=22.7$ (kN·m)

$$M'_M=\frac{18.71}{22.7}=0.824<1\ \text{（见图 5）}$$

增加功率的 $M'_{额}=22.7$ 超过了标准功率的 $M_{max}=18.71$，后者相当于前者的 82.4%，说明功率过剩，电动机

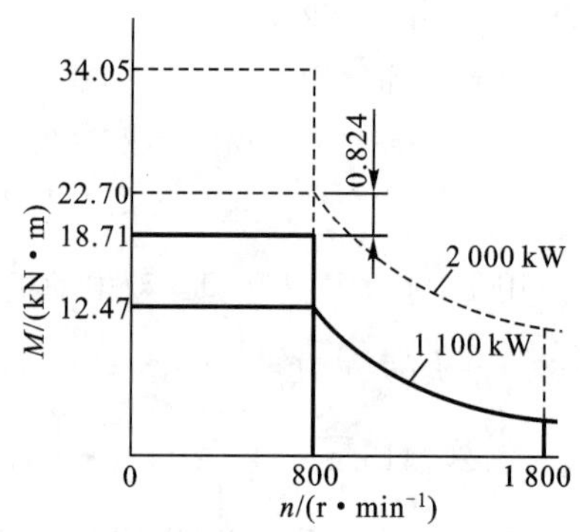

图 5 三高 ZJ50DB-1 型钻机单轴绞车电动机 M-n 关系

负载很轻，效率降低，且一次投资加大。

上述讨论说明，单轴绞车增加功率配备45.5%～82%，都是徒劳而无功，不够经济合理。

3　电动机 $R<2$ 时绞车配挡分析

宏华ZJ40DBS型钻机的绞车配2台YJ31型电动机，$P_{额}=970$ kW，$n_{额}=800\sim1\ 200$ r/min，$R=1.5$。

这种40型钻机，$Q_{max}=2\ 250$ kN，$Q_{柱}=1\ 200$ kN，$K_Q=1.875$。

$$v_1=\frac{970\times0.92\times0.87}{1\ 200+100}=0.6\ (\mathrm{m/s})$$

由于 R 太小，绞车必须设2挡，这种双轴绞车传动方案见图6。

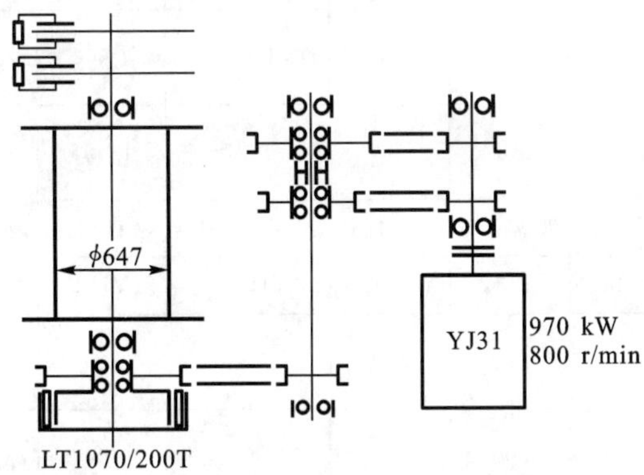

图6　宏华ZJ40DBS型钻机双轴绞车传动方案

$v_2=0.6\times1.5=0.9\ (\mathrm{m/s})$，$v_k=0.9\times1.5=1.35\ (\mathrm{m/s})$。

标准功率　$P_{额}=735$ kW

$$M_{额}=\frac{735\times60}{2\pi\times800}\times0.95=8.34\ (\mathrm{kN\cdot m})$$

$$M_{max}=8.34\times1.5=12.5\ (\mathrm{kN\cdot m})$$

$$K_P=\frac{970}{735}=1.32$$

$$M'_{额}=1.32\times8.34=11\ (\mathrm{kN\cdot m})$$

$$K'_M=\frac{12.5}{11}=1.136$$

说明两挡绞车即使设2挡，但其总调整范围2.25仍有限，在 $M'_{额}=11$ kN·m时仍不能提起 Q_{max}，必须电动机超矩13.6%才行。

4　单轴绞车主要技术参数综合对比

国内钻机制造厂生产的单轴较车主要技术参数综合对比见表1（表中兰石为兰州石油化工机器总厂、宏华为川油广汉宏华有限公司、三高为上海三高石油设备有限公司、宝石为宝鸡石油机械有限责任公司）。

表 1　国内钻机制造厂单轴绞车主要技术参数综合对比

制造厂钻机型号	兰石 ZJ40DB	宏华 ZJ40DBS	宏华 ZJ50DBS	宏华 ZJ50DBS 改进	三高 ZJ50DB	三高 ZJ50DB-1	宏华 ZJ70DBS	宝石 ZJ90DB
钻机最大钩载 Q_{max}/kN	2 250	2 250	3 150	3 150	3 150	3 150	4 500	6 750
钻机最大钻柱重力 $Q_{柱}$/kN	1 150	1 200	1 600 (2 000)①	1 600	1 600	1 600	2 200 (2 520)①	3 250
钩载储备系数 K_Q	1.96	1.875	1.97	1.97	1.97	1.97	2.05	2.08
绞车挡数	4	2	1	1	1	1	1	1
绞车标准额定功率 $P_{额}$/kW	735	735	1 100	1 100	1 100	1 100	1 470	2 210
绞车增配额定功率 $P'_{额}$/kW	800	970	1 100	1 400	1 600	2 000	1 940	3 200③ (2 940)①
绞车功率增加倍数 K_P	1.088	1.32	1	1.27	1.455	1.82	1.32	1.45
主刹车、辅刹车型式	带式电磁	液盘能耗	ETN 能耗	ETN 能耗	液盘能耗	液盘能耗	液盘能耗	液盘能耗
绞车电动机型号	YJ14	YJ31	YJ25AH	YH13C	YJ13	YJ31RF	YJ31G	YJ13X1
单电动机额定功率 /kW	400	970	550	700	800	1 000	970	800
电动机额定转速 /(r·min^{-1})	652	800	780	660	600	800	870	740
电动机恒功率最大转速 /(r·min^{-1})	1 060	1 200	1 870	1 580	1 400	1 800	2 350	1 750
恒功率调速范围 R	1.626	1.5	2.4	2.4	2.33	2.25	2.7	2.365
最低提升速度 v_1/(m·s^{-1})	0.247	0.63	0.5	0.635	0.727	0.91	0.65	0.67
最高提升速度 v_1/(m·s^{-1})	1.72	1.42	1.2	1.524	1.69	2.05	1.755	1.59
电动机标准功率最大转矩 M_{max}/(kN·m)	10.23	12.5	21	22.68	24.95	18.71	23	40.65
电动机增加功率额定转矩 $M'_{额}$/(kN·m)	11.13	11	12.8	19.2	24.20	22.7	20.24	39.3
电动机增矩倍数 K'_M	0.92	1.136	1.64	1.18	1.03	0.824	1.136	1.03

注：① ()内为原资料数据，不确切，不作为计算依据；

② 现场实测 $v_1=0.5$ m/s；$v_k=1.2$ m/s；$R=2.4$；

③ 统一以单轴绞车减速器的输入功率为绞车的 $P'_{额}$。

由表 1 的对比分析可知：

(1) 兰石 ZJ40DB 钻机的绞车设 4 挡，其电动机的恒功率调速范围由 1.626 扩大到$1.626^4=6.99$，4 挡提升速度分别为 0.246 ～0.4，0.4～0.651，0.651～1.058，1.058～1.72 m/s，即使不增加功率，735 kW 也能提起 Q_{max} 而电动机不增矩，现功率增加为 800 kW，钻机的最大钩载 Q_{max} 提高为 2 450 kN，$K_Q=2.13$，提高了钻机的机动性。它比 2 挡绞车多 1 副链传动和气胎离合器，绞车结构复杂化，横向尺寸加大，因无能耗制动，多设了 1 台电磁刹车 DSF32。

(2) 宏华 ZJ40DBS 钻机的绞车设 2 挡，它在电动机恒功率调速范围(R=1.5)较小的条件下，增加较少的功率(K_N=1.32)即能满足工艺需要。2 挡提升速度分别为 0.63～0.945，0.945～1.42 m/s，K'_M=1.136，它比 1 挡单轴绞车多 1 副链传动，1 个花键离合器和 1 个气胎离合器，可靠性降低，纵向尺寸加大。

(3) 4 种 ZJ50DB 型钻机的单轴绞车以及 ZJ70DBS，ZJ90DB 型钻机单轴绞车的计算分析说明：不必增加过多的功率，只增加 25% 的功率即能满足工艺需要，达到提升速度 v=0.5～1.5 m/s，电动机提升 Q_{max} 的增矩倍数 K'_M<1.2。

21. 机械驱动钻机起升系统的偶合器传动

【论文题名】 机械驱动钻机起升系统的偶合器传动

【期 刊 名】 石油机械,2006 年第 34 卷第 5 期

【摘　　要】 针对机械驱动钻机液力变矩器传动消耗燃油多的问题,开展了液力偶合器传动的试验。实践证明,液力偶合器加正车箱传动有利于链条传动,可节约燃油,但起下钻时效低,井越深则时效越低。为此,总结了液力偶合器和液力变矩器的传动特性;分析计算了 2 种传动绞车起升系统的效率与功率利用率,起升速度、起升功率及全井起升时间;做了全钻机经济性分析。最终得出液力偶合器传动优于液力变矩器传动的结论,认为液力偶合器传动将成为机械驱动钻机的发展方向。

【关 键 词】 机械驱动钻机　液力偶合器　液力变矩器　起升时间　燃油消耗率

【Abstract】 In the light of the problem of excessive fuel consumption in hydraulic torque converter drive of mechanical drilling rigs, experiments on the hydraulic coupling transmission are conducted. The experiments demonstrate that the hydraulic coupling combined with forward drive is propitious to chain drive, and it can save fuel oil, but it is of low efficiency for trips. Is the reform economic and feasible? Therefore, the author summarizes the drive properties of the hydraulic coupling and the hydraulic torque converter, and analyzes the efficiency and power utilization rate of the hoisting systems of these two types of drive drawworks as well as the hoisting speed, hoisting power and hoisting time. By means of the economic analysis of the whole drilling rig, the author proclaims that the hydraulic coupling drive is excel to the hydraulic torque converter drive, and it is the direction of development of mechanical drilling rigs.

【Key words】 mechanical drilling rig; hydraulic coupling; hydraulic torque converter; hoisting time; fuel consumption rate

0 引　　言

自 20 世纪 40 年代以来,国际上的机械驱动钻机无一例外地采取液力变矩器链条并车传动的形式,我国钻机标准也将这种钻机定为基本型。人们看重变矩器的优点:柔性传动,随载荷自适应无级变速而加快起下钻速度,但对变矩器的缺点如它的传动效率只有 75% ~85%,完成同样的工作要为这种钻机多配备 20%的功率,同时也多耗燃油等则比较忽视。我国 1975 年开发了只有 1 级减速器胶带并车传动的大庆型钻机,此减速器的传动效率为 96%,比变矩器的效率要高出 11% ~21%,同样打 1 口 3 200 m 的井,大庆型钻机的燃油率每月为 80 t,而变矩器传动的 ZJ40L 型钻机的燃油率每月却高达 110 t 高出 37.5%,每月多花耗油费 13 万元以上,很不经济。

通过这一鲜明对比,使人们对传统的变矩器传动形式提出质疑,于是开展了液力偶合器传动的 ZJ40L 钻机的试验。实践证明:偶合器加正车箱具有同样的柔特性及减速性,有利于链条传动,可以节约燃油消耗,但它不能自适应无级调速,起下钻时效低,井越深起下钻次数越多

则时效更低。因此，这种改革是否经济可行？能否打破传统而成为钻机的发展方向？笔者拟就这一机械钻机选型和节能问题做一初步探讨。

1 2 种液力传动的特性

2 种液力传动及其冷却器外观如图 1 所示。

(a) 液力偶合器

(b) 液力变矩器

图 1 2 种液力传动及其冷却器外观

液力偶合器与液力变矩器的特性对比见表 1。

表 1 液力偶合器与液力变矩器的特性对比

型号	结构示意 外特性曲线	特 性
YOF J750 -20FLA 偶合器 正车箱	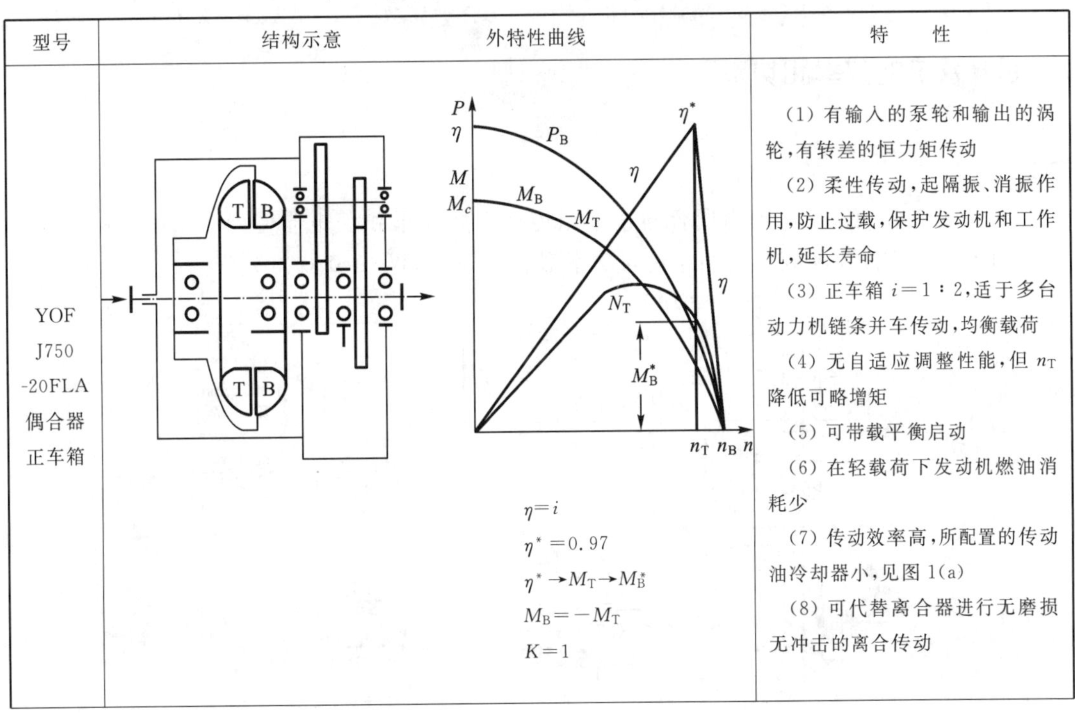 $\eta=i$ $\eta^*=0.97$ $\eta^*\rightarrow M_T\rightarrow M_B^*$ $M_B=-M_T$ $K=1$	(1) 有输入的泵轮和输出的涡轮，有转差的恒力矩传动 (2) 柔性传动，起隔振、消振作用，防止过载，保护发动机和工作机，延长寿命 (3) 正车箱 $i=1:2$，适于多台动力机链条并车传动，均衡载荷 (4) 无自适应调整性能，但 n_T 降低可略增矩 (5) 可带载平衡启动 (6) 在轻载荷下发动机燃油消耗少 (7) 传动效率高，所配置的传动油冷却器小，见图 1(a) (8) 可代替离合器进行无磨损无冲击的离合传动

续表 1

型号	结构示意	外特性曲线	特　性
YB-900 离心式 变矩器	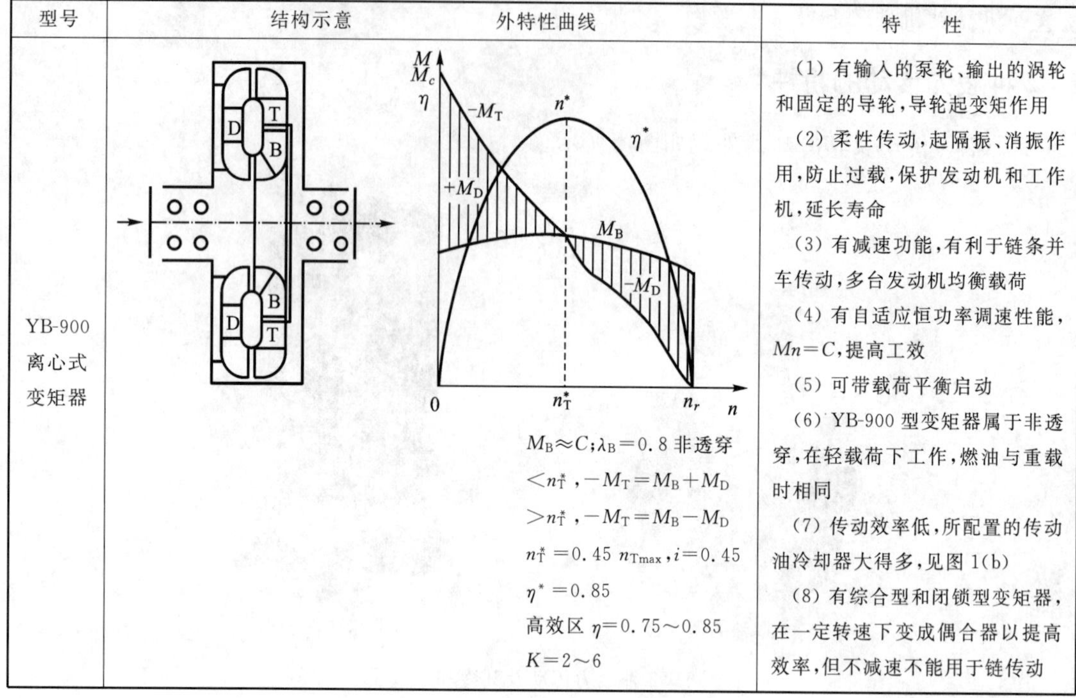	$M_B \approx C$;$\lambda_B=0.8$ 非透穿 $<n_T^*$,$-M_T=M_B+M_D$ $>n_T^*$,$-M_T=M_B-M_D$ $n_T^*=0.45\ n_{Tmax}$,$i=0.45$ $\eta^*=0.85$ 高效区 $\eta=0.75\sim0.85$ $K=2\sim6$	(1) 有输入的泵轮、输出的涡轮和固定的导轮,导轮起变矩作用 (2) 柔性传动,起隔振、消振作用,防止过载,保护发动机和工作机,延长寿命 (3) 有减速功能,有利于链条并车传动,多台发动机均衡载荷 (4) 有自适应恒功率调速性能,$Mn=C$,提高工效 (5) 可带载荷平衡启动 (6) YB-900 型变矩器属于非透穿,在轻载荷下工作,燃油与重载时相同 (7) 传动效率低,所配置的传动油冷却器大得多,见图 1(b) (8) 有综合型和闭锁型变矩器,在一定转速下变成偶合器以提高效率,但不减速不能用于链传动

注:YO—液力偶合器;YB—液力变矩器;B—泵轮;T—涡轮;D—导轮;P—功率;M—转矩、力矩;M_B^*—额定力矩;M_C—制动力矩;η—传动效率,$\eta=N_T/N_B$;η^*—最高效率;n_T^*—额定转速;i—转数比,$i=n_T/n_B=1-s$,s—转差率,对偶合器 $\eta=i$;K—变矩系数,$K=-M_T/M_B$,对偶合器 $K=1$;λ_B—泵轮力矩系数;K_{max}—制动过载系数,$K_{max}=-M_C/M_B^*$

2　起升系统的效率和功率利用率

2.1　起升系统效率

图 2、图 3 分别给出了液力偶合器正车箱传动 6 挡绞车和变矩器传动 6 挡绞车的传动方案,为了便于对比,2 种绞车的额定输入功率都取为 745 kW (1 000 hp)。

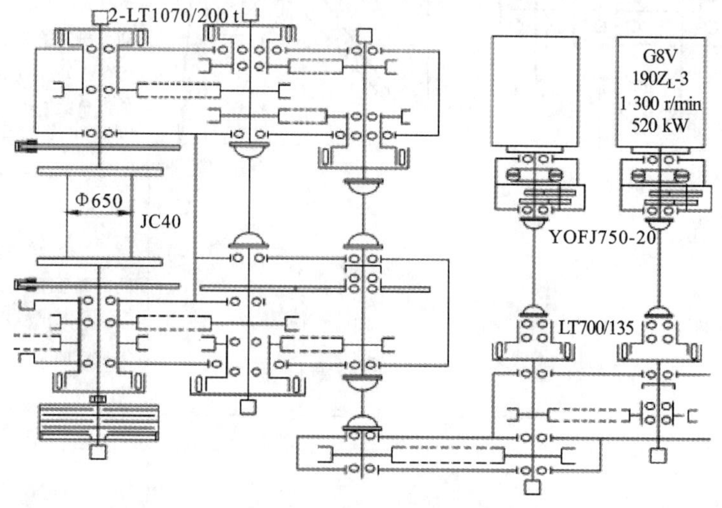

图 2　ZJ40L-YO 钻机绞车的传动方案

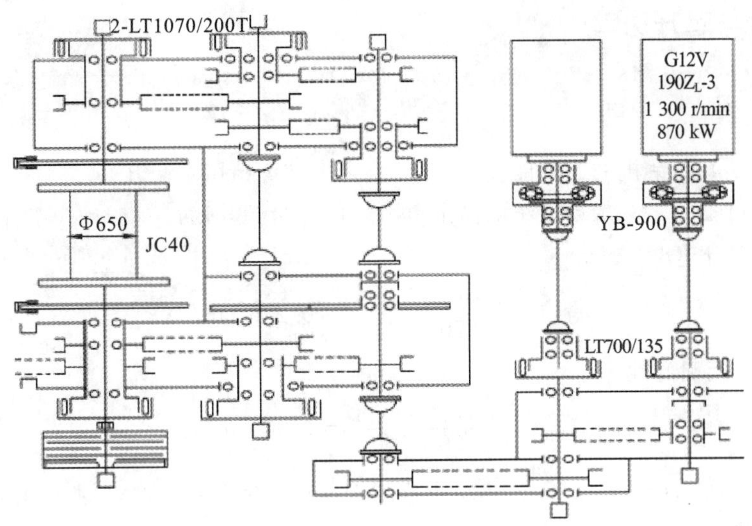

图 3　ZJ40L-YB 钻机绞车的传动方案

从柴油机到大钩的传动效率：

$$\eta=\eta_{液}\ \eta_{机}=\eta_{液}\ \eta_{并传}\ \eta_{绞}\ \eta_{游}=\eta_{液}\times0.9\times0.9\times0.87=\eta_{液}\times0.71$$

对于 YO，其小冷却器与柴油机的冷却器联合，故效率取高值

$$\eta_{液O}=\eta_{O}\ \eta_{箱}=0.97\times0.93=0.9,\ \eta_{YO}=0.9\times0.71=0.64$$

对于 YB，其大冷却器需自备风扇，其效率取低值，$\eta_{液B}=0.75$，$\eta_{YB}=0.75\times0.71=0.53$。

钻机绞车通常用后 4 挡起升，当邻速比合理安排时，其最大功率利用率为 $\Phi_{max}=\dfrac{4}{4+1}=0.8$，令邻速比取等比值，$\Phi$ 有所降低，但偶合器传动使起升速度又略有提高（见图 4），故对 YO 仍取 $\Phi_{O}=0.8$。

对 YB，取 $\Phi_{B}=0.94$（无级连续调速）。

机动起升时间 $T=\Phi^{-1}$，$T_{O}=0.8^{-1}=1.25$，$T_{B}=0.94^{-1}=1.06$。

YO 比 YB 多费起升时间 19%。

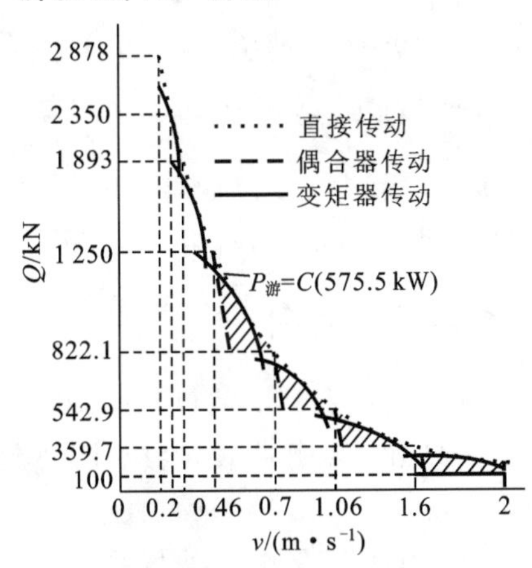

图 4　ZJ40L 钻机绞车 8 绳游系起升曲线

2.2　功率利用率

综合考虑以上 2 种因素，发动机功率利用率：

$$\psi=\Phi\eta$$

对 YO，$\psi_{O}=0.8\times0.64=0.51$；根据下一段，对 YB 的发动机需多配 20% 的功率，其 $\Phi_{B}=\dfrac{907}{1\ 090}\times0.94=0.78$，$\psi_{B}=0.78\times0.53=0.41$。

ψ_{O} 高于 ψ_{B} 24%，对于 ZJ40L 钻机，YO 传动优于 YB 传动，对于 ZJ50L 和 ZJ70L 钻机，只要传动方案相同，结果仍是 ψ_{O} 高于 ψ_{B}。

3 起升速度与起升功率

3.1 起升速度

图 4 给出 ZJ40L 钻机的起升曲线，绞车 6 挡之中前 2 挡用于起升 $Q_{max}=2\ 250$ kN，后 4 挡用于起升 $Q_{柱}=1\ 250$ kN，游动系统的固定重力近似取为 100 kN。

起 Q_{max} 的起升速度

$$v'_{O1}=\frac{735\times 0.9\times 0.85}{2\ 250+100}=0.245\ (m/s)$$

起 $Q_{柱}$ 的 1 挡起升速度

$$v_1=\frac{735\times 0.9\times 0.87}{1\ 150+100}=0.46\ (m/s)$$

设起升第 4 挡 $v_4=1.6$ m/s，起升调速范围 $R=1.6/0.46=3.478$，邻速比为 $(3.478)^{\frac{1}{3}}=1.515$，$v_1=0.46$ m/s，$v_2=0.7$ m/s，$v_3=1.06$ m/s，$v_4=1.6$ m/s，$v_{O2}=0.304$ m/s，$v_{O1}=0.2$ m/s。

3.2 起升功率

对于 ZJ40L-YO，$P_O=\frac{735}{0.9\times 0.9}=907$ (kW)，为其配 2 台 G8V190ZL-3 型柴油机，1 300 r/min，标定功率(12 h 功率) 520 kW，$P_O=2\times 520\times 0.9=936$ (kW)，够用。

对于 ZJ40L-YB，$P_B=\frac{735}{0.75\times 0.9}=1\ 090$ (kW)，比 YO 高出 183 kW（只计机动起升，高出 20%），为其配 2 台 G12V190ZL-3 型柴油机，1 300 r/min，标定功率 870 kW，$P_B=2\times 870\times 0.9=1\ 566$ (kW)，富裕 476 kW，显然存在“大马拉小车”现象。

4 全井起升时间

图 5 给出 ZJ40L 钻机钻 1 口 3 200 m 井 8 次起钻的钻井曲线，经统计，总起钻柱 20 865 m。

计入加速度影响的速度系数 $\lambda=1.2$，对于 YO，4 挡起升总时间 $T_O=33\ 022$ s=9.17 h；对于 YB，无级起升总时间 $T_B=27\ 757$ s=7.71 h，YO 比 YB 多费 1.46 h，相当于比 YB 多 19%。

钻井曲线充满系数 $K_L=20\ 865/(8\times 3\ 200)=0.82$，平均起升速度 $v_O=20\ 865/33\ 022=0.63$ (m/s)；$v_B=20\ 865/27\ 757=0.75$ (m/s)。对于 ZJ50L 钻机，钻 1 口 4 500 m的井起钻 20 次，起升总时间为

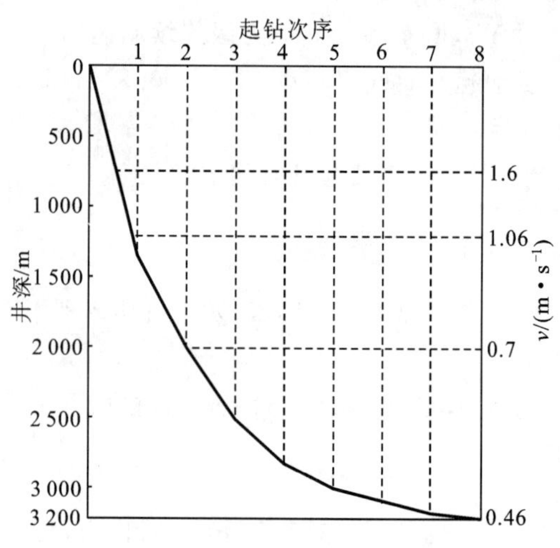

图 5 3 200 m 井的钻井曲线

$$T_O=20\times 4\ 500\times 0.82/0.63=117\ 143\ (s)=32.54\ (h)$$

$$T_B=20\times 4\ 500\times 0.82/0.75=98\ 400\ (s)=27.33\ (h)$$

YO 比 YB 多费 5.21 h，相当于比 YB 多 19%。

对于 ZJ70L 钻机钻 1 口 6 km 的井，按起钻 35 次计，则

$$T_O=75.93\ h,T_B=63.78\ h$$

YO 比 YB 多费 12.15 h，相当于比 YB 多 19%。

5 经济分析

YB 比 YO 绞车传动多配备功率 183 kW，按统一驱动钻机不起钻时它用于带转盘和泵，按柴油机满负载率计算，YB 月燃油率多出 27 t。

起下钻占全钻井周期的 1/3，机动起升又占 1/3 中的 1/3，YB 机动起升每月多耗燃油 $27\ t\times\frac{1}{9}=3\ t$。

对于 ZJ40L-YB，1 月 1 口井，月多耗燃油 3 t，柴油按 4 500 元 1 t 计，1 口井多费 3×4 500元=13 500 元；对于 ZJ40L-YO，钻井日费 4 万元，1 口井多费 40 000×1.46/24=2 433（元），YO 所费只占 YB 的 18%。

对于 ZJ50L-YB，4 月 1 口井，多费燃油 4×3×4 500=54 000(元)；对于 ZJ50L-YO，钻井日费 45 000 元，1 口井多费 45 000×5.21/24=9 770(元)，YO 所费只占 YB 的 18.1%。

对于 ZJ70L-YB，10 月 1 口井，多费燃油 10×3×4 500=135 000(元)，对于 ZJ70L-YO，钻井日花费为 5 万元，1 口井多花费 50 000×12.15/24=25 310(元)，YO 所费只占 YB 的 18.8%。

上述 3 种钻机经济分析结果见表 2。

表 2 3 种钻机 1 口井机动起钻时间与燃油率的经济性对比

钻机型号钻井深度	传动形式	钻井周期/月	起钻次数	起钻时间/h	YO 比 YB 多费/h	YO 多费时相当于 YB/%	钻井日费/元	YO 多费时费用/元	YB 比 YO 月多耗燃油/t	1 口井多耗燃油/t	YB 多耗燃油费用/元	1 口井 YO 净节约/元	YO 费用占 YB 比例/%	功率利用率 φ	传动效率 η	发动机功率利用率 ψ	φ_O 高于 φ_B 比例/%
ZJ40L	YO	1	8	9.17	1.46	19	40 000	2 433				11 070	18.0	0.80	0.64	0.51	24
3 200 m	YB	1	8	7.71			40 000		3	3	13 500			0.78	0.53	0.41	
ZJ50L	YO	4	20	32.54	5.21	19	45 000	9 770				44 230	18.1	0.80	0.64	0.51	24
4 500 m	YB	4	20	27.33			45 000		3	12	54 000			0.78	0.53	0.41	
ZJ70L	YO	10	35	75.93	12.15	19	50 000	25 310				109 700	18.8	0.80	0.64	0.51	24
6 000 m	YB	10	35	63.78			50 000		3	30	135 000			0.78	0.53	0.41	

6 全钻机全钻井周期的节能

对于 ZJ40L 统一驱动钻机，由 3 台 G12V190PL-3 型柴油机驱动绞车-转盘和 2 台钻井泵，在 1 口井的钻井周期中，用泵和转盘的钻进时间占 2/3，其中约 1/2 时间开单泵，起下钻手动及下钻提升空吊卡只用单机，平均负载率 70%。

当负载率为 100%时，YB 比 YO 月多耗油 27 t，全钻机全周期月耗油数为

$$27\times 0.7\times\frac{8}{9}+27\times 1\times\frac{1}{9}=16.8+3=19.8\ (t)$$

考虑到工作机全不工作柴油机怠速运行和“大马拉小车”等要多耗一些燃油，取 YB 比 YO 月多耗燃油 20 t，即 ZJ40L-YO 钻机耗油率 90 t，ZJ40L-YB 钻机月耗油率 110 t，ZJ40J 直接驱动钻机月耗油率 85 t。

对于 ZJ40L-YO 钻机，1 月钻 1 口井节约燃油费 9 万元/井，起钻多费时费用 2 433 元，净节约 87 570 元/井。

对于 ZJ50L-YO 钻机，4 月钻 1 口井节约燃油费 36 万元/井，起钻多费时费用 9 770 元，净节约 350 230 元/井。

对于 ZJ70L-YO 钻机，10 月钻 1 口井节约燃油费 90 万元/井，起钻多费时费用 25 310 元，净节约 874 690 元/井。

对于分组驱动的钻机，其耗油率将略有增加。

7 结 束 语

(1) 笔者重点分析了机械驱动钻机起升系统的偶合器传动特性，论证了无论中深井或超深井钻机，偶合器传动都优于变矩器传动。仅以 ZJ40L 钻机钻 3 200 m 井为例，其经济性表现为：只计机动起钻，偶合器比变矩器传动月节油 3 t，合 13 500 元/月，而偶合器起升比变矩器多耗时 1.46 h，合 2 433 元，只相当于变矩所耗的 18%，偶合器传动钻机节能显著。

(2) 推论到全钻机全钻井周期，变矩器钻机比偶合器钻机月多耗油 20 t，合 9 万元/月，而偶合器多费工时费只比变矩器多 2 430 元/月，每年以 10 个月计，无论对 ZJ40L、ZJ50L、ZJ70L，偶合器钻机比变矩器钻机全年可节约 875 700 元。

(3) 综上所述可得如下结论：以 YOFJ750-20B 型偶合器正车箱取代 YB-900 型变矩器，改造和新造各级链条并车传动机械钻机是一个经济的明确的发展方向。

22. 三缸单作用钻井泵冲程与冲次的合理匹配

【论文题名】 三缸单作用钻井泵冲程与冲次的合理匹配

【期 刊 名】 石油机械，2006 年第 34 卷第 7 期

【摘　　要】 在详细讨论三缸单作用钻井泵冲程 S 和冲次 n 对泵的其他参数和性能影响的基础上，根据国内外统计数据和已有资料，绘制出现有各种三缸泵的 n-S 型谱图，由型谱图的临界线给出泵活塞速度 nS 和泵活塞最大瞬时加速度 n^2S 的限定值。分析了影响 S、n 的各种因素和三缸泵在设计和使用认识上的误区。提出关于 S、n 合理匹配新标准的有关建议和方案。

【关 键 词】 三缸单作用钻井泵　冲程　冲次　n-S 型谱图

【Abstract】 On the basis of detail discussion of the effect of stroke S and pumping speed n on the other parameters and performance of a triple cylinder single action drilling pump, the n-S model spectrum of available triple cylinder pumps is plotted according to the statistical data and information obtained both from home and abroad, thereby the limit values of the piston velocity nS and maximum piston instantaneous acceleration n^2S are given. The factors influencing S and n and misunderstanding of the triple cylinder pump design and application are analyzed. Suggestions and scheme of new standard are proposed for rational matching of S and n.

【Key words】 triple cylinder single action drilling pump; stroke; pumping speed; n-S model spectrum

0 引　　言

钻井泵是钻机的心脏，是喷射钻井提高钻速降低钻井成本的关键设备。经过 40 年的发展，三缸单作用钻井泵以其无可比拟的优越性能，已完全取代了双缸双作用钻井泵。随着高压喷射钻井、超深钻井、海洋深水钻井、大位移井和水平井的发展，推动三缸泵正向着高压(52～69 MPa)、大功率(2 237 kW)和提高可靠性及持久性方向发展。

总结多年来国内外在制造和使用方面的经验，三缸泵 S、n 的发展规律是："在满足排量的前提下，适当增大冲程，合理降低泵速。"其目的是降低活塞速度 nS 和全泵的应力循环次数，以延长全泵和易损件的寿命；控制活塞的最大瞬时加速度以改善泵的吸入性能，提高泵的充满度，减免水击和振动的发生，取得泵的最低成本和最高可靠性。但是，如何做到"适当"与"合理"？S、n 的匹配涉及泵的一系列参数。

1 由 S、n 确定的其他泵参数

1.1 活塞的运动特性

位移：
$$x=r(1\mp\cos\varphi\pm\frac{\lambda}{2}\sin^2\varphi)$$

速度：
$$u=\pm r\omega(\sin\varphi+\frac{\lambda}{2}\sin 2\varphi)$$

加速度：
$$a=\pm r\omega^2(\cos\varphi+\lambda\cos 2\varphi)$$

式中 r——曲柄长度，m；

ω——曲柄角速度，rad/s；

φ——曲柄转角，rad；

λ——系数，λ=曲柄长度/连杆长度。

一般说来，钻井泵足够的可靠性和工作性能，只有在一定的活塞平均速度 $r\omega$ 和一定的活塞最大瞬时加速度 $r\omega^2$ 内才能得到保证。

1.2 三缸泵的其他特性参数

三缸泵的其他特性参数还有：最大排量 Q_{max}，最大泵压 p_{max}，额定（输入）功率 $P_{泵}$ 和单位功率质量，kg/kW。

(1) 最大排量 Q_{max}。三缸泵的理论平均排量：$Q_t=39.27SnD^2$，（D 为缸套直径，m），最大排量：$Q_{max}=39.27S\,n_{max}D^2_{max}$，一般 $Q_{max}=49\sim52$ L/s，Q_{max} 有增大的趋势。例如 DRECO 的 12T-1600 泵 $Q_{max}=74$ L/s；我国宝石的 2200HL 泵，$Q_{max}=77.65$ L/s。泵的排量系数为

$$\alpha=\alpha_1\eta_V$$

式中 α_1——充满度，由于泵阀的滞后和余隙容积中液体的压缩使排量降低，它无能量损失，$\alpha_1=0.90\sim0.95$，前者指高冲次、高钻井液密度，后者指中冲次、低钻井液密度；

η_V——容积效率，由阀和活塞密封不严而使排量降低，有能量损失，$\eta_V=0.98\sim1$，在各型三缸泵的排量与压力关系表中只注明 $\eta_V=1$，未计及 α，故所列排量是理论排量，泵的真实排量为 $Q_r=\alpha Q_t$。

大排量是为满足深井双泵开钻、环空上返速度 $v_{返}=0.5\sim0.6$ m/s，单泵完钻 $v_{返}=0.8\sim1$ m/s的工况要求；对于水平井和海洋深水大直径隔水管，其 $v_{返}=1\sim1.5$ m/s，往往要配 4～6 台泵。

在 nS 一定的条件下，大排量促使缸径 D 有增大的趋势，$D_{max}=190\sim230$ mm。

(2) 最大泵压 p_{max}。由于泵压 $p_{泵}\propto LQ^2$，井深 L 越来越深，喷射钻井 $p\geqslant25$ MPa，大马力双井底钻具增加 $p\approx10$ MPa×2，促使最大泵压 p_{max} 有增高的趋势，$p_{max}=52\sim69$ MPa，高压下缸径和活塞直径不能小于 110 mm，故改为柱塞。

(3) 额定（输入）功率 $P_{泵}$。额定功率 $P_{泵}=p_{max}Q_{min}/\eta_{泵}=p_{min}Q_{max}/\eta_{泵}$

式中 $\eta_{泵}=\eta_{水力}\eta_V\eta_{机械}=0.95\times1\times0.9\approx0.85$。

中间各级缸套的泵压就是根据 $P_{泵}=C$ 来确定的，同时也应符合活塞杆推力为常数的原则。

由于 p 和 Q 的增高，$P_{泵}$有增大的趋势，如德国 Wirth 和 LEWCO 的 2 205 kW 泵都是 3 000 hp等级的。

由上述可见，三缸泵的特性主要取决于 Q_{max}，亦即取决于 SnD^2。

2 三缸泵 n-S 型谱图

根据泵行业标准和宝石 F 系列泵、兰石 3NB 系列泵的 nS 参数，计算出 nS，n^2S 值列于表 1中。

表 1　三缸泵 nS 参数对照表

$P_{泵}$ kW/(hp)	373 (500)	596 (800)	745 (1 000)	969 (1 300)	1 193 (1 600)	1 641 (宝石新 2 200)
S/mm	197	229	254	305	305	356
$n_{额}/\mathrm{min}^{-1}$	160	150	140	120	120	105
$nS/(\mathrm{m}\cdot\mathrm{min}^{-1})$	31.52	34.35	35.56	36.60	36.60	37.38
$n^2S/(\mathrm{m}\cdot\mathrm{min}^{-2})$	5 043	5 153	4 978	4 392	4 392	3 925

将上列数据绘入 n-S 坐标图中填入各国三缸泵 nS 参数，形成三缸泵 n-S 型谱图如图 1 所示。

图中归纳出限制线：$nS=36$，$n^2S=5\ 000$，如图中实线所示。2 条曲线汇交于 1 点(140,254)，对于 S 大的中速泵以该点左侧的 nS 线为临界线；对于 S 小的高速泵，以该点右侧的 n^2S 线为临界线。从图中可见，我国行业标准和国内外厂商的泵 nS，n^2S 值多数符合规定，如美国 NSCO 的 P 系列泵、兰石的 3NB 系列泵、美国 C・EMSCO 的 F 和 FB 系列泵、宝石的 F 系列泵、青石的 SL3NB 系列泵、美 IDECO 的 T 系列泵、加拿大 DRECO 的 T 系列泵、俄罗斯的 УНБТ 系列泵(公制)、罗马尼亚的 3PN 系列泵等。其中以早年的 O. W. (OIL-WELL) PT 系列泵和德国 Wirth 的 TPK 系列泵的 nS、n^2S 值过高，以 EWCO (ELLIS WILLIAM-CO.)的 W 系列泵的冲程 S 过大；而以降速后的 G. D (GARONER DENVER) PZ 系列泵的 $nS\approx30$ m/min，相对较低，以兰石 3NB-500C 和 3NB-350 泵的 $nS\approx24$ m/min 最低。有趣的是，世界多国 1300，1600 泵的 n-S 全集中于 1 点(120,304.8)，似乎这一参数是最合理的，然而中外实践都证明，$n_{额}=120\ \mathrm{min}^{-1}$不能实用，G. D 推荐再降速 75%才能取得易损件较长寿命。

3　S、n 的确定及其影响因素

3.1　泵冲程 S 的确定及其影响因素

三缸泵的冲程越小，则泵的尺寸越小，质量越轻，越能充分体现三缸泵的特色。例如冲程每增加 1，则泵的长度要增加 3，泵重、一次性投资高、运移性差。在 nS=常数或排量为常数的前提下，当合理降低冲次时必须适当增加冲程，系列 S 值示于图的纵坐标，最大的属于 OIME 公司的 1700T 泵，其 S=406.6 mm (16 英寸)，泵质量 38.5 t，单位功率质量 30.6 kg/kW，最小的属于 G. D. 的 PZ-7-550 泵，S=177.8 mm (7 英寸)。

3.2　泵冲次 n 的确定及其影响因素

(1) 20 世纪 60 年代中期刚面世的三缸泵，为了突出其轻小，一味向高速泵发展，$n_{额}=160\sim200\ \mathrm{min}^{-1}$，实用结果，泵易损件的寿命只有几十小时，泵吸入恶化，所以从 20 世纪 80 年代开始，高速泵纷纷降速，重点发展中速泵，$n_{额}=90\sim130\ \mathrm{min}^{-1}$。

(2) 在 nS=常数的条件下，S 越小，n 越高，活塞速度 v 越高，因湿磨粒磨损率 $\Delta W\propto p^{\alpha}v^{\beta}$，所以活塞和缸套的寿命就越短。

(3) 易损件的疲劳破坏和液缸阀箱的疲劳断裂与其应力循环次数成正比。

(4) 泵阀的无冲击条件：$h_{max}n=800\sim1\ 000$，h_{max} 为阀盘的最大升距，较先失效的吸入阀，其 $h_{max}\approx15$ mm，无冲击冲次 $n_{无}\approx55\sim65\ \mathrm{min}^{-1}$，所以三缸泵阀都是有冲击的，对于中速泵可

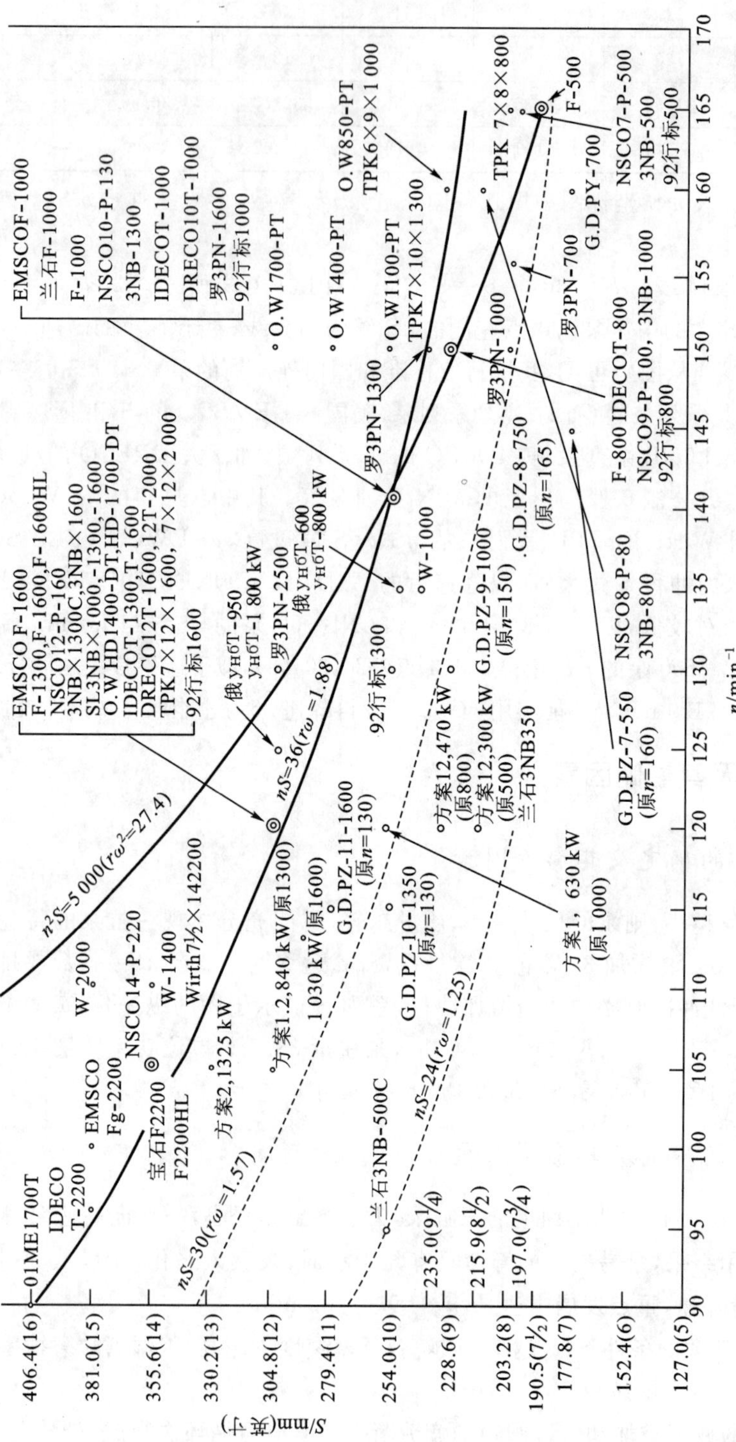
S/mm(英寸)
406.4(16)
381.0(15)
355.6(14)
330.2(13)
304.8(12)
279.4(11)
254.0(10)
228.6(9)
203.2(8)
190.5(7½)
177.8(7)
152.4(6)
127.0(5)
235.0(9¼)
215.9(8½)
197.0(7¾)
90
95
100
105
110
115
120
125
130
135
140
145
150
155
160
165
170
n/min⁻¹
n²S=5 000(rω²=27.4)
nS=36(rω=1.88)
nS=30(rω=1.57)
nS=24(rω=1.25)
01ME1700T
IDECO T-2200
EMSCO Fg-2200
宝石F2200 F2200HL
W-2000
NSCO14-P-220
W-1400
Wirth7½×142200
方案2,1325 kW
方案1.2,840 kW(原1300)
1 030 kW(原1600)
G.D.PZ-11-1600 (原n=130)
G.D.PZ-10-1350 (原n=130)
兰石3NB-500C
EMSCO F-1600
F-1300,F-1600,F-1600HL
NSCO12-P-160
3NB×1300C,3NB×1600
SL3NB×1000,-1300,-1600
O.W HD1400-DT,HD-1700-DT
IDECOT-1300,T-1600
DRECO12T-1600,12T-2000
TPK7×12×1 600，7×12×2 000
92行标1600
俄 унбТ-950
унбТ-1 800 kW
罗3PN-2500
俄 унбТ-600
унбТ-800 kW
92行标1300
W-1000
方案12,470 kW (原800)
方案12,300 kW (原500)
兰石3NB350
G.D.PZ-9-1000 (原n=150)
G.D.PZ-8-750 (原n=165)
方案1，630 kW (原1 000)
G.D.PZ-7-550 (原n=160)
NSCO8-P-80
3NB-800
O.W1700-PT
O.W1400-PT
O.W1100-PT
TPK7×10×1 300
罗3PN-1300
EMSCOF-1000
兰石F-1000
F-1000
NSCO10-P-130
3NB-1300
IDECOT-1000
DRECO10T-1000
罗3PN-1600
92行标1000
O.W850-PT
TPK6×9×1 000
罗3PN-1000
F-800 IDECOT-800
NSCO9-P-100，3NB-1000
92行标800
罗3PN-700
G.D.PY-700
TPK 7×8×800
F-500
NSCO7-P-500
3NB-500
92行标500

图1　三缸泵n-S型谱图

以听到微弱的撞击声，对于高速泵可以听到强烈的撞击声，阀盘的落座冲击力$\propto n$，其动能$\propto n^4$，阀副的失效形式主要是疲坑→密封破裂→阀体和阀座冲蚀沟槽。同时当n高时，阀盘落座滞后角加大，使泵的排量系数α降低。

(5) 冲次n高，超过$n^2S\leqslant 5\ 000$的限制，则泵的吸入状态恶化，排量系数$\alpha<0.9$。正常情况是：泵灌注吸入时$\alpha=0.95\sim0.98$，罐吸入时$\alpha=0.92\sim0.94$（对于气侵钻井液，$\rho>2$的钻井液，高海拔地区必须用灌注泵）。泵在吸入冲程的开始，活塞要将吸入管汇中的钻井液全部加速，克服其水力损失和惯性损失，主要的惯性损失与活塞的最大瞬时加速度$(1+\lambda)\ r\omega^2$成正比，当n增大使惯性损失增大到吸入系统及缸内的压力低于钻井液的汽化压力时，钻井液中所含气体即被析出而产生断流，当钻井液以惯性冲向活塞时则产生水击（敲缸），吸入管汇剧烈振动，液力端各零件受到冲击波的作用寿命降低。因此，在满足排量的前提下要适当降低n及n^2S值。

3.3 泵冲次n的调节（排量的调节）

正常钻进中调节泵排量要换几级缸套，只用一级缸套（不换缸套）调节冲次n也可调节排量，以适应不同钻修作业的需要，如以小排量压井，防喷器试压，中途划眼，钻水泥塞，启动井底钻具，处理砂堵及卡钻等都需要小排量。

(1) 柴油机经胶带减速带泵或经偶合器正车箱减速带泵，调节柴油机怠速运转转速1 300～800 r/min，泵冲次$n=130\sim80\ \text{min}^{-1}$，柴油机功率降低，油耗增高，不利。某油田在两者之间增设1台3挡变速箱，柴油机只需在1 300～1 100 r/min之间调节，效果较好，在轻型钻机中可用高速柴油机加Allison传动箱带泵，5挡调节排量更好。

(2) 柴油机经液力变矩器带泵，柴油机转速1 300 r/min不变，变矩器输出650～400 r/min（在η^*左侧），泵冲次$n=130\sim80\ \text{min}^{-1}$，恒功率调速，但存在2个问题：① 变矩器效率低，柴油机须增加30%的功率；② 泵速飘浮，排量难以稳定控制，故不推荐此法。

(3) 直流电动机经胶带减速带泵，如用YZ08型电动机，1 800～970 r/min，泵冲次$n=130\sim70\ \text{min}^{-1}$，恒功率运行，如需要低冲次则须在电动机的恒扭矩段调速，功率降低。

(4) 交流变频电动机经胶带减速带泵，如用YJ13型电动机，2 000～660 r/min，泵冲次$n=130\sim40\ \text{min}^{-1}$，功率利用率最高，在电动机的恒扭矩段泵冲次可调得几冲，不过要注意此时电动机的功率因数非常低。

4 走出三缸泵设计使用的误区

(1) 获得三缸泵优良性能的诀窍在于：在满足泵压要求的前提下，使用最大可能的活塞，在满足排量要求的前提下，使用最低可能的泵速；与此同时，不要只因为制造者说泵能在高速下工作而使泵运转太快，也不要误认为使用额定高速最好。

当前实践：额定泵速$n_{额}$降速使用，$n_{实用}=(0.75\sim0.85)n_{额}$，可取得易损件较长寿命，配备的泵额定功率也要相应降低，按1 300 r/min对应$n_{实用}$设计传动机构的减速比。

(2) 不要无限制地降低冲次，如某井队按$n=60\sim70\ \text{min}^{-1}$使用泵，总结成绩是6 a无故障，但此时1300泵只能当600泵用，排量低、润滑不良，泵和柴油机的一次投资大，实际效益并不高。

(3) 不要认为泵功率配得越大越好，大马拉小车，柴油机负载低，燃油率高，寿命反而降低。

(4) 不要认为浅井一定配小功率的泵，深井一定配大功率的泵。各个地区条件不尽相同，配泵功率也不同,如大庆油田用 ZJ15 钻机钻 1 200 m 的井,单泵完钻必须配 1300 泵才能满足要求。国外钻机配泵很灵活,经常配 1 大 1 小 2 个泵,"3 台小泵比 2 台大泵更好",用 3 台泵钻浅层,2 台泵钻深层,适应性更强。

(5) 泵的使用消耗占钻井成本的 30%,其中泵的折旧占很小部分,而易损件消耗则是长远的,大量的,1 个井队每年消耗在易损件上的费用为 40 万元左右,提高易损件质量和寿命永远是制造者和使用者的攻关课题。

5 关于修订三缸泵参数 Sn 的建议

尽管已有文章讨论了 Sn 的优化设计,但现在正在使用的数千台三缸泵的冲程 S 已定型,不能轻易改动增加新品种,所以修订 Sn 的原则只能是不改变泵冲程 S 和泵的结构,只改动冲次 n,继续降速。

5.1 方案 1

S 不动,只将名不符实的原 $n_{额}$ 降低为新的 $n_{额}^*$,$n_{额}^*$ 不再降速使用(正常钻进时),根据 $n_{额}^*$ 配备泵功率及传动比。宝石新产品 2200HL 泵的 Sn 暂不改动,见表 2。此方案的优点:现有泵结构不动,nS、n^2S 值大幅度降低;缺点:泵排量降低,对比原泵等于降级使用,目前实际就是这样用的。

表 2 方案 1 的有关参数

原泵 $P_{泵}$ kW/(hp)	373 (500)	596 (800)	745 (1 000)	969 (1 300)	1 193 (1 600)	1 641 (2 200)
新泵 $P_{泵}^*$/kW	300	470	630	840	1 030	—
新泵 $n_{额}^*$/min^{-1}	120	120	120	105	105	105
新泵 S/mm	216	229	254	305	305	356
新泵 nS/(m·min^{-1})	25.92	27.48	30.48	32.03	32.03	37.38
新泵 n^2S/(m·min^{-1})	3 110	3 298	3 658	3 363	3 363	3 925

5.2 方案 2

改公制。现有泵的缸径、泵压和排量都已改用公制,冲程为英制换算值,功率为英制在前、公制后注。方案 2 一律改为公制,在方案 1 的基础上 S 值基本不变,只名义上化整(原 S 制造尺寸不变)。在原 1600 泵和 2200 泵之间增补一级 1 325 kW 泵(相当于原泵的 1 850 hp),见表 3。此方案缺点是多了 1 个新品种,给管理带来麻烦,不过活塞和泵阀都是标准件。

表 3 方案 2 的有关参数

新泵 $P_{泵}^*$/kW	300	470	630	840	1 030	1 325	1 641
原泵 $P_{泵}$/hp	500	800	1 000	1 300	1 600	1 850	2 200
新泵 $n_{额}^*$/min^{-1}	120	120	120	105	105	105	105
新泵 S^*/mm	215	230	255	305	305	330	356
新泵 nS/(m·min^{-1})	25.80	27.60	30.60	32.03	34.65	37.38	
新泵 n^2S/(m·min^{-2})	3 096	3 312	3 672	3 363	3 363	3 638	3 925

6　结　论

(1) 从延长泵和易损件寿命，改善吸入性能出发，遵从“适当增加冲程，合理降低泵速”的原则，进行三缸泵 S 和 n 的合理匹配，在现有泵的结构和冲程不宜变动的情况下，应着重探讨降低泵速的合理性。

(2) 由三缸泵的 n-S 型谱图可知：对于 S 大的中速泵，应控制其 $nS \leqslant 36$ m/min；对于 S 小的高速泵，控制其 $n^2S \leqslant 5\ 000$ m/min^2。分析结果表明，对 1300、1600 泵，降速后 $n_{额}^{*}=105$ min^{-1}，$nS=32$ m/min；对 500、800 泵，降速后 $n_{额}^{*}=120$ min^{-1}，$n^2S \approx 3\ 300$ m/min^2 是合适的方案。

(3) 所推荐的方案 2 比较切合实际，可供修订三缸泵标准参数。

23. 石油装备标准国际化

【论文题名】 石油装备标准国际化
【期 刊 名】 石油与装备，2009 年第 27～29 期

1　标准国际化任重道远

进入 21 世纪，全球经济一体化加速，国际贸易竞争日益剧烈，标准作为国家经济持续发展的重要支柱，标准国际化大势所趋，2002 年 ISO 与 IEC 提出了“一个标准、一次检测、全球通行”的宏伟目标，获得世界各国的热烈响应和普遍支持。

近年来，我国石油装备制造业飞跃发展，长规模、成体系、上水平，大中型企业 120 家，工业总产值 740 亿元，年出口值突破 100 亿元，其中的钻采装备占 70 亿元，我国一跃成为世界石油装备制造业第二大国。

2008 年，我国发布石油装备标准 493 项，其中采用 API 和 ISO 标准 224 项，采标率 45%，在 224 项中采用 ISO 标准只有 83 项，采标率 37%，而我国标准化战略目标为到 2015 年采用国际标准率要达到 90%，还相距甚远。当前，我国标准国际化工作，投入不足，人才奇缺，认识不一，举步维艰。为此，笔者学习整编了部分资料，就如何提高认识，加速标准国际化问题，提出浅见。文中，数据不准确，术语定义不确切在所难免，求正于各方专家，以资改正。

2　术语和定义

标准化要求采用一定数量的名词术语并给予特定的含义，以备制订标准文件时采用，避免在交流和贸易时引起误解，尤其在国与国之间语言不通，翻译时容易产生混淆。至今收入《ISO 技术术语集》中有 7 000 多个术语，IEC 语汇中收入约 9 000 个术语，今将与本文有关的术语分别解释如下：

标准化(Standardization)　标准化是一种特定的技术经济活动，它以科学技术和实验的综合成果为依据，就产品规格及其生产方法各方面，在生产者和消费者利益一致的前提下，经过有序的特定活动，制定出实施各项规则的全过程。标准化又是一种管理手段，靠它实现产品的最优性价比。

标准(Standard)　标准是一种技术法规，是规范经济与社会发展的重要技术制度，它是经公认的权威当局批准的一个标准化工作成果，采取出版文件的形式，规定一整套产品(工程)必须达到的条件。

规范、规格(Spec. Specification)　它是对一个产品、一种材料或一种加工工艺所必须达到的整套要求的说明，它可以是一个标准或标准的一部分，狭义的规格特指产品的技术参数及数值单位(如直径 xx mm)。

推荐作法(RP. Recommended Practice)　是一种主要针对生产方法和工艺措施的标准。

种类(Species)　将完全不同性质的产品或材料分成几组，则称每一组为一个“种类”，例如钻井设备、采油设备、油气输储等。

型式(Type)　对于用途和构造都相似的产品，需要按某些特殊用途和应用场合进行识别时，采用“型式”这个术语。例如陆地钻机、海洋钻机、极地钻机等。

等级(Grade) 对同一型式的产品,需要按尺寸或能力分为不同的类时,采用“等级”这一术语,例如轻型钻机、中深钻机、深井钻机等。

计量、计量学(Metrology) 计量是关于测量的科学,保证单位的统一和量值的准确,它是国际标准的一致性和有效性的基础之一,是经济贸易、工业发展、提高效率和零件标准化互换性的基础。

检测(Inspection) 对产品生产的全过程,按标准要求的项目进行的测量、检验和试验、使用经过检测的仪器和和专用试验设备,由有资质的检验员给出测试记录,作为产品验收和鉴定的重要文件,在国际贸易上,检测报告是必不可少的,它具有高度的可信度和透明度。

质量管理(Quality Control) 为了保证与提高质量,使产品符合给定规格,满足用户要求而进行最经济生产的一整套作业。

质量保证(Quality Assurance) 在产品生产的全过程中,质量管理体系得到切实贯彻的一种工作制度。但是要达到100%的理想保证则要付出过高的代价,因而在采用可靠性统计学质量管理制时,允许放宽制造公差,生产出少量次品(为1/100),生产者和消费者都要承担一定的风险(退货、召回与信誉)。

认证(Certification) 由有资格的独立的机构作出的证明某种产品一贯符合某种规格的保证,质量保证制度不一定要接受第三方的检查,而认证制度肯定需要第三方的检查。

认证标志(Certification Marking) 是一种以认证制度为依据的产品符合标准的指示标志,由国家标准组织调查制造厂商的生产资源、产品规格、质量管理制度执行情况,结果证明所生产的产品符合标准要求,发给制造厂一份“符合标志”证书,准其在产品上贴上主标志。

贸易技术壁垒(TBT, Technical Barrier of Trade) 在关贸总协定生效后,有效降低了贸易关税壁垒,但在国际贸易中,对标准、技术法规和认证制度的不当制定和实施而形成的TBT,逐渐成为隐蔽的和难以对付的障碍,WTO要求其成员国,在标准和技术法规方面全面开放,互相给予公正平等的待遇,同时,发展中的独立国家,为了维护本国市场,有权制定本国的技术法规,消除TBT的负面影响,最大限度的利用本国的技术资源,抵御外国产品和技术的冲击,长我国际贸易竞争的主动权。

合格评定程序(Conformity Assessment Procedures) 1993年国际会议达成《WTO/TBT协议》将“认证制度”发展成为“合格评定程序”,并将其定义为:任何直接或间接用以确定是否满足技术法规或标准有关要求的程序。合格评定程序会同计量学和标准成为各国标准市场行为,促进经济贸易发展的有效措施和基础。

3 缩略语

ISO	International Organization for Standardization	国际标准化组织
IEC	International Electrotechnical Commission	国际电工委员会
ITU	International Telecommunication Union	国际电信联盟
API	American Petroleum Institute	美国石油学会
ANSI	American National Standards Institute	美国国家标准学会
ABS	American Bureau of Standards	美国标准局
ABSS	American Bureau of Shipping Standards	美国船级社标准
ASTM	American Society for Testing and Material	美国材料试验协会
ASME	American Society of Mechanical Engineers	美国机械工程师协会

IEE Institute of Electrical Engineers 英国电气工程师协会
IEEE Institute of Electrical and Electronic Engineers 美国电气与电子工程师协会
CAS Canadian Standards Association 加拿大标准协会(标准代号 SCC)
Petrol-Canada 加拿大国家石油公司
CEN Comite European de Normalization 欧洲标准化委员会
CENELEC 欧洲电气标准协调委员会
EUROPIA European Petroleum Industry Association 欧洲石油工业协会
BP British Petroleum Co. Ltd. 英国石油股份公司
IPB Institute of Petroleum Britain 英国石油学会
BSI British Standards Institute 英国标准学会
IFP Institute Francais du Petroles 法国石油研究院
SOFRAPEL Societe Francaise des Petroles 法国石油协会
CFP Compagnie Francaise des Peroles 法国石油公司
FAM Fachnormenaausschss Mineraloel and Brennstoffnormung
德国石油与燃料专业标准委员会
DIN Deutsche Industrienormeu 德国工业标准(代号)
ENI Ente Nagionale larocarburi 意大利国营碳化氢(石油天然气)公司
API Anomica Petroli d' Italia 意在利石油股份有限公司
DNO Det Norske Oljeselskap A. S. 挪威石油公司
DNV Det Dorske Verifas 挪威船级社(标准)
SN Standard Norway 挪威标准(代号)
CIS/R ESS Commonwealth of Independent states/Russian Equipment Standard
独联体、俄罗斯设备标准
GOST R State Standard of USSR 俄罗斯国家标准
OPEC Organization of Petroleum Exporting Countries 石油输出国组织(欧佩克)
GSO/TCT Guef Standards Organization/Technical Committee for Oil and Gas Industry
海湾地区标准组织/石油天然气技术委员会
PETROMIN Saudi Arabia General Petroleum and Mineral C
沙特阿拉伯石油与矿产总公司
SNIP Society Nafionale Lranienre Petroles 伊朗国家石油公司
PETROBRAS Petroleo Brasileiro S. A. 巴西石油股份有限公司
AIP Australian Institute of Petroleum 澳大利亚石油学会
OGPSC International Association of Oil & Gas Producers Standards Committee
国际油气生产者协会标准化委员会
ASAC Asian Standards Advisory Committee 亚洲标准咨询委员会
JISC Japanese Industrial Standard Committee
日本工业标准委员会(JIS 标准代号)
NEC Nippon Electrotechnic Committee 日本电工委员会
N. Electronic Company 日本电子公司
SAC Standardization Administer Committee 国家标准化管理委员会(中国)

CPSC　China Petroleum Standardization Committee

全国石油天然气标准化技术委员会(中国)

CPESC　China Petroleum Equipment/Standardization Committee

全国石油钻采设备和工具标准化技术委员会,代号 SAC/TC96

Std　Standard　标准

Stdgn　Standardization　标准化

TC　Technical Committee　技术委员会

SC　Sub Committee　分委员会

WG　Working Group　工作组

提示:下列缩略语容易混淆

CEN(欧)—NEC(日)　API(美)—API(意)—AIP(澳)　ASAC(亚洲)—SAC(中)

4　标准化的作用　标准化的目的

统一化　标准的本质在于统一,统一全国以及全球的生产技术行为,标准化的目的在于建立最佳秩序,实现效益最大化。

简单化　标准化的首要目的是实现产品的品种简单化,用标准控制人类生活不断增长的复杂性,为人类的福利和安全服务,其方法有三:互换性、模块化和系列化。

互换性　制造厂成批生产尺寸、形状和功能相同的零部件,能互相替换装于不同的产品中,有"尺寸互换性"和"功能互换性"两种,前者如螺钉螺母,规定直径、尺寸公差和螺距,后者如电动机,规定电压和功率。

模块化　模块化是指具有独立功能的组件或部件,成套产品的多功能必须由多个模块来完成,模块的结构上具有通用化的品质,可互换装配在不同用途不同系列的产品上。

系列化　用最少的产品品种,满足最广泛的需要,广用 ISO/R3 标准优先数系列来减少产品的等级,实现最经济的产品功能利用率,优先数为几何(等比)级数。有时根据产品利用频率高低来调整系列间距,采用算数(等差)级数或阶梯算数级数,例如钻井绞车额定功率:450,550,750,1 000,1 500,2 000,3 000,4 000 hp。

安全性　安全性是标准化最重要的目的之一,"以人为本、安全第一",优先制定安全级数标准,并上升为法规强制执行,它包括产品的可靠性、持久性、无毒性,保证人员在生产中不受伤害并预知潜在危险而加以防范的各种手段,制定安全操作规程,完善安全管理制度。

HSE 标准、保障社会公共利益　在健康、安全和环境三项标准中,为了保障社会公共利益、健康与环保的标准(法规)也要强制执行,如医药卫生标准、公共卫生包括监控重病(结核病、艾滋病等)和传染疫病的标准(法规)以及劳动保护法规等。节能减排、限定 CO_2、SO_2,气体排放指标以减缓全球气候异常,有效利用资源,建立生态文明等。

科学性和先进性　为了提高标准化工作水平,及时将科研和技术创新成果转化为标准,增强高端科技,发明专利和自主知识产权项目,以提高标准的先进性和科学性,标准不仅要满足当前科技经济发展的需要,还要引领未来的发展,为此要及时制定新标准和修订现有老标准。

节约与降低产品成本　在产品的规划、设计、生产、流通和销售的各个环节,全面节约人力、材料和动力,减少废品,缩短研发周期,以降低出厂成本和市场成本,促进技术经济持续发展。

专业化与成套性　制造厂有两种生产模式,第一种是大而全,毛坯、零部件和成套产品都在一个厂生产，前苏联钻采设备制造厂采取这种模式，苏联援建的我国兰州石油机械厂生产钻采、炼油化工设备，引导我国广大钻采设备制造厂都采用这种模式建设和生产。第二种模式是配件和备件在各个专业化厂成批生产，产品提供给成套设备厂组装，美国采用这种模式。API标准没有整套钻机标准，绞车代表钻机，40％的标准都是零部件标准，虽然产品成本相对较低，但要求零部件尺寸精度较高，存在总装结构加工量较大，在部机零活配套中存在利用率不平衡等问题。

全面经济性　保障消费者利益，一切标准全具有经济上的优越性，制造者在为消费者提供性能先进质量可靠的产品前提下，最求利润最大化，设备标准制定者过多照顾制造者的利益，则有丧失产品市场的危险，因此标准要两方利益兼顾，注意保护消费者的权益，例如贵重大型产品的出厂验收标准改由消费者来制定，在产品使用说明书中如能提供更多的设计资料，则能激励起消费者的采购热情。

传送手段　标准作为传达的手段，在制造者与消费者之间架起信任的桥梁，当将国家标准置于行业和公司标准之上，各方的意见容易统一，当将国际标准置于国家标准之上，国与国之间的利益更容易统一了。

5　标准文件的内容

一个单一产品的标准内容可概括为4个纲、多个目。如图1所示，由于产品与工程各行业不同，视具体情况选取必要的条目。

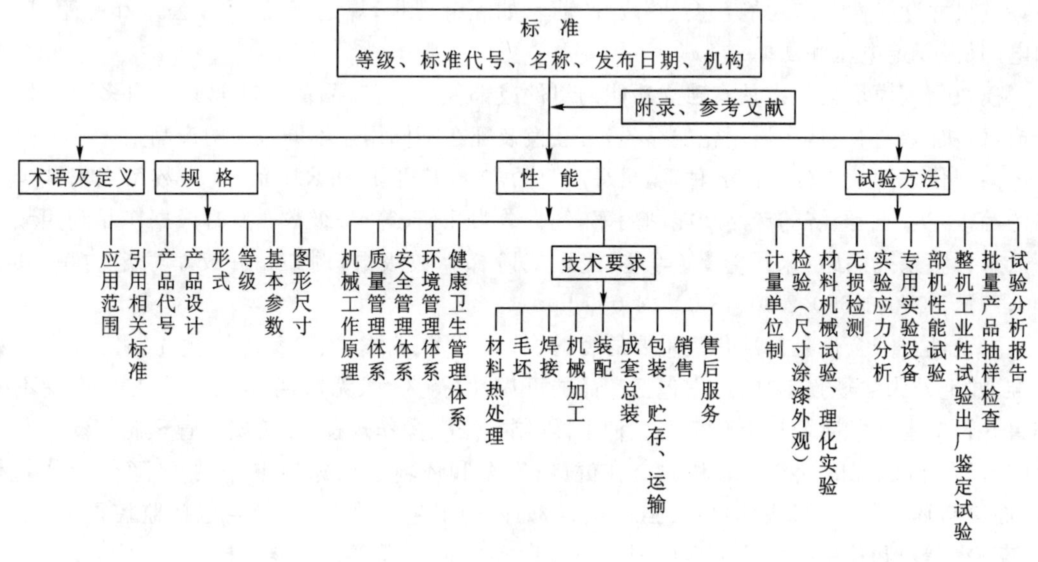

图1　标准文件内容

5.1　标准的等级

标准的类型和等级（标准化的组织结构）分为5级，如图2所示。

注：公司标准举例依次为，中国石油天然气集团公司、中国石油化工集团公司、中国海洋石油总公司、壳牌、雪弗龙、埃克森-美孚（EXXON-MOBIL）、道达尔石油公司。

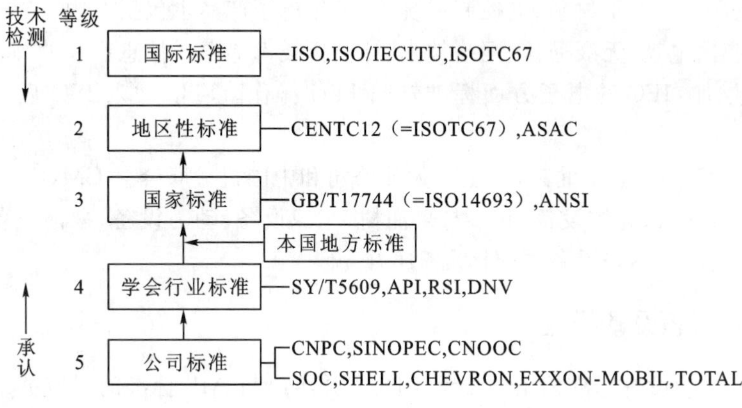

图 2 标准的等级

6 API 与 ISO/IEC 简介

API 成立于 1924 年，总部设在美国休斯敦，所属 100 多个工作组分散设在各大油公司。它是非官方的民办学会，归美国 ANSI 管理，它是全世界石油和石油装备最重要的标准化组织，具有绝对影响力和权威性。我国 100 多家石油装备制造公司都拥有 API 质量管理体系认证书和产品 API 会标使用权。

API 的工作侧重三个方面：认证、标准(会议)和培训。

API 标准包括 API Spec、API RP 等(参见下文)都是推荐性标准，被各制造厂和石油公司自愿成功地采用，API 标准帮助企业提高效率和效益，保证产品的质量、可靠性、安全和环保要求，满足市场需求，在国际贸易中起支撑作用。

1998 年 API 成为 ISO 的认证组织共合作有 13 项 API/ISO 认证；API MONOGRAM 认证，钻采炼行业广泛注册的 API 会标许可证认证；ISO 9001 质量管理体系认证，世界认知度最高的质量标准；API Q1 注册认证，它比 ISO 9001 多 3 项特定质量要求；此外，API QR 和 ISO/TC 29001 注册标准是上述 2 合 1 的认证；API Quality Pluse 注册认证是上述 3 合 1 的认证；ISO 14001 EMS 环境管理体系认证；API TPLP 培训机构项目认证；API KP 个人专业资质认证。

ISO 1947 年 2 月成立于瑞士日内瓦，是世界最大的民间标准化机构，其宗旨是促进国际工业标准的协调和统一，扩大科技交流和经济贸易方面的合作。它是联合国乙级咨询机构，它共有 159 个成员，总秘书处管理 204 个 TC，加上 SC 和 WG 共有 1 800 个机构。1947 年 IEC 并入 ISO，统称 ISO/IEC 共同标准。由于“一战”的影响和各国传统标准总数约 150 000 项难于统一，直到 1992 年 ISO 组成总理事会，其工作才有所开展，至今共发布 ISO/IEC 标准 5 000 多项，给出用户最关心的产品元件部件的规格等标准，但对于成套设备(如钻机)的标准，由于各油公司的配套方法各异而难于统一，其中的一些标准于 20 年前废止。1984 年在国际会议上通过了 ISO/TC67 标准，开创了石油装备国际标准的新时代，该标准委托 NASC 负责，秘书处设在 API，石油装备的国际标准很多是 API/ISO 共同标准，其中 ISO TC67/SC4 钻采设备标准见下文。

IEC 成立于 1906 年，总部设在日内瓦，并入 ISO 后在技术上和财政上仍保持其自主性。其宗旨是协调统一世界各国的电工标准，促进国际间相互合作、贸易交流和提高生产率，IEC 的工作范围覆盖整个电工技术领域，如电工术语、单位符号、发电输配电装置、电机、工业电器、家用电器、电缆、电灯、电工材料、电控制系统等,早年电子产品也包括在内。近年来,由于电子元器件、电信、广播电视、无线通信、网络技术、计算机技术等电子信息产业的高速发展,这方面的标准也大量增加,IEC 的电子方面标准转归 ITU 操作。ITU 加入 ISO 后产生 ISO/IEC/ITU 共同标准。

CPESC 1987 年成立于北京,它由三大油公司和中国机械联合会 CMU 组成,SAC/TC96 下设 7 个工作部:钻机、井控设备、井口与采油树、车载设备、动力设备、采油设备和井下工具,至 2008 年 6 月共制定钻采设备国家标准 216 项。

6 ISO/TC67 石油设备标准

ISO/TC67 石油设备标准体系框架示于图 3,并给出与 API 标准的对应关系。

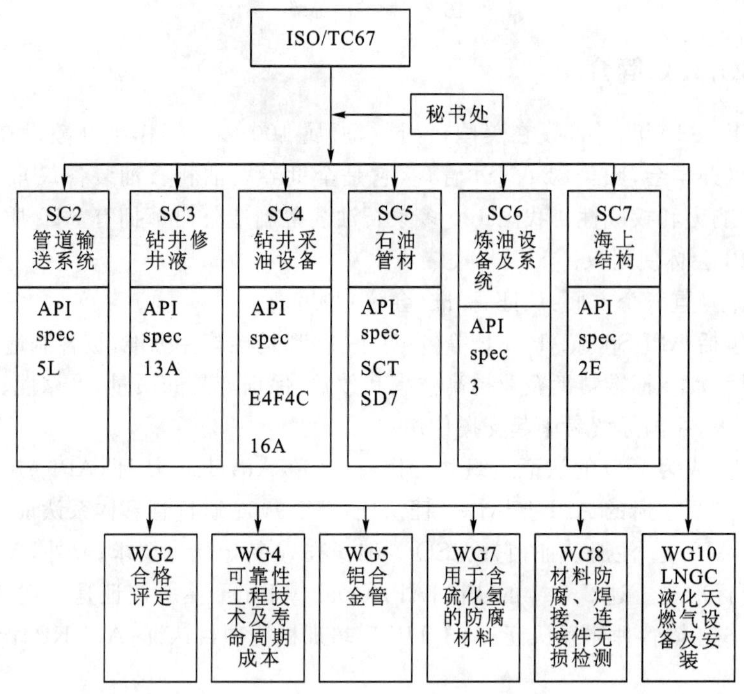

图 3 ISO/TC67 石油设备标准体系

ISO TC67/SC4 钻井设备采油设备标准。

ISO TC67/SC4 钻采设备标准示于表 1,并给出与 API 标准的对应关系。

7 采用国际标准的好处

国家标准代表一个国家技术经济的发展水平,如将国家标准国际化,则可有效地利用国际标准化的资源提高本国标准的水平:如能实质性地参与国际标准的制订和修订工作,则可提高技术上的主导作用和在国际市场上的主动性,使国际标准少些偏向某些国家和组织的意见,更多反映弱势国家的呼声。

ISO、IEC 和 ITU 标准制定的各行业的术语和定义,国际单位制(SI 制)、工程和机械制国标准、公差配合标准、电气、电子设备线路图标准、元器件符号等标准,扫除了语言障碍,被世界各国一致认同和通用。

ISO 为世界各国建立起共识,举办开放性国际会议、建立专家互动网络、交流国际经验、传达信息、提高了国际标准的透明度和适用性。自愿采用ISO/IEC标准,减少公司规章制度的要求;ISO/IEC标准作为各国法规的基础,减少对国家法规的需求;采用ISO/IEC标准,在国际市场中保证产品质量和可靠性,优化市场成本,促进自由贸易和设备供应。

贸易技术性壁垒(TBT)其复杂性远远超过贸易关税壁垒,有效利用世贸组织(WTO)多边协议"TBT协议",完善计量检测与合格评定程序,支持发展中国家无偿转化发达国家先进标准、享受先进技术转让的优惠政策,消除TBT的负面影响,促进国际间的诚信、公正合作。

表1　ISO TC67/SC4 钻采设备标准

工作组号	设备系统类型	设备部件名称操作规程	ISO标准号	API标准号
WG1	钻井设备	钻柱设计及操作极限 转柱构件的检验和分级 旋转钻柱元件(钻杆,转铤,方钻杆) 钻杆接头的攻丝及校准 提升钻具的检查,维护,修理 提升设备 钻井修井井架及底座 钻井修井设备:钻井泵 传动件 辊子链条 钢丝绳	—10407-1 —10407-2 —10424-1 —10424-1 —13534 —13535 —13626 —14693	—RP7G —RP7G —spec7-1 —spec7-2 —RP8B —spec 8a,SC —spec 4E,4F,4G —spec7K —spec7K —spec7F —spec9A,9B
WG2	井控设备	钻通设备:防喷器组 立管装置的设计和操作 立管装置连接的应用 海洋钻井隔水管连接	—13533 —13624-1 —13624-2 —13625	—spec 16A —spec 16C —RP16Q —spec 16R
WG3	井口和采油树	套管和油管头,悬挂器,三通和四通,阻流器,阀门,法兰连接地面及水下安全阀等	—10423	—spec 6A
WG4	采油设备	抽油杆 游梁式抽油机 封隔器和桥塞 螺杆泵(pcp泵) 地面传动设备 井下安全阀 气举阀偏心工作筒和阀 流量控制设备 井下工具	—10428 —10431 —10310 —15136-1 —15136-2 —10432 —10178-1 —10178-2 —10178-3	—spec11B —spec11E —spec11D1 —spec11D2 —spec 14A —spec 11V1 —spec 11V2 —spec 11V2
WG6	海底设备及控制系统	海底井口装置 海底控制管线 海底采油系统 软管系统 连接软管 遥控潜水器	—13628-4 —13628-5 —13628-6 —13628-2 —13628-10 —13628-8,9,13	—spec 17D —spec 17E —spec 17C —spec 17J —spec 17K —RP17H,17M

8 石油装备制造企业常见的采标问题

疑问之一：采用了 ISO 标准，API 标准放在什么位置？还要不要采用？

根据现有资料，多将 API 标准称为国外先进标准，将它与 CEN、BSI、DNV 等标准并列为第 4 级标准(见图 2)，这是不切实际的。

从历史回顾，从 1924～1972 年近半个世纪，API 标准起着国际标准的作用，(ISO 在 15 年内，时停时作只发布了 300 项标准)。从 1972 年至今 37 年，API 标准与 ISO 标准并驾齐驱，ISO 标准中有约 50%等同采用了 API 标准，部分以 API/ISO 共同标准出现。

ISO 与 API 密切合作，ISO/T67 的秘书处设在 NASC(API)，共同注册 API 和 ISO 质量管理体系和会标许可证。

我国石油装备国家标准和行业标准多等同采用 API 标准，产品在国际市场中占有 40%的份额，广受欢迎。我国钻采设备制造厂商接受西方国家订单，产品用 API 标准和会标，用英美制计量单位，我国按期交货。

由此可见：API 标准中外应用日久积习难改，API 标准一如既往盛行天下，并且在不断更新，即使不叫国际标准实际起着国际标准的作用，可称为“1.5 级代国际标准”。

疑问之二：API 标准向 ISO 标准痛苦地过渡，我国情况如何？

世界各国由于社会制度不同，经济基础和发达程度有高低，民族风俗习惯各异，要采用统一的国际标准，是一个非常复杂的长期性过程，20 世纪末 API 标准开始向 ISO 标准痛苦地过渡，突出的一点，英美制计量单位向 SI 制过渡就是一个大难题，比如美国老百姓生活中常用的 1 m＝3.28 ft，1 kg＝2.205 lb，工程技术上常用的 1 N＝0.225 lbf，1 MPa＝145 psi，1 kW＝1.36 hp，1 L＝0.264 USgal，不只是单位名称更新，而换算数字上没有一个整数，结果是以 SI 制为基础的标准在数据上极不规整难于辨别。

关于转化标准问题，我国的情况则迥然不同(见表 2)，1951 年我国引进前苏联产的钻采设备，采用 GOST 标准和公制计量单位，1958 年苏援的兰州石油机器厂，完全采用 GOST 和公制，即使 20 世纪 70 年代末引进美国造钻机和抽油机，开始接触 API 标准，也没改用英美制单位。早年公制向 SI 过渡，也曾有些小麻烦，为 kgf—N，kg/cm^2—MPa 等，现在早已习惯了。可以说 ISO、API/ISO 标准向我国转化是有良好应用基础的，完全可以顺利过渡。

疑问之三：我国国家标准与 ISO 标准接轨采取哪些模式和步骤？

可考虑采取以下 6 种模式：

一如既往地加快采用 ISO 标准和修订后的新标准：视 API/ISO 共同标准为国际标准，优先采用；将 API 标准视为“代国际标准”继续采用；将我国自主创新的产品标准提升为国家标准，向 ISO 申报立案、并参与其制订过程，力促成为新国际标准；将我国早已十多年未修订的国家标准，参照 ISO 修订标准的规则方法和内容，给予及早修订；我国 SAC/TC96 与 ISO/TC67 的体系不太一致应予调整，以利一体化开展工作，学习实践科学发展观，推进我国标准化进程。

在如图 4 所示的标准化空间中，加速提高 ISO 与 API 标准的采标率。

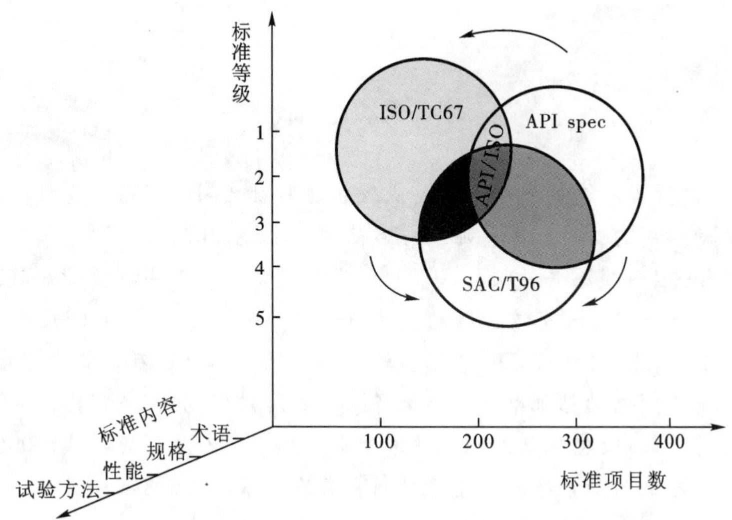

图 4　标准化空间示意图

表 2　我国标准化工作部分存在的问题及改革措施

序号	存在的问题	改革实践
1	标准化工作投入少，管理薄弱，管理体制和工作体制不能适应自由开放的市场环境	· 提高各级标准化组织的官方投入，拓宽各大中型企业资助渠道和会议，检测评定、咨询等服务创收 · 协调标准化组织与国家监管的体制 · 强化研究与管理并重的工作机制 · 开展标准的市场适性研究和经济价值分析研究，认识到我国产品以廉价优势占领市场时代已经过去，取代以高端科技、高质量标准、高 HSE 要求来提高市场竞争力
2	标准水平低、国际标准采标率不高、进展慢、与现代化科技脱节、缺乏自主创新、现行标准多年未修订	· 石油装备正向着机电液一体化、模块化、自动化、信息化和智能化方向发展。瞄准我国自主创新的高科技产品，1. 制定高水平的标准、关注石油装备发展动态；2. 补空白、升标准 · 实施标准国际化战略，以提高采标率为核心制定年选题计划，参与 ISO 制定修订标准的分技术委员会和工作组，这是培养专业干部最有效的途径，成立专门工作组负责修订国家标准
3	SAC、ISO 与 API 标准之间存在继承与发展，依靠与独立的矛盾关系，我国石油装备产品从设计到销售长期以来存在一个误区：采用 API 标准必然是我国完全照搬美国 NOV 公司等产品的规格，计量单位和数据很少自己的知识产权和产品特色	· 澄清一个观点，采用 API 标准不等于一味模仿美国产品和照搬其规格数据，摆脱单纯移植而不需创新的思想束缚 · 像 CEN、GSO、BSI、NOV 等都保有适用于本地区、本国的独立标准，我国石油装备也应保有中国特色的标准（从这一观点出发 2015 年达标 90%值得商榷）建议定制 SAC/T96 标准长期改革规划（如 50 年），彻底摆脱 API 标准和英美计量单位（应用单一 SI 制），创造我国独立自主的产品规格，稳扎稳打逐步形成系列标准预案。与 ISO 密切合作，走我国独立的科学发展道路

参考文献

[1] 廖谟聖,杨本灵.世界石油发展的新特点及机遇与挑战[J].石油矿场机械,2007(9).

[2] 陈如恒.电动钻机的工作理论基础[J].石油矿场机械,2005(3～5).

[3] 罗超,龚惠娟.国内超深井钻机技术现状与发展建议[J].石油机械,2007(2).

[4] 王进全,贾秉产.9 000m 交流变频钻机的研制[J].石油机械,2007(6).

[5] 王定亚,王进全,张福.JC-70DB 两挡齿轮传动单轴绞车[J].石油机械,2007(6).

[6] 陈如恒.交流变频电动钻机单轴绞车配备[J].石油机械,2006,34(4):1-4.

[7] 高向前,马青芳.石油钻机盘式刹车技术的新发展[J].石油矿场机械,2006,35(3).

[8] 陈如恒.电动钻机制动系统的选型设计[J].石油机械,2006,34(3):1-4.

[9] 宋建钧.变频调速恒钻压自动送钻系统[J].石油矿场机械,2006,35(11):30-32.

[10] 沈俊泽,白光丽,邹连阳,等.DQ70BS 交流变频顶部驱动钻井装置[J].石油机械,2005,33(2):39-41.

[11] 陈如恒.钻机的模块化设计[J].石油矿场机械,2004,33(4):1-8.

[12] 尹永晶,杨汉立,胡德祥.车装钻机[M].北京:石油工业出版社,2002.

[13] 王玉萍,马永刚,裴志明,等.固定式作业平台钻机移动系统的研制[J].石油矿场机械,2006,35(2):73-75.

[14] 荣延波.机械智能学[M].重庆:重庆出版社,1997.

[15] 唐上智,马家骥,王泰勇,等.搞好修订、提高标准水平:介绍石油钻机型式与基本参数修订[J].石油矿场机械,2000,29(2)1-5.

[16] 许福东,张晓东,吕苗荣,等.大位移井完井管柱摩阻计算模型与仿真器[J].石油矿场机械,2001,30(增刊).

[17] 王秀亭,汪海阁,陈祖锡,等.大位移井摩阻和扭矩分析及其对深井的影响[J].石油机械,2005,(12):6-9.

[18] 杨敏嘉,唱玉连.石油钻采设备系统设计[M].北京:石油工业出版社,2002:115-118.

[19] 陈波,李东屹,张旭伟.石油钻机司钻工作空间设计[J].石油矿场机械,2007,36(9):33-37.

[20] 石油天然气集团公司质量安全环保部.安全监督[M].北京:石油工业出版社,2007.

[21] 汪元辉.安全系统工程[M].天津:天津大学出版社,2006.

[22] SY/T 6283—1997,石油天然气钻井健康安全与环境管理指南[S].

[23] 刘景凯.中国石油集团 HSE 管理体系基层运行模式的管理实践[J].中国安全生产科学技术,2007,31(1):11-114.

[24] 徐合献.从钻修机组检验看国外石油公司的HSE 管理[J].安全健康与环境,2007,7(1):13-15.

[25] 窦贻俭,李春华.环境科学原理[M].南京:南京大学出版社,2003.

[26] 鲍泽富,刘江波,王江萍.钻井液回收净化再利用系统的设计[J].石油机械,2006,34(6):46-49.

[27] 中华人民共和国环境保护法[S].1989.

[28] 中华人民共和国节约环境法[S].2008.

[29] 万邦烈,李继志.石油工程流体机械[M].北京:石油工业出版社,1999:106～133.

[30] 徐灏.机械设计手册(第39编)[M].北京:机械工业出版社,1992.

[31] 张连山.国内外钻井泵的技术发展动向.见:河南濮阳市中国石油勘探局情报所石油钻采机械技术发展文集,1990.

[32] 周凤石.泥浆泵技术发展的实践与探讨[J].石油矿场机械,1985(2).

第二篇 钻机设计系列专题

24. 钻机总体方案设计原则及评价指标
——系列专题之一

【论文题名】 钻机总体方案设计原则及评价指标——系列专题之一

【期 刊 名】 石油矿场机械,2004年第33卷第2期

【摘 要】 文章根据近年来国产钻机的设计、制造和使用经验,总结出4个方面、10项钻机总体方案设计原则及相应的技术经济评价指标,强调在先进性、可靠性、社会性和经济性4个方面,钻机的可靠性总是居第1位的,推荐了6种评比打分法。

【关 键 词】 石油钻机 总体方案设计 评价指标 评比方法

【Abstract】 According to the experience of design, manufacture and application of Chinese-built drilling rigs in recent years, four aspects and ten items of drilling rig general plan design principles and its technique-economic evaluating indexs are summarized. Amony the four aspects of the advance-ability, reliability, sociability and economic-ability, the reliability of drilling rigs is the first consideration. Moreover, six evaluating methods are recommended.

【Key words】 oil drilling rig; general plan design; evaluating indexs; evaluating method

钻井工程软件是钻井工艺技术,硬件是钻井装备。钻机制造过程中至关重要的就是可行性论证和总体方案设计,二者的主要原则就是钻机要充分满足钻井工艺需要,先进性、可靠性、社会性和经济性统筹兼顾,处理好全局性的内外关系,内是钻机主系统与各个子系统的协调配合关系,外是人-机关系、机-环境关系,设计-制造、使用关系。经过充分调研、可行性论证,提出几个总体设计初步方案,组织设计者、专家和用户联合会审并评比择优定案。

近年来,在国产钻机制造方面,对供需预测、创新理念和总体方案设计重视不够,低水平的重复多、对设计指导原则考虑不周全,在产品评审和技术鉴定上缺乏具体的评价指标,据此,提出初步意见,为钻机设计人员及用户订购钻机提供可操作的依据。

1 钻机总体方案设计原则与技术经济评价

1.1 总体方案设计原则及评价指标建立原则

(1) 钻机总体方案设计解决的是复杂多解的问题(最优、较优方案不止一个),需要经过分析—综合—评价—决策等多个过程才能定案,评价方法要贯穿于规则、概念设计、总体设计、详

细设计、制造、销售和使用各个环节中。

(2) 重要的评价指标要齐全，作为打分根据，次要指标供参考。

(3) 各项指标相互独立，评价一个指标不影响其他指标。

(4) 尽量定量，至少定性。

(5) 评价指标分为一、二级，便于明确隶属关系。

(6) 以设计原则及设计指标为主，兼顾钻机经过工业试验以后所得到的钻井指标和量化数据。

1.2　原则及评价(见表 1)

表 1　钻机总体方案设计原则及技术经济评价指标

序号	设计总则一级评价指标	序号	设计细则二级评价指标	总体方案设计原则	技术经济评价指标
A	性能先进	1	总体方案及参数先进	1. 最大限度满足钻井工艺发展的需要(提高钻速、降低成本) 2. 技术参数符合 SY/T 5609—1999 及 API Spec. 7,8A,4F 等 3. 总体布局协调，结构紧凑，占地面积小，立面层次分明 4. 传动方案图功能流程清晰，功率分配合理，能量流、物料流、信息流路线通畅 5. 原理概念设计有创新，机电液一体化、智能化信息化水平高 6. 自主知识产权项目多，国际认可程度高	1. 属于哪种设计类型：原创研发性设计，更新换代产品设计，内插外推式系列产品设计，变型、局部改进设计，模块化、成熟部件、部机组合设计、特殊配套及适用性设计 2. 采用现代设计方法：如可靠性设计、优化设计，CAD——虚拟样机设计等 3. 技术参数：钻井深度，最大钩载，钩载储备系数，装机总功率，柴油机型名×台数，绞车功率，转盘开口尺寸，钻井泵台数×单泵功率，最大泵压，电动钻机的发电机—电控装置—电动机的型名、台数×功率 4. 工业试验后数据：平均机械钻速，钻机月速，起下钻时数＝全井起下时间/全井钝钻时间，钻井成本
		2	运移性好	1. 贯彻模块化设计准则(参见专题之三) 2. 系列化、通用化、标准化程度高 3. 橇装、车装、拖车装钻机的拆装、运移方案设计(参见专题之三) 4. ZJ40 级以下钻机尽量采用轮式整拖、自行 5. 控制最大件尺寸、最重件质量	1. 运移性等级 2. 模块化设计水平 3. 标准化系数 4. 主机质量，单位质量，进底座形式，井架高度/井架质量，底座高度/底座质量 5. 拆装时间/钻井周期时间 6. 搬家车次车型，搬家时间/钻井周期时间(注意距离) 7. 车装钻机主车型式，车桥结构，最小转弯半径，重心高度，允许侧倾角，切入角及离去角，底盘最小离地距离

续表 1

序号	设计总则一级评价指标	序号	设计细则二级评价指标	总体方案设计原则	技术经济评价指标
A	性能先进	3	成套性好	1. 制定规范的成套标准，完善的配套应与钻井工艺需要结合，成套后应立即具备开钻能力 2. 钻机制造厂分三级成套：(1) 主机；(2) 主机＋固控系统＋油水供给系统；(3) 以上的(2)＋井控系统＋井口操作机械化＋地面液压钻杆排放架 3. 钻井公司配套：以上的(3)＋钻井管材钻头、工具材料，井电、营房等配齐即可开钻，或租赁顶驱、承包生活 4. 钻机出厂包装设计，编印随机文件，特别是使用说明书要实用	1. 成套等级范围 2. 主机以外配套件总造价或租赁价 3. 特殊配套(第三、第四台钻井泵、顶驱、防风砂及软化水装置，地热、水井、气井、煤层气井等非石油井的配套)
B	质量可靠	4	制造质量好，外观造型美	1. 对钻井装备来说可靠性是第一位的评价指标 2. 零部件结构工艺性好 3. 材料选用合理、符合国际 4. 结构件符合国际或中国船工级社 CCS 标准 5. 基础年、标准件、外购件配套件严格检测验收，特别是轴承、密封件及仪表的质量；油、气、水管路、电缆布置规范 6. 外观造型协调美观，色泽明快，防腐及涂漆质量好，焊口质量达标	1. 钻机制造厂规模、等级，是否有国际质量保证体系 ISO 9001，ISO 9002 API 认证，是否有 CAD/CAM、CAPP 及 SIMS 2. 厂内部机、整机性能试验，型式试验，第三方监造、检测 3. 快绳最大拉力，钢丝绳直径，安全系数，链条安全系数 4. 井架、底座构件最大应力，井架抗风能力 5. 关键零部件的最大应力，应力集中系数
		5	耐用长寿，故障率低	1. 符合可靠性设计准则(参见专题之四) 2. 零部件故障率低，确保钻井生产的连续性 3. 关键件实行全球采购 4. 建立在线状态监测与故障诊断系统、建立视情维修制 5. 尽量不采用爬坡链、垂直链传动、皮带传动等薄弱环节 6. 尽量降低故障危险害度：紧急刹车、摘挡停机或断电按钮，误操作联锁，电动钻机的 SCR、VFD 与各主电机切换、总线技术，柴油机故障的应急电机，液压泵的电机停电的备用气马达等	1. 平均无故障工作时间 MTBF：钻机额定寿命(一般 15 a)，柴油机额定寿命(＞20 000 h)，绞车额定寿命(一般 20 a)，易损件寿命(钻井泵配件、振动筛网布、刹车块、钢丝绳等) 2. 平均故障率：机械故障停机率(一般＜3%，出国钻机＜1%)，电气系统故障率＜1% 3. 维修度：易损件更换率，井深，旁路冗余设计，不中断生产进行修换水平 4. 平均修复时间 TTTR，钻机柴油机等大修周期 5. 有效度 A(或可用度)＝MTBF/(MTBF＋MTTR)

续表 1

序号	设计总则一级评价指标	序号	设计细则二级评价指标	总体方案设计原则	技术经济评价指标
C	操作安全	6	操作方便维护简易	1. 最好的人-机关系，操作空间大，视野开阔，司钻在控制室内坐着操作，控制台上机、电、液、气仪表完备，控制灵活安全省力 2. 柴油机无人值守 3. 井口操作机械化：单根上下台机械化，立根排放机械化，盘式刹车（或电机能耗制动）—自动送钻一体化，钻杆地面液压排放架，接头螺纹清洗机械化，自动与手动平稳切换 4. 机件现场易维护、修换，电子器件用插件、抽屉快速更换 5. 随机维修专用工具齐全	1. 有无司钻控制室、仪表类型、完善程度 2. 操作机械化自动化程度（5 种中有几种） 3. 起一立根及下一立根时间，起下手动时间/起下全过程时间 4. 维护难易程度、工作量 5. 使用说明书中有巡检、维护、润滑规程，可操作性强
		7	符合HSE要求，社会效益好	1. 体现“以人为本”的理念，符合 SY/T 6283—1997“石油天然气钻井健康安全与环境管理体系指南”要求 2. 生产、人员与设备安全防护设施：可靠的制动系统，超载、超压防止机构、运转机器护罩，二层台架工逃生装置，钻台逃生滑道 3. 电气防爆设施符合 API RP54 规范及 GB 3836—1，—2，—2000，…，—8，—7 的要求 4. 杜绝油气水三漏，杜绝有害气体排放，设有检测仪，废泥浆、岩屑、化学药剂，井场污水处理系统 5. 防砂尘、保温、降温设施 6. 柴油机隔音房，链传动隔音箱、隔振垫等减振降噪设施 7. 符合绿色设计原则：环保、生态平衡，节能、节省资源	1. 是否生产，人员与设备安全防护设施 2. 绞车主辅刹车型式、制动力矩储备系数 3. 防碰天车的灵敏度（响应时间），井架顶部安全高度 4. 绞车低挡离合器有转盘离合器的极限扭矩，钻井泵安全阀的极限压力 5. 电机、电器的防爆等级 6. 柴油机的噪声级，柴油机、钻台、司钻控制室地板的振动烈度 7. 环保设施是否齐备
D	经济实用	8	综合经济效益高	1. 可靠性、先进性与经济性统筹兼顾（即不因过分保守设计或超前设计而丧失经济性） 2. 钻机的一次投资及其全寿命周期费用合理 3. 动力匹配合理，节能性好，平均传动效率高，功率利用率高，电气功率因素高 4. 最大限度提高钻机的性价比（或价值＝钻机月速/钻井月成本）	1. 主机价格，归一化相对价格 2. 主车、拖车造价 3. 电机、电控装置、动力电缆价格 4. 井架、底座按功能计价，废止按吨重计价 5. 全寿命周期费用，耗油量及燃油费、井深 6. 引进机件总价/主机价 7. 工业试验时间，费用，钻机研发成本/钻机制造总成本 8. 钻机总平均效率 9. 钻井成本、井深

续表 1

序号	设计总则一级评价指标	序号	设计细则二级评价指标	总体方案设计原则	技术经济评价指标
D	经济实用	9	适用性好适应企业管理机制	1. 钻机对沙漠戈壁,海洋滩海,沼泽湿地,高原山地、极地及酷热等地域的适用性有特殊设计,提高自持能力,可行性好 2. 适应制造厂的管理体制、适应钻井公司、资产机动部门的管理体制	1. 钻井地域的温度、湿度、最大风速、海拔高度、山坡丘陵地貌 2. 路况,井场占地面积,购地及工程费用 3. 30 a 一遇地震级数
		10	市场占有率高,服务性好	1. 设计人员有强烈的市场意识,努力提高市场占有率,掌握国内外市场需求信息,有技术储备,提高钻机成熟度,缩短研发周期 2. 有深刻的效益意识,不断追求技术效益和质量效益,创名牌精品,提高企业知名度 3. 建立有效的售后服务,配件保障体系、技术培训体系	1. 国内、国外市场占有率,交货期长短 2. 投资回报率,资金利润率 3. 劳动生产率,设备利用率、材料利用率,能源利用率

1.3 说明

(1) 主机包括井架、底座、柴油机、并车传动系统及其底座、绞车、转盘、游动系统、水龙头、柴油发电机组(主、辅)、电控系统、电缆、主电机、钻井泵、高压管汇、车装或拖车装钻机的主车、液控系统与气控系统以及司钻操作台(室)等,不包括固控系统、井控系统、油水供应系统、场电照明系统以及生产用营房等。

(2) 全寿命周期费用包括主机在有效使用年限内的设备折旧费、能耗费、维修费、备件费、拆装运费、运行管理费、人员配备及培训费以及大修费之总和。

(3) 各型钻机相对价格(钻机主机包括固控系统),见表 2。

表 2 各型钻机价格

型式	ZJ20	ZJ30	ZJ40	ZJ50	ZJ70
ZT 车装拖 车机动	650/0.65	750/0.75	1 200/1.2	—	—
撬装机动	700/0.7	800/0.8	1 000/1*	1 500/1.5	2 500/2.5
DZ 直流电动	1 000/1	1 100/1.1	1 500/1.5	2 500/2.5	4 000/4
DB 交变电动	1 300/1.3	1 400/1.4	2 200/2.2	3 200/3.2	5 000/5
DBF 交变复合	1 100/1.1	1 200/1.2	1 600/1.6	2 800/2.8	4 200/4.2

注:① ZJ40 型撬装机动钻机归一化。

② 表中数据分子为钻机价格,万元;分母为相对价格。

1.4　典型示例

ZJ40K 型钻机、总体方案似 IRI1200 钻机。2×CAT3412DITA 高速柴油机＋Allison 6061,链分流并车驱动绞车与转盘,CAT3512 驱动 F-1300 型钻井泵 2 套,分组驱动。主要技术经济指标:钻井深度 4 000 m,最大钩载 2 250 kN,双轴绞车功率 735 kW,转盘开口直径 ϕ698.5 mm,单机泵组 2×955.5 kW,井架高度/质量:43 m/65.3 t,底座高/质量:6 m/65.3 t,占地面积 60 m×35 m,拆装时间 48 h,搬家时间 8 h(<50 km),搬家车次 20 次,主机质量 204.1 t;主机造价 1 000 万元,耗油量 61.2 t/(台·月),全寿命周期费用 350 万元。

2　综合评价方法

2.1　评价方法

(1) 经验评价法。当方案不多,涉及的问题不太复杂时,可就 4 个方面由有经验的专家组作综合定性的评价、只给出模糊评语,不打分,有排队法和淘汰法等。

(2) 打分评价法。用数学加法乘法平均法计算出总评分值,据之确定方案的优劣等级,有粗略分等打分法,综合加权评分法及模糊综合评价法等。

(3) 试验评价法。对于总体方案中重要的环节打分时仍无把握或难于评分时,简单件通过物理试验或测量,复杂件通过计算机仿真试验来确定,此法虽好但代价较高。

推荐采用打分评价法。

2.2　粗略分等加法评分

根据四方面一级评价指标任选一固定分值,四项相加得总分,见表 3。

表 3　粗略分等加法评分指标

序号	一级评价指标	满足程度	分等分值
A	先进性	满足最高要求 满足要求 只能满足最低要求	30 25 20
B	可靠性	很可靠 可靠 尚可靠	30 25 20
C	社会性	很好 好 尚可	15 13 10
D	经济性	总成本低 总成本较高 总成本高无利润	25 20 15

2.3 自定分值加法评分(见表4,表5)

表4 自定分值加法评分指标之一

序号	一级指标	满分分值	序号	二级指标	满分分值
A	先进性	30	1 2 3	方案参数 运移性 成套性	15 10 5
B	可靠性	30	4 5	加工性 耐久性	10 20
C	社会性	15	6 7	操作性 HSE	5 10
D	经济性	25	8 9 10	总成本 适用性 市场	15 5 5
总满分100			总满分100		

表5 自定分值加法评分指标之二

等级	6	5	4	3	2	1
总评分	<65	65～69	70～79	80～89	90～95	96～100
成熟度	很不成熟	不够成熟	基本成熟	成熟	很成熟	非常成熟
可行性	完成不可行	基本不可行	基本可行	可行	很可行	非常可行
总评语	不通过	修改后可通过	一般无改进	良好,有部分改进	优秀,有局部创新	优异,有突出创新

2.4 加权乘加法评分(见表6)

表6

序号	二级指标	满分分值 u_{max}	权重系数 a_i		
			轻型钻机	重型钻机	沙漠、海洋、出国钻机
1	方案参数	10	1.0	1.5	1.0
2	运移性	10	2.0	1.0	1.0
3	成套性	10	0.5	0.5	1.0
4	加工性	10	1.5	1.5	1.5
5	耐久性	10	1.5	1.5	1.5
6	操作性	10	0.5	1.9	0.5
7	HSE	10	1.0	1.0	1.0
8	总成本	10	1.0	1.5	0.5
9	适用性	10	0.5	0.5	0.5
10	市场	10	0.5	0.5	0.5

$u_i \in [6.5, 10]$，即在 6.5 至 10 分之间自己任选分值，$\sum u_i \in [65, 100]$，加权评分值

$$W = \sum_{i=1}^{10} a_i u_i \text{，如，} W = 85$$

此外，德国工程师协会 VDI2225 的相对评分

$$\overline{W} = \frac{\sum a_i u_i}{\sum u_{\max}} \text{，如 } \overline{W} = \frac{85}{100} = 0.85, \ \overline{W} \in [0.65, 1]$$

2.5　技术-经济等价评分法

将 4 个一级评价指标的前 3 个合并成为技术指标，它与经济指标等价对待。技术总评分 $\overline{W}_t \in [0.65, 1]$，经济总评分 $\overline{W}_e \in [0.75, 1]$。有 2 种综合方法，均值法 $\overline{W} = \frac{\overline{W}_t + \overline{W}_e}{2}$，$\overline{W} \in [0.7, 1]$，双曲线法 $\overline{W} = \sqrt{\overline{W}_t \times \overline{W}_e}$，$\overline{W} \in [0.698, 1]$ 此外，还可采用技术 - 社会 - 经济三等价评分法。

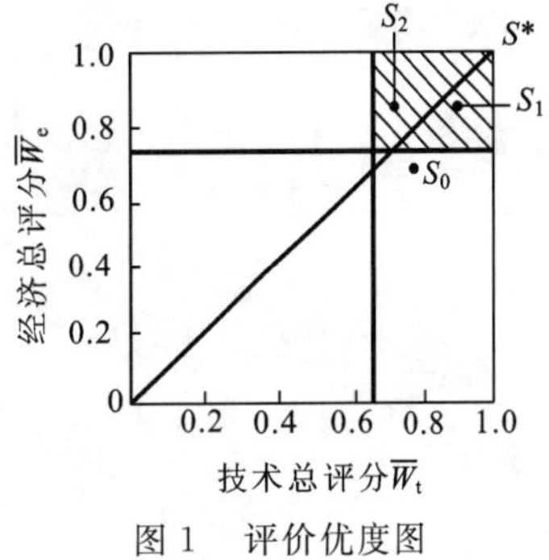

图 1　评价优度图

2.6　优度图法

以 $\overline{W}_t$ 和 $\overline{W}_e$ 为坐标构成二维优度图，如图 1 所示，用具体的 $\overline{W}_t$ 和 $\overline{W}_e$ 评分值在图上画一个坐标点来反映该方案的优度，如 S_0 点的 $\overline{W}_t$ 属良，但 $\overline{W}_e$ 不合格，该方案不能通过。又如对比 2 个方案点 S_1，S_2，它们都落在合格区内，都能通过，但 S_1 比 S_2 更靠近理想优度点 S^*，故优选 S_1 方案，S_2 应进一步改进技术指标，如提高可靠性等；S_1 应进一步提高经济指标，如降低主机成本等。

2.7　模糊综合评判法

在同一级钻机中有 m 个方案，每个方案都有 n 个评判指标，因各个指标都具有模糊性，故采用模糊加权综合评判法，以评出最优方案。

$$\boldsymbol{B} = \boldsymbol{A} \cdot \boldsymbol{U}$$

式中　$\boldsymbol{B}$——综合模糊评判结果矩阵；

$\boldsymbol{A}$——评价指标权重集，$\boldsymbol{A} = (a_1, a_2, \cdots, a_n)$，$a_i \in [0, 1]$，归一化；

$\boldsymbol{U}$——评价指标模糊关系矩阵。

$$\boldsymbol{U} = \begin{bmatrix} u_{11} & \cdots & u_{1m} \\ \vdots & & \vdots \\ u_{n1} & \cdots & u_{nm} \end{bmatrix}$$

← m个方案第1项指标单独评判的模糊子集（u_{1m} 行）

← m个方案第n项指标单独评判的模糊子集（u_{nm} 行）

↑ 第m个方案第n个指标共同评判结果的模糊子集（u_{nm} 列）

↑ 第1个方案n个指标共同评判结果的模糊子集，$W_j \in [0.1, 0.9]$（u_{n1} 列）

按加法乘法运算得：

$\boldsymbol{B} = (b_1, b_2, \cdots, b_k, \cdots, b_m)$，$b_j \in [0, 0.9]$。

↑ $\max b_k$（指向 b_k）

在评判结果矩阵 $\boldsymbol{B}$ 中、b_j 值最大者所对应的第 k 个方案即是最优方案，在该方案中，各个评价指标 u_{ij} 和加权数 a_i 的取值需由有经验的工程技术人员和专家汇总平均拟定。

3 结 束 语

重视做好钻机总体方案设计，钻机的先进性、可靠性、社会性与经济性 4 个方面中，应将可靠性放在第一位来考虑。尽快建立完善的钻机评价体系，应用于钻机研究设计、制造营销、验收鉴定，竞标采购和使用管理当中；定位于国际市场，加速国产钻机的技术进步。

25. 钻采装备发展规律及创新思维
——系列专题之二

【论文题名】 钻采装备发展规律及创新思维——系列专题之二

【期 刊 名】 石油矿场机械，2004 年第 33 卷第 3 期

【摘　　要】 文章以石油钻采装备的发展规律为例，总结出 10 条创新思维及创新技法；在"举一反三"条目中，列出了石油钻机的型谱，在"未有穷尽"条目中，列举出 3 个方面的创新课题等待去攻克。

【关 键 词】 钻采装备　创新思维　石油钻机　型谱

【Abstract】 This paper utilizes the illustrations of oil drilling-production equipments development laws to conclude ten items of thinking of blazing new ideas and creative methods. In the item-draw inferences about other cases from one instance, the shape chart of drilling rigs is enumerated . In the item have not to the end, three creative problems that await to solved are enumerated.

【Key words】 oil drilling-production equipment; thinking of blaze new ideas; oil drilling rig; shape chart

0 引　　言

设计的本质就是创新，设计人员必须具有强烈的创新意识和机敏开阔的思维能力，富有批判精神，锐意进取，这样才能在技术上有所突破，创造出具有自主知识产权的石油钻采装备来。创新思维是创新能力的核心，它具有特殊的内涵，即知识沉淀、信息增殖、观察想象、逻辑推理、怀疑批判、联想类比、仿生移植、交叉融合、探函猎奇、灵感直觉。

下面从一些钻采装备发展规律，概括出 10 项创新思维和创新技法。

1 对立统一　思维之本

矛盾存在于一切事务的发展过程中，石油钻机也不例外，钻井工艺与钻机二者就是既相互依赖又相互矛盾的关系，当钻井生产发展到一定限度时，旧的钻井装备便成为制约生产发展的重要因素，装备必须不断创新才能满足新工艺的需求，所谓"工欲善其事，必先利其器"，可用缺点列举法来剖析钻井设备的发展规律(见图 1)。

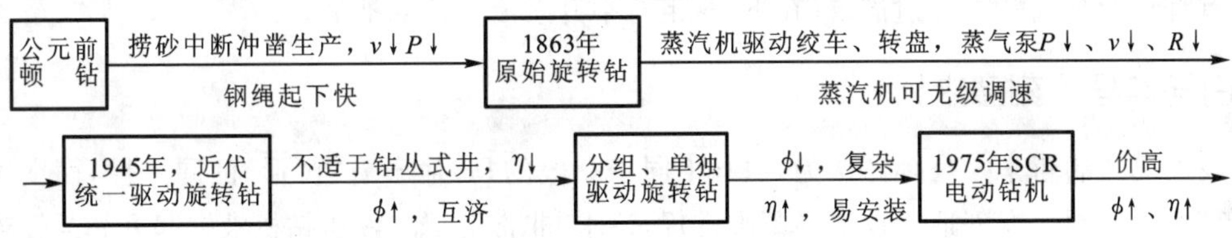

图 1　钻井设备的发展示意图

v—机械钻速；P—装机功率；ϕ—功率利用率；y—传动效率；R—装备可靠度

2 另辟蹊径 李代桃僵

钻井过程中，如，钻井起下钻易诱发井喷，不能旋转循环易发生井塌卡钻事故，怎么办？1981 年创新研制出顶部驱动钻井，完全取消了转盘钻井。即，

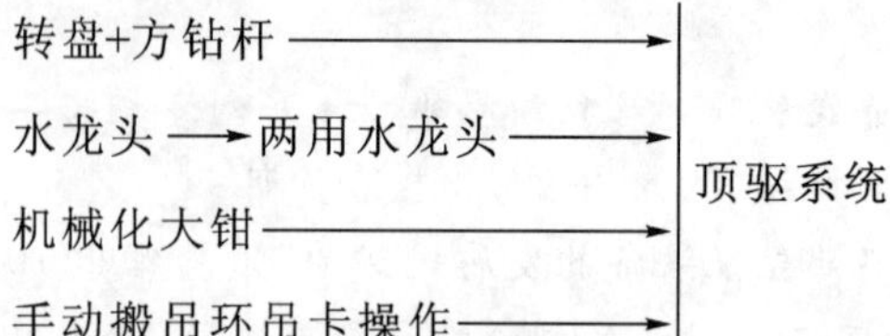

又如，机械举升(三抽采油)→无杆泵、射流泵、气举采油→化学采油、超声波采油、脉冲采油、微生物采油。

3 它山之石 可以攻玉

采用移植的方法将其他行业的成熟技术加以改进而用于钻机上，如，宝鸡石油机械厂早年生产的 D-200 型 DC—DC 电动钻机就是从衡阳的电动机车移植过来的，我国生产的第一台盘式刹车钻机其钳盘也是从洛阳矿山机械厂的提升机上移植过来的。受水力采煤和射流切割金属技术原理启发出灵感而研发了喷射钻头和超高压射流冲蚀钻井。胜利二号滩海钻井平台的运移装置就是模仿螃蟹的横行而设计的。

4 集思广义 集腋成裘

创新技法之一，头脑风暴法是由 6～10 人进行创造会诊，每人提 3 个方案，互励互补，最后集中出 1～2 个最佳方案。对钻采装备的创造也可采用集成法，优化组合，1＋1＞2 的原则。

4.1 简单的合并

对钻井装备，如，钻机的驱动传动装置，柴油机＋液力变矩器＋变速箱→柴油机＋Allison 液力机械传动→柴油机与 Allison 集成一体化；又如，盘刹液压源＋井口操作及钻柱排放液压源＋顶驱液压源＋井架底座起落液压源＋场地钻杆排放架液压源＋丛式井钻机的液马达驱动转盘液压源＋底座推移液压源＋井控系统液压源→七合一集成液压源＋井控系统液压源。

4.2 功能的合成与提升

冲击顿钻＋旋转钻→冲旋钻具{液压 / 气动}

有杆抽油泵(在上)＋射流泵(在下)→组合举升射流—柱塞抽油泵。

5 白马非马 刻意求异

我国战国的哲学家公孙龙认为，白马不同于一般的马，他不看重“形”的同一性，而突出特殊“色”的差异性。在创造中也倡导不唯常规，追求“非常”。如，液压钻机液缸起升和柔性连续抽油杆修井机的液压履带夹持提升机就是面目全非的“另类”，智能化电动钻机以电控系统为核心则是喧宾夺主型的“蓝精灵”，又如，将地面功能器械向井下转移，有井底钻具、水力推进器、井下增压器、井下震源、井下除砂器、供各种井下仪器使用的涡轮发电机等，更是面目全非

的“瘦身型”地下尖兵。

6　今非昔比　螺旋上升

为适应钻井工艺的发展要求，钻井装备总是否定之否定，螺旋式上升的，新装备多少保留有旧装备的影子，但它的高科技含量更大，功能更新、更强。

6.1　电动钻机的发展历程

AC—AC $\xrightarrow{\text{有限挡变速 } \phi\downarrow\text{、}\eta\downarrow}$ DC—DC $\xrightarrow{\phi\uparrow\text{、}\eta\uparrow}$ AC—SCR—DC $\xrightarrow{\text{要变速箱 } \cos\varphi\downarrow}$ AC—VFD—AC $\xrightarrow{\text{调速范围宽、不需变速箱 } \cos\varphi\uparrow}$（其中，$\cos\varphi$ 为功率因数）

6.2　钻机绞车结构演变

单轴绞车（外变速）→双轴绞车（外变速）→3～6 轴绞车（自变速）→双轴 SCR 电动绞车→单轴 VFD 电动绞车。

6.3　往复式钻井泵的驱动、泵速、缸数变异

蒸汽机驱动低速单缸泥浆泵→柴油机曲柄连杆驱动低速双缸作用泵→中速单作用三缸泵→高速单作用五缸泵、七缸泵→液压缸驱动更低速单作用单缸泵、三缸泵。

7　举一反三　触类旁通

从门捷列夫发明元素周期表，不断预测和发现新元素获得启发，已绘出涡轮钻具的叶形型谱，见表 1，从其中可找到低速大扭矩涡轮的叶形和水力制动级叶形等。

表 1　涡轮钻具叶形型谱

	m_a=0	m_a>0.5	m_a=0.5	m_a<0.5	m_a=1
	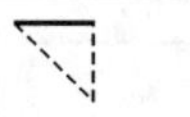				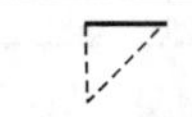
C_a>1					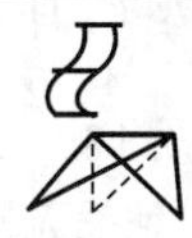
C_a=1					
C_a<1			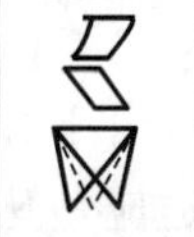	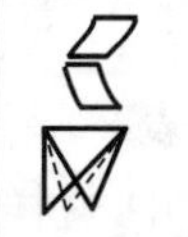	
C_a=0	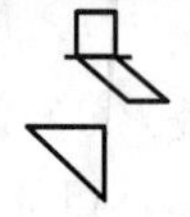	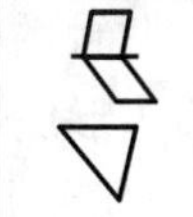	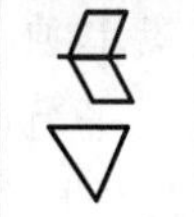	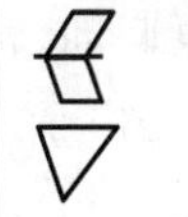	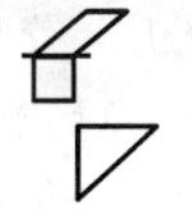
$\frac{\Delta p}{\Delta p_b}$	0	1>	1	1<	
$\frac{C_m}{W_m}$	1<		1	1<	

7.1 钻机型谱

相似地，为了研究分析石油钻机的驱动型式，画出钻机型谱见表2。

表2 石油钻机型谱

动力传动类型序号			驱动型式 统一 1	驱动型式 绞盘+泵 2	驱动型式 转盘+绞泵 3	驱动型式 单独 4	图例
机动	柴油机 E 机械传动 L	A	A1 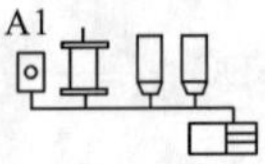	A2 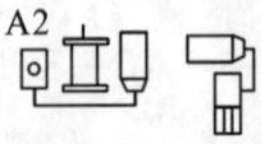			 绞车
电动	DZ AC−SCR−DC	B		B2 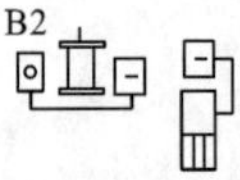		B4 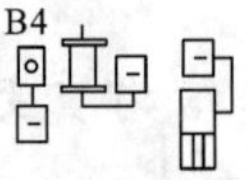	 转盘
电动	DB AC−VFD−AC	C		C2 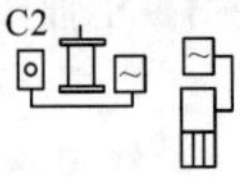		C4 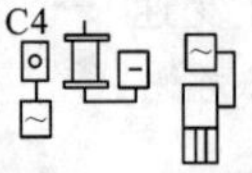	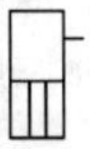 钻井泵
机电复合（机直交电复合）	LDZF E+SCR	D		D2 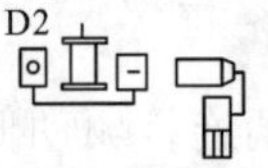	D3 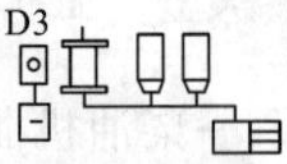	D4 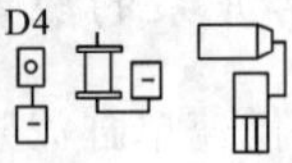	 柴油机
机电复合（机直交电复合）	LDBF E+VFD	E		E2 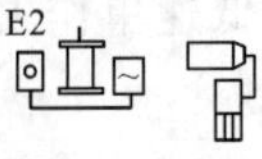	E3 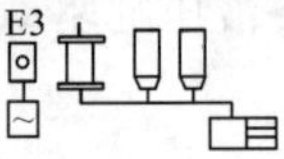	E4 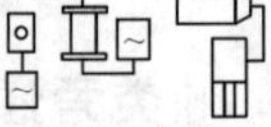	 直流电机
机电复合（机直交电复合）	DZBF SCR+VFD	F		F2 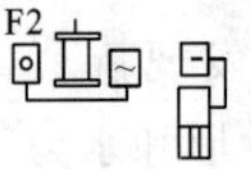		F4 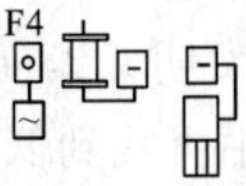	 交流电机
机电复合（机直交电复合）	LDZBF E+SCR+VFD	G				G4 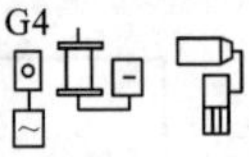	

7.2 钻机驱动类型的评价

(1) 发展顺序及方向。统一驱动→分组、单独驱动→SCR电驱动→复合驱动→VFD电驱动C2C4，即向分组单独交流变频电机方向发展。

(2) 各种钻机的ϕ、η、$\cos\varphi$分析。由表2可知，A1为统一机动，$\phi=0.75\sim0.85$，(后者为带液力变矩器者)，$\eta=0.55$；A2为分组机动，$\phi=0.7\sim0.8$，$\eta=0.7$；B2、C2为分组电动，$\phi=0.92$，$\eta=0.9$；B4、C4为单独电动，$\phi=0.9$，$\eta=0.93$；B2、B4为SCR电动，$\cos\varphi=0.5\sim0.6$，需加装功率因素补偿装置$\cos\varphi\approx1$；C2、C4为VFD电动，$\cos\varphi=0.97$。

(3) A2～F2的分析。如表2所示，由于有了平行四边形底座，绞车可以低位安装，与转盘联动一起上钻台，即与泵组分开，这样适应钻丛式井的需要。

(4) D3、E3的分析。绞泵联动、转盘单独上钻台的分组驱动方案，绞车在后台低位安装。这种方案在早期相当流行，这是由于尚无平行四边形底座，绞车高位安装困难并且柴油机动力必须依靠万向轴或3副链传动及角传动才能送到高台上，不可靠。这种方案中，统一驱动的钻机在钻进时，泵组往往抢转盘应得的功率，转盘打钻无力；绞盘联动的分组驱动方案，当正划眼时，转盘与绞车速度不能独自调节；D3、E3方案目前已被淘汰，由D2、E2或D4、E4所取代。

(5) 复合驱动方案中。D2、E2为目前应用最多的2种，D4、E4也有少量应用，C4、E4、F4

属于顶驱独立驱动方案,G4 太复杂,不合理,不能用。复合驱动方案属于过渡型,当 SCR、VFD 装置逐步降价后,它必然不复存在。

8 苦思冥想 茅塞顿开

在精湛的专业知识和经验的基础上,在大量信息(国内外新科技)捕捉萃取的基础上,全身心地投入,昼思梦绕、黑暗中突现一缕曙光,一个突破口,萌发一个新概念、新方案,这是智慧火花的瞬间显现,灵感的自然迸发,是创新思维的最高形式。

(1) 牙轮钻头在最初方案设计时,在牙轮与轴颈之间要安装滚球轴承又要求牙轮挂在轴颈上不脱落。摆出多个方案,都难装配,试验不成功。如图 2 所示,方案一提出便试验成功了。

(2) 以前,钻定向井时,钻一段井深就要起钻,将测斜仪和方位仪下入井下,测完后起钻,根据所测得的数据调整措施和参数,再下钻继续钻进,这样钻速慢、成本高,长期以来,试验都失败了,试验过多次钻杆中加电缆,由于接头太多,终告失败,遍寻井下找不到其他信号载体,只有泥浆了,经过多年反复试验,依靠泥浆正(负)压脉冲通信 MWD 系统终于成功面世。

9 想入非非 梦想成真

要创新,必须具有畅想、幻想、梦想精神,面对钻机传统 8 大件及其生产模式,从“打倒猫头”开始,人们总想创造出“十无钻机”,时至今日这一美好愿望已如愿以偿,如液压钻机无井架、无游动系统(无天车、游车、大钩、钢丝绳)、无绞车、无刹车(无刹把)、无辅助刹车、无猫头、无变矩器、无链条、无离合器、无转盘以及无钻头等。在钻井中实现了机房无司机、钻台二层台无人操作、搬家无吊车、海陆无污染、人机无事故。

10 山高水深 未有穷尽

10.1 较容易实现的创新课题

(1) 内藏式装备。目前已有内藏式 4 台液压马达驱动的转盘,能否研发内藏式空心转子马达驱动的转盘?前苏联曾有过类似样机,目前,已有将马达定子固定在不动的心轴上、转子与滚筒壳固装在一起的内藏式卷扬机,那么能否研发这种电动绞车?

(2) 直线电机的应用。要实现直线运动,目前大多依靠液压缸,能否更多采用直线电机?固然效率低,但它比液压传动更皮实,目前已有潜油直线电机驱动的柱塞抽油泵和直线电机驱动的活塞式混输泵,那么能否研发直线电机驱动的钻井泵?

10.2 较难实现的创新课题

(1) 井底“电视”。地面从事钻井操作的司钻,好似盲人一样,只靠间接的仪表数据很难判断井底施工情况,不能预见突发事故,迫切要求工控“电视”,但井底泥浆属不透明的介质,靠什么原理透视?放射线?超声波?又靠什么做远程宽带通信的信道?

(2) 蓄能节能型装备。钻机起下钻操作,起钻过程消耗多大能量,下钻过程就会产生同样大的能量,但是这种能量不能回收、蓄存和利用,只能由主辅刹车转化成热量浪费掉,VFD 电动钻机的电动机在下钻时处于第二象限的再生发电状态,从理论上讲,这种电能可以向大工业电网回馈,但由于该电能的品质不好(波形和频率不规范),所以也难于回收,钻机发电站的小电网又容不下,所以只好将该电能送给电阻柜变成热能散发掉。目前已实现了较小电能蓄能型抽油机，已实现了中等蓄能液压修井机(见图3)，这种修井机在下放管杆时，将能量贮存在蓄液缸和充氮气包内，在起升过程中，利用此蓄能可节能60%，在下放过程中，可停止柴油机，用此蓄能完成起空吊卡和打液压钳等操作。按此原理，当然可移植创造出蓄能轻型液压钻机，那些对ZJ30DB、40DB型中深电动钻机的再生电能怎么办？能否创造大容量蓄电池？对深井钻机的能量回收"恐怕"更困难了。

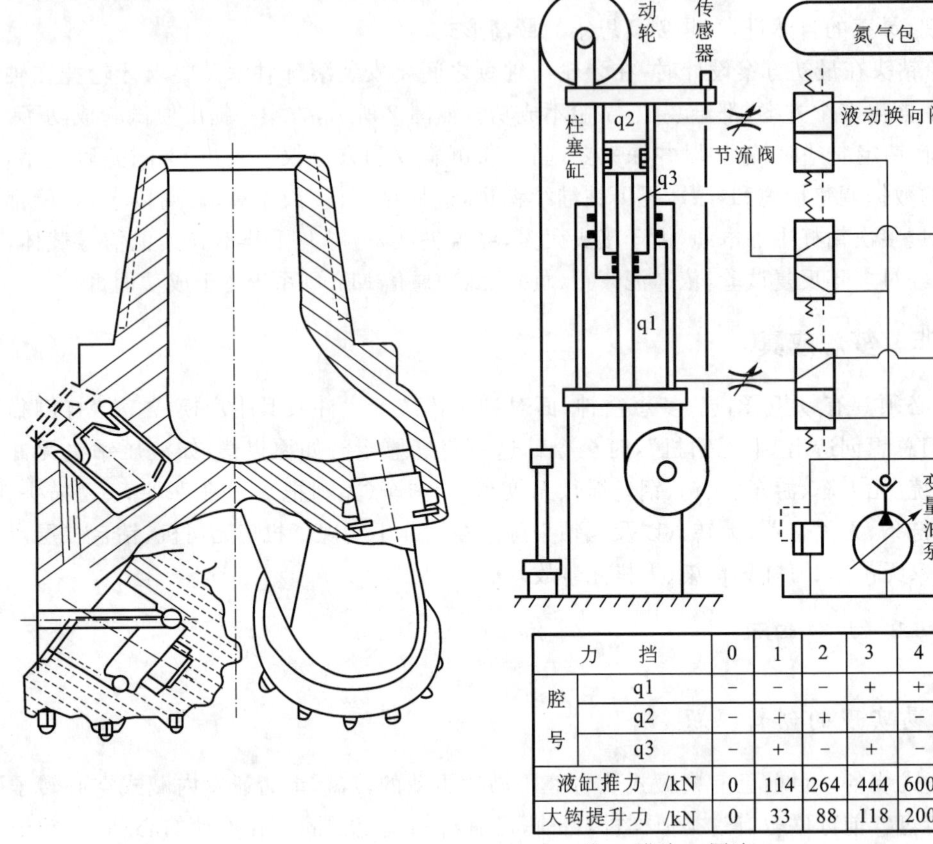

力　挡		0	1	2	3	4	5	6
腔号	q1	−	−	−	+	+	+	+
	q2	−	+	+	−	−	+	+
	q3	−	+	−	+	−	+	−
液缸推力 /kN		0	114	264	444	600	759	912
大钩提升力 /kN		0	33	88	118	200	253	304

注：+进油，−回油

图2　镶WC齿密封油脂润滑喷射牙轮钻头结构

图3　胜利SJ300/600型液压蓄能修井机原理

10.3　非常难实现的脱离实际的梦想

制导导弹钻井。俗话说"上天容易入地难"，科学地讲，上天也不容易，它要克服地心吸引力和大气层阻力；入地，地心吸力的助益太小，岩石阻力过大。目前，用定向爆破的方法在陆上已贯通10多公里的隧道，修成巨大容量的地下油库。按物理破岩法已试验成功超高压冲蚀射流钻井和高能激光束空气钻井，在完井方法中已经普遍应用连发定向聚能炮弹射孔，那么能否试验连发聚能炮弹制导定向钻井和装备，循环泥浆输送炮弹？钻速？成本？

研究设计人员当接到一项任务时，首先就要想到所研发的装备是否能适应钻采工艺进一步发展的需要，存在什么问题，调动一切智慧和潜力，瞄准目标，找到创新突破口，从上述十项创新思维中获得启发和营养，不拘一格，锐意创造，必有所成。

26. 钻机的模块化设计
——系列专题之三

【论文题名】 钻机的模块化设计——系列专题之三

【期 刊 名】 石油矿场机械，2004年第33卷第4期

【摘 要】 针对用户提出的多样化产品要求，很多行业开展了产品的模块化设计。文章介绍了模块的特征，模块化设计的方法和步骤。近年来，石油钻机用户也日益提出多样性、适应性的需求，对钻机这一流动性作业的大型机械系统如何"量体裁衣"？如何加速装卸运输过程？文章介绍了钻机的模块划分及绞车模块化方案，最后提出了钻机装卸运输的模块化技术措施。

【关 键 词】 石油钻机 模块化设计 绞车模块 装卸运输

【Abstract】 Aiming at the variety of requirements by clients, the modular design of the products is carried out in many fields. This paper presents the feature of modular, the method and step of modular design. The clients of drilling rigs advance the requirements of variety and suitability in recent years. Drilling rig is a complicated movable mechanical system. How can we do our design as "Tailor-made" does and quicken the courses of mount-dismount and transport? The modular divide-up of rig and modular of draw-works are proposed. The measure of modular technology for mount-dismount and transport of rig is also commenced.

【Key words】 oil drilling rig; modular design; mount-dismount; transport

0 引 言

模块化设计是一种以少量通用化部件组装成多种功能和用途的产品的现代设计方法。它早已普遍应用于机床、电子等行业。石油钻机制造商应积极开展模块化设计制造工作，以满足钻机用户日益增多的多样化产品的需要。

1 模块化概念

1.1 2种产品结构

模块化结构：

(1) 每个组件执行一个特定的功能，换言之，产品的多个功能必须由多个组件来实现。

(2) 各组件之间的相互关系是明确的，这种相互关系是实现产品功能的基础。

(3) 模块化结构在设计思想上力求组件的独立性，这种结构允许在不改动其他组件的情况下，只改变单个组件而不影响产品的功能。

与模块化结构相对应的是集成化结构，也具有其自身的特点：

(1) 产品的每个功能都由多个组件来实现。

(2) 每个组件参与多个功能的实现。

(3) 组件之间的相互关系并不明确，即组件之间的界线很难划分，这种相互关系对产品的

功能来说并不重要。

(4) 集成化结构在设计思想上力求产品具备完美的性能,为了优化产品的性能,许多功能常被合并成若干个功能实体,任何一个组件的修改都要求对产品重新设计。

为了对比,笔者论述了 2 种结构的特点,但实际上,很少有产品是完全模块化的,或完全集成化的。

1.2 模块特征

模块好似积木或拼装机械玩具,模块、组件、部件有何共性、有何特性?至今,模块还没有一个确切的定义,不过从上述 2 种结构特点可以概括出模块具有如下特征。

(1) 模块是具有独立功能的基础件(组件或部件),它由不同层次的子模块组成。

(2) 模块在结构上具有通用化、系列化的特点,它具有标准化的连接尺寸,可互换在不同用途、不同系列的产品上。

(3) 机械模块具有物料流、能量(力)流或信息流的输入和输出,有刚性或柔性接口。

(4) 对于流动作业的大型机械系统(如,钻机),模块是装卸运输的单元。

1.3 模块类型

(1) 基本模块。实现特定功能的组件。

(2) 输助模块。如,连接模块。

(3) 附加模块。用户要求添加的功能模块。

(4) 特种模块。为少数非系列产品单独设计的模块。

1.4 模块化产品举例

如,组合机床,组合夹具,液压组合阀,系列齿轮减速器,模块化居民建筑,模块化家具(组装柜橱、组装塑料架,组装档案柜……),模块化电子产品(计算机、家庭影院……),模块化工程机械(塔吊、挖掘机、装载机……),模块化软件等。

2 模块化设计

2.1 模块化设计的基本概念

在对企业的各种成熟产品进行功能分析的基础上,将同一功能的单元设计为在不同用途的产品上可以互换选用的模块,即这些模块都有标准化的连接要素(或接口),便于以较少的基本模块组成更多用途的变型产品,以满足用户的多样化产品需求。

现代机械产品正朝着小批量、多品种、高科技附加值、缩短研发周期、加速产品更新换代的方向发展。模块化设计正是对这种趋势的强力响应,它将设计师从传统的特定产品零件设计中解脱出来,他们只要熟悉选用适合用户要求的标准化模块和接口技术,就能完成产品设计任务。这不仅降低了设计工作量和成本,缩短了产品研发周期,而且通过专业化加工的标准模块提高了产品质量,有利于推广 CAD/CAM 和 GT 技术,如,模块的成组加工和装配,铸模的模块化设计和编制模块拼装程序等。

2.2 模块化设计类型

(1) 横向变型模块设计。在基型产品的基础上,通过增减或更换某些可互换的模块,纳入新设计的特殊模块而组成变型产品，如，跨企业优选部机，组装成同一个系列等级的钻机，如，National Oilwell 的 Packer 201 型 1 500 m 钻机是由 Emsco 2 940 kW 绞车、BJ1 000 t 大钩、Ldeco 1 000 t 水龙头、Wirth1 257.3 mm(1 000 t)转盘、National Oilwell 1 617 kW 钻井泵(51.7 MPa)总装而成；另一台 15 000 m 钻机则是由 Varco 4 410 kW 绞车、RST1 536.7 mm 转盘及 Emsco 2 205 kW 钻井泵(69 MPa)总装而成。

(2) 纵向系列模块设计。在同一用途(品种)中，采用主参数不同的系列模块，设计出系列化产品，如，在小一级产品中采用大一级模块必然不够经济，这种做法只在单件产品或小批量产品中采用。

(3) 跨品种变型模块设计。针对总体结构相差不大的产品进行变型设计，如用同一龙门机架模块，选配不同的刀架模块，组装成龙门铇、龙门铣、龙门磨床。又如，用同一钻机主机模块，选配橇座模块或车载模块，可以组装成橇装轻便钻机或车装轻便钻机。

(4) 纵横全系列模块设计。如用 3 种滚筒模块设计出 7 种系列绞车，用 3 种钳夹和 4 种刹车盘设计出 8 种系列液压盘式刹车。

2.3　模块化结构的接口

接口是产品各模块之间流的输入、输出、变换和传递途径，分刚性接口和柔性接口 2 种。刚性接口包括机械连接和电路接头，在模块之间有直接的装配关系，要求它具有一定的精度、刚度和可靠度。

柔性接口是指管线连接和电缆连接，依靠它们进行流的传递、变换和调整，模块之间没有直接的装配关系。

刚性接口有 3 种类型，如图 1 所示。

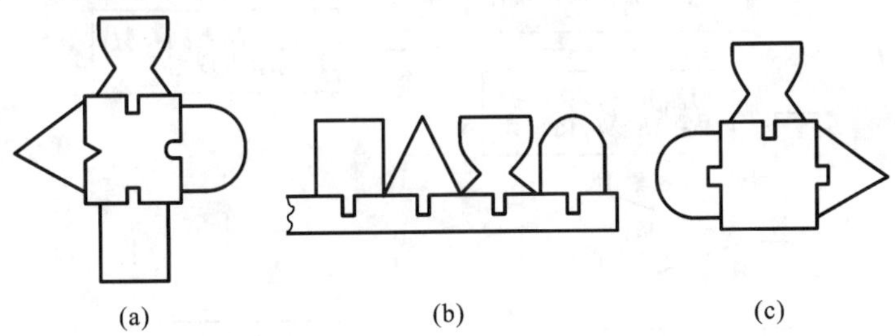

图 1　刚性接口的类型

(1) 连接模块型。如图 1(a)所示，各基本模块通过辅助的连接模块组合在一起，模块之间每个接口类型都不同，因此，各模块位置不能互换。

(2) 总线串接型。如图 1(b)所示，所有模块通过同样的接口连接到一个辅助的总线模块上，各个模块的位置可以互换，例如，个人计算机的扩展卡便是这种接口类型。

(3) 直接组装型。如图 1(c)所示，不通过辅助的连接模块，各基本模块以同类接口连接在一起，如，组装计算机、组装家具都属于这种接口类型。

2.4　对接组合的模数制

标准化的零件采用优先数系 $\sqrt[n]{10}$ 来决定其尺寸，而 n 个优先数之和不再是优先数，所以由若干零件组合起来的组件、部件等的组合尺寸不再适合用优先数系，为了提高模块的通用性，可用模数制来协调模块与产品组合尺寸之间的配合关系。模数制用交替倍增数列来满足对接组合的各方面尺寸要求，组合模数 m 为 2.5，5，10，20，40，80，160，320 mm，产品尺寸为 2.5～6 400 mm；二者之商为 1，2，3，4，5，6，8，10，12，16，20，24，32，40，48。

m 是尺寸的最小基数，m 值的选用取决于模块（组件）的最小尺寸，产品尺寸应是 m 的整数倍。

2.5 模块化设计的步骤（见图 2）

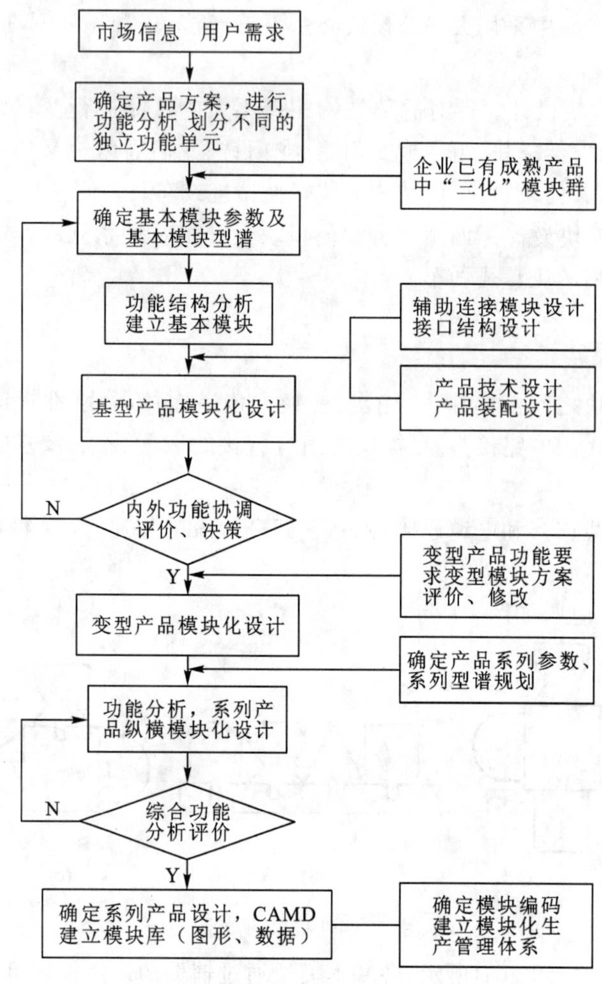

图 2 系列产品模块化设计步骤

2.6 计算机辅助模块化设计 CAMD 概要

首先，按 GT 及力流 5 位结构描述法对各级模块进行编码，存入模块库中(数据库，图形库)。设计时，按编码在库中搜索，看是否有符合用户要求功能的模块，如有，则将其调出，在计算机上进行必要的修改、存储备用。如，找不到类似模块，则用人机对话方式绘制新模块，利用 Auto CAD 三维实体造形软件，调出已有的和新设计的各个模块在计算机上直接拼装，进行适当缩放、平移、旋转，及时发现干扰碰撞现象，及时修改，最后消隐和重新着色，用绘图机输出产品的三维实体图、三视图及各类模块清单。

3　钻机的模块化设计

3.1　钻机系统的模块划分(见表 1)

表 1　钻机系统模块划分

<table>
<tr><th colspan="3">一级模块</th><th>二级模块</th><th>三级模块</th><th>四级模块</th></tr>
<tr><td rowspan="11">钻机系统(主机)</td><td rowspan="2">动力系统</td><td>机动</td><td>柴油机组
液马达、气马达</td><td>柴油机本体、换热器、风扇、水泵、涡轮增压器、启动马达、座架、仪表</td><td></td></tr>
<tr><td>电动</td><td>柴油发电机组
直流电动机
交流电动机
交流变频电动机</td><td>柴油机、交流发电机、通风机</td><td></td></tr>
<tr><td rowspan="3">传动系统</td><td>机械传动</td><td>皮带传动副
链并车箱、链传动箱
齿轮变速箱、齿轮减速箱、角传动箱、万向轴、气胎摩擦离合器、轴向推盘离合器、联轴器</td><td>链条张紧装置</td><td></td></tr>
<tr><td>电力传动</td><td>交流、直流动力电缆,电缆桥</td><td></td><td></td></tr>
<tr><td>液体传动</td><td>液力偶合器
液力变矩器
液压传动系统</td><td>换热器
换热器
液压泵、管线、液缸、液马达</td><td></td></tr>
<tr><td rowspan="6">执行系统</td><td rowspan="4">起升系统</td><td rowspan="3">绞车</td><td>绞车主体轴系、变速传动机构
制动系统(主、辅刹车):
带刹车
液压盘式刹车
气动推盘式刹车
水刹车、电磁刹车
绞车电机能耗制动</td><td>刹带、杠杆、平衡梁
刹车盘、钳夹(液缸、钳臂、刹车块组件)液压控制系统
水冷却装置</td></tr>
<tr><td>自动送钻装置</td><td>传感器、控制器、送钻马达、减速器、控制器</td></tr>
<tr><td>绞车控制台、绞车座架</td><td>防碰装置</td></tr>
<tr><td>游动系统</td><td>天车、游车、大钩、钢丝绳</td><td>死绳固定器,稳绳器</td></tr>
<tr><td>旋转系统</td><td>转盘
方钻杆、方补芯
顶部驱动系统</td><td>转盘变速箱、惯性刹车
电动机及盘刹、水龙头减速箱、管子处理系统,电、液控制系统、单导轨</td><td></td></tr>
<tr><td>循环系统</td><td>钻井泵、高压管汇
水龙头、两用水龙头</td><td>灌注泵、喷淋泵、维修吊车、阀、立管、水龙带</td><td></td></tr>
</table>

续表 1

一级模块		二级模块	三级模块	四级模块
钻机系统(主机)	控制系统	机械控制系统		
		液控系统: 液压源、管路、阀组		
		气控系统: 气源、净化装置	螺杆压气机、储气罐、除湿装置	
		电控系统: SCR、VFD、司钻房、控制台、仪表	MCC、变压器、PLC、各种柜、制动单元、总线、气阀、电机控、主辅刹车控、仪表盘、触摸屏、监视屏	
	支撑系统	井架	K 形井架节、二层台、人字架、起升装置、伸缩井架	
		底座	钻台底座、后台底座、平行四边形底座、叠箱底座	
		载车、拖车		
		固控系统	泥浆罐、泥浆筛、三除、离心机、搅拌器、剪切泵、配料装置、运屑装置	
钻机系统(辅机)	辅助系统	井控系统	井口装置、分流节流管汇防喷器组 防喷器液控装置	旋转、球形、单双闸板、剪切闸板、防喷器、防喷器吊装装置
		钻台、场地操作机械化装置	铁钻工(钻杆钳、套管钳、液压猫头)立根排放,单根上钻台装置(电动、液气动小绞车)	
	物流供应系统	油水供应装置	柴油罐、润滑油罐、水罐、泵装置	
		井电系统	防爆照明装置、空调、小电机及启动主电机加热装置	
		管材工具材料	钻杆、套管、钻头、井下工具、泥浆药料	
		生产营房	值班房、材料房、机修房、录井房	

3.2 绞车方案模块型谱

以钻机绞车方案的模块化设计为例,摆出各级模块型谱,以说明设计的方法步骤。表 2 给出了绞车方案的三级模块型谱。

表 2 中各三级模块是由四级模块组合成的,如,由轴、滚筒、猫头与摩擦猫头、气胎摩擦离合器、链传动箱、箱体轴承架及底座等组成。

表 3 给出了系列绞车方案的二级模块型谱,表中各图未画出主刹车及链传动箱体。

表 3 所述三级和二级模块还需绘成三面外观视图及三维透视图,带外廓尺寸及结合部分尺寸以便拼装,图 3 给出 C4 电动四轴绞车的一级模块,它是在二级模块的基础上与下列二级模块组成的,2 台主电机、辅助刹车(电磁刹车或 EATON 刹车)、转盘传动箱、机气控制系统及司钻控制台等组成。

表 2　绞车三级模块型谱

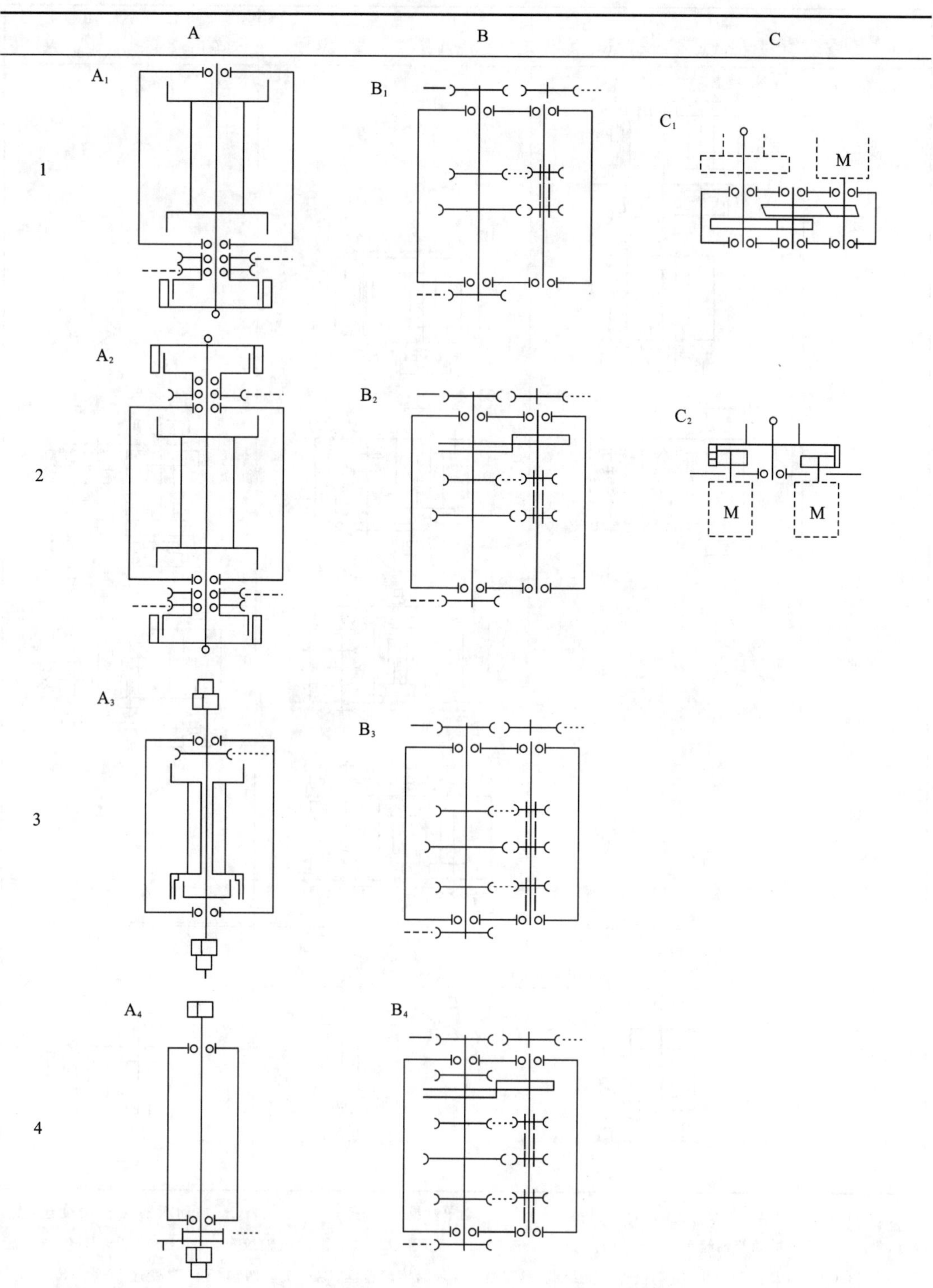

注：A_1—单速主滚筒轴部件；A_2—双速主滚筒轴部件；A_3—捞砂滚筒轴部件；A_4—猫头轴部件；B_1—两挡变速箱；B_3—2+R 变速箱；B_3—三挡变速箱；B_4—3+R 变速箱；C_1—电动机与滚筒轴之间的两级齿轮减速箱；C_2—电动机与滚筒轴之间的正齿减速器。

表 3　绞车二级模块型谱

型号	20 400 kW　30 550 kW	40 735 kW　50 1 100 kW	50 D 1 100 kW　70 D 1 470 kW
单轴	A1.1 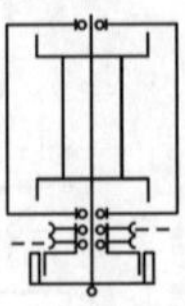　A1.2 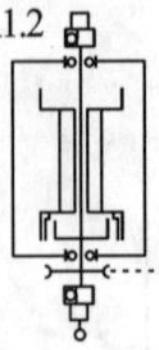		
双轴	A2 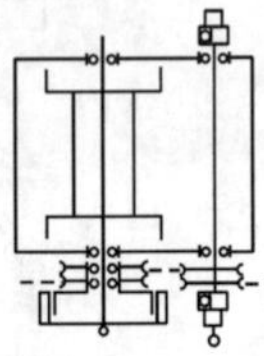	B2 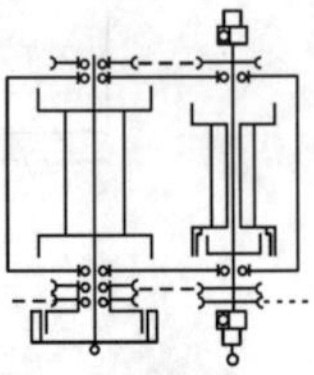	
三轴	A3 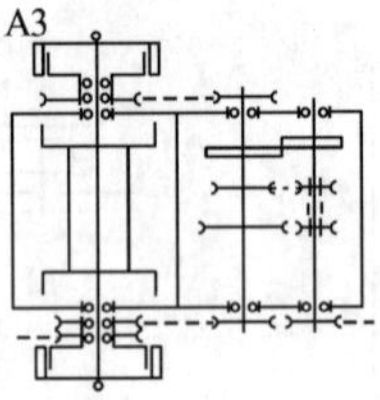	B3 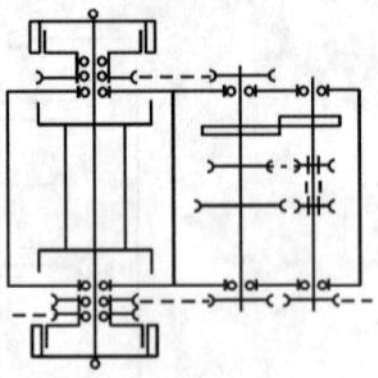	C3 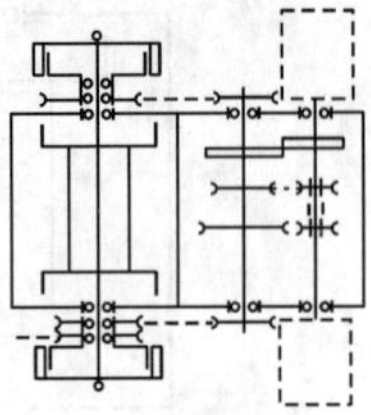
四轴		B4 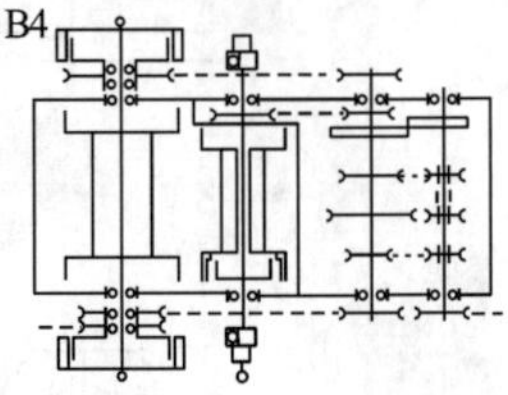	C4 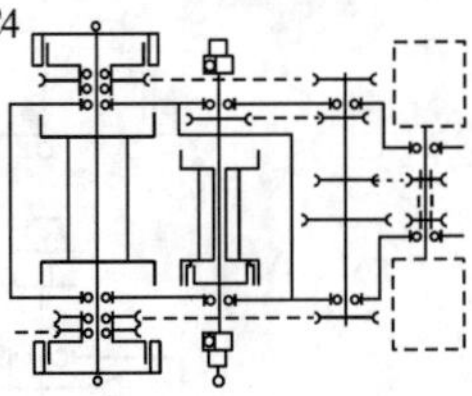
六轴		B6 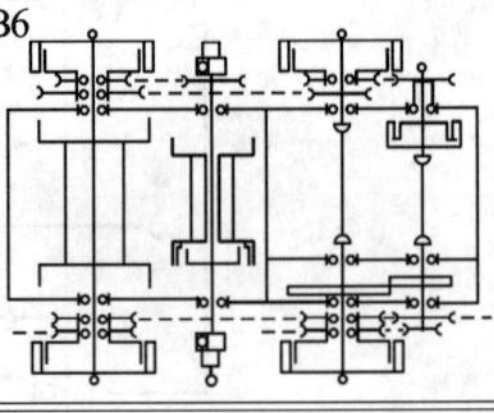	
型号	50 1 100 kW　90 2 200 kW　120 2 940 kW	70 1 470 kW　90 2 210 kW	120 2 940 kW　150 4 410 kW
单轴	D1 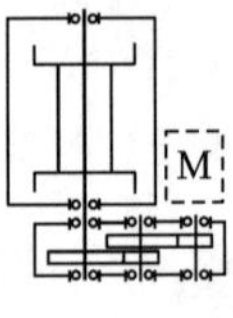 M	E1 M M 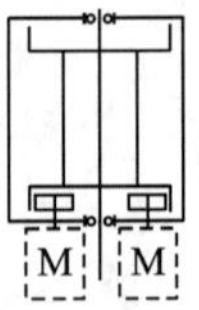	F1 M M M M 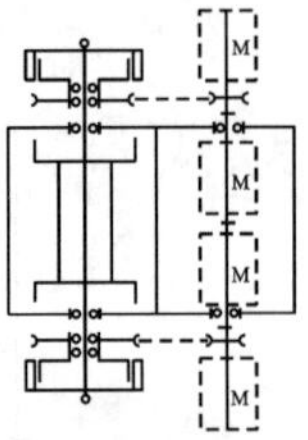

注：A1.1—机动单轴绞车，外变速，传动转盘；A1.2—机动单轴绞车，外变速，带猫头；A2—机动双轴绞车，外变速，传动转盘，带猫头；B2—机动双轴绞车，外变速，传动转盘，带捞砂滚筒及猫头；A3—机动三轴绞车，自变速 2×2＋R，传动转盘；B3—同 A3；C3—电动三轴绞车，电动机连续无级调速，自变速 2×2，传动转盘；B4—机动四轴绞车，自变速 3×2＋R，传动转盘，带捞砂滚筒及猫头；C4—电动四轴绞车，电机变速加自变速 2×2，传动转盘，速捞砂滚筒及转盘；B6—机动六轴绞车，自变速 2×2＋R，用 4 个气胎离合器变换出 4 个挡，传动转盘，带捞砂滚筒及猫头；如不带捞砂滚筒则形成五轴绞车；D1—电动单轴绞车，电机变速，1 台或 2 台电机通过二级齿轮减速箱驱动滚筒；E1—电动单轴绞车，电机变速，2 台或 3 台电机通过正、内齿减速装置驱动滚筒；F1—电动单轴绞车，电机变速，4 台 735 kW 或 1 100 kW 的电机串联和 2 套并行链传动箱驱动滚筒。

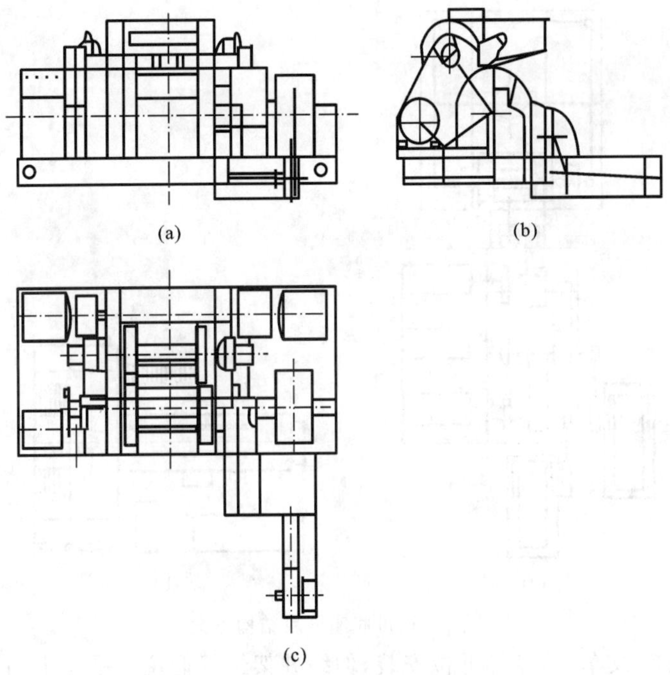

图 3 电动四轴绞车一级模块

3.3 钻机模块化设计概要

(1) 钻机属于大型流动作业机械系统，它需要经常拆卸、运移和安装，这部分非生产时间占很大比例[约占每口井全周期的(1/5)～(1/10)]，所以如有条件，主机(除泥浆泵组)尽量不拆卸、整体拖运，或按运输车的能力拆成尽量大的运输模块，将各部件、部机集装在一个大橇座上运移，以降低拆卸安装的工作量，缩短搬家时间，降低钻井成本。

① 大尺寸部件、井架尽量整拖，游动系统和井架一起运移；电控房、泥浆罐、营房等各自成为运输模块。

② 爬坡链传动箱、万向轴及角传动箱、联动压气机或液压源等集装在一个橇座上。

③ 尽量采用套装设计，如，钻台值班房装在水箱中一起运输。

④ 散件装在有一定位置的集装箱中运输。

(2) 为了提高钻机的维修性，尽量将易损件、易先期失效件设计成独立的子模块、置于易检查、易发现故障、易拆换的结构位置上。

(3) 钻台和后台底座如何划分拆装运输模块？有 2 种结构类型。

① 纵向分块结构。如图 4(a)所示，如，机动 40 和 50 型三柴油机统一驱动钻机，按纵向将底座划分为 6 大块(不计柔性联接的泵组独立安装底座)。

② 横向分块结构。如图 4(b)所示，如，20 和 30 型橇装钻机，钻台横向分 2 大块，分别安装钻杆盒及转盘，后台合成一大块，安装动力传动及绞车。

3.4 钻机的装卸及运输

(1) 研究各部机、部件的拆卸分界面，尽量不要在难于保证安装质量的部位拆卸，接口尺寸精度高、互换性要强、卸装省力，采用易拆装的联接件，如，锥销、万向轴、快速接头、充气橡胶密封伸缩由任等，采用专用拆装工具。

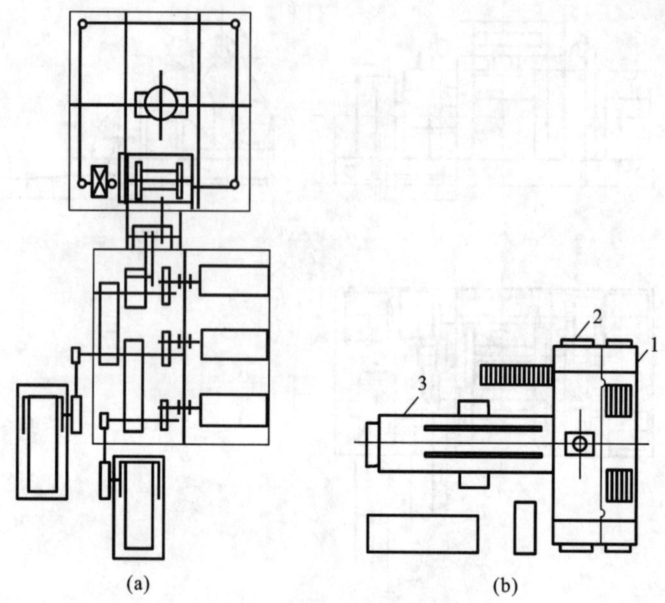

图 4　钻机底座分块结构方案

(2) 井架、底座、绞车、转盘等低位安装，伸缩井架最好低位水平拉出和固定，井架和平行四边形底座不倒大绳一次旋升。

(3) 设计拆装运输的作业流程图，并行作业和顺序作业，分工与工作量、作业人数，轻型钻机搬家 8 h，重型钻机搬家 24～48 h。

(4) 40 型以下钻机主机尽量采用车装或拖车装整体运输，40 级以上钻机主机尽量采用钻机和底座井架整体拖装结构，如图 5 所示。近距离井架底座直立拖运，远距离井架底座放倒拖

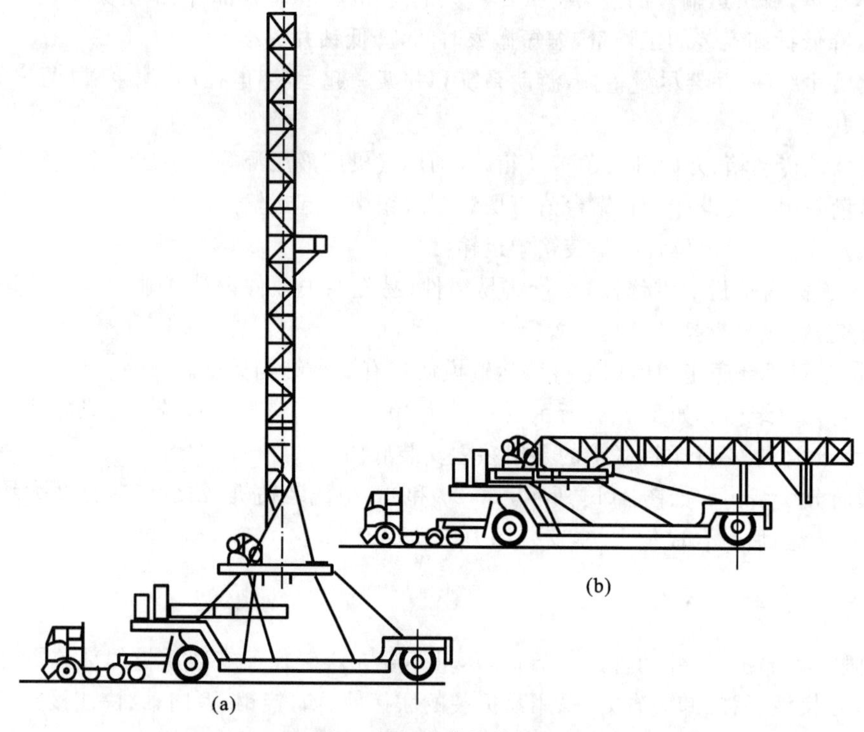

图 5　钻机整体拖装结构

运，或采用液压穿大梁式拖车整体拖运，如图 6 所示。

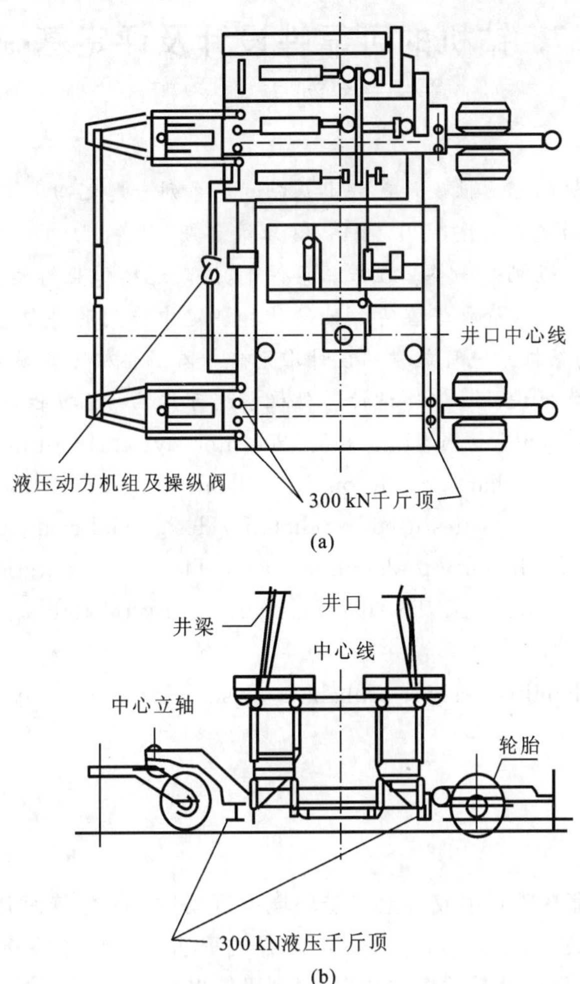

图 6　钻机液压穿木梁式整体拖运

(5) 确定各种装运车型，如，30～60 t 载重车、爬杆牵引装卸车，对轻型钻机搬家控制在 8 车次以内，对重型钻机控制在 40 车次以内。

(6) 铁路运输尺寸限制宽<3.0 m，(三级超限 3.3 m)，高<3.7 m，(车辆轮之间底板面距铁轨面 300 mm，装货总高限 4 m)，长度不限(<20 m)，公路运输穿过桥洞，涵洞也受同样的限制，质量还要受通过桥梁的限制。

27. 钻机的可靠性设计及评定基础

——系列专题之四

【论文题名】 钻机的可靠性设计及评定基础——系列专题之四

【期 刊 名】 石油矿场机械,2004 年第 33 卷第 5 期

【摘　　要】 石油钻机是一整套在严酷条件下,流动连续作业的大型机械系统,其可靠性应放在第一位来考虑。文章介绍了在可靠性设计和评定中采用的特征量,介绍了可靠性概率设计原理,详述了提高钻机系统可靠性的设计准则。推荐了钻机可靠性评定的基本方法。

【关 键 词】 可靠性设计　概率设计　钻机系统可靠性　可靠性评定

【Abstract】 Oil drilling rig is a huge machine system continuously working in all weathers and moving under harsh condition. Its reliability should be the top priority. This paper presents the feature quantities used in reliability design and evaluation and briefly introduction the principle of reliability probability design. The design criterion of increasing reliability for rig system was detailed. The basic method for rig reliability evaluation was recommended.

【Key words】 reliability design; probability design; drilling rig system reliability; reliability evaluation

1 概　　述

(1) 钻机是一整套在旷野中或海上严酷环境中流动性全天候连续作业的大型机械系统,它承受的载荷高达数兆牛,压力达 20～50 MPa,总功率达到数千到 10 000 kW,在操作上频繁启动、制动、停车,一旦发生严重的机械故障,轻则机件报废,中断生产,甚至造成上亿元的钻井报废,重则造成人员伤亡事故。因此,钻机用户强烈要求钻机必须具有高的可靠性或低的故障率,同时在钻机的全寿命周期内保持其性能稳定而不衰退。

(2) 机械产品在可靠性方面可分为 2 种类型,一种是失效后不可修复的产品(或不值得修复的产品),如,电子器件、高压容器等,它要求产品的耐久性或无故障性;另一种是发生故障后可修复的产品,即修复后可重新再使用的产品,它要求无故障性和易维修性,钻机属于后一种。对于在海上、沙漠和国外作业的钻机,由于其钻井成本要比陆上或国内高出 8～10 倍,如,因故障停工则日费用将损失 10 000～20 000 元,因此,要求这类钻机具有更高的可靠性。总之、钻机用户要求钻机具有良好的可靠性和好的维修性,能在 15 a 的服役期内安全、低成本地完成规定井深的钻探任务。

(3) 可靠性设计就是在产品设计之初就应用可靠性理论,经过定性或定量设计,实现机械零、部件和系统具有较高的可靠度。由于产品的失效具有偶然性和随机性,所以,可靠性理论是以概率论和数理统计为基础的,电子器件和通信设备等属于大批量生产的产品,其失效模式较单一,分布类型多为指数分布,故障发生概率接近常数,可靠性建模理论、失效机理分析、可靠性设计与试验、数据统计方法等均已趋近成熟,能够解决实际问题。然而大型机械系统尤其是石油钻机系统的情况却不同,它们是小批量或单件生产的产品,其可靠性技术开展得晚。由

于大型设备的各种可靠性试验制造时间长、成本高，可靠性设计要有大的样本量，要积累大量的统计资料、加之不确定的主客观影响因素非常多，如，环境、载荷与工况不同的影响，既有偶然性、突发性故障，又有渐近性、损耗性故障；既有设备固有质量的影响，又有使用维修因素的影响，其故障分布与寿命分布规律很难套用大量生产产品的规律，给大型机械系统的可靠性设计带来诸多不完备性和不精确性，比如，寿命评估误差常达到一个数量级，给人以不解决实际问题的感觉。对于石油钻机系统，至今只进行了有限的可靠性设计与试验尝试，如，1300 型钻井泵模态分析，钻机与修井机起升载荷谱测试，钻井泵的 500 h 强化试验，泵主轴承盖螺栓的可靠性增长，在用井架应力测定及概率安全度确定，海洋钢结构的疲劳寿命评估等进行了有益的探索，但是至今尚未进行过钻机零件的概率设计及整套钻机的可靠性评定工作，所以，本文只能在简介概率设计原理的基础上，介绍提高钻机可靠性的原则，推荐在用钻机可靠性评定的基本方法。

2　可靠性的基本概念

2.1　可　靠　性

产品的可靠性定义为产品在规定条件下和规定时间内完成规定功能的能力，它包括产品的固有可靠性和使用可靠性 2 部分。前者由设计水平、制造水平和材质水平决定，后者由固有可靠性、服役载荷、环境和装备条件以及时间条件三者决定。

2.2　可靠性特征量(指标)

表 1 列出了系列特征量的定义、表达式及特性曲线，表中 NR 与 CR 之序号 1、2、3、4 各量对应，以便明确对比关系，假设，NR 为不可修复产品；CR 为可修复产品；FC 为规定条件；FT 为规定时间；FF 为规定功能；P 为概率；T 为产品从开始工作到发生故障的正常工作时间；t 为某一规定时间；τ 为产品的允许修复时间；r 为在试验截止时间内发生故障的次数。

2.3　表 1 的补充说明和例题

(1) $f(t)$为概率分布密度函数(简称分布函数)，常用的有正态分布、威布尔分布和指数分布等，其中，指数分布函数的表达式最简单，$f(t)=\lambda e^{-\lambda t}$，它用于电子器件、整机系统，仅发生偶然故障的零部件及机械系统。正态分布应用最广泛，多应用于零件应力与材料强度的分布概率，如，转盘、顶驱、钻井泵等的齿轮传动，非标准大型轴承的磨损失效模型。威布尔分布应用于复杂系统及零件的疲劳寿命分布，对正态分布曲线尾部，当 $F(t)$极小时，寿命将趋于无穷大或零，它不能用于寿命分析，此时，必须应用威布尔分布。

(2) 假设钻机链传动副的寿命服从指数分布，设其故障率 $\lambda=0.001/\text{h}$，则其可靠度

$$R=e^{-\lambda}=e^{-0.001}=0.999$$

平均故障间隔工作时间 $MTBF=\dfrac{1}{\lambda}=\dfrac{1}{0.001}=1\ 000\ \text{h}$，又如，平均修复时间 $MTTR=10\ \text{h}$，则维修系数为

$$\rho=\frac{MTTR}{MTBF}=\frac{10}{1\ 000}=0.01$$

表 1　可靠性及维修性特征量

不可修复产品 NR				
序号	特征量	定　义	图　示	表　达　式
1	可靠度 $R(t)$	NR 在 FC 下和 FT 内完成 FF 的 P	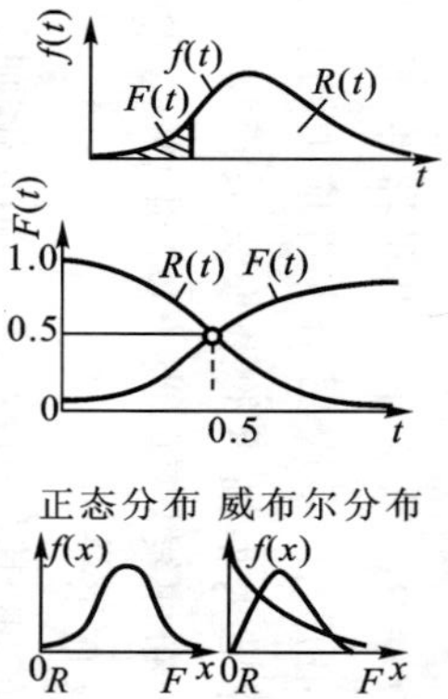 $f(t)$, $F(t)$, $R(t)$；$R(t)$ $F(t)$；正态分布　威布尔分布	$R(t)=P\quad(T>t)$ $=\int_t^\infty f(t)\mathrm{d}t$ 对于对数分布函数 $f(t)=\lambda \mathrm{e}^{-\lambda t}$ $R(t)=\mathrm{e}^{-\lambda t}$ 对于正态分布函数 $R(t)=\frac{1}{\sigma\sqrt{2\pi}}\int_t^\infty \mathrm{e}^{-\frac{(t-\mu)^2}{2a^2}}\mathrm{d}t$ 对于威布尔分布函数 $R(t)=\mathrm{e}^{-(\frac{t-a}{b})^k}$ a 为位置参数 b 为尺寸参数 k 为形状参数
2	不可靠度 $F(t)$（累积失效概率）	NR 在 FC 下和 FT 内未完成 FF 的 P	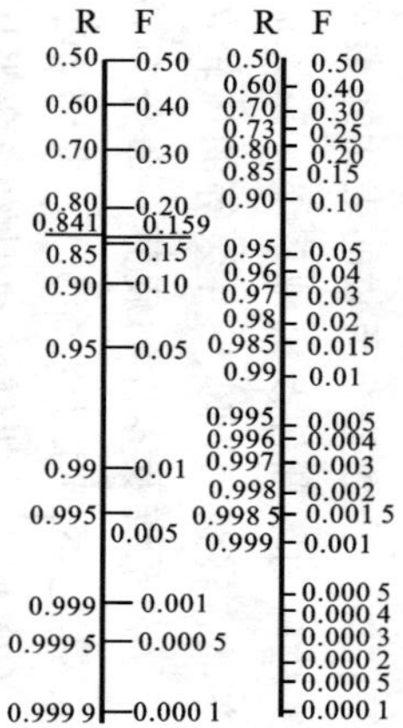 R　F　R　F	$F(t)=P\quad(T\leqslant t)$ $=\int_{-\infty}^t f(t)\mathrm{d}t$ $F(t)=1-R(t)$ $=1-\mathrm{e}^{-\lambda t}$
3	失效率 $\lambda(t)$（瞬时失效率）	NR 工作到某一时刻后在单位时间内失效的 P	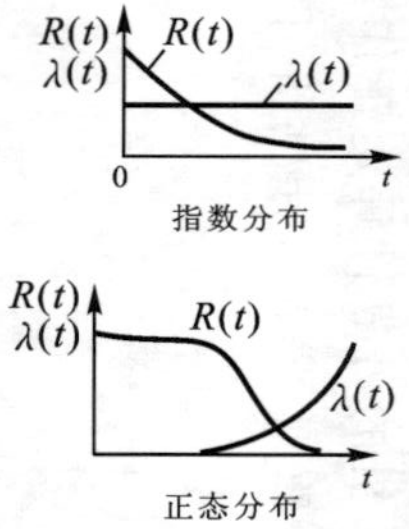 指数分布；正态分布	$\lambda(t)=\frac{f(t)}{1-F(t)}$ 对于指数分布 $\lambda(t)=\frac{1}{t}$ 对于正态分布 $\lambda(t)=\frac{\mathrm{e}^{-\frac{(t-\mu)^2}{2\sigma^2}}}{\int_0^\infty \mathrm{e}^{-\frac{(t-\mu)^2}{2\sigma^2}}\mathrm{d}t}$
3a	平均失效率 $\bar{\lambda}(t)$	NR 在使用寿命周期内发生的失效次数 $r(r=1)$ 与累积使用时间 $\sum t$ 之比	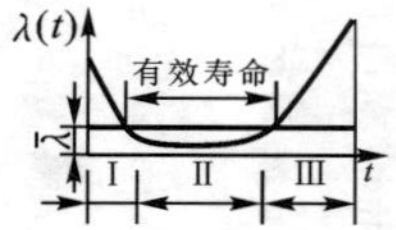 有效寿命；Ⅰ　Ⅱ　Ⅲ	$\bar{\lambda}(t)=\frac{r}{\sum t}=\frac{1}{t}$ $\sum t=t_{\mathrm{I}}+t_{\mathrm{II}}+t_{\mathrm{III}}$
4	平均寿命 $\bar{t}$=失效前平均工作时间 $MTTF$	NR 从开始使用到发生失效为止的工作时间的平均值	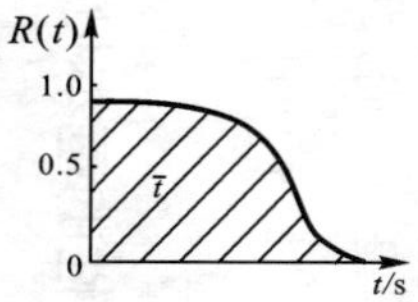 $R(t)$；$\bar{t}$；t/s	$MTTF=\frac{1}{\lambda}$ $\bar{t}=\frac{\sum t}{r}=T_{\mathrm{I}}+T_{\mathrm{II}}+T_{\mathrm{III}}$ $\bar{t}=\int_0^\infty tf(t)\mathrm{d}t=\int_0^\infty R(t)\mathrm{d}t$

续表 1

序号	特征量	定义	图示	表达式	序号	特征量	定义	图示	表达式
可修复产品 CR					可修复产品 CR				
1	有效度 $A(t,\tau)$ 可用度 A)	CR 在 FT 内维持和恢复其功能处于正常状态的 P	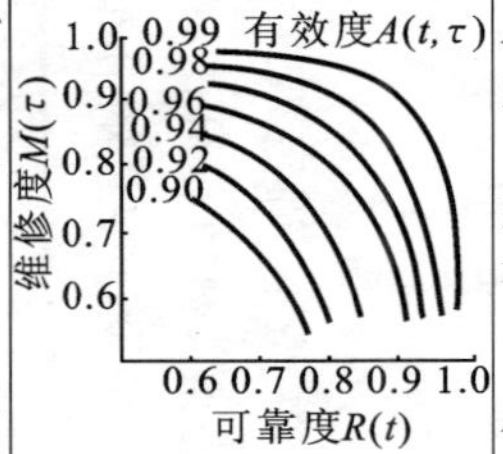	$A(t,\tau)=R(t)+[1-R(t)]M(\tau)$ 对于 NR，$M(\tau)=0$， $A(t,\tau)=R(t)$ 对于 CR，$M(\tau)>0$，右侧第二项为修复对有效度的增量	3	修复率 $\mu(\tau)$	修理时间已达到某个时刻尚未修复的 CR 在该时刻后的单位时间内完成修复的 P		$\mu(\tau)=\dfrac{m(\tau)}{1-M(\tau)}$ 对于指数分布 $\mu(\tau)=\dfrac{1}{\tau}$
1a	极限有效度 $A(\infty)$	CR 在指数分布下时间趋于无限时，$A(t,\tau)$ 的极限值	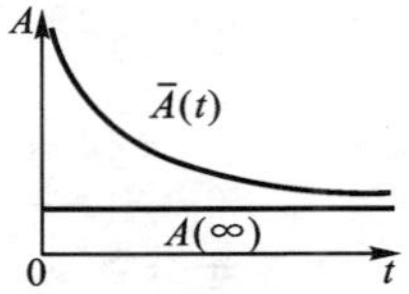	$A(\infty)=\dfrac{\text{能工作时间}}{\text{能工作时间}+\text{平均修复时间}}$ $=\dfrac{MTBF}{MTBF+MTTR}$ $=\dfrac{\mu}{\lambda+\mu}=\dfrac{1}{1+\rho}$	3a	平均故障率 $\bar{\lambda}(t)$	CR 在使用寿命周期内的某个观测期截止前，一个或多个产品的发生故障次数 r 与累积使用时间 $\sum t$ 之比		$\bar{\lambda}(t)=\dfrac{r}{\sum t}=\dfrac{1}{\bar{t}}$ 例：$r=2$ $\sum t=t_1+t_2+t_3$
1b	平均有效度 $\bar{A}(t)$	CR 在 FT(0～t) 内有效度的平均度		$\bar{A}(t)=\dfrac{\mu}{\lambda+\mu}+\dfrac{\lambda}{(\lambda+\mu)^2 t}\cdot$ $[1-e^{-(\lambda+\mu)t}]$					
1c	使用有效度 A_0（有效使用率）	CR 在 FT 内有效工作时间与全部服役时间之比值		$A_0=\dfrac{\text{能工作时间}}{\text{能工作时间}+\text{不能工作时间}}$ $=\dfrac{MTBF}{MTBF+T_s}$	4	平均寿命 $\bar{t}$=平均故障间隔工作时间 $MTBF$	CR 在相邻两次故障之间其累积工作时间的平均值	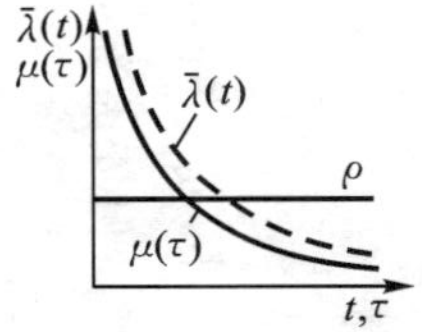	$MTBF=\dfrac{1}{\lambda}$ $\bar{t}=\dfrac{\sum t}{r}=\dfrac{t_1+t_2+t_3}{2}$ $\bar{\tau}=\int_0^{\infty}\tau m(\tau)\mathrm{d}t$
2	维修度 $M(\tau)$	CR 在 FC 下在 FT 内按照规定程序和方法完成维修工作，恢复到能完成 FF 状态的 P		$M(\tau)=P \quad (T\leqslant\tau)$ $=\int_0^{\tau} m(\tau)\mathrm{d}\tau$ 对于指数分布，维修概率密度函数 $m(\tau)=\lambda e^{-\mu\tau}$ $M(\tau)=1-e^{\mu\tau}$	5	平均修复时间 $\bar{\tau}=MTTR$	CR 修复时间的平均值		$MTTR=\dfrac{1}{\mu}$
					6	维修系数 ρ	CR 平均修复时间与平均寿命之比值或故障率与修复率之比值		$\rho=\dfrac{MTTR}{MTBF}=\dfrac{\lambda}{\mu}$

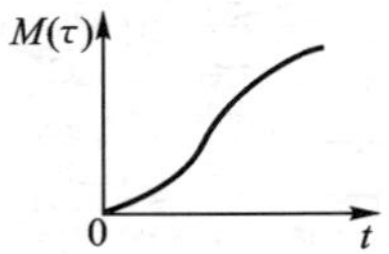

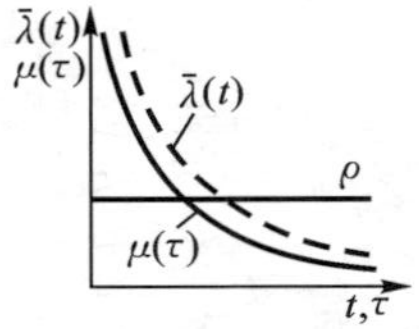

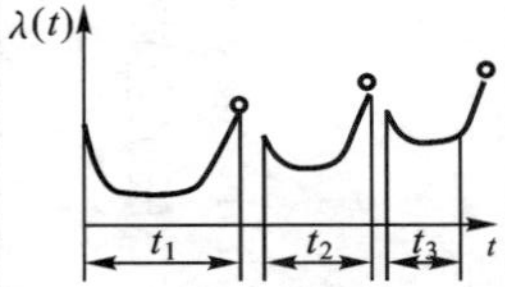

极限有效度 $A_\infty=\frac{1}{1+\rho}=\frac{1}{1+0.01}=0.990$。

又如，不能工作时间 $t_s=48$ h。

工作有效度 $A_0=1\,000/(1\,000+48)=0.954$。

不能工作时间包括 $MTTR$，计划维修保养时间以及等待配件管理延续时间。

(3) 对可修复系统不同维修系数 ρ_i 的有效度 A 计算，可参考《机械设计手册》(徐灏主编，机械工业出版社)第 13 章第 122～126 页。

(4) 可靠度等级见表 2。

(5) 故障率等级见表 3。

故障率 λ 的单位为 1/h，或 1 Fit$=10^{-9}$ 1/h。表 3 所列故障率等级标准适用于电子系统、航空航天器械、核电站等高保安系统，至于一般工业产品的故障率允许高一些，如，$(10^{-2}\sim10^{-5})$ 1/h。

表 2　可靠度等级

可靠度等级	0	1	2	3	4	5
可靠度 R 值	<0.9	$\geqslant0.9$	$\geqslant0.99$	$\geqslant0.999$	$\geqslant0.999\,9$	1
应用场合	失效后果 忽略不计 低速齿轮 滑动轴承 $R=0.8\sim0.9$	失效引起 损失不大 一般齿轮 滚动轴承 $R=0.9\sim0.98$	失效引起 较大损失 高速齿轮 $R=0.990\sim0.995$	结构件失效 后果较严重 建筑钢结构件 $R=0.999\,0$ $\sim0.999\,8$	结构件失效 后果严重 载人电梯 $R\geqslant0.999\,99$ 载人飞机 $R\geqslant0.999\,999$	重要构件 失效引起 灾难性后果

表 3　故障率等级

故意率等级	亚 5	5	6	7	8	9	10
最大故障率 $\lambda/(1\cdot h^{-1})$	3×10^{-5}	1×10^{-5}	1×10^{-6}	1×10^{-7}	1×10^{-8}	1×10^{-9}	1×10^{-10}
相当 Fit	3×10^{4}	3×10^{4}	1×10^{3}	1×10^{2}	1×10^{1}	1×10^{0}	1×10^{-1}

3　可靠性设计

(1) 可靠性设计的目的是在一定已知的零件应力-强度分布类型下，确定零件和构件的可靠度，有各种设计方法，如，概率设计法、模糊可靠性设计法、图解法、数值积分法、蒙特卡洛模拟法等。它们的共同基础是在大试验样本下的统计数据，调查清楚设计变量的分布类型，对于重要零件还要进行专门的可靠性试验。

(2) 概率设计——机械零件静强度可靠性设计是在概率设计中，将载荷(应力)、材料性能、零件尺寸公差等都视为服从某种概率分布的随机变量，常用正态分布函数，如图 1 所示。

图中，$f(s)$为零件应力正态分布曲线；$f(r)$为材料强度正态分布曲线；μ 为随机变量的数学期望(平均值)，它决定分布曲线中心线的位置，σ 为标准差(σ^2 为方差)，它决定分布曲线的形状(峭度)。2 条曲线的首尾发生干涉，阴影部分面积为应力大于强度的失效概率区，概率设计就是确定应力 s 和强度 r 这 2 个随机变量之间的干涉大小和可靠度 R 值为 $R=P(r-s)=1-F$，正态分布函数式

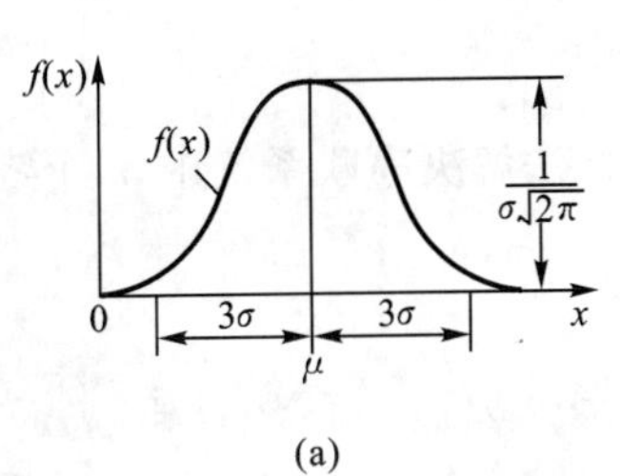

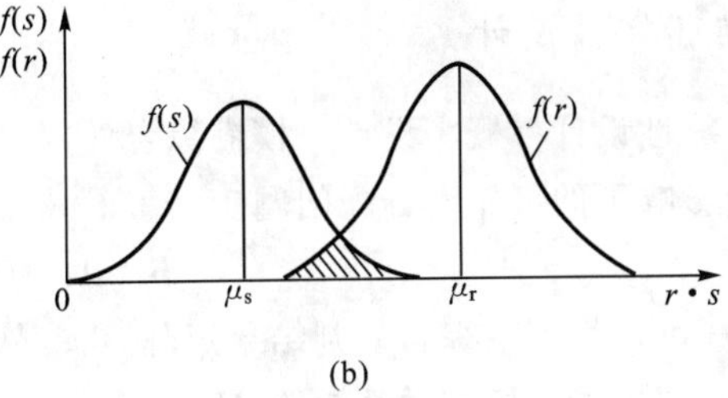

图 1 应力-强度正态分布曲线的干涉

$$f(r)=\frac{1}{\sigma_r\sqrt{2\pi}}\exp\left[-\frac{(r-\mu_r)^2}{2\sigma_r^2}\right]$$

$$f(s)=\frac{1}{\sigma_s\sqrt{2\pi}}\exp\left[-\frac{(s-\mu_s)^2}{2\sigma_s^2}\right]$$

令

$$Z=r-s$$

则

$$\mu_z=\mu_r-\mu_s$$

$$\sigma_z=\sqrt{\sigma_r^2+\sigma_s^2}$$

z 的分布函数也是正态的

$$f(z)=\frac{1}{\sigma_z\sqrt{2\pi}}\exp\left[-\frac{(z-\mu_z)^2}{2\sigma_z^2}\right]$$

$$R(z)=\frac{1}{\sigma_z\sqrt{2\pi}}\int_0^{\infty}\exp\left[-\frac{(z-\mu_z)^2}{2\sigma_z^2}\right]\mathrm{d}z$$

将正态分布函数式 $R(z)$ 化为标准正态分布函数式，令 $u=\dfrac{z-\mu_z}{\sigma_z}$

$$R(u)=\frac{1}{\sqrt{2\pi}}\int_{-\infty}^{u}\exp\left(-\frac{u^2}{2}\right)\mathrm{d}u$$

积分上限量

$$u=\frac{\mu_z}{\sigma_z}=\frac{\mu_r-\mu_s}{\sqrt{\sigma_r^2+\sigma_s^2}}$$

根据已知的零件应力和材料强度的统计量按上式算出 u 值，可直接从标准正态分布函数值表中查出相应的 R 值，见《机械设计手册》第 13 章第 77 页表 13-3-14，也可从表 4 中插值计算出 R 的近似值。

表 4 部分标准正态分布函数值

u	0.05	0.1	0.5	0.75	1.0	1.5	2.0
R	0.519 9	0.539 8	0.691 5	0.773 4	0.841 3	0.933 19	0.977 25
u	2.5	3.0	3.5	4.0	4.5	5.0	6.0
R	0.993 79	0.998 65	0.999 767 4	0.999 968 33	0.999 966 02	0.999 999 713	0.999 999 990

根据求得的 R 值可进一步求得正态分布情况下的平均寿命 $\bar{t}$

$$\bar{t}=\frac{R}{\exp(-\frac{\mu^2}{2})}$$

3.3 模糊可靠性设计

模糊可靠性设计＝概率设计＋模糊综合评判法，用此法解决串联系统中 m 个零件在 n 个指标的综合影响下的可靠性分配问题。

$$\boldsymbol{B}=\boldsymbol{A}\cdot\boldsymbol{U},$$

式中 $\boldsymbol{B}$——可靠性模糊综合评判结果矩阵，$\boldsymbol{B}_i=\{b_1,b_2,\cdots,b_m\},i=1,\cdots,m$；

$\boldsymbol{U}$——评判指标模糊关系矩阵，$\boldsymbol{U}_j=\{u_1,u_2,\cdots,u_n\},j=1,\cdots,n$；指标 $\boldsymbol{U}_j$ 可采用固有可靠性、重要程度、故障危害度、载荷与环境、维修费用等；

$\boldsymbol{A}$——评判指标权重集，$\boldsymbol{A}_j=(a_1,a_2,\cdots,a_n),j=1,\cdots,n$；$a_j$ 满足归一化条件 $\sum\limits_{j=1}^{n}a_j=1$。

$$\boldsymbol{B}=(a_1,a_2,\cdots,a_n)\begin{bmatrix}u_{11} & u_{12} & \cdots & u_{1m}\\ u_{21} & u_{22} & & u_{2m}\\ \vdots & \vdots & & \vdots\\ u_{n1} & u_{n2} & \cdots & u_{nm}\end{bmatrix}=(b_1,b_2,\cdots,b_{\min},\cdots,b_m)$$

失效率 $\boldsymbol{F}=1-\boldsymbol{B}=(f'_1,f'_2,\cdots,f'_m),f'_1=1-b_1,\cdots,f'_m=1-b_m$，将 f'_i 归一化，$\sum\limits_{i=1}^{m}f'_i=1$。

$$\boldsymbol{F}=(f_1,f_2,\cdots,f_m)$$

设串联系统的预期系统可靠度为

$$R_s=R_1\times R_2\times,\cdots,\times R_m=R_s^{f_1}\times R_s^{f_2},\cdots,\times R_s^{f_m}$$

由于 $b_{\min}\to f_{\max}\to R_{\min}$，即 $\boldsymbol{B}$ 和 b 的最小值对应着具有最低可靠度的零件，应予以可靠性增长，当发现可靠性分配不合理时，则重新调整 $\boldsymbol{A}$ 和 $\boldsymbol{U}$ 值，使 R_i 趋于合理。

4 钻机系统提高可靠性设计准则

(1) 调查用户对产品可靠性的要求和目标(可靠度、故障率、功能、操作安全性、维修性等)，广泛收集现役钻机的故障实例，进行故障树、故障危害度分析(见本文5)，在掌握规律性故障预测的基础上，修改零部件可靠性设计规范，以便在设计时能预防或减免故障的发生。

(2) 机械系统可分为串联系统、并联系统、混联系统、旁联储备系统和表决系统等，钻机主机由3个不同功能的并联子系统组成，每个子系统都由功力、传动、工作机的串联系统组成，其可靠度为 $R_s=\prod\limits_{i=1}^{n}R_i$ 可见，系统中零件数 n 越少则系统可靠度 R_s 越高，例如，机械驱动钻机的起升系统从柴油机到大钩吊卡，串联着20个组件和部件，假设每件都有相同的可靠度 $R=0.995$，则 $R_s=0.995^{20}=0.905$。如，采用交流变频电动机驱动单轴绞车，则可将串联件降为10个，系统可靠度可提高到 $0.995^{10}=0.951$。所以，在设计时，应尽量减少系统中零件的数量，仔细检查是否存在不必要的零件。串联系统的可靠度主要取决于具有最小可靠度的零件，如，钻机和修井机传动系统中最薄弱的环节是爬坡链或垂直链传动副，应用可靠度较高的万向轴传动取代，当然，转盘改为单独驱动则具有更高的系统可靠度。

(3) 并联系统的可靠度 $R_s=1-\prod\limits_{i=1}^{n}(1-R_i)$。

可见，系统中并联的零件数 n 越多则系统可靠度 R_s 越高，例如，双电机驱动的三缸钻井泵是1个典型的并联系统，如，1台电机发生故障或1个缸发生漏失，则泵仍以较低指标维持工作。为钻机配备大小不同功率的柴油机，如，只配1台时系统的故障率为0.01，则2台并联的系统故障率为0.01^2，3台并联的系统故障率为0.01^3。

(4) 采用旁联储备系统，当主系统发生故障时，可临时启用储备系统进入工作，以便主系统进行维修，如，电驱动钻机的PCL旁路控制，电控系统的"一对二"切换控制。在级别低的部位采用备用件比在级别高处更为有效，但要注意，备用件超过一定数量对提高系统可靠性无补。

(5) 采用表决系统，它是组成系统的n个单元中不失效的单元不少于k个($1<k<n$)，则系统就不会失效，即，通常说的"三保二"、"四保三"并联系统，如，在钻机系统中用3台钻井泵保2台钻井泵，在海洋钻机中用5台钻井泵保3台泵。系统中单元数n越多，所保的单元数k越少，则系统可靠度越高，但越不经济。

(6) 采用冗余设计，它虽然可以提高系统的可靠度，但却提高了系统的复杂性，要综合考虑，除非在要害部位真正起预防故障作用才值得采用冗余设计。如，在电驱动钻机中装设2套防碰天车装置，1套机动的、1套电控的，又如，绞车液压盘式刹车共设置四重保险，即，安全钳应急刹车；2副可以单独控制的刹车盘钳(1副工作钳及盘即够用)；当断电时由蓄能器提供液压；用气马达驱动液压泵。

(7) 采用预防故障设计。

① 采用标准零件和通用部件，采用经过生产考验的成熟技术和成熟的结构方案。

② 关键零部件优选材料及热处理工艺；通过无损探伤检测零件表面及深层缺陷。

③ 零件的结构和部件的组成越简单越可靠，要避免几何形状和装配产生的应力集中，避免毛坯及焊接组件的缺陷，这些都是疲劳断裂失效的根源。

④ 充分运用零部件故障分析的成果，开展可靠性增长试验。

(8) 系统中零件的固有可靠性是基础性的，应创造条件进行零件的静强度和疲劳强度的概率设计，当缺少足够的统计资料，只能用常规安全系数法确定零件的尺寸，其结果往往要比概率设计的尺寸大10%～15%，但它不能说明该零件的失效率有多大，也不能说它是更安全的。

(9) 对整机系统以下的各子系统进行可靠性分配时，应遵循的原则。

① 对技术成熟的单元分配给较高的可靠度，对可能产生严重故障致使全系统停工的单元分配给较高的可靠度，对单元少且结构简单的部件分配给较高的可靠度。

② 对工作条件恶劣，难以实现高可靠度的单元分配给较低的可靠度，或采取有限寿命设计，不必等该单元发生故障即予以换新，如，钻机游动系统的钢丝绳工作达到一定吨·公里数即换新，绞车刹车块磨损到一定厚度即予更换。

③ 在成套性的机械系统中，辅机的可靠度必须大于主机的可靠度，如，在钻机系统中，井控系统(包括防喷器组及其控制系统)必须分配给最高级的可靠度($R\geqslant 0.999\,9$)，保证井喷发生时万无一失，固控系统应能立即调配重泥浆进行压井作业。

④ 如果各单元的故障率互相独立，可将系统可靠度R_s平均分配给各个单元，当不可靠度F很小时，可将系统不可靠度$F_s=1-R_s$平均分配给各个单元，或者按各单元的重要程度按不等比例分配。设串联系统中单元数$n=4$，在平均分配时，归一化$f_1=f_2=f_3=f_4=0.25$，($\sum f_i=1$)。

设系统的可靠度为 $R_s = 0.97 = (0.97^{0.25})^4 = (0.992\ 4)^4$，即各个单元的可靠度 $R = 0.992\ 4$；如，按重要程度不等分配、归一化，$f_1 = 0.4$，$f_2 = 0.3$，$f_3 = 0.2$，$f_4 = 0.1$，$(\sum f_i = 1)$，则

$$R_s = R_s^{f_1} \times R_s^{f_2} \times R_s^{f_3} \times R_s^{f_4} = 0.97$$

此外，仍可按本文 3.3 节的方法进行多影响因素 u_j 和加权值 a_j 来分配可靠度。

(10) 采用维修性设计，对于像钻机这样的可维修产品，采用提高维修度 M 和有效度 A 设计比来提高可靠度设计更为经济。如，推广模块化设计时，注意产品结构是否易于检测和发现故障隐患，便于拆卸、修理和更换；尽量将易损件和薄弱件设计成独立装卸件，尽量降低修理时间和修理成本。在设计时尽量提高产品的易维护性，如，加油孔嘴的明显易达性，油温、油位、水温、水位易检视，轴承温度、刹车温度和刹车块磨损量等易检测。

(11) 采用 HSE 设计，即，保健康与安全耐环境设计，在钻机系统中装设在线状态监测和故障预警系统，监视产品劣化趋势；装设误操作连锁和紧急自动停车装置，严防严重故障和致命故障的产生；提高机械化自动化水平，减轻工人的劳动强度；进行耐严酷环境设计，采用减振降噪、防寒冻、防高温、防盐雾腐蚀、防沙尘设施，以及有害的废液、废物处理设施。

(12) 在可靠性设计过程中，进行部分力所能及的可靠性试验，精选试验项目、降低试验成本。钻机出厂前的 24 h 跑合及加载试验不可少，以便将部分潜在的缺陷暴露出来，加以整改清除。

(13) 可靠性设计所预期的可靠度要依靠可靠性管理来保证和实现。从钻机的设计、制造、使用维修、储运，一直到报废的全过程进行监管，如，建立产品设计 3 阶段中的可靠性评审体系，制造过程的质量保证体系、关键件全球采购，外购件与外协件的严格验收体系，产品售后服务跟踪反馈体系，制定产品储运过程的防尘、防锈、防震、防变形规章，产品安全操作维护保养规章，产品大修理规程与试验大纲，产品故障分析与报废标准，例如，钻机的报废条件宏观上约定为

① 钻机使用到一次大修前的总维修费用与新购置钻机的费用相当。

② 一次大修费超过钻机原价的 50%。

③ 大修后钻机的性能不能满足钻井工艺要求。

5 可靠性评定——在用钻机可靠性考核评定

5.1 机械产品可靠性评定的目的和内容

(1) 考核和鉴定可靠性设计的合理性；储备件及冗余设计的合理性；可靠性分配的合理性；可靠性试验的经济合理性；选材及工艺设计的合理性。

(2) 对于大量生产的产品在评定时进行抽样试验，抽取批量的 1/10(至少 3 台)，在样机上安装计时器，进行不少于 10 000 h 的寿命试验，积累可靠性数据，如，试验运行时间，工况与载荷，故障模式与发生时间，维修时间及经费等。

(3) 对于石油钻机小批量或单件生产的产品，只能作部件的有限截尾寿命试验，当未试出故障 $r = 0$ 时，$MTBF = k\sum t$，$k = 1.5 \sim 3.0$，经济实用的评定试验方法就是对在用钻机进行现场跟踪考核，优选可靠性评定指标，在实际工况下，记录故障模式，建立故障信息档案，对薄弱环节，如，轴承、密封件、电控元器件等进行故障树 FTA 和故障危害度 FMECA 的分析。

(4) 可靠性评定和分析方法有经典置信区间法，模拟试验法，蒙特卡罗法，小样本贝叶斯法，现场数据分析法等。

(5) 钻机可靠性评定指标是按照在用钻机的评定需要与可能，优选 5 个评定指标(特征量)，见表 5，给出其额定值、供参考，对于钻机中的易损件或不可修复件另选一指标 $MTTF$ 作为辅助指标。

表 5　钻机可靠性评定指标

序号	指　　标	额　定　值	钻机部件
1	可靠度 R	0.99～0.999	井架底座＞60 000 h 柴油机大修期 10 000～15 000 h 柴油机全寿命周期 20 000～30 000 h 钻机主机大修周期 10 a 全寿命周期 15 a 大钩吊环吊卡每 2～3 a 探伤检修 1 次
2	故障率 λ	0.001～0.01	
3	平均故障间隔工作时间 $MTBF$	＞15 000 h	
4	维修时间 $MTTR$	＜10 h	
5	使用有效度 A_0	0.95～0.98	
失效前平均工作时间 $MTTF$		100～2 000 h	钻井泵活塞、阀组件 400 h 双金属缸套 1 000～1 500 h 振动筛网 150～200 h 螺杆钻具螺杆副 100 h 闸板防喷器开关 356 次(1 次/周) 剪切闸板工作 7～8 次

列表分别对在用钻机部机的 5 项指标进行考核。如，绞车、天车、游钩、转盘、水龙头、顶驱、钻井泵、柴油机、电机、电控箱、齿轮减速箱、链传动箱、液力变矩器、盘式刹车、电磁刹车等。

列表分别对系列在用钻机主机的 λ、$MTBF$、A_0、大修周期 T_r 等 4 项指标进行考核，如，ZJ20,30,40,50,70 型机，各种类型 L,DZ,DB,DL 及 ZJ32、45、F320 型改造等。

5.2　故障分析

(1) 故障树分析。故障树是一种特殊的倒立树状逻辑因果关系图，目的是寻求导致顶端故障事件的所有故障模式(如，破坏形、退化形、衰退形、失调形等)和发生原因，如图 2 所示。

(2) 故障危害度分析(见表 6)。故障危害度评比总分，可用 3 类分值相加或相乘，推荐用方根法，即

$$\omega = \sqrt{\omega_1^2 + \omega_2^2 + \omega_3^2}$$

$\omega \in (1.4, 12.9)$：当 $1.4 < \omega < 5$ 时，轻微危害度，该故障零部件基本可用；当 $5 < \omega < 7.8$ 时，中等危害度，该故障零部件需修改设计并进行可靠性增长试验；当 $7.8 < \omega < 12.9$ 时，高危害度，该故障零部件为不合格产品，从原理方案到结构需全部修改设计，进行可靠性概率设计及可靠性试验。

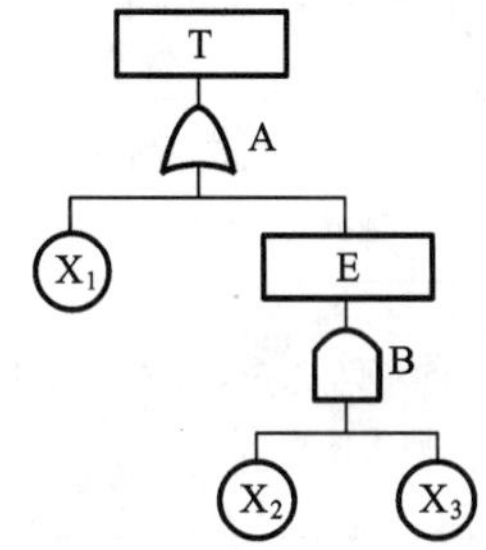

图 2　故意树示例

T—顶事件(结果事件)；
E—中间事件(子树结果事件)；
X—底事件(原因事件)；
A—或门(至少一个输入事件发生才输出)；
B—与门(所有输入事件发生才输出)

表 6 故障危害度

类别	等级	特征	判据	评分 ω
故障严重程度	Ⅰ Ⅱ Ⅲ Ⅳ	轻微 一般 严重 致命	几乎不影响系统功能，不停机可排除 丧失部分功能，需停机修理，可较快修复 整机功能完全丧失，停机修复难度大，可能危及人身安全 整机严重损坏甚至报废，或导致人员伤亡	1 2～4 5～6 9～10
故障发生频率	Ⅰ Ⅱ Ⅲ Ⅳ	几乎不发生 可能发生 经常发生 频繁发生	5 a 以上才有可能发生，$<10^{-5}$ 1/h 1～5 a 有可能发生，$(10^{-5}\sim10^{-4})$1/h 1～5 个月可能发生，$(1\times10^{-3}\sim4\times10^{-3})$l/h 1～2 周可能发生，$(2\times10^{-2}\sim4\times10^{-2})$l/h	0.7 1～2 3～4 5～7
担风险易检度及故障预防难易程度	Ⅰ Ⅱ Ⅲ Ⅳ	极易 容易 不易 极难	外表缺陷，明显易见 外表缺陷，不需拆卸，容易观测到，易预防 内部缺陷，极细裂纹，必须拆卸，用仪器检测，较难预防 缺陷查不出的概率很高，发展快，必须拆卸，用仪器检测，突发性故障很难预防	0.7 1～2 2～3 3～4

5.3 在用钻机严重致命故障实例(见表 7)

表 7 在用钻机故障分析

故障零部件	故障模式及危害度	故障原因分析
机械驱动钻机主机	动力不足，起升速度过低，当泵组满载时，转盘动力不足，柴油机耗油严重超标$(13\times10^3\sim15\times10^3$ kg/月)	1. 钻机动力配备不足 2. 变矩器效率过低 $\eta_{max}<0.8$，工作点常在低效区 3. 柴油机常在轻载下，高耗油区工作 4. 柴油机燃油、冷却、润滑等系统故障
钻机底座平行四边形立柱	在国外钻井起升底座过程中，立柱弹塑性变形、互相干涉碰撞，停修 1 个月，损失严重	1. 设计预留间隙过小，刚度差 2. 底橇工字梁顶板刚度不足、立柱转轴支座变位 3. 起升过程底座两侧负载不匀
井架大腿与钻台	当钻机出厂试验时，起升过程中，二者发生干涉碰撞、拆卸整改	设计错误
绞车刹车	刹车失灵、顿钻、转盘损坏、钻柱落井、井报废、损失惨重	1. 刹车鼓漏水，发烧变形(烧红) 2. 刹车副浸油水，制动力矩不足 3. 刹车杠杆、轴、刹带断裂
防碰天车装置	气控系统失灵，操作失控，上碰天车，下砸转盘，机毁人伤	1. 气控管路堵、漏 2. 防碰阀损坏，限位开关损坏
快绳、游绳	钢丝绳变形断丝，绳断裂，危害程度同上栏一样严重	1. 绞车滚筒缠绳乱，绳挤扁且刮伤 2. 绳径与滑轮槽径不一致 3. 检查疏漏，倒绳不及时
柴油机-发电机组	国产机组在国外钻井过程中，柴油机联轴器轴头断裂，停机换新机 1 个月，损失严重	1. 动平衡不良 2. 轴承损坏，轴过热强度降低

续表 7

故障零部件	故障模式及危害度	故障原因分析
直流电动机	烧毁	1. 制动器故障、长时间堵转,电流超限 2. 转向器导电不良、缺相 3. 绝缘不良或老化,短路
电控系统	接触器频繁烧毁多台,停机换新	1. 过电流、过电压保护系统失灵 2. 器件固有可靠性差
井控系统	防喷器闸板卡死,液控系统堵漏失控,井喷着火,机毁人伤	1. 系统固有可靠性不高 2. 疏于检查就试运转 3. 意外情况,防喷器压力等级不够 4. 未装设剪切闸板及内防喷阀

28. 我国钻井装备的技术进展
——系列专题之五

【论文题名】 我国钻井装备的技术进展——系列专题之五

【期 刊 名】 石油矿场机械,2004 年第 33 卷第 6 期

【摘　　要】 文章回顾了我国钻井装备的发展历程,列举了六大钻机制造公司(厂)的产品及其主要性能,重点介绍了交流变频电动钻机、液压盘式刹车、顶部驱动钻井装置和单轴绞车等方面的技术进展、钻井工艺要求和装备组成。说明我国钻机制造业在“九五”期间已经奠定了坚实的基础,预期在“十五”期间及其以后必将在与国际接轨方面取得重大突破。

【关 键 词】 石油钻机　交流变频电动钻机　液压盘式刹车　顶部驱动钻井装置

【Abstract】 In this thesis the advance course of our country drilling equipment was reviewed. The products of six major drilling rig manufacture Co. were enumerated. Introduction is given for the technical advance of VFD electrical drilling rigs, hydraulic disc brakes, top drive drilling sets and single shaft draw works etc. Such as their requirements of drilling technology and constructional compositions. All shows that the solid fundamental was built-ed up of drilling rigs developments during the “ninth five” period. We hope that it must be gained the major break-through on the joint with international technology during the“ tenth five” period and the near future.

【Key words】 oil drilling rig; VFD electrical drilling rig; hydraulic disc brakes; top drilling set

1　概　　述

1.1　市场与战略

在党中央“三个代表”和十六大精神的指导下,我国油气工业“九五”以来取得了长足发展,面对加入 WTO 和经济全球化,中油集团公司提出技术创新战略、低成本战略、市场营销战略和跨国经营战略。为此,中油物资装备总公司自 1957 年以来开展了钻井装备更新改造工程,至今淘汰老化钻机 400 套,自主研发新钻机近 300 套,其中 50%是缺挡的轻型钻机(以南阳和江汉的 2 个石油机械厂为主),30%为全新的电动钻机,研发顶驱 10 套。

中油长城钻井公司在国外 20 多个国家承包钻井修井任务,主要有加拿大、哈萨克斯坦、阿联酋、委内瑞拉、埃及、苏丹等国,所配备钻机 100 台套,主力有 20K、30K、40L,500(DB),700(DB)。中油技术开发公司向 54 个国家出口技术装备 3 亿美元,其中钻机修井机成套装备近 2 亿美元。

全国 6 大钻机制造总装公司和 200 个配套厂,形成年产 100 台套钻机的规模,近年目标是生产各型新钻机 300 台套(100 台套供出口),顶驱 100 台。但是应看到,虽然国产

新型钻井装备的性能接近国际水平，但制造质量和可靠性差，故障率高，还远不能满足国内外钻井任务的需求，加强基础机件和电控器件的攻关，提高装备可靠性的任务还任重而道远。

1.2 历史的回顾(见表1)

表1 我国钻井装备发展的三个阶段

发展阶段	特 点	标志性产品	其 他
第一阶段 20世纪50～70年代	引进和仿制前苏联机动钻机，皮带并车，联合驱动	1. By-40型1 200 m钻机，y-5Д，ZJ1-130型，大庆Ⅰ、Ⅱ型钻机 2. 开式绞车，水刹车 3. y8-3、2NB-600型双缸双作用泥浆泵	塔形井架
第二阶段 20世纪80年代至1995年	引进美国NSCO1320钻机，半仿半自主研发ZJ45钻机，液力变矩器，链条并车联合驱动，单机泵组，分组驱动钻机	1. ZJ45、ZJ32L、ZJ60L型钻机 2. 密闭绞车，电磁刹车 3. 3NB、F系列三缸单作用钻井泵	A形井架 K形井架 引进顶驱
第三阶段 1997年至2004年	引进和消化国际先进技术(美、法、德等)，独立自主研发电动钻机	1. 40、50、70DZ、DB型电动钻机，智能化钻机 2. 齿轮单轴绞车、盘刹、能耗制动 3. 顶驱	双升、旋升井架底座，轻型钻机

1.3 我国钻井装备发展趋向

(1) 电动钻机交变化。
(2) 盘刹送钻一体化。
(3) 顶部驱动轻便化。
(4) 电动绞车单轴化。
(5) 钻井泵组高压化。
(6) 井架底座多样化。
(7) 井控装置系列化。
(8) 数控钻机智能化。

1.4 各公司钻机产品及其特性(见表2、表3)

2 电动钻机

2.1 各种电动钻机第一台套生产年份(见表4)

图1为ZJ60DS型沙漠钻机及其传动方案；图2为ZJ50DB型交流变频电动钻机平面、立面布置图及其传动方案，ZJ70DB型钻机和它类似。2004年，宝石厂和兰石厂都研制ZJ90DZ钻机，至今我国已生产各型电动钻机150台套。

表 2　石油机械公司及其产品

产品型号	15J 15L	15 JD	20J 20K 20L 20CZ	20 DB	20 JD	30J 30K 30L 30CZ	30 CT	30 DB	30 JD	40J 40L 40LC	40 DZ (40D)	40 DB	40JD 40LD	50J 50L	50 DZ (50D)	50 DB	50 LD	60L	60 DZ (60D)	60 DS 70L	70 DZ (70D)	70 DB	70 LD	90 DZ
南阳 石油机械厂			√	√		√	√	√	√	√														
江汉 石油机械厂			√			√																		
宝鸡 石油机械厂	√	√	√	√				√	√	√	√	√	√		√				√		√			√
兰石-国民 油井公司			√			√		√	√		√	√	√	√					√	√	√		√	√
川油广汉 宏华有限 公司	√		√		√	√	√	√		√		√	√	√	√	√	√	√	√	√	√	√	√	
上海三高 石油设备 有限公司										√	√	√	√	√	√	√	√			√	√	√	√	

注:J—V带并车;L—链条并车;C—齿轮传动、车装;Z—自行式;K—块装;T—拖挂式;D、DZ—直流电动;此外还有中原机制总厂、胜利工程机械总厂钻机厂、吉林重机厂、辽河钻进二公司等厂生产少量型号钻机。

表 3 各级钻机的基本特性

钻机型号	名义钻探/m(127/114 mm钻杆)	最大钩载/kN(非标)	绞车			井架		底座		转盘		泵组台数×功率/kW(hp)	主发动机，台数×型号	传动型式	主机造价/万元
			输入功率/kW(非标)	挡数	主刹车+辅助刹车	型式	高度/m	型式	高度/m(净空)	开口直径/mm	挡数				
ZJ15	1 100/1 500	90 (1 000)	257 (250)	3+1R	带	K 套装	21～31	车块	3.6 (2.0)	445.0	3+1R	2×368 (2×500)	2×CAT 3406	柴+Alli	450～550
ZJ20	1 500/2 000	1 350 (1 580)	350 400	CLDB 5961 5+1R DB,2 无级	带+ETN 224	K 套装	32～35	车 12×8 块	4.5 (3.7)	445.0	5+5R	2×588 (2×800) 2×735 (2×1 000)	2×CAT 3406 2×CAT 3408	柴+Alli DZ DB	600～700
ZJ30	2 500/3 000	1 700 (1 800)	480 550	4+1R 5+1R DB,2 无级	带+ETN 324 盘+电磁	K 套装	35～41	车 14×8 块拖	5.0(4.0) ～ 6.0(4.5)	520.0 698.5	5+5R 4+1R DB,2	2×735 (2×1 000) 2×956 (2×1 300)	2×CAT 3408 2×CAT 3412	柴+Alli 柴+液+链 DZ DB	800～1 000 DB;1 600
ZJ40	3 200/4 000	2 250 (2 500)	735 (970)	5+1R 4 无级 DB,2、1 无级	带+ETN 324 盘+电磁 盘+能耗	K	35～43	拖 旋升	6.0 (4.5)	520.0 698.5	5+5R 4+2R DB,2	2×956 (2×1 300)	2×CAT 3412	同 30	1 000～1 200 DB; 2 000～2 500
ZJ50	4 500/5 000	3 150	1 100 (1 600)	4+2R 6+2R 4 无级 DB,1 无级	盘+电磁 盘+能耗	K	43～45	旋升	7.5 (6.45) 9.0 (7.58)	952.5	2+2R 4+2R DB,1,2	2×1 176 (2×1 600)	3×CAT 3512	柴+液+链 DZ DB	1 500 DB; 3 000～4 000
ZJ70	6 000/7 000	4 500 (4 410)	1 470 (1 600)	4+2R 6+2R DB,1 无级	盘+ETN 盘+能耗	K	45～46	旋升	9.0 (7.58)	952.5	DB,1,2	3×1 176 (3×1 600)	4×CAT 3512	柴+液+链 DZ DB	2 500 DB; 4 500～6 000
ZJ90	6 000/9 000	6 800	2 210	4+2R 6+2R DB,1 无级	盘+ETN 盘+能耗	K	46～50	旋升	10.5 (8.75)	952.5 1 257.3	DB,1,2	3×1 176 (3×1 600) 2×1 617 (2×2 200)	4×CAT 3512	柴+液+链 DZ DB	3 500 DB; 6 000～7 000

注：带—带式刹车；盘—盘式刹车；电磁—电磁涡流刹车；能耗—能耗制动；车—车装；块—块装；拖—拖挂式；泵—钻井泵(泥浆泵)；柴—柴油机；液—液力变矩器；链—链条并车。

表 4　各种电动钻机第一台套生产年份及生产厂

年份	第一台类型	生产厂、公司	机　型	用户
1962	AC—AC	太原矿山机械厂 上海第一石油机械厂	By40(R-1 200)	大庆油田
1980	DC—DC	宝鸡石油机械厂(以下简称宝石厂)	DZ-200(5 000 m)	大庆油田
1986	AC—SCR—DC	兰州石油化工机器总厂(以下简称兰石厂)	ZJ60D(70DZ)	胜利油田
1987	AC—SCR—DC	兰石厂	ZJ45DC(丛式井,50DZ)	中原油田
1993	AC—SCR—DC	兰石厂	ZJ60DS(沙漠钻机,70DZ)	塔里木油田
1996	AC—VFD—AC	宝石厂	ZJ40DB	辽河油田
1998	AC—SCR—DC	宝石厂、兰石厂	ZJ50D、ZJ70D(DZ)	四川、 新疆油田
2000	AC—VFD—AC	川油广汉宏华有限公司	ZJ40DBS 数字化、智能化、 信息化、能耗制动、自动送钻	川中油田
2003	AC—SCR—DC	上海三高石油设备有限公司 (以下简称三高公司)	ZJ40DZ,SCR 能耗制动	中原油田

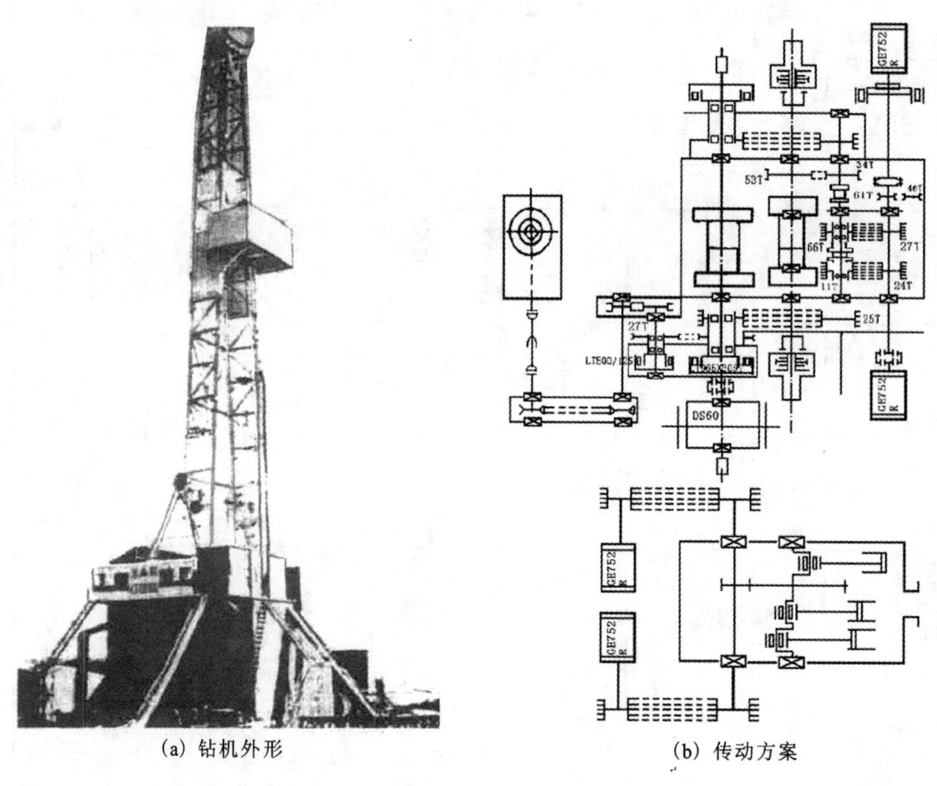

(a) 钻机外形　　(b) 传动方案

图 1　ZJ60DS 型钻机

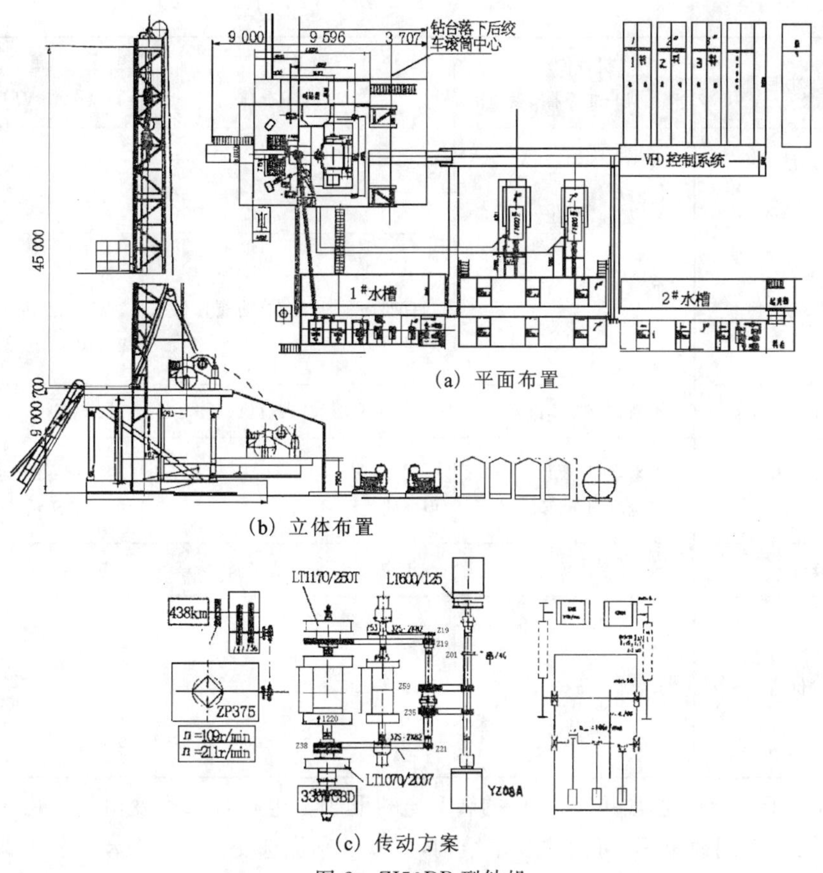

(a) 平面布置

(b) 立体布置

(c) 传动方案

图 2　ZJ50DB 型钻机

2.2　钻机的驱动传动型式对比(见表 5)

表 5　机械传动钻机与 SCR 和 VFD 驱动钻机性能对比

序号	性能	机械传动 柴油机+变矩器+变速机	电驱动 AC—SCR—DC	电驱动 AC—VFD—AC
1	先进性	不能带载启动,需用摩擦离合器	可频繁带载启动,冲击适应性强,有过载保护性能	同 SCR
	调速范围 $R=\frac{n_{max}}{n_e}$	无级,绞车 4~6 挡	无级,恒扭矩(0~100%)n_e,恒功率 R=1.2~1.2,绞车 4 挡	无级、恒扭矩(0~100%)n_e,恒功率 R=1.5~2.88,绞车 2~1 挡
	超载倍数 $K=\frac{M_{max}}{M_e}$	1.5~2.0 需机械降速增矩	1.5~2.0 可 0 r/min 实现 M_{max},静悬最大钩载,处理事故能力强	1.5~2.5 同 SCR
2	节能性 传动效率 η 功率利用率 Φ 功率因数 $\cos\varphi$	<0.6 90% —	0.85~0.90 95%~98% 0.55~0.70	0.95~0.97 100% 0.95~1.00

续表 5

序号	性能	机械传动 柴油机＋变矩器＋变速机	电驱动 AC—SCR—DC	电驱动 AC—VFD—AC
3	可靠性 R 故障率 λ(限额)	低 ＜3%	高 ＜1%	很高 ＜0.5%(数字化器件)
4	安全性	低 机械式防碰装置	中 有变向器火花，要防爆，H 级电子司钻防碰	高 无火花，可降低防爆等级，(IP54)电子司钻防碰
5	装卸运移性	不高、费时、车次多	高、独立驱动、大模块、车次少	同 SCR
6	可控性和自动化难易性	不易，转盘要设倒挡，只能用电磁刹车、ETN	较易，四象限运行，能耗制动，但回路复杂	易，四象限运行，能耗制动，自动送钻，智能化
7	维修性	难	较易、要经常清洁炭刷	免维护
8	相对价格	1.0	1.4～1.5	1.7～1.8 (70DB 型钻机，国产为 5 000 万～6 000万元，引进为 1 000 万美元)

由表 5，出于安全性考虑，位于井口的转盘电机和顶驱电机优选交变电机。由于交变电机具有较宽的恒功率调速范围，可简化绞车结构，所以绞车优选交变电机驱动。钻井泵电机 2 种电机皆可选，所以总的发展方向是“电动钻机交变化”。

另一方面，VFD 传动缺点之一就是高次谐波电流干扰严重，致使电机的铜耗铁耗增加，电机发热，低速运转时无功功率增加，功率因数降低。为了降低其影响，必须配置高价的电抗器和屏蔽电缆等，因此有的开发商仍喜欢 SCR 驱动钻机。

2.3 电驱动钻机供电方式(见图 3)

(1) SCR“一对一”它励直流电机，MCC 取自交流母线。

(2) VFD，交流母线—变频器—交变电机，在 SCR 与逆变器之间可用直流电，自动送钻小交变电机能耗制动，绞车与泵电机通过接触器可切换互济。

(3) VFD，交流母线—大功率 SCR(二者之一热备份)—直流母线—逆变器—交变电机，目前这种供电方式应用最广。

2.4 电动机及电控器件

国产电动钻机的电控器件 SCR、VFD、接触器、PLC 等早期选用 RossHill、IPS、ALSTOM 等公司产品，近年来，多选用 SIEMEMS、Abb、GE 公司的产品。SIEMENS 公司的 VFD 属于速度传感器磁场定向矢量控制方式，Abb 公司则属于直接转矩控制方式。主要配套厂有天水电气传动研究所、西安石油仪器总厂、川油天翔电传公司、天津瑞灵公司等。

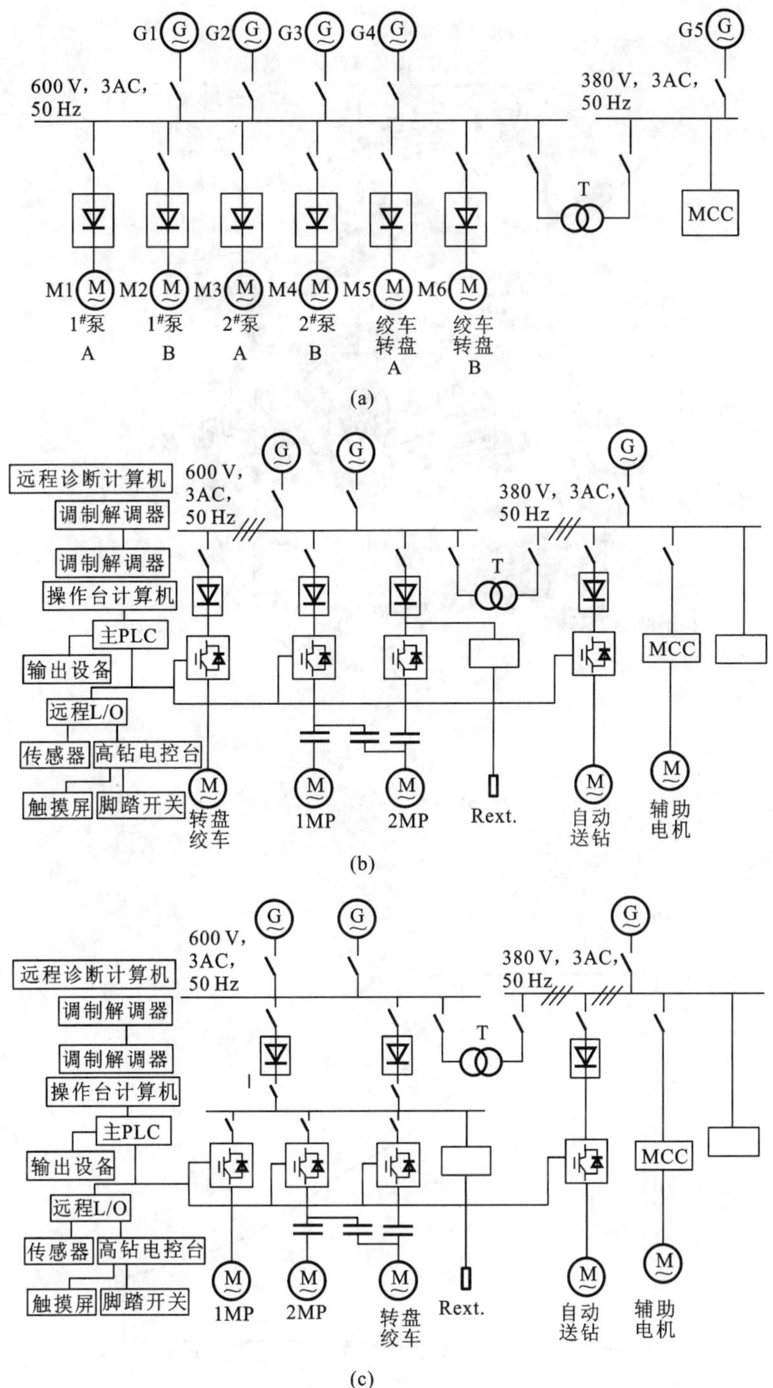

图 3　3 种供电方式

美国 GE 公司从 1955 年开始生产 GE752 型直流电动机，1972 年启用 SCR，1988 年生产高扭矩钻井电动机，1997 年生产交流变频电动机。GE 系列电机的结构与外特性如图 4、图 5 所示。永济电机厂引进 GE 技术，生产系列直流和交流钻井电动机，见表 6，表中各电动机尺寸完全互换。

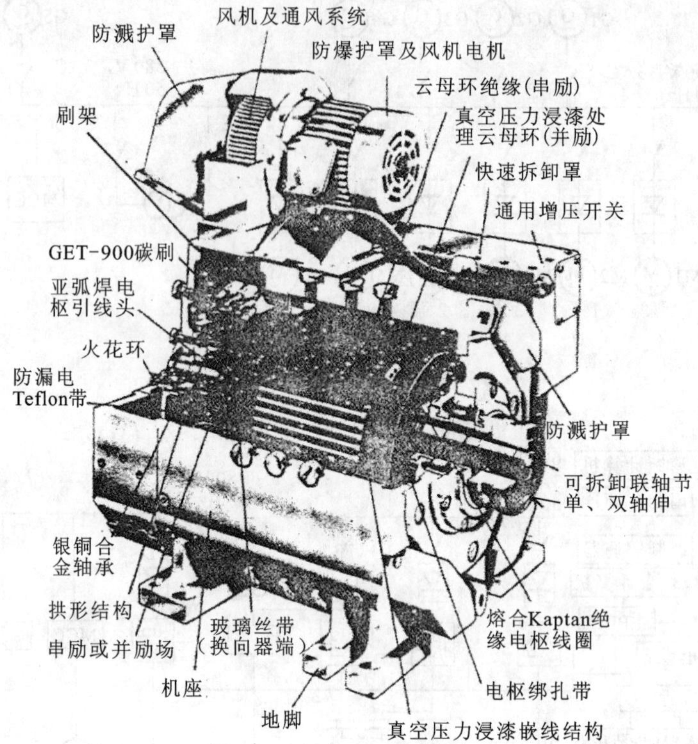

图 4　GE 系列(永济 YZYJ 系列)电动机结构

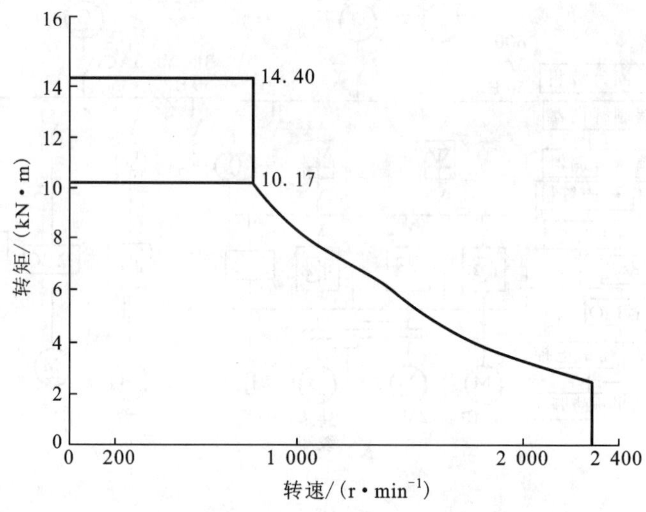

图 5　GE 系列电动机外特性

表 6　GE 和永济系列电动机部分特性

	机　型	持续功率 /kW(hp)	间歇功率 绞车功率 /kW(hp)	额定 转速 /(r·min⁻¹)	恒功率最 高转速 /(r·min⁻¹)	额定 扭矩 /(kN·m)	额定 电压 /V	额定电流 /A
直流	GE752US2 高扭矩钻井电机，它励	800(1 085)	1 000(1 365)	1 040		7.8	750	1 250
	GE752ARB3 高扭矩钻井电机，串励	800(1 085)	975(1 320)	965	1 140	8.15	750	1 150
	永济 YZ08，08A，08D，串励	80091 085)		970	1 200～1 500	8.15	750	1 150
	永济 YZ08F，它励	800(1 085)		1 080		7.80	750	1 250
交流变频	GEB-22-AlAC 钻井电机	845(1 150)	1 030(1 400)	800	1 500～2 300	10.20	600	800～1 100
	永济 YJ13，YJ13A	800		660	1 060	11.50	750	1 066
	YJ14，YJ14A，YJ15，YJ15A	400		660	1 060	5.85	750	533
	YJ23	600		660	1 060	8.70	600	715
	YJ31	800		600	1 400	11.50	600	830
	YJ31G	970		600	1 400	11.50	600	830
	YJ31A，13G	1 100		1 100				
	YJ35A	550		780	1 870			

2.5　电动机 *M-n* 特性及其调速运行

直流、交变电机的 *M-n* 特性曲线如图 6 所示，当 $n_d < n_e$ 时为恒扭矩段，当 $n_d > n_e$ 时为恒功率段。

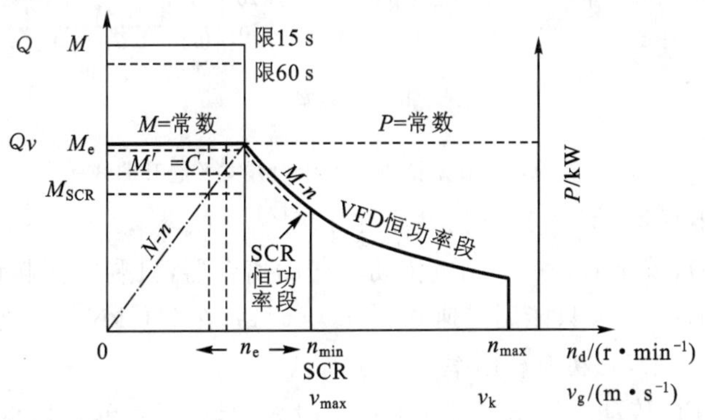

图 6　电动机 *M-n* 特性及调速特性曲线

(1) 绞车运行。在恒功率段，当起钻时，Q 变小，v 增加，$Qv=P=$常数，自动无级变速，功率利用率$=100\%$；当要求 $v_g=0.5\sim1.5$ m/s 时，其调速范围 $R_g=3$。而直流电动机的恒功率调速范围 $R'=1.2$(如，GE752-ARB3)，则 $1.2^K=3$，绞车要配变速挡数 $K=6$，当 $R'=1.3$ 时，$K\approx4$。当用交变电机 YZ13 时，其 $R=1.6$，$1.6^K=3$，$K=2.4$，有 2 种可能的配置，一种为绞车配 4 挡，其中Ⅰ挡为事故挡，起钻用后Ⅲ挡；另一种为绞车配 2 挡，其中Ⅰ挡为事故挡，用Ⅱ挡起钻。

图 7 为兰石厂 ZJ40DB 型钻机的传动方案及起升曲线，图 7(a)为 4 挡方案，图 7(b)为 2 挡方案，交变电机的恒功率调速范围 $R=1.6$。

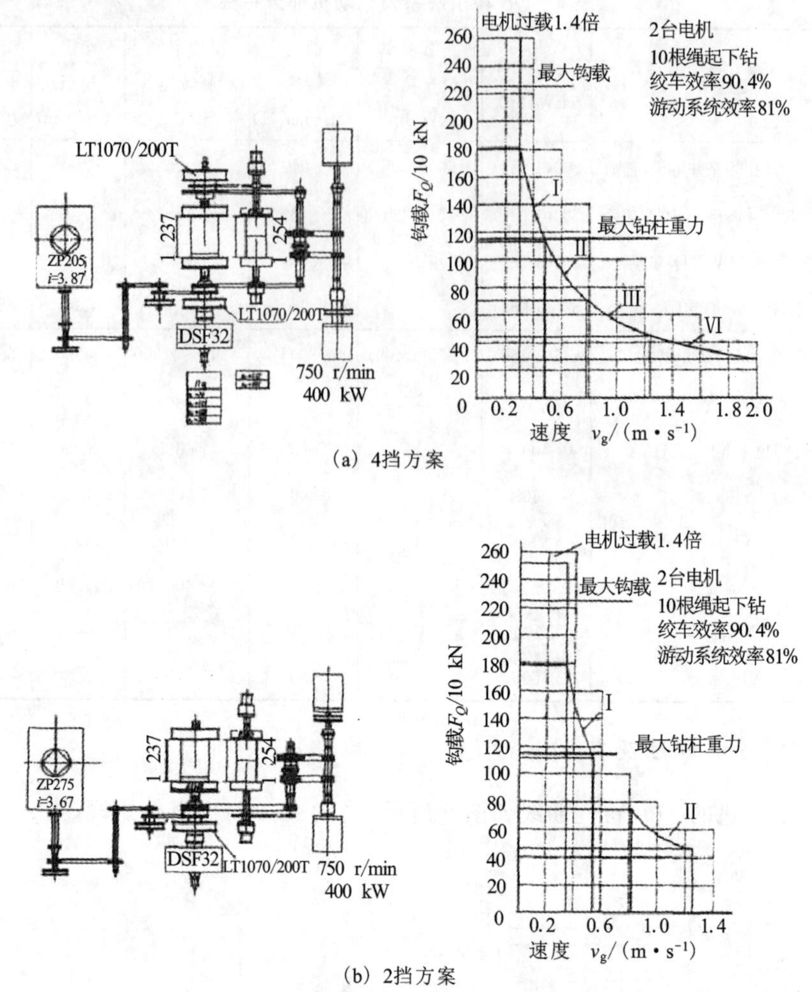

(a) 4挡方案

(b) 2挡方案

图 7　ZJ40DB 型钻机 2 种传动方案及起升曲线

由方案(a),绞车有 2×2=4 挡,用Ⅱ,Ⅲ,Ⅳ挡起钻。可得 v_g=0.5～2 m/s,其功率利用率=100%。由方案(b),绞车简化掉一副链传动和气胎离合器,只剩两挡起钻,起升曲线有 1 个缺口,钩载在 750～1 150 kN 只能用定速 0.54 m/s 起钻,在 750 kN 以下才能用恒功率无级变速 0.82～1.25 m/s 起钻,总功率利用率=85%。

无论 SCR 或 VFD 传动的绞车都可在恒扭矩段人为调速运行,如以低速起钻防止抽汲诱喷,以低速起升水平安装的井架,以 M_{max} 处理井下事故等。

(2) 电动转盘的运行。当转盘用直流电机拖动时,基本在恒扭矩段内调速工作,在电机的额定扭矩以下设两重安全保护限制,转盘传动装置强度限制和 SCR 电控设备保护限制,$M_{SCRx}<M_{px}<M_e$。在 M_{SCRx} 以下,转盘可以人为调节任意低的转速(如图 6 中 $n<n_e$ 的虚线所示),以克服不同井深地层的钻井扭矩。当转盘用交变电机拖动时,它即可在恒扭矩段内调速工作,也可在恒功率段内调速工作,但不能按恒功率自动调速。这是因为钻井地层的变化是无规律的,不按转速越高扭矩越小的恒功率规律变化,即高速下扭矩不能超过恒功率曲线的局限,只能人为调节在实际钻井扭矩下一定高的转速。

(3) 电动钻井泵的运行。从延长泵的易损件寿命考虑,泵速应小于实用额定泵速(80%

n_e)，即泵应在恒扭矩段内人为调速使用，因此，电动单机泵组没有必要用 VFD 驱动。

2.6 复合驱动钻机

电动钻机虽然性能优越，但其造价过高，由此出现了价格居中的机-电复合驱动钻机，一时颇为流行，但从管理维修上看它比较复杂，当电动钻机的电控器件、电缆等国产化降价后，这种过渡产品必然被淘汰。机—电复合驱动钻机主要有 2 种类型。

(1) 转盘 VFD 单独驱动，后台低位绞车与泵组合机械驱动，同时带一交流发电机。这一方案是解决动力上钻台难、链和万向轴角传动复杂且不可靠而产生的，目前这种类型最多。

(2) 平行四边形底座，绞车与转盘组合上高台，VFD 驱动，可配单轴绞车，配单独发电站，后台配柴油机单机泵组。另一种方案是 2 台泵联动同时带 2 台发电机，该方案过于复杂且不易管理维护。这种类型适用于钻丛式井。

此外，天水电传所正在开发一种 VFD—SCR 复合驱动钻机，绞车—转盘在高台用 VFD 驱动，后台泵组用 SCR 驱动，其电机动力取自图 3(c)中直流母线。这种方案可比全 VFD 方案节省投资 200 万元。

3 单轴单速 VFD 电动绞车

基于交流变频电机的宽恒功率调速范围，它拖动的绞车可实现单速单轴，结构大为简化，尺寸与质量减少 40%，起升速度提高 25%～40%，整个起升过程随钩载递减，起升速度自动调高，不必换挡，绞车及其传动安装在一个大模块撬座上整体运移。图 8 为 ZJ50DB 型钻机的单轴绞车及其传动方案，2 台交变电机通过 1 台两级正齿轮减速箱驱动绞车滚筒轴进行起升作业，下钻时滚筒轴拖动电机，在再生发电状态下进行能耗制动，电阻器 6×400 kW，绞车滚筒轴右端连接主刹车，配 ETN 刹车或液压盘式刹车。摘开两电机之间的推盘离合器，单个电机通过两级链减速箱及角传动万向轴而驱动转盘，后台配备 2 台单电机泵。此外，可用单电机分别

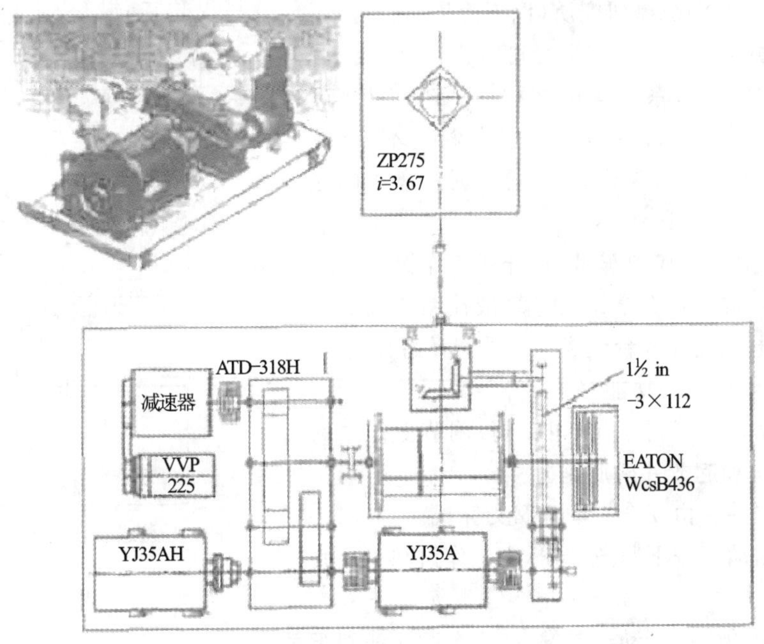

图 8 电动单轴绞车及转盘传动

以各自合适的参数驱动绞车、转盘和单电机泵进行正倒划眼作业。电动钻机的自动送钻装置依靠 1 台 37～45kW 小电机进行能耗制动来完成，小电机通过 1 台大减速比摆线针轮减速器与两级齿轮减速箱相连接，该小电机也可用作应急提升电机。

为了省略掉原绞车的猫头轴和摩擦猫头，方便上卸钻杆接头作业，钻机配备气液钻杆钳，液压猫头和液压小绞车等。单轴单速绞车的特殊问题——功率配置。

(1) ZJ50/3150DB 型钻机的绞车额定输入功率为 1 100 kW(1 500 hp)，配 2 台各为 550 kW 的 YJ35A 型交变电机，其恒功率调速范围 $R=2.4$，I 挡起升的最大钻柱重力为 1 600 kN，绞车到大钩的传动效率 $\eta=0.98^3\times0.99^4\times0.81=0.73$，则 $v_1=0.5$ m/s，$v_k=1.2$ m/s。

(2) 如认为起升轻载及空吊卡速度 v_k 太慢，要求 $v_k=1.5$ m/s 或以上，则必须打破常规标准，提高绞车输入功率配置提高起升速度。

换用每台 800 kW 的 YJ31 型交变电机，其恒功率调速范围 $R=2.33$，$v_1=0.73$ m/s，$v_k=1.7$ m/s，钻机处理事故的瞬时扭矩提高 2.18 倍。

(3) 换用 GEB-22-A1 型交变电机，每台 845 kW，恒功率调速范围 $R=2.88$。

同样，$v_1=0.77$ m/s，$v_k=2.2$ m/s，实际使用可在 0～0.77 m/s 之间人为无级调节任意速度，在 0.77～2.2 m/s 之间自动无级恒功率变速。为了安全，也可将 v_k 限为 1.5 m/s。

总之，单轴单速绞车要配置尽量宽的恒功率调速范围的交变电机，应配备比绞车标准要求值高 25%～45%的输入功率。

4 液压盘式刹车——自动送钻一体化

4.1 液压盘式刹车

液压盘式刹车取代带式刹车，1985 年首先使用在美国 IRI Franks 300 系列修井机上。我国 1986 年首先由石油大学(华东)在通井机上成功应用，1994 年北京石油机械研究所(以下简称北石所)研发 PS 系列盘式刹车(以下简称盘刹)，1988 年石油大学(北京)研发 SY-PS 系列盘刹，2 种产品至今已生产百余台套，并开始出口。国产 70 级盘刹成本 60 万元，而从美国NOV公司购买需 45 美万元。盘刹的原理及外观如图 9～图 10 所示。

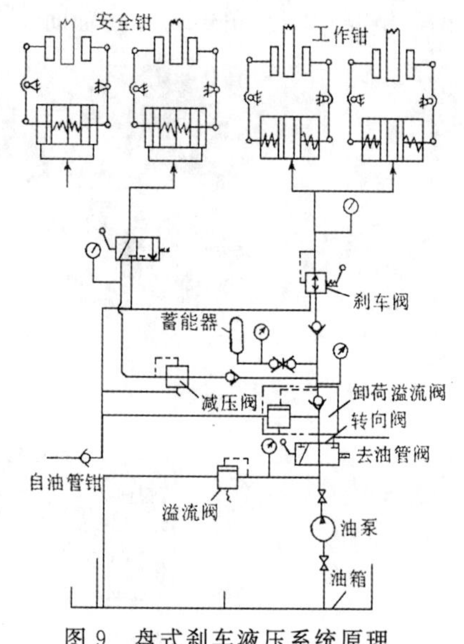

图 9　盘式刹车液压系统原理

盘式刹车由水冷式刹车盘、常开式工作钳(液缸、钳臂、刹车块)、常闭式安全钳、钳架、液控系统及液压源、液控式或电控式控制台组成。其功能及特性为：

(1) 具有 4 种制动功能。

① 工作制动。用刹车阀(司钻阀)调节工作钳的油压，下钻刹止和起放井架底座。

② 驻车制动。由安全钳的碟簧力完成。

③ 紧急制动。按下紧急按钮，由工作钳和安全钳同时合力完成。

④ 防碰制动。由气动过阀发令，安全阀泄油刹车完成。

(2) 制动力矩储备容量大，可靠性高。

图 10 2 种国产盘式刹车外观

(3) 刹车力非线性微调特性,送钻灵敏平稳。

(4) 刹车副间隙无级调节,更换刹车块便捷。

(5) 冗余安全设计。

① 两刹车盘双回路独立控制。

② 当失电时,蓄能器油压足够刹车 6～8 次。

③ 失电时可用气马达带动油泵。

④ 液压源有双油泵配置。

(6) 优质刹车盘及刹车块,散热性及热稳定性好,耐磨、寿命长。

(7) 控制台可液控或电控(无气液管路),可遥控。

(8) 具有自动送钻接口,易实现盘刹—自动送钻一体化。

表 7 给出中国石油大学-北京普世科石油机械新技术有限公司的产品性能介绍。

表 7　中国石油大学-北京普世科盘刹性能(双刹车盘)

型　号	SY-PS-1650/720	SY-PS-1500/480	SY-PS-1400/384	SY-PS-1250/224
适配钻机	ZJ70	ZJ50	ZJ40	ZJ30
额定总正压力/kN	720	480	384	224
额定刹车力矩/(kN·m)	180	120	90	65
刹车盘直径/mm	ϕ1 650	ϕ1 500	ϕ1 400	ϕ1 250
开式工作钳/副	6	4	4	2
闭式安全钳/副	2	2	2	1
额定液压/MPa	8	8	8	8

中国石油勘探开发研究院机械研究所研发的 PS-90,75,65,50 系列盘刹分别适配 ZJ90、ZJ70 及 ZJ50、ZJ40 及 ZJ30 型钻机、修井和通井机。

此外,还有部分绞车只配常闭式工作钳;部分绞车在滚筒轴轴承外一侧装置单或双盘盘刹。

4.2　盘刹-自动送钻装置

图 11 为盘刹-自动送钻闭环控制系统的组成原理,提取死绳传感器的当前实际钻压信号,经液电转换,输入到专用控制器中,与设定的钻压信号比较,以其差值控制系统液压及盘刹的制动力矩,实现钻头以恒压自动送钻,钻压波动量可控制在 2.0%~2.5%以内,机械钻速可提高 30%~37%,降低钻头磨损及钻井事故率,减轻司钻劳动强度。

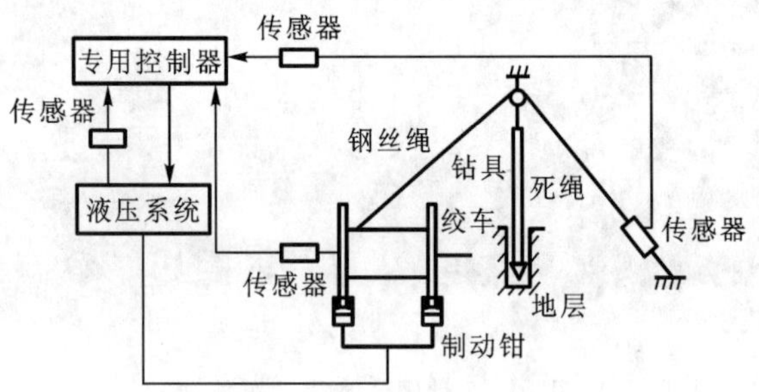

图 11　盘刹-自动送钻系统原理

2003 年,北石所研发的 CED-Ⅰ型电子司钻装置具有此功能,同时还有监控钻速和转盘扭矩的功能,该套装置为 60 万元,如引进需 20 万美元。该装置适配各级机械驱动钻机,除以盘刹作执行器外,还可以 EATON WC 型气动推盘刹装置为执行器。

西安宝德自动化公司也有类似的 WB-AD-C 型自动送钻系统。

近年来,ETN 盘刹广泛用于各级修井机和钻机上,WC 型单作用盘刹多用做辅助刹车以实现全过程匀速下钻,其烧毁故障常由冷却不充分造成,使用时必须保证足够大的冷水流量(甚至比规定的还要多一些),以减少或避免故障,延长使用寿命。WCSB 型双作用盘刹可用作主刹车。

总之,液压盘刹及其一体化送钻装置已成为成熟技术,将全面推广应用。

5　轻便化顶部驱动钻井装置

5.1　国产顶驱

近年来，由于海上钻探，陆地超深井、水平井、大位移井和复杂井的增多，顶驱的需求量日愈增大。自 1982 年美国 Varco 公司的第 1 台顶驱面世以来，包括我国在内全球共有 11 个公司生产顶驱，仅 Varco 就生产了 1 100 台套，我国自制和引进 50 多台套，其中，1/2 在海上，1/2 在陆上。我国已形成年产 20～25 台的规模，在近 5 a 内能够满足 100 台/a 的需要。国产 70 级顶驱每台为 800 万元，引进 Varco 同等产品每台为 160 万美元。

国产三代顶驱如图 12 所示，其性能如表 8 所示。

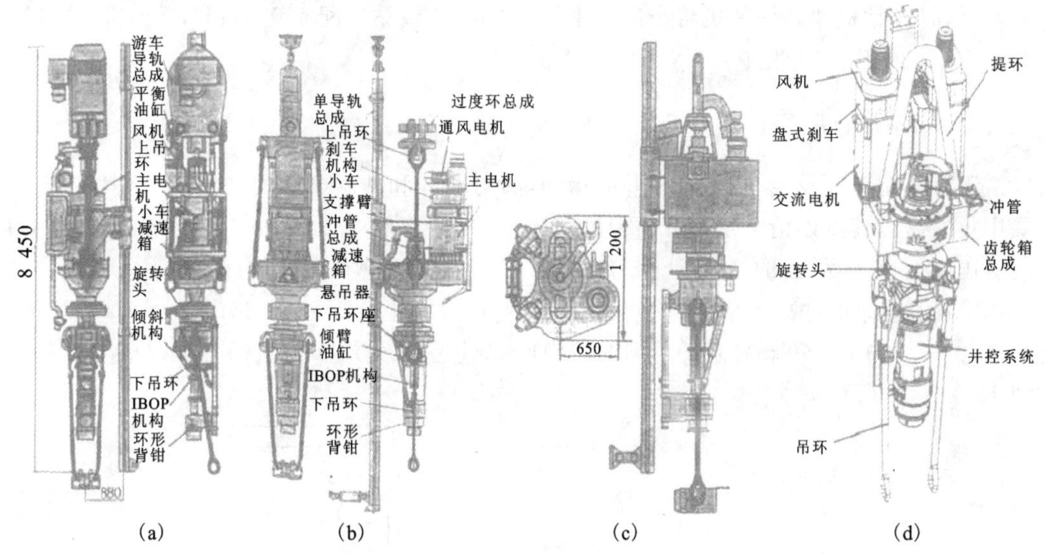

图 12　国产三代顶驱外观及组成

表 8　国产三代顶驱产品

年代	型号 图号	特　性	研发、 制造厂
第一代 1997 年	DQ-60D 图 12(a)	4 500 kN，7 000 m，SCR 直流中空电机，690 kW，额定扭矩40 kN・m，固定型	北石所， 宝石厂
	DQ-60P 图 12(b)	4 500 kN，7 000 m，SCR 直流单电机偏置，940 kW，额定扭矩40 kN・m，轻便型	北石所， 宝石厂
第二年 1999 年	DQ-20Y 图 12(c)	1 600 kN，2 500～3 000 m，液马达 2 台，A6VM200 驱动，260 kW，25 kN・m	北石所， 大港新世纪公司
第三代 2003 年	DQ-70BS 图 12(d)	4 500 kN，7 000 m，VFD 直流变频双电机，590 kW（2 ×400 hp），50 kN・m轻便型，参数与尺寸和 Varco 公司 TDS-11S 相当	北石所， 北石厂

5.2　顶驱的优越性

(1) 顶驱最大的优点就是对复杂井的事故处理能力强，当钻井卡钻时，它可迅速连接钻具循环泥浆进行正倒划眼作业以解除卡阻。据报道，塔里木油区 2 口邻井在 3 000～4 000 m 井段发生 3 次卡钻，转盘钻井用了 2 个月解卡，而用顶驱的 1 口井则轻松地解除卡阻，基本没有停止生产。当发生井涌时可遥控快速关闭顶驱的 IBOP。统计的顶驱平均故障率＜0.4%。

(2) 用立根钻进，减少 2/3 以上卸螺纹的工作量，用倾斜臂和回转头完成接送立根操作，避免钻工上二层台，提高钻速 25%，降低钻井成本 15%。

(3) 能够起主轴盘刹的作用。承受井底马达的反扭矩。当拆卸保护短节和 1BOP 时承受反扭矩，充当主轴的惯性刹车，制止钻柱急速反弹，制止电机失磁飞车。

(4) 下套管时用平衡油缸悬持套管，避免顶驱主体质量压在接箍螺纹上，造成螺纹错乱。

(5) 钻井产生的反扭矩由支撑臂和小车经单导轨传到井架底部大腿上。

(6) 软着陆机构的作用是当吊卡承受钻柱负载时，导向柱上的弹簧被压缩，回转头与着陆套相接触，吊卡负载便转移到主轴上。

今后，海洋钻机和超深钻机将全部顶驱化，50 和 70 级钻机配 450 t 顶驱；部分 30 和 40 级钻机配 250 t 顶驱（正研发中）。

6 大功率高压钻井泵

由于海陆超深井及定向井、水平井的增加，喷射钻井和井底马达的使用，泵压要增高。由于要用更大返流速度以清除水平井筒中的钻屑，泵排量要加大，所以钻井泵向高压大排量方向发展。国际上新开发出的 1 617～2 205 kW（2 200～3 000 hp）泵、最高泵压达 51.7～69.0 MPa，中速泵的冲次不增加（100～120 min^{-1}），增加冲程 355.6～381.0 mm（14～15 in），缸径增加到 ϕ230 mm（9 in），泵动力端的结构形式不变，液力端多由直通 I 形改成 L 形结构，如图 13～图 14 所示。

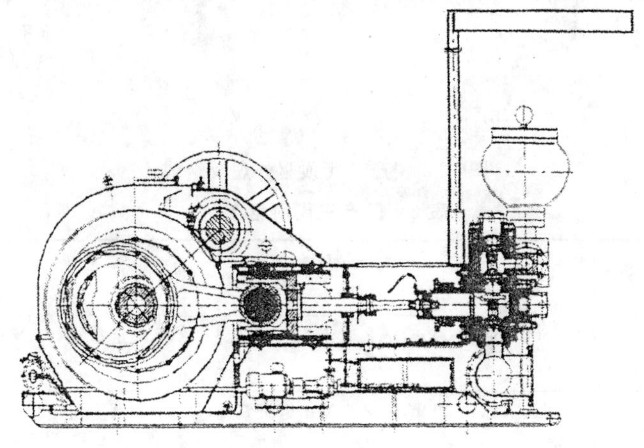

图 13　955～1 176 kW(1 300～1 600 hp)钻井泵

我国批量生产的系列钻井泵有宝石厂的 F 系列，兰石-国民油井公司 3NB 系列，青石厂（原益都水泵厂）SL3NB 系列，川油成都总机厂 CS3NB 系列。其中，宝石厂的 F 泵为国外免检产品，大量出口。此外，由于国内泵的需求量增加，977 kW（1 300 hp）泵供不应求，宏华公司生产有 HH3NB1300 型泵，中原总机厂有 ZY3NB 型泵，华油荣盛公司有 RS3NB 型泵，辽河钻井二公司机械厂有 LS3NB 型泵等，泵头、缸套、活塞和泵阀等易损件生产厂有 20 多家。

宝石厂的大功率高压钻井泵新产品见表 9。

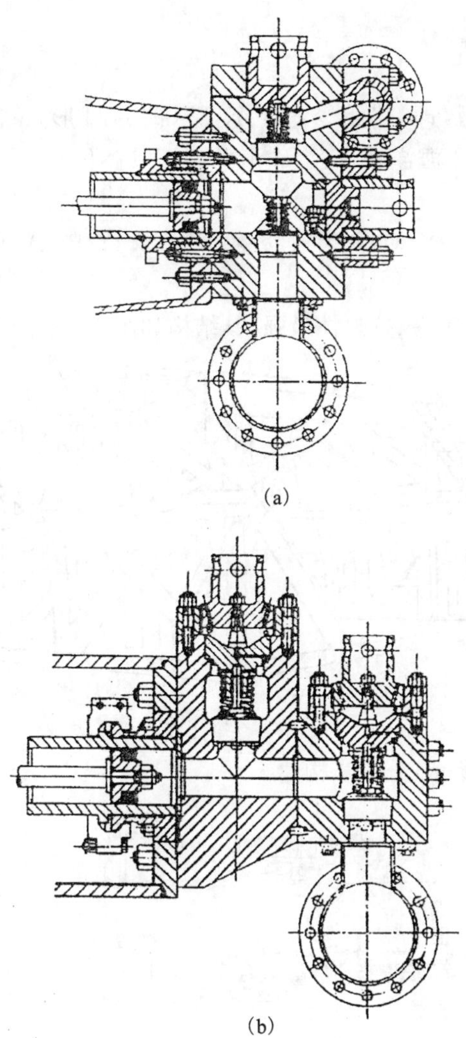

(a)

(b)

图 14　直通 I 形泵头和 L 形泵头

表 9　宝石厂高压 L 型钻井泵新产品特性

型　号	F1600HL	F2200HL
泵总程/mm(in)	306(12)	356(14)
泵额定冲次/min^{-1}	120	105
最大缸径/mm(in)	ϕ190(7.5)	ϕ230(9.0)
最大泵压/MPa(psi)	52(7 500)	52(7 500)
最大排量/$(L \cdot s^{-1})$	51.9	77.7

当务之急应研发配套压力为 52 MPa 的高压管汇、阀门、水龙带、水龙头和相应密封性能的钻杆接头等，否则高压泵也只能当低压泵使用。

目前，7 000 m 钻机最少要配 3×1 176 kW(1 600 hp)的泵组，15 000 m 钻机要配 3×2 205 kW(3 000 hP)的泵组，世界最大的半潜式海洋钻井平台配大口径隔水管和 14 700 kW (20 000 hp)的泵组。

7 多样化的井架和底座

钻井井架有 4 种类型，即，塔形、A 形、K 形（前开口形）、套装形（伸缩形 Jelescoped Type），目前塔形井架只用于海洋平台上，K 形井架因其整体水平安装和稳定性好，成为发展主流。

钻机底座类型主要有 4 种，即，块装式、叠箱式(Box on Box)、平行四边形式、六柱（四柱）式。

叠箱式底座质量大，稳定性、抗振性最强，其结构如图 15 所示。

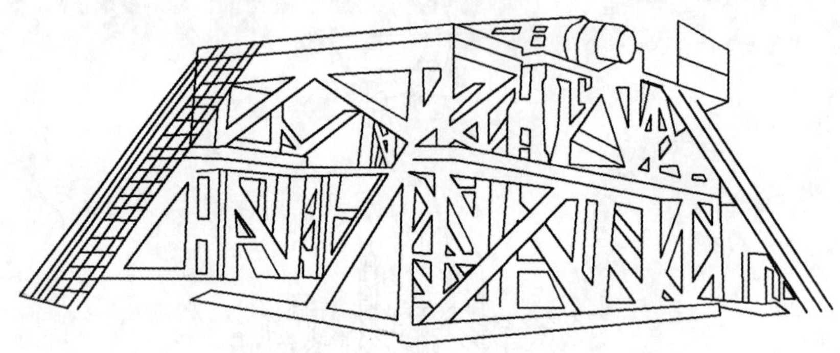

图 15 叠箱式底座

六柱式底座，如图 16 所示，分 4 步构建。

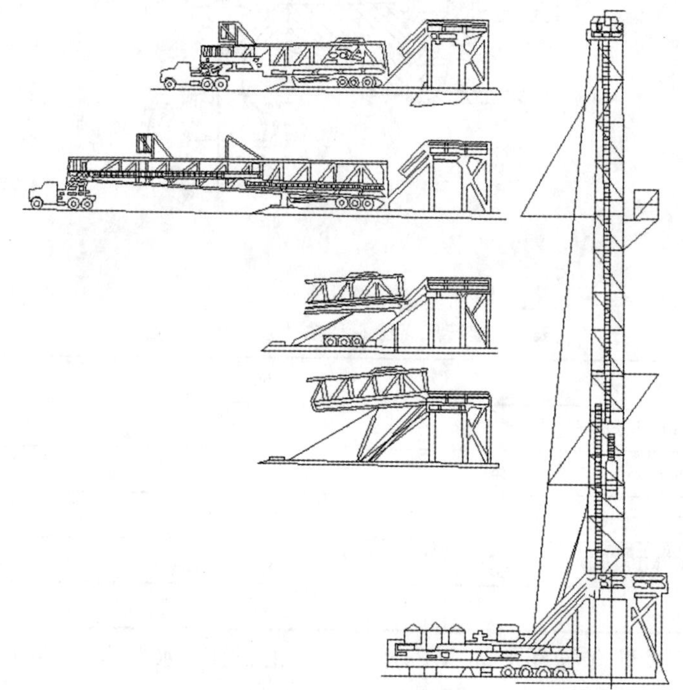

图 16 六柱式底座

(1) 用六柱中的最外侧 4 只液缸(3 节)将钻台及液动(电动)转盘起升就位，锁定。

(2) 2 节伸缩井架用拖车运到，水平就位，上节牵引拉出。

(3) 用 2 个 3 节液缸沿导轨将井架推上钻台，再用相同的 2 个液缸移位，将井架起立。

(4) 安装绞车及动力后台用拖车就位。

平行四边形底座，如图 17 所示，它分 2 种起升方式，即双升式[见图 17(a)]和旋升式[见图 17(b)]。

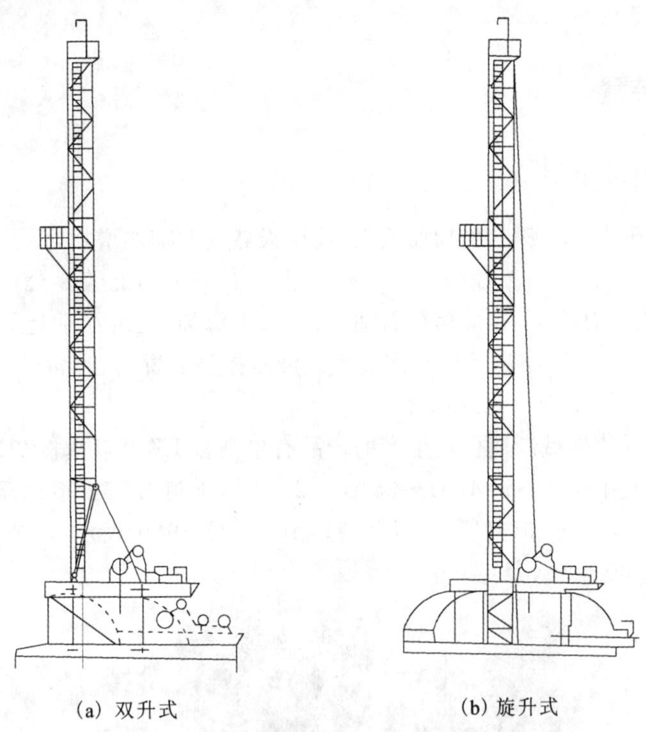

(a) 双升式　　(b) 旋升式

图 17　底座

(1) 双升式。井架脚坐在底座平台上，分 2 步起升，即，井架和底座水平低位安装，井架用绞车、游动系统起立，倒大绳后用绞车和游动系统将底座及井架同时起升就位。

(2) 旋升式。井架脚坐在底橇上，平台分前后 2 块，它又细分为 3 种起升法，即，Branharn 法：分 3 步起升，起升井架，倒大绳、起升后台及绞车，起升前台；PYRAMID(Swing Lift)法：分 2 步起升，起升井架及前台(包括立根盒)，不倒大绳，起升后台及绞车；井架底座整体一次旋升，如图 18 所示。

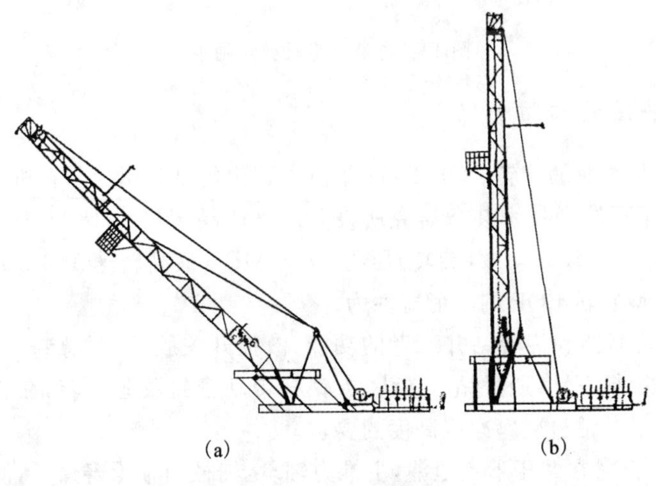

(a)　　(b)

图 18　井架底座一次旋升示意

2003 年，我国开始研发一种新型井架，即六段垂直逐段起升井架。它似塔吊的加高方法，以最下节为基础，用绞车或液缸先起升井架第 1 段，然后第 2 段……逐段连接起升。这种井架占地最小，适用于山地钻井配套。我国辽河钻井公司、宝石厂、宝鸡瑞格公司等单位研发成功。

8 系列化井控装置

8.1 闸板及环形防喷器

由于生产层的压力随井深的增加而增高，高压天然气井随之增加，要求防喷器(BOP)的压力等级提高，通径尺寸成系列。井控装置生产厂主要有华油河北荣盛公司(原华北油田二机厂)、宝石厂、川油成都总机厂、盐城信德石油机械厂、上海神开公司(原上海第一、第二、第五石油机械厂合并)及上海大隆-维高等厂。配套生产液压控制装置的有北石厂、上海神开公司等，北石厂已生产 1 500 套，1/10 产品出口。

河北华北荣盛石油机械制造公司生产的产品有单闸板 FZ 及双闸板 2FZ 系列，规格有 18-35(ϕ180mm 通径，工作压力 35 MPa)～35-70。2002 年研制出 35-105 级 BOP；环形 BOPFH 系列有 18-35～35-35，如图 19(a)所示，以及剪切闸板如图 19(b)所示，该公司共有 56 个品种，已向国内外供货 2 000 余台(套)。

(a) (b)

图 19 防喷器组及剪切闸板

8.2 欠平衡钻井用旋转防喷器

用于欠平衡钻井作业的旋转 BOP，2004 年由中石化新星公司德州石机厂首次制造并通过鉴定，它由上海海洋石油局技术装备研究所设计。该产品规格为 18-35 型旋转 BOP，即通径 ϕ180 mm，静载压力 35 MPa，动载(旋转)压力 17.5 MPa，最高转速 100 r/min。BOP 结构如图 20 所示。18-35 型旋转 BOP 的功能特性为：

(1) 兼有环形防喷器和旋转钻井二者的功能，液控开关胶芯，紧急封井、封零，防止井涌、井喷。在井压下强行起下钻，通过钻杆接头、方钻杆带动密封胶芯旋转，在负压下钻进，"边喷边钻"，二合一降低了对钻机底座净空高度的要求。

(2) 胶芯动、静密封在井压下不泄漏，主推力轴承，辅径向轴承寿命长，润滑冷却充分。

(3) 蓄能器油压过接头时，胶芯不受过度挤压，寿命长。

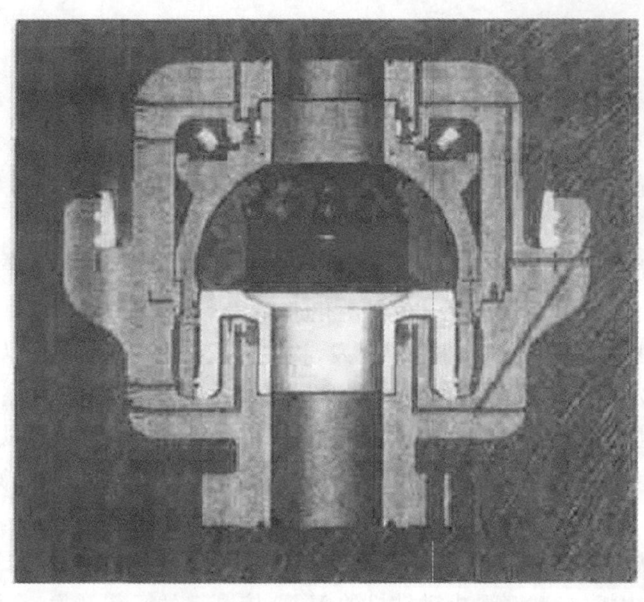

图 20　旋转防喷器结构(美 Shaffer 产品)

(4) 上下外壳与旋转套等与井液接触件能够耐 H_2S 腐蚀,由合金钢精铸、经三维有限元分析及 70 MPa 水压试验,确保安全可靠。

(5) 可在井下带钻杆更换胶芯。

(6) 集成液控系统、数字电液控制,可按设定油压与变化的井压叠加调控主控压,以满足胶芯抱紧钻杆力的要求。

此外,川油宏华公司与北石所合作,河北荣盛公司都在研发旋转 BOP。

9　数字化智能化信息化钻机

川油宏华公司研发的系列 VFD 型电动钻机,如,1999 年生产的 ZJ40DBS 型, 2000 年生产的 ZJ50DBS 型,2004 年的 ZJ70DBS 型都具有初步智能化功能,上海三高公司和宝石厂研发的电动钻机也具有大部分该项功能。

(1) 机电液一体化,计算机全数字磁场定向矢量控制 VC 和直接转矩控制 DTC,为自动化、智能化、信息化钻机构筑平台,如,宏华公司的 HH-SIEMENSVC 技术,上海三高公司的 3H-ABB DTC 技术。

(2) 绞车速度闭环能量控制。

(3) 绞车下钻能耗制动数控。

(4) 游车位置闭环控制。

(5) 数控恒钻压自动送钻。

(6) 转盘扭矩与钻井泵压的限制控制。

(7) 消振软扭矩与移相软泵控制。

(8) 发电机组同期控制,电喷燃油系统节能控制,带负载自动摘挂车控制。

(9) 触摸屏多参数设置、显示、储存、打印、自诊断、连锁保护控制。

(10) 局域通信总线技术,远程信息传输、管理。

10 其 他

(1) ZJ40 型钻机更新方案见下一篇系列专题之六。

(2) 钻机固控系统装备全国共有 6 家生产，其中以川油南充机械厂、长庆一机厂，华北一机厂较具规模，南充厂与美国 DERRICK 公司合作生产振动筛。全国技术力量分散，产品质量达不到钻井工艺要求。

(3) 井口操作机械化装置落后国际水平甚远，如，轻便型铁钻工、自动吊卡卡瓦、立根排放与单根上台装置等都缺乏，影响了钻机的自动化进程。

(4) 自装卸搬家车，宏华公司 2004 年研发，整体液压拖运装置尚待开发。

(5) 我国在钻定向井、大位移井和水平井方面成效显著，多分支井正在试钻，旋转闭环 MWD、LWD 钻井也在应用，与其配套的牙轮钻头、PDC 型钻头由江汉钻头厂、川油成都钻头厂生产。前者有批量出口，配套的螺杆钻具由大港中成机械公司、北石厂、德州石机厂生产，寿命均在 100 h 以上，能够满足钻井要求。

(6) 小井眼钻井、套管钻井、CT 钻井及机具也有尝试，尚未完善推广。1 800～2 100 r/min 的高速柴油机及液力机械变速箱、电动钻机的 VFD 核心部件亟待开发，全液压钻机是否需要研发需充分地进行可行性论证。

29. ZJ40 型钻机更新方案刍议

——系列专题之六

【论文题名】 ZJ40 型钻机更新方案刍议——系列专题之六

【期 刊 名】 石油矿场机械，2005 年第 34 卷第 1～2 期

【摘　　要】 本文回顾了我国 3 200 m 钻机——大庆Ⅰ-130 型和 ZJ40L 型钻机的历史变革，指出了 ZJ40L 型钻机存在的问题：它与 ZJ50L 型钻机拉不开档次、结构繁杂、燃油消耗率高、安装运移性差、钻井性能不好。ZJ40 型钻机更新的目标是结构轻型化、节油耦合化、搬家拖挂化、钻井强劲化。最后，推荐了 2 个更新方案，即机动的 ZJ40LOT 型和电动的 ZJ40DBT 型钻机。

【关 键 词】 钻机　轻型钻机　拖车装钻机　液力偶合器传动

【Abstract】 In this thesis the historical change of 3 200 m drilling rig——Daqing Ⅰ-130 rig and ZJ40L rig were reviewed. It points out the disadvantage of ZJ40L rig, that is it can't make a dear distinction between ZJ40L and ZJ50L, the construction was heavy, the rate of fuel consumption was rose, the ability of installation and transportation are bad, the drilling performance are outmode. The object of rig renew are rig construction must be lightened. The fuel economization must be hydro-coupling driven. Rig transportation must be trailer mounted and drilling performance must be strengthened. Two models are recommended: mechanical drive ZJ40LOT rig and electrical drive ZJ40DBT rig.

【Key words】 drilling rig; light weight rig; trailer-mount rig; hydrocoupling drive

当前，国内外陆上钻井市场竞争激烈，钻机用户迫切要求制造厂提供性能先进、质量可靠、价格适中的钻井装备，以强化钻井工艺，降低钻井成本。我国的大庆Ⅰ-130 型钻机从 1975 年投产至今已生产 700 多台，成为钻井的主力装备，但它们的新度系数已降至 0.2～0.3，存在着严重的安全隐患，亟待更新改造。为此，1997 年，中油集团公司启动了钻井装备更新改造工程，至今已过去 6 a，成效斐然，报废大庆Ⅰ-130 型钻机 300 台，改造 300 台，更换其部件，转盘改成单独电驱动，整机新度系数提高到 0.6。新研制大庆钻机替代型——ZJ30 型和 ZJ40 型钻机 400 台套。如，1998 年以来，宝鸡石油机械厂（以下简称宝石厂）和兰州石油化工机器厂（以下简称兰石厂）生产的 ZJ40/2250L 型钻机等，充实了 2 000～3 200 m钻井的实力。新研制的 50、70、90 型电动钻机 100 台套，满足了出口的需要，提高了我国钻机的技术水平，显示了我国钻机的特色及实力。但是新 ZJ40L 型钻机仍存在许多问题，其结构繁杂、安装搬家难、燃油率高等，仍需继续更新改造，以满足国内外拓展钻井承包工程及装备出口的需求。

1 历史回顾

1.1 第1代钻机

第1代(20世纪50～60年代)钻机如表1和图1～图4所示。

表1 第1代3 000～3 500 m钻机

图号	型号	生产国	特性
图1	y-5Д	前苏联	最大钻柱质量130×10^3 kg,ϕ114.3 mm(4½英寸)钻杆3 000 m,5台B2-300型柴油机(5×300 hp),Y2-4-5型开式绞车(500 hp),钢丝绳直径ϕ28 mm,起升速度v_q=0.226～1.260 m/s,YB-3型泥浆泵(双缸双作用,470 hp,15 MPa×17 L/s,Q_{max}=43 L/s)
图1	ZJ_1-130	中国	JC_1-14.5型绞车(仿5Д);NB_1-470型泥浆泵(仿YB-3型泵)
图2	R-3200	中国	最大钻柱质量150×10^3 kg,ϕ114.3 mm(4½英寸)钻杆3 200 m,5台柴油机(5×300 hp),TF-18型绞车,ϕ28 mm钢丝绳,起升速度v_q=0.19～1.31 m/s,正倒车箱合一
图3	4LD-150D	罗马尼亚	最大钻柱质量150×10^3 kg,ϕ114.3 mm(4½英寸)钻杆3 500 m,4台柴油机(4×375 hp),液力偶合器链条并车,TF-21P型密闭绞车,ϕ32 mm钢丝绳,气胎离合器换挡,速度v_q=0.22～1.69 m/s,角传动箱转盘倒挡,3PN-465型泥浆泵(三缸双作用n_{max}=65 min^{-1})
图4	反修	中国	最大钻柱质量130×10^3 kg,ϕ114.3 mm(4½英寸)钻杆3 200 m,2台PZ12V190型柴油机(2×950 hp),WB6-700型变矩器,锥齿轮并车,密闭绞车(1 100 hp),ϕ28 mm钢丝绳,速度v_q=0.497～1.18 m/s,NB_8-600型泥浆泵(双缸双作用,200 MPa×15 L/s,Q_{max}=40 L/s)

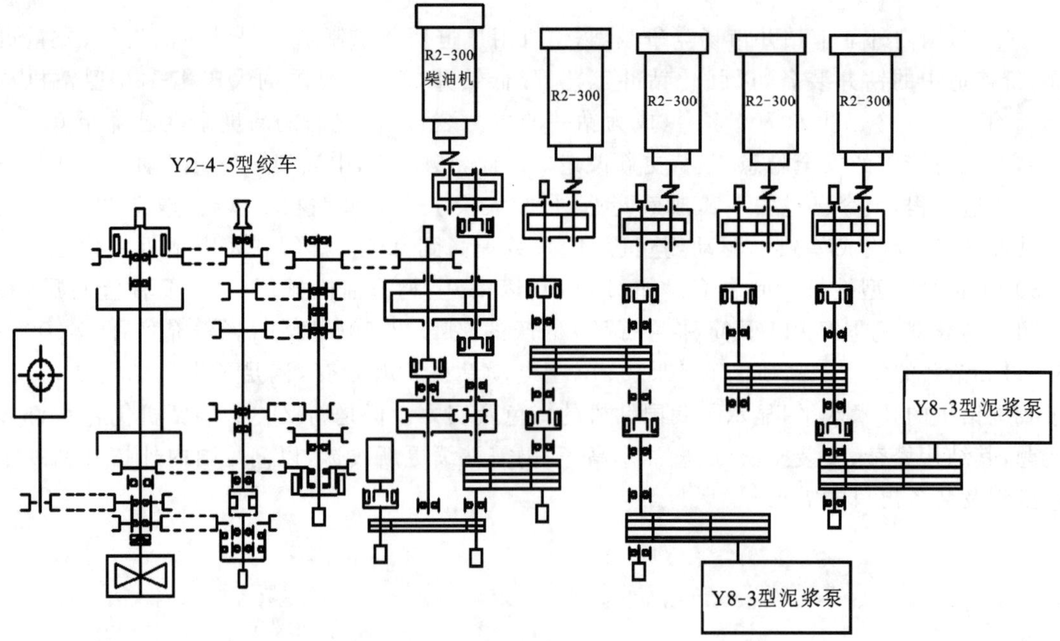

图1 y-5Д型和ZJ_1-130型钻机

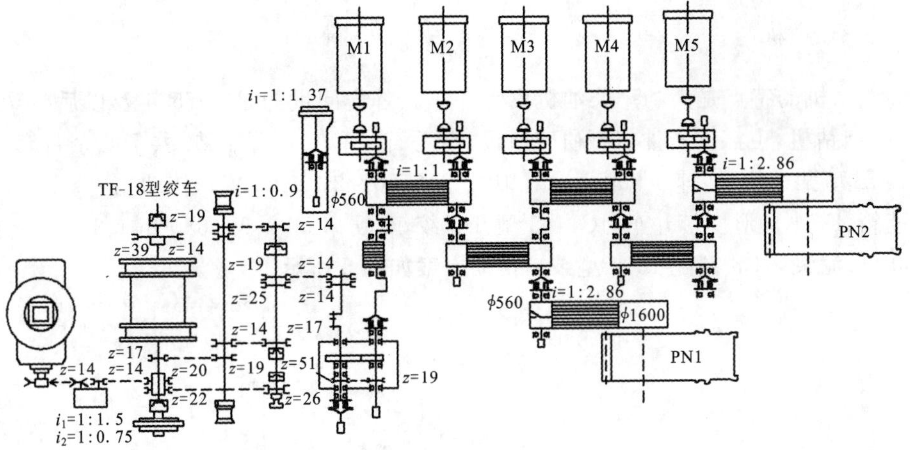

图 2　R-3200 型钻机

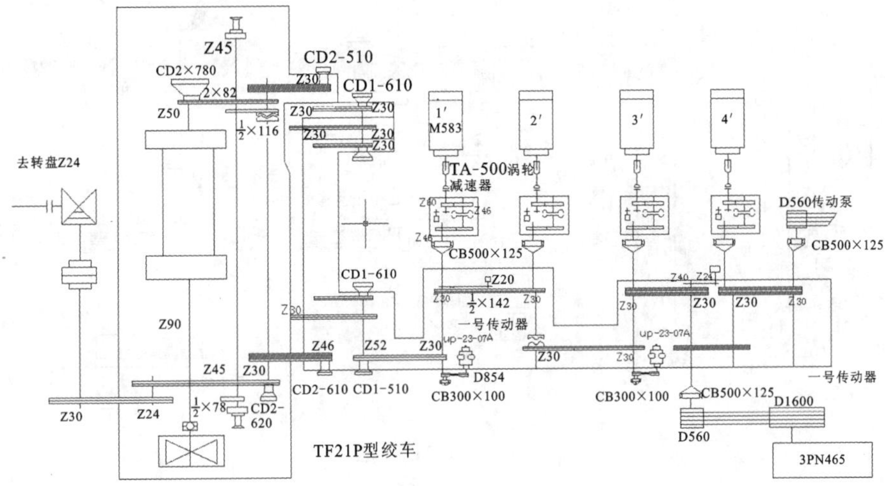

图 3　4LD-150D 型钻机

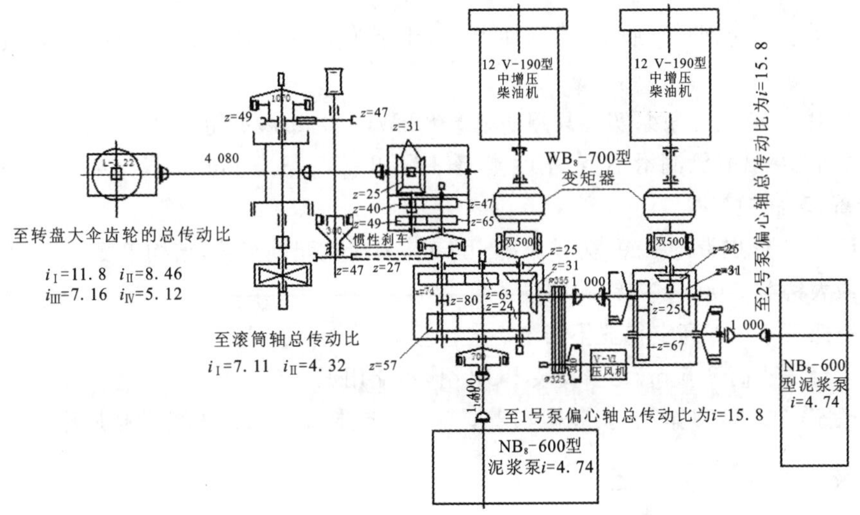

图 4　反修牌钻机

1.2 第 2 代钻机

第 2 代钻机的特点是大功率柴油机皮带并车。首先问世的是 1975 年及以后生产的大庆Ⅰ、Ⅱ-130 型钻机，由江汉石油机械研究所设计，兰石厂和宝石厂制造，共 700 余台套，有 3 台 PZ12V190B 型柴油机、转速 1 300 r/min、功率 3×750=2 250 (kW)，传动比 i=1.536 的一级齿轮减速箱、E 型 V 形皮带并车，JC14.5 型开式绞车、功率 500 kW(680 hp)、3+1=4 挡，2 台 3NB-1000 型泥浆泵(Ⅱ型配 1300 型泵)，传动方案如图 5 所示。

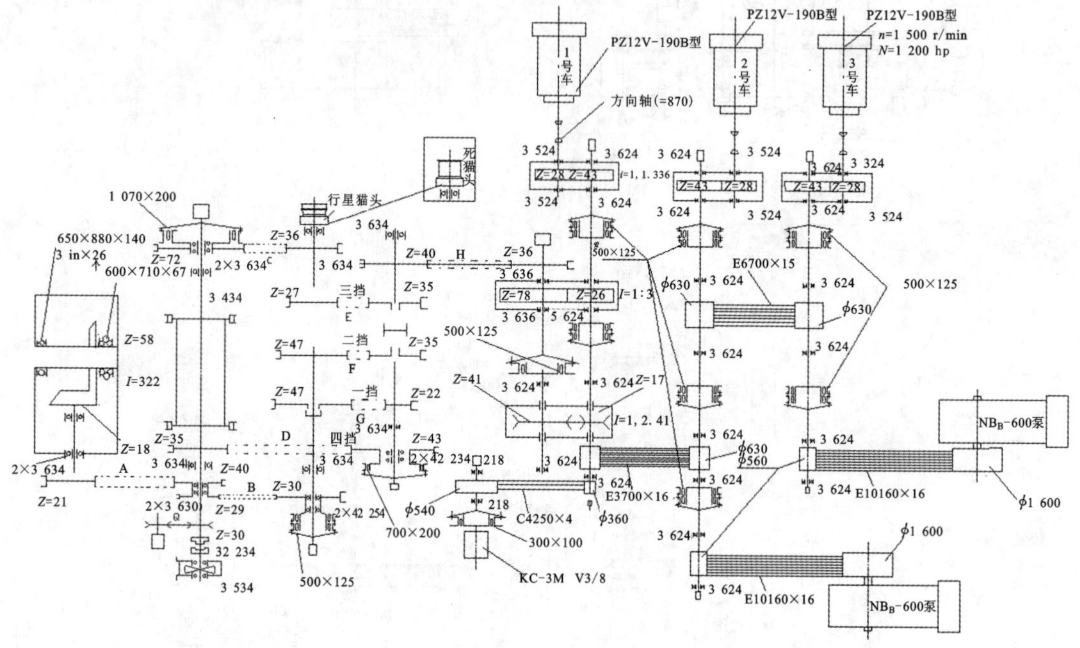

图 5 大庆Ⅰ-130 型钻机

1.2.1 存在问题(大庆Ⅰ-130 型)

(1) 泥浆泵反转，曲轴轴承受力增加 16%，十字头受力增加 11%且上下跳动，破坏油膜及介杆密封。

(2) 3NB-1000 型泥浆泵实际只用功率 588 kW(800 hp)，不能钻喷射井，钻速低。

(3) 绞车功率偏低、润滑不良、刚度差、滚筒不开槽，ϕ28.5 mm 钢丝绳缠绳 5～6 层、钢丝绳损伤严重、寿命短。

(4) E 型 V 形皮带寿命短，为绞车配正车箱，为转盘配倒车箱，结构繁复。

(5) 最大钩载 2 000 kN，钩载储备系数 1.54。

(6) 塔架高 41 m，高空作业不安全。

(7) 钻台底座高 2.5 m，无法安装 BOP 组，不能用泥浆罐。

(8) 搬家需要 80 多车次，安装搬家需要 5 d(不包括钻前安装好的井架底座)。

1.2.2 改进型第 2 代钻机

1982—1997 年为解决泥浆泵的反转问题(同时也减掉正车箱和倒车箱)，相继研制出 5 种类型钻机，如图 6～图 10 和表 2 所示。

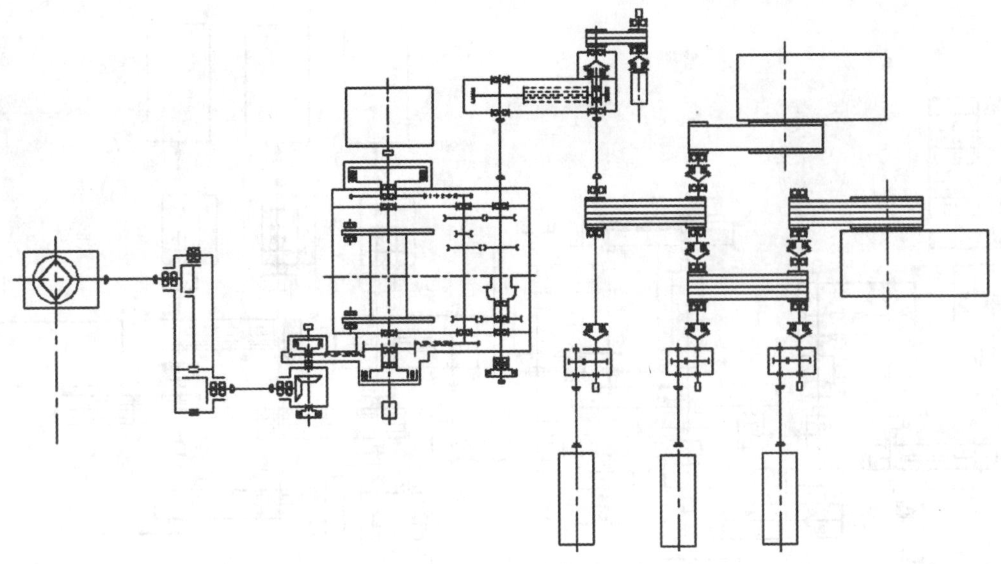

图 6　ZJ130J-SL 型大调个钻机

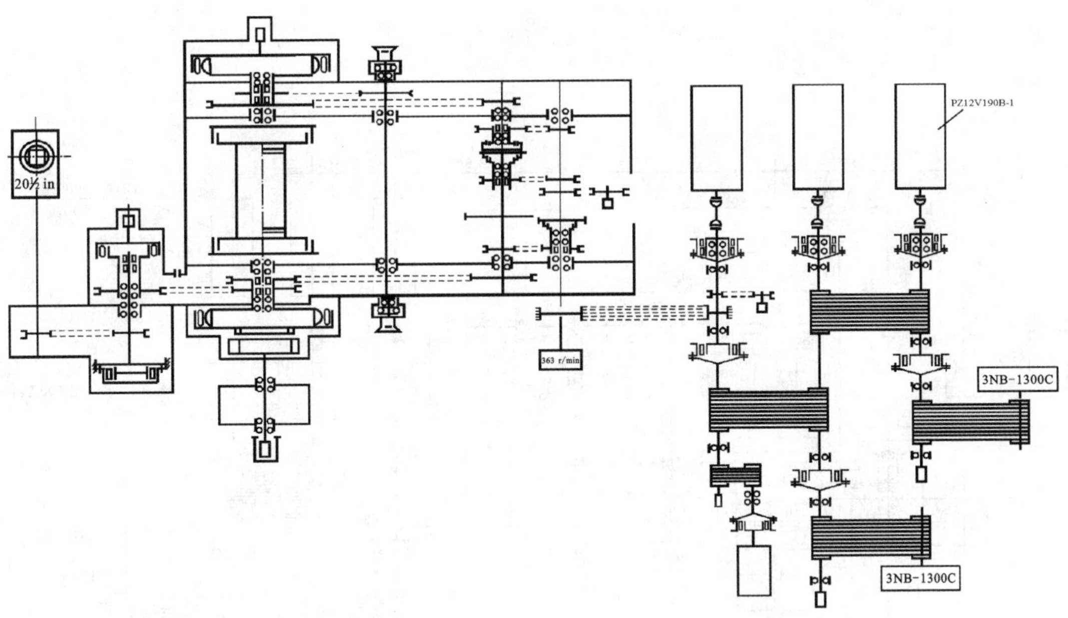

图 7　ZJ32J-2 型钻机

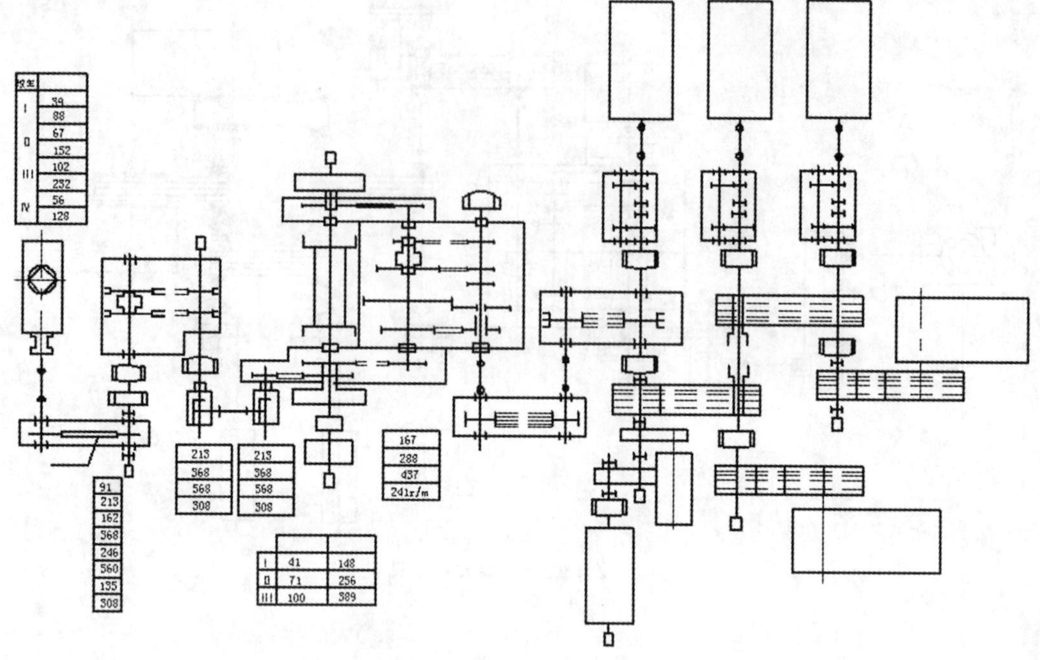

图 8　ZJ32J-3 型钻机

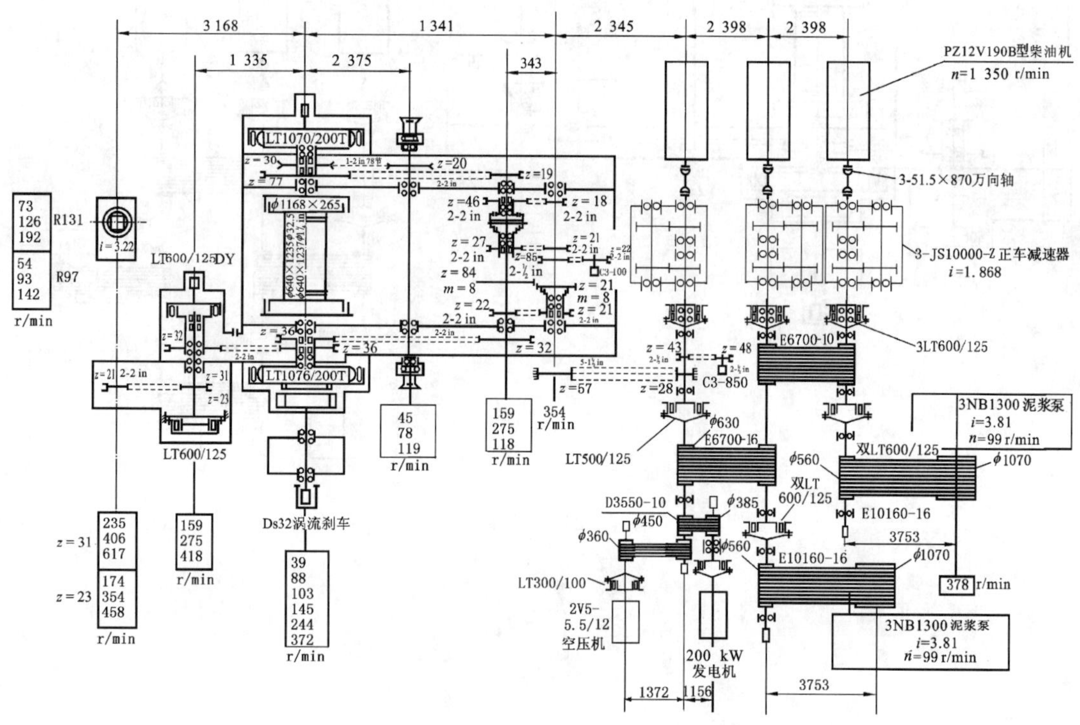

图 9　ZJ32J-4 型钻机

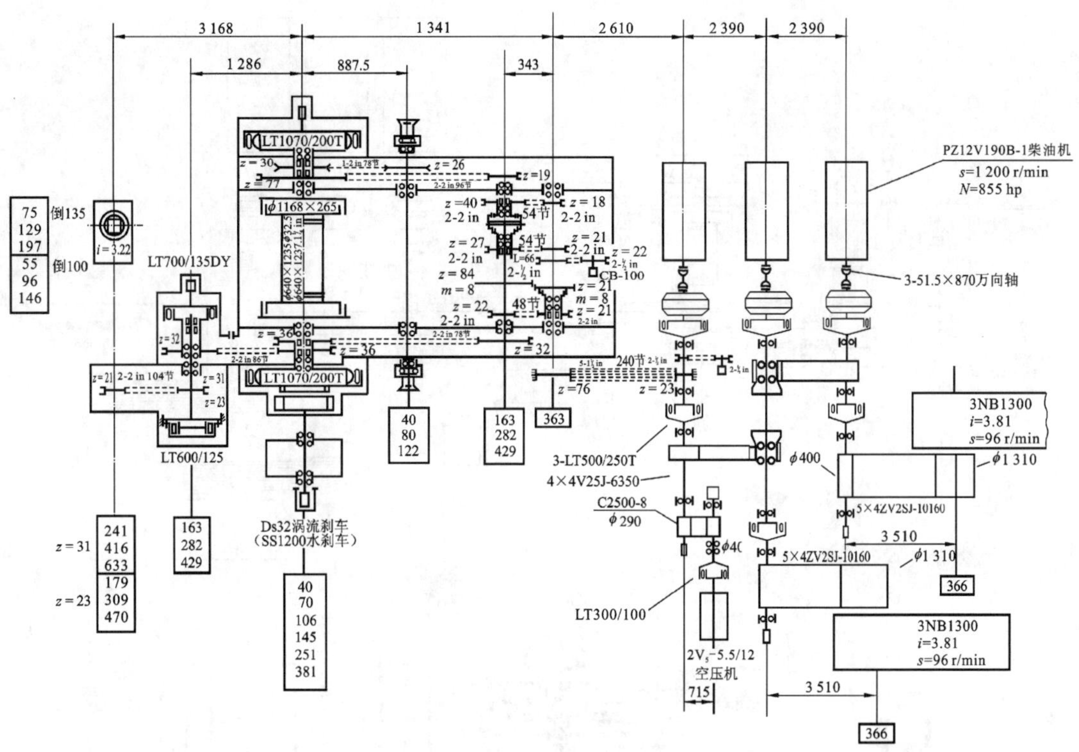

图 10　ZJ32J-5 型钻机

表 2　第 2 代皮带并车、泥浆泵改正转钻机

图号	型号	特　性
图 6	ZJ130J-SL 大调个	大庆 130 型钻机柴油机联动机组平面调转 180°安装，泥浆泵改为正转，密闭绞车，首次配液压盘式刹车，配 DS32 型电磁刹车
图 7	ZJ32J-2 直接驱动	3 台 12V190B-2 型柴油机，1 000 r/min，取消一级减速箱直接驱动，动力降为 3×530＝1 590 (kW)(162 hp)；2 台 3NB-1300C 型泥浆泵，每台功率只有 588 kW(800 hp)，钻喷射井不够，密闭绞车(1 000 hp，6＋2R 挡)，滚筒开槽，最大钩载 2 250 kN，K_Q＝1.96，窄皮带并车，起升速度 v_q＝27.5 m/s＞20 m/s，寿命由 10 000 h 降为 5 000 h；41 mK 形井架，底座高 4.5 m
图 8	ZJ32J-3 二级正车减速箱	3 台 12V190B 型柴油机，1 300 r/min，3 ×662 kW＝1 986 kW(2 700 hp)；735 kW(1 000 hp)三轴绞车，后台低位安装，6＋2R 挡，万向轴上钻台；2 挡变速箱带 ZP205 型转盘，6＋2R 挡
图 9	ZJ32J-4 二级正车减速箱	3 台 12V190B 型柴油机，1 350 r/min，3 ×735 kW＝2 200 kW(3 000 hp)；735 kW(1 000 hp)四轴绞车装在钻台上，通过转盘传动轴带转盘，通过换 23 齿或 31 齿链轮得到 6＋2R 挡
图 10	ZJ32J-5	3 台 12V190B-1 型柴油机，1 200 r/min，3 ×630 kW＝1 890 kW(2 570 hp)；绞车与转盘及其传动与 ZJ32J-4 型钻机相同，绞车 6＋2R 挡，无级变速；2 台泥浆泵，1 台为 3NB-1300C 型，另 1 台为成都川油总机厂生产的 3NB-960 型泵，变矩器带泵不用换缸套，但功率利用率低

1.3　第 3 代钻机

1998 年至今为变矩器链条并车钻机，即第 3 代钻机。此前的 1982 年，兰石厂曾生产过 ZJ45 型链条并车钻机，由于链条质量不过关而停产，只生产了 ZJ45J 型皮带钻机近 40 台。

仅举 2 例 ZJ40L 型钻机，如图 11～图 13 和表 3 所示。

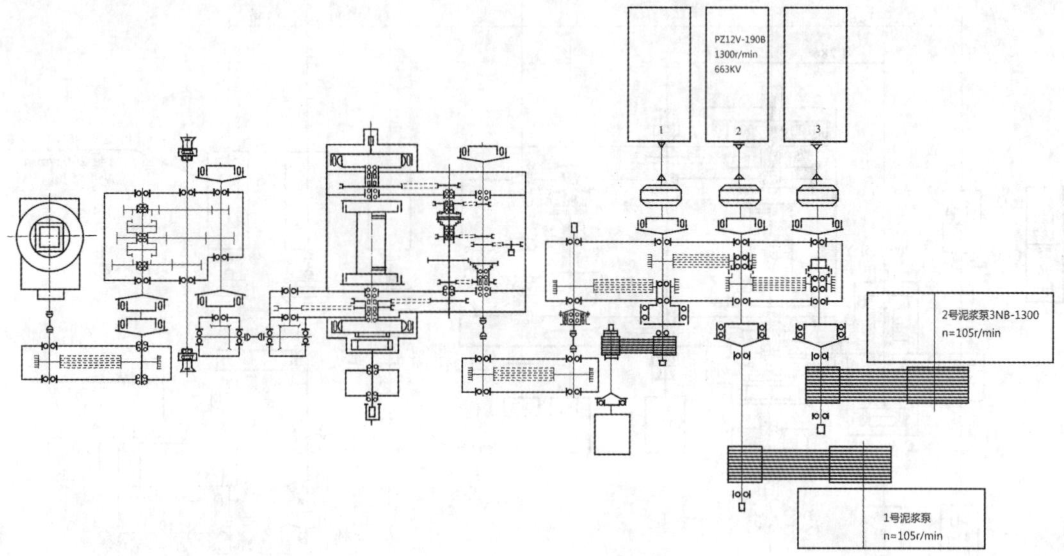

图 11　ZJ32L-LS 型钻机

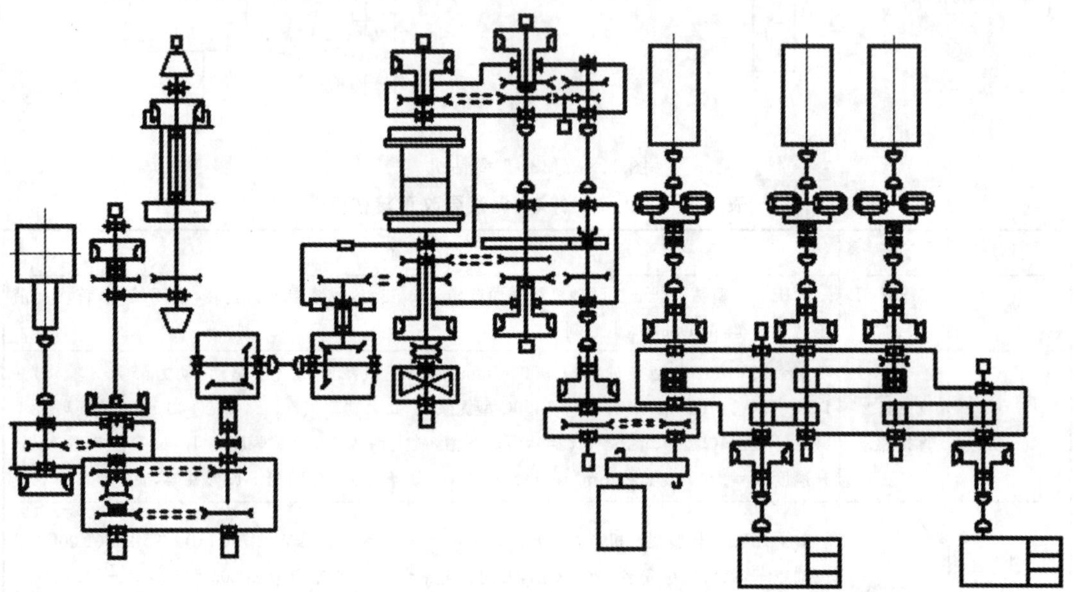

图 12　ZJ32L-BS 型、ZJ40/2250L 型钻机

表 3　ZJ40L 型变矩器链条并车钻机

图序号	型号	特　性
图 11	ZJ32L-LS	3 台柴油机(12V190B,662 kW＋YB900),链条并车,735 kW(1 000 hp)三轴绞车,3×2 挡,齿式离合器换挡,带式或盘式刹车,DS32 型电磁刹车,后台低位安装,角传动箱,万向轴上钻台,2 挡变速箱带猫头轴,带转盘 6＋2R630 kW＝1 890 kW(2 570 hp);绞车与转盘及其传动与 ZJ32J-4 型钻机相同,绞车 6＋2R 挡,窄 V 形皮带带 2 台 3NB-1300C 型泥浆泵
图 12	ZJ32L-BS ZJ40/2250L	3 台柴油机(12V190B-3,750 kW＋YB900),链条并车,735 kW(1 000 hp)五轴绞车,2 ×2 挡,气胎离合器换挡,带式或盘式刹车,DS32 型电磁刹车,后台低位安装,角传动箱,万向轴上钻台,2 挡变速箱带捞砂滚筒及猫头,带转盘 4＋2R 挡,万向轴带 2 台 F-1300 型泥浆泵

1.4 GW-M1000 型钻机

1999 年宝石厂研制出长城机动轮式半拖挂沙漠钻机(1 000 hp 绞车),它仍属第 3 代 ZJ40L 型钻机,如图 14～图 16 所示。

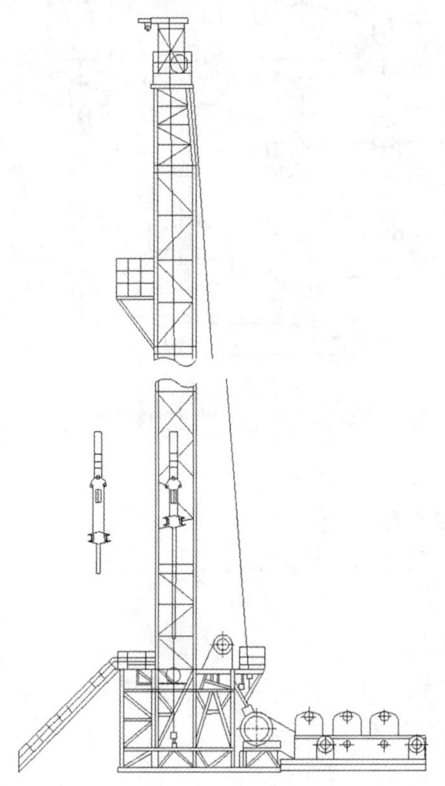

图 13 ZJ40L 型钻机立面

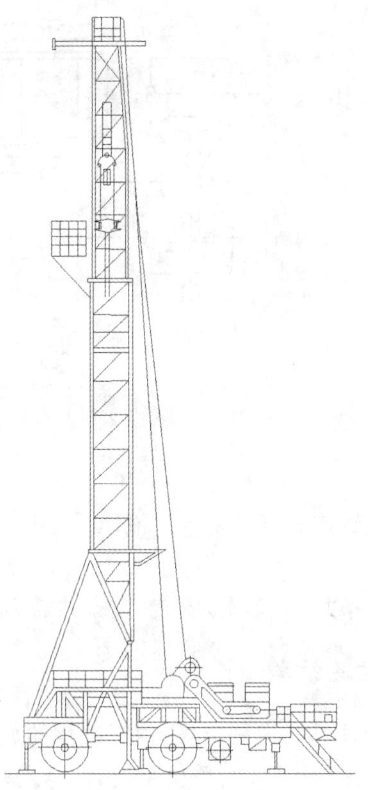

图 14 GW-M1000 型钻机立面

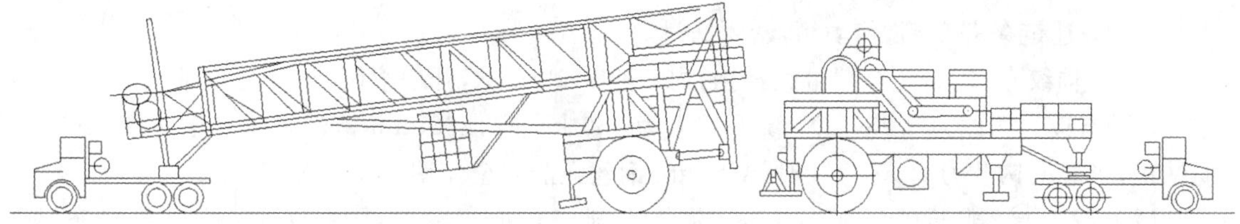

图 15 GW-M1000 型钻机运移状态

该钻机具有以下特性:

(1) 机械分组驱动,主机分为 2 大模块;3 m 高的后台安装动力机组及绞车,先就位;5.5 m高的前台安装井架、游动系统及转盘,用前台对接后台,联成整体。

(2) 2 台 CAT3508 型柴油机,转速为 1 200 r/min,2×463 kW—C-245-125-FH 型向心变矩器—6 排 38.1 mm(1½英寸)链条并车箱—735 kW(1 000 hp)六轴双滚筒绞车,6+2R 挡,气胎离合器换挡,主刹车为带式,辅助刹车为 ETN236WCB—角传动箱万向轴—ZP275 型转盘,3+1R 挡。

(3) 40 m 高 2 节伸缩 K 形井架,安装后,人字架及在前腿上滑动的起升前撑杆、液缸起升撑杆固定,绞车钢丝绳起升上节井架。

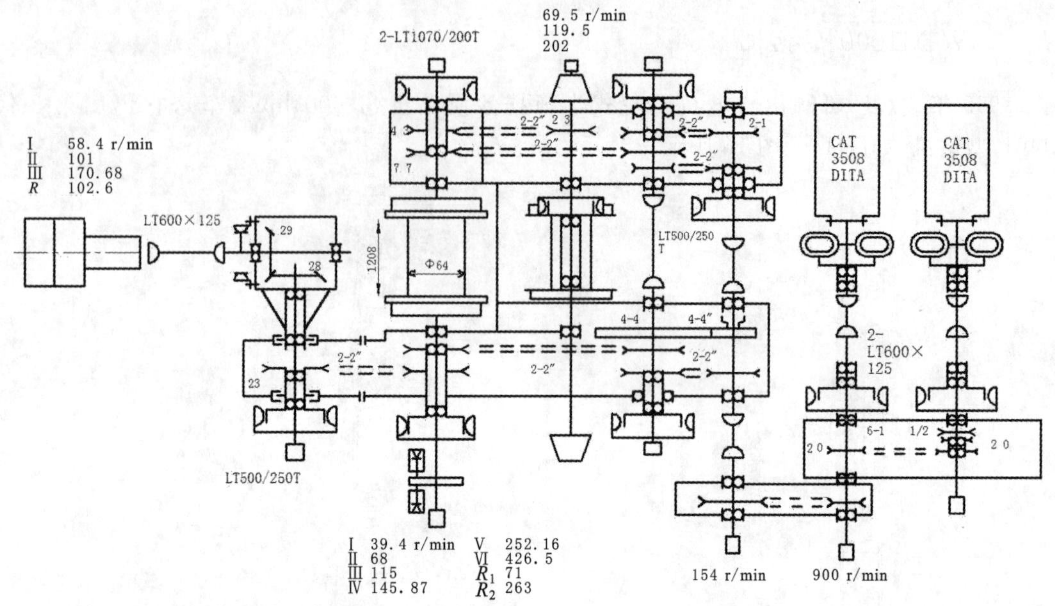

图 16 GW-M1000 型钻机传动方案

(4) 车架式底座安装 3 组液压千斤顶及 4 组机械千斤顶，前者起升车架及设备，后者钻井时承载。

(5) 搬家共 20 车次，安装、搬家共需 24 h。

1.5 方案及结构

总结上述钻机发展方案，值得继承的成功方案及结构有：

(1) 机械分组驱动、单机泵组、钻丛式井。

(2) 国产大功率中速柴油机。

(3) 偶合器，2 级齿轮减速器，泥浆泵正转。

(4) 高速链条并车箱、传动箱，密闭润滑。

(5) 5 轴绞车，气胎离合器带载换挡，内变速 3×2＋1R，开槽滚筒 2～3 层缠绳。

(6) 当最大钩载为 2 250 kN，快绳拉力为 280 kN 时，ϕ32 mm 钢丝绳能安全使用。对早期钻机，当最大钩载为 2 000 kN 时，ϕ28 mm 钢丝绳能安全使用。

(7) 绞车主刹车可用带式或液压盘式刹车，辅助刹车可用 DS32 型电磁刹车或 ETN236WCB 型盘式刹车。

(8) 角传动箱、万向轴上高钻台传动 ZP205 型或 ZP275 型转盘。

(9) K 形井架水平安装，用钢丝绳整体起升或 2 节伸缩 K 形井架由液缸起立，用钢丝绳起升上节井架。

(10) 5～6 m 高块装底座或平行四边形底座，安装组合 BOP。

(11) 大模块，万向轴对接接口，轮式半拖挂牵引车运移，少车次快速搬家、安装。

2 ZJ40L 型钻机存在的问题

(1) 结构繁杂，与 ZJ50 型钻机拉不开档次。

(2) 耗油率过高。

(3) 安装搬家困难。

(4) 钻井参数匹配不好,影响了钻机性能。

3　ZJ40L 型钻机的重点更新目标

结构轻型化;节油耦合化;运移拖挂化;钻井强劲化。

3.1　结构轻型化

(1) ZJ40L 型钻机的总体方案和 ZJ50 型钻机一样,都是由 3 台 12V190B 型柴油机和 YB900 型变矩器链条并车统一驱动。多台柴油机统一驱动方案是在柴油机故障率高的情况下产生的,这种方案已经过时,应发展分组及独立驱动,大模块结构,简化传动路线,提高安装运移性。

(2) 与 ZJ50 型钻机相比,ZJ40 型钻机的功率配备显然过剩,为绞车配备的柴油机可减轻,应配备 8V190 型柴油机。

(3) 必须在 ZJ40 型和 ZJ50 型钻机之间划一条部件不通用的界限,ZJ40 型应向 ZJ30 型、ZJ20 型靠拢。要求 ZJ40 型的钩载储备加大(>2 250 kN)是不合理的,例如,某油田曾用 ZJ40L 型钻机钻完 1 口 3 500 m 斜井,起钻钩载达 1 600 kN,核算其钢丝绳的安全系数只有 2.4(标准规定>3),这将严重降低钢丝绳的使用寿命,并潜伏着巨大的安全隐患。钻这口井应选用 ZJ50 型钻机,绝不允许各级钻机过分超载使用。

(4) ZJ40 型钻机中最重的部件是井架和底座,必须打破按质量定价的传统做法,那样只会扼杀制造厂商减轻井架底座质量的积极性。应推广上海三高石油设备有限公司用先进设计制造手段创造 ZJ50DB 型钻机最轻井架底座的经验,也可仿 ZJ30CZ 型钻机,用 2 节套装井架,或者可用 31 m 井架起双根立柱,如此,全井起升多耗时 18%～20%,只占钻井周期的 3%。底座应采用平行四边形旋升式或最轻的六柱式结构,而不用块装或叠箱式结构,如图 17 所示。

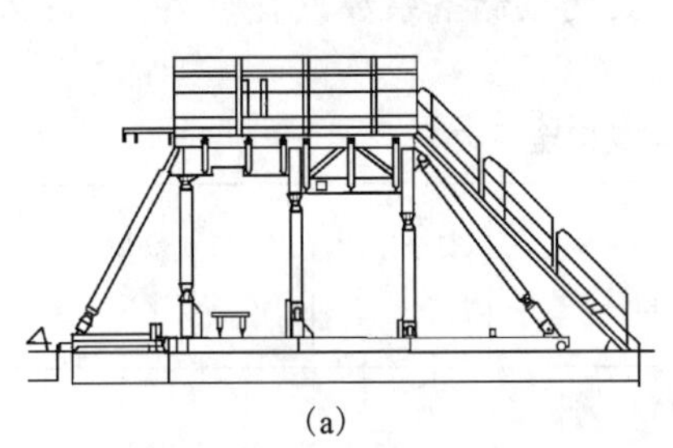

(a)

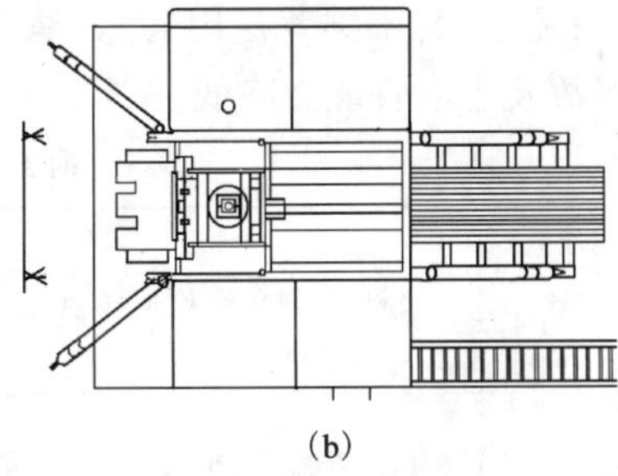

(b)

图 17　ZJ30CZ 型钻机六柱折叠式底座

(5) 像 ZJ30CZ 型钻机一样,为 ZJ40L 型钻机配 2 台 F1000 型泥浆泵,各由 1 台 8V190 型柴油机带动,与 2 台 12V190 型柴油机带 2 台 F1300 型泥浆泵相比,质量要轻 33×10^3 kg。A8V190ZL 型柴油机转速为 1 200 r/min 时,功率为 660 kW(800 hp),当 F1000 型泵用 ϕ170 mm缸套时,泵速为 100 r/min,双泵排量为 57.6 L/s,能保证泥浆上返速度达到 0.80～0.95 m/s,但不能像 F1300 型泵那样,能钻 20 MPa 喷射井。当然,如能为 ZJ40L 型钻机研制 955 kW(1 300 hp)的高速五柱塞泥浆泵或高速六缸活塞泥浆泵,则钻机总质量会减轻很多。

(6) ZJ40 型钻机一般配备 4～5 个泥浆罐,GW-M1000 型钻机和 ZJ40/2250L-BS 型钻机方案都只配备 3 个泥浆罐。推荐使用 3 个泥浆罐方案,总容积为 240 m^3(有效容积 200 m^3),

每个罐的尺寸为 14 000 mm×3 400 mm×2 500 mm，如图 18 所示。

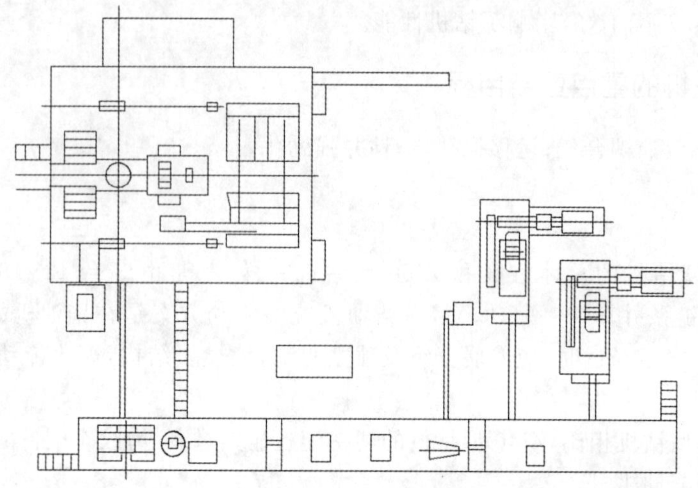

图 18　ZJ40/2250L-BS 型钻机固控系统平面图

(7) 在 SY/T5609-1999 标准中规定，ZJ40 型钻机的钢丝绳直径为 ϕ32 mm，但是表 1 中有 4 种钻机的最大钻柱质量为 130×10^3 kg，所用的钢绳直径为 ϕ28 mm，如果 ZJ40 型钻机的钢丝绳直径能改用非标准的 ϕ29 mm，则可使绞车、天车、游车、钢丝绳的尺寸和质量大大减小。如，ZJ30 型钻机的绞车滚筒尺寸仅为 ϕ508 mm×1 067 mm，而现有 ZJ40 型钻机的绞车滚筒尺寸为 ϕ644 mm×1 208 mm。表 4 给出了 2 个可行的方案，第 1 方案安全系数符合规定；第 2 方案在 2 250 kN 时 $n=1.85<2$，不可行；方案 2′将最大钩载 W_{max} 降低到 2 000 kN，为非标准钻机（南阳石油机械厂生产的 ZJ32 型钻机 $W_{max}=2\ 000$ kN），在 2 000 kN 时，$n=2.08>2$，可行。方案 1 和方案 2′虽然安全系数都符合规定，但方案 1 为钢芯钢丝绳，方案 2′为超强犁钢纤维芯钢丝绳，优犁钢的 $\sigma_b=1\ 600\sim1\ 700$ MPa，超强犁钢的 $\sigma_b=1\ 800\sim1\ 900$ MPa，2 种钢丝绳均较硬，寿命较短，暂不推荐使用，尤其是方案 2′，其钩载储备系数只有 1.74，使得 ZJ40 型钻机的处理事故及下套管能力降低。

表 4　钢丝绳直径与其安全系数

方案	钢丝绳直径 d/mm	材料，断裂载荷 F/kN	$W_{max}=2\ 250$ kN 时，F_k/kN	安全系数 n	$W_z=1\ 150$ kN 时，F_k'/kN	安全系数 n'
现有 ZJ40	ϕ32	6×19 纤维芯优犁钢，575	277.8	2.07	170.9	3.36
1	ϕ29	6×19 钢芯犁钢，578	277.8	2.08	170.9	3.38
1	ϕ29	6×19 纤维芯超强犁钢，514	277.8	1.85	170.9	3.01
2′		6×19 纤维芯超强犁钢，514	$W_{max}=2\ 000$ kN 时 $F_2=247$ kN	2.08	170.9	3.01

(8) 像 ZJ30 型钻机一样，采用 CAT 高速柴油机和 Allison 液力机械变速箱可使 ZJ40 型钻机大为轻便化，但它们都需要引进，且价格较高。

3.2　节油耦合化

降低钻机安全寿命周期费用的重要环节就是降低燃油消耗率，大庆 130 型钻机的燃油消

耗率为 $75\times10^3\sim80\times10^3$ kg/月，ZJ40L 型为 $110\times10^3\sim120\times10^3$ kg/月，ZJ40DZ(DB)型约为 100×10^3 kg/月，分析后者燃油消耗率高的原因有：

(1) ZJ40L 型钻机最费油的是变矩器。YB-900 型变矩器的最高效率 $\eta^*=0.89$，YB-650、C-650 型的最高效率 $\eta^*=0.91$，但因漏油，油过热变稀，实际 $\eta^*=0.85$。由于负载扭矩的变化，变矩器在高效区两侧运行，平均工作效率 $\eta=0.7\sim0.8$，也就是说 20%～30%的燃油用来烧变矩器，不作有效功，即柴油机一开始工作功率就损失掉 20%～30%。

如果以液力偶合器取代变矩器，偶合器基本是定速输出恒扭矩，仍为柔性传动，其 $\eta^*=0.97\sim0.98$。图 19 给出偶合器正车减速箱的结构，其传动效率 $\eta=0.94\sim0.95$，比变矩器提高 15%～25%，约可节油 $15\times10^3\sim17\times10^3$ kg/月，比大庆-130 型钻机直接驱动约多耗油 3×10^3 kg/月。

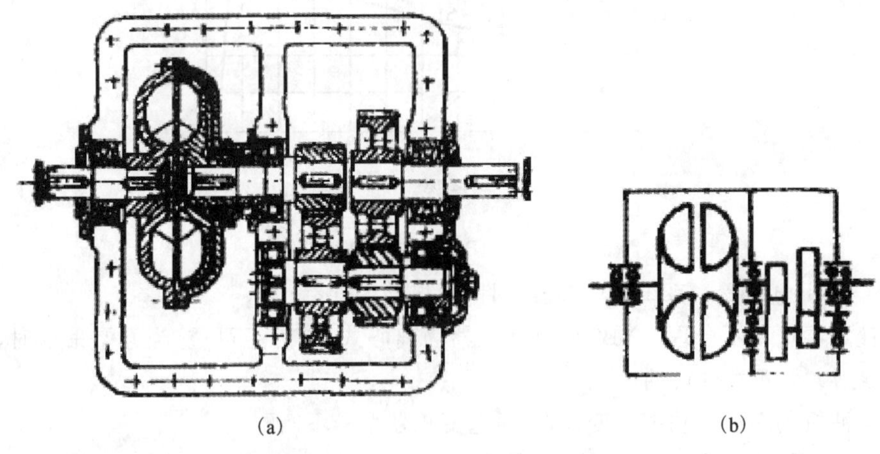

(a) (b)

图 19 YOZJ750-2 型偶合器正车减速箱

变矩器可实现恒功率无级调速，这对于深井、超深井钻机，由于起钻次数多，用它来加速起钻还是有效的。而对于 ZJ40 型钻机所钻的中深井，只起钻 6～7 次，用偶合器 4 个定速挡一次起钻比 4 挡无级起钻多费时约 1 h，起钻 7 次所用时间只占钻井周期的 1%，这一点损失还是值得的。

(2) 钻井负载变化大，负载低时油耗大。从图 20 给出的 12V190B 型柴油机不同的 P、n 与耗油率 g_e 的关系曲线可见，当负载为 100%时，$g_e^*=205$ g/(kW·h)；当负载为 50%时，$g_e=225$ g/(kW·h)，如果使用 520 kW 的柴油机带转盘钻井，负载往往小于 200 kW，这时 $g_e>240$ g/(kW·h)，便是这种情况。表 5 给出各种柴油机的最佳耗油率 g_e^*。

表 5 柴油机的最佳耗油率 g_e^*

机 型	g_e^*/[g·(kW·h)$^{-1}$]	备 注
PZ12V190B	210	测定 209
G12V190Z$_L$	208	代号 2012
G8V190Z$_L$	210	代号 2008
3012,3008	≤205	
H12V190Z	≤200	测定 198.1
CAT3412,3512	205.6	
CAT399	230	属淘汰机型
Cummins A61DFED	220～223	

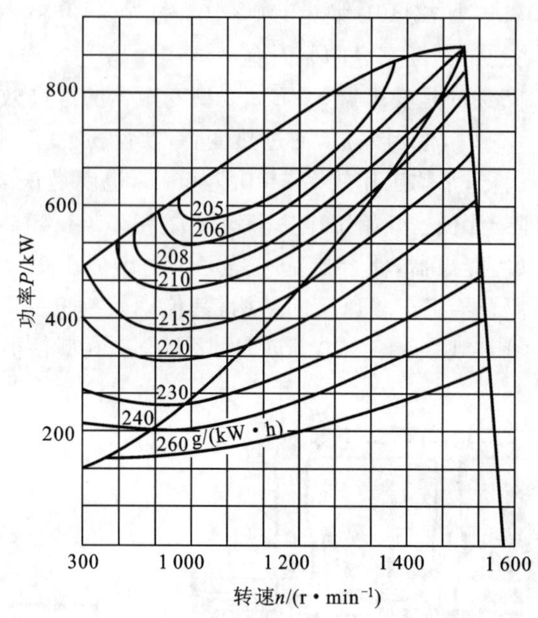

图 20　Z12V190B 型柴油机外特性曲线

应用柴油机电喷燃料系统，可在轻载时降低燃油消耗率。

(3) 变矩器选型不合理。YB900 型变矩器为离心式，它为正可透，当起空吊卡时，极轻负载也要消耗 100%负载的燃油。

(4) 柴油机的转速与功率有变动，与所选变矩器型号不匹配。

(5) ZJ40L 型钻机的柴油机组没有安装柴油机随负载变化自动摘挂挡装置，当负载减轻时，应开 2 台柴油机却仍然开 3 台，油耗率增加。

(6) ZJ40L 型钻机的辅助发电机功率为(2×300)kW，比大庆 130 型的大 1 倍，多耗油 $9\times10^3\sim10\times10^3$ kg/月。

(7) ZJ40DZ 型钻机的柴油发电机组转速为 1 500 r/min，功率为 1 000 kW，显然要比转速为 1 200 r/min，功率为 800 kW 的柴油机耗油多，发电机的功率因数 $\cos\varphi<0.6$，机器和导线发烧，效率下降。

(8) 由于各种钻机的机型、总功率配置和钻井周期(月)不同，采用每月耗多少吨油来表示耗油量无可比性，应采用每 1 000 m 进尺耗多少吨油来表示燃油消耗率，更为合理。

3.3　搬家拖挂化

ZJ40L 型钻机总质量为 360×10^3 kg，其中最重的部件是绞车，质量为 30×10^3 kg，该钻机搬家要用 57 车次，搬家安装要用 8 d，3 200 m 井的钻井周期若为 25 d，仅搬家安装时间则要占去 30%。从国外经验看，3 000～3 500 m、735 kW(1 000 hp)的钻机搬家只需用 23 车次，搬 100 km 安装完只要 8 h。根据我国 GW-M100 型钻机的实践经验，对更新的 ZJ40LOT 型钻机规定一个不太先进的目标，全套钻机搬家<30 车次，搬家安装 3 d 完工。要达到这一目标必须做到以下要求：

(1) 破除统一驱动的老传统，分组驱动或独立驱动，不仅可以简化传动和安装，且可钻丛式井。

(2) 大模块拆卸安装,接口高度能互换或不要求精确对正(万向轴连接)。

(3) 轮式拖挂化或主机整体拖运,ZJ40 型钻机的主机过重,不可能车载,拖挂化可节省牵引汽车的数量(全油区统一调度)。

大模块拖挂化除主机(包括绞车及动力机组、井架及游动系统、底座及转盘)拖挂运移外,单机泵组也拖挂运移。全部拖挂化比较少用,其中包括所有罐装(泥浆罐、水罐、燃料机油罐)、发电房、电控房、空气及液压站以及生产营房全部都轮式拖挂化。

图 21 为美国 National Oilwell-IRI1200 型钻机的动力绞车拖车,它在后台低位就位,由液压千斤顶支撑,其井架和底座也全部是由拖车运移。

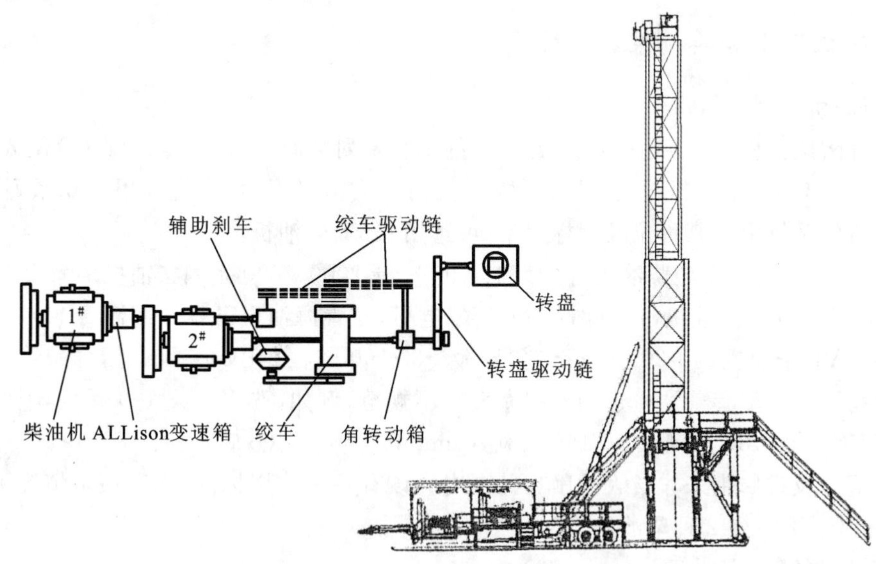

图 21 IRI1200 型钻机主机拖挂车

图 22 为 National Oilwell-DRACO 型钻机主机拖挂车,拖车上装有双升式底座及动力绞车,井架与底座的起升均与拖车脱离。这种钻机的特点是单轴绞车,2 台高速柴油机用 Allison 变速箱分流,在滚筒轴上并车。

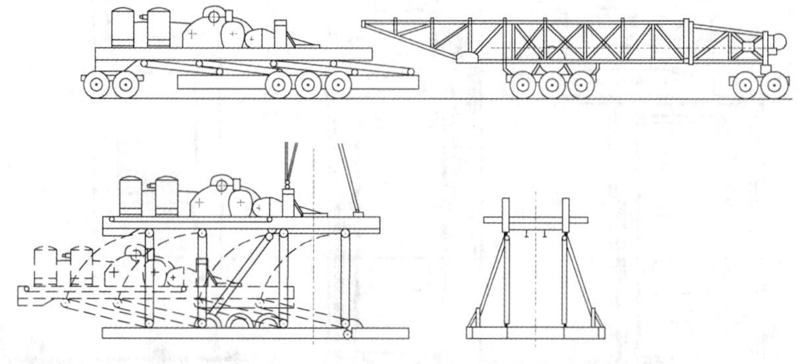

图 22 DRACO 型钻机主机拖挂车

图 23 为意大利 SOLMEC 型液压钻机,底座起升时连同拖车一同起升。

图 24 为单机泵组拖挂车装运。

2004 年,宝石厂、江汉石油机械厂、四川宏华公司都研发了轮式拖挂钻机,四川宏华公司还推出了大模块自装卸车。

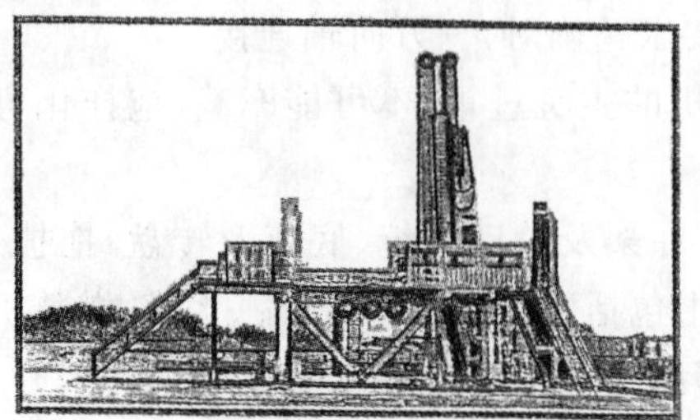

图 23　SOLMEC 型液压钻机拖挂车

图 24　单机泵组拖挂车

3.4　柴油机选型和单机泵组匹配

3.4.1　柴油机选型

由于济南柴油机厂(以下简称济柴)生产的 190 系列柴油机的性价比较高(价位低,性能和可靠性与美国 CAT 柴油机相当),国产钻机(国内用或出口用)均优先选用 190 系列柴油机,对一部分出口钻机由于其价位及竞标因素,可选用 CAT 柴油机。

国产 Z12V190B-B1 型柴油机寿命为 18 000 h,新 2000、3000 系列柴油机寿命为 25 000 h。例如,应用 8V190 型柴油机(1 000 r/min)带发电机,在青海油田已累计运行 50 000 h 尚未大修。美国 CAT 柴油机在 1 200 r/min 时,寿命＞30 000 h,在 2 100 r/min 时,寿命≥24 000 h。

目前我国钻机配套柴油机选型范围太大且不规范,例如,选用济柴 190 系列,上海柴油机厂(以下简称上柴)180 系列,CAT159 系列,Cummins,VOLVO,底特律 145、149、150 系列等,给管理和配件及维修带来非常大的困难。国内应该有一个选用标准,规定通常情况下只选用 190 系列和 CAT 系列 2 种柴油机。

3.4.2　单机泵组

图 25 给出了 3 种主要的单机泵组,图 25(a)为 CAT3412 型柴油机驱动的 F1300 型泵;图 25(b)为永济电机厂(以下简称永济)Y13 型交变电动机驱动的 F1300 型泵;图 25(c)为济柴 G12V190Z_L 型柴油机通过 YOZJ750-2 型偶合器正车减速箱驱动的 F1300 泵,推荐用图 25(c)

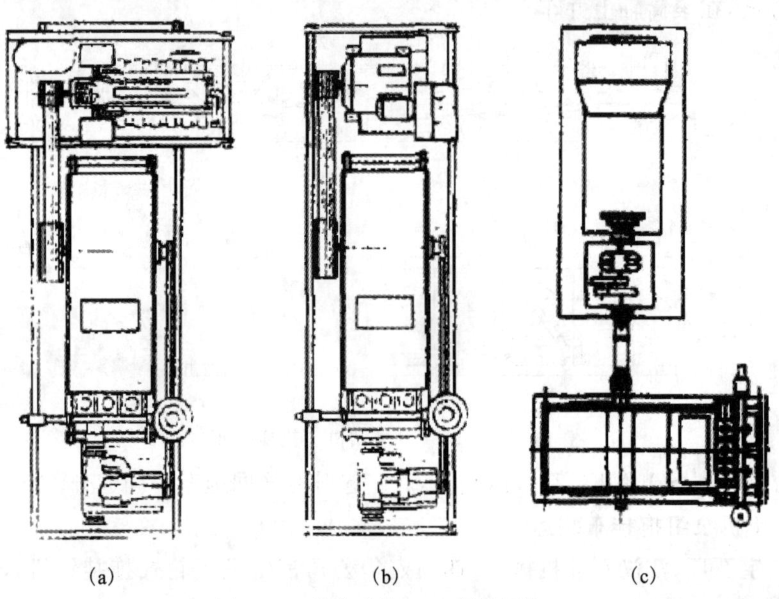

图 25　3 种典型的 1300 单机泵组

取代图 25(a)。

表 6 为常用系列泥浆泵与柴油机和电机的最佳匹配方案。

表 6　系列泥浆泵与柴油机、电机的匹配方案

单泵/kW(hp)	应配功率(0.8)/kW	济柴柴油机代号-机型	转速 n /(r・min^{-1})	标定持续功率/kW	可用功率(0.9)/kW	CAT 柴油机型号 转速/(r・min^{-1}), 功率(标定)/kW	永济交变电机型号 转速/(r・min^{-1}), 功率/kW	适配钻机型号 ZJ
588 (800)	470	2008A-G8V190Z_L-3	1 300	520	468	3508TA 1200,507	Y19 660,400	15 20
735 (1 000)	588	3008-A8V190Z_L	1 200	700	630	3508BTA 1200,682	Y23 660,600	30
956 (1 300)	765	2012A-G12V190Z_L-3	1 300	870	783	3412TA 1200,761	Y13 660,800	30 40 50
1 177 (1 600)	942	3012-A12V190Z_L	1 200	1 050	945	3512TA 1200,1070	2XY23 660,1 200	70 90

注：括号中 0.8 指 80％的功率；0.9 指 90％的功率；标定指标定功率。

3.5　钻井强劲化

在用 ZJ32L-LS 型钻机，标定持续功率为 3×662＝1 986 (kW)，经过 η_{j}＝ 0.8 的变矩器后功率为 1 589 kW，而 2 台 F1300 型泵需要 2×765＝1 530 (kW)功率，转盘功率只有 59 kW，显然不够，若转盘最少需要 150 kW，则泥浆泵组只能加压 10 MPa(不能钻喷射井)。在用 ZJ40/2250L-BS 型钻机，标定持续功率为 3×750＝2 250 (kW)，经变矩器后为 1 800 kW，泥浆泵组用 1 600 kW，转盘可有 200 kW，基本够用。但是遇到钻杆降级，钻头质量差，转盘只能用到 150 kW。通常机械钻速只有 3～5 m/h，钻井周期为 40～45 d，钻井成本高。强化钻井要求机械钻速为 5～10 m/h，钻井周期为 20～25 d，就必须做到：

(1) 充分满足钻井工艺的要求，强化钻井参数，发挥转盘的能力，以低转速、高钻压、大扭矩钻进，同时泥浆泵组加压 20 MPa，适应高压喷射钻井。

(2) 更新钻机，分组或单独驱动，或单机泵组电驱动。

(3) 目前的泥浆泵组功率与绞车功率之比为 2∶1，要充分发挥直接钻井的泥浆泵组和转盘的能力，在钻井周期中，钻进工时与起下钻工时之比约为 4∶1，因此，辅助的起钻工序只占工时的 1/10，快慢都无影响。

图 26 为 J40DB 型钻机钻 1 口 3 200 m 井的典型井身结构。表 7～表 9 给出泥浆泵组、转盘和绞车大钩的钻井参数，同时给出各个机组及全井的功率利用率 ϕ。

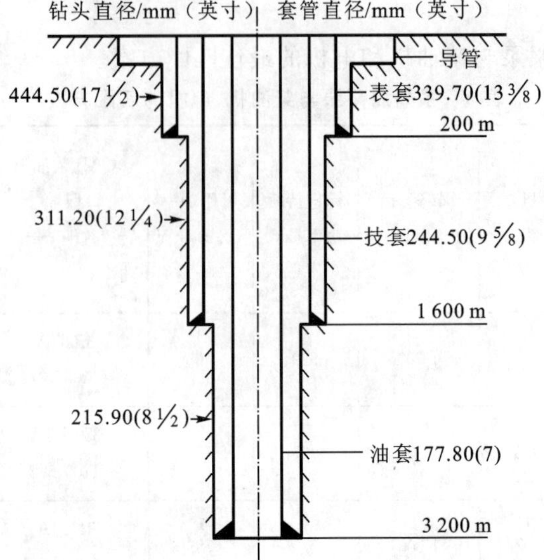

图 26　3 200 m 井典型井身结构

表 7　泥浆泵组循环参数[ϕ127 mm(5 英寸)钻杆，2×F1300 泵，η_b=0.85]

开钻次序	井深 H/m	钻头直径 /mm（英寸）	套管直径 /mm（英寸）	井眼环空面积 A/m²	返流速度 $v=Q/A$，井眼中（套管中）/(m·s⁻¹)	开泵台数	泵转速 n/(r·min⁻¹)	泵组排量 Q/(L·s⁻¹)	泵组压力 p /MPa	水功率 P_s /kW	泵组功率 P_b /kW	泵组功率利用率 $\phi=\frac{P_b}{P_i}$
一开	0～200	444.5 (17½)	339.7 (13⅜)	0.160	0.35	2	85	56	10	560	659	0.41
二开	200～1 600	311.2 (12¼)	244.5 (9⅝)	0.780	0.84(0.77)	2	90	60	20	1 200	1 412	0.88
三开	1 600～3 200	215.9 (8½)	177.8 (7)	0.028	1.0(1.0)	1	85	28	20	560	659	0.41

表 8　ZP275 型转盘钻井参数(电机功率 P_i=400 kW，η_p=0.90)

开钻次序	井深 H/m	转速 n /(r·min⁻¹)	钻压 W/kN	扭矩 M_{max} /(kN·m)	转盘功率 $P_p=0.115Mn$ /kW	$\phi_p=\frac{P_p}{P_i}$	$\phi_{b_{pj}}$	全井 ϕ_j
一开	0～200	50	80	10	64	0.16	0.29	0.65
二开	200～1 600	180	200	12	276	0.69	0.79	
三开	1 600～3 200	140	150	16	285	0.72	0.59	

表 9　起钻工序参数[735 kW(1 000 hp)绞车，其电机(2×400) kW，绞车到游系的效率 η_y=0.75 和功率 P_y=600 kW]

井深 H/m	游系载荷 F/kN	钩速 v /(m·s⁻¹)	游系功率 P_y/kW	ϕ_y	ϕ_j	ϕ_{jj}	ϕ_{bpjj}
3 200～1 389	1 150+100～500	0.48～1.20	600	1.0	0.75	0.62	0.64
1 389～0	500～100	1.20	600～120	0.6	0.45		

虽然,F1300 泵具有加压 25 MPa 的能力,但因泵和循环系统在高压下的故障率高,暂不推荐。如果计入起下钻上卸螺纹都由绞车的猫头来完成,计入下钻工序起空吊卡的功率消耗,则整个起下钻工序的功率利用率将下降到 0.55,全井的功率利用率将下降到 0.6。

从上述计算数据中可以看出,全井功率利用率偏低有以下原因:

(1) 钻进到 1 600~3 200 m 井深过半时,只开单泵。

(2) 由于分组驱动,在起下钻过程中,双泵全停。

(3) 从井深 1 389 m 往上,起钻用最高起升速度 v_k=1.2 m/s 时,载荷递减,但钩速不能递增,功率将直线下降。

4 ZJ40 型钻机更新方案

4.1 ZJ40 钻机更新方案一

方案一为偶合器链条并车分组机械驱动钻机——ZJ40/2250LOT-1 型,如图 27 所示。

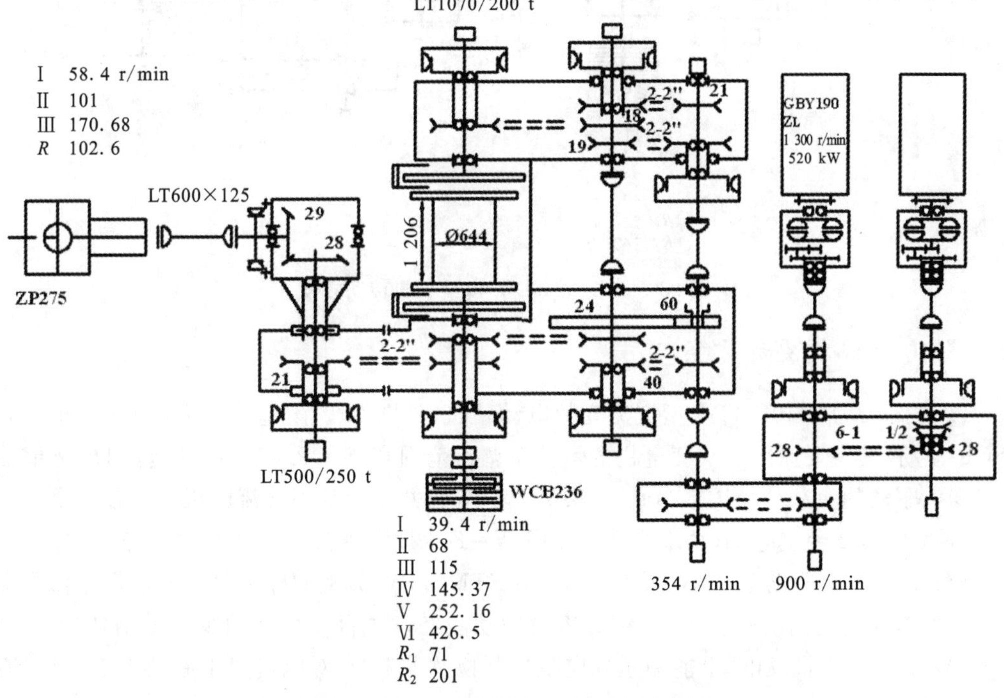

图 27 ZJ40/2250LOT-1 型钻机传动方案

(1) 主机为 2 台 G8V190Z_L-3 型柴油机,每台转速为 1 300 r/min,12 h 标定功率为 520 kW(持续标定功率为 470 kW),通过液力偶合器正车减速箱(i=1∶4)、气胎离合器、链条并车及传动箱,驱动 735 kW 五轴气胎离合器换挡绞车,得到 6 正挡 1 倒挡,绞车主刹车为液压盘式刹车(2 盘各 2+1 钳),辅助刹车为 EJN236WCB 型双作用气动推盘刹车,钢丝绳仍用标准的 ϕ32 mm(试验型用 ϕ29 mm 钢丝绳,滚筒尺寸减少为 ϕ508 mm×1 067 mm),主机(动力绞车和转盘)由半拖挂车装运。

(2) 泥浆泵机组为 2 台 G12V190Z_L-3 型柴油机,每台转速为 1 300 r/min,12 h 标定功率为 870 kW(持续标定功率为 780 kW),通过偶合器正车减速箱,万向轴驱动 F-1300 型泥浆泵正转,用轮式半拖挂装运。

(3) 二节套装K形井架,水平拉出,机械起立架脚落地,旋升式底座一次起升,主机与拖车架脱离上高台,井架与底座分别用轮式半拖挂装运对接。

(4) 为了满足出口的要求,绞车增加一根捞砂滚筒——猫头轴,成为六轴绞车,形成ZJ40/2250LOT-2型钻机,如图28所示。

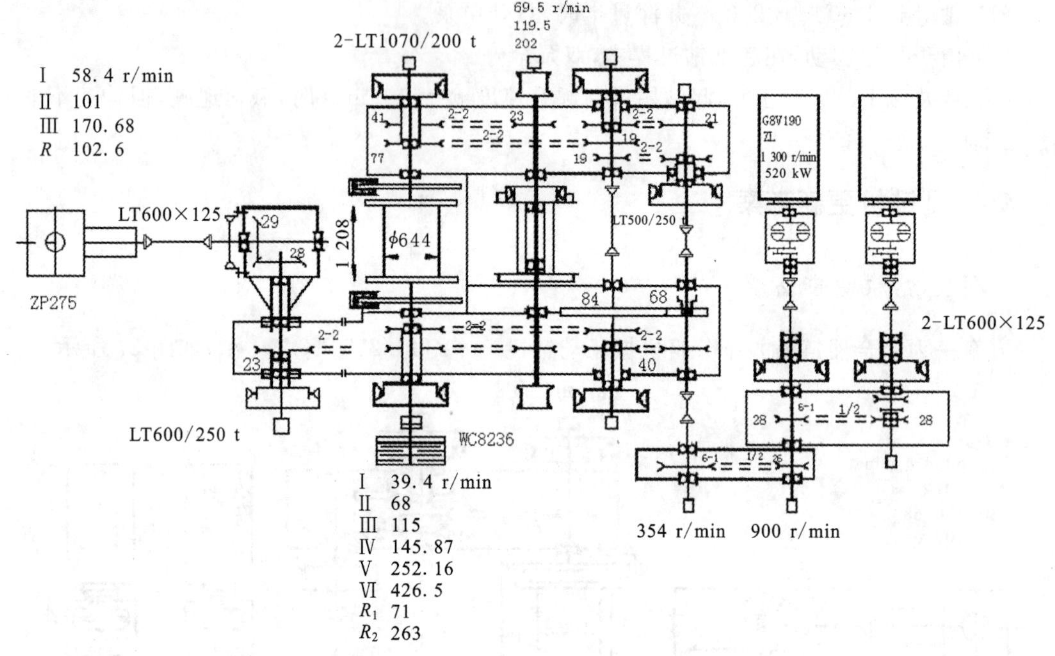

图28 ZJ40/2250LOT-2型钻机传动方案

4.2 ZJ40型钻机更新方案二

(1) 方案二为ZJ40DBT-1型交流变频电动钻机,见图29。该型钻机采用VFD驱动而不用SCR驱动,其主要原因是交变电机的恒功率调速范围宽,$R=2.40\sim2.88$,可用单速单轴绞车;交变电驱动的负载功率因数$\cos\varphi=0.97$,效率高;井口转盘用交流电机驱动较安全。

(2) 主机由2台主电机(功率为2×400 kW=800 kW)通过推盘离合器并车,经过二级齿轮减速箱($i=1:6$)驱动735 kW单轴绞车,用ETN436WCB型双作用气动推盘刹车作为主刹车,辅助刹车为能耗制动式刹车,下钻时滚筒轴动能经过1台1∶50的少齿差增速箱,拖动1台45 kW交变发电机发电,电能输送到电阻控制柜及电阻箱,对电机产生制动力矩,限制滚筒轴的下钻转速。

(3) 钻进时,主机中的1台400 kW电机通过链条传动箱、角传动箱和万向轴,驱动ZP275型转盘。2套单机泵组,各由1台800 kW交变电动机(或直流电动机)驱动1台F1300型泥浆泵。可同时开动绞车、转盘和1台泥浆泵进行正、倒划眼作业。

(4) 发电机组由3台A8V190Z_L型柴油机(各1 500 r/min,800 kW)和3台发电机[各700 kW/2 150 (kV·A)]组成,总发电量为2 100 kW,能够满足正常钻进用1 000~1 800 kW的需要,开2台发电机组1 400 kW足够起钻时800 kW的需要。

(5) 关于单速单轴绞车功率配备的特殊问题。

① 要求起钻时钩速$v_1=0.5$ m/s,$v_k=1.5$ m/s,恒功率调速范围$R=3$。但是永济电机厂的YZ系列电机最高只能实现$R=2.4$,即实现$v_1=0.5$ m/s,$v_k=1.2$ m/s。现今绞车配备2×

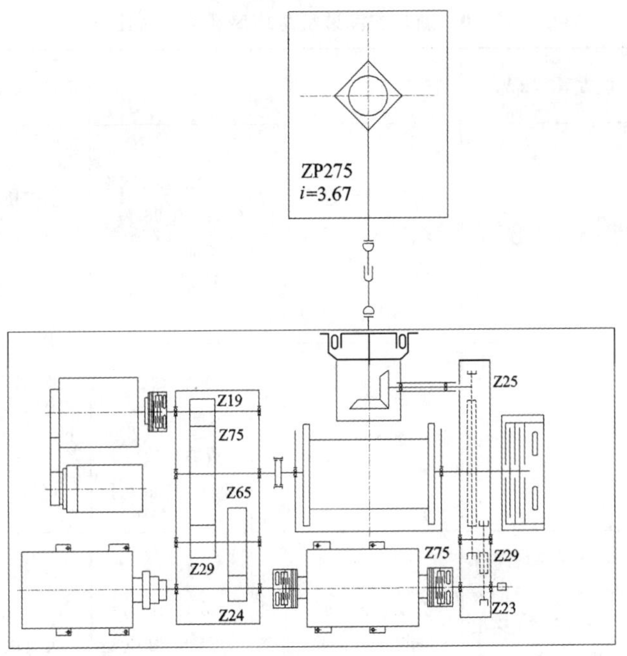

图 29　ZJ40DBT-1 型钻机传动方案

400=800 (kW)的交变电动机，绞车功率 735 kW，游动系统功率 600 kW，当起升用 1 150+100=1 250 (kW)时，实际 v_1=0.48 m/s，v_k=1.15 m/s。

② 如果认为下钻时，起空吊卡的 v_k=1.2 m/s 太慢，若要加快到 v_k=1.5 m/s，则必须增加 1.25 倍的起升功率，即绞车配备功率为 2×500=1 000 (kW)，绞车输入功率 735×1.25=919 (kW)(1 250 hp)，为非标准配备。若减速箱速比由 i=6.0 改为 i=4.8，能得到钩速 v_1=0.625 m/s，v_k=1.5 m/s。

③ 最佳配备方案。选用 GEB22A1 型交变钻井电动机，其 n_e = 800 r/min，n_{max} = 2 300 r/min，R=2.88，不必增加功率，绞车仍有 800 kW，即可实现 v_1=0.5 m/s，v_k=1.44 m/s。

(6) 为了出口的需要，采用单独电驱动方案，如图 30 所示，转盘的传动更加简单，总体布置方案可实现动力绞车拖车在低位后台就位，只有转盘在高钻台面上，钻台面上非常空旷。

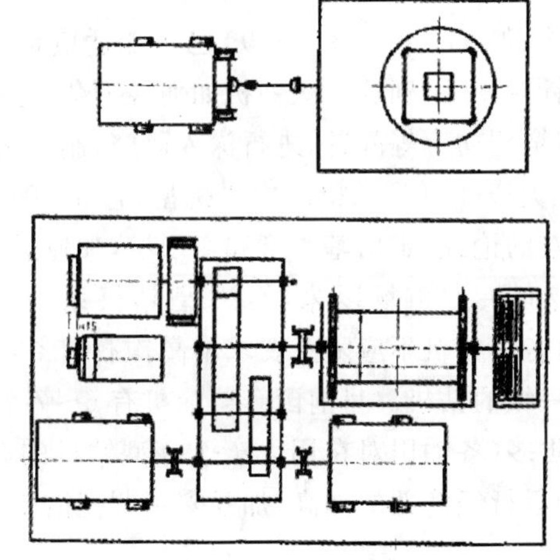

图 30　ZJ40DBT-2 型钻机传动方案

新老方案装机总功率及特性的对比见表 10。

表 10　新老方案装机总功率及特性对比

方案序号	机型	总功率*/kW	结构轻便性	节油性	安装运移性	钻井经济性
1	大庆Ⅰ-130	3×750=2 250	机动，统一驱动，EV带并车，泵倒转 繁重	一级齿轮减速箱，η=0.96 省油 80×10^3 kg/月	小模块，散装57～60车次，8 d	功率利用率ϕ=0.65 机械钻速3～5 m/h 钻井周期40～50 d
2	ZJ40/2250L	3×750=2 250	机动，统一驱动，变矩器链条并车 繁重	变矩器，η=0.8 费油 120×10^3 kg/月	小模块，散装40～43车次，7 d	ϕ=0.5 机械钻速4～7 m/h 钻井周期30～35 d
3	更新ZJ40/2250LOT-1	2×(470+780)=2 500 比方案2多出250 kW，分组驱动，钻进时绞车的1台柴油机停，起钻时，钻井泵组的2台柴油机全停	机动，分组驱动，便于安装钻丛式井，偶合器链条并车，偶合器单机泵组 较轻便	偶合器，η=0.97，柴油机运行时负载较满 省油 85×10^3 kg/月	大模块，轮式拖挂车搬运<30车次，3 d	ϕ=0.6 机械钻速5～10 m/h 钻井周期25～28 d
4	更新ZJ40 DBT-1	3×800=2 400 比方案2多出150 kW，柴油机—发电机组视负载自动摘挂挡	电动，分组或单独驱动，主机双电机机械直接并车，单轴绞车，单机泵组 轻便	电传动，η=0.98，柴油机满载运行 省油 83×10^3 kg/月	大模块，轮式拖挂车搬运<30车次，3 d	ϕ=0.64 机械钻速5～10 m/h 钻井周期23～25 d

注：* 表示以钻进时持续标定功率为准，不包括辅助发电机功率。

5 结　论

(1) 现行石油钻机行业标准 SY/T 5609—1999 已不能适应形势发展的需要，应尽快组织新系列标准的修订，尤其应针对 40 系列这一级钻机如何轻型化、拖挂化、偶合器化以及对交流变频电动单速单轴绞车如何增配功率等问题，进行深入研究，制订出修订意见。

(2) 40 系列钻机是替代大庆-130 型钻机的主要机型，它和 50 系列钻机拉不开档次，最难设计，应加快组织对更新方案的论证，定出基本型和变形型，加速进行样机的制造和试验。

(3) 自从由卖方市场转向买方市场以来，ZJ25 型钻机系列出现了最大钩载为 1 800，2 000，3 000 kN 的钻机。对各级钻机不应随意要求增高钩载储备，如有超深钻探、复杂地层和处理事故的需要，应选用高一级的钻机。目前配套柴油机有 6～7 个品种，泥浆泵有 8～9 个品种，机—电复合型钻机品种更多(各油田对在用大庆-130 型钻机的改造多属这种类型)。为有利于钻机技术水平的发展和运行经济性的提高，加强宏观调控措施已刻不容缓。

30. 电动钻机的工作理论基础
——系列专题之七

【论文题名】　电动钻机的工作理论基础——系列专题之七

【期 刊 名】　石油矿场机械,2004 年第 34 卷第 3 期、第 4 期、第 5 期

【摘　　要】　近年来,电驱动已成为石油钻机的主要驱动形式,是钻机自动化、智能化的坚实平台。文章就电动钻机的部分工作理论作初步剖析,包括钻机工作机组对电驱动的要求,可控硅直流电驱动和交流变频电驱动的工作原理,直流电动机和交流变频电动机等的特性分析,电动机的四象限运行和能耗制动原理等。

【关 键 词】　钻机　可控硅直流电驱动　交流变频电驱动　电动机

【Abstract】　The electrical drive has been the main form for oil drilling rig recent years. It become the rigit platform of approaching automation and intelligency. In this artical partial working theories of electrical drilling rig was analysed initially, such as the requirments of electrical drive for the working machine, the working principles of SCR DC drive and VFD AC drive, analysis of characters of DC and AC motors, the four quadrant motion and principles of energy brack etc.

【Key words】　drilling rig; SCR DC drive; VFD AC drive; electrical motor

在石油钻机上采用电驱动,与传统的机械驱动相比,具有传动效率高,对负载的适应能力强,安装运移性好,处理事故能力及对机具的保护能力强,易于实现对转矩、速度、加减速度及位置的控制,易于实现钻井的自动化和智能化等诸多优越性能,因此,近 20 多年来,获得迅速发展。在海洋钻井平台上,近 100%的钻机更新为可控硅直流电驱动;在陆上,从深井超深井钻机开始,绝大部分更新为直流电驱动,并已向中深和轻型钻机、修井机发展。近 10 a 来,由于电力电子技术的发展,功率变换器的高频化和集成化,促使交流变频电驱动钻机日益显示其更胜一筹的性能,“交流电驱动必将取代直流电驱动”。

本文分别介绍可控硅直流电驱动和交流变频电驱动钻机的部分工作理论,作为入门知识,供从事钻机研发、营销和使用的技术人员参考。

1　电动钻机的类型

1.1　可控硅直流电驱动(AC—SCR—DC)

可控硅整流器(Silicon Controlled Rectifier,SCR)。

柴油机交流发电机组(3~5台) —交流母线—
- 整流器—直流电动机—绞车—转盘
- 整流器—直流电动机—钻井泵1#
- 整流器—直流电动机—钻井泵2#
- 变压器—MCC(交流电动机控制中心)

1.2 交流变频电驱动(AC—VFD—AC)

变频器(Variable Frequency Driver,VFD)。

(1)

(2) 变频器=SCR整流器+直流环节(滤波器)+逆变器

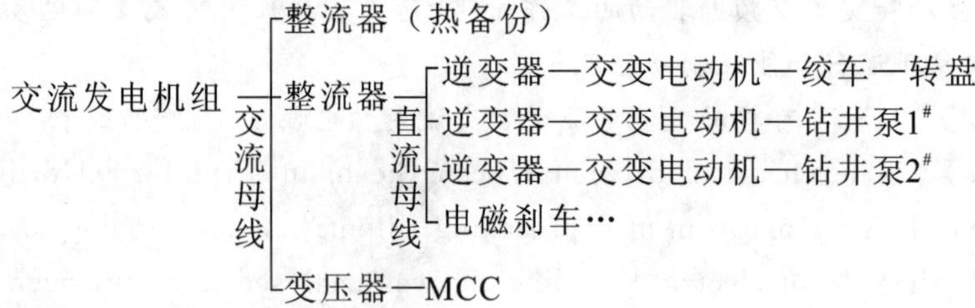

1.3 复合驱动

1.3.1 电—机复合驱动

(1) VFD—交变电动机—绞车—转盘(高台)。

柴油机—钻井泵 1#

柴油机—钻井泵 2#

单设交流发电房,适用于丛式井。

(2) VFD—交变电动机—转盘(高台)。

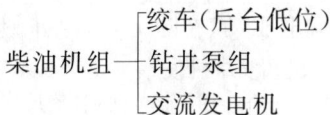

柴油机组—绞车(后台低位)

柴油机组—钻井泵组

柴油机组—交流发电机

1.3.2 交—直电复合驱动

VFD—交变电动机—绞车—转盘直流母线—SCR—直流电动机—钻井泵组

2 钻机工作机组对电驱动的要求

2.1 绞车起升机组

2.1.1 功能和要求

(1) 起钻操作。挂合绞车主滚筒,在起升1根立根的过程中,启动、加速、匀速提升,惯性制动减速、停止。要求绞车电动机具有短时过载能力,以克服启动冲击负载和振动载荷,能短时制动悬持。

(2) 全部起升过程。在电动机的恒功率段运行,$W_v=P=c$(常数),即,随着钩载 W 的递减,应随时无级地自动调高起升速度 v,以缩短起钻时间,由于电动机的恒功率范围一般小于要求的起钻速度范围,所以绞车仍要设几个挡,Ⅰ挡起升速度 $v_1\geqslant 0.5$ m/s,它对应的钩载 W_1 为最大钻柱质量,应不超过变流器安全极限的钩载。最高起升速度 $v_k\geqslant 1.5$ m/s,它能够提起部分钻柱，但主要用于下钻起升空吊卡，起升调速范围 $R \geqslant 1.5/0.5=3$。

(3) 下钻操作。绞车安装有主、辅刹车，主刹车有带刹车、液压盘式刹车和 ETN 刹车，辅助刹车有电磁刹车和能耗制动(水刹车已淘汰)。在下 1 根立根行程中，主刹车松刹，大钩负载会加速降落，用辅助刹车控制到均匀的下钻速度 $v_F=0.5\sim2$ m/s。辅助刹车控制减速，主刹车刹死。

(4) 送钻钻进操作。在一定的岩层下，控制主刹车，以基本恒定的钻压和转盘转速钻进。在自动送钻系统中只能用液压盘式刹车和 ETN 刹车作为执行机构，不能用电磁刹车(在低速下制动转矩太小)。当用送钻交变电机能耗制动来实现自动送钻时，要求电机在零转速下能达到满转矩，实现在极低转速下的精确控制钻压和钻速。

(5) 下套管操作。在恒转矩段内，以合适的事故挡 $v_0 \leqslant 0.25$ m/s 和最大游系绳数提升最大钩载 W_{max}(最大管柱质量＋动载)；主、辅刹车应具备在 W_{max} 钩载下以安全的低速的下放能力。

(6) 处理事故操作。用事故挡和接近 W_{max} 的钩载提拔被卡钻柱，冲击性很大，电动机和变流器的安全限设定为 $< W_{max}$。

钩载储备系数 $K_W=W_{max}/W_z\approx2.0\sim2.5$，总起升速度范围 $R\geqslant1.5/0.25=6$。

(7) 安装猫头、机械猫头和捞砂滚筒的绞车，还应承担崩卸钻杆螺纹和辅助起重的工作，例如，手动大钳的臂长为 1 m，崩扣转矩为 100 kN·m，则猫头绳拉力为 100 kN。捞砂滚筒承担绳索取心、试油测井等工作，要求绞车电动机能无级调速。

(8) 绞车上安装过卷阀与主刹车联动，能起到防止上碰天车、下砸转盘的作用，同时安装游车位置电控系统。

(9) 绞车在起升整体水平安装的井架和底座时，其起升钩载控制在 W_{max} 以下。

2.1.2 起升曲线和起升挡数

游系大钩在绞车电动机恒功率段无级调速控制下的起升曲线如图 1 所示，如能理想地完全按 $P_G=C$(常数)曲线起升，则其功率利用率 $\eta=1(100\%)$，而实际起升过程是按图中小阶梯递减起升的，其 $\eta=0.95\sim0.96$。机械驱动四挡起升，其 η 最大只能达到 0.8，不能利用的功率为阴影部分面积。

设绞车电动机恒功率调速范围为 R'，起升要求的调速范围为 R，则 $R'^K=R$，K 为绞车起升挡数。

它励直流电动机(如，GE752AF8，YZ08F) $R'=1.2\sim1.3$，它驱动的绞车挡数 $K=6.00\sim4.18$，设计为 6～4 挡。串励直流电动机(如，GE752AF8YZ08)，交流变频电动机(如，YJ13，YJ13E) $R'=1.6\sim2.4$，$K=2.34\sim1.26$，应设计为 3～2 挡。如，YJ13H，$R=3$，$K=1$，设计为 1 挡，即单速绞车。

2.1.3 交变电动机驱动单速单轴绞车的功率配备

如，电动机的恒功率调速范围 $R'=3$，$K=1$，可按绞车的额定功率 100%配备其功率，提升速度可实现 0.5～1.5 m/s。如，电动机的 $R'=2.4$，$K=1.26$，仍用单速绞车，则只能达到起升速度 0.5～1.2 m/s，如图 2 所示。

如果下钻过程中提升空吊卡的速度为 1.2 m/s，太慢，仍要求它达到 1.5 m/s，则 1.5/1.2＝1.25，绞车必须按 125%的额定功率来配备功率，即图 2 中 P_J 由 1 100 kW 提高至 1 375 kW。另一方面，单速绞车如要起升最大钩载 W_{max}，则必须要用电动机的间歇转矩(＝1.5倍额定转矩，60 s)和游系最大绳数(12 绳)，$W_{max}/W_z\approx2$，绳数 12/10 ＝ 1.2，则 2/(1.20×

1.25)=1.30,即要用 1.30 倍的电动机额定转矩。如不动用间歇转矩,则必须多配备 2.0/1.2=1.667 倍的功率,这是极不经济的。

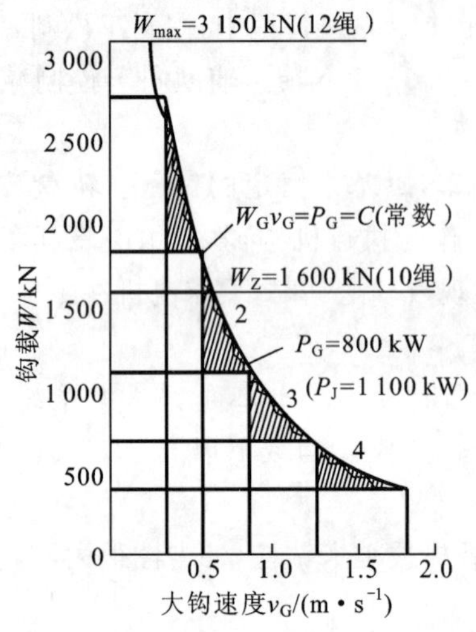

图 1 ZJ50DB 型钻机 4 挡绞车大钩提升曲线

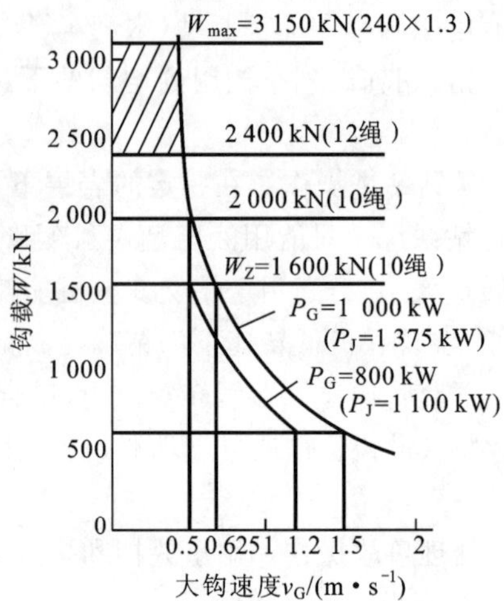

图 2 ZJ50DB 型钻机单速绞车—大钩提升曲线

SY/T 5609—1999 标准中为 ZJ40,50,70,90,120 型各级钻机绞车配备的额定功率分别为 735,1 100,1 470,2 210,2 940 kW;为 15 000 m 钻机绞车配备的额定功率将高达 3 600~4 400 kW。

2.1.4 绞车电动机功率配备方法

绞车的功率配备过大,则一次投资大,电动机经常欠载运行,其效率和功率因数将降低。如果配备的功率过小,电动机经常过载运行,则会因电动机过热而严重降低其寿命。

(1) 简单方法。根据统计,绞车的负载率 $JC \leqslant 60\%$,设绞车的额定功率为 P_L,电动机的额定功率(连续功率)为 P_n,电动机的间歇功率(绞车功率)为 P_s

$$P_s = (1.2 \sim 1.25) P_n$$

$$P_n = \sqrt{JC \times P_L^2} = \sqrt{0.6 P_L^2} \approx 0.8\ P_L$$

令 $P_s \geqslant P_L$。如,ZJ70DB 型钻机绞车额定功率为 1 470 kW,为其选配 2 台各为 600 kW 的交流变频电动机,按间歇功率计算,绞车实配功率 P_s=1 200×1.25=1 500 kW>1 470 kW,满足要求。

(2) 计算方法。

① 按起钻全过程计算绞车电动机的负载图谱,并求其平均值 $\bar{P}$:

$$\bar{P} = \sum_{i=1}^{n} P_i t_i \Big/ \sum_{i=1}^{n} t_i$$

② 预选电动机额定功率 $P_N = (1.2 \sim 1.5)\bar{P}$。

③ 校核预选电动机的发热量、过载能力和启动能力。电动机的允许温升由其绝缘材料等级来决定,校核都通过了便可确定 P_N。

目前,ZJ90 型钻机绞车额定功率为 2 210 kW,ZJ120 型钻机绞车的为 2 940 kW,ZJ150 型钻机绞车的为 3 600~4 400 kW。

为保证钻井安全,绞车至少应配 2 台电动机,一旦其中一台发生故障,另一台电动机可用事故挡将最大钻柱钩载提出井底。对于轻型绞车,如,配备 1 台电动机,则须另配 1 台应急小电动机及高传动比减速机,如,绞车与转盘联动,在钻进工况中,由其中 1 台电动机驱动转盘,以提高其功率利用率。

2.2　转盘与顶部驱动系统

2.2.1　转盘的功能和要求

(1) 借助方补心、方钻杆驱动钻杆柱及钻头，进行破岩钻进和正倒划眼扩孔。

(2) 根据井深和岩性的变化应能随时调整适宜的转速，既能在低转矩高转速下工作，又能在高转矩低转速下工作，转盘的调速范围为 $R=6\sim10$（$n_{\min}=30\sim50$ r/min，$n_{\max}=300$ r/min），由它励直流电动机驱动的转盘基本在恒转矩段内工作，一般设 2 挡，由串励直流电动机和交变电动机驱动的转盘可在基频上下工作（即在恒功率和恒转矩 2 段内工作），由于调速范围较宽，可设 1 挡，如图 3 所示。

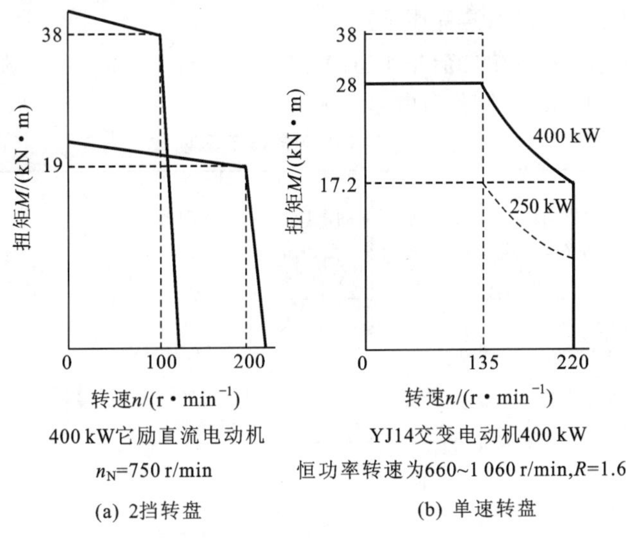

400 kW它励直流电动机
n_N=750 r/min
(a) 2挡转盘

YJ14交变电动机400 kW
恒功率转速为660~1 060 r/min，R=1.6
(b) 单速转盘

图 3　转盘的工作特性

(3) 承受最大钩载的静负荷。

(4) 能锁住转台，承受井底动力钻具的反转矩。

(5) 在处理事故时，转盘能在零转速下输出最大转矩以解卡，能反转卸螺纹，能以小钻压低转速造螺纹。

(6) 在电控系统中设转盘最大转矩限制，当达到时电动机立即停转，以仿扭断钻具。

(7) 转盘位于井口Ⅰ级防爆区，所配电动机都必须为防爆型。

2.2.2　转盘参数

转盘以其开口直径为主参数，最大转速（如 300 r/min）为辅参数，而没有转矩和功率等参数规定。表 1 为计算数据，仅供参考。

表 1　各级转盘的参考数据

钻机型号	转盘开口直径/mm(英寸)	最大载荷/kN	连续工作转矩/(kN·m)	连续工作转速/(r·min⁻¹)	参考功率配备/kW	井况
ZJ30	ϕ20.7(20½)	1 700	15	150	250	浅直井
ZJ40	ϕ698.5(27½)	2 250	20	150	325	中深直井
ZJ50	ϕ952.5(37½)	3 150	25	150	400	深直井

续表 1

钻机型号	转盘开口直径/mm(英寸)	最大载荷/kN	连续工作转矩/(kN·m)	连续工作转速/(r·min^{-1})	参考功率配备/kW	井况
ZJ70	ϕ1 257.3(49½)	4 500	30	150	500	超深大位移水平井海洋井
ZJ90	ϕ1 257.3(49½)	6 800	40	150	650	同上
ZJ120	ϕ1 257.3(49½)	9 100	50	150	800	同上
ZJ150	ϕ1 536.7(60½)	1 000	60	150	1 000	同上

2.2.3 顶部驱动钻井装置(以下简称顶驱)

顶驱的主要功能之一就是在复杂井和超深井中处理事故的能力特别强，所以它所配备的电动机功率等参数都比同级转盘要高许多，如表 2 所示。

表 2 各型顶部驱动装置参数

型号	提升载荷 W_{max}/kN	电动机功率/kW(hp)	连续转矩/(kN·m)	间歇转矩/(kN·m)	额定转速/(r·min^{-1})	管子系统转矩/(kN·m)	用途
DQ-40	2 250	交变 295(400)	30	50	200	70	ZJ30,40 中深井
DQ-50/70	4 500	交变 590(2×400)	45	65	200	80	ZJ50,70 陆上深井，大位移井，水平井、海洋井
DQ-90	6 750	交变/直流 800(1 100)	80	130	200	135	ZJ70,90,同上
DQ-150	1 000	交变/直流 1 100(1 500)	100	145	200	150	ZJ120,150,同上

2.3 钻井泵组

2.3.1 钻井泵组的功能

(1) 排出一定密度一定排量的钻井液(泥浆)，增压循环，以携运井中岩屑，排量要达到环空上返速度 0.4～1.0 m/s。

(2) 冷却润滑钻具。

(3) 支撑保护井壁。

(4) 压井防喷。

(5) 用低密度钻井液(气)进行欠平衡钻井，保护油气层，提高采油率，提高勘探成功率。

(6) 为井底动力钻具提供动力，为超高压冲蚀钻井提供动力。

(7) 当用 MWO 和 LWO 井下仪器时，钻井液作为信号通道。

2.3.2 钻井泵组的泵速调节

(1) 钻井泵组由 2 台或 3 台泵并联组成，可以是同规格的或不同规格的泵。泵组排量为各单泵排量之和，单泵排量 Q 取决于泵速 n_r、泵缸套直径 D^2 及缸数 m，$Q\propto n_rD^2\mathrm{m}$，各单泵输出泵压相同，泵压 $p\propto\gamma HQ^2$，γ 为钻井液密度，H 为井深。如图 4 所示，泵压 p 随井深而升高，井较浅时开双泵、中等缸套以大排量低压钻进，双泵排量要满足大环空中钻井液上返速度的要求，通常 $v_F=0.6\sim0.8$ m/s，井深时开单泵，用大缸套（再换小缸套，图中未表示出单泵 Q 台阶降低）高压钻进。

(2) 从延长易损件寿命考虑，钻井泵的最高冲速 n_r 常限定为泵的额定冲速 n_N 的 80%～85%，如 $n_N=120\ \text{min}^{-1}$，则 $n_r=100\ \text{min}^{-1}$，即 955 kW(1 300 hp)的泵配 800 kW(1 088 hp)的电动机驱动。

(3) 对于电动钻机，宜选用硬特性的它励直流电动机带泵，如图 5 所示，将电动机的额定转速对着 n_r，即泵只在 n_r 以下的恒转矩段内工作。由于电动机的恒功率段很窄，且泵不宜大于 n_r 工作，如用串励直流电动机驱动，由于它的软特性使泵速飘移不稳定，所以也不适宜在恒功率段工作。开钻后泵在一定大缸套下工作，不用换缸套，首先定速工作，随井深 H_1 加深至 H_2，泵压从 a 工作点升至 b，然后人为无级调速从 $b\to d$，基本在 p_{max} 下（或 $<p_{max}$ 任意低值）工作至 H_3 完井，泵的功率利用率得到一定的提高（对比换缸套，未充分利用的功率为阴影面积 bcd）。

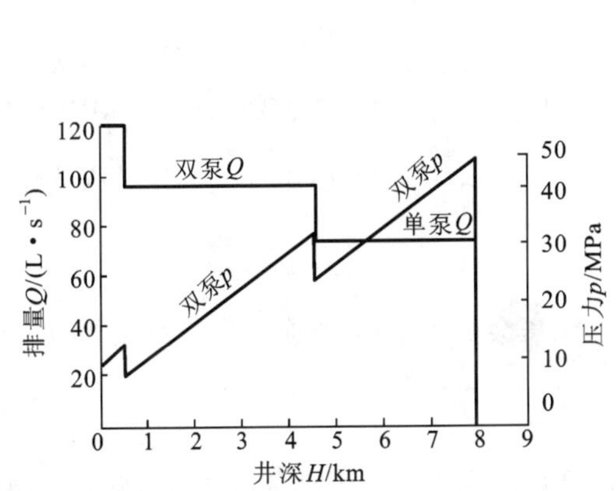

图 4　ZJ90 型钻机配 2 台 1 617 kW 泵，p,Q 随 H 变化情况

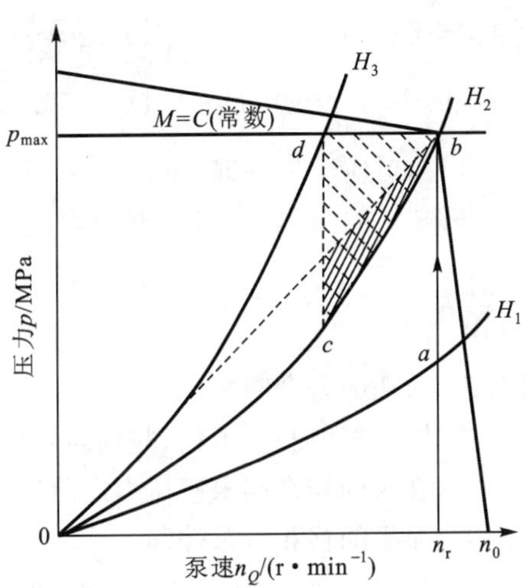

图 5　直流电动机驱动单泵泵速的调节

对于由交变电动机驱动的钻井泵，仍全井不换缸套，可将 n_r 设在恒功率段内，如图 6 所示，在 n_r 以下恒功率段和恒转矩两面内人为调速，由于不同井深段 $p\propto\gamma HQ^2$，不可能按 $pQ=C$（常数）规律自动调泵速，泵压沿 $abdf$ 变化（或低于 bdf 泵压高限），泵的功率利用率提高得更多一些，如图 6 所示。

对于浅井和中深井，由于泵压不高，所以可在恒功率段内人为调速工作。而对于深井超深井，当井浅时先在恒功率段内调速，当井深时泵压升高，则在恒转矩段内调速工作。

(4) 泵速的调节范围，对于中深井，要求最大泵压 $p_{max}\geqslant25$ MPa，最大排量 $Q_{max}=45\sim50$ L/s。选配 2 台 F-1300 型泵，$D=150$ mm，其中 $p_{max}=26.6$ MPa，当 $n_r=100\ \text{min}^{-1}$ 时，$Q_d=26.93$ L/s，$Q_s=63.86$ L/s。当双泵最大排量与单泵最小排量之比为 50/30 = 1.667 时，单泵排量调节范围 $R=\sqrt{1.667}\approx1.29$。若 $R=\sqrt{\dfrac{50}{25}}\approx1.4$，则泵排量调节范围 $R=1.3\sim1.4$。在泵组调速调排量过程中，当一开时，$Q=45\ \text{L/s}\xrightarrow{\div1.3}34.6\ \text{L/s}$；$n_r=83\ \text{min}^{-1}\xrightarrow{\div1.3}64\ \text{min}^{-1}$；当二开时，单泵，$Q=26.93\ \text{L/s}\xrightarrow{\div1.3}20.7\ \text{L/s}$；$n_r=100\ \text{min}^{-1}\xrightarrow{\div1.3}77\ \text{min}^{-1}$。

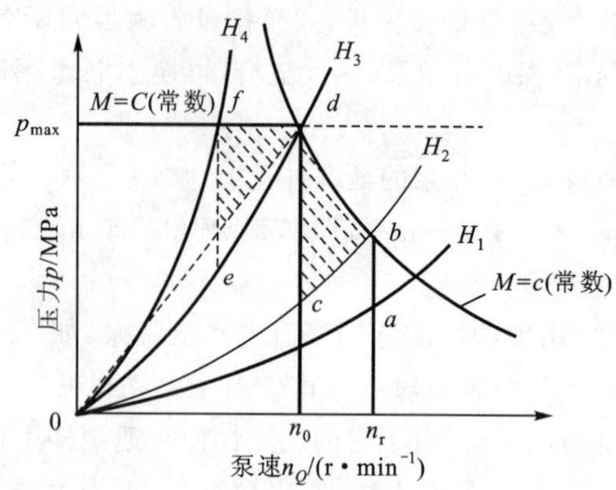

图 6　交变电动机驱动单泵泵速的调节

对于超深井，要求最大泵压 $p_{max} \geqslant 45$ MPa，最大排量 $Q_{max}=90 \sim 100$ L/s。选配 2 台 F-2200HL 型泵，设泵排量比为 4，只将双泵改造单泵达不到此范围，必须换缸套再加无级调排量，$R=\sqrt[4]{4} \approx 1.4$ 或 $R=\sqrt[4]{100/20} \approx 1.5$，当一开时，$D=200$ mm，其 $p_{max}=25.1$ MPa，$n_N=105\ \text{min}^{-1}$，$n_r=90\ \text{min}^{-1}$，$Q_d=50.33$ L/s，$Q_s=100.66$ L/s，$Q_s=100.66\ \text{L/s} \xrightarrow{\div 1.4} 71.9$ L/s，对应于 $n_r=90\ \text{min}^{-1}$、$64\ \text{min}^{-1}$；当二开时，$Q_d=50.33\ \text{L/s} \xrightarrow{\div 1.4} 36$ L/s，对应于 $n_r=90\ \text{min}^{-1}$、$64\ \text{min}^{-1}$；当三开时，$D=150$ mm，其中 $p_{max}=44.7$ MPa（≈ 45 MPa），$Q_d=28.31\ \text{L/s} \xrightarrow{\div 1.4} 20.22$ L/s，对应于 $n_r=90\ \text{min}^{-1}$、$64\ \text{min}^{-1}$。因此，电动钻井泵的人为调速范围为 1.3～1.5。

2.3.3　泵压的安全防护

当钻井遇到泥包、卡钻、井塌等异常情况时，泵压会突然增高（憋泵），电控系统要有泵压限制功能（在泵的安全阀限制压力之前）。

2.3.4　泵组的移相软泵控制

泵组的 1# 和 2# 泵以同一频率（冲速）运行，泵每冲排出有 6 个排量波动，每波占 60°相角，当以 1# 泵为基准，令 2# 泵比 1# 泵滞后 30°相角时，则 1# 泵的波峰恰好与 2# 泵的波谷相重叠，使得泵组总排量趋于平稳，如图 7 所示，这样，可以取消泵的排出空气包，消除或减弱高压管汇和水龙带的振动。

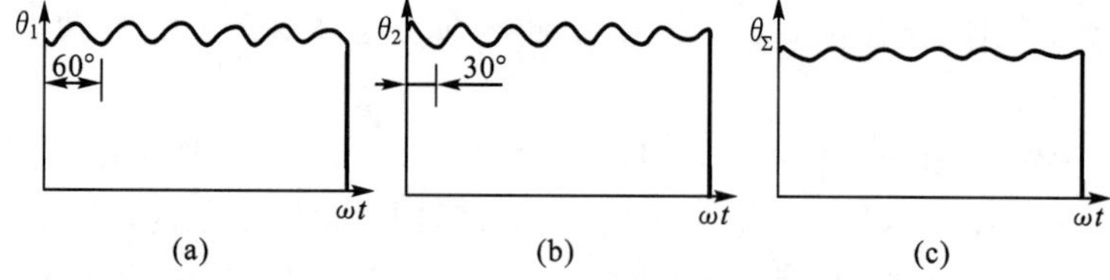

图 7　交变电动机驱动钻井泵组之软泵控制

3　直流电动机的特性对比分析

直流电动机有串励、并励、它励、复励 4 种类型，并励与它励特性相近，有类似于交流电动机的硬特性，串励为软特性，复励的特性介于它励和串励之间。现将电动钻机常用的 2 种直流电动机的特性作对比分析，如表 3 所示。

表3 2种直流电动机的特性对比分析

特性	类型	
	它励	串励
电路原理	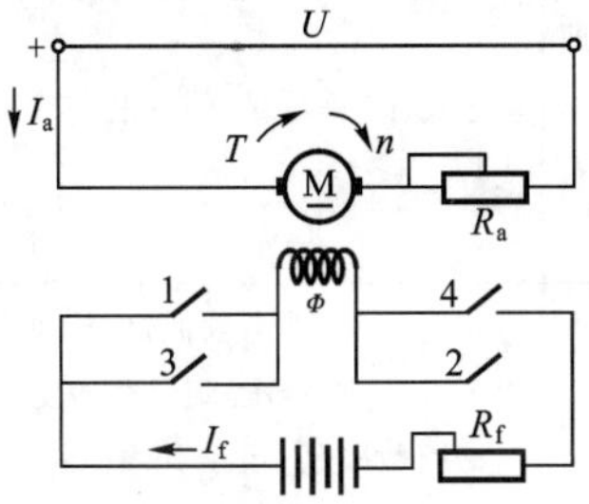	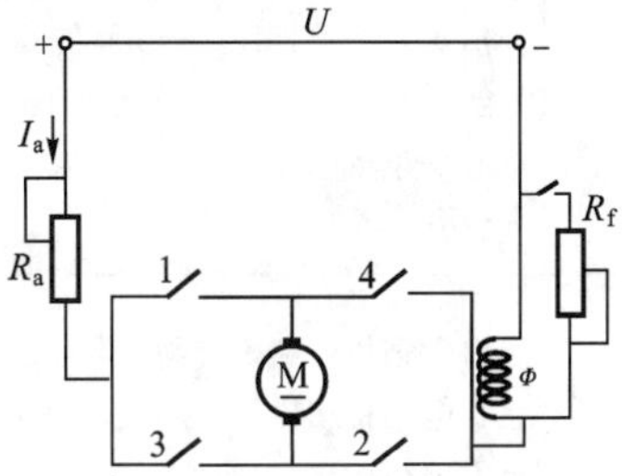
固有特性（电压-转矩、转速平衡方程式）	$T=G_T I_a \Phi$，当 $\Phi=C, T\propto I_a$ $U=E+I_a R_a$ $n_0=\frac{E}{C_e\Phi}=\frac{U-I_a R_a}{C_e\Phi}=\frac{U}{C_e\Phi}-\frac{R_a}{C_e C_r \Phi^2}T$ 硬度 $\beta=\frac{\mathrm{d}T}{\mathrm{d}n}=-\frac{C_e C_r \Phi^2}{R_a}$ β 值很大，n 随 T 的增加基本不变（略有下降）机械特性为硬特性，增矩倍数 1.5	$T=G_T I_a \Phi, \Phi=C_\Phi I_t=C_\Phi I_a$ $T=C_T C_\Phi I_a^2, T\propto I_a^2$ $n=\frac{U-I_a(R_a+R_f)}{C_e\Phi}=\frac{U}{C_e\Phi}-\frac{R_a+R_f}{C_e C_T \Phi^2}T$ $n=\infty-T, T\propto I_a^2$ n 随 T 的增加而降低且随 I_a^2 而变化 机械特性为软特性，增矩倍数 1.6～1.7
特性曲线	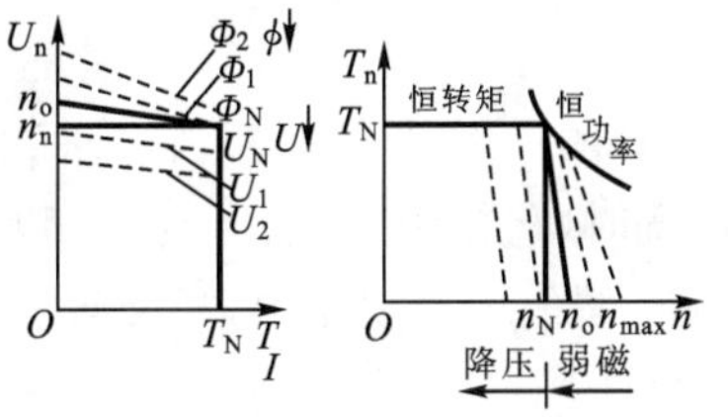	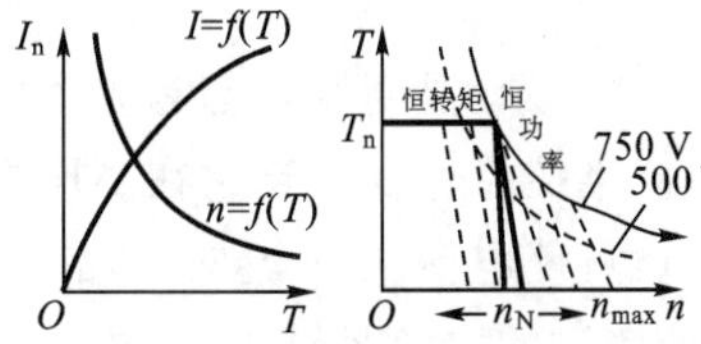
调速方法（人为特性）	1. 电枢降压调速　当 $\Phi\infty C, n\infty U$，在 $n<n_N$ 的恒功率段，用功率半导体器件调节 SCR 的输出电压 U 即可将电动机平滑地调至任意 n 值上，但效率降低 2. 励磁回路弱磁调速　当 $U=C, n\infty 1/\Phi$，在 $n>n_N$ 的恒功率段，用 R_f 调节 I_f，减弱磁通 Φ，但它的 $n_N<n<n_{max}$ 恒功率范围窄，只有 120%	1. 改变端电压、向下调速　由于磁通 Φ 随 I_a 变化，端电压 U 与转速 n 不成比例变化，在恒转矩段，$n<n_N$，令 $R_f=0$，调节 R_a，R_a 增加→n 降低 2. 励磁绕组分流、向上调速　在 $n_N<n<n_{max}$ 恒功率段，导通开关 K，减少 R_f，Φ 降低→n 增加 失磁保护　当钻机皮带或链条断裂，电机轻载易"飞车"（失磁超速），设超速保护回路或改选用复励电动机
反转控制	容易，由于 I_f 很小，只需改变磁场极性即可实现反转 正转：开关 1、2 导通，3、4 关断（Ⅰ象限运行） 反转：开关 3、4 导通，1、2 关断（在Ⅲ象限运行）	复杂。由于 $I_f=I_a$ 很大，其换向开关需配大功率的接触器，电缆要加大截面积 反转，开关 3、4 导通，1、2 关断（在Ⅲ象限运行）
平衡性	当 2 台电动机并联带 1 台工作机时，由于其硬特性，电枢电流有较大差别，负载不平衡，需增设一负载平衡回路。它由一电压闭环和二电流闭环组成，采用主从控制方式，电压调节器的输出作为电流调节器的输入，2 台电动机各自的电流反馈，保证 2 台电动机的电流平衡	由于它具有软特性，2 台电动机能自动平衡负载

续表 3

特性	类型	
	它励	串励
供电方式	由于它的硬特性、适用于"一对一"的供电方式，即1台SCR驱动1台电动机，回路简单，运行速度平稳，SCR元件的可靠性比接触器的要高，不能用"一对二"的方式	适用于"一对二"的供电方式(也可用"一对一"的方式)
维护性 经济性	由于钻机驱动中静动负载之差不大，串励电动机与它励电动机相比优势不大。由于其硬特性，其电源侧功率因数较高，I_f 很小，开关更可靠	制造简单，成本较低，但接触器作开关，可靠性差，由于其转速(电压)随负载的变化波动性大，其电源侧功率因数较低；由于其主电枢回路电感小，供电系统电流脉动小、火花较小、维护量较小
适用对象	适用于负载不经常变化的对象，如钻井泵，配备一定的换挡机构也适用于绞车和转盘	适用于负载经常变化的对象，如，绞车和转盘，仍需配备一定的换挡机构

注：T—电动机转矩，电磁转矩；n—电动机转速；n_0—同步转速；n_N—额定转速；U—电枢电压，SCR 输出电压；E—电枢反电动势；I_a—电枢电流；I_f—励磁电流；Φ—磁通；R_a—电枢绕组的等效电组；R_f—励磁电路的电阻；C_e、C_T—分别为电势、转矩常数。

4 现代电力半导体器件——高频开关

4.1 晶闸管——硅晶体闸流管(SCR)

如图 8 所示，晶闸管外部有 3 个极，即，阳极 A、阴极 K 和门板 G，它具有可以控制的单向导通特性(半控型器件)，当它在 AK 之间正向偏置时(A 接+，K 接－)给 G 以足够的电压(称为触发)就可使电流从 A 流向 K，晶闸管导通，G 极便失去控制作用，当反向偏置时(A 接－，K 接+)，或流过的电流足够小时，才能使晶闸管恢复关断。

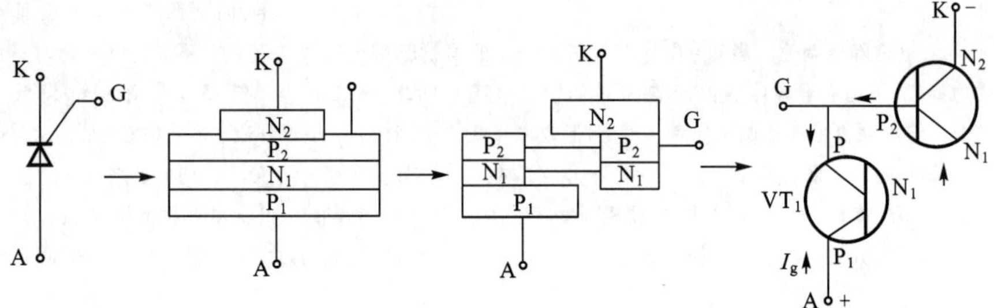

图 8 晶闸管的构成及工作原理

晶闸管的工作原理是，晶闸管内部由 4 层半导体材料构成，分别由 $P_1N_1P_2N_2$ 组成 3 个 PN 结，下面的 $P_1N_1P_2$ 相当于一个三级晶体管 VT_1。上面的 $N_1P_2N_2$ 相当于另一个三级晶体管 VT_2，当门极 G 没有控制电流时，2 个晶体管工作在正向阻断状态；当在 AK 之间正面偏置时，在门极上加上一个正向电流 I_g，经过 VT_2 到 VT_1 的正反馈循环而放大，使 2 个三极晶体管均饱合导通，以至于撤去门极的控制电流，这 2 个晶体管也不会立即关闭，只有在 AK 之间反面偏置时，I_g 减小到十几毫安，晶闸管才能恢复正向阻断状态。在正常电压范围内，晶闸管的反向总是不导通的(单向开关)。晶闸管在变流器(整流器、逆变器)和交流调压中广为应用。

4.2　电力电子器件

在电动钻机中应用的电力电子器件主要有 6 种，如表 4 所示。

电力电子器件的发展方向为集成化、全控化（自关断化）、高频化、大容量大电流化、高压控制化、数控化、多功能化（开关、放大、调制、逻辑运算等）。图 9 为各种电力电子器件的功率-频率范围。

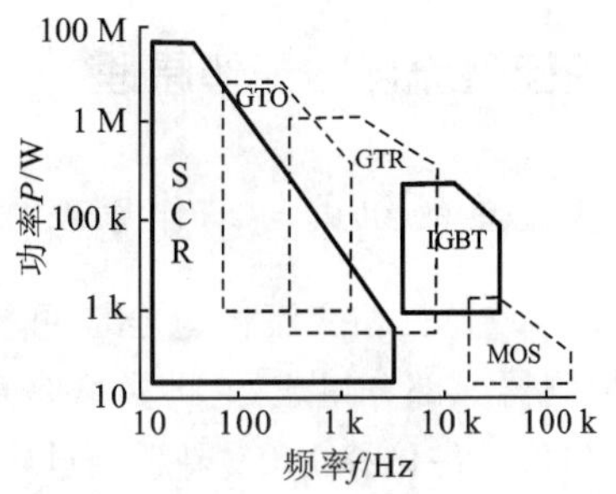

图 9　各种电力电子器件的功率-频率范围

表 4　钻机的电力电子器件

序号	名　称	符　号	特　性	用途、主要公司
1	晶闸管（SCR）	K阴极 G 门极 A阳极	电流半控型器件（只能控制导通，不能控制关断），导通速度 5～30 μs，频率低、效率低、功率因数低、网侧及负载上的谐波严重，最大容量达 4 000 A/7 000 V	大功率整流，直流电源，无功动态补偿 GE、东芝
2	可关断晶闸管（GTO）	K G_{t}on off P_2 N_2 N_1 P_1 A K G A	电流双极全控型，门极有自关断能力，无需反向强迫关断，关断增益过小，关断电流过大，需设缓冲电路，导通快（1 μs），容量大，高达 6 000 A/6 000 V，开关频率可达 1～3 kHz 逐渐被取代	逆变器（PWM，SPWM） 有源滤波器，直流断路器，斩波直流调速电路，无功补偿器
3	大功率晶体管（GTR）	C集电极 G E发射极	电流全控型，驱动电流大，高频特性好，开关频率较低（5 kHz），存在晶体管的二次击穿 逐渐被取代	直流调速
4	电力场效应晶体管（MOS）	D漏极 G S源极	单极电场控制型器件（由金属、氧化物、半导体场效应晶体管构成）。每个 MOS 管由 10^4～10^5 个场效应管 FET 并联而成，体积小，开关速度快，只有几纳秒，功效低，仅为 100 A/1 000 V	开关电源、汽车电器
5	绝缘栅双极型晶体管（IGBT）	C集电极 G E发射极	双导电全控型的器件，综合 GTR 和 MOS 的优良特性，驱动功率小，开关频率高，开关损耗小，无晶体管的二次击穿 低压 LV—IGBT—1 200 A/1 700 V 高压 HV—IGBT—1 200 A/3 300 V，2 000 A/4 500 V	大功率高压变频器 UPS 西门子的 EUPEC、东芝、三菱
6	集成门极换向晶闸管（IGCT）	A G K	综合 IGBT 和 GTO 优点，将功率器件与驱动保护板封装在一起，额定电流和电压大，4 000 A/4 500 V，6 000 A/6 000 V	大功率高压变频器 ABB 专利、GE

5 可控硅整流器的工作原理

5.1 整流器的组成与工作原理

图 10(a)为三相交流供电全波可控硅桥式整流器回路，它由整流桥、直流环节(LC 滤波器)和控制器 3 部分组成，它的负载是直流电动机(电枢绕组的电阻 R)。由于三相交流电的相电压在相角上各位移 120°，要想经过整流得到一个平衡负载的直流电压，整流器需用 6 个相同的晶闸管 SCR 组成桥式回路，1、3、5 号 SCR 为共阴极组，2、4、6 号 SCR 为共阳极组。来自控制器的门极控制触发脉冲信号，每次触发 2 个 SCR，并被正确地正时和同步，利用数字控制可实现控制精度为±1°相角，当 1、3、5 号 SCR 处于正偏置时，触发信号送到任一个 SCR 门极上，触发后电流 I_d 流入负载 R，而后经另一个触发的 SCR(2、4、6 中之一时，处于负偏置)流回电源，每一个 SCR 的导通角为 120°，SCR 触发导通的原则是，共阴极的 1、3、5 号 SCR 当正向电位即将达到最高峰值时(提前 60°)即可触发导通；共阳极的 2、4、6 号 SCR 当反向电位即将达到最低值时(提前 60°)即可触发导通。

(1) 开始前设 A 早已导通，在相角 30°时，A 向电位最高(实为 90°时最高)，触发 1，电流 I_d 经过 1、R、4 流回，得到线电压 U_{AB} 的波形。

(2) 在 90°时，C 相电压最低，触发 6 号，1 号仍在导通，1、6 号同时导通，4 号由于负偏置而关断，得到线电压 U_{AC}，依次类推，如表 5 和图 10(b)所示。

在图 10(c)中可以看到，每个线电压有 60°，3 个波，360°角内有 18 个波，必须经过无源 LC 滤波器才能得到如图 10(d)所示的平滑的直流电压及电流。

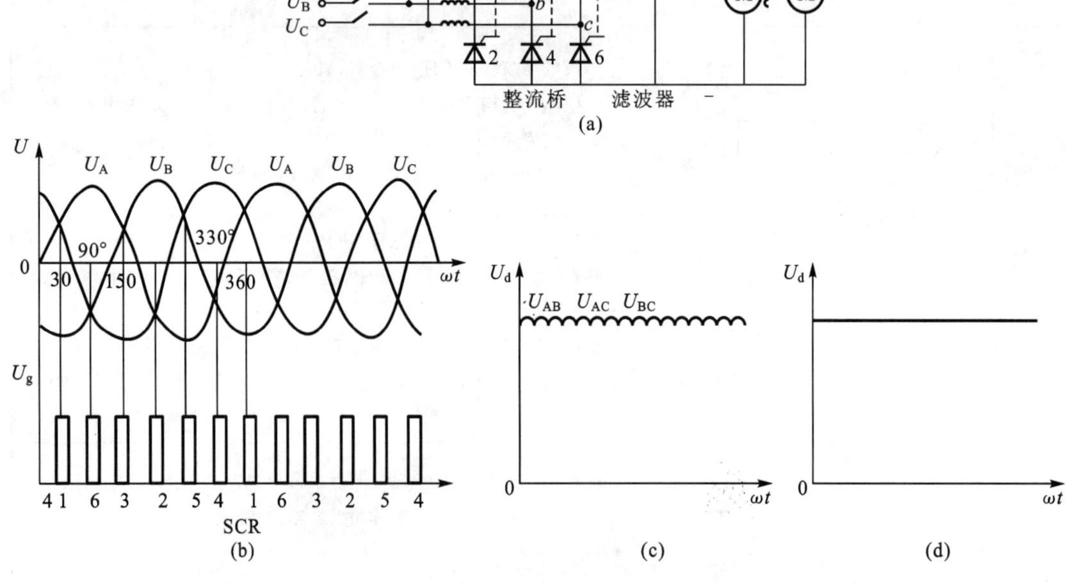

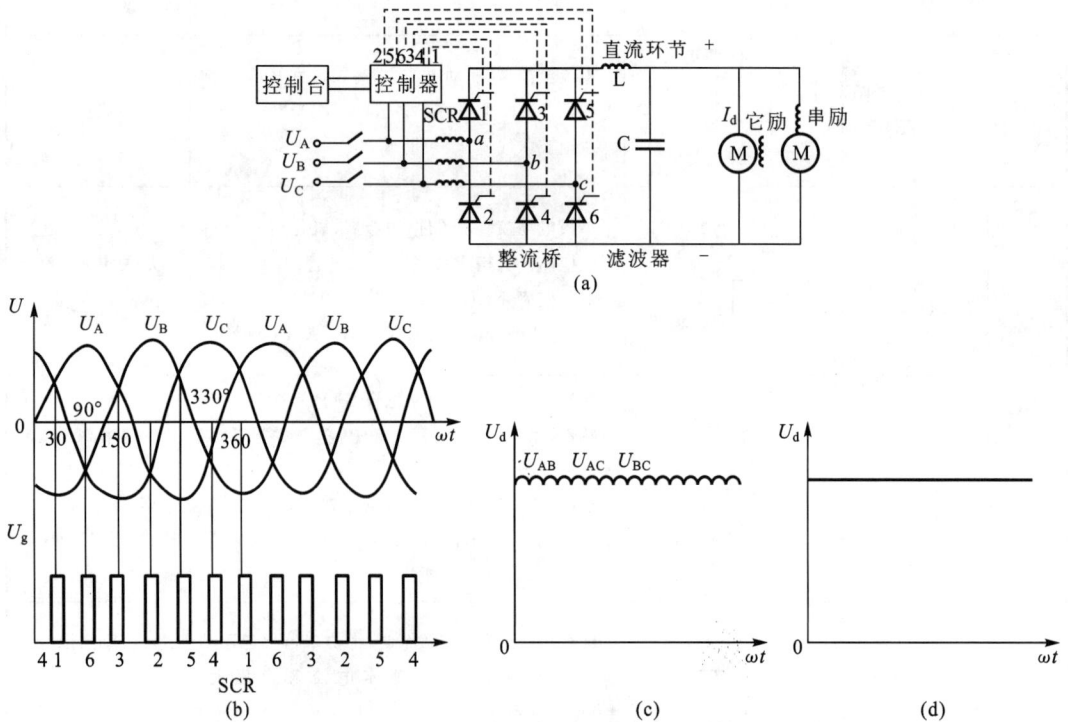

图 10 可控硅整流器的组成和原理

表 5 SCR 导通顺序及线电压

工作模式	相角/(°)	新触发 SCR 号		导通 SCR 号	线电压	三相交流电峰值（相角后 60°）
0	−30	0		4	0	0
1	30	1	4	1	U_{AB}	A 相正电压 U_A 最高
2	90	6	1	6	U_{AC}	C 相负电压 U_C 最低
3	150	3	6	3	U_{BC}	B 相正电压 U_B 最高
4	210	2	3	2	U_{BA}	A 相负电压 U_A 最低
5	270	5	2	5	U_{CA}	C 相正电压 U_C 最高
6	330	4	5	4	U_{CB}	B 相负电压 U_B 最低

5.2 关于“小电网”问题

直流电动钻机的电站一般由 3～5 台柴油机—发电机组成，它们经过调频成同步的 50 Hz，600 V 三相交流电并网到交流母线上，形成一定千伏安的“小电网”。工作机组一般有 3、6 或 7 台直流电动机，如果 SCR 整流器一对一供电时，则有同样台数的 SCR 整流器作为“小电网”的负载，由于“小电网”容量有限，对于来自网侧和负载侧的干扰承受能力很差。

(1) 电压波形畸变，见图 11(a)。今以第一个正弦电压波 U_A 为例，与在 30°相角触发 SCR1 时，瞬间出现电流突变，且在 90°时第 6 号 SCR 导通，在 a 点出现 U_AU_C 两相短路，产生冲击性很大的电流变化率 dI/dt，引起瞬时电压降 $\Delta U = L\dfrac{dI}{dt} + I_R$，造成电网电压波形出现深的缺口，即，电压波形畸变，每个 180°内半波中共有 3 个缺口。电压波形畸变使无功损耗增大，使网路出现高次谐波电流，污染电网，使可控硅整流器的可靠性降低，严重时可使 SCR 误关断。为了消除各可控硅整流器之间的相互干扰，可在三相交流进线上装设换相电抗，可使电压畸变幅值下降 73%，从而大大降低了相间的干扰。

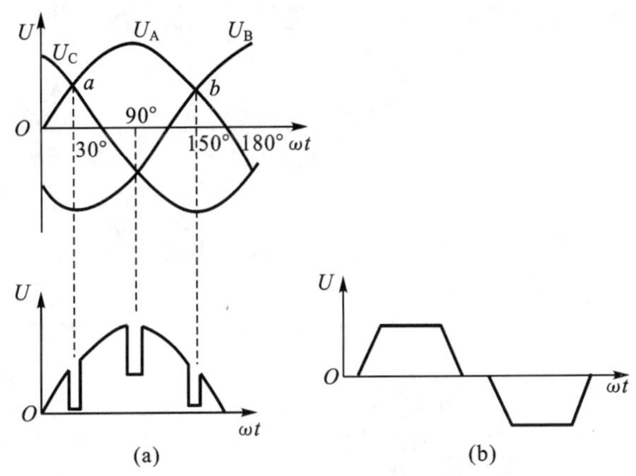

图 11 波形畸变和高次谐波干扰

(2) SCR 整流回路的高次谐波影响。整流器的三相交流进线电流 I 的波形近似梯形，如图 11(b)所示，该曲线经付氏展开

$$I=\frac{2\sqrt{3}}{\pi}I_0[\sin(\omega t)-\frac{1}{5}\sin(5\omega t)-\frac{1}{7}(7\omega t)+\frac{1}{11}\sin(11\omega t)+\frac{1}{13}(13\omega t)+\cdots]$$

高次谐波电流以5、7次为主，它使回路中交流发电机温升提高，电磁振抖及噪声加大，线阻的铜损、铁耗增加，功率因数、效率和产生的力都有所下降。对于SCR宜用宽脉冲数字触发控制器，以提高触发的同步性、对称性，对称性好，则各相负载均衡，降低谐波电流引起的谐振。对于直流电动机，应采用正压防爆，绕组的绝缘等级为H级，它励直流电动机的弱磁调速范围不宜大于1∶1.2。抑制高次谐波干扰的电抗器和屏蔽电缆一般都非常昂贵。

6　交流变频电动机的特性及其调速方法

6.1　三相异步电动机的共性及交变电动机的特性

(1) 异步电动机的电磁关系具有多变量、非线性和强耦合等特点(详见本文8.1)。

(2) 异步电动机没有换向器、电刷和刷架，没有产生火花的危险，省去了这部分的维护，但交变电动机应用于井场第一防爆区内，仍必须制成防爆型(防爆等级LP44)，以避免电动机线圈绝缘老化和接线盒短路，产生火花的危险。

(3) 由于没有换向器对转速的限制，可使异步电动机高速化、大容量化，容量越大其效率越高。

(4) 交变电动机具有较大的转矩储备(1.5～2.5倍)，电动机启动转矩大、电流小，可带载启动，耐负载冲击能力强。

(5) 交变电动机可平滑连续无级调速，恒功率调速范围宽($R=2\sim3$)。

(6) 交变电动机的电源取自变频器，其电压变化率du/dt对电动机的绝缘产生严重影响，变频器自关断器件开关速度越快，电压冲击性越大，因此，电动机绕阻导线面积要加大，采用最高级的绝缘(耐180°的H级或国际200级)，GE公司和我国永济电机厂生产的400～800 kW交变电动机其尺寸和质量与GE752型直流电动机基本相同(便于改装互换)。

(7) 大功率交变电动机的铁耗、铜耗较大，尤其在低速运行时发热量更大，必须配备12～14 kW的异步电动机带动120～150 m^3/min的通风机强制通风冷却。

(8) 交变电动机寿命较长、维修容易，只需每700 h对轴承加一次润滑脂，如果每年电动机工作6 000 h，则年负载率=0.685，每18 000 h更换一次轴承，其寿命可达20 a。

6.2　三相异步电动机的机械特性

异步电动机的固有机械特性曲线如图12(a)所示，其基本工作段呈直线ABD，随转矩T的增加，转速n下降很少，属硬特性。

$$n=n_0(1-s)$$

式中　n_0——同步转速(旋转磁场转速)；

s——转差率。

当$n=n_0$时，$s=0$，$T=0$，为空载工作点A；当$n=0$时，$s=1$，$T=T_{st}$，为启动工作点C；当$T=T_{max}$时，为临界工作点D。额定转矩$T_N=9.55\ P_N/n_N$，P_N为电动机的额定功率，对应的额定转速为n_N，额定工作点为B(见图12)；电动机的过载能力系数$\lambda_T=T_{max}/T_N=1.5\sim2.5$。

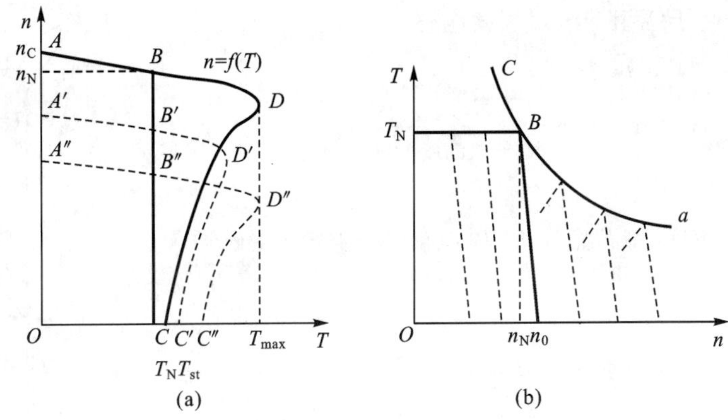

图 12　异步电动机的机械特性曲线

6.3　三相异步电动机的调速传动 ASD

异步电动机的转速

$$n=\frac{60f_1}{\rho}(1-s)$$

式中　f_1——定子绕组电源频率(一般 $f_1=50$ Hz);

ρ——定子磁极对数。

可见,调节 s、ρ、f_1 都可以改变电动机转速 n,可分为 2 种类型,即,低效型调节 s;高效型调节 ρ(为有限级变速)。调节 f_1 是异步电动机唯一高效宽范围无级调速的方法。

设注脚 s 代表定子,注脚 r 代表转子,由于

$$U_s\approx E_s=G_\Phi f_1\Phi$$

$$t=G_T\Phi I_r\cos\varphi$$

可见,电压 U 和感应电动势 E 必须与频率 f_1 协调改变,否则当 U_s 或 E_s 不变只改变 f_1 时,不是引起磁路饱和就有可能使电动机堵转。共有 3 种调速方法。

(1) 保持$\frac{U_s}{f_1}=C$(常数,下同),由于$\frac{U_s}{f_1}=C\Phi$可见,在维持恒磁通 Φ 时,只要 U_s 和 f_1 成比例地改变即可,人为机械特性曲线如图 12(a)中 $A'B'D'C'$,在降速时 T_{max}将降低,在低速时启动转矩 T_{st}将降得很低,以至于不能带动负载,所以它只能应用于小范围调速。

(2) 保持 $E_s/f_1=C$,其人为机械特性曲线如图 12(a)中 $A''B''D''C''$,即可维持 $T_{max}=C$ 的恒磁通调速方式,它适用于范围很宽的恒转矩调速,在钻机各交变电动机中最常用。

(3) 保持 $E_s/\sqrt{f_1}=C$,当调节 $f_1>f_{1N}$时,转矩 T_{max}随气隙磁通的减少而降低,其顶端包络曲线 CBa 即为恒功率调速曲线,见图 12(b)。它广泛用于钻机绞车电动机的调速。

6.4　三相异步电动机的矢量分析

矢量表示电动机三相变量的瞬时值和空间角位置。为了讨论交变电动机的磁场定向矢量控制原理,有必要先了解三相异步电动机的矢量分解图(见图 13),从定子旋转磁场主磁通 Φ 的矢量出发,该磁通相当于一个正弦交变磁通,磁通在定子绕组中感应电动势为 E_s,在转子绕组中感应电动势为 E_r,E_s、E_r 在相位上较磁通 Φ 落后 90°电角度,E_r 产生电流 I_r 为

$$I_r=\frac{E_r}{\sqrt{R_r^2+(s\omega L_r)^2}}$$

式中　R_r，L_r——转子绕组的电阻和漏电感。

I_r 比 E_r 落后一个相角 φ_r

$$\varphi_r = \arccos \frac{E_r}{\sqrt{R_r^2 + (s\omega L_r)^2}}$$

转子电动势 $E_r = I_r R_r + I_r s\omega L_r$。

由于磁铁中有磁滞和涡流损失，磁电流 I_o 的矢量比磁通矢量 Φ 超前 α 角。

定子电流

$$I_s = I_o + I_r, I_r' = -I_r$$

定子电压

$$U_s = U + I_s Z_s, I_s Z_s = I_s R_s + I_s X_s$$

式中　Z_s——定子阻抗；

X_s——定子漏感抗。

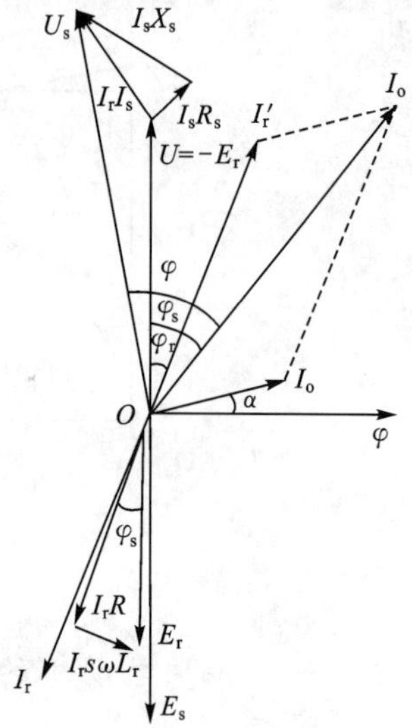

图 13　三相异步电动机的矢量图解

转子电动势 E_r 的频率 f_r 与定子频率 f_s 不相同，所以原则上图 13 上部的定子矢量图和下部的转子矢量图不能画在一起，由于 $f_r \approx f_s$，现将它们近似地画在一起。

磁通矢量 Φ 不随时间而变，但在空间旋转，并沿定子和转子的圆周正弦分布，Φ 相当于一个对转子相对静止但随时间以频率 f_r 作正弦变化的磁通，而对于定子绕组则是一个以频率 f_s 变化的不旋转的磁通。

转子电动势 E_r 比 Φ 落后 90°电角度，矢量 $I_r s\omega L_r$ 比 I_r 落后 90°电角度，I_r 比 E_r 落后 φ_r 角

$$\varphi_r = \arctan \frac{s\omega L_r}{R_r}$$

E_r 的有效分量与 I_r 的相角相同。

7　变频器的工作原理

7.1　变频器的类型

变频器有 2 种类型，即，交—交直接变频器，它的调速范围只有电网频率的 1/2，谐波分量大，对电网污染严重；交—直—交变频器，目前广泛应用的中、高压变频器属于此种。

7.2　变频器的结构组成

(1) 最简单的单一电动机应用的变频器，如图 14 所示，为 Varco 公司顶驱采用的变频器，其基本结构由整流器 Converfer、直流环节 DC Link(LC 滤波器 Filter)、逆变器 Inverter 和 PWM 控制器等组成。

(2) 多台整流器—直流母线—多台逆变器并联系统。图 15 给出 GE 公司的 GER&BFALCON海洋钻井船上装置的 15 台 GEB-AC 型钻井电动机的变频调速系统，共用 6 台整流器—6 个直流母线，分别连接 15 台逆变器，"一对二"或"一对三"地带动 15 台交变电动机，包括绞车 6 台、4 个泥浆泵 8 台，顶驱 1 台。

(3) 多电平高压变频器是采用多个低中压变频器或功率单元串联而成，实现直接高压输出，最常用的有三电平变频器，它们对电网的谐波污染小，功率因数高，不必采用谐波补偿器和

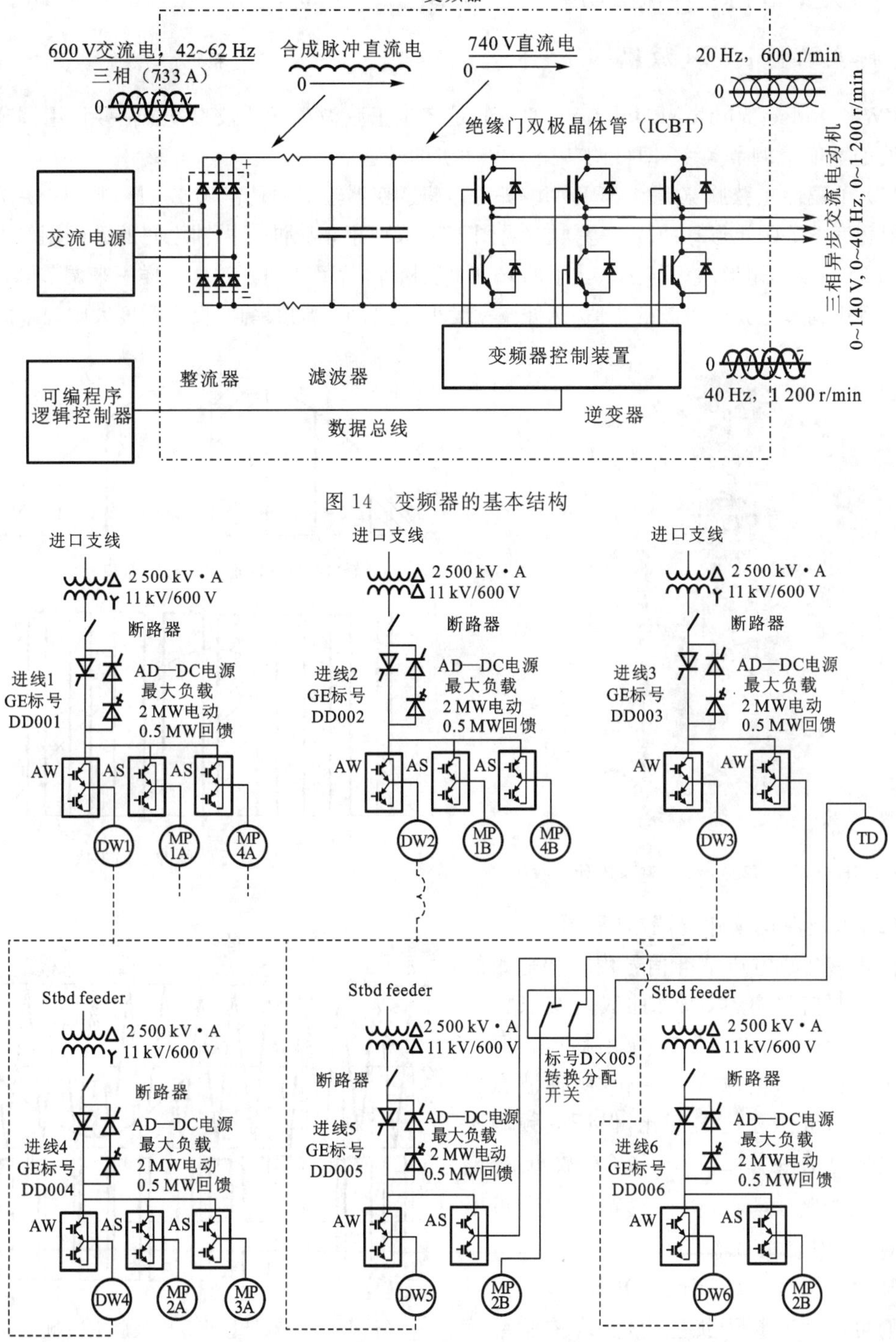

图 14 变频器的基本结构

图 15 多台电动机的变频调速系统

功率因数补偿器，输出波形近似正弦波，不存在 dU/dt 电压阶跃大、冲击电流、转矩脉动、噪声和电动机附加发热等问题（三电平变频器参见 9.6 节）。

（4）生产中、高压大功率变频器的公司有德国的西门子、法国瑞士的 ABB、日本的东芝、美国的 GE 和罗宾康等，图 16 给出 GE 公司 AC2000 型调速传动装置的外形，它包括 IGBT 电桥,PWM 矢量控制系统等,额定功率 1 102.5 kW (1 500 hp),输入电压 575 V、60 Hz。

7.3 脉宽调制 PWM 原理

PWM(Pulse Width Modulation)的目的是产生正弦波电压供交变电机使用,用调节等效脉冲波的宽度来调节频率,即可调节交变电动机的转速。

(1) 单极性正弦脉宽调制 SPWM。如果希望逆变器输出的是正弦波电压,则用一系列幅值不变但宽度不等的矩形脉冲波来等效它(见图 17),只要把正弦波与横轴之间的面积用等宽竖线分割,令脉冲波的矩形面积与正弦波下的分块面积相等,就可达到等效。这样一来调节脉冲波的宽度即等于调节正弦电压波的幅值,脉冲波宽度小、周期小,则频率高,反之宽度大则频率低。

图 16 GE 公司 AG2000 型调整速传动装置外形

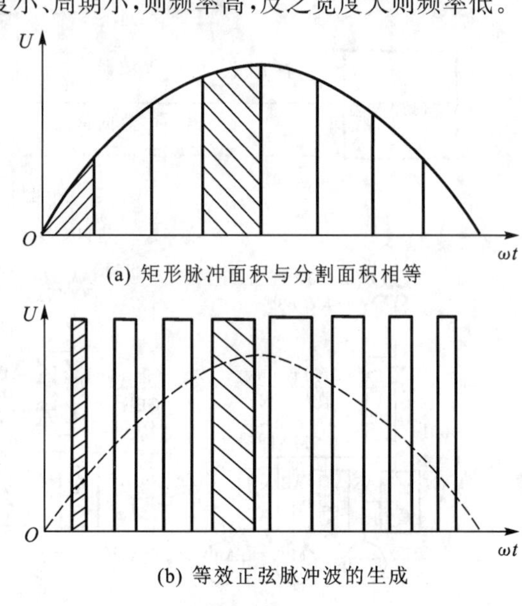

(a) 矩形脉冲面积与分割面积相等

(b) 等效正弦脉冲波的生成

图 17

(2) 双极性正弦脉宽调制(见图 18)。对双极性正弦全波电压基准信号用等幅等距的三角形调制信号分割,以二曲线之交点作为触发点,交点的间隔即为被调制脉冲的宽度,随着正弦波幅值与频率的变化,脉冲波在宽度和频率上也作相应的变化,保证变频调速按一定恒值的规律 $E_1/f_1=C$(常数)或 $E_1/\sqrt{f_1}=C$(常数)。在正弦全波的负半周也生成相对应的等效矩形波。

脉冲波信号传输采用光纤传输,以提高系统的可靠性和抗干扰能力,实现控制单元(弱电)与主回路功率单元(强电)的完全隔离。

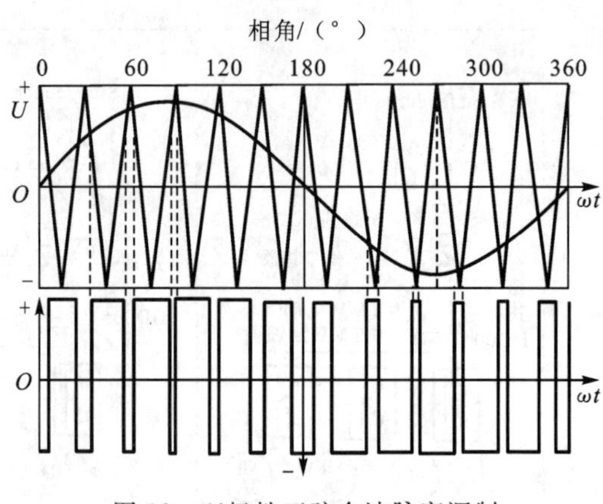

图 18 双极性正弦全波脉宽调制

(3) 三相 SPWM 电压型逆变器 VSI 原理。SPWM 控制 VSI 的工作原理如图 19 所示,逆变器的电压源经由整流器—直流环节提供。图 19(a)逆变器由 6 副 IGBT 和续流二极管并联构成电桥,其(+)极连接 1、3、5 号 IGBT,(−)极连接 4、6、2 号 IGBT,当(+)极任一个 IGBT 的门极触发导通后,流经负载—交变电动机,以其对角线 2 只 IGBT 之一作为回流管,如 1 号和 6 号 IGBT 导通，(＋)电流从 1 号管经 U 相电路至交变电动机，从 V 相回流经 6 号管回流至(－)，或者 1 号和 2 号管导通，(＋)电流经 UW 回流至(－)。

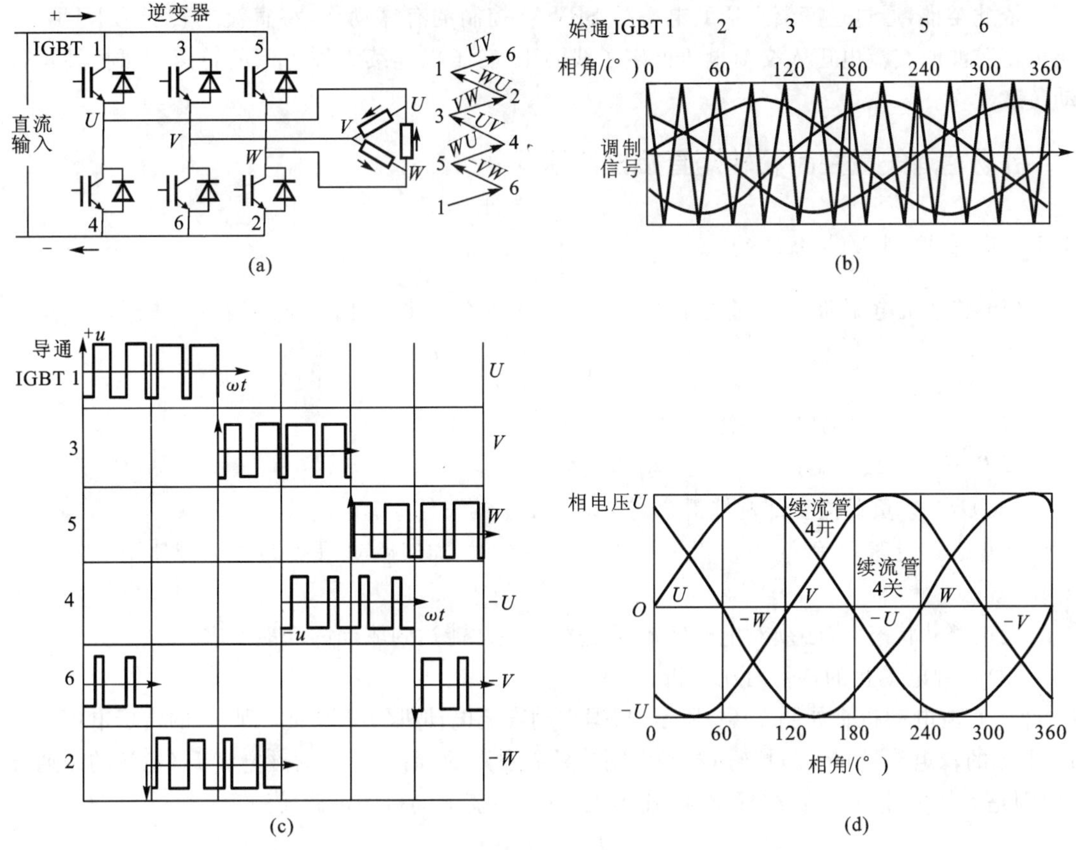

图 19　SPWM 电压型逆变器工作原理示意

依此类推，各个 IGBT 导通的顺序及回路见表 6，同时参见图 19(a)右侧示意图线。

表 6　IGBT 导通顺序

同时导通 IGBT 号	电流经相号	电　流
6,1	UV	I_{UV}
1,2	$-WU$	I_{-WU}
2,3	VW	I_{VW}
3,4	$-UV$	I_{-UV}
4,5	WU	I_{WU}
5,6	$-VW$	I_{-VW}

图 19(b)给出双极性三相正弦波基准信号和三角形脉冲调制信号的交割关系，根据它产生图 19(c)之矩形脉冲波。

从图 19(c)可看出，每一个 IGBT 导通角都是 120°，例如由 PWM 控制器发令，1 号 IGBT 在 0°导通，在 120°关断，否则它在 120°不关断，继续导通到 180°，则将会和在 120°导通的 3 号 IHBT 短路、发生 1 号、2 号(或 6 号)3 号 3 个 IGBT 同时导通的混乱现象(0 电压)。

如图 19(d)所示，U 相电流 I_{UV} 在 120°～180°之间如何流通？则要依靠交变电动机定子磁场的惯性感应转子线圈，继续存在感应电压，它逐渐衰减至 0(在 180°相角)；在逆变器中这一阶段电流如何流通？则要依靠与1号IGBT同U相串联的4号续流二极管在120°打开，在180°关闭来提供回路。

依此类推，通过逆变器IGBT电桥按SPWM控制的有序动作，将直流电转变为UVW三相全正弦波的交流电送入交变电机的定子线圈中，转子以连续无级可调的转速和可控转矩带动负载工作。

8 磁场定向矢量控制和转矩直接控制原理

8.1 矢量控制VC的目的

(1) 在钻机电驱动中，不管是直流、交流，也不管系统多么复杂，都应满足基本运动方程为

$$T - T_L = \frac{GD^2}{375} \times \frac{dn}{dt}$$

式中 T——电动机的电磁转矩；

T_L——负载转矩；

GD^2——负载侧全部机件折合到电动机轴上的飞轮矩。

当稳态运行时，$T=T_L$，$T-T_L=0$；当动态运行时，加速启动，$T-T_L>0$；减速制动时，$T-T_L<0$。

无论哪种状态，都必须对电磁转矩T进行调整才能达到驱动的性能要求。

(2) 2种电动机的特性对比分析。

① 直流电动机。如图20(a)所示，根据它励直流电动机的结构和原理，它的转子电枢电流I_r(电流的转矩分量)是经过换向器和电刷从外界引入的，而定子的励磁电流I_{fs}(电流的磁通分量)则是另外单独由整流器(或电池)输出提供的，直流电动机的电磁转矩为

$$T=C_T I_r I_{fs}。$$

I_r和I_{fs}二者相互独立控制，即直流电动机的磁场和电枢电流是解耦的，是2个空间相差90°电角度的正交矢量，当气隙每相磁通量为额定值时，$I_{fs}=C$，要想改变T则可利用调控电枢电流I_r来实现，T与I_r呈线性关系。

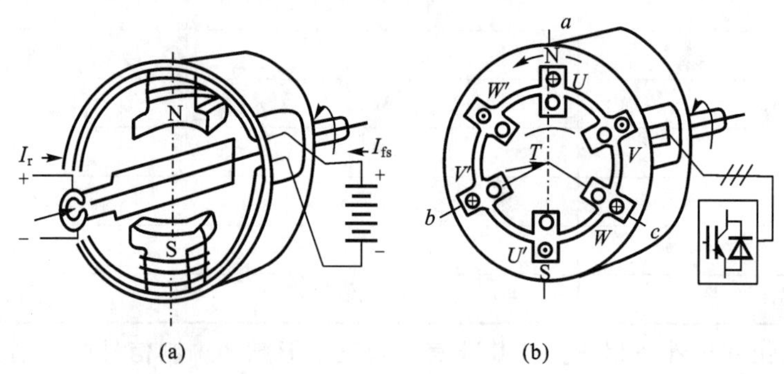

图20 2种电动机的工作原理示意

② 三相交流电动机。如图20(b)所示，将三相交流电直接通入电动机的定子绕组产生旋转磁场，转子绕组(鼠笼导条)感应产生电流I_F，感应即转子没有从外界引入电流，与外界无运动接触，在负载下，转子转速相对于定子磁场转速有一滞后，即有一个0.02～0.04的转差率s，所产生的电磁转矩为

$$T = C_T \Phi I_r \cos \varphi$$

它的磁场和电流 I_r 是强耦合的，即二者不能平衡控制，呈非线性关系。

所以普通异步电动机虽然耐用、便宜，但它的转速和转矩的调节却十分困难，要求高品质的动态性能和连续无级调速只能依靠直流电传动来实现。

1972 年，F. Blaschke 提出了异步电动机转子磁场定向矢量控制的理论和方法，对磁场（磁链）和电磁转矩分别采用闭环控制，实现磁场和电流的解耦，使异步电动机的调速理论和技术取得突破性进展，交流变频调速系统不仅在中小功率的交流电驱动方面普遍推广，获得大幅节能，而且在大功率高性能要求的场合，如 SIEMENS，ABB 等公司的中高压交流变频调速系统也日益改进和扩大应用。

8.2 磁场定向矢量控制原理

8.2.1 等效坐标与电流转换

为了能使三相异步电动机向它励直流电动机等效转换，达到磁场与电流（转矩）从耦合到解耦，以便独立控制它们。如图 21(a)所示，三相异步电动机上实际存在 3 个绕组 a、b、c，3 个静止坐标 a、b、c，绕组中电流 I_a、I_b、I_c 为三相交流电。又如图 21(b)，经过三相—二相变换，得到并不实际存在的 2 个绕组 α、β，2 个静止的坐标 α、β，绕组中电流 I_α、I_β 仍为交流电。再如图 21(c)，经过坐标的旋转变换 VR 得到固定在转子上随转子一道转动的绕组 dc、qc 以同步角速度 ω_1 旋转的旋转坐标 dc、qc，绕组中电流 I_{dc}、I_{qc} 已转变为直流电，dc 轴为转子磁场纵轴，qc 轴为转子磁场横轴。各轴磁链和电流关系如图 22 所示。

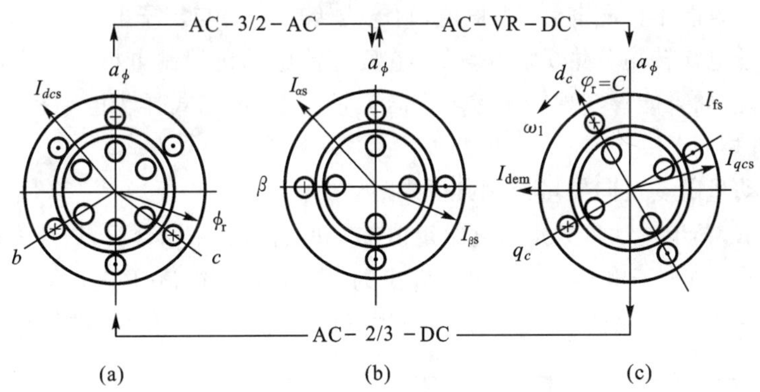

图 21 异步电动机向直流电动机转化

各绕组中电流转换关系为

$$\left.\begin{aligned} I_{\alpha s} &= \frac{2}{3}\left(I_a - \frac{I_b + I_c}{2}\right) \\ I_{\beta s} &= \frac{1}{\sqrt{3}}(I_b - I_c) \end{aligned}\right\} \text{仍为交流电}$$

$$I_s = \sqrt{I_{\alpha s}^2 + I_{\beta s}^2}$$

$$\left.\begin{aligned} I_{dc} &= I_{\alpha s}\cos\gamma + I_{\beta s}\sin\gamma \\ I_{qc} &= -I_{\alpha s}\sin\gamma + I_{\beta s}\cos\gamma \end{aligned}\right\} \text{转变为直流电}$$

$$I_s = \sqrt{I_{dc}^2 + I_{qc}^2}$$

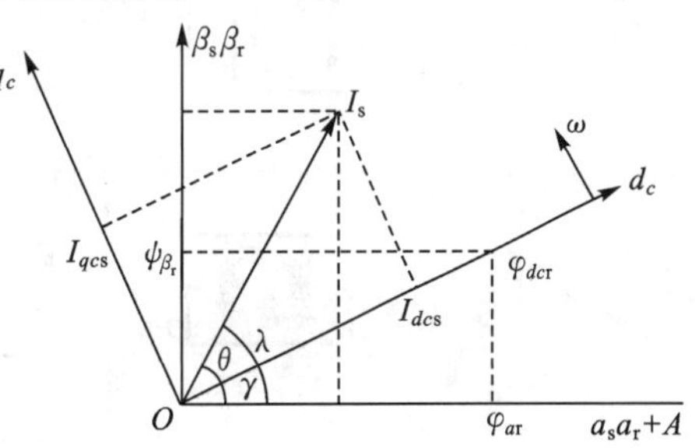

图 22 异步电动机磁链、电流矢量图

8.2.2 磁场定向矢量控制原理

所谓磁场定向 FO 就是：

(1) 将 dc 轴放在转子磁链 ψ_r 处，$\psi_r=\psi_{dcr}$。

(2) 令 ψ_{dcr}=恒值。

由于 $\psi=\omega\Phi$，ω 为转子每相绕组匝数=常数，所以磁场定向就是磁链定向，dc 轴磁链分量 ψ_{dcr} 就是转子磁隙磁链 ψ_r。

由于 $\psi=XI$，X 是转差率为 s 时转子每相的漏电抗。

于是转子电枢电流

$$I_{dcr}=\frac{\psi_{dcr}-X_m I_{dcs}}{X_{rr}},$$

$$I_{qcr}=-\frac{X_m}{X_{rr}}I_{qcs}$$

从电磁转矩 $T=C_T\psi_{dc}I_{qc}$ 可得

$$T=X_m\left[\frac{\psi_{dcr}-X_m I_{dcs}}{x_{rr}}I_{qcs}+\frac{X_m}{X_{rr}}I_{qcs}I_{dcs}\right]=\frac{X_m}{X_{rr}}\psi_{dcr}I_{qcs}$$

式中　$X_m=\frac{3}{2}X_m$，$X_{rr}=\frac{3}{K}X_{rr}$；

X_m——定子某相轴线与转子某相轴线重合时，该两相绕组的互感系数；

X_{rr}——转子各相之间的互感系数；

K——转子相数，$K=Z/\rho$=鼠笼条根数/级对数。

从上式可见，若能维持磁链 ψ_{dcr} 为恒值，则电磁转矩 T 将与定子电流转矩分量 I_{qcs} 成正比，因此，控制了定子电流转矩分量 I_{qcs} 就等效于它励直流电动机控制电枢电源 I_r，就控制了电磁转矩 T，也就是说，如果能够实现转子磁场定向矢量控制，鼠笼式异步电动机的控制特性将与它励直流电动机相同。

8.2.3 异步电动机磁场定向矢量控制典型线路

如图 23 所示，异步电动机的角速度给定值 ω_r^* 和实测值 ω_r 综合后，送速度调节器，输出电磁转矩给定值 T^*，与定子电流转速模型计算出的电磁转矩反馈值 T 进行综合，然后送调节器Ⅱ输出 U_{qcs}；另一路，转子磁链给定值 ψ_{dcr}^* 与模型算出的磁链反馈值 ψ_{dcr} 进行综合，然后送调节

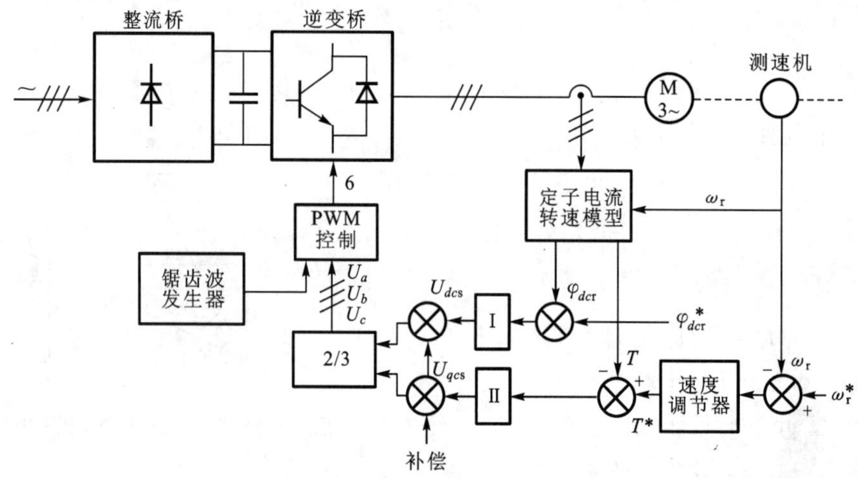

图 23　异步电动机的磁场定向矢量控制线路

器Ⅰ、输出 U_{dcs}。

由电压方程 $U=\rho\psi+rI$ 可得

$$\left.\begin{aligned}U_{dcs} &= \rho\psi_{acs}-\psi_{qcs}+r_s I_{qcs}\\ U_{qcs} &= X_{ss}I_{acs}+X_m I_{qcr}\end{aligned}\right\}$$

式中　x_{ss}——定子各相之间的互感系数。

U_{dcs}、U_{qcs} 经 2/3 变换得 U_a、U_b、U_c，再经 PWM 控制就可实现压频比为常数的恒磁、弱磁调速。

8.3　异步电动机直接转矩控制 TDC 原理

三相异步电动机磁场定向矢量控制调速系统虽然是较理想的调速系统，但必须从交流向直流变换又从直流向交流变换，2 次坐标变换和转子磁链、定子电压计算，使系统变得十分复杂而昂贵。20 世纪 80 年代，德国 M. Depenbrock 等相继提出了六边形磁链跟踪转矩直接控制法，它直接在电机定子坐标上计算磁链的模和转矩的大小，并通过磁链和转矩的直接跟踪实现 PWM 和系统的高动态性能。

8.3.1　DTC 基本原理

逆变器都是由自关断器件(GTO，IGBT 等)构成的，可用如图 24 的 3 个单刀双投开关 S_A、S_B、S_C 的状态来表示，在同一桥臂上 2 个自关断器件不可能同时闭合或断开，如 S_A、S_B 开关闭合，S_C 开关闭合，于是直流电压 U_d 在定子三相绕组中产生电流 I_a、I_b、I_c，它所产生的合成磁动势 E_1 的方向与 $C+$ 轴对准，产生电压 U_1，另外 5 种开关组合状态产生 F_2～F_6 和 U_2～U_6，同时如图 24(b)及图 25 中，将 U_1～U_6 画在复平面上，其中 α 为 A 相绕组的轴线，$j\beta$ 轴为虚轴。

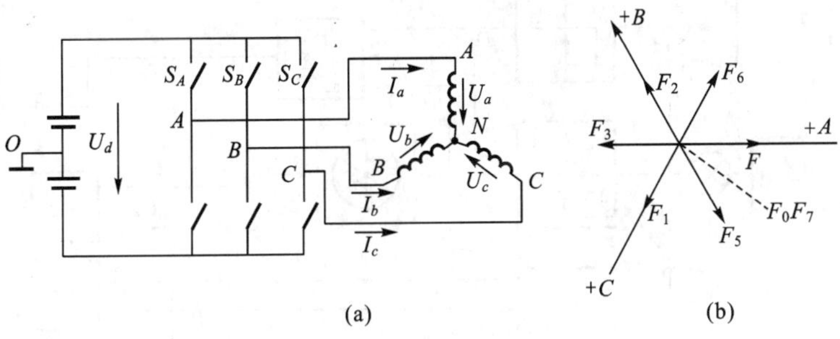

图 24　TDC 的等效电路和磁动势矢量

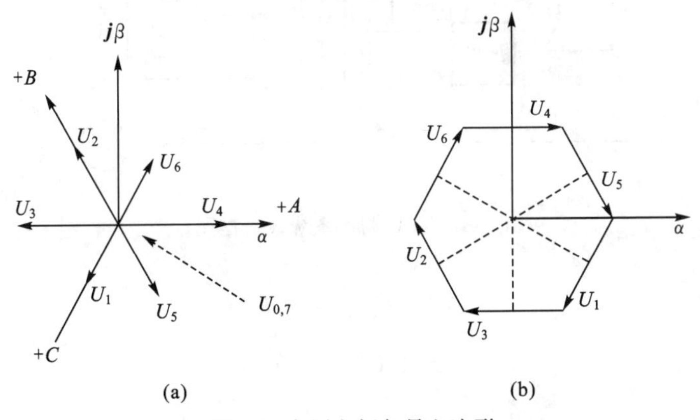

图 25　电压空间矢量六边形

转矩直接控制就是控制逆变器按一定规律变化的开关状态，如果合理地选择各电压空间矢量、将在气隙中产生与转矩同向的磁链，就有可能获得幅不变而旋转的定子磁链，也可画出图形旋转定子磁链（或称图形轨迹定子磁链），如图 26 所示，虚线图表示定子磁链幅值的给定值，2 个实线图表示定子磁链的实际值 $|\psi_s|$，二者允许误区 $\Delta|\psi_s|$，在运行中，要求 $|\psi_s|$ 满足

$$\psi_s^* - \Delta|\psi_s| \leqslant |\psi_s| \leqslant |\psi_s^*| + \Delta|\psi_s|$$

采用滞环控制器把逆变器切换为 U_2，使 $|\psi_s|$ 达到上限，再切换为 U_3 使 $|\psi_s|$ 达到下限，不管切换为 U_2 或 U_3 引起 $|\psi_s|$ 的波动，都会产生电磁转矩 T，用电磁转矩和定子磁链 ψ_s 联合控制逆变器的开关状态。

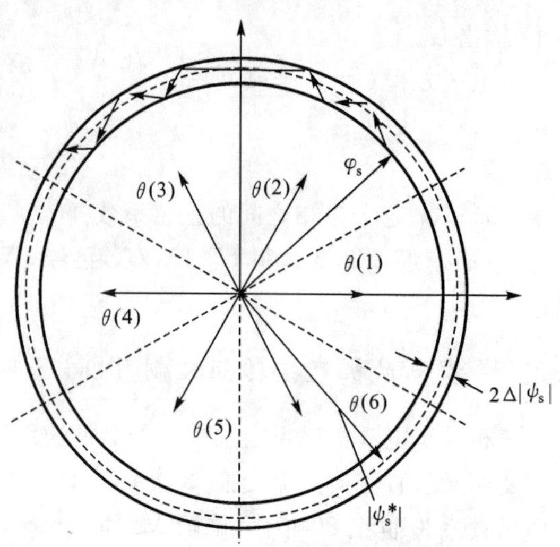

图 26　圆形旋转定子磁链及电压空间矢量分区图

8.3.2　TDC 的典型线路

其线路框图如图 27 所示。

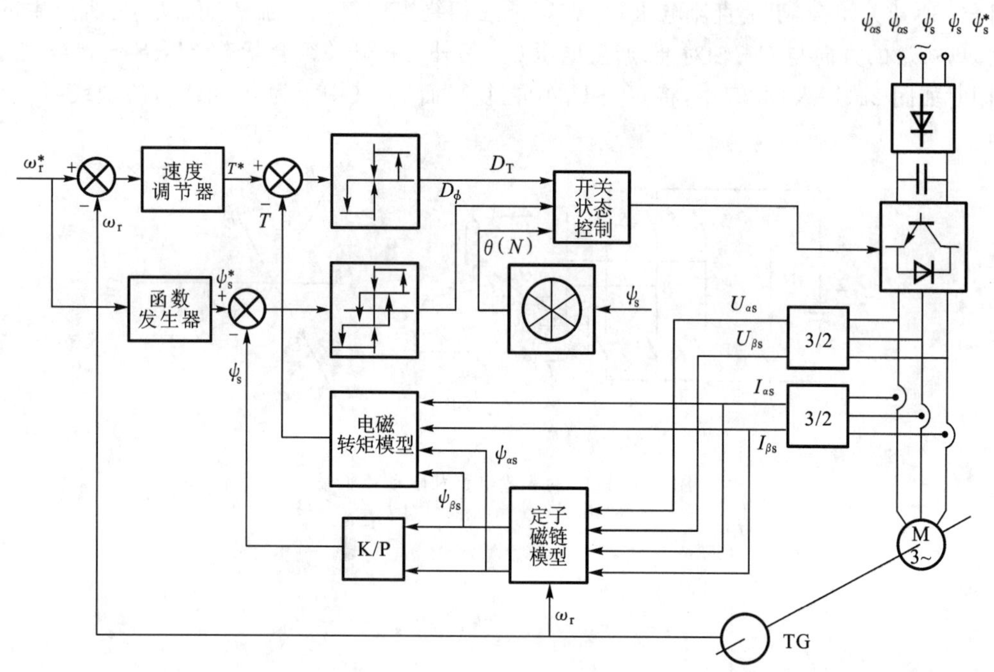

图 27　TDC 调速系统线路框图

电磁转矩模型

$$T = \psi_{\alpha s} I_{\beta s} - \psi_{\beta s} I_{\alpha s}$$

$$\psi_{\alpha s} = \int (U_{\alpha s} - \psi_{\alpha s} r_s)\,\mathrm{d}t$$

$$\psi_{\beta s} = \int (U_{\beta s} - \psi_{\beta s} r_s)\,\mathrm{d}t$$

实测定子三相电压及电流，经 3/2 变换得到定子电压 $U_{\alpha s}$、$U_{\beta s}$ 和电流 $I_{\alpha s}$，$I_{\beta s}$，经过定子磁链模型计算得到 $\psi_{\alpha s}$、$\psi_{\beta s}$，经过电磁转矩模型计算出电磁转矩反馈值 T。函数发生器可以给出定子磁链的给定值 ψ_s^*，在电机的额定转速以下使它保持常数(恒磁和增磁)，超过额定转速，则给出的磁定子磁链值 ψ_s^* 与经过坐标变换而得的定子磁链反馈值 ψ_s 二者综合。转速给定值 ω^* 与来自测速电机 TG 的转速反馈值 ω_r 综合，二者之差值经速度调节器给出电磁转矩的给定值，定子磁链和电磁转矩两路分别送到滞环控制器、对逆变器的开关状态进行控制。

9　电动机的四象限运行及制动过程

9.1　四象限运行(见图 28)

在 T-n 空间中，在第Ⅰ、Ⅲ象限，n 与 T 同方向，电动机为电动状态，Ⅰ象限为正转，Ⅲ象限为反转；在第Ⅱ、Ⅳ象限，n 与 T 方向相反，电动机为再生发电状态，Ⅱ象限为正转发电，Ⅳ象限为反转发电。

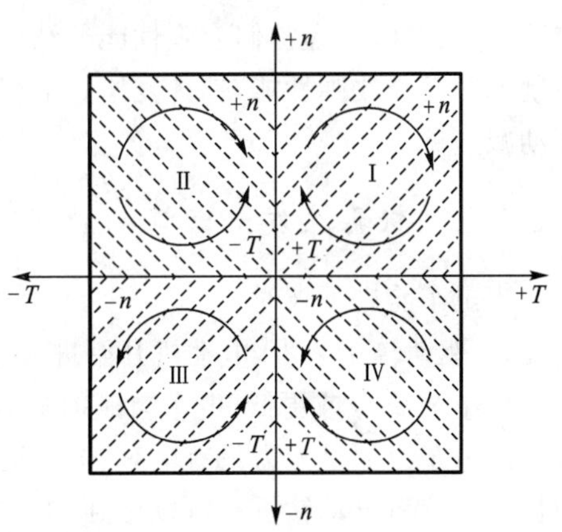

图 28　四象限运行

9.2　电动机四象限运行及制动状态(见图 29)

(1) Ⅰ象限。电动机正转电动，绞车卷扬提升钻柱，转盘正转钻进，电车前进上坡。

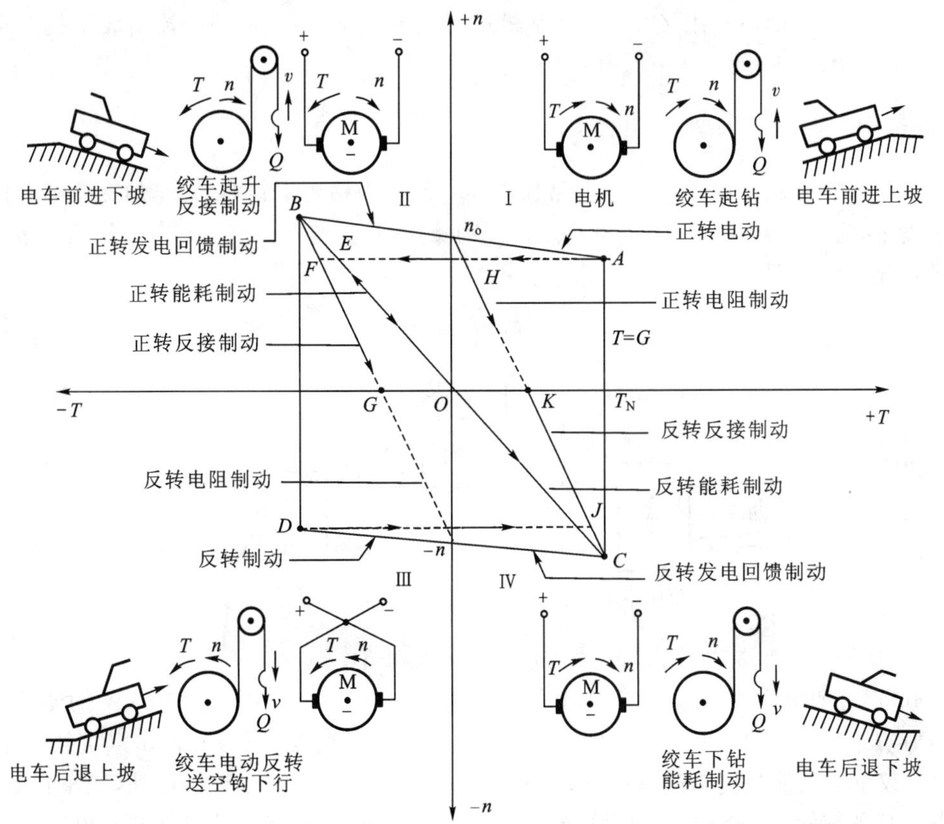

图 29　电动机四象限运行及制动状态

(2) Ⅲ象限。电动机换向反转电动，绞车电动倒转，游系过轻，需动力送它下放，转盘电动反转，处理事故，电车后退上坡。

(3) Ⅱ象限。电动机正转再生发电(或原来反转被外转矩反拖成正转)，电流回馈入电网，电动机承受反转矩，回馈制动减速，绞车提升，反接制动，电车前进下坡，电动机再生发电，回馈入电网，回馈制动、减速。

(4) Ⅳ象限。电动机受外转矩反拖再生发电、电流回馈入电网，反转的电动机承受正的制动转矩，回馈制动、减速，绞车被下钻钻柱负载反拖，电动机倒转再生发电，被回馈制动，减速和匀速下放钻柱，转盘被储有弹性能的钻柱拖动反弹，电动机反转再生发电，电流回馈入电网，回馈制动缓缓释放弹性能，钻柱复原。电车后退下坡，在位能作用下电动机倒转，再生发电、回馈制动减速。

9.3　电动机再生发电回馈制动

当电车前进下坡时，直流电动机断电，其特性如图 29 中的 An_0B 路线，从第Ⅰ～Ⅱ象限，过 n_0 点驱动转矩为零，电动机开始进入再生发电状态，将电能回馈入大电网，电动机被制动从 B 点减速至 E 点或更低，电车匀速前进，前进速度的大小用电枢外接的辅助电阻来调节。之所以以电车为例是因为只有电车、电动机车等能够回馈给大电网，有回馈制动状态，达到节能的目的。然而电动钻机却难以做到，电动钻机的直流电动机，其电源来自小电网，电容器的容量也有限，如，电动机被反拖再生发电时，电能将不能向小电网回馈，只能自身进行能耗制动。对于用工业电网驱动的交流变频钻机，其电动机再生发电，向大电网回馈时，要通过逆变器和可逆整流器。大庆油田曾用 ZJ20DB 型钻机进行回馈试验，由于回馈电流谐波干扰严重等原因，试验未成功。

9.4　能耗制动

(1) 交变电动机能耗制动基本电路如图 30 所示，当钻机下钻时，绞车的交变电动机被反拖再生发电，为了消耗掉它并对电动机反馈制动减速，在逆变器和直流环节之间插入串联的能耗制动单元和电阻器(见图 30)。

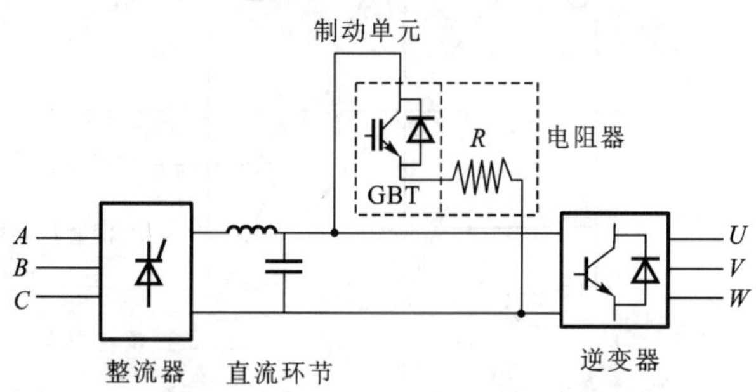

图 30　交变电动机的能耗制动基本电路

ZJ40DB 型钻机的单轴单速绞车，其输入功率为 900 kW，配备 5 套 200 kW 的能耗制动单元，制动电阻为 4.45 Ω。通过外接电阻调控可得到下钻速度为 0.6～1.7 m/s(重载～轻载)。

(2) 绞车下钻能耗制动过程如图 29 所示。电动机在第Ⅰ象限正转电动，绞车提钻，在钻柱负载形成的转矩 T_L 作用下，电动机在 A 点工作。用断路器将电动机从拉开电源合到电阻 R_b 上，由于机械惯性，电动机转向不变，但电枢电流的方向发生变化，电动机的转矩由正变负，与转向相反，成为制动转矩，跳到第Ⅱ象限的 E 点，在钻柱位能产生的负载转矩和制动转矩共同作用下，沿 BO 线迅速减速，直到电动机转速为零。在负载转矩作用下，电动机开始反向运行，直到 C 点，钻机在第Ⅳ象限进入稳速下钻状态，电动机所发出的电能通过能耗制动单元消耗在电阻 R 上。从电动机的机械特性

$$n=-\frac{R_a+R_b}{C_e+C_T\Phi^2}T$$

可知，用电位器调节 R_b 的大小就可调节 OC 直线的斜度以及下钻速度。

9.5　正转电源反接制动和倒转电阻制动(电路见图 31)

(1) 电源反接制动用于起钻时，当游车接近上死点前制动减速。接触器 Q 始终闭合，摘开接触器 K_1K_2，合上接触器 S_1S_2，使电动机电枢电源反接在电阻 R_b 上，由于机械惯性，电机转向来不及变化，而电枢电流 $I_a<0$，使电磁转矩方向改变。从图 29 可见，正转反接制动路线，工作点 A 跳到第Ⅱ象限 F 点、产生制动转矩 T_B，使 F 点迅速减速至 G 点，$n=0$，但堵转转矩 T_G 并不等于 0，应及时摘开 S_1S_2 停车。

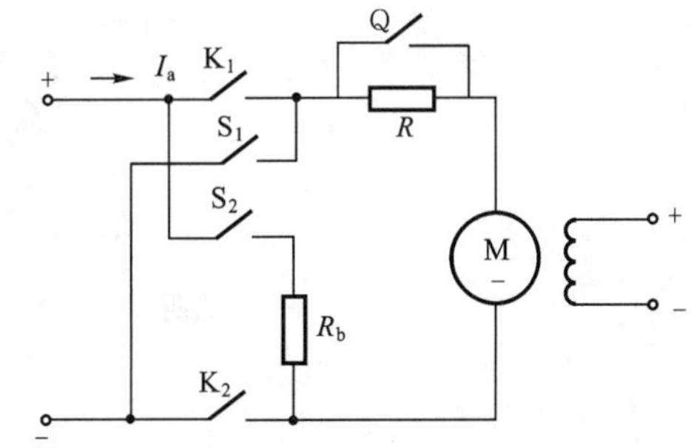

图 31　反接制动和倒转电阻制动回路

(2) 倒转电阻制动用于下钻时，当游车接近下死点之前制动减速。当匀速下钻能耗制动时，摘开接触器 S_1S_2，合上接触器 K_1K_2 和 Q，当准备减速时，打开接触器 Q，减速制动路线如图 29 中的 DJK。至 K 点到 $n=0$，及时摘开接触器 K_1K_2 停车。

(3) 此外，转盘正转钻进时要停车，则断电用 R 惯性刹车，沿图 29 中的 AHK 路线，至 K 点 $n=0$ 停车。

当电动钻机装有电子司钻或能量控制系统时，通过该系统，上述反接制动和倒转电阻制动过程都会自动控制完成。

9.6　Ⅳ象限运行的多电平—有源前端 AFE 变频装置

(1) 西门子公司的 SIMOVERT MV 系列三电平中压变频调速装置，该装置的组成原理如图 32 所示，由 OEUPEC HV-1GBT 组装成三电平 PWM 电压型逆变器，装有 12 脉冲二极管整流器，该装置有 6 个电压等级，2.3 kV 的装置输出电流 600 A，相应输出功率2.4 MV·A；6 kV的装置输出电流 210 A，相应输出功率 2.2 MV·A，输入频率 50/60 Hz，输出频率 0～150 Hz，速度控制范围 1∶1 000，三电平逆变器输出电压波形如图 33(b)所示，对电网谐波干扰较小，功率因数 $\cos\varphi=0.97$。

该装置用于高动态特性控制、Ⅱ象限运行能耗制动场合。

(2) 有源前端 AFE，如果要求回馈制动Ⅳ象限运行，就需要采用有源前端变流方案，如图 34所示，它也采用三电平技术，呈双向 PWM 结构，因而可以提供四象限传动，即可以正反转电动，又能回馈制动和能耗制动，通过传动控制电网端的容性无功功率和负载电动机端的感性无功功率，可使功率因数达到 $\cos\varphi\approx1$，采用输入滤波器的 AFE，几乎可以使供电线路不存在反馈谐波，也不需要安装谐波补偿装置，可实现无污染的“绿色”电能供应。带有源前端的三电平变频器适用于Ⅳ象限运行和回馈制动的场合。

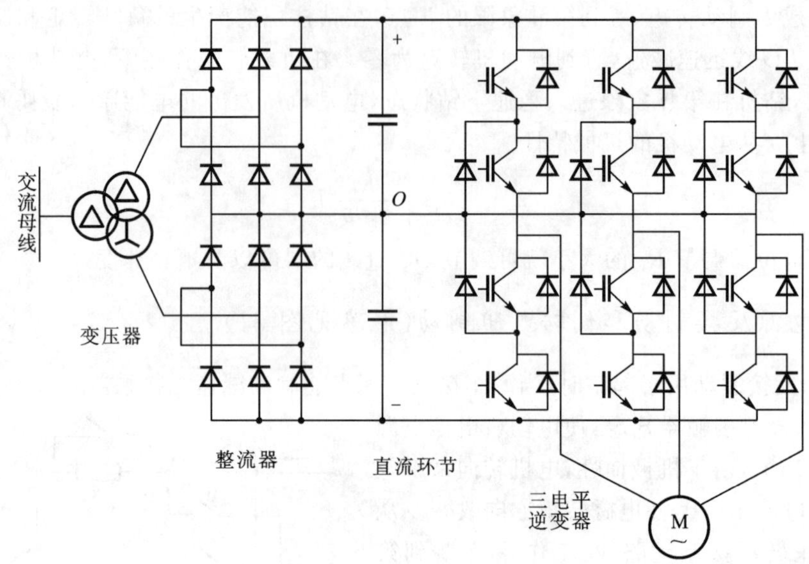

图 32　西门子三电平中压变频调整速器装置原理

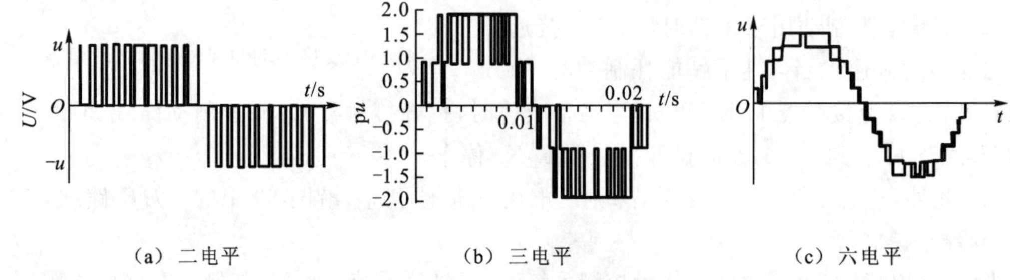

（a）二电平　　（b）三电平　　（c）六电平

图 33　二电平及多电平电压波形

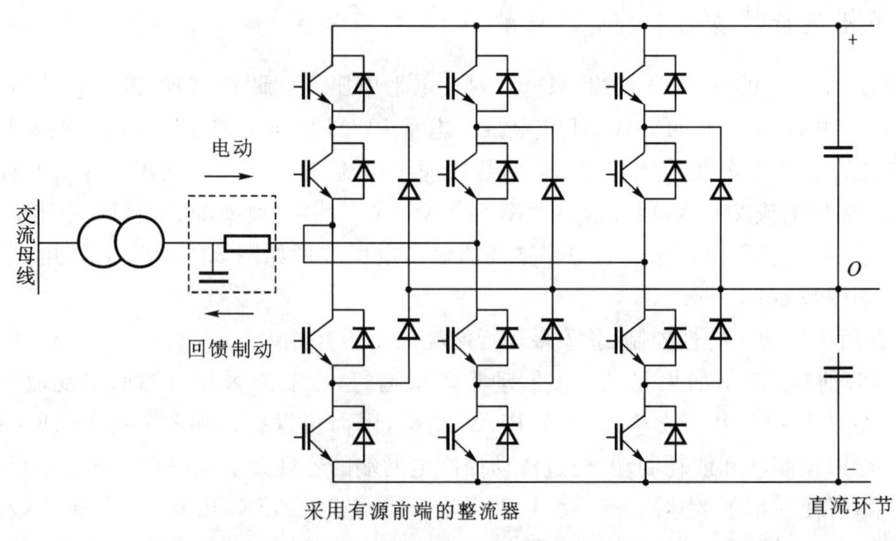

图 34　有源前端原理

此外，还有 ABB 公司的以 IGCT 为元件的三电平变频器 ACS1000 系列，采用 DTC 控制。

9.7 直流电动机的能耗制动

直流电动钻机的辅助刹车一直沿用电磁刹车，它实施能耗制动较困难。2004 年，上海三高石油设备有限公司和上海交通大学合作在 ZJ40DZ 型钻机上进行了能耗制动试验，研发的补偿式能耗制动系统能够产生可调转矩，使直流电动机在承受钻柱负载产生的制动转矩下匀速旋转和匀速下放钻柱，并能在零转速下暂时悬持钻柱载荷。

补偿式能耗制动系统组成如图 35 所示。三相交流电源 V，SCR 全控桥，二极管 D，制动电阻 2×856 kW，接触器 K_1、K_2、K，直流电动机 M 及控制系统，其中二极管 D 与 SCR 桥输出端反向并联，制动电阻 R 串联在(－)线路上。当电动机驱动绞车提升，接触器 K_1、K_2 打开，K 合上；当下钻时，电动机再生发电能耗制动，接触器 K_1、K_2 合上，K 打开。

制动转矩

$$T_B = C_T\Phi\frac{a+E}{R_a+R} = \frac{C_T\Phi U + C_T C_e \Phi^2 n}{R_a+R}$$

下钻时电动机转速

$$n = \frac{(R_a+R)T_B - C_T\Phi U}{C_T C_e \Phi^2}$$

式中 E——下钻时电枢的电势；

U——向电动机电枢施加的直流电压，下钻时与 E 同方向；

R_a、R——电枢电阻、制动电阻；

Φ——磁极磁通；

C_T、C_e——转矩系数、电势系数。

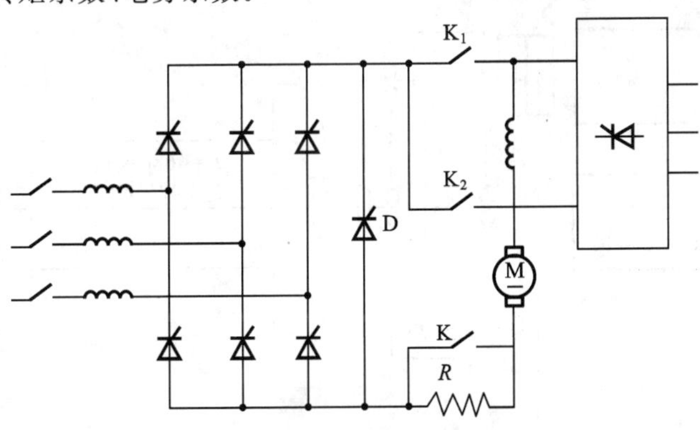

图 35 补偿式能耗制动系统

根据上述 2 式，控制 U 和 Φ 的大小，就可控制电枢转矩，也可控制钻柱下放速度。控制方式分为速度控制和转矩控制 2 种，控制单元包括能够控制磁场和电枢电流的元器件，使控制系统能够实现在给定转矩下匀速下放钻柱，并能够调节下放速度，在最大制动转矩下刹住钻柱载荷。

10 电动钻机的自动送钻系统

正常钻进时，大钩悬重(钻柱重－钻压)通过游动系统和绞车滚筒减速传动，$i_{\sum}=1:6\ 000$，以反向转矩拖动自动送钻的交变电动机，通过对该电动机的转速及转矩的精确控制，可实现游动系统缓慢下放的恒压自动送钻，如图 36 所示，PLC 工控机采集自动送钻电动机的电压、电流、频率和转矩等参数，计算此时实际钻压与设定的钻压之间的差值，通过数控程序发出指令信号，动态控制该电动机的转矩，达到设定钻压进行钻进，恒压自动送钻技术可使钻速平稳、高效、安全，避免钻头非正常损坏，发现钻压信号异常，能对起下钻遇阻和井壁坍塌起到预防作用。

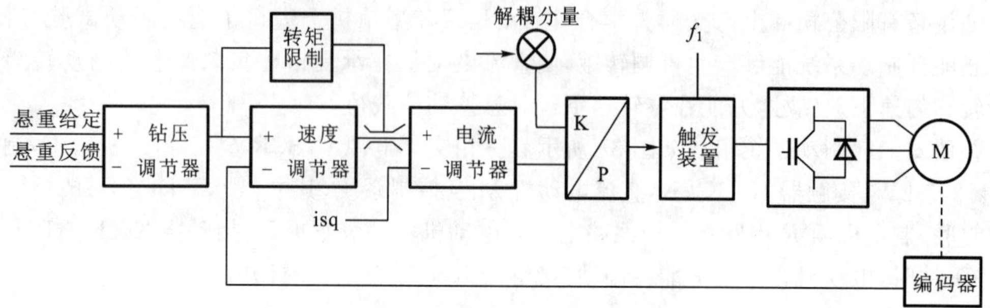

图 36　自动送钻原理框图

我国 ZJ50DB 型电动钻机的自动送钻系统，如图 37 所示，该系统采用西门子公司 6SETI 系列 60 kV·A 变频调速装置、功率为 45 kW 交变电动机及包括自动送钻软件在内的操作系统，该电动机频率可调范围 0～67 Hz，无级调速范围 0～1 500 r/min，送钻速度为 0.48～48 m/h。理论上，最大悬重可以提起 7 500 kN（最大钩载为 3 150 kN），送钻精度±5 kN。图 38为实例结果。

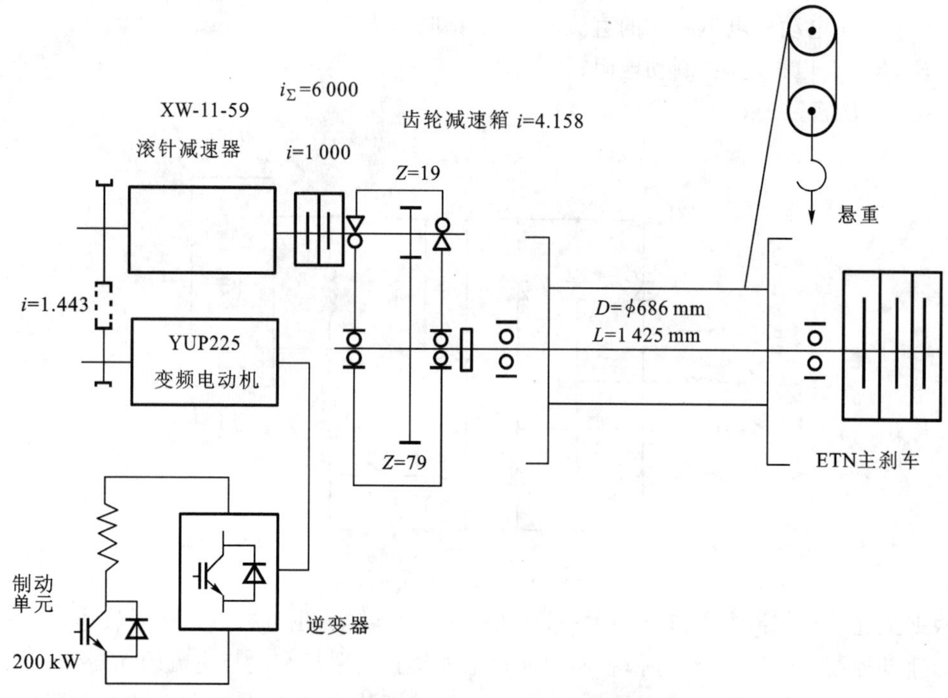

图 37　ZJ50DB 型钻机的自动送钻系统

实例：井深	2 000 m	转盘扭矩	1 400 N·m
指重表悬重	590 kN	转盘转速	70 r/min
设定钻压	120 kN	送钻电机转速	约 200 r/min
泥浆泵排量	40 L/min	机械钻速	约 8 m/h
立管压力	13 MPa	钻压精度	±5 kN

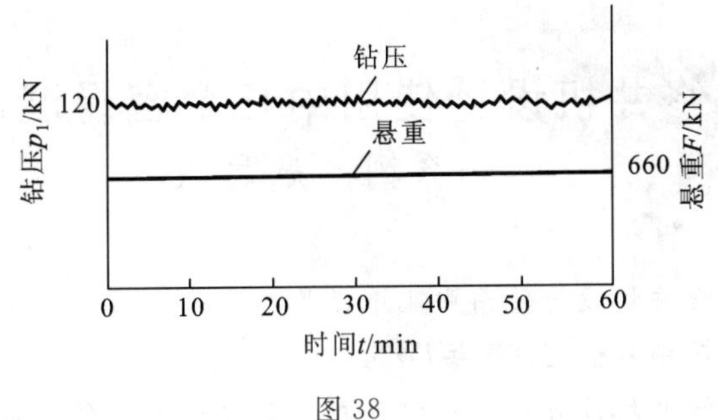

图 38

11　总结电动钻机的特性

11.1　AC—SCR—DC 钻机和 AC—VFD—AC 钻机的共同特性

(1) 各工作机可连续平滑无级调速。

(2) 恒功率无级调速范围宽(直流电动机 R=1.2～1.5,交变电动机 R=2.4～3)。

(3) 超载能力强,电动机转矩瞬增倍数为 1.5～2.5,当 n=0 时,最大转矩可悬持最大钻柱载荷,转盘可用最大转矩破阻。

(4) 带载平稳启动,起升能量控制(加速、减速、游车位置控制),转盘软转矩控制。

(5) 钻井泵可超载蹩泵,受最大泵压限制,双泵移相软泵控制。

(6) 在Ⅳ象限运行,能耗制动,自动送钻。

(7) 交、直流母线电并车,发电机组自动摘挂挡,提高功率利用率。

(8) 各机组独立安装和运移,省时省费用,适合山地、海洋平台使用。

(9) 与机械驱动钻机相比,经济性高,可用功率提高 30%,传动效率提高 30%～35%,燃料费节约 15%,柴油机寿命延长 20%。

(10) 维护费用低(较机械驱动钻机省 60%),可靠性高(故障率<1%)。

(11) 安全性高,转矩限制功能可保护电机和电器。

(12) 钻井参数易检测,易实现数字化、自动化、智能化和信息化的控制,为场地总线通信,基地网络管理提供方便。

11. 2　AC—VFD—AC 钻机的突出特性

11.2.1　优点

(1) 恒功率调速范围宽,R=2.4～3.0,可实现单轴单速绞车(功率加大 25%, v_q= 0.5～1.5 m/ s,用电动机瞬增转矩可提起 Q_{max})。

(2) 交变电动机无换向器电刷,不产生火花,防爆要求低。

(3) 网侧变频器侧功率因数高,cos φ=0.96～0.97(直流电动钻机 cos φ=0.5～0.7)。

11.2.2　缺点

(1) 网侧高次谐波严重(滤波器可稍加补偿,靠多电平—有源前端变频器,系统复杂、价格昂贵)。

(2) 造价比直流电动钻机高 20%。

(3) 相对于直流电动钻机,其技术成熟程度较低(如谐波干扰、回馈制动等问题尚未完善和解决)。

31. 钻机修井机设计使用中几个容易混淆的问题
——系列专题之八

【论文题名】 钻机修井机设计使用中几个容易混淆的问题——系列专题之八

【期 刊 名】 石油矿场机械,2005 年第 34 卷第 6 期

【摘　　要】 钻机修井机设计和使用中存在一些模糊不清的问题。例如,最大钩载和钩载储备系数,柴油机功率选配,效率、功率利用率和功率因数。钻井泵的转向问题等;在钻机使用中是否允许超过公称钩载? 功率是否配得越大越好? 这些问题都需搞清楚,否则会造成不必要的浪费和危害。

【关 键 词】 钻机　修井机　最大钩载　功率配置

【Abstract】 This article will clear up the confused questions on the design and application of drilling rig and workover rig. Such as maximum hook bad and load store coeficient, power dispose of diesel engine, efficiency, power utilization ratio and power factor, the rotate direction of mud pump etc. In practical operation is it allowed for the rig to work over load? The higher power will be right? Such questions must be cleared up, otherwise it will bring about unnecessary waste and harm.

【Key words】 drilling rig; workover rig; maximum hook load; power dispose

1　最大钩载和钩载储备系数

钻机和修井机的钩载储备系数为何相差很大? 钻机和修井机能否超过公称钩载使用?

1.1　最大钩载和钩载储备系数定义

最大钩载是指起下最大套管柱重力和处理卡堵事故时,包括动载在内的在任何情况下都不允许超过的钩载,它标明钻机、修井机游动系统和井架的最大承载能力,天车、游车、大钩、水龙头都以它作为主参数,转盘因为要承受最大套管柱重力,所以也以它作为最大静载参数。表 1给出钻机、修井机最大钩载系列 Q_{max},公称钩载(最大杆柱重力)Q_z 和二者之比值,即,钩载储备系数 K_Q。

1.2　钻机标准中标明的钻机钩载

在钻机标准 SY/T 5609—1999 中只规定了最大钩载 Q_{max}。而没有规定公称钩载 Q_z,一是因为最大钻柱质量是一个不确定的参数,它随所使用的钻杆规格而变化。例如,用 ϕ127 mm 钻杆,3 200 m × 36 kg /m =115. 2×10^3 kg。而用 ϕ114 钻杆,则 4 000 m×30 kg/m =120×10^3 kg。二是按最大钩载确定的钢丝绳安全系数 $n\geqslant2$,也能满足按公称钩载确定的钢丝绳安全系数 $n\geqslant3$,因为 API 规范规定 $K_Q\geqslant2$;三是钻机可以少许超过 Q_z 使用(最多允许超过 10%~15%),此时,游动系统不会一次性塑性破坏,只是降低了 K_Q 和疲劳寿命,一般不赞成这样使用,除非特别需要。

表 1 最大钩载 Q_{max} 及钩载储备系数 K_Q

API-4F(2ed)* st	25	40	65		75		100	125	150				250	350	500	650		100	
最大钩载/kN	225	360	585		675		900	1 125	1 350				2 250	3 150	4 500	5 850		9 000	
ISO(补充)最大钩载/kN	225	360	585	600	675	800	900	1 125	1 350	1 580	1 700	1 800	2 250	3 150	4 500	5 850	6 750 6 800	9 000 9 100	10 000
XJ 修井机最大钩载 Q_{max}/kN	225	360	585		675	800	900	1 125	1 350	1 580		1 800 2 250	2 250 3 150						
XJ 修井机公称钩载(最大杆柱重力)Q_z/kN	100	200	300		400	500	600	800	1 000	1 200 1 250		1 500	1 800						
$K_Q=Q_{max}/Q_z$	2.25	1.80	1.95		1.60	1.60	1.50	1.40	1.35	1.32 1.31		1.20 1.50	1.25 1.75						
修井机绞车额定功率/kW (hp)(修井机通井机老型号)	34 (100)	110 (150)	147 (200)		184 (250)		257 (350)	330 (450)		478 (650)									
SY/T 5600—1999 钻机型号 (ZJ-井深÷100/Q_{max})				10/ 600			15/ 900		20/ 1 350		30/ 1 700		40/ 2 250	50/ 3 150	70/ 4 500	(80/ 5 850)	90/ 6 800	120/ 9 100	150/ 10 000
最大钩载 Q_{max}/kN				600			900		1 350		1 700		2 250	3 150	4 500	5 850	6 800	9 100	10 000
GB 1086—1986 最大钻柱重力 Q_z/kN				320			500		700		900		1 150	1 600	2 200	2 800	3 150	4 200	
$K_Q=Q_{max}/Q_z$				1.87			1.80		1.93		1.90		1.96	1.97	2.05	2.09	2.16	2.16	
钻机绞车额定功率/kW(hp)				184 (250)			257 (350)		404 (550)		550 (750)		735 (1 000)	1 100 (1 500)	1 470 (2 000)	(1 838) (2 500)	2 205 (3 000)	2 940 (4 000)	4 410 (6 000)

注：* 规范名称："钻井和采油提升设备最大载荷系列"。

1.3 井架最大载荷

井架的主参数之一也是最大钩载，它指的是在正常风载下，死绳固定在指定位置而二层台不存放立根的条件下，井架所能承受的最大大钩载荷。但井架设计计算时的架顶中心垂直载荷并不只是 Q_{max}。对于无绷绳的井架，还需考虑快绳和死绳的影响，即

$$Q_{\perp}=Q_{max}+\frac{2(Q_{max}+G_Y)}{Z}$$

式中 G_Y、Z——游动系统重力和最大绳数。

API 规定，$Q_{\perp}=Q_{max}\frac{Z+4}{Z}$这是针对有绷绳的井架而言的。

1.4 XJ 系列修井机公称钩载

XJ 系列修井机以公称钩载为型名，在 XJ40—XJ150 中，其 Q_{max} 规定得较低，其 $K_Q=1.2\sim1.6$，这是为了减轻修井机设计质景以利于运输，但却失去了修井机的机动性。修井机与轻型钻机标准不统一，也降低了机器的互换性和通用性。鉴于 API 规定 $K_Q\geqslant2$，美国 Cooper 公司的修井机 $K_Q=2.2$，IRI 公司的修井机 $K_Q=2.6$，建议适当提高 XJ 系列修井机的 Q_{max} 和 K_Q，使它和钻机系列相一致，推荐值如表 2。

表 2 钻机修井机统一最大钩载推荐值

钻机型号 ZJ-			10		15	20		30	40	50	
修井机型号 XJ-	10	20	30	40	50	60	80	100	125	150	180
Q_{max}/kN	225	360	600	800	900	1 350	1 580	1 800	2 250	3 150	3 600
K_Q	2.25	1.80	2.00	2.00	1.90	2.25	1.98	1.80	1.80	2.10	2.00

在 XJ125 和 ZJ30 型以下，都可实现车装；对于 XJ150 和 ZJ40 型只能拖装。此外，所有型号的修井机和钻机都可撬装并大块拖运。

2 柴油机的功率选配

绞车和钻井泵的柴油机功率配置有何不同？是否功率配备越大越好？

钻机和修井用柴油机有 2 个主要参数，即，标定功率或额定功率；与该标定功率相对应的额定转速。

2.1 标定功率

从图 1 柴油机的特性曲线可以看出，柴油机可封死在不同的额定转速，与之对应的也有不同的标定功率。标定功率可分 4 挡，即，持续功率或 24 h 功率 P_{24}；12 h 功率或间歇功率 P_{12}；1 h 功率；15 min 功率，其中常用的有 P_{24} 和 P_{12} 两种。12 h 功率 P_{12} 即柴油机以该功率连续运行 12 h 而不影响其寿命。持续功率 P_{24} 即能全天连续工作，通常取 $P_{24}\approx0.9P_m$。对于钻机和修井机的绞车，按表 1 绞车额定功率值，再

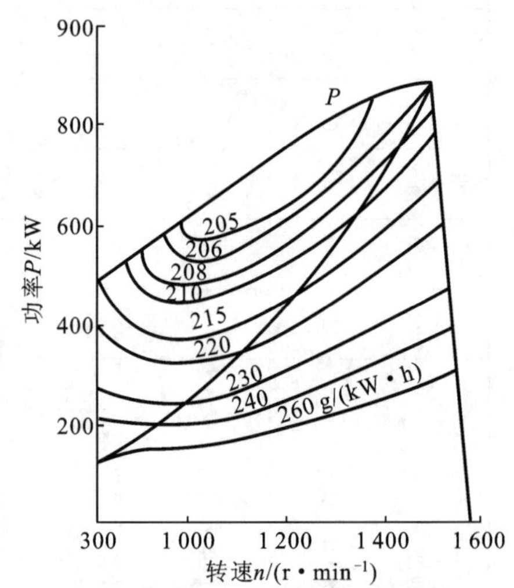

图 1 Z12V190B 型柴油机万用特性曲线

按 12 h 功率配置柴油机；对于钻井泵，则按泵的额定功率乘以 0.80～0.85 降速使用，再按持续功率配置柴油机。

表 3 给出了美国卡特匹勒公司部分柴油机的标定功率，它分为 5 挡，即，A 为持续功率；B 为泥浆泵功率；C 为 12 h 功率——绞车功率；D 为 1 h 功率；E 为 15 min 功率(D、E 未列出)。可以看出，钻井泵可以匹配比持续功率更大的功率。

表 3　钻井和修井用的 CAT 柴油机标定功率

CAT 柴油机型号	A 持续功率			B 泥浆泵功率			C 为 12 h 功率——绞车功率		
	/kW	/hp	/(r·min^{-1})	/kW	/hp	/(r·min^{-1})	/kW	/hp	/(r·min^{-1})
3406TA	313	420	1 800	326	440	2 000	343	460	2 100
3408TA	347	465	1 800	366	490	2 000	377	505	2 100
3412DITA	317	425	1 200	—	—	—	399	535	1 300
3412DITA	533	715	1 800	558	740	2 000	560	750	2 100
3508DITA	507	680	1 200	—	—	—	612	820	1 300
3508DITA	638	855	1 800	697	935	1 800	746	1 000	1 800
3512DITA	761	1 020	1 200	—	—	—	858	1 150	1 300
3512DITA	955	1 118	1 800	1 048	1 405	1 800	1 119	1 500	1 800

表 4 给出了济南柴油机厂生产的部分中速柴油机的标定功率。

表 4　济南柴油机厂 190 系列柴油机

型号	标定功率/kW		标定转速/(r·min^{-1})	燃油消耗率/[g·(kW·h)$^{-1}$]	机油消耗率/[g·(kW·h)$^{-1}$]
	持续功率	12 h 功率			
2008 G8V190Z_L	540	600	1 500	210	≤1.6
2008A G8V190Z_L-3	468	520	1 300		
2008B G8V190Z_L-1	432	480	1 200		
2008C G8V190Z_L-2	360	400	1 000		
2012 G12V190Z_L	900	1 000	1 500	208	1.6
2012A G12V190Z_L-3		870	1 300		
2012B G12V190Z_L-1		800	1 200		
2012C G12V190Z_L-2		600	1 000		

续表 4

型号	标定功率/kW		标定转速 /(r·min⁻¹)	燃油消耗率 /[g·(kW·h)⁻¹]	机油消耗率 /[g·(kW·h)⁻¹]
	持续功率	12 h 功率			
3012 A12V190Z_L		1 200	1 500	205	≤1
3012A A12V190Z_L-3		1 100	1 300		
3012B A12V190Z_L-1		1 000	1 200		
3012C A12V190Z_L-2		900	1 000		
601 H12V190Z		1 740	1 500	≤200	≤1
601B H12V190Z-1		1 400	1 200		
601C H12V190Z-2		1 160	1 000		

2.2 标定功率修正

标定功率 P_e 是柴油机本身在实验室台架上测得的总功率，此时柴油机不带水泵、风扇、空压机或发电机等附件，其功率占柴油机总功率的 10%～15% ，实用功率 $P_y=(0.85\sim0.9)P_e$。

此外，柴油机的试验条件中，对海拔、空气温度和湿度都有一定规定，如使用条件与试验条件不相符时，必须对 P_e 进行修正；在海拔 1 000 m 以内时可不修正；海拔每超过 1 000 m，功率降低 10%。

2.3 转速

柴油机转速可在最低怠速和最高转速之间变化(如中速柴油机为 600 ～1 500 r/m)，怠速虽可转动但不能加载。柴油机转速的变化由外阻力矩的变化决定，在钻井柴油机内设置全程调速器，在油门开度不变时，其转速随阻力矩约有 10%的变化，当阻力功率超过柴油机输出功率时，柴油机要被迫停机。

当绞车进行解卡作业时，柴油机转速也会波动 10%或被灭火。在柴油机与负载之间加装液力传动件则可避免上述危害。

柴油机类型有高、中、低速之分。从表 3 可见，高速柴油机的额定转速有 1 800，2 000，2 100 r/min，它们是为车装钻机、车装修井机配套选用，柴油机连接 Allison 液力机械传动箱，构成轻型无级变速动力源。从表 4 可见，中速柴油机的额定转速为 1 000，1 200，1 300，1 500 r/min，其中 1 300 r/min 为机械钻机和修井机专用，1 200，1 800 r/min 的柴油机为 60 Hz发电机组配套用，1 000，1 500 r/min 为 50 Hz 发电机配套用。

2.4 柴油机功率不宜配备过大

柴油机功率应视额定工作需要配备合适的功率。功率配备过剩，即，大马拉小车不好；配小了带不动负载。如图 1,从 Z12V190B 型柴油机的特性曲线知,当满负载时,其耗油率为 205 g/(kW·h);当负载只有 50%时,其耗油率增高达 230 g/(kW·h),增大了 12%,实测值有的高达 250 g/(kW·h),柴油机的寿命也受影响。所以,柴油机只有满负载运行才能省油、长寿命,功率配高了而实际不能满负载利用当然不好。

3　功率 功率利用率和功率因数

3.1　效率 η 与功率利用率 ϕ

$$\eta=\frac{输出功率}{输入功率}=\frac{P-\Delta P}{P}$$

式中　ΔP——功率损失。

机械传动过程总会有摩擦损失,效率在概念上一定有功率损失。功率利用率在概念上的不同就是它没有功率损失,在机器总装机功率中只利用了其中的一部分作有效工作,其余部分功率闲置未被利用,当然也不消耗功率。

例如,液力变矩器的平均效率 $\eta=0.8$ 即,有 20%的功率消耗在传动液内摩擦发热和液机之间摩擦发热上,都变为热能损失被冷却器带走。凡是传动部件都有摩擦和功率损失,同样,热效率、电传动效率都有能量损失,在工作中要提高效率,节省能源。

考虑钻机的最大工作负载,需配备足够的柴油机功率,而实际负载是变化的。功率利用率 $\phi=\dfrac{平均实用功率}{装机总功率}$,所以,统一驱动的机械钻机和电力网的电动钻机,其 ϕ 必然高,而分立驱动的机械钻机其 ϕ 必然低,无级变速的 ϕ 高于有级变速的。如图 2,机械钻机用 4 个挡起升,随着钩载的降低,其起升特性为图中 ae,(换挡跳过)fg,hk,bc 线段,装机总功率 $P=Qv=$面积 $abcd$,而未被利用的功率为 3 个带阴影的三角形面积,于是

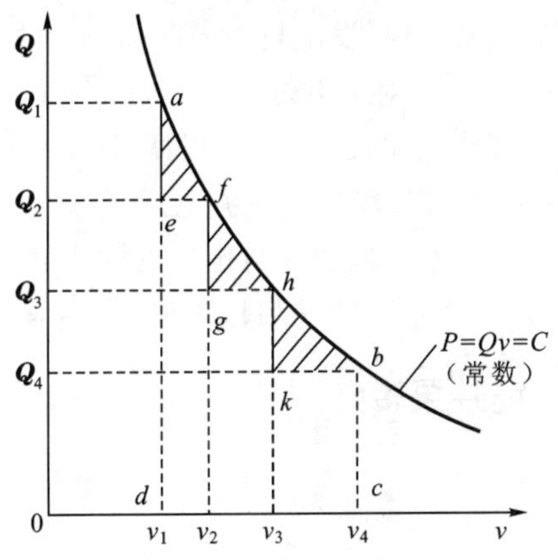

图 2　绞车-游动系统起升曲线

$$\phi=\frac{面积\ aefghkbcd}{面积\ abcd},\quad \phi_{max}=0.8$$

即有 20%的功率未被充分利用,起升时效低。只有无级变速(液力变矩器,交流变频电传动)起升,实现沿 ab 曲线恒功率起升,其 ϕ 才能接近 100%。

机械钻机正常钻进全过程其平均 $\phi=0.65\sim0.75$,起下钻全过程其平均 $\phi=0.40\sim0.55$,在工作中要努力提高 ϕ(及时换挡,无级调整,机械化操作等),以提高钻井时效。

3.2　视在功率 有功功率和功率因数

(1) 有功功率和功率因数。交流电的电压 U 和电流 I 都是交变量(近似正弦波),所以二者的乘积即瞬时功率 $P=UI$ 也是交变量,设 U_m、I_m 分别为电压电流的有效值(均方根值),则 $U=0.707\ U_m$,$I=0.707I_m$,见图 3。

有功功率 $P=UI\cos\varphi$,

这与直流电的平均功率 $P=UI$ 不同,多了一个 $\cos\varphi$ 即,功率因数。

由于发电机、电动机的导线中存在电容、电感和电阻,使得电流 I 落后于电压 U 的相角差

为 φ,如果 φ 越大,则 $\cos\varphi$ 越小,有功功率 P 也越小,低的功率因数使得发电机等电力装置不能充分发挥其能力,发电机及导线的热损失加大,效率降低,所以功率因数具有两层概念,即,功率利用率问题和效率问题。

(2) 视在功率。视在功率 $S=UI$,它是 UI 为有效值情况下有功功率的最大值,即 $\cos\varphi=1$。

设 Q 为无功功率,则视在功率 S 为 P 与 Q 的向量和

$$S=\sqrt{P^2+^2}=\sqrt{(UI\cos\varphi)^2+(UI\sin\varphi)^2}$$

$$\cos\varphi=\frac{\mathrm{P}}{\mathrm{S}}$$

$$\sin\varphi=\frac{\mathrm{Q}}{\mathrm{S}}$$

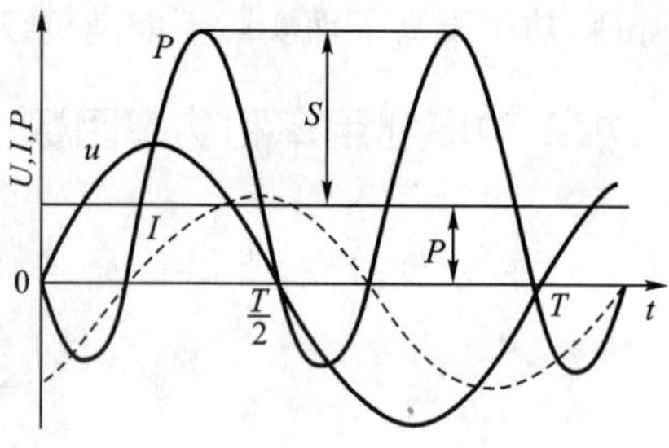

图 3　三相交流电特性曲线

例如,发电机以 6 kV 运行,设计最大电流 200 A,则发电机的视在功率(容量)$S=UI=$ 1 200 kV・A,发电机有功功率(额定功率)$P=$1 000 kW,$\cos\varphi=P/S=0.83$,无功功率 $Q=S\sin\varphi=$1 200×sin 33. 9°=669 kW。

$\cos\varphi$ 过低还可能是由于电动机没有达到满载而引起的,因此在工作中正确地选配电动机的容量是维持高 $\cos\varphi$ 的基本策略。

通常,对于发电机 $\cos\varphi=0.8$,对于直流电动机 $\cos\varphi=0.45\sim0.70$,对于 SCR 整流器 $\cos\varphi=0.6$,对于电灯、电炉 $\cos\varphi=1$。

直流电动机的 $\cos\varphi$ 很低,这是由于负载变化大而引起的。SCR 作为交流电网的负载,其 $\cos\varphi$ 与 SCR 输出的直流电压成正比,而直流电动机的转速又与 SCR 输出的直流电压成正比。泥浆泵降低冲次与排量以维持恒压时 $\cos\varphi=0.45$,在绞车起钻之初或低速运行时 $\cos\varphi=0.45$,在正常钻进和起钻时其 $\cos\varphi$ 较高。

4　钻井泵转向

4.1　钻井泵正转

柴油机输出轴为逆时针方向旋转,直接经皮带传动或液力变矩器传动或液力偶合器两级齿轮减速正车箱传动,到泵的输入轴仍为逆时针方向,曲柄轴为顺时针方向旋转,定义为钻井泵正转。传动方案见图 4,此时主轴承的合成作用力较小,十字头紧贴下滑道往复运动。

4.2　钻井泵倒转

柴油机与皮带传动之间多一台一级齿轮减速箱,使得泵的输入轴顺时针方向旋转,曲柄轴逆时针方向旋转,定义为钻井泵的倒转,传动方案见图 5。此时主轴承合成作用力增大 16%,十字头上下跳动碰撞,正压力增大了 11%,润滑油膜被破坏,其结果是主轴承和十字头副寿命缩短,主轴承盖大螺栓容易断裂。

在 20 世纪 80 年代初,笔者在全国三缸泵会议上对钻井泵的倒转问题早已提出并分析清楚,但未引起从业者的注意,至今仍有生产厂组装的单机泵组在倒转,有的文献中所绘泵的传动方案图仍有倒转的,在此重复申明此问题,以免问题继续出现。

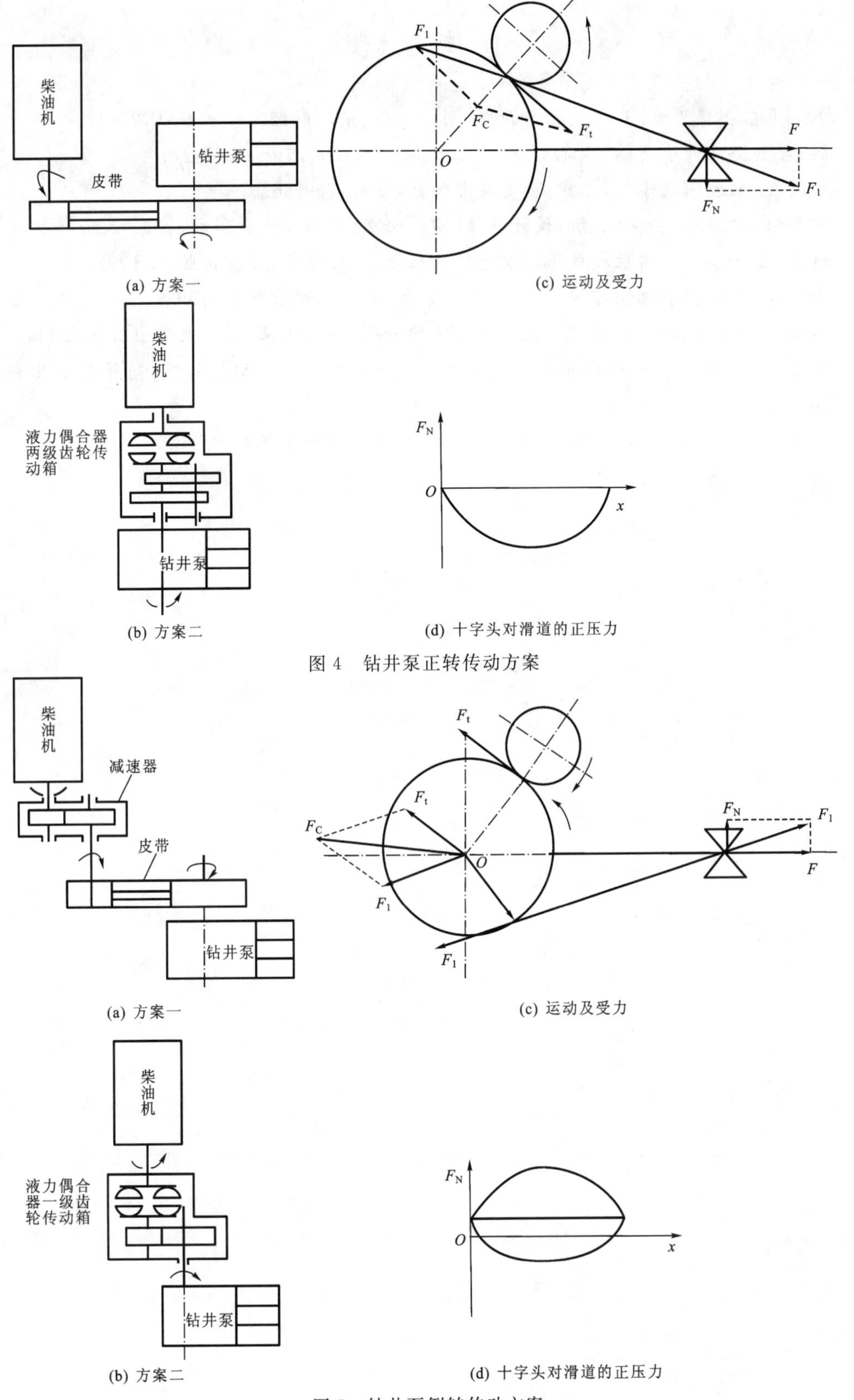

(a) 方案一

(b) 方案二

(c) 运动及受力

(d) 十字头对滑道的正压力

图 4 钻井泵正转传动方案

(a) 方案一

(b) 方案二

(c) 运动及受力

(d) 十字头对滑道的正压力

图 5 钻井泵倒转传动方案

参考文献

[1] [美]卡尔丁优里奇.产品设计与开发[M].沈阳:东北财经大学出版社,2001.

[2] 徐灏.机械设计手册(第3卷)[M].北京:机械工业出版社,1991:18.

[3] 施进发.机械模块学[M].重庆:重庆出版社,1997:25-136.

[4] 陈如恒,沈家骏.钻井机械的设计计算[M].北京:石油工业出版社,1995:52-64.

[5] 赵众.石油装备可靠性校核译定规范译定细则[M].北京:标准出版社,1997.

[6] 方华灿.石油钻采机械可靠性设计[M].北京:石油机械出版社,1995.

[7] 高景绕,王祥,李发海.交流电机及其系统的分析[M].北京:清华大学出版社,2005.

[8] 陈坚.电力电子学·电力电子变频和控制技术(第4章)[M].北京:高等教育出版社,2003.

[9] W·L·爱克奈尔.电动钻机手册[M].北京:石油工业出版社,1988.

第三篇　钻井泵的实验模态分析

32. 1300 型中速三缸钻井泵液力端动态测试及其初步分析

【论文题名】 1300 型中速三缸钻井泵液力端动态测试及其初步分析

【期 刊 名】 石油矿场机械，1986 年第 15 卷，第 4 期

【摘　　要】 华东石油学院钻机科研组于 1985 年 9 月在山东益都石油机械厂的钻井泵试车台上对胜利油田钻井工艺研究院设计的而由该厂制造的 SL3NB-1300 型中速三缸钻井泵的液力端进行了动态测试，共完成了四项任务：(1) 在不同空气包预压下及不同泵压下测定泵的排出动压力曲线，计算排出压力不均度；(2) 测定泵的缸内动压力曲线，计算泵的排量系数；(3) 测定泵的吸入动压力曲线，计算吸入压力不均度；(4) 测定活塞杆的轴向应变，计算活塞与缸套之间的摩擦力与摩擦系数。

1　测试装置

测试的 SL3NB-1300 型钻井泵为中速系列三缸单作用活塞泵（不带灌注泵），由一台 12V190-B型柴油机经 V 形胶带驱动。该泵的额定功率 $P=956$ kW(1 300 hp)，额定冲数 $n=120\ \text{min}^{-1}$，试验时泵正转 $n=70\sim90\ \text{min}^{-1}$，冲程 $S=305$ mm，缸套内径 $D=170$ mm，活塞直径 $D'=171.4$ mm，活塞密封边宽度 $b=20$ mm。活塞材料为丁腈橡胶。贴电阻丝应变片处的活塞杆直径 $d=80$ mm，吸入管为长 5 m、直径 254 mm 的埋线胶管，排出管为直径 127 mm 的钻杆。泵的排出压力由电动阀遥控，试验工作介质为水。

测试装置见图 1。用一只 ZQY-800 型压力传感器 11 装在空气包后排出歧管端部法兰盖上，用以测取泵的排出动压力。由于这种传感器的灵敏度较低，故信号经动态应变仪放大后由光线示波器记录。在 1 号缸和 3 号缸的活塞杆上贴两组应变片 6 与 6′，用以测定活塞杆的轴向力。仪器连接同前。用 BP4-300 型半导体压力传感器 1 与 2 装在两液缸的缸盖上，用以测取缸内动压力；用一只 BFP 型负压传感器装在泵吸入歧管上，用以测吸入阀前方动压力。以上两种传感器的灵敏度很高，它们输出的信号可直接用光线示波器记录。

仪器的标定是动态测试的关键，它直接影响试验结果的精度。ZQY-800 型及 BP4-300 型传感器是由压力校验仪标定的，而 BFP 型负压传感器则是由图 2 所示装置标定的。当用真空泵吸真空，管内水银面处于平衡时，读出水银面的高差为 Δh（单位：mm），则作用于传感器的绝对压力（单位：kPa）为

$$p_s=98.066\ 5-\Delta h/760$$

同时用示波器记录压力波高 H_s，则传感器的标定系数：$k_{ps}=p_s/H_s$。

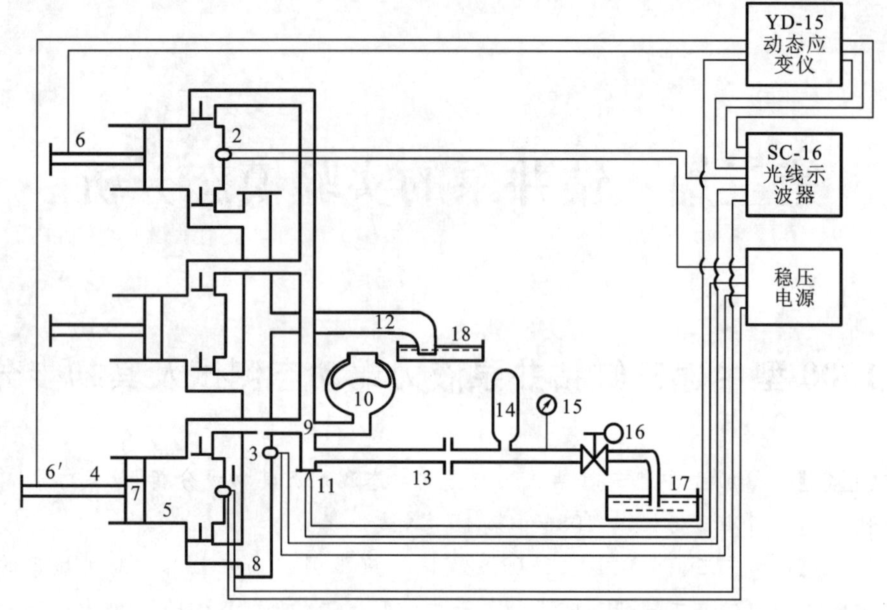

图 1　测试装置示意图

1,2—BP_4-300 型半导体压力传感器；3—BFP 型负压传感器；4—活塞杆；5—液缸；
6,6′—应变片；7—活塞；8—吸入歧管；9—排出歧管；10—排出空气包；11—ZQY-800 型压力传感器；
12—吸入管；13—排出管；14—常压空气包；15—压力表；16—电动阀；17—排水池；18—吸水池

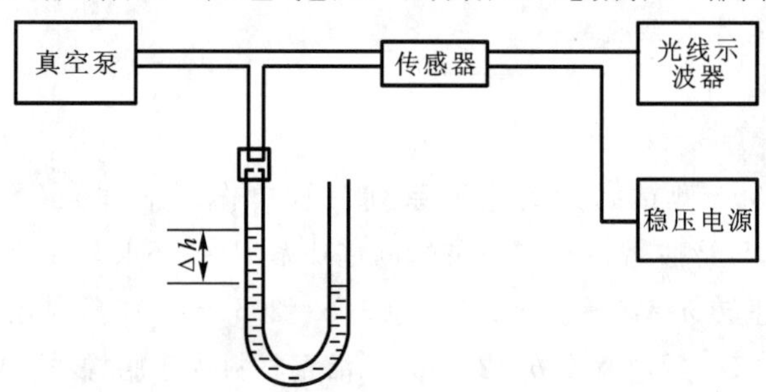

图 2　负压传感器标定装置

2　泵的动压力及排出压力不均度

图 3,4,5 分别是空气包预压力 p_N 为 0,2.47 MPa(25 kgf/cm^2)和 4.93 MPa(50 kgf/cm^2)时泵的排出压力 p_d 和缸内压力 p_c 的实测曲线。

设缸内压力曲线上任一点的波高为 H_c,排出压力曲线上任一点的波高为 H_d,则相应的压力为

$$p_c = K_{pc} \cdot H_c, p_d = K_{pd} \cdot H_d$$

式中,K_{pc}及 K_{pd}分别为各传感器的标定系数。

设 p_{dmax}为排出动压力的最大值,p_{dmin}为其最小值,p_{dmean}为平均排出压力,见图 3(a)。

则排出压力不均度 $\delta_p = \dfrac{p_{dmax} - p_{dmin}}{p_{dmean}}$；$p_{dmean} = \dfrac{p_{dmax} + p_{dmin}}{2}$。

又设 Δp_v 为 1 与 11 两传感器测点之间的压差,它主要为流过排出阀的压差。则 $\Delta p_v = p_{cmean} - p_{dmean}$。

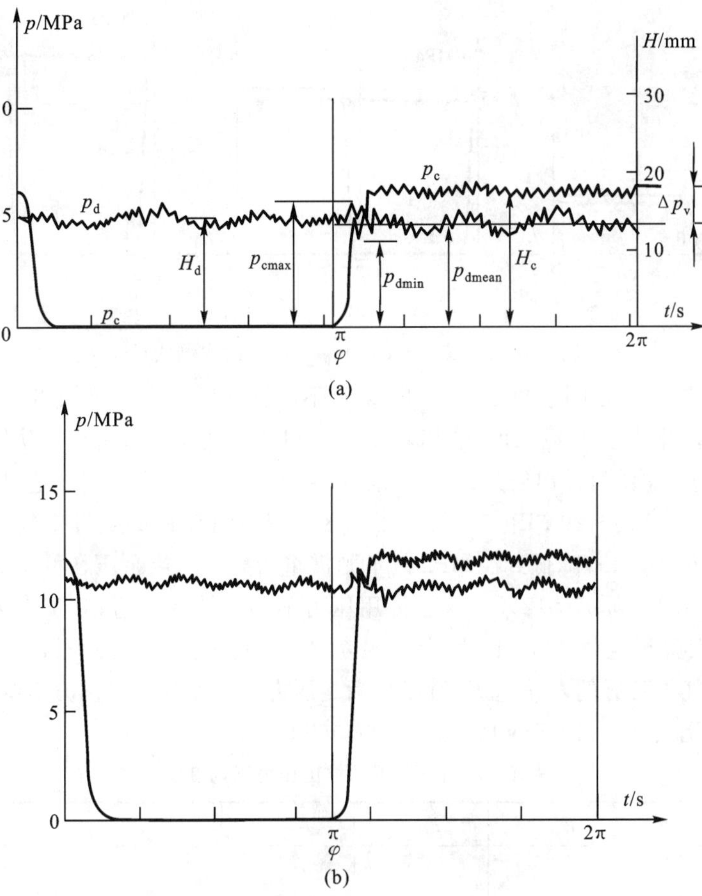

图 3 p_N=0 MPa 时,p_d 和 p_c 的实测曲线

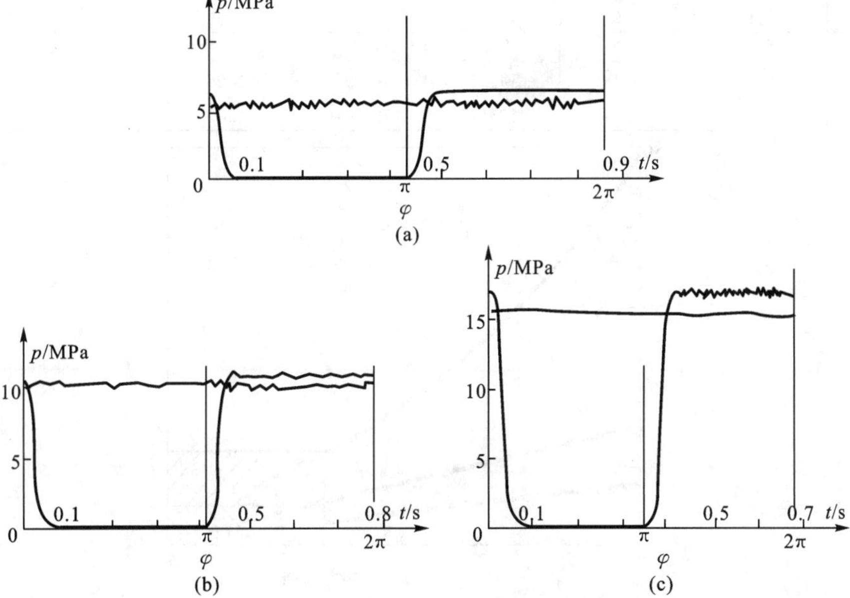

图 4 p_N=2.47 MPa 时,p_d 和 p_c 的实测曲线

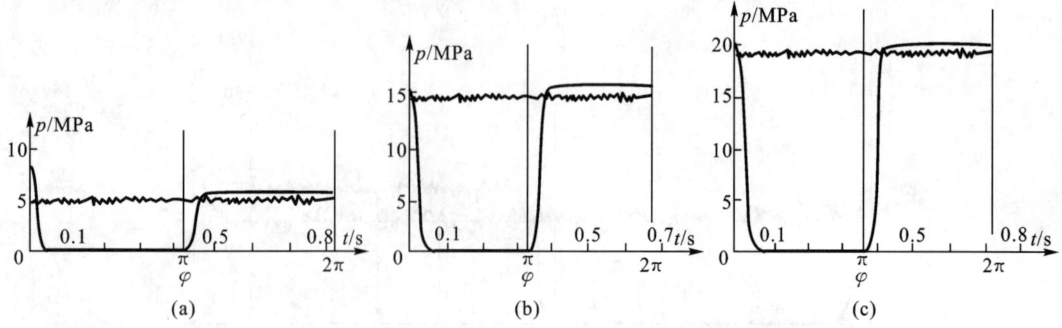

图 5　$p_N=4.93$ MPa 时，p_d 和 p_c 的实测曲线

表 1 列出了空气包在不同预压力 p_N 下、泵在不同缸内压力 p_c 下的排出压力不均度 δ_p，根据它可绘出图 6 的排出压力不均度 δ_p 相对于空气包预压力 p_N 的曲线。从图中可见，p_N 和 p_{dmean} 越高则 δ_p 越小，泵和排出管线的振动也越小，寿命越长。在钻井工艺上一般要求 $\delta_p<5\%$，故当泵压 $p_{dmean}=10\sim20$ MPa 时，合理工作区如图中阴影Ⅰ所示，即空气包预压力 p_N 在 4～6 MPa 之间允许使用，若降低到 4 MPa 以下则需重新充气。当泵压在低于 6 MPa 以下工作时，若 p_N 降为 4 MPa，则 $\delta_p=12\%$。这是许用压力不均度的临界值，其工作区如图中阴影Ⅱ所示。如 p_N 继续降至 4 MPa 以下，则会出现 $\delta_p\gg5\%$ 的情况，振动剧烈，难于正常工作。此外，p_N 越高则空气包胶囊的寿命越短，所以从满足压力不均度与寿命两方面综合考虑，空气包的合理预压力范围为 $p_N=4\sim5$ MPa。

表 1　不同压力下的排出压力不均度值　　单位：MPa

p_N	p_{cmean}	p_{dmax}	p_{dmin}	p_{dmean}	Δp_v	δ_p/%	图号
0	6.25	6.25	3.75	5.00	1.25	50	3(a)
	11.97	11.44	9.83	10.64	1.33	15.14	3(b)
2.47	6.43	6.43	5.18	5.81	0.62	21.53	4(a)
	11.54	11.44	10.43	10.94	0.60	9.23	4(b)
	18.22	16.98	16.08	16.53	1.69	5.44	4(c)
4.93	5.9	5.36	4.93	5.15	0.75	8.36	5(a)
	16.08	15.19	14.65	14.92	1.06	3.61	5(b)
	20.01	19.15	18.87	19.01	1.00	1.50	5(c)

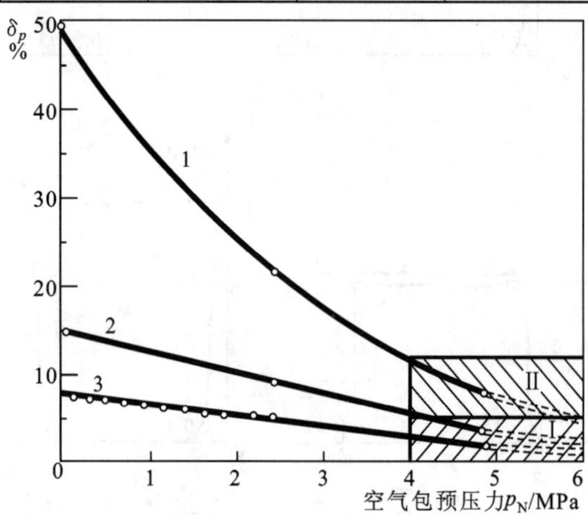

图 6　排出压力不均度 δ_p- p_N 曲线

1—$p_{dmean}=5\sim6$ MPa；2—$p_{dmean}=10\sim11$ MPa；3—$p_{dmean}=16.5\sim19$ MPa

其次，我们分析图 3 所示动压力 p_c 的波形可知：基本波为活塞在吸入与排出冲程中形成的周期变化的阶跃波，如图 7(a)所示，周期为 2π。中频波动是由阀外三缸排出压力 p_d 的波动而引起的类正弦波，其波形和频率与理论排量曲线相同(见附录)，如图 7(b)所示。高频部分则为由排出阀的振动和活塞、活塞杆的振动而产生的随机波，如图 7(c)所示。图 3(a)的 p_c 实测波即由以上三种波动叠加而成。

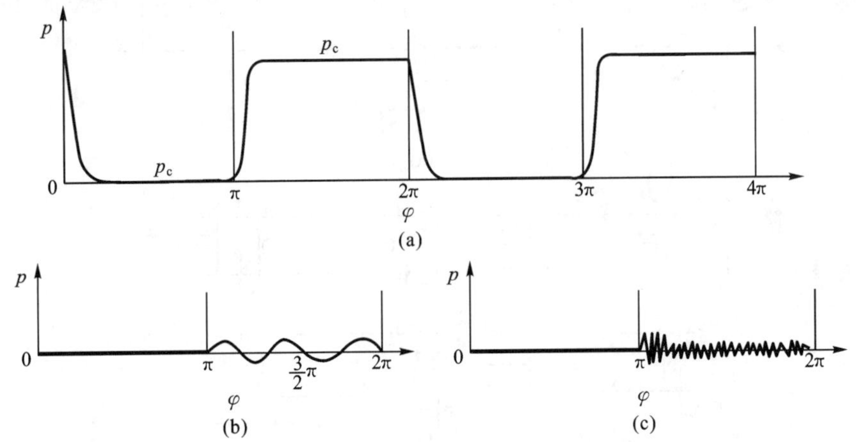

图 7 压力波的组成

当我们仔细观察图 3(b)时就会发现：当泵压较高时，在一个冲程中，中频波不是 3 个而是 4，5 个。为什么？可借图 8 来说明。

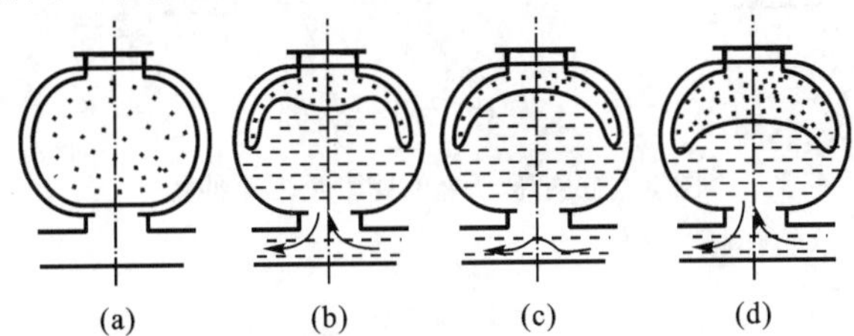

图 8 空气包作用示意图

(a)、(b)、(c)—p_N=0 MPa；(d)—p_N=2.47～4.93 MPa

当空气包中预压力 p_N=0 MPa 时，它是一个体积很小的常压空气包，见图 8(a)。当高压钻井液进入空气包中就将胶囊压缩到顶部。当排出压力 p_d 较低时，压力波按每冲三个波变化，见图 8(b)，当排出压力 p_d 较高时，胶囊几乎贴到顶部，见图 8(c)。这种变化说明由空气包、液、胶囊、气组合的这样一个弹性耦联体系的综合刚度增大了，因而它的压力波频率相应必有所提高。至于何以每冲 4、5 个波动？则有待进一步进行弹性动力学的计算分析。从图 3 中可见，排出压力 p_d 的变化通过开启的排出阀使缸内压力 p_c 也同步地变化，只不过 p_c 的波幅较低而已。当空气包预压力 p_N=2.47～4.93 MPa 时，见图 8(d)产生了补偿作用，使排出压力曲线基本稳定，消除了中频波动(或只余周期脉冲波)，而高频随机振波始终存在。

3 缸内压力变化规律及泵的排量系数

我们将图 3～5 中的缸内压力 p_c 与排出压力 p_d 曲线简化成示意图如图 9(a)所示，结合泵的工作过程分析其变化规律，见图 9(b)。

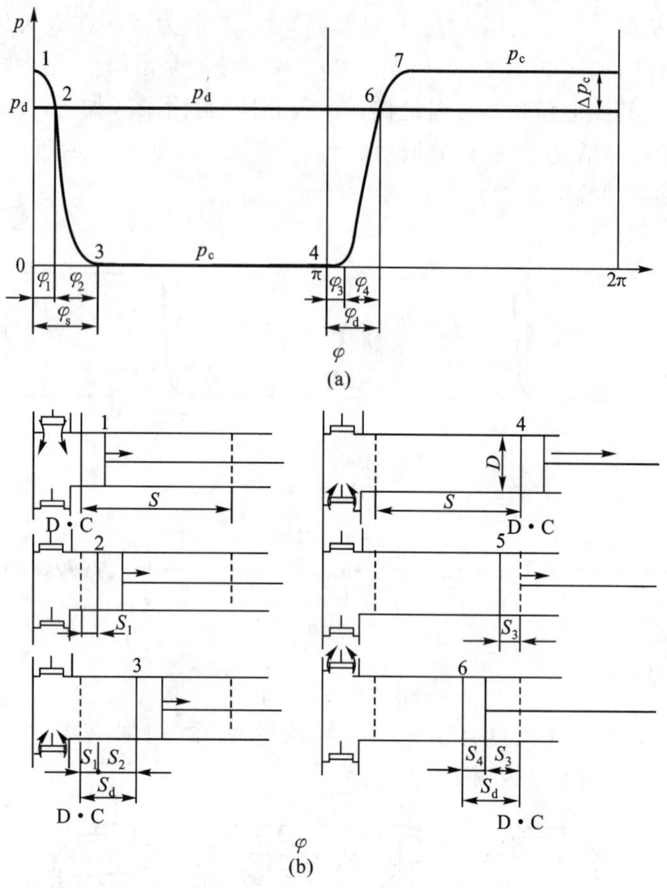

图 9 缸内压力变化规律及无效冲程

3.1 吸入冲程 0～π

1—2：在 1 点吸入冲程开始，此时排出阀尚未关闭，待 p_c 降至 2 点 $p_c \approx p_d$ 时排出阀才关闭，阀有滞后角 φ_1，相应的有活塞位移 S_1，已经排出的液体倒流入液缸，其体积为 $V_1 = \frac{\pi}{4} D^2 S_1$。

2—3：p_c 继续降低，但缸内压力高于大气压力，吸入阀打不开。在两阀全关闭的状态下，余隙容积及缸中液体和气体膨胀，同时排出阀有漏失（向缸内），活塞漏失很小或没有（即使有只能是向缸外漏，缸外空气不会进入缸内）。至 3 点，吸入阀才打开。

3—4：p_c 低于大气压力，开始吸入新液，同时排出阀漏液。由于缸内压力过低，液封的活塞唇部密封不严，缸外空气极易乘虚入缸，吸入管法兰如不严也会将空气吸入液缸。

3.2 排出冲程 π～2π

4—5：在 4 点排出冲程开始，此时吸入阀尚未关闭，直到 5 点才关闭，阀有滞后角 φ_3，相应的有活塞位移 S_3，缸中液体被排回吸入管中，其体积为 $V_3 = \frac{\pi}{4} D^2 S_3$。

5—6：在 5 点吸入阀关闭，但缸内压力 p_c 过低，不足以打开排出阀。在此过程中余隙容积及缸中液体和气体被压缩，同时吸入阀有漏失。试验时当停用喷淋装置，在缸外可看到液体通过活塞向缸外的微量漏失。至 6 点 $p_c=p_d$ 时排出阀才打开，这一过程的曲柄轴转角 φ_4，相应的活塞位移 S_4，其体积为 $V_4=\frac{\pi}{4}D^2S_4$。

这里要说明一点，p_c 升高至 6 点后必须再升高一些才足以克服阀上压力 p_d、弹簧压力以及阀本身重量所形成的阻力将阀打开，不过阀刚刚开启时只有较小的弹簧预压力，阀的质量不足 10 kg，这两项对比液压力 p_d 只占 0.03%，故可忽略不计，可近似认为 p_c 升高至 6 点达到 $p_c=p_d$ 时阀即开启。

6—7—1：缸中液体克服阀的压力损失 Δp_v 排出，在此过程中一直有液体通过活塞向缸外漏失。

泵的排量系数 α：泵的实际排量 Q 低于理论排量 Q_{th}，两者之比称为排量系数。

$$\alpha=\frac{Q}{Q_{th}}=\alpha_1\eta_V$$

式中 α_1——泵的充满系数，$\alpha_1=\frac{Q_i}{Q_{th}}$；

η_V——泵的容积效率，$\eta_V=\frac{Q}{Q_i}$。

转化排量 Q_i 为液缸内接受能量转化的排量，它扣除活塞与阀的漏失量即为实际排量 Q。由于阀的迟关和缸内液体、气体可压缩性的影响，使转化排量 Q_i 总是低于理论排量 Q_{th}，两者之比称为泵的充满系数。两者之间无能量损失。

由于活塞与阀等的漏失，使实际排量 Q 总是低于转化排量 Q_i，两者之比称作泵的容积效率，它有能量损失。

泵的排量系数 α 可以近似由泵压曲线图(或示功图，如将 p-φ 图转变为 p-S 图即得示功图)计算出。由于在 6—7—1 过程中活塞的漏失量尚未测出，暂忽略不计，则泵的每往复排量

$$Q_{th}=V=\frac{\pi}{4}D^2S$$

$$Q=V-V_1-V_3-V_4=\frac{\pi}{4}D^2(S-S_1-S_3-S_4)$$

$$\alpha=\frac{S-S_1-S_3-S_4}{S}=1-\frac{S_1+S_3+S_4}{S}=1-\frac{S_1+S_d}{S}$$

式中 S_d——排出无效冲程。

从上式可以分析到，适当增加冲程 S 可以提高泵的排量系数。

上式中：$S_1=\frac{S}{2}[(1-\cos\varphi_1)+\frac{\lambda}{4}(1-\cos 2\varphi_1)]$

$$S_3=\frac{S}{2}[(1-\cos\varphi_3)-\frac{\lambda}{4}(1-\cos 2\varphi_3)]$$

$$S_4=\frac{S}{2}[(\cos\varphi_3-\cos\varphi_4)-\frac{\lambda}{4}(\cos 2\varphi_3-\cos 2\varphi_4)]$$

根据图 3,4,5 测得的 φ_1，φ_3，φ_4 利用上列各式算得 α，列于表 2 中。

表 2　泵的排置系数 α 计算

p_c /MPa	n /min^{-1}	φ_1 /(°)	φ_3 /(°)	φ_4 /(°)	φ_d /(°)	S_1	S_3	S_4	S_d	α/%	图号
5.9	74.5	5.2	5.2	12.2	17.4	0.002 4S	0.001 8S	0.017 4S	0.019 2S	97.84	5(a)
6.25	76.3	5.3	5.3	12.6	17.9	0.002 5S	0.001 9S	0.021 8S	0.023 7S	97.38	3(a)
6.43	70.0	6.1	6.1	11.9	18.0	0.003 3S	0.002 5S	0.021 3S	0.023 8S	97.29	4(a)
11.54	76.7	6.3	6.3	16.3	22.5	0.003 5S	0.002 6S	0.30 2S	0.032 8S	96.37	4(b)
11.97	88.3	7.7	7.7	15.6	23.3	0.005 2S	0.003 9S	0.031 3S	0.035 2S	95.96	3(b)
16.08	91.0	8.1	8.1	18.8	26.9	0.005 7S	0.004 3S	0.042 5S	0.046 8S	94.75	5(b)
18.22	89.6	8.5	8.5	19.9	28.4	0.006 3S	0.004 7S	0.047 4S	0.052 1S	93.94	4(c)
20.01	85.8	8.6	8.6	20.6	29.2	0.006 4S	0.004 8S	0.050 2S	0.055 0S	93.86	5(c)

根据表 2 的数据绘出图 10。从图中可一目了然看出无效转角中 φ_d 随缸内压力 p_c 的增高而加大，排量系数 α 必然随 p_c 的增高而降低，且呈直线关系降低。又从表 2 中可见，阀的滞后角 φ_3 在 5.2°～8.6°之间，它只降低排量系数约 1%，是比较小的，而压缩与漏失转角 φ_4 却有 12°～20°之多，它是降低排量系数的主要因素。合起来的排出无效转角 φ_d 有 17°～29°之多，它比有关文献提供的数据约大一倍，看来是本试验泵存在的弱点。

泵中液体的可压缩性较小，而气体压缩占主要地位。气体由以下三个途径进入气缸：

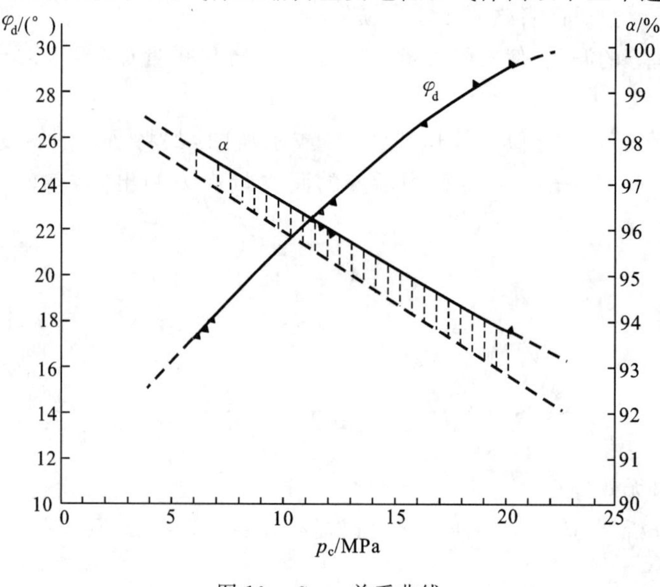

图 10　$\frac{\alpha}{\varphi_d}$-p_c 关系曲线

(1) 在吸入过程中由于活塞密封不严使空气进入液缸，这是中速单作用泵的一大缺点，双作用泵无此虞。当采用灌注泵使缸内压力大于大气压力时也可避免此缺点。

(2) 在吸入过程中由于缸套密封不严和阀箱前法兰盖及吸入管法兰密封不严而使空气进入液缸。

(3) 当泵的有效净吸入压头过低时，液中溶解的空气和天然气便会离析出来，严重时水会汽化，致使吸入断流，不能工作。

下面分析一下在压缩漏失过程 S_4 中液体压缩与气体压缩、漏液各占多少比例。

假如缸中全部充满液体而绝无气体时，则液体的压缩量

$$\Delta V=\beta(V_c+V)p_d$$

式中　β——水的体积压缩系数，当 $t=20$℃时，$\beta=4.3633\times10^{-4}\ \text{MPa}^{-1}$；

V_c——泵液力端余隙容积，$V_c\approx7.3$ L；

V——$\frac{\pi}{4}D^2S=7.3$ L。

在图 5(c)的相应 6 点时 $p_d=19.01$ MPa 计算得 $\Delta V=0.0166V$，将其代入 S_4 计算式可折成曲轴转角 $\varphi_d'=18.20°$及 $S_4'=0.0167S$，无气泵的排量系数 $\alpha'=97.21\%$。

由图 5(c)可知，有气及漏失，其 $\alpha=93.86\%$，可见由于气体压缩及漏失使泵的排量系数降低。

$$\Delta\alpha=\alpha'-\alpha=3.35\%$$

由此可见，实验泵由于排出时压气及漏液而对泵实际排量的降低起主要作用。

最后值得注意的几点说明：表 2 及图 10 所得的排量系数 α 值比实际的要高一些，因为它尚未计入在 6—7—1 过程中活塞的漏失液量，如计入这一损失则 α 还要降低 0.5%～1%。所测 α 值是在吸入池液面低于泵缸中心约 1 m 的情况下测得的，若吸入液面进一步降低则会使 α 值降低。实测 α 值是在 $n=70\sim90\ \text{min}^{-1}$下得到的，当提高 n 时则 α 值会明显降低。泵的运转工况保持 α 在 90%以上才属经济合理。

4　泵的吸入压力波动

将负压传感器装在两个缸的吸入阀之间的吸入歧管管壁上，用以测取歧管中的吸入动压力信号。吸入缓冲器由歧管中的一个胶带充当，测试时分常压和预压 p_N68.7 kPa 两种工况分别测试。

图 11(a)及(b)为吸入动压力实测曲线。两者皆为不等幅的类正弦波，利用前述公式可算得两种缓冲器工况下的平均压力 p_{smean}，压力波动幅 $\Delta p_s=p_{smax}-p_{smin}$ 及吸入压力不均度 δ_{p_s}，均列于表 3 中。

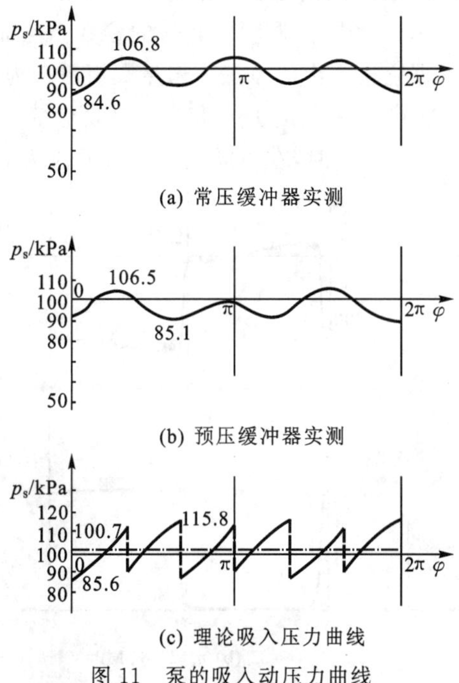

图 11　泵的吸入动压力曲线

表 3　吸入压力不均度 δ_{p_s}

p_N / kPa (kgf/cm²)	p_{smax}/kPa	p_{smin}/kPa	Δp_s/kPa	p_{smean}/kPa	δ_{p_s}/%
98.1 (1)	106.8	84.6	22.2	95.7	23.2
68.7 (0.7)	106.5	85.1	21.4	95.8	22.3

由上表中的 Δp_s 及 δ_{p_s} 值可见，试验泵的吸入压力波动幅度较小、不均度较小，采用这种内藏式胶带缓冲器是比较成功的。如能设计研制更先进的吸入空气包则可进一步稳定吸入压力，使其始终保持在负压状态，这一点对于无灌注的中速三缸泵无疑是非常重要的，它可以在提高冲数 n 的情况下正常吸入，仍能保持相当高的排量系数 α 值。

表 3 中当 $p_N=68.7$ kPa 时约相当于 p_{smean} 的 80%，按这一比例选定缓冲器的预压力值是恰当的。

将图 11(a)与(c)所示的理论吸入压力曲线对比，不难发现两者的波动周期都是 $\frac{2}{3}\pi$，最低的净吸入压力分别为 84.6 kPa 与 85.6 kPa，也差相无几（约 1%），所不同的是前者波形是连续的，后者波形是间断的。理论上，在三缸叠加的吸入总流量突变处，流体的加速度也是突变的。因此，以惯性水头损失形成的吸入波动压力当然也是不连续的。然而由于在吸入管与歧管中流体的可压缩性和吸入阀迟开以及吸入软管的弹性胀缩等因素的影响，理论上的每往复六个不连续波中的三个波消失了而形成实际的三个大连续波，反推测吸入总流量也必然按三个大连续波来工作。

5　活塞和缸套之间摩擦力和摩擦系数

精确测定钻井泵活塞和缸套之间的摩擦力和摩擦系数是研究活塞和缸套磨损寿命的基础，也是计算泵的载荷从而核算泵的零件强度所必需的参数。然而，目前的设计计算中，摩擦系数一值均粗略取为 0.1，根据它所算出的摩擦力未免太粗糙。为了精确测定此摩擦系数，我们测录了 1 号泵缸和 3 号泵缸的缸内动压力 p_c 和活塞杆动应变 ε 曲线。图 12 所示为当空气包预压力为 4.93 MPa (50 kgf/cm²) 时，在不同缸内压力下的两条实测曲线。

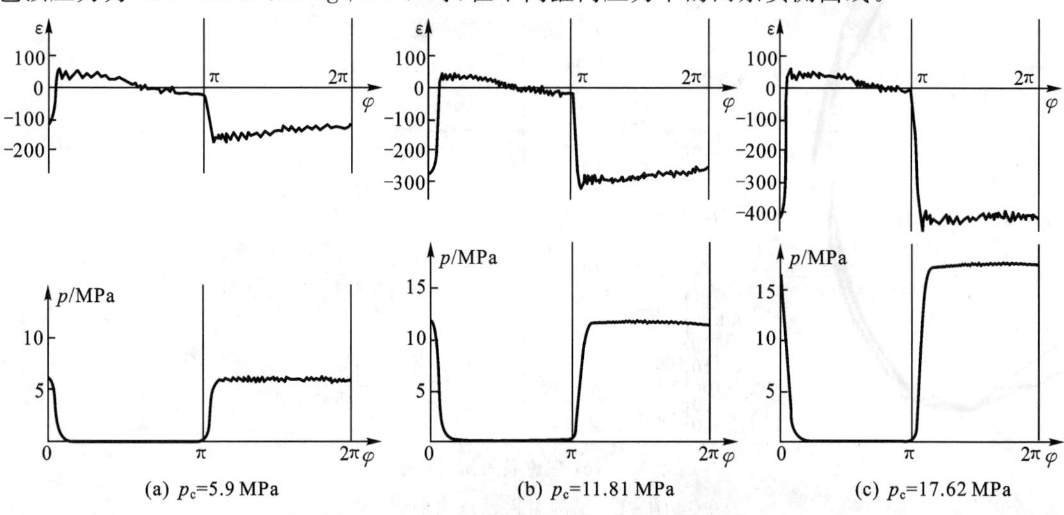

图 12　缸内动压力和活塞杆应变实测曲线

从曲线中可看出：

(1) 在 0—π 吸入冲程中，由于缸内压力很低，活塞上的应变主要由往复运动件质量的惯性力(宏观低频波)及较小的摩擦力造成，而后者带有高频随机振动的特性。由于惯性力使应变由正变负。

(2) 在 π—2π 排出冲程中，在 p_c 没有达到最高值以前活塞杆上的应变提前达到最大值，这是由于往复运动件和液体的质量冲击加载造成的。在液压力的基础上可看到仍有相对较小的惯性力及振动摩擦力的作用。

根据两条曲线的波高，运用下列公式可以算出摩擦力 F_f(单位：N)和摩擦系数 f：

$$F_f = M\omega^2 \frac{S}{2}(\cos\alpha + \lambda\cos 2\alpha) + \frac{\pi}{4}d^2 H_\varepsilon K_\varepsilon - \frac{\pi}{4}D^2 H_c K_c$$

$$f = \frac{F_f}{\pi D b p_c}$$

式中　M——活塞杆贴片处到活塞这一段运动件的质量，kg；

ω——曲柄轴角速度，rad/min；

S——冲程，mm；

α——曲柄轴转角，排出冲程中 $\alpha=\pi\sim2\pi$；

λ——连杆比＝0.144；

H_ε——活塞杆应变曲线之波高，mm；

H_c——缸内压力曲线之波高，mm；

K_ε——应变片的标定系数，MPa/mm；

K_c——缸压传感器的标定系数，MPa/mm。

F_f 式中右侧第一项为惯性力，第二项为活塞杆的轴向力，第三项为活塞面上承受的液压力。根据不同的 p_c 及实测值，计算得 F_f 及 f 列于表 4 中。

表 4　摩擦力 F_f 及摩擦系数 f

p_c/MPa	5.90	6.04	11.81	11.99	17.51	17.62
F_f/N	7 669	7 757	15 328	15 190	25 929	23 497
f	0.121 7	0.120 2	0.121 5	0.118 6	0.138 6	0.124 9

摩擦系数的变化范围为 0.118 6～0.138 6，其平均值为 0.124。此值测得的条件是丁腈橡胶活塞配双金属缸套，介质为水，带清水喷淋。如活塞过盈量大于试验用活塞或介质为泥浆时则 f 值还要增大一些。

6　结　　论

(1) 通过对中速三缸单作用钻井泵的排出压力实测曲线可见：当空气包无预压时，泵压波动严重，其压力不均度 δ_p 在 50%以上，泵不能正常工作。δ_p 随泵压的增高明显降低，也随空气包的预压力 p_N 增加而降低。当 $p_N=5\sim4$ MPa 时和泵压 $p_d>8$ MPa 时能满足 $\delta_p<5\%$ 的要求，管线振动很小，泵及管线的寿命长，事故少。如 $p_N<4$ MPa 时应及时向空气包充新气。

(2) 利用实测的泵压 p-φ 图或 p-S 示功图可计算泵的排量系数 α(近似值)。SL3NB-1300 型泵在 $n=86\ \text{min}^{-1}$，$p_d=19$ MPa 时，量得其排出无效转角 φ_d 有 30°之多，折合无效冲程 S_d 有 S 的 5.5%之多，此时的排量系数约为 93%～93.86%，当 n 提高时它还要降低，虽然尚能工作，但不够经济合理，值得改进(如适当加大活塞过盈量)。当 $\alpha<90\%$时，不是液中含气太多

就是活塞磨损严重，漏气漏液太多，应及时除气或更换缸套与活塞，排除吸入管漏气。

(3) 试验泵的吸入压力波动幅度在 21.4～22.2 kPa 之间，吸入压力不均度 δ_{p_s} 在 22.3%～23.2%之间，都比较小。内藏胶带式缓冲器基本能满足稳定吸入压力的要求，但应进一步研制更有效的吸入缓冲器以提高中速三缸泵的适应性。

(4) 当泵的工作介质为水，使用清水喷淋的情况下，活塞与缸套之间的摩擦系数 f 平均为 0.124，可作为设计计算参数。

(5) 本次试验由于是在工厂中实测，不能破坏泵及管线等，所以试验项目不全。测量排出压力 p_d 的传感器安装在三通转弯处，有压力局部效应，影响测量的精度。由于配备的功率不足，未能做更高冲次、更高泵压的试验，也没条件做以泥浆为介质的试验。量冲程的位移传感器由于无法安装而不能绘出示功图，所有这些说明值得进一步开展更完整的三缸泵试验研究工作。

7 附　　录

单缸单作用泵与三缸单作用泵的理论位移、速度、加速度系数 C_x，C_v，C_a，如图 13 所示。

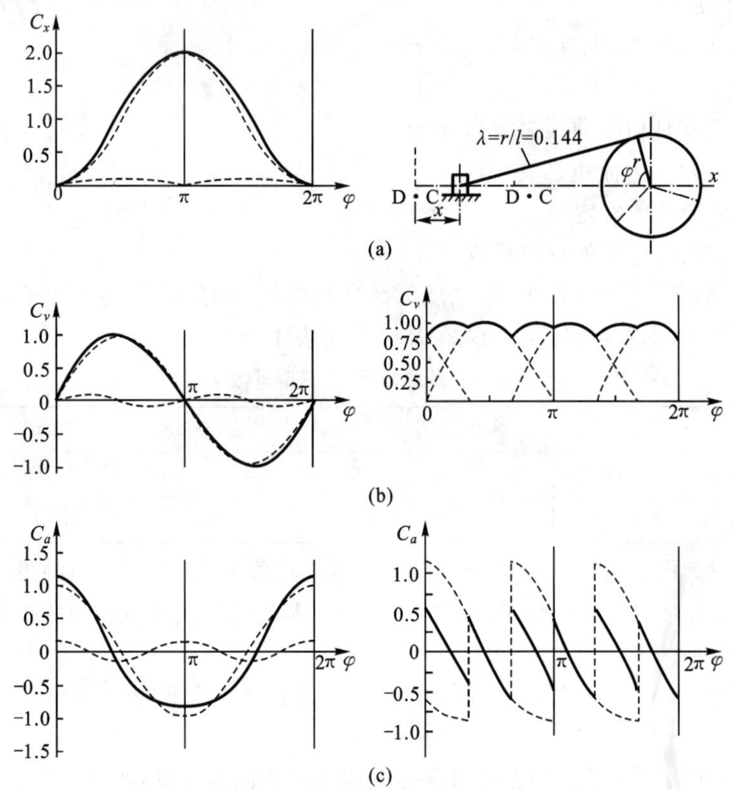

图 13　单缸单作用泵与三缸单作用泵的理论活塞位移系数 C_x、速度系数 C_v 与加速度系数 C_a

（本文由陈如恒执笔，参加试验的有李福海、罗维东、董世民、高玉科、杨明杰，初稿曾采纳周凤石的意见。）

33. 钻井泵泵体的模态分析和动态设计

【论文题名】 钻井泵泵体的模态分析和动态设计

【期 刊 名】 石油高等教育四十年科学研究论文集(1953～1993),石油大学出版社,第117～126页

【摘 要】 钻井泵泵体的严重变形及开裂导致整个泵的寿命缩短,它主要源于振动。本文运用模态分析技术对F-1300型泵的泵体进行了动态特性分析,用以克服多自由度结构系统在建模和解析中的困难。通过试验得到泵体的频响函数曲线,并识别出各阶模态参数。侧重分析了最低几阶模态振型,发现顶板等刚度不足的四个部位。据此进行局部增强刚度的动态再设计,反复修改完善其动态参数,达到优化泵体动态特性、提高其抗振性能及延长使用寿命的目的。

【关 键 词】 模态分析 频响函数 信噪比 模态参数识别 模态振型 动态设计

1 泵体的动态分析与动态设计

钻井泵是钻井工程的心脏,随着高压喷射钻井新工艺的推广,在用的1000～1300型泵正向更高功率的1600～2200型发展,而泵压则从20 MPa向30 MPa发展。与此同时,泵的寿命则越来越短,这是由于多数泵都处在满载或超载下工作,泵的曲柄连杆机构运动的不均衡性产生了曲轴扭矩及泵压的脉动以及泵阀启闭过程中的压力脉动。其低频振动为9～12 Hz,同时伴随着140～280 Hz的高频振动,实测F-1300泵的基频为252 Hz。这样,泵经常在接近共振状态下运行,不时发生共振现象。泵、管道和水龙带等强烈跳动,噪声震耳。久之,泵体便会严重变形,轴承座附近侧板疲劳断裂,介杆箱侧板和中间隔板断裂以及泵头连接螺栓疲劳断裂,这些故障都会使泵提前报废。而严重变形与疲劳断裂的原因之一就是结构振动。由此可见,只靠传统的静力分析和静强度设计法已不能保证泵的安全工作,必须对泵进行动态分析及动态设计,使泵体的质量和动刚度有一个合理的分布,改善其固有特性,提高抗振性能,减缓疲劳开裂与变形。

近20年来,模态分析与模态参数识别技术已广用于航天航空、交通与机床等行业,但在石油装备上尚未应用,它是一种结构动力学研究的逆问题。对于像泵体这样复杂的多自由度结构,欲从其运动方程解出运动响应将是十分困难的。然而借助试验方法、测得其输入(激振力)和输出(响应)的信号则比较容易,再通过FFT分析及功率谱密度计算,则可较易确定出系统的频响函数,并识别出系统各阶模态参数(固有频率、模态刚度及质量、模态阻尼及模态振型),也就是在可以使运动方程解耦的模态坐标中研究结构的固有特性。在模态分析的基础上,根据实测的频响函数和给泵一个实际的复杂激励,可计算出泵的动态响应。根据实测的动态参数可建立动力学模型,还可针对泵体原型模态参数的不合理性进行泵体的动态修改。

2 实模态理论

对已被试验证实的具有比例阻尼的线性结构——泵体,宜采用实模态理论或模态叠加原理。相反,对像井架那样具有非比例阻尼的结构则须采用复模态理论。

对于一个复杂结构物,要建立其动力学模型,可将其离散为N个自由度的M-K-C线性系

统，在外力$\{f\}$激励下其运动方程为

$$[M]\{\ddot{x}\}+[C]\{\dot{x}\}+[K]\{x\}=\{f\} \tag{1}$$

式中　$\{x\}$——响应位移的N阶列阵；

$[M]$,$[K]$,$[C]$——分别为质量、刚度、比例阻尼的$N\times N$方阵。

如激振力为谐和外力$\{f\}=\{F\}\exp(j\omega t)$，则系统产生相同频率$\omega$的谐和位移：

$$\{x\}=\{X\}\exp(j\omega t)$$

令式(1)中$\{f\}=0$，得频率方程：

$$(-\omega^2[M]+[K]+j\omega[C])\{X\}=0 \tag{2}$$

从理论上讲，由式(2)可解出N个固有频率$\omega_1,\omega_2,\cdots,\omega_N$，对应有模态振型$\Phi_1,\Phi_2,\cdots,\Phi_N$。但$[M][K]$及$[C]$中全存在耦合项，且自由度数$N$过多，使得方程(1)或(2)求解十分困难，因此，采用一种模态坐标代替物理坐标，可使方程解耦并降低自由度数；而用试验方法测取系统的频响函数及模态参数，于是形成了所谓试验模态分析法。它是一个计算机辅助试验、建模与分析的全过程。

用$[\Phi]^T$对$\{x\}$进行坐标变换，引入模态坐标(广义坐标)q：

$$\{q\}=[\Phi]^T\{x\}\text{或}\{x\}=[\Phi]\{q\}$$

而$\{q\}=\{Q\}\exp(j\omega t)$，运动方程(1)化成：

$$[M][\Phi]\{\ddot{q}\}+[C][\Phi]\{\dot{q}\}+[K][\Phi]\{q\}=\{f\} \tag{3}$$

可将模态矩阵$[\Phi]$称为坐标变换矩阵，它是由各阶振型系数(振型元素)Φ_i组成的矩阵：

$$[\Phi]=[\{\Phi_1\}\{\Phi_2\}\cdots\{\Phi_m\}]\quad(N\times m\text{ 阶})$$

模态矩阵的自由度数$m\leqslant n$。上式中的列向量都是正交的，即：

$$\left.\begin{aligned}[\Phi]^T[M][\Phi]&=\begin{bmatrix}\ddots&&\\&m_i&\\&&\ddots\end{bmatrix}\\[\Phi]^T[M][\Phi]&=\begin{bmatrix}\ddots&&\\&k_i&\\&&\ddots\end{bmatrix}\\[\Phi]^T[M][\Phi]&=\begin{bmatrix}\ddots&&\\&c_i&\\&&\ddots\end{bmatrix}\end{aligned}\right\}\quad(m\times m\text{ 方阵}) \tag{4}$$

将方程(3)左乘$[\Phi]^T$：

$$\begin{bmatrix}\ddots&&\\&m_i&\\&&\ddots\end{bmatrix}\{\ddot{q}\}+\begin{bmatrix}\ddots&&\\&c_i&\\&&\ddots\end{bmatrix}\{\dot{q}\}+\begin{bmatrix}\ddots&&\\&k_i&\\&&\ddots\end{bmatrix}\{q\}=[\Phi]^T\{f\} \tag{5}$$

式中，$\begin{bmatrix}\ddots&&\\&m_i&\\&&\ddots\end{bmatrix}$，$\begin{bmatrix}\ddots&&\\&k_i&\\&&\ddots\end{bmatrix}$，$\begin{bmatrix}\ddots&&\\&c_i&\\&&\ddots\end{bmatrix}$分别为对角化质量、刚度、阻尼矩阵。

式(5)变为m个互不耦合的方程：

$$m_i\ddot{q}_i+c_i\dot{q}_i+k_iq_i=\{\Phi_i\}^Tf_i\quad(i=1,2,\cdots,m) \tag{6}$$

这样，就可按m个互相独立的单自由度系统，解出系统的固有频率$\omega_1,\omega_2,\cdots,\omega_i$。而$m_i$，

k_i，c_i 和$\{\Phi_i\}$称为第 i 阶模态参数($i=1,2\cdots,m$)。

每一个物理坐标的位移 x 可以看成是 m 个模态坐标 q_i 的线性叠加，即在 r 点测得的位移响应为

$$x_r = \sum_{i=1}^{m} \Phi_{ir} q_i \tag{7}$$

此即模态叠加原理。

方程(5)可转换为频率方程：

$$\left(-\omega^2\begin{bmatrix}\ddots & & \\ & m_i & \\ & & \ddots\end{bmatrix}+\begin{bmatrix}\ddots & & \\ & k_i & \\ & & \ddots\end{bmatrix}+jw\begin{bmatrix}\ddots & & \\ & c_i & \\ & & \ddots\end{bmatrix}\right)\{Q_i\}=[\Phi]^T\{F_i\} \tag{8}$$

由 m 个不耦合的方程可解出第 i 个模态坐标的响应位移幅值为

$$Q_i=\frac{\Phi_i F_i}{-\omega^2 m_i+k_i+j\omega c_i} \tag{9}$$

返回物理坐标表示的响应位移幅值为

$$\{X\} = [\Phi]\{Q\} = \sum_{i=1}^{N} \frac{\{\Phi_i\}^T\{F\}\{\Phi_i\}}{-\omega^2 m_i + k_i + j\omega c_i} \tag{10}$$

根据频响函数 H 的定义，将系统的所有任意两点之间的频响函数组成 $N\times N$ 阶对称方阵，则有：

$$[H] = \frac{\{X\}}{\{F\}} = \sum_{i=1}^{N} \frac{\{\Phi_i\}\{\Phi_i\}^T}{-\omega^2 m_i + k_i + j\omega c_i} \tag{11}$$

令位移导纳 $W_i=(-\omega^2 m_i+k_i+j\omega c_i)^{-1}$，则有：

$$[H] = \sum_{i=1}^{N} W_i \begin{bmatrix} \Phi_{1i}\Phi_{1i} & \Phi_{1i}\Phi_{2i} & \cdots & \Phi_{1i}\Phi_{Ni} \\ \Phi_{2i}\Phi_{1i} & \Phi_{2i}\Phi_{2i} & \cdots & \Phi_{2i}\Phi_{Ni} \\ \vdots & \vdots & & \vdots \\ \vdots & \vdots & & \vdots \\ \Phi_{Ni}\Phi_{1i} & \Phi_{Ni}\Phi_{2i} & \cdots & \Phi_{Ni}\Phi_{Ni} \end{bmatrix} \tag{12}$$

如采用 SISO 法(单点输入、单点输出、随机锤击法)，如图 1 所示。将拾振点固定在任一点 r 处，而逐个更换激振点 $e=1,2,\cdots,N$。则可测得任一行振型信号，如$[\Phi_{2i}\Phi_{1i}\Phi_{2i}\Phi_{2i}\cdots\Phi_{2i}\Phi_{Ni}]$，它已能反映出全部频响函数$[H]$的信息。

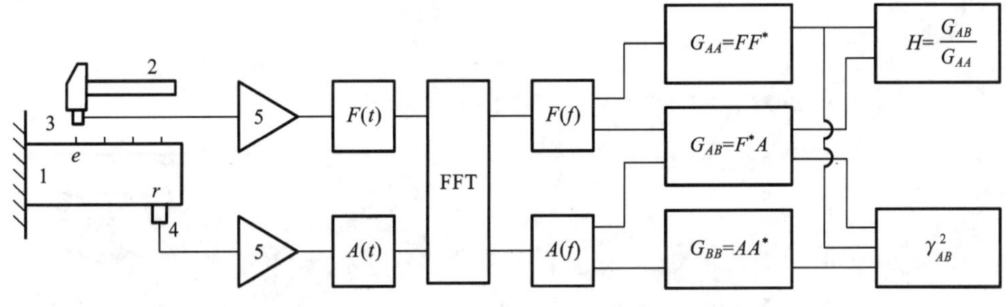

图 1 SISO 法测频响函数

1—试样；2—激振锤；3—力传感器；4—加速度计；5—电荷放大器

系统内任意两点 r 和 e 之间的频响函数又可表示为：

$$H_{re}(\omega) = \sum_{i=1}^{N} \frac{\Phi_{ir}\Phi_{ie}}{-\omega^2 m_i + k_i + j\omega c_i} \tag{13}$$

上式即为频响函数与模态参数之间的关系式。根据测得的频响函数 $H(\omega)$ 的平均值，用专用软件包即可确定出各阶模态参数 m_i，k_i，c_i 及 $\Phi_{ir}\Phi_{ie}$。

模态振型是指结构上各点之间的相对位移关系。它是一组比值，而不是绝对量，对它作出适当的正则化规定使其具有确定的数值。可用的正则化方法很多，采用其中的一种：以原点导纳的振型元素为 1，如 $\Phi_{ir}=1$，从而各跨点的振型元素 Φ_{ie} 即有与 Φ_{ir} 相比较的确定值。

3 泵体的模态分析

模态分析的中心环节是测取泵体的频响函数，其关键是消除噪声引入的影响，提高信噪比。其过程如下：

(1) 建立测量分析系统(图 2)。

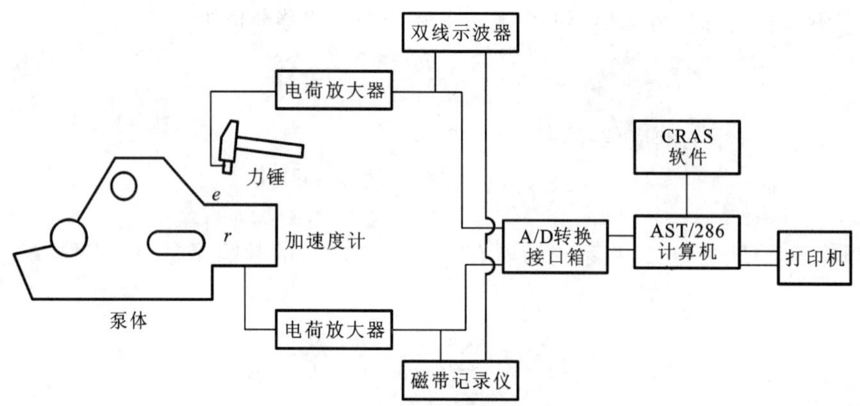

图 2 泵体模态测试系统

(2) 采用逐步比较法对加速度计、力传感器及两通道标定灵敏度，整个测量系统的校准及总体极限误差分析结果说明，这种方法能满足精度要求。

(3) 选 F-1300 型钻井泵的空泵体 P 及装配后的实泵体 AP 为试件(图 3)，选 6 只空气弹簧或软木橡胶堆为支撑，能保证试件与地面隔振良好。

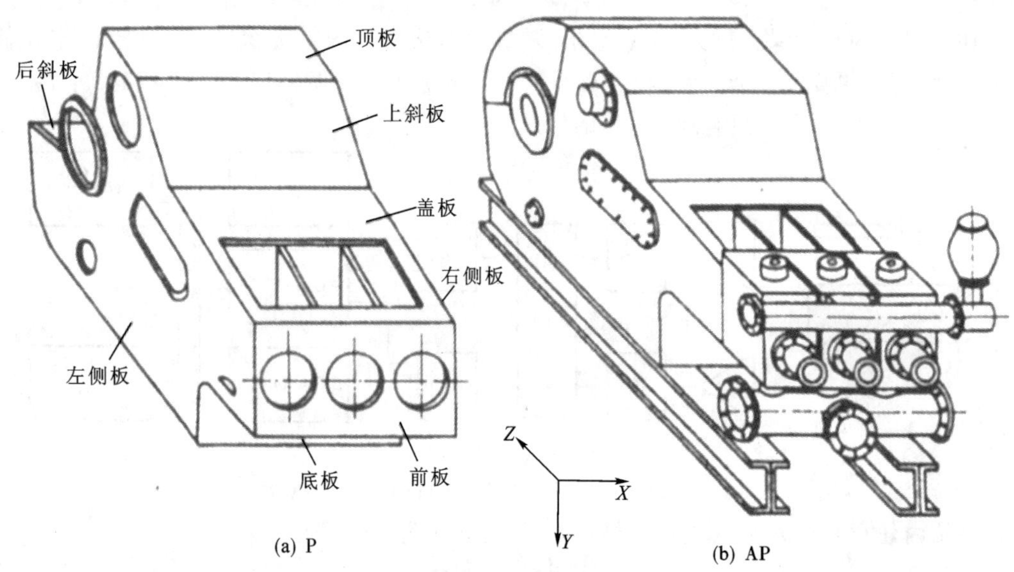

图 3 泵体结构示意图

(4) 设置几何参数。在设定的290个节点之间连线499条,构成泵体的鼠笼形网格模型,如图4所示。

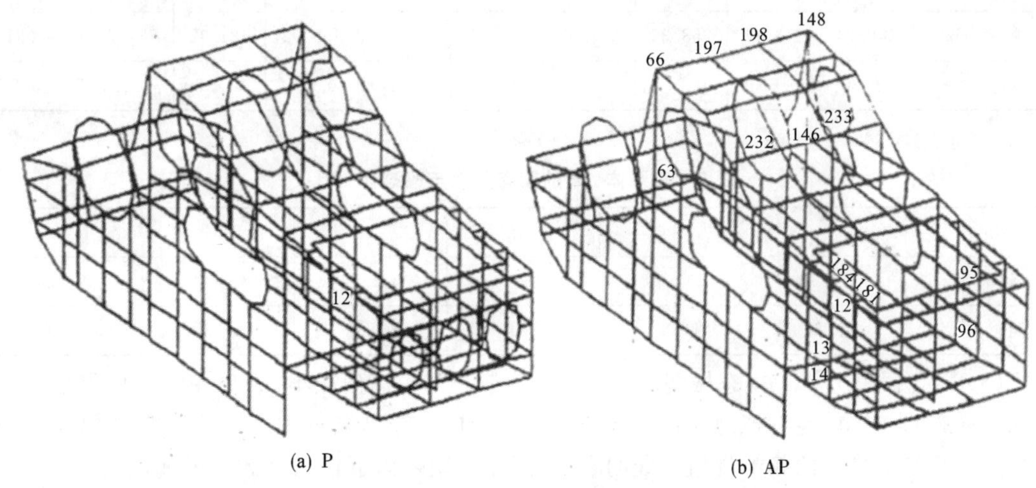

(a) P　　(b) AP

图4　泵体网格模型

(5) 测定频响函数。用SISO法采集各节点间的双通道时域信号,通过FFT分析,得出频域的互功率谱密度函数 $G_{AB}(\omega)$ 及自功率谱密度函数 $G_{AA}(\omega)$,经多次平均得出总代表的频响函数为:

$$H(\omega)=\frac{X(\omega)}{F(\omega)}=\frac{G_{AB}(\omega)}{G_{AA}(\omega)} \tag{14}$$

(6) 为了提高频响函数的测量精度,采样频率 $f_s=2.56f_a$(f_a 为分析频率)。选用"海宁"窗函数以减少信号泄漏误差,选16次线性平均方式,采用频响函数互易性检验和相干函数 $\gamma_{AB}^2(\omega)$ 检验,全部 $\gamma_{AB}^2(\omega)>0.8$,测量结果满足精度要求。

(7) 泵体模态参数识别。频响函数幅值集总平均和曲线拟合,以原点导纳曲线作为拟合样本,采用整体拟合方法,将全部频响函数的幅值进行集总线性平均,便得出总频响函数曲线。图5示出空泵体P和实泵体AP的总体频响函数曲线,其各个幅峰对应着各阶固有频率。

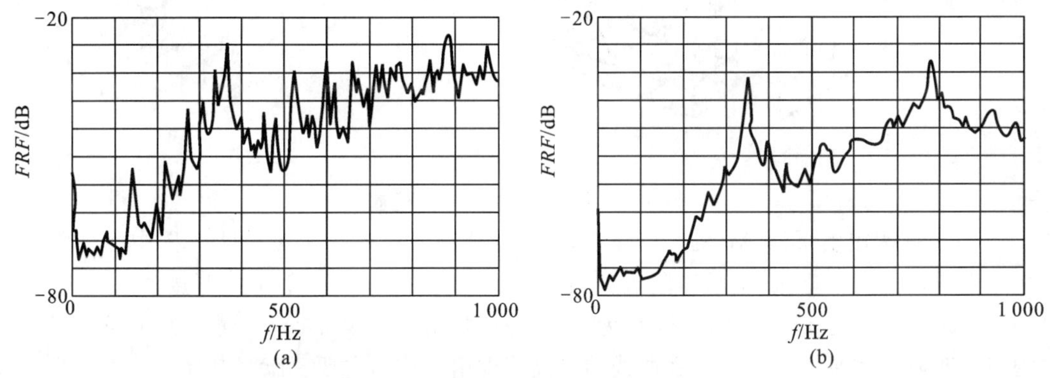

(a)　　(b)

图5　泵体的频响函数曲线

模态参数识别:识别过程一般可分为频响函数检验、曲线拟合、模态综合、模态参数打印、模态振型动画演示。拟合的方法很多,多采用最小二乘法和迭代法寻优。利用专用软件包可得全部固有频率 ω_i,模态阻尼比 ξ_i 和模态振型 Φ_{ie},见表1及表2。

表 1　空泵体 P 的固有频率与模态阻尼比

阶次	1	2	3	4	5	6	7	8	9	10
频率/Hz	140.74	216.71	268.36	307.07	335.94	365.15	450.92	481.02	524.75	592.91
阻尼比/%	1.530	0.694	0.747	0.791	0.448	0.747	0.544	0.298	0.492	0.395

表 2　实泵体 AP 的固有频率与模态阻尼比

阶次	1	2	3	4	5	6
频率/Hz	251.86	295.90	346.10	388.22	434.45	474.75
阻尼比/%	1.583	1.882	1.240	0.888	1.037	1.240

(8) 模态振型分析。模态振型的幅值随固有频率的提高而减小,故对多自由度系统,用最低几阶模态的叠加就能近似地表达此系统的动力响应。今已知泵体结构是线性的,则总频响函数曲线是各阶模态的频响幅值曲线的叠加,而在共振峰附近该振动频率所属的模态对运动的贡献最大。

图 6(a)打印出空泵体 P 的 1 阶模态,其固频为 140.7 Hz,可见泵头部产生整体扭振,尾部轴承座附近侧板产生弯振,它牵连轴承座向内外侧振摆。图 6(b)打印出空泵体 P 的 6 阶模态,其固频为 365 Hz,泵尾部基本不振,而泵头介杆箱侧板产生大幅反对称弯振。空泵体的频响函数曲线的最高峰即由它作出主要贡献。

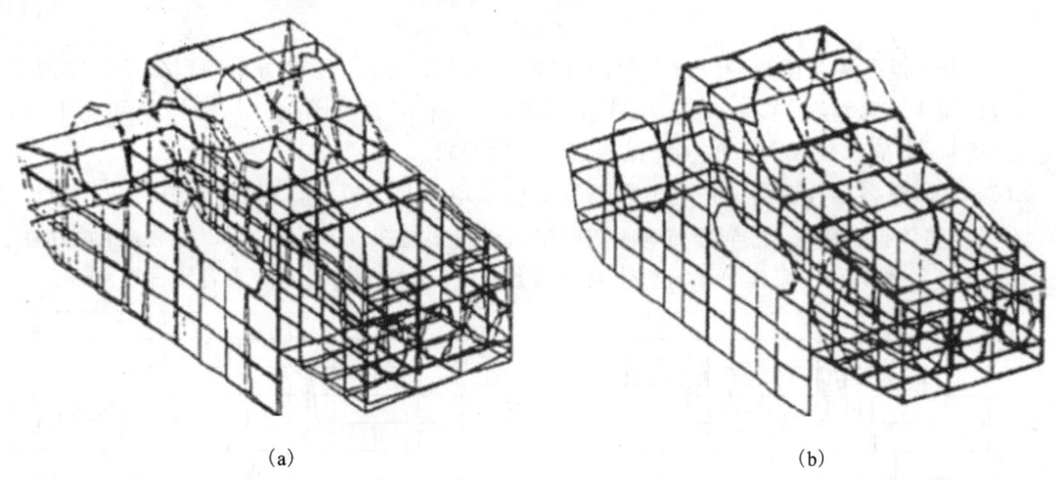

(a)　　　　(b)

图 6　空泵体的 1 阶和 6 阶模态

图 7(a)打印出实泵体 AP 的 1 阶模态,其固频比空泵体提高 251.9 Hz。图中可见泵尾部顶板及上斜板作大幅弯振,轴承座附近侧板产生大幅弯振,而泵头部整体弯振消失。图 7(b)打印出实泵体 AP 的 3 阶模态,其固频为 346 Hz。泵尾部基本无振动,而泵头介杆箱侧板作大幅对称弯振。实泵体的频响函数曲线的最高峰即由它作出主要贡献。其他各阶模态振型分析见表 3。

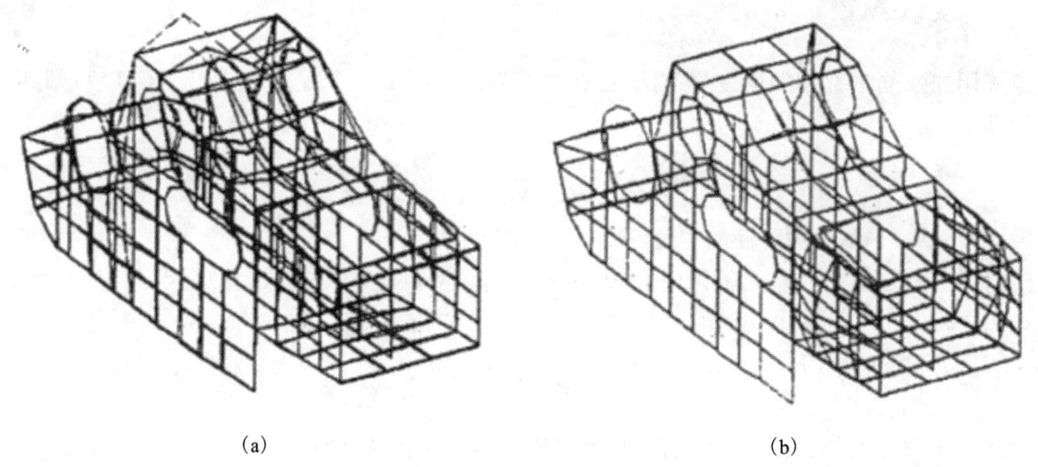

(a)　　　　(b)

图 7　实泵体的 1 阶和 3 阶模态

表 3　泵体各阶模态振型

试件	阶次	泵尾部		泵头部		
		顶板上斜板	轴承座附近侧板	介杆箱侧板	盖板	整体
空泵体 P	1	N	S	S	S	T
	2	S	S	S	S	T
	3	S	M	M	S	T
	4	M	S	L	S	T
	5	N	N	L	M	0 B
	6	S	S	L	L	0 B
	7	M	S	M	M	0 B
	8	M	L	M	M	0 B
实泵体 AP	1	L	L	S	S	0
	2	S	S	L	S	0
	3	N	N	L	S	0
	4	N	S	L	L	0
	5	S	N	L	L	0
	6	S	N	L	L	0

注：N—基本无振动；S—小幅弯振；M—中幅弯振，L—大幅弯振；T—整体扭振；O—无整体扭振；B—整体小幅弯振。

泵体模态分析结果表明，装配后的实体泵由于下方增加了吸入歧管的支撑而加固，使泵头的整体扭振消失，泵体的整体刚度加强，其基频约提高了 110 Hz，所以泵体的动态修改以实泵体为基准。对如下四个刚度薄弱部位加以强化，即泵尾部的顶板及上斜板、轴承座附近侧板、泵头部介杆箱侧板以及上盖板。

4　泵体的动态修改

对于新结构的设计适于采用动态优化设计，但做起来困难较大。对于已有的结构物常进行动态再设计或“动态修改”，其方法为针对结构刚度的薄弱部位局部修改其质量、刚度及阻尼。但难于精确测定或计算阻尼比，所以一般只进行刚度或质量的修改。此外对修改过的结构重新识别其模态参数，反复多次，以达到最优的动态特性。

4.1 动态修改基本原理

采用加强筋局部弯曲刚度修改法，如在两节点之间附加一个等截面梁，见图 8(a)，则其弯曲刚度 K 为

$$K=\frac{12EJ}{l^3}=\frac{Ebh^3}{l^3} \tag{15}$$

式中 b,h,l——单元加强筋的宽度、高度和长度。

对于三节点间的二单元等截面梁，见图 8(b)，其总体刚度为二者的叠加。

$$[K]=[K_1]+[K_2]=\frac{Ebh_1^3}{l_1^3}\begin{vmatrix}1 & -1 & 0\\ -1 & 1 & 0\\ 0 & 0 & 0\end{vmatrix}+\frac{Ebh_2^3}{l_2^3}\begin{vmatrix}0 & 0 & 0\\ 0 & 1 & -1\\ 0 & -1 & 1\end{vmatrix} \tag{16}$$

在 n 个节点间的 $n-1$ 个等截面梁，其总刚度也可用同法计算。

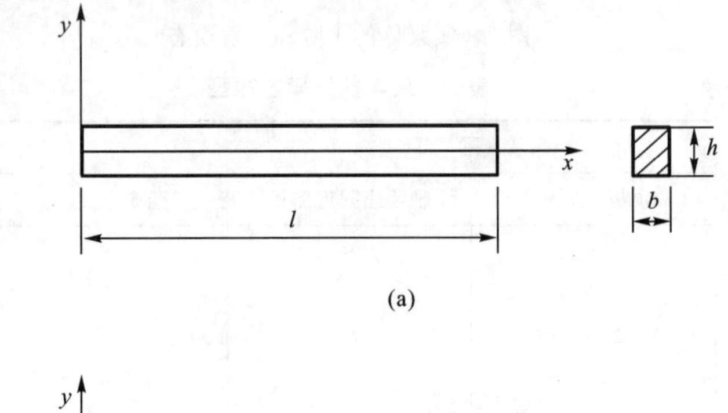

(a)

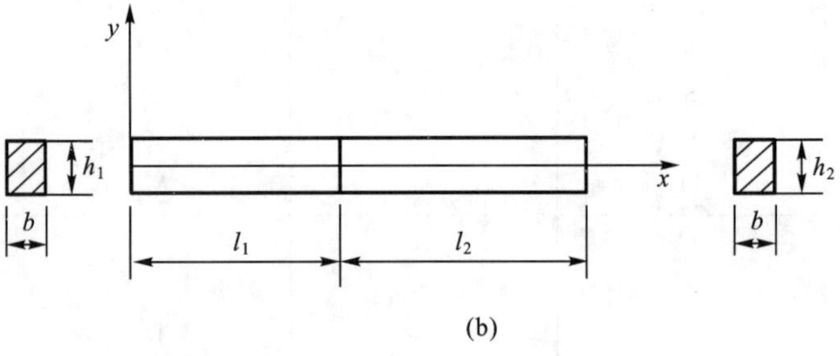

(b)

图 8　加强筋示意图

4.2 动态修改过程

通过灵敏分析，发现最敏感的节点，对它进行刚度与质量的修改。对于 1 阶模态主要是 197，198，232 号节点，其次是 63 和 146 号节点；2，3，4 阶则主要是 13，95，96 号节点，其次是 181 和 184 号节点，见图 4(b)。它们和前面认定的四个刚度薄弱部位完全一致。对实泵体 AP 的局部刚度修改，其附加筋条在图 9(a)中用粗线条标出，在图 9(b)示出在实际从事泵体结构设计时，将三处附加的加强筋用刚度等效原则换算成增加的板厚。

从六种试改方案中选出一种最优方案，此方案所得振型幅值差的减缩量平均约为32.5%，而质量的增量约为原泵体质量的 10%，修改前后的前四阶固有频率与阻尼比在表 4 中给出。从中可见，基频从原来的 252 Hz 提高为 312 Hz。修改前后的前四阶振型对比见图 10。

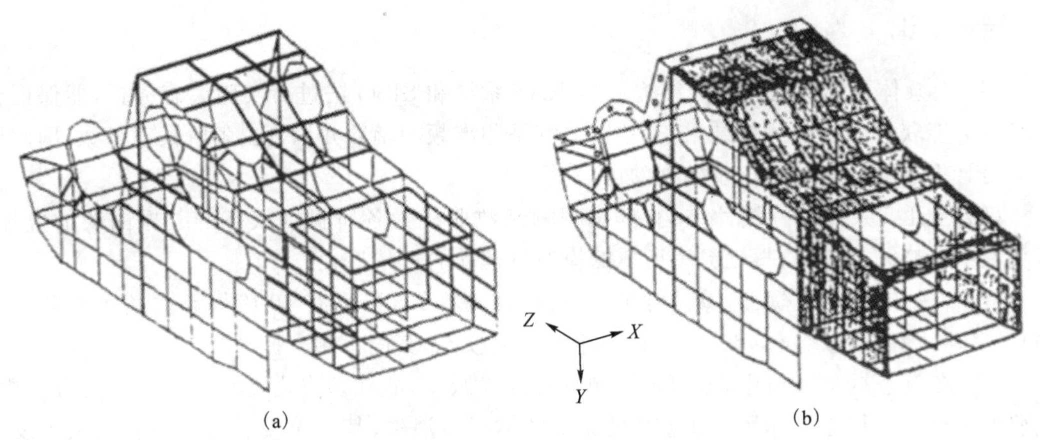

图9　实泵体加强筋及实际修改模型

表4　动态修改前后模态参数对比

阶次	固有频率/Hz		阻尼比/%	
	修改前	修改后	修改前	修改后
1	251.86	312.03	1.58	1.73
2	295.90	408.43	1.88	0.84
3	346.10	426.83	1.24	0.83
4	388.22	438.47	0.89	1.02

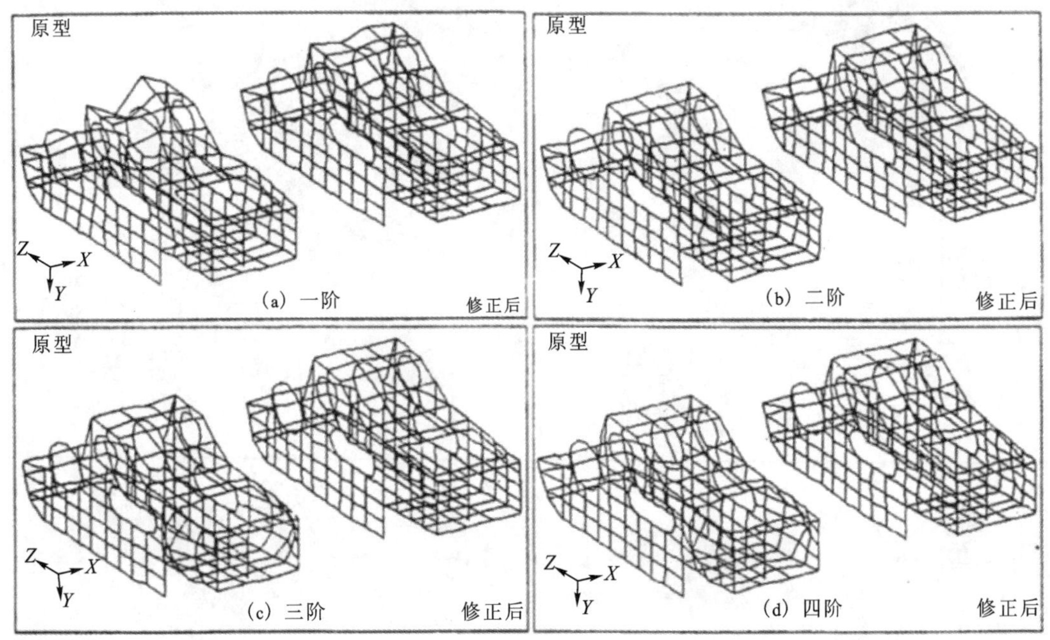

图10　泵体修改前后模态振型对比

5 结　论

(1) 对泵体这样大而复杂的结构,用 CRAS 系统和 SISO 法进行实验模态务析,能保证分析精度并能获得满意的测试结果,其技术关键是测准频响函数并识别出各阶模态参数,因此要千方百计提高测试的信噪比及数据的可信度。

(2) 已证实泵体为一线性结构,其总频响函数曲线为各阶振动模态的共振曲线的叠加。因而在共振峰附近,该阶振动频率所属的模态对运动的贡献最大。

(3) 识别出的两组模态参数:对于空泵体,在 600 Hz 以下有 10 阶模态。其固有频率为 141～593 Hz;对于实泵体,在 500 Hz 以下有 6 阶模态,其固有频率提高为 252～475 Hz。

(4) 在模态振型分析中,振幅随固频的提高而减小,故在多自由度结构物的动态分析中,只研究最低几阶模态的作用。实泵体的泵头整体扭振消失,其 1 阶模态振幅主要在顶板及上斜板处激化为最大值,轴承座附近侧板次之;2,3 阶模态振幅值以泵头部介杆箱侧板为最大,上盖板次之。

(5) 选取最优方案进行实泵体的动态修改,各部位振幅值差平均减缩量为 32. 5%,增加质量为原泵体质量的 10%,将实泵体基频提高到 312 Hz,说明动态修改后泵体的动态特性有明显的改善,其抗振性能有较大提高。

(参加试验的还有吕德贵、张来斌、王渊、程方强、冯学明、展恩强。)

34. Model Analysis and Dynamic Design of the Drilling Pump Frame

【Journal Name】 Celebration of the fortieth anniversary of the establishment of petroleum higher institutions-COLECTED WORKS of PETROLEUM SCINCE AND TECHNOLOGY, university of petroleum press, 1993:163～174

【Abstract】 The serious deformation and crack of a drilling pump frame causes the pump life to be shortened principally due to the vibration. This paper analyses the dynamic behavior of the type of F-1300 pump frame by use of the modal analysis technique to surmount the difficulty in MDOF (multi-degree-of-freedom) structural system modeling and analysis. The FRF (frequency response function) curve for a pump frame and the modal parameters of different orders can be obtained by means of experiments. By analysing the modal shapes of the few lowest orders in particular, we can find four insufficient stiffness parts of the pump frame, such as top plate etc. Based on this, the dynamic redesign was conducted to strengthen the local stiffness, to modify again and again the dynamic parameters until the dynamic behaviors of the pump frame were optimized, ie to improve its antivibration ability and prolong its service time.

【Key words】 Modal analysis; Frequency response function; Signal-noise ratio; Modal parameter identification; Modal vibration shape; Dynamic design

1 DYNAMIC ANALYSIS AND DESIGN OF THE PUMP FRAME

The drilling pump is the heart of a drilling rig. With the progress of the new drilling techniques involving the employment of the high pressure jet, existing types of 1 000 to 1 300 pumps will be developed to greater power ones of 1 600 to 2 000. The pump pressure increases from 20 MPa to 30 MPa. At the same time, the pump service time is becoming shorter and shorter due to the fact that most pumps are running at full load and even overload. The unbalance of the crank-connecting rod mechanism causes the pulsation of the crank torques and pump pressures, as well as of the valve pressures flactuation during opening and closing. There exist low frequence vibrations with 9～12 Hz, accompanied with higher frequency ones with 140～280 Hz. The pump thus operates near the state of resonance and the resonance phenomena appear time and again. As a result, the pump, pipe line and swivel hose jumps violently, and the noise generated becomes deafening. For a long time ,the pump frame will suffer serious deformation, the side plate near the bearing seat fatigue rupture ,as well as the side and inner plates of intermediate rod box and the connecting screw between the cylinder and frame head. These failures would result in the premature abandonment of the pump at all. One of the reasons for the serious deformation and fatigue rupture is the structural vibration. Therefore, it can be seen that the conventional static analysis and strength design alone can not assure the safe work of the pump ;it follows that the dynamic analysis and design must be conducted to guarantee the reasonable distribution of the mass and dynamic stiffness of the frame to improve its inherent behavior, increase the antivibration ability and slow down the fatigue crack and deformation.

Over the last twenty years, the modal analysis and parameter identification techniques have been widely used in the fields of spaceflight and aviation, communications and machine tools, but haven't been yet applied to the petroleum equipment. They are the reverse problems of structural dynamics. For the complicated MDOF structures, such as the pump frame, it is certainly difficult to solve the dynamic responses from the motion equation. But it is possible to obtain the input(exciting force) and output (response) signals by experiments. Moreover, through the *FFT* analysis and calculation of power spectral density function, the *FRF* (frequency response function) of the system could be determined and modal parameters of various orders of the system (natural frequency, modal stiffness, modal mass, modal damping and modal vibration shape) can be identified ,ie the research on the inherent behavior of structure can be done on the modal coordinates that can be decoupled for motion equation. On the basis of the modal analysis, tested *FRF* and giving an actual complex excitation to the pump, we can estimate the dynamic response. Moreover, we can establish the dynamics model by use of the dynamic parameters tested. Finally, certain dynamic modifications to the pump frame can be made to correct the unreasonable modal parameters of the frame.

2 REAL MODAL THEORY

The pump frame is an experiment-verified structure with proportional damping to which the real modal theory or superposition principle can be applied. On the contrary, for such an structure with unproportional damping as the drilling derrick, the complex modal theory should be employed.

To establish a dynamics model for a more complicated structure, the model should be separated into a *M-K-C* linear system of *N* degrees of freedom. Under the excitation by external force $\{f\}$, the motion equation will be as follows:

$$[M]\{\ddot{x}\}+[C]\{\dot{x}\}+[k]\{x\}=\{f\} \tag{1}$$

where, $\{x\}$ is an N orders column matrix of the displacement response; $[M]$, $[K]$, $[C]$ represent respectively the mass ,stiffness ,proportional damping matrixes of $N\times N$ orders.

If the exciting force is harmonic external force $\{f\}=\{F\}\exp(j\omega t)$, the system will be produced to a harmonic displacement with the same frequency ω: $\{x\}=\{X\}\exp(j\omega t)$.

Let $\{f\}=0$ in equation (1) ,we obtain the characteristic equation:

$$(-\omega^2[M]+[K]+j\omega[C])\{X\}=0 \tag{2}$$

There are theoretically N natural frequencies $\omega_1,\omega_2,\cdots,\omega_N$ which can be obtained from the equation (2). Also there are modal vibration shapes $\Phi_1,\Phi_2,\cdots,\Phi_N$. There, however, exist coupled terms in every $[M]$, $[K]$, $[C]$, and the number of DOF N is so great as to make it extremely difficult to solve the equation (1) or (2). For this reason a modal coordinate was adopted instead of the physical one to decouple the equation and reduce the number of DOF. By use of the experimental method the *FRF* and modal parameters can be determined. And, the so called experimental modal analysis method was then developed which involves computer-aided-experiment, modeling and analysis.

Now, we use the transposed matrix $[\Phi]^T$ to do coordinate transformation, the modal coordinate (generalized coordinate) q is introduced:

$$\{q\}=[\Phi]^T\{x\} \text{ or } \{x\}=[\Phi]\{q\}$$

and $\{q\}=\{Q\}\exp(j\omega t)$. The motion equation (1) becomes:

$$[M][\Phi]\{\ddot{q}\}+[C][\Phi]\{\dot{q}\}+[K][\Phi]\{q\}=\{f\} \tag{3}$$

The modal matrix $[\Phi]$ may be called a coordinate transformation matrix. It's matrix composed of shape coefficient (shape element) of every order Φ_i.

$$[\Phi]=[\{\Phi_1\}\{\Phi_2\}\cdots\{\Phi_m\}] \qquad (N\times m \text{ orders})$$

The number of DOF of the modal matrix $m\ll n$. In the upper equation the column vectors are exactly orthogonal, they are:

$$\left.\begin{aligned}
[\Phi]^T[M][\Phi]&=\begin{bmatrix}\ddots & & \\ & m_i & \\ & & \ddots\end{bmatrix}\\
[\Phi]^T[M][\Phi]&=\begin{bmatrix}\ddots & & \\ & k_i & \\ & & \ddots\end{bmatrix}\\
[\Phi]^T[M][\Phi]&=\begin{bmatrix}\ddots & & \\ & c_i & \\ & & \ddots\end{bmatrix}
\end{aligned}\right\} \quad (m\times m \text{ square matrixes}) \tag{4}$$

Multiply the left side of equation (3) by $[\Phi]^T$, and we get:

$$\begin{bmatrix}\ddots & & \\ & m_i & \\ & & \ddots\end{bmatrix}\{\ddot{q}\}+\begin{bmatrix}\ddots & & \\ & c_i & \\ & & \ddots\end{bmatrix}\{\dot{q}\}+\begin{bmatrix}\ddots & & \\ & k_i & \\ & & \ddots\end{bmatrix}\{q\}=[\Phi]^T\{f\} \tag{5}$$

Where, $\begin{bmatrix}\ddots & & \\ & m_i & \\ & & \ddots\end{bmatrix}$, $\begin{bmatrix}\ddots & & \\ & k_i & \\ & & \ddots\end{bmatrix}$, $\begin{bmatrix}\ddots & & \\ & c_i & \\ & & \ddots\end{bmatrix}$ are the diagonal matrixes of mass, stiffness and damping respectively.

The equation (5) becomes m decoupled equations:

$$m_i\ddot{q}_i+c_i\dot{q}_i+k_iq_i=\{\Phi_i\}^Tf_i \quad (i=1,2,\cdots,m) \tag{6}$$

Then, it can be solved as m independent SDOF systems for the natural frequency $\omega_1,\omega_2,\cdots,\omega_i$ of the structural system and, $m_i,k_i,c_i,\{\Phi_i\}$ are the ith order modal parameters ($i=1, 2,\cdots,m$).

Each displacement on physical coordinate x may be regarded as the linear superposition of m modal coordinates q_i, ie the displacement response measured at the r node:

$$x_r=\sum_{i=1}^{m}\Phi_{ir}q_i \tag{7}$$

which is the so-called modal superposition principle.

The equation (5) can be transformed to a frequency equation:

$$(-\omega^2\begin{bmatrix}\ddots & & \\ & m_i & \\ & & \ddots\end{bmatrix}+\begin{bmatrix}\ddots & & \\ & k_i & \\ & & \ddots\end{bmatrix}+jw\begin{bmatrix}\ddots & & \\ & c_i & \\ & & \ddots\end{bmatrix})\{Q_i\}=[\Phi]^T\{F_i\} \tag{8}$$

Using m decoupled equations, we can obtain the response displacement amplitude on the ith modal coordinate:

$$Q_i=\frac{\Phi_i F_i}{-\omega^2 m_i+k_i+j\omega c_i} \tag{9}$$

Return to the response displacement amplitude expressed in the physical coordinate system:

$$\{X\}=[\Phi]\{Q\}=\sum_{i=1}^{N}\frac{[\Phi_i]^T\{F\}\{\Phi_i\}}{-\omega^2 m_i+k_i+j\omega c_i} \tag{10}$$

According to the definition of the *FRF* H, we combine all the *FRF* between any two points on system into a $N\times N$ order symmetrical square matrix, then

$$[H]=\frac{\{X\}}{\{F\}}=\sum_{i=1}^{N}\frac{\{\Phi_i\}\{\Phi_i\}^T}{-\omega^2 m_i+k_i+j\omega c_i} \tag{11}$$

Let $W_i=(-\omega^2 m_i+k_i+j\omega c_i)^{-1}$, then

$$[H]=\sum_{i=1}^{N}W_i\begin{bmatrix}\Phi_{1i}\Phi_{1i} & \Phi_{1i}\Phi_{2i} & \cdots & \Phi_{1i}\Phi_{Ni}\\ \Phi_{2i}\Phi_{1i} & \Phi_{2i}\Phi_{2i} & \cdots & \Phi_{2i}\Phi_{Ni}\\ \vdots & \vdots & & \vdots\\ \vdots & \vdots & & \vdots\\ \Phi_{Ni}\Phi_{1i} & \Phi_{Ni}\Phi_{2i} & \cdots & \Phi_{Ni}\Phi_{Ni}\end{bmatrix} \tag{12}$$

If the SISO method (single input-single output random hammering method) is applied as shown in Fig. 1, the response point is fixed at any point r and the excitation point $e=1,2,\cdots,N$ is moved progressively, we thus can measure the shape signal of vibration in any row, such as $[\Phi_{2i}\Phi_{1i}\Phi_{2i}\Phi_{2i}\cdots\Phi_{2i}\Phi_{Ni}]$, which reflects all the information of *FRF* $[H]$.

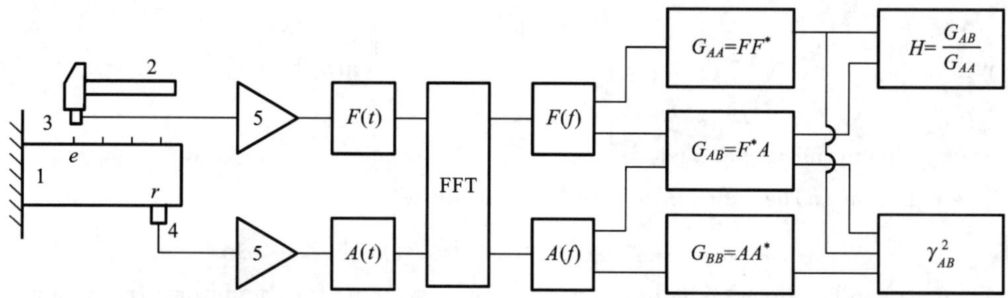

Fig. 1 SISO method for testing *FRF*

1—specimen; 2—exciting hammer; 3—force transducer; 4—accelerometer; 5—charge amplifier

The *FRF* between any two points of the system may also be expressed as follows:

$$H_{re}(\omega)=\sum_{i=1}^{N}\frac{\Phi_{ir}\Phi_{ie}}{-\omega^2 m_i+k_i+j\omega c_i} \tag{13}$$

Which is the relationship between *FRF* and modal parameters, taking the measured mean value of the FRF $H(\omega)$ and employing a specialized software package, we can determine modal parameters of every m_i, k_i, c_i and $\Phi_{ir}\Phi_{ie}$.

The modal vibration shape indicates the relationship of relative displacements between any points. It is a set of ratios ,not absolute values ,and without dimensions. An adequate normalization can be made to give it a definite value. There are many normalization methods available, only one of them can be used: Let the shape elements at the original point receptance equal 1, ie $\Phi_{ir}=1$, then shape elements of the cross point have a determined value comparable to Φ_{ir}.

3 MODAL ANALYSIS OF THE PUMP FRAME

Based on the theoretical analysis made above, it follows that the center link of the modal analysis is to measure FRF of the pump frame. Elimination of influences resulting from noise confusion is the crux of the matter, ie Increase of the signal-noise ratio. The procedures of the analysis are as follows.

(1) Establish the measuring and analyzing system (see Fig. 2).

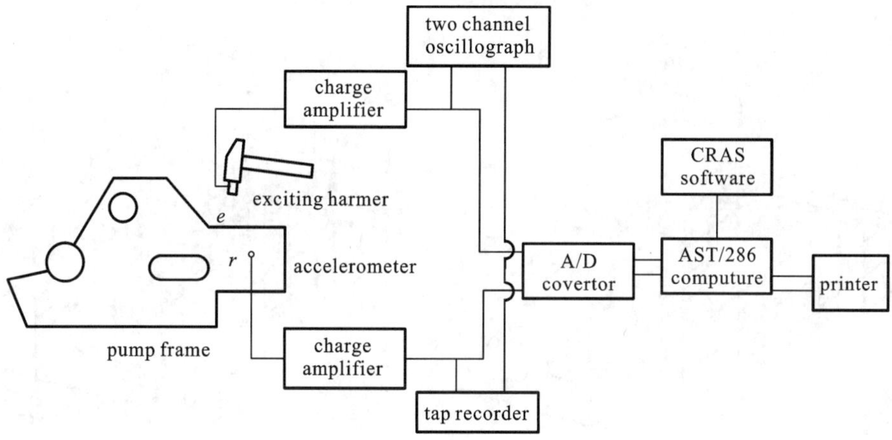

Fig. 2 Measuring system for the pump frame modal

(2) Calibration of the sensitivity with the progressive comparison method for the accelerometer, force transducer and their two channels, as well as the whole measuring system and analysis of the overall limit error provide a satisfactory precision.

(3) Take the hollow frame P and assemble solid frame AP of pump type F-1300 as test specimens (Fig. 3), six air springs or pieces of softwood and rubber stack as the support, assuring that specimens are well isolated from the floor.

(4) Set up geometric parameter: connect 499 lines, between the fixed 290 nodes, thus construct a squirrel-cage grid model, as shown in Fig. 4.

(5) FRF determination. By SISO method we can acquire dual channel signal in time domain for every two nodes, through the FFT (Fast Fourier Transform) analysis we can obtain the cor-power density spectral function $G_{AB}(\omega)$ and auto-power density spectral function G_{AA}(to) in the frequency domain. After averaging many times we subsequently obtain the general representative FRF:

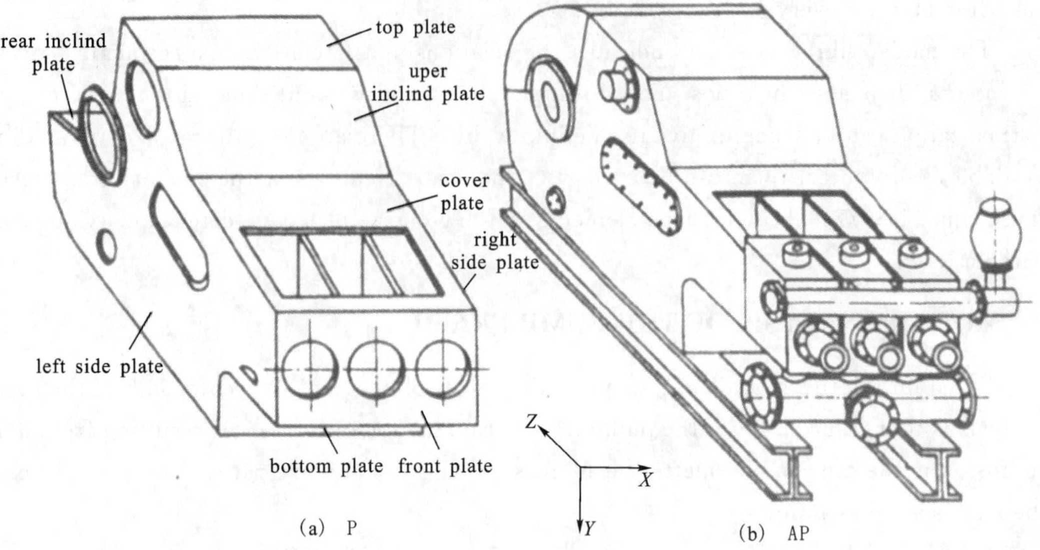

Fig. 3 Pump frame schematic drawing

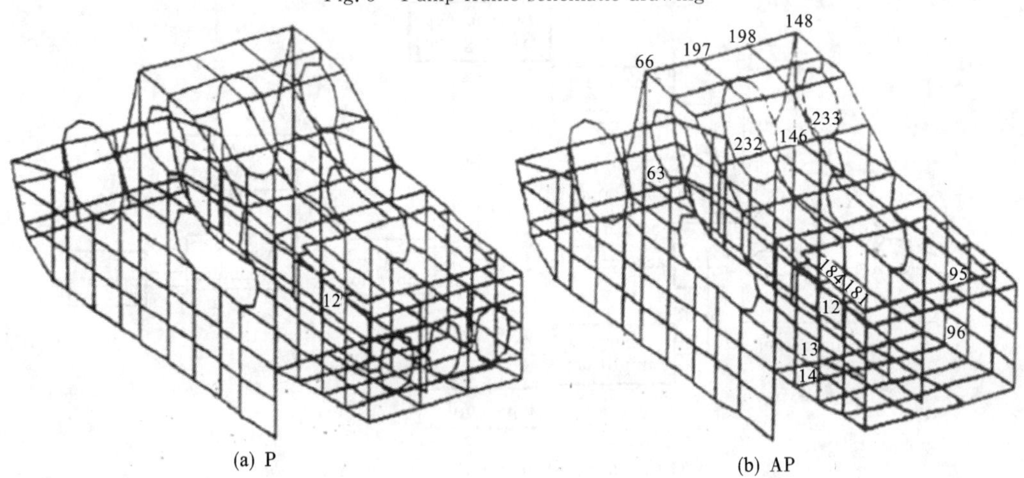

Fig. 4 Grid model for the hollow pump frame

$$H(\omega)=\frac{X(\omega)}{F(\omega)}=\frac{G_{AB}(\omega)}{G_{AA}(\omega)} \tag{14}$$

(6) To increase the measurement precision of *FRF*, we selected the frequency of sampling: f_s is 2.56 f_a, where f_a is analytical frequency.

We selected the Hanning window function to diminish the error from signal leakage, selected 16-fold linear averaging style and conducted an examination of *FRF* exchanging ability and of coherent function $\gamma_{AB}^2(\omega)$, finally found all $\gamma_{AB}^2(\omega)>0.8$. The results showed that the precisions are satisfactory, too.

(7) Modal parameter identification. The lump average of *FRF* amplitudes, perform curve fitting, taking the receptance curve at the original point as fitting specimen, adopting the overall fitting method to produce the lump linear average of all amplitude values of *FRF*, thus we get the overall *FRF* curve. Fig. 5 shows the overall *FRF* curves of the hollow pump

frame P and solid pump frame AP, in which the peak amplitude corresponds to a given order natural frequency.

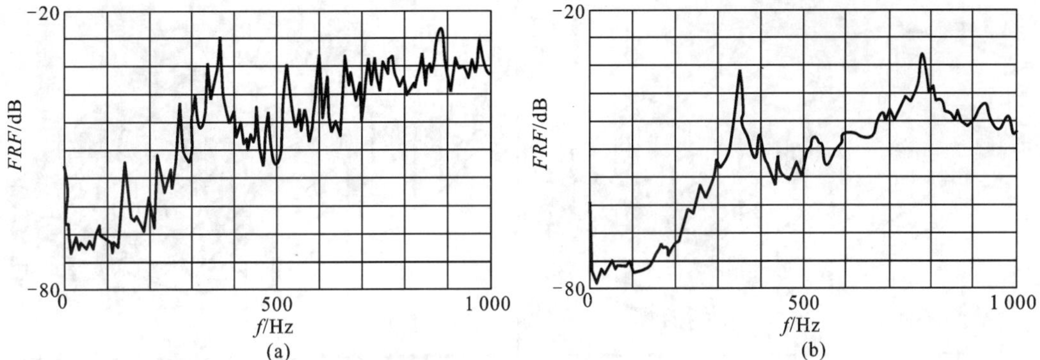

Fig. 5 *FRF* curves of pump frame

Modal parameter identification. It involves the test of *FRF*, curve fitting, modal synthesis, modal parameters printing out, carton shows of model vibration shape. There are many methods available for fitting, among which the method of least squares and iteration optimization method are commonly applied. By means of the MACRAS software package we can calculate the natural frequency ω_i, modal damping ratio ξ_i and modal shape element Φ_{ie}. The front two parameters are printed in table 1 (for P) and table 2 (for AP).

Table 1 Modal frequency and damping of the hollow pump frame

Order#	1	2	3	4	5	6	7	8	9	10
Frequency/Hz	140.74	216.71	268.36	307.07	335.94	365.15	450.92	481.02	524.75	592.91
Damping ratio/%	1.530	0.694	0.747	0.791	0.448	0.747	0.544	0.298	0.492	0.395

Table 2 Modal frequency and damping of the solid pump frame

Order#	1	2	3	4	5	6
Frequency/Hz	251.86	295.90	346.10	388.22	434.45	474.75
Damping ratio/%	1.583	1.882	1.240	0.888	1.037	1.240

(8) Modal shape analysis. The amplitude of the modal shape decreases with the increases of natural frequency, so for the MDOF system, by the modal superposition of the few lowest orders which can interpret the dynamic response approximately. If the structure of pump frame is linear, its *FRF* curves obtained by experiments are the superposition of modal curves of every order. Thus, the modal near the resonance peak belongs to that frequency making the chief contribution to the motion.

In Fig. 6(a) the 1st order modal of the hollow pump P is printed, its natural frequency being 140.7 Hz. All the pump head obviously suffers a total tortional vibration. The side plate near the bearing seat of the pump end experiences bending vibration involving the bearing seat swaying towards inside and outside. In Fig. 6(b) the 6th order modal of the hollow pump frame P is printed. Its natural frequency is 365 Hz. Clearly the pump end basically does not produce any vibration, but the side plate of the intermediate rod box of the pump head undergoes a large amplitude antisymmetric bending vibration which contributes chiefly

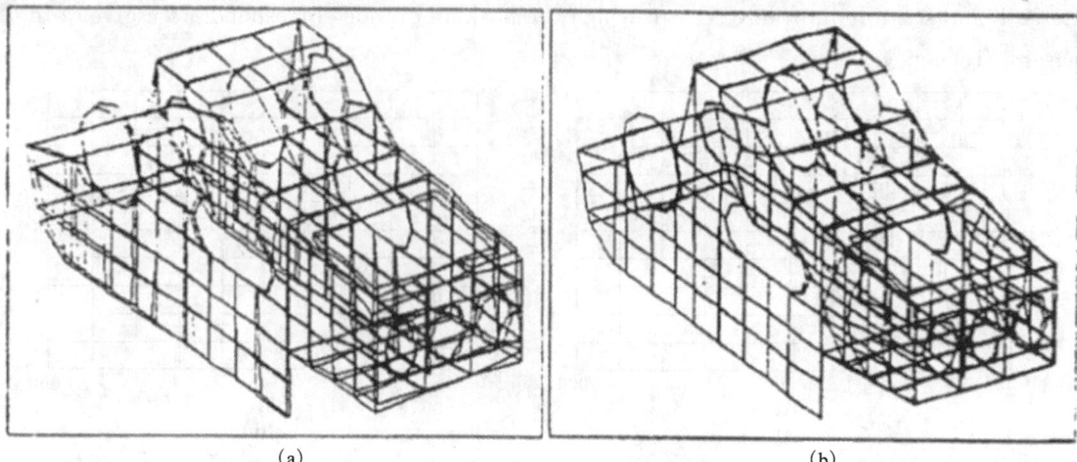

(a) (b)

Fig. 6 The 1st and 6th order modals for the hollow pump frame P

to the highest peak of *FRF* curve of the hollow pump frame.

In Fig. 7(a) the 1st modal of the solid pump frame AP is printed and its natural frequency is raised to 251.9 Hz. The top plate and upper inclined plate of the pump end experience a large amplitude bending vibration. Also, the side plate near bearing seat undergoes a large amplitude bending vibration. But the total tortional vibration of the pump head disappears. In Fig. 7(b) the 3th order modal of the solid pump frame AP is printed of which the natural frequency is 346 Hz. It is clear that at the pump end there exists almost no vibration. The side plate of the intermediate rod box of the pump head ,however, endures a large amplitude bending vibration to which the highest peak of FRF curve was chiefly contributed. The other order modal vibration shape may be refer to Table 3.

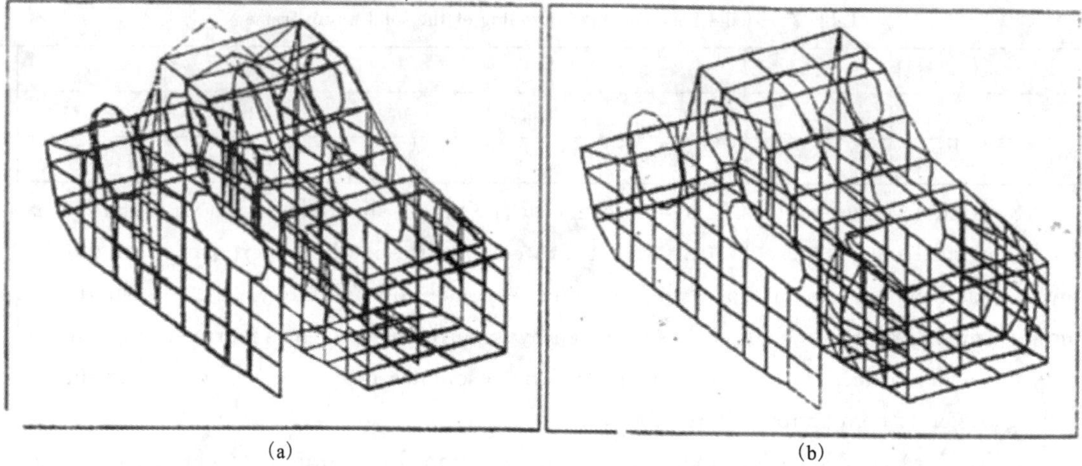

(a) (b)

Fig. 7 The 1st and 3rd modals of the solid pump frame AP

The modal shape analyses showed that the head of the solid pump frame was stiffened by the suction manifold support after pump was assembled. As a result, the tortional vibration disappeared. The stiffness of the assembled pump was strengthened, its natural frequency increases by about 110 Hz and the dynamic modification should thus be based upon the solid pump frame. The stiffness of the following weak parts should be reinforced: top plate and upper inclined plate of the pump end, the side plate near the bearing seat of the pump end, the side plate of the intermediate rod box of the pump end, the cover plate of the pump head.

Table 3 The pump frame's modal shape of every order

specimen	order of modal	frame end		frame head		
		Top plate upper-inclined plate	side plate near bearing seat	side plate of intermediate rod box	cover plate	whole head
P	1	N	S	S	S	T
	2	S	S	S	S	T
	3	S	M	M	S	T
	4	M	S	L	S	T
	5	N	N	L	M	0 B
	6	S	S	L	L	0 B
	7	M	S	M	M	0 B
	8	M	L	M	M	0 B
AP	1	L	L	S	S	0
	2	S	S	L	S	0
	3	N	N	L	S	0
	4	N	S	L	L	0
	5	S	N	L	L	0
	6	S	N	L	L	0

Note: N—Not vibration basically; S—Small amplitude bending vibration; M—Medium amplitude bending vibration; L—Large amplitude bending vibration; T—Total bending vibration; O—No total bending vibration; B—Small amplitude total bending vibration.

4 DYNAMIC MODIFICATION OF THE PUMP FRAME

The dynamic optimization design may be applied to a new structural design, but it is difficult to put it in practice. For an existing structure we usually carry out the dynamic redesign or so called dynamic modification in which the mass, stiffness and damping ratio of the weak parts of the structure must be modified. The damping ratio is hard to measure or evaluate accurately, and therefore the modification of the stiffness or mass is generally made. Besides, the modified structure must be identified according to its modal parameters until the optimum dynamic behavior is obtained.

4.1 Basic Principles of the Dynamic Modification

The modification of partial bending stiffness method will be quoted, which makes an addition of reinforced rib to the original plate of the structure. If an equal-section beam is between two nodes [Fig. 8(a)], its bending stiffness K will be:

$$K=\frac{12EJ}{l^3}=\frac{Ebh^3}{l^3} \tag{15}$$

where b, h, l represent the width, height, length of the reinforced rib elements respectively.

For two elements of equal-section beam between three nodes [Fig. 8(b)], the total stiffness equals the superposition of those of the two elements.

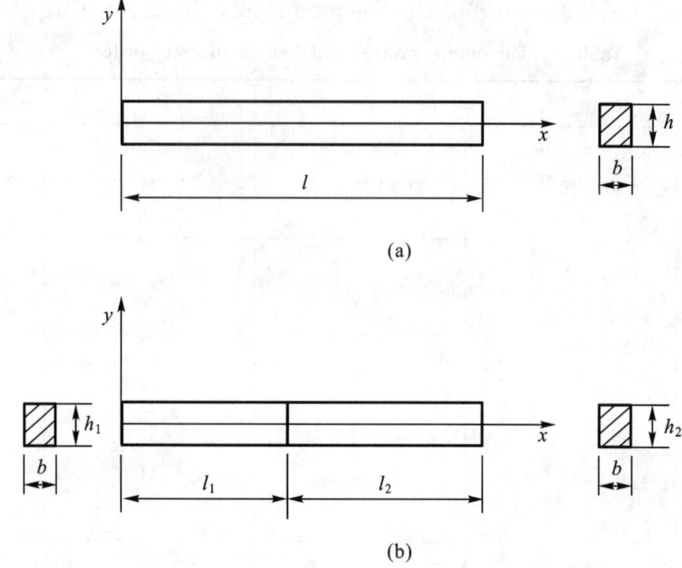

Fig. 8 Reinforced rib schematic drawing

$$[K]=[K_1]+[K_2]=\frac{Ebh_1^3}{l_1^3}\begin{vmatrix}1 & -1 & 0\\ -1 & 1 & 0\\ 0 & 0 & 0\end{vmatrix}+\frac{Ebh_2^3}{l_2^3}\begin{vmatrix}0 & 0 & 0\\ 0 & 1 & -1\\ 0 & -1 & 1\end{vmatrix} \tag{16}$$

For $n-1$ elements of the equal section beam between n nodes, the total stiffness may be calculated in the same way.

4.2 Procedures of the Dynamic Modification

The sensitivity analysis is made to find out the most sensitive nodes, and mass and stiffness modification of the nodes can be implemented. For the 1st order, the primary nodes are 197,198,232 (Fig. 4), and the secondary are 63,146. For the 2nd, 3rd and 4th order, the primary nodes are 13,95,96 ,the secondary 181,184. They are closely coincident with the four weak parts determined as mentioned above.

For partial stiffness modification of the solid pump frame AP, in Fig. 9(a) the full thick line represents the additional reinforced ribs. Fig. 9(b) shows that three sets of additional reinforced ribs can be transformed to the thickness added according to the equivalent stiffness principle in designing the pump frame practically.

An optimum scheme was selected from the six test schemes, resulting in an increment of mass about 10% and a decrement of shape amplitude about 32.5% in average. The natural frequency rose to 312 Hz. The natural frequencies and modal damping ratios before and after modifications are listed in Table 4 and the modal shape of the lowest four orders before and after modification is shown in Fig. 10.

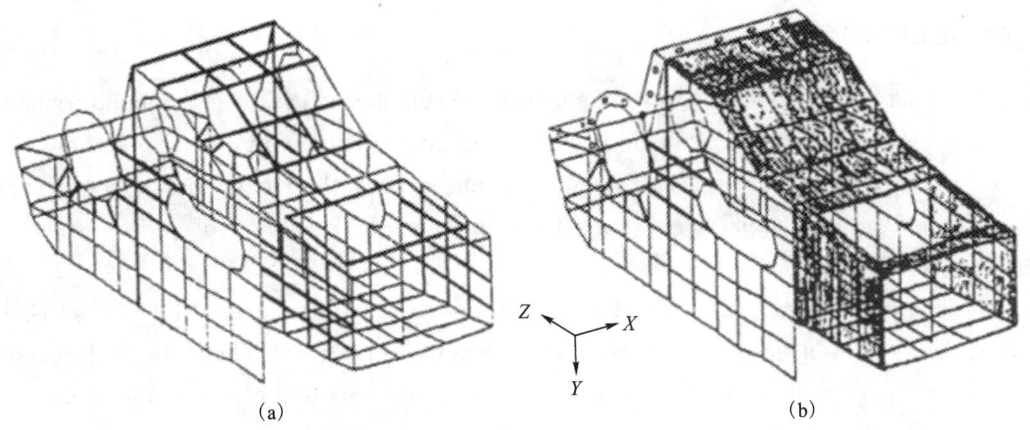

Fig. 9　Reinforced ribs and actually modified model of the solid pump frame

Table 4　Comparison of modal parameters

order#	Frequency/Hz		Damping ratio/%	
	before modification	after modification	before modification	after modification
1	251.86	312.03	1.58	1.73
2	295.90	408.43	1.88	0.84
3	346.10	426.83	1.24	0.83
4	388.22	438.47	0.89	1.02

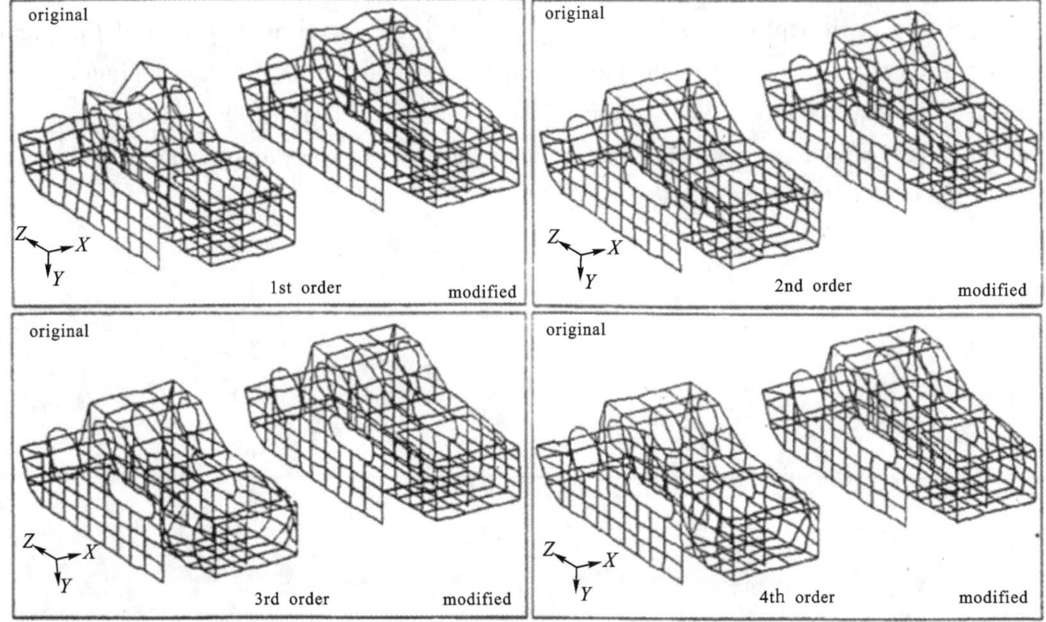

Fig. 10　Comparison of modal shapes before and after the modification of the pump frame

5 CONCLUSIONS

(1) Experimental modal analysis of such a large complex structure as the pump frame by use of the CRAS system and SISO method will offer good results with greater precision. The key technique is to measure the FRF accurately and identify the modal parameters of every order. Therefore, the signal-noise ratio of the test and the reliability of data must be increased by every possible means.

(2) The pump frame was verified to be a linear structure. Its overall FRF curve is the superposition of resonance curves of vibration modal of every order. The vibration frequency near the resonance peak makes the main contribution to the motion of the pump frame.

(3) In the case of the hollow pump frame, the already identified modal parameters have ten orders of modal below 600 Hz, its natural frequencies are 140～593 Hz. For the solid pump frame, there are six modals below 500 Hz, its natural frequencies increase to 252～475 Hz.

(4) In the modal shape analysis, the vibration amplitude decreases when the natural frequency increases. For the dynamic analysis of MDOF structure, the effects of the modal of the few lowest orders are only considered. As to the solid pump frame, it does not endure any total tortional vibration, and its 1st order shape amplitude is intensified to the maximum at the top and upper inclined plates, at the side plate near the bearing seat the shape amplitude is minor. For the 2nd and 3rd order modal, the shape amplitude is maximum at the side plate of the intermediate rod box and minor at the cover plate of pump head.

(5) Selecting the optimum scheme to carry out the dynamic modification of the pump frame, we can get a decrement of the modal shape amplitude about 32.5 % in average, an increment of the mass about 10% to the origin mass of pump frame. The natural frequency rose to 312 Hz, which suggests that the dynamic behavior of the pump frame is highly improved, so is the antivibration ability.

35. 展望与启示
——21世纪的石油钻采装备

【论文题名】 展望与启示——21世纪的石油钻采装备

【期 刊 名】 石油矿场机械,1995年第24卷第4期

【摘　　要】 提出优先发展6项新的钻采装备:井底增压超高压射流钻井系统、AC—GTO—AC电驱动深井钻机、大功率钻井泵-短型井底马达钻井系统、多相流旋转动力泵压机、自动液压注采设备、深井射流泵与高速电动潜泵。提出两点启示:钻采装备大多数按螺旋上升规律来发展,发展装备要坚持一分为二、两条腿走路。

【关 键 词】 高压射流　电驱动钻机　钻井泵　井底动力钻具　多相流动输送设备　多相流动分离设备　液压注水采油　深井喷射泵　高速电动潜油泵

0 引　　言

解放初期,从旧中国接收下来的只有几台美制的中深井钻机和20多台游梁抽油机,石油机械设计制造业等于零。1951—1952年引进了前苏联制的By-40和y2-4-3型钻机、开始走上测绘仿制的道路。十一届三中全会以后,制定了我国钻机和抽油机系列标准,开始走向独立设计制造国产钻采装备的道路。15年来取得了长足的进步。至今,我国拥有钻机1 100台套(年动用750台左右),各种抽油设备4万多台,并有少数产品打入了国际市场。但是,我国的钻采装备无论从品种、质量还是从性能上看,与国际水平相比还有相当大的差距。展望21世纪,为迎接两个挑战,为适应我国油气工业发展的需要,钻采装备应向何方向发展?仅就下述7个方面的问题,略抒己见。

1　钻井新纪元即将诞生——井底增压超高压射流钻井技术

一个世纪以来,旋转钻井方法始终占据统治地位,然而,目前的钻头破碎硬岩石的方法,速度非常慢,钻井成本高而效益很低,这成为制约钻探工业发展的主要矛盾。半个世纪以来,人们竞相在实验室用各种方法探求提高破岩速度的新途径。这些方法大致可分为3类:水力冲蚀法(高压射流冲蚀、电水锤、电水花)、热力法(火焰、电子束、激光)和爆炸法(霰弹)。但是,这些试验多数进展甚微。时至今日,唯有一种方法已见曝光,那就是超高压射流钻井法已走出实验室,完成浅井工业试钻,美国Flowdrill公司的双管钻井系统,从钻杆中心的高压管中输入100 MPa的高压泥浆,"钻头"喷嘴的射流速度达200 m/s,压力降80 MPa,在硬岩中钻速可提高4至5倍。这一试钻的成功给我们的最大启示,一是用80～100 MPa的水射流可以破碎硬岩石;二是破岩不需要全部流量投入,但携运岩屑仍需全部流量或更大一些的流量。我们预见到双管钻井系统存在致命的薄弱环节,诸如地面高压泵的寿命、地面高压管汇与中心管的强度与密封性能等。它在深井中是行不通的,一定要另辟蹊径。能否仍用常规的钻井泵和单管钻井系统,构思井底局部增压的超高压射流钻井系统。经深入分析论证,认为这一全新系统的方案原理是可行的,其核心是研制在泥浆中工作的100～150 MPa井底超高压增压器和具有长寿命的"钻头"喷嘴,如能增压150 MPa,则钻速可提高7～8倍。其攻关难点显然是:射流冲击破岩机理、增压器的方案、工作原理与基本参数、运动件与喷嘴的寿命、高压密封件的性能与寿命等。预计在"九五"期间可能通过实验室样机实验,21世纪走向工业试验。要实现这一新构

思需付出两代人艰苦卓绝的劳动。这种钻井方法的革命必将极大地加速石油钻探的速度,创造巨大的经济效益。它同时也将引起钻井装备的巨大变革:如无转盘或动力水龙头,无地面超高压泵及管汇、无钻头等,它也必然带动地面高精细度固控设备和井底泥浆净化器的同步发展,为延长增压器与喷嘴的寿命保驾开路。

它给我们的启示之一,邓小平同志说:"……必须吸收和借鉴人类社会创造的一切文明成果,当今世界各国一切反映现代社会化生产规律的先进方法。"因而世界上各行各业凡是性能先进,原理正确,构思新颖的好东西都应吸取消化,借鉴再创造。这种"拿来我用"的方法无疑是一条发展新技术的捷径。射流破岩是从水力采煤或射流切割金属借鉴而来的,增压器原理是从水压机和液压机脱胎而出。所谓批判地借鉴,即不能盲目地照抄外国的双管钻井系统,一旦将增压器置于井底便形成一种全新的构思、全新的系统和全新的技术,便有可能创出一条外国人没有的具有中国特色的高速钻井之路。启示之二,是任何事物总是一分为二的,新技术装备正如一新生婴儿,还有一个需要扶着走路的过程。开始时由于运动件、密封件和喷嘴的寿命还不能很长,从高钻速所取得的效益将部分地被增多的起下钻、维修费用所抵消,它与旋转钻井法还要两条腿走路,再经过不断改进,发扬优势,才可能逐渐成长起来。

2 为适应沙漠与海洋以及深井钻探的需要而研制 AC—GTO—AC 电驱动深井钻机

钻采装备基本上无海陆之分。昂贵的新技术装备往往首先在高成本的海洋平台上应用和不断完善。当陆上向沙漠进军和要求超深钻探、海上装备在陆上也表现出较好的效益时便会很快从海洋走上陆地,如丛式钻井装置、顶部驱动钻井系统或斜井、定向井钻井装置、起下钻操作机械化装置、密闭固控系统等。而最显著的事例莫过于 AC—SCR—DC 电驱动钻机,即柴油机交流发电,晶闸管可控硅整流,直流电机拖动的钻机。这种驱动系统可实现无级调速、恒功率柔特性传动,最能满足钻机工况的需要。与机械传动钻机对比,长期在最优工况下运转的柴油机,其大修期可延长 40%,燃料费节约 30%,装机利用率提高 15%,传动效率提高 11%~13%,钻机可靠性和安装性都提高不少。因此之故,全世界 270 座钻井平台已 100%地装备了 SCR 电驱动钻机。这种成熟的技术目前已走向陆地,已有 25%~30%的陆地钻机和修井机 SCR 化。1980 年我国在长沙召开的深井钻机技术研讨会上,笔者曾最早倡议发展 SCR 陆地钻机。经多方努力,15 年来我国已制成 ZJ60D、ZJ40DC(丛)、ZJ60DS(沙)3 套陆地 SCR 电驱动钻机,电机与 SCR 装置的国产化率已达 90%以上。今后还应更多地发展陆地深井 SCR 电驱动钻机、与机械驱动钻机并驾齐驱。但是,用一分为二的观点进行分析,SCR 系统还存在固有缺点:由 4~5 台交流发电机发电并网所形成的"小电网",由于负载变化大而使其功率因素波动大,功率因素低;低效高耗电的运行同时也损害电机,直流电机体积大而重,因为有整流子电刷而必须制成防爆型、SCR—DC 装置的操作与维护要求较高。

近年来,由于现代微电子技术的迅速发展,它与交流电机先进控制理论相结合,研制成多种 GTO 逆变器三相交流异步电机变频调速装置,小于 500 kW 级的装置,其技术已成熟并有商品面市。这种装置自工业电网供给三相交流电,经三相桥式整流和滤波变为恒定的直流电,再经大功率晶体管 GTR 与可关断晶闸管 GTO 组成的三相逆变器转变为可调压调频的三相交流电源(VVVF),向鼠笼式三相异步电机供电。异步电机的同步转速随频率的变化而变化。电机具有恒功率调速范围宽(1∶10)、稳速精度高、动态响应快、电源侧功率因素高等优点,可与直流电驱动相媲美。交流电机与直流电机相比较,体积小、质量轻而价廉,更坚实耐用,维护费更低,不必制成防爆型。GTO—AC 变频调速系统的主要缺点是一次投资较大,但它的运行维护费用低，使得它在两三年内即可补偿所有费用。如今已在联邦德国和日本见到AC—GTO—AC电动机车的报道，但尚未见到这种电驱动钻机的国外信息。根据事物发展的否定之否定和螺旋上升的规律，我国电动钻机从20世纪60年代的AC—AC(齿轮变速箱)电驱动By-40型和5Д型钻机起步，中间经过D-200型DC—DC电驱动5 000 m钻机(全套从我国电动机车移植过来)，发展到80～90年代的3套AC—DC(SCR)陆地深井钻机。可以预测，到21世纪它必将回到AC—AC电驱动原来的轨道上，但却上升到更高水平的GTO电驱动起点上。这种系统的1 000 kW三相鼠笼式电机已在上海电机厂生产，1 000 kW等级的GTO逆变器也将在我国电机车上研制完成。我国应抢先研制AC—GTO—AC电驱动深井钻机，可先在海洋平台上试用，也应尽快在陆上推广。同等级的能源取自工业电网的GTO—AC驱动系统，可推广用到注水泵上，较小功率等级的可用于驱动各种抽油装置。这些适应工况变化而自动调速(调排)的驱动系统，可大幅度降低油田的能耗。可见，它具有强大的发展生命力。

这一新技术给我们的启示：我国的DC—DC电驱动钻机和YB-900型液力变矩器都是从机车上移植过来的，国外、国内的绞车盘式刹车也都是从煤矿卷扬机和起重机、汽车上移植过来的，那么，从电机车上移植GTO—AC系统到石油钻机上当然是一条行得通的捷径。聪明的中国人不能总是踩着外国人的脚印走，一旦看准了方向、技术先进且有经济效益，便值得抢先一试。21世纪将是AC—SCR—DC与AC—GTO—AC两种电驱动钻机在深井钻机上并存而又与机械驱动钻机共存的局面。

3 定向井与水平井的增多要求发展大功率短型井底马达

20世纪60年代初，我国引进了涡轮钻具生产线，小批生产常规涡轮钻具，在四川等油田钻了一些直井，后因文革而停用，前功尽弃。80年代，我国又引进了两套螺杆钻具生产线，现有4个厂成批生产单螺杆钻具。近年又引进和自制了一些涡轮钻具钻了定向井。这两种井底马达今后应优先发展哪一种？

螺杆钻具有低速大扭矩的硬特性，其转速(及功率)由地面泵的排量来控制，它的过载能力强和低速稳定性好，但其橡胶定子不耐高温，过扭易脱落，不能在油基泥浆中工作，不适于深井作业，其柔性万向轴寿命短，可与常规牙轮钻头配套应用。涡轮钻具有高转速和较低扭矩的软特性，过载能力差(对钻压过敏)，低速稳定性差，但它对温度和原油不敏感，它不适于配牙轮钻头，可配PDC钻头在深井中作业，但PDC钻头也有不耐高温的局限性。正是由于两种钻具各有适应性及局限性，所以，应采取并行发展的方针。涡轮钻具还应有两种方案并行发展：第一种方案为常规涡轮钻具(500 r/min)与高速牙轮钻头或PDC、BDC钻头配套。其中低速大扭矩涡轮钻具(300～350 r/min)配用的牙轮钻头其寿命可稍长一些，但钻具的效率偏低。同等功率的钻具所需涡轮级数更多、长度更长、不适于钻定向井；第二种方案为高速涡轮钻具(1 000～1 200 r/min)加减速器(输出轴150～200 r/min)与常规牙轮钻头配套，其中高速涡轮钻具节串联一齿差减速器节再串联低速涡轮钻具节的二夹一型复式涡轮钻具，更具有低速大扭矩的硬特性，适于在高钻压下深井作业。由于高速涡轮钻具的功率与其转速呈正比增长，故同等功率的高速涡轮钻具，其长度可大为缩短(为4～5 m)，更能适应钻超短半径水平井的需要。

为适应超深钻井，用大功率井底马达钻定向井和水平井以及大于25 MPa喷射钻井的需要，钻井泵肯定要向更高压力更大功率(2 000～2 500 hp)的方向发展，很可能沿着灌注式高速泵(冲次160 min^{-1})到非灌注式中速泵(100～120 min^{-1})，将再到灌注式高速泵的道路螺旋上升。这是由于80年代初泵的易损件与灌注泵的寿命太短,不得已而加大冲程,减慢泵速,以维持较长的寿命。中速泵在我国东部使用可以甩掉灌注泵仍能保证90%以上的充满系数,但是泵的结构尺寸却增大了,质量增重了,丧失了三缸泵质量轻的优势,致使2 000 hp泵的质量将突破40 t,这将不受油田用户的欢迎。在易损件取得长足进步的前提下有可能使中速泵回归到原高速泵的轨道上来。这些进步包括:灌注泵的易损件寿命达200 h,活塞和阀件达500 h以上,双金属缸套达1 000 h以上,陶瓷缸套达2 000~2 500 h;泵采用双润滑,双介杆密封,双喷淋系统;泵改进为正转运行,钻井液固控系统精细化等。

从井底马达、钻头和钻井泵的发展给我们的启示是:按照螺旋上升的规律,钻头轴承由开始的滑动轴承泥浆润滑发展到滚动轴承密封油脂润滑。如今要求研制能承受高钻压的高速牙轮钻头,它很可能回归为滑动轴承(硬质合金和金刚石制)和敞开精细泥浆润滑。涡轮钻具由高速发展出了低速,再发展又出了超高速。钻井泵不仅在速度上发生变化,而且在结构形式上由双缸双作用泵发展到三缸单作用泵。下一步的液压驱动钻井泵的研制成功,它很可能又回归为双缸双作用,其质量可减轻$\frac{1}{3}$。由于恒排量而不需要空气包,加上机电一体化,其冲程和冲次可随井况及压力变化而自动按恒功率调节运行,上升到更高水平。

4 为适应沙漠、滩海与海洋油气田开采的需要优先发展多相流输送与分离设备

21世纪,我国西部沙漠地区和广阔的滩海以及海洋大陆架,将形成油气开发的主战场。沙漠与海洋装备属于国家级重大装备,难度大、技术要求高,要加大投入、花大力气才能搞上去。在海洋水下和沙漠腹地开采用油气单管混输的方案无疑是最经济的。从井中采出的一种包含油、水毒气(天然气、CO_2、H_2S等)以及砂、蜡、高凝油团块等固相的多相流体,经过多相采出、多相计量与信号传输,集输到岸上或基地,再进行分离处理。为此,必须针对这一特殊任务要求,着重研究多相流的输送与分离机理。开展有关强湍旋流、多相流与非牛顿流以及不透明流体的流态与流场分析、模拟与测试。在此基础上研制新型多相流输送与分离装备。输送装备将着重发展旋转动力泵压机(Rotary-Dynamic Pump/Compressor)和双螺杆泵。它们的压力可达20 MPa,排量可达200 m^3/d。分离设备将着重发展以旋流器为主的系列产品和以离心机为主的大流量油、水、气分离及物料回收装备,以及在沙漠与海洋特殊环境中应用的防砂、防尘过滤系统、水净化和海水淡化系统等。

发展沙漠、海洋多相流装备给我们的启示:自然界客观事物的运动规律很多还未被人们揭示出来,要使多相流装备能有效地工作,首先必须揭示清混合与分离这一对矛盾运动的规律性,在混输中尽量均匀,避免分离,在分离中经重重处理解除粘合关系,避免乳化溶解,而有关湍流、气蚀、气堵、效率、振动等因素的相互影响还远未搞清。海洋与沙漠的重大装备,其可靠性要求是永远属第一位的,因为由于装备故障而停产的损失和修复费用会远超过对设备的投入。为此,必须致力于设备失效分析和可靠性增长研究。凡是新材料利用、表面改性与防腐技术,减振与减缓疲劳开裂技术,液、气动密封技术,设备在线监测与预测维修技术,信息传输遥测遥控技术等都将得到优先发展。

5 从提高劳动生产率和生产安全着眼发展液压机械化、自动化和机电一体化

在1985年的全国钻采机械情报网信息交流会上,笔者曾断言:"中国有的是人,一人操纵的全自动钻机不合国情、液压钻机没有合格的液压元件作基础,发展它还为时过早。"这些话是

就我亲身经历的教训而发出的。1959 年我曾参与搞过第一台液压抽油机，1965 年曾搞过第一台液压钻机，后来都不幸夭折。然而，时至今日，我们认识到 21 世纪将主要以信息化、自动化等高科技发展生产力，因此，必须解放思想，实事求是向前看，10 年后对我的旧观念要作彻底的修正。我国目前液压技术进步很快，已有自行设计制造的 ZJ15 型液压机械化斜井钻机和程控机床的经验作基础，研制全自动钻机的目标是切实可达的，它将实现“大钩下不站人”的梦想。计算机将遥控钻井全过程，实现最优参数制导钻定向井和水平井，降低时耗和钻井成本。

机电一体化指微电子与计算机控制部分成为机器部分之一，或充任自动机械化系统的神经中枢：“机”当然包括很多，我的看法主要发展液压传动机械，如液压钻机(液缸提升或液马达驱动绞车、液压水龙头、液压盘式刹车及液压钻头自动送钻、液压井口机械人与液压机械手排放立根等)、液压钻井泵、液压井控系统、超深井液压起下套管装置、液压修井机(含液压绞车、液压井架起立提升、液压水龙头、液压不压井修井装置、液压蓄能系统)、浮式钻井平台液压升沉补偿装置、液压长冲程抽油机、各种用途液压柱塞泵、液压连续软管钻机(液压夹持提升机与液马达驱动滚筒)、液压连续油管修井机或钻修两用机，用它在老油井中开窗侧钻水平井以增产原油。此外，井下水力活塞泵、螺杆马达与螺杆泵、井底增压器、水力冲击钻具与震击器等也都属于液压传动机械的范畴。由此可见，液压传动在钻采机械中应用的广阔天地，值得花大力气发展，如大功率变量柱塞泵、无冲击换向阀、伺服控制系统以及动密封技术都值得精心研究。

发展液压机械化自动化技术给我们的启示：发展高新技术不能只着眼目前利益，还要着眼上水平，它是和长远效益相一致的；液压元件的质量与性能只有在推广使用中才能不断进步；可以暂先引进德国的先进液压技术，精心制作，采取生产、科研、使用三结合的技术路线才能加速前进步伐。过去研制液压抽油机和钻机失败教训之一就是与现场使用不当有关，如油箱密封不良、过滤不精、密封件寿命短等致使液压元器件短期磨损而失效。

6　面临高难度复杂油气田的开采、优先发展高适应性、高效益的注采设备

“九五”期间和 21 世纪，我国油田多数进入开发后期、产出液含水量达 80%甚至超过 90%。高稠、高凝油田和低渗透以及薄层油田比重加大，针对这些特殊油气田的新问题要及早研制开发相应的新注采设备，如：

(1) 针对高稠、高凝油田的开采，对浅油层推广用地面驱动井下单螺杆泵系统，对中、深井将重点发展各种无游梁有杆长冲程抽油机，更主要是可调冲程和冲次的液压抽油机。对深井、定向井和水平井将发展各种无杆泵，特别是射流泵系统。虽然射流泵目前效率偏低(30%～35%)，易产生气蚀，但由于它对高稠、高含蜡、高含砂、高气油比的油田开采具有高度适应性和易检修性，由无运动件形成的高可靠性，综合评价它的总效效益是与其他类型泵(有杆泵、电潜泵、水力活塞泵、单螺杆泵等)不相上下，值得对它的结构和性能作更深入的改进研究。以射流泵充作初级灌注泵与各种采油泵串联，可取得显著的增产效果。如射流-深井泵、射流-水力活塞泵、射流-单螺杆泵、射流-气举等。采用射流泵或串联泵采油对油层产生一定的真空度，有利于清除砂堵，提高油层渗透率。发展射流泵采油系统除要提高泵本身与系统的效率以外，还要继续提高泵的寿命，研制配套的系列地面注稀油和热油的动力泵。对稠油开采有效措施之一是热采——蒸汽吞吐，同时发展蒸汽汽驱技术与装备。为此，研制蒸汽锅炉和汽水分离器以使注入汽的干度大于 90%。至于火烧油层的试验至今还无工业实用的希望。

(2) 针对低渗透、微裂缝与薄层油田的开采，需发展系列无级调排的增压注水泵，为低渗透油层注水用的高精细过滤水净化系统。发展 140 MPa 的大型成套酸化压裂系统。注入各

种活性物、化学药剂的泵送系统。钻小直径超短半径水平注采井是低渗透和薄油层上生产的有效途径。

(3) 针对高含水油田的开采，研制高速电潜泵，其转速为 6 000～10 500 r/min，可变频调速(30～90 Hz)、排量 1500～2 000 m^3/d、扬程 4 000 m、耐高温(200℃)和耐腐蚀。研制大处理量原油脱水、脱气、除砂系统和污水处理回注系统，研制稠化水、交联聚合物的配液、注入系统和产出液分离系统。为此，需平行发展机动堵水泵(如凸轮驱动的恒排量柱塞泵)和可恒功率伺服调排的液压堵水泵。

(4) 气举法采油在我国发展较慢，宜创造条件发展气举，用于气举采油、气举掏空、排液诱导喷和稀释气体等。为此，需发展系列气体压缩机、制氮、注氮和脱氮装备。

(5) 21 世纪天然气在能源结构中的比重将大幅度上升。为此，需加大天然气采集技术与装备的研究力度，研制高压井控装置、天然三相机、气驱油田天然气回注系统、防冻除霜闸门，以及轻烃回收装置等(限于篇幅，暂不展开论述)。

发展特稀注采装备给我们的启示：三次采油的目的就是与油层渗透率作斗争，提高采收率，增产油气。研制复杂油气藏的注采装备要先摸清油层渗透率的动态变化特性，对症下药。如对于低渗透的，就要疏通流道，扩深裂缝，用各种物理和化学方法解除原油与砂、岩的粘着关系，注入精细过滤的净水以保护渗透率不致降低，而对于相对高渗透率的出水层，就要调剖堵水，降低其渗透率以降低产出液的含水率，达到同等产出液，增产原油的目的。同是一柱塞泵系统，有的增压注水，有的调剖堵水，一把钥匙开一把锁。适应新工艺需要，新装备就要先行一步，工艺与装备相互促进，共同追逐 21 世纪的高水平。

7 探索用高新科技推进钻采装备现代化的途径

20 世纪 90 年代的在用钻采装备无论从可靠性上还是从性能先进性上看，都已老化落后，急需更新换代，首先要用"三个现代"达到装备的"三高"，即用现代理论、现代分析测试技术和现代设计方法实现装备的高可靠性、高适性和高节能性，而其中的计算机的模拟仿真研究，它在辅助设计制造与质量控制、辅助设备管理中的应用技术研究，将是主攻目标之一。在海洋钻井中要建造深井固定平台和水深 3 500 m 的半潜式平台，以及适应各种水深的固定和锚泊型采油平台，同时发展海底采、集、输装备，海底施工、维修中机器人的应用技术、海底钻探技术与装备等。机器人也将在陆上钻采抢喷救火等危险场合中发挥作用。在沙漠与海洋中发展机、液、电、光、信息一体化，发展无人管理的高度自动化和信息传输系统，开展新能源利用与节能技术研究。

启示：科技是第一生产力，21 世纪要向超深井要油，要向复杂油层要油，要向沙漠、滩海和深海要油。油气要年产 2 亿吨，除依靠高科技外别无出路。理论的威力在于对事物发展的预见性和对实践的指导作用，因此，除要开展超前的高科技应用研究以外，还应开展中长期基础应用理论的研究。因此，必须统筹规划，深化改革，实行用户、研究部门与制造厂三结合，按市场机制，分项目招标。要注意抓科研成果的产业化，使装备现代化不断获得前进的动力和活力，能面对世界新技术革命的挑战；能满足我国油气工业跨世界发展的需要。

综上所述，主要有 6 项设备系统更应超前规划和优先发展，即：

(1) 具有中国特色的超高压射流钻井的井底增压器。

(2) 应属中国首创的 AC—GTO—AC 电驱动钻机。

(3) 定向井、水平井用短型井底马达和 1 000 kW 级的调频液压钻井泵。

(4) 沙漠、海洋水下开采的多相旋转动力泵压机。

(5) 机电一体化的长冲程液压抽油机、液压修井机(蓄能型)和多用途的液压柱塞泵。

(6) 复杂油气层开采用的深井射流泵和超高速电潜泵。

可见,从钻井方法、钻机电驱动形式、牙轮钻头轴承、钻井泵的结构与速度以及长冲程抽油机来看,无一不是按否定之否定、螺旋上升的规律发展的,但这后一个否定必须是建立在更高水平与更高效益的基础上才能成立。再看 DC 与 AC 两种电驱动、电动与液压顶驱钻井系统、中速与高速钻井泵、常规钻头与高速钻头、螺杆与涡轮钻具、高速涡轮与常规涡轮、机动与液压钻井泵、抽油机、柱塞泵等,无一不是一分为二,各有优、缺点,各有其适用的场合和发展历史阶段,应采取两条腿走路的技术路线,在使用、竞争中优胜劣汰。今天,现有的成熟装备占有了市场优势,但展望未来,我则对新生的先进技术装备寄予希望。

36. 采油射流泵内流场数值模拟

【论文题名】 采油射流泵内流场数值模拟

【期 刊 名】 中国安全工程学报，1995 年 10 月第五卷增刊，全国第八次高压水射流技术研究会论文集第 169～173 页

【摘　　要】 采油射流泵内流场是具有逆压力梯度的强湍流场，扩散管部分具有不规则边界。采用代数法生成扩散器贴体坐标系统；并选择使用高 Re 数 k-ε 模型及考虑逆压力梯度影响的壁面函数法对射流泵整体流场进行数值模拟。将理论结果与试验值进行对比分析，二者基本符合，数值模拟的可靠性得到了验证。

【关 键 词】 采油射流泵　湍流场　数值模拟

【Abstract】 The flowfield in an oilwell jet pump is a strongly turbulent flowfield with adverse pressure gradient, in which diffuser's flowfield has an irregular boundary. Numerical simulation is carried on the whole jet pump flowfield by use k-ε model of the high Re and wall function method involving the effect of adverse pressure gradient, simutaniously, algebraic grid generation method is applied to generate body-fitted coordinate system of diffuser. After making a comparative analysis between experimental and theoretical values, it is found that they mainly accord with each other. Thus the reliability of numerical simulation in the jet pump flowfield has been proved.

【Key words】 oil well jet pump; turbulent flowfield; numerical simulation

0 引　　言

采油射流泵是近二十年来才在油田实际生产中获得应用的新的采油泵种。由于其结构简单，成本低；没有活动部件，不会砂卡；检泵和调整工作参数方便；排量适应范围大，同一个泵可以适应从低产到高产的各种条件和排量的油井(更换参数)；具有一定的深抽能力等一系列优点，正在获得日益广泛的应用。如果采用温度较高、粘度较低的液体作动力液，在泵送油的同时，还可起到保温、降粘的作用，因此可适用于稠油、低产和结蜡油井的开采。如果采用抗腐蚀、耐磨损的材料制作几个体积很小的关键零件，该泵还可适用于出砂等条件恶劣的油井。另外，由于没有抽油杆，该泵还可以用于斜井采油等。但射流泵由于使用效率低和使用寿命短，因而在应用中受到限制。长期以来，使用者只能选择各制造厂家有限的射流泵尺寸品种，无法保证射流泵总是在最佳工作条件下使用。根据目前水平制造厂尚不能针对各种工况需要设计高效的射流泵。

从射流泵内部流动机理入手，协调影响射流泵结构效率的参数，优化其结构，提高射流泵结构效率，将结构优选工作与实际工况相结合，可形成计算软件对不同工况的油井选择合适的采油射流泵结构，从而提高射流泵的系统效率。这是从微观的角度来改善采油射流泵功效，将是一项具有重要意义的工作。

本文采用代数法生成扩散器贴体坐标系统；并选择使用了高 Re 数 k-ε 模型及考虑逆压力梯度影响的壁面函数法对射流泵整体流场进行数值模拟，理论计算结果已得到了试验资料的初步验证。

1　物理平面上的数学模型

射流泵内流动属有限空间轴对称射流，其工作流体与被吸流体在喉管进口及喉管内，通过射流边界层的紊动扩散作用进行能量及质量的交换，在喉管出口处二者基本混合均匀而呈完全管流状态。在扩散管内压力进一步提高，其内部紊流是一种复杂的逆压力梯度流动。

对图1所示的射流泵，控制方程采用柱坐标系，并对泵内复杂的流场作了如下较合理的基本假设：

（1）不可压缩流动。

（2）稳定的轴对称无旋流。

（3）流体忽略浮力影响。

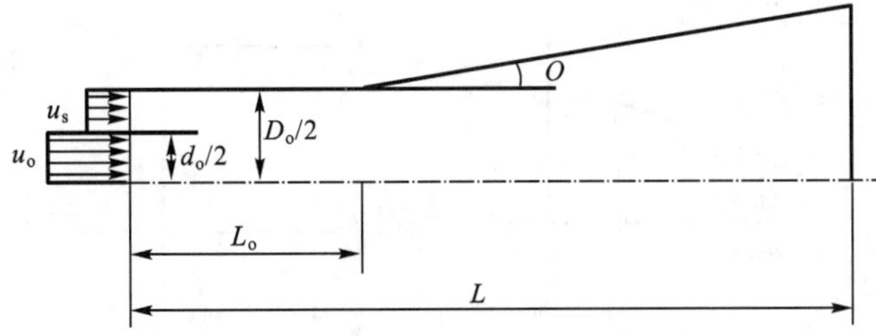

图1　射流泵内模型流动图

由此可得表1中的控制方程。物理平面上计算的数学模型包括连续性方程，动量方程，k、ε 方程及式 $\mu_t = C_\mu \rho K^2/\varepsilon$。表1中经验系数的取值已比较一致，列于表2中。

表1　柱坐标系中的控制方程

坐标	通用形式，$\varnothing = u, v, K, e$	源　　项
圆柱轴对称坐标	$\frac{\partial(\rho u\varnothing)}{\partial x} + \frac{1}{r}\frac{\partial(r\rho v\varnothing)}{\partial r} = \frac{\partial}{\partial x}(\Gamma\frac{\partial\varnothing}{\partial x}) + \frac{1}{r}\frac{\partial}{\partial r}(r\Gamma\frac{\partial\varnothing}{\partial r}) + S$ 对 u, v, K, e 广义扩散系数 Γ 为： $u, v, \Gamma = \mu + \mu_t$ $K, \Gamma = \mu + \frac{\mu_t}{\sigma_K}$ $e, \Gamma = \mu + \frac{\mu_t}{\sigma_\varepsilon}$	$u, S = -\frac{\partial p}{\partial x} + \frac{\partial}{\partial x}(\mu_{eff}\frac{\partial u}{\partial x}) + \frac{1}{r}\frac{\partial}{\partial r}(r\mu_{eff}\frac{\partial v}{\partial x})$ $v, S = -\frac{\partial p}{\partial r} + \frac{\partial}{\partial x}(\mu_{eff}\frac{\partial u}{\partial r}) + \frac{1}{r}\frac{\partial}{\partial r}(ru_{eff}\frac{\partial v}{\partial r}) - \frac{2\mu_{eff}v}{r^2})$ $\mu_{eff} = \mu + \mu_t$ $K, S = G - \rho \cdot \varepsilon$ $\varepsilon, S = \frac{\varepsilon}{k}(c_1 G - c_2\rho \cdot \varepsilon)$ $G = \mu_t\{2[(\frac{\partial u}{\partial x})^2 + (\frac{\partial v}{\partial r})^2 + (\frac{v}{r})^2] + (\frac{\partial u}{\partial r} + \frac{\partial v}{\partial x})^2\}$

表2　模型中的经验系数值

C_μ	C_1	C_2	σ_K	σ_ε
0.09	1.44	1.92	1.0	1.3

其中 u、v 分别是 x、r 方向的速度；ρ 是流体的密度；$\varnothing$ 是通用变量；Γ 与 S 是与 $\varnothing$ 相对应的广义扩散系数及广义源项；μ_t 为紊流粘性系数；K 为紊流脉动动能；ε 为紊流耗散率；C_1，C_2，C_μ 为引入的系数；σ_K，σ_ε 为常数。

2 计算平面上的数学模型

2.1 适体坐标系的生成

扩散器内不规则区域，需要采用适体坐标系在计算平面上进行计算。采用代数变换法生成适体坐标系，转换区域见图 2，转换关系式如下：

$$\zeta=\frac{x}{l},\eta=\frac{r}{\delta(x)} \quad \text{或} \quad x=\zeta l;r=\eta\delta(x) \tag{1}$$

式中

$$\delta(x)=mx+n \tag{2}$$

其中 $m=\tan\theta,n=D$。

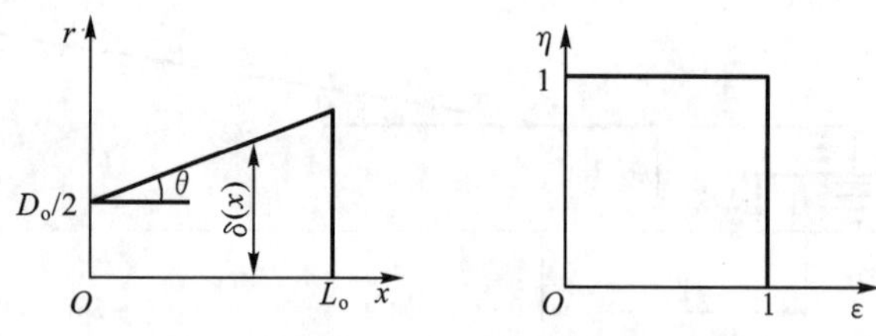

图 2 不规则区域向计算平面上的转换

2.2 控制方程的转换

物理平面上控制方程向计算空间上转换后，可得计算平面上二维稳态控制方程为：

$$\frac{\partial}{\partial\zeta}(\rho u\varnothing)+\frac{\partial}{\partial\eta}(\rho v\varnothing)=\frac{\partial}{\partial\zeta}(\frac{\Gamma}{J}[\alpha\varnothing_{\zeta}-\beta\varnothing_{\eta})]+\frac{\partial}{\partial\eta}[\frac{\Gamma}{J}(\gamma\varnothing_{\eta}-\beta\varnothing_{\zeta})]+JrS(\zeta,\eta) \tag{3}$$

其中

$$u=r(ur_{\eta}-vx_{\eta}) \tag{4}$$

$$v=r(vx_{\zeta}-ur_{\zeta}) \tag{5}$$

$$\alpha=r(r_{\eta}^{2}+x_{\eta}^{2}) \tag{6}$$

$$\beta=r(r_{\zeta}^{2}+x_{\zeta}^{2}) \tag{7}$$

$$\gamma=r(x_{\zeta}x_{\eta}+r_{\zeta}r_{\eta}) \tag{8}$$

上式中下标表示对该自变量的导数，u、v 是计算平面上 ζ 与 η 方向上的速度分量。式(3)中的源项 $S(\zeta,\eta)$完全是由物理平面中的源项 $R(x,r)$转换而来的，其他各项在变换过程中并不给源项增添新的成分。

3 采油射流泵内流场的数值模拟

3.1 控制方程的离散化及求解

采用有限控制容积法，选用第二类上迎风格式，在交错网格上对物理平面及计算平面上的控制方程进行离散化处理，均可得到：

$$a_{p}\varnothing_{p}=a_{E}\varnothing_{E}+a_{W}\varnothing_{W}+a_{N}\varnothing_{N}+a_{S}\varnothing_{S}+b \tag{9}$$

上述方程为五对角矩阵代数方程，采用交替方向隐式迭代法（ADI 方法）逐次求解不同的变量。对流场计算中压力和速度互相耦合的问题，分别采用 SIMPLEC 算法、计算平面上的 SIMPLE 算法来解决。

3.2 边界条件

在边界条件的处理中，考虑了进口边界、出口边界、中心边界及固体壁面边界条件。对采油射流泵内强的逆压力梯度流场，需要对壁面函数进行修正。按照壁面函数法，第一个内节点与壁面之间区域的当量粘性系数 μ_t 按下列方式确定：

$$\mu_t=\left[\frac{y_p(C_\mu^{1/4}K_p^{1/2})}{v}\right]\frac{\mu}{\ln\ (Ey_p^+)/K}=\frac{y_p^+\mu}{U_p^+} \tag{10}$$

引入包含有压力梯度的压力系数 ψ_O，即

$$\psi_O=\frac{\mathrm{d}p}{\mathrm{d}X}(C_\mu^{1/2}y_p\sqrt{\rho}K) \tag{11}$$

将此影响按如下形式引入到壁面对数定律中：

$$U_p^+=\frac{1}{K}\ln\left[Ey^+(1+\psi_O)\right] \tag{12}$$

则得到考虑压力梯度影响的壁面函数。

4 计算成果及实验验证

为了验证上述理论计算，建立了一个模型射流泵实验台，实验条件给定如下：

(1) 射流泵几何尺寸：$d_O=4$ mm，$D_O=8$ mm，$L_O=45$ mm，$\theta=3°$，$L=90$ mm。

(2) 实验工况见表 3。

表 3

喉嘴距/mm	主流压力/MPa	二次流压力/MPa	混合压力(出口)/MPa	主流流量/(L·s^{-1})	二次流流量/(L·s^{-1})
20.7	0.562	−0.007	0.1～0.11	0.318	0.357

用前述理论模型及算法对实验射流泵内流速场及压力场进行了计算，并与相应实验数据进行了对比。图 3 为喉管内湍动能分布；图 4 为喉管截面 $x=26.8$ mm 处速度分布。图 4 的对比结果表明，理论值与试验值基本吻合。图 5 为喉管入口截面处压力分布；图 6 为扩散管内速度分布；图 7 为扩散管内湍动能分布；图 8 为射流泵中心轴线处压力沿程变化曲线，该图表明，理论计算的射流泵出口压力值与试验测试值是一致的。

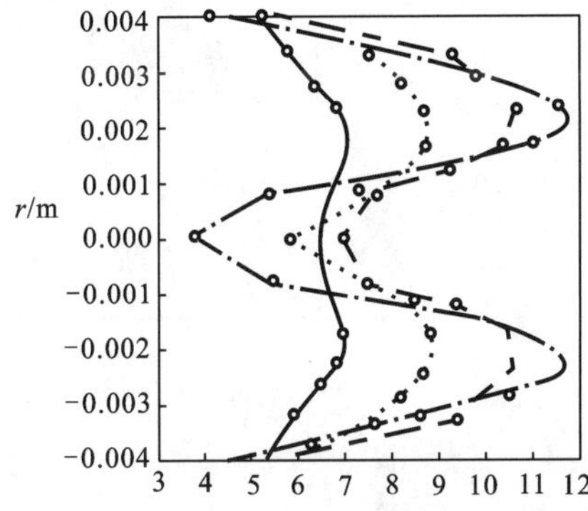

图 3 喉管内湍动能分布

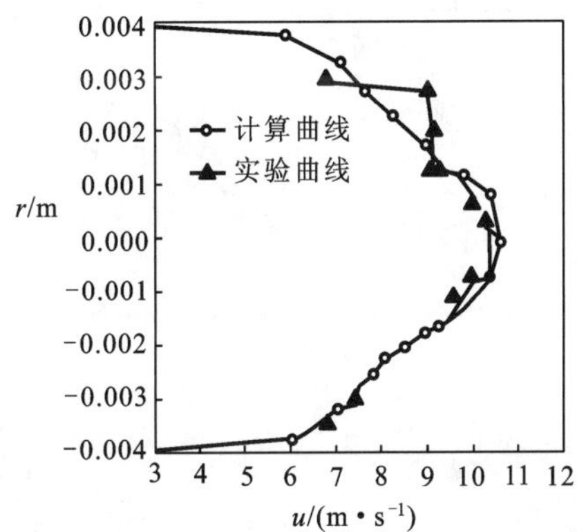

图 4 喉管截面 $x=26.8$ mm 处速度分布

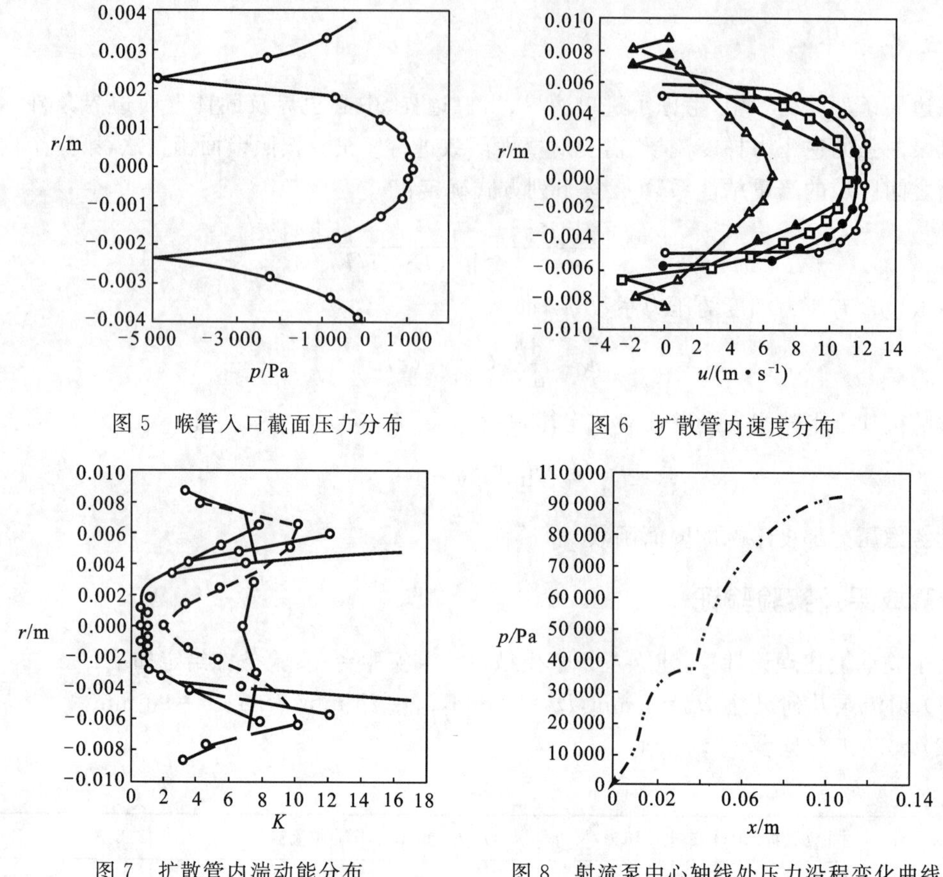

图 5　喉管入口截面压力分布

图 6　扩散管内速度分布

图 7　扩散管内湍动能分布

图 8　射流泵中心轴线处压力沿程变化曲线

5 结　　语

通过建立射流泵内流场合理的物理数学模型，选用合适的计算方法和计算技巧，得出了射流泵内流场各流动参数的稳定的收敛的解。计算结果得到了实验的验证，与实验值基本相符，从而证明所进行的数值模拟是成功和可靠的。这项数值模拟为采油射流泵优化设计及性能预测奠定了基础。

（本文作者：陈如恒　张来斌　黄红梅）

37. 往复泵的模糊故障诊断

【论文题名】　往复泵的模糊故障诊断

【期 刊 名】　石油机械,1996 年第 14 卷增刊,第一届石油装备学术交流年会论文集(下)

【摘　　要】　在给出故障诊断与状态监测概念的基础上,介绍了根据 ISO 2372 进行的泵动力端故障状态的模糊分类,拟合出适用于重型机械的隶属函数,据此可确诊泵动力端是否发生了故障,根据模糊关系方程可确定发生了哪种故障。通过实际测试加速度波形图及功率谱图,诊断出泵输入轴的轴承发生了滚柱偏磨。最后介绍了泵液力端水击的缸外监测及模糊动力响应模拟,得出由于不同等级的水击而引发泵动力端的共振,频域响应中四个最大加速度幅值对应着四个共振频率,为往复泵的状态监测提供了依据。

【关 键 词】　往复泵　动态监测　模糊故障诊断

0　概　　述

往复式钻井泵、压裂泵、注水泵等是石油矿场的重要设备,对其进行状态监测和故障诊断,从而实行预测维修制是设备管理现代化的主要标志。“故障”在此泛指设备所处的“状态”,可概括为:“良好态”、“一般态”、“故障态”。故障态指设备处于性能失调,输出超过允许范围的运行状态,此时必须通过仪器检测,及时而正确地将故障诊断出来,采取相应措施使设备恢复正常运行。也可预报故障发生的时间或带病设备仍可安全运行的期限。因而,故障诊断又称状态识别。由于一种故障可以引发多种征兆,反过来,一种征兆可在不同程度上反映多种故障,模糊诊断就是采用多因素进行综合诊断,根据人们利用模糊逻辑能精确识别事物这一特性,采用模糊数学方法,根据多种征兆来确定多个故障的存在及类型,使原本模糊的定性故障变得明确化和定量化。

1　往复泵动力端机械状态的模糊分类

泵的动力端由输入轴、曲柄轴、轴承、齿轮传动、连杆、十字头和机架等组成,其故障集 μ 中的元素有轴承磨损烧毁、串轴、断齿、十字头副磨损、机架开裂及严重变形等。在其征兆集 v 中的元素有振动、撞击噪声、轴承发热、润滑油变质等。在 ISO 2372 机械振动标准中用“振动烈度”即振动速度的均方根值对Ⅰ～Ⅳ级机械进行机械状态的模糊分类,如图 1 所示。

现将图中有关词汇的概念解释如下:

基础变量——能检测到的表征机械征兆的特征值,现用振动烈度 v_{rms}。

语言变量——以自然或人工语言中的字或句作为值的变量,用字而不用数是语言的特征;它没有数那么明确,它是一个由名称、辞集、论域、句法或语义规则组成的模糊集合,是一个比基础变量、模糊变量更高一级的变量。

模糊变量——语言变量的值,如以“机械故障状态”为语言变量,将其分为四类即“A 不可能”—“D 很可能”为其值,显然,每一类代表一个模糊集合,又可视为一个以基础变量为论域的模糊子集。

评价隶属度——是基础变量上的模糊限制,它是由一个隶属函数 $\mu(v)$ 表征的,隶属函数把基础变量的每个值与区间[0,1]中的一个数结合起来,用它描述征兆向量值(基础变量)从属

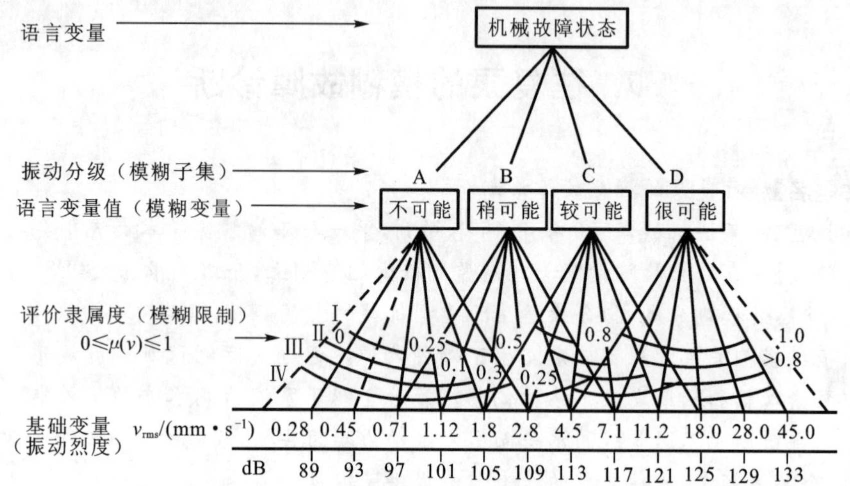

图 1　机械状态模糊分类图

Ⅰ级为小型机械，如<15 kW 的电机；Ⅱ级为中型机械，如 15～75 kW 的电机；

Ⅲ级为刚性基础安装的大型机械；Ⅳ级为柔性基础安装的大型机械

于模糊变量(故障状态)的可能性。

2　隶属函数的确定

图 1 对机械故障状态进行了模糊分类与描述，但给出的语言变量值是定性的，评价隶属度是离散的且范围很宽，具体使用起来极不方便，为此采用三种隶属函数模型(哥西型、升半哥西型、升半正态型)对以上各评价隶属度进行了拟合及优化，得出最适用于 ISO 2372 对Ⅰ—Ⅳ级机械模糊故障诊断的隶属函数之一，升半哥西型征兆集隶属函数：

$$\mu(v)=1-\exp\left[-k(v-c)\right]$$

式中　k、c——待拟合参数，拟合结果示于表 1。

表 1　k、c 拟合值

机械级别	k	c
Ⅰ	−0.347 5	0.119
Ⅱ	−0.341 5	1.349
Ⅲ	−0.164 3	1.145
Ⅳ	−0.123 5	2.300

例如，往复泵输入轴当 $n=8.91$ Hz 时，在轴承座上用加速度计测得时域波形如图 2(a)所示。

从图 2(a)数据算出 $v_{rms}=12$ mm/s，以此为主要征兆，往复泵属于Ⅲ类机械，代入相应 k、c

$$\mu(v)=1-\exp[\ -0.164\ 3\times(12-1.145)]=0.832$$

由上述征兆集隶属函数值说明往复泵动力端的运行处于 D 级，模糊故障诊断为“很可能”产生了故障，其可能性为 83.2%。

但动力端产生了何种故障尚不清楚，一种方法是通过模糊关系方程

$$\boldsymbol{\mu}(u)=\boldsymbol{R}*\mu(v)$$

可确定出故障集隶属函数列阵 $\boldsymbol{\mu}(u)$，$\boldsymbol{R}$ 为模糊关系矩阵，它通过经验或试验确定，$*$ 为广义模

糊逻辑算子。现通过试验得到频域功率谱图如图 2(b)所示,由图可见在 50 Hz 处有一显著的高幅成分,它处于滚动轴承故障特征频率 43.3～63.6 Hz 范围之内,因此可以断定输入轴轴承出了毛病。经拆检,果然轴承滚柱偏磨失圆,动力端的主要征兆——强烈振动即源于此主要故障。当更换新轴承后再次测试其时域波形图及频域功率谱图如图 3(a)、(b)所示。

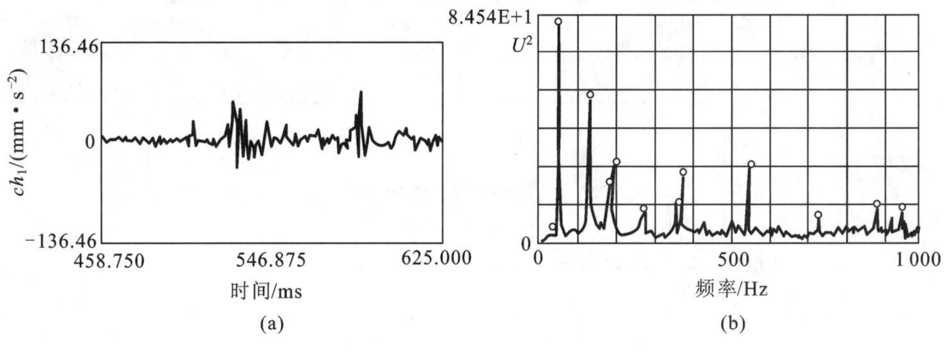

图 2 输入轴加速度波形及功率谱图

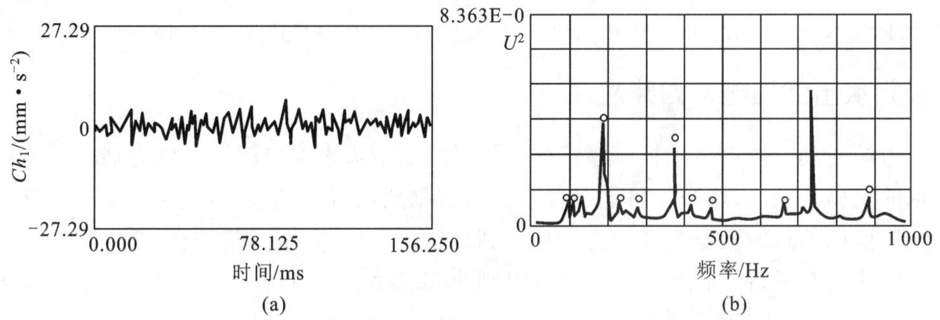

图 3 更换新轴承后的输入轴加速度波形及功率谱图

重新算得 v_{rms}＝2.57 mm/s,$\mu(v)$＝0.21,说明此时动力端的运行处于 A 级,模糊诊断为"不可能"产生故障,我们有 79%的把握说泵动力端已恢复正常运行状态。

3 往复泵液力端的水击缸外监测

往复泵液力端由泵头(液缸阀箱)、活塞、缸套、阀组、吸入排出管汇及空气包等部件组成,其故障集中主要元素有缸套与活塞磨损、阀组冲蚀、空气包失效、泵头疲劳开裂以及缸内水击现象等,其征兆集中主要元素有泵头振动,敲击噪声、吸入排出管振动等。故障中水击的危害性相当大,它会激起泵头的"共振",引起泵头断裂及泵排量系数严重降低。故选择试验在缸外无损监测水击的发生及其烈度。在缸盖外安装一加速度计,经电荷放大器进入数据采集器,同时在缸盖上钻孔安装一压力传感器,其信号经动态应变仪进入数据采集器,两通道经分析仪得到记录曲线如图 4 所示。

由图 4(a)曲线可见,在排出过程排出阀开启前的吸入过程末期有两次水击压力波出现,与其相对应的 ch_1 曲线可见在排出过程有四次加速度脉冲波信号,它有两大一小一大的特点,在其前边有两次小峰即为"水击"脉冲,其幅值与水击压力波幅成比例。由此可见,只用加速度计在缸外无损监测水击的有无和烈度的大小是可行的,是有规律可循的。

如以"水击烈度"为语言变量,取其值为"轻微水击"、"中等水击"和"剧烈水击",而以水击压力 p_c 与缸内平均排出压力 p 之比值 K 为基础变量,则根据三种不同的隶属函数模型,可确

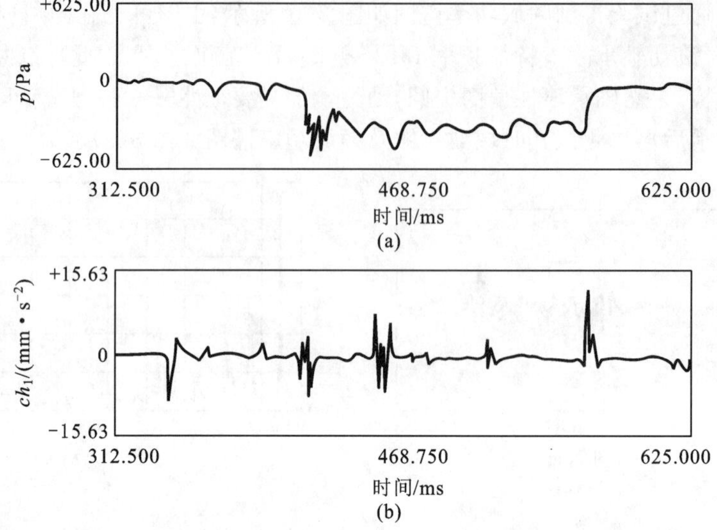

图 4　缸内压力(p)、振动加速度(ch_1)与时间历程曲线

定出轻微水击 $K=0\sim 0.35$,中等水击 $K=0.25\sim0.55$,剧烈水击 $K=0.45\sim1$。

4　往复泵水击的模糊动力响应模拟

泵液力端的动力响应属于模糊系统受模糊激励时的模糊响应问题。液力端是一个较强刚度弱阻尼的模糊系统,水击激励可能是轻微水击或剧烈水击,其振动响应也必然有弱有强。模糊动力响应模拟的目的就是判断液力端在受到异常水击激励时在何频段会产生共振。

对三缸往复泵进行了试验模态分析,识别出机架和泵头的各阶固有频率为:31,180.5,323,663,710.5,795 Hz。当模拟泵压 $p=5.1$ MPa 时,模拟出泵机架及泵头在剧烈水击激励下的时域及频域响应,如图 5 所示。

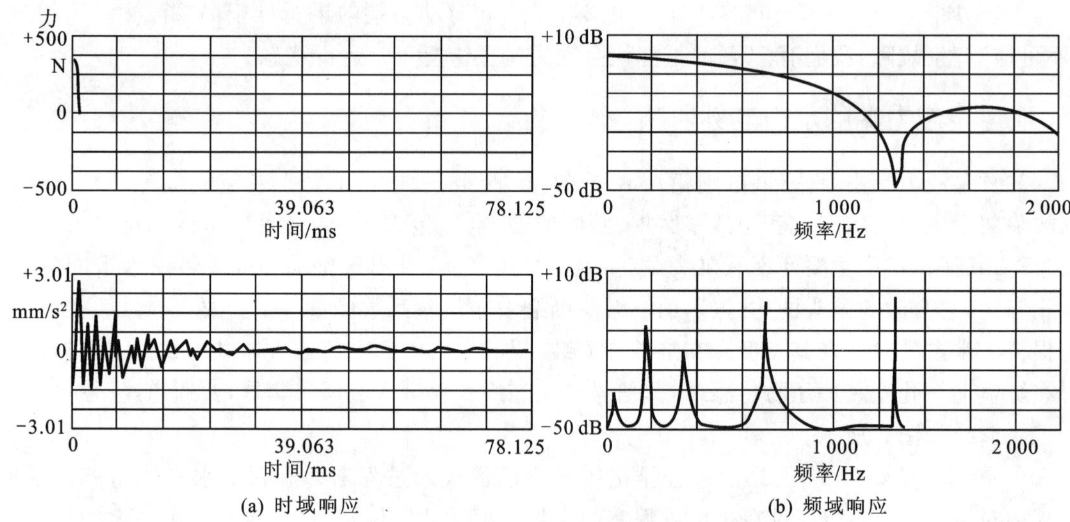

图 5　剧烈水击激励时机架泵头的时域及频域响应

由图 5(b)频域响应图可见,系统在频率为 30,180,325,710 Hz 处出现显著的响应,这四个频率正好是系统的 1,2,3,5 阶固有频率,通过试验得知:无论是轻微水击还是中等水击,都会在这四个频率处出现明显的响应。其中以图 5 所示系统承受剧烈水击激起的"共振"响应最

为显著，其加速度幅值在 710 Hz 处达到 33 dB。

因此，提醒在该泵运行时应尽力避免“水击”的产生，避开在“共振”频率(及其整分数)附近运行，以免液力端及整个泵产生故障。在对该三缸往复泵实行振动监测时，在这些频率处应特别引起注意。

(本文作者：陈如恒　孔繁森)

38. F系列钻井泵改造
——机架的动态测试与设计

【论文题名】 F系列钻井泵改造——机架的动态测试与设计

【期 刊 名】 石油机械，1995年第24卷增刊，第一届石油装备学术交流年会论文集（下）

【摘　　要】 采用泵机架实物作为试验模型进行动态测试，经信号采集与分析系统分析，得到机架的集总频响函数曲线，并识别出各阶模态参数。测试结果表明，装配后机架频响函数的最大幅值比空机架约低8 dB，固频有所提高，各阶阻尼增大。针对装配后机架的三个薄弱部位，采用双模态空间法完成了最优动力修改方案，以加强筋增加质量2.5%的代价，换取了固频提高14～88 Hz、相对振幅降低66.30%～92.7%的良好效果。对改造后的泵机架进行动态再测试的结果表明，动态测试和改造方案达到了提高机架抗振性能的目的。

【关 键 词】 钻井泵　三缸泵　泵机架　频率响应　抗振

1　总频响函数曲线测试

三缸钻井泵是石油高压喷射钻井中的关键设备。在泵压越来越高（20～25 MPa）、功率越来越大（2×1 250 kW）的情况下，泵的寿命越来越短。这主要是由于泵长期在剧烈振动或经常靠近共振区工作，机架严重变形和开裂而导致整个泵提前报废。因此必须对泵机架进行模态分析和动态设计，以提高其抗振性能，延长使用寿命。

泵机架是一种复杂的板焊结构，经测定属于具有小比例阻尼的线性系统，故可根据实模态理论进行动态测试，以取得频响函数曲线。

采用泵机架实物作为试验模型，分别对装配前的空机架P及装配后的机架AP进行测试。机架上共设置了290个节点，节点间连线499条，逐次在各个节点上用力传感器锤多次随机锤击，在一个固定节点上用加速度计拾取响应，经信号采集与分析系统得到机架的集总频响函数曲线，图1(a)为空机架P的总频响函数曲线，图2(a)为装配后机架AP的总频响函数曲线。AP的最大幅值约比P的降低8 dB。

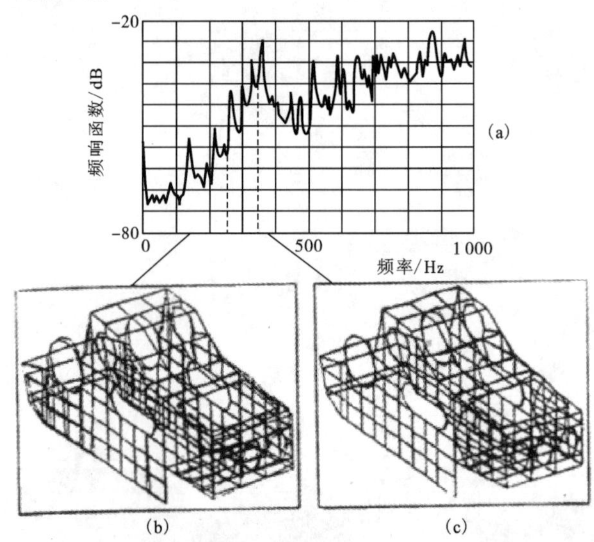

图1　空机架P的总频响函数曲线及模态振型

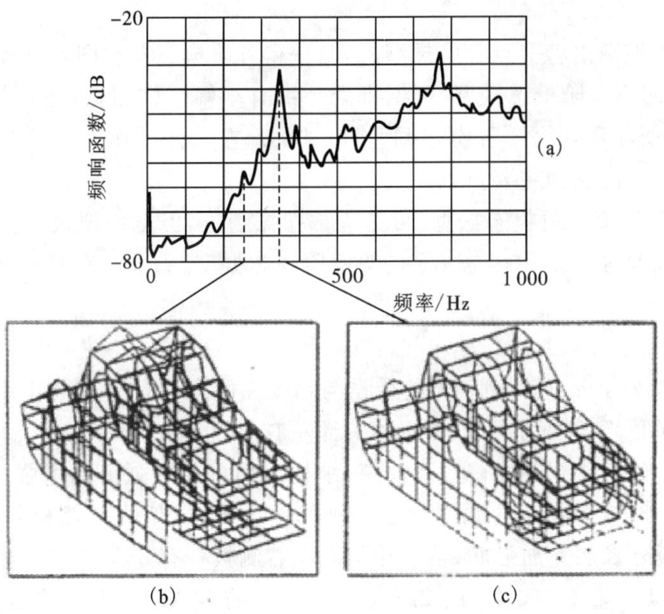

图 2 装配后机架 AP 的总频响函数曲线及模态振型

2 模态参数识别

用频响函数的虚频特性曲线和整体拟合的方法依次拟合出各阶固频 Ω_k、模态阻尼比 ζ_k 及模态振型，见表 1。

表 1 各阶固频 Ω_k 和模态阻尼比 ζ_k 对比

动力修改前						动力修改后					
空机架 P			装配后机架 AP			建议修改装配后机架 MAP			宝石厂 1992 年修改装配后机架 MAP-92		
阶次	Ω_k/Hz	ζ_k/%	阶次	Ω_k/Hz	ζ_k/%	阶次	Ω_k/Hz	ζ_k/%	阶次	Ω_k/Hz	ζ_k/%
									1	50.07	2.128
1	140.74	1.530	1	160.15	4.452	1	173.84	4.07	2	150.89	4.452
2	192.00	0.995									
3	216.17	0.694	2	227.32	3.017	2	245.73	2.63			
4	248.47	0.888	3	251.86	1.583	3	298.92	1.78			
5	268.36	0.747	4	295.90	1.882	4	394.02	0.94			
6	307.11	0.791									
7	335.94	0.448									
8	365.18	0.747	5	346.10	1.240	5	401.72	0.95	3	362.23	2.076
			6	388.22	0.888	6	435.39	1.03			
9	450.92	0.544	7	434.45	1.037	7	474.04	1.21			
10	481.02	0.298	8	474.75	1.242	(8)	525.30	0.60	(4)	508.56	2.320

由表 1 可见，500 Hz 以内 P 有 10 阶模态，AP 有 8 阶模态，AP 的前 4 阶固频有所提高，各

阶阻尼比明显增大。

用质量归一法识别出各节点各阶振型元素，获得各阶模态振型图及其动画演示。

图 1(b)为 P 的第 1 阶模态振型，可见机架头部有小幅整体扭振，尾部轴承孔附近侧板有中幅弯振。图 1(c)为 P 的第 8 阶模态振型，可见头部左右侧板作大幅反对称弯振，频响函数曲线幅值的最高峰即由它作主要贡献。

图 2(b)为 AP 的第 3 阶模态振型，可见头部扭振消失，但尾部顶板产生大幅弯振，轴承孔附近侧板也有中幅弯振。图 2(c)为 AP 的第 5 阶模态振型，头部左右侧板有大幅对称弯振。

3 动力修改

通过结构灵敏度分析，可得到 AP 的质量与刚度灵敏度最大的节点号，由它可确定动力修改部位依次为尾部顶板、轴承孔附近侧板和头部左右侧板。

采用双模态空间法进行动力修改及模拟，结构上用局部加强筋以增强板的抗弯刚度。按质量增加较少而修改效果较好的原则优选一种修改方案：机架头部侧板各加 2 根筋，距中心 160 mm；尾部顶板外缘加一加强筋；轴承孔附近左右侧板各有 6 根斜筋，全部加强筋质量增加 170 kg，只占空机架质量 6 700 kg 的 2.5%。表 1 中的 MAP 栏为修改后的各阶模态参数，MAP 的基频提高约 14 Hz，第 4 阶固频提高 88 Hz。

图 3(a)为 AP 修改前后第 3 阶模态振型对比，经计算，尾部顶板相对振幅降低 66.3%，轴承孔附近侧板相对振幅降低 82%。图 3(b)为第 5 阶模态振型对比，其头部左右侧板相对振幅降低 92.7%。

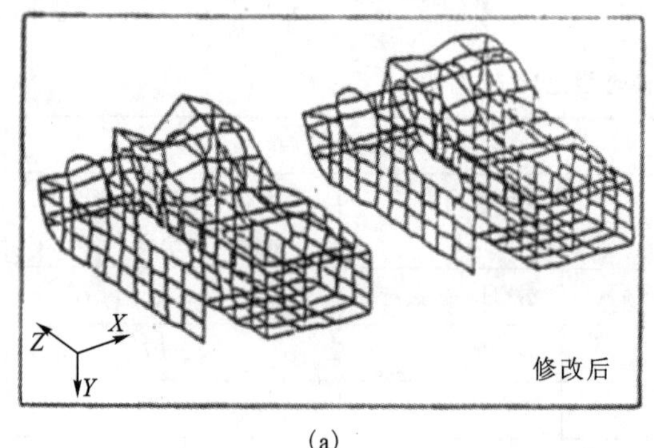

(a)

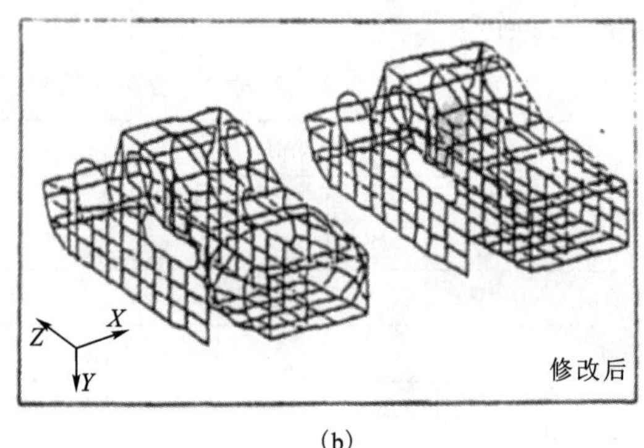

(b)

图 3 动力修改前后模态振型对比

4 动力修改后机架的再测试分析

1992 年宝鸡石油机械厂参考建议修改方案作了泵机架的结构修改。头部增加了 2 根支撑腿，4 根加强筋距中心各 200 mm，尾部左右侧板靠近下斜板处又多加了 2 根斜筋共 8 根筋。为了检验该修改方案的实际效果，再次作了动态测试，得到该机架的总频响函数曲线，见图 4(a)。它在 500 Hz 以内只有 3 阶模态(模态参数见表 1 中 MAP-92 栏)，新增加了前所未有的第 1 阶 50 Hz 的尖峰，它主要有图 4(b)的 1 阶模态振型图中后斜板的弯振作主要贡献，其次机架头部产生了整体弯振，这都是由于该二处的“过增强”激化出来的新矛盾。在第 2 阶后频响函数曲线很光滑地升到第 3 阶 362 Hz，这一最大峰值仍然由图 4(c)的头部左右侧板中幅弯振作主要贡献，这与所加的 4 根筋距棱边过近而未起到加强的效果有关。

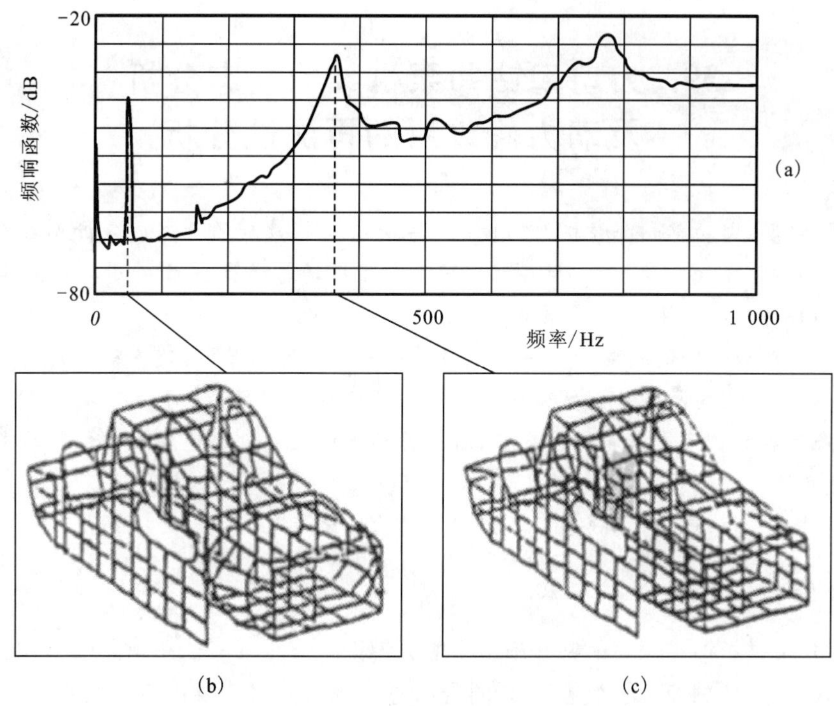

图 4　MAP-92 频响函数曲线及模态振型

结构修改再建议：取消靠近后斜板处 4 根加强筋，头部侧板 4 根加强筋向中心靠近，距中心各 160 mm。

5 结　论

(1) 模态分析及动力修改技术首次成功地应用于 F 系列泵机架的改造中，提高了泵的抗振性能，改造泵已成批生产，取得显著效益。该技术已经通过部级验收，达到国内领先水平。

(2) 装配后的泵机架与装配前的空机架相比，频响函数曲线最大峰值降低，各阶固频及阻尼比有所提高，泵头部整体扭振消失，但顶板弯振在第 2、3 阶提前被激化。分析发现：频响函数的各阶峰值与模态振型的相应部位最大峰值存在着鲜明的一一对应关系。

(3) 针对装配后机架的三个薄弱部位，完成了最优动力修改方案，以加强筋增加质量 2.5％的代价，换取了固频提高 14～88 Hz、相对振幅降低 66.3％～92.7％的好效果。

(4) 对 MAP-92 修改方案进行再测试的结果发现：机架头部、尾部的"过增强"，势必相对削弱相邻的底板及后斜板，激发出新的矛盾。动态设计的原则是"均匀配置质量及刚度"，而不允许作适得其反的"过增强"设计。

(本文作者：陈如恒　程方强　张来斌　吕德贵)

39. 大功率钻井泵机架的模态分析及动力修改后的再测试分析

【论文题名】 大功率钻井泵机架的模态分析及动力修改后的再测试分析

【期 刊 名】 现代振动与噪声技术(全国第八届振动与噪声技术交流会论文集),航空工业出版社,1997

【摘　　要】 由于振动,石油钻井泵机架产生严重变形和开裂,致使整个泵提前报废。通过动态测试取得机架的总频响函数曲线并识别出各阶模态参数,针对三个部位进行了动力修改,进而对修改后的机架进行再测试分析,给出结构再修改建议以达到改善机架动态特性延长使用寿命的目的。

【关 键 词】 模态分析　模态参数识别　动力修改

0 引　　言

三缸钻井泵是石油高压喷射钻井施工中的关键设备。在泵压越来越高(20～25 MPa)、功率越来越大(2×1 250 kW)的情况下,泵的寿命越来越短。这主要由于泵长期在剧烈振动或经常靠近共振区工作,日久机架产生严重变形和开裂导致整个泵提前报废。泵机架是一个复杂的板焊结构,经测定它属于具有小比例阻尼的线性系统,故可用实模态理论,通过模态分析、模态参数识别、动力修改、修改后机架的再测试分析各步工作,泵的动态性能获得显著改善。

1 频响函数 *FRF* 测试

(1) 用机架实物作为测试模型,空机架重 6.7 t,见图 1 和图 2(a),装配后整泵重 25 t。

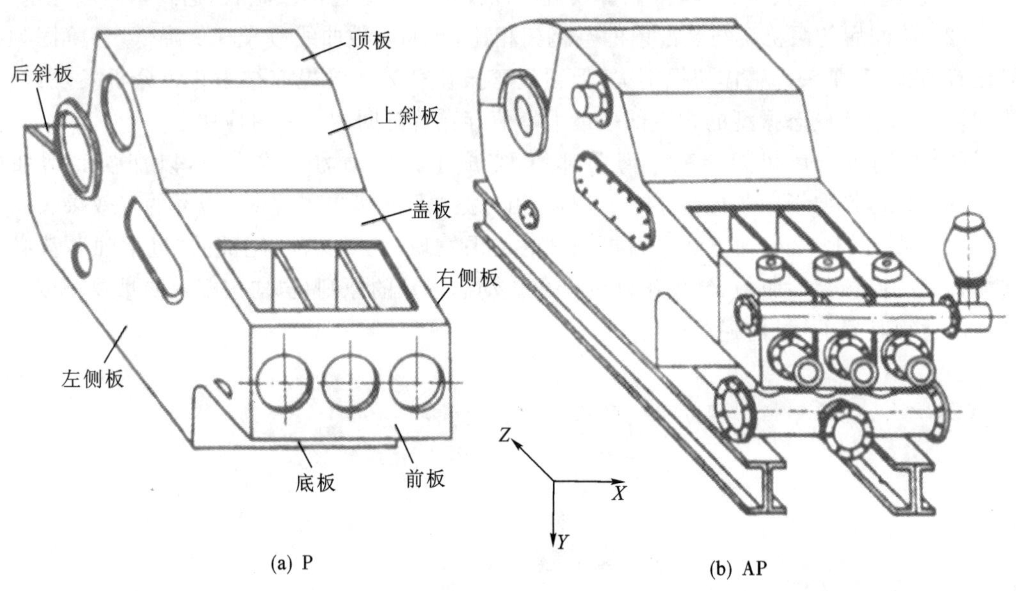

(a) P　　(b) AP

图 1

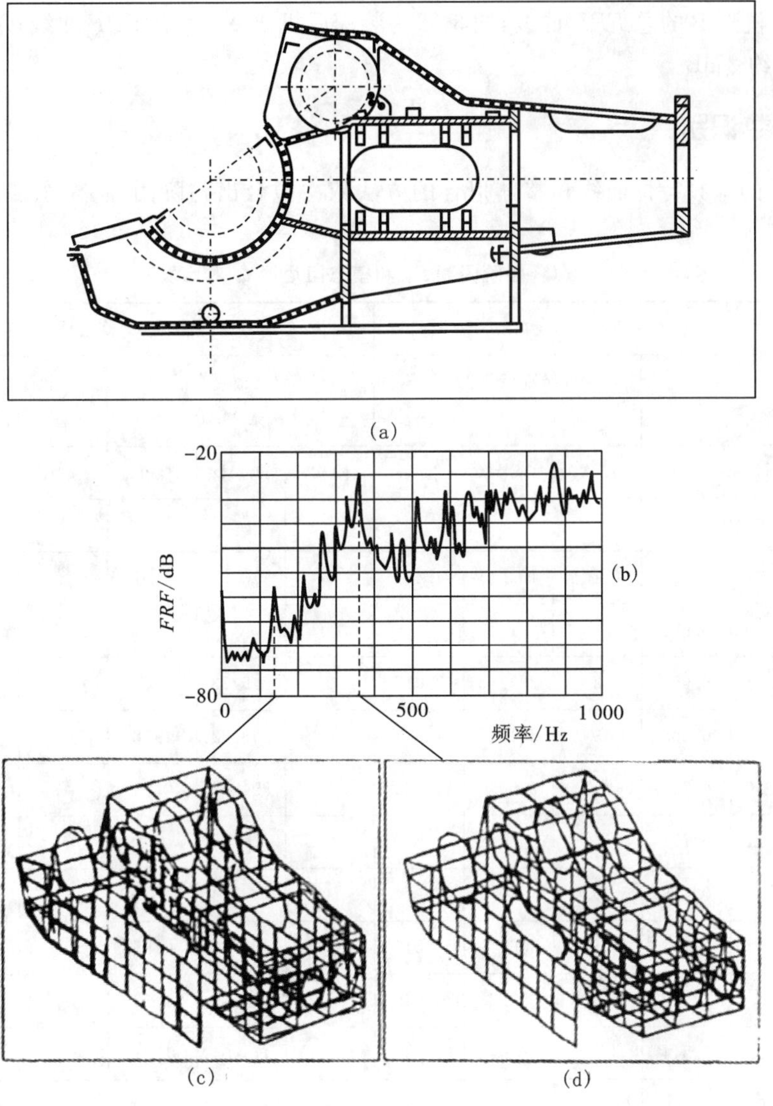

图 2

(2) 机架用四组橡胶堆及软木自由支撑。

(3) 测试方法采用 SISO 法即多次随机锤击变换节点激振，固定一节点拾取加速度响应。实验室内用 B&K2034 分析仪，现场用微机—信号采集分析系统，传感器及其通道全重新经过灵敏度标定。

(4) 在空机架上共设 290 个节点，节点间连线 499 条，构成三维网络模型。

(5) 采用尼龙锤头，分析频率用 1 000 Hz，重点分析＜500 Hz 的各阶模态。

(6) 选用 Hanning 窗函数，以减少泄漏误差。

(7) 选用 16 次线性平均方式。

(8) 每个节点的测试信号全用示波器及力谱监视，并用相干函数检验 *FRF* 的可靠性。

(9) 全部试验都在工厂节假日停产的夜 0 时至晨 7 时进行，以提高信噪比。

(10) 频响函数的幅频集总平均：各次测得的 *FRF* 进行线性叠加获得集总 *FRF* 曲线，

图 2(b)为空机架 P 的总 *FRF* 曲线，图 3(a)为装配后机架 AP 的总 *FRF* 曲线；AP 的最大幅值比 P 的降低约 8 dB。

2 模态参数识别

用 FRF 的虚频特性曲线和整体拟合的方法依次拟合出各阶固频、模态阻尼比及模态振型，见对比表 1。

表 1 各阶固频 Ω_k 和模态阻尼比 ζ_k 对比表

动力修改前						动力修改后					
空机架 P			装配后机架 AP			建议修改装配后机架 MAP			宝石厂 1992 年修改装配后机架 MAP-92		
阶次	Ω_k/Hz	ζ_k/%	阶次	Ω_k/Hz	ζ_k/%	阶次	Ω_k/Hz	ζ_k/%	阶次	Ω_k/Hz	ζ_k/%
									1	50.07	2.128
1	140.74	1.530	1	160.15	4.452	1	173.84	4.07	2	150.89	4.452
2	192.00	0.995									
3	216.17	0.694	2	227.32	3.017	2	245.73	2.63			
4	248.47	0.888	3	251.86	1.583	3	298.92	1.78			
5	268.36	0.747	4	295.90	1.882	4	394.02	0.94			
6	307.11	0.791									
7	335.94	0.448									
8	365.18	0.747	5	346.10	1.240	5	401.72	0.95	3	362.23	2.076
			6	388.22	0.888	6	435.39	1.03			
9	450.92	0.544	7	434.45	1.037	7	474.04	1.21			
10	481.02	0.298	8	474.75	1.240	(8)	(525.30)	(0.60)	(4)	(508.56)	(2.320)

由表可见 500 Hz 以内 P 有 10 阶、AP 有 8 阶模态，AP 的前 4 阶固频有所提高，各阶阻尼比明显增大。

用质量归一法识别出各节点各阶振型元素 φ_{er}，获得各阶模态振型图及其动画演示。

图 2(c)为 P 的第 1 阶模态振型，可见机架头部有小幅整体扭振，尾部轴承孔附近侧板有中幅弯振。图 2(d)为 P 的第 8 阶模态振型，可见头部左右侧板作大幅反对称弯振，FRF 曲线幅值的最高峰即由它作主要贡献。

图 3(b)为 AP 的第 3 阶模态振型，可见头部扭振消失，但尾部顶板产生大幅弯振，上斜板有中幅弯振，轴承孔附近侧板也有中幅弯振。图 3(c)为 AP 的第 5 阶模态振型，头部左右侧板有大幅对称弯振。

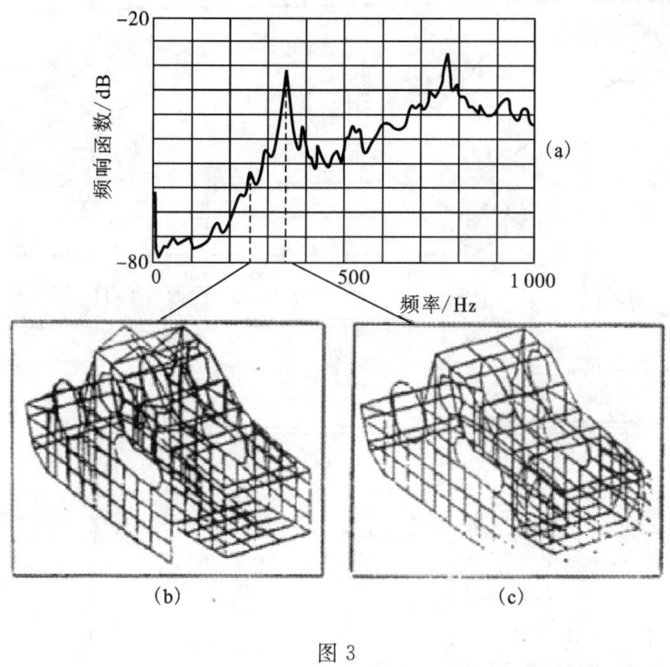

图 3

3 动力修改

通过结构灵敏度分析，可得到 AP 的第 2，3，5，6 阶的质量与刚度灵敏度最大的节点号，由它可确定动力修改部位依次为：① 尾部顶板及上斜板；② 轴承孔附近侧板；③ 头部左右侧板；④ 后斜板，但它为不受力构件，振幅较小，故暂不列为修改对象。

采用双模态空间法进行动力修改及模拟，结构上用局部加强筋以增强板的抗弯刚度。在六种修改方案中按质量增加较少而修改效果较好的原则优选第四方案，见图 4(a)；机架头部侧板各加二根筋，距中心 160 mm；尾部顶板外缘加一根筋；轴承孔附近左右侧板各有 6 根斜筋。对比表中的 MAP 栏为修改后的各阶模态参数，MAP 的基频提高约 14 Hz，第 4 阶固频提高 88 Hz。

图 4(b)为 AP 修改前后第 3 阶模态振型对比，经计算尾部顶板相对振幅降低 66.3%、轴承孔附近侧板相对振幅降低 82%。图 4(c)为第 5 阶模态振型对比，其头部左右侧板相对振幅降低 92.7%。

全部加强筋重量增加 170 kg，只占泵空机架重量(6 684 kg)的 2.5%。

4 动力修改后机架的再测试分析

1992 年工厂参考建议修改方案作了泵机架的结构修改，见图 5(a)。头部增加了两根支撑腿，四根加强筋距中心各 200 mm，尾部左右侧板靠近下斜板处又多加了两根斜筋共 8 根筋。为了检验该修改方案的实际效果，再次作了动态测试，得到该机架的总 *FRF* 曲线，见图 5(b)。它在 500 Hz 以内只有 3 阶模态，其模态参数见对比表中 MAP-92 栏，新增加了前所未有的第 1 阶 50 Hz 的尖峰，它主要由图 5(c)的 1 阶模态振型图中后斜板的弯振作主要贡献，其次机架头部产生了整体弯振，这都是由于该二处的“过增强”激化出来的新矛盾。在第 2 阶后 *FRF* 曲线很光滑地升到第 3 阶 362 Hz，这一最大峰值仍然由图 5(d)的头部左右侧板中幅弯振作主要

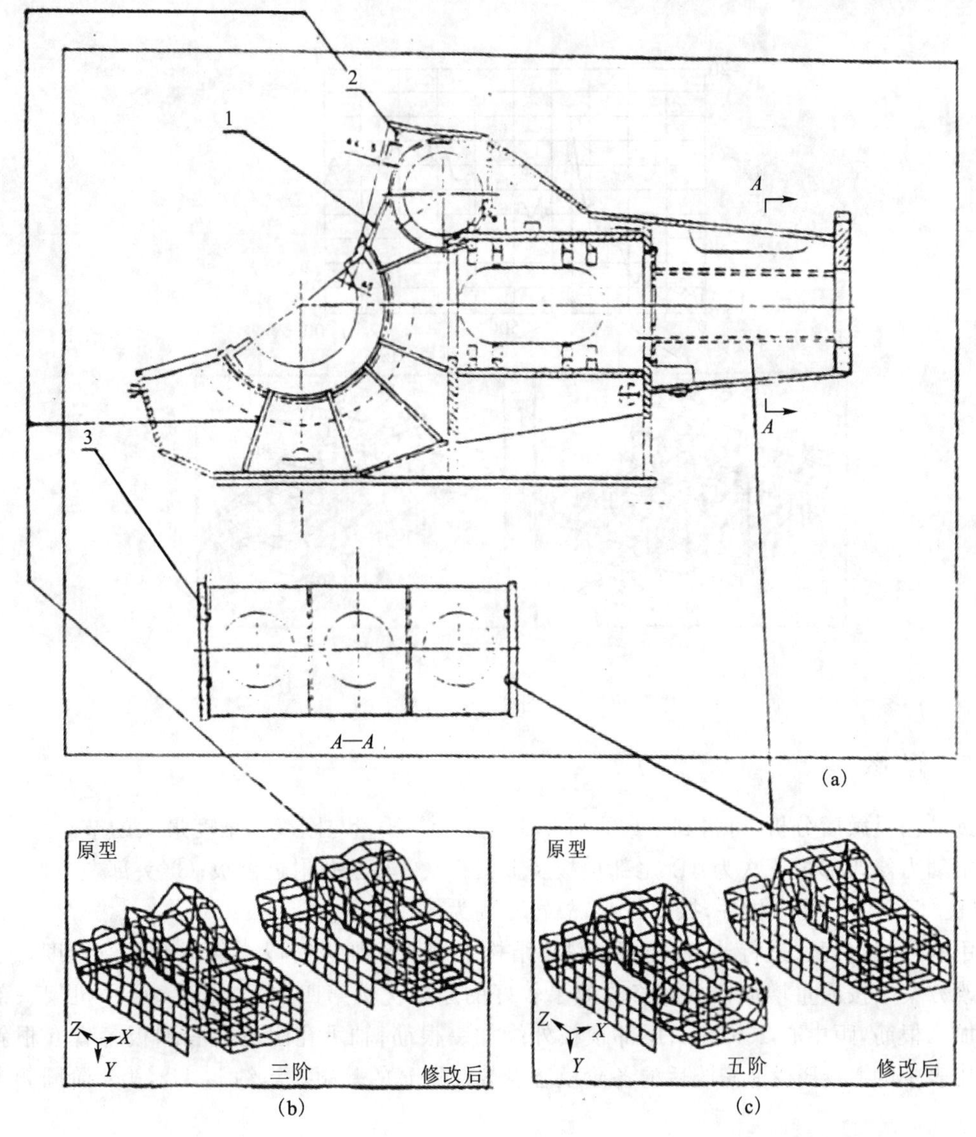

(b)　　(c)

图 4

贡献，这与所加的四根筋距棱边过近没起到加强的效果有关。结构修改再建议：取消头部 2 支撑腿及靠近后斜板处 4 块加强筋，头部侧板 4 块加强筋向中心靠近，距中心各 160 mm。

5 结　论

(1) 模态分析及动力修改技术首次成功地应用于大功率钻井泵机架的设计和制造中，改善了泵的动态特性，取得了明显的效益。

(2) 装配后的机架比装配前的空机架其固频由 10 阶减少为 8 阶(500 Hz 内)，频率有所增减，模态阻尼比普遍提高。*FRF* 曲线最大峰值约降低 8 dB，它由机架头部左右侧板弯振作主要贡献。装配后的机架虽然头部整体扭振消失了，但在第 2,3 阶顶板的弯振却被激化了。

(3) 针对机架尾部顶板、轴承孔附近侧板及头部左右侧板三个部位作了动力修改，以加强筋增重 2.5%的代价换取了固频提高 14～88 Hz，第 3 阶顶板相对振幅减小 66.3%，轴承孔附近侧板相对振幅减小 82%，第 5 阶头部左右侧板相对振幅减小 92.7%的好效果。

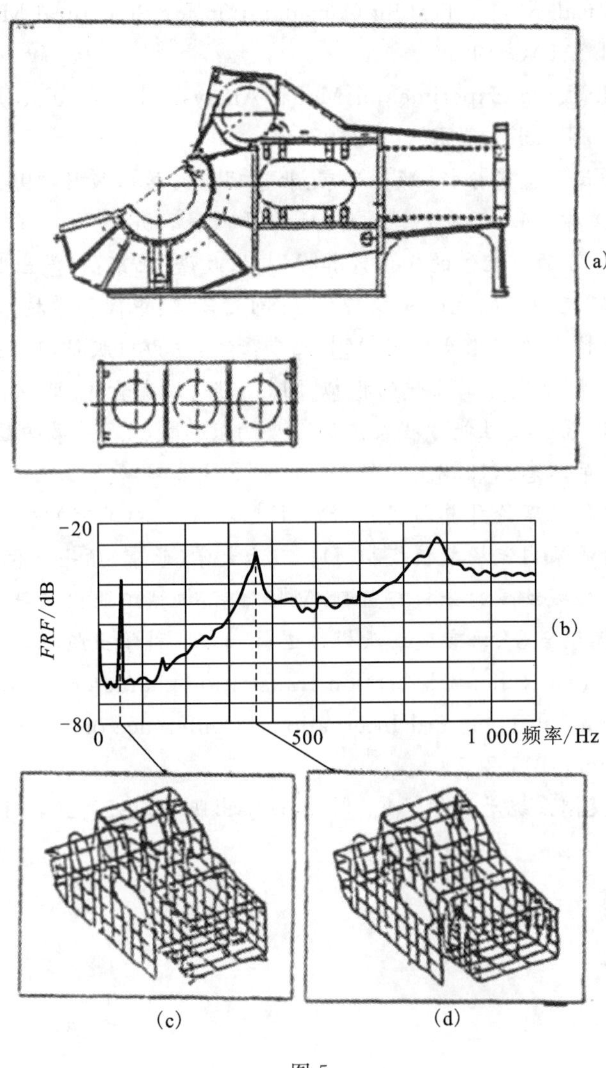

图 5

(4) 在 MAP-92 修改方案的再次测试分析中发现：其尾部侧板的"过增强"势必相对削弱相邻的后斜板，激发出新的矛盾。动力修改的原则是"均匀补救薄弱"，而不允许作适得其反的"过增强"修改。

（本文作者：陈如恒　程方强　张来斌　吕德贵）

参考文献

[1] 汪凤泉，郑万泔. 试验振动技术[M]. 南京：江苏科学技术出版社，1987.
[2] 周传荣，赵淳生. 机械振动参数识别及应用[M]. 北京：北京出版社，1989.
[3] 李德葆. 振动模态分析及其应用[M]. 北京：宇航出版社，1989.
[4] 汤燕华，等. 瞬态激励在汽车发动机模态实验中的应用[J]. 振动与动态测试，1988(4).
[5] 顾家扬. 随机锤击法识别专用车架模态参数. 同济大学学报，1989(1).

[6] James C Deel, et al. Modal Testing Consideration for Structural Modification Application,Pro. of 5th IMAC,1987.

[7] Brsccesi C,et al. Using Experimental Modal Analysis To Simulate Structural Dynamic Modification[J]. Teachnical Review,1988(1).

[8] 杨景义,王信义.试验模态分析[M].北京:北京理工大学出版社,1990:1-120.

[9] 陶文铨.数值传热学[M].西安:西安交通大学出版社,1988.

[10] S·V·帕坦卡.传动与流体的数值计算[M].张政译.北京:科学出版社,1984.

[11] 范维澄,万跃鹏.流动及燃烧的模型与计算[M].合肥:中国科学技术大学出版社,1992.

[12] 陆宏圻.流动泵技术的理论及应用[M].北京:水利电力出版社,1989.

[13] E·E·卡里尔.燃烧室与工业炉的模拟[M].陈熙,周晓青译.北京:科学出版社,1987.

[14] 陆宏圻,等.射流泵温度性能方程及流场温度的数值模拟.见:第四届亚洲流体机械国际会议论文文集(第二卷),1993.

[15] 孙殿雨.采油喷射泵理论计算与实验研究[D].石油大学(北京)硕士学位论文,1994.

[16] 黄红梅.采油射流泵内流场数值模拟[D].石油大学(北京)硕士学位论文,1994.

[17] J·S·米切尔.机械故障的分析与监测[M].北京:机械工业出版社,1990.

[18] L·A·扎德.模糊集合、语言变量及模糊逻辑.北京:科学出版社,1990.

[19] Kong Fansen,Chen Ruheng. Vibration transmition characteristic on the fluid－end of triplex mud pump. ICTD'95 3rd International Conference on Technical Diagnostic and Technical Seminar:211-215.

[20] 张跃,王光远.模糊系统动力学[M].北京:科学出版社,1993:204-214.

第四篇　钻机井架实验应力分析及起升系统载荷谱测试

40. 50 t 起重量前开口型井架在垂直静载下的压弯变形与应力分析

【论文题名】 50 t 起重量前开口型井架在垂直静载下的压弯变形与应力分析
【期 刊 名】 北京石油学院科学研究论文集第一卷，1963

0 引　　言

前开口型井架①是目前国内外应用非常广泛的一种钻井井架，它的特点是比塔架重量轻，容易安装拆卸，而整体稳定性比 A 形桅架强，所以在轻型与中型钻机上，它和 A 形桅架井架并驾齐驱，而在重型和超重型钻机上，则前开口型井架占有明显的优势，它几乎将塔架从陆上钻井中全部排挤掉，塔架只是在海上或钻多孔井时由于载荷偏心太大，要求井架具备大的整体稳定性时才被采用。所以作为钻井井架主要发展方向之一的前开口井架，应进一步加强研究与试制，寻找基本参数与结构形式的合理配合关系，在保证强度与稳定性的前提下，进一步改善装运性能，降低重量指标。

1952 年 5 月，石油部第一机械厂与上海石油机械配件厂联合制成大钩公称起重量 50 t 的 C-1500 型钻机，这台机钻是在 БУ-40 型钻机的基础上作了部分加强改制而成的，为了鉴定改进设计项目与试制的质量，我们在石油部的领导下组成了钻机电测应力小组，对井架、底座、B-4 型大钩，泥浆泵拉杆等部分进行静、动应变试验，以及用经纬仪对井架的变形进行了观测，共得静应变数据 2 000 多个，动应变录波图 8 份。今暂先将井架(包括天车台)各构件在垂直加载下所得变形与应力的试验数据整理如下，并提出初步分析意见。笔者对电测应力技术及结构力学钻研不够，对文中的错误之处希多指正。

1　试验井架、仪器及方法

实验井架如图 1(a)和图 2 所示，仿 БУ-40 井架结构，分顶、中、底三节，用 150×150×16 角钢代替原来的 150×150×12 者造大腿，因而大钩公称起重量提高为 50 t，最大起重量 70 t。井架选取了以下各横截面测应变：天车台 T、二层台 E、中腰 Z、过渡截面 G、门顶截面 C、腿脚 J、人字架中截面 R 以及大钩中截面 j，在各杆外表面贴布电阻应变片共 54 片，编号如图 2 所示。此外温度补偿片 12 个分别装在各截面处备各工作片选配应用。

① 前开口型井架又称通用井架(Универсальная Бвышка)或悬臂式桅架(Cantilever mast)。

(a) 初立起的井架

(b) 导线及仪器

图 1 试验装置

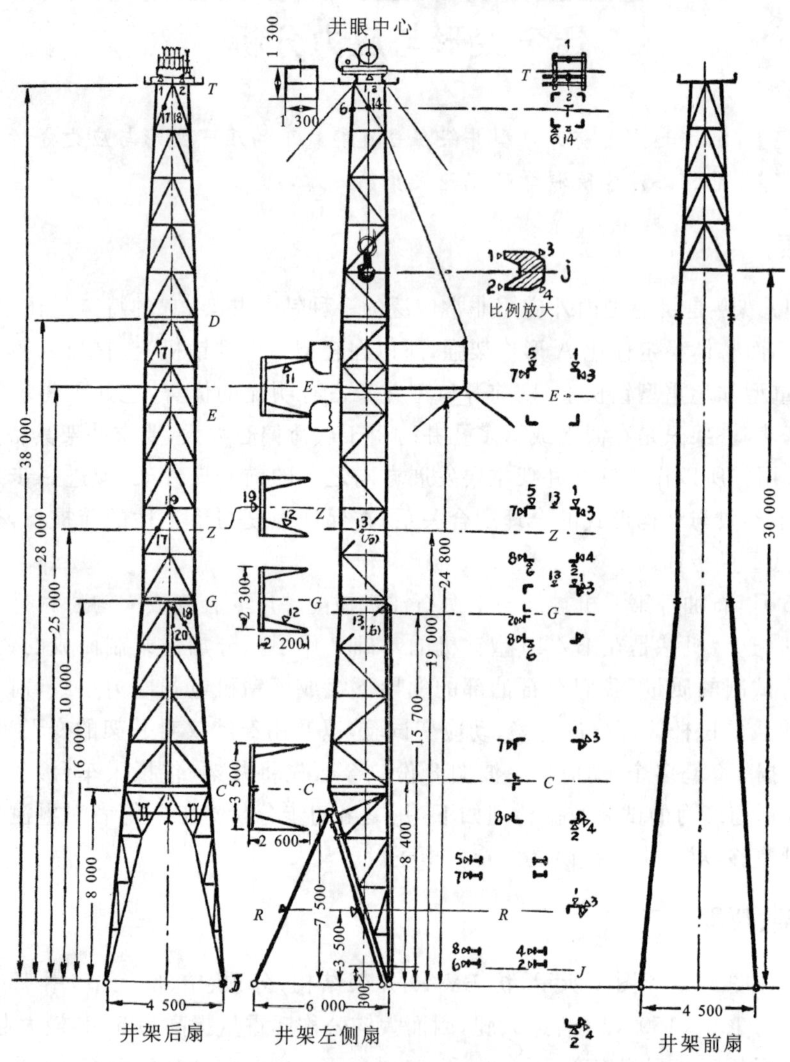

图 2 井架主体结构及布点方案(单位:mm)

实验加压装置如图 3 所示。游动系统连方钻杆固定在坑中横梁上,这样,用绞车提拉游动系统即可对井架加压,加载的大小通过指重表与方钻杆测力计共同测定。指重表经万能材料试验机校正过,方钻杆测力计如图 4 所示,因方钻杆未加载(测“0”点)时指重表指出游动系统重约为 5 t,所以可如图 4 所示提出下列换算关系:设应变仪测得应变读数为 Δ,则方钻杆所施

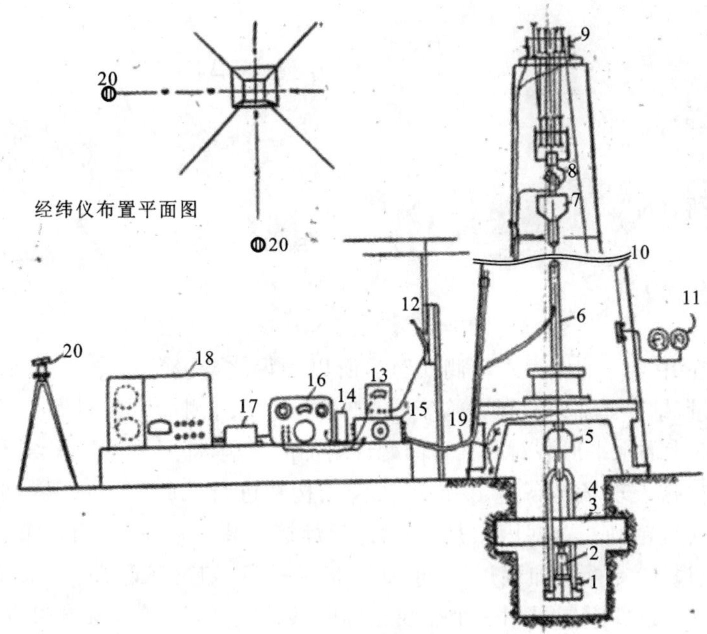

图 3 试验加压装置及仪器布局

1—吊卡；2—油千斤；3—工字梁；4—吊环；5—倒装水龙头；6—方钻杆(测力计)；7—水龙头；8—大钩游车；9—天车台；10—死绳；11—指重表；12—电闸；13—整流电源；14—电池；15—24 线接线箱；16—祖国 601 型应变仪；17—滤波器；18—"OT-24-51"型录波器；19—导线束；20—经纬仪

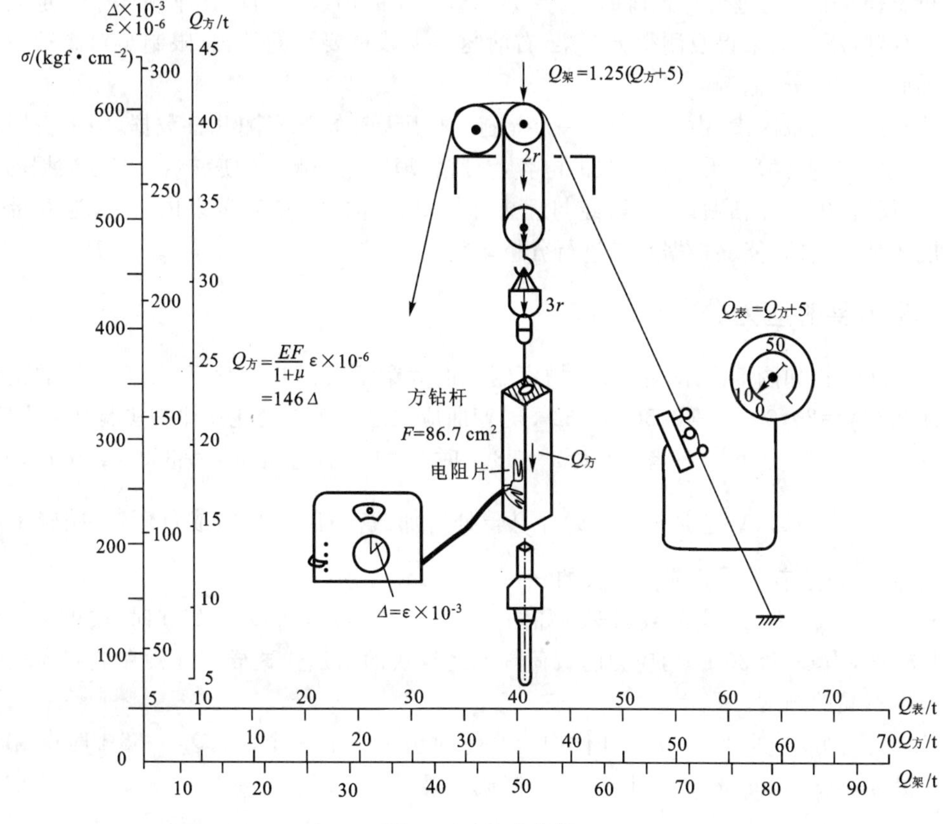

图 4 Δ-σ-Q 之换算

加载荷(t)为：

$$Q_{方}=\frac{EF_{方}}{1+\mu}\Delta\times10^{-3}=146\Delta$$

指重表指示载荷(t)：

$$Q_{表}=Q_{方}+5$$

井架顶总载荷(t)：

$$Q_{架}=1.25Q_{表}=1.25(Q_{方}+5)$$

而应力(kgf/cm^2)为：

$$\sigma=E\varepsilon=2.1\times10^6\varepsilon$$

由于一直是在井架自重作用之下测"0"点，所以测得之应变数据全系由试验所加外载 $Q_{方}$ 而引起的应变增量(即不是各杆件的总应变)。加载前后随时测"0"点，间隔在 5 min 以内，这就基本消除了变化不大的水平风载对井架弯曲变形附加的影响，即所测 Δ 数据纯系 $Q_{方}$ 造成的。

由于第一次在露天现场对高达 40 m 的大型结构物进行试验。影响因素很多，所以，难以做到试验数据的高度精确。这些因素是：(1) 井架焊接组装质量不佳，当在第一遍测量时数据重复性较差，当超过 70 t 重量加载过后，重复性有所提高，如第二遍 $Q_{方}=38$ t 时测得的一批数据最好。(2) 由于条件限制只用一个接线箱临时换接线柱，这样接触电阻带来的误差较大。(3) 由于校正指重表和检修钻机，间断了几批试验的时间，这样，气候、井架与仪器的状态都有所改变，降低了数据的连续性，如测完 $Q_{方}=54$ t 后隔半月才测得 $Q_{方}=46$ t，有部分数据连不起来。(4) 中途损坏的和应该增补的电阻片因在高空难于操作，未能补上，缺数据影响了全面精确分析。(5) 由于超过公称载荷的 $Q_{方}=54,58,64$ t 的加载时间在试车规程中规定只允许加载各 2 分钟，所以只来得及测得天车梁、右前腿等少数重要片的数据，限制了对高载荷阶段的更详细而全面的分析。

虽然有这些困难因素，由于采取了一些措施：如阴天气候下多测几批数据，中午炎阳下停测，选配电阻片与补偿片、平衡长导线的电容，及时整理数据补测等，使得绝大部分数据的相对误差(包括仪器，电阻片粘贴识读等)经与理想计算对比都控制在 10%以内，所以这几批数据的精确度还是可信的，能够根据它来进行分析研究。

2 天车梁的实验应力分析

天车台的结构如图 5 所示，在 30a# 槽钢制成的大梁下表面粘贴片 T_1 及 T_2，目的是研究此梁在加载 $Q_{方}=20,30,38,46,50,58,64$ t 时弯曲应力之分布及变化规律。实验结果表明：

(1) 左梁 T_2 应变小于右者，当 $Q_{方}=38$ t 时平均弯曲应力 $\sigma_{T_1}=380\ kgf/cm^2$，$\sigma_{T_2}=285\ kgf/cm^2$。$\frac{\sigma_{T_1}}{\sigma_{T_2}}\approx1.3$。这是由于左梁外悬臂处所加载荷对 T_2 处造成负弯矩，减轻了正弯曲变形的结果，以下着重讨论应力较大的 σ_{T_1}。

(2) 各种加载下的 σ_{T_1} 实测数据整理如图 6 中曲线 1 所示，当 $Q_{方}<20$ t 时(或更早一些)，应力增加较缓，当 $Q_{方}>20$ t 时，应力随载荷等比例较快的增加。这样实际梁在低载和较高载荷下表现出不同的刚度。

(3) 试验表明，σ_{T_1} 是所有井架杆件中应力绝对值最大的一个，当 $Q_{方}=65$ t 时($Q_{钩最大}=70$ t)，T_1 处 $\sigma_{\Sigma}=870\ kgf/cm^2$。对于用 G2 制成的梁，安全系数为：

$$n=\frac{\sigma_s}{\sigma_{T_1}}=\frac{2\,000}{870}=2.3$$

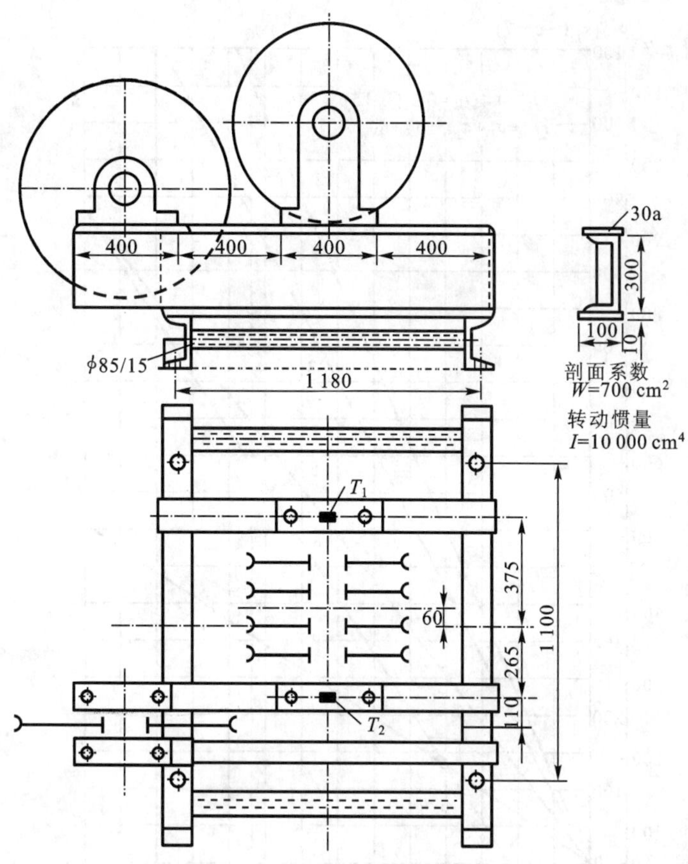

图 5　天车台结构及贴片示意图

足够安全。

为了进一步分析清楚试验曲线 1 之规律性，让我们根据 $\sigma_{T_1}=f(M_{T_1})=f(Q_{T_1})$ 之关系建立三种理论曲线来作对比，如表 1 中(2)(3)(4)行所示。将之绘入图 6，σ_Σ-Q_{T_1} 坐标中成为曲线 2,3,4，由之可见：

(1) 曲线 2 各 σ_{T_1} 值远大于实测曲线者，所以一般教科书上所建议的天车梁按集中载荷简支梁来计算的建议不能被采纳。

(2) 当 $Q_方<20$ t 时的一段试验曲线，正好和均布载荷端点固定的曲线 4 一致，说明低载时梁端点尚未变形，可称它为刚性固定段。当在 $Q_方>20$ t 以后，曲线 1 逐渐远离曲线 4 而在曲线 3 与 4 之间变化，可称它为弹性固定段。它可用下式计算：

$$\sigma_\Sigma=(0.03Q_{T_1}-6\ 000)$$

式中　Q_{T_1}——右天车梁载荷，kgf。

为了近似简捷计算本型号天车梁，可设

$$M_{T_1}=k_1\frac{1}{24}Ql$$

显然由表 1 可见，$2<k_1<5$，取两边界之平均值 $k_1=3.5$。

$$M_{T_1}=\frac{7}{48}Ql$$

将之代入

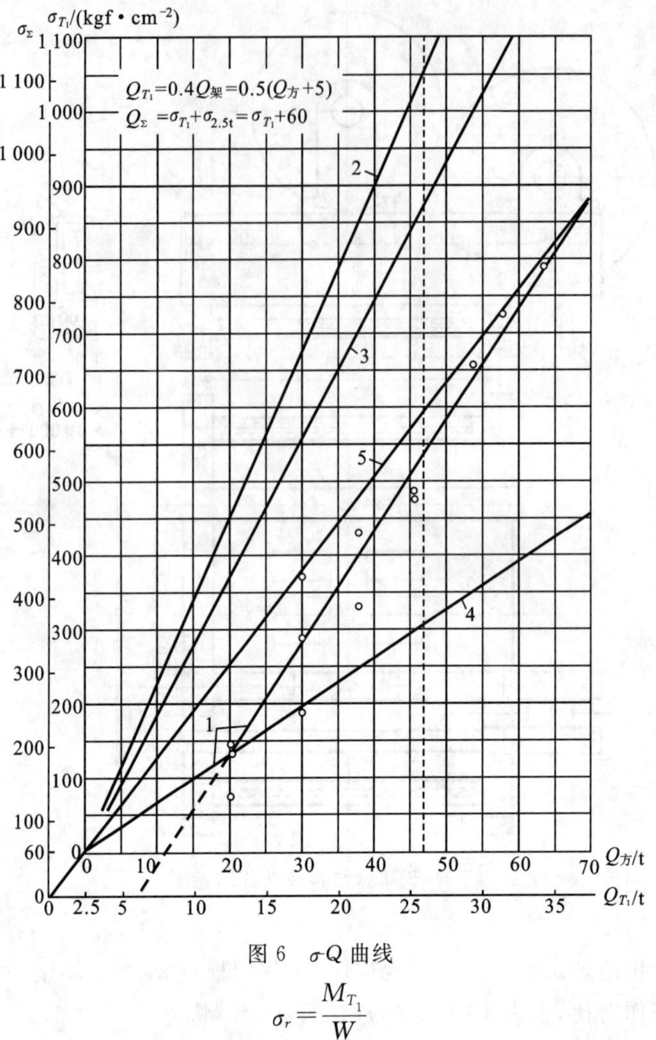

图6　σ-Q 曲线

$$\sigma_r=\frac{M_{T_1}}{W}$$

可绘作曲线5。

表1　天车梁中心弯矩之计算

图线号	示意图	载荷、端点情况	弯矩图，$\frac{l}{2}+M_D\times M_{T_1}$/(kgf·cm)
1		中间$\frac{l}{3}$上均布载荷，由管 ϕ85/15 支撑的槽钢 20a 用单排螺钉固装在架顶	弯矩图同本表5 当 $Q_{T_1}\leqslant 12.5\ t$，$M_{T_1}=\frac{1}{12}Ql$ 当 $Q_{T_1}>12.5\ t$，$M_{T_1}=21(Q_{T_1}-6\ 000)$
2		中心集中载荷，两端铰连	$M_{T_1}=\frac{6}{24}Ql=\frac{1}{4}Ql$
3		中间$\frac{l}{3}$上均布载荷，两端铰连	$M_{T_1}=\frac{5}{24}Ql$

续表 1

图线号	示意图	载荷、端点情况	弯矩图、$\frac{l}{2}+M_a\times M_{T_1}$/(kgf·cm)
4	Q T_1 $l/3$ l	中间$\frac{l}{3}$上均布载荷，两端固定	$M_{T_1}=\frac{2}{24}Ql=\frac{1}{12}Ql$
5	Q T_1 $l/3$ l M_o M_p	中间$\frac{l}{3}$上均布载荷，两端弹性固定	M_D $M_{T_1}=\frac{7}{48}Ql$ $M_{T_1}=\frac{5}{24}Ql-M_D$

根据曲线 5($k_1=3.5$)比根据曲线 2($k_1=6$)从事计算天车梁的强度来得更符合实际，保证节约。

当然对其他型号尺寸的天车梁应力 σ_Σ 与弯矩 M_{T_1} 的计算必须按表 1(5)所示图用变形法来求解此静不定梁的端点约束弯矩 M_D，而

$$M_{T_1}=\frac{5}{24}Ql-M_D$$

一般当梁的转动惯量及长度分别为 I_2，l，支撑的相当转动惯量及高度分别为 I_1，h(支撑详细计算应包括支撑槽钢加强管杆，以及井架顶梁等)则上式可简化为

$$M_{T_1}=\frac{5}{24}Ql(1-\frac{6}{5k+10})$$

$$k=\frac{I_2h}{I_1l}$$

当 $h=0$，$I_1=\infty$，梁相当于两端固定情况

$$k=0,M_{T_1}=\frac{2}{24}Ql$$

当 $h=\infty$，$I_1=0$，梁相当于两端铰连情况

$$k=\infty,M_{T_1}=\frac{5}{24}Ql$$

当 $k=2$，$M_{T_1}=\frac{7}{48}Ql$，梁端点为中等弹性固定情况。

3　试验井架的初变形

井架在组装后检验井架之垂直度时，发现架顶中心偏离井眼左方甚远，这是由于井架中层左前腿造得过短所致，用架脚千斤螺旋也校正不过来，不得已用前右绷绳将架项拉向右倾。这样校正后用经纬仪观测其初变形如图 7 所示，图中所示侧面与正面弯曲不是原始初弯曲，而是在绳绷力作用下的受力弯曲，此外由于绷绳拉力之不均衡，在井架全长形成了一初扭转弯形，而以架顶为最大(转角 $\theta\approx4^\circ$)。这样就造成井架右扇与左扇具有不同方向的初弯曲。虽然我们“0”点是在具有初弯曲变形的基础上来测的，摆脱了初变形对数据的影响，但是初变形的变形起步点却对加载后的变形方向及大小有很大影响。

4　井架侧向整体压弯变形及应力分析

井架四腿的前后侧向压弯变形及应力可通过沿架全长前腿粘贴的“3”“4”电阻片与后腿

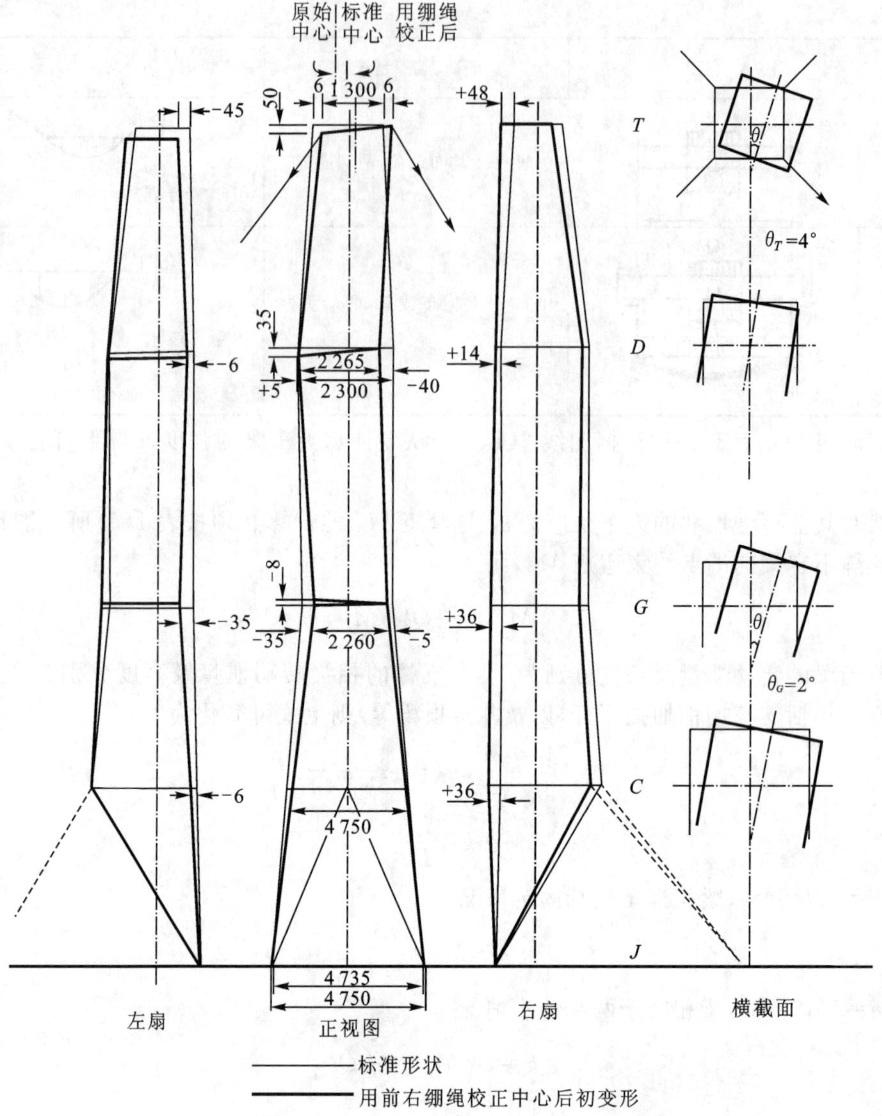

图 7　井架用绷绳校正后之初变形(单位:mm)

“7”“8”片来测得,当加载 $Q_{方}$ 分别为:20,30,38,46,54,64 t 时,所得试验数据采用算术平均值曲线如图 8 所示。因为各腿之应力都是由主压缩应力及副弯曲应力合成的。

$$\sigma=\frac{Q}{F}\pm\frac{M}{W}$$

所以可根据腿各处应力之大小分析出弯曲的方向。

试验结果表明:

(1) 当 $Q_{方}<54$ t 时,右扇井架 E 截面上方“3”压应力最大,而向下至 GC 截面间则转为最小值,“7”之压应力与此相反(54 t 者除外),可见右扇当 $Q_{方}<54$ t 时呈现了二次弯曲变形。

(2) 左扇井架:从虚的曲线中可见它呈与右扇波形相反的二次弯曲。

(3) 从曲线之斜度变化可分析出,在低载时井架弯曲很小,二半波转折点在 E 附近(取决于 E 处绷绳支撑),当 $Q_{方}>30$ t 以后,弯曲迅速加大,并且转折点逐渐向下移,使井架变形向一次弯曲过渡。

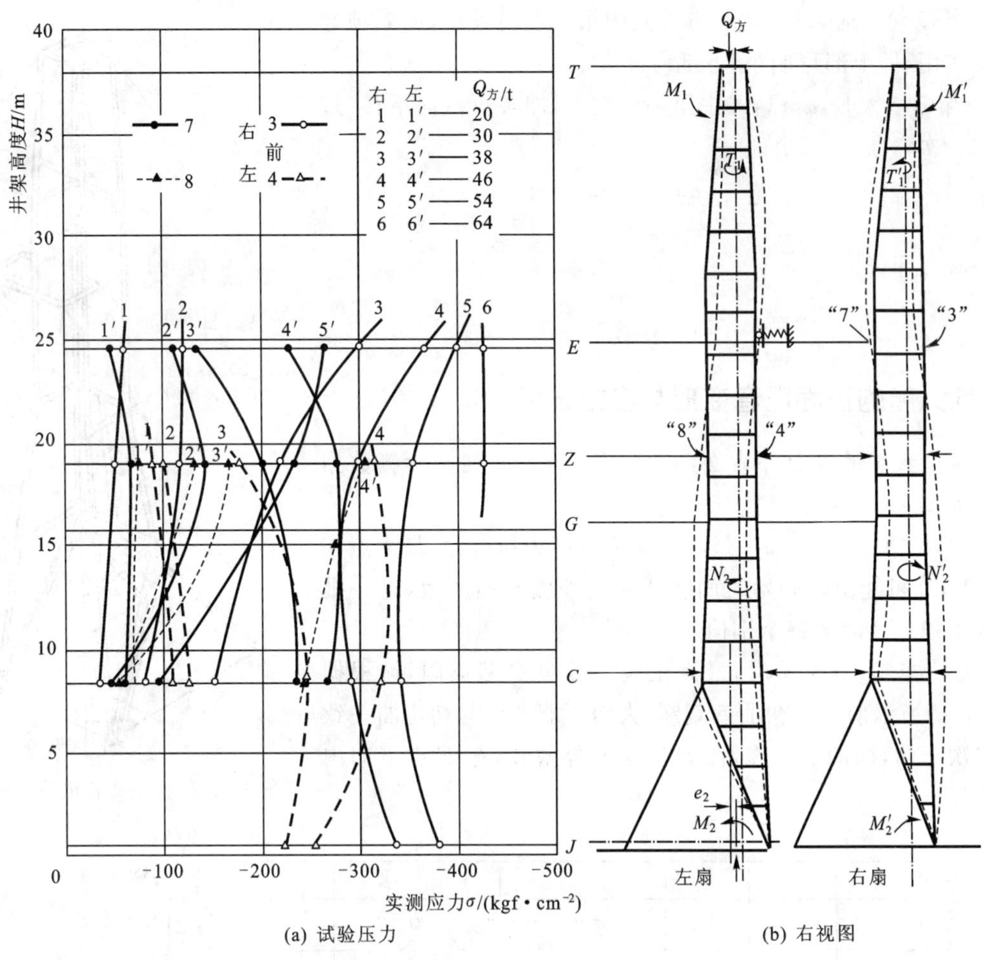

(a) 试验压力　　(b) 右视图

图 8　井架侧向变形及试验应力

(4) 显然当高载时前腿应力较后腿者大，右前腿是最大者，可见四腿载荷分布不匀，因而才造成主压缩应力之不均匀分配。

产生二次弯曲之原因，如图 8(b)所示，对左扇主要由于架顶载荷有一向后偏心 e_1，架底反力有一向前偏心 e_2（相对于井架几个中心）分别产生端弯矩 M_1，M_2，这就形成左扇的二次弯曲，至于右扇主要由于井架的初弯曲方向不一，所以不形成两扇同向弯曲，它的弯曲方向主要由加载所产生的整体扭矩 N_1 与 N_2 所决定。这样反对称二次弯曲的结果就构成了井架整体螺旋扭转变形，如图 9 所示。

至于二次弯曲之转变为一次弯曲的理论根据，早已为 S·铁摩辛柯在《弹性稳定理论》(科学出版社，1958)中第 40 页中指出：

中间有二层台弹性支撑（绷绳）的左扇井架可能有初弯曲：

$$y_0=a_1\sin\frac{\pi x}{l}+a_2\sin\frac{2\pi x}{l}\quad（系数\ a_1<a_2）$$

当 $Q_{左}$ 以偏心 e_1，e_2，加压时，必然产生同样的二次弯曲。挠度为：

$$y_1=\frac{\alpha a_1}{1-\alpha}\sin\frac{\pi x}{l}+\frac{\alpha a_2}{2^2-\alpha}\sin\frac{2\pi x}{l}$$

$$\alpha=\frac{Q_{左}}{\frac{\pi^2 EI}{l}}<1$$

当 Q 较小时，以上弯曲方程式中第一项值较小，第二项起主要作用，即上部弯曲小，下部弯曲大。

当 Q 增大时，$\alpha\to1$，式中第一项增大，即转折点向下移，过渡到一次弯曲

$$y_1=\frac{\alpha a_1}{1-\alpha}\sin\frac{\pi x}{l}$$

总弯曲挠度

$$y=y_0+y_1=\frac{a_1}{1-\alpha}\sin\frac{\pi x}{l}$$

5 前大腿的正面压弯变形与应力分析

两前大腿的左右外表面贴片“1”“2”，在加载后所测数据整理如图 10(a)所示，它表明：

(1) 当 $Q_{方}<30$ t 时，最小压应力可能为拉应力，最大点在 z 附近，这可能由一开始时两腿暂时向外侧弯曲所致，这一批数据不稳定。后测得个别值为(－)值。

(2) 当 $Q_{方}>30$ t 时，最大压应力转向 C 截面附近，根据图 10(b)所示前腿的初曲率判断，大腿可能产生与初弯曲一致的二次弯曲，即两腿对称，在 E 以上向外敞开，在 E 以下向内侧靠拢。

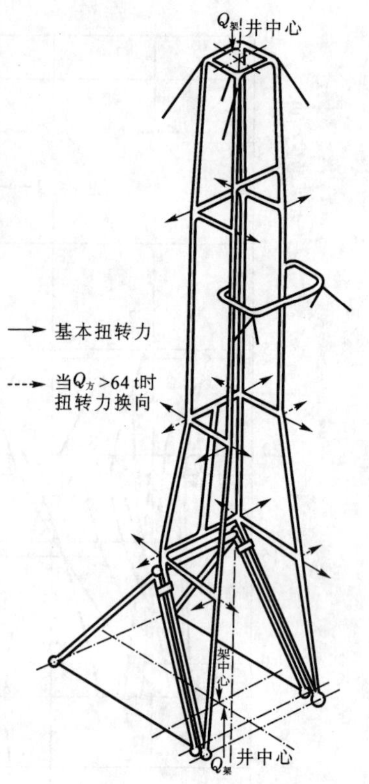

图 9 井架整体加载扭转变形

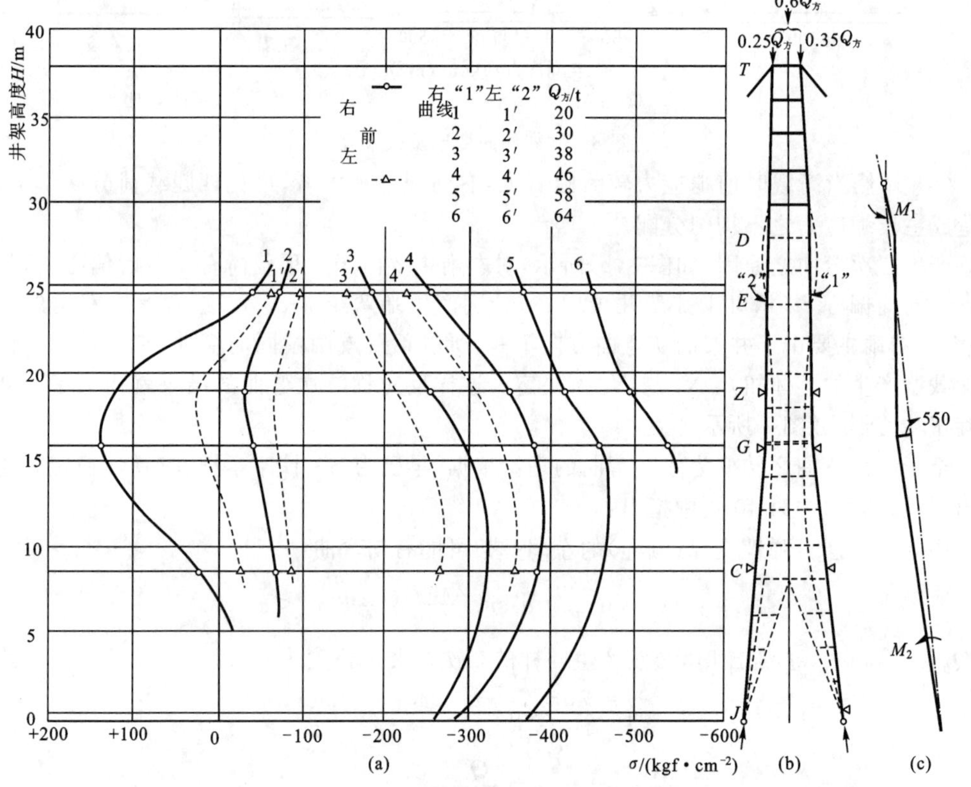

图 10 前大腿之试验应力与变形分析

（3）由曲线 3—6 之斜度变化及最大应力点上移的事实可见，当载荷增得足够大时，两腿仍以向内侧对称弯曲为主来表现其弯曲的形式。

（4）两腿之弯曲与压应力以右前腿较大一些。

（5）对前腿 G 截面处的左右变位用经纬仪观测数据如图 10(b)(c)所示，也证明了以上 3 点之分析。

6 中层四腿两向压弯应力之对比

中层截面处四大腿各在两块表面贴片 $Z_1 \sim Z_8$，在各载荷下所得数据统一整理如图 11 所示，表明：

（1）各腿应力变化全不随 Q 之增长等比例增长，应力长得忽快忽慢，主要取决于压弯变形的大小与方向之转变（即由负应力波动引起总压力之波动）。

（2）当 $Q_{方} < 30$ t 时，前腿应力（白点者）低于后腿者（黑点者），这是由于加强的前腿不易弯曲致，当 $Q_{方} > 30$ t 时前腿应力迅速增长，以致逐渐超过了后腿应力，这一规律在其他截面亦然。如在图 8、图 10 中之白点应力曲线 2 与 3 间之间隔很大就说明这一规律的普遍性。

（3）应力之增长速度至 40～46 t 以后又归缓慢，但最大压应力始终属于右前腿。

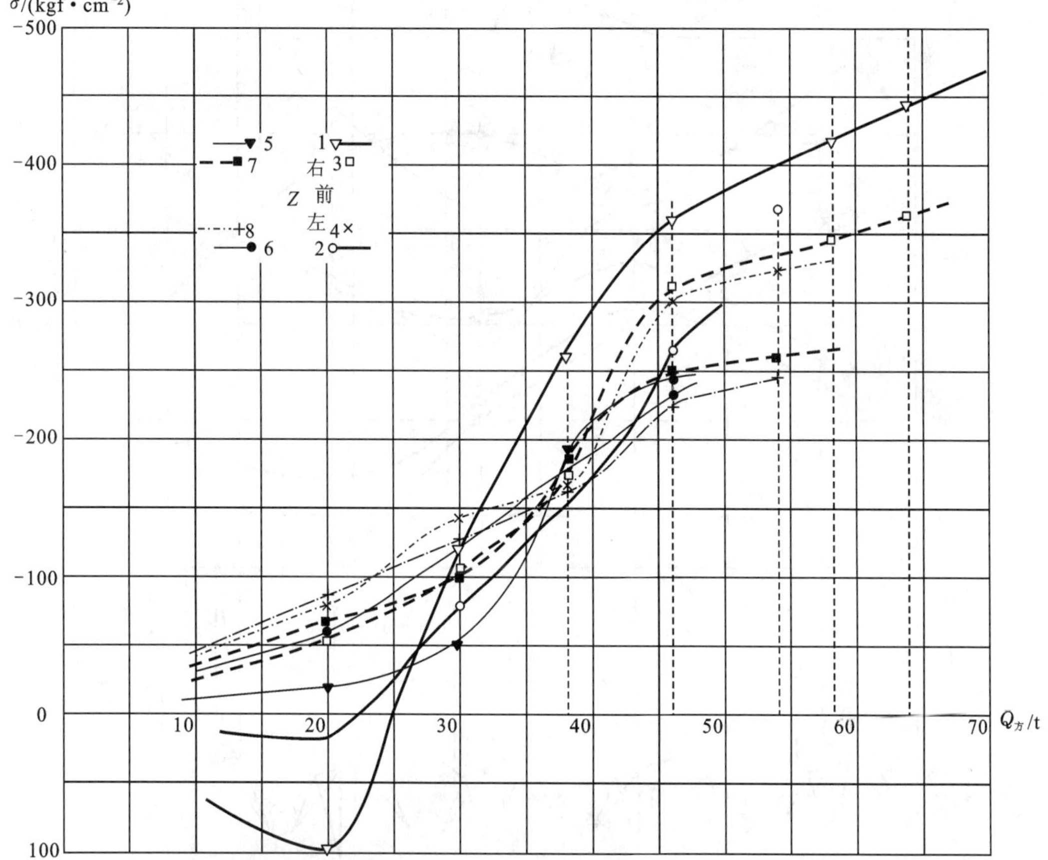

图 11 中层各腿应力对比

7 人字架的变形及应力分析

人字架贴片 $R_2 \sim R_6$ 如图 12 所示，它表明：

(1) 当 $Q_{方} < 50$ t 时，R_2 与 R_4 为拉应力，R_6 为压应力。而 R_2，R_4，R_6 变化规律一致。最低点在 38 t 附近。R_5 为拉应力，与 R_8 之变化规律近似对称，即它的最大值也在 38 t 附近。

(2) 内支杆 R_7，R_8 基本为压应力，只当 $Q < 20$ t 时，R_7 随 R_5 为拉应力，R_8 随 R_6 为压应力。

(3) 以上应力变化规律与井架侧向整体变形规律是一致的，因为人字架的前后支杆的应力性质主要取决于临近一层井架的弯曲方向，如图 12(b)所示，此可作为上述在四节中分析之佐证。

(4) 应力变化之波动性除取决于井架外，还有人字架制造质量不高，与井架接触不均匀以及实际应力较低，测量相对误差较大所致。

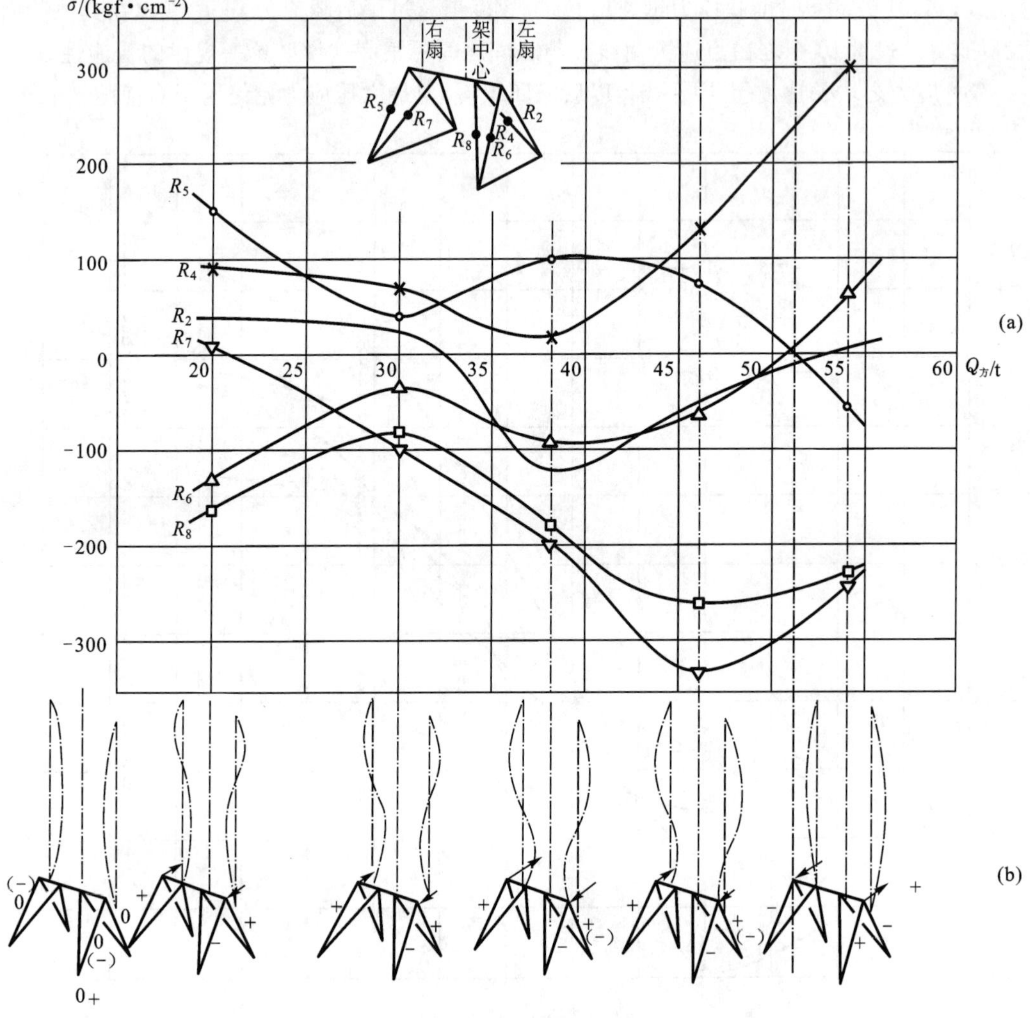

图 12 人字架实验应力与变形分析

8 井架斜撑及横梁等杆件应力分析

(1) 对井架开口水平斜撑及后横梁试验结果如图 13 所示，它表明 Z_{12} 与 G_{12} 之应力变化规律一致，而与 E_{11}，Z_{19} 的性质相反，这正好与前述大腿正面弯曲的规律相一致。

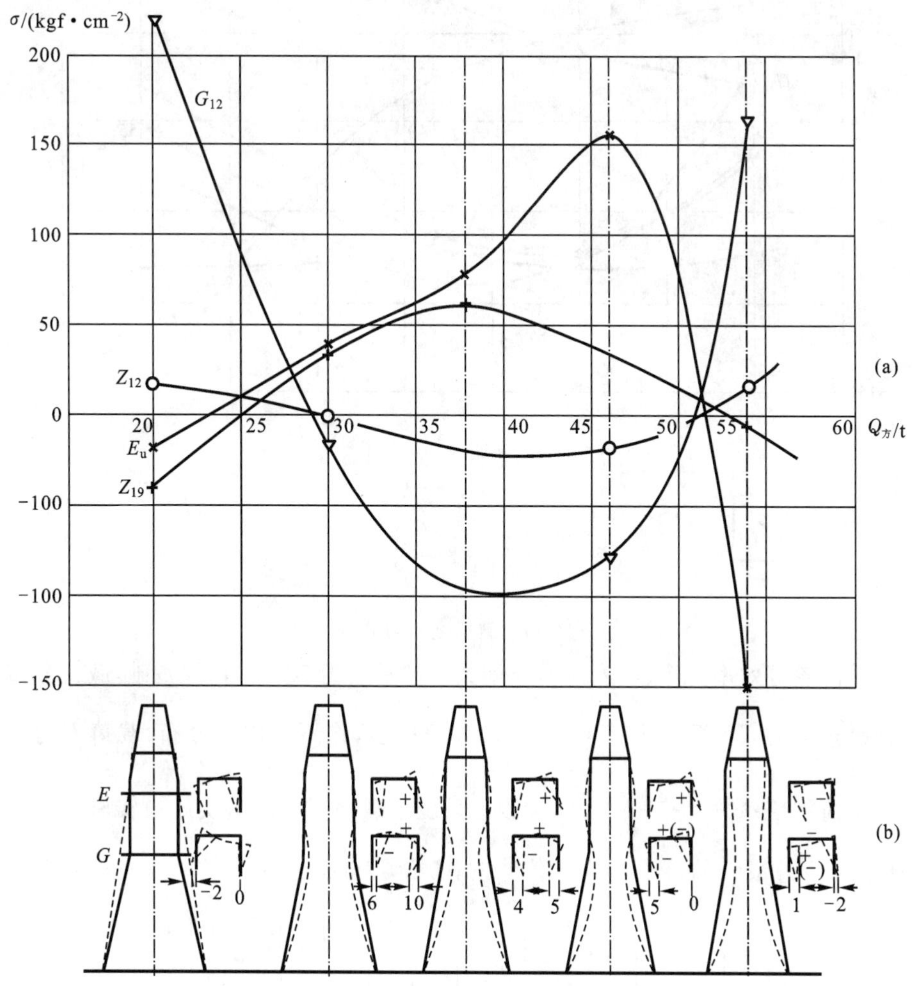

图 13 开口支撑件的试验应力与变形

(2) 对井架后扇左右斜撑及右扇斜撑实测应力结果如图 14 所示，它表明 D_{18}，G_{18} 应力性质及大小与两扇井架侧向弯曲相一致。G_{18} 始终为拉应力，D_{17}、Z_{17} 基本为压应力。二者值都很小，它们性质是由井架整体扭转所决定的。至于后内腿 G_{20} 试验应力也不大，可见它的尺寸是专门为了安装运输的刚度才加大的，在计算井架的整体压弯强度时不应考虑它也承受载荷。

9 井架临界载荷及安全裕度的计算

9.1 井架的垂直计算载荷，在各腿上分布规律

当用绞车提拉加载 64 t 时，曾用录波器录取了天车梁 T_1 及大钩喉处 j_3 之动应力波形，如图 15 所示，它表明在提拉过程中存在动载以及滑轮效率问题，当载荷刹住保持后，基本上是静

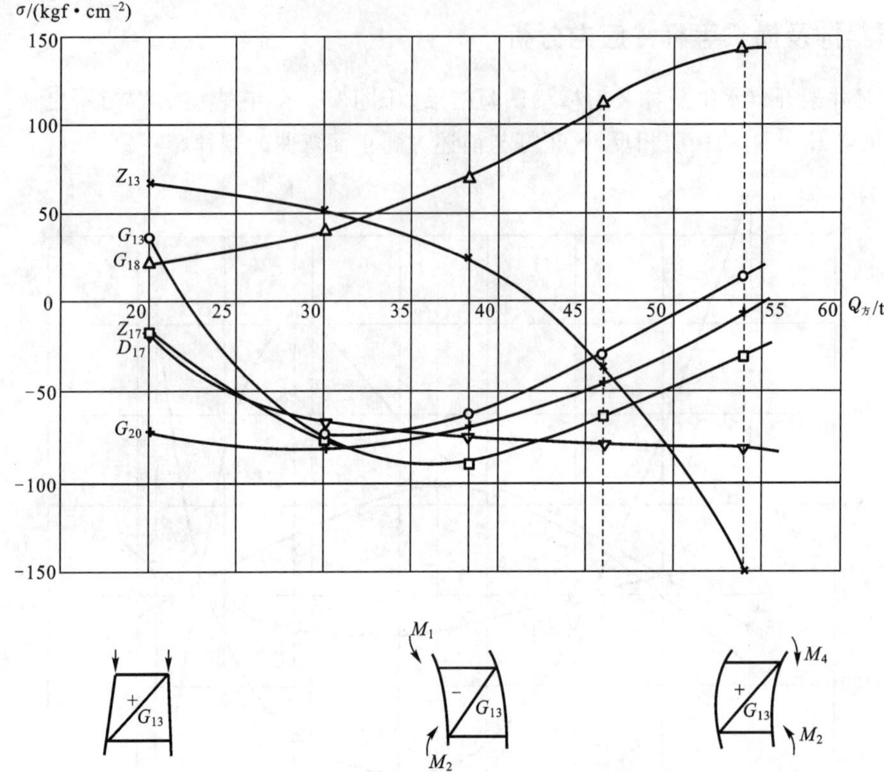

图 14　斜撑之应力分析

载，因而不计滑轮等效率。今以 $Q_方=47$ t 即大钩超重量为 50 t 作计算基础，载荷分布如图 16 所示，根据天车台的载荷可确定架顶载荷如图 17 所示，作不均匀的分布，载荷不匀度 $=\frac{23}{10}=2.3$。平均载荷加倍系数 $=\frac{23}{65/4}=1.4$，架顶左后腿承载最严重的事实已被实验证明，如 T_6 是全部压杆中压应力最大的，(由于天车传输的作用 T_6 的弯曲应力最大)，它的绝对值仅次于

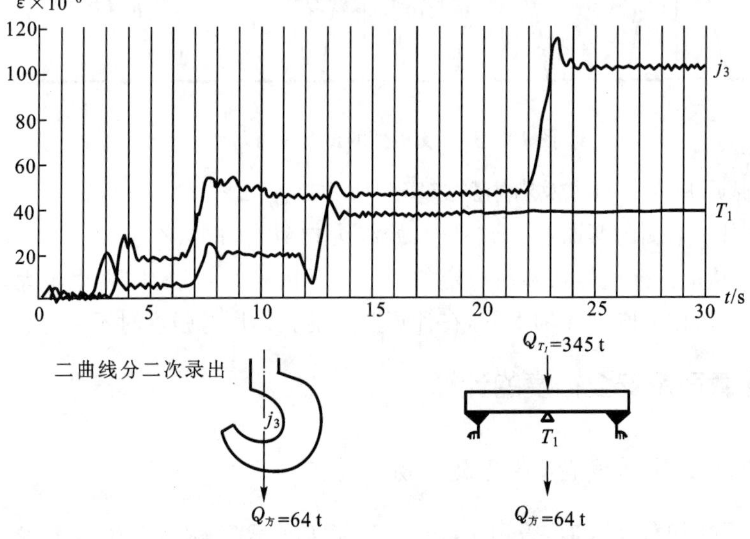

图 15　天车梁与大钩喉加载之动应力

σ_{T_1}，以下各截面各腿承载不断变化，后腿承载随它愈来愈远离载荷中心而减弱，前腿加重，至 C 截面，大腿承载加倍系数仍达 1.4。

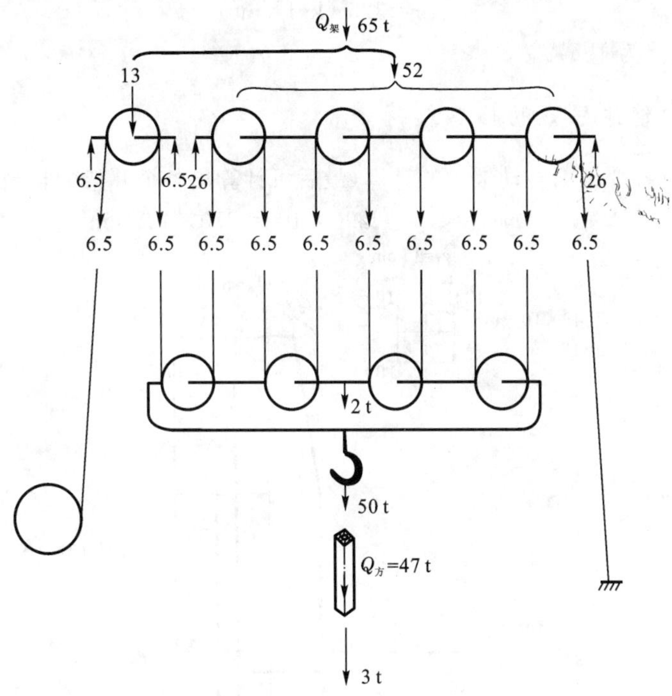

图 16　游动系统载荷分布

以上的载荷分布规律可通过计算与实验数据对比来考证。选 C 截面 $Q_{架}=65$ t，载荷偏心距 $e=e_2=25$ cm，设井架制造初弯曲为：

$$y_0=\frac{1}{700}l\approx 5\ (\text{cm})$$

大腿压弯应力

$$\sigma=\frac{Q}{F}\pm\frac{M}{W}=\frac{Q}{F}(1\pm k\,\frac{e+y_0}{S})=\frac{Q}{F}(1\pm 0.24)$$

式中截面核心半径

$$S=\frac{W}{F}=125\ (\text{cm})$$

$$k=\sec u=\sec\frac{l}{2}\sqrt{\frac{Q}{EI}}=1.01$$

由于试验载荷 $Q_{方}$ 距欧拉力 Q_E 很远，所以 k 值影响不大，

$$k=\frac{1}{1-\dfrac{Q}{Q_E}}=1\sim 1.04$$

可忽略不计，即纵横载荷近似线性加减。

对右前腿“3”

$$\sigma_{e_3}=\frac{23\ 000}{60}\times 0.76=292\ (\text{kgf/cm}^2)$$

实测
$$\sigma=290\ (\text{kgf/cm}^2)$$

同样对左前腿“4”

$$\sigma_{e_4}=\frac{16\ 000}{60}\times 1.24=330\ (\text{kgf/cm}^2)$$

实测 $\sigma=325\ (\text{kgf/cm}^2)$

其间最大误差为1.5%。

9.2 井架侧向整体压弯的临界载荷

通过图17对各变截面转动惯量的计算，最后可计算出整个井架的相当转动惯量

$$I_{当}=mI_2=0.92\times 290\times 10^4=270\times 10^4(\text{cm}^4)$$

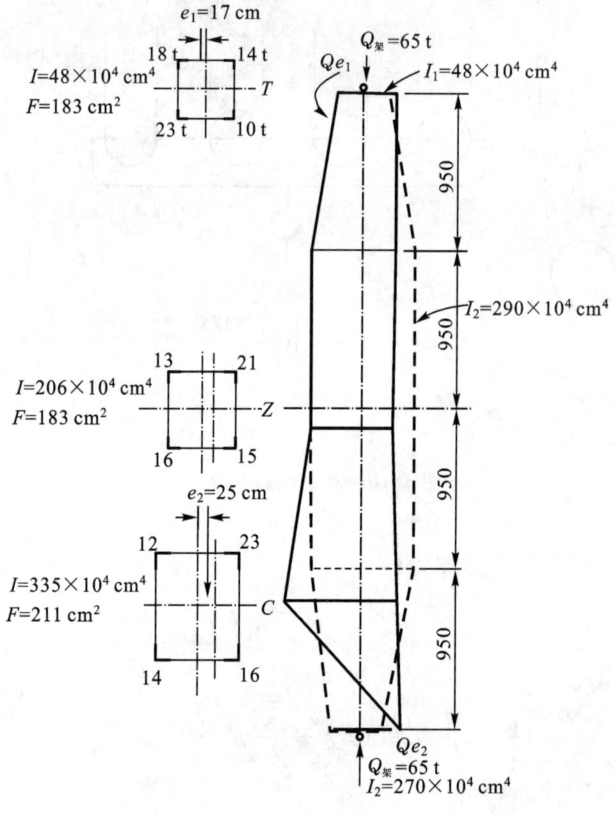

图17 井架大腿承载及 $I_{当}$ 折算示意图

回转半径 $r=110$ cm。

井架整体的长细比

$$\lambda=\frac{l}{r}=\frac{3\ 800}{110}=34.5<40\quad(\text{对软钢})$$

对于具有大转动惯量的刚性杆，所以破坏的临界条件是屈服限 σ_s，不必求欧拉临界载荷，见图18。

由强度决定的临界应力($k=\sec u\approx 1.04$，可忽略不计)：

$$\sigma_{临}=\frac{\sigma_s}{1+\frac{e_1 y_0}{S}}=\frac{2\ 000}{1.24}=1\ 610\ (\text{kgf/cm}^2)=1.610\ (\text{t/cm}^2)$$

绘入图18中。

临界载荷：

$Q_{临}=\sigma_{临}\ F=1.610\times200=322\ (t)$

现井架下部总载荷：

$Q_{总}=Q_{架}+G_{自重}=1.25\times70+22=110\ (t)$

所以安全系数：

$$n=\frac{322}{110}=2.93$$

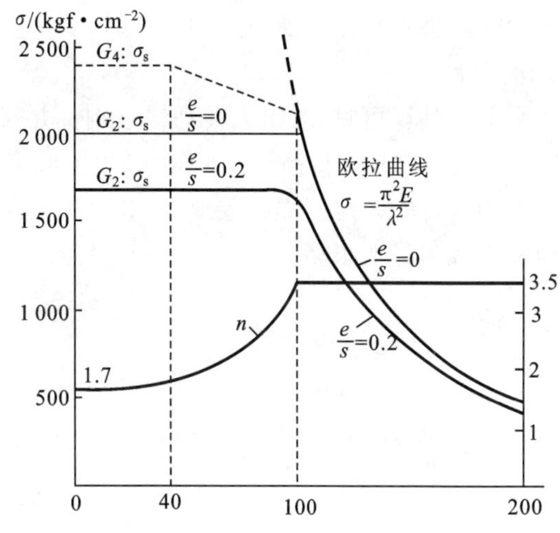

图 18　临界应力与安全系数

假设井架的水平载荷由从后面吹来的正常风载（速度头 $q_0=40\ kgf/m^2$）和立根风载与斜靠力合成最大不过 3 t 所产生的弯曲变形足可被未计算考虑在内的二层台绷绳及人字架支撑的作用所抵消。所以水平载荷可暂不考虑，由图 18 可知对强度条件取安全系数为 2，则试验井架可有最大安全起重能力。

$$Q_{最大}=\frac{\dfrac{Q_{临}}{n}-G_{自重}}{1.25}=111\ (t)$$

而 $Q_{最大}=100$ t 的井架即可配套大钩公称起重量为 75 t 的钻机应用。将这一结果绘图，如图 19 所示。

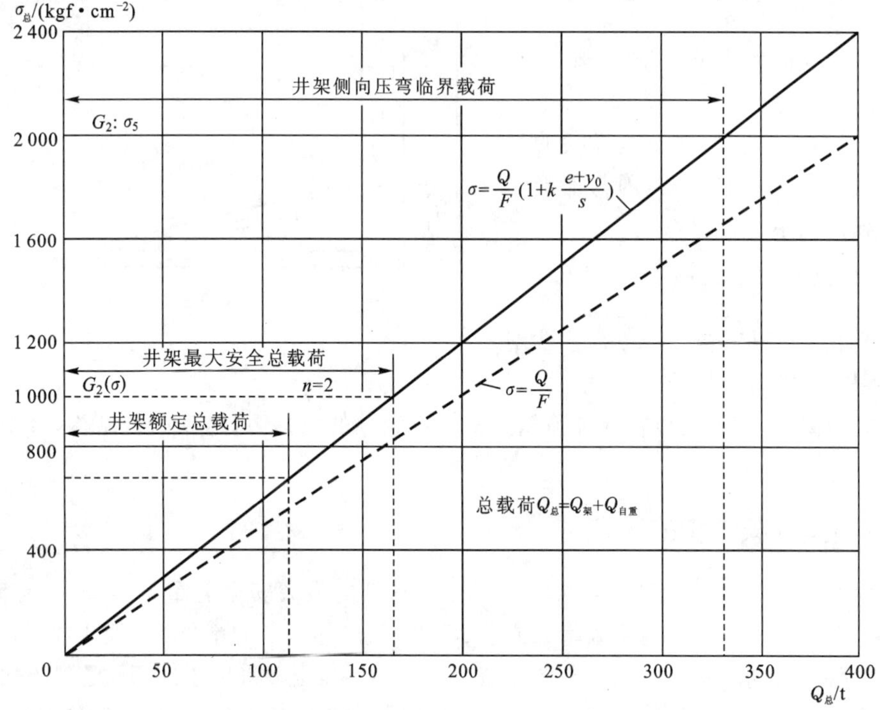

图 19　$\sigma_{总}$-$Q_{总}$ 关系

而原来 БУ-40 井架未加强的大腿 150×150×12 角钢：

$$F=155\ cm^2$$

$$Q_{临}=250\ t$$

$$n=\frac{250}{110}=2.27$$

即不加强的大腿拿来作最大起重 70 t,公称起重量 50 t 的钻机应用完全可以,这样可节约 1.5 t的角钢。

由上列计算可见,对于大转动惯量刚性井架的临界承载能力与钢的强度很有关系,如采用硅钢则可将 G_2 的 σ_s 提高 50%(成为 3 000 kgf/cm^2),则本型井架(构件尺寸不变)临界载荷可提高至 500 t,配大钩公称起重量为 125 t 的钻机应用尚有潜力,同时井架的重量不增加,井架的经济系数却降低很多。

9.3 前大腿的临界载荷

前大腿可以看作是在一由后横梁及水平斜撑所构成的连续弹性支撑上的析杆。由参考文献[2]第 159 页或[1]第 113 页可知一前腿的稳定性临界载荷

$$Q'_{临}=\frac{\pi^2 EI}{l^2}(1+\frac{\beta l^4}{\pi^4 EI})\approx 2\sqrt{\beta EI}\text{(忽略了相对很小的第一项)}$$

式中支撑的弹性模量(kgf/cm)

$$\beta=\frac{1}{y_1}$$

单位力作用在开孔杆端的变形为 y_1,见图 20。

$$y_1=a[\frac{l}{EF\sin^2\alpha}+\frac{Ch^2}{2EI}]$$

以弹性支撑间距离 $Q=200$ cm,按图中尺寸代入上式,则 $y_1=0.102$ cm。

故 $Q'_{临}=286$ t,前腿具备这样大的稳定性临界载荷完全没有必要,因为前腿的强度临界载荷只不过有

$$\frac{2.000}{1.1}\times 60\approx 110\ (\text{t})$$

即远未达到压杆不稳定破坏以前已被塑性压破,所以应减小后横梁的尺寸,加高水平斜撑的距离,这样就可以在保证前腿的压杆稳定性的前提下,达到简化结构,降低重量的要求。

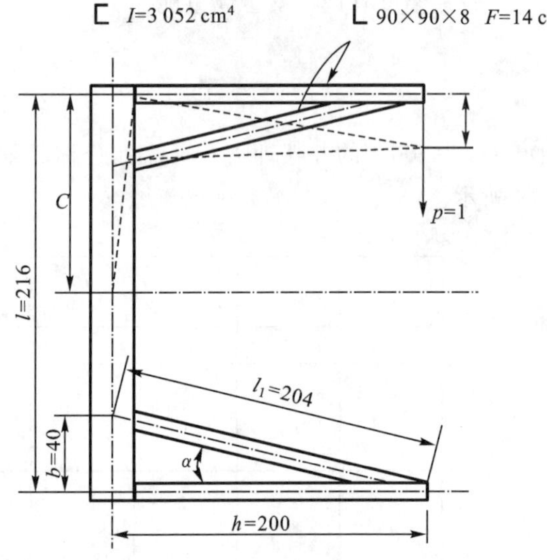

图 20 井架中层横截面

10 前开口型井架结构的改造

国外生产的几种前开口型井架如图 21 所示,它们的最大安全起重量分 80 t 至 500 t 几级,高度由 38 m 至 42 m,都是用人字架或前、后撑杆起升的,它们不仅取直了四根腿,简化了横梁、斜撑等杆件,同时将开口的水平斜撑减少为 3~6 组,很多采用了硅钢。这样不仅改善了四腿承载情况、挖掘了材料潜力,同时保证了强度与整体稳定的要求,降低了经济系数。

又如图 22 所示,(a)、(b)为不用水平斜撑的结构,用前后腿外面加桁架来提高腿的稳定性,也阔清了井架中的空间,这两种较复杂,多用于超重型钻机上。图 22(c)所示结构则是在 A 形桅架的基础上加宽了侧扇宽度,加多了后横梁,这样便克服了 A 形桅架的稳定性差的缺点,同时仍不失重量较轻,装运方便。看来这种井架是属于前开口与 A 形二者之混合型。推荐图 21(a),(e)及 22(c)三种井架可作为进一步研究的蓝本,逐步试制推广使用。

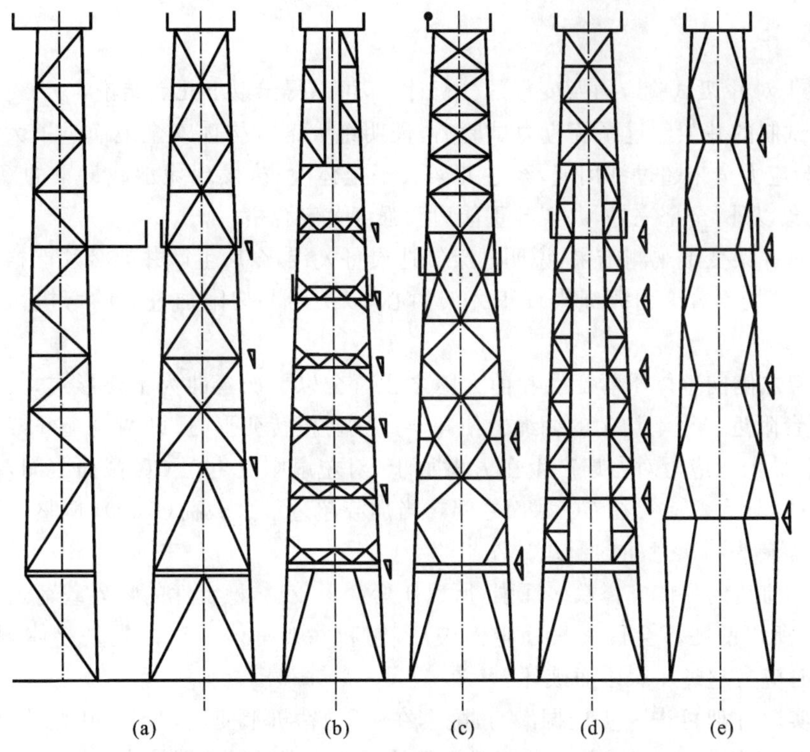

该层有开口水平斜撑　　该层有开口水平斜撑及侧斜撑

图 21　几种前开口型井架结构方案

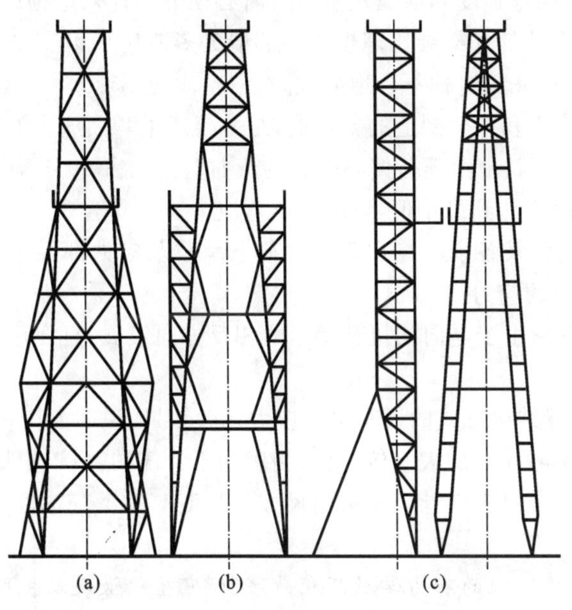

图 22　前开口型井架之变形结构

11 结　论

通过以上对井架试验应力及变形的分析计算，可以得出以下几点结论：

(1) 新试制的井架经过系统应力试验后，证明绝大部分构件安全地通过了大钩加载 70 t 的考验，试验应力全未超过许用值，经过井架放平全体检查，发现除承载最重的 T_6 片下方有轻微开焊现象以外，全部完好，井架起重能力及强度鉴定合格。

(2) 通过井架变形观测结果，说明井架制造质量欠佳，今后生产井架必须严格控制和检查尺寸精度，在井场不容许用绷绳来校正井架中心，以免给井架附加过大的弯扭初变形及初应力。

(3) 井架之侧向整体压弯变形和前大腿之压弯全以二次弯曲为主要形式，其转折点当轻载时在二层台附近。当不均匀的绷绳力使井架产生初扭转变形时，则两侧扇井架采取不对称弯曲的形式，最大弯应力对右扇产生在 E 截面上，对左扇则发生在 GC 截面之间，前腿则多作向内对称弯曲，最大弯应力在 GC 截面之间。当加载超过最大载荷(64 t)时，整体侧压弯及前腿变形有可能转为一次弯曲的形式。

(4) 出于前腿的弹性支撑数多而强，所以压弯变形较小，稳定性的临界载荷远比强度的临界载荷为大，所以前腿不会因丧失稳定而破坏，它和井架整体一道首先是整体侧向压弯，当 $Q_{临}=330$ t时应力超过屈服限而破坏。

(5) 本实验井架可进一步挖掘潜力，配套在 75 型钻机上使用，为配 50 型钻机，建议仍以 150×150×12 角钢制造大腿，并简化部分累赘的横梁及水平斜撑等结构。

(6) 由于本实验井架断面的不对称性，天车台布置的偏心等原因造成四腿载荷的分布极不均匀，以中、下节右前腿及顶节左后腿承载最大，最大者比最小者约大一倍，比平均载荷大约 40%，在计算整体侧向压弯强度和前腿左右压弯时必须分别计入这种载荷加倍的影响。同时，说明按载荷不均情况设计的井架会比理想的均部情况多消耗了 40%的钢材，这是井架过重的主要原因，必须改进设计克服这种不合理的缺陷。

(7) 井架加载的偏心和井架制造的初弯曲，是井架产生弯曲应力的主要因素，它增大或缩小了主压缩应力的 24%，其中由载荷偏心引起的弯曲应力约占 20%，居主要地位，所以从设计上改进这种偏心情况使之达到最小值，以减少压弯应力。

(8) 井架的后扇内腿及各扇斜撑在垂直载荷下承载及应力都很小，它们只有在大的横向载荷下才能反映出较大的应力。

(9) 井架的扭转变形由于是向初扭转变形的相反方向发展，且变形较小，所以可不计算扭转变形的附加应力。

(10) 对于槽钢叠焊结构形式的天车梁的应力试验结果，说明如按一般建议的集中载荷简支梁来计算应力会比实际应力加大一倍，是不精确和不经济的，应该根据与实验结果接近的局部均布载荷两端弹性固定梁来设计天车梁的尺寸与强度。

(参加钻机电测应力小组的有力学教师邓鼎浩、研究生徐谦及矿机所的徐菊清等人。)

41. 不稳定交变应力作用下钻机零件的耐劳强度计算

【论文题名】 不稳定交变应力作用下钻机零件的耐劳强度计算
【期 刊 名】 北京石油学院科学研究论文集第二卷,1963

0 引 言

近代钻机属于大功率驱动的承受重载的联合机组,在设计它的主要机件时必须首先进行最大静强度计算,以保证它在短时最大载荷下的牢固性。其次大多数都需进行耐劳强度计算,以保证它在使用期中工作载荷下的耐久性。钻机的工作机组及其传动机组在工作过程中承受的载荷随着井深、钻柱和岩石等条件以及工艺参数的变化而具有连续的变化特性。这样,变载下的耐劳强度计算法可归结为求相当载荷或等效应力幅的方法。我们首先从基本概念与理论基础下手,然后以绞车滚筒轴为典型来研究基本方法和基本公式。最后将它们推广到其他起升机件、旋转系统机件和钻井泵等的耐劳强度计算中去。

1 理论基础

1.1 基本疲劳曲线

熟知的基本疲劳曲线如图1中实线所示,它是用多个7～10 mm的抛光圆柱试件分别在一稳定载荷下作对称循环试验所得诸数据的平均曲线,它代表试件材料疲劳破坏带的中心或破坏概率的最大值。

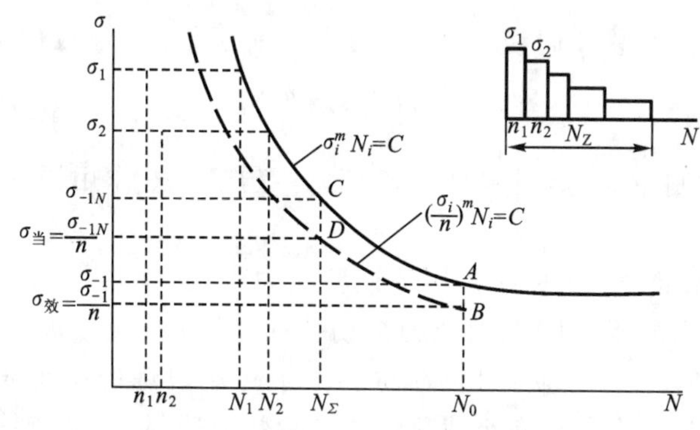

图1 疲劳曲线与分级应力

曲线的左段有下列关系:

$$\left.\begin{aligned}&\text{对于应力} \quad \sigma_i^m N_i=C\\&\text{对于载荷} \quad Q_i^{m'} N_i=C'\end{aligned}\right\} \tag{1}$$

式中 Q_i,σ_i——试件所加一直到破坏前维持不变的各稳定载荷与所产生的应力循环中的最大应力;

N_i——疲劳破坏前的应力循环数;

C,C'——常数;

m,m'——疲劳曲线特征指数,视应力情况而定。

$$\left.\begin{array}{ll}\text{当为拉、弯和平面接触产生的应力} & \sigma\propto Q, m'=m \\ \text{当为二圆柱面线接触产生的应力} & \sigma\propto\sqrt{Q}, m'=\dfrac{m}{2} \\ \text{当为球面点接触产生的感应力} & \sigma\propto\sqrt[3]{Q}, m'=\dfrac{m}{3}\end{array}\right\} \quad (2)$$

循环基数 $N_0(10^6\sim10^7)$对应着材料对称应力循环的基本疲劳限 σ_{-1}。

在钻机各零件计算中可用表1中所推荐的 m,m'及 N_0 等数值。

表1　m,m'及 N_0 值

序号	应力状态	应力指数 m	载荷指数 m'	循环基数 N_0	寿命系数 $k_寿$
1	转轴弯扭,链板拉伸,零件拉压,齿弯曲	9	9	10^7	$0.6\leqslant k_\sigma\leqslant1$ $0.4\leqslant k_\tau\leqslant1$
2	皮带弯曲	8(三角带) 5(平带)	8 5	10^7	$0.6\leqslant k_\sigma\leqslant1$
3	齿接触 链轮齿与套筒接触	6	3	$N_0=(\frac{\sigma_b-50}{20})\times10^7$ $N_0=(\frac{H_RC-95}{4})\times10^7$	$0.4\leqslant k_\tau\leqslant1$
4	滚动轴承	10	3.33	60	$20\leqslant k_寿\leqslant30$
5	钢绳弯曲	1.7	1.7	10^7	$0.6\leqslant k_\sigma\leqslant1$

1.2　不稳定交变应力作用下耐劳强度计算的基本假设

(1) 根据疲劳损伤率总和假说、如图1右上角所示情况、分级应力 σ_i 分别作用 n_i 次循环,当每次加载对材料形成的部分疲劳损伤率$\frac{n_i}{N_i}$逐渐积累,一直到它的总和 $\sum\frac{n_i}{N_i}$ 达到与其寿命相当的限制量 a 时,材料即告破坏,各级应力 σ_1 作用顺序先后对材料的损伤率总和无影响。

(2) 两级加载试验证明,除长期作用的试验应力外,由于较短期作用的过载应力($\sigma>\sigma_{-1}$)可使基本疲劳曲线的斜度降低而成为损伤曲线 $\sigma_i^q N_i=C, q>m$,或使 σ_{-1} 降低 10%~20%,而当欠载应力($\sigma<\sigma_{-1}$)长期作用后,材料由于冷作锻炼的结果 σ_{-1} 反会提高 25%~30%。目前由于各种材料在各种多级载荷下的实验数据还很少,又兼钻机各机件的应力变化范围一般为$0.4\sigma_{-1}\sim1.3\sigma_{-1}$,或$\frac{\sigma_{\min}}{\sigma_{\mathrm{mnx}}}>2$,因此可设 $q=m$, $\sum\frac{n_i}{N_i}=a=1$,即在不稳定交变应力的强度计算中仍引用基本疲劳曲线 $\sigma_i^m N_i=C$ 和材料的已定的 σ_{-1} 数据,可认为计算的误差是不大的。

1.3　折算应力与系数

如图1与表2所示:

表 2 折算应力与系数

序号	疲劳情况	折算线点	循环数	折算关系式据(1)式	折算应力	折算系数	强度安全系数
1	破坏 $\sum \frac{n_i}{N_i}=1$	疲劳曲线 $\sigma_i^m N_i = C$ $C\to A$	N_o	$\sigma_{-1N}^m N_\Sigma = \sigma_{-1}^m N_o$	$\sigma_{-1N} = k_N\sigma_{-1}$	$k_N = \sqrt[m]{\frac{N_\Sigma}{N_o}} <$ 或 > 1	1
2	未破坏 $\sum \frac{n_i}{N_i} = \left(\frac{1}{n}\right)^m$	D	N_Σ	$\sum \sigma_i^m n_i = \sigma_{当}^m N_o$	$\sigma_{当} = k_{当}\,\sigma_{max}$	$k_{当} = \sqrt[m]{\frac{1}{N_\Sigma}\sum\left(\frac{\sigma_i}{\sigma_{max}}\right)^m n_i} < 1$	$\frac{\sigma_{-1}}{\sigma_{当}} > 1$
3	未破坏 $\sum \frac{n_i}{N_i} = \left(\frac{1}{n}\right)^m$	等效曲线 $\left(\frac{\sigma_i}{n}\right)^m N_i = C$ $D\to B$	N_o	$\sum \sigma_i^m n_i = \sigma_{效}^m N_o$	$\sigma_{效} = k_{寿}\,\sigma_{max}$	$k_{寿} = \sqrt[m]{\frac{1}{N_o}\sum\left(\frac{\sigma_i}{\sigma_{max}}\right)^m n_i} < 1$ (轴承，>1)	$\frac{\sigma_{-1}}{\sigma_{效}} > 1$
4	系数间关系					$k_{寿} = k_N \times k_{当}$	

必须明确表 2 中各应力与系数的概念：

σ_{-1N}——有限疲劳极限，即在有限应力循环数 N_Σ 中使材料仍不致破坏的对称应力循环中的最大值。

$\sigma_{当}$——相当应力，即是这样一个折算应力、当它作用有限应力循环数 N_Σ 后对材料的疲劳损伤率与分级应力 σ_i 分别作用 n_i 次循环后对材料的积累损伤率相等。

$\sigma_{效}$——等效应力，即它作用 N_0 次循环对材料的疲劳损伤率与 σ_i 各作用 n_i 次(共 N_x 次)后对材料的积累损伤率相等。

循环系数 k_N，相当系数 $k_{当}$ 与寿命系数 $k_{寿}$ 分别作为最大应力 σ_{max}(或 σ_{-1})的乘项可求得各折算应力，它们分别证明实际应力循环数、载荷或应力不稳定的情况对疲劳效果影响的程度。

其次设当应力 σ 为连续变化时，则

$$\left.\begin{aligned} k_{当} &= \sqrt[m]{\frac{1}{N_\Sigma}\int_{\sigma_{min}}^{\sigma_{max}}\left(\frac{\sigma}{\sigma_{max}}\right)^m \mathrm{d}N} \\ \text{或}\quad \sigma_{当} &= k_{当}\,\sigma_{max} = \sqrt[m]{\frac{1}{N_\Sigma}\int_{\sigma_{min}}^{\sigma_{max}}\sigma^m \mathrm{d}N} \end{aligned}\right\} \tag{3}$$

当为连续变载时，可以 Q,m' 代上式之 σ,m。

同时

$$k_{寿} = \sqrt[m]{\frac{1}{N_0}\int_{\sigma_{min}}^{\sigma_{max}}\left(\frac{\sigma}{\sigma_{max}}\right)^m \mathrm{d}N} \tag{4}$$

1.4 耐劳强度计算

上述(3)式经常用在零件的有限寿命计算中，如对于一定寿命的滚动轴承，其工作能力系数：

$$C = k_{载}\,k_{圈}\,k_{当}\,Q_{max}(nT)^{0.3} \tag{5}$$

根据参考文献，上式如按 N_0 折合即按 $k_{寿}$ 计算，须令 $N_0=60$，即

$$\left.\begin{aligned} k_N &= \sqrt[3.33]{\frac{60nT}{60}} = (nT)^{0.3},\ k_{寿} = k_{当}\,k_N \\ \text{于是：}\quad C &= k_{载}\,k_{圈}\,k_{寿}\,Q_{max} \end{aligned}\right\} \tag{6}$$

而(4)式经常用在 $\sigma_{-1}(N_0)$ 为基础的单向应力或复合应力的耐劳强度计算中,即

$$\sigma_{a效}=k_{寿\sigma}\sigma_{\max},\quad \tau_{a效}=k_{寿\tau}\frac{\tau_{\max}}{2} \tag{7}$$

$$n_\sigma=\frac{[\sigma_{-1}]_D}{\sigma_{a效}},\quad n_\tau=\frac{[\tau_{-1}]_D}{\tau_{a效}} \tag{8}$$

$$n_p=\frac{n_\sigma n_\tau}{\sqrt{n_\sigma^2+n_\tau^2}}\geqslant 1.3\sim1.4 \tag{9}$$

式中 σ_a,τ_a——应力幅;

$[\sigma_{-1}]_D$、$[\tau_{-1}]_D$——实际零件的计算疲劳极限;

n_σ,n_τ,n_p——单独作用和复合作用的强度安全系数。

(9)式的条件是当计算、工艺和材料性能等数据精确时用之,由图 1 可见耐劳强度安全系数 $n_p\geqslant1.3$ 说明零件在设想循环数 N_0 下其疲劳等效应力幅 $\sigma_{a效}$ 在极限应力幅$[\sigma_{-1}]_D$ 以内的裕度,从基本式 $\sigma_i^m N_i=C$ 可知:寿命(循环数)安全系数 $n_N=n_p^m=1.3^9=10$,这说明零件在相当应力幅 $\sigma_{a当}$ 下的极限循环数以内实际作用 N_Σ 次所形成的寿命裕度,只有这样大的 n_N 才能使 N_Σ 处于概率疲劳带以外,才能确保零件在使用期 T 年内不致疲劳断裂。

2 钻机起升机件的耐劳强度计算

首先以绞车滚筒轴为代表、分析其载荷及应力的变化情况。从而求出决定折算系数的通式。

2.1 滚筒轴的承载分析

绞车滚筒轴的结构可概括为三种类型,如图 2 所示。在垂直面中,轴经常承受轴上零件的不变自重,在起下钻工作过程中承受经常变动的钢绳拉力 p 以及随之而变的链条拉力 $p_{链}$ 的垂直分力。当从最深井深 L_1 起钻时,钢绳拉力 p 达最大值

$$\left.\begin{aligned} p_{\max}&=\frac{Q_{游}}{z\eta_{游\uparrow}}=\frac{1}{z\eta_{游\uparrow}}(q'ly_{\max}+G_o)\\ p_{链\max}&=p_{\max}\frac{D_e}{D_{链}}\end{aligned}\right\} \tag{10}$$

当下钻末尾,快绳拉力

$$p'_{\max}=\frac{Q'_{游}}{z}\eta_{游\downarrow}$$

它与起升时 $p_{\max}$之比值

$$\beta=\frac{p'_{\max}}{p_{\max}}=0.55\sim0.65 \tag{11}$$

上列式中 $Q_{游},Q'_{游}$——起和下钻过程中游动系统承受的最大载荷,kgf;

$\eta_{游\uparrow},\eta_{游\downarrow}$——游动系统起和下钻的效率;

z——游动系统的有效绳数;

q'——钻柱在液体中每米重量,kgf/m;

$y_{\max}$——最大井深的立根数,$y_{\max}=\frac{L_1}{l}$;

l——立根长度,经常 $l=25$ m;

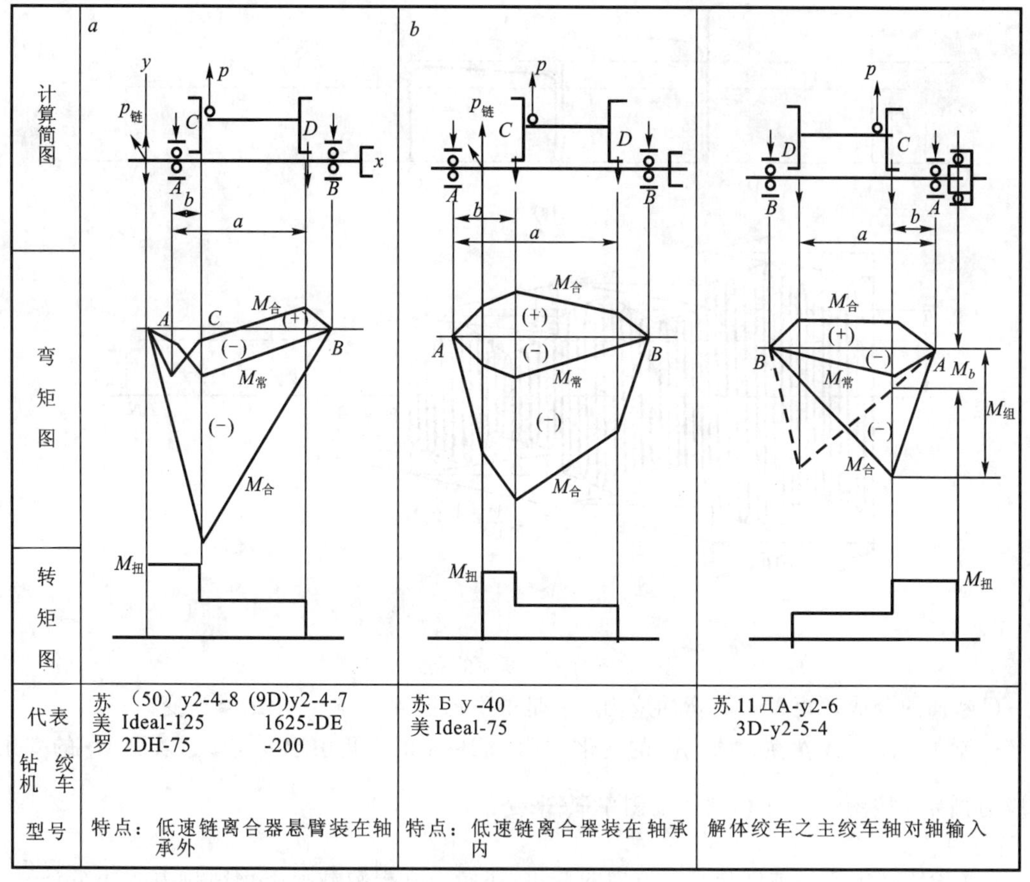

计算简图
弯矩图
转矩图
代表钻机绞车型号
a
b
$M_合$
$M_常$
$M_扭$
$M_组$
M_b
苏 (50) y2-4-8 (9D)y2-4-7
美 Ideal-125 1625-DE
罗 2DH-75 -200
特点：低速链离合器悬臂装在轴承外
苏 Б y-40
美 Ideal-75
特点：低速链离合器装在轴承内
苏 11ДA-y2-6
3D-y2-5-4
解体绞车之主绞车轴对轴输入

图 2　绞车滚筒轴的承载分析

G_0——起下钻不变重量，kgf(包括游动系统重量等)；

D_e，$D_链$——滚筒缠绳终径与链轮节径，m。

起下空吊卡的载荷影响很小，忽略不计。

由(10)式可见起下钻过程中载荷 p 的不稳定性只与第一项中之变立根数 y 有关，而与不变量 G_0 无关，根据这些载荷将钢绳放在滚筒 C 端可得合成弯矩图。如认为全部扭矩 $M_扭$ 由滚筒二轮毂平均分担，可得弯扭矩图，如图 2 中间所示。由之可找出弯扭矩作用最大的 C 断面为危险断面，且该处有键与静配合，应力集中也最大。

2.2　应力循环分析

滚筒轴 C 断面处在起钻过程中的应力变动情况如图 3 所示。

(1) 剪应力 τ：当滚筒每次挂合起一个立根，轴即承受一次扭矩 $M_扭$，随着起钻过程钻柱中立根数 y 的阶梯减少，轴上剪应力循环最大值作规律性递减的脉动循环，同一载荷在起钻与下钻(起升钻柱取出卡瓦)过程中轴共承受两次，所以每一周期中的小循环数 $\lambda'=2$。

(2) 弯曲应力 σ：当轴在旋转起升工作时合成弯矩在 C 断面处产生的弯曲应力作对称循环，每提升一立根周期中的小循环数 λ 即是轴需旋转的周数

$$\lambda=\frac{Z(l+2)}{\pi D_平} \tag{12}$$

当 $l=25$ m，$Z=8$，滚筒平均缠绳直径 $D_平=0.7$ m 时，$\lambda\approx100$，它比 λ' 约大 50 倍。

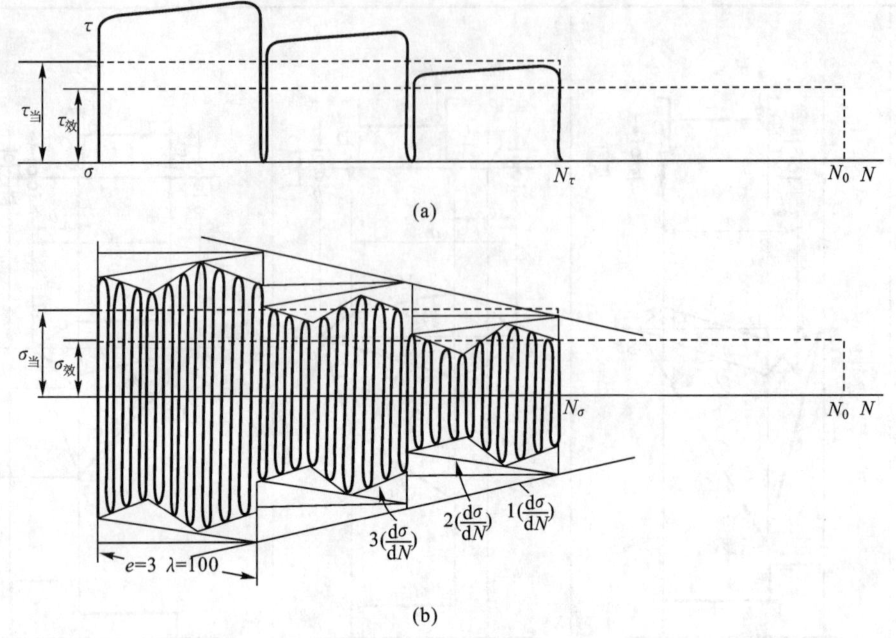

图 3　滚筒轴 C 断面的应力循环

C 断面的合成弯矩 $M_{合}$ 与弯曲应力幅 σ 是很不稳定的，它随三个因素而变：

(1) 立根数 y 或 p 在 y 方向上的变化：如上所述，y 的变化引起 p 与 $p_{链}$ 以及 $M_{合}$ 的变化，使应力循环 σ 按图 3(b)中斜线 1 的斜率$\frac{d\sigma_y}{dN}$来变化。

(2) 滚筒缠绳直径或绳位在 z 方向的变化：在同一立根数载荷下钢绳拉力 p 不变($\frac{d\sigma_y}{dN}=0$)，但由于滚筒缠绳直径由始径 D_a 增大至终径 D_e，引起扭矩与链拉力的阶梯增大，后者也引起弯矩与应力幅的增大，它近似认为按斜线 2 的斜率$\frac{d\sigma_z}{dN}$来变化。

(3) 绳位在 x 方向的变化：在同一立根载荷下($\frac{d\sigma_y}{dN}=0$)，在同一缠绳层中($\frac{d\sigma_z}{dN}=0$)、钢绳沿轴向 x 的位移引起 C 断面处弯矩的变化，此起或伏的变化在缠绳 e 层中重复 e 次，每次都按斜线 3 的斜率$\frac{d\sigma_x}{dN}$变化。

2.3　相当系数 $k_{当}$ 的决定

同时考虑上列诸因素，则综合相当系数：

$$\left.\begin{aligned}&\text{对弯曲应力} \quad k_{当\sigma}=k_y k_z k_x\\ &\text{对剪应力} \quad k_{当\tau}=k_y k_z\end{aligned}\right\}\tag{13}$$

式中　k_y,k_z,k_x——分别代表只考虑三因素中之一(另二固定不变)的变化影响的部分相当系数。

现在分别来决定：

(1) 部分相当系数 k_y。

设$\frac{d\sigma_z}{dN}=0$，$\frac{d\sigma_x}{dN}=0$，则$\frac{d\sigma_y}{dN}=f(y)$，即首先只考虑起钻载荷(立跟数 y)对滚筒轴 C 断面弯曲

变化的影响：

$$\frac{\sigma}{\sigma_{\max}}=\frac{M_c}{M_{c\max}}=\frac{p}{p_{\max}}=\frac{q'ly+G_0}{q'ly_{\max}+G_0}=\frac{y+y_0}{y_{\max}+y_0}$$

常定载荷 G_0 的相当立根数

$$y_0=\frac{G_0}{q'L_1}$$

代入(3)式可得：

$$k_y=\sqrt[m]{\frac{1}{N_y}\int_0^{y_{\max}}\left(\frac{y+y_0}{y_{\max}+y_0}\right)^m \mathrm{d}N} \tag{14}$$

为了求得 $\mathrm{d}N=f(y)\mathrm{d}y$，我们利用如图4(a)所示的理论钻井曲线

$$x=A'L^B=Ay^B \tag{15}$$

式中　x——起钻的次序数，最后完井起钻次数为 $x_{\max}$；

L,y——x 次起钻之相应井深与立根数、最终为 $L_{\max}$ 与 $y_{\max}$；

A,A',B——由岩石可钻性钻头质量等因素决定的系数与指数，$A=A'/l^B$，具体数据见表3例。

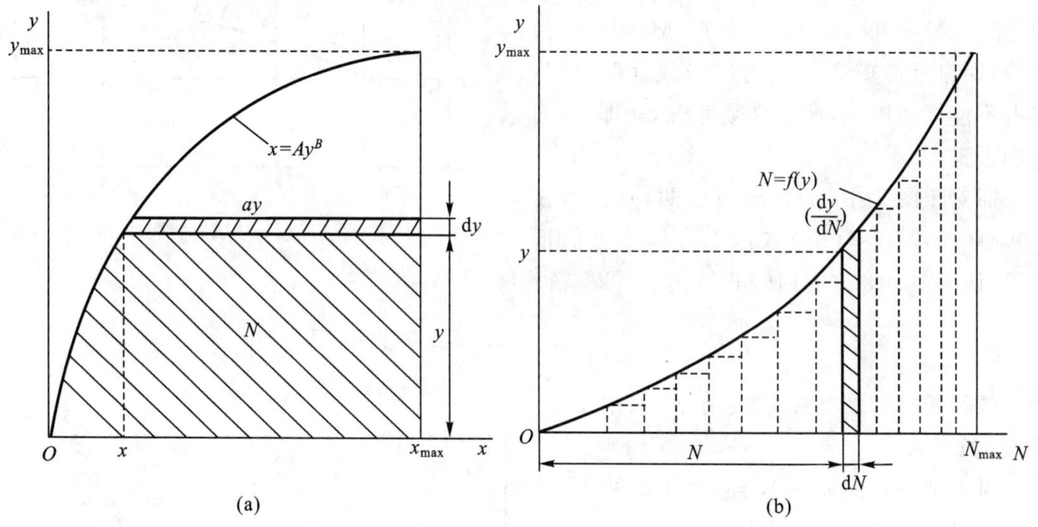

图4　钻井曲线与起立根总循环数 $N=f(y)$

在一口井全部起钻过程中等于和小于立根数为 y 的各变载的总循环数 N：

$$N=\int_o^y(x_{\max}-x)\mathrm{d}y=A\left(y_{\max}^B-\frac{y^B}{B+1}\right)y \tag{16}$$

从而

$$\mathrm{d}N=A(y_{\max}^B-y^B)\mathrm{d}y \tag{17}$$

当(16)式中 $y=y_{\max}$，则

$$N_y=N_{\max}=\frac{ABy_{\max}^{B+1}}{B+1} \tag{18}$$

(16)、(18)式绘如图4(b)所示曲线，由之可见一口井的变载与立根循环总数之间的关系。将(17)、(18)式代入(14)式

$$k_y=\sqrt[m]{\frac{B+1}{By_{\max}^{B+1}}\int_o^{y_{\max}}\left(\frac{y+y_o}{y_{\max}+y_o}\right)^m(y_{\max}^B-y^B)\mathrm{d}y} \tag{19}$$

当 B 为正整数，略去微值的 y_0 高次项，(19)式可解出近似值(使计算结果偏向安全的一

方面)：

$$k_y=\sqrt[m]{\frac{(B+1)(y_{\max}+y_0)}{(m+1)(m+B+1)y_{\max}}}=\sqrt[m]{\omega k_{\circ}} \tag{20}$$

$$\omega=\frac{B+1}{(m+1)(m+B+1)}$$

式中 k_0——常定载荷影响系数，$k_0=\frac{y_{\max}+y_0}{y_{\max}}=1.15\sim1.2$。

其次进一步考虑下钻载荷 $Q'_{游}$ 对滚筒轴的影响，它产生的不稳定应力循环具有和起钻时的同一特性、只是应力幅相当于起钻时的 β（≈0.6）倍而已，所以(20)式当同时考虑起下钻情况的完全表达式可写作：

$$k_y=\sqrt[m]{\omega k_0(1+\beta^n)} \tag{21}$$

利用(21)式，取 $k_0=-1.2$，$\beta=0.6$，计得 $k_y=f(B)$ 曲线绘如图5中虚线所示。

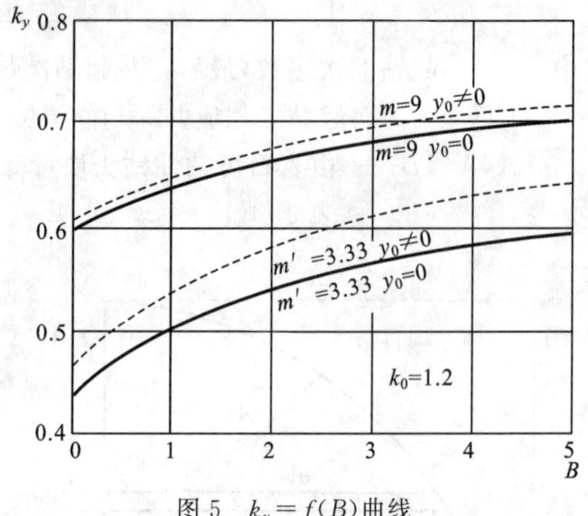

图5 $k_y=f(B)$曲线

(21)式适用于如图2(a)所示的大多数悬臂装离合器的滚筒轴，因为在这种轴的 C 断面，常定载荷 G_0 造成的弯矩 $M_{常}$ 照例为(－)，而自重弯矩 $M_{重}$ 也为(－)或近似为零，二者不能抵消影响，所以必须考虑 G_0 即 y_0 的影响因素 k_0。

而对于图2中(b)、(c)所示两种绞车，在 C 断面(－)$M_{常}\approx$(＋)$M_{重}$，二者作用近似抵消，可认为 $y_0=0$ 因而(19)式简化了，可得精确解：

$$k_y=\sqrt[m]{\frac{(B+1)(1+\beta^n)}{(m+1)(m+B+1)}}=\sqrt[m]{\omega(1+\beta^n)} \tag{22}$$

(22)式绘如图5中实线所示（只用于b、c型绞车）。

对于轴的弯曲 $m=9$，当 $\beta=0.6$ 时 $\beta^n=0.01$，因而(22)式中 $1+\beta^n\approx1$ 则(22)式，可进一步化简为：

$$k_y=\sqrt[m]{\omega}$$

对于游动系统和轴承，在计算时不能忽略 β 的影响。

由(20)式与图5，可得表4(见后)中各 k_y 的评比数据。

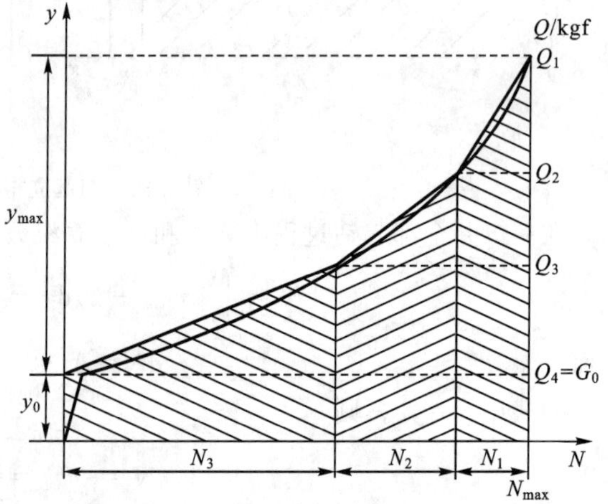

图6 $N=f(Q)$曲线，当 $G_0\neq0$

另一近似解法对轴上载荷 Q(或 M)的最小值 $Q_{\min}\neq0$ 的情况更有广泛的实用意义，如图6所示为滚筒轴 C 断面载荷 Q 与立根循环数 N 的变化曲线 $N=f(Q)$，Q 由最大值 Q_1 连续减至最小值 $Q_4=G_0$。解法是将曲线分割为三个近似直线段(因低值 Q 对疲劳的影响很小，所以集中在高值 Q 部位分为两段)，对于这三段直线变化的载荷：

$$k_y = \sqrt[m]{\frac{1}{N_{\max}} \sum_{i=1}^{3} \left(\frac{Q}{Q_1}\right)^m n_i \times (1+\beta^m)} \tag{23}$$

暂先只求第一段的载荷与循环积值：

$$\left(\frac{Q}{Q_1}\right)^m n_i = \frac{1}{Q_1^m}\int_o^{N_1}\left(Q_1 - \frac{Q_1 - Q_2}{N_1}N_i\right)^m \mathrm{d}N = \frac{1}{Q_1^m} \times \frac{Q_1^{m+1} - Q_2^{m+1}}{Q_1 - Q_2} \times \frac{N_1}{m+1}$$

$$= \frac{1-\gamma_1^{m+1}}{(m+1)(1-\gamma_1)}N_1$$

令

$$\eta_1 = \frac{1-\gamma_1^{m+1}}{(m+1)(1-\gamma_1)},\quad \gamma_1 = \frac{Q_2}{Q_1}$$

其他直线段也具有同样的积值，所以(23)式可写成：

$$k_y = \sqrt[m]{\frac{1}{N_{\max}}(\eta_1 N_1 + \eta_2 N_2 \gamma_1^m + \eta_3 N_3 \gamma_2^m)(1+\beta^m)}$$

即

$$k_y = \sqrt[m]{\frac{1}{N_{\max}} \sum_{i=1}^{n} \eta_i N_i \gamma_{i-1}^m \times (1+\beta^m)} \tag{24}$$

式中　$\gamma_i = \frac{Q_{i+1}}{Q_i}$，如 $\gamma_2 = \frac{Q_3}{Q_2}$ 等，而 $\gamma_0 = 1$，$\eta_i = \frac{1-\gamma_i^{m+1}}{(m+1)(1-\gamma_1)}$，如 $\eta_2 = \frac{1-\gamma_2^{m+1}}{(m+1)(1-\gamma_2)}$ 等。

对于修井机等的机件，$N=f(Q)$ 曲线为一直线

$$k_y = \sqrt[m]{\eta(1+\beta^m)} \tag{25}$$

式中，$\eta = \frac{1+\gamma^{m+1}}{(m+1)(1-\gamma)}$，$\gamma = \frac{Q_4}{Q_1} = 0.15 \sim 0.16$。

对于修井机轴的弯曲

$$k_y = \sqrt[m]{\eta} = \sqrt[9]{\frac{1}{10 \times 0.85}} = 0.79 \tag{26}$$

(26)式计算结果与(20)式计算的结果(在表 4 中)一致。对于各 γ 和 η 值的各 k_y 值可由图 7 中相应曲线很快地查得。

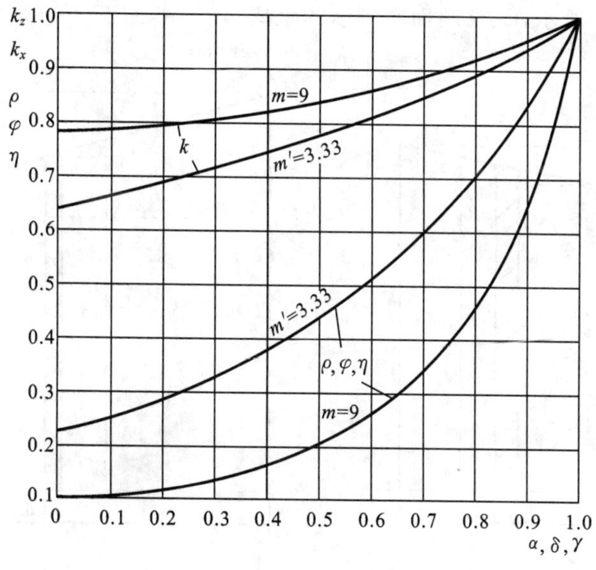

图 7　$k=f(\eta)$等与 $\eta=f(\gamma)$等曲线

无论按(21)或(24)式计算都比参考文献书中按一段直线，即按(25)式，对钻机起升机件的

k_y 来得更精确，参考文献的结果夸大了实际的相当载荷，使计算过于保守。

(2) 部分相当系数 k_z。

设 $\frac{d\sigma_y}{dN}=0$，$\frac{d\sigma_x}{dN}=0$，则 $\frac{d\sigma_z}{dN}=f(M_z)$，根据基本公式(3)和图 8 直线变化曲线 $N=f(M_z)$ 可得：

$$k_z=\sqrt[m]{\frac{1}{N_z}\int_{M_a}^{M_e}\left(\frac{M}{M_e}\right)^m dN}=\sqrt[m]{\frac{1-\delta^{m+1}}{(m+1)(1-\delta)}}=\sqrt[m]{\varphi} \tag{27}$$

式中 $N_z=1$；

$\varphi=\frac{1-\delta^{m+1}}{(m+1)(1-\delta)}$；

$\delta=\frac{M_a}{M_e}$——当缠绳直径由 D_a 增至 D_e 时，C 断面弯矩 M_z 的最小值与最大值之比值。

一般 $\delta=0.85\sim0.9$，当 $m=9$ 时，由图 7 中可得

$$k_z=0.93\sim0.96$$

(3) 部分相当系数 k_x。

设 $\frac{d\sigma_y}{dN}=0$，$\frac{d\sigma_z}{dN}=0$，则 $\frac{d\sigma_x}{dN}=f(M_x)$，根据基本公式(3)和图 9 所示的直线递减曲线 $N=f(M_x)$ 可得：

$$k_x=\sqrt[m]{\frac{1}{N_x}\int_{M_a}^{M_b}\left(\frac{M}{M_a}\right)^m dN}=\sqrt[m]{\frac{1-\alpha^{m+1}}{(m+1)(l+2)}}=\sqrt[m]{\rho}$$

式中 $N_x=1$；

$\rho=\frac{1-\alpha^{m+1}}{(m+1)(1-\alpha)}$；

$\alpha=\frac{M_b}{M_a}=\frac{b}{a}$——即当钢绳沿 x 方向移离 C 断面时产生的弯矩 M_x 之最小值与最大值之比值；

b、a——图 2 中所示，C、D 断面距轴承的距离。

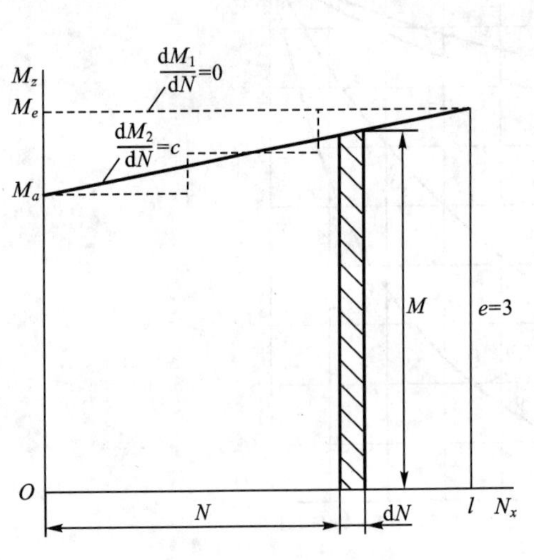

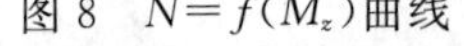

图 8　$N=f(M_z)$ 曲线

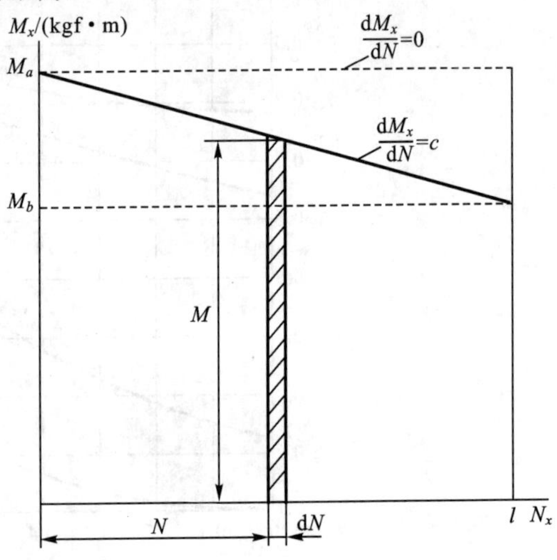

图 9　$N=f(M_x)$ 曲线

一般 $\alpha=0.4\sim0.6$，当 $m=9$ 时，由图 7 可得

$$k_x = 0.82 \sim 0.86$$

(4) 综合相当系数 $k_{当}$。

将以上所得(20)(24)(27)(28)式代入(13)式可得

$$k_{当} = k_y \cdot k_z \cdot k_x = \sqrt[m]{\varphi\rho\omega K_0(1+\beta^m)}$$

或

$$k_{当} = \sqrt[m]{\frac{\varphi\rho}{N_{\max}}\sum_{i=1}^{n}\eta_i N_i \gamma_{i-1}^m} \tag{29}$$

2.4　寿命系数 $k_{寿}$ 的决定

由表 2 中可见

$$\left.\begin{aligned} k_{寿} &= k_N k_{当} \\ k_N &= \sqrt[m]{\frac{N_\Sigma}{N_0}} \end{aligned}\right\} \tag{31}$$

(1) 循环系数 k_N。

首先须决定滚筒轴在钻机使用期 T 中的应力循环总数 N_Σ

$$N_\Sigma = TXN_{\max}\lambda = N_T\lambda \tag{32}$$

$$N_T = TXN_{\max} \tag{33}$$

式中　T——钻机使用期，一般 $T=10$ 年；

X——每台钻机每年平均实钻井口数，$X=\dfrac{(每年可钻井数)X_1}{(周转系数)k_1}$，取 $k_1=1.5$；

N_T——钻机使用期中起立根总数；

$N_{\max}$，λ 由(18)(12)式决定。

N_T 值一般在较小范围中变动，经常可取 $N_T=15\times10^4$，如表 3 所示。

表 3　N_T 的决定

序号	钻机公称起重量 $Q_{公}$/t	钻杆 5 9/16 in，钻井最大深度 $L_{\max}$/m	当 $l=25$ m，最大立根数 $y_{\max}$	理论钻井曲线 $x=Ay^B$	最大起钻次数 $x_{\max}$
1	50	1 200	48	$x=6.5\times10^{-2}y^{1.5}$	22
2	75	1 800	72	$x=7.7\times10^{-3}y^2$	40
3	125	3 000	120	$x=7\times10^{-5}y^3$	120

序号	一口井起立根总数 $N_{\max}=\frac{B}{B+1}x_{\max}y_{\max}$	钻机使用期 T/y	每年实钻井口数 X/(口·台$^{-1}$)	钻机使用期中起立根总数 $N_T=TXN_{\max}$
1	625	10	$\frac{36}{1.5}=24$	150 000
2	1 880	10	$\frac{12}{1.5}=8$	150 000
3	10 800	10	$\frac{2}{1.5}=1.33$	150 000

由 $k_N=\sqrt[m]{\dfrac{N_T\lambda}{N_0}}$ 可见对于不同的 N_T 及 λ 或 λ' 值可得 $K_{N\sigma}$ 或 $K_{N\tau}$ 如图 10 示。

当 $N_T=12\times10^4\sim16\times10^4$，$\lambda=100$ 时 $K_{N\sigma}=1.02\sim1.05$ 取 1，$\lambda'=2$ 时，$K_{N\tau}=0.66\sim0.68$ 取 0.67。

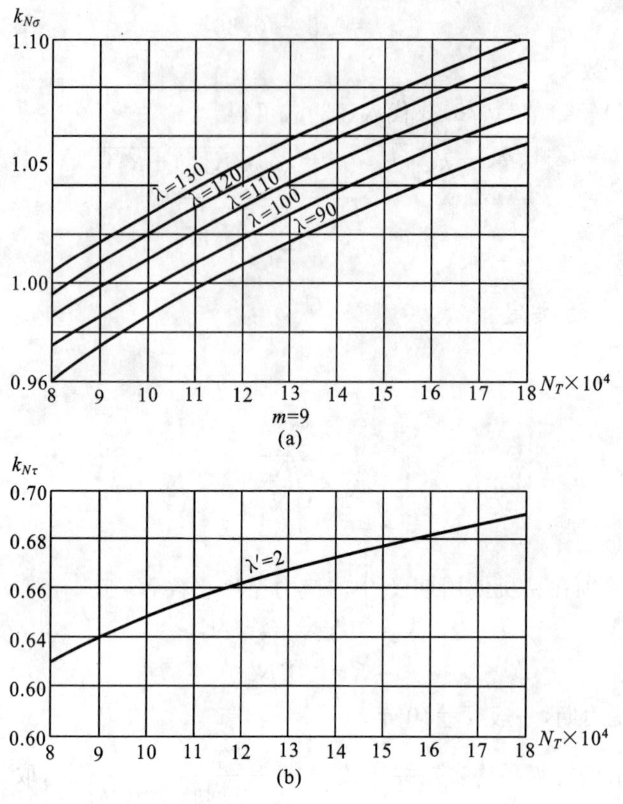

图 10　$K_N=f(N_T\cdot\lambda)$曲线

我们的总循环数 N_Σ 是连欠载应力的循环数都统计在内了，所以允许 $k_N>1$。

(2) 寿命系数 $k_寿$：由(13)(31)式可得：

$$k_{寿\sigma}=k_{N\sigma}k_{当\sigma}=k_{N\sigma}k_yk_zk_x$$

$$k_{寿\tau}=k_{N\tau}k_{当\tau}=k_{N\tau}k_yk_z$$

表 4　钻机与修井机绞车滚筒轴的 k_y，$k_当$ 与 $k_寿$

绞车类型 B / k	轻便钻机 $B=1$	中型钻机 $B=1.5$	重型、超重型钻机 $B=3\sim4$	修井机(试油油井绞车) $B=\infty$
$k_y=\sqrt[m]{\omega K_o}$	0.65	0.66	0.70	0.79 ($\omega\approx\frac{1}{B+1}$)
$k_z=\sqrt[m]{\varphi}$	0.96(特例)			
$k_x=\sqrt[m]{\varphi}$	0.84(特例)			
$k_{当\sigma}$	0.53	0.54	0.57	0.64
$k_{当\tau}$	0.62	0.63	0.67	0.76
$k_{N\sigma}$	1.05(特例)			
$k_{N\tau}$	0.67(特例)			
$k_{寿\sigma}$	0.56	0.57	0.60	0.67
$k_{寿\sigma}$	0.41	0.42	0.45	0.51

在耐劳强度计算中规定 $k_寿$ 的范围：

$$0.6<k_{寿\sigma}<1,\quad 0.4<k_{寿\tau}<1$$

凡低于下限者应取为下限、以取得核算的实际意义(过低的 $k_{寿}$ 说明变载形成的过载应力循环数很少、进行耐劳强度计算的必要性就不大了)。所以在对钻井绞车滚筒轴进行近似计算时、可取 $k_{寿\sigma}=0.6$,$k_{寿\tau}=0.45$。

最后,$k_{寿}$ 可表达为如下通式:

$$k_{寿}=\sqrt[m]{\frac{N_T\lambda}{10^7}\varphi\rho\omega K_0(1+\beta^m)} \tag{35}$$

2.5 起升机组中其他机件的寿命系数决定

(1) 游动系统的承拉件(脉动循环应力)。

对于钻机

$$k_{寿}=k_N k_y=\sqrt[m]{\frac{N_T\lambda}{10^7}\omega k_0(1+\beta'^m)} \tag{36}$$

对于修井机

$$k_{寿}=\sqrt[m]{\frac{N_T\lambda}{N_0}\eta(1+\beta'^m)} \tag{37}$$

$$\lambda=2,\quad \eta\approx\frac{1}{10}$$

$$\beta'=\frac{Q'_{游}}{Q_{游}}=0.75\sim0.8 \tag{38}$$

式中 N_T——修井机使用期中共起油管柱(油杆柱)总循环数。

一般 $k_{寿}=0.46\sim0.6$,取为 0.6。

(2) 起升机传动件:

$$k_{寿}=\sqrt[m]{\frac{N_T\lambda''}{N_0}\varphi\omega k_0} \tag{39}$$

对于传动轴 $\lambda''=\lambda i=\lambda\dfrac{n_{传}}{n_{滚}}$

对于传动链条 $\lambda''=\lambda i\dfrac{Z_{链}}{L_{链}}$

式中 i——传动比;

$n_{传}$,$n_{滚}$——传动轴与滚筒轴转数,r/min;

$L_{链}$,$Z_{链}$——链条长度(节)与大链轮的齿数,对于滚筒低速传动链 $i=1$。

3 地面旋转设备与钻井泵的耐劳强度计算

3.1 旋转设备

今先以水龙关与转盘的主轴承为典型来决定其不稳定载荷的相当载荷以进行寿命核算。

(1) 载荷分析。

水龙头主轴承在钻进过程中承受的轴向载荷

$$Q_i=Q-p\approx q'L-p \tag{40}$$

式中 Q——水龙头下静态钻柱重量,kgf,如图 11(b)实线所示;

p——钻压，kgf，它主要随井深或岩石硬度而增加，但变幅不大，由上式可见水龙头载荷基本随井深 L 而增加，其平均代表值如图 11(b)Q-p 虚线所示。

转盘主轴承的径向与轴向载荷，除一些次要因素外主要依转盘传运的转矩 M 而定，而根据参考文献。

$$M=716.2\frac{P_{盘}}{n}\approx\frac{716.2}{n}(P_{杆}+P_{头})$$

$$=1.56n^{r-1}d_{桿}^{2}\gamma_{液}L+3.3KPD_{头} \tag{41}$$

式中 $P_{盘}$，$P_{杆}$，$P_{头}$——转盘、钻柱和钻头消耗功率，hp；

n——转盘转数，r/min；

r——指数，在舒米洛夫公式中取 $r=1.33$；

$d_{杆}$，$D_{头}$——钻杆外杆(米)钻头直径，cm；

$r_{液}$——泥浆比重，g/cm³；

K——随岩石与钻头类型而变的系数$=0.15\sim0.3$；

p——钻压，t。

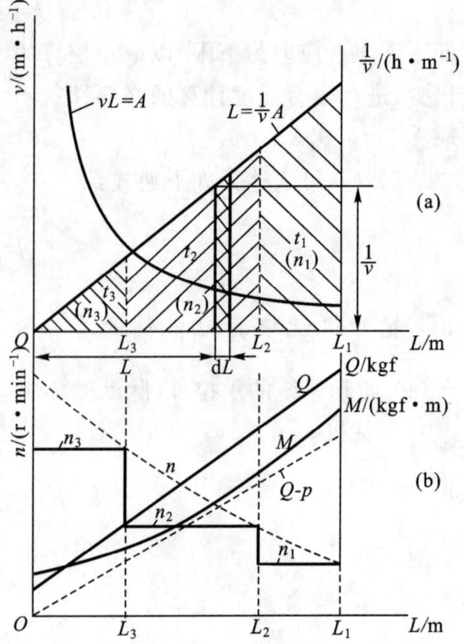

图 11 钻速曲线(a)与水龙头、转盘工况参数变化曲线(b)

由(41)式可见其他因素影响较小，M 主要随井深 L(米)而变，其平均代表值如图 11(b)M 实线所示。

一般转盘输入功率 $N_{盘}$ 为一定限值(如 3 000 m 深井转盘为 250 hp)，由(41)式可见

$$Mn=716.2N_{盘}=常数$$

当 M 随井深增加时 n 必须降低如图 11(b)n 虚线所示，当转盘利用分级变速箱调速速时，则转速如图 11(b)中阶梯实线 n_3—n_1 所示，开井用最高挡 n_3、当井加深至 L_3 时由于转矩增至 M_3 使转盘达到全功率运转，其后井段 L_3—L_2 必须换中挡 n_2 钻进[此时 M 由(41)式决定可以是降阶梯的，也可以由于 Kp 的调整 M 仍维持基本上是连续的]最后至井深 L_2 换至低挡 n_1 钻完井深至 L_1，今以实用的分级转速为讨论基础。

(2) 转速曲线与循环数 N。

为了求得各井段交载荷 Q_i 式 M_i 的运转循环数，必须求得各井段的运转时间 t_i，为此必须利用理论钻速曲线

$$v=v_0e^{-kL} \tag{42}$$

式中 v——机械转速，$v=\frac{dL}{dt}$，m/h；

v_0——当 $L=0$ 时起始机械钻速，m/h；

L——井深，m；

k——指数。

根据我国某矿区硬地层条件下实测钻速数据：$v_0=25$ m/h，$v_{100}=21$ m/s，$v_{1\,000}=7$ m/h，$v_{2\,000}=2.1$ m/h，$v_{3\,000}=0.75$ m/h，可求得平均 k 值

$$k=1.2\times10^{-3}$$

全部钻井时间：

$$T=\int_0^{L_1}\frac{\mathrm{d}L}{v}=\int_0^{L_1}\frac{\mathrm{e}^{kL_1}}{v_0}\mathrm{d}L=\frac{\mathrm{e}^{kL_1}}{kv_0}$$

由井段 L_{i+l} 至 L_i 的钻进时间：

$$t_i=\int_{L_{i+1}}^{L_i}\frac{\mathrm{d}L}{v}=\frac{1}{kv_0}(\mathrm{e}^{kL_i}-\mathrm{e}^{kL_{i+1}}) \tag{43}$$

此外当近似计算，仍可利用简化转速曲线

$$vL=A \tag{44}$$

对于我国某矿区较软地层条件，起始钻速特高，$v_{1\,000}=10$ m/h，$v_{2\,000}=5$ m/h，所以可设常数 $A=10\,000$。

今以(44)式为例，对 v 纵坐标绘双曲线如图 11(a)所示。

由于 $\mathrm{d}t=\frac{1}{v}\mathrm{d}L$，以 $\frac{1}{v}$ 为纵坐标绘 $\frac{1}{v}=f(L)$ 曲线如图 11(a)中所示直线，其下各井段间的面积即为其钻进时间：

$$t_i=\int_{L_{i+1}}^{L_i}\frac{1}{v}\mathrm{d}L=\frac{1}{A}\int_{L_{i+1}}^{L_i}L\mathrm{d}L=\frac{L_i^2-L_{i+1}^2}{2A} \tag{45}$$

以 L_1,L_2,L_3 与 $L_3,0$ 分别代入上式即可得各井段钻进时间 t_1,t_2,t_3(图 11 中阴影面积)。

总钻进时间 $T=\sum t_i=\frac{L_1^2}{2A}$(由图中三角形全面积代表)。

由(45)式可得各井段(各挡 N_i) 钻进的循环数

$$N_i=60\ n_i\ t_i$$

总循环：

$$N_{\max}=\sum N_i \tag{46}$$

将由(40)(41)(46)各式所得结果绘如图 12 所示之 $N=f(Q,M)$ 三段折线，由之可见转盘、水龙头主轴承在钻进过程中相对于其循环数之变化规律。

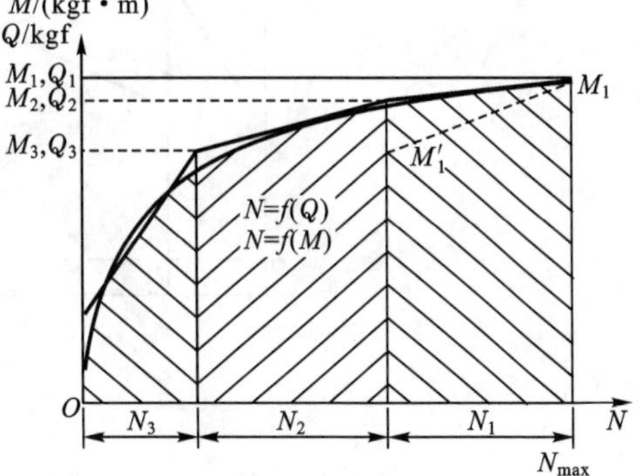

图 12　旋转设备主轴承载荷变化规律曲线

(3) 相当载荷与寿命核算。

根据(24)式可得

$$k_{\text{当}}=\sqrt[m']{\frac{1}{N'_\Sigma}\sum_{i=1}^{n}\eta_i N_i\gamma_{i-1}^{m'}}=0.8\sim0.9$$

$$N'_\Sigma=60n_1T=\frac{30}{A}n_1L_1^2 \tag{47}$$

$$\eta_i=\frac{1-\gamma_i^{m'+1}}{(m'+1)(1-\gamma_i)}$$

$$\gamma_i=\frac{\gamma_{i+1}}{\gamma_i}，\text{如 }\gamma_1=\frac{Q_2}{Q_1}，\left(\frac{M_2}{M_1}\text{或}\frac{M_1{}'}{M_1}\right)，\gamma_2=\frac{Q_3}{Q_2}，\cdots，\gamma_0=1$$

式中　$m'=3.33$，$n=3$，仍如前述；

N'_Σ——在钻一口井总时间 T 内假设都在最大载荷 $Q_1(M_1)$下以最低转速 n_1 运转的循环总数。

根据设备结构尺寸选定主轴承后，可根据(5)式核算其寿命 T：

$$T=\frac{1}{n_1}\left(\frac{C}{k_{载}\ k_{当}\ Q_1}\right)^{3.33}$$

式中　$k_{载}$——动载系数。

根据参考文献：

对于水龙头，$k_{载}=1.8\sim2$，$T\geqslant3\ 500$ h（一大修周期为 9 个月，轴承报废）。

对于转盘，$k_{载}=2\sim2.5$，$T\geqslant10\ 000$ h（二大修周期共 24 个月，轴承报废）。

3.2　钻井泵

钻井泵在站进过程中的工况参数；泵压 p 与排量 q 随井深 L 而变，如图 13 (a)所示。

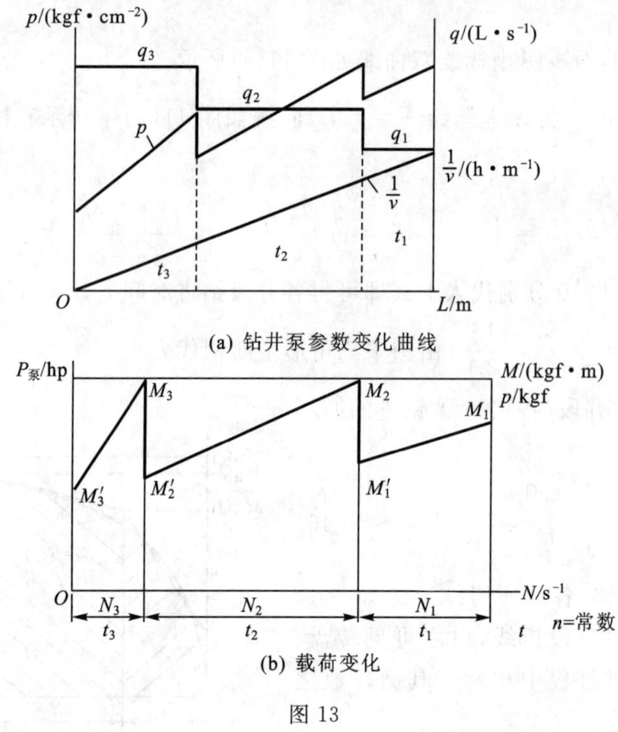

(a) 钻井泵参数变化曲线

(b) 载荷变化

图 13

各参数间存在下列关系：

$$\left.\begin{aligned}p&=(a+bL)q^2\\pq&=c\ P_{泵}\end{aligned}\right\}\tag{48}$$

当泵压 p 随井深 L 而加大，排量 q 受到泵额定输入功率 $P_{泵}$ 之限制而作阶梯下降（换小缸套直径 $D_{缸}$），所以活塞杆与介杆载荷 P 主要随 $pD_{缸}^2$ 而变，如图 13(b)所示，由于有活塞杆面积的影响，所以杆中拉压应力在一往复中作不对称交变循环。

由于钻井泵是在常定冲数 n 下运转的，所以泵的驱动转矩 M 在钻进过程中主要随 $N=\frac{1}{c}pq$ 而变、如图 13(b)所示。其次，上述排量 q 是指平均排量 $q_{平}$ 而言，由于曲柄速杆机构产生往复运动的不匀性，所以泵的排量在一往复中由 q_{max} 至 q_{min}。作 4(或 6)次波动，如图 14(b)所示，因而驱动转矩在一往复中又作 4 次变幅脉动循环，所以对于泵驱动端零件：

$$k_{当}=k_y k_z$$

$$k_y=\sqrt[m]{\frac{1}{N_{\Sigma}}\sum_{i=1}^{n}\eta_i N_i\gamma_{i-1}^{m}}\approx0.75\sim0.9$$

式中 k_y——随井深 L 而变的变载部分相当系数，高限 0.9 发生于涡轮钻井用泵；

N_i——各级缸套所钻井段的循环数（与上述旋转设备者不一致）必须利用 $\frac{1}{v}$ 曲线重新决定 t_i，$N_i=60nt_i$；

N'_Σ——一口井钻进过程中泵的转数，$N'_\Sigma=\sum_{i=1}^{n}N_i$，$n=3$；

$\eta_i=\frac{1-\gamma_i^{m+1}}{(m+1)(1-\gamma_i)}$，$\gamma_i=\frac{M_i'}{M_i}$，可利用图 7 决定；

k_z——随曲柄转角 α（或变排量 q）而变的部分相当系数。

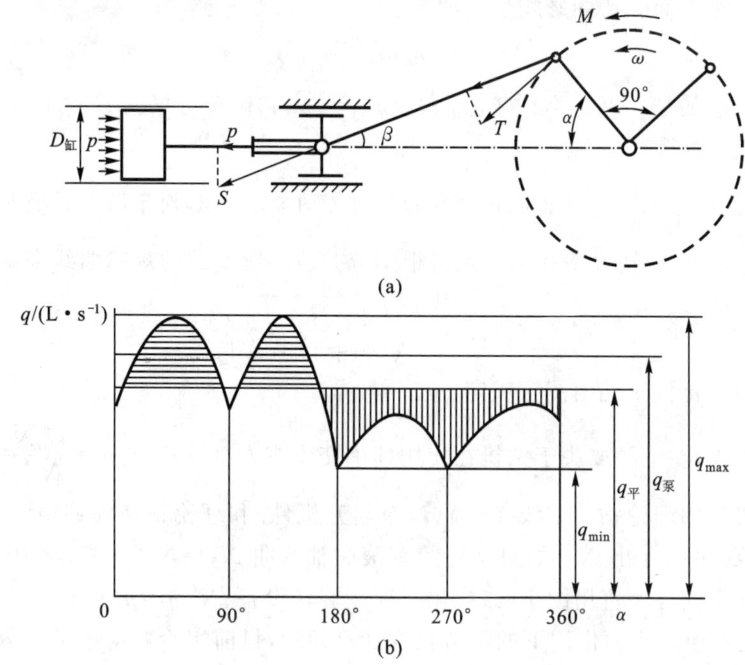

图 14 双缸双作用泵（二曲柄成 90°）的排量与载荷变化

对于泵驱动端传动轴，轴承，齿轮等机件

$$k_z=\varepsilon\sqrt[m]{\frac{i}{N_z}\int_{q_{min}}^{q_{max}}\left(\frac{q}{q_{max}}\right)^m \mathrm{d}N}\approx 1.1\sim 1.2$$

1.1 适用于三缸双作用泵，1.2 适用于双缸双作用泵。

式中 ε——排量不匀度 $\varepsilon=\frac{q_{max}}{q_{平}}$；

i——输入轴与曲柄轴的传动比；

N_z——变排量脉动循环数=4（或 6）。

通过变排量的正弦余弦函数可求出 $\mathrm{d}N=f(q)\mathrm{d}q$ 代入上式可解出具体 k_z 值。

对于曲柄，连杆，十字头销等机件，它们在一往复中承受的载荷主要随曲柄转角 α 或连杆摆角 β 而变，其 k_z 可通过载荷为 α，β 的正弦余弦函数关系求出。

对于介杆 $k_z=1$ 而活塞杆寿命取决于磨损，不必进行耐劳强度计算。

当计算 $k_{寿}$ 时，循环系数

$$k_N=\sqrt[m]{\frac{TXN'_\Sigma}{10^7}}\approx 1.2\sim 1.35（当\ n=60\sim 70\ \mathrm{s}^{-1}，T\times N'_\Sigma=5\times 10^7\sim 15\times 10^7）$$

对于浅井泵，由于钻进时比重较大（起下钻比重较小）所以应取高限 1.35，对于深井重型泵应取低限。

4 结　论

（1）钻机零件在规律性的不稳定交变应力下的耐劳强度计算可归结为确定熟知的寿命系数，而寿命系数又可分为诸部分系数来计算：

$$k_{寿} = \sqrt[m]{\frac{1}{N_0}\int_{\sigma_{\min}}^{\sigma_{\max}}\left(\frac{\sigma}{\sigma_{\max}}\right)^m \mathrm{d}N} = k_N k_{当} = k_N k_y k_z k_x$$

对于钻井绞车滚筒轴弯曲影响最大的是

$$k_y = \sqrt[m]{\omega K_0(1+\beta^m)}$$

影响居第二位的是 $k_x=\sqrt[m]{\rho}$，影响最小的是 $k_z=\sqrt[m]{\varphi}$，它们全可根据 B 和小与大载荷之比值 α，δ 从图 5、图 7 中查得。

对于修井机 $\omega=\eta\approx\frac{1}{10}$，对于轴的扭剪和起升机传动轴，$k_x=1$，对于游动系统 $k_x=1$，$k_z=1$。

（2）对于起升机、旋转设备和钻井泵可根据分井段连续变载的规律曲线来确定相当系数

$$k_{当}（或\ k_y）= \sqrt[m']{\frac{1}{N_\Sigma}\sum_{i=1}^{n}\eta_i N_i \gamma_{i-1}^{m'}}$$

根据小与大载荷之比值 γ 仍由图 7 决定 η。

（3）循环系数 k_N 主要取决于钻机在使用期中交变应力总循环数，$k_N=\sqrt[m]{\frac{N_\Sigma}{N_0}}$。

根据有代表性的理论钻井曲线 $x=Ay^B$（对起升机件）和理论钻速曲线 $v=v_o e^{-kL}$（对于旋转设备和钻井泵）可统计出 N_Σ，如对钻井绞车滚筒轴弯曲 $N_\Sigma=N_T\lambda\approx1.5\times10^7$，对于游动系统 $N_\Sigma=3\times10^5$（它们可径直用图 10 来查出），对于旋转设备、$N'_\Sigma=60n_1T_0$。

（4）关于在不稳定应力作用下的耐劳强度计算问题，目前实验数据还不充分的条件下，还不足以进行精确的计算，所有 N_0（$10^6\sim10^7$），m（9～12）等数据都是条件性的暂定值，所以在一般不重要的情况下，允许进行近似计算，即对 $k_{当}$ 和 $k_{寿}$ 起次要影响的因素全可忽略不计，[如当 $m=9$ 时，K_0，$(i+\beta^m)$，kz，$k_N\sigma$ 等系数都可取为 1]。

当近似计算钻井绞车滚筒轴时，可取

$$k_{寿\sigma}=0.6，k_{寿\tau}=0.45$$

即使这样计算仍比相关文献中的分级载荷计算法来得准确、所以计算结果仍可取强度安全系数 $n\geqslant1.3$。

（5）当零件的尺寸主要取决于其耐劳强度，且力图减小零件尺寸时，才有必要按本文推荐的方法进行精确的计算，在计算数据周详的情况下，由于疲劳曲线带在 N 坐标上的横宽的一半小于 10（$\sigma_N=1.3^9=10$）很多，所以必要时可将安全系数下限放宽一些，如可取 $n_p>1.2\sim1.3$，即寿命安全系数 $n_N\geqslant5\sim10$。

参 考 文 献

[1]　Серенсен С. В. и др：Несущая способность и расчеты деталей машин на прочность. гл. IV. Машкиз，1963.

［2］ Серенсен. С. В. и др : Прочность при нестационарных режимах нагрузки. гл Ⅲ. изд А. Н. Укр ССр, 1961.

［3］ Серенсен. С. В. и др : К расчету на прочность при нестационарной переменной наприженности. Вестник Машиностроения No. 1, 1962.

［4］ Шувалов С. А. : Долговечность деталей машин при переменных режимах нагрузки и суммирование усталости. Вестник Машиностроение No. 5, 1959.

［6］ Беренов. Д. И. : расчеты деталей на прочность. Р. 97-100 Машгиз, 1959.

［8］ Ильский А. Л. : Расчет и конструирование бурового оборудования и инструмента СТР. 14, 21, 38-41, 64-68, 240, 431Гостоптехиздат, 1962.

［9］ Карапетян Г. Б. И др: Буровые установки глубокого бурения СТР. 218-228, 236, 251, машгиз, 1960.

［10］ Даниелян А. А. : Буровые машины и механизмы СТР. 143-148, 160-165, 200-205, Гостоптехиздат, 1961.

［11］ Аваков В. А. и др: Расчет подъемного вала буровой лебедки на долговечность. Вестник машиностроения 1958 No. 6.

［12］ Аваков В. А. : Расчет эквивалентных напряжений в деталях подъенмого механизма, Нефтяное хозяйство 1961 No. 7.

［13］ Втюрин А. П. : К расчету на долговечность деталей подъемного механизма буровых установок, Известия высших учебных заведений Нефть и Газ 1962 No. 1.

［14］ Тарасевич В. И. : Об уравнениях кривых проходок при Бурении скважин Нефть и газ 1958 No. 2.

［15］ Бавалов Р. А. : Кривия измения механической скорости проходки и ее аналитическое выражение Н. И. Г. нефть и газ 1958 No. 1.

［16］ Федоров В. С. : Проектирование режимов Бурения, СТР. 7, 86-94, 129-130, 170-171, Гостоптехиздат 1958.

42. 石油钻机的基本参数计算原理

【论文题名】 石油钻机的基本参数计算原理
【期 刊 名】 华东石油学院学报，1979 年第 2 期

0 引 言

为了实现石油工业的现代化，急需提供大量新型钻井设备，尤其是陆地深井钻机和海上钻井设备。我国过去根据旧标准 ZJ 411—1960 所设计制造的 2 000 m、3 200 m 和 5 000 m 钻机，其基本参数比世界先进水平落后很多，如钻机的最大起重量较低，致使钻机的机动性很差，又如其泵压偏低，阻碍了喷射钻井新工艺的推广。近年来我国进口一部分外国钻机，它们在参数制订和选用上也莫衷一是，为了避免混乱现象，急需制订我国钻机系列和基本参数的新标准，以作为发展新钻机的依据。但是，过去编制钻机参数时大多采用经验统计法，科学根据较少。本文试图概括说明参数确定的工艺基础，揭示工艺参数与钻机参数、主参数与其他参数之间的内在联系，从而找出一套简易切实可行的参数计算公式来。

钻机的基本参数有：额定井深、最大起重量、钻机总功率（以上三者为总体参数），额定钻柱重量，游动系统最大绳数、滚筒钢绳最大拉力、钢绳直径、大钩起升速度、绞车额定功率（以上六者为起升系统参数），转盘开口直径、转盘最高转速，转盘工作扭矩、转盘额定功率（以上四者为旋转系统参数），最大泵压、泵组最大排量、泵组最小排置和泵组额定功率（以上四者为循环系统参数）。

确定基本参数的原则是：

(1) 钻机各系统参数应满足高速钻井的需要。如起升系统应有高负荷能力，高起下钻速度，旋转系统要满足用“四合一”钻头在“高钻压、高扭矩”下打井的要求，循环系统要满足喷射钻井的“高泵压、高钻头水马力”的要求。

(2) 国产钻机的基本参数应赶上或超过世界先进水平，有利于国际技术交流。

(3) 新钻机系列与参数要适当照顾现有钻机的继承性。

本文采用符号：

a、b、A、B——常系数；

C——钻头喷嘴流量系数；

$D_{头}$、$D_{头\max}$——钻头直径，第一次开钻时用的最大钻头直径；

$D_{盘}$——转盘开口直径，mm；

$d_{杆}$、$d_{铤}$——钻杆和钻铤外径，cm；

$d_{内}$——钻杆或钻铤内径，cm；

d_0——钻头喷嘴直径，cm；

$d_{绳}$——钢绳直径，mm；

$f_{冲}$——泥浆对地层的冲击力，kgf，1 kgf=9.8 N；

f——范氏摩擦系数；

f_0——全部钻头喷嘴截面积，cm^2；

G_0——游动系统部件的重量，t；

g——重力加速度＝9.8 m/s²；

L——主参数，额定井深，km；

L'——额定井深，m；

L_{α}，L_{min}，L_{max}——任意井深、最小和最大井深，km；

l——管道长度，m；

M，M_{max}——转盘工作扭矩和最大工作扭矩，kgf·m；

$P_{水}$——泵组水功率，hp；

$P_{头}$，$P_{头min}$——钻头水功率，钻头最小水功率，hp；

$P'_{头}$——单位井底面积的钻头水功率；hp/in²；

$P_{绞}$、$P_{转}$、$P_{泵}$、$P_{辅}$、$P_{总}$——绞车，转盘，泵组，辅机的额定功率和钻机总功率，hp；

n，n_{max}，n_{min}——转盘转速，转盘最高和最低转速，r/min；

k——安全系数；

p，p_{max}——滚筒钢绳拉力和最大拉力，t；

$p_{断}$——钢绳断裂载荷，t；

$p_{泵}$，p_{max}，p_{min}——泵压，最小泵压和最大泵压，kgf/cm²；

$p_{杆}$，$p_{铤}$，$p_{环杆}$，$p_{环铤}$，$p_{汇}$——钻杆柱内、钻铤内、钻杆外环形空间、钻铤外环形鲎向和地面管汇的压力降，kg/cm²；

Q，Q_{min}，Q_{max}——泵组排量，泵组最小排量和最大排量，L/s；

q——单位井底排量；L/(s·mm)；

$Q_{始}$，$Q_{终}$——开钻和完钻时的泵组排量，L/s；

$Q_{单}$——单泵排量，L/s；

Re——雷诺数；

v_{1}，v_{h}——起升钻柱时大钩最低和最高速度，m/s；

$v_{平}$，$v_{临}$——管道内平均流速和临界流速，m/s；

$v_{返}$——泥浆在环形空间中的上返速度，m/s；

$v_{喷}$——泥浆在钻头喷嘴出口的喷射速度，m/s；

W_{max}——钻机最大起重量(即最大钩载)，t；

W_{α}——任意钩载，t；

$W_{柱}$，W_{1}——额定钻柱重量和Ⅵ挡起重量，t；

w——单位钻头直径的钻压，t/in，t/mm；

$w_{柱}$，$w_{套}$——每米钻杆柱、套管柱在空气中重量，kgf/m；

X——基本参数；

Z——游动系统最大绳数；

α——井深或钩载相对系数，$\alpha=\dfrac{L_{\alpha}}{L}=\dfrac{W_{\alpha}}{W_{max}}$；

γ——泥浆比重，或密度，g/cm³；

λ——压力降低系数；

μ——泥浆塑性粘度，Pt；

τ——泥浆动切阻力(屈服点)，dyn/cm³(1 dyn＝10^{-5}N)；

η——传动效率，单滑轮的效率；

$\eta_{游}$，$\eta_{绞}$，$\eta_{转}$，$\eta_{泵}$，$\eta_{柴}$——游动系统、绞车内传动、转盘内传动、泵本身和柴油机本身效率。

1 选定主参数——额定井深 L

钻机主参数应能：

(1) 直接反映钻机的特性和尺寸、重量的大小。

(2) 决定其他参数的大小。

(3) 作为钻机设计和选用的依据。

各国的钻机主参数选法不一；美国各厂家多以 L 为主参数，苏联、罗马尼亚在 20 世纪 60 年代以 $W_{柱}$ 为主参数，70 年代改以 W_{max} 为主参数。按照上述三条标准全面衡量，我国以选择 L 作为钻机主参数最为合理，同时也符合我国以井深命名钻机和井队的习惯。

各国的钻机主参数系列有按阶梯算术级数建立的，有按等比级数建立的，参考我国起重机标准 GB 681—1965，JB 773—1975，以及大多数矿山及工程机械标准，我国钻机的主参数系列应根据国际标准组织 ISO/R3，ISO/Rl7 建议的“优先数与优先数系”来制定。然而参数系列的范围和疏密度大小则应根据近 10 年钻机需要量之规划统计资料，按钻机容量利用率最高和制造、使用总成本最低的原则加以评比制定，并随实际情况之发展不断加以调整。

按优先数系 R10 可列出 9 级钻机，即：

L'：1 600，2 000，2 500，3 200(3 150 修正值)，4 000，5 000，6 300，8 000，10 000 m。

近年来，当各级钻机需要量不够大时可暂先按 R10/2 安排系列，即 2 000，3 200，5 000，8 000 m 4 级钻机。

图 1 给出 9 级钻机之额定井深 L(km)并给出井深范围 $L_{min}\sim L$，统一取 $L_{min}=0.7L$。

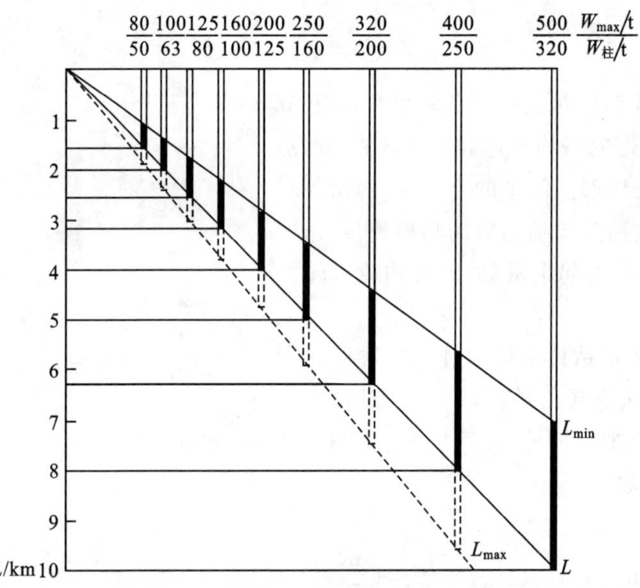

图 1 系列钻机的井深和起重量

设游动系统最大绳数为 12、用于起升最大起重量，当从较低的井深中或额定井深中起升钻柱时用 8 或 10 根钢绳，计入效率、8 根绳的起重量为 12 根绳的 70%。

9 级钻机中每相邻 2 级钻机都有 10%的井深重叠，这样便增加了选用钻机的灵活性。

各项基本参数 X 与主参数 L 之间存在函数关系

$$X = A + BL^{\beta} \quad (1)$$

下面将逐项证明此点。

2　最大起重量 W_{max}

W_{max}系指钻机大钩许加的最大载荷，许多国家以它为钻机的主参数，它是在特殊情况下选择钻机的依据，是核算起升系统各部件的最大静强度的依据，是核算转盘、水龙头等主轴承静载荷的依据，也是选择游动系统最大绳数和钢绳尺寸的依据。

计算 W_{max}有 4 种方法：

(1) 按钻井完井全过程可能遇到的最大钩载。

(2) 按一定钢绳结构和尺寸，取其安全系数为 2.5，游动系统最大绳数的全部钢绳所能起的载荷。

(3) 按大钩、游车、天车、井架的承载能力。

(4) 按绞车在额定功率下用最低事故挡和游动系统最大绳数所能起的载荷。

由于按后三种方法确定的 W_{max}存在大量的人为(主观)因素和结构材料不稳定的因素，所以 W_{max}值变化范围很大，推荐按第一种工艺基础法来确定 W_{max}。

在钻井和完井过程中可能出现的最大钩载有两种：在解除卡钻作业中大钩的上提载荷和下套管作业中上提遇阻的最重管柱时的钩载，在中深井中前者大于后者，而在深井中以后者为大，现着眼于深井钻机、统一考虑后者的需要，W_{max}应以最重套管柱接箍滑扣载荷(即套管柱断裂载荷)的 80%为极限。

在进行井口套管柱抗拉强度设计时，令

套管柱断裂载荷＝最重套管柱重量×安全系数 1.6

由图 2 可见在深井中、较大尺寸的套管多用作技术套管，它的井深较浅，较小尺寸的套管多用作尾管，它们都构不成最重套管柱，而最重管柱多由下至额定井深 L 的油层套管柱形成，套管尺寸绝大多数为 7 in(178 mm)。

$$W_{max} = 0.8 \times 1.6 w_{套} L \approx 1.25\, w_{套} L \quad (2)$$

在正常情况下，7 in 薄壁组合套管柱的 $w_{套} \approx 40$ kg/m，代入(2)式

$$W_{max} = 50L \quad (3)$$

由于 L 系列为优先数系，50 的 5 又在 R_{10}内，按优先数系特性，50 与 L 之积即 W_{max}必然也属于优先数系(见图 1)。

此外在少数复杂情况下，有可能采用 7 in 或 7⅝ in 厚壁组合套管柱，其

$$\omega'_{套} = 50 \sim 63$$

$$W'_{max} = (63 \sim 80)L \quad (3a)$$

根据上式设计出的钻机固然有更大的处理事故和超深钻探的能力，但它的起升部件和转盘，水龙头、井架等都要加大很多，又由于最大钻杆柱重量还不到 W'_{max}的一半，所以经常的起重量利用率是很低的，这种情况对海上钻机还是允许的，对陆地钻机就很不经济了。在陆上如遇到复杂情况时就选用或换用更高一级的钻机好了，大可不必将所有各级钻机的 W_{max}都加重一级，故仍推荐按(3)式计算 W_{max}。

3　额定钻柱重量 $W_{柱}$

$W_{柱}$ 系指在钻井过程中大钩从额定井深中匀速提升的静载，如认为钻柱的上行摩擦阻力

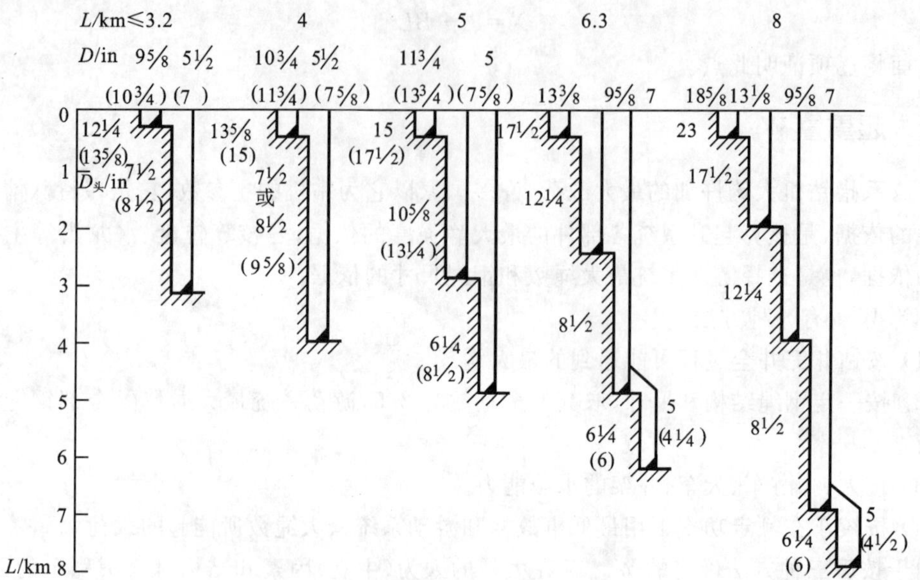

图 2　我国井身结构和套管程序

与其在泥浆中的浮力相抵消，则此静载即钻柱在空气中的重量。

$$W_{柱}=w_{柱}\ L \tag{4}$$

对于我国最常用的 5 in(壁厚 9.19 mm)对焊钻杆，计入 100 m 7 in 钻铤，其 $w_{柱}\approx 32$ kg/m，代入(4)式

$$W_{柱}=32L \tag{5}$$

同样理由，$W_{柱}$ 也属于优先数系。

起重量储备系数 $K_Q=\dfrac{W_{\max}}{W_{柱}}=\dfrac{50}{32}=1.6$。

K_Q 越大说明钻机的机动性越高，机动性高即钻机的解卡和破阻能力强，或可以部分利用 K_Q 超过 L 的 20%进行钻探，这样，实际钻深范围可以是 $0.7L\sim1.2L$，钻井中钩载变化范围是 $0.7\ W_{柱}\sim1.2\ W_{柱}$，而 $W_{柱}$ 就是这一变载的等效平均值。在进行起升系统各部件的疲劳强度计算以及转盘、水龙头主轴承动载荷计算时可以 $W_{柱}$ 为基础来计算等效载荷。

$W_{柱}$ 旧称钻机公称起重量，是主参数，且以之标定钻机型名。今天它在实用上已不如 $W_{\max}$和 L 重要。

4　游动系统最大绳数 Z、滚筒钢绳最大拉力 $p_{\max}$和钢绳直径 $d_{绳}$

$$p_{\max}=\frac{W_{\max}+G_0}{Z\eta_{游}}=\frac{52L}{Z\eta_{游}} \tag{6}$$

式中　$G_0\approx 0.04W_{\max}=2L$，t。

由上式可见，对于一定井深，$p_{\max}$与 Z 呈反比关系，如 Z 过少则 $p_{\max}$将过大，据之选定的 $d_{绳}$ 必过粗，同时起升系统部件的尺寸也过大。反之，Z 又不能过多，过多则 $\eta_{游}$降低，同时在一定起升速度下滚筒转速也将过高。综合考虑以上两方面影响，必有一技术经济的抉择。当从 $L=2\sim8$ km 起升 $W_{\max}$时，$p_{\max}=17\sim44$ t，可得经验式

$$p_{\max}=8+4.6L \tag{7}$$

令(6)式=(7)式可得

$$Z\eta^{\frac{Z+1}{2}}=\frac{52L}{8+4.6L} \tag{8}$$

上式中之 η 考虑用钢芯钢绳而取较低的值，以 $\eta=0.96$ 代入上式则对于一定的 L 可用图解法解出相应的 Z 值，绘如图 3 中曲线 1 所示。

(8)式有如下近似解：

$$Z=6L^{0.35} \tag{9}$$

实用中 Z 应向大化整成偶数，如图 3 曲线 2 所示。

正常钻井时起升 $W_{柱}$ 所用游动系统绳数为 $Z-2$。

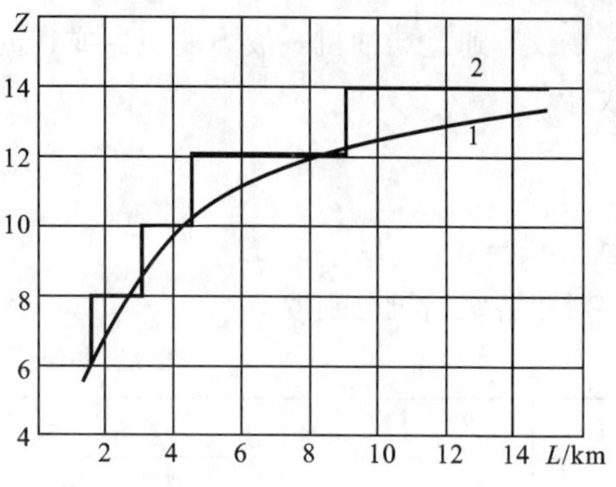

图 3　Z 与 L 之关系由线

由于选用的钢绳类型、结构和强度等级不同，根据钢绳的 $p_{断}$ 按一定的安全系数决定的 $d_{绳}$ 也不同。

图 4 给出国产钢绳的 $d_{绳}$-$p_{断}$ 关系曲线。

对于 W_{max} 取安全系数 $n=2.5$，通过(7)式可得下列各式：

曲线 1：

$$\left.\begin{aligned} d_{绳}<30 \text{ 时}, d_{绳}=18.9+4.37L \\ d_{绳}>30 \text{ 时}, d_{绳}=22.3+2.875L \end{aligned}\right\} \tag{10}$$

曲线 2：

$$\left.\begin{aligned} d_{绳}<30.5 \text{ 时}, d_{绳}=16+4.36L \\ d_{绳}>30.5 \text{ 时}, d_{绳}=23.3+2.13L \end{aligned}\right\} \tag{11}$$

曲线 3：

$$\left.\begin{aligned} d_{绳}<35 \text{ 时}, d_{绳}=19.4+2.3L \\ d_{绳}>35 \text{ 时}, d_{绳}=22.8+1.84L \end{aligned}\right\} \tag{12}$$

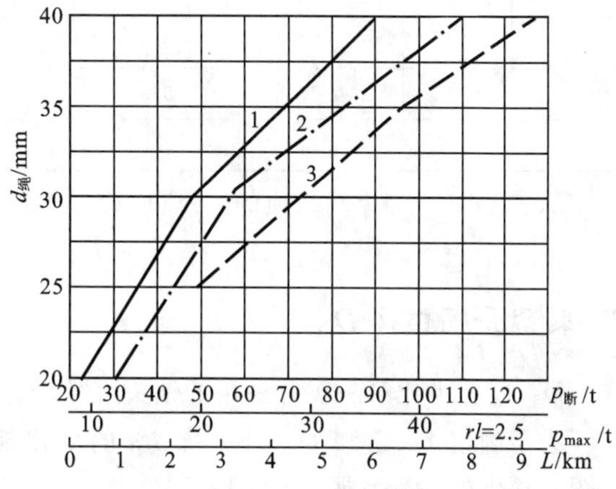

图 4　$d_{绳}$ 与 $p_{断}$、p_{max}、L 之关系

1—按 GB 1102—1974，圆股 $D-6\times19+1-185$；

2—按 GB 1102—1974，圆股混合型金属芯 $6\times19+7\times7-185$；

3—按 YB 829—1973，三角股 6△(33)或(34)−185

按(12)算出的 $d_{绳}$ 要比按(10)算出的 $d_{绳}$ 细 4～8 mm，显然应以异形股钢绳取代目前的 D 形钢绳，当异形股钢绳暂不能满足大量需要时，暂先推广采用圆股混合型金属芯钢绳，即用(11)式计算钢绳直径。

5　起升速度 *v*

为了缩短起下钻机动时间，对各级钻机统一取

$$v_1=0.5\sim0.6\ \text{m/s}(100\sim120\ \text{ft/min})$$

第一事故挡用于两台柴油机停掉 1 台时起升 $W_{柱}$，$v_{01}=0.25\sim0.3$ m/s；

第二事故挡用于两台柴油机起升 W_{max}，$v_{02}=0.325\sim0.39$ m/s。

若开两台柴油机则 v_{01} 可以起升 $W'_{max}=66L$，一般情况下是不准采用的，万一要用必须检查起升各部件、井架和钢绳的安全系数。

一般，$v_h=1.5\sim2.0$ m/s。

6 绞车额定功率 $P_{绞}$

在绞车通过柴油机—液力变矩器或直流电机驱动的情况下，不考虑动载系数(或功率储备系数)。

$$P_{绞}=\frac{W_1V_1}{\eta_{绞}\ \eta_{游}}\cdot 10^3 \tag{13}$$

式中 $W_1=W_{柱}+G_0=34L$。

对于各级钻机分别取 $v_1=0.5\sim0.6$ m/s，且取不同的效率，算得 $P_{绞}$ 列于表 1 中。

表 1 各级钻机的效率和绞车功率

L	Z	$\eta_{游}$	$\eta_{绞}$	$W_1\times10^3$/kg	v_1/(m·s^{-1})	$P_{绞}$/hp
2	8	0.84	0.9	68	0.5	600
3.2	10	0.81	0.9	109	0.5	1 000
5	12	0.77	0.9	170	0.55	1 630
8	12	0.77	0.9	272	0.57	2 970
10	14	0.74	0.9	340	0.6	4 060

从表 1 中 L 与 $P_{绞}$ 二值的关系可以总结出计算 $P_{绞}$ 的通式

$$P_{绞}=250L^{1.2} \tag{14}$$

7 转盘开口直径 $D_{盘}$

$D_{盘}$ 应至少比第一次开钻用的钻头直径 $D_{头max}$ 还要大 10 ~15 mm(0.5 in)。

为了确定 $D_{头max}$ 和 $D_{头}$ 随井深 $L\alpha$ 的变化规律，将图 2 提供的 $D_{头}$ 数据整理于图 5 中，连接大(△点)小(o 点)两组数据多数点的上限可得二直线：

直线 1：以 6¼ in(159 mm)钻头完钻或套管程序少的井眼变化规律，用于深井泵压计算中。

$$D_{头}=159+53L(1-\alpha) \tag{15}$$

直线 2：以 8½ in (215 mm) 钻头完钻或套管程序多的井眼变化规律，用于转盘转速和扭矩计算中。

$$D_{头}=215+75L(1-\alpha) \tag{16}$$

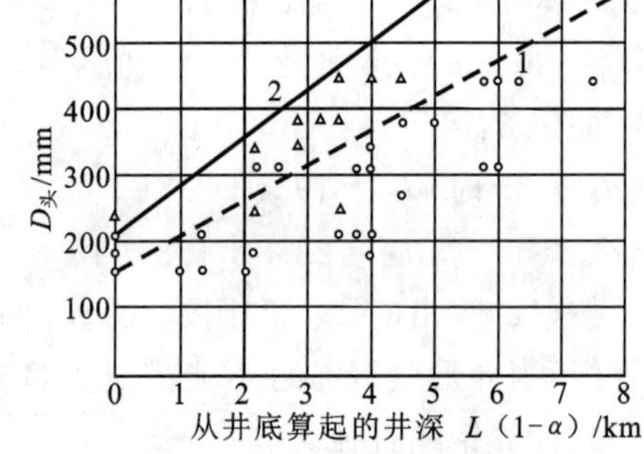

图 5 钻头直径与井深的关系

从图 5 直线上方各△点看，当开钻时，有

$$D_{头max}=245\ \text{mm}(9⅝\ \text{in})$$

$$D_{头max}=245+75L \tag{17}$$

$$D_{盘}=260+75L \tag{18}$$

8 转盘转速 n

转盘的工作转速中，一般最高者用于第一次开钻，最低者用于完钻。

第一次开钻井段为软或中硬地层，用大尺寸滚动轴承(或简易滑动轴承)铣齿牙轮钻头(或刮刀钻头)。而完钻多为硬或特硬地层，用小尺寸“四合一”牙轮钻头(滑动轴承、密封润滑、镶齿、喷射)。

在一定钻头一定钻速下，为了不使钻头过快磨损和钻柱过早疲劳断裂、应使 wn 保持为一常数。按强化钻井考虑

$$wn=300 \tag{19}$$

IADC 的经济性常数，$wn=150\sim200$(偏于保守)；

休斯公司，$wn=150\sim350$(后者用于特软地层、高转速)；

Gatlin，$wn=5\times10^5$ (lb·r)/(min·in)≈230 (t·r)/(min·in)。

钻井实践证明"高钻压，相对低转速"可获得高的机械钻速(对于硬地层，钻速$\propto w^{1.2}n^{0.5}$)因此设

$$w=1.5+0.3L\alpha \tag{20a}$$

折合

$$w=0.06+0.012L\alpha \tag{20b}$$

将(20)式代入(19)式

$$n=\frac{300}{15+0.3L\alpha}=\frac{200}{1+0.2L\alpha} \tag{21}$$

根据上式当开钻时，$\alpha=0$，始终有 $n_{始}=200$ r/min，这对于各种尺寸的开钻钻头是不实用的，为了避免钻头外径过快磨损，扭振过剧以及大尺寸钻头开高转速时功率消耗过大，应使开钻钻头的周切线速度保持为一常数，即

$$D_{头\max}n_{始}=12\times10^4 \tag{22}$$

$$n_{始}=\frac{12\times10^4}{215+75L} \tag{23}$$

以(23)式修正(21)式可得

$$n=\frac{200}{\dfrac{200}{\dfrac{12\times10^4}{215+75L}}+0.2L\alpha}$$

$$n=\frac{1.6\times10^3}{3+L+1.6L\alpha} \tag{24}$$

根据上式，设 $L=2\sim8$，当 $\alpha=0$ 时，开钻转速 $n_{始}=320\sim145$ r/min，当 $\alpha=1$ 时，完钻转速 $n_{终}=195\sim67$ r/min，将(19)(20)(24)三式绘成曲线示于图 6 中。

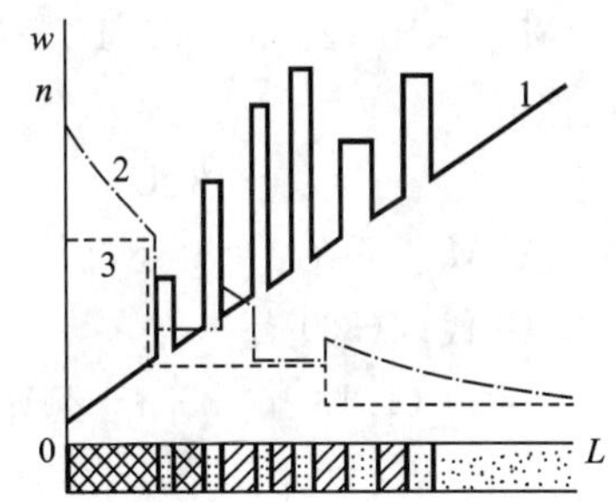

图 6　钻压 w、转速 n 随井深 L 之变化曲线

1— w-L 实际曲线；2—n-L 实际曲线，无级调速；3—n-L 实际曲线，变挡

根据以上分析、转盘的额定转速：

最高转速 $n_{\max}=350\sim250$ r/min，(后者用于超深井钻机)；最低工作转速 $n_{\min}=60\sim50$ r/min；用于打捞或取心作业的事故转速 $n_0=30\sim25$ r/min。

9　转盘扭矩 M 和转盘功率 $P_{转}$

正常钻进时转盘需克服的扭矩

$$M=M_1+M_2 \tag{25}$$

式中　M_1——钻头破岩扭矩和钻头与井底、井壁的摩擦扭矩，kgf·m；

M_2——钻柱在泥浆中空转的扭矩，kgf·m。

计算转盘扭矩和功率的公式很多，本文只根据其中一二种切实而简单地进行推导。根据经验公式

$$P_{转}=0.35wnL \tag{26}$$

可见 $P_{转}$ 与 w、n、L 呈线性关系或 M 与 w、L 呈线性关系，因而推荐下述计算公式

$$M_1=0.075wD_{头}^2 \tag{27}$$

$$M_2=220\gamma L\alpha \tag{28}$$

将(16)(20a)式代人(27)可得

$$M_1\approx 5(5+L_\alpha)(3+L-L\alpha)^2 \tag{29}$$

图 7 中阴影部分表示 γ 随井深的变化范围，取其平均值(曲线 1)

$$\gamma=1.2+0.5\lg(L\alpha) \tag{30}$$

或取近似值(直线 2)

$$\gamma=1.3+\frac{L}{22} \tag{31}$$

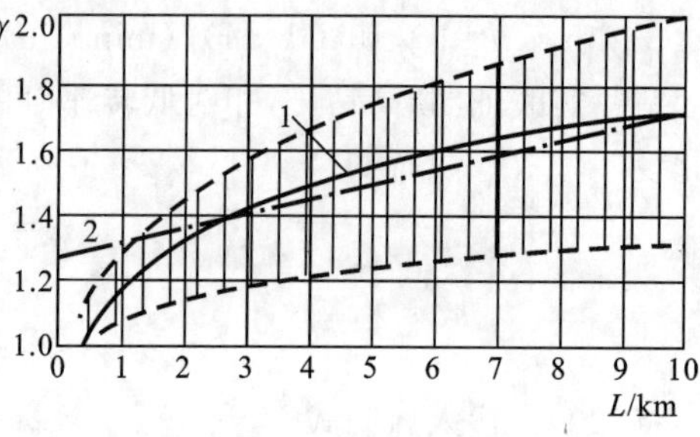

图 7 γ 与 L 之变化关系

将(31)式代入(28)式可得

$$M_2=10(28.6+L)L\alpha \tag{32}$$

$$M=5(5+L\alpha)(3+L-L\alpha)^2+10(28.6+L)L\alpha \tag{33}$$

今分别以 $L=3.2,5,8$ 代入(24)(33)式得二组 n、M 曲线绘入图 8 中。

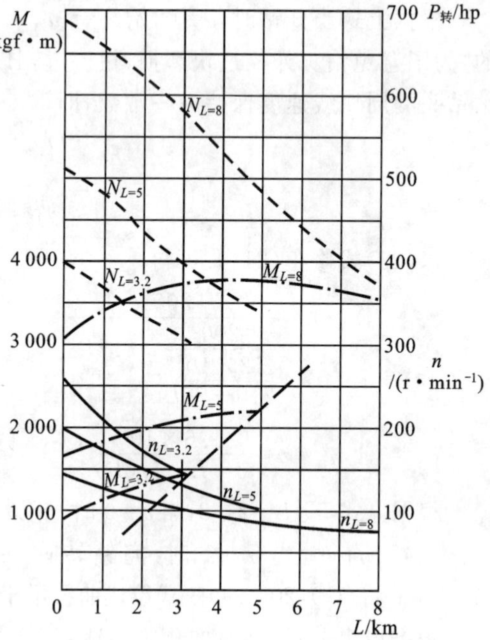

由图 8 可见，对于 $L>2$，$L<8$ 时在最大井深处转盘有最大扭矩，以 $\alpha=1$ 代入(33)式

$$M_{max}=10(22.5+33.1L+L^2) \tag{34}$$

或取近似值

$$M_{max}\approx 430L \tag{35}$$

对于 $L=8$，M_{max} 不在 $\alpha=1$ 处，而在 $\alpha=0.5$ 附近，以 $L=8$ 代入(33)式

$$M=2\,560(1.18+1.32\alpha-211\alpha^2+\alpha^3) \tag{36}$$

$\dfrac{dM}{d\alpha}=0$，$\alpha=0.475$，代入(36)式

$$M_{max}=3\,700\ \text{kgf}\cdot\text{m}$$

取近似值

$$M_{max}\approx 460L \tag{37}$$

图 8 系列钻机的 $n,M,P_{转}$ 曲线

对于 $L>8$，亦用上式，对于 $L\leqslant 2$，亦用上式。

当计算 $P_{转}$ 时要考虑转盘带动水龙和方钻杆要多消耗 5%～10%(超深井～中深井)以及转盘内部传动多消耗 7%的功率。

$$P'_{转}=\frac{Mn}{716\times 0.93^2}=\frac{Mn}{620}$$

$$P'_{转}=\frac{13[(5+L\alpha)(3+L-L\alpha)^2+2(28.6+L)L\alpha]}{3+L+1.6L\alpha} \tag{38}$$

以 $L=3.2,5,8$ 分别代入(38)式、可得三条 $P'_{转}$ 曲线绘入图 8 中，由之可见最大功率都出现在开钻时，以 $\alpha=0$ 代入(38)式。

$$P'_{转\max}=\frac{13\times5(3+L)^2}{3+L}=195+65L$$

取转盘额定功率

$$P_{转}=200+65L \tag{39}$$

由于钻杆材料强度的限制，$M_{\max}$不能过大，所以 $P_{转}$ 也不能过大，目前世界最大型转盘的功率为 750 hp。

10　泥浆水力学(提要)

钻井泵的参数必须根据喷射钻井需要的"高泵压、低排量"来确定，在下面两部分中将为计算最大泵压等参数提供必要的公式和图表(见图 9)，这些资料也适用于钻井参数的计算中。

(1) 泵压组成。

$$p_{泵}=p_{管}+p_{头} \tag{40}$$

$$p_{管}=p_{杆}+p_{铤}+p_{环杆}+p_{环铤}+p_{汇} \tag{41}$$

(2) 流型判断。

在不旋转的管内

$$Re=\frac{3.2\gamma v_{平}\ d_{内}}{\mu} \tag{42}$$

$$v_{平}=\frac{4Q}{\pi d_{内}^2}\times10=\frac{12.7Q}{d_{内}^2} \tag{43}$$

$Re<2\ 000$ 为层流，$2\ 000<Re<4\ 000$ 为过渡流，$Re>4\ 000$ 为紊流。

在旋转的管内

$$v_{临}=\frac{10\mu+10\sqrt{\mu^2+2.52\times10^{-4}\gamma d_{内}^2\ \tau}}{\gamma d_{内}} \tag{44}$$

$v_{平}<v_{临}$ 为层流；$v_{平}>v_{临}$ 为紊流。

(3) 钻杆柱内、钻铤内的压力降。

紊流时

$$p_{杆}=\frac{20f\gamma v_{平}^2\ l}{gd_{内}} \tag{45}$$

或

$$p_{杆}=\frac{329fl\gamma}{d_{内}^5}Q^2 \tag{46}$$

层流时

$$p_{杆}=(4\times10^{-4}\tau+0.326\ \frac{\mu v_{平}}{d_{内}})\frac{1}{d_{内}} \tag{47}$$

(4) 环形空间压力降。

以$(D_{头}-d_{杆})$代替(45)或(47)式中 $d_{内}$ 可算得 $p_{环杆}$，$p_{环铤}$算法亦然。

(5) 地面管汇压力降。

$$p_{汇}=a\gamma Q^2 \tag{48}$$

当近似计算时取 $a=3\times10^{-3}$。

(6) 综合上列各项压力降，(41) 式可写成

$$p_{管}=(a+bl)\gamma Q^2 \tag{49}$$

$$\lg\ p_{管}=\lg\ (a+bl)\gamma+2\lg\ Q$$

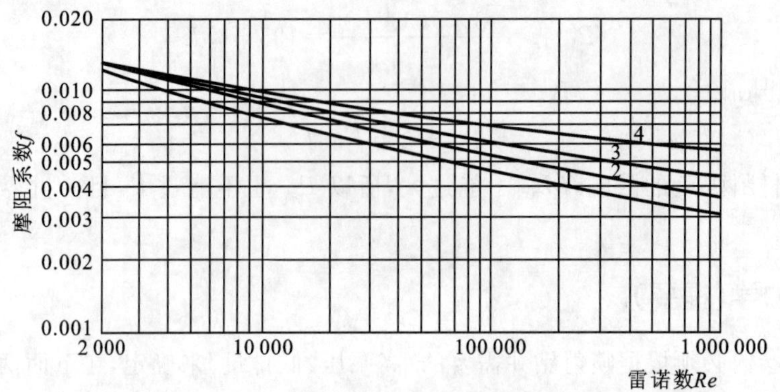

图 9　f 与 Re 的关系曲线

1—冷轧黄铜管或玻璃管的最小值；2—连接处断面不变的新钢管；
3—具有贯眼接头的钻杆或套管内的环形空间；4—裸眼井的环形空间

因此，在 lg-2lg 坐标图上可绘出各种尺寸钻具的 $p_{杆}$-Q，$p_{铤}$-Q，$p_{环杆}$-Q，$p_{环铤}$-Q，$p_{汇}$-Q 直线图，如图 10 所示，当实际的 l,γ,μ 不同于图上注明的条件时，应对查得的数据进行修正。

$$p_{杆}=p_{杆图}\frac{\gamma}{1.2}\left(\frac{\mu}{3}\right)^{0.14}\frac{1}{1\ 000} \tag{50}$$

(7) 钻头压力降和喷速。

$$p_{头}=0.82\frac{\gamma Q^2}{C^2 d^4} \tag{51}$$

$$v_{喷}=\frac{12.8CQ}{d^2}$$

式中　d——喷嘴计算直径，cm。

对于 n 个等尺寸的喷嘴，$d=\sqrt{nd_0^2}$；对于 n_1 个 d_{01}，n_2 个 d_{02}，…，的喷嘴，$d=\sqrt{n_1 d_{01}^2+n_2 d_{02}^2+\cdots}$；对于流线型喷嘴，$C=0.972$；对于普通喷嘴，$C=0.95$。

对比(51)(52)式，又可写为

$$v_{喷}=14.147C^2\sqrt{\frac{p_{头}}{\gamma}} \tag{53}$$

当 $C=0.972$，$\gamma=1.2$ 时，

$$v_{喷}=12.2\sqrt{p_{头}}, \tag{54}$$

根据各种尺寸的喷嘴和(51)(54)式在 lg-2lg 坐标上绘出图 11。

(8) 钻头水功率(图 11)。

$$P_{头}=\frac{p_{头}Q}{7.5}=0.11\frac{\gamma Q^2}{C^2 d^4} \tag{55}$$

(9) 泥浆射流对地层的冲击力。

$$F_{冲}=0.0153\lambda f_0\gamma v_{喷}^2 \tag{56}$$

或

$$F_{冲}=1.34Q\sqrt{\gamma p_{头}} \tag{57}$$

式中，$f_0=n\cdot\frac{\pi}{4}d_0^2$，$\lambda=\left(\frac{1+am_0}{1+am}\right)^2$。

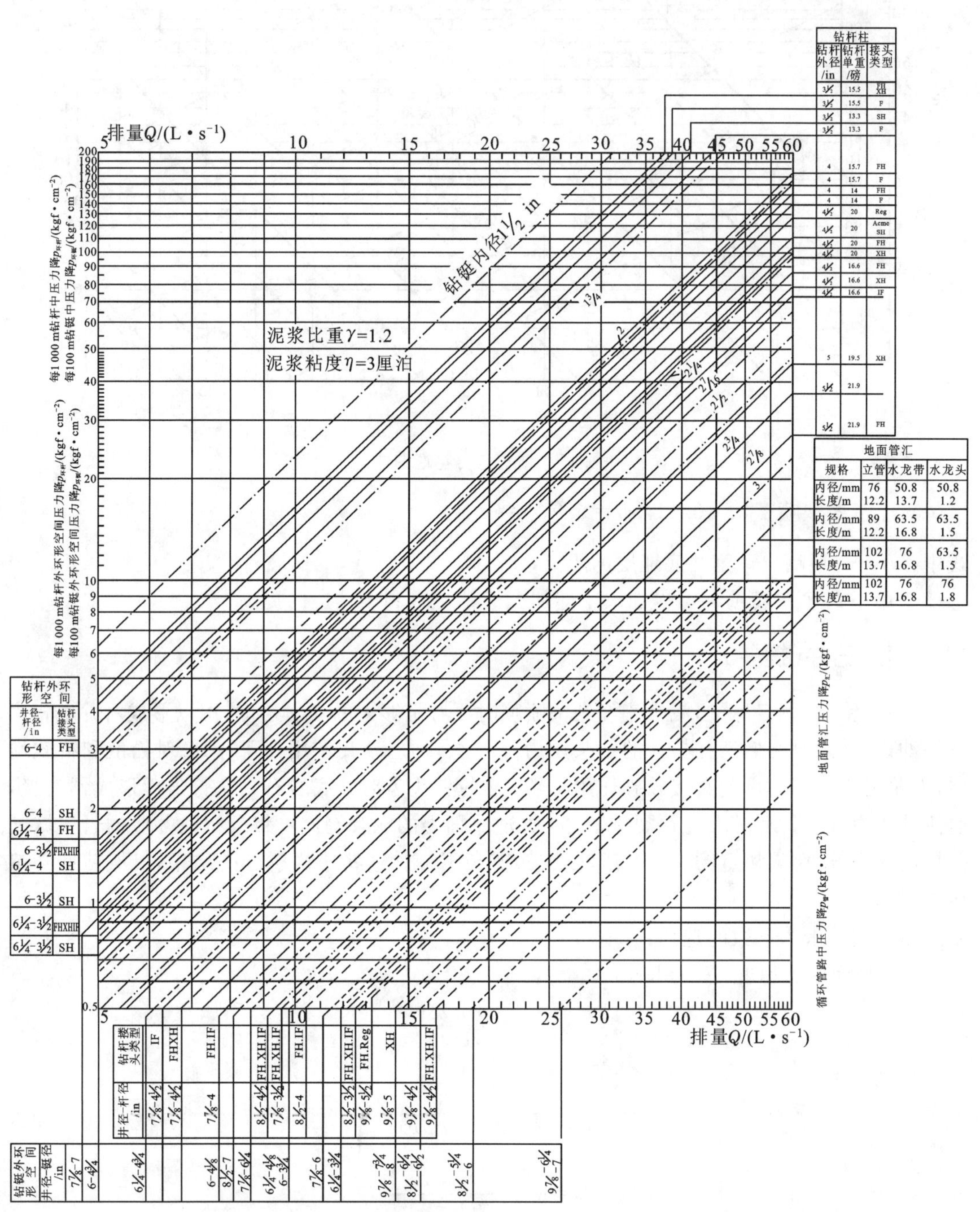

规格	立管	水龙带	水龙头
内径/mm	76	50.8	50.8
长度/m	12.2	13.7	1.2
内径/mm	89	63.5	63.5
长度/m	12.2	16.8	1.5
内径/mm	102	76	63.5
长度/m	13.7	16.8	1.5
内径/mm	102	76	76
长度/m	13.7	16.8	1.8

图 10　循环管路压力降计算图

FH—贯眼，XH—缩眼，IF—内平，SH—小眼，Reg—正规，Acme—阿克密

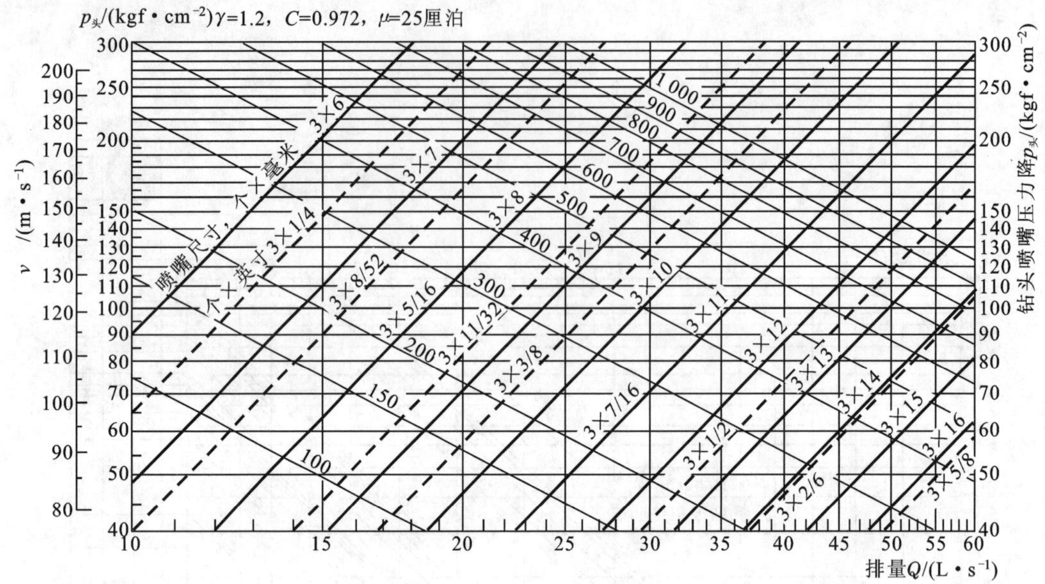

图 11　钻头水力特性曲线

对于流线型喷嘴，$a=0.14$，$M_0=5.9$，$m=\dfrac{l_1}{d}$。

式中　l_1——喷嘴出口至井底地层的距离，cm。

采用小 l_1 值的低喷嘴可以加大 γ 即加大 $F_{冲}$，更有利于钻速的提高。

11　喷射钻井(提要)

“喷射钻井”顾名思义，泥浆流经钻头喷嘴时要有足够大的喷射速度，用以形成对井底相当大的冲击力(同时必然消耗掉大的钻头压力降和水马力)。其作用在于：(1) 对松散和特软地层，泥浆射流冲击力可起直接破碎作用。(2) 牙轮钻头齿对井底岩石一次打击后形成预裂缝，射流冲击力可维持和扩大此预裂缝。(3) 井底平面上的泥浆漫流可将沉积在井底的岩屑掀起并推离井底，避免岩屑重磨。(4) 清洗钻头，避免泥糊。这些作用联合的结果，机械钻速必然显著提高。

喷射钻井水力参数的选择：

(1) 最优返流速度：按 fullerton。

$$v_{返}=\frac{18.2}{\gamma D_{头}} \tag{58}$$

最优排量

$$Q=\frac{\pi}{40}(D_{头}^2-d_{杆}^2)v_{返} \tag{59a}$$

或

$$Q=\frac{1.43(D_{头}^2-d_{杆}^2)}{\gamma D_{头}} \tag{59b}$$

式中　$D_{头}$(厘米)以下同此，可用图 12 速查 $v_{返}$ 和 Q。

目前，当泥浆性能不够理想时，暂可用

$$v_{返}=\frac{28}{\gamma D_{头}} \tag{60}$$

但应注意：$v_{返}>1$ m/s 是不利的。

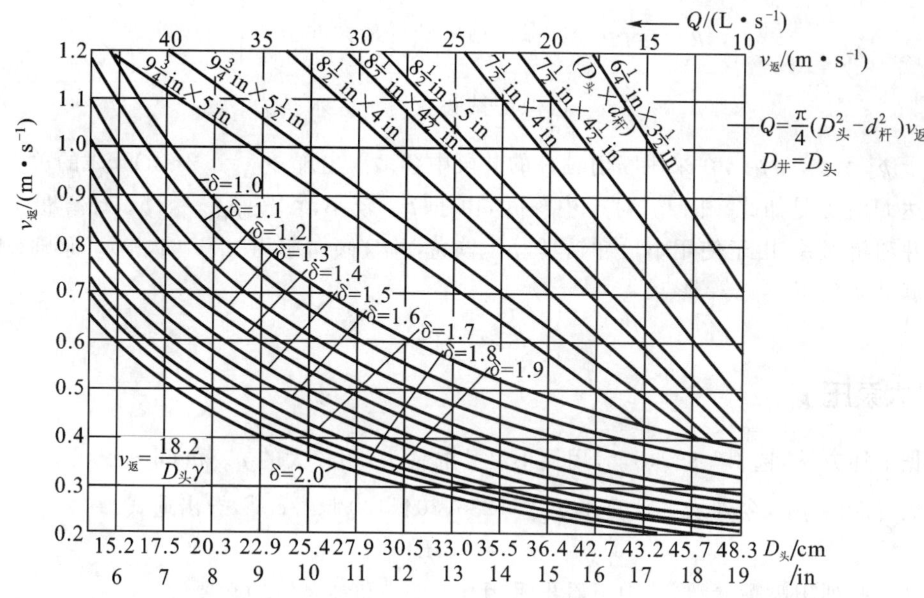

图 12　确定 $v_返$ 和 Q 的曲线

从(59)式可以导出单位井底泥浆排量

$$q=30\sim50\ [\mathrm{gal/(min\cdot in)}]=0.75\sim1.25\ [\mathrm{L/(s\cdot cm)}] \tag{61}$$

前者适于大井眼中。足够的“低排量”用来保证井筒中顺利排屑，它是喷射钻井的前提条件。

(2) 最低钻头压力降：它主要取决于 wn 值，按 fullerton。

$wn<250$ 时

$$p_头=0.156\gamma D_头(wn)^{0.5} \tag{62}$$

$250<wn<350$ 时

$$p_头=0.0102\gamma D_头\ wn \tag{63}$$

$wn>350$ 时

$$p_头=0.185\gamma D_头(wn)^{0.5} \tag{64}$$

根据(62)(63)式

$$p_头=70\sim150\ \mathrm{kg/cm^2}$$

根据(54)式折合

$$v_喷=100\sim150\ \mathrm{m/s} \tag{65}$$

目前，$v_喷$ 的极限值为 290 m/s，超过它将过早地破坏钻头轴承密封和喷嘴的密封。

(3) 最低单位钻头水马力 $P'_头$。

根据以上 1、2 段，当 $wn=200\sim350$ 时

$$P'_头=4\sim5.5\ \mathrm{hp/in^2}(井底面积) \tag{66}$$

最低钻头水马力

$$P_{头\min}=(0.6\sim0.76)D_头^2 \tag{67}$$

(4) 最低冲击力。

$$F_{冲\min}=(2.75\sim3.5)D_头^{1.5} \tag{68}$$

(5) 在 $p_泵=p_{\max}=C$ 的前提下，通过调配 d_0，使

$$\left.\begin{aligned} p_{头}&=\frac{1}{2}p_{max} \text{ 可保证钻头获得最大冲击力} \\ p_{头}&=\frac{2}{3}p_{max} \text{ 可保证钻头获得最大水马力} \end{aligned}\right\} \tag{69}$$

由于 $p_{泵}=p_{管}+p_{头}$，在采用喷射钻井的井段中会多次出现 $p_{max}=(2\sim3)\ p_{管}$ 的关系，尤其在井深达 L 时更是如此。因此，对于中深井，由于 $p_{管}$ 较小，可按 $p_{max}=3p_{管}$ 计算最大泵压。对于深井和超深井，由于使用小尺寸钻具，$p_{管}$ 较高，并且倾向于用"最大冲击力"原则，所以按下式计算最大泵压

$$p_{max}=2p_{管} \tag{70}$$

12 最大泵压 p_{max}

根据上述方法，选 $L=3.2,5,8$，用较小尺寸的钻头，用较大的 $v_{返}$ 和 Q[按(60)，(59)式]可算出最大可能的 $p_{管}$，今列表 2 计算出 $p_{max}=230,304,400\ \text{kgf/cm}^2$，导出通式

$$p_{max}=114L^{0.6} \tag{71}$$

表 2 中并列出喷嘴参数，从中可看出采用高的 $p_{头}$ 和高泵压的必要性。

表 2 p_{max}的计算

L /km	γ	$D_{头}$ /in /cm	钻具规格 $d_{杆}$/in(cm)－磅/英尺，接头 ×L km+$d_{铤}$/in(内孔/in)(100 m)	$v_{返}$ /(m·s^{-1})	Q /(L·s^{-1})	各项压力降/(kgf·cm^{-2}) $p_{杆}$	$p_{铤}$	$p_{环杆}$	$p_{环铤}$	$p_{汇}$	$p_{管}$ /(kgf·cm^{-2})
图，公式	(30)式	(14)(15)式		(60)式	(59)式	图 10，(50)式					(41)(50)式
3.2	1.45	8½ 21.5	5(12.7)－19.5# FH×2.5+4(10.2)－15.7# FH×0.6+6¼(内孔 2¼)	5 in 外 0.9	21.2	19	13	10	1	1.5	$45\times\frac{1.45}{1.2}=55$
		8½ 21.5	5(12.7)－19.5# FH×2.5+4(10.2)－15.7# FH×0.6+6¼(内孔 2¼)	0.95	21.2	19	13	10	1	1.5	$95\times\frac{1.45}{1.2}=115$
5	1.55	7½ 19.0	4(10.2)－14# FH×4.9+6¼(2¼)	0.95	19.2	86	11	17	13	1	$118\times\frac{1.55}{1.2}=152$
8	1.65	6¼ 15.9	4(10.2)－14# FH×5+3½(8.9)－13.3# IF×2.9+4⅛(2)	4 in 外 1.06 3½ in 外 0.93	12.3	35 47	8	43 12	0.7	0.5	$146\times\frac{1.65}{1.2}=220$

L /km	$p_{max}=(3\sim2)p_{管}$ /(kgf·cm^{-2})	$p_{max}=114L^{0.6}$ /(kgf·cm^{-2})	喷嘴 $n\times d_0$ /mm	$p_{头}$ /(kgf·cm^{-2})	$v_{喷}$ /(m·s^{-1})	$P_{头}$ /hp	$F_{冲}$ /kgf	当 $wn=350$ $P_{头min}$ /hp	$F_{冲min}$ /kgf
图、公式	(70)式	(71)式	图 11	图 11，(50)式	图 11，(54)式	图 11，(55)式	(56)式	(67)式	(68)式
3.2	3×55=165 2×115=230	230	3×9	$105\times\frac{1.45}{1.2}=127$	125	350	385	350	350
5	2×152=304	300	3×8	$120\times\frac{1.55}{1.2}=155$	133	320	400	275	295
8	2×200=400	400	3×6	$130\times\frac{1.65}{1.2}=180$	138	210	283	195	220

13　泵组功率 $P_{泵}$

图 13 为喷射钻井时，用换缸套法调节排量，其 p、Q、$P_{水}$ 随井深 $L\alpha$ 而阶梯变化的情况，Q 以开钻时最大，p 以完钻时最大，但完钻时 $Q_{终}$ 很小，所以 $P_{水}$ 相当小，而在浅井段某一点出现 $P_{水}$ 的最大值 $P_{水\max}$，为了导出 $P_{水\max}$，设 p、Q、$P_{水}$ 都是 $L\alpha$ 的连续函数，当 $L=8$ 时，(15)式，

$$D_{头}=15.9+5.3(1-\alpha)$$

$$p_{杆}=12.7-0.5L\alpha \tag{72}$$

根据(59)(60)(30)式得

$$Q=\frac{2.2\{[15.9+5.3L(1-\alpha)]^2-(12.7-0.5L\alpha)^2}{[15.9+5.3L(1-\alpha)](1.2+0.5\lg L\alpha)} \tag{73}$$

以 L=8，$\alpha=0$，$\gamma=1$ 代入上式，得

$$Q_{始}=120\ \mathrm{L/s}$$

$$p_{始}=p_{汇}+p_{头}=\frac{45}{1.2}+\frac{135}{1.2}=150\ (\mathrm{kgf/cm^2})$$

以 $L=8$，$\alpha=1$，$\gamma=1.65$ 代入(73)式，得

$$Q_{终}=12.3\ \mathrm{L/s}$$

$$p_{终}=400\ \mathrm{kgf/cm^2}$$

p-L 曲线近似一直线：

$$p=154+31L\alpha \tag{74}$$

$$P_{水}=\frac{pQ}{7.5}$$

$$P_{水}=\frac{0.293(154+31L\alpha)\{[15.9+5.3L(1-\alpha)]^2-(12.7-0.5L\alpha)^2}{[15.9+5.3L(1-\alpha)](1.2+0.5\lg L\alpha)} \tag{75}$$

以 $L=8$ 代入(73)(74)(75)三式可得三条曲线绘于图 14 中，由之可见

$$\alpha=0\ 时，P_{水}=P_{水\max}=2\ 400\ \mathrm{hp}$$

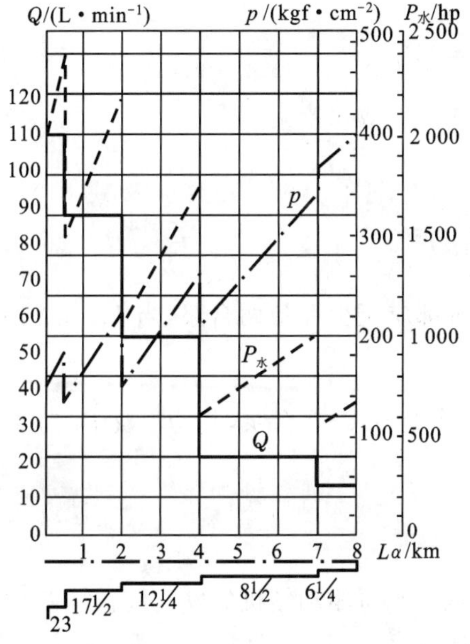

图 13　$L=8$ 时泵组 p、Q、$P_{水}$ 的阶梯变化曲线

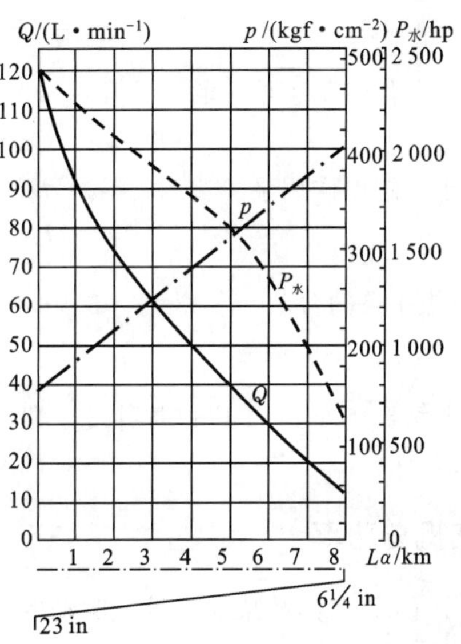

图 14　$L=8$ 时泵组 p、Q、$P_{水}$ 的连续变化曲线

设 $\eta_{泵}=0.75$

$(\eta_{泵}=\eta_{水}\ \eta_{容}\ \eta_{机}=0.98\times0.9\times0.85)$

$$P_{泵}=\frac{P_{水\max}}{\eta_{泵}}=3\ 200\ (\text{hp})$$

参考图 5,表 2

当 $L=5$ 时,

$$D_{头}=19+5L(1-\alpha)$$

$L=3.2$ 时,

$$D_{头}=21.5+4.1L(1-\alpha)$$

$p_{杆}$ 同前式,用前法可导出二组 $p,Q,P_{水}$ 函数式及相应曲线,将三组曲线一并绘入图 15 中。

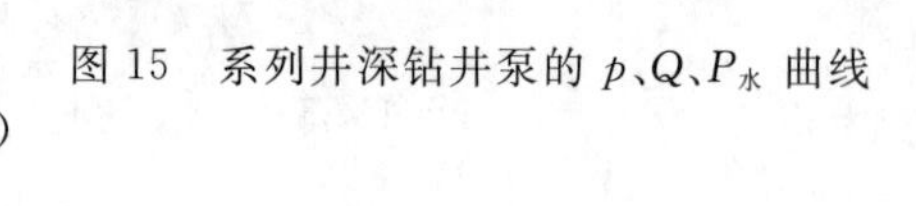

图 15　系列井深钻井泵的 p、Q、$P_{水}$ 曲线

由之可见:$L=5$ 时,$P_{水\max}=1\ 590$ hp

$L=3.2$ 时,$P_{水\max}=1\ 050$ hp

泵组最大水功率

$$P_{水\max}=375L^{0.9} \tag{76}$$

泵组额定功率

$$P_{泵}=500L^{0.9} \tag{77}$$

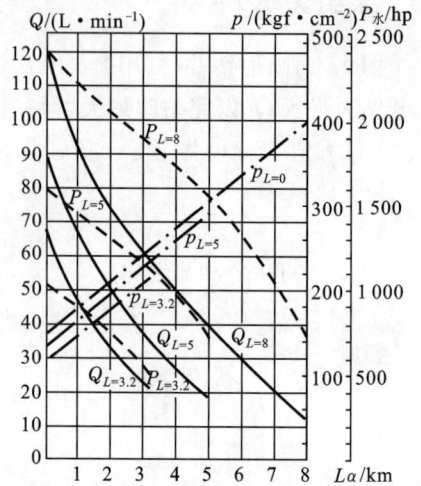

14　泵组最小、最大排量和泵的台数

泵组最小排量即在泵额定冲数下,用最小缸套泵组给出的排量

$$Q_{\min}=\frac{7.5P_{水\max}}{p_{\max}}=\frac{7.5\times375L^{0.9}}{114L^{0.6}}=24.7L^{0.3} \tag{78}$$

根据 $L=8$ 时,$p_{始}=150\ \text{kgf/cm}^2$;$L=5$ 时,$p_{始}=110\ \text{kgf/cm}^2$,可设最大缸套下的泵压

$$p_{\min}=43L^{0.6}$$

泵组最大排量

$$Q_{\max}=\frac{7.5\times375L^{0.9}}{43L^{0.6}}=65L^{0.3} \tag{79}$$

装运条件限制了单泵的尺寸及重量不能过大,对于双缸双作用泵

$$Q_{单}=50\sim60\ \text{L/s}$$

对于三缸单作用泵

$$Q_{单}=40\sim50\ \text{L/s}$$

所以,泵组中泵的台数$=\dfrac{Q_{\max}}{Q_{单}}=2\sim3$。即陆地深井钻机都应至少配备两台泵,当 $L\geqslant6.3$ 时可配备三台泵。

海上钻机例外,为了应付各种复杂情况,要比陆上多配备 1~2 台泵,其 $Q_{\max}$ 及 $P_{泵}$ 也相应增大许多。

15　钻机总功率 $P_{总}$

由于 $P_{泵}>P_{绞}$,故柴油机统一驱动的钻机总功率或单独电驱动钻机的发电机总容量

$$P_{总}=\frac{P_{泵}+P_{转}+P_{辅}}{\eta_{机传}(\text{或}\ \eta_{电传})}=\frac{1.1(P_{泵}+P_{转})}{0.8}=1.4(P_{泵}+P_{转}) \tag{80}$$

上式考虑发电机与电动机效率各约为0.9，考虑液力变矩器平均工作效率为0.85，机械传动效率为0.9。

如将(77)式转化为

$$P_{泵}=(465\sim400)L,(当\ L=2\sim10\ 时) \tag{81}$$

将(81)(39)式代入(80)式可得

$$P_{总}=280+(750\sim650)L \tag{82}$$

用柴油机驱动泵和转盘时按柴油机的持续功率配备，持续功率一般为间歇功率的90%。所以柴油机可用于驱动泵和转盘的功率即共持续输出功率

$$P_{持出}=0.9P_{间}\ \eta_{柴}=0.775P_{间} \tag{83}$$

$$\eta_{柴}=\eta_1\eta_2\eta_3=0.86$$

式中 $P_{间}$——柴油机台架试验的间歇功率，hp，例如P12V-190C型柴油机，当1 300 r/min时，其 $P_{间}=1\ 020$ hp；

η_1——风扇效率 $\eta_1=0.95$；

η_2——吸入排出效率 $\eta_2=0.95$；

η_3——油质和磨损效率 $\eta_3=0.95$。

实际的 $P_{总}$ 要按 $P_{持出}\times$台数化整，然后根据实际的 $P_{总}$ 调整 $P_{泵}$ 和 $P_{转}$ 等各个参数。

16 总 结

汇总各基本参数计算公式，并以具体 L 值代入各式可得系列陆地钻机的基本参数计算值，列于表3，这些计算值还有待功率调整及部件通用化方案确定后才能最后确立。

表3 系列钻机的基本参数计算值

额定井深	L	km	2	3.2	5	8	10
最大起重量	$W_{max}=50L$	t	100	160	250	400	500
额定钻柱重量	$W_{柱}=32L$	t	63	100	160	250	320
游动系统最大绳数	$Z=6L^{0.35}$		8	10	10 12	12	14
滚筒最大拉力	$p_{max}=8+4.6L$	t	17.2	22.5	31	45	54
钢绳直径	$d_{绳}=16+4.36L$	mm	24.7	30	—	—	—
	$d_{绳}=23.3+2.13L$	mm	—	—	34	40.3	44.6
绞车额定功率	$P_{绞}=250L^{1.2}$	hp	570	1 000	1 740	3 000	4 000
转盘开口直径	$D_{盘}=260+75L$	mm	410	500	635	860	1 010
		(in)	(17½)	(20½)	(24½ 27½)	(32½ 35½)	(40)
转盘工作扭矩	$M=430L$	kgf·m	—	1 400	2 150	—	—
	$M=460L$	kgf·m	920	—	—	3 700	4 600
转盘额定功率	$P_{转}=200+65L$	hp	330	410	525	720	850
最大泵压	$p_{max}=114L^{0.3}$	kgf/cm²	175	230	300	400	455
泵组最大排量	$Q_{min}=24.7L^{0.3}$	L/s	30.5	92	40	46	49
泵组最小排量	$Q_{max}=65L^{0.3}$	L/s	80	35	105	120	130

续表 3

额定井深	L	km	2	3.2	5	8	10
泵组额定功率	$P_{泵}=500L^{0.9}$	hp	930	1 420	2 150	3 250	4 000
钻机总功率	$P_{总}=280+(750\sim650)L$	hp	1 780	2 600	3 780	5 680	6 780

由表 3 可见，这些参数值都比现有钻机的高出许多，有些比国际水平还高一些，要使这些参数成为现实，还要解决一系列技术关键，主要有：

(1) 起升系统中要采用高强度异型股钢绳，要提高绞车滚筒离合器和带式刹车的性能、使之能胜任起下 W_{max}的任务。

(2) 发展高强度钻杆并研制测录转盘扭矩-转速的仪表，使钻柱能在高的转盘扭矩下安全工作。

(3) 研制最大压力为 300～400 kgf/cm^2 的三缸单作用活塞泵，解决高压下的密封和易损件问题。

(4) 研制安全压力为 300～400 kgf/cm^2 的多职能的泥浆地面管汇(包括水龙带)，并用低固相轻质泥浆和推广泥浆净化设备。

(5) 强化“四合一”钻头使能承受 3～4.5 t/in 的钻压，提高钻头轴承和喷嘴的密封性。

(6) 发展 500～1 000 hp 的 1 000～1 200 r/min 的钻井柴油机及液力变矩器，发展 2 000～3 000 kW 的燃气轮机—直流发电机组及 500～1 000 kW 钻井用直流电动机。

17 几点结论

(1) 选额定井深 L 为主参数，其他参数 X 皆可根据 L 确定出，从表 3 可见

$$X=A+BL^{\beta}$$

15 项参数中有 9 项之 $\beta=1$，即 X 为 L 之线性函数，其他 6 项参数则呈 $\beta=0.3\sim1.2$ 的幂函数关系。

(2) 基本参数合理确定的根据是先进的钻井工艺措施，即三高三低(高泵压、低排量，高钻压、低转速，高升速、低钩载)。应不断调研国内外先进水平，调整钻机参数使能满足钻井工艺发展的需要。

(3) 目前由于钻杆和钻头的强度的限制，在各系统功率分配中 $P_{转}$ 是最低的。$P_{绞}$ 居其次，由于 p_{max}的大幅度提高，$P_{泵}$ 是最高的一个，又从(25)式可见，破碎岩石扭矩与全扭矩之比值随井深之增加而降低，$M_1/M=0.50\sim0.15$，因而有必要发展低速大扭矩的井底动力钻具(如螺杆钻具)，从而用于井底动力钻具和喷射钻头联合钻法中的泵压还要增高，$P_{转}$ 将转移到泵组中去使 $P_{泵}$ 进一步增大。

(4) 推荐的各项计算公式适用于正常条件的陆地钻机，至于在边远地区复杂地层钻井和海上钻井时可按比其设计井深更高一级的井深来选配钻机。

(5) 从速制定石油钻机系列和基本参数国家标准，同时研究制定部件通用化方案。为了适应各种钻井条件，钻机的制造和使用应实行整套和灵活配套两种方法(尤以后者为主，即以加强基础件攻关、组织通用部件的专业化生产为主)。

参考文献

[1] API Specification for Drilling and Production Hoisting Equipment. API STD8A 7th Ed. 1970.

[2] Procedure for Selecting Rotary Drilling Equipment Drilling-plan analysis. API Bul. D10 2nd. Ed. 1973.

[3] API Specification for Rotary Drilling Equipment. API STD7 26th Ed. 1971.

[4] API Specification for Wire Rope. API STD 9A 20th Ed. 1968.

[5] 机械工业通用标准:优先数与优先数系,机标(JB)109-60.

[6] 石油工业部 1975 年“套管程序及钻头、钻具、套管系列的配套意见”.

[7] GB 1102—1974 圆股钢丝绳,YB 829—1973 异型股钢丝绳.

[8] 华东石油学院.喷射式钻井技术的发展和水力计算[J].石油钻采机械通讯,1977(3).

[9] Composite Catalogue of Oil Field Equipment and Services 1976-1977.

[10] Drilling Manual IADC 1974.

[11] STAS R8339-75 Hoisting Equipment Range of Maximum loads.

[12] STAS R6234-75 Petroleum Equipment, Rotary Drilling Rig Basic Parameters.

[13] Gatlin C. Petroleum Engineering: Drilling and Well Completions, Prentice Hall Inc. Englewood Cliffs, N. J. 1960.

[14] Аваков В. А.. Расчеты Бурового Оборудования, Недра, 1973.

[15] “Машины и Нефтяное Оборудование”, 1977.

[16] 岩松一雄.钻探手册(日文).森北,1973.

43. 石油钻机的转盘、水龙头主轴承的计算

【论文题名】 石油钻机的转盘、水龙头主轴承的计算

【期 刊 名】 石油钻采机械通讯,1979 年第 4 期

【摘　　要】 文章从理论上分析并论述了石油钻机转盘、水龙头主轴承在变载荷、变转速的条件下,需具有的实际动载荷,依此来核算所选定的轴承工作寿命。文章还指出,对大型的主轴承核算其静载荷的必要性。

0　引　　言

石油钻机上多采用大型滚动轴承,在进行轴承的选型和寿命计算时,首要的问题是定出各机器部件的载荷型谱并根据它计算出等效当量载荷。本文以转盘、水龙头的主轴承为例,介绍它们的计算特点和方法。

1　载荷与轴承类型

水龙头在进行起下作业时不旋转,主轴承承受很大的轴向载荷。在钻井时主轴承承受较大的轴向载荷,由于方钻杆偏摆而产生的径向载荷相对很小,因此除轻型水龙头的主轴承可选推力球轴承外,一般重型水龙头的主轴承必须选用推力圆锥滚子轴承或推力向心球面滚子轴承。

转盘在起下作业时也不旋转,其主轴承只承受轴向载荷,以下最重套管柱时为最大,当旋转钻井时,主轴承除承受着较小的轴向载荷外,还承受着锥齿轮传动产生的径向载荷,因此根据其动载荷较小的特点,转盘主轴承多选用推力向心球轴承。

以上这两种主轴承都要根据钻井过程中当量动载荷与转速的变化规律计算出实际动载荷,然后根据它来选型或进行寿命计算。同时也要根据起下作业的最大载荷核算轴承的静载荷。

大型推力滚动轴承很少有标准型号的,其额定动载荷与额定静载荷往往需用 ISO 推荐的公式来计算。

2　主轴承动载荷或寿命计算

设轴承的额定动载荷为 C(kgf),而工作需要的实际动载荷为 C'(kgf),选型时必须保证。

$$C \geqslant C' \tag{1}$$

或轴承的额定寿命为 H_{h}(h),而实际寿命为 H(h),必须保证

$$H \geqslant H_{\mathrm{h}} \tag{2}$$

在变载荷变转速的工作系统中用等效当量动载荷 $p_{效}$ 代替一般的稳定当量动载荷,从而列出

$$C' = n_1 k_{载} k_{温} p_{效} \tag{3}$$

$p_{效}$ 可通过寿命系数 $k_{寿}$ 用最大当量动载荷 $p_{\max}$ 计算出,即

$$p_{效} = k_{寿} p_{\max} \tag{4}$$

代入(3)式可得

$$C'=n_1 k_{载} k_{温} k_{寿} p_{max} \tag{5}$$

上列式中：

n_1 为轴承动载荷安全系数，它由希望保证滚动体不产生点蚀的概率 $P(A)$ 的大小而定。根据额定寿命的含义可用以下公式或数据计算：

$$n_1=\left[\frac{1-0.9}{1-P(A)}\right]^{0.25} \tag{6}$$

$P(A)$	0.9	0.95	0.96	0.97	0.98	0.99	0.995
n_1	1	1.2	1.25	1.35	1.5	1.8	2

$k_{载}$ 为载荷特性系数，可参考表1来选定。

$k_{温}$ 为温度系数。

轴承工作温度/℃	<125	125	150	175	200	225	250
$k_{温}$	1	1.05	1.1	1.15	1.25	1.35	1.4

表1　钻机各部件轴承的 $k_{载}$

部　件	$k_{载}$
电动机，离心泵	1
绞车游动系统，泥浆泵，水龙头，柴油机联运机组，空气压缩机	1.1～1.25
转盘，振动筛，顿钻冲击机构	1.5～2

寿命系数 $k_{寿}$ 的概念是：轴承在变载变转速下运转时间 H_h 与定载 p_{max} 定速运转 10^6 转的疲劳点蚀效果（寿命）相等的等效系数[见(26)式推导过程]。

显然，对于稳定载荷 p_{max} 定转速 n 的工况，其

$$k'_{寿}=\sqrt[m]{\frac{60nH_h}{10^6}} \tag{7}$$

式中　m——轴承寿命指数，对于球轴承，$m=3$，对于滚子轴承，$m=\frac{10}{3}$；

10^6 表示额定动载荷的循环基数 N_0。

下面将逐次推导 p_{max}，$k_{寿}$，C' 与 C 的计算公式。

3　最大当量动载荷 p_{max}

3.1　水龙头的 $p_{水max}$

旋转钻井时，略去方钻杆偏摆产生的轻微的径向动载荷，水龙头最大当量动载荷即最大轴向载荷，它等于最大钻柱重量减去浮力和钻压。考虑泥浆比重为1.2～1.6时，浮力使钻柱减轻15%～20%，钻压相当于钻柱重量的20%～15%。

于是

$$p_{水max}\approx 0.85\times 0.80W_{柱}=0.68W_{柱} \tag{8}$$

式中　$W_{柱}$——最大钻柱重量，kgf。

设以 L(km)为额定井深，5 in钻柱在空气中的单位质量约为35 kg/m，则

$$W_{柱}=35L\times 10^{3} \tag{9}$$

3.2　转盘的 $p_{转max}$

在旋转钻井时，转盘同时有轴向动载荷 F_a 与径向动载荷 F_r，因而其最大当量动载荷

$$p_{转max}=F_a+XF_r \tag{10}$$

对于推力向心球轴承，径向系数 $X=1.2$

$$F_a=F+G-p_4 \tag{11}$$

式中 F——方钻杆在方卡瓦中向下滑行时对主轴承造成的最大轴向载荷。

如图 1(b)所示，设方卡瓦对方钻杆的推力

$$p_1=\frac{M_{max}}{2b} \tag{12}$$

$$F=4P_1\mu=\frac{2\mu M_{max}}{b} \tag{13}$$

式中 M_{max}——转盘的最大工作扭矩，根据参考文献：

$$M\approx 450L=0.013W_{柱} \tag{14}$$

μ——方钻杆与方卡瓦之间的摩擦系数，对于普通方卡瓦，$\mu=0.2\sim0.3$(半干摩擦至干摩擦)；对于滚子方卡瓦，$\mu=0.05\sim0.1$；

b——推力偶 p_1 间距，见图 1(b)，可取 $5\frac{1}{4}$ in 方钻杆一边宽的 90%，为 120 mm。

所以，对于各型转盘

$$F=\frac{2\times0.3}{0.12}0.013W_{柱}=0.065\ W_{柱} \tag{15}$$

式(11)中 G——转台、大齿轮、方补心和方卡瓦的重量，对于 520 型转盘 $G\approx 1\ 500$ kgf；当该转盘用于 3 200 m 井时，$W_{柱}=120\ 000$ kg。

$$G=0.013W_{柱} \tag{16}$$

从图 1(a)可见，大锥齿轮的平均节圆直径 $D_{平}=1\ 041$ mm(对于 520 型转盘)。

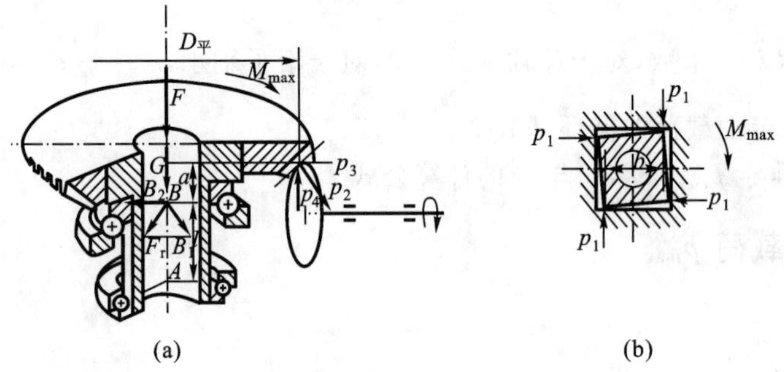

图 1 转盘载荷示意图

在啮合点 C 处，大锥齿轮的切向力：

$$p_2=k_{齿}\frac{2M_{max}}{D_{平}}=1.15\ \frac{2\times0.013W_{柱}}{1.04}0.013\ W_{柱}$$

$$p_2=0.029\ W_{柱} \tag{17}$$

计算时取齿传动动载系数 $k_{齿}=1.15$(考虑为 b 级精度刨铣齿，齿面硬度 $H_B>350$，线速度 $v=15$ m/s)。

大锥齿轮径向力

$$p_3=0.7p_2=0.02W_{柱} \tag{18}$$

大锥齿轮轴向力

$$p_4=0.22p_2=0.006\ 4W_{柱} \tag{19}$$

将(15)(16)(19)代入(11)式可得

$$F_a = 0.072\ W_{柱} \tag{20}$$

从图 1(a)可见，主轴承的径向动载荷

$$F_r = \sqrt{B_1^2 + B_2^2} = \sqrt{(p_2 \frac{a+l}{l})^2 + (p_3 \frac{a+l}{l} + p_4 \frac{D_{平}}{2l})^2} \tag{21}$$

对于 520 型转盘，$a=98$ mm，$l=225$ mm，代入上式

$$F_r = 0.063\ W_{柱} \tag{22}$$

以(20)(22)及 X 值代入(10)式可得

$$p_{转\max} = 0.15 W_{柱} \tag{23}$$

同样方法，对于 690 型转盘(用于 5 000～6 000 m 井深)，以 $D_{平}=1\ 250$ mm，$a=110$ mm，$l=230$ mm，$G=0.01\ W_{柱}$ 代入各式计算可得

$$p_{转\max} = 0.13 W_{柱} \tag{24}$$

3.3　综合水龙头与各型转盘

$$p_{\max} = k W_{柱} \tag{25}$$

对于各型水龙头　　$k=0.68$～0.70

对于 520 型转盘　　$k=0.15$

对于 690～950 型转盘　　$k=0.13$～0.115

可见，水龙头的最大当量动载荷比转盘者大 4.5～6 倍。

4　寿命系数 $k_{寿}$ 的计算

对于柴油机-液力变矩器驱动(或直流电驱动)的转盘和随之旋转的水龙头，其转速是连续变化的，当量动载荷也随井深连续变化。

根据疲劳等效的概念

$$p_{效}^m\ N_0 = \int_0^{p_{\max}} p_i^m \mathrm{d}N_i$$

$$p_{效} = \sqrt[m]{\frac{1}{N_0}\int_0^{p_{\max}} p_i^m \mathrm{d}N_i}$$

因为

$$p_{效} = k_{寿}\ p_{\max}$$

所以

$$k_{寿} = \sqrt[m]{\frac{1}{N_0}\int_0^1 (\frac{p_i}{p_{\max}})^m \mathrm{d}N_i} \tag{26}$$

如图 2 所示，上式中 $\frac{p_i}{p_{\max}}$ 为相对载荷。

对于水龙头

$$\frac{p_i}{p_{水\max}} = \frac{L\alpha}{L} = \alpha \tag{27}$$

α 即相对井深($\alpha=0$～1)。

对于转盘，由(11)式可见

$$p_{转\max} = CM_{\max} + G \quad (C\ 为常系数)$$

而 G 也随井深或 $p_{转max}$ 之增加而加重，即

$$p_i \propto M_i$$

$$故可取 = \frac{p_i}{p_{转max}} = \frac{M_i}{M_{max}} \tag{28}$$

$$M_i = 5(5 + L\alpha)(3 + L - L\alpha)^2 + 10(28.6 + L)L\alpha$$

如图 3 实曲线 1 所示，这是针对在硬地层中钻井从开钻到完钻始终加高钻压而得。然而对于软地层的井施加较低的钻压时则有实曲线 2 的变化情况，将二实曲线简化为虚直线以方便计算。

虚直线 1：$M_i = M_{max}(0.7 + 0.3\alpha)$；　虚直线 2：$M_i = M_{max}(0.3 + 0.7\alpha)$。

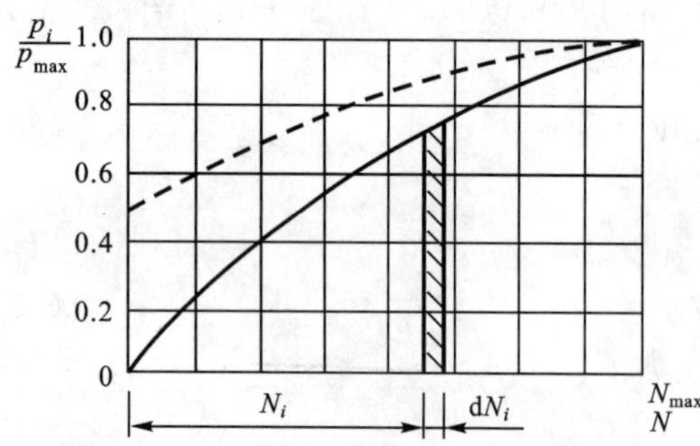

图 2　转盘、水龙头的相对载荷-循环图

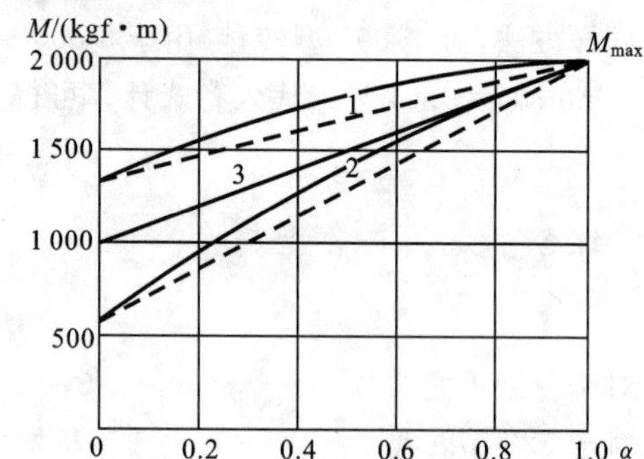

图 3　转盘工作转矩随井深变化图

(L=4.5 km)

当设计转盘时不应针对某一特定地区，宜全面考虑，取平均值即实直线 3，表达为

$$M_i = M_{max}(0.5 + 0.5\alpha) \tag{29}$$

所以

$$\frac{p_i}{p_{max}} = 0.5 + 0.5\alpha$$

图 2 中之 N_i 为钻至任意井深（载荷达 p_i）以前的主轴承累积循环数

$$N_i = 60 n_i L_i \tag{30}$$

转盘连续变化的工作转速 n_i 为

$$n_i = \frac{1.6 \times 10^3}{3 + L + L\alpha}$$

设 $L = 3$ 时，可将 n_i 曲线化简为一直线

$$n_i = 250 - 100\alpha \tag{31}$$

为了推导出钻进时间 $t = f(\alpha)$，必须借助机械钻速曲线。根据表 2 所列资料可采用如下瞬时机械钻速 v 和平均机械钻速 $v_平$ 的计算式

$$v = \frac{v_0}{1 + B\alpha^2} ① \tag{32}$$

$$v_平 = \frac{v_0}{2L^2} + 2 \tag{33}$$

① 钻速曲线还可表达为 $v = A/\alpha$，$v = v_0 e^{-k\alpha}$，$v = v_0/(1 + A\alpha)^n$ 等，而以(32)式最接近实际。

表 2　机械钻速参考数据

地区	代表井深 L /km	地层	开钻钻速 v_0 /(m·h⁻¹)	完钻钻速 v_1 /(m·h⁻¹)	平均钻速 $v_{平}$ /(m·h⁻¹)
东部	2.5	软→中硬	100～150	6～8	15～20*
北部	3.5	中硬→硬	50～100	3～5	9～10
西南	5	硬→特硬	20～30	1～0.5	2～3

注：如只统计刮刀钻头井段，$v_{平}$ 可达 40～50 m/h。

设计转盘时，不针对特定地区，平均取 $v_{口}=50$ m/h。

常系数 B 对于不同额定井深 L，有不同的值：$L=2$ 时，$B=15$；$L=3$ 时，$B=29$；$L=5$ 时，$B=47$。

证明如下：

以上述 v_0，B 之数据代入(32)(33)式，并绘四条曲线于图 4 中，实曲线分别为额定井深 2 000，3 000，5 000 m 的瞬时机械钻速 v 相对于任意井深 $L\alpha$ 的变化曲线，虚曲线为平均机械钻速 $v_{平}$ 相对于各种额定井深 L 的曲线。

一口井的钻进时间

$$t_{井}=\frac{L\times10^3}{v_{平}} \tag{34}$$

或以(33)式代入上式

$$t_{井}=\frac{L^3\times10^3}{25+2L^2} \tag{35}$$

从开钻至任意井深 $L\alpha$ 的钻进时间

$$t=\int_0^{\alpha}\frac{L\times10^3}{v}\mathrm{d}\alpha=\frac{L\times10^3}{50}\int_0^{\alpha}(1+B\alpha)^2\,\mathrm{d}\alpha$$

$$t=\frac{L\times10^3}{50}\left(\alpha+\frac{B}{3}\alpha^3\right) \tag{36}$$

当 $\alpha=1$ 时，

$$t_{井}=\frac{L\times10^3}{50}\left(1+\frac{B}{3}\right) \tag{37}$$

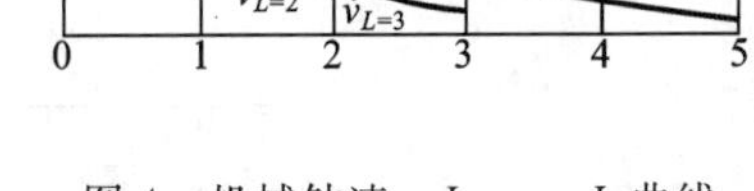

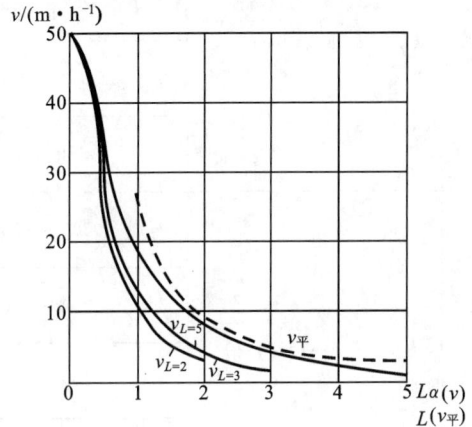

图 4　机械钻速 v-$L\alpha$，$v_{平}$-L 曲线

令(35)式＝(37)式可得出上述 B 的具体数据。

以(34)代入(36)式

$$t=t_{井}\left(\frac{v_{平}}{50}\alpha+\frac{Bv_{平}}{150}\alpha^3\right) \tag{38}$$

设 $L=3$ 时，(33)式 $v_{平}=8.3$ m/h，$B=29$，代入上式

$$t=t_{井}(0.1\alpha+0.9\alpha^3) \tag{39}$$

水龙头、转盘的主轴承属于大型滚动轴承，设其额定寿命 $H_h=3\ 000$ h，在此额定工作时间内，从开钻到 $L\alpha$ 井深的轴承运转时间总和

$$t_i=H_h(0.1\alpha+0.9\alpha^3) \tag{40}$$

以(31)(40)式代入(30)式

$$N_i=60(250-100\alpha)\times3\ 000(0.1\alpha+0.9\alpha^3)$$

$$=18\times10^6(0.25\alpha-0.1\alpha^2+2.25\alpha^3-0.9\alpha^4) \tag{41}$$

$$\mathrm{d}N_i=18\times10^6(0.25-0.2\alpha+6.75\alpha^2-3.6\alpha^3)\mathrm{d}\alpha \tag{42}$$

以(27)(41)式代入(26)式，对于$L=3$的水龙头

$$k_{寿}=\sqrt[3.33]{18\int_0^1\alpha^{3.33}(0.25-0.2\alpha+6.75\alpha^2-3.6\alpha^3)\mathrm{d}\alpha}$$

$$k_{寿}=2.04\approx2$$

以(29)(41)式代入(26)式，对于$L=3$的转盘

$$k_{寿}=\sqrt[3]{18\times0.5^3\int_0^1(1+\alpha)^3(0.25-0.2\alpha+6.75\alpha^2-3.6\alpha^3)\mathrm{d}\alpha}$$

$$k'_{寿}=2.45$$

按同上的方法步骤可算出$L=2,5,8$的$k_{寿}$，一并列于表3和图5中。

表3 $k_{寿}$之计算

部件	$k_{寿}=\sqrt[m]{\frac{1}{N_0}\int_0^1\left(\frac{p_1}{p_{\max}}\right)^m\mathrm{d}N_i}$	L /km	$n_i=\frac{1.6\times10^3}{3+L+1.6L\alpha}$	$\frac{L_i}{L_\alpha}=a\alpha+b\alpha^3$	第二列$k_{寿}$中之$f(\alpha)$	$k_{寿}$
水龙头	$k_{寿}=2.38\sqrt[3.33]{\int_0^1 f(\alpha)\mathrm{d}\alpha}$	2	$300\sim100\alpha$	$0.17\alpha+0.83\alpha^3$	$0.51\alpha^{3.33}-0.34\alpha^{4.33}+7.47\alpha^{5.33}-3.32\alpha^{6.33}$	2.2
		3	$250\sim100\alpha$	$0.1\alpha+0.9\alpha^3$	$0.25\alpha^{3.33}-0.2\alpha^{4.33}+6.75\alpha^{5.33}-3.6\alpha^{6.33}$	2
		5	$200\sim100\alpha$	$0.06\alpha+0.94\alpha^3$	$0.12\alpha^{3.33}-0.12\alpha^{4.33}+5.64\alpha^{5.33}-3.76\alpha^{6.33}$	1.8
		8	$150\sim80\alpha$	α^3	$4.5\alpha^{5.33}-3.2\alpha^{6.33}$	1.6
转盘	$k'_{寿}=1.31\sqrt[3]{\int_0^1 f(\alpha)\mathrm{d}\alpha}$	2	$300\sim100\alpha$	$0.17\alpha+0.83\alpha^3$	$0.51+1.19\alpha+7.98\alpha^2+18.57\alpha^3+12.11\alpha^4-2.49\alpha^5-3.32\alpha^6$	2.75
		3	$250\sim100\alpha$	$0.1\alpha+0.9\alpha^3$	$0.25+0.55\alpha+6.9\alpha^3+16.3\alpha^3+9.25\alpha^4-4.07\alpha^5-3.62\alpha^6$	2.45
		5	$200\sim100\alpha$	$0.06\alpha+0.94\alpha^3$	$0.12+0.24\alpha+5.64\alpha^2+12.92\alpha^3+5.52\alpha^4-5.64\alpha^5-3.76\alpha^6$	2.2
		8	$150\sim80\alpha$	α^3	$4.5\alpha^2+10.3\alpha^3+3.9\alpha^4-5.1\alpha^5-3.2\alpha^6$	2

对于换挡变速的转盘和水龙头，其$k_{寿}$较表3中之值略低，在计算时基于安全的考虑也可引用表3中之$k_{寿}$(或$k'_{寿}$)值。

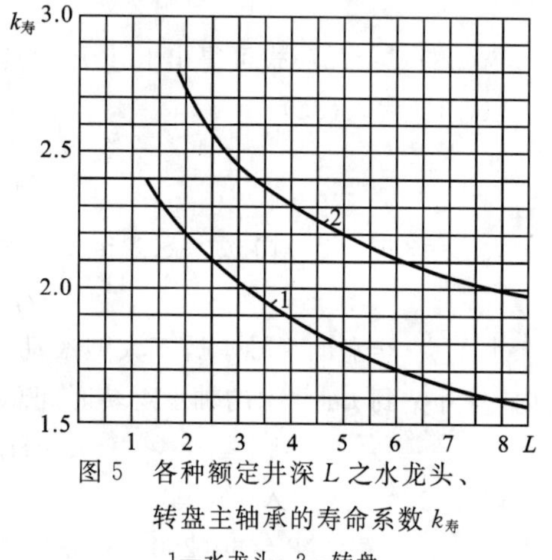

图5 各种额定井深L之水龙头、转盘主轴承的寿命系数$k_{寿}$

1—水龙头；2—转盘

5 实际动载荷C'和实际寿命H

将具体数据代入(5)式可得C'，对于水龙头

$$C'=1.2\times1.25\times1\times k_{寿}\times0.68W_{柱}\approx k_{寿}W_{柱} \tag{42}$$

对于转盘，当$L<3.2$时

$$C'=1.2\times1.5\times1\times k'_{寿}\times0.15W_{柱}=0.27k'_{寿}W_{柱} \tag{43}$$

当$L\geqslant4.5$时

$$C'=1.2\times1.5\times1\times k'_{寿}\times0.13W_{柱}=0.23\,k'_{寿}W_{柱}$$

根据不同额定井深的 $W_{柱}$ 及 $k'_{寿}$，计算出各个 C' 值列于表 4 中供计算参考。

表 4 C'之计算

L/km		2	3	3.2	4.5	5	8
$W_{柱}$/kgf		70 000	100 000	120 000	160 000	180 000	280 000
水龙头	$k_{寿}$	2.2	2	2	1.9	1.8	1.6
	C'/kgf	154 000	200 000	240 000	305 000	325 000	450 000
转盘	$k'_{寿}$	2.75	2.45	2.4	2.3	2.25	2
	C'/kgf	52 000	66 000	77 500	85 000	93 000	120 000

主轴承按 C' 选型后，其额定动载荷 C 必然大于 C'，所以轴承的实际寿命 H 都大于额定寿命 H_h(3 000 h)：

对于水龙头

$$H=3\,000\left(\frac{C}{C'}\right)^{3.33} \tag{45}$$

对于转盘

$$H=3\,000\left(\frac{C}{C'}\right)^{3} \tag{46}$$

ISO 推荐的计算轴承额定动载荷 C 之公式，列于表 5 中，供计算参考。

表 5 推力滚动轴承的额定载荷

	推力球轴承	推力滚子轴承
简图	W_{max}, N, α, d, D 图 6	W_{max}, N, α, d, l, D 图 7
额定动载荷 C/N	$d\leqslant25.4$ $\alpha=90°$ $C=f_eZ^{2/3}d^{1.8}$ $\alpha\neq90°$ $C=f_c(\cos d)^{0.7}\tan\alpha Z^{2/3}d^{1.4}$ $d>25.4$ $\alpha=90°$ $C=3.647f_cZ^{2/3}d^{1.4}$ $\alpha\neq90°$ $C=3.647f_c(\cos\alpha)^{0.7}\tan\alpha Z^{2/3}d^{1.4}$	$\alpha=90°$ $C=f'_cl^{7/8}Z^{3/4}d^{20/27}$ $\alpha\neq90°$ $C=f'_c(l\cos\alpha)^{7/8}\tan\alpha Z^{3/4}d^{20/27}$

续表 5

<table>
<tr><td></td><td>推力球轴承</td><td>推力滚子轴承</td></tr>
<tr><td>额定静载荷 C°/kgf</td><td>$\alpha=90°$
$C_o=5Zd^2$
$\alpha\neq 90°$
$C_o=5Zd^2\sin\alpha$</td><td>$\alpha=90°$
$C_o=10Zld$
$\alpha\neq 90°$
$C_o=10Zld\sin\alpha$</td></tr>
<tr><td>比例系数 f_c</td><td> 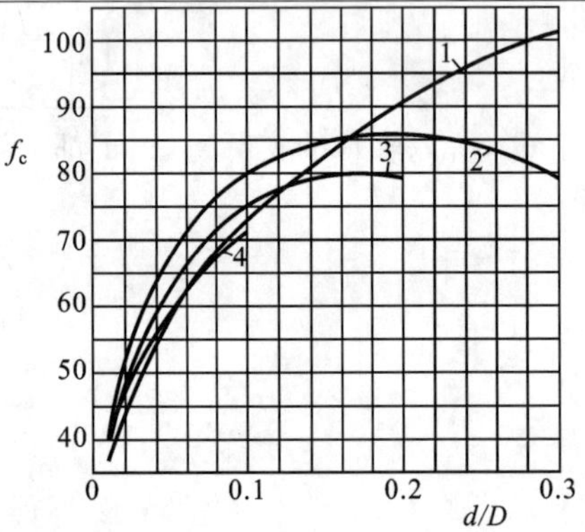图 8
1—$\alpha=90°$；2—$\alpha=45°$；3—$\alpha=60°$；4—$\alpha=75°$</td><td> 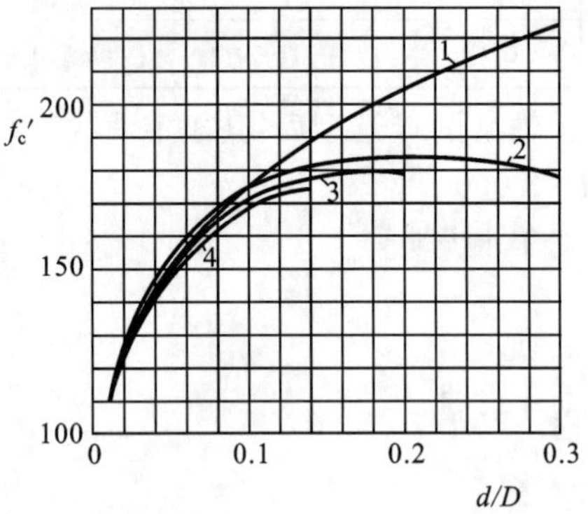图 9
1—$\alpha=90°$；2—$\alpha=50°$；3—$\alpha=65°$；4—$\alpha=80°$</td></tr>
<tr><td>尺寸注解</td><td>Z—滚动体数目
d—滚动体直径，锥滚子平均直径，mm</td><td>l—滚子长度（接触有效长），mm
α—法向载荷的倾角，(°)
D—轴承滚动体节圆直径，mm</td></tr>
<tr><td>附注</td><td colspan="2">9.807 N(牛顿)=1 kgf</td></tr>
</table>

6　静载荷 C_0 之核算

水龙头主轴承不转动时无径向静载荷，当进行解卡作业时有最大当量静载荷。转盘也类似，当下最重套管柱时有最大当量静载荷。再考虑一定的冲击载荷，这两种静载都很接近各型钻机的最大钩载 W_{max}（见表 6）。

表 6　各型钻机的 W_{max} 和 nW_{max}

L/km	2	3	3.2	4.5	5	8
W_{max}/kgf	120 000	200 000	220 000	300 000	350 000	600 000
n_0	2					
n_0W_{max}/kgf	240 000	400 000	440 000	600 000	700 000	1 200 000

主轴承具有之 C_0 应保证在 W_{max} 作用下滚动副接触面不产生塑性凹坑，必须

$$C_0 \geqslant n_0 W_{max} \tag{47}$$

式中　n_0——轴承静载荷安全系数，对有较大冲击载荷的转盘、水龙头的大型滚动轴承，核算时统一取 $n_0=2$。

7 例　　题

试为 3 200 m 钻机的水龙头和转盘选型，并核算一下这种水龙头、转盘用于打 4 500 m 的井有无问题？

(1) 水龙头主轴承可选标准的推力对称球面滚子轴承 9069456 型。

查 GB 303—1964，$C=244\ 000$ kgf，$C_0=495\ 000$ kgf。

查表 4，$C'=240\ 000$ kgf，$C>C'$，可用。

实际寿命

$$H=3\ 000\left(\frac{244\ 000}{240\ 000}\right)^{3.33}=3\ 000\times1.045=3\ 130\ (\mathrm{h})$$

查表 6，$nW_{\max}=440\ 000$ kgf，$C_0>nW_{\max}$，可用。

根据表 4，当这一水龙头用于 4 500 m 井时，主轴承的 C 和 C_0 都小于实际要求的 C' 和 $nW_{\max}$，故不能用(不是绝对的，用则寿命缩短为 1 500 h，静载荷可靠性下降)。

(2) 转盘主轴承选 3 in(76 mm)球 26 个，45°接触角的推力向心球轴承，$D=760$ mm。

按表 5，$C=\dfrac{3.647\times79.7}{9.807}\times(\cos45^{\circ})^{0.7}\tan45^{\circ}\times26^{\frac{2}{3}}\times76^{1.4}=85\ 000\ (\mathrm{kgf})$

查表 4，$C'=77\ 500$ kgf，$C>C'$，可用。

实际寿命 H：$H=3\ 000\left(\dfrac{85\ 000}{77\ 500}\right)^{3}=3\ 000\times1.33\approx4\ 000\ (\mathrm{h})$

按表 5，$C_0=5\times26\times76^2\times\sin45^{\circ}=534\ 000\ (\mathrm{kgf})$

查表 6，$nW_{\max}=440\ 000\ (\mathrm{kgf})$，$C_0>nW_{\max}$，可用。

当这一转盘用于 4 500 m 井时，按表 4 此时，$C'=85\ 000$ kgf，$C=C'$，动载荷通过。但按表 6，$nW_{\max}=600\ 000$ kgf，$C_0<nW_{\max}$ 故静载荷不能满足要求(当然在精心操作避免冲击的情况下尚可用)。

8 几点结论

(1) 在旋转钻井的变载荷变转速条件下，转盘、水龙头主轴承需具有的实际动载荷 C'：

对于水龙头 $C'=k_{寿}W_{柱}$；

对于转盘 $C'=(0.27\sim0.23)\,k'_{寿}W_{柱}$；

而寿命系数

$$k_{寿}=\sqrt[m]{\frac{1}{N_0}\int_0^1\left(\frac{p_i}{p_{\max}}\right)^m\mathrm{d}N_i}$$

具体说 $k_{寿}=2.2\sim1.6$，$k'_{寿}=2.75\sim2$，其值的大小取决于额定井深、转速、钻压(转盘工作扭矩)以及钻速-井深曲线。本文将后三条件固定化，可以说 $k_{寿}$ 主要只取决于额定井深。

(2) $k_{寿}$ 值是根据额定寿命 $H_h=3\ 000$ h 计算而得，3 000 h 是指主轴承在本文所采用的运转条件下绝大多数轴承(占总数的 95%)都能保证的工作时间。值得注意：即使运转条件不变也将有半数的轴承的实际寿命比 H_h 大 4～5 倍。另一方面，在设计选型时引用了较严格的运转条件，而水龙头转盘在实际使用中往往井深比额定井深浅(轻载居多)而当用于软地层、低钻压，较慢转速条件时，主轴承的工作寿命比计算值也会高出很多。精心操作和调整，保持轴承的良好运转环境也将显著延长主轴承的寿命。

(3) 大型的主轴承由于承受非常大的静载荷，往往有这种情况：动载荷和寿命全能得到保证,但静载荷却通不过,所以在选型后必须复核静载荷(或根据它选型)。

(4) 表 4,6 中的 C',nW_{max}具体数据可直接应用于主轴承的选型核算中。只有当运转条件特殊时才需按本文所介绍的方法和公式来计算。

参考文献

[1] 陈如恒.石油钻机的基本参数计算原理[J].石油钻采机械通讯,1979(4).

[2] 机械设计,第 16 卷 6 号.

[3] Аваков В. А. "Расчеты Бурового Оборудования" Недра, 1973.

[4] ISO 281/1—1977(E) Rolling bearing-Dynamic load ratings and rating life. ISO/R 76—1958(E)Ball and Roller bearings,Methods of evaluating static load rating.

[5] XJ 12-130 钻机计算书·五.转盘.兰石厂,1972(4).

[6] 动轴承额定动荷载的计算方法.洛阳轴承研究所,1971.

[7] J. D. Beadle. "Bearings Handbook"Morgan-Grampian, 1969.

44. 深井钻机驱动型式的选择

【论文题名】 深井钻机驱动型式的选择

【期 刊 名】 石油矿场机械，1981 年 5 期，1980 年石油工程学会长沙深井钻机技术研讨会的优秀论文

【摘　　要】 文章对 MD，DC—DC，SCR 等三种驱动型式，从性能、效率和可用功率、使用经济性以及安全等方面综合地进行了评述。文章指出，SCR 系统钻机不仅适于海上，而且还将发展成为中深到超深陆地钻机的主要驱动型式。

1 概　　述

深井钻机采用机械驱动好？还是采用电驱动好？对于海上钻机来说答案是确定的，后者好。然而对于陆地钻机，由于受到种种因素的制约，就不能一下子给出明确的答案来。

机械驱动简称 MD，是指几台柴油机（或天然气发动机）直接驱动钻机各工作机组（包括两台泥浆泵，一台绞车和一台转盘），或者指柴油机-液力变矩器驱动，经机械式并车箱及传动副带动各工作机，如图 1(a)所示。由于柴油机本身的转矩-转速特性不理想，所以直接驱动的型式今已不发展，MD 主要指更普遍采用的柴油机-液力变矩器驱动。

电驱动是指 1909 年首用的交流电驱动和 1925 年首用的直流电驱动。由于交流电机的固有缺点，目前已很少用在驱动钻机的主工作机驱动上，所以一般说电驱动都泛指直流电驱动。它又有两种型式，一种是 DC—DC 驱动系统，即柴油机带直流发电机，发出的直流电通过软电缆输给带动各工作机的直流电动机，如图 1(b)所示，一般发电机和电动机采用同一型号（可互换），通过调节发电机的输出电压对电动机实行一对一的控制。这种驱动型式是从电动机车上移植过来的，首用于海上钻井。从图 1(a)和图 1(b)中可见，为了满足钻井辅助动力和照明的需要，除主动力机外还需另配备一套柴油交流发电机组。

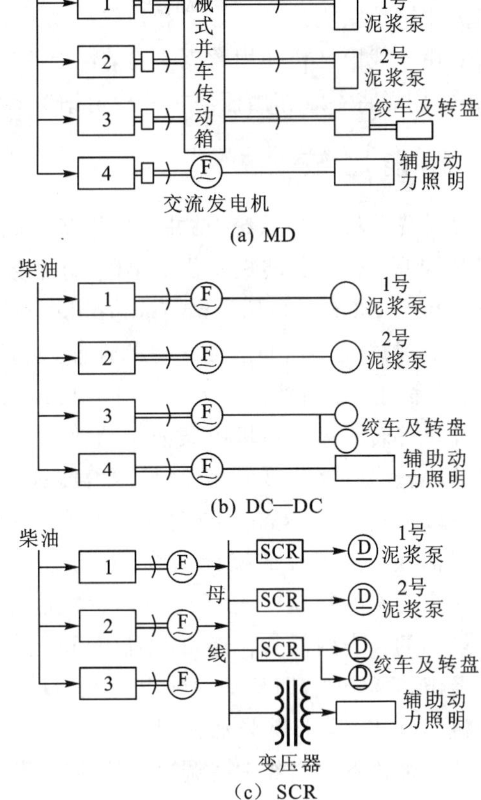

图 1　陆地钻机的三种驱动型式

另一种直流电驱动是 AC—SCR—DC 系统，简称 SCR 驱动，如图 1(c)所示，即几台柴油机各带一台交流发电机，发出 600 V 的三相交流电，这些发电机并联运行，将电流汇流入一根公共母线上然后分配给几套可控硅整流装置，变换为可调的直流电压后，再分别供给各直流电动机，调节直流电动机的输入电压即可使各工作机获得平滑的调速。将这种驱功型式用于钻井发展得较晚，1970 年才首用于海上。它不必另

设柴油—交流发电机组，从同一母线上经一变压器可取得 480 V 的辅助动力及照明电源。

由于 SCR 系统的固有优点，它逐渐推广用于陆地超深钻机上，如美国几家钻机公司为中东和拉美制造的超深钻机有 75%是 SCR 驱动的，很多钻井公司将老的 MD 钻机也纷纷改装成 SCR 驱动。由于集成电路、静态逻辑电路和微信息处理等电子控制的采用，使得 SCR 系统的重量减轻，成本降低，目前已开始将 SCR 系统应用于 2 000～3 000 m 的陆地钻机上(绞车功率 500～1 000 hp)，以及用于 350～500 hp 的修井机上，矿场 SCR 的应用可望有更大的发展。

我国矿场在用的约 700 台陆地钻机大部分是柴油机直接驱动的，如 ZJ130-1 型，大庆 I 型等，少量的国产 ZJ130-3 型和引进的罗马尼亚钻机是柴油机-液力变矩器驱动的。渤海 1 号自升式钻井平台上采用的是柴油交流电驱动。渤海 3 号自升式钻井平台和国产 DZ-200 型陆地钻机(都是 5 000 m 钻机)采用的是 DC—DC 驱动。1979 年在渤海 12 号固定平台上组装了一套美国 NSC01320-UE 型钻机(4 000～6 000 m 井深)，主机为 4 台 D399TA 型柴油机带四台 600 V 850 kW 交流发电机，经过 Ross Hill SCR 系统带动 7 台 GE752 型直流电动机(每两台带一台泵或绞车，一台电机带转盘)，另外多装了一套辅机为 D398TA 柴油机带一台 600 kW 的交流发电机。

本文将就 MD，DC—DC，SCR 三种基本驱动型式的技术经济特性加以评比分析，从而得出关于陆地钻机选型的方向和建议。

由于我国钻机使用数据不全，本文将参考美国的一些资料和数据进行分析，根据这一方法，使用者将不难作出任何一种特定钻机的经济分析来。

2 性能比较

首先分析 MD 系统：钻井上使用柴油机比电机晚，约始于 1934 年。柴油机的机械特性是当其转速变化时其转矩变化很小(接近常数)。其转速可调范围很窄，如国产 PZ12 V190B 型柴油机为 900～1 300 r/min，Caterpiller 柴油机是 900～1 200 r/min，若转速低于此限，则将过分降低风扇、水泵、润滑油泵等的性能，使柴油机油耗增加，寿命缩短。当外负荷大于柴油机的最大转矩时可使柴油机停转灭火。钻机中柴油机的效率是最低的，当其全功率输出时仅为 32%～34%，换言之，每加仑柴油产生有效能量为 12 kW・h 左右。图 2 给出钻井柴油机的燃料消耗经济指标的统计曲线，由此可见，只有柴油机以在全功率的额定工况下运转其燃料消耗经济指标才是最高的。当调低其转速，或不满负荷运行则使燃料消耗经济指标降低，即每马力输出的耗油量增加。同时柴油机温升增高，未燃柴油及结炭量都增加，寿命降低。

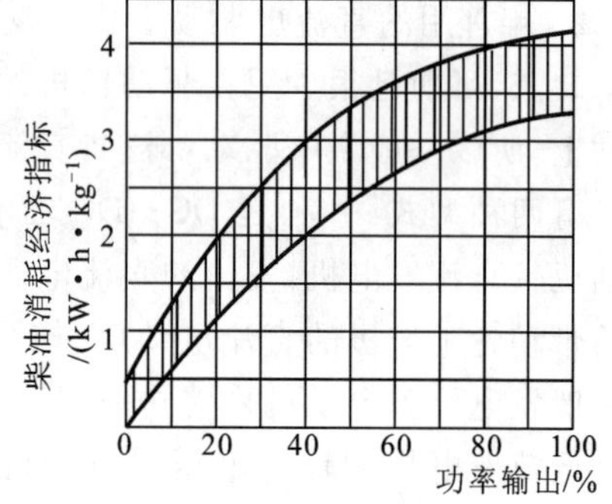

图 2 柴油消耗经济指标

因此柴油机不应当经常在调速或低转速下运转，即在钻井时应在定速 1 200 r/min 下运转，起下钻时在1 300 r/min下运转。

由于各工作机的载荷变化幅度很大，为了改善柴油的特性，柴油机直接驱动的绞车、转盘必须加装有限挡数的变速箱，泥浆泵要换几级缸套，这样一来便降低了钻机的功率利用率。从图 3(a)(c)(d)中之虚线可见，起升机和泵组的功率利用率经常低于 70%，其结果是钻井速度下降(当强化钻井时，转盘的装机功率利用率较充分，经常在 90%左右或短期超过 100%，但它占总装机功率的$\frac{1}{10}$)。

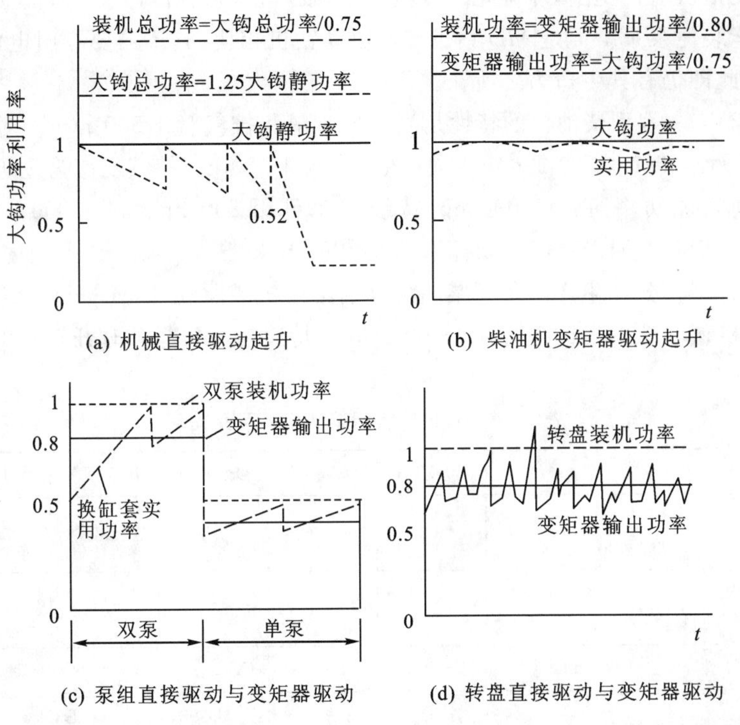

(a) 机械直接驱动起升　　(b) 柴油机变矩器驱动起升

(c) 泵组直接驱动与变矩器驱动　　(d) 转盘直接驱动与变矩器驱动

图 3　钻机各机组的功率利用率

为了改善柴油机直接驱动的特性，从 1939 年开始越来越多的钻机都加装了液力变矩器，它将柴油机的驱动特性转换成柔特性，见图 4(a)中之 $M_{涡}$-n 曲线。由于它可适应载荷的变化，自动地、平滑地变换转速，因而功率利用率经常在 95%以上，参见图 4(b)，同时它可在短时内增矩以克服瞬时动载。不必像直接驱动的那样，为了克服动载，装机功率必须比静载的需要放大 25%(参见图 3)。只这两项收益足以补偿变矩器本身的最大缺陷——效率低(一般工作效率在 75%～85%间，计算上取平均使用效率为 80%)，何况液力传动还具有减振和防过载的保护作用。基于此，国外 MD 钻机绝大多数是柴油机—液力变矩器驱动的。我们下面的分析评比也以它为典型。

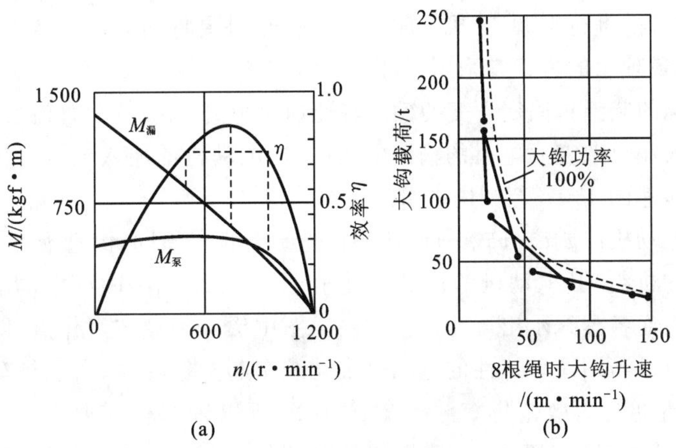

(a)　　(b)

图 4　柴油机—液力变矩器驱动特性及其起升特性

MD 钻机的缺点表现为并车传动机构繁重，传动效率低，易损件多，维护费高。安装费工费时，各机组要依次对正调整，即首先装转盘(与井眼对正)，然后对正装绞车，再装并车箱和柴油机，最后才能装泥浆泵。但是 MD 钻机与电驱动钻机相比，它不需要专门电的知识，便于掌握，适应性强，此即仍有其生命力之所在。

国产 PZ12V-190B 型柴油机的特性是当不带风扇和排气管 1 500 r/min 时其间歇功率为 1 200 hp，当开额定转速 1 300 r/min 时，间歇功率为 1 150 hp，持续功率为 1 020 hp。当考虑各项损失后，则间隙功率可用 1 000 hp，持续功率可用 890 hp。在 1 300 r/min 的耗油量 190 g/(hp · h)，折合燃油消耗经济指标为 3.8 kW · h/kg。

美国 Caterpillar 公司生产的各型柴油机分别给出机械驱动和 DC—DC，SCR 电驱动的可用功率。并且机械驱动中当钻井时开 1 200 r/min(持续功率)，起升时开 1 300 r/min(间歇功率)。参考表 1。

表 1　Caterpillar 各型柴油机的可用功率

柴油机型号		D399TA	D398TA	D379TA	D353TA	3412TA	3408TA
机械驱动时可用功率(带风扇)/hp	钻井时，带泵及转盘开 1 200 r/min	1 035	777	520	392	503	353
	起升时带绞车开 1 300 r/min	1 247	914	612	467	705	445
配液力变矩器型号	National-	C300-80	C300-64	C245-100	C245-80	C195-100	C195-64

柴油机型号		D399，V16	D398，V12	D379，V8	D353，V6
DC—DC SCR 电驱动可用功率/hp	当 1 200 r/min，带风扇	1 150	861	578	—
	不带风扇陆上，水中冷；海上，海水中冷	1 512 1 325	912 1 000	— —	— —

其次分析 DC—DC 系统：典型系统由柴油机、直流发电机、直流电动机、电缆、电控制柜、司钻控制台等组成。每台电机都有自己的励磁设备和通风设备(自备风扇或管道集中空调)。发电机与电动机之间全靠软电缆连接，所以钻机各机组的空间和平面布置不受限制，也不要依次找正。因此 DC—DC 系统特别适用于海上钻机、深井陆地钻机以及恶劣环境中的陆地钻机(动力机组可密闭室内进行空调)。机械驱动的深井钻机要将动力传到高 10 m 的钻台底座上去确是一个难题，最理想的方案是采用局部 DC—DC 系统。

DC—DC 系统的柴油机固定不变的额定转速(1 200 r/min)带动直流发动机，通过控制发电机励磁电流的大小可改变发电机的输出电压(亦即电动机的输入电压)，从而使电动机的转速可从 0 至额定转速的 130％范围内平滑地调节。

由于发电机电动机的励磁方式不同，机组的机械特性也不同，由它励差复励的发电机和它励的电动机形成的机组，其电动机的机械特性示于图 5(a)。图中实线示出全功率的 M-n 特性，它显系软特性，而各虚线示出调速特性曲线。图中黑点为额定工作点，即输出功率最高或效率最高的工作点。当用这种特性的电动机带动绞车起升钻柱时，由于绞车需要的速度范围宽(5～10)，而电动机的高效范围(＞80％)约为 2，所以绞车仍需要有 2 至 4 挡的变速箱。图 5(b)为 DC—DC 类型的 NE-4000 钻机的起升特性曲线，黑点仍为电动机的额定工作点。它的功率利用率为 85％～90％，稍低于柴油机-液力变矩器类型的，但是高于柴油机直接驱动有限挡起升的钻机。

由直流电动机带动的泥浆泵在其额定值范围内可控制在任意排量和压力下工作，基本可不用换缸套。

转盘在冲击性变转矩下工作，瞬时载荷经常超过其临界值。直流电动机为转盘提供一平滑的无级调速特性，并使转盘转矩永远控制在钻杆安全扭矩的限度以内，这就减少了断钻杆的事故。用电压表可指示转速或排量，用电流表可指示转矩或泵压，也就是说通过限定电流值即可控制电动机的最大转矩，从图 5(a)中 A 点可见当堵转时有最大转矩。

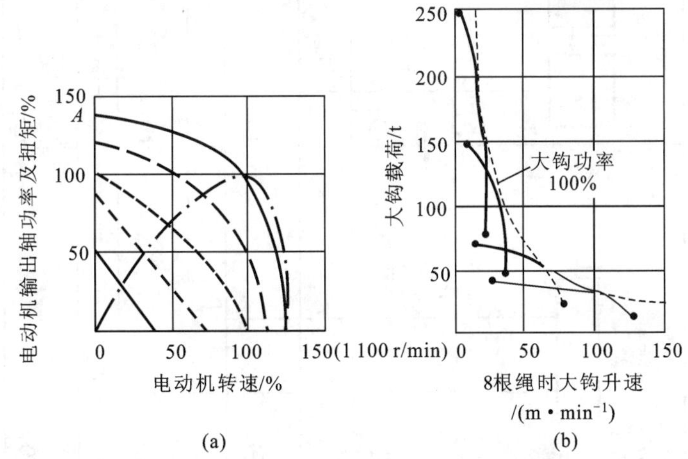

图 5 DC—DC(三绕组—它励)系统特性及其起升特性

DC—DC 系统的发电机和同时工作的电动机的台数相等，实行一对一的控制，如图 6 所示。每台电动机可从不同的两台发电机之一得到动力，这样就提供一定的灵活性，允许任何一台发电机停修而不致停钻。

钻井的实际是对转盘电动机供电的发电机经常不满载，而泵的电动机负荷则可能超过一套发电机组的容量。解决这一负载不匀衡的问题虽然可以采取电并车再分别控制电动机的转速等措施，但从设备到操作上都过分复杂。所以宁可采取发电机到电动机一对一的控制，而在很长时间内虽然钻井并不需要全部发电机容量都投入，可是各个机组都必须在轻负荷下全部开动，结果使燃料消耗增加，柴油机大修周期缩短。

海上钻井如采用 DC—DC 系统时必须另外配备相当大容量的柴油机交流发电机组，以供平台桩脚起升、船的锚缆绞车、舾装设备、照明以及钻井辅助动力之用。这样一来使总的柴油机和发电机的台数增加很多。

美国制造的钻机上目前共有 GE752 型直流电动机 5 300 台，在钻机上通用的两种型号电动机的容量见表 2。

表 2 美国通用电气公司直流电动机的容量

电动机型号	GE752	GE761
当以持续功率带泵时的额定功率	980 hp	600 hp
当以间歇功率带绞车时的额定功率	1 000 hp	700 hp
通过强化通风，一台 GE752 可以 1 000 hp 带泵		

由于电机转子线圈采用了新绝缘材料 Kapton 使铜线尺寸加大，这可加大电机的容量，改进电机在高转矩下的特性和延长其寿命。

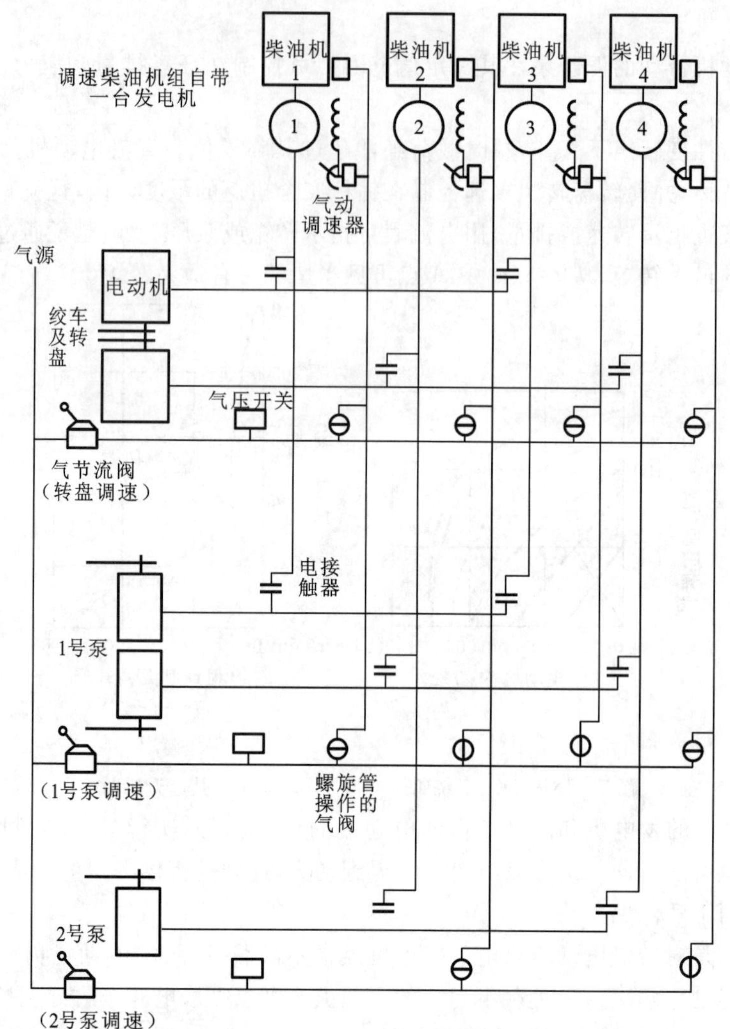

图 6　DC—DC 系统控制线路

（图示钻进工况，全部气阀和电接触器都装在集中的控制台上）

SCR 系统：由几台柴油机各带一台交流发电机并联运行，用电子调速器将所有柴油机转速全控制在 1 200 r/min，全发出 60 Hz 三相交流电，输出到同一母线上，经过可控硅整流器以可控电压带动各工作机的直流电动机。所以它具有和 DC—DC 系统一样的特性和优点，只是对电动机的控制不在发动机上而是在可控硅整流器上。针对有几套同时运转的电动机就设几套 SCR 控制装置，它将交流母线的 600 V 交流电整流为 750 V 的直流电，即从 0～750 V 可任意调压以满足电动机在任意转速下运转的需要。

SCR 陆地钻机和海上钻机的线路图分别示于图 7 和图 8 中。从图 7 可见，一台泵的两台直流电动机可通过一套 SCR 来控制。当这套 SCR 一旦发生故障时则可以切换到另一套 SCR 来控制。绞车的两台直流电动机则分别通过两套 SCR 来控制，照样可切换至另外的两套 SCR。

图 8 所示的线路中，SCR 系统除应用于钻井，还应用于船体的推进、锚缆绞车、动力定位等方面。因为这些动力都是直流电动机，而其他的交流动力及照明都取自同一母线，经不同变压器得到 430 V，208 V，120 V 等各种电压。

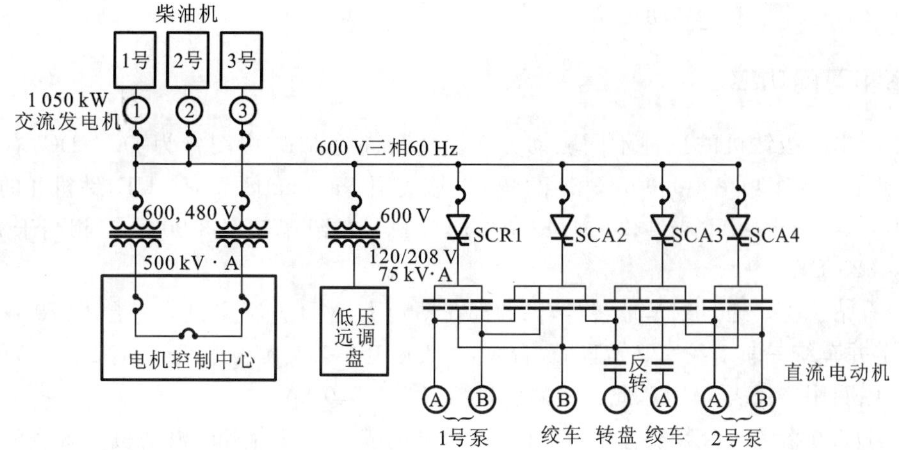

图 7　陆地钻机 SCR 系统

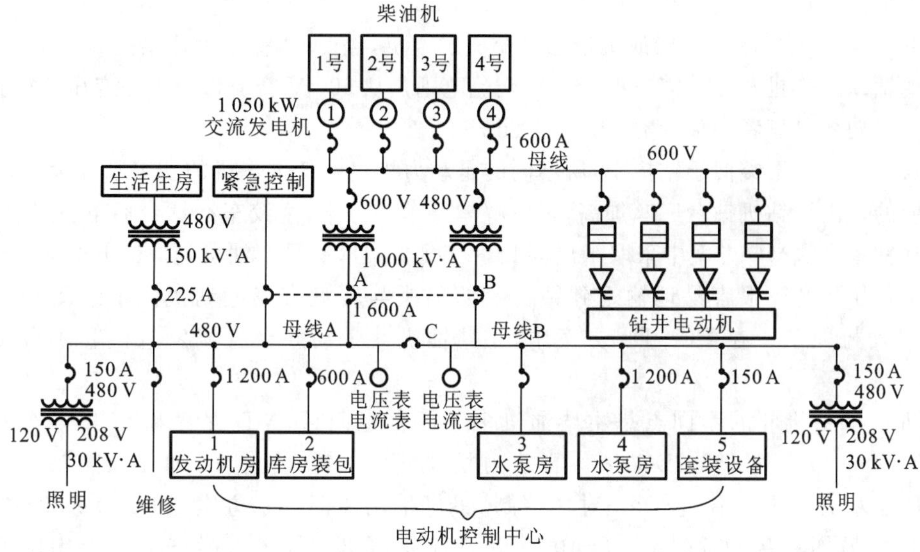

图 8　海上钻机 SCR 系统

SCR 系统除具有 DC—DC 的优越性能之外，与 MD、DC—DC 系统相比还有以下一些优点：

(1) 动力分配灵活性高。由于发电机组对同一母线供电，这就有可能根据钻井负荷的情况灵活地多投入一台发电机组或摘开一台发电机组，允许任何一台柴油发电机组因故障停修而不中断钻井作业。经常是少开一台柴油发电机组，并使运转的发动机在满负荷全速下运转(效率最高)，发电机组的负荷可检测且有过载保护。

(2) 不需另设柴油交流发电机组，总的柴油机和发电机台数少。

(3) 各工作机安装不受位置限制，不需对正。

(4) 由于交流发电机的功率转速系列多与少数的柴油机组合容易作到合理的匹配。

(5) 由于 SCR 系统的功率、转速可调范围宽，每个工作机可合理地匹配一台到两台同规格的钻井直流电动机。

(6) 尽管 SCR 钻机的初始成本较高，但是由于它的燃料费用省，可以在不到一年的时间内将多出的投资补偿回来。

以上各点将在下文进一步解析。

3 效率和可用功率

图 9 给出三级钻机的三种不同驱动方案。左图皆为 MD，中图皆为 DC—DC，右图皆为 SCR，钻机Ⅰ的绞车功率 1 000 hp，相当于 ZJ32 或美国 National 80 B，80 UE，钻机Ⅱ的绞车功率 2 000 hp，相当于 ZJ60 或 1320-M；1320-UE，钻机Ⅲ的绞车功率 3 000 hp，相当于 ZJ80 或 1625-M，1625-DE。

首先看钻机Ⅰ。通过绞车带转盘，二者都在钻台上，MD 方案主机为三台 D379 各带一变矩器，用链并车统一驱动绞车、转盘和二台泵，另设两套柴油交流发电机组，各 250 kW，供辅助工作机及照明用。按表 l 计算，此方案的装机功率为 2 270 hp。

DC—DC 方案中三台柴油直流发电机组，通过电缆带动三台直流电动机。因直流机励磁及电机通风之需要，交流电功率要比 MD 者多 50 kW，即 300 kW，所以在主机上串联一备用的交流发电机。这一方案的装机功率约为 2 100 hp。

SCR 方案是同样的三台柴油机带三台交流发电机，经 SCR 整流后输给三台直流电动机，而钻机的辅助工作机及照明需要的 480 V 交流电则是从 600 V 交流母线中经变压器得到。本方案的装机功率是三者中最少的，为 1 730 hp。

钻机Ⅱ的各方案类似于钻机Ⅰ，所不同的是动力机组和各工作机的功率都加大了，如图 9 中所注明的。由于钻机钻台底座加高，采取解体绞车的方案，主绞车在钻台后下方，猫头绞车和转盘在钻台上。MD 方案中采取了局部 DC—DC 方案即一号柴油机延伸轴上增加一台直流发电机，功力靠电缆很容易地输送到钻台上的猫头与转盘直流电动机。主绞车和每台泵都要双电动机驱动。在 DC—DC 方案中，主柴油机共带动 5 台直流发电机和 1 台交流发电机。

钻机Ⅲ与钻机Ⅱ的不同点是主柴油机多了一台至两台，MD 方案和 SCR 方案的主机都是 4 台 D399，当然 DC—DC 方案的动力机也可和 MD 的一样，即 4 台 D399 和两台 3412，但是为了灵活可靠，便于一对一控制，最好采用如图所示方案，即 5 台 D398 带 5 台直流发电机另加一台 D379 带一台 400 kW 交流发电机。加上五号柴油机上串联的交流发电机，辅助动力共 800 kW。三种方案的装机功率分别为 5 150，4 880，4 600 hp。显然，仍是 SCR 的功率配备最少、动力机台数最少。对于钻机Ⅰ、SCR 与 MD 相比少配备 24％，对于钻机Ⅲ，少配备 11％。

下面分析一下传动效率，MD 方案的效率由于液力传动而降低，取变矩器的平均工作效率为 80％，机械传动效率由于传动的轴数和链传动副数不同而有所不同。如取每轴功率损失为 1％，每链传动副损失为 2％，则钻机Ⅰ泵和绞车的传动效率为 94％，钻机Ⅲ相应损失为 0.91％，总传动效率钻机Ⅰ为 75％，钻机Ⅲ为 73％。

在两种电传动方案中，发电机和电动机的效率都可取为 95％，在全负荷时电缆的损失小于 0.5％，SCR 的效率为 99％，故 DC—DC 方案的电传动效率为 89％，SCR 方案的电传动效率为 88％，再各计入一轴一链的损失，所以 DC—DC 方案泵和绞车的总传动效率为 87％，SCR 方案的总效率为 86％(钻机Ⅰ的转盘传动效率是最低的，因它所传功率较低，分析中暂不细计)。通过以上分析可知，钻机Ⅲ的泵和绞车传动中，SCR 的传动效率要比 MD 的高出 13％(钻机Ⅰ的高出 11％)。

结合钻机Ⅲ，同时考虑功率配备和传动效率，开动泵组和转盘从事正常钻进时可用功率分

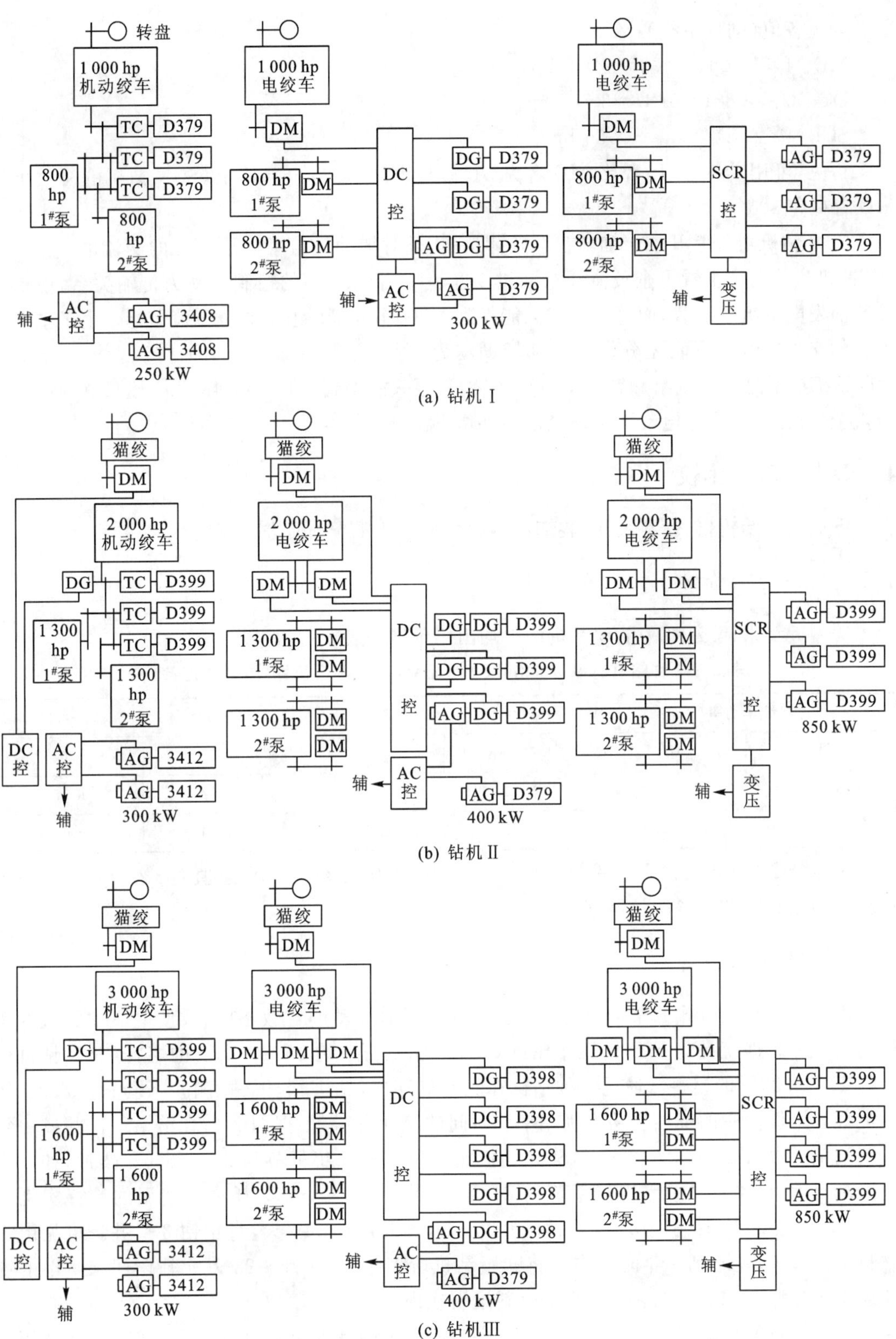

(a) 钻机 I

(b) 钻机 II

(c) 钻机III

图 9　三级钻机 9 种驱动方案示意图

AG—交流发电机；DG—直流发电机；DM—直流电动机；TC—液力变矩箱

别有如下各值(即计主机):

MD：4×1 035×0.73=3 022 hp;

DC-DC：5×861×0.87=3 745 hp;

SCR：4×150×0.86=3 956 hp。

可见,可用功率 SCR 者比 MD 者大 31%,换言之,动力全部用上,SCR 钻机的时效可比 MD 者提高 30%。

SCR 钻机可经常开双泵和转盘全负荷运转,且对辅助机组可供给充分的交流电。而 DC-DC 钻机从总功率上看可全负荷开双泵和转盘,但由于一对一的控制和动力传输关系,使得一号柴油发电机组不满载,而每个泵却只能得到 1 500 hp,即泵组不能全负荷运行。由于主机上串联的交流发电机不能充分供应全部辅助动力,所以必须另加一套柴油交流发电机组。而 MD 钻机更不足以开双泵和转盘全负荷运转,每泵只能得到 1 400～1 450 hp,或只够开单泵和转盘全负荷运转,交流电动力必须全部另外增设。

4 使用经济性比较

下面从初始价格、燃料消耗,装卸运移和维护管理 4 个方面进行评比。

4.1 钻机初始价格

美国近年来四级 12 种陆地钻机的平均出厂价格如表 3 所示。

表 3 12 种钻机的平均价格[以 1 美元=1.5 人民币折算(1981 年汇率)]

钻机绞车功率/hp		1 000	1 500	2 000	3 000
价格/百万元	MD	3.00	4.50	5.25	6.00
	DC—DC	3.60	4.72	5.22	6.15
	SCR	2.75	4.72	5.40	6.15

可见,SCR 钻机要比 MD 钻机每台贵 15 万～22 万元,约为 MD 总值的 3%～5%,但 SCR 钻机还包括有空调设备的控制室。

4.2 燃料消耗

由于三种驱动方式的柴油机运转工况不同和同时开动的台数不同,致使电驱动钻机的燃料消耗较少。据统计与 MD 钻机相比,DC—DC 钻机可节约 10%～15%的燃料,SCR 钻机可节约 15%～20%的燃料。通过三种钻机在钻井周期内,钻进、起下钻、测井下套管注水泥、卸装运移各个作业中的柴油机功率利用率和时间的统计资料,根据图 2 可算出钻一口井或一年的柴油消耗数量(kg)。两相比较,SCR 钻机比 MD 钻机每年可节约 650～850 t 柴油,如以每吨柴油目前售价 400 元计,则每年节约 24 万～30 万元,一个柴油耗量及费用的计算实例见表 4。表中按钻 1 口井计算。假设钻深 6 000 m,钻井周期 120 天,每年钻 3 口井。可见由于燃料费的节约,在不到一年时间内可将购置钻机所多花的 15 万～22 万元补偿回来。以上统计还不包括海上和边远地区的很贵的燃料运费在内。

由于燃料的短缺,柴油价格每年都在上涨,所以美国越来越多的钻井承包商倾向于选用更经济的 SCR 钻机或将老的 MD 钻机改装成 SCR 钻机。

表 4　钻机Ⅱ钻 1 口井的燃料消耗计算

<table>
<tr><td rowspan="13">钻井周期76天</td><td colspan="5">1# 泥浆泵：自始至终全功率运行，1 300 hp=956 kW
2# 泥浆泵：3 000 m 以后停运，平均使用 1 300×50%=650 hp=478 kW
转盘额定功率 500 hp 始终全功率运行，500 hp=368 kW
辅助动力平均需要 350 kW</td></tr>
<tr><td colspan="2" rowspan="2">计算项目</td><td colspan="2">MD</td><td rowspan="2">SCR</td></tr>
<tr><td>主柴油机组</td><td>副柴油发电机组</td></tr>
<tr><td>工作机需要功率</td><td>kW</td><td>956+478+368=1 802</td><td>350</td><td>956+478+368+350=2 152</td></tr>
<tr><td>柴油机输出功率</td><td>kW</td><td>1 802÷0.75=2 403</td><td>350÷0.87=402</td><td>2 152÷0.86=2 502</td></tr>
<tr><td>柴油机开动台数</td><td></td><td>D399，4 台</td><td>3412，2 台</td><td>D399，3 台</td></tr>
<tr><td>每台柴油机平均输出功率</td><td>kW</td><td>2 403÷4=601</td><td>402÷2=201</td><td>2 502÷3=834</td></tr>
<tr><td>每台柴油机（发电机）平均输出功率</td><td>kW</td><td>1 035 hp=761 kW</td><td>300</td><td>850</td></tr>
<tr><td>柴油机负荷率</td><td></td><td>601÷761=0.79</td><td>201÷300=0.67</td><td>834÷850=0.98</td></tr>
<tr><td>（图 2）柴油消耗经济指标</td><td>kW·h/kg</td><td>3.4</td><td>3.25</td><td>3.7</td></tr>
<tr><td>机组输出总能量</td><td>kW·h</td><td>76×24×2 403
=4 383 072</td><td>76×24×402
=733 248</td><td>76×24×2 502
=4 563 648</td></tr>
<tr><td>柴油消耗量</td><td>kg</td><td>4 383 072÷3.4
=1 289 139</td><td>733 248÷3.25
=225 615</td><td>4 563 648÷3.7
=1 233 418</td></tr>
<tr><td>柴油共消耗</td><td>kg</td><td colspan="2">1 514 754</td><td>1 233 418</td></tr>
<tr><td rowspan="11">起下钻周期12天</td><td colspan="5">绞车额定功率 2 000 hp，考虑下钻、起空吊卡、机手动等平均负载率为 30%
2 000×30%=600 hp=441 kW
辅助功率 350 kW</td></tr>
<tr><td>绞车需要功率</td><td>kW</td><td>441÷0.75=588</td><td>与上栏钻进同</td><td>（441+350）÷0.86=920</td></tr>
<tr><td>柴油机开动台数</td><td></td><td>D399，1 台</td><td></td><td>D399，2 台</td></tr>
<tr><td>每台柴油机平均输出功率</td><td>kW</td><td>588</td><td></td><td>460</td></tr>
<tr><td>每台柴油机额定功率</td><td></td><td>1 250 hp=919 kW</td><td></td><td>850 kW</td></tr>
<tr><td>每台柴油机负荷率</td><td></td><td>588÷919=0.64</td><td></td><td>460÷850=0.54</td></tr>
<tr><td>柴油消耗经济指标</td><td>kW·h/kg</td><td>3.2</td><td></td><td>3</td></tr>
<tr><td>机组输出总能量</td><td>kW·h</td><td>12×24×588=169 344</td><td>12×24×402=115 776</td><td>12×24×920=264 960</td></tr>
<tr><td>柴油消耗量</td><td>kg</td><td>169 344÷3.2=52 920</td><td>115 776÷3.25=35 623</td><td>264 960÷3=88 320</td></tr>
<tr><td>柴油共消耗</td><td>kg</td><td colspan="2">88 543</td><td>88 320</td></tr>
</table>

续表 4

测试下套管注水泥24天	辅助动力功率　200 kW				
	需要功率	kW		200÷0.87=230	200÷0.86=233
	柴油机开动台数			3412,1 台	D399,1 台
	柴油机额定功率	kW		300	850
	柴油机负荷率			230÷300=0.77	233÷850=0.27
	柴油消耗经济指标	kW·h/kg		3.4	1.8
	机组输出总能量	kW·h		24×24×230=132 480	24×24×233=134 208
	柴油消耗量	kg		132 480÷3.4=38 964	134 208÷1.8=74 560
装卸8天	柴油机不开动(不消耗柴油)				
合计	一口井柴油消耗总量	kg	1 514 754+88 543+38 964=1 642 261		1 233 418+88 320+74 560=1 396 298
	一年三口井柴油消耗总量	kg	4 926 783		4 188 894
	柴油价 400 元/吨，一年柴油费	元	1 970 713		1 675 558
	一年 SCR 比 MD 钻机省油	t	737.9		
	一年 SCR 比 MD 钻机节油费	元	295 155		

4.3　装卸运移

如前所述，MD 钻机的柴油机和各部件都分装在各自的底座上，安装时要依次找正。而电驱动钻机的柴油机和发电机、工作机和电动机则装在同一底座上，各机组可同时吊装就位，其间靠软电缆很快连接好，没有位置的限制。据美国 TRG 钻井公司安装 1 500 hp(绞车)SCR 钻机的经验，它比同级 MD 钻机的装卸时间可节省 40%，或每台钻机节省 1～2 天，每年约省 4 万美元装卸费。虽然数字不大，但每年节约下来的时间用于钻井所创造的价值却很可观。

由于 SCR 钻机的总重量比同一级的 MD 钻机还要轻一些，所以运输费用也略有节约。DC—DC 钻机的总重量和 MD 钻机的相当，运输费用也并不增加。

4.4　维护管理

电驱动钻机的柴油机是在最优工况下运转，且带有过载保护，结果使柴油机的大修期延长 80%。

电驱动钻机上易损件少，它以电缆代替链条、皮带等传动副，以按钮代替离合器，电传动控制平滑，振动冲击小，能防止过载，这也降低了各工作机的维修量。

电机及其控制设备只需保持干燥清净即可。控制室和电机都有空调设备，保证机器温度不超过 50℃。电机的密封轴承只要每三年加一次润滑脂即可。

对比之下 MD 钻机有大量易损件，要经常调整换新(如轴承、摩擦片、链、皮带等)，要经常润滑和更换密封件，其维护工作量比电驱动钻机要大得多。

总起来看，电驱动钻机的维护费只相当于MD钻机的30%。

此外，MD钻机要更换破损的零件往往要停机停产，而电驱动钻的电机电器很少破损，偶有破损时，像集成电路插入式元件只要三分钟即可换新。SCR钻机的设备利用率约提高5%，所创造的价值每年在10万美元以上。

两种电驱动钻机中由于DC—DC发展较早，所以更易为工人掌握，因此这种型式对边远和恶劣环境下钻井是适宜的。它几乎不需要专门的电工，一般钻工即能操作维护。

据1979年统计，美国在14台SCR钻机上有6台配备专门的电工1人，而在DC—DC钻机上都不配备专门电工。时至今日由于SCR控制系统向简单化小型化方向发展，所以对操作过DC—DC钻机的工人给予3～5天的专门训练即可掌握SCR钻机，而不一定要专门配备1名电工。

5　生产安全

MD钻机的柴油机距井口只有12 m远，排气管冒出的火星可引起井口天然气着火事故，柴油机吸入含高浓度天然气的空气也会增速和起火。

电驱动钻机的柴油机安装位置远距井口45～60 m远(限距是23 m)处于天然气可燃中心范围以外。

从噪音的损害来看，MD钻机的柴油机必须装消音器，司机戴耳塞操作，否则，对于长期操作的工人是个大损害。

在电驱动的钻机上，钻台上的噪音低于标准规定的85 dB(A)，钻台上的钻工可清楚地听到指令和警号。

SCR钻机可在市区内打井，不用柴油机而直接从工业电网上取动力，钻机产生的噪音低于标准的限制。

MD钻机的操作维护都在较高的底座上进行，链条和皮带的护罩都要齐全，操作和走动都要很小心，而电控制装在平地和室内，有完善的保护，电机电器需要照看的量也小得多，电驱动钻机当紧急时可立即摘除动力。

6　结　　论

以上从性能、效率和可用功率、使用经济性和安全四个方面评比了MD、DC—DC、SCR三种钻机优缺点可见：

MD钻机初始投资可省3%～5%，工人更易掌握。DC—DC钻机初投资较贵，其优越性早为人所熟知，也易掌握。在海上和陆地钻机中，DC—DC系统更适合于陆地钻机，但它已失去发展的优势。目前这种钻机只适合于在MD钻机中对高底座上的工作机进行局部电驱动。

SCR钻机要比MD者贵15万～22万元，但它的动力利用更合理和充分：同样台数的柴油机，SCR的可用功率比MD多31%。与MD钻机相比SCR钻机可节约15%～20%的燃料，柴油机寿命延长80%。一台钻机，其燃料费、装卸费、维护费以及将节约时间用于生产，每年可共增产节约45万元以上。SCR钻机使用更安全可靠。且SCR系统的重量日益减轻，因而特别适用于海上和边远地区的陆地钻机。电驱动钻机各机组的通用性很高，很容易进行钻机的改装和更新，预期SCR钻机不仅风行于海上，终将发展成为中深到超深陆地钻机的主要驱动型式。

参 考 文 献

[1] SCR Rigs Save on Fuel Maintenance and Rig-up Cost. World Oil,June 1980.

[2] New Trends in Electric Drilling Systems. Drilling-DCW,July 1979.

[3] Rig Up/Down Time Cut 40 Percent with SCR D Rrive. Drilling-DCW,Nov. 1970.

[4] Small Rig Owners Eye SCR Drives. Drilling-DCW,Aug. 1970.

[5] 可控硅传动系统技术手册.黄宗正等译.Roll Hill Controls Corp,1978.

[6] 华东石油学院.石油钻采机械(上、下册).北京:石油工业出版社,1980.

45. 钻机起升动力学的研究

【论文题名】 钻机起升动力学的研究

【期 刊 名】 石油矿场机械,1982 年第 3～4 期,1～11 页、1～7 页

【摘　　要】 本文综合介绍了国外在钻机起升动力学研究方向上多年的研究成果,反映了研究中一些具有重大技术和经济意义的课题。文章对国外开展的多种动力学实验,动载分析与研究,绞车起升动力学、起升速度及起升时间,起升时的振动及强度计算,起升系统各零部件转动惯量的确定,钻杆及游动系统等方面,均做了较详细的叙述。

0 引　言

近年来,国外制造钻机比较发达的苏联、美国、罗马尼亚、德国、奥地利、波兰和日本等国,在钻机起升动力学研究方向上,开展了大量的试验和研究。本文仅着重介绍钻机起升中的运动特性和动力学方面的研究成果,基本不涉及钻进和刹车过程。

首先是苏联的研究情况。苏联具有一支强大的石油矿场机械设计和研究队伍,无论是科研、设计、制造单位,还是高等技术学校,围绕钻机起升动力学的各个方面,已开展了三十多年的研究。他们在这一课题上发表的文章,远远超过了其他各国,约占国外这一课题公开发表文章的 75%。他们从不同的角度深入研究,各种学术观点争鸣比较活跃。为什么苏联对钻机起升动力学的研究颇感兴趣?他们认为,起升机构按用途而言是钻机最重要的部分,按运动而言是钻机最复杂的部分,它在很大程度上决定了钻机的工作能力和可靠性。还认为钻机构件的损坏 80%都属于疲劳破坏,而起升机构受到的循环载荷作用是很明显的,因此研究起下钻时作用于钻机上的周期性变载的起因及特点,自然有其重要意义。

美国在钻机的起升性能,游动系统和钻杆等方面,开展了比较深入的理论研究和试验,重点放在节约起下钻的时间上。但就美国庞大的钻机制造业和每年生产的钻机台数居世界首位而言,它在这一课题的研究和公开发表的文献与苏联相比,都显得太少了。

罗马尼亚研究了整个钻机起升机构的基本持性,提出了将起升机构看做具有分布质量的弹性体系来加以研究的方法,进行了游动系统的静力学和动力学研究。针对电驱动钻机在该国广泛采用的情况,还研究了减少电驱动钻机的起下钻工作时间,认为这是有重大技术和经济意义的课题。

西德、波兰研究了多钢绳机构中钢绳的负荷平衡问题,分析了钢绳受力情况。西德在研究钻机井架受力时,将其起升机构化为二质量二弹性连接的数学模型,列出了运动微分方程,并对其振动解的力和运动参数进行了讨论。波兰还研究了钻具长度对钻机起升系统负荷的影响。

不过,对由发动机—传动装置—吊升机构—钻柱组成的整个起升系统而言,系统动力学的研究却很少。各国对于综合性地研究柴油机外特性,变矩器的可透性及二者的联合工作特性,滚筒转速及气胎离合器特性等因素对整个起升系统动力过程的影响,则研究得更少。

1 动力学实验

从国外进行的多次钻机起升动力学实验,获得了大量的技术数据和资料。这些实验的目

的，主要是确定起升系统中各元件的应力、应变、振幅、共振频率，寻求动载系数及运动和受力的规律性数据，以及与起升动力学有关的各种参数，如变矩器、柴油机的扭矩、转速等，为设计制造钻机提供了依据，并检验了理论推证的正确性。如苏联在研究打斜井情况下起升机构中的动载时，就是在470张示波图的测取分析中来确定动载的最大值的。又如美国制造了专门的记录仪来测量钻机的总提升时间和加速时间，经多次工业性实验和对比研究，发现了影响起升及加速时间的诸因素，从而为解决这一问题提供了科学依据。上述实验均以现场测试为主，对象是十余种各型钻机（包括柴油机驱动和电驱动的），而以实验室实验为辅。实验手段是应变仪，示波器，时间显示器，稳压器，材料试验机等，再多一些的用上了应力和振动自动记录仪；此外尚有不少自制的专用测量装置，如整个装于汽车底盘上的成套测量仪，安装于滚筒上的直接记录起下钻线速度的电子仪器等。

苏联对 У-4э 型钻机（可钻井深 5 000 m，名义钩载 200 t）进行了一次现场实验，目的是测量钢绳中死绳及快绳的动拉力，井架支撑中的力，以及加速时滚筒转速的变化。

试验用专门的装置三轮架来测量钢绳中的拉力（见图1）。该装置的三个支架顶部装有滑轮，架上贴有电阻片。两个轮子中间是调节螺丝，可以调节滑轮间距。当钢绳通过滑轮时，就受到弯曲，并在拉紧时引起传感器电阻的变化。另外在绞车上做了一个滑动装置，安在绞车滚筒顶部，而三轮架就装在这个滑动装置上，以保证快绳沿滚筒横移时，此测应变装置也就和钢绳一起移动。

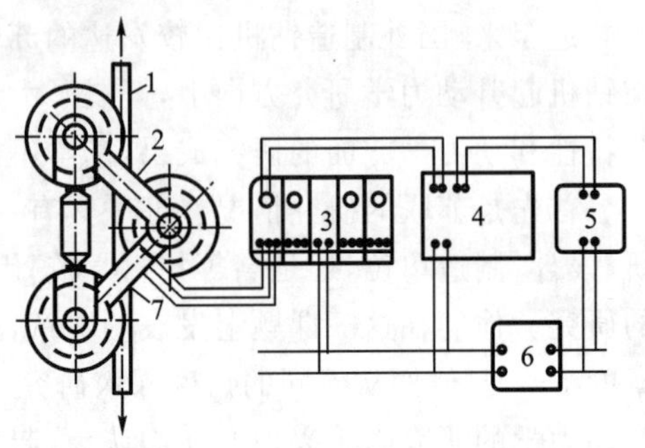

图1 测量钢绳中拉力的仪表电路原理图

1—钢绳；2—三轮架；3—应变仪；4—示波器；5—时间显示器；6—稳压器；7—电阻片

为了测井架大腿中的力，也制造了一个装置固定在大腿上，以便大腿的变形引起电阻丝传感器也变形。测滚筒转速是用自激直流发电机，它安在绞车支架的一个架子上，发电机轴由绞车起升轴通过三角皮带来带动，发出的电流输入示波器，由示波器显示的波峰值来确定转速。

根据示波图整理得到图2至图4的钻具起升波形图。图上时间刻度由时间显示器给出，而曲线则是将应变信号经过应变仪放大再输入示波器后，用照相或仪器绘出。

（1）起动时起升轴转速和死绳拉力变化图（见图2）。它表明从 2 100 m 井深处起升钻具开始加速时，死绳中拉力变化不大，因为在这段时间内起升系统中正在消除各环节的间隙。然后经过 0.4 s 拉力增长，先达到与钻柱重量相对应的值，然后达到最大值 12.5 t；在稳定运动时钢绳拉力为 10.5 t。由此求出动载系数 K_d 是：

$$K_d=\frac{12.5}{10.5}=1.19$$

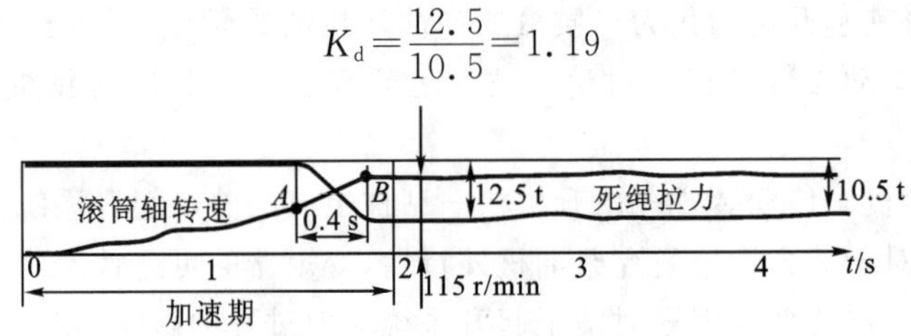

图2 2 100 m 钻具起升波形图

滚筒轴起升速度从 0 上升到 115 r/min 后趋于稳定，说明钢绳的加载发生在非稳定运动阶段，并在滚筒达到最大转速前结束。

(2) 起动时起升轴转速和快绳拉力变化图(见图 3)。它表明从井深 1 800 m 处起升开始加速时,快绳中拉力由小变大,且具有振动的性质,周期约为 0.8 s。在滚筒速度达最大值 w_m 时,快绳中加载也达最大值 y_m,其间约经 2 s 左右,因此加载是发生在非稳定运动阶段中。

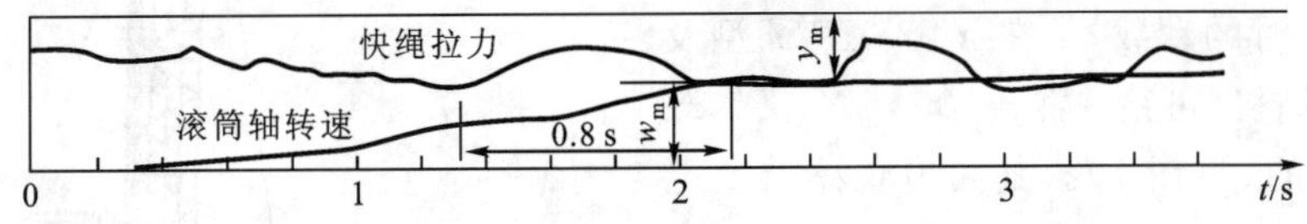

图 3　1 800 m 钻具起升波形图

(3) 起升末了(刹车时)钢绳拉力,井架内力及滚筒轴转速变化图(见图 4)。它表示从刹车到完全停止运动,共经过 2.5 s 左右。滚筒完全停转时,钢绳中拉力减少到了钻具在井中运动时的摩擦力的值。

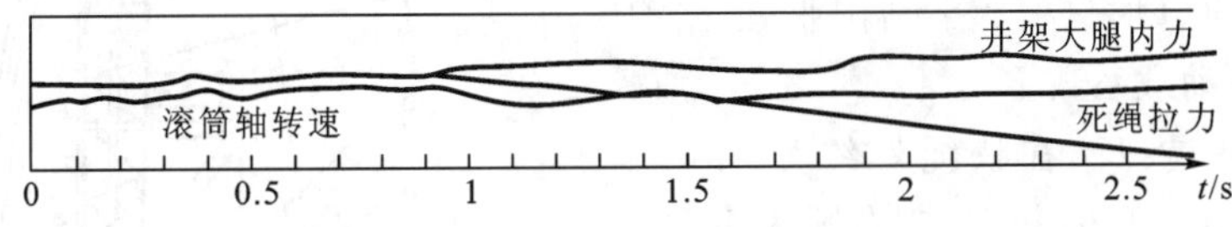

图 4　钻具起升结束时的波形图

由本实验得到的结论是:

(1) 起升钻具时,起升部件中之最大动拉力产生在刚拔动钻柱、吊卡离开转盘台的瞬时。多次测得这时的动载系数 $K_d=1.10\sim1.50$。

(2) 在加速段中快绳的拉力变化具有振动的特点。在起升钻具末了时,死绳、快绳均有振动特性。

(3) 在起升钻具的瞬时,钻机起升部件载荷的增长(即加载)发生在 0.4~0.8 s 内。消除间隙后钻具启动时的起升速度比它稳定运动时的速度小一半,即从图 2 中看 A 点比 B 点转速小一半。

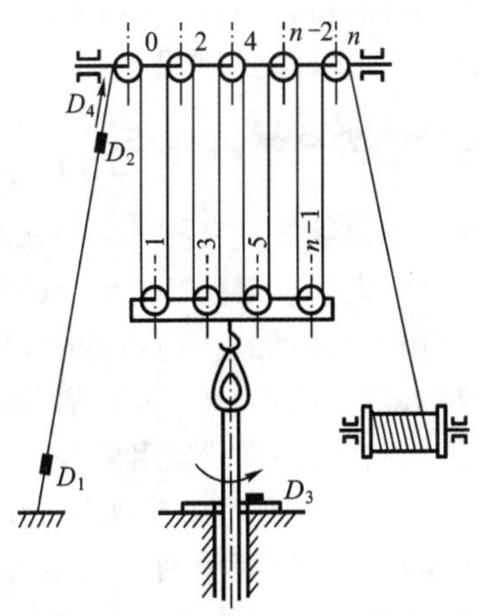

图 5　吊升机构测试位置图(БУ-75 钻机)

苏联又在 БУ-75 型钻机(可钻井深 1 800 m,名义钩载 75 t)上进行了动力学实验。目的是确定钻井时起升系统上之动载、振动现象及天车附近钢绳破坏的原因。图 5 示出起升机构中的测试位置。试验测出了下列数值:

钩载用液压式指重表测量。

死绳拉力在天车固定位置下面及死绳固定端,分别装测力传感器 D_2 及 D_1。传感器如图 6 所示,它由夹持块,弹性片,工作电阻片,补偿电阻片及螺栓组成。传感器用螺栓固定在图 5 所示的位置上。

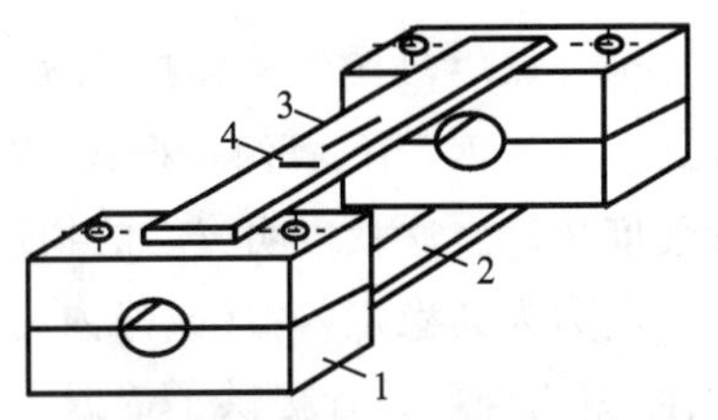

图 6　测力传感器

1—夹持块;2—弹性片;3—电阻片(工作片);4—电阻片(补偿片)

天车上面死绳横截面的纵向位移用电位传感器 D_4 测量。

通过实验确定了该钻机起升系统的固有振动频率为 $f_1=2.7$ Hz 和 $f_2=6.6$ Hz(前者为起升时,后者为下放时)。同时根据 D_4 的记录线性位移值,证实了定滑轮有多次重复摆动,因而钢丝绳在此摆动中的弯曲变形是导致其疲劳破坏的原因之一。

此外苏联还进行了一种综合性测试，用以确定钻机起升时的动载，是在 Y4000ДГY 型及 Y-4000∂Y 型钻机(可钻井深 4 000 m，名义钩载 125 t)上进行的(见图 7)。其测力传感器及电阻片分别布置在天车下底架、大钩、钻柱上端之大小头、井架大腿弦杆、转盘下大梁、快绳、井架大腿支撑、绞车刹把等 8 处，并装有测速发电机用来测定绞车起升轴之角速度。实验人员在钩载为 30，45，60，90 t 时进行起下钻作业，根据测量的示波图求出动载系数 K_d。

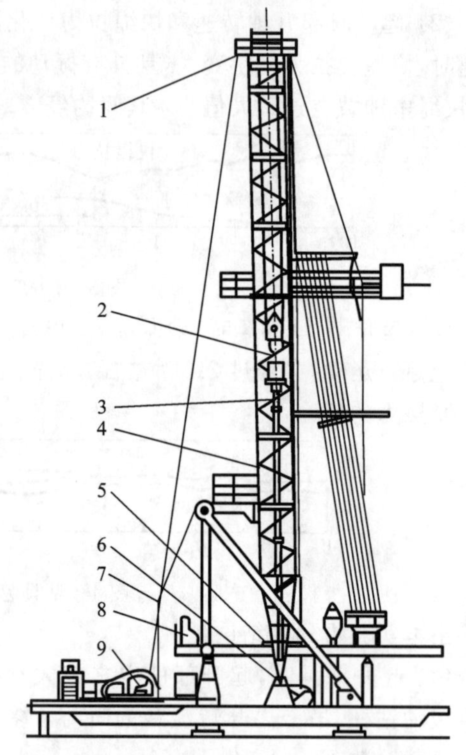

7　传感器，电阻片在 У-4000ЭУ 型钻机上的分布图

贴片位置为：1—天车下底架；2—大钩；3—测量钻杆柱上端内力的大小头；4—井架大腿柱；5—转盘下大梁；6—井架大腿轴承；7—测量快绳应力及线速度的装置；8—绞车刹把；9—测速发电机

测得的结果是：K_d 在快绳处约为 1.0～1.4，钻柱处为 1.0～1.6，井架左、右腿为 1.0～1.2，井架大腿支柱为 1.0～1.4。以上是起钻时从某井测得的值，下钻时 K_d 则比上述值为大，一般在 1.0～2.0 之间变化。

2　对动载的分析研究

起升动力学的研究重点之一就是各起升构件内的动载大小。近年来已研究清楚了起升时起升构件中动载的最大值，即在从转盘台上提起钻具的瞬间，约 0.5～1 s 内加载而产生的最大负荷。而在处理事故破阻解卡时，以及下钻刹车时，动载则更大。动载系数 K_d 的引入就是表征这个情况的。K_d 由构件中的最大内力(内矩、拉力、压力或应力)与稳定内力之比来定义。如图 8 所示，起升钻具时钢绳中载荷由最大值 y_{max} 变化到稳定值 y_{CT}，于是其动载系数为：

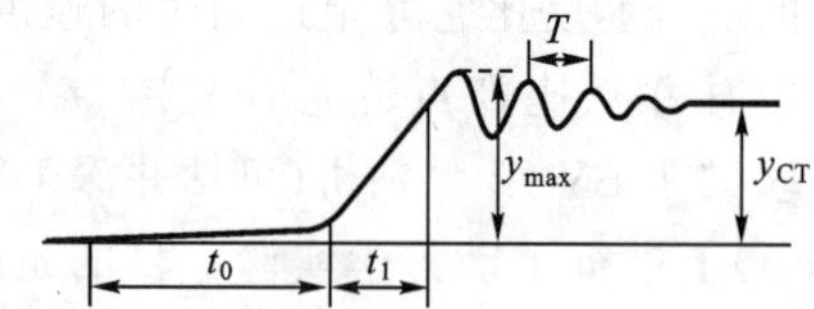

图 8　起吊钻杆柱时钢绳中载荷变化图

$$K_d = \frac{y_{max}}{y_{CT}}$$

这种计算法包括各种过载，无论是起下钻柱中的过载，还是在意外的情况下如解除卡钻时的过载。有了 K_d 值，我们根据构件中的稳定载荷(或称静载)就能求出其中的最大动载，从而进行强度核算。这就表明：K_d 的物理意义在于可用它来评价钻机的过载，K_d 数值表示了构件中最大内力为其稳定内力(或静内力)的百分数。因此测全测准各构件的 K_d 值，并掌握其变化规律，就为合理设计提供了依据。

研究表明，动载系数主要受到起升系统中平动质量和转动惯量的大小，它们的运动速度及加速度大小，发动机的机械特性，井壁状况和泥浆参数及钻柱、井架和滑车系统弹性等诸因素的影响。一般地，动载系数的取值范围为：

起钻时，K_d＝1.0～1.6；下钻时，K_d＝1.2～2.0；下钻最大取到 K_d＝2.8～4.5。不同的构

件，动载系数不同。

动载系数 K_d 的变化规律又可用曲线，经验公式及理论计算公式来表达。图 9 为苏联测定的 БУ-75БРЭ 型钻机钩载的 K_d 相对于名义钩载 Q 之关系曲线。图 10 是波兰测定的 N16，N25，N40 型钻机大钩动载系数 K_d 随起钻井深 L_i 而变化的关系曲线。它们类似于抛物线，它们也可用函数

$$K_d=\frac{a\times Q+b}{Q+c} \tag{1}$$

来表达。对于图 9 的曲线，经验公式(1)中的系数可取为 $a=0.83$，$b=14.6$，$c=4.3$。当然，这只适用于 БУ-75БРЭ 型钻机起升时。

图 9 和图 10 都反映了 K_d 随名义钩载 Q 之增加而减小。仅就此图而论，决定 K_d 的基本因素是钩载。研究(1)式又会发现，若取 $K_d=1$，则由(1)式可解出 $Q=60$ t。这就是说，当钩载为 60 t 左右时，K_d 接近于其极小值 1。而 $K_d=1$ 意味着构件中没有过载。由此可知，在钩载接近每台钻机的名义载荷时（本例中钻机的名义负荷为 75 t），过载就会很小，而曲线渐趋水平。这一点已为大量的统计资料所证实。

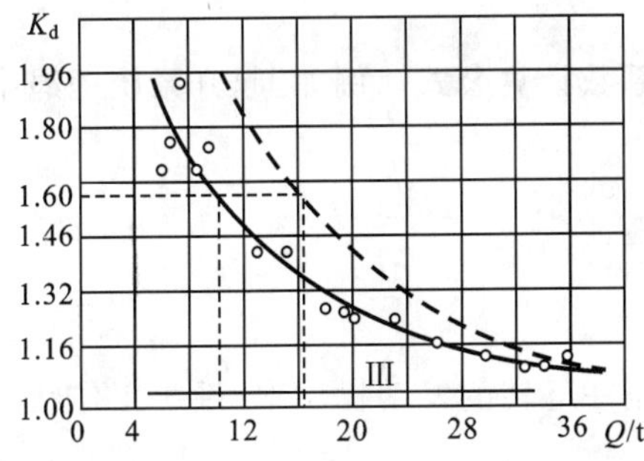

图 9　苏 БУ-75БРЭ 型钻机的起升动载系数 K_d 随钩载 Q 之变化图

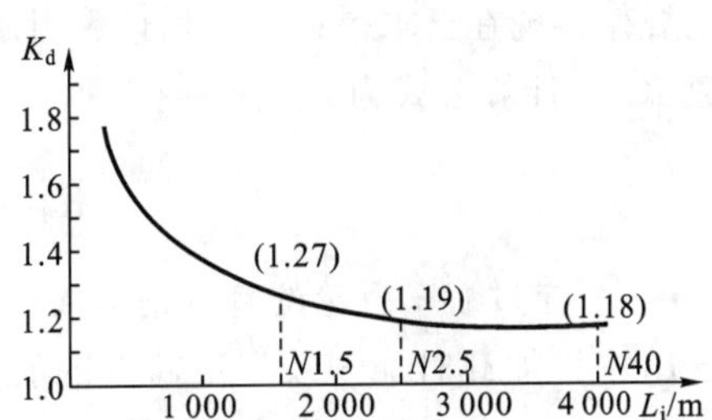

图 10　波兰三种钻机起升动载系数 K_d 与钻柱长度 L_i 之关系曲线

同时，由于钩载与大钩运动速度相适应，因而起升速度小。钩载大时，K_d 值则较小，反之速度高、钩载小时 K_d 值则较大。这一点可由图 11 中看出。

图 12 中示出从某井中起升钻具时，测得的动载系数与起下钻时不一致的情况。很明显，下钻时对应于同一钩载 K_d 值较大。另外根据实验还发现，起下钻时最大的动载系数值相差甚大。例如苏 Y-4000∂Y 型钻机下钻刹住钻柱时的动载系数，与起钻时相比，前者为后者的 6.5倍（均以快绳为例）。

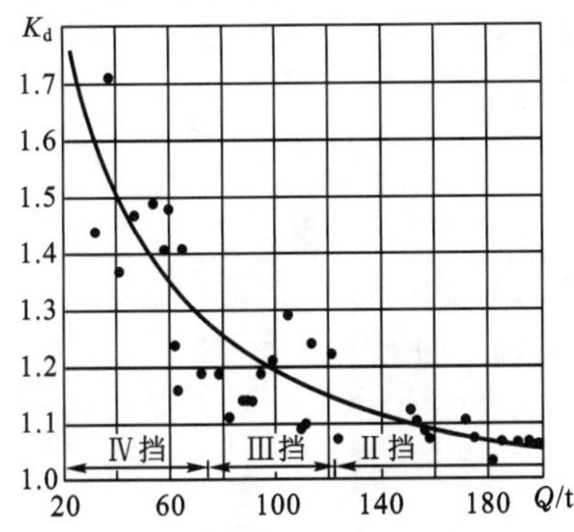

图 11　动载系数随起升挡数及钩载变化的曲线

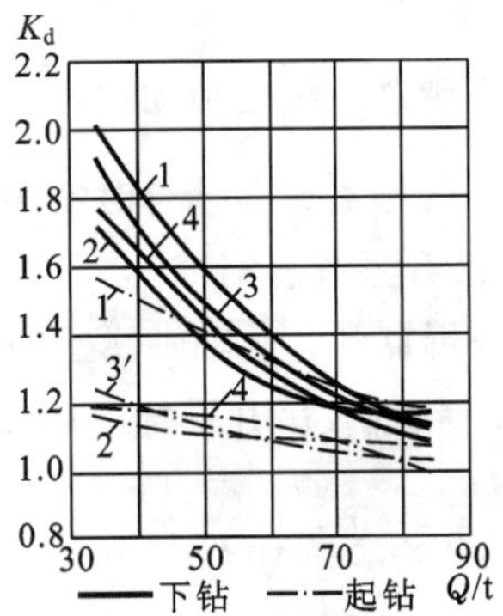

图 12　起下钻时动载系数变化图

1—快绳；2—钻柱上端；3—天车架；4—左大腿轴承

总之，综合研究大量的动载系数值，可以得到结论：起升系统中不同构件的 K_d 值不同，同一构件在起下钻时 K_d 值也不同。起升系统中 K_d 的最大值主要发生在钻机下钻刹车时，其次是在小钩载下用高速挡起钻时。

此外，K_d-Q 曲线还反映了动载系数与构件受迫振动振幅的关系。钻机是一个弹性系统，起下钻时起升部分还要经受振动过程。现已查明，K_d 与这种阻尼振动有关，并且它就代表着阻尼振动过程的第一振幅值。图 13 表明，对应于三个载荷级（$Q_1>Q_2>Q_3$），三个阻尼振动过程的第一振幅值 A_1, A_2, A_3，就代表上述三种钩载下某构件中的动载系数 K_{d1}，K_{d2}，K_{d3}，并且 $K_{d3}>K_{d2}>K_{d1}$。

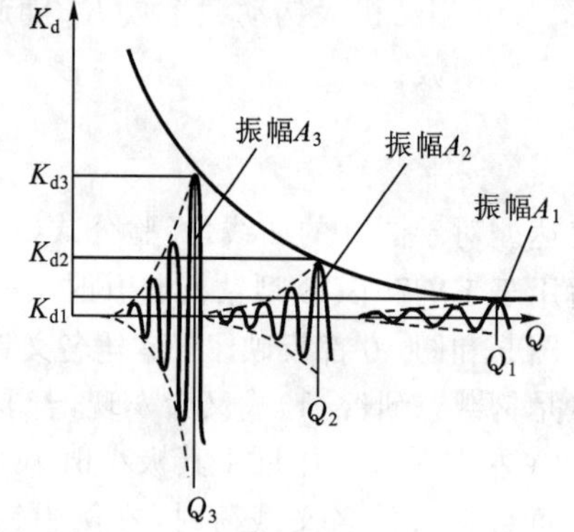

图 13　动载系数与振幅、钩载的关系曲线

当然，仅靠实验曲线和经验公式，还不能深刻、全面地反映动载的变化规律，于是人们又进行了大量的理论研究，特别是通过繁杂的数学推证，来揭示其变化规律。现在已求得适于工程计算引用的动载系数计算公式。例如，起升系统钢绳中动载系数 K_d 的计算公式为

$$K_d=\frac{n\sqrt{2E_BC_{ct}}}{Q} \tag{2}$$

式中　n——穿过游车滑轮的有效钢绳数；

E_B——加载时加于绞车滚筒上的能量，它由正在运转的发动机功率，系统工作状态及加载段时间来决定；

Q——钩载（钻柱在空气中的重力）；

C_{ct}——静载时井架和起升系统的总刚度。

又如，阿尔哈恩格里斯基公式，导出了滚筒离合器被动部分以后的起升构件中，动载系数 K_d 与气胎离合器特性系数 K 之间的函数关系式：

$$K_d=1+\frac{kC_B}{PM_B}\sqrt[3]{\frac{K}{I_2}} \tag{3}$$

式中　k——系数，$k=0.45\sqrt[3]{\frac{(12i_{TC}h)^2}{D_B^2}}$；

i_{TC}——游动系统之传动比，$i_{TC}=-\frac{\text{滚筒线速度 } v_B}{\text{大钩速度 } v_h}$；

D_B——气胎离合器挂合时的滚筒直径；

h——吊升系统总间隙；

C_B——折算到起升轴轴线上的起升系统钢绳和钻柱之总刚度；

M_B——钻柱及吊升系统运动部分之重量折算于起升轴上的力矩；

P——系数，$P=\sqrt{\frac{C_B}{I_2}}$；

I_2——钻柱质量集中后，向起升轴折算的转动惯量；

K——滚筒气胎离合器特性系数，$K=\frac{M_0}{t_0}$；

M_0——滚筒气胎离合器所传递的最大扭矩；

t_0——滚筒气胎离合器全充满气的时间；

I_1——滚筒气胎离合器的被动部分、绞车起升轴和吊升系统的运动部分向起升轴折算的转动惯量。

由(3)式看出，大钩上的动载与钻柱起升速度及离合器充满气的时间有密切关系。因此，为了降低起升时的动载，推荐使用逐渐挂合离合器的办法，而且如果将离合器气胎充满气的持续时间合理地减少到 2～4 s，那么这时热损失就会大大减少，而动载增加也不会太大。

3 绞车起升动力学、起升速度及起升时间

电驱动绞车起升动力学中的一个问题，即在异步电机带有载荷工作的条件下，已求得了其机械过渡过程中的运动方程，并运用贝塞尔方程可求其解。

在电驱动绞车起升的过程中，负载扭矩 $M_c(t)$ 在随时间变化，其值可用 $M_c(t)=M_c\times\frac{t}{t_1}$ 的公式表达。若又取异步电机的机械特性曲线为顶点在(S_K、M_M)点的抛物线，则电动机在绞车起升过渡过程中之运动方程为

$$M_M-\frac{M_M}{S_K^2}(S-S_K)^2=M_0+M_c\times\frac{t}{t_1}-I\times\omega_0\times\frac{\mathrm{d}s}{\mathrm{d}t} \tag{4}$$

式中 M_M——电动机之最大扭矩；

S_K——电动机之临界转差率；

S——电动机之转差率；

M_0——电驱动的扭矩损耗；

M_c——负载阻力矩之稳定值(静阻力矩)；

t——起动加载时间的瞬时值；

t_1——电动机加载达到 M_c 值的时间；

I——电驱动系统的转动惯量；

ω_0——电动机的同步转速。

方程(4)经适当变换后，就是$\frac{1}{3}$阶贝塞尔方程：

$$X^2\cdot Z''(X)+X\cdot Z'(X)+[X^2-(\frac{1}{3})^2]\cdot Z(X)=0$$

此方程之解为

$$Z(X)=C_1J_{\frac{1}{3}}(X)+C_2J_{-\frac{1}{3}}(X) \tag{5}$$

式中 $J_{\frac{1}{3}}(X)$，$J_{-\frac{1}{3}}(X)$——贝塞尔函数；

C_1，C_2——积分常数。

(5)式经适当变换后可得运动方程(4)之通解为

$$S=S_K-S_K\cdot T_M\cdot T'\cdot\frac{J_{-\frac{2}{3}}(T)-C\cdot J_{\frac{2}{3}}(T)}{J_{\frac{1}{3}}(T)-C\cdot J_{-\frac{1}{3}}(T)} \tag{6}$$

式中 $T_M=\frac{I\times\omega_0\times S_K}{M_M}$；

$T'=\frac{1}{T_M}(\frac{t}{\alpha t_1}+\frac{1-\beta}{\beta})^{\frac{1}{2}}$；

$\alpha=\frac{M_M}{M_c}$;

$\beta=\frac{M_M}{M_0}$;

$S=S-S_K$;

$T=\frac{2}{3}\alpha\times\frac{t_1}{T_M}(\frac{t}{\alpha t_1}+\frac{1-\beta}{\beta})^{\frac{3}{2}}$;

$J_{-\frac{1}{3}}(T),J_{\frac{1}{3}}(T),J_{-\frac{2}{3}}(T),J_{\frac{2}{3}}(T)$——贝塞尔函数;

C——由起动初始条件确定的常数。

由(6)式即可看出,它确定了 $S=f(t)$ 的解析函数关系,正是我们寻求的过渡过程中电机运动方程之解。

罗马尼亚研究者认为,研究钻井绞车的动力学问题,具有比较重要意义的参数是:静态力矩 M_c,最大力矩 M_m 和动载系数 K_d。而要保证设备处于良好的动力学状态工作,则要确定电动机的功率。其中特别重要的参数是:主动轴的当量力 f_e,发动机承受的标准力矩 M_n,起出的钻具开始刹车时,发动机承受的最大力矩 M_m 和刹车时的超荷量 λ_{fm}。通过反复研究已寻求到了一种设备运动学和动力学参数间的最佳联系,在设计中可以实现绞车要求的性能与工厂生产的发动机参数之间协调一致。换言之,就是绞车动力学及工作状态所规定的速度、加速度和激发力矩,能由电动机实现,即有了与钻机运动学和动力学相适应的驱动系统。这种联系可由下述公式表达:

$$\alpha=1+1.35C \tag{7}$$

式中 α——速度系数,$\alpha=\frac{v_{BM}}{\frac{H}{T_1}}$;

v_{BM}——滚筒最大线速度;

H——提升一个立根的高度;

T_1——提升一个立根的时间;

C——动力学状态常数,$C=\mu\times\frac{H}{T^2}$,最佳值定为 0.16~0.26;

μ——重力指标,$\mu=\frac{M}{Q}$;

M——绞车各构件重力总和;

Q——大钩上之负荷。

α 和 C 值能为选择钻井绞车的电驱动系统确定必要的参数。当 α 和 C 值符合(7)式时,利用它们就可使绞车得到最大力矩和过载能力,并可减小加速度,这与实验得到的结果是相一致的。

此外,研究如何节约起下钻的时间,也是世界各国普遍感兴趣的课题。美国通过理论计算和用专门的记录仪表测量总提升时间和加速时间,然后将大量数据加以对比分析,发现了影响起升及加速时间的因素是:司钻操作绞车的技术水平和注意力;对各挡换挡时机的掌握;正确选择提升速度;柴油机的最高速度与传动比;设备各运动部分转动惯量分配是否合理,起升摩擦离合器是否尽量靠近载荷;是不是在最高允许速度下挂合此离合器,而只有在此速度下和最大扭矩时挂合摩擦离合器,才能得到最短的提升时间。研究强调指出两点:

(1) 计算表明，无论是高速或低速驱动，柴油机的全部功率通常均可用于产生加速度。但即使在最良好的情况下，挂合上离合器时也至少有一半的能量转变为热。除了在设计中要考虑离合器所传递的扭矩外，它的散热能力也很重要，这一点对于在高速下操纵的离合器来说是特别重要的。

(2) 虽然使用液力变矩器效率比变速箱低20%，有着额外的功率损失，但变矩器的外特性足可以减少司钻的技术水平对提升时间的影响，弥补司钻技术水平之不足，并提高起钻效率。

苏联的研究则指出，钻一口井的全过程中所消耗的总机械起升时间 T_{M} 可由下式计算：

$$T_M=\frac{H^2\times p_{\max}}{75\times N_{\mathrm{h}}\times h_{\mathrm{T}}}\times\beta_{\mathrm{T}} \tag{8}$$

式中　H——井深；

$p_{\max}$——最大钻柱重力；

N_{h}——大钩功率；

h_{T}——钻头的平均进尺；

β_{T}——系数，它依赖于起升机械的参数，大钩起升之最大速度，钻井进尺曲线及起升转速图的充满系数。

根据(8)式，苏联的研究者认为，钻柱起升的机械时间，依赖于起升机械的参数和大钩起升的最大速度，起下钻的次数，进尺曲线，以及起升转速图的充满系数。这与美国的研究结论有些不同之处。

如上所述，研究起升速度与研究节约起钻时间密切相关。目前已求得了起钻操作的一般运动规律曲线，如图14所示。从图上可以看出，起升时滚筒轴的转速 ω 变化可分四个阶段：挂合段、加速段、稳定运动段和刹车段。各阶段的运动方程为：

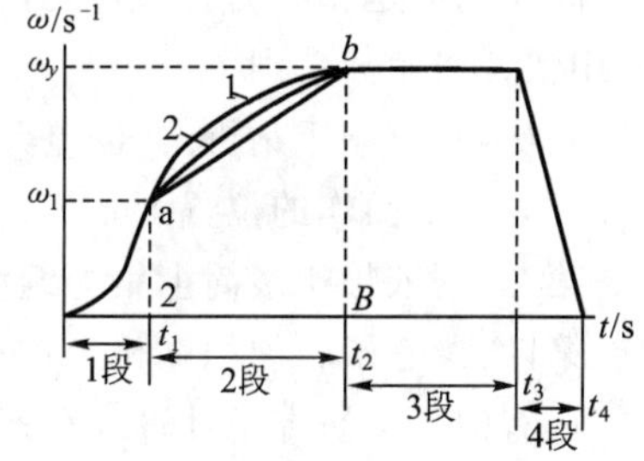

图14　柴油机—液力变矩器驱动钻机的起升四段转速图

挂合段(1段)：

$$\varphi_1=\frac{1}{3}\alpha\omega_y t$$

$$l_1=0.3\alpha v_y t,\quad (0\leqslant t\leqslant t_1)$$

加速段(2段)：

$$\varphi_2=\omega_y\beta_{CP}t$$

$$l_2=v_y\beta_{CP}t,\quad (t_1<t\leqslant t_2)$$

稳定运动段(3段)：

$$\varphi_3=\omega_y t$$

$$l_3=v_y t,\quad (t_2<t\leqslant t_3)$$

刹车段(4段)：

$$\varphi_4=0.5\omega_y t$$

$$l_4=0.5v_y t,\quad (t_3<t\leqslant t_4)$$

式中　φ——滚筒轴转角；

l——大钩上升行程；

α——比例系数，$\alpha=\frac{\omega_1}{\omega_y}$；

ω_1——挂合段内滚筒轴之末速度，$\omega_1=(0.2\sim0.6)\omega_y$；

ω_y——稳定运动段滚筒轴转速，由起升所用挡数决定；

v_y——在一个立根内钻柱起升的稳定运动速度，$v_y=\dfrac{\omega_y D_B}{2n}$；

D_B——滚筒圆筒之计算直径；

n——游动系统之有效钢绳数；

β_{CP}——系数，可由表 1 查出。

表 1

α	0.3	0.4	0.45	0.5	0.6
β_{CP}	0.747	0.777	0.792	0.810	0.846

另一方面，对起升动力学和起升时间的研究还得出了最佳起升速度值。例如对于具有 4×5 或 5×6 的起升滑轮装置及起升能力为 50～125 t 的钻机，在立根长 25 m 时，大钩的最大起升速度应在 1.6～1.8 m/s；而立根长 18 m 时，大钩最大起升速度应为 1.4～1.6 m/s，对于具有 6×7 滑轮装置的钻机，大钩起升速度不应超过 1.7 m/s。

那么，什么是确定大钩最大起升速度的依据？

首先，它依赖于钻一口井的全过程中所消耗的总机械起升时间。计算表明，在大钩速度 $v_{KP}>1.6$ m/s 时，钻一口井中起升钻柱和下放空吊卡用的总机械起升时间节省并不多。对 25 m长的立根，若用 $v_{KP}>1.6$ m/s 起升，和对 18 m 长的立根用 $v_{KP}>1.4$ m/s 起升，总机械起升时间实际上是相等的。换言之，在起升速度超过一定范围后，对于消耗的总机械起升时间而言，用快慢挡无甚差别。

其次，它依赖于钻机的气、电开关工作状况。在过高的起升速度下，就很难把游动系统停在方便井架工操作的位置上。

第三，它依赖于滚筒上钢绳缠绕的线速度不得大于 20 m/s（苏联的部颁标准规定）。

第四，参考了各国的钻机大钩最大起升速度很少有超过 1.8 m/s 的。

还有的国家研究了计算绞车速度图和加速度图的一般方法，提出了选择最优起升速度图的一些看法，通过研究认为，节约起钻时间必然导致增大起升加速度，而起升速度变化过大，又会带来两个突出的问题：

(1) 由于钻井绞车及其驱动系统是一个弹性系统，起升速度变化太大，则会对驱动系统造成很大影响，而使其具有冲击性质，因此加速度在最初瞬时突变的速度图是不值得推荐的。

(2) 加速度的急剧变化，发生在起动和停止的瞬时。当绞车起升加速度 $a>2\ \text{m/s}^2$ 时，大钩上的载荷会相当大。如果没有采取必要的措施加以限制的话，则会在钢绳中引起过大的弹性变形和振动。

针对上述情况，起钻时最好不要使用太大的加速度值，且应变化平稳，并应尽可能避免大的冲击。因此，应该使用具有平稳速度变化的速度图，如图 15 所示。从图可见，在起升加速和减速段的开始和末了时，绞车速度曲线均呈抛物线，而中间呈直线。对应 v-t 曲线，给出了加速度变化的 a-t 曲线。这种速度曲线的实现可由驱动系统给以保证。

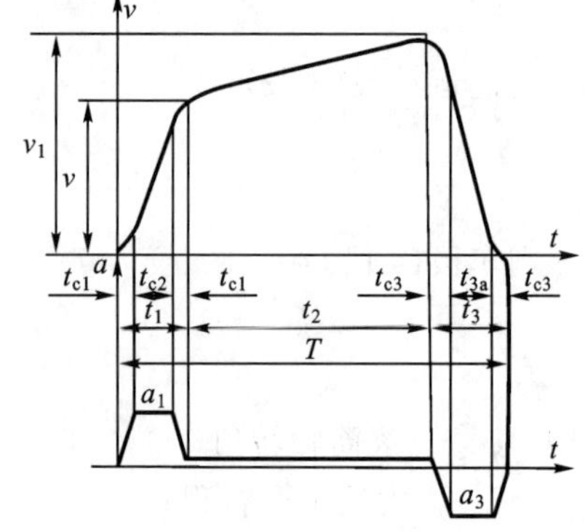

图 15　绞车起升的均匀变化速度图及加速度图

由于钻机在运动学上有此特性，最大起升速度又是随井深而变化的，所以适应这一特性的驱动系统，就应是在最大变化范围内能进行速度精确调整的驱动系统。直流电动机驱动系统，或转子电路中带有变频器及带有一个自动调节系统（SRA）的异步电机驱动系统，均可以满足这样的要求。此外，使用短路转子异步电机或用装有可调叶片变矩器的同步电机 CHC-650P 驱动绞车（罗马尼亚型号）时，也可达到这一目的。

4 振动及强度计算

对钻机起升时的振动问题，国外已运用拉普拉斯变换，求解气胎离合器挂合中打滑段内传动装置二质量计算图的运动方程，求得打滑结束时离合器摩擦力矩发生了阶梯式的减小，这种扭矩波动在起升部件中引起很大地振动。就整个钻井起升系统而言，内燃机的振动是第一个强迫振源，它引起系统的轴以相当于曲轴每秒转速的一半的频率做扭转振动；而起升机构周期性地加载、卸载及钢绳的非匀速缠绕是第二个强迫振源。振动在死绳中造成的动载振幅甚至达 5 t 之多。研究认为起升时的振动系由三种振动组成，第一种是起升部件由于突加载荷引起的振动；第二种是由提升载荷引起的惯性力产生的振动；第三种是滚筒上缠绕多层钢绳而引起快绳端非匀速运动造成的振动。各种振动产生了动载，尤以第二种产生的最大。还求得钻柱纵向振动的最大振幅为 3.5 mm，确定了井架和起升系统纵振及横振的固有频率，提出了减小振动的措施，如起升阶段均匀加载，增加滚筒的直径和长度来减少缠绳层数，等等。近年又提出了转盘下底座安装的初变形是引起振动的重要原因，因此调整好转盘与其安装的钻台底座的刚度，就能大大减轻振动。

运用波动方程研究钻柱接头处的截面变化对其纵振和扭振的影响，是振动研究中的又一特色。美国的研究给出了钻柱纵振或扭振的波动方程为

$$\frac{\partial}{\partial x}\left[I(x)\times\frac{\partial Q}{\partial x}\right]=\frac{I(x)}{C^2}\times\frac{\partial^2 Q}{\partial t^2} \tag{9}$$

式中 $I(x)$ ——钻柱截面的极转动惯量（扭转时）或面积（纵向振动时）；

x——钻杆截面位置坐标；

$Q(x,t)$——钻杆截面的位移；

C——系数，$C^2=\dfrac{Eg}{\rho}$；

E——钻杆之弹性模量；

g——重力加速度；

ρ——钻杆之密度；

t——时间之瞬时值。

若令 $Q(x,t)=\overline{Q}(x)\times e^{i\omega t}$ 为(9)式之试探解，应用分离变量法可把方程(9)化为关于$\overline{Q}(x)$的常微分方程，然后用逐次渐进法解此常微分方程，即把$\overline{Q}(x)$展开为某一参数$(\dfrac{W}{C})^2$ 的级数，然后取级数的第一项而舍去高阶微量，进行合理简化，解出钻杆接头处各截面上的$\overline{Q}(x)$值[即方程(9)之本征函数]。再根据连续性条件来研究钻杆接头骤变时$\overline{Q}(x)$值的突然变化。将这种变化与通用钻杆的截面双斜变化的接头相比较，证明了接头截面骤变较通用钻杆接头的双斜变化对$\overline{Q}(x)$影响更大，因此应选用截面双斜变化的通用接头为钻杆的理想接头。最后结论是，在低频时不管钻杆柱多长，接头对振动的相角和自振频率的影响均可忽略不计。

在强度问题的研究中，存在两种截然相反的观点。一种认为现有的设计依据，对于深井钻

机已经足够，文献指出："我们不认为有必要讨论这些负荷可能有 10%～20%的变化，因为这些变化是在计算的精确度以内。"主张沿用现有的强度设计法。而另一种则认为，应对强度问题，尤其是疲劳强度问题进一步的研究。在计算中，他们通过构件中应力分布密度函数，导出了构件相当应力 σ_e 之计算公式。再从对 σ_e 表达式的分析，确定出影响起升构件寿命的因素是：材料疲劳曲线的指数；钻井进尺曲线的指数；钻机运动的某些参数及结构因素等。

为了反映出动载对起升机构零件疲劳强度的集中影响，又提出了一种新的计算法——使用综合动力系数 K_{od} 进行计算，它更加完全地反映出动载对钻机起升构件寿命的影响。这种计算法的原理是：在考虑动载作用后，疲劳强度计算中的寿命系数 K_e，应以系数 K_{ed} 代替，K_{ed} 按下式计算：

$$K_{ed}=K_{od}\times K_e \tag{10}$$

因此综合动力系数 K_{od} 的定义就是

$$K_{od}=\frac{K_{ed}}{K_e}$$

式中 K_{ed}——在起下一个立根钻柱的周期内，作用在构件上载荷的总循环数中，计入了起下钻动载影响的当量寿命系数；

K_e——在起下一个立根钻柱的周期内，作用在构件上载荷的总循环数中，不计起下钻动载的寿命系数。

$$K_e=\sqrt[m]{\sum_{n=1}^{e_o}\left(\frac{Q_n}{Q_{max}}\right)^m\times\frac{N_n}{N_o}} \tag{11}$$

式中 Q_n——作用在构件上的阶梯变化载荷值；

Q_{max}——作用在构件上之最大载荷值；

N_n——载荷级 Q_n 的作用循环数；

N_o——所计算的零件材料的基本循环数；

n——钻柱起升次数之序号；

e_o——钻柱起升的总次数。

图 16 综合动力系数 K_{od} 随进尺曲线指数 B 和材料疲劳曲线指数 m 变化的曲线。图中序号为苏制钻机型号。

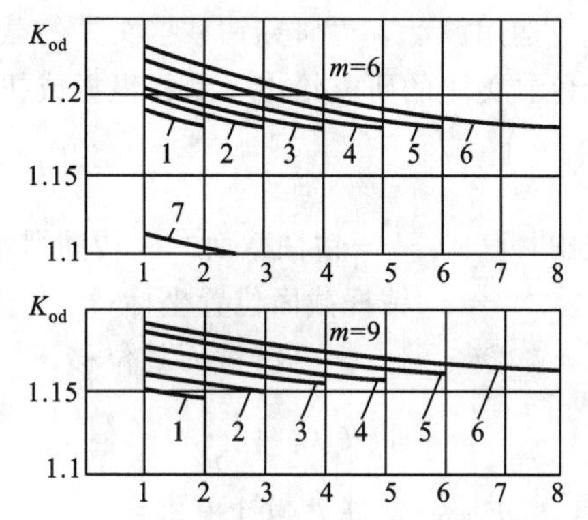

图 16 综合动力系数 K_{od} 随进尺曲线指数 B 和材料疲劳曲线指数 m 变化的曲线

1—БУ-80БРД；2—У-125ДГ-Ⅱ；3—БУ-160ДГ；4—У-200ДГ-Ⅲ；5—БУ-250ДГ；6—У-300Э；7—КГБУ-125（$m=9$ 时这种钻机的 $K_{od}=1.05$）

但是，K_{od} 本身的计算公式颇为复杂，影响它的因素也很多，最主要的是钻井进尺曲线方程的指数 B 和材料疲劳曲线指数 m。为了使用方便，已绘出 K_{od} 随 B 及 m 变化的曲线（见图 16）。使用时根据 B，m 之值及机型，由图 14 查出 K_{od} 之值。一般说来，对于具有机械传动的各类钻机之齿轮、链轮等零件，$m=6$，$K_{od}=1.17$～1.18；对于轴类等零件，$m=9$，$K_{od}=1.14$～1.16。在由(11)式算得 K_e 之后，就可按(10)式计算当量寿命系数 K_{od} 了。然后再把它代入疲劳等效应力的计算公式求得该应力，进而进行强度校核，这样就计入了动载对钻机起升构件寿命的影响。

5 转动惯量

众所周知，钻机起升动力学的研究，将导致解起升系统各构件的运动微分方程，而起升系统系由转动和平动两部分组成。求解运动微分方程和进行一系列的动力学计算，都要求预先算出平动和转动件的折算质量和折算转动惯量。利用传统的计算方法来求每一个运动件的转动惯量，是一项困难的任务，因为计算太繁杂；如用简单的几何图形来替换零件较复杂的形状，又得不到精确的结果。目前的发展趋势，是用较简单的实验法求出单个零件或总成件的转动惯量。

一种方法是通常使用的摆锤实验法及扭转振动法，实验中测出摆动周期等其他数据，然后通过计算求得转动部分和直线运动部分的质量及转动惯量的精确值。

第二种方法是用来求绞车滚筒气离合器被动部分、滚筒及轴以及整个游动系统折合到滚筒轴轴线上的总的转动惯量的。步骤是：用绞车对事先确定了重量的重物进行起升，可用游车带自动吊卡吊起重物，但不得用钻柱作为重物，因为井中摩阻等影响很难估计；当达到稳定的起升速度时，摘开离合器，重物仅在惯性力作用下减速上升，一直到起升速度降低到零，然后在重物作用下运动方向相反，速度慢慢增大。利用示波器连续记录下这段时间内起升轴的速度，从示波图上求出游车向上运动时滚筒轴的加速度 ε_1（负值）和向下运动时的加速度 ε_2，然后代入下式计算即可求得所需的转动惯量：

$$I_1=\frac{G_o\times D_B}{n\times(|\varepsilon_1|+\varepsilon_2)}$$

式中　I_1——从滚筒气离合器被动部分起，到吊卡为止的吊升机构折算于滚筒轴轴线上的总的转动惯量；

G_o——游车及悬重的重力；

D_B——钢丝绳在滚筒上的缠绕直径；

n——穿过游车滑轮的有效绳数；

ε_1，ε_2——游车上升和下降时滚筒轴之角加速度。

第三种方法是专门用来确定钻机旋转件的转动惯量的。用的是如图 17 所示的一种测试装置。测试时将待测件轴 3 轮 4 装入图示位置，再选择事先称好重量，测好了转动惯量的不同标准圆盘Ⅰ和Ⅱ，分别把它们与轴 3 装在一起。第一次使圆盘Ⅰ与轴 3 轮 4 一同旋转，在转速达到 800 r/min 后摘开离合器 2，然后静候轴减速到 0 为止。用示波器记下这一段的时间和轴 3 的角速度变化情况。把盘Ⅰ取下后装上标准圆盘Ⅱ重做一遍这种实验。

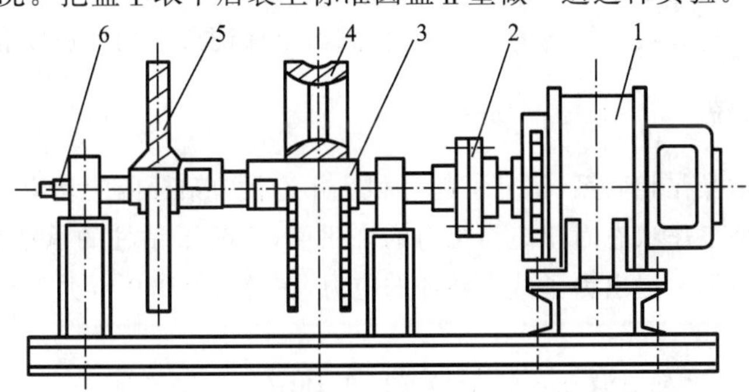

图 17　测量旋转件转动惯量的装置

1—电动机；2—离合器；3—待测轴；4—待测轮；5—标准圆盘Ⅰ(或Ⅱ)；6—测速发电机

根据两次试验结果描绘轴 3 转速 n(r/min)随时间 t(s)变化的曲线(见图 18)，曲线 1 和 2 分别对应用圆盘Ⅰ和Ⅱ测试的情况。然后在纵轴上取两个速度 n_1 和 n_2，通过曲线在横轴上求得两个时间间隔(注意用Ⅰ、Ⅱ曲线的中段)值 $t_2'-t_1'$ 和 t_2-t_1。

根据以下公式就可求得轴 3 轮 4 的转动惯量。

$$I=\frac{\alpha I_{I}-I_{II}}{1-\alpha}$$

式中 I——所求的轴与轮之转动惯量；

α——加速度比例系数，$\alpha=\frac{t_2-t_1}{t_2'-t_1'}$；

I_{I}——标准圆盘Ⅰ之转动惯量；

I_{II}——标准圆盘Ⅱ之转动惯量，$I_{I}\neq I_{II}$。

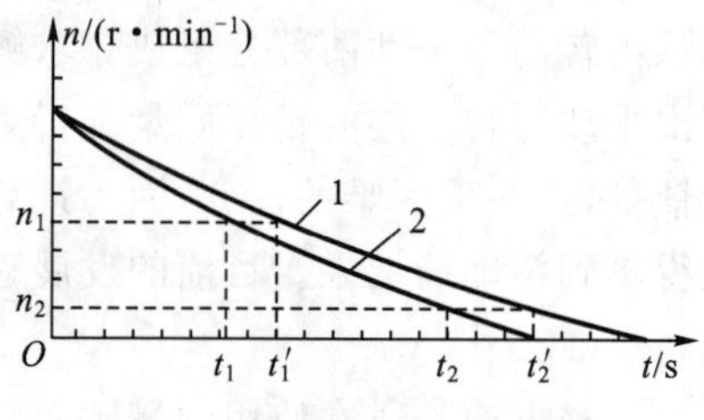

图 18 转速 n 随时间 t 变化曲线

1—圆盘Ⅰ之速度变比曲线；

2—圆盘Ⅱ之速度变化曲线

如欲求得Ⅰ之更准确的值，可把轴 3 上离合器 2 的被动部分之转动惯量减去。

那么，钻机运动部分的质量和转动惯量对其起升性能有何影响？研究认为，如果在一套设备中改变各部分质量的分配方式，便会显著地影响其提升性能，因此必须寻求钻机各运动部件转动惯量最合理的分配方式。通过计算和对比研究，得出了下述结论：

(1) 柴油机及其轴、离合器和链轮的转动惯量在总的转动惯量中所占比重最大，特别是在低速时，其比重更大。以最大起重量 420 t 的钻机为例，这部分转动惯量为总转动惯量的 48.3%～82.1%(绞车高挡到低挡旋转)。

(2) 主摩擦离合器不仅应该传递所需的能量，而且也要传递产生加速度所需的能量，因此离合器的位置应尽量靠近载荷。这在结构上就意味着离合器应装在能自由转动的滚筒轴上。在上述钻机的绞车中，滚筒及吊升机构在高速下的转动惯量为总转动惯量的 42.3%.

(3) 为了在柴油机调节油门后能立刻得到效果并能很快加速，必须减少旋转部分的转动惯量。研究证明，摩擦材料集中在周圈的径向摩擦离合器的转动惯量，较等能力的盘式离合器的转动惯量要大很多。虽然液力离合器的转动惯量也比较大，但在其位置适当的情况下，可以大大地代替柴油机飞轮所需的一部分重量。

(4) 在没有变矩器的钻机中，当滚筒轴达到最大转速后，加速绞车和载荷所需的功率便不能再加以利用，因此应尽量限制产生加速度所需的功率和减少各部件的转动惯量。

(5) 因为绞车提升载荷的加速度取决于所有运动部件的质量，因而从加速度的观点来看，减少质量比降低提升周期中运动部件的速度更为有利。最合适的提升条件是在柴油机和滚筒离合器间所有部件都达到最大转速的情况下再加载，以保证最小的加速度和最短的提升时间。

6 钻杆及游动系统

与钻机的起下钻操作相联系，研究了起升和钻井过程中钻杆内的动应力，用表格具体给出了钻柱在扭转与拉伸工作状态时扭矩与拉力的许用值，分析了钻柱的承载情况，如轴向力、扭矩及钻井液的内压力等。提出为了减小钻杆的应力，在超过 9 000 m 井深后，应使用井底发动机钻进。

各钻机生产国，几乎都对游动系统中最薄弱的环节——钢丝绳——开展了比较全面深入的试验研究：进行了钢绳的动力学模拟；研究了缠绕钢绳时的接触应力；确定了钻深井时游绳的工作能力；探讨了钻井游动钢绳多层缠绕时的运动学和动力学问题；计算了钢绳各部位在各种起升条件下的动载及振频；探讨了影响钢绳寿命的诸因素；经现场实验后，推荐在滑轮外缘上使用合成胶的滑轮衬套来延长钢绳的寿命(见图 19)。研究分析也得到一些共同的结论，如认为更换钢绳的依据是根据其做功的数量，因此使用连续指示钢绳做功的吨公里仪表至为重要；又如通过实验证明：在测量负载时，不应使用装在死绳上的指重表，而应装置载荷传感元件，以求得较精确的数值。

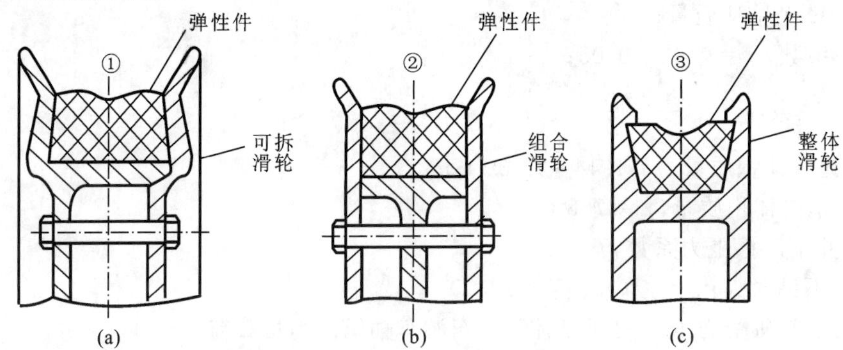

图 19 加有合成胶衬套的滑轮

在天车、游车的复滑轮系统内进行的理论研究中，已确定了各滑轮的受力，各滑轮速度间的关系。对起下钻过程中各轮轴受力状况的分析，导出了下述计算公式：

$$R_{eci}=\sqrt[3.33]{\frac{R_i^{3.33}+(0.7R_i')^{3.33}}{2}}$$

式中 R_{eci}——第 i 个滑轮的轴承受的载荷；

R_i——起升时第 i 个滑轮的轴承受的载荷，见表 2；

R_i'——下钻时第 i 个滑轮的轴承受的载荷，见表 2；

i——天车游车滑轮组各轮的序号，$0 \leqslant i \leqslant n$，各轮编号顺序见图 5。

表 2

滑轮号码	计算公式	
	R_i	R_i'
0	$Q\cdot A\cdot(\frac{1}{\beta_o^n\cdot\beta_o'}+\frac{1}{\beta_o^n})$	$Q'\cdot A'(\beta_o^n\cdot\beta_o'+\beta_o^n)$
1	$Q\cdot A\cdot(\frac{1}{\beta_o^n}+\frac{1}{\beta_o^{n-1}})$	$Q'\cdot A'\cdot(\beta_o^n+\beta_o^{n-1})$
2	$Q\cdot A\cdot(\frac{1}{\beta_o^{n-1}}+\frac{1}{\beta_o^{n-2}})$	$Q'\cdot A'\cdot(\beta_o^{n-1}+\beta_o^{n-2})$
…	…	…
$n-1$	$Q\cdot A\cdot(\frac{1}{\beta_o^2}+\frac{1}{\beta_o})$	$Q'\cdot A'\cdot(\beta_o^2+\beta_o)$
n	$Q\cdot A\cdot(\frac{1}{\beta_o}+1)$	$Q'\cdot A'\cdot(\beta_o+1)$

表 2 中各符号含义：

n——游动系统之有效绳数；

β_o——摩阻系数，$\beta_o=1.09\sim1.05$，它取决于滑轮类型和绳轮特性；

β_o'——系数，$\beta_o'=1+\varphi_o'$

A——起升时快绳拉力系数，$A=\dfrac{\beta_o^n\times(\beta_o-1)}{\beta_o^n-1}$；

A'——下钻时快绳拉力系数，$A'=\dfrac{\beta_o-1}{\beta_o\times(\beta_o^n-1)}$；

Q——起升时大钩上之起重量，$Q=\varphi_{o}\times(1-\frac{\gamma}{\gamma_{o}}+f)$；

Q_{o}——整个钻柱质量；

φ_{o}——系数，$\varphi_{o}=0.02\sim0.05$；

φ_{o}'——系数，$\varphi_{o}'=(\frac{1}{3}\sim\frac{1}{2})\times\varphi_{o}$；

γ——泥浆体积质量，$\gamma=1.14\sim1.30\ t/m^3$；

γ_{o}——钢之体积质量，$\gamma_{o}=7.8\ t/m^3$，

f——井下摩擦阻力系数，$f=0.2$；

Q'——下钻时大钩上之负荷，$Q'=0.7\ Q$。

求得的各轮轴受力 R_{eci}，可用于计算天车游车轴承的当量载荷。

起升动力学计算中的另一个问题，就是在许多研究文献中，通常都把钻柱与井壁的摩擦阻力忽略掉了，因而不能完全反映出起下钻时钻具长度对钻机起升负荷的影响。波兰学者研究了这个问题，并提出了一种计算钻柱与井壁摩擦阻力的方法，为较精确地计算起下钻动力学的诸问题提供了新的依据。该方法指出，计算钻柱与井壁摩擦阻力的阿列克山德洛夫公式为

$$T=f\times\sum_{i=1}^{Z}p_{di}\times\Delta\sigma_{i} \tag{13}$$

式中 T——钻柱与井壁的总摩擦阻力；

f——钻柱与井壁的摩擦系数，一般 $f=0.2$；

p_{d_i}——所研究的第 i 钻柱段以下的钻柱重量；

$\Delta\sigma_{i}$——所研究的第 i 钻柱段的曲率：

$$\Delta\sigma_{i}=\sigma_{ji}\times\Delta l_{i} \tag{14}$$

式中 i——某一钻柱段之序号，$1\leqslant i\leqslant z$；

z——钻柱被划分的总段数；

Δl_{i}——所研究的第 i 段钻柱之长度，一般取 $\Delta l_{i}=100$ m；

σ_{ji}——当钻柱在井中时，与所研究的第 i 段钻柱对应的井深之平均曲率。

利用公式(13)计算总摩擦阻力 T 的主要问题是参数 $\Delta\sigma_{i}$ 的确定。由(14)式知，欲求 $\Delta\sigma_{i}$，必先求 $\Delta\sigma_{i}$ 值才行。经过对 25 口井(最大井深为 5 300 m)的地球物理测量资料进行统计分析，用计算机求得了钻井平均曲率 σ_{ji} 与井深 l_{i} 之间的函数关系为：

$$\sigma_{ji}=b_{0}+b_{1}L_{i}+b_{2}L_{i}^{2}+b_{3}L_{i}^{3}, \tag{15}$$

式中 $b_{0}=2.322\times10^{-4}$，rad/m；

$b_{1}=2.141\times10^{-7}$，rad/m^2；

$b_{2}=-1.152\times10^{-10}$，rad/m^3；

$b_{3}=2.476\times10^{-14}$，rad/m^4。

当已知某段井深 L_{i}(即某段钻具长)后，代入(15)式求得 σ_{ji}，再将 σ_{ji} 代入(14)式求得 $\Delta\sigma_{i}$，这样就求得了第 Δl_{i} 段钻柱的曲率。在计算中已将整个钻柱划分为 Z 个 Δl_{i} 段了，因此将求得的各段钻柱之 $\Delta\sigma_{i}$ 和 Δl_{i} 值代入(13)式，即可得到整个钻柱与井壁的摩擦阻力 T。这种计算法与工业实验得到的 T-L_{i} 关系曲线很接近，在井深 $L_{i}\leqslant4\ 000$ m 时，计算曲线与实验曲线基本重合。

(本文作者：陈如恒　陈朝达)

参考文献

[1] Г. Н. Бержеч, С. И. Ефимченко. Динамические процессы в подъемной части Буровой установки. Машины и нефт. Оборуд. 1967(9):3-7.

[2] К. И. Архопов. О роли коэффициента динамичности при расчёте элементов бурового оборудования. Нефтяное хозяйство. 1966(10):18-20.

[3] 一机部情报所,石油机械研究所合编.苏联、美国石油矿场机械发展概况,1962.

[4] 将钻机起升机看做具有分布质量的弹性体系. Bul. Inst. Petrol. Gaze §igeol,1966,№14:153-177

[5] P. C. Tepelu§. Sistemul de actionare adecvat condutiilor impuse de cinematica §i dinamica troliului de foraj. Petrol §i Gaze,1969,20,№7:485-493

[6] 钻机钢丝绳情况的分析. Techu. Poszuk,1971,10(37):26-32.

[7] 克·威柏.钻机井架的受力.石油机械译丛,1964(5).

[8] В. Г. Кудин, Ю. Н. Лелехин. О динамических нагрузках в подъёмном механизме буровых установок при наклонном бурении. Машины и нефт. Оборуд. 1979(5):6-8.

[9] 曲·门·霍曼,等.钻井设备运动部分的质量和惯性矩对其提升性能的影响.第四届国际石油会议报告论文集(第三卷).

[10] Е. И. Окрушко и др. Прибор для определения и записи линейной скорости инструмента при спуско-подъёмных операциях. Машины и нефт. Оборуд. 1971(3):28-30.

46. ZJ45J 型钻机提升系统载荷谱的测试

【论文题名】 ZJ45J 型钻机提升系统载荷谱的测试
【期 刊 名】 华东石油学院学报,1982 年第 1 期

【Abstract】 This paper provides a dynamic load test program and series load spectrum of hoisting system of 4500m depth drilling rig produced by our country. Experimental observation has found that the hook load varies as some sinusoidal damped oscillation combined with two different frequencies while pulling out the drilling string. The higher the drum angular speed and acceleration, the higher the dynamic hook load. Practical data different from those in foreign literature are obtained, such as dynamic load coefficient of hoist link, power store coefficient and shiftgeer's load, line pull and efficiency of single pulley, safety load of rope. These test data and some recommendation can be used in drilling rigs design and operation.

1 概 述

石油钻机提升系统在起下钻过程中承受的实际载荷相对于时间历程的变化曲线称为载荷谱。过去,钻机的设计和操作人员对此了解很少,从而在设计过程中不能正确认识动载和选用动载系数,不能正确计算出各起升挡的换挡载荷。至于单滑轮效率和游动系统效率值,由于缺乏我国自己的数据,因而也只能盲目抄用外国的。这些问题都迫切要求对钻机提升系统进行载荷谱的测试和起下钻动力学的研究。为此,我们于 1981 年 1 月在兰石厂的试验井场上进行了国产第一台新系列石油钻机 ZJ45J 的测试,共计完成如下任务:各提升部件共 20 个测点在各起钻载荷下的静态测试;吊环、死绳、井架大腿和绞车滚筒角速度的动态测试;钢丝绳传感器标定试验;各钢丝绳的动拉力以及滚筒刹带动拉力测录。限于篇幅,本文只论及中间三项任务。

测试所用仪器和方案示于图 1 中,在吊环、死绳传感器、井架大腿上各贴两工作电阻片(其中之一为备用和静测校对用)。动测时每一工作片都配一单独的温度补偿片,各用一根三轴屏蔽电缆经桥盒接入动态应变仪,再经分流附加电阻箱输入到光线示波器中。绞车滚筒角速度传感器是用一高碳钢弹簧片上贴一电阻片制成,将它固定在绞车底座上,弹簧片由滚筒低速离合器上的两个螺帽拨动以输出脉冲信号,每一脉冲波代表滚筒转半周,它用二根导线直接输入仪器中。

试验载荷是在 1 200 m 深的试验井中加 767 m 的实心钻铤链造成的。在一次起钻过程中,以吊环吊卡静悬钻铤柱完成各级载荷下的动测项目。基准载荷杆则以宝鸡石油机械厂生产的 YH350 型吊环的杆部来承当,因为它是 20CrMn2MoVA 高强度、高断裂韧性的合金钢制成的、截面为圆形的单纯拉力杆,它测得的应变数据重复性好,应变与载荷的折算关系简单,所以最适于用作基准拉力杆。表 1 中给出与各级名义钩载 Q_i 相对应的吊环杆实测基准载荷值 $Q_{标}$。

在本文的叙述中取名义钩载,而在计算和作图中则取基准载荷。

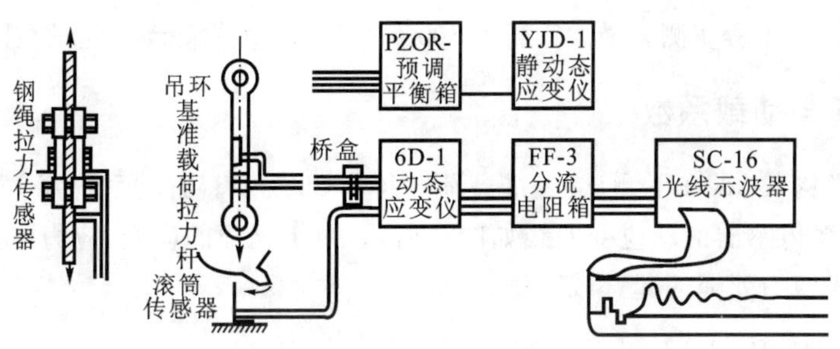

图 1 测试方案图

表 1

<table>
<tr><td>名义钩载 Q_i</td><td>t</td><td>300</td><td>160</td><td>110</td><td>65</td><td>53</td><td>45</td><td>25</td></tr>
<tr><td>钻柱理论重量 $Q_柱$</td><td>t</td><td>298.16</td><td>159.47</td><td>109.77</td><td>63.82</td><td>53.11</td><td>46.09</td><td>24.83</td></tr>
<tr><td>指重表目测 $Q_表$</td><td>t</td><td>244～246</td><td>152～155</td><td>110</td><td>64</td><td>—</td><td>45</td><td>—</td></tr>
<tr><td>基准载荷 $Q_标$</td><td>t</td><td>262.812</td><td>154.209</td><td>107.896</td><td>64.331</td><td>53.600</td><td>44.917</td><td>24.500</td></tr>
<tr><td colspan="2" rowspan="2">测试项目</td><td>静测</td><td>静测
加水龙头
静测</td><td colspan="2">每卸一单根
连续静测</td><td></td><td>静测</td><td></td></tr>
<tr><td>Ⅰ挡
动测</td><td>Ⅱ、Ⅲ挡
动测</td><td colspan="2">Ⅲ、Ⅳ挡
动测</td><td>Ⅳ挡
动测</td><td>Ⅴ挡
动测</td><td>Ⅵ挡
动测</td></tr>
</table>

图 2 给出在不同钩载下的基准载荷 $Q_标$ 与理论钻柱重量 $Q_柱$、指重表目测钩载 $Q_表$ 三者间的差别。由于在起钻过程中未向井中灌泥浆，因而浮力的影响是变化的，在钩载达 110 t 钻柱脱离液面以前，明显地 $Q_表 < Q_柱$。再者由于钢绳和液压油传动的阻滞，在死绳上用液压传感器测定钩载是会有较大误差的，测动钩载尤甚。因此当以电测吊环杆的基准载荷最为精确。

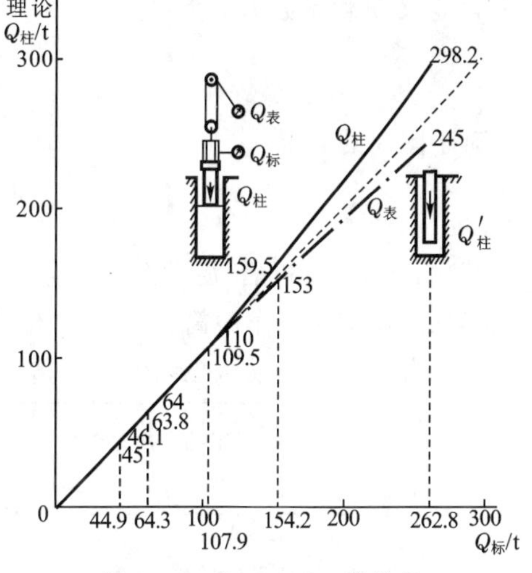

图 2 $Q_标$ 与 $Q_柱$，$Q_表$ 的关系

从表 1 中可见，测录起升动载曲线共用了 6 挡起升速度，7 级载荷。按该钻机说明书，用Ⅳ挡可提井 116 t，但实际上用Ⅳ挡提 110 t 时柴油机很吃力(起动加速度很小)。规定Ⅴ挡可提升65 t，但换Ⅴ挡时却根本提不动。经逐个卸单根试提，当减载至 53 t 时才能提动。Ⅵ挡更是提不起原定的 45 t，一直减至 25 t 时才能提起。这一情况说明应该根据各挡的动载大小重新核实换挡载荷。

起升操作采用了一次挂离合器和二次挂离合器，后者即先试挂一次以拉紧钢绳，消除起升机构各处间隙，然后再正式挂合离合器以提升钩载。

在电测的同时，还配合进行了辅助测量，它们有计算各级提升的钻铤柱重量；观测指重表所示的静、动钩载值；提动载荷后柴油机转速降低值及恢复至 1 200 r/min 的时间；测起升钻柱 5 m 行程中每米所耗时间(即测钻柱起升的线速度)；挂离合器前绞车滚筒低速离合器螺帽距角速度传感器的偏前角；在 300 t 钩载下用经纬仪铡井架顶的下沉量等。

此次测试共得到 2 000 多个静测数据，录得 90 m 长 130 条动测曲线，这是我国首次进行的深井钻机综合性的工程实测。最大钩载为 300 t 的提升系统的静动载测试在国外也属少见。

2 起升载荷谱与动载系数

首先，在名义钩载 300 t 下测试，基准载荷测得为 262.8 t。游动系统穿 12 根钢绳，用Ⅰ挡起升、测录 2# 死绳传感器的动应变曲线如图 3 所示，由于钢绳的应变，应力与拉力都是线性关系，所以图 3 曲线即为死绳的起升载荷谱。

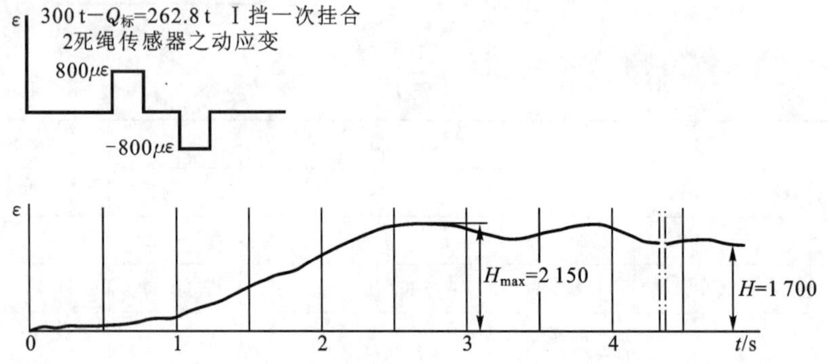

图 3 300 tⅠ挡起升时死绳的载荷谱

由曲线可见，挂合提升后应变（载荷）呈正弦衰减波振动，其中的第一波的振幅 H_{max} 为最高，即动载中以第一次出现的冲击波为最大。大约经过 13 s 或 10 个波以后，应变波趋于稳定值 H。定义动载系数 $K_{动}$ 为：

$$K_{动}=\frac{H_{max}}{H}$$

对于图 3 的工况：

$$K_{动}=\frac{2\ 150}{1\ 700}=1.265$$

其次，从 160 t 以后，游动系统换穿 10 根钢绳，作连续起钻试验。图 4 所示为 160 t、Ⅲ挡所测得的载荷谱及绞车滚筒 ω 脉冲波图，上图为一次挂合，下图为二次挂合，后者的最大动载出现比前者晚 1.3 s，动载也略低一些。

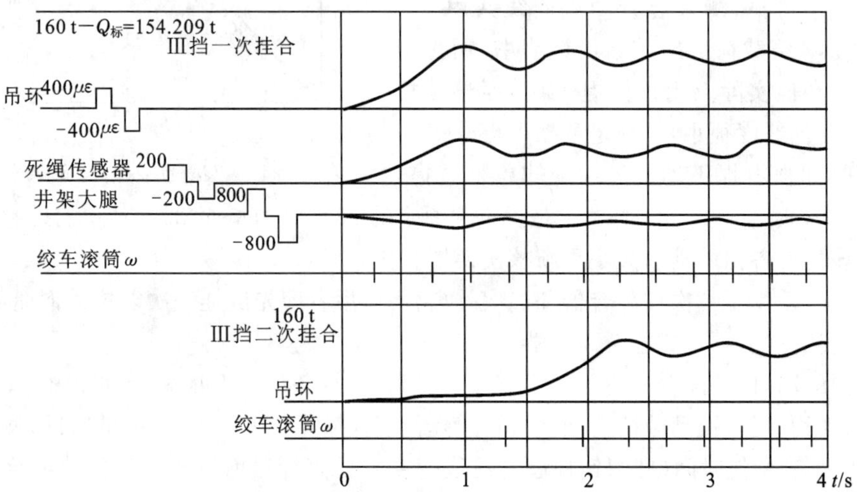

图 4 160 tⅢ挡起升、一次挂合、二次挂合的载荷谱

图 5 所示为 110 t 分别在Ⅲ、Ⅳ挡起升时录得的载荷谱。从中可见，用较高的Ⅳ挡速起升时，产生的加速度和动载较大，一定功率的柴油机不足以带动如此大的总载荷，因此柴油机被拖慢以较低的转速缓缓启动，第一动载波经过 3.6 s 才达到，其波幅也较小。

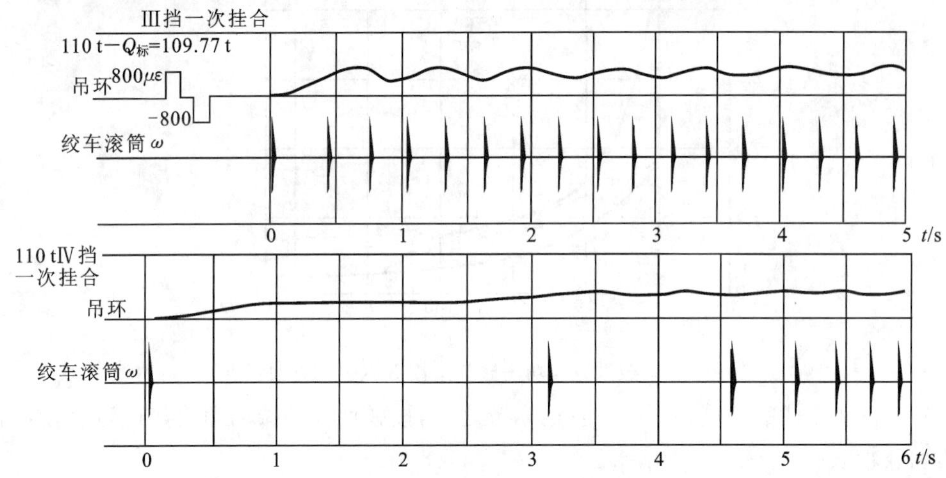

图 5　110 tⅢ、Ⅳ挡起升的载荷谱

图 6 所示为 25 t 在Ⅵ挡下起升的载荷谱，从中可见，随着起钻载荷的减轻、速度的提高，由第一振波决定的动载相对增加，且波频也加快。

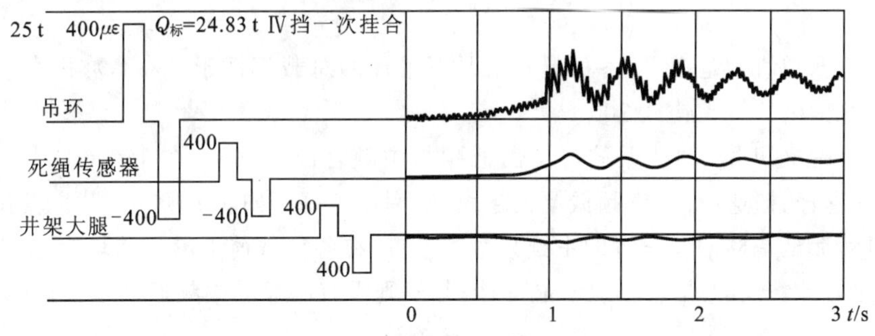

图 6　25 tⅣ挡起升的载荷谱

根据从 160 t 到 25 t、Ⅱ挡至Ⅵ挡 8 种工况的实测载荷谱，可以计算得到吊环、死绳和井架的不同的动载系数，将之标于图 7 中，取其偏高值连接成两条 $K_{动}$-$Q_{标}$ 曲线。

由曲线可见，当载荷由 160 t 至 25 t 时：吊环的 $K_{动}=1.22\sim3.5$，死绳和井架的 $K_{动}=1.35\sim1.85$。

苏联在 У-4000ДГУ 和 У-4Э 钻机上的实测数据是：吊环的 $K_{动}=1.0\sim1.6$，死绳的 $K_{动}=1.0\sim1.9$，井架的 $K_{动}=1.0\sim1.4$.

可见我们测得的吊环动载系数比苏联的高出很多，尤其是高挡的，经初步分析，这和下面 4 项因素有关：

(1) 我们在起升挂离合器之前不控制柴油机油门降低转速，因而启动加速度较大，动载随之加大。

(2) 测试所用 ZJ45J 钻机的提升速度为 0.47～1.69 m/s，它比苏联 У-4000ДГУ、У-4Э 等钻机的 0.19～1.58 m/s高。

(3) 从试验井中起钻在 110 t 以后钻柱不再受水的粘滞阻力，在套管中起钻几乎无井壁摩阻力。

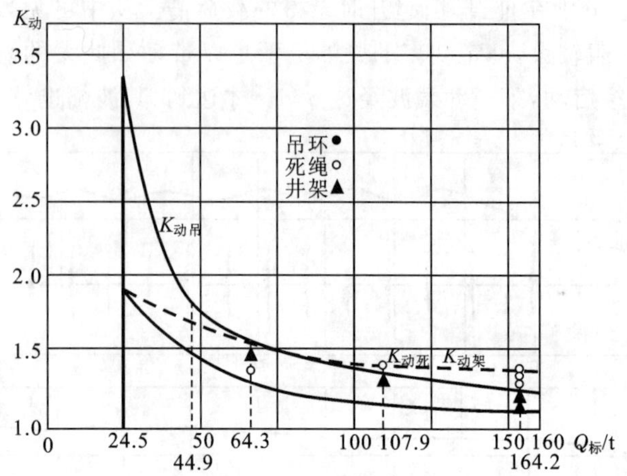

图 7　动载系数与功率储备系数 K'_N(最下方曲线)

(4) 实心钻铤柱的长度为真实钻柱的六分之一，按弹性杆的振动理论，自然短而粗的模拟钻柱的动载较大。

从图 7 中又可见，吊环和死绳的动载系数不仅不一样，且在 80 t 前后二者互易其大小，这说明，指重表只能粗指静钩载，如用它来判断动钩载是极不准确的，即在 80 t 以前的重载起升中，大钩的动载要比指重表所示的为低，在 80 t 以后的轻载起升中，动载则要比表示的大许多。

从上述的 $K_{动}$ 值的范围看，各种起升工况下吊环的总载都低于 200 t，亦即所有各挡的总载都不会超过钻机的最大钩载 300 t。

从载荷谱中又可见，动载振波都是出低频与中频合成的振动，在 160 t 时中频振动不明显，随着载荷越轻、挡速越高，中频振幅也越大，频率也越高。如表 2 所示，吊环、死绳和井架三者的低频频率都是一样的。三者的中频频率则不一，在各种载荷下吊环的均为 25 Hz，振幅很高；死绳的均为 50 Hz，振幅较小但明显可计；井架则没有明显的中频振动。

表 2

名义钩载 Q/kgf	吊环、死绳、井架的低频振动		中频振频/Hz		
	实测频率 f/Hz	理论计算频率 f′/Hz	吊环	死绳	井架
160 000	1.25～1.30	1.32	25	50	—
110 000	1.48～1.54	1.57			
65 000	1.89～1.96	1.96			
45 000	2.12～2.22	2.26			
25 000	2.63～2.78	2.78			

组合振动的产生主要是由于提升系统中各构件的刚度不同所致，如图 8 所示。

首先，不考虑钻铤柱和钻台底座的影响(它们的刚度相对较大)，只考虑由钢绳和井架组成的弹性系统，此系统的刚度 C 是由快绳刚度 C_1、死绳刚度 C_3 和井架刚度 C_4 并联，再和游动系统刚度 C_1 串联而成，即

$$C=\frac{C_2(C_1+C_3+C_4)}{C_2+C_1+C_3+C_4}=\frac{14\times10^3(1.35+1.2+101)\times10^3}{(14+1.35+1.2+101)\times10^3}=1.23\times10^4(\text{kgf/cm})$$

上式中，C_1，C_2 与 C_3 的计算法见本文“4”末尾。在名义钩载 300 t 下实测井架顶变形为 32 mm，由此可算得 C_4。

弹性系统的振动频率(Hz)：

$$f=\frac{1}{2\pi}\sqrt{\frac{Cg}{Q_{标}+14\ 670}}$$

计算结果列于表 2 中，可见低频率的实测值与理论计算值是一致的。

中频振动是由钻铤柱和钻台底座的较大刚度形成的，由于吊环振动是通过快绳将钩载与底座串联的，所以组合刚度较低，故频率较低，而死绳拴在其固定器上，它与底座无关，故组合刚度较高，其频率也高出一倍。井架的刚度与底座和钻铤柱的刚度较接近，故测不出井架的中频振动。

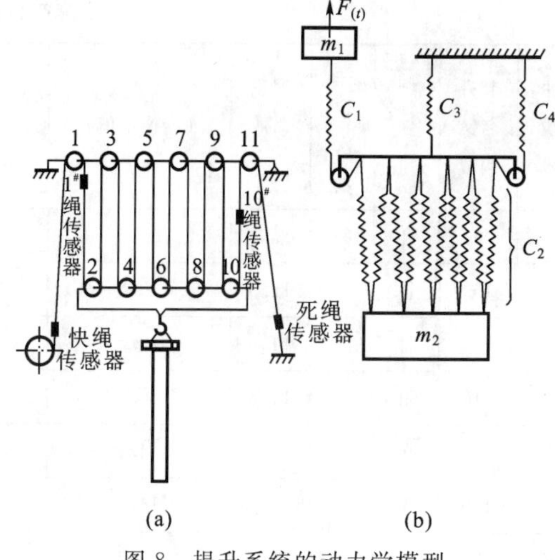

图 8　提升系统的动力学模型

3　绞车滚筒的起升速度图与换挡载荷

根据上述载荷谱中各工况下的滚筒角速度 ω 脉冲波可求得起升操作历程各瞬时的 ω 值，并分别连接成 ω-t 曲线如图 9 所示。

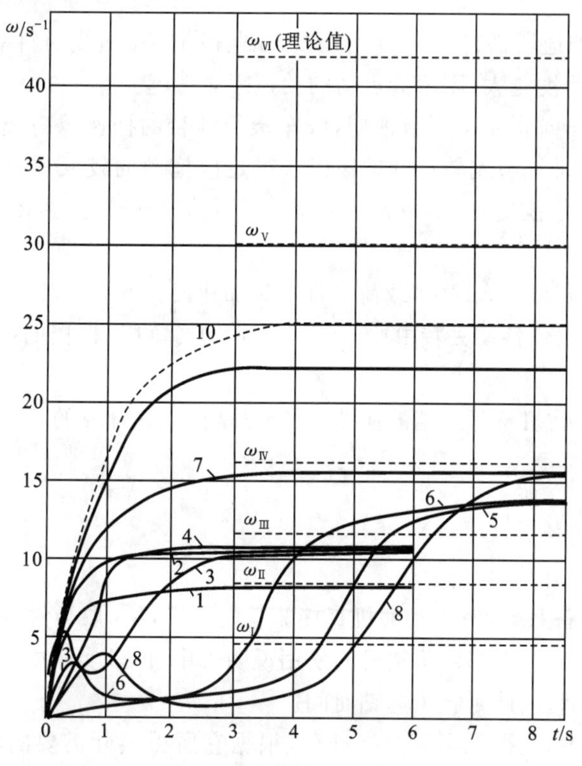

图 9　绞车滚筒角速度图

将各曲线的特性分别按号列于表 3 中。

表 3　滚筒角速度 ω 的特性

曲线号	起升名义钩载	挡速	挂合次数	理论 ω /s^{-1}	实测 ω（近稳定值）/s^{-1}	皮带传动丢转 /%	挂合时柴油机转速降低值 /(r·min^{-1})	柴油机转速恢复值 /(r·min^{-1})	恢复时间 /s	备注
1	160	Ⅱ	一	8.34	8.16	2	1 000	1 220	20	
2	160	Ⅲ	一	11.5	10.6	8	1 080	1 220	30	
3	160	Ⅲ	二	11.5	10.2	11.5	1 050	1 220	18	
4	110	Ⅲ	一	11.5	10.8	6	1 080	1 200	20	
5	110	Ⅳ	一	16.1	14.4	10	990	1 200	18	
6	110	Ⅳ	二	16.1	14.4	10	990	1 200	18	
7	65	Ⅳ	一	16.1	15.7	2.5	1 100	1 200	13	
8	65	Ⅳ	二	16.1	15.7	2.5	1 100	1 200	17	
9	45	Ⅴ	一	30	22	27	80	1 200	11	
10	25	Ⅵ	一	42	25.2	40	750	1 200	5	人测钻柱线速度折算

由图表可见：

(1) 一次挂合的加速段都在 1～3 s 内完成，在此段中 ω-t 曲线的斜率即角加速度，它随挡速越高而越大。角加速度越大，则滚筒启动的动扭矩必然越大。

(2) 由于起钻操作时司钻不调节油门，绞车滚筒挂合的挡速越高，动载越大，柴油机的转速被拖得越低，即它自动调节到较低的转速以获得足以拖动的较低加速度值。在低挡下柴油机虽然转速降低较少，但恢复到 1 200 r/min 较慢。高挡轻载时，虽然转速降的多，却恢复得较快。

(3) 对比曲线 4 和 5 可见，110 t 载荷挂Ⅲ挡时加速段只有 1 s，换挂Ⅳ挡时则很吃力，要加速 6～7 s 才能完成。皮带传动丢转由原 6%上升到 10%，可见Ⅳ挡的换挡载荷应比 110 t 为低。

直至目前，国内外钻机备起升挡的换挡载荷 Q_i 是按下式计算的

$$Q_i=\frac{75P}{K_P v_i}$$

式中　v_i——不同的挡速，m/s；

P——一定的起升功率，hp；

K_P——功率储备系数，对于柴油机直接驱动的钻机，K_P 取为常数 1.1～1.3。

按这一方法计算出的 Q_i 都列于钻机的使用说明书中，但是实际中较高挡的 Q_i 不能兑现，司钻必须不时地试换挡，因此延长了起钻时间。

这次在起钻过程中，测得了实际换挡载荷，根据它所得实际需要的功率储备系数 K'_P，列于表 4 和绘入图 7 中，今后应根据挡速或载荷之不同来选用不同的 K'_P 值，以计算出切实可行的换挡载荷 Q_i' 值。

表 4　换挡载荷和功率賭备系数

挡　速	Ⅲ	Ⅳ	Ⅴ	Ⅵ
大钩起升速度 $v_i/(\mathrm{m \cdot s^{-1}})$	0.47	0.65	1.21	1.69
计算换挡载荷 Q_i/t	160	116	65	45
实测换挡载荷 Q_i'/t	160	106.27	53.6	24.5
实需功率储备系数　$K_P'=\dfrac{Q_i}{Q_i'}$	1	1.1	1.22	1.85

4　钢绳传感器与钢绳拉力的动测

这次原制的钢绳传感器的弹性板厚 1 mm(见图 10 中之 2# 死绳传感器)，由于第一次加载 20 t 过大而屈服破坏，测试时临时改制成 1# 死绳传感器，其弹性板厚 6 mm，快绳、1# 绳和 10# 绳的传感器弹性板均为 3.5 mm，见图 10 和 11。由于采用了 16MnNb 钢板未经热处理，故加载后卸载时其应变滞后量较大(见图 10 中之点画线)。由于测试都是在加载情况下进行的，故钢绳的应变标定值皆以加载曲线为准。

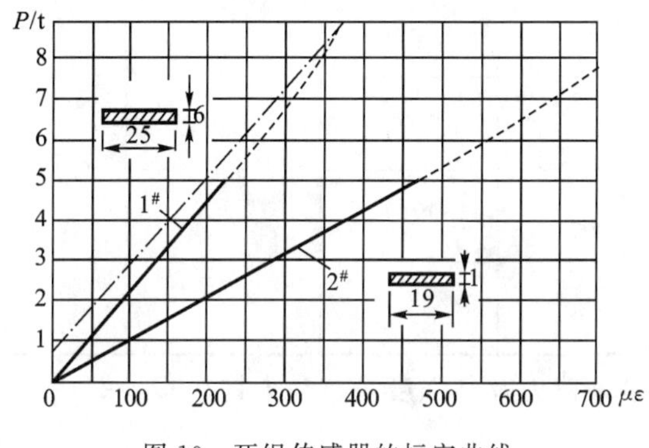

图 10　死绳传感器的标定曲线

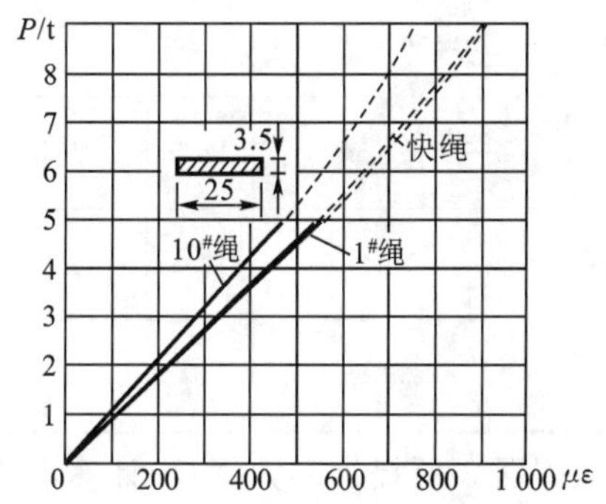

图 11　快绳、1# 绳与 10# 绳传感器的标定曲线

测试所用钢绳为 ϕ33.5-6×19 纤维芯-160 型，截取一段用过的钢绳将 5 个传感器依次装夹于绳上，用万能材料试验机和静态应变仪进行标定，在测试和标定时都统一用 20 kgf · m 的扭矩上紧螺钉。试验时重复加载 3 次，一直测至传感器打滑为止，将测得数据绘成标定曲线示于图 10 和图 11 中。

在传感器不打滑的情况下(4～6 t 载荷范围内)，加载后钢绳的应变与弹性板的应变相等，总载荷按钢绳与弹性板二者截面积的大小来分，今定义传感器单位应变的载荷吨数为标定系数 K，它在不打滑情况下为一常数(图中直线部分)，而在打滑情况下为一变量(图中虚线部分)。

测量各钢绳动拉力的目的在于检查钢绳的强度和确定单滑轮的效率和游动系统效率。在起钻至 65 t 钩载时，将 1# 绳、10# 绳和快绳传感器临时安装就位，1# 死绳传感器始终装在死绳固定器上方(见图 8)，用Ⅰ挡速起升 3.5 m 行程，测得 4 根钢绳的载荷谱示于图 12 中。

根据图 12 可量得各钢绳的最大应变，计算得动拉力和单滑轮效率，表 5 中所列为三次数据的平均值。从表中可见各个滑轮的效率并不一样。从快绳轮到死绳轮其效率是递增的，滑轮的转速越高其效率越低，而滑轮的转速是直线递减的，因而可假设各轮效率是直线变化的。算出单滑轮效率平均为 0.973，这一值比苏联推荐的 0.98 为低，比 API 推荐的 0.96 为高。根据现有公式可得游动系统的起升效率为 0.865。

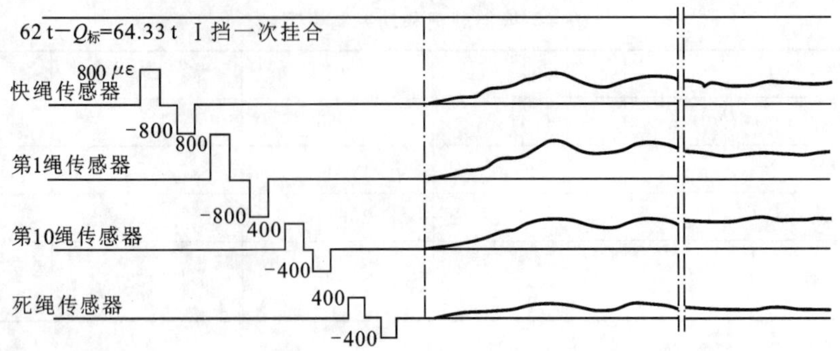

图 12　65 tⅠ挡时 4 根钢绳的载荷谱

表 5　钢绳拉力与单滑轮效率

钢绳	$K_{动标}=\frac{标定值/\mu\varepsilon}{标高/mm}$	H_{max} /mm	$\varepsilon=K_{动标}\times H_{max}$ /$\mu\varepsilon$	标定系数 $K=\frac{p}{\varepsilon}$ /(t·$\mu\varepsilon^{-1}$)	钢绳动拉力 $p=K\varepsilon$ /t	单滑轮效率 η	平均单轮效率 $\eta_{均}$
快绳	$\frac{800}{9.5}=84.21$	9.25	778.94	0.0102	7.945	0.958	0.973
1#绳	$\frac{800}{13}=61.54$	12.5	769.25	0.009 89	7.608		
10#绳	$\frac{400}{7.5}=53.33$	10.5	559.97	0.012	6.72	0.988	
死绳	$\frac{400}{7.2}=55.56$	5	277.8	0.023 9	6.64		

根据图 3 所提供的数据，可计算出快绳的最大拉力及其强度。在最大钩载 $Q_{标}=262.8$ t 作用下死绳的静拉力：

$$p_{死静}=K\times\varepsilon=0.011\times1\,700=18.7\ (\mathrm{t})$$

推算出此时快绳的静拉力：

$$p_{快静}=\frac{P_{死静}}{\eta^{11}}=\frac{18.7}{0.973^{11}}=25.2\ (\mathrm{t})$$

钢绳的断裂载荷为 55.7 t，此时静强度安全系数为 2.21，它比 API 推荐的最小安全系数 2 稍大一些，似可用。但是必须注意到：在挂合启动时，大钩动载荷将达到：

$$Q_{max动}=K_{动}\ Q_{max静}=1.265\times262.8=332.4\ (\mathrm{t})$$

此时钢绳的安全系数将下降为 1.75，这是不允许的。因此，从动力学角度考虑，欲保证钢绳安全系数为 2，必须控制大钩静载在 230 t 以下(瞬时动载为 290 t，也低于最大钩载 300 t)。

死绳拉力除在起钻过程中由 15 t 至 1 t 递减并脉动变化以外，在每起一立根行程中动载还引起拉力的持续波动，这就造成死绳的反复伸缩变形和死绳轮频繁的摆动，这一现象在死绳传感器处和天车上可明显地观察到。所以尽管死绳轮不转动，但通过该处的钢绳也易疲劳断裂。

前面计算钢绳的刚度 C 是引用以下公式

$$C=\frac{E_{绳}\ f_{绳}}{L_{绳}}$$

$$E_{绳}=\frac{p-2f_{传}\ \varepsilon E_{钢}}{\varepsilon f_{绳}}\approx 1.2\times 10^{6}(\text{kgf/cm}^{2})$$

式中 $f_{绳}$,$L_{绳}$——钢绳的横截面积和长度；

$E_{绳}$——钢绳的弹性模数,可通过标定试验取得。

$f_{传}$——钢绳传感器弹性板的截面积；

p——钢绳所加拉力。

5 几点结论

(1) 从提升系统实测载荷可知,起钻时钩载变化规律为正弦衰减振波,它由低、中两种不同频率的振动合成,大钩(吊环)瞬时最大载荷由低频第一振渡波峰值决定。

(2) 实测吊环的动载系数为1.22～3.5,比国外的要高出许多,死绳、井架的动载系数为1.35～1.85。起钻时挡速越高或加速度越大则产生的动载也越大,因此在司钻处要装设柴油机遥控油门装置以降低动载并加速起钻。

(3) 实测柴油机功率储备系数 K_P 为1～1.85,对于柴油机直接驱动的钻机应根据不同的挡速选用不同的 K_P 值以计算出切实可行的换挡载荷。

(4) 游动系统各个滑轮的效率值不一,实测为0.96～0.99。对于纤维芯6×19的钻井钢绳,单滑轮效率可平均取0.97～0.973。由于这次钢绳传感器制造不精,数量少,钢绳动拉力测量还有待进一步全面精细测试。

47. 4 500 m 钻机提升系统静动态载荷测试的初步分析

【论文题名】 4 500 m 钻机提升系统静动态载荷测试的初步分析

【期 刊 名】 石油学报,1983 年第 4 卷第 1 期

【摘　　要】 本文论述了对国产 ZJ45J 型钻机提升系统静动态载荷进行综合测试的结果。通过计算,绘制曲线和载荷谱及验算等手段,整理分析了 7 个方面的测试数据:(1) 判明了提升各部件的安全系数;(2) 说明了提升动载(包括振动)相对于时间的变化规律、求得各动载系数;(3) 证明了滚筒的角速度、角加速度与提升动载之间的关系;(4) 测得了各挡的实际换挡载荷,得出不同的功率储备系数;(5) 根据所测提升钢丝绳的动拉力取得单滑轮效率值和游动系统效率值;(6) 测定有关提升钻柱重量与柴油机转速、钻柱提升线速度的关系及300 t 钩载下井架顶部下沉量等;(7) 测定绞车刹带在下钻时的动拉力,判明沿刹带周边拉力的分布规律及下钻动载系数。

【Abstract】 This paper provides a load test program, a series of static strain-load curves and load spectrum of hoisting system of drilling rig type ZJ45J produced by our country. Experimental observation has found that all hoisting parts are safe in strength while hook load up to 350 t. Except hoist link and wire rope. The hook load varies as a sinusoidl damping oscillation combined of two different freguencies in pulling out the drilling string. The higher the hoisting speed, the higreater the acceleration and dynamic hook. Practical data different from those in foreign litertures are obtained, such as dynamic load coefficient, power stoer coefficient, shiftgears load and efficiency of single pulley. These test datas and some recommendations can be used in drilling rig design and operation.

0 引　　言

1981 年联合测试组在兰州石油化工机器厂试验井场上,进行了国产 4 500 m 钻机静动态载荷的测试,这次试验是我国深井钻机综合测试的首次实践,最大钩载为 300 t 的钻机静动载荷测试在国外也属少见。

1 测试方案与基准载荷

测试是以 ZJ45J 型钻机,在已钻好的 1 200 m 井深的试验井上进行的,钻机提升系统各部件应变测量的布点方案(图 1)。从天车到吊卡以及死绳传感器共贴工作电阻片 22 个,合用了 5 个公共温度补偿片,原工作片 20 个,其中第 10,11 号片屡遭破坏而作废,有 4 片由于应变场的奇异性而使测得的应变值非常小,在测试中途改变位置而增补了 4′,5′,7′,8′四个工作片。

图 2 所示为仪器布置测试原理图,仪器房建在靠近钻台的井场上,各工作片至仪器之间用三轴屏蔽电缆联接,最长的是天车和第 1 根游绳传感器到仪器的电缆,每根 60 m 长。静测时全部导线首先接入预调平衡箱然后再接入静动态应变仪。提升部件动测则是测吊环、井架大腿和死绳传感器三点、它们都有独立的温度补偿片、用导线经桥盒接入动态应变仪。绞车滚筒角速度 ω 传感器固定在绞车底座上,由滚筒低速离合器上的互成 180°的两个螺帽拨动而产生脉冲信号,此信号直接送入动态应变仪,以上 4 个应变信号由一台光线示波器记录。

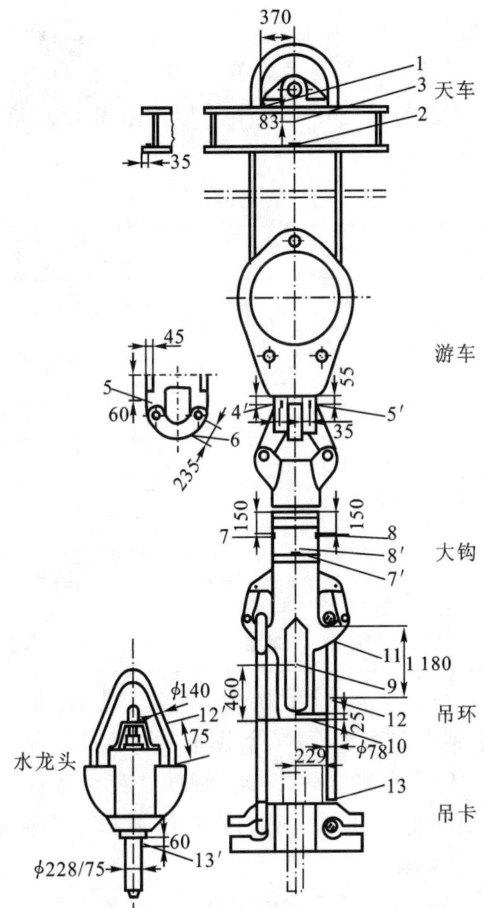

图 1 提升部件布点方案图

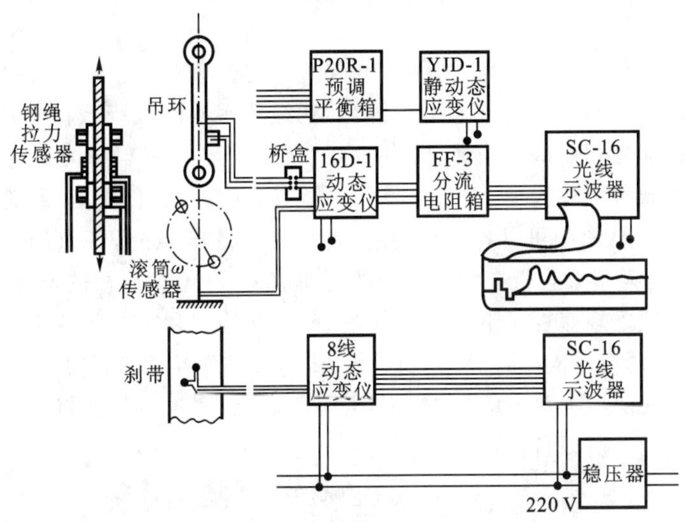

图 2 仪器布置测试原理图

试验载荷是在 1 200 m 深的试验井中下入 767 m 的实心加重钻铤形成的，在从 767 m 井深一次起钻过程中，以吊环吊卡提起此模拟钻柱进行各级载荷各挡速下的静动态测试项目。基准测力杆是宝鸡石油机械厂生产的 YH350 型吊环杆，因为它是由 20CrMn 2MoVA 合金钢制成的，其抗拉强度 $\sigma_b=150\ \mathrm{kgf/mm^2}$，屈服强度 $\sigma_s=125\ \mathrm{kgf/mm^2}$，断裂韧性 $K_{IC}=433\ \mathrm{kgf/mm^{\frac{3}{2}}}$，吊环杆截面为圆形，应变与载荷的折算关系简单，且应变测值重复性好，所以最适用于作基准拉力杆，从表 1 中基准载荷 $Q_{标}$ 与钻柱在空气中的理论重量 $Q_{柱}$、指重表读数 $Q_{表}$ 三者对比可见后二者都不如 $Q_{标}$ 值精确。

表 1

名义钩载 Q_1/t	300	160	110	62	53	45	25
钻柱理论重量 $Q_{柱}$/t	298.16	159.47	109.77	63.82	53.11	46.09	21.83
指重表计数 $Q_{表}$/t	244～246	152～154	110	64	—	45	—
基准载荷 $Q_{标}$/t	262.81	154.21	107.90	64.36	53.00	44.92	24.50
测试项目	提升件静测	静测换挂水龙头静测	静测	静测		静测	
		160～62 t 每卸一单根死绳连续静测					
	Ⅰ挡动测	Ⅱ、Ⅲ挡动测	Ⅲ、Ⅳ挡动测	Ⅳ挡动测	Ⅴ挡动测	Ⅴ挡动测	Ⅵ挡动测

由于在起钻过程中未向井中灌泥浆，浮力的影响是变化的，在 110 t 以前明显地 $Q_{表}<Q_{标}<Q_{柱}$，起至 110 t 以后由于钻柱脱离水面，三个载荷逐渐接近。我们发现：通过死绳液压传感器测得的 $Q_{表}$ 值(静载)往往低于真实钩载荷 $Q_{标}$(后面在死绳载荷动测中又发现：从死绳所测得的动载又往往大于大钩处测得的动载)，所以用死绳载荷来判断大钩载荷的方法是不精确的，今后应从大钩处直接测量钩载。

本文在叙述中取名义载荷，而在计算与作图上则取基准载荷。

2 提升部件的静测

提升部件中的天车、游车、大钩、吊环与吊卡都在钩载 300 t 至 45 t 五级载荷下进行了静应变测量，水龙头只在 160 t 钩载下进行了静测，死绳传感器除五级载荷外从 160 t 至 62 t 起钻每卸一单根钻铤即静测一次。快绳，1# 绳和 10# 绳的静测只在 62 t 时进行了一次。

图 3 给出各级载荷下的天车，游车各测点的静应变值，为了作图方便，近似取弹性模数 $E=2.1\times10^6\ \mathrm{kgf/cm^2}$，从图中可见各测点的应力值较低，除 3 点外，各点的应变都与载荷呈线性关系。3 点测的是天车架腹板在铅直方向的弯曲应力，由于此薄板的弯曲方向不稳定，所以测得的弯曲应力也缺乏规律性。下缘板 2 点在 262.8 t 钩载和 15 t 游系固定重量的共同作用下，其弯曲应力如按两端简支梁计算为 $800\ \mathrm{kgf/cm^2}$，如按两端固支计算则为 $364\ \mathrm{kgf/cm^2}$。在同样载荷下 2 点的实测应力为 $693\ \mathrm{kgf/cm^2}$，但是要注意，测量前是在将全部提升部件静悬在空中来调定“零点”的。所以各测点的总应变

$$\varepsilon_{总}=\varepsilon_{测}\left(1+\frac{测点下方悬吊件重量}{基准载荷}\right)=\varepsilon_{测}K$$

系数 K 根据不同部位，取为 1～1.06(见表 2)。

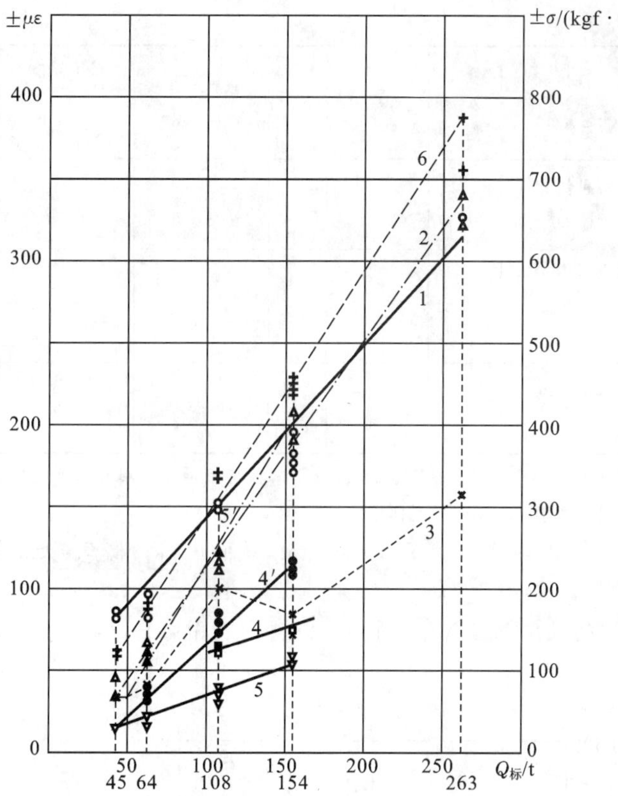

图 3　天车与游车的应变-载荷图

1—天车架上缘板；2—天车架下缘板；3—天车架腹板；4—游车销座右正；4′—游车销座侧前；5—游车销座左正；5′—游车销座侧后；6—游车提环底

表 2

序号	零件名称	材料 $\sigma_b/(\text{kgf}\cdot\text{cm}^{-2})$	$Q_{标}/\text{t}$	$\mu\varepsilon_{测}$	K^+	$\sigma_{总}=KE\varepsilon^*$ /$(\text{kgf}\cdot\text{cm}^{-2})$	$\sigma_{350}=\frac{350}{Q_{标}}$ /$(\text{kgf}\cdot\text{cm}^{-2})$	$n_b=\frac{\sigma_b}{\sigma_{350}}$	注解
1	天车架上缘板	16Mn		−320		−712.3	−948.6	5.3	
2	天车架下缘板	(b=20,30)	262.81	340	1.06	756.8	1 007.9	5.0	
3	天车架腹板	5 000		−155		−345.0	−459.5	10.9	
4	游车销座右正面	35CrMo		80		174.7	396.5	17.7	应力分布不均
5	游车销座左正面			55		120.1	272.58	25.7	
4′	游车销座右前侧面	7 000	151.31	155		238.5	541.3	12.9	
5′	游车销座右后侧面			175	1.04	382.2	867.5	8.1	
6	游车下提环底面			224		489.2	1 110.3	5.3	
7	钩下筒体表面	特种铸钢	262.81	−10～0	1.02				测不出应变，原因不明
8	钩下筒体表面		262.81	−10～+15	1.02				
7′	钩下筒体表面	7 000	107.9	81	1.03	175.2	12.3	12.3	
8′	钩下筒体表面		107.9	119	1.03	257.4	8.4	8.4	
9	钩身背内直线部分中点		154.21	33	1.02				靠近中性面的 ε 很小

续表 2

序号	零件名称	材料 $\sigma_b/(\text{kgf}\cdot\text{cm}^{-2})$	$Q_{标}/t$	$\mu\varepsilon_{测}$	K^+	$\sigma_{总}=KE\varepsilon^*$ $/(\text{kgf}\cdot\text{cm}^{-2})$	$\sigma_{350}=\frac{350}{Q_{标}}$ $/(\text{kg}\cdot\text{cm}^{-2})$	$n_b=\frac{\sigma_b}{\sigma_{350}}$	注解
10 11	主钩身底部 副钩身底部	特种铸钢 7 000							连遭破坏 测不成
12 13	吊环杆中部 吊卡上提梁顶面	20CrMnMoVA 15 000×0.91 =13 650	262.81	1 465 −980	1	3 076.5 −2 058	4 097.2 −2 740.8	3.3 5.0	
12′ 13′	水龙头提环杆 水龙头中心管	35CrMo 7 000	154.21	−25 230	1.02 1	483	1 098.2	6.1	应力分 布不均

注：* 表示 $E=2.1\times10^6$ kgf/cm²；+表示天车重 5.76 t，12 根游绳重 1.8 t，10 根游绳重 1.5 t，游车重 6.84 t，大钩重 3.41 t，吊环吊卡共重 0.25 t，水龙头重 2.7 t（不同时作用）。

所以 2 点的总应力为 693×1.06=735 kgf/cm²，从而可得一概念：天车架按简支梁计算更接近实测值。

图 4 给出在各级载荷下吊环与吊卡静应变的实测值，可见这些值都很高，且与载荷呈较好的线性关系。

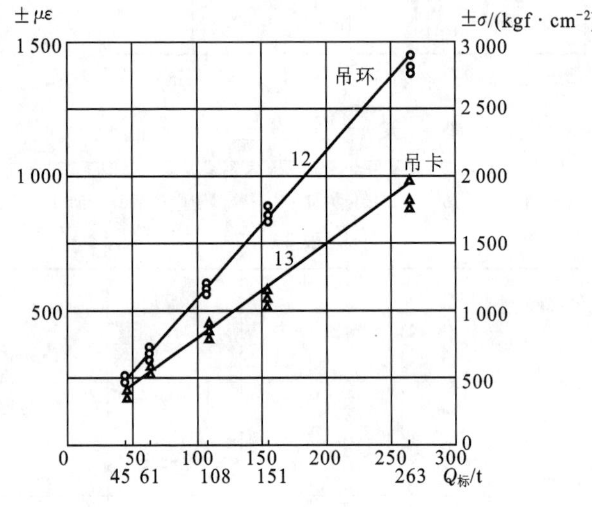

图 4　吊环与吊卡的应变-载荷图

图 5 给出死绳传感器在各级载荷下的实测静应变值。可见由于传感器的制造不精，即使在同一根绳上同一传感器上的两个弹性片 19 和 14，其测值也有较大的偏差。在静载作用下各钢绳的静拉力相等，但 15，16，17 三传感器的实测值也不同，可见各个传感器应该单独进行标定试验。

这次对大钩的静测是不成功的，由于大钩从提梁、钩筒到钩身处处应变极不均匀，所以有待对大钩进行专门细测。

为了使国产 4 500 m 钻机的最大载荷额定值达到 350 t。根据各测点的实测应变值计算出在钩载 350 t 下的总应变值，列于表 2 中，并得出各构件的抗拉强度安全系数 n_b，而 API 标准中在 350 t 下的最小抗拉强度安全系数限定为 3.4。可见兰州石油化工机器厂的钻机各提升部件的强度都是足够的，唯独宝鸡厂的 350 t 吊环的安全系数稍嫌不足，它虽不至于一次承

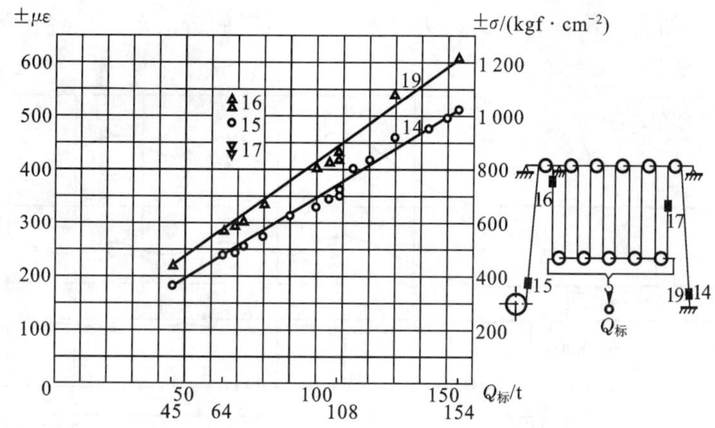

图 5　死绳传感器的应变-载荷图

载断裂，但在交变载荷作用下的疲劳寿命是较短的。它和整个提升部件配套是不太协调的，吊环应进一步强化。

3　起升载荷谱与动载系数

首先，在名义钩载 300 t 时用Ⅰ挡起升，基准载荷为 262.8 t。游动系统穿 12 根钢绳，通过 2# 死绳传感器的动应变曲线如图 6 所示，由于钢绳的拉力正比于其应力和应变，所以图 6 的应变示波图即可认为死绳的起升载荷谱。

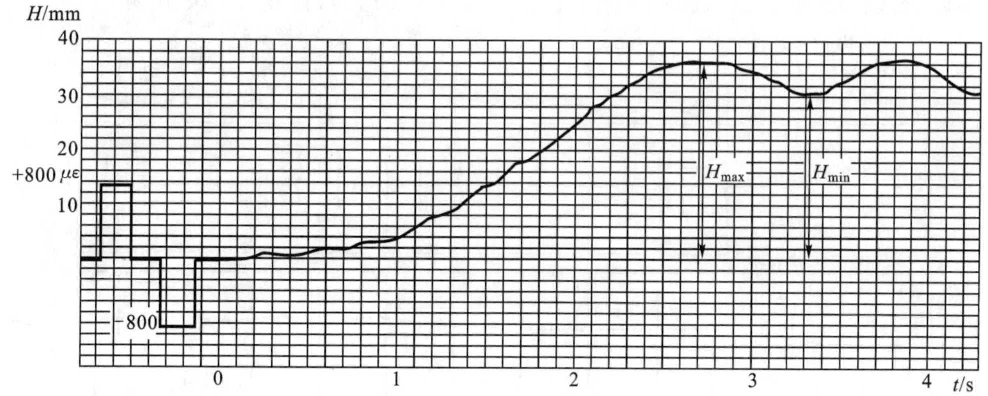

图 6　300 tⅠ挡起升时死绳的载荷谱

由载荷谱可见，挂合提升后应变（载荷）呈正弦衰减波振动，其中的第一波的振幅 H_{max} 为最高，即动载中以第一次出现的冲击波为最大。大约经过 15 s 或 10 个波以后，应变波趋近于稳定值 H，H 或叫平均波高、静载波高。而第一个最小波高为 H_{min}。定义动载系数 $K_动$ 为：

$$K_{动}=\frac{H_{max}}{H}=\frac{2H_{max}}{H_{max}+H_{min}}$$

对于图 3 的工况：

$$K_{动}=\frac{2\times 36}{36+30}=1.1$$

其次，从 160 t 以后，游动系统换穿 10 根钢绳作起升动测试验，起升操作分别采用了一次挂离合器和二次挂离合器，后者即试挂一次以拉紧钢绳，消除起升机构各处的间隙，离合器打滑一段时间后再正式挂合以提起钩载，图 7 所示为 160 t、Ⅲ挡起升所测得的载荷谱及绞车滚

筒 ω 脉冲波图，(a)图为一次挂合，(b)图为二次挂合，后者的最大动载出现比前者晚 1.3 s，动载也略低一些。

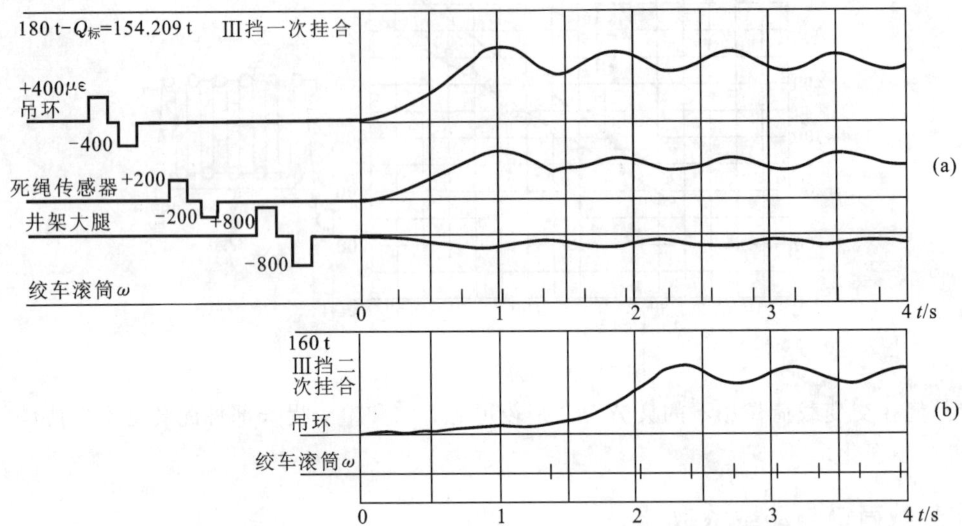

图 7　160 tⅢ挡起升、一次挂合和二次挂合的载荷谱

图 8 所示为 110 t 分别在Ⅲ、Ⅳ挡起升时测得的载荷谱。从中可见，用较高的Ⅳ挡速起升时由于产生的加速度和动载较大，一定功率的柴油机不足以带动如此大的总载荷，因此柴油机被拖慢以较低的转速缓缓启动，第一动载波经过 3.6 s 才达到，其波幅也较小。

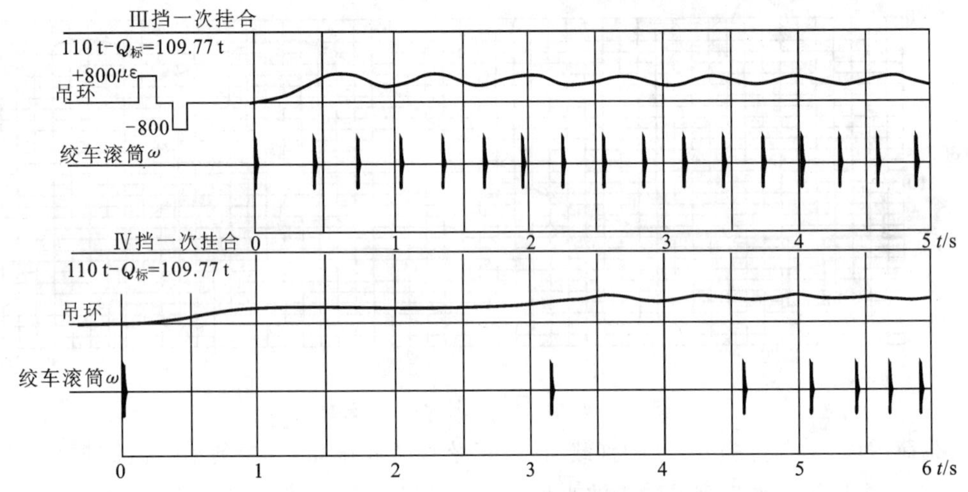

图 8　110 tⅢ、Ⅳ挡起升的载荷谱

图 9 所示为 25 t 在Ⅵ挡下起升的载荷谱，从中可见，随着起钻载荷的减轻、速度的提高，由第一振波决定的动载相对增加，且宏观波频也加快。

根据从 160 t 到 25 t、Ⅱ挡至Ⅵ挡 8 种工况的实测载荷谱，可以计算得到吊环、死绳和井架的不同的动载系数，将之标于图 10 中，取其偏高值连接成两条 $K_{动}$-$Q_{标}$ 曲线（较低者为二次挂合或用较低挡测得）。

由曲线可见，当载荷由 160 t 至 25 t 时：

吊环的 $K_{动}$ =1.2～1.92；

死绳的 $K_{动}$ =1.27～1.90；

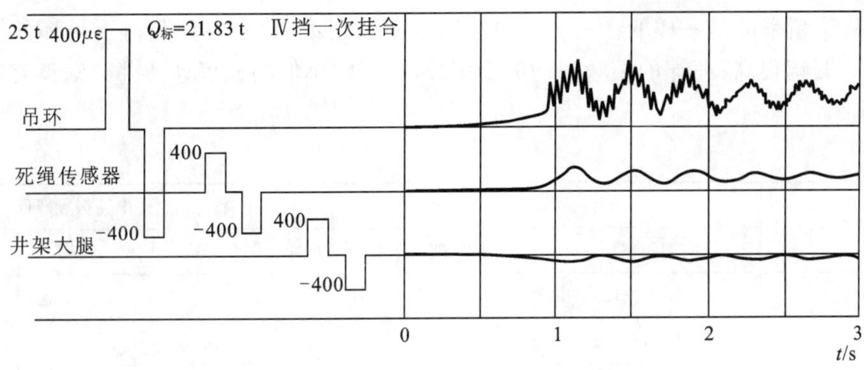

图 9 25 tⅥ挡起升的载荷谱

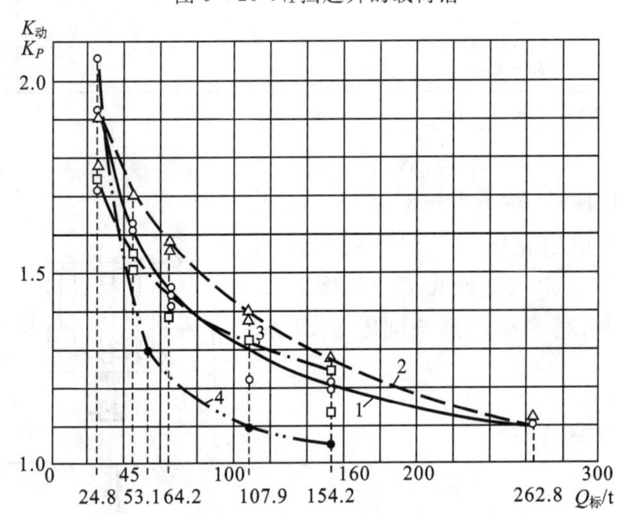

图 10 动载系数 $K_动$ 与实际功率储备系数 K'_P

1—吊环 $K_动$；2—死绳 $K_动$；3—井架大腿 $K_动$；4—实际 K'_P

井架的 $K_动$＝1.25～1.76；

苏联在 У-4000ДГУ 和 У-4Э 钻机上的实测数据是：

吊环的 $K_动$＝1.0～1.6；

死绳的 $K_动$＝1.0～1.9；

井架的 $K_动$＝1.0～1.4。

可见我们测得的吊环动载系数比苏联的高一些。经初步分析，这和下面四项因素有关：

(1) 我们在起升挂离合器之前不控制柴油机油门降低转速，因而启动加速度较大，动载随之加大。

(2) 测试所用 ZJ45J 钻机的提升速度为 0.47～1.69 m/s，它比苏联 У-4000ДГУ、У-4Э 等钻机的 0.19～1.58 m/s 高。

(3) 从试验井中起钻，在 110 t 以后钻柱不再受水的粘滞阻力，在套管中起钻几乎无井壁摩阻力。

(4) 实心钻铤柱的长度为真实钻柱的六分之一，按弹性杆的振动理论，自然短而粗的钻铤柱产生的动载较大。

从载荷谱中又可见，动载振波都是由低频与中频合成的振动，在 160 t 时中频振动不明显，随着载荷越轻、挡速越高，中频振幅也越大，频率也越高。如表 3 所示，吊环、死绳和井架三者的低频振动频率都是一样的。三者的中频振动频率则不一，在各种载荷下吊环的振动频率均为25 Hz，振幅很高；死绳的振频率均为 50 Hz，振幅较小但明显可计。井架则没有明显的中频振动。

表 3

名义钩载 Q/kgf	吊环、死绳、井架的低频振动		中频振频/Hz		
	实测频率 f/Hz	理论频率 f'/Hz	吊环	死绳	井架
160 000	1.25～1.32	1.34			
110 000	1.48～1.57	1.58			
62 000	1.89～1.96	1.96	25	50	—
45 000	2.12～2.22	2.26			
25 000	2.63～2.78	2.78			

产生组合振动的原因主要是由于提升系统中各构件（包括钻柱和钻台底座）的综合刚度不同，如图 11所示，先分析低频振动，暂不考虑刚度较大的钻柱和底座的影响，只考虑由钢绳和井架组成的弹性系统，此系统的刚度 C 是由快绳刚度 C_1、死绳刚度 C_3 和井架刚度 C_4 并联，再和游动系统刚度 C_1 串联而成，即

$$C=\frac{C_1(C_2+C_3+C_4)}{C_2+C_1+C_3+C_4}$$

$$=\frac{14\times10^3(1.35+1.2+101)\times10^3}{(14+1.35+1.2+101)\times10^3}$$

$$=1.23\times10^4(\mathrm{kgf/cm})$$

上式中，C_1，C_2 与 C_3 的计算法见本文“5”末尾。在名义钩载 300 t 下实测井架顶变形为32 mm，由此可算得 C_4。

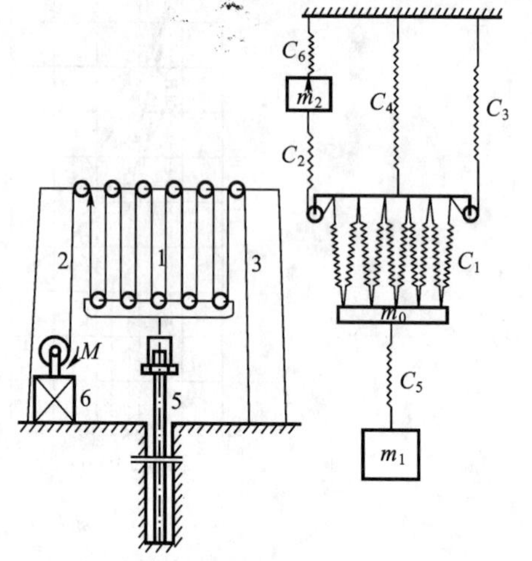

图 11　提升系统的动力学模型

提升系统的低频自由振动频率：

$$f'=\frac{1}{2\pi}\sqrt{\frac{cg}{Q_{标}+15\,000}}$$

通过上式计算得到的理论振频 f'一并列入表 3 中，可见低频振频的实测值与理论值是非常接近的。

至于中频振动则是由较大的钻铤柱刚度 C_5 和钻台底座刚度 C_6 形成的，由于吊环振动是通过快绳将钩载与钻台底座串联的，所以综合刚度较低，而死绳是拴在其固定器上，它与底座无关，故其综合刚度较高，致使其振频为前者的一倍。井架也应有中频振动，但由于它的刚度 C_4 较大，更与底座和钻铤柱的刚度较接近，中频振幅甚小，其振频约为死绳者十倍，故在示波图上计数不清。

4　绞车滚筒的起升速度图与换挡载荷

根据测得示波图中各工况下的滚筒角速度 ω 脉冲波可求得起升操作历程各瞬时的 ω 值，

并分别联接成 ω-t 曲线如图 12 所示，各曲线的说明及特性依次列于表 4 中，由图、表可见：

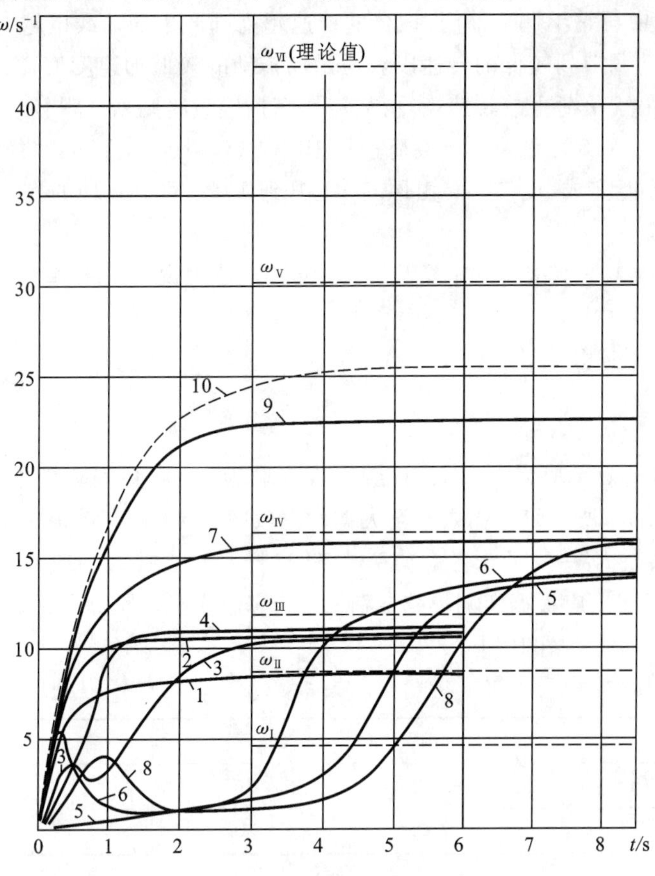

图 12　绞车滚筒角速度图

表 4

曲线号	名义钩载/t	挡速	挂合次数	理论 ω'/s^{-1}	实测 ω/s^{-1}	皮带传动丢转/%	挂合时柴油机转速降低值/(r·min⁻¹)	柴油机转速恢复值/(r·min⁻¹)	恢复时间/s	备注
1	160	Ⅱ	一	8.34	8.16	2	1 000	1 220	20	
2	160	Ⅲ	一	11.5	10.6	8	1 080	1 220	30	
3	160	Ⅲ	二	11.5	10.2	11.5	1 050	1 220	18	
4	110	Ⅲ	一	11.5	10.8	6	1 080	1 200	20	
5	110	Ⅳ	一	16.1	14.4	10	990	1 200	18	
6	110	Ⅳ	二	16.1	14.4	10	990	1 200	18	
7	62	Ⅳ	一	16.1	15.7	2.5	1 100	1 200	13	
8	62	Ⅳ	二	16.1	15.7	2.5	1 100	1 200	17	
9	45	Ⅴ	一	30.0	22.0	27	800	1 200	11	
10	25	Ⅵ	一	42.0	25.2	40	750	1 200	5	ω 由钻柱线速度折算出

(1) 一次挂合起升的加速段都在 1～3 s 内完成，在此段中的 ω-t 曲线的斜率即角加速度，

它随挡速越高而越大，从而启动的惯性动载也越大。

(2) 起升过程中司钻不调节油门，挂合的挡速越高则产生的动载也越大，柴油机的转速被拖得越低，即它自动调节到较低的转速以获得足以拖动的较低加速度值，在低挡下柴油机虽然转速降低较少，但由于负荷重故转速恢复得较慢，高挡轻载时则恢复得较快。

(3) 对比曲线4和5可见，110 t载荷挂Ⅲ挡时加速段只有1 s多，当换挂Ⅳ挡时则显得吃力，要加速8 s多才能完成，皮带丢转由原6%上升到10%，可见Ⅳ挡的换挡载荷应比110 t为低。

(4) 换挡载荷与功率储备系数：国产ZJ45J型钻机使用说明书中基本参数项给出：绞车输入功率 $P_{绞}=1\ 300$ hp。

上列数据是按下述公式计算出来的：

$$P_{绞}=\frac{K_N Q_i v_i}{75\eta}\times 10^3$$

如绞车内部传动效率取为0.92，滚筒缠绳效率取为0.98，单滑轮效率为0.97时10根绳的游系效率取为0.85，所以绞车输入轴至大钩的总效率 $\eta=0.92\times0.98\times0.85=0.77$，代入上式可见功率储备系数 $K_P=1$，即未考虑功率储备，这样一来当提升动载产生时，理论的换挡载荷 Q 当然不能兑现了。应根据实测换挡载荷 Q'，计算出实际功率储备系数 K'_P，表6给出实测和计算结果，并将 K'_P 绘入图10中。

表 5

挡　次	Ⅲ	Ⅳ	Ⅴ	Ⅵ
各挡大钩提升速度 $v_i/(\mathrm{m\cdot s^{-1}})$	0.47	0.65	1.21	1.69
各挡换挡载荷 Q_i/t	160	116	62	45

表 6

挡　次	Ⅲ	Ⅳ	Ⅴ	Ⅵ
实测大钩提升速度 $v'_i/(\mathrm{m\cdot s^{-1}})$	0.43	0.57	0.88	1.00
实测大钩提升载荷 Q'_i/t	154.2	107.9	53.6	24.5
游系固定重量/t		12		
实测游系提升载荷 $Q'_{游i}$/t	166.2	119.9	65.6′	36.5
实测静提升功率 $P'_{绞}=\frac{Q'_{游i}v'_i}{75\eta}\times10^3$/hp	1 237.5	1 183.4	1 000	632.0
实际功率储备系数 $K'_P=\frac{1\ 300}{P'_{绞}}$	1.05	1.1	1.3	2.06

此外，钻机Ⅲ挡的大钩的提升载荷160 t实应是游系的提升能力，扣除12 t的游系固定重量，大钩的提升能力只有148 t，这不符合GB 1806—1979钻机标准系列的要求。显见这一参数设计是不合理的。要保证大钩Ⅲ挡提升载荷为160 t(游系提升载荷为172 t)必须适当降低Ⅲ挡速度，或将绞车输入功率调整为1 500 hp。

5　钢绳传感器的标定与钢绳拉力的动测

这次共制造了5只双板并联式钢绳传感器，2# 死绳传感器弹性板厚1 mm(见图13)，用35号钢制成，在钢绳拉力20 t下屈服破坏。1# 死绳传感器加厚至6 mm，改用16MnNb钢板制造，未经热处理，图 13 中实线为加载曲线，点划线为卸载曲线，可见其应变滞后量较大，由于钢绳拉力动测是在加载情况下进行的，故传感器的标定以加载曲线为准。快绳、$1^{\#}$ 游动绳与 $10^{\#}$ 游动绳传感器的弹性板厚均为 3.5 mm，都由 16MnNb 钢制成(见图 14)，传感器逐个进行标定，以确定出各自的标定系数 K

$$K=\frac{加载/(\mathrm{t})}{应变/(\mu\varepsilon)}$$

在试验用过的钢绳上截取一段，将传感器装夹在绳上，用扭力扳手上紧螺钉，标定时和测试时都统一用 20 kgf·m 的力矩。钢绳与传感器在万能材料试验机上在一次加载卸载后，然后每加载 1 t 用静态应变仪记录一次应变值，直测至传感器打滑不能得到稳定的应变值为止，然后卸载，重复试验三次，将测得数据绘于图 13、图 14 中。

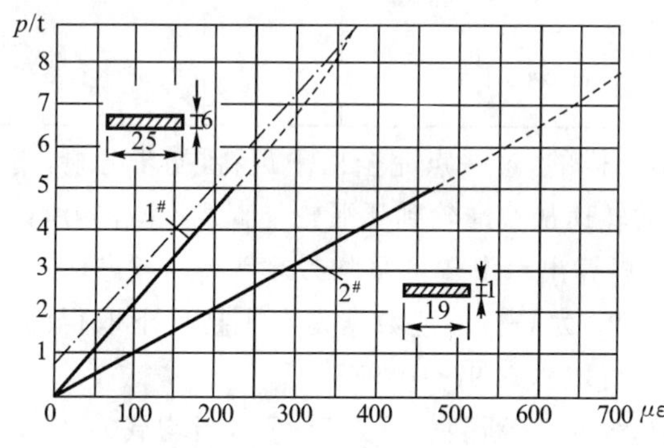

图 13 死绳传感器的标定曲线

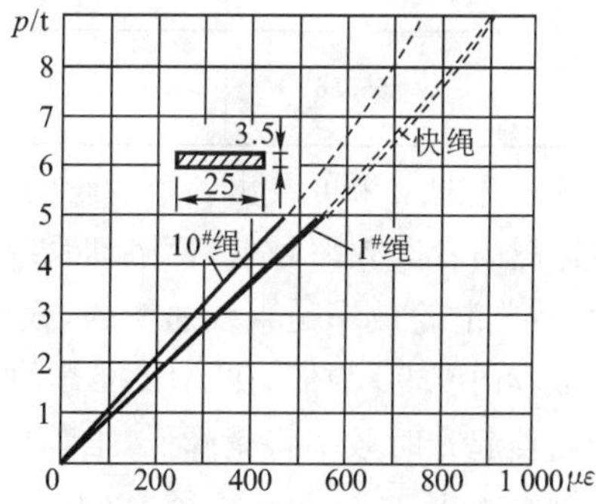

图 14 快绳 $1^{\#}$ 绳与 $10^{\#}$ 绳传感器的标定曲线

在传感器不打滑的情况下，受载后钢绳的应变与弹性板的应变相等，钢绳拉力 f 按二者截面积 $F_{绳}$、$F_{板}$ 的大小来分配。用下式可计算出钢绳的弹性模数 $E_{绳}$：

$$E_{绳}=\frac{f-2F_{板}\ E_{钢}}{\varepsilon F_{绳}}\approx 1.2\times 10^{6}(\mathrm{kgf/cm^{2}})$$

钢绳的刚度 $C_{绳}$：

$$C_{绳}=\frac{E_{绳}\ F_{绳}}{L_{绳}}$$

测量钢绳动拉力的目的在于检查钢绳的动强度和求得单滑轮效率及游动系统效率。在 65 t 动测时，临时加装快绳、$1^{\#}$ 绳和 $10^{\#}$ 绳三个传感器，位置见图 5，用Ⅰ挡起升 3.5 m，4 根钢绳的实测载荷谱示于图 15 中。根据图 15 可算得各钢绳的动拉力和单滑轮效率，将计算结果列于表 7 中。

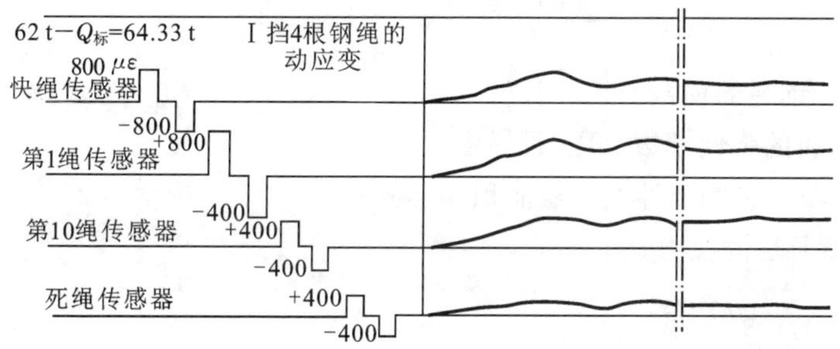

图 15 62 tⅠ挡时 4 根钢绳的载荷谱

表 7

绳号	$K_{动标}=\frac{标定值/\mu\varepsilon}{标高/mm}$	H_{max} /mm	$\mu\varepsilon=K_{动标}\times H_{max}$	标定系数 K /(t·$\mu\varepsilon^{-1}$)	动拉力 $f=K\varepsilon$ /t	单滑轮效率 η	单滑轮平均效率 $\eta_{均}$
快绳	$\frac{800}{9.5}=84.21$	9.25	778.94	0.0102	7.945	0.958	0.973
1# 绳	$\frac{800}{13}=61.54$	12.5	769.25	0.009 89	7.608		
10# 绳	$\frac{400}{7.5}=53.33$	10.5	559.97	0.012	6.72	0.988	
死绳	$\frac{400}{7.2}=55.56$	5	277.8	0.023 9	6.64		

从表 7 的结果可看出各个滑轮的效率是不一样的，这一点完全出乎预料，初步分析，滑轮的转速越高者其效率越低，而游动系统各滑轮的转速从快绳轮到死绳轮是直线递减的，所以可以设想：单滑轮效率是直线递增的，根据这一设想算出单滑轮的平均效率为 0.973，这一值比苏联推荐的 0.98 为低，比 API 推荐的近似值 0.96 为高。上述数据是在Ⅰ挡速下取得的，当在较高挡起升时效率将稍降低，推荐单滑轮效率可取为 0.97～0.973。

钢绳配用 34.5 mm 直径 6×19 纤维芯 170 级的，其断裂载荷为 55.7 t，当均载为 262.8 t 时快绳拉力为 27. 8 t，安全系数为 2，刚刚满足 API 推荐的最小许用安全系数“2”的要求，但是当挂合Ⅰ挡起升时，在动载的作用下钢绳的安全系数下降为 1.8，这是不允许的。因此，从动力学角度考虑，欲保证钢绳的安全系数不低于 2，必须控制大钩静载在 240 t 以下。要想安全负载 300 t(静动钩载总和)就必须换用更强的钢绳。

死绳拉力在起钻过程中由 14 t 至 1 t 重复脉动变化，且在每起一立根行程中动载又引起死绳拉力的波动。由于在不同载荷下死绳要伸缩变形，死绳轮就产生频繁的反复摆动，促使死绳轮处的钢绳也易产生弯曲疲劳破坏。

由于钢绳传感器制造不精，个数又少，钢绳的动拉力测量有待进一步开展工作。

前面计算的钢绳的刚度 C 引用以下公式

$$C=\frac{E_{绳}\ f_{绳}}{L_{绳}}$$

$$E_{绳}=\frac{p-2f_{传}\ \varepsilon E_{钢}}{\varepsilon f_{绳}}\approx 1.2\times 10^{6}\,(\mathrm{kgf/cm^2})$$

式中 $f_{绳}$ $L_{绳}$——钢绳的横截面积和长度；

$E_{绳}$——钢绳的弹性模数，可通过标定试验取得；

$f_{传}$——钢绳传感器弹性板的截面积；

p——钢绳所加的拉力。

6 结　论

(1) 钻机提升部件静测结果表明：绝大多数零件的应变与载荷呈线性关系，除钢绳和吊环二配套件外，天车、游车、大钩和水龙头各件的应力水平较低，将 300 t 的最大钩载升级为 350 t 在构件强度上无问题。

(2) 350 t 吊环杆部的抗拉强度安全系数 n_b＝3.3，它低于 API 的≥3.4 的要求，它与 ZJ45J 钻机提升系统不配套，应加强。

(3) 动测所得载荷谱表明，起钻时钩载变化规律为正弦衰减振波，它由低、中两种不同频率的振动合成，大钩瞬时最大载荷由低频第一振波波峰值决定。

(4) 实测吊环、死绳和井架大腿的动载系数为 1.2～1.92，它比国外的数据要高。起钻时挡速越高，产生的加速度和动载越大。因此在司钻处要装设柴油机遥控油门装置以降低动载并加强起钻。

(5) ZJ45J 钻机的提升参数设计不合理，额定钻柱重量与各挡换挡载荷都不能兑现，应根据实测的功率储备系数 1.05～2.06 计算出切实可行的换挡载荷。

(6) 试验得出如下数据可供使用：300 t，43 m，A 形井架的刚度为 1.012×10^5 kgf/cm；ϕ34.5，6×19 纤维芯钢绳的弹性模数 $E_{绳}=1.2\times10^6$ kgf/cm^2；提升系统的综合刚度 $C=1.23\times10^4$ kgf/cm；单滑轮的效率 $\eta=0.97\sim0.973$。

(参加试验的有华东石油学院的陈智喜、唐学祥、裴峻峰、陈朝达；兰州石油化工机器厂的王兴家、闫凤珍、张素琴、费学仁、刘兴汉；甘肃工业大学的张益诚、黄素芬、海建中以及北京石油机械研究所的陈于果等同志。)

参考文献

[1] 铁摩辛柯 S. 弹性稳定理论[M]. 北京：科学出版社，1958.
[2] Ильяшевский Я. А. и Вержец Г. Н. ：Нефтяные вышки гостоптехиздат 1949.
[3] 杨耀乾. 结构力学[M]. 北京：人民教育出版社，1960.
[4] Ильский А. Л. ：Расчет и конструирование Бурового оборудования. гостоптехиздат 1962.
[5] 丹尼良. 钻井机械(上、下册)[M]. 北京：石油工业出版社，1959.
[6] 第四届国际石油会议报告论文集・第三分册[M]. 北京：石油工业出版社，1958.
[7] 徐宏文. 应力分析[M]. 科学出版社，1962.
[8] A. P. I. Conposite catalog, 1963.

48. 石油钻机起升系统动力学模型研究

【论文题名】 石油钻机起升系统动力学模型研究
【期 刊 名】 华东石油学院1985年研究生论文选集

0 前 言

起升系统是石油钻机的核心部分。起升系统所受载荷是钻机各部件中最剧烈、最复杂的，它不但受到静载，而且受冲击动载和循环动载的作用。生产中，系统零件多以疲劳断裂形式破坏，因此加强起升系统的动力学研究对提高钻机效率、降低成本、提高其可靠性具有重大意义。

近年来，国内外学者围绕钻机起升动力学问题做了大量工作。但到目前为止，研究几乎全部集中在动载系数计算上，始终没人能按系统力学模型较准确地算出系统固有频率。如果单纯计算动载系统，最后仍将归结于静强度核算，而不能核算系统零部件的疲劳强度。

各国学者提出多种系统力学模型，并都认为按自己的模型计算能与实际情况很好相符。显然，如果按一种较简单的模型能准确计算系统动特性，就没有必要再按复杂的模型去计算。系统各部件对系统动特性的影响程度是不同的，这种影响只有通过研究各种系统模型才能了解。因此有必要对比各种模型，找到一种即简单、又能较准确地反映系统起升动特性的模型，以供钻机设计人员参考。

1 起升实验台实验

实验台实验的重点放在传动轴系动测和了解各部件动载间的关系上，并用实验验证理论计算的结果。

我们在矿机实验室原有绞车实验台和液力变矩器实验台的基础上组装了起升实验台。大钩、滚筒和变矩器输出轴(简称变矩器轴)的动载分别用拉力传感器、遥测应变装置和扭矩传感器测量，用光线示波器或函数记录仪记录。滚筒轴和变矩器转速分别用光电测速仪和扭矩传感器测量，光线示波器记录。

在吊重容器中加铸铁块和砝码形成钩载。在500，671，842和1 013 kg四挡钩载进行起升实验。实验中曾对各测试系统进行多次标定，并分析了实验误差。拉力传感器-动态应变仪-光线示波器系统的最大相对误差为4.7%，应变片-遥测应变仪-示波器为11.1%，扭转传感器-转速转矩仪-函数记录仪为6.4%。变矩器轴转速信号的误差为4.4%，函数记录仪记录频带为0.1～2.5 Hz，因此没测到变矩器轴的中、高频动载。

共进行了五组实验，分别研究离合器进气压力、电机转速、初始间隙和吊重放置底座刚度(简称底座刚度)对起升过程的影响。

定义部件动载系数 k_d 为：

$$k_d = H_{max}/H' \tag{1}$$

式中 H_{max}——实测波形的最大波高；
H'——动载趋于平稳时的波高中值。

1.1 基本实验

将电机额定转速调为100 r/min，空压机压强为 3 kgf/cm^2，吊重容器直接放在地面上，起升前吊环不受力，起升时一次挂合离合器作为基本实验工况。

图 1 是各部件实测动载曲线，图 2 是动载系数-钩载关系曲线。由图可见，吊环动载呈正弦衰减波，振波由低、中频振动合成。随着钩载增加，振频变小，动载下降。

轴的动载也是由低、中频振动合成的正弦衰减波。振动基频与吊环一样，且没有明显超前或滞后。但滚筒中频振幅比吊环的大得多。因为起升系统由游车-钩载和传动轴系两部分组成，中间由钢丝绳连接。系统振动基频主要取决于钢绳刚度和吊车质量，而中频振动则主要取决于轴系的转动惯量和刚度。由于钢绳刚度较低并有一定减振能力，因此，主要在轴系上激发出的高频振动传至吊环就很小了。

图 2 实验值，吊环 k_d=1.87～3.15，滚筒轴 k_d=1.61～3.25，变矩器轴 k_d=1.0～1.63。可见起升时各部件 k_d 并不一样。轻载下滚筒轴 k_d 大于吊环 k_d，重载下则相反。变矩器轴 k_d 始终小于吊环 k_d。

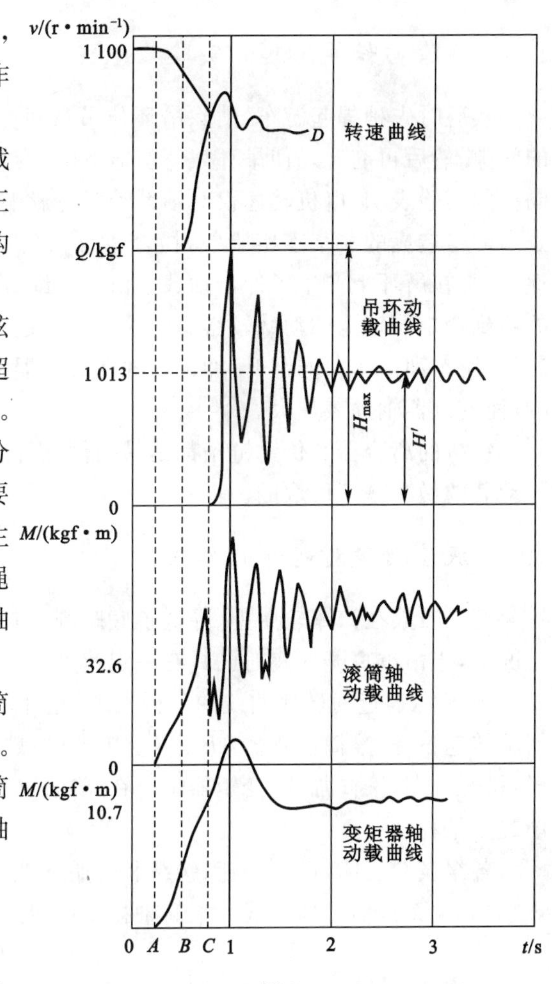

图 1

1.2 压力影响试验

将空压机压力调到 7 kgf/cm^2，其他条件与基本实验相同，研究压力对起升的影响。实验表明，从离合器进气到滚筒轴开始受力这段时间的长短仅与压力有关，与钩载无关。在基本实验中，这段时间为 0.238 s，本实验中为 0.156 s。即压力升高缩短了离合器挂合时间。两种实验中，滚筒轴开始受力时刻的气路压力值是一样的，这个值就是使离合器摩擦片抱紧摩擦轮所需克服气胎刚性的初压力值，提高压力还使系统各部件动载都提高了。

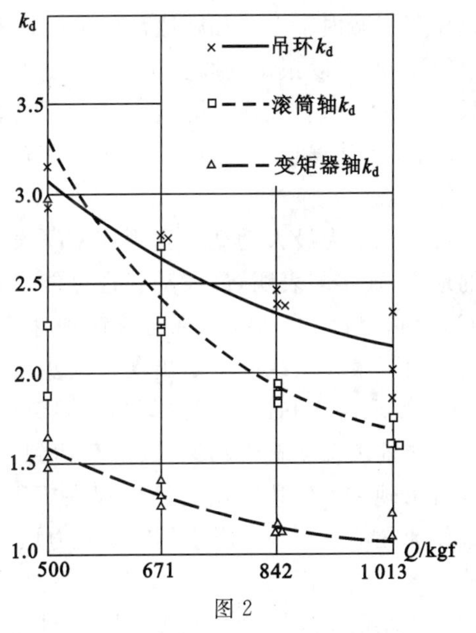

图 2

1.3 电机转速影响实验

把电机转速调到 900，1 000，1 200 r/min，进行起升实验。实验表明，随发动机转速提高，各部件动载系数都相应提高了，因为直接提高了起升速度。

1.4 消除初始间隙起升实验

实验时先稍提起游车,消除吊环与吊重间的间隙,然后再起升。使吊环载荷明显下降,变矩器轴动载却提高了。在不同电机转速下进行同样的实验表明,电机转速仅对轴系动载有影响,对吊环动载没有影响,这说明起升动载主要是由冲击造成的。基本实验中,挂合离合器后,滚筒开始转动,游车上升,必须克服吊重的惯性,于是在吊环上产生了冲击动载。由于钢绳、滑轮组和离合器等部件具有一定的吸振能力,故传到变矩器轴上的动载较小。消除间隙后起升时,具有一定速度的变矩器轴要带动静止的滚筒、游车和吊车共同起升,冲击出现在离合器上。因此吊环动载很小,且不受电机转速的影响,而变矩器轴动载加大。

钻机的离合器和传动链条都是易损件,因此企图通过二次挂合离合器起升来降低系统部件动载的做法是不可取的。

1.5 底座刚度对起升的影响

把吊重放在汽车轮胎上(降低了底座刚度)起升时,系统各部件动载都降低了。因为在此工况下,当吊重离开底座时已具有一定速度。

由图1,通过对转速曲线的分析发现,起升过程的转速变化可分为4个阶段。OA 段:变矩器轴转速不变,滚筒静止。AB 段:变矩器轴减速,但由于滚筒仍被刹住,故仍保持静止。BC 段:松开刹车,滚筒加速,变矩器轴仍在减速。CD 段:从 C 点开始,两轴进入同步运转,转速逐渐趋于平稳。

各组实验表明,电机转速、钩载和初始间隙等因素对 AB 段滚筒轴扭转随时间变化率都无影响,其关系近似一斜直线。滚筒轴扭矩(kgf·m)可表示为

$$M_{AB}=9.18t \tag{2}$$

因为滚筒轴扭矩由离合器传递的扭矩所决定,而后者又正比于气胎内压力 p 和摩擦盘转速 n 的平方。AB 段滚筒不动,所以扭矩仅取决于 p。p 随时间的关系又只取决于气胎和气路结构,故有上述现象出现。实验说明,要想计算整个起升过程,必须了解离合器传递扭矩的规律。

过去总认为最大动载都出现在 CD 段加速度最大的地方,而实测表明,最大动载也可能出现在同步点 C 之前。当最大动载出现时滚筒加速度变小,甚至为负值。最大动载究竟是出现在同步点之前还是之后,主要取决于和吊重间的间隙。间隙较大,当其未消除之前离合器就带动滚筒、游车达到同步,最大动载就出现在 CD 段。反之则出现在 BC 段。冲击动载作业在滚筒上一个阻止其转动的力矩,所以滚筒转速下降。实验说明:产生动载的主要原因是冲击,决定其大小的主要因素是间隙。图3对比了最大动载分别出现在同步点前、后时的部件动载系数,可见前者小于后者。

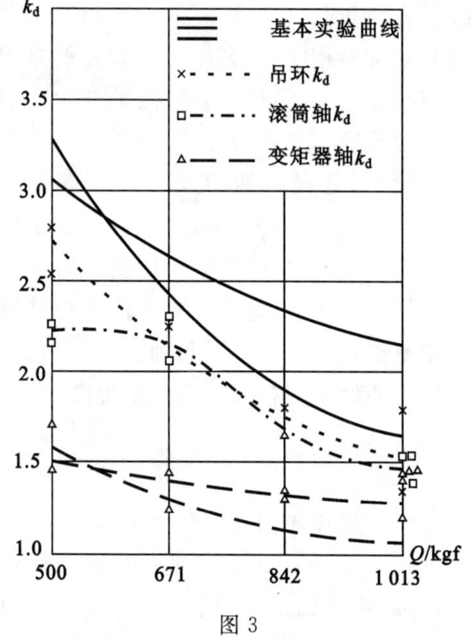

图 3

2　起升动力学理论研究

2.1　状态空间法基本理论

状态空间法是现代控制论中的一种研究方法，系统可由状态空间方程表示。动力运动微分方程也可以化为状态空间方程的形式。由于微机设有复数运算功能，故本文采用矩阵级数法。与解运动微分方程常用的逐积分法（如 Wilson 法、Newmark 法）相比，本法占机内存和它们基本一样，并具有自动调整 Δt 的功能，方法是条件稳定的，它的最大优点是计算精度高。

2.2　用状态空间法研究起升系统动特性

在计算之前，先必须解决半正定系统中的大刚体位移“吞掉”小振动位移的问题。学位论文中证明，积分若干步后令$\{x\}=\{x'\}+C\{\phi_1\}$（式中$\{\phi_1\}$是刚体振型），用$\{x'\}$代替$\{x\}$继续积分，对系统动力响应计算没有影响。

首先计算了试验台的动力响应。把实验台简化成一个 7 质点力学模型，变矩器轴简化成集中到联轴器和小齿轮的 3 个转动惯量盘，将离合器摩擦轮、盘和滚筒也简化成 3 个转动惯量盘，中间由扭转弹簧连接，游车和吊重简化陈一个质点。

建立模型时，忽略了井架的振动及轴的横向运动，只计轴承阻尼。并认为电机转子偏心引起的振动全为液力变矩器吸收。电机-变矩器联合工作特性曲线在高效区可近似为一条斜直线，因此假设系统输入 M_T 为：

$$M_T=a-bw \tag{3}$$

式中　a,b——与特性曲线有关的常数；

　　w——变矩器输出轴转速。

计算按中途起升、不同初始间隙时起升、正常起升和柔性底座起升 4 种工况进行。在同步之前，并非所有部件都参与运动，因而不能用一个统一的系统运动微分方程来描述整个起升过程，论文中详细叙述各工况下系统部件在不同阶段的运动状态及相应的运动微分方程。

分析计算结果可知：

(1) 用状态空间法研究起升系统动力学是可行的，吊环的计算动载系数与实测值之间相对误差仅为 0.5%～0.7%。单滚筒轴就算与实测值之间的误差为 5.2%～25%，这是由于电机出了毛病造成的。电机在加载后转速下降，使轴系的动距减小，因此造成计算值普遍高于实测值。

(2) 计算载荷谱的中频振动比吊环的大，这与实测值是吻合的。但计算动载衰减得较慢，这说明对系统阻尼研究得不够。

(3) 表 1 中列出各工况吊重开始运动瞬间游车的起升高度 h、速度 θ 和达到同步的时间 t_c 的值。计算标明，间隙越小，θ 越小，t_c 也越长。

表 1

h/mm	θ/(rad·s^{-1})	t_c/s
2.0	2.265	0.051 1
10.0	2.913	0.415
21.7(正常起升情况)	4.785	0.370

在柔性底座起升情况。吊重离开底座瞬间的速度为 1.092 rad/s,而游车的 θ 为 3.911 rad/s,所以造成柔性底座起升工况的动载下降。

(4) 因为钢丝绳是不受压的,所以只有在动载系数小于 2 时才能将其简化成线性弹簧。

2.3 钻机起升系统动力学模型研究

对比了 5 个系统模型,用状态空间法计算它们的动力响应,逆迭代法计算系统固有频率和振型,并研究了系统振动能量的分布。

模型 1:这是本院 1978 级研究生提出的模型(见图 4)。模型中将钻柱质量的三分之一与钻铤质量相加,形成 m_2。m_1 是滚筒折算质量,m_2 是游车质量。

模型 2:苏联人提出的这个模型考虑了天车质量和天车梁刚度 c_0(见图 5)。

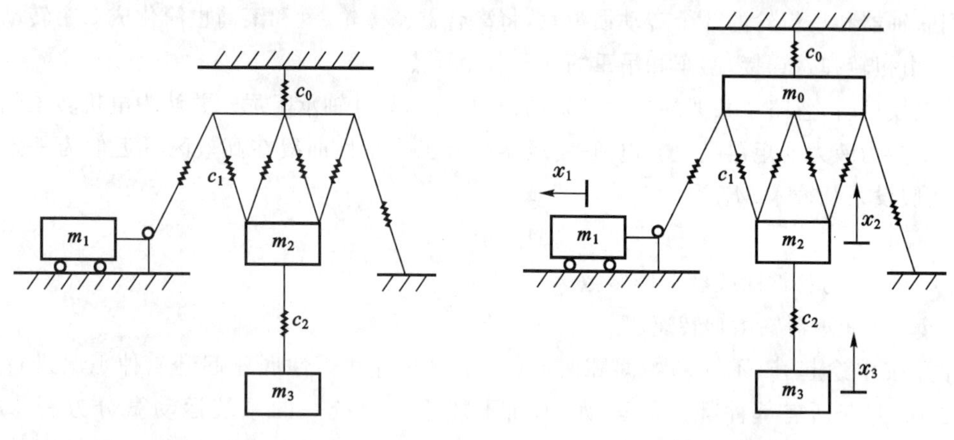

图 4 钻机起升系统模型 1　　图 5 模型 2

模型 3:苏联人曾提出把钻柱视为连续弹性体的模型,我们对其加以改进形成图 6 所示模型。

模型 4:将井架简化成只有纵向振动的弹性杆,分成 10 个杆单元,钻柱也简化成 10 个杆单元。把传动系中的链轮、齿轮、离合器等简化成集中转动惯量盘,轴的分布转动惯量向两端集中,盘间由扭转弹簧连接,链条也简化成线性弹簧。只考虑轴承阻尼和洗井液阻尼,形成 62 个质点的力学模型。

模型 5:它同模型 4 的差别在于考虑了井架的横向振动。由于井架结构和载荷都是对称的,起升时只激出它的对称振型,因此将井架简化成如图 7 所示模型。

图 8 给出了这 5 个模型在不同钩载下的一阶固有振动频率(除刚体振动 $f=0$ 外)值。通过对比各模型的吊环计算和实测动载系数及模型 3、4、5 中钻柱的前两阶模态,可以看出:

(1) 随着考虑因素增加,模型 1 至 5 越来越接近系统真实情况。相应地,模型计算频率和计算动载系数也越来越接近于实测值。

(2) 模型 1、2 的计算频率比实测值大 50%以上,不能准确计算系统动特性,其原因是这两个模型的基本假设错了。按瑞利法把下端悬有重物的弹性杆简化成弹簧，并把杆质量的三分之一作为质点加到重物上，然后用这个模型计算系统固有频率时有一重要前提，即重物的质量必须大于杆的质量。而钻柱质量远大于钻铤质量，因此不能按瑞利法进行简化。

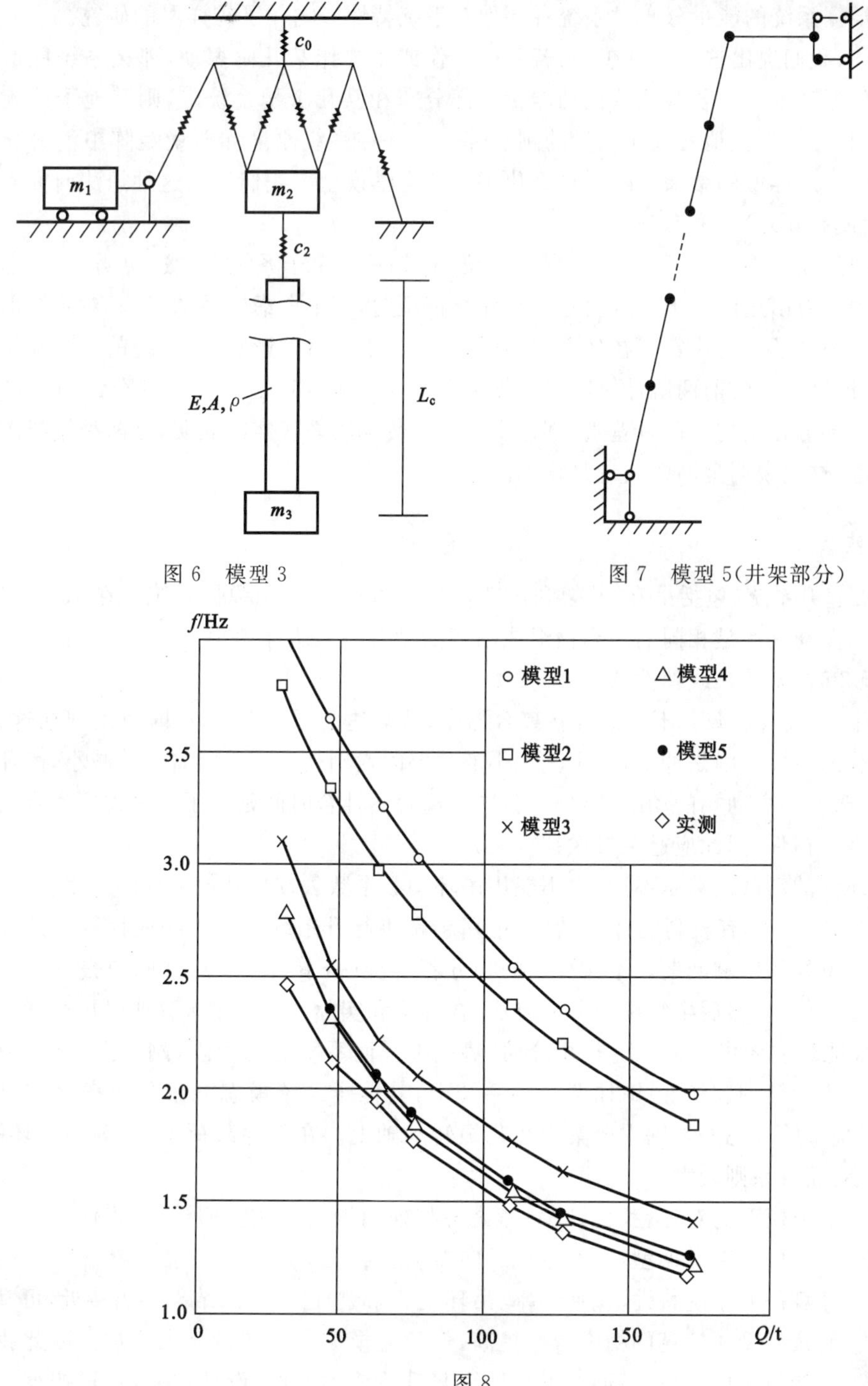

图 6　模型 3

图 7　模型 5(井架部分)

图 8

(3) 模型 4 的 I 阶计算振型与实测值的误差为 1.9%～15%，特别是在重载下更小，而计算与实测动载系数的最大误差为 11.9%，因此按这个模型研究起升系统动特性是可行的。模型 4、5 之间振频和动载系数的最大偏差分别 3.6%和 4%，模型 3、4 间的两个偏差分别为 14%

和13%。所以可用模型3初步计算起升系统动特性。

(4) 模型3、4、5中钻柱的前两阶模态很接近。这说明井架的横向振动对系统起升时的纵向振动特性影响小,在起升动力学研究中可不予考虑。

原论文根据系统的能量分布对系统各部件对系统特性影响作了较详尽的研究。

综上所述,我们提出这样一种想法:若系统只作或主要作某几阶振动,那么系统能量几乎都集中这几阶振动中。又若这几阶振动能量全部分布在某几个子系统上,则其他子系统对这几阶振动影响小,可近似地看成无质量的刚性部件。并在系统刚度和质量矩阵中消去与它们相对的行和列。这样做的结果实际上是简化了系统力学模型。我们根据这种想法研究了系统前三阶(刚体模态除外)的模态分布。

系统前两阶模态能量主要集中在滚筒轴和游车-钻柱两个子系统上。这说明,钻机起升系统前两阶振动主要由这两个子系统决定。在建立模型时,若不考虑轴系的影响,对系统前两阶振动主要由这两个子系统决定。在建立模型时,若不考虑轴系的影响,对系统前两阶动特性计算影响不大,模型3、4的前两阶计算频率和振型十分接近就证明了这一点。ZJ45和ZJ45J两种钻机的吊升部分在结构上没有差别,其差别主要在传动轴系。实测表明,这两种钻机的振动基频十分接近,这也说明上面的结论是正确的。

3 结　　论

(1) 钻机起升系统(包括吊升、井架和传动轴系3部分)是一个弹性系统。在起升过程中,系统各部件的振动频率是相同的。当钢绳或吊环的动载系数大于2时,系统属于非线性弹性系统;当小于2时,系统是线弹性的。

(2) 起升时,最大动载并不全出现在离合器主、从端达到同步之后,有时也出现在这之前。产生最大动载的主要原因是冲击,决定其大小的主要因素则是间隙。随着间隙减小,吊环动载逐步下降,但离合器主动端的动距却要升高,同时离合器挂合时间延长了。考虑到离合器和传动链条等都是易损件,因此应避免二次挂合起升。

系统各部件的动载系数是不同的,不能用吊环动载系数去校核其他部件的强度。

(3) 状态空间法具有较高的计算精度,可用于钻机起升系统的动力响应计算。计算中应注意系统刚体位移的影响问题。本文提出的积分若干步后,系统各质点共同减去一个与系统刚体振型成正比的量,然后再继续积分的方法,在理论和实际计算中都被证明是可行的。

(4) 系统能量主要集中在系统前几阶动、势能上。而系统的前两阶(刚体振型外)模态能量则主要分布于滚筒轴和游车-钻柱两个子系统上,其他子系统模态能量分布率之和也只有0.1左右。系统Ⅲ阶模态能量则主要集中在几根转动轴上。在部件载荷中,表现为吊环的中、高频动载很小,而轴系则较大。

(5) 通过5个模型的对比,我们认为,考虑井架横向振动所建立的模型,将使计算中出现反映这种横向效应的频率和振型,这对系统纵向振动影响很小。

按模型3计算吊升系统特性(包括频率、吊环动载系数)已与实测结果相当接近,可基本满足工程要求。而按模型4计算的精度有所提高,但建立模型的工作量大大增加。因此我们建议在设计钻机的初始阶段,可用模型3近似计算起升系统动特性,设计完成后,再按模型4计算,并对系统部件进行静强度和疲劳强度校核。

(本文作者:罗维东　陈如恒)

49. 影响喷射泵性能的实验研究

【论文题名】 影响喷射泵性能的实验研究

【期 刊 名】 石油矿场机械 1996,35(2)

【摘　　要】 在自行建立的喷射泵实验架上首次采用激光测速仪,对喷射泵流场进行了二维测试。经过具体分析喷射泵各部分结构之后,借助等速核长度将各部分内在特性有机地结合起来。这项工作为喷射泵的参数优化设计和提高效率奠定了基础。

【关 键 词】 喷射泵　激光测速　等速核长度

1　引　　言

国内、外许多学者对喷射泵进行了理论研究和实验测试。但由于实验测试手段的限制,上述各实验偏重于外特性研究,并没有对喷射泵的微观流场进行测试。1988 年,武汉水利电力学院曾经对喷射泵流场进行过一维测试。显然,对喷射泵来说,由于其内部紊流流场的复杂性,只进行一维测试或外特性测试,不可能测试出其真实的流场,无法了解其内部微观结构,所以,为了清楚地了解喷射泵的微观流动机理,验证其理论计算模型,对其内部流场微观特性进行实验研究很有必要。

本文采用先进的激光多普勒测试仪对喷射泵内部流场进行了二维测试,实验探讨其流动机理,为其流场理论分析提供依据。同时,探讨各参数对喷射泵性能的影响关系,从而为选择最佳参数,提高效率,获得喷射泵最佳性能打下了良好的基础。

2　实验流程及内容

实验流程如图 1 所示。

实验测试内容包括:喉管、扩散管压力测试;输入、输出压力测试;激光测速;流量测试。

3　测试工况

本实验对 3 种工况下喷射泵的性能进行了测试,这 3 种工况是通过调整喉嘴距来实现的。

实验测试工况如表 1 所示。

表 1　3 种喉嘴距的实验

喉嘴距 L /mm	主流压力 p_{ML} /MPa	二次流压力 p_{TL} /MPa	混合液压力 p_{MQ} /MPa	主流流量 Q_{MQ} /(L·s^{-1})	二次流流量 Q_{TQ} /(L·s^{-1})	效率 /%
28.2	0.562	−0.008	0.081	0.386～0.399	0.393～0.420	17.0
20.7	0.562	−0.007	0.10～0.11	0.318	0.357	21.3
14.7	0.55～0.57	−0.008	0.20～0.21	混合液流量:0.25 L/s		

4　影响喷射泵性能的主要因素分析

在以往的很多文献中对影响喷射泵性能的各参数均在相对独立的条件下来分析的,本文

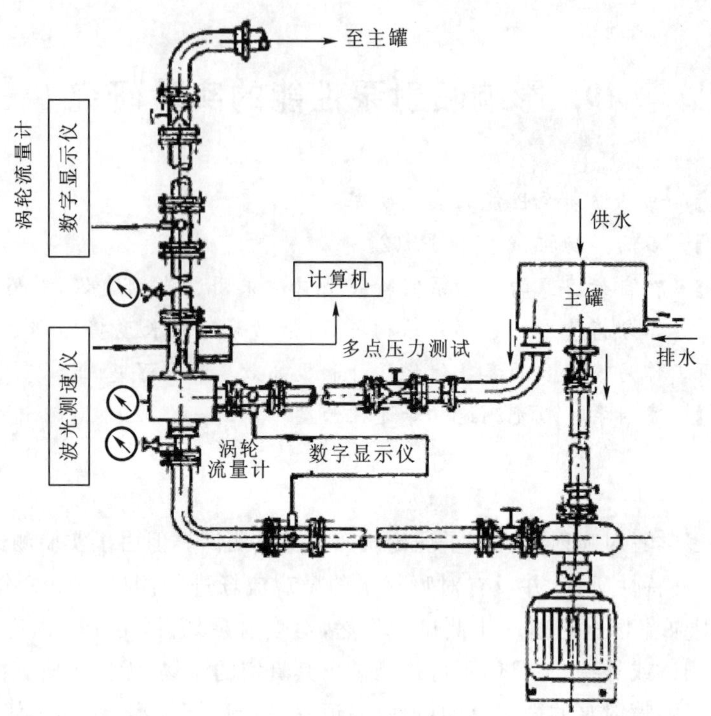

图 1 实验流程示意图

认为喷射泵各参数是以相关的形式影响着其性能的，这一相关的参数便是喷射泵内的等速核长度。以下主要从实验的角度来讨论喷射泵的主要几何参数通过等速核长度对喷射泵性能的影响。

(1) 喷嘴。喷嘴的结构形状直接决定着喷射泵的性能。喷嘴对喷射泵内的湍流混合损失和摩擦损失这两部分损失影响都很大。

从摩阻损失来看，喷嘴断面由于截面急剧变化，产生严重的局部阻力损失，喷嘴外截面则对二次流产生阻力损失。同时由于喷嘴出口断面壁厚的影响，在其断面后面要产生涡流，引起涡流损失。而且这种涡流的产生增加了混合层的湍流度，导致气蚀现象的早期产生。

从等速核角度看，不同结构的喷嘴，其等速核长度是不同的。喷射泵要求喷嘴的等速核不能过长，过长增加了混合损失；过短则对吸入性能有所影响。

综合上述各种因素考虑，喷射泵应使用内外流线型喷嘴，而且喷嘴出口断面壁厚应尽量薄。

(2) 喉嘴距、喉管长度的影响。喉嘴距与喉管长度关系比较密切，对喷射泵性能影响较大。喉嘴距的前后调节，实际上就是对喷嘴等速核长度的前后调节。

这次实验是通过调节喉嘴距来改变工况的。流场测试结果如图 2 所示。由图可知，随着测试断面向出口断面的靠近(距离出口断面 $I=38.9$ mm)，主、次流混合渐趋均匀。3 种工况都表现了这种规律。图 2 给出了第 2 种工况的测试数据。

3 种工况的流场在出口断面基本混合均匀，但从 3 种工况的压力测试看是不相同的，对于喉嘴距 $L=28.2$ mm 工况，总体压力水平较高，如图 3 所示。

$L=14.7$ mm 工况下，由于喉嘴距减小，即等速核长度前移，高速区影响大，从其压力测试曲线(图 4)来看，总体压力水平比 L 为 28.2 mm 的工况低。

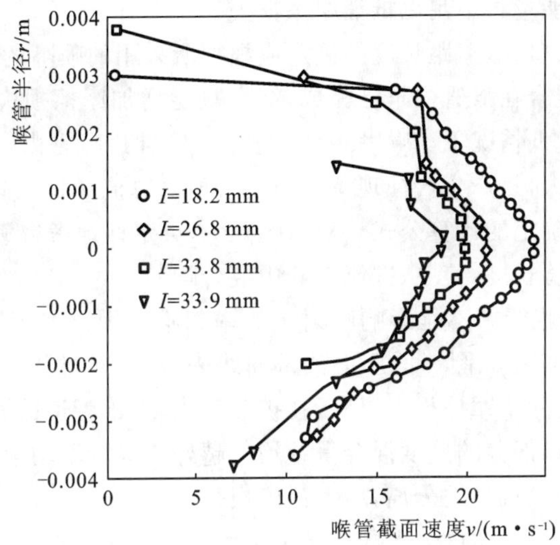

图 2　喉管内各截面速度测试曲线（$L=20.7$ mm）

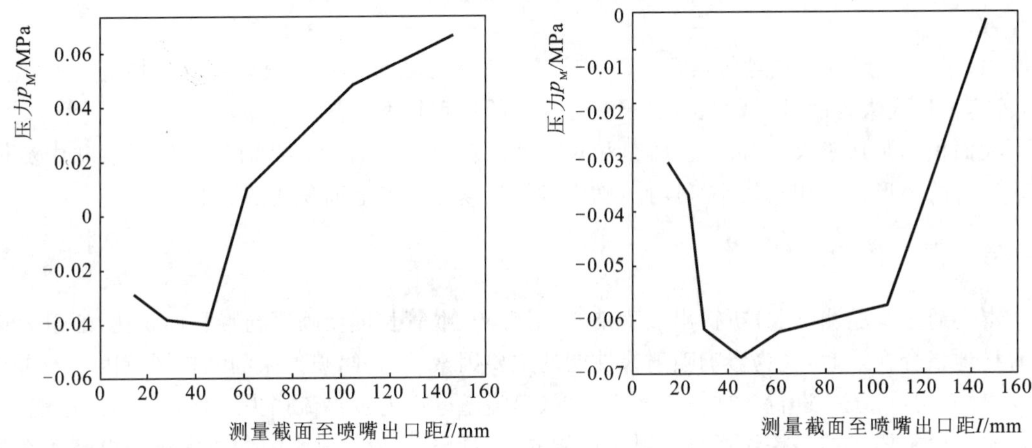

图 3　喉管及扩散管内压力测试曲线（$L=28.2$ mm）　图 4　喉管及扩散管内压力测试曲线（$L=14.7$ mm）

L 为 20.7 mm 的工况下，喷射泵性能则介乎上述两种工况之间。

从效率计算来看，第 1 种工况的效率仅为 17.0 %；第 2 种工况为 21.3 %。第 1 种工况效率低的原因在于：$L=28.2$ mm 的等速核长度按流线型喷嘴计算值小于 23 mm。这就是说，在喉管入口段，等速核已经消失，进入基本段。这时所形成的吸入压力值升高，流体不易吸入，同时，主、次流混合时间太长，摩擦损失太大，因此由喉管出来的流体比较稳定，但能量损失太大，效率低。这种工况下不易发生气蚀。

喉嘴距减小，如上述第 3 种工况，压力水平普遍降低，易吸入，但易发生气蚀，而且当气蚀严重时，产生节流也降低效率。

因此，预防气蚀与选择喷射泵参数提高效率，必须协调起来。这里需强调的是，喉嘴距虽然可前、后调整，但其前提条件是喉管必须保证一定的长度。短喉管泵通过喷嘴距的调整，可以在喉管出口处使主、次流混合均匀，但因压力过早恢复，压力值增大，明显地影响吸入性能，达不到喷射泵采油的最终目的。因此知道喉管泵在现场不适用，而这种泵的效率要低于常规泵。

最佳喉管长度的选择应是允许喉管内静态压力达到最大值。这时如果再增加喉管长度，二次流从主流获得的净能量将不足以抵消摩擦损失。

对喉管长度、喉管入口、喉嘴距长度的确定应根据所采用的喷嘴的等速核长度及上述特性来确定。喉嘴距过大，混合在喉管内早已完成，结果只能增加摩擦损失，而且这种情况也不利于吸入，尤其在沉没度过低情况下。喉嘴距为负值，喷嘴伸进喉管内，主、次流不易混合均匀，而且喷嘴对流场的干扰大，易产生气蚀现象。由于喷射泵总流场特性尚未搞清楚，因而这里还不能定量地列出各部分确定的计算公式。对喉嘴距 L，可定性地考虑满足：$0<L<d$（d 为喉管直径）为前提，来确定喉管长度，使主、次流在其中混合均匀。

(3) 扩散管。喷嘴、喉管并不是影响喷射泵效率的唯一因素。扩散管结构同样是影响喷射泵性能的重要因素。从图 3、图 4 的压力测试曲线来看，在扩散管内压力急剧增大，管内的损失也随之增大了，同时除了摩擦损失以外，在扩散管内，由于管道截面的扩大，有涡流损失产生。扩散管要求喉管出口部分的速度混合得越均匀越好。混合不均匀的流体由于存在着速度梯度，在扩散管内更易产生流体的分离，增大涡流损失。

扩散管的角度不能太大，角度太大同样会加大流体的涡流损失。本次实验模型扩散管角度为 6°。扩散管的长度能使流体的速度头充分转化为压头。它不能过长，过长则加大损失量。

(4) 面积比影响。喷嘴与喉管的面积比通过等速核长度影响着喷射泵混合性能。面积比大，等速核长度大，混合区域增长，要求混合均匀的喉管长度就需要增加。

大面积比泵适于大举升高度、排量相对较低的深井抽油，因为，此时射流周围供井中流体进入喉管的环形面积相对较小。因此，确定喉管长度必须考虑面积比的影响。

5 结 束 语

本文通过实验测试、分析得出喷嘴结构、喉嘴距、喉管长度及喷嘴与喉管面积比，通过等速核有机地结合在一起，成为影响喷射泵性能的主要因素。这样，喷射泵的结构影响因素不再是独立、散乱的，可统一进行考虑。扩散管角度、喷嘴壁厚则通过涡流损失影响着喷射泵性能。

本实验主要目的是探讨影响喷射泵性能的主要因素，为喷射泵的参数优化和提高效率奠定基础。

(本文作者：孙殿雨　陈如恒　张来斌　黄红梅)

参考文献

[1] Sange N L. Noneavitaling Petfor-manee of Two-Area-Ratio Water JetPumps Having Throat Lengths of 7.25 Diameters. NASA TND-4445，1968.

[2] Sanger N L. Cavitating Perfromance of Two-Area-Ratio Water JetPumps Having Threat Lengths of 7.25 Diameters. NASA TND-4592，1969.

50. 井架的静力非线性计算

【论文题名】 井架的静力非线性计算

【期 刊 名】 石油大学学报,自然科学版,1989(4)

【摘 要】 本文介绍了用变几何刚度矩阵法对井架结构进行非线性分析的原理和方法,以 3 200 m 钻机的 K 形和 A 形井架为算例,验证了所编的分析程序,计算结果表明:井架的主要变形为侧面变形,正面变形很小,非线性计算的位移值比线性计算的大 20%以上;井架同一层各弦杆的轴向力分布不均匀,前侧的大,后侧的小。非线性计算结果表明了这种不均匀程度的加剧;井架的弯曲应力不可忽略。因而井架的计算模型应选为空间刚架模型;K 形井架的承载能力大于 A 形井架。分析验证表明,非线性分析程序可以用于井架结构的分析计算。

【关 键 词】 钻头 刚度 矩阵 变形 模型 非线性计算

0 引 言

石油钻机的井架是高耸金属结构物,鉴于其结构和载荷的复杂性,有必要对其进行精细的分析计算。前人对井架的线性计算已做了大量的研究工作,取得了很大的成就。目前,又有人提出对井架进行非线性计算,并介绍了牛顿-莱弗逊法[1~3]。本文用变几何刚度矩阵的方法,进行结构的非线性计算。

1 计算原理

以空间梁单元为例,根据有限元理论,结构位移法的基本方程为

$$[\boldsymbol{K}]\{\boldsymbol{D}\}=\{\boldsymbol{A}\} \tag{1}$$

式中 $[\boldsymbol{K}]$——刚度矩阵;

$\{\boldsymbol{A}\}$——位移向量;

$\{\boldsymbol{A}\}$——载荷向量。

当考虑到弯曲变形对轴向变形的影响时,可以推导出非线性计算的基本方程为

$$([\boldsymbol{K}]+[\boldsymbol{K}_G])\{\boldsymbol{D}\}=\{\boldsymbol{A}\} \tag{2}$$

式中 $[\boldsymbol{K}_G]$——几何刚度矩阵。

单元刚度矩阵$[\boldsymbol{K}^e]$和单元几何刚度矩阵$[\boldsymbol{K}_G^e]$的表达式分别为

$$
[\boldsymbol{K}^e]=\begin{bmatrix}
\frac{EA_x}{L} & & & & & & & & & & & \\
0 & \frac{12EI_z}{L^3(1+\phi_z)} & & & & & & & & & & \\
0 & 0 & \frac{12EI_y}{L^3(1+\phi_y)} & & & \text{对} & & & & & & \\
0 & 0 & 0 & \frac{GI_x}{L} & & & & & & & & \\
0 & 0 & -\frac{6EI_y}{L^2(1+\phi_y)} & 0 & \frac{EI_y(4+\phi_y)}{L(1+\phi_y)} & & & & & & & \\
0 & \frac{6EI_Z}{L^2(1+\phi_z)} & 0 & 0 & 0 & \frac{EI_z(4+\phi_z)}{L(1+\phi_z)} & & & \text{称} & & & \\
-\frac{EA_x}{L} & 0 & 0 & 0 & 0 & 0 & \frac{EA_x}{L} & & & & & \\
0 & -\frac{12EI_z}{L^3(1+\phi_z)} & 0 & 0 & 0 & -\frac{6EI_Z}{L^2(1+\phi_z)} & 0 & \frac{12EI_z}{L^3(1+\phi_z)} & & & & \\
0 & 0 & -\frac{12EI_y}{L^3(1+\phi_y)} & 0 & \frac{6EI_y}{L^2(1+\phi_y)} & 0 & 0 & 0 & \frac{12EI_y}{L^3(1+\phi_y)} & & & \\
0 & 0 & 0 & -\frac{GI_x}{L} & 0 & 0 & 0 & 0 & 0 & \frac{GI_x}{L} & & \\
0 & 0 & -\frac{6EI_y}{L^2(1+\phi_y)} & 0 & \frac{EI_y(2-\phi_y)}{L(1+\phi_y)} & 0 & 0 & 0 & \frac{6EI_y}{L^2(1+\phi_y)} & 0 & \frac{EI_y(4+\phi_y)}{L(1+\phi_y)} & \\
0 & \frac{6EI_Z}{L^2(1+\phi_z)} & 0 & 0 & 0 & \frac{EI_X(2-\phi_z)}{L(1+\phi_z)} & 0 & -\frac{6EI_Z}{L(1+\phi_x)} & 0 & 0 & 0 & \frac{EI_z(4+\phi_z)}{L(1+\phi_z)}
\end{bmatrix} \quad (3)
$$

$$
[\boldsymbol{K}_G]=\frac{F}{L}\begin{bmatrix}
0 & & & & & & & & & & & \\
0 & \frac{\frac{6}{5}+2\phi_z+\phi_z^2}{(1+\phi_z)^2} & & & & & & & & & & \\
0 & 0 & \frac{\frac{6}{5}+2\phi_y+\phi_y^2}{(1+\phi_y)^2} & & & & \text{对} & & & & & \\
0 & 0 & 0 & 0 & & & & & & & & \\
0 & 0 & -\frac{\frac{1}{10}L}{(1+\phi_y)^2} & 0 & \frac{L^2(\frac{2}{15}+\frac{\phi_y}{6}+\frac{\phi_y^2}{12})}{(1+\phi_y)^2} & & & & & & & \\
0 & \frac{\frac{1}{10}L}{(1+\phi_y)^2} & 0 & 0 & 0 & \frac{L^2(\frac{2}{15}+\frac{\phi_z}{6}+\frac{\phi_z^2}{12})}{(1+\phi_z)^2} & & & & \text{称} & & \\
0 & 0 & 0 & 0 & 0 & 0 & 0 & & & & & \\
0 & -\frac{\frac{6}{5}+2\phi_z+\phi_z^2}{(1+\phi_z)^2} & 0 & 0 & 0 & -\frac{\frac{1}{10}L}{(1+\phi_y)^2} & 0 & \frac{\frac{6}{5}+2\phi_z+\phi_z^2}{(1+\phi_z)^2} & & & & \\
0 & 0 & -\frac{\frac{6}{5}+2\phi_y+\phi_y^2}{(1+\phi_y)^2} & 0 & \frac{\frac{1}{10}L}{(1+\phi_y)^2} & 0 & 0 & 0 & \frac{\frac{6}{5}+2\phi_z+\phi_z^2}{(1+\phi_z)^2} & & & \\
0 & 0 & 0 & 0 & 0 & 0 & 0 & 0 & 0 & 0 & & \\
0 & 0 & -\frac{\frac{1}{10}L}{(1+\phi_y)^2} & 0 & \frac{L^2(\frac{1}{30}+\frac{\phi_y}{6}+\frac{\phi_y^2}{12})}{(1+\phi_y)^2} & 0 & 0 & 0 & -\frac{\frac{1}{10}L}{(1+\phi_y)^2} & 0 & \frac{L^2(\frac{2}{15}+\frac{\phi_y}{6}+\frac{\phi_y^2}{12})}{(1+\phi_y)^2} & \\
0 & -\frac{\frac{1}{10}L}{(1+\phi_z)^2} & 0 & 0 & 0 & \frac{L^2(\frac{1}{30}+\frac{\phi_z}{6}+\frac{\phi_z^2}{12})}{(1+\phi_z)^2} & 0 & -\frac{\frac{1}{10}L}{(1+\phi_z)^2} & 0 & 0 & 0 & \frac{L^2(\frac{2}{15}+\frac{\phi_z}{6}+\frac{\phi_z^2}{12})}{(1+\phi_z)^2}
\end{bmatrix} \tag{4}
$$

式中 E,G——弹性模量和剪切弹性模量；

A_X——横截面积；

I——截面惯性矩；

α_s——截面剪切系数；

L——杆长；

F——杆件轴向力；

ϕ_y,ϕ_z——反映剪切变形影响的系数，$\phi_y=12\alpha_{sz}EI_y(GA_X)^{-1}$，$\phi_z=12\alpha_{sy}EI_z(GA_X)^{-1}$，若不考虑剪切变形的影响，令其为零。

由式(4)可以看出，单元几何刚度矩阵与单元轴向力有关，当轴向力为零时，$[K_G^e]$也为零，所得到的结果为线性计算的结果。

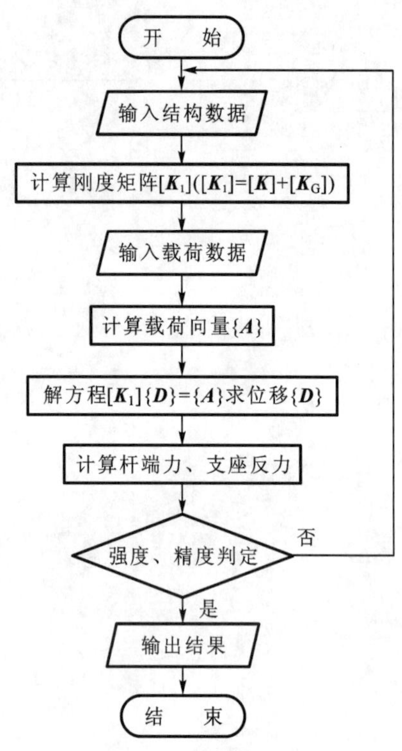

图1 非线性计算框图

变几何刚度矩阵法的计算步骤为，首先求解线性计算时的位移和杆端力，然后算出几何刚度矩阵，与刚度矩阵相加组成新的线性方程组，解出位移和杆端力，再求出几何刚度矩阵、刚度矩阵、位移和杆端力。重复以上步骤，直至位移值趋向于一个稳定值或强度超过限度时为止。若位移值发散，说明结构失稳。非线性计算的框图如图1所示。据此用FORTRAN语言编制了三个结构非线性分析的计算机程序，分别采用了平方根分解法、波前法和子结构分析法，以适应不同规模的题目。

2 算　例

为了验证所编的程序及分析井架的受力，对现场所用的3 200 m级钻机的K形和A形井架在IBM-PC/XT机器上进行了计算。计算模型采用空间刚架模型，井架、人字架与底座的连接均按定铰处理。两个井架的规模为：K形井架(图2)共有178个单元，82个节点，480个自由度；A形井架(图3)共有501个单元，172个节点，1 020个自由度。所受载荷为3.5 MN的垂直载荷，平均分布于井架顶部的4个节点。同时，还用SAP5软件对2个井架进行了线性分析，与所编程序进行了对比，其结果是令人满意的。表1给出了在没有考虑杆件剪切变形影响时，用SAP5和自编程序所计算的K形井架右前侧弦杆各节点沿结构坐标系x方向的位移值。

表1 K形井架右前侧弦杆的x方向位移值(线性计算)

节点号	位移值/cm		节点号	位移值/cm		节点号	位移值/cm	
	SAP5	自编		SAP5	自编		SAP5	自编
4	9.992 36	9.992 6	31	4.066 70	4.066 8	58	0.338 160	0.338 17
5	9.228 42	9.228 7	36	3.295 05	3.295 2	64	0.177 691	0.177 69
10	8.121 32	8.121 5	37	2.766 93	2.767 0	69	−0.083 854	−0.083 592
15	7.324 86	7.325 0	42	2.031 03	2.031 1	74	−0.290 216	−0.290 23
20	6.382 52	6.382 7	47	1.613 96	1.614 0	75	−0.369 858	−0.369 87
21	5.684 63	5.684 8	52	1.087 66	1.087 7			
26	4.723 61	4.723 8	53	0.801 804	0.801 83			

从计算结果看，两种井架的位移和应力变化的规律，除了变化程度不同外，其余基本相同。

2.1 K形井架的变形

由计算值可见，井架的主要变形为侧面变形即前倾变形，其正面变形和扭转变形很小。图4和5给出了井架变形的正视图和侧视图。图中实线为原型，虚线为放大100倍后的变形。为了便于比较，在侧视图上用短一些的虚线给出了线性计算时的变形。在井架顶部沿结构坐标系 x 方向的位移值为12.81 cm，线性计算值为9.99 cm，非线性计算出的变形大于线性计算的变形。

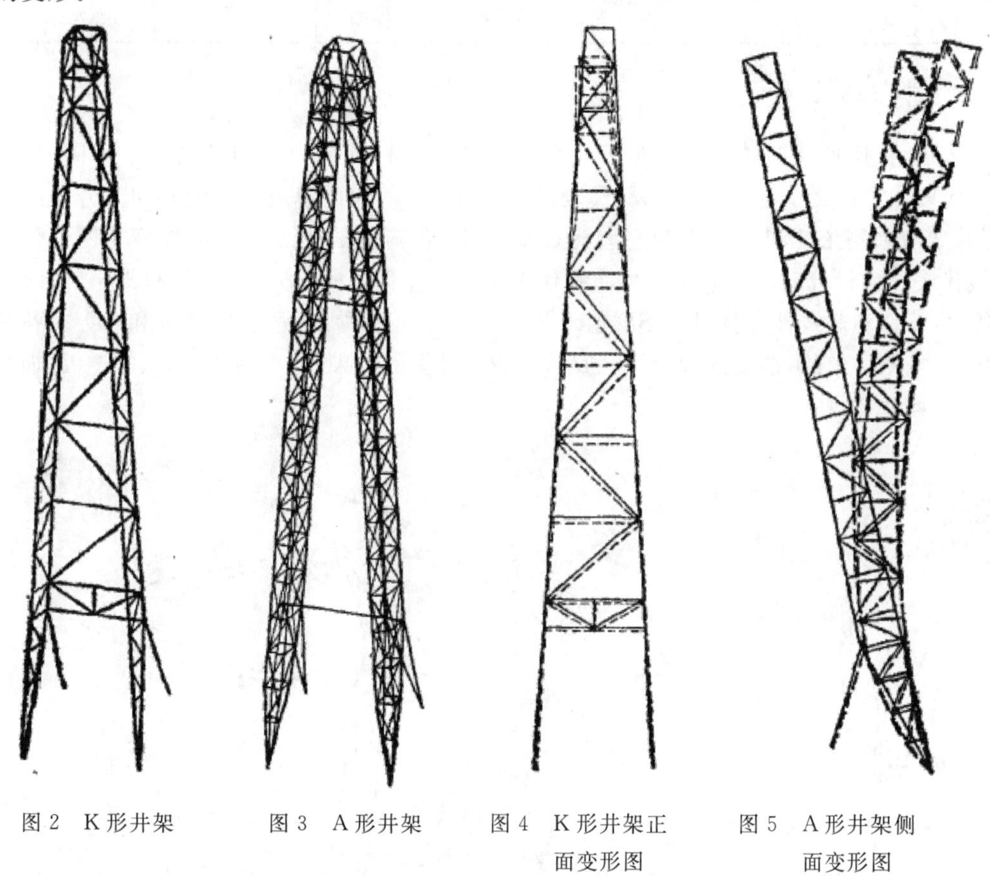

图2 K形井架　　图3 A形井架　　图4 K形井架正面变形图　　图5 A形井架侧面变形图

2.2 K形井架的杆端力

表2给出了K形井架右前侧弦杆最上部3根(9,17,27号)和最下部3根(157,165,173号)的左端点杆端力的值。从表中可以看出，杆件的3个力中，剪力 A_y 和 A_z 与轴向力 A_x 相比可以忽略，在3个力矩中，扭转力矩 M_x 和弯矩 M_y、M_z 相比也可以忽略，因而可以按拉弯组合进行应力分析。

表 2　K 形井架某些弦杆的杆端力

杆号	力/kN			力矩/(N·m)		
	A_x	A_y	A_z	M_x	M_y	M_z
9	875.29	5.580 1	−0.750 43	−3.165 8	749.80	576.88
17	946.28	0.718 11	1.260 1	19.451	41.511	−5 268.9
27	947.08	7.766 2	−0.736 87	−3.928 5	2 243.9	5 258.9
157	1 177.8	0.813 33	−0.069 480	−0.725 54	400.49	1 206.6
165	1 114.9	−7.241 4	−0.066 258	−0.144 12	293.93	−1 744.6
173	1 149.5	3.103 2	−0.062 002	−0.117 17	158.37	12 705.0

2.3　K 形井架的应力

表 3 给出了 K 形井架最上层和最下层各不同位置弦杆的应力值和各层的平均应力值。表中 *SS* 代表由轴向力引起的应力，*SD* 代表按拉弯组合计算出的总应力。图 6 和 7 分别给出了 K 形井架右前侧弦杆和 A 形井架左大腿右前侧弦杆的应力沿井架高度的 *H* 变化图。图中 1 号曲线代表线性计算时的 *SS* 值，6 号曲线代表非线性计算时的 *SS* 值，11 号和 16 号曲线分别代表线性计算和非线性计算时的 *SD* 值。从表和图中可以看出，每层中，*SS* 和 *SD* 在各弦杆间的分布是不均匀的，前侧的大，后侧的小，非线性计算的结果，是小的变小，大的增大，加剧了不均匀的程度。

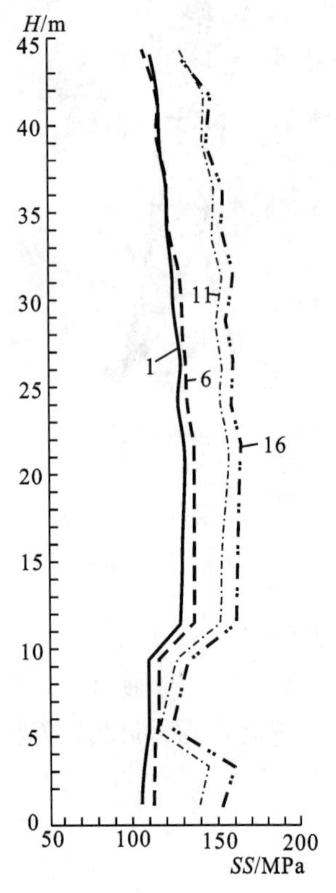

图 6　K 形井架右前侧弦杆应力图

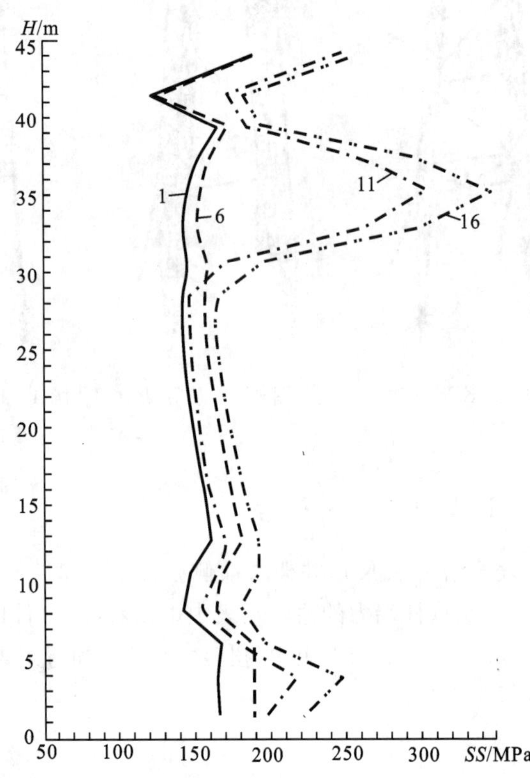

图 7　A 形井架左大腿右前侧弦杆应力图

表 3　K 形井架上下两层的应力值

层号	位置＼弦杆	线性计算值/MPa					非线性计算值/MPa				
		右前	左前	左后	右后	平均	右前	左前	左后	右后	平均
1	*SS*	102.00	101.84	97.02	98.44	99.83	102.01	102.04	96.11	97.43	99.40
	SD	124.16	123.21	132.48	136.78	129.16	121.94	121.39	130.67	134.55	127.14
19	*SS*	105.36	104.89	48.97	48.65	76.97	114.22	113.80	42.85	42.29	78.29
	SD	140.03	139.18	83.87	83.84	111.73	154.71	153.89	84.17	83.94	119.18

3　结　　论

经过对算例进行的分析和验证可以看出，所编的非线性分析程序是可靠的，完全可以用于井架的非线性计算。

(1) 井架的主要变形为侧面变形，正面变形和扭转变形很小，非线性计算值比线性计算值要大。表 4 给出 2 个井架变形最大点的线性和非线性计算值以及非线性计算的增值（%）。

表 4　K 形和 A 形井架的最大位移值

节点号		变形方向	D_L/cm	D_{NL}/cm	增值/%
K	4	x	9.987 8	12.807	28.23
A	2	x	13.416 0	20.672	54.08

注：变形方向为结构坐标系下的方向。

(2) 井架同一层各弦杆的轴向力分布不均匀，前侧的大，后侧的小。表 5 给出两个井架某一层内 *SS* 的最大、最小值及其比值。从表中可以看出，线性计算时其不均匀程度已经很大，而非线性计算的结果表明了这种不均匀程度的加剧。

表 5　K 形和 A 形井架某层的 *SS* 值

层号		线性计算			非线性计算		
		SS_{min}/MPa	SS_{max}/MPa	$\frac{SS_{max}}{SS_{min}}$	SS_{min}/MPa	SS_{max}/MPa	$\frac{SS_{max}}{SS_{min}}$
K	19	48.65	115.36	2.166	42.27	114.22	2.701
A	17	37.78	112.92	2.989	22.98	133.96	5.829

(3) 井架的弯曲应力不可忽略。表 6 给出了 K 形和 A 形井架某弦杆的 *SS* 和 *SD* 值及其几个比值。由此可以看出，对于 K 形井架的弦杆，弯曲应力（*SD*－*SS*），可达轴向力应力 *SS* 的 50%，对于 A 形井架可达 1 倍以上。因而弯曲应力是不可忽略的，在考虑井架的计算模型时，应选用空间钢架模型。

表 6　K 形和 A 形井架某弦杆的 *SS* 和 *SD* 值

杆号		*SS*/MPa	*SD*/MPa	*SD*－*SS*/MPa	*SD*/*SS*	(*SD*－*SS*)/SS
K	89	135.07	162.27	27.20	1.201	0.201 4
	37	88.18	132.82	44.64	1.506	0.506 2
A	54	152.96	344.48	191.52	2.252	1.252

(4) 从位移值、应力值和不均匀性看,A 形井架均大于 K 形井架。由此也说明,K 形井架的承载能力高于 A 形井架。

(本文作者:齐明侠　陈如恒)

参考文献

[1] 王惠德.岩油井架结构几何非线性优化设计.大庆石油学院学报,1985(4):24-30.

[2] 王惠德,等.空间刚架结构的几何非线分析.大庆石油学院学报,1986(3):43-55.

[3] 樊俊才.井架结构的有限元非线性分析.石油机械,1988(1):1-7.

第二卷
混沌、分形及应用

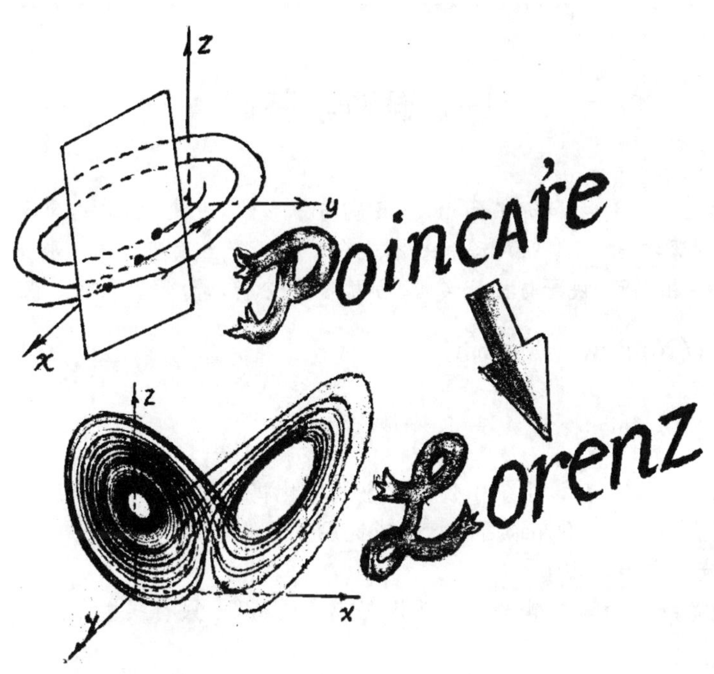

引　言

文集第二卷《混沌、分形及应用》是根据我对研究生该课的讲义和2002年对全校的科学报告讲稿汇编而成，目的是充当高校的一种提高教材和给石油工程、装备工作者自学扩充知识领域，《混沌分形学》是非线性动力学的一个分支，它针对自然界广泛存在的在宏观上是有序的确定的运动，但是在微观上却可能产生无序的随机的性态，形成对自然界的“混沌生宇宙”和人们认识上的“浑浑噩噩”。本文研究混沌的本质特性和人们如何控制其不利的一面应用其有利的一面。“分形”是相对“整形”而言的，众所周知自然界还存在一维、二维、三维的完整形态。却不知还存在大量断裂的不完整的物形，如海绵、雪花等，分形学是微分几何的发展分支，本文将扼要介绍分形的类型和“分维数”的计算确定。

一、混沌学基础

【摘要】 为了给本科生和研究生开授“混沌与分形学”讲座，本文作为学生预先自学的教材，以免在正式听课之前，在专业词语和基本概念等方面产生困难。本文将如下内容加以扼要介绍：非线性系统、相空间、映射与拓扑空间、动力系统、分析动力学的基准方程式、分岔理论等。

1　非线性系统(Nonlinear System)

1.1　概　　述

简单定义：线性系统，在该系统中初始状态的变化将导致后续状态成比例地变化；非线性系统，其初始状态的变化将不导致后续状态成比例变化的系统。

1. 线性系统的主要表现

(1) 把线性系统视为客观世界的正常状态或本质特征，只有线性系统才有普遍规律和建立一般原理。

(2) 线性系统力图以传统的教学工具来表述它的简单性和规律性，它认为非线性是线性的一个例外病态，难于处理只好将非线性简化为线性，以便达到清除非线性的目标。

(3) 线性系统认为非线性只是线性的叠加或交错，没有什么间断、突变分岔，更没有混沌。

2. 非线性系统的主要表现

自20世纪中叶由于现代系统科学(包括系统论、控制论、信息论)开始接触非线性的复杂问题，到20世纪六七十年代产生了新三论(耗散结构论、协同论和突变论)和混沌学以来，掀起一股强劲的非线性风暴，其主要表现为

(1) 非线性是客观世界普遍存在的常规现象，相反线性则是极为罕见的，为了处理非线性的复杂问题而将其局部简化为线性。线性只是在学术上为了与非线性对应而存在。

（2）非线性不是支离末节，而是具有普遍规律和本质特征的，只有非线性科学才能揭示出客观世界的多样性、复杂性、丰富性和奇异性。

（3）线性系统是平庸的、机械的自然观，返璞归真，非线性系统是深刻的、辩证的自然观。例如经济学、社会学和自然科学中的非线性原理与应用、非线性振动学、混沌与分形学等无一不以非线性理论为依据论证其深奥的原理。

自然界的非线性现象到处可见，比如：水的相变（固↔液↔气），滑动轴承油膜的振荡，机床和车辆的爬行和颤振，物理学的激光、超导体行为，热力学的对流，流体力学的湍流，生物的演化和冬眠，医学的精神病、癫痫病和癌症演变规律，金融风暴、股市涨落等，它们的复杂规律直到现在尚未被科学破解。

1.2　非线性振动（Nonlinear Vibration）

（1）对于线性振动，其阻尼力和恢复力等函数都被假设为线性特性，因而其运动微分方程可以直接积分求解，但是实际的阻尼力和恢复力都是非线性函数（如流体阻尼、结构阻尼、干摩擦阻尼，又如钢弦、弹簧、单摆等恢复力），由它们构成的运动微分方程都是非线性的，这些方程很难求得精确解，只能靠计算机用迭代法、摄动法或 KBM 法求近似解。

（2）非线性振动方程的典型形式。

$\ddot{x}=f(x,\dot{x})$，非小参数自治系统。

$\ddot{x}=\varepsilon f(x,\dot{x},\varepsilon)$，$0<\varepsilon\ll 1$，小参数自治系统。

$\ddot{x}=\varepsilon f(x,\dot{x},t)$，小参数非自治系统。

$\ddot{x}+p^2x=f(x,\dot{x},t)$，非小参数非自治系统。

特殊形式的非线性微分方程。

杜芬方程（Duffing Equation）：

$\ddot{x}+\alpha\dot{x}-\beta x+\varepsilon x^2=0$，次谐波振动。

范德波方程（Vanderpol Equation）：

$\ddot{x}+\varepsilon(x^2-1)\dot{x}+p^2x=0$，自激振动。

马奇厄方程（Mathieu Equation）：

$\ddot{x}+p^2(\delta+2\varepsilon\cos 2t)x=0$，参数振动。

1.3　非线性振动的内禀特性

（1）线性振动的叠加原理不再适用。

（2）响应波形畸变（拐弯、跳跃、滞后）。

（3）多个平衡位置（稳定的、不稳定的）。

（4）无等时性（固有频率与振幅有关联）。

（5）自激振动（无外界激励产生极限环的周期振动）。

（6）多值性（一个频率对应多个振幅，出现分岔和混沌）。

（7）倍频和分频（超谐波和次谐波）。

2　相　空　间（Phase Space）

相空间又称状态空间（State Space），它是用几何直观的方法来描述动力系统运动性态的一个假想空间。

牛顿第二定律：　　$\ddot{x}=\dfrac{F}{m}$

式中　$\ddot{x}$——粒子加速度；

m——粒子质量；

F——外力合力。

对于一自由度自由系统振动：　　$F=-c\dot{x}-kx$

一自由度迫振系统振动：　　$F=-c\dot{x}-kx+F_1\cos\omega t$

$\ddot{x}=f(x,\dot{x})$，自治动力系统。

$\ddot{x}=f(x,\dot{x},t)$，非自治动力系统。

$x,\dot{x}$称为状态变量。

将二维系统化为一维系统，令：　　$y=\dot{x}$

状态方程：　　$\dot{x}=y$

$\dot{y}=f(x,y)=f(x,\dot{x})$

以数集$\{x_i,\dot{x}_i\mid i=1,2,\cdots,N\}$构成$N$维欧几里得相空间，图1-1为二维相平面。

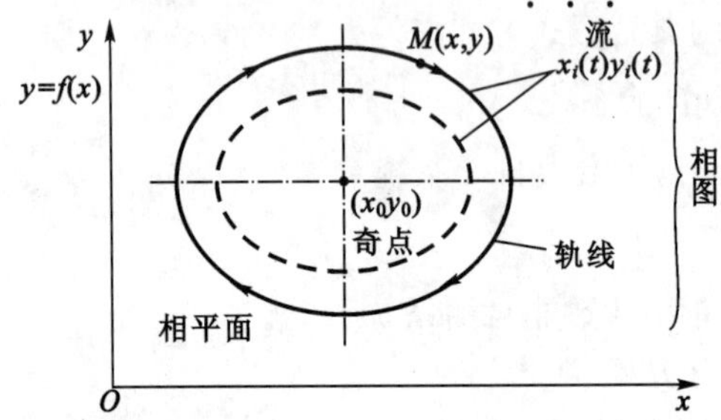

图1-1　相平面、相图

在相平面(Oxy)上，相点$M(x,y)$代表动力系统瞬时状态，原点(x_0,y_0)为静止平衡点——奇点。

$x(t),y(t)$为在全部运动时间$t(-\alpha,\alpha)$内方程解曲线，称为相轨线。

$x_i(t),y_i(t)$为流至多个相轨线的一组相轨线族，称为流。流与相平面合称相图。

轨线上用箭头标明t的方向。

没有轨线通过奇点，通过相点只能有一条轨线即轨线不能相交。

相空间例题：旋转摆如图1-2所示，$i=1$，摆角θ，在小摆角$\theta\ll1$的条件下，自由振动方程

$$\ddot{\theta}+\theta=0$$

解曲线　$\theta(t)=A\cos t,\dot{\theta}(t)=-A\sin t$。

$\theta^2+\dot{\theta}^2=A^2$，解曲线在相平面上轨线为一圆，半径$A$为摆杆长，为周期振动。

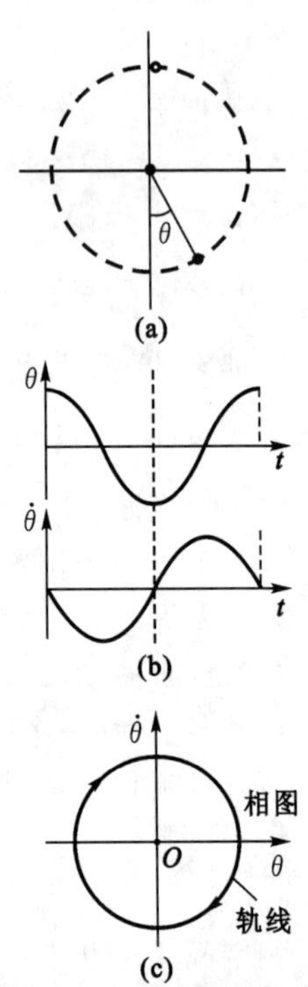

图1-2　旋转摆

当给摆以任意大的总能量$E=T+V$（动能+势能），摆有任意

大的摆角。

保守系统的哈密顿函数 $H=E=\frac{1}{2}\dot{\theta}^2+1-\cos\theta$

$$\dot{\theta}=\pm\sqrt{2(E-1+\cos\theta)}$$

在相平面$(\theta,\dot{\theta})$上，流如图 1-3 所示的解曲线总体，相图 $E_1<E_2<E_3$。

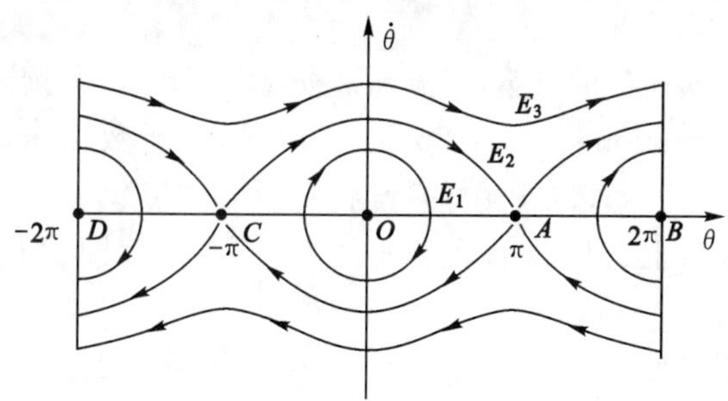

图 1-3　旋转摆的相图

E_1—小幅周期振动；E_2—任意幅周期振动，以上死点为极限；E_3—振子跨越上死点，旋转运动

图 1-3 中，轨线 E_1 为小摆角，E_2 为任意摆角，接近上死点仍为周期振动，E_3 为 $\theta\geqslant\pi$，摆锤超越上死点做旋转运动。

在横轴上，点 O、B、D，$\theta=0,\pm2\pi,\cdots$称为孤立中心点，为稳定平衡点（下死点）；点 A、C，$\theta=\pm\pi,\pm3\pi,\cdots$称鞍点（双曲点）为不稳定平衡点（上死点）。从一个鞍点到另一个鞍点的轨线称为异宿轨线。此外奇点还有焦点和线点，共四种类型。

3　映射与拓扑空间

映射（Mapping）：映射是一个比较抽象的关于集合对应的规则，让我们从已熟悉的函数概念引出映射。

函数包括实函数、虚函数和泛函数等，在实函数中有：

线性函数：$y=ax+b$，见图 1-4(a)。

非线性函数：$y=ax^2+bx+c$，见图 1-4(b)。

在图 1-4 中若给定一实数值 x_0，对应此值就可以给定另一实数值 y_0，若以 R 表示全体实数(x,y)的一个集合，则函数可定义为：使集合 R 中的一点 x 与另一点 y 相对应的规则（关系）。

将函数的概念扩展为映射，见图 1-5。

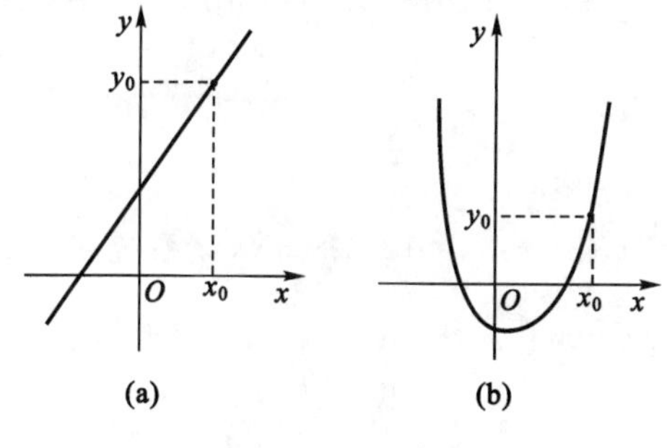

图 1-4　两种函数

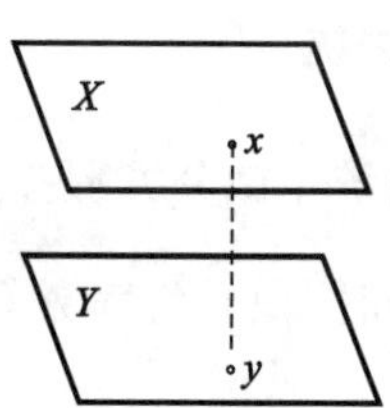

图 1-5　映射 $f:x\rightarrow y$

设 X 和 Y 是两个集合，若给予一个规则，使 X 中的每一个元素 x 都有唯一的 Y 的元素与

之对应,则把这种规则叫做 X 到 Y 映射(也叫变换),$f:X\rightarrow Y$。

映射是其变量仅通过时间的离散值来定义的动力系统,它经常用一组差分方程来控制,如 $x_{n+1}=1-\mu x_n^2$,x 为状态变量,μ 为控制参数。

流(Flow):前面提到的流,其所有变量都是由随时间连续变化的值来定义的动力系统,流经常由一组微分方程来控制,如 $\dot{x}_i=f_i(x_i,\dot{x}_i)$,如特殊用途的非线性微分方程——杜芬方程等。

由之可见:映射为一次迭代的点集,而流则是按规定次数迭代的点集。

映射、变换(Transformation)、对应(Correspondence)、函数(Function)、算子(Operator)等为用于不同学科的同义词,函数是映射的特例。

自映射:在同一个集合上(如在平面上),每一个点或每一个图形平移或旋转的变化记作

$$f:A\rightarrow A$$

同胚映射(等价映射):设 A 和 B 是拓扑空间,A 和 B 同胚是指把 A 映射到 B 上的一对一的连续开射,记作 $A\simeq B$,也叫拓扑映射。

流形(Manifold):流形 M 是一种映射,是从 l 维子空间向 n 维子空间($n<l$)的降维映射。

一个点、曲线、曲面或一个体积在多维空间的推广,称为 n 维流形 M^n(或曲空间),例如,曲面—二维流形—二维拓扑空间,球体—三维流形—三维拓扑空间,n 维拓扑空间—拓扑子。

拓扑(Topology)与拓扑空间:在任意集合中,一般没有度量的概念,为了研究其连续性和收敛性,引进了拓扑结构,构成拓扑空间,它是度量空间的推广和抽象。

设 X 是非空集(多为开集),J 是 X 的子集族,如果 J 满足下列条件:

(1) X 与空集 Φ 属于 J。

(2) J 的任意两个元素的交属于 J。

(3) J 的任意多个元素的并属于 J。

则称为 J 为 X 的拓扑。

集合 X 与它的拓扑 J 构成的有序对$\{X,J\}$称为拓扑空间。

4 动力系统

一个给定的动力系统是在给定的相空间中的定义域内,对其所有点随时间变化所流过轨线总体行为的描述,它的数学描述:M 是一个任意集合(为相空间$\{x,\dot{x}\}$),G 是 M 上点的连续映射的集合(如轨线族),二元组$\{M,G\}$称为动力系统(拓扑动力系统)。

动力系统研究的对象是运动,刻画各种运动在不同条件下的极限状态、稳定性和复杂性。

动力系统可按两方面来分类:一方面连续系统和离散系统;另一方面保守系统和耗散系统。

4.1 连续系统

连续动力系统用微分方程描述,$\dot{x}_i=f_i(x_i)$,$\ddot{x}_i=f_i(x,\dot{x})$,$i=1,2,\cdots,N$,该系统在 N 维相空间内,相空间体积变化率 $\Lambda_i(x)=\mathrm{div}f_i=\dfrac{\partial f_i}{\partial x_i}$,$i=1,\cdots,N$。

4.2 离散动力系统

在相空间中引进一个截面——庞加莱截面(Poincare Section),连续系统的轨线族与此截

面相交得到一系列交点，这样物理量的变化是不连续的，问题转化为处理一个离散系统，它由差分方程组来描述，$x_{m+1}=f_i(x_n)$，$i=1,2,\cdots,N$，或自映射：$f:x_n\rightarrow x_{n+1}$。

4.3　耗散动力系统

动力系统的总能量随时间不断向界外输出，相空间不断收缩，称为耗散系统或收缩映射，即 n 维相空间的轨线都要收缩到 k 维空间上（$k<n$），可有的收缩到不动点 $k=0$，有的收缩到极限环 $k=1$，有的收缩到 $k=2,3,\cdots$的环面上，我们称耗散系统这种长期性态使相空间趋向于有限区域的"吸引子"。

耗散系统普遍都有混沌。

4.4　保守动力系统

动力系统的相空间体积随时间不增不减称为体积保守，系统总能量随时间保持恒值者称为能量守恒，既能量守恒又体积保守的系统称为"哈密顿系统"或保守系统，即体积映射。

耗散动力系统和保守动力系统的相体积变化率

$$\Lambda(x)=\ln\left|\det\left(\frac{\mathrm{d}f_i}{\mathrm{d}x_j}\right)\right| \qquad i,j=1,2,\cdots,N$$

对于耗散系统，$\Lambda(x)<0$，对于保守系统，$\Lambda(x)\equiv 0$。

哈密顿系统又可分为两种：可积的（完全可积的）和不可积的，设系统有 N 个独立的方程，每个方程只包含一个自由度，$N=1$ 称为可积的系统（如周期概周期运动），$N\geqslant 2$ 称为不可积的系统，它占大多数。

可积的哈密顿系统当引入不可积的干扰条件时形成近可积系统。

各种系统运动的终极是稳定的（无混沌）或是不稳定的（有混沌），详见 KAM 定理的论述。

5　分析动力学与基准方程（Analytical mechanics & Standard equations）

5.1　概　　述

1778 年，拉格朗日（Lagrange）提出拉格朗日方程。1834 年，哈密顿（Hamilton）提出哈密顿方程，虽然相隔半个世纪，但两个方程是等价的，是对牛顿力学的改进，以两方程为主构成分析动力学。经典力学包括牛顿力学和分析力学，现代力学包括分析力学、相对论力学和量子力学。牛顿力学以其三大定律为理论基础，并以正交基笛卡尔坐标 $x_1,\cdots,x_s$ 和几何矢量来表述，而分析力学则以能量函数及变分原理为理论基础，并以广义坐标 p_k,q_k 和广义力 Q_k 及相空间$\{p_k,q_k;t\}$来表述，它几乎不用几何图形，更不用矢量（所有参数全是标量），它追求坐标数量最少、方程数量最少，偏微分方程都有积分解，两方程广泛应用于保守动力系统和耗散动力系统。

为了便于理解而将两方程与牛顿方程相对应，现将牛顿方程的参数回忆如下：

位形参数 $x_i(i=1,2,\cdots,s)$，线速度$\dot{x}=\dfrac{\mathrm{d}x}{\mathrm{d}t}$，线加速度$\ddot{x}=\dfrac{\mathrm{d}\dot{x}}{\mathrm{d}t}$，作用力 $F=m\ddot{x}$，动量$m\dot{x}$，动能 $T=\dfrac{1}{2}m\dot{x}^2$，势能 $V=\dfrac{1}{2}kx^2$，势力 kx，k 为刚度系数，阻尼力 $c\dot{x}$，c 为粘滞阻尼系数。

5.2　广义坐标与广义力

引用广义坐标的目的是将系统动力方程和约束方程的数目减至尽可能得少，便于求解。

动能 $$T=\frac{1}{2}\sum_{k=1}^{s}A_k\dot{q}_k{}^2$$

势能 $$V=\frac{1}{2}\sum_{k=1}^{s}K_kq_k^2$$

瑞利耗散函数 $$D=\frac{1}{2}\sum_{k=1}^{s}C_k\dot{q}_k{}^2$$

式中 q_k——广义坐标，它是描画动力系统位形的最少的独立变量，坐标数量 $k=1,2,\cdots,s$，不分线坐标或角坐标；

$\dot{q}_k$——广义速度；

$\ddot{q}_k$——广义加速度；

$p_k=m\dot{q}_k$——广义动量；

$p_k=m\ddot{q}_k$——广义惯性力；

A_k——惯性系数(广义坐标下的质量)；

K_k——广义坐标下的刚度系数；

C_k——广义坐标下的粘滞阻尼系数；

D——耗散系统在一定时间内耗散掉的机械能(耗散功率) $\sum\limits_{k=1}^{s}C_k\dot{q}_k{}^2$ 的$\frac{1}{2}$。

拉格朗日函数 $L=L(q_k,\dot{q}_k;t)=T-V$，拉氏函数 L 描绘在 $2s+1(q_k,\dot{q}_k;t)$ 相空间中的代表点 $L(q_k,\dot{q}_k)$ 的运动在 t 时(定向)的轨线族。

哈密顿函数 $H=H(q_k,p_k;t)=T+V$，哈氏函数 H 描绘在 $2s+1(q_k,p_k;t)$ 相空间中的代表点 $H(q_k,p_k)$ 的运动在 t 方向的轨线族，它示出在动力系统内机械能 H 守恒，T 和 V 两者之间可以交换但总能量 H 不变。

$$Q_k=\frac{\delta w_k}{\delta q_k}$$

式中 Q_k——广义力，广义力 $Q_1,\cdots,Q_s$ 与广义坐标 $q_1,\cdots,q_s$ 一一对应；

δw_k——系统总虚功；

δ——变分符号；

或 $Q_k=-\frac{\partial V}{\partial q_k}$，在同一水平面上运动无势能改变时的关系式。

5.3 拉格朗日方程

基准方程 $\frac{\mathrm{d}}{\mathrm{d}t}\frac{\partial L}{\partial \dot{q}_k}-\frac{\partial L}{\partial q_k}=0,k=1,2,\cdots,s$。

它是 s 个二阶力平衡型偏微分方程，它适用于保守系统。

拉氏方程有下列变型：

$$\frac{\mathrm{d}}{\mathrm{d}t}\frac{\partial T}{\partial \dot{q}_k}-\frac{\partial T}{\partial q_k}=-\frac{\partial V}{\partial q_k}$$

它由 $L=T-V,\frac{\partial V}{\partial \dot{q}_k}=0$ 代入基准方程得出，仍旧应用于保守系统，在势力场中运动。

$\frac{\mathrm{d}}{\mathrm{d}t}\frac{\partial T}{\partial \dot{q}_k}-\frac{\partial T}{\partial q_k}=Q_k$，$Q_k$ 为任意广义力，它适用于非保守系统，上式逐项变换

$$\frac{\partial T}{\partial \dot{q}_k}=m\dot{q}_k=p_k,\frac{\mathrm{d}}{\mathrm{d}t}\frac{\partial T}{\partial \dot{q}_k}=m\ddot{q}_k,\frac{\partial T}{\partial \dot{q}_k}=0$$

对应牛顿方程　　　　　　　　　$m\ddot{x}_i-0=F_i$

当 Q_k 为由额外广义力为 Q_k^* 和势力同时作用，以 $Q_k=Q_k^*-\frac{\partial V}{\partial q_k}$，拉氏基准方程变为

$$\frac{\mathrm{d}}{\mathrm{d}t}\frac{\partial T}{\partial \dot{q}_k}-\frac{\partial T}{\partial q_k}=Q_k^*-\frac{\partial V}{\partial q_k}$$

它适用于非保守系统，对应有

$$m\ddot{x}_i-0=F_i-Kx_i$$

$$\frac{\mathrm{d}}{\mathrm{d}t}\frac{\partial T}{\partial \dot{q}_k}-\frac{\partial T}{\partial q_k}=Q_k^*-\frac{\partial V}{\partial q_k}-\frac{\partial D}{\partial q_k}$$

它适用于耗散系统，对应有

$$m\ddot{x}_i-0=F_i-Kx_i-C\dot{x}_i$$

5.4　哈密顿正则方程

将拉氏二阶 s 个方程变化为一阶 $2s$ 个方程，更易积分求解

$$\left.\begin{aligned}\dot{q}_k&=\frac{\partial H}{\partial p_k}\\ \dot{p}_k&=-\frac{\partial H}{\partial q_k}\end{aligned}\right\}\quad k=1,\cdots,s$$

基准方程，为 $2s$ 个一阶速度型加力平衡型偏微分方程，q_k，p_k 为共轭参量，有 $\frac{\mathrm{d}H}{\mathrm{d}q_k}=\frac{\mathrm{d}H}{\mathrm{d}p_k}$ 和 $\dot{q}_k\mathrm{d}p_k=\dot{p}_k\mathrm{d}q_k$（可通过 H 函数微分方程证明），基准方程适用于保守系统。

基准哈氏方程对应为

$$\left.\begin{aligned}\dot{x}_i&=\frac{\mathrm{d}x_i}{\mathrm{d}t}\\ m\ddot{x}_i&=F_i\end{aligned}\right\}\quad i=1,\cdots,s$$

基准方程变型

$$\left.\begin{aligned}\dot{q}_k&=\frac{\partial H}{\partial p_k}\\ \dot{p}_k&=-\frac{\partial H}{\partial q_k}-\frac{\partial V}{\partial q_k}-\frac{\partial D}{\partial q_k}\end{aligned}\right\}\quad k=1,\cdots,s$$

它适用于耗散系统，对应有

$$\left.\begin{aligned}\dot{x}_i&=\frac{\mathrm{d}x_i}{\mathrm{d}t}\\ m\ddot{x}_i&=F_i-kx_i-c\dot{x}_i\end{aligned}\right\}\quad i=1,\cdots,s$$

6　分岔理论(Bifurcation Theory)

6.1　分岔的定义

分岔现象（或突变）在各个领域时有发生，如固体力学中的欧拉杆在轴向压力作用下的屈

服失稳，在流体力学中层流转捩为湍流，化合物的分解、动物的神经错乱、癫痫等。

分岔的基本概念：分岔是非线性系统的一种固有的特性，它泛指系统的原有的某种稳定状态，在其控制参数变化到某个临界值时，其相图发生拓扑结构失稳或突变而产生其他的稳定状态，经过多次分岔便产生混沌。分岔对跳跃、突变、混沌等复杂问题的研究起着桥梁作用，分岔、混沌及分形研究自然界的复杂问题提供了有效的途径。

6.2 相图中流的平衡态

在图 1-6 中示出系统在相图中运动的轨线——流的四种平衡态。① 奇点：孤立奇点，封闭曲心的中心点、静止点；② 鞍点：不稳定平衡点；③ 焦点（螺旋点）：稳定焦点（渐进平衡点）、不稳定焦点（远离平衡点）；④ 结点：稳定结点（渐进平衡点）、不稳定结点（远离平衡点）。

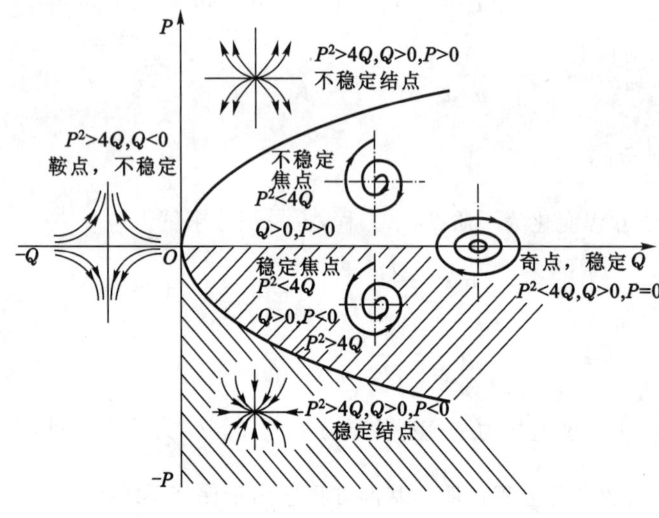

图 1-6 四种平衡态

6.3 分岔的类型

根据不同系统的微分方程和差分方程、相图和分岔后的平衡态不同，分岔可分为 5 类：

(1) 叉型分岔（对称鞍结点分岔）

典型的一维微分方程

$$\dot{x}=\mu x-x^3$$

差分方程

$$x_{n+1}=(\mu+1)x_n-x_n^3$$

式中 μ——控制参数（分岔参数）。

从图 1-7 的分岔图可见平衡点随 μ 变化的情况：

当 $\mu\leqslant 0$ 时，有唯一的平衡点 $x=0$，它是渐进稳定的；

当 $\mu\geqslant 0$ 时，有三个平衡点，其中 $x=0$ 是不稳定的（即分岔点——鞍结点），而 $x=\pm\sqrt{\mu}$ 是渐进稳定的。

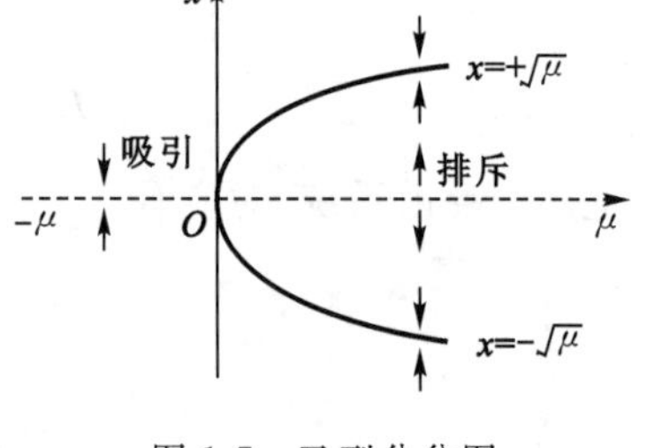

图 1-7 叉型分岔图

图中实线代表稳定平衡点，虚线代表不稳定平衡点，即当 μ 由负变正时原平衡点（$x=0$）由稳定变为不稳定，从而分岔出新的平衡点（$x=\pm\sqrt{\mu}$），显然当 $\mu\leqslant 0$ 和 $\mu>0$ 时系统有不同的拓扑结构，亦即系统在 $\mu=0$ 处发生了突然的质的变化，出现了平衡点的分岔——叉型分岔。

(2) 鞍-结点分岔(切分岔):见图 1-8。

系统的二维典型微分方程

$$\dot{x}=\mu+x^2$$
$$\dot{y}=\pm y$$

差分方程

$$x_{n+1}=\mu+x_n+x_n^2$$
$$y_{n+1}=\pm y_n$$

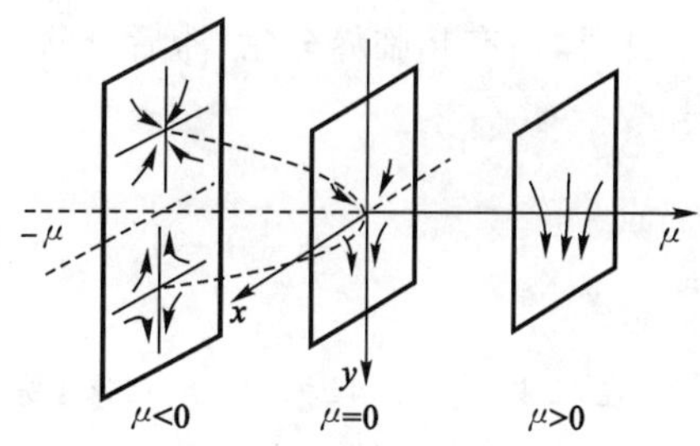

图 1-8 鞍-结点分岔 T

令上式的$\dot{x}=0,\dot{y}=0$,可得出平衡态

$$x=+\sqrt{-\mu},y=0$$

当$\mu<0$时,平衡态代表鞍点$x=+\sqrt{-\mu}$;当$\mu>0$时,无平衡态(全局失稳);点$(x=0,y=0,\mu=0)$为分岔点。

(3) 霍普分岔(Hopf Bif):见图 1-9。

二维典型微分方程

$$\dot{x}=-\gamma y+x[\mu-(x^2+y^2)]$$
$$\dot{y}=\gamma x+y[\mu-(x^2+y^2)]$$

差分方程

$$x_{n+1}=\gamma y_n$$
$$y_{n+1}=\mu\gamma y_n(1-x_n)$$

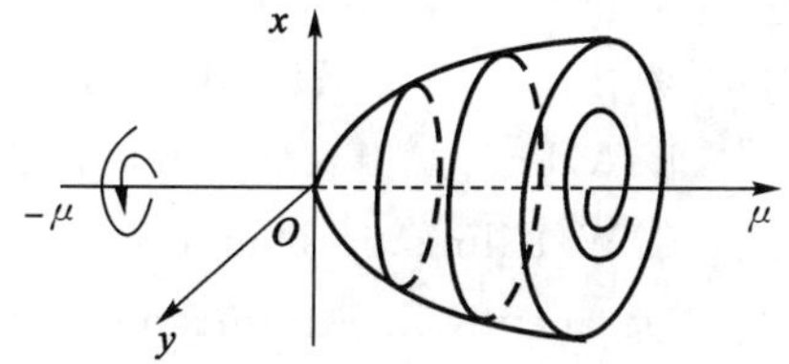

图 1-9 霍普分岔图

当系统分岔函数改变时,系统会出现系列周期态极限环。对于微分方程:

当$\mu\leqslant0$时,只有原点$(x=0,y=0,\mu=0)$是定态解(稳定);

当$\mu>0$时,原点失稳,为分岔点,生成极限环;

$x^2+y^2=\mu$,成为方程的稳定周期解。

对于差分方程,在$\mu=\gamma$处发生霍普分岔,霍普分岔至少在二维情况下才能发生。

(4) 倍周期分岔:见图 1-10、图 1-11。

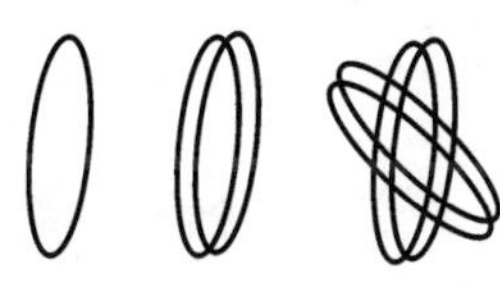
图 1-10 倍周期分岔产生的平衡态

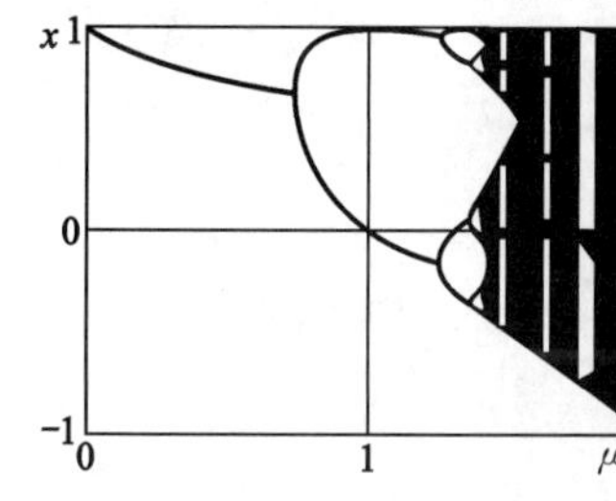

图 1-11

三维典型微分方程 R össler 方程

$$\dot{x}=-y-z$$
$$\dot{y}=x+0.2y$$
$$\dot{z}=0.2+xz-\mu z$$

当$\mu=2.6$时,一次霍普分岔,一个极限;当$\mu=3.5$时,二次霍普分岔,两个极限;当$\mu=4.1$时,三次霍普分岔,四个极限。

一维逻辑斯蒂差分方程(Logistic Eq.):$x_{n+1}=1-\mu x_n^2$,它具有逐次分岔、拓扑出无限次自相似结构(叉型分岔),称为“宏观量子化”,系统具有储存信息的“记忆”本领。

此外，尚有超临界分岔、滞后分岔、同宿或异宿分岔等，不再细述。

参考文献

[1] 庄振中，等. 工程振动学. 北京：高等教育出版社，1989.

[2] 凌复华. 非线性动力学系统的数值研究. 上海：上海交通大学出版社，1989.

[3] 陈予恕. 非线性动力学中的现代分析方法. 北京：科学出版社，1992.

[4] 陈予恕. 非线性振动系统的分差和混沌理论. 北京：高等教育出版社，1993.

[5] 王海潮. 非线性振动. 北京：高等教育出版社，1998.

[6] 王彬. 振动分析及应用. 北京：海潮出版社，1992.

[7] [美]W・T・汤姆森. 振动学理论及应用. 北京：世界图书出版公司，1994.

[8] [美]S・铁摩辛柯，O・H・梅. 高等动力学. 北京：科学出版社，1962.

[9] [苏]L. D Landau，E. M Lifshitz：mechanics 3rd Ed 1976 Pergamon Press.

[10] L. A. Pars：A Treatise on Analytical Oynamics 1965 Heinemann.

[11] C. W. Kilmister：Hamiltonian Dyxamics 1964 Longmans.

[12] Devaney R L. An introduction to Chaotic Dynamical System. 卢侃，等译. 混沌动力学. 上海：上海翻译出版社，1990.

[13] 沈小峰. 自组织的哲学. 北京：中央党校出版社，1993.

二、混沌概论

【摘要】 混沌是自然界普遍存在的现象，它是一种极其复杂的运动形态，它本质上和宏观上是确定的，但微观上却有内在随机性，其特性是非线性的，深层次有序的和不可预测的。19世纪末，混沌学著名学者庞加莱和洛伦兹的重要研究成果是对牛顿力学的重大突破，是物理力学发展史上的第三个里程碑。

1　概　　述

什么是混沌？让我们先从词义上理解，然后再从科学概念上逐次剖开。

1.1　古代神秘主义自然观

我国易经："元气未分，混沌为一"，"万物相混"，"中央之帝为混沌"。

老子："渺渺蒙蒙，不分上下，昏昏沉沉，不辨内外"。

明朝王廷相："太极乃天地未判之前、太始清虚之气"。

"混沌初开"，"混沌生宇宙"，从上述可见我国古人认为：宇宙元始浑然一体，又可能走向分化。

西方的混沌概念最早起源于古希腊，"世界是演化而来的，世界产生之前的原始状态为混沌 Xoas"。恩格斯在《自然辩证法》中说"在希腊哲学家看来，世界是从某种混沌中产生出来的东西，是某种发展起来的东西，是某种逐渐形成的东西"。

《牛津大字典》对混沌一词的解释为"The state when earth was first separated from heaven"，"The primeval state of the universe according in folklore"。

我国《辞海》解释："混沌又称为浑沌或浑敦，混沌相连，视之不见，听之不闻。"

1.2　人类的思维方式和艺术表现形式

我国庄子："窃窃冥冥，昏昏默默"，即人的思维浑浑噩噩、不开窍、未开化、糊涂愚昧、无知无识。

文学艺术方面追求朦胧、模糊，超现实先锋派、抽象派，反对逻辑、清晰、写实。

1.3　用现代科学语言来解释

混沌是一种极其复杂的运动形式，无论是耗散动力系统或是保守的哈密顿系统都会产生混沌，确定性运动(如不动点、周期点和概周期点)在一定的初始条件下，经过不同的分岔和时间演化而生成混沌，它本质上和宏观上是确定性的，但在微观上却自然地产生内部随机性，它貌似混乱无序，实是具有更高层次的有序性(如有自相似结构，有奇怪吸引子，有正的里氏指数 σ 等)，它具有长期不可预测性。详见下文各段。

2　确定性与随机性的对立统一(deterministivity & stochastibility)

2.1　基 本 概 念

从科学发展史来纵观,自然科学可概分为两大体系,确定论和随机论(或概率论 Probability),从牛顿到爱因斯坦,所刻画的都是完全的确定性的科学世界图景,世界的一切运动演化都遵循确定性规律,存在唯一性,即确定性方程式必然有唯一解,过去、现在和未来存在“一对一”的因果关系,如牛顿三定律、经典力学、拉普拉斯的《决定论》。

高斯和麦克斯韦创立的《随机论》和海森堡的量子力学及《不确定性原理》表明,随机性是存在于宇宙结构中的基本要素,刻画世界图景必须考虑随机性,随机论认为自然界运动多数为无序的,存在着“多对一”因果关系,如非线性物理、热力学第二定律、统计物理学。

2.2　两论的对立统一

长期以来,两论界限分明、互不妥协,各有各自的应用范围。确定论认为随机论是认识错误、无知,把随机论逐出科学园地,甚至把混沌说成怪胎,排出宇宙之外。

下面列出两论和与两论相关联的特性的对应统一关系:

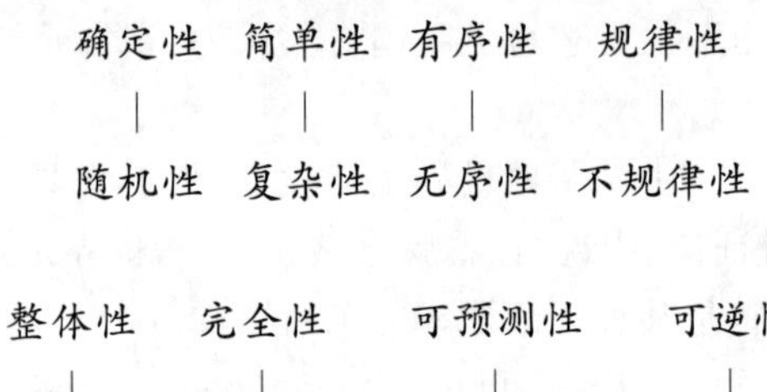

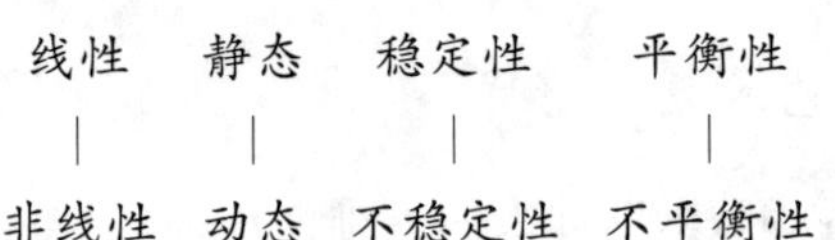

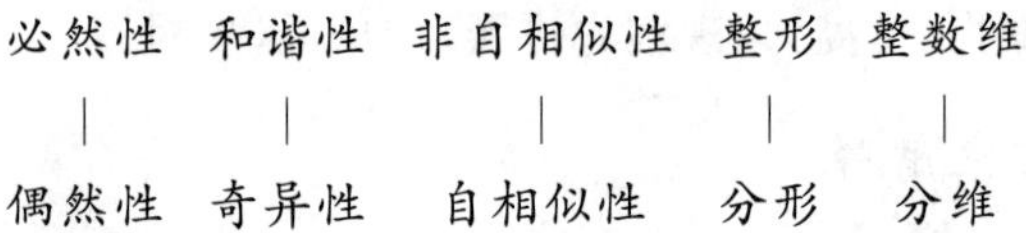

上述两论的对立由于混沌的发现接近了统一的关系:

(1) 确定性的混沌存在内在随机性。

(2) 无序的混沌中含有更高层次的有序性。

(3) 奇怪吸引子本身是结构稳定的,其上的轨道是极不稳定的。

可见,混沌为对立的二论搭建了可能统一的桥梁,二论的统一为推动力学、自然科学和工程技术将起到深远的影响。

3　逻辑斯蒂方程——最简单的典型的混沌模型

3.1　逻辑斯蒂方程(Logistic Equation)

1976年[澳]梅 R. May 在他所著的《具有复杂动力学过程的简单教学模型》中提出逻辑斯蒂方程，它是耗散系统非线性一维抛物线映射。

差分方程

$$x_{n+1}=1-\mu x_n^2$$

式中　x_n, x_{n+1}——状态变量，离散时间 $n=1,2,\cdots,\infty$；

μ——控制参数(或称分岔参数)。

为使映射为自映射 $f_u: A \rightarrow A$；

取边界条件：$x_n \in [-1,1]$，为闭集。

$\mu \in [0,2]$，为开集。

3.2　倍周期分岔

映射的行为取决于 μ 值，当 μ 从 0 变化到 2 的过程中，x_n 会以各种方式经历一系列周期分岔最后进入混沌状态，用计算机迭代作图，扫过 μ 的全范围，横坐标 μ 取 960 个点，纵坐标 x_n 取 400 个点，共 38 400 个点，得分岔图如图 2-1(a)所示。

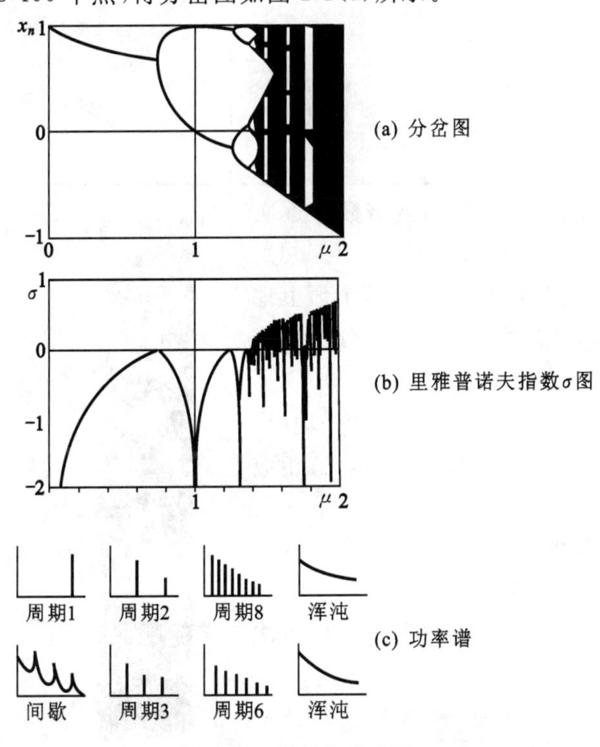

图 2-1　倍周期分岔图

从图 2-1(a)中可见：白色区为周期解，黑色区为混沌解，方程 $f(\mu, x_n)$ 的解示于表 2-1 中。

表 2-1

P	P-1	P-2	P-4				P-3	P-5	P-6	P-7
μ	$0<\mu<\frac{3}{4}$	$\frac{3}{4}<\mu<\frac{5}{4}$	$\frac{5}{4}<\mu<\frac{11}{8}$	$\mu=\frac{7}{5}$	$\frac{7}{5}<\mu<\frac{20}{13}$	$\frac{20}{13}<\mu<2$	$\frac{7}{4}<\mu<\frac{16}{9}$	$\mu=1.62$	$\mu=1.47$	$\mu=1.57$
x_n 振动波形								同左	同左	同左
特性说明	不动点	周期运动，第一个倍周期分岔点 $\mu=\frac{3}{4}$	概周期运动，第二个倍周期分岔点 $\mu=\frac{5}{4}$，1.368 1 $\approx\frac{11}{8}$	触发混沌开始点在 $\mu=\frac{7}{5}$，在第∞个倍周期分岔点的后夹缝中 1.401 155 $\approx\frac{7}{5}$	阵发混沌周期与混沌运动相互嵌套交替 1.543 7$\approx\frac{20}{13}$	全局混沌区间有 6，7，5，3 等 4 个窗口，嵌套着 4 次二级倍周期分岔	周期 3 窗口，其中嵌套 3 支二级倍周期分岔（切分岔），重复 *P*-1、*P*-2、*P*-4 的运动，窗口最宽 *P*-1 的分岔点在 $\mu=1.768$，1.790 327 $\approx\frac{16}{9}$	周期 5 窗口，窗口中有 5 支二级倍周期分岔，窗口较宽可见	周期 6 窗口，窗口中有 6 支二级倍周期分岔，窗口较宽可见	周期 7 窗口，窗口中有 7 支二级倍周期分岔，窗口最窄，几乎不可见

倍周期分岔指运动按一定的整数倍数 n 逐次分岔，2^n，$n=1,2,3,\cdots,\infty$，P 表示周期(Period)，P-1为 x_n 一个值的不动点，P-2 为 x_n 在两个值上地来回跳动，称为周期 2，P-4 为 P-2 再一次分岔为概周期运动，继续 P-6，…，以至于无穷次分岔[周期揉系列(MISS 系列 P-124 67573 67574 6757)]，经过阵发混沌而进入全局混沌。图 2-1(c)示出相应的功率谱演化图。

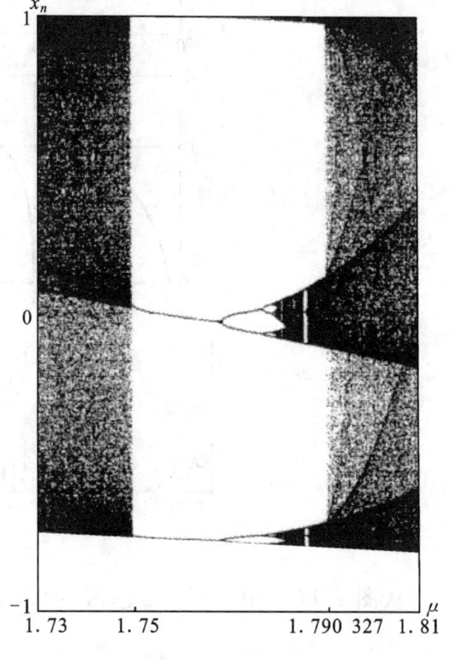

图 2-2　周期 3 窗口放大图

在混沌区中有最宽的周期 3 窗口，在窗中嵌套着 3 支二级倍周期分岔，如图 2-2 所示，二级分岔中重复 P-1，P-2，P-4，…的分岔行为，在其分岔中再次出现 P-3 窗口，在其中再再次出现自相似结构。

在一级分岔图 2-1(a)中在 P-3 窗口前后还依次有 P-6，P-7，P-5 较细的窗口。不尽江河终尽汇流入混沌海中。

一维逻辑斯蒂映射的无限分岔行为被称为“宏观量子化”，这种系统具有储存信息的“记忆”本领或“遗传”功能。

上述一维差分模型是最简单的，下文“6”将研究三维的连续微分模型，它将复杂得多。

3.3　通向混沌的4条道路

(1) Feigenbaum 倍周期分岔。

(2) Landau-Hopf 分岔，([“苏”]郎道-霍普)。

(3) Ruelle-Takans-New House RTN 三次分岔，(茹勒-塔肯斯-纽豪斯，固定点→极限图→二维环或三维环→混沌)。

(4) Pomean-Mannecille 阵发混沌(玻敏-曼乃塞勒)。

4　里雅普诺夫指数 σ 和费根巴姆普适常数 δ,α

4.1　里雅普诺夫指数 σ(Liapunov Index σ)

σ 是用来度量在 N 维映射中相邻轨道在不同方向上按分离因子 $e^{\sigma t}$ 分离(或收缩)速度的一个特征量，对应一维映射

$$x_{n+1}=1-\mu x_n$$

$$\sigma=\lim_{n\to\infty}\frac{1}{n}\sum_{i=0}^{n-1}\ln|f'(x_i)|$$

解上式，在 n 次迭代中平均每次迭代所引起的指数 σ 绘于图 2-1(b)中。

$\sigma<0$，表明轨道轨道收缩，运动在局部是稳定的，对应图 2-1(a)中的不动点、周期解和概周期解。

$\sigma>0$，表明轨道分离，每个局部都丧失稳定性，对应于混沌解，因此 σ 为正就可据之判定运动是混沌的。

$\sigma=0$，表明轨道距离不变。当 σ 曲线由负升至零再降至负，在 $\sigma=0$ 上有三个尖点对应三个分岔点，紧跟第三个尖点之后，$-\sigma\leftrightarrows\sigma=0\leftrightarrows+\sigma$，对应阵发混沌，$\sigma=-\infty$ 对应 P-2，P-4，P-8…上分支的切点。

一维映射只有一个 σ_1，对应 N 维映射 $\sigma_1>\sigma_2>\sigma_3>\cdots>\sigma_N$。

对于二维	$(\sigma_1,\sigma_2)=(-,-)$	不动点
	$(\sigma_1,\sigma_2)=(0,-)$	极限环
对于三维	$(\sigma_1,\sigma_2,\sigma_3)=(-,-,-)$	不动点
	$(\sigma_1,\sigma_2,\sigma_3)=(0,-,-)$	极限环
	$(\sigma_1,\sigma_2,\sigma_3)=(0,0,-)$	二维环面
	$(\sigma_1,\sigma_2,\sigma_3)=(+,+,0)$	不稳定极限环
	$(\sigma_1,\sigma_2,\sigma_3)=(+,0,0)$	不稳定二维环面
	$(\sigma_1,\sigma_2,\sigma_3)=(+,0,-)$	奇怪吸引子

里雅普诺夫指数 σ 与分维数 d 的关系：

关系式 $d=1-\frac{\sigma_1}{\sigma_2}$，为经验式，计算误差在 $\frac{1}{1\,000}$ 以内。

4.2 费根巴姆普适常数

1978 年[美]费根巴姆 M.J. Feigenbaum 研究发现,倍周期分岔通向混沌的普适常数 δ 和自相似结构及重整群观点,意义重大。

将图 2-3 的倍周期分岔图的上半支放大 α^n 倍,可得到与原图相似的新分岔图,它们组成层层嵌套的自相似结构,存在标度普适常数 δ

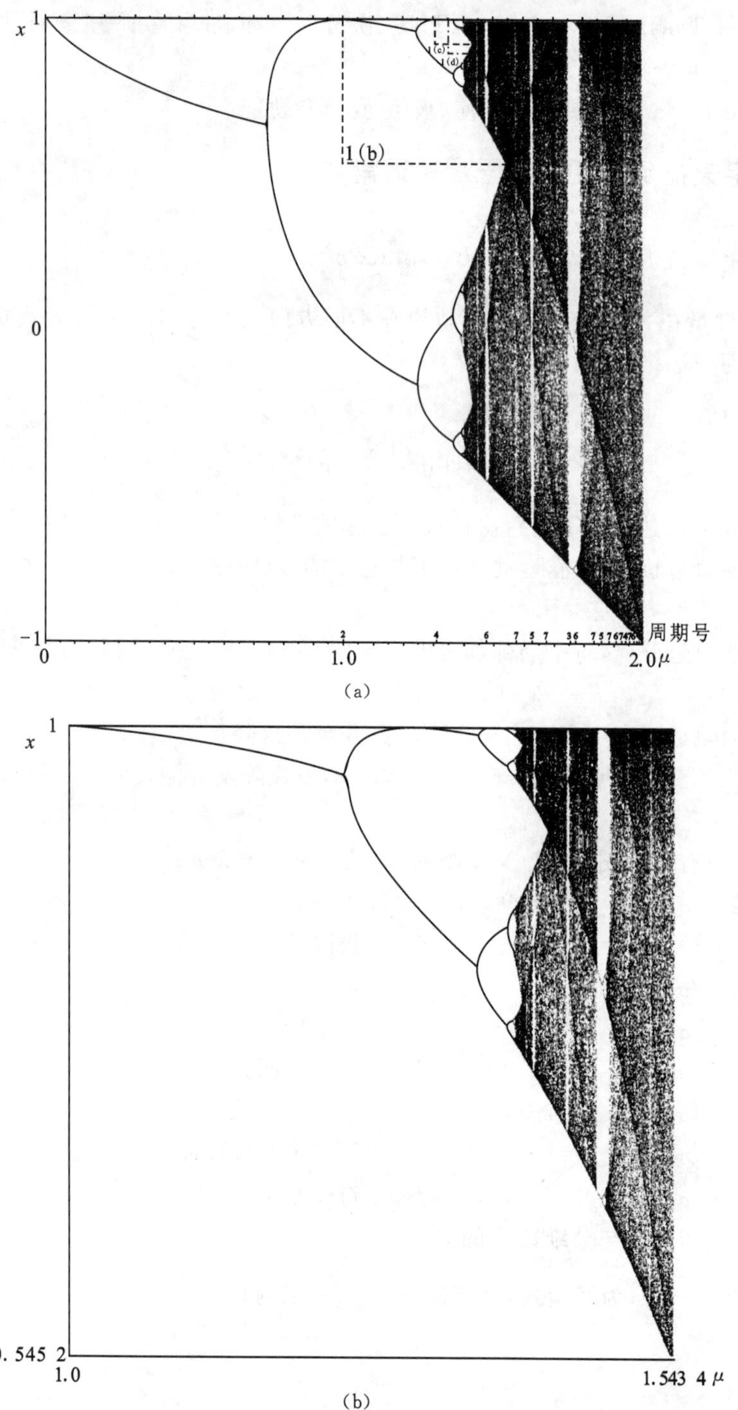

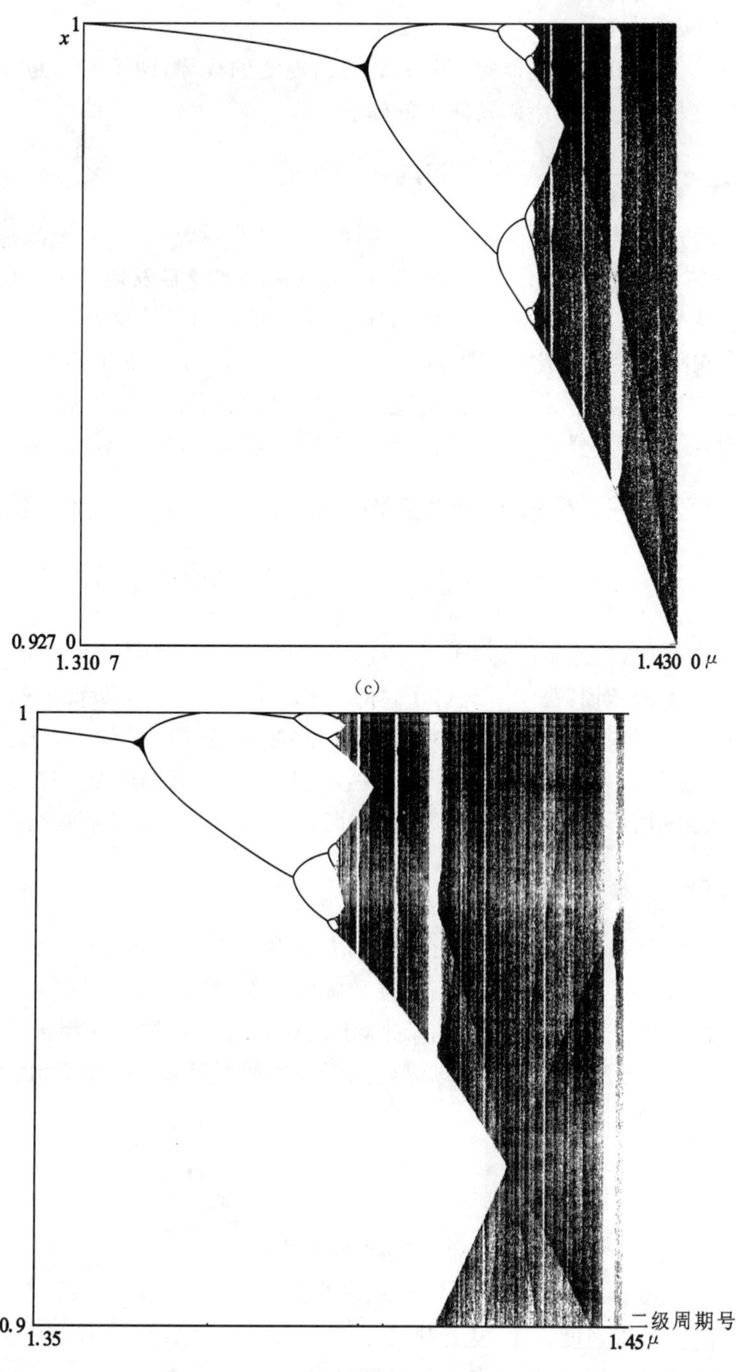

图 2-3　倍周期分岔图的自相似结构

$$\delta=\lim_{t\to\infty}\left[\frac{\mu_i-\mu_{i-1}}{\mu_{i+1}-\mu_i}\right]$$

δ 表示分岔序列收敛速度，分岔参数 μ 的间隔在迅速缩短，每个前一区间与后一区间之比为一常数，对于一维映射倍周期分岔

$\delta=4.669\ 201\ 609\ 102\ 990\ 607\ 185\ 320\ 38\cdots$

第二个普适常数 α 为周期解距离因子，对于一维映射倍周期分岔

$\alpha=2.502\ 907\ 875\ 095\ 892\ 822\ 283\ 902\ 87\cdots$

两个普适常数为一切倍周期分岔所共有的通向混沌的规律，两个常数也是混沌具有自相似性，具有记忆、遗传能力的生命蓬勃向上的标志。

5 混沌特性之一——确定性系统的内在随机性

(1) 混沌学研究深刻之处在于揭示出非线性的确定性系统，没有外部施加的随机激励作用，也没有随机的控制参数，初始条件也是确定的，但系统本身自发地产生出随机性。混沌集确定性与随机性为一体，它是宇宙中比单一的确定性或单一随机性现象更为普遍的现象。

(2) 混沌内在随机性具有比一般随机更为广泛的概念，随机性是系统演化的短期行为，无法确知，而混沌对其短期行为是可知的，混沌内在随机性在相图上具有无穷变幻的内部结构，鲜明的确定的自相似结构、分形结构和迷人的奇怪吸引子等，这些都不是普通随机性具备的。

6 混沌特性之二——对初值的敏感依赖性和长期的不可预测性，洛伦兹方程

6.1 概　　述

常言道："差之毫厘，失之千里"，"千里之堤，溃于蚁穴"，"一失足成千古恨"。

西方有一个古老的童谣：丢了一只钉子，坏了一只蹄铁；坏了一只蹄铁，折了一匹战马；折了一匹战马，伤了一个将军；伤了一个将军，输了一场战争；输了一场战争，亡了一个帝国。

20世纪初庞加莱在《科学与方法》中预言："没有被我们注意到的某一个非常小的原因，会确定出我们不可能视而不见的相当重要的结果，而我们却说这种结果是偶然引起的。"

6.2 洛伦兹方程

1963年，美国洛伦兹 E. N. Lorenz 在所著《决定性非周期流》中研究大气演化现象，建立了一个预测天气系统的模型，大气热对流三维常微分方程。他用计算机迭代求解，略去一些微小数值，竟得出了与原来预计大相径庭的结果，于是他认为长期的天气预报是不可能的，给出著名的"蝴蝶效应"：在巴西某地的一只蝴蝶偶然扇动翅膀所带来的微小气流，几个星期后可能变成北美某地的一场龙卷风。

洛伦兹方程：

$$\begin{cases}\dot{x}=\sigma(y-x)\\ \dot{y}=\rho x-xz-y\\ \dot{z}=xy-\beta z\end{cases}$$

上式中，变量 x 代表对流强度，y 代表上升气流与下降气流的温差，z 代表垂直方向温度分布的非线性度。控制参数 σ 为与介质有关的普朗特数，ρ 为瑞利数与其临界值之比，β 表征流场环流的形状。

取参数 $\sigma=10,\beta=\frac{8}{3},\rho\in(-\infty,28)$（暂定），从原点出发通过数值积分解出一条相轨道，它在两个圆盘之间来回盘旋，永不交割和重复。图 2-4(b)给出盘旋方向的示意图。注意，没画出的后续轨道与前边的轨道永不重复。图 2-4(a)所示在相空间中开启而斜立着的两个圆盘好像蝴蝶的双翼，展翅欲飞。

当固定 σ、β，只调整参数 ρ 时，出现复杂多变的运动过程：当 $\rho<1$ 时为无对流的动态。

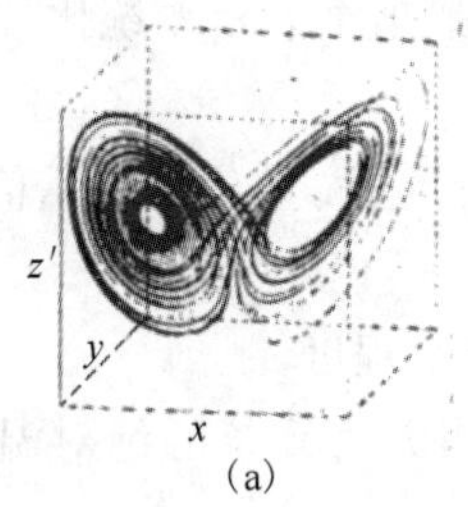

(a)

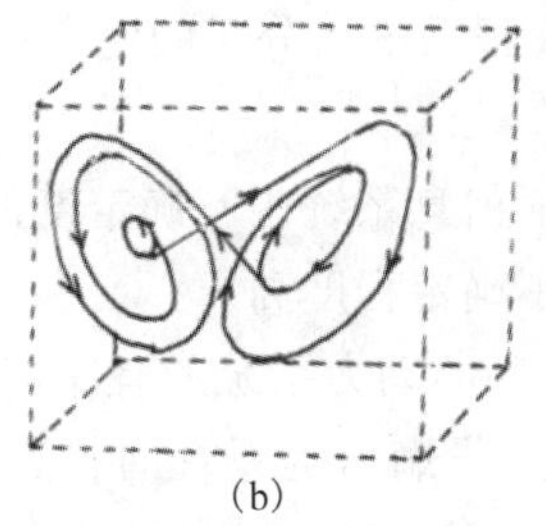
(b)

图 2-4　洛伦兹奇怪吸引子

当 $\rho \geqslant 0$ 时，对流失稳分岔，出现无穷多个周期和混沌轨线。当 $\rho=24.06$ 时出现如图 2-4 所示的奇怪吸引子。当继续增加 ρ 值，出现两次混沌区和周期区：第一次混沌区 $\rho=24.74 \sim 148.4$，第一次周期区 $\rho=148.8 \sim 166.07$，第二次混沌区 $\rho=166.07 \sim 233.5$，第二次周期区 $\rho=233.5 \sim \infty$，在每次混沌区前边都有多次倍周期分岔和短暂的阵发混沌。可见，三维的洛伦兹运动比一维的逻辑斯蒂运动要丰富复杂得多。

洛伦兹方程的混沌解足以证明：耗散动力系统由于其对初值的敏感依赖性，一个初始的微小扰动，在长时间演化过程中会被非线性地放大，导致系统运动轨道的偏离而产生混沌，导致其长期行为的不可测，但其短期行为是可测的。

6.3　洛伦兹的贡献

(1) 混沌理论奠基人之一(另一为早期的庞加莱)，被称为"混沌之父"。

(2) 在耗散动力系统中首次发现混沌运动，首次发现奇怪吸引子。

(3) "确定性非周期流"及研究成果是对牛顿、拉普拉斯确定论的重大突破。

(4) 解释出混沌运动的本质，对初值的敏感依赖性和长期不可预测性，常喻为奇妙的"蝴蝶效应"。

(5) 提供一个简单的重要的洛伦兹方程及其研究方法，推动了流体力学、大气物理学的科学研究进展。

7　混沌特性之三——无序性与有序性的对立统一，"新三论"的有序性理论

7.1　概　　述

人们日常生活中有序无序、平衡不平衡的概念和混沌学与热力学的概念有些不太一样。例如人们争抢上公共汽车，混乱无序，如果"自组织"起来排成一行就都有序地上去了；然而混沌学说"混沌生序"，"混沌与有序同在"。又例如女运动员在平衡木上身体一歪就不平衡地掉下来了，然而热力学都认为封闭系统是熵增至最大的平衡态，平衡态是一种最无序、最混乱的状态，系统必须远离平衡态，"非平衡态是有序之源"。

本文准备解答的问题还有：在一个由熵支配的宇宙中，一切都在无情地趋向无序，怎么会出现有序呢？生命是怎样从无生命产生的？

7.2　熵的基本概念

1. 熵有多种定义

(1) Clausins：在热力学系统内表征热能转换为有用机械功的程度。

(2) Boltzmann：表征系统内分子的混乱程度，熵值高表示系统比较混乱，反之熵值低表示系统比较有序。

(3) Shannon：表征信息系统中不确定度的一个量度，熵值小表示信息中的不确定程度低，熵值高表示信息中的不确定程度高。

(4) Kolmogorov：判断动力系统的有序度或混乱程度。

(5) 热力学的概念：设熵 S 为系统的状态函数，T 为系统的绝对温度，Q 为输入系统的热量，则该系统增加的熵 $\mathrm{d}S=\mathrm{d}Q/T$。

2. 附带解释两种系统的概念

(1) 开放系统(耗散系统)：系统与环境之间依靠穿过边界进行流的相互交换生成稳定的不平衡态或有序的“耗散结构”。注意此流非彼流，它指的是物质流、能量流、信息流或其他特殊的东西。

(2) 封闭系统(保守系统)：系统与环境之间无任何流的交换作用，它在客观世界中是不存在的，只是在理论上相对于开放系统而存在。

7.3 熵增原理

对于开放系统，$\mathrm{d}S$ 有两部分组成：

$$\mathrm{d}S=\mathrm{d}_l S+\mathrm{d}_i S$$

$\mathrm{d}_l S$ 为开放系统与环境作用产生的熵变化，它可正可负；$\mathrm{d}_i S$ 为系统内部状态变化所产生的熵变化，它永为正。

系统只要从外界流入的负熵足够大，能抵消系统本身产生的正熵，当熵不断增加，熵变化 $\mathrm{d}S$ 不断减少，$\mathrm{d}S\ll 0$，系统就逐步从无序向有序方向发展。

对于封闭系统：$\mathrm{d}_l S=0$

$$\mathrm{d}S=\mathrm{d}_l S,\ \mathrm{d}S>0$$

这说明系统在其自发地不可逆地变化过程中，系统的熵只能增加不能减少，最终走向自己的平衡态，达到熵的最大值，系统的封闭意味着增熵、无序、落后，最后死亡，即所谓“宇宙热寂”。

7.4 有序度 R

$$R=1-\frac{H}{H_{\max}}$$

式中 H——热力学系统处在某状态时的熵值；

$H_{\max}$——系统处在平衡态时的熵值，即无序态。

当 $H=H_{\max}$ 时，$R=0$，系统处于无序态；

当 $H=0$ 时，$R=1$，系统处于完全有序态。

$R\in[0,1]$说明有序的程度，$R>0$ 称为有序系统。随着时间的推移，系统的有序度不断增加，$0<R\leqslant 1$，系统从无序走向有序或由较低级的有序走向较高级的有序，此系统称为“自组织系统”。

7.5 “新三论”——有序性理论

相对应老三论(系统论、控制论和信息论)而言，新三论是指“耗散结构论”、“协同论”和“突变论”。

1. 耗散结构论(Theory of Dissipative Structure)

1967 年由[比]普利高津 I. Prigojine 创立了耗散结构论,他在《非平衡系统的自组织》中提出耗散结构的特征和产生条件:

(1) 系统必须是开放系统,在不违反热力学第二定律和熵增原理的条件下才能从无序走向有序。

(2) 系统必须是远离平衡态的,而不是近平衡态的,"非平衡是有序之源"。元始混沌热平衡态—低级有序态—高级有序态—远离平衡态的混沌态。

平衡态是一个系统最混乱最无序的状态,系统内各处各方向上都无区别地处于混沌状态或高度随机状态,从而也是熵最大的状态。

(3) 系统内必须有非线性相互作用,系统内部各子系统通过非线性相互作用和相干效应才能由有序变为无序。

(4) 自组织是无生命向生命演化过程的本质。自组织是指:系统内部是按一定结构与功能关系组成的,它朝着空间、时间或功能上的有序结构演化,在过程中量变与质变交替出现,即在组织层次上的跃升,生物学指出:无生命的物质有能力获得自组织(自创性)向有生命演变,自组织的系统与外部介质不断交换物质与能量才能得以维持。

(5) "涨落导致有序",在分岔点上,系统好像"犹豫不决",此时的涨落将起到非平衡相变触发器的作用,涨落可以从最大的无序态产生"耗散结构"的有序态。

总之,混沌是整体有序的,局部无序的,微观上又是高层次有序的(有自相似结构和奇怪吸引子)。

2. 协同论(Th. of Synergeties)

1976 年[德]哈肯 H. Hakan 创立了协同论,指出非平衡相变是一种自组织过程,系统内部大量的子系统之间的协同作用,"协同导致有序",揭示了自组织的内在机制,提出用序参量代替熵作为自组织的判据。

3. 突变论(Th. of Catutrophe)

1968 年[法]托姆 R. Theom 创立了突变论,自然界存在着连续渐变的事物,例如大陆漂移成各大洲,木成煤,鱼成猴。自然界又存在突变,结构物的屈曲,水的相变,胚胎的形成,彗星撞地球、火山爆发、地震海啸,爆炸、断桥、飞机失事,股市崩盘、金融危机,突发战争、政权更递(如前苏联解体)等不胜枚举。突变论采用微分拓扑学研究系统演化中的奇点、分岔和可能出现的突然变化,突变论引起哲学中对飞跃、质变、关节点等非连续性问题的深入思考,认识世界不仅有渐变还有突变,使哲学和数学的发展更为平衡全面。突变论总结出 7 种突变的基本类型:折叠、尖点(最广泛的)、燕尾、蝴蝶、双曲、椭圆脐点、抛物脐点。

8 混沌特性之四——吸引子、奇怪吸引子

1971 年[法]茹勒 Ruell 和[荷]塔肯斯 Takense 对非线性耗散系统中出现的扭曲的不规则的吸引子最早命名为"奇怪吸引子"(1963 年洛伦兹第一个发现奇怪吸引子,只是没有给予特定的合适的名称)。

8.1 奇怪吸引子、吸引集、吸引域的概念

吸引子存在于非线性耗散系统中,该系统的特征是相空间体积收缩,其运动轨道都要从 N 维收到 K 维空间上($K<N$),系统轨道在相空间中趋向一个有限范围(吸引集),其中包括

一条稠密的轨道，称为吸引子。

吸引子定义：相空间的一个子集 A 称为吸引子，如果它同时具有以下的性质：

(1) $\dot{x}=F(x)$，$x(x_1,x_2,\cdots,x_N)$构成 N 维相空间一组代表点，其运动表现为相空间中的“流”，对应流 A 是一个不变集。

(2) 存在一个 A 的邻域，它在 $F(x)$的流下收缩至 A。

(3) 在 A 的上面流是循环的，也就是说对于 x 点的任一邻域在足够长的时间中，通过 A 中 x 的轨道总会再次经过这一邻域。

(4) A 不属于任何更大的极限集合，且无轨道从其中出发。

(5) A 不能分解为两个重叠部分。

吸引集：耗散系统的相空间中一个封闭的不变集，且是渐进的，此集称为吸引集。

吸引域：相空间按若干吸引子划分为相应的若干个吸引域，对于同一吸引域中的初始态最终将趋向同一吸引子。

吸引子可概分为平庸吸引子和奇怪吸引子。

8.2 平庸吸引子

它可分为三类：

(1) 定常吸引子：它反映相空间中一个不动点（终点和汇点），为阻尼振动衰减的终态，其维数为零。

(2) 周期吸引子：称为极限环，维数为 2 或 3，反映周期运动，见图 2-5。

图 2-5(a)为二维极限环，反映周期运动。图 2-5(b)为三维极限环，实线按虚线公转，螺旋自转，振幅有二极值，仍为周期运动。

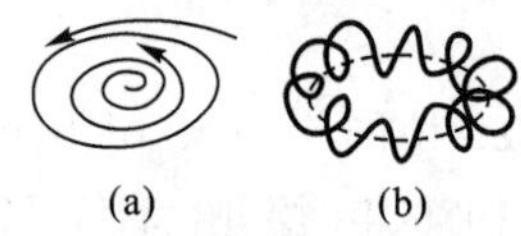

图 2-5 二维和三维极限环

此外三维 KAM 环面上轨道当$\frac{\omega_2}{\omega_1}$为有理数时，此类吸引子仍反映为周期运动，参见下文。

(3) 概周期吸引子：它包含多种频率的或多种振幅交替出现的周期运动，在 KAM 环面上当$\frac{\omega_2}{\omega_1}$为无理数时，则环面上轨道充满整个环面，都反映概周期运动。

图 2-6 给出概周期吸引子，(a)为单极限环经霍普分岔而生成的双极限环；(b)为双环骨架，可明显看出在前后两个鞍点出，两环并不相交，而是按细实线折向同侧；(c)示出两环的运动方向。

图 2-7 给出多极限环球的例子，球面 P_1、P_2、P_5、P_6 为中心点，P_3、P_4 为鞍点（双曲点），每组吸引子都反映不同振幅的概周期运动（同频或不同频率的）。

平庸吸引子的特性：

(1) 在相空间中具有整数维数(0,2,3)。

(2) 里雅普诺夫指数为(－)。

(3) 周期（概周期）吸引子的功率谱是离散的，它包括基频 f_0，分频$\frac{f_0}{2}$，$\frac{f_0}{3}$，…或倍频 $2f_0$，$3f_0$，…

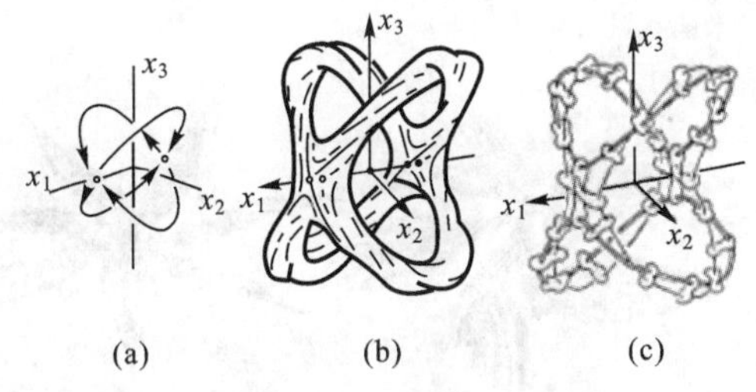

图 2-6　三维双极限环

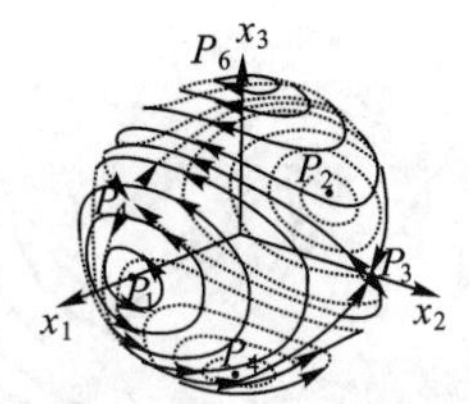

图 2-7　三维球面上分布的四线多极限环(图示 5 环)

8.3　KAM 环面

在相空间中由于不定点的反复振荡而形成二维的封闭曲线——极限环，三维极限环螺旋的公转频率→∞而生成三维的封闭环面。由于非线性因素起着抑制振幅无限制成的作用，极限环和环面都是稳定不变的和孤立的，而环面上的轨道可能是不稳定的。

近可积哈密顿系统的轨道被限制于 $2n$ 维空间中的一个 n 维环面上，此环面称为 KAM 环面。当系统自由度 $n=2$ 时，频率比 $\alpha=\frac{\omega_2}{\omega_1}$，$\omega$ 为圆频率。

当 α 为有理数，环面上轨道为周期吸引子，见图 2-8。

当 α 为无理数，环面上轨道将无限缠绕在环面上而永不重复，轨道将最终布满全环面，为概周期吸引子，可导致发生混沌，见图 2-9。

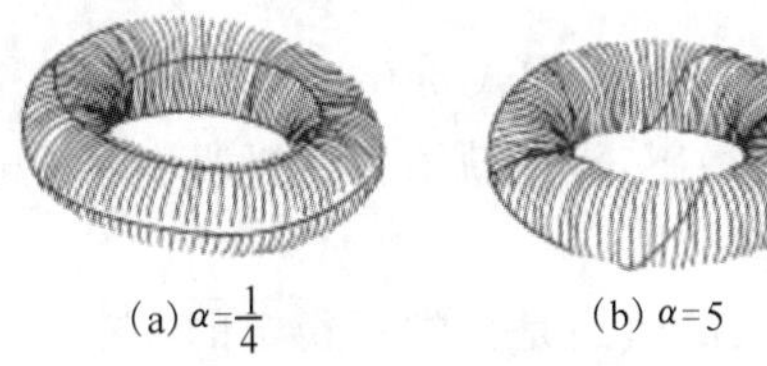

(a) $\alpha=\frac{1}{4}$　(b) $\alpha=5$

图 2-8　环面上的周期吸引子

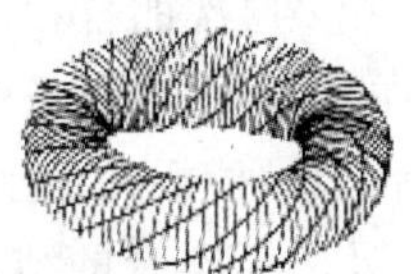

图 2-9　环面上的概周期吸引子 $\alpha=\pi$

8.4　奇怪吸引子(或称混沌吸引子)

耗散系统相空间中的运动轨道，从整体上看轨道向某一局部空间集聚(吸引集)运动是稳定的、有规律可循的，但从吸引子内部看轨道运动又是极不稳定的，相邻轨道相互排斥，按分离因子 $e^{\sigma t}$ 发散分离，轨道伸长、折叠、纠缠交割，经过足够长的时间，最终形成相空间的一个极限集合，其图像千奇百怪，茹勒为其定名为“奇怪吸引子”，它反映为混沌运动。

典型的奇怪吸引子：

(1) 逻辑斯蒂倍周期分岔奇怪吸引子。

(2) 洛伦兹蝴蝶双翅状奇怪吸引子。

(3) 日本上田畹亮提出的上田吸引子，如图 2-10 所示，它是根据杜芬方程(Dfuffing Eq.)(一维非自治非线性微分方程)

$$\ddot{x}+\delta\dot{x}+x^3=F\cos t$$

当 $\delta=0.05$，$F=7.5$ 时的解频闭采样得出的。

(4) 花叶状奇怪吸引子，见图 2-11。

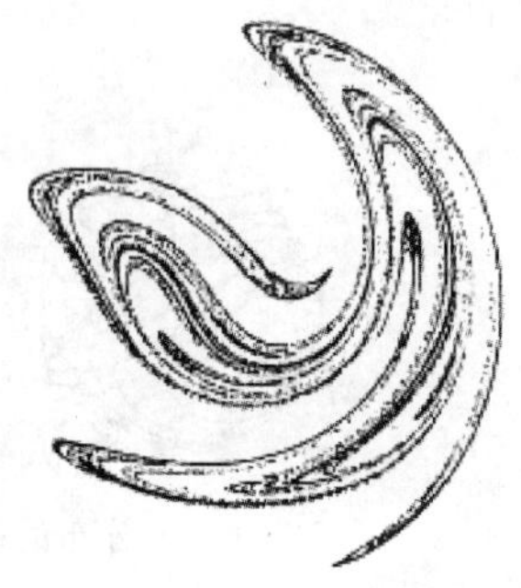

图 2-10　上田奇怪吸引子

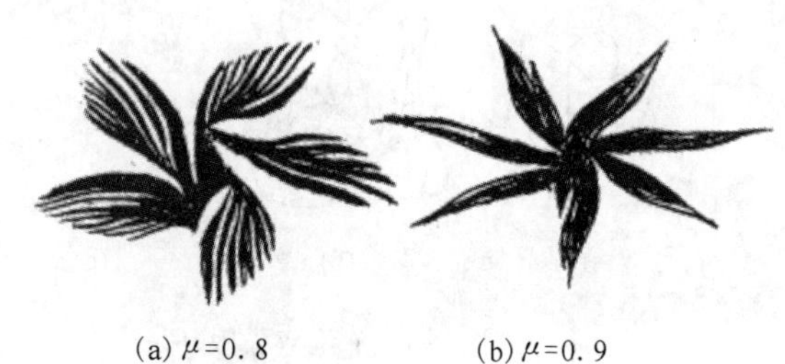

图 2-11　花叶状奇怪吸引子

二维差分方程的解采样得出

$$\begin{cases} x_{n+1}=y_n+0.008(1-0.5y_n^2)+y_n+F(x_n) \\ y_{n+1}=-x_n+F(x_{n+1}) \end{cases}$$

$$F(x)=\mu x+\frac{2(1-\mu)x^2}{(1+x^2)}$$

奇怪吸引子特性：

(1) 有分维数，与普通吸引子的整数维数明显不同，分维数是奇怪吸引子的第一重要标志。

(2) 李雅普诺夫指数 σ 为正，测度熵为正。

(3) 有宽的连续功率谱。

(4) 有无穷多层次的自相似结构，有分形拓扑结构，多为康托 Conter 集。

(5) 混沌的核心是奇怪吸引子，它对初始条件极端敏感，混沌轨道在奇怪吸引子上运行很快失去其原始信息，使混沌运动长期不可预测。

(6) 奇怪吸引子本身的结构是极端稳定的，但其上的轨道是极端不稳定的，它对外排斥，对内吸引，"既走不出去，又稳定不下来"。

(7) 奇怪吸引子的相空间图形永不重复，永不趋向稳定的周期解(极限环、环面)。

(8) 奇怪吸引子具有遍历性，混沌轨道通过无限多次通过接近相空间中任何点以及所有部分，系统才是各态历经的。

(9) 奇怪吸引子具有概率统计性，耗散系统出现奇怪吸引子轨道，它伸长折叠缠绕是无穷次的，不可能彻底清楚描述，转而求用概率统计方法来描述。

8.5　测度熵 K 和拓扑熵 h

混沌轨道的局部不稳定性，使得相邻轨道按指数速率分离，在轨道初始点两条轨道如此靠近以至于不能靠测量来区分两轨道，只有在它们分离以后才能区分开，在这一意义下混沌产生信息，信息量与可以区分不同轨道的数目 N 有关。对于混沌运动，N 随时间指数增长

$$N \propto e^{Kt}$$

式中，K 刻画信息产生的速率，即测度熵(或称概率熵)，用概率 $p(i_m)$ 来区分不同的轨道，通过信息总量来定义测度熵

$$K=-\lim_{\Delta t\to 0}\lim_{\varepsilon\to 0}\lim_{m\to\infty}\sum p(i_1,i_2,\cdots,i_m)\times \lg p(i_1,i_2,\cdots,i_m)$$

式中　i_m——在时间 $t+(m-1)\Delta t$ 的第 m 个概率；

ε——测量箱的尺寸。

对于规则运动 $K=0$。

对于纯随机运动 $K=\infty$。

对于混沌为有限的正 K 值，$K=\sum(i:\sigma_i>0)$，因此用正的 K 值判定混沌运动。

如不考虑相空间细分过程的测度，则有拓扑熵 h，$h\geqslant K\geqslant 0$，h 参数很容易界定，它只能保证运动的不规则性，但不保证可观测性，所以不用 h 来判定混沌。

9　混沌特性之五——自相似结构、KAM 环面

自相似结构的特征：

(1) 具有标度不变性，即在所有标度上能重复全部拓扑结构，亦即无论放大多少倍，它的局部与整体是相似的，因而“你中有我，我中有你”互相层层嵌套，形成自相似结构(如前文 4 之 4.2，费根巴姆的标度普适常数 δ 和 α)。

(2) 自相似结构具有某种意义上的对称性，所以混沌具有对称性的高层次有序性。

(3) 分形结构都具有自相似性，其相似维数 D 是分数维数。

典型实例：

(1) 前文 4 讨论过的一维逻辑斯蒂倍周期分岔的自相似结构，见图 2-3。

(2) KAM 环面的自相似结构：

近可积哈密顿系统相空间中 KAM 环面经庞加莱截面法形成环横截面的自相似结构，如图 2-12 所示，从图中可见，初在环面外有布满全面的轨道环绕运行外，在环面内有无穷多个环面嵌套其中。图中只示出 5 个环面，抽出第 5 个环面，在它上面仍有轨道在运行，在环与环之间的混沌海中有多个混沌岛，结构真是壮观！

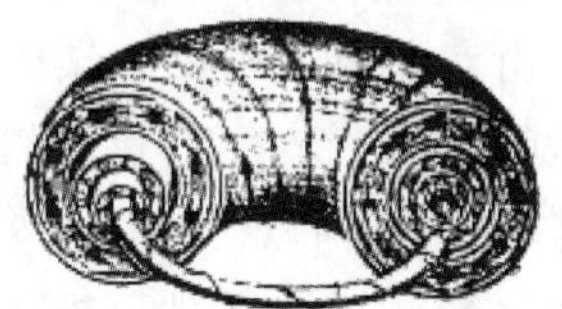

图 2-12　KAM 环面自相似结构

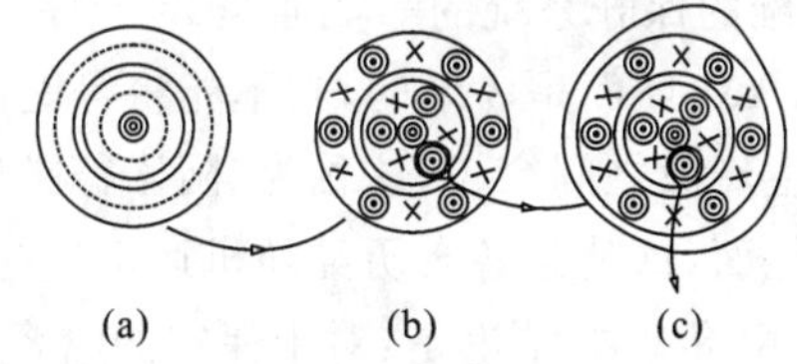

图 2-13　KAM 环面层层演化过程示意图

图 2-13 给出 KAM 环面的层层演化和海岛放大示意图，图(a)环面内环环相套，只有核心海岛首先出现，图(b)演化为每层混沌海(有 x 处)内均布着混沌岛，取出任一岛加以放大，图(c)放大后的新岛为自相似结构，如再取一岛加以放大以至于无穷。

图 2-14　KAM 环面的“微观宇宙”

图 14 给出 KAM 环面内部精细的“微观宇宙”图，在混沌海中围绕各个岛屿有同宿轨道和异宿轨道在运动，充分体现混沌吸引子的特征，无穷多层次的自相似结构，“你中有我，我中有你”。

10　KAM 定理

在前面各章节中已经讨论了耗散系统普遍有混沌的问题，它的相空间中体积收缩成奇怪吸引子，那么保守系统在相空间中体积不变，它会形成奇怪吸引子吗？它在规则运动下能否出

现随机性？如若按照确定论的认识，肯定不会。但 1954 年有柯尔莫洛夫 Kolmogorov 给出问题的回答，继于 1963 年由阿诺德 Arnod 和 1967 年莫泽 Moser 给予数学证明，三人联名提出 KAM 定理。对于保守的哈密顿系统，哈密顿函数 $H(p_i, q_i)$ 有能量积分，在 $2n$ 维相空间中，庞加莱截面上等能面 $H=E=const$，它自然是 $2n-1$ 维的，但可积系统的运动却限制在 n 维环面上。当 $n\geqslant 2$ 时，运动的环面只能是等能面的一部分，而不是分布在整个等能面上，因此可积系统的运动是规则的和确定的，不可能发生随机性。

对于不可积系统是否可能不限制在 $2n$ 维环面上而出现随机性？

KAM 定理：

设不可积系统的哈密顿函数可写成

$$H=H_0+\varepsilon H_1$$

式中，H_0 是可积的，εH_1 是微扰(摄动)。

如果满足条件：

(1) 微扰很小(称为近可积系统)。

(2) 可积的 H_0 的 n 个频率 ω_i 之间互不相关(或非共振)，也就是各两频率之比与有理数差别很大。εH_1 越大差别越大，但这样限制在 n 维环面上的运动还是规则的(仅在 $2n-1$ 维等能面的一小部分区域)。由此可见，不可积系统要出现随机性，要求 KAM 定理成立的两个条件得不到满足的情况来寻找随机性。

在 $n=2$ 维环面上引入庞加莱截面形成 KAM 环面上可积系统 H_0 的轨道图(如前述图 2-13，图 2-14 所示)，经过重复演化长过程，便出现无穷层次的自相似结构，在鞍点(双曲点)附近，轨道经过无数次折叠相互交叉成无数个交点，运动将变得越来越复杂，轨道将椭圆点包围成多个小岛屿，所以轨道都限在 KAM 环面内，但是运动仍具有一定的规则性和稳定性。

$2n$ 维的保守系统的等能面是 $2n-1=3$ 维的，当 $n=3$ 时则不然，此时等能面 $2\times 3-1=5$ 维，而 KAM 环面是 3 维的，它不能将等能面分割和包围住，由双曲点发出的复杂轨道就在无穷多个主环面之间穿越，这称为“阿诺德扩散”，$n\geqslant 3$ 时不能满足第二个条件，运动轨道将达到整个等能面，这就是各态历经随机运动，它具有无穷层次的自相似结构，就是混沌。

KAM 定理的结论是：对于保守的哈密顿系统，除了可积系统和满足条件要求的近可积系统以外，在 KAM 定理要求的条件得不到满足的情况下，不可积系统的运动是随机的混沌运动。

11　庞加莱截面和庞加莱映射

11.1　庞加莱截面

与许多或大多数轨道相交的一个流的相空间横截面，如图 2-15 所示，此截面与轨道相交于 $P_1, P_2, P_3, \cdots$ 各点，组成了庞加莱映射

$$P_{n+1}=f'(P_n)=f^2(P_{n-1})=\cdots$$

庞加莱截面不一定是二维的，一般比相空间的维数 n 要少一维即 $n-1$ 维。

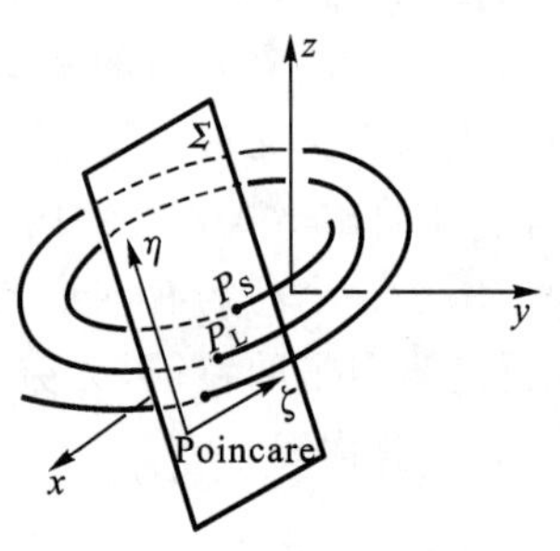

图 2-15　庞加莱映射

11.2　庞加莱映射

它是这样的一种映射，该映射的相空间是一个流的相空间的一个庞加莱截面，并且其中一个点的依次映射乃是在流中的一个轨道与庞加莱面的依次相交，对于周期轨道的庞加莱映射为有限点，对于概周期轨道的庞加莱映射为二维极限环，对于非周期混沌的庞加莱映射为无数个点集（奇怪吸引子）。

11.3　庞加莱的卓越贡献

（1）真正发现混沌的第一人。

（2）“微分拓扑学”、稳定性理论、分岔理论、遍历性理论、奇异性理论。

（3）超前批判“绝对的决定论”，结束牛顿力学时代开启现代力学的新历程。

（4）1890 年因求解 N 个天体轨道运动问题而获比利时国王奖。

12　混沌的特性及定义

20 世纪 60～70 年代以来混沌学者（李天岩-约克 Li-Yorke，梅 R. may，沙柯夫斯基，斯麦尔-廖山涛 Smale-Lio 和 KAM. RTN 等）提出诸多关于混沌的数学定义和特性，今汇总如下：

设 N 为一个集合，给定映射

$$f: N \to N$$

我们称 f 在 N 上是混沌的，如存在如下特性：

（1）f 存在所有阶的周期轨道，P-1，P-2，…，P_∞。

（2）存在一个不可数集，该集合只含有混沌轨道，且两个轨道既不趋近也不远离，而是两种状态交替出现，同时任一轨道不趋于任一周期轨道，即该集合不存在渐进周期轨道；

（3）在有限相空间中，混沌轨道具有高度不稳定性。（以上 3 条为前 3 人提出的）

（4）f 有正的里雅普诺夫指数 σ，有正的测度熵，有连续的功率谱。

（5）f 有内在“随机性”，它比一般所谓随机性具有更广泛更深刻的概念。

（6）f 对初始条件具有敏感的依靠性，导致系统的不可预测性。

（7）f 在宏观上貌似无序，在微观上具有高层次的有序性，无序态通过非线性作用和自组织作用变为有序态。

（8）周期点在 N 中稠密，相点集凝集为奇怪吸引子。

（9）f 具有自相似结构和费根巴姆标度普适常数 δ、α，具有分形结构和分维数。

（10）f 是拓扑传递的和不可分解性，即系统状态在迭代下，从一个任意小邻域最终可以移动到其他任何邻域，亦即系统不可能被分解为两个在 f 上互不影响的子系统（两个不变的开子集）。

13　混沌在石油机械工程中的应用

13.1　概　　述

福特 J. Ford 预言“未加控制的混沌很可能是一种可怕的有破坏性的东西，一旦得到控制，邪恶的混沌也就变得温和有用甚至是迷人的”，“人类能面对与日俱增的非确定性的复杂问题，唯一期望在于套住混沌之马！只要混沌得到控制，人们就可出奇制胜地解决复杂问题”。

大自然中无所不在的混沌不可能只起破坏作用，混沌是信息自创生的过程，混沌有自组织过程的内在机制，人们借助这种机制，弃弊取利，发展“混沌工程学”，分析混沌，控制混沌，生成混沌，就能主动地创造性地扩展混沌应用的多样成果。

13.2 混沌在科学与工程上的应用

(1) 混沌学对非线性力学的重要进展是全局性的、深层次的，它沟通了牛顿力学与统计力学之间的鸿沟，起到力学的第三次“革命”的作用。

(2) 应用于流体力学，“流体混沌”——湍流，对其转捩、涡团、稳定性、突变的深刻认识。

(3) 电子学应用混沌分析电路的奇异行为、噪声及其控制，混沌芯片、计算机与互联网安全保护。

(4) 天文学应用 KAM 定理解决三体、N 体问题；气象学的 3～5 天气象预报。

(5) 生物学应用混沌研究转基因、DNA(脱氧核苷酸)基因，遗传信息及其变异。

(6) 医药学应用混沌研制混沌心脏起搏器(针对病情自动无级调频)、癫痫脉冲治疗仪。

(7) 应用混沌信号于通信、雷达等产生保密信息。

(8) 应用于交通、机械上，控制飞机翼的振动，机床与汽车的颤振，研制混沌振动压路机、混沌混凝土捣实机、混沌振动台。

(9) 应用混沌于机器的故障诊断与状态检测以及模式识别，改进混沌神经网络与混沌人工专家系统。

(10) 混沌家用电器：如混沌洗衣机、混沌洗碗机(根据对象数量与清洁度自动无极调频，更清洁、节能)、混沌暖风机(根据室温变化自动无极调温——预值恒温，更柔和舒适)。

13.3 混沌在石油机械中的应用

(1) 将混沌理论应用于石油机械科研中其目的在于：

① 正的里雅普诺夫指数 σ 和奇怪吸引子是混沌的重要特性标志，利用它们来判定机械系统有无混沌，有无必要运用混沌分析计算系统的振动特性；

② 利用混沌具有自组织、自创生(从无序到有序)过程的内在机制，自寻最优控制策略，自动调控机械设备的运行参数，提高模式识别、故障诊断与状态监测的准确率；

③ 开展混沌理论与混沌工程学的研究，发明创造混沌控制的智能机器。

(2) 钻井柴油机故障诊断中利用反馈式神经网络识别混沌状态：

人工神经网络(Neural Networks，NN)：自 20 世纪 40 年代起，NN 普遍应用于国民经济、科学技术和国防各个领域。在机械科学中，对于振动信号处理、状态识别、故障诊断、人工智能以及自动控制等方面都有成功的应用，NN 研究的对象是高度复杂的拟人神经系统，它具有大规模并行分布式存储和处理、自组织、自适应和自学习能力，它特别对于不精确的模糊数据推理，随机数据处理、数据本身非线性及对象模式特征不明确等具有独特的优越性，晚近模糊神经网络 FNN 和混沌神经网络 CNN 的发展比常规 NN 具有更强的拟人化程度。当前广泛使用的前馈型 B-P NN，针对它存在的不足，又做了多方面的改进，性能比较好的有反馈式 NN，它可分为离散型和连续性两种，又有单层和多层之分，Halpfield NN 为典型的离散型单层全反馈式 NN，其结构如图 2-16 所示。

从图中可见，这种网络的每个神经单元的输出都与其他神经单元的输入相连，其输入与输出的关系为

$$S_{i,k}=\sum_{j=1}^{n}W_{ij}V_{i,k-1}+I_j$$
$$=h(\overline{V}_{k-1}),j=1,\cdots,n$$
$$x_{i,k}=g(S_{i,k}),j=1,\cdots,n$$
$$V_{i,k}=f(x_{i,k}),j=1,\cdots,n$$

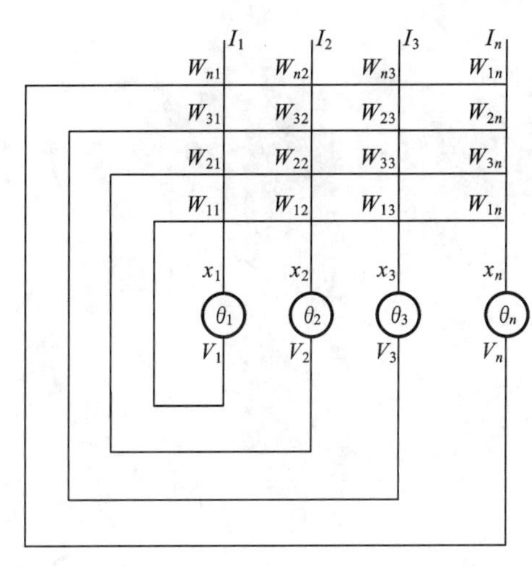

图 2-16 单层全反馈式 NN

式中 S_i——神经网络系统参数；

W_{ij}——第 j 神经元到第 i 神经元的连接权值；

V_{ij}——系统输出参数；

I_j——第 j 神经元初始状态值；

x_i——第 i 神经元的输入状态参数；

k——反馈次数；

f——单调有界函数；

g,h——状态函数；

j——神经元个数；

θ_n——网络系统状态。

离散型 NN 取 $g(S_{i,k})=S_{i,k}$。

对于二阶离散型单层全反馈式 NN，相空间横坐标(x_1)取值范围 $-2\sim2$，纵坐标(x_2)取值 $-2\sim2$，网络对称($W_{12}=W_{21}$)，其中

$$g(s)=\begin{cases}-2, & s<-2\\ s, & -2\leqslant s\leqslant 2\\ 2, & s>2\end{cases}$$

$$f(x)=1-x^2$$

网络系统相空间参数共有 5 个，即：$W_{11},W_{12},W_{22},I_1,I_2$，这 5 个参数值分别连续变化得出 3 组 7 个相空间的奇怪吸引子，说明这一个二阶非线性网络系统处于混沌状态，这 5 个参数连续变化还可得到非常多的奇怪吸引子图形，丰富多彩。在 NN 中利用混沌状态识别，可提高网络的拟人化程度，使 NN 在机械设备故障诊断中具有更柔和和更准确更强大的功能。

图 2-17 中 7 个图形 5 个参数值的变化情况：

(a)1：$W_{11}=0.05,W_{12}=0.73,W_{22}=0.65,I_1=0.75,I_2=-0.85$；

(a)2：$W_{11}=0.45,W_{12}=0.83,W_{22}=0.65,I_1=0.75,I_2=-0.85$；

(b)1：$W_{11}=-0.55,W_{12}=1.0,W_{22}=-0.31,I_1=0.30,I_2=-0.30$；

(b)2：$W_{11}=-0.8,W_{12}=1.14,W_{22}=-0.6,I_1=-0.4,I_2=0.30$；

(b)3：$W_{11}=-0.8,W_{12}=1.18,W_{22}=-0.6,I_1=-0.4,I_2=0.30$；

(c)1：$W_{11}=-0.50,W_{12}=0.71,W_{22}=-0.3,I_1=-0.6,I_2=0.60$；

(c)2：$W_{11}=-0.50,W_{12}=0.73,W_{22}=-0.3,I_1=-0.6,I_2=0.60$。

(3) 石油矿场注水泵机组利用里雅普诺夫指数进行故障诊断的研究：

① 里雅普诺夫指数 σ 的物理意义：参照本卷二、混沌概论之 4。

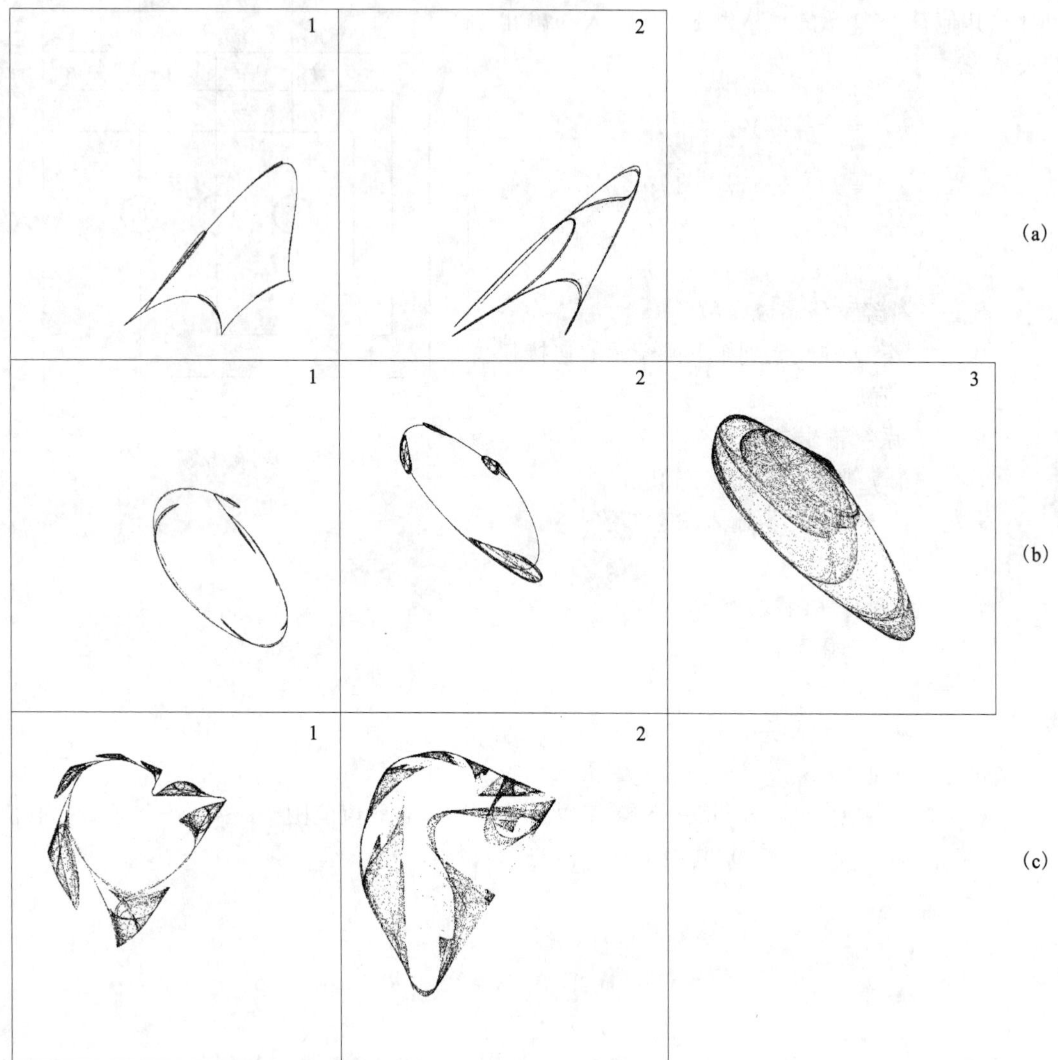

图 2-17　二维反馈式人工神经网络中的奇怪吸引子

当 $\sigma<0$ 时，相空间运行轨道收缩，对初始条件不敏感，相当于没有混沌；

当 $\sigma=0$ 时，相空间运行轨道稳定，对初始误差既不放大也不缩小；

当 $\sigma>0$ 时，相空间运行轨道迅速分离，对初始条件极端敏感，误差将被放大，这就是混沌状态。

如果计算所得 σ 全部为正，说明该系统处于混沌状态，可以利用混沌学方法来分析研究，如果有 $\frac{1}{3}$ 或大于 $\frac{1}{3}$ 的 σ 值为负值，则说明该系统没必要用混沌学的方法来研究。

计算出的 σ 值并不能直接反映设备系统达到的状态，也不能说明设备的故障程度，但可判定该设备是否处于混沌状态，从而可决定是否采用混沌方法来研究。

另外，里氏指数的倒数 $\frac{1}{\sigma}$ 表明系统的最大可预测时间尺度，如超过此时间尺度误差将无法控制，根据 $\frac{1}{\sigma}$ 对设备的运行状态进行混沌预测。

② 里氏指数的计算方法程序：

a. 按照 Taken 原理重构相空间；

b. 取初始相点 $Y(t_0)$，设，$Y'(t_0)$为其最邻近的相点；

c. 计算相点间的距离 $L(t_0)$；

d. 给定一个延迟时间 τ，得到演化状态 $Y(t_0+\tau)$，$Y'(t_0+\tau)$；

e. 计算演化相点间距离 $L'(t_1)$；

f. 在 $t_1=t_0+\tau$ 处找 $Y'(t_1)$；

g. 计算 $L(t_1)$，$L'(t_1)$，重复此过程 m 次；

h. 计算出最大里氏指数 σ

$$\sigma=\frac{1}{t_m-t_0}\sum_{i=1}^{m}\lg\frac{L'(t_i)}{L(t_i)}$$

i. 在计算过程中，必须慎重选择信号维数和演化延迟时间，审查计算结果修改参数重新迭代求出最终的 σ。

③ 应用里氏指数识别设备的混沌状态。

采集某油田注水泵机组的振动数据，其测点分布如图 2-18 所示，在 4 个滑动轴承处即泵端、泵腰、电机腰、电机端布置 1# ～4# 测点，在离心泵 11 级叶轮的相应外壳处布置 11 个测点，即 5# ～15# 测点，分别计算每个测点振动信号的里氏指数，表 2-2 为 15 个测点振动信号经过降噪处理计算里氏指数，这些指数全部为正，说明可以应用混沌相空间重构的方法对 1# 泵机组进行研究，经查询 1# 泵机组的档案，该泵已运行超过 10 000 h，建议应进行检修。

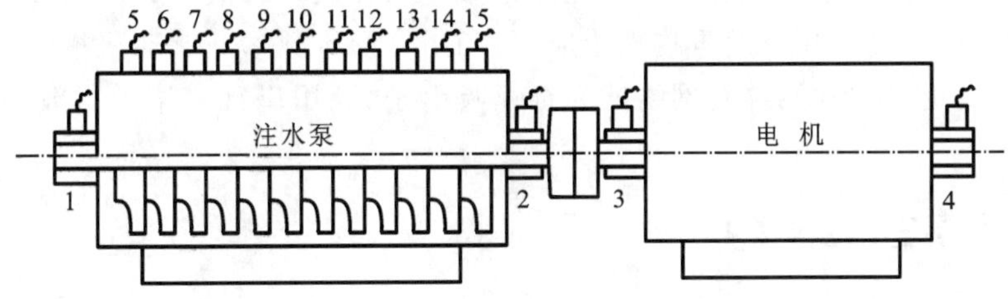

图 2-18　注水泵机组测点分布图

表 2-2　1# 注水泵机组各个测点对应的里氏指数

测点号	里氏指数 σ	测点号	里氏指数 σ
1	0.514	9	0.183
2	0.335	10	0.417
3	0.702	11	0.473
4	0.956	12	0.554
5	0.442	13	0.315
6	0.106	14	0.310
7	0.146	15	0.509
8	0.591		

对另一台 2# 注水泵机组按照同样方案布点采集 15 个振动信号，计算出相应的里氏指数，对应于表 2-3 中，这台泵有 6 个里数为负，超过 15 个指数的$\frac{1}{3}$，说明对于 2# 泵机组不适合用混沌相空间重构的方法来研究该泵整机的运行状态，经查询，2# 泵组在大修后工作 770 h。

表 2-3　$2^{\#}$注水泵机组各个测点对应的里氏指数

测点号	里氏指数 σ	测点号	里氏指数 σ
1	−0.871	9	0.494
2	1.014	10	−0.492
3	1.237	11	0.564
4	−0.883	12	0.583
5	−0.333	13	0.687
6	0.537	14	0.512
7	0.604	15	−0.443
8	−0.379		

(4) 参照杜芬方程的应用，压杆在轴向和横向激励下的临界屈曲，海洋单点系泊浮桶在海流与系链作用下的振动响应，与此类似的问题诸如：海洋钻井隔水套管的振动响应，钻井井架大腿结构的屈曲变形，钻杆柱在井眼中的弯曲和旋转涡动等问题似都可以用混沌方法进行研究。

此外，钻井绞车和泥浆泵机架的振动模态，固控系统的振动筛适应出屑率的变动而自动调频调幅的混沌控制，都属于混沌在石油机械中尚待拓展研究的课题。

(5) 大型机械设备在运行后期故障多出、原因复杂，既存在确定性周期性行为，又带有随机性混沌特征，针对这一特点，利用混沌与分形方法开展设备故障诊断研究大有可为：混沌相空间预测技术、混沌相空间重构理论应用、利用分形维数诊断旋转机械转子故障、小波分形技术和前文提过的利用神经网络搜寻奇怪吸引子、利用里雅普诺夫指数 σ 识别混沌状态等。

14　混沌学发展史，见表 2-4

表 2-4　混沌学发展史

序号	年　代	名　称	主 要 贡 献
1	公元前 600 ～前 500 年	我国老子、庄子	提出“万物相混”，“元气未分、混沌为一”意即元始宇宙浑然一体，可能走向分化的自然哲学观
2	19 世纪初	康德 J. Ford	观察宇宙从混沌到有序地演化的第一人，认为宇宙起源于元始混沌，提出“混沌得到控制有用”，著有《宇宙发展史概说》
3	1880—1903	[法]庞加莱 H. Poincare	发现混沌的第一人，结束牛顿力学超前批判确定论，开启现代力学的先行者，提出稳定性、分岔、同宿、异宿轨道，庞加莱截面等理论
4	1963	[美]洛仑兹 E. N. Lorenz	“混沌之父”，与庞加莱二人共为混沌学创始人，著有《确定性非周期流》通过三维微分方程解析，首次发现耗散系统的混沌运动，发现第一个奇怪吸引子，提出混沌运动的重要特性：系统对初值的敏感依赖性的长期不可预测性

续表 2-4

序号	年 代	名 称	主 要 贡 献
5	1957—1905	科尔莫果洛夫 A. Kolmogorov 阿诺德 D. Anold 莫泽 J. Morser	三人共同提出 KAM 定理,首次提出近可积哈密顿系统有混沌,是对牛顿力学的重要突破,高斯和科尔莫果洛夫提出"现代概率论"
6	1964	[法]埃农 M. He′non	通过数值分析计算得到形象化材料、证明保守系统(哈密顿系统)KAM 环面破坏导致产生混沌
7	1964 1971 1976	[比]普利高津 I. Prigojine [德]哈肯 H. Haken [法]托姆 R. Theom	提出"耗散结构论",无序通过自组织走向有序 "协同论"协同导致有序 "突变论"微分拓扑学用于非连续性问题
8	1971	[法]茹勒 Ruell [荷]塔肯斯 Takens	最早命名"奇怪吸引子",在《论湍流的本质》中提出湍流为"流体混沌" 与纽豪斯 New house 三人共提出 RTN 三次分岔
9	1975	[华裔]李天岩 [美]约克 J. A. Yorke	著有《周期 3 意味着混沌》,首先给出混沌的数学定义,揭示出无序到有序混沌的演化过程
10	1976	梅 R. May	在所著《具有复杂动力过程的简单数字模型》提出一维抛物线映射——逻辑斯蒂方程,定义倍周期分岔、切分岔、周期窗口等专用词
11	1978	[美]费根巴姆 Feigenbaum	发现倍周期分岔规律中的标度普适常数 δ、α 及重整群思想,自相似结构,是 20 世纪物理学重要发现之一
12	1983	[美]芒德勃罗 B. B. Mandelbrot	分形学创始人,在《自然界的分形几何》中提出分形理论、分维数、分形是刻画混沌奇怪吸引子的重要特征
13	20 世纪 80 年代末	里雅普诺夫 Lyapurov	创立稳定性理论,标定混沌特征的里雅普诺夫指数 σ
14	20 世纪 90 年代后		混沌学侧重研究: 1. 混沌的内在机制:完全混沌和不完全混沌 2. 多种非线性方程的奇怪吸引子 3. 湍流的本质、湍流是混沌吗 4. 自相似结构与分形结构 5. 混沌在科学、经济、社会各方面的应用,混沌工程学

参考文献

[1] 郝柏林.分岔、混沌、奇怪吸引子、湍流及其它.物理学进展.1983(3).

[2] 刘式达.非线性动力学和复杂现象.北京:气象出版社,1989.

[3] 程极泰.混沌的理论与应用.上海:上海科技出版社,1992.

[4] 王海潮.非线性振动.北京:高等教育出版社,1992.

[5] 李予恕.非线性振动系统的分岔和混沌理论.北京:高等教育出版社,1993.

[6] 黄东升,刘华杰.混沌学纵横谈.北京:中国人民大学出版社,1993.

[7] 龙运佳,梁以德.近代工程动力学-随即混沌.北京:科学出版社,1998.

[8] 龙运佳.混沌工程学.北京:中国工程学报,2001(2).

[9] 黄润生.混沌及其应用.武昌:武汉大学出版社,2001(1).

[10] 齐明侠.大型柴油机故障诊断系统智能化的研究.中国石油大学(北京)博士学位论文,1999.

[11] 张来宾,王朝晖,田立柱.机械设备故障信号的李雅普诺夫指数识别.石油矿场机械.2004(2).

三、分形浅论

【摘要】　在初等几何学的欧几里得空间中存在的规则的"整形"，它的维数是整数维，微分几何学研究的是连续曲面，超曲面，仍是整数维，然而在大自然中存在大量不规则的细微粒子组成的几何体——"分形"，它的维数是分数维(介于点、线、面、立体的0，1，2，3之间的分数)，本篇将研究这种分形的类型，其特性定义与各种分维数，以全面描述自然界的美丽多彩的图景。

1　概　　述

(1) 1983年[美]芒德勃罗 B. B. Mandelbrot 经常思考"奇形怪状有什么意义？维数的本质是什么？简单性能否产生复杂性？"他总想摆脱欧几里得的"整形"而改走"分形"之路，著出《自然界的分形几何学》。

(2) 我国易经："元气未分，混为一体"，"无极生太极，太极生两仪，两仪生四象，四象生八卦"，"八卦至六十四卦"。人们通俗的理解：无极指宇宙，太极指世界，两仪指阴阳，四象指金木水火，八卦至六十四卦意味着大地生万物，进化繁殖，生生不息。原始宇宙为统一的混沌，可能分化为多种形态的事物。

如用数学力学的语言来解说：自然界的动力系统(相空间与轨道)在非线性作用下，通过吸引与排斥作用，生产不动点(椭圆点，鞍点)周期运动和概周期运动，再通过倍周期分岔(从 2^3 到 2^6 分岔)的无穷分化，最终产生混沌(混沌蕴涵奇怪吸引子，自相似体和分形体)，这一过程就体现自组织的一无序到有序、从无生命到有生命的自然界发展规律。

(3) 分形体在大自然界到处可见：蜿蜒起伏的山脉，重叠的地质构造，曲折的海岸线，支流纵横的江河，层层分叉的树枝，钢材断裂的纹理，陶瓷表面的花纹，布朗粒子运动的轨迹线，蛋白质的分子链，结晶生长的界面，流体涡旋湍流集团，海绵体、珊瑚体以及奇怪吸引子的图像等比比皆是。

2　分形的类型

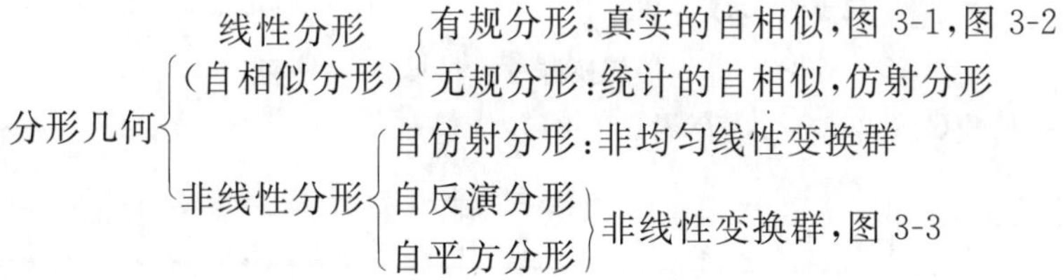

类型中有关概念：

仿射：在不同方向上进行不同比率的收缩或扩展的线性变换。

相似：相似不是分形，相似是均匀的线性变换，是仿射的特例。

自相似：自相似形具有标度不变性，即用不同倍数的相机拍摄一对象，不管放大倍数如何变化，所拍照片从统计意义上讲都是相似的，亦即照片与原件分不清哪个是"原版"哪个是"复印件"。

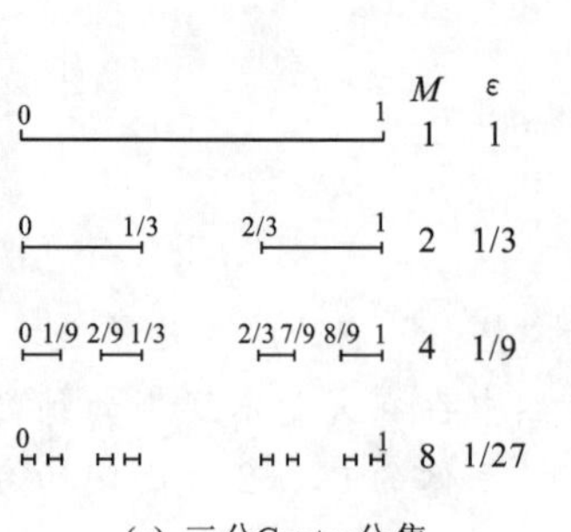

(a) 三分Cantor分集

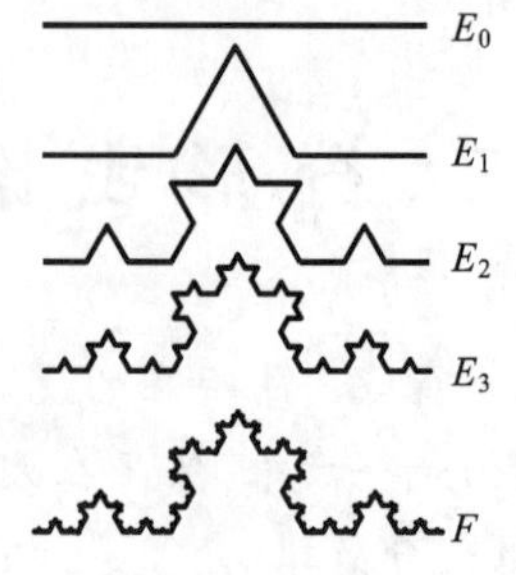

(b) 三次Koch曲线

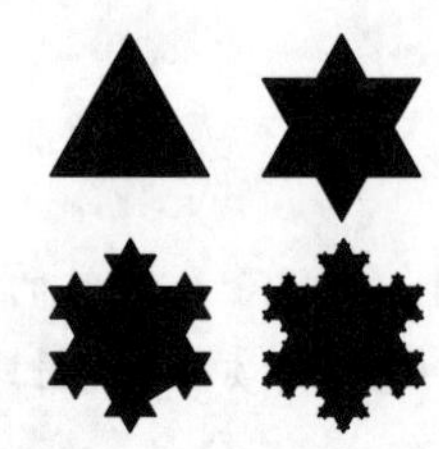

(c) 由Koch曲线构成的科赫雪花

图 3-1　线性有规分形一

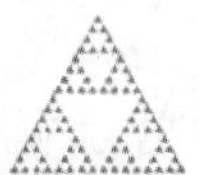

(a) Siepinski垫片

(b) Siepinski地毯

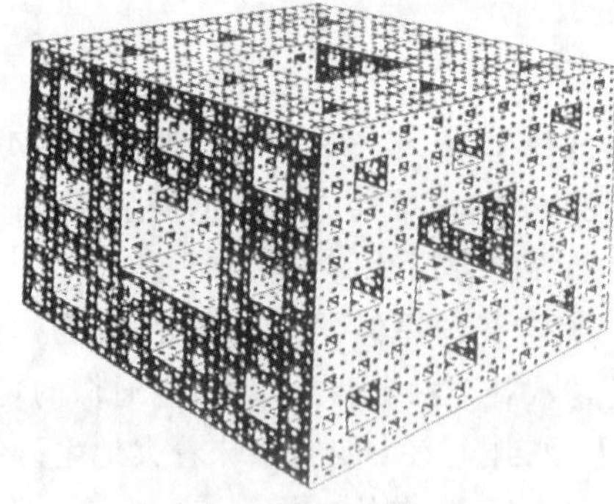

(C) Siepinski海绵

图 3-2　线性有规分形二

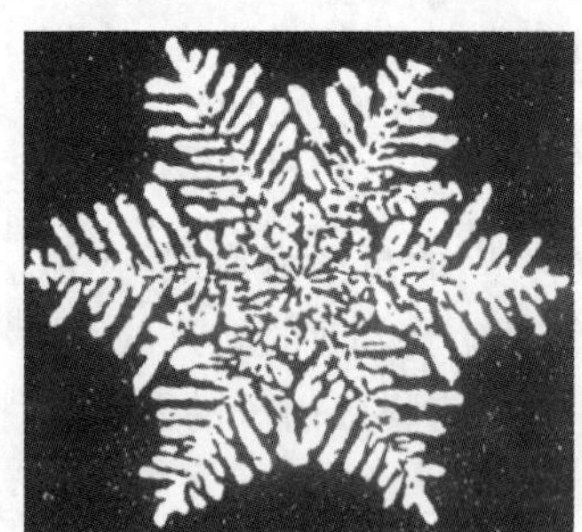

(a) 在过饱和水蒸汽中无规凝聚成的人工雪花

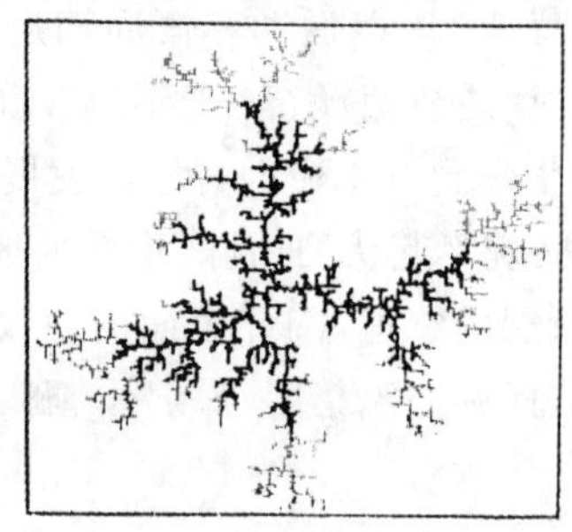

(b) 自反演分形,包含3 000个粒子的DLA凝集体

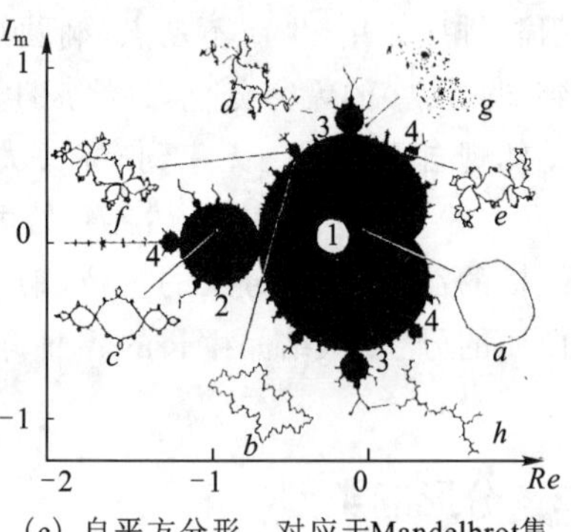

(c) 自平方分形，对应于Mandelbrot集中各点c的Julia集

图 3-3　非线性变换群

Mandelbrot 集　$M=\{c\in C:\{f_k^c(0)\}_{k\geqslant 1}有界\}$

Julia 集　$Z_{k+1}=Z_k^2+c$

图中$ac=0.1+0.1j$　　中 $bc=0.5+0.5j$　　中 $cc=-1+0.05j$

中 $dc=-0.2+0.75j$　　中 $ec=0.25+0.52j$　　中 $fc=0.5+0.55j$

中 $gc=0.66j$　　中 $hc=-j$

3　分形的定义和特性

3.1　分 形 定 义

设 F 是分形集。

(1) F 是一些简单空间上一些复杂的集合，它是所在空间的紧子集。

(2) F 具有精细结构，即有任意的比例的细节。

(3) F 是如此的不规则，以至于它的整体与局部都不能用传统的几何语言来描述。

(4) F 是其组成与整体以某种方式相似的“形”，可能是近似的或统计的。

(5) F 是其相似维数和 Haisdorff 维数为分数的几何体；

(6) F 的 Haisdorff 维数 D_H 一般大于其拓扑维数 D_I。

(7) 在大多数令人感兴趣的情况下，可以用非常简单的方法来定义，也可以用迭代产生。

3.2　分形特性

分形是一类有伸缩对称性的客体，用不同放大倍数来观察它们会看到相似的形状，即显然这是一类自相似性的形体，其局部和整体在形态、功能和信息等方面具有在统计意义下的相似性。

分形理论是非线性科学中研究对象具有自相似的，自仿射的，不光滑的，不可微的，不规则的几何形体，甚至是不美观的，支离破碎的，奇形怪状的形态，如图 3-3(c)所示。

4　维数与分维(Fractal dimension)

维数是几何对象的一种特征量，也是描述系统的独立坐标数，一般低维对应简单系统，高维对应复杂系统。在欧几里得空间中只有整数维数，在复杂系统的相空间中一般维数为分维数。

(1) 相似维数 D_s：在 D 维相空间中，如果某个图形由全体缩小$\frac{1}{a}$倍的 b 个相似图形所组成，即

$$b=a^{D_s}$$

则

$$D_s=\frac{\ln b}{\ln a}$$

D_s 称为分维，上式一般只适用于线性有规分形。上式也适用于欧几里得空间的整数维，即点的整数维是 0，直线曲线是 1，平面是 2，立体图形是 3。

参照图 3-1 和图 3-2，对于 Koch 曲线，它由把全体 E_1 缩小$\frac{1}{3}$的 4 个相似形 E_2 构成，$b=4$，$\frac{1}{a}=\frac{1}{3}$即 $a=3$，$D_s=\frac{\ln 4}{\ln 3}=1.261\ 86$。

Contor 集：$D_s=\frac{\ln 2}{\ln 3}=0.630\ 94$

科赫雪花：$D_s=\frac{\ln 4}{\ln 3}=1.261\ 86$

Sierpinski 垫片：$D_s=\frac{\ln 3}{\ln 2}=1.584\ 96$

Sierpinski 地毯：$D_s=\frac{\ln 8}{\ln 3}=1.892\ 79$

Sierpinski 海绵：$D_s=\frac{\ln 20}{\ln 3}=2.726\ 86$

从上述相似维数 D_s 计算的结果可见：具有自相似结构的分形与没有自相似的几何体的维数确实不同，如 Contor 集合，一个线段被分割挖空时其维数变得小于原来的维数 1，曲线具

有自相似性后其维数大于原来的 1,1 个面被分割挖空变为有自相似的图形时其维数小于原来的 2,而三维立体被分割挖空后其维数也小于原来的 3。所以分割的大小反映了分形结构所占空间的程度:分形结构的维数越大,空间被它占有的部分越大,从而其结构越致密。

以上规律更适用于复杂分形的分形维数 D_H 或 D_o。

(2) 1919 年,豪斯道夫 Hausdorff 最早发明"分维"。Hausdorff 维数 D_H(又称分形维数),它适用于包括随机图形在内的任意图形,一般为非线性变换群,多为高维的分维数。

设长度为 L 的线段,用一长为 r 的"尺"去量它,其量度为 N

$$N(r)=\frac{L}{r}, \underset{\text{正变于}}{\propto} r^{-1}$$

面积为 A 的平面,用边长为 r 的小正方形去量它

$$N(r)=\frac{A}{r^2}, \propto r^{-2}$$

则对于任何一个有确定维数的几何体,若用与它相同维数的"尺"去量它,则可得到一个确定的数值 $N(r)$,若用低于它维数的"尺"去量它,结果为无穷大,若用高于它维数的"尺"去量它,结果为 0。

$$N(r)\propto r^{-D_H}$$

Hausdorff 维数

$$D_H=\frac{\ln N(r)}{\ln \frac{1}{r}}$$

设 n 维欧氏空间 R^n 中,任何子集 F 的 s 维 Hausdorff 测度 $\mathscr{H}(F)$:

$$\mathscr{H}^s(F)=\begin{cases}\infty, & \text{若 } s<D_H \\ 0, & \text{若 } s>D_H\end{cases}$$

$$s=D_H, 0<\mathscr{H}^s(F)<\infty$$

$$D_H=\underset{\text{下确界}}{\inf}\{s:\mathscr{H}^s(F)=0\}=\underset{\text{上确界}}{\mathrm{Sup}}\{s:\mathscr{H}^s(F)=\infty\}$$

集合的上确界与下确界直观地被认为是集合的最大值和最小值。

人们常把 Hausdorff 维数 D_H 是分数的形体称为分形,通过分形维数 D_H 测定分形的不平度、卷曲度和复杂性,例如人的大脑表面的分形维数 D_H 在 2.73～2.79 之间,人的动脉分形维数 2.7,多孔材料断裂面的分形维数在 2.25～2.9 之间(如炭黑的分形维数为 2.25,褐煤的分形维数为 2.5)。

(3) 复杂形体的高维数、分维数细分为

容量维 $D_o=\lim\limits_{r\to 0}\frac{\ln N(r)}{\ln \frac{1}{r}}$,$D_o$ 是分形维 D_H 的最小值。

信息维

$$D_1=\lim_{r\to 0}\frac{I(r)}{\lg r}, I(r)=-\sum_{i=1}^{N(r)} p_i(r)\lg p_i(r)$$

$$\text{概率 } p_i(r)=\frac{1}{N(r)}$$

关联维 D_2:它是最易计算的最广泛应用的分形维,基于时间序列相空间重构技术:凡时间距离 $|x_i-x_j|$ 小于给定数 r 的矢量,称为有关联的矢量,有关联积分

$$C(r)=\frac{1}{M^2}\sum_{i,j=1}^{M}\theta(r-|x_i-x_j|)$$

阶跃函数
$$\theta=\begin{cases}1, & x>0\\0, & x\leqslant 0\end{cases}$$

关联维
$$D_2=\lim_{r\to 0}\frac{\lg C(r)}{\lg r}$$

(4) 里雅普诺夫维数 D_L：

里氏指数从大到小 $\sigma_1\geqslant\sigma_2\geqslant\cdots\geqslant\sigma_k$

$$S_k=\sum_{i=1}^{k}\lambda_k$$

S_k 如为正，$S_{k+1}<0$ 则为负。

因吸引子维数介于 k 和 $k+1$ 之间，用线性插值定出维数的分数部分

里氏维数 $D_L=k+\dfrac{S_k}{(\sigma_k+1)}$，相当多的 $D_L=D_o$。

以一维逻辑斯蒂映射为例：

当 $\sigma>0$ 时，吸引子为一维的；

当 $\sigma<0$ 时，吸引子收缩为 0 维的不动点或周期点；

当 $\sigma=0$ 时有三种情况：

① 倍周期分岔开始点 $\mu=\dfrac{3}{4}$，在它的两侧都有 $\sigma<0$，当迭代次很大时，$D_L\neq 0$

$$D_L=\frac{2}{3}=0.666\,6\cdots$$

② 倍周期序列极限点，$\mu_\infty=\dfrac{7}{5}$时，$D_L=0.538\,3\cdots$

③ 在 D-3 切分查开始处，$\mu=\dfrac{7}{4}$时，$D_L=\dfrac{1}{2}$。

(5) 拓扑维数 D_T：它可理解为在欧几里得空间中直观的几何图形的维数，它恒为整数值。通过把空间适当的放大或缩小甚至扭转，可转换成孤立点那样的集合的拓扑维数 $D_T=0$，可转换成直线的 $D_T=1$，平面的 $D_T=2$，立体的 $D_T=3$，拓扑维数是不随几何对象形状变化而变化的整数维数，则对于 koch 曲线其 $D_T=1$，而 koch 曲线的 $D_H=D_S=1.261\,86$，一般 $D_H>D_T$。

如集合的 D_H 恒大于其拓扑维数 D_T，则该集合为分形集。

比较上述各种分维：

$$D_L\leqslant D_2\leqslant D_1\leqslant D_0\leqslant D_H$$

5　分形与混沌

前面论及的各种分形结构，虽然它们的形态各异，但有着共同的特点：

(1) 它们都是非线性方程所描述的非平衡过程及其结果。

(2) 它们都具有明显的自相似性，即从统计意义上说，每一个结构或图形在某一尺度上的形状与其更大或更小尺度的形状相似，称为自相似形；“分形”就是具有某种(无规的或有规的)自相似性的结构或图形。

(3) 混沌运动的随机性与初始状态的涨落密切相关，分形结构的具体形状或无规性也与初始状态的涨落有关。

(4) 混沌运动的奇怪吸引子与分形都具有自相似性，两者都具有标度不变性或标度对称性，分形可以看做是一种空间混沌，混沌可以看做是一种时间上的分形。

四、分岔—混沌—分形与应用[①]

【摘要】 确定性的非线性动力系统在控制参量变化过程中发生系列动态分岔导致非确定性的混沌运动，混沌是一种有序有规律的定常运动。它具有自相似的分形结构，在相空间中有奇怪吸引子，本文从一维非线性映射出发，结合三种经典方程的应用实例，阐明混沌和奇怪吸引子的生成机理和主要特征。混沌理论直接推动弹性力学、非线性动力学、流体力学及物理学向深层次发展。对系统工程、自动控制技术、生物生态学、人体医学以及社会学经济学都将产生深远影响。

混沌是产生于确定性的非线性系统貌似随机的运动形式，规则运动通过四种动态分岔的途径生成混沌，为了揭示混沌的生成极其复杂的运动规律，不失为一般，从最简单的情形开始，首先研究一维相空间、一个控制参数、离散的时间跳跃非线性函数——抛物线映射。

1 一维离散非线性映射与倍周期分岔

逻辑斯蒂方程(Logistic Eq.)：

$$x_{n+1}=1-\mu x_n^2=f(\mu,x_n) \tag{1}$$

为使映射成为自映射 $f_\mu:A\to A$ 取选界条件为 $\mu=(0,2)$，$x_n\in[-1,1]$

式中 x_n，x_{n+1}——状态变量，离散时间 $n=0,1,2,3,\cdots,i,i+1,\cdots,\infty$；

μ——控制参数(分岔参数)或多个参数的集合。

1.1 倍周期分岔图

在控制参数 μ 变化过程中，非线性系统往往以各种方式经历一系列周期事件最后进入混沌状态。表示 x_n 随 μ 变化的图称为分岔图。对方程(1)用计算机迭代作图，横坐标为参量空间，取 960 个点，纵坐标为一维相空间(状态空间)取 400 个点，对每一个固定参数 μ_i，取一初值 x_0 开始迭代，将所得 400 个轨道点都画在此固定参数的纵轴上，扫过全部参数范围(共38 400 个点)得分岔图，如图 4-1(a)所示。

在分岔图中可见由 2 到 2^n 倍周期分岔发展到混沌的演化过程，见表 4-1。

在表 4-1 中，不动点(周期 1 轨道 P-1)：从某次迭代开始，所有的 x_1 全都不再变化 $x_1=x^*$，为只有一个幅值 x^* 的“周期运动”，映射的不动点即动力系统的平衡点(奇点)。

周期轨道(P-2，P-4，…)：从某次迭代开始，x_1 进入有限个数字周而复始地无限重复，如 P-2为两个幅值 x_1^*，x_2^* 的振动，P-4 为 4 个幅值 x_1^*，…，x_4^* 的振动，逐次分岔形成 1，2，4，8，…，2^n，…，∞的倍周期分岔序列。

混沌轨道：在 $\mu=\mu_\infty$ 处迭代的结果，相邻两个初值会相差很远，f 可能不收敛于任何吸引子，周期达到无穷长，无穷多的非周期点遍历整个线段永不重复。

倍周期分岔是“通向混沌的道路”之一。

---

① 本文为作者在 1997 年石油工程学会石油装备学术交流年会上所作的报告并列入论文集，曾于 1998 年和 2001 年为中国石油大学(北京)的研究生作过同题的学术讲座。

表 4-1　倍周期分岔及抛物线线段迭代

序号	μ 值	n 倍周期分岔	x 值及稳定区间	抛物线映射迭代图	x-t 时间历程
1	$0<\mu<0.75$	P-1， 周期 1 不动点	$x^*=1-\mu(x^*)^2\to x^*$ $=\frac{\sqrt{4\mu+1}-1}{2\mu}$ →稳定区间　$0<\mu<0.75$	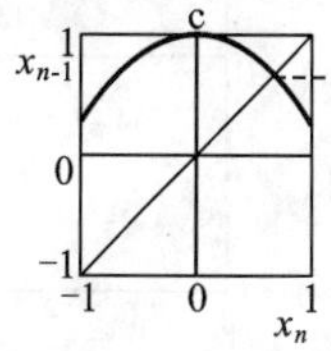	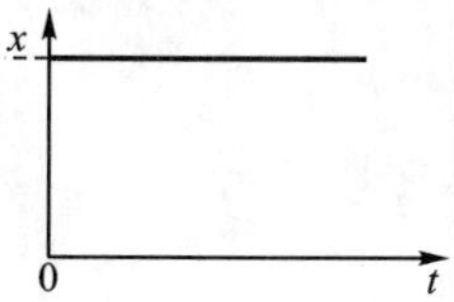
2	$0.75<\mu<1.25$	第一次倍 周期分岔 P-1→P-2 分岔点在 $\mu=0.75$ 处	由 $x_1^*=1-\mu(x_2^*)^2\to x_1^*$ $=\frac{1-\sqrt{4\mu-3}-1}{2\mu}$ $x_2^*=1-\mu(x_1^*)^2\to x_2^*$ $=\frac{1+\sqrt{4\mu-3}-1}{2\mu}$ →稳定区间　$0.75<\mu<1.25$	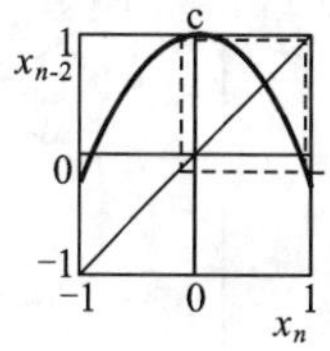	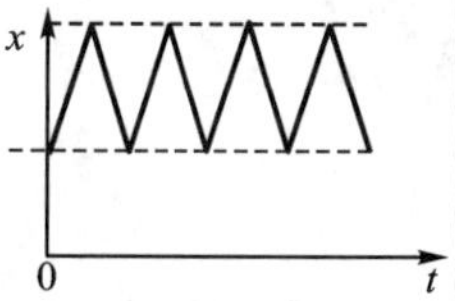
3	$1.25<\mu<$ $1.368\,1$	第二次倍 周期分岔 P-2→P-4 分岔点在 $\mu=1.25$ 处	稳定区间　$1.25<\mu<$ $1.368\,1$	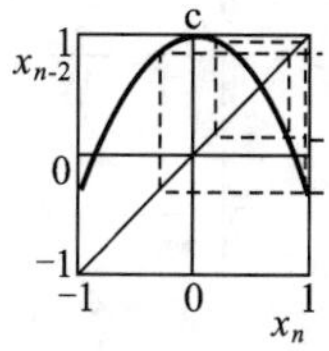	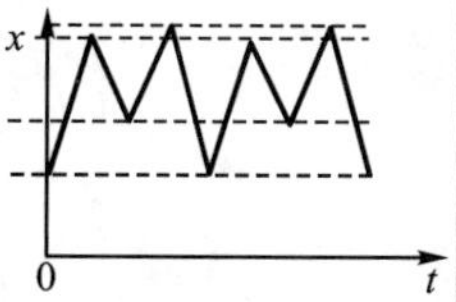
4	$1.368\,1<\mu<1.38$	第三次倍 周期分岔 P-4→P-8 分岔点在 $\mu=1.368\,1$ 处			
5	$1.401\,155<\mu<1.543\,7$	无穷多非 周期点→ 进入混沌区 开始点 $\mu_\infty=1.401\,155$ (周期∞不稳定)	$0<\mu<\mu_\infty$ 倍周期分岔序列： 周期 1，2，4，8，16，…，2^n， …，∞	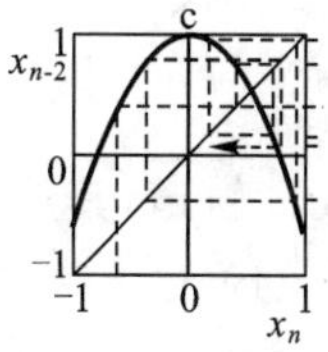	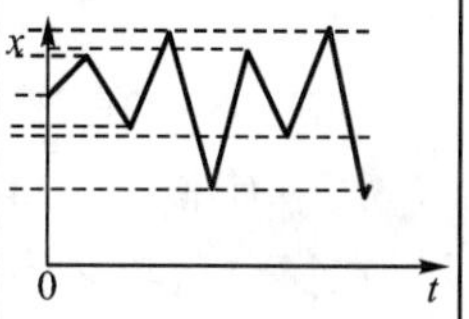
6	$1.543\,7<\mu<2.0$	全局混沌区 (全局不稳定 局部稳定) 开始点 $\mu=1.543\,7$			
7	$1.75<\mu<1.79$	周期 3 窗 口(最宽) 在 $\mu=1.78$ 进入 P-3 的 二级混沌区	P-3 切分岔序列 $3\times1,3\times2,3\times4,\cdots,3\times$ $2^n,\cdots,\infty$	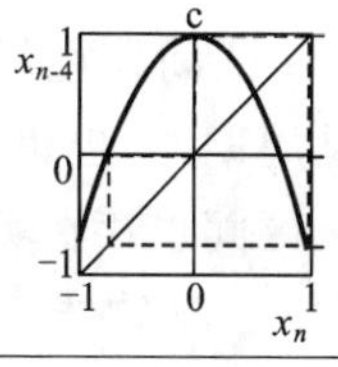	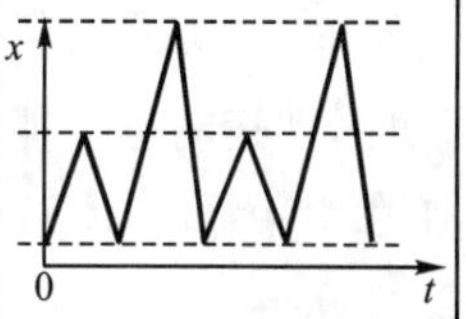
8	在 $\mu=1.47$ 处	第 1 个 P-6 窗口(较宽)			

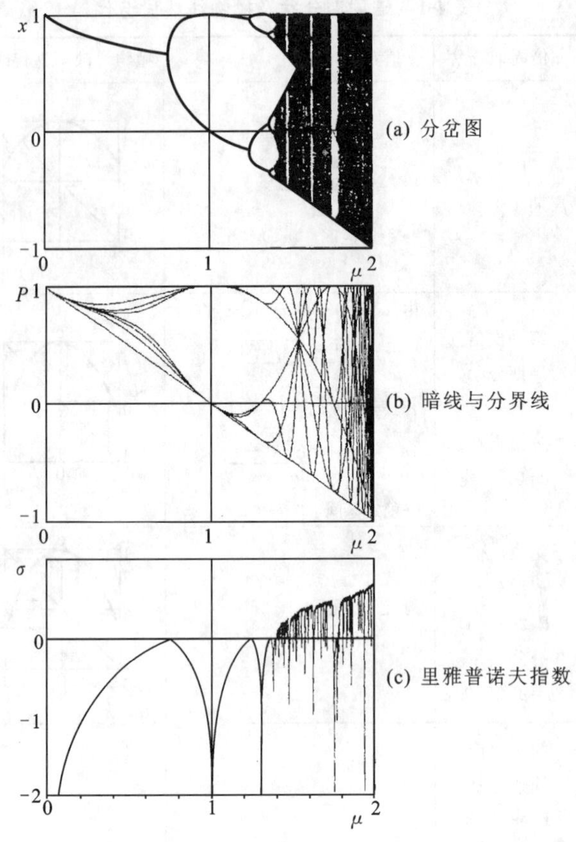

图 4-1　抛物线映射分岔图

1.2　切分岔窗口及暗线

混沌区中在 $1.749<\mu<1.79$ 区间有最宽的窗口，其中有唯一的周期 3 轨道，其放大图如图 4-2 所示，在窗口边界 $\mu=1.749$ 和 $\mu=1.79$ 处存在混沌→周期运动→混沌的突变。在 $\mu=1.749$处萌发出三个二级倍周期分岔，各自按 1,2,4,…,∞进行分岔，如 1.1 中所述，有内嵌套的自相似结构，在 $\mu=1.79$ 处由致密的三个带突变成稀疏的一个混沌带称为"混沌吸引子的激变"，这一现象在其他窗口都会重复出现。

在 $1.78<\mu<1.79$ 区间存在解的多值性和随机性，即运动也可能是周期的，也可能是混沌的(同样在 $1.4<\mu<1.5437$ 区间也存在类似的情形)。

在 $\mu=1.75$ 附近由于抛物线三次迭代曲线与对角线 $x_n=x_{n+1}$ 的相切产生狭缝效应，诱发阵发性混沌，即在时间域中周期运动与混沌运动随机地交替出现。

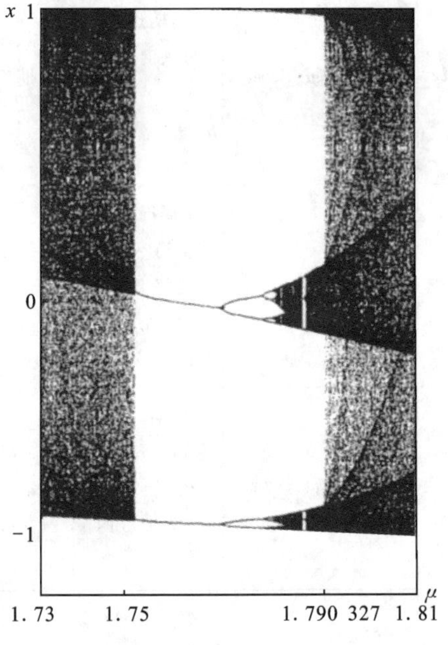

图 4-2　周期 3 窗口分岔图

“周期 3 意味着混沌”，切分岔和阵发混沌过渡是“通向混沌的道路”之二。

一维单峰映射（如二次抛物线）的周期窗口数如表 4-2 所示。

表 4-2

周期数 n	1	2	3	4	5	6	7	8	9	10	…	20
窗口数 m	1	1	1	2	3	5	9	16	28	51	…	26 214

理论上有无穷多个窗口，无穷多的层层分岔自相似结构。

一维单峰映射的周期窗口从左向右排列依次为周期 1,2,4,6,7,5,7,3,6,7,5,7,6,7,4,7,6,7,5,7,6,7,22 个窗口，称为 U 系列。

分岔图中的暗线：图 4-1 (b)给出 8 条暗线，它们的方程：

$$\begin{cases} P_0(\mu)=0,\text{纵坐标} \\ P_1(\mu)=1,\text{所有曲线的上边界} \\ P_2(\mu)=1-\mu,\text{所有曲线的下边界} \\ P_3=1-\mu+2\mu^2-\mu^3 \\ P_4=1-\mu+2\mu^2-5\mu^3+6\mu^4-6\mu^5+4\mu^6-\mu^7 \\ \cdots \end{cases} \tag{2}$$

上列曲线族的切点对应各个倍周期分岔的超稳定点$\tilde{\mu}$（第一超稳定点$\tilde{\mu}_1=\frac{\mu_1+\mu_2}{2}=\frac{0.75+1.25}{2}=1$）或窗口，曲线族交点对应倍周期与分岔边界线。

1.3　里雅普诺夫指数 σ

它是度量 N 维映射中相邻轨线分离（收缩）的快慢的一种特征值。

对于一维映射

$$\sigma=\lim_{n\to\infty}\frac{1}{n}\sum_{i=0}^{n-1}\ln|f'(x_i)| \tag{3}$$

σ 即为在 n 次迭代中平均每次迭代所引起的分离因子 $e^{\sigma n}$ 中的指数 σ。一维映射只有一个 σ，$\sigma<0$ 表明轨线收缩，运动在局部是稳定的，对应周期运动；$\sigma>0$ 表明轨线分离，运动在每个局部都丧失稳定性，导致混沌。因此正的指数 σ 可作为混沌行为的判据。

对于 N 维映射有指数谱 $\sigma_1>\sigma_2>\sigma_3\cdots>\sigma_N$。

1.4　普适常数 δ,α

在图 1 (a)中将周期 4 分岔的上半支放大 α 倍或 α^n 倍可得同样的分岔图，它们组成层层嵌套的自相似结构（分形），存在标度普适性，分岔序列收敛速率

$$\delta=\lim_{i\to\infty}\left[\frac{\mu_i-\mu_{i-1}}{\mu_{i+1}-\mu_i}\right] \tag{4}$$

δ 表示分岔参数迅速缩短，每个后续区间与前一区间之比为一常数。

对于一维映射倍周期分岔　$\delta=4.669\ 2\cdots$

标度因子

$$\alpha=\lim_{i\to\infty}\left[\frac{\Delta}{\Delta_{i+1}}\right] \tag{5}$$

Δ 为变量 x_n 的振幅，即前一分岔的振幅与后一分岔的振幅之比。

对于一维映射倍周期分岔 $\alpha=2.5029\cdots$

1.5 分维与分形

在 d 维空间中考虑一个 d 维几何对象，把每个方向增加 l 倍即得 N 个原来的几何对象：

$$N=l^d$$

维数

$$D_0=\frac{\lg N}{\lg l} \tag{6}$$

凡维数 D_0 大于其"直观"的拓扑维数 d 的几何对象称为分形，其维数按上式计算得出非整数的维数称为分维。

一维映射的分维：第一个分岔点 μ_1，$D_0=\frac{2}{3}\approx0.6666$

倍周期的极限点 μ_∞，（混沌开始点）$D_0=0.5380$

切分岔开始点（阵发混沌），$D_0=0.5000$

一维映射分岔的自相似结构是发生在相空间中的而不是真实空间中的自相似结构，后者如康托尔集合，席尔宾斯基垫片，科赫雪花等属于有规的自相似结构，见图 4-3。另如凝聚、结晶界面、多孔材料、渗流集团、粗糙表面、海岸线等属于无规的自相似结构（统计自相似），这些具有一定随机性同时又具有分维的自相似结构或图形就是真实空间的分形结构，其普遍的定义是其子集在不同方向以不同倍数放大与其原集合全等的集合，当各方向放大倍数相等时便是有规自相似分形。

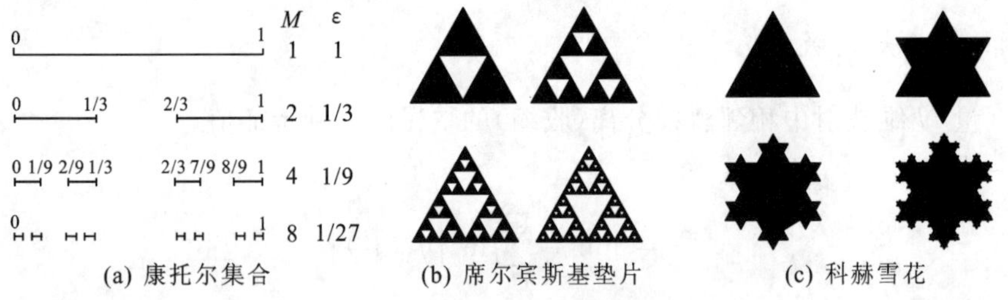

图 4-3 有规自相似的分形结构

2 经典实例与应用

2.1 杜芬(Duffing)方程

此方程为一维二阶强迫非线性微分方程，应用于后曲屈弹性柱或倒摆的横向强迫振动的响应解，它有非线性的弹性恢复力项：

$$\ddot{x}+0.3\dot{x}-x+x^3=f\cos 1.2t \tag{7}$$

后曲屈柱在受一超过欧拉临界值的轴向力时，柱的两侧各有一个稳定的平衡位置，柱受到横向激励，当激励很小时，柱在任一稳定平衡位置附近小幅振动，而当激励很大时，柱做包括三个平衡位置在内的大幅振动，当激励不大不小时又将如何振动？试验和数值计算都发现，振动反复无常地轮流在两侧稳定平衡位置附近进行，出现没有一定周期的混沌运动，在混沌发生之前有由一频率 $\omega(\omega=1.2)$ 变为分频（$\frac{\omega}{2}$，$\frac{\omega}{4}$，…）的振动过程，即振幅 $|x|$ 分岔过程，以 F 为控制

参数，F 由小到大变化，可得响应振幅 x 与时间历程见图 4-4。从图可见，周期振动经过分岔以后进入混沌，在混沌之间嵌着周期 5 窗口的周期解，有趣的是，在混沌暂告一段落以后又经过周期倒分岔恢复为周期振动。

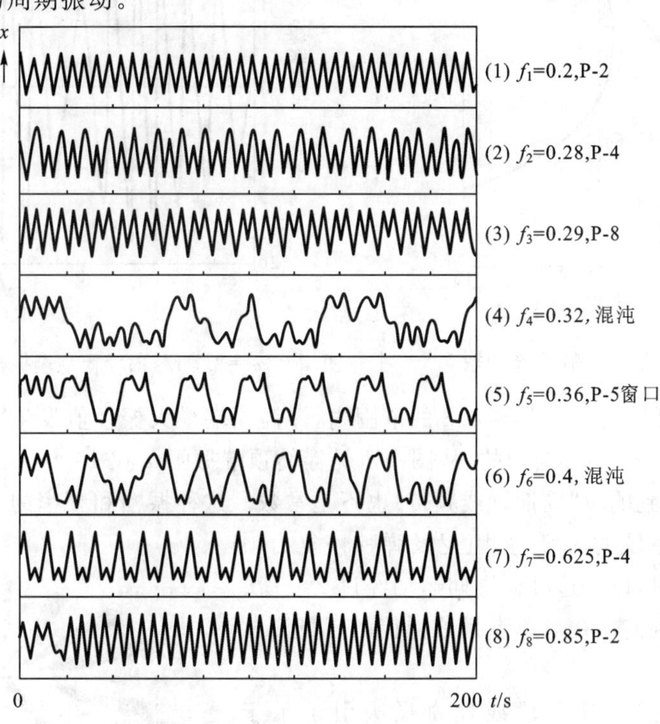

图 4-4 后曲屈柱横向追振的 x-t 曲线

Duffing 方程的又一应用：求海洋石油单点系泊浮筒的振动响应。

浮筒为一个铰支于海底的倒摆，其力学模型如图 4-5 所示，它受大弹性锚缆张力 F_e 的约束，受海浪力 $F(t)$ 的激励，产生液-固耦合阻力 F_d，浮筒在规则的海浪力作用下形成一分段线性系统，这是因为浮筒朝向运油船体运动时，系泊缆松弛(不起作用)，而当它朝相反运动时缆张紧。其原始运动方程经规范化可得 Duffing 的一维二阶非线性微分方程

$$\ddot{x}+\omega_0^2 x+\varepsilon(2\xi\omega_0\dot{x}+\beta\omega_0^2 x^3-F\cos\omega t)=0 \tag{8}$$

式中 ξ,β——阻尼因子和恢复力因子，由选择合适的材料常数和几何尺寸决定；

ω,ω_0——激励频率及系统固有频率；

ε——小参数。

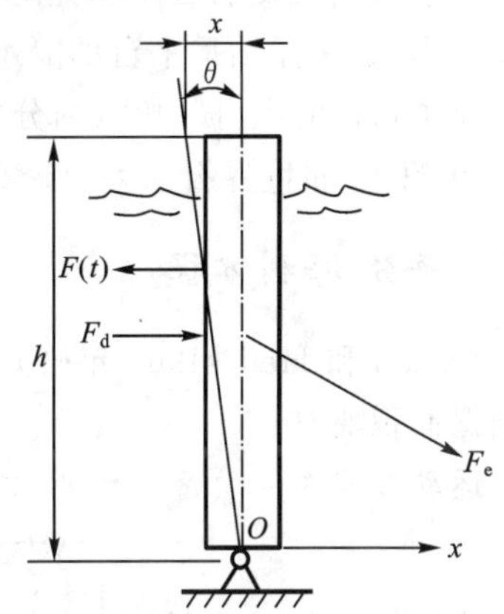

图 4-5 单点系泊浮筒的力学模型

海浪力 $F(t)$ 建立在线性小振幅的简单谐波上，实际上 F 及其作用频率 ω 均不是常数，但为了得到对非线性系统的振动响应规律性认识，先设 F 及 ω 为常数，阻力 F_d 及约束力 F_e 项采取分段线性化，在用龙格-库塔逐步积分法编程计算中，在每一步长时间内 F_e，F_d 取为常数，在每步长末端不断加以修正，计算结果示于图 4-6 和图 4-7 中。

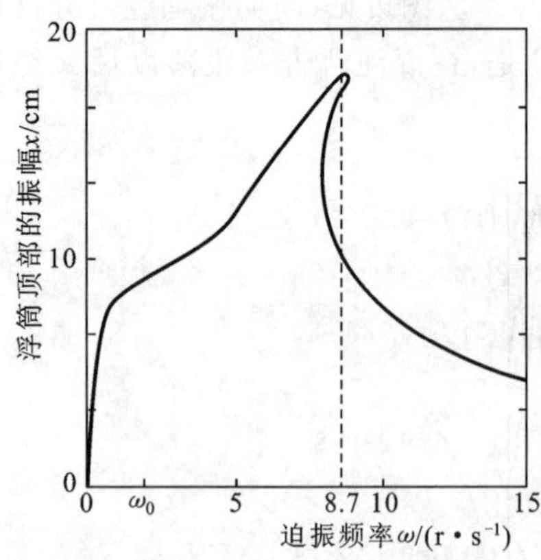

图 4-6　浮筒顶端最大振幅-频率曲线

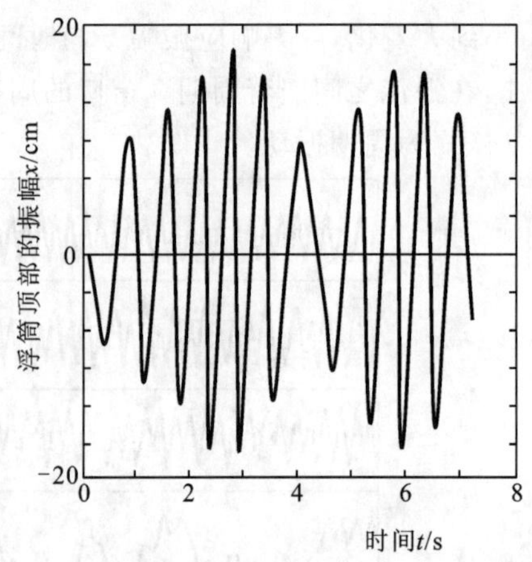

图 4-7　$\omega=8.7$ r/s 时浮筒顶端振幅的时间历程

从图 4-6 中可见在 $7.8\leqslant\omega\leqslant8.8$ 的范围内，浮筒顶端最大振幅值发生“跳跃”和“滞后”现象，图 4-7 是取 $\omega=8.7$ r/s绘制的，从图中可见浮筒顶端振幅 x 在 10.6～17.8之间变化，不是常数，并可明显见到响应“周期”(或频带)也不是常数。这种振幅和频率的多值性正是非线性系统的特征。当系统的激励力、阻尼及弹性恢复力项表现为强非线性时，以上这种概周期运动经过 2～3 次霍普分岔将出现混沌。在对单点系泊浮筒的现场测试中可观测到混沌。

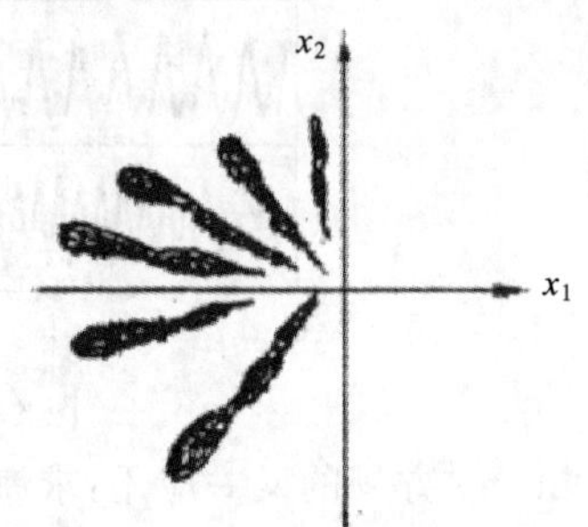

图 4-8　倒摆分段线性系统的奇怪吸引子

横向激励倒摆时其分段线性奇怪吸引子示于图 4-8。

至于两端绞支的后曲屈柱的横向迫振问题应用实例还很多，如海洋钻采平台的隔水管，钻井井架等。钻井井筒中钻杆的纵、横、扭振的分岔及混沌现象可详参 1992 年第 13 届世界石油大会论文集 Mirzajanzade 的文章。

2.2　海努-海利方程

Henon 和 Heiles1964 年研究了具有非线性耦合的双振子系统，它是一个二维不可积的哈密顿保面积映射

运动方程为　$\ddot{x}=-x-2xy$

$\ddot{y}=-y+y^2-x^2$

哈密顿函数　$$H=\frac{1}{2}(\dot{x}^2+\dot{y}^2+x^2+y^2)+x^2y-\frac{1}{3}y^3=E \tag{10}$$

总能量 E 代表扰动力的大小，(10)式即哈密顿方程的第一次积分解。

按 Poincare 截面法取由小到大 3 个等能截面($E=\frac{1}{12},\frac{1}{8},\frac{1}{5}$)经过数值仿真得到图 4-9，运动可用三维空间$(x,y,\dot{y})$的相应积分曲线表示，取这些积分曲线在 $x(t)=0$ 平面上的截痕(x,z)，这里 $z=\dot{y}$，运动的轨线由许多离散截痕点表示。图中最外面的实线表示当 $x(t)=0$ 时，方程为

$$\frac{1}{2}z^2+\frac{1}{2}y^2-\frac{1}{3}y^3=E \tag{11}$$

虚线点是由不同初值(y_0, z_0)的若干条轨线的截痕组成。

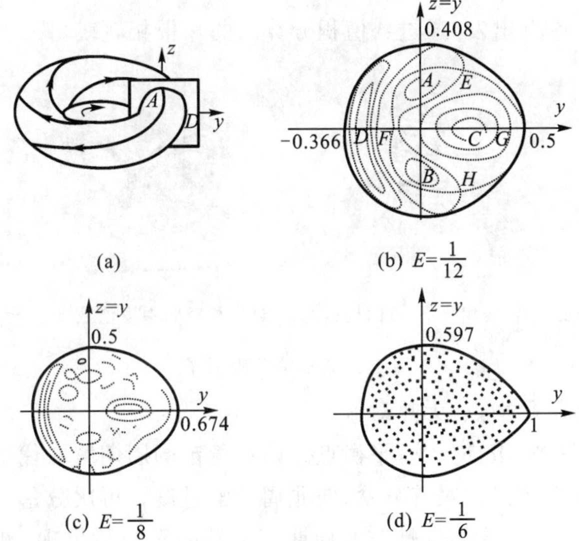

图 4-9　Poincare 截面和截痕分布图

(1) 图 4-9(b)，当 E 很小时 $E=\frac{1}{12}$，一种可能的周期解运动是质点（振子）在(0.5,1)(−0.366,0)两点间来回振荡，另一种可能是在过(0,0)点的直线与实环线相交的两点之间振荡。

截面上的一些 KAM 环（虚线）将运动分割为许多互不相通的区域，概周期解为 A,B 二点（或 C、D 二点），不稳定周期解有 4 个双曲点 E,F,G,H，在其附近有窄细的混沌河，初值掉入混沌河中的可能性很小，总体上看运动基本上是规则的概周期运动。

(2) 当 E 增加为 $E=1/8$ 时，KAM 环破裂，混沌河加宽形成混沌海，周期解只限于初值(y_0, z_0)落在海中的岛屿上，其中有一个大岛，一个长岛和几个小岛，这些岛即是由双振子频率处于共振时形成的，此时周期运动与混沌运动共存（岛中还有混沌）。

(3) 当 E 增加为 $E=1/6$ 时，KAM 环完全破坏，截面中几乎全是混沌解。

可见：近可积和不可积 Hamilton 系统都会发生混沌。

2.3　罗伦兹方程

罗伦兹在 1963 年研究大气层热对流时，将 N-S 湍流方程简化得到一组时间连续变化的演化方程：

$$\begin{cases} \dot{x}=\sigma(y-x) \\ \dot{y}=\rho x-xz-y \\ \dot{z}=xy-\beta z \end{cases} \tag{12}$$

该方程是一个三维自治非线性常微分方程组，x 代表对流强度，y 代表上升流与下降流的温差，z 代表垂直方向温度分布的非线性度，σ,ρ,β 皆为控制参数，σ 为与介质有关的普朗特数，ρ 为瑞利数与其临界值之比，β 表征流场环形的形状。

罗伦兹在用计算机求方程数值解时，最早发现确定性方程在控制参数取某一定值时，会得到随机性的非周期解，这是最早获得奇怪吸引子的例子。

图 4-10 给出罗伦兹吸引子的相空间图形(b)及相应的时间历程轨线(a),此图是用参数为 $\sigma=10,\beta=\frac{8}{3},\rho=28$,从原点出发,通过数值积分算出的一根相轨线。

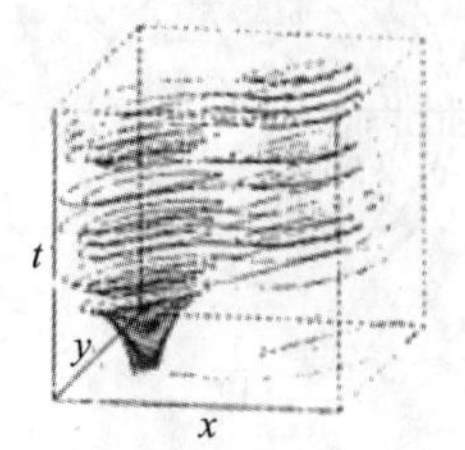

(a) xy轨线相平面-时间历程

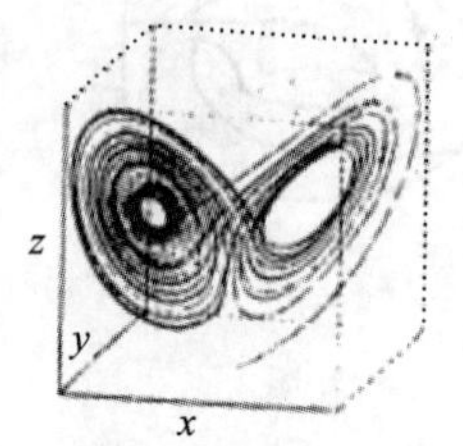

(b) 相空间中罗伦兹吸引子

图 4-10 罗伦兹吸引子

当 $\rho<1$ 时,有定常解平衡点(无热对流)。

当 $\rho\geqslant 1$ 时,出现第一次霍普分岔,平衡点开始被稳定的周期解取代(循环对流)。

当 $\rho>13.976$ 时发生第二次霍普分岔,向非周期解过渡。再次分岔,流动化为包括多个频率成分的概周期运动,进而化为周期性与非周期性运动间歇交替出现。即相轨线由只绕左边一个奇点转圈变为绕两个奇点转圈。

当 $\rho\geqslant 24.74$ 时,流动进入全局混沌——湍流,没有任何稳定的定常解存在,表现为无规则振荡,在图 4-10(b)中的奇怪吸引子,其轨线无限接近一个马鞍形曲面,这个曲面由两片组成,围绕各自的奇点先在一片(如左片)由外向内绕到里圈,然后跳到另一片的外圈,连续向内转,以后又再次突然跳回到原来的一片,如此往复转圈,但永不远离,也永不趋近于某个稳定的周期解。由此可见罗伦兹模型不能用于大气层热对流的长期天气预报。

目前,类比周期运动→分岔→混沌来分析层流→转捩→湍流还停留在起步阶段,很多机理仍不清楚,如流体运动偏微分方程,不仅随时间变化,还有空间上的分布,它的维数极高(∞维),因此用低维的动力系统的分岔与混沌理论分析极高维的流动与湍流机理尚存在许多问题。

罗伦兹方程还可用于流体机械(泵、涡轮机械、离心机、旋流器等)电动机以及激光器等的运动规律分析上。

3 奇怪吸引子和通向混沌的道路

在一个动力系统中运动性态总是趋于当地最小值的稳定平衡态,这里最小值的状态就是运动吸引子,在相空间中用普通吸引子刻画规则运动的性态,用奇怪吸引子刻画混沌的性态。

对于非线性耗散系统,其相体积要逐渐收缩,即 N 维相空间的轨线都要收缩到 $K(K<N)$ 维曲面上,如有的收缩到一个不动点,有的收缩到封闭曲线——极限环上,有的收缩到二维或二维以上的环面上(如 KAM 环面),经过足够长的过渡过程,系统在相空间所趋向的有限范围(点,线或面)称为普通吸引子(在数学上则是非线性微分方程的解在 $t\to\infty$ 的极限集合),见表 4-3,它具有整数维。

奇怪吸引子与普通吸引子不同。耗散系统使轨线收缩,起到一种整体稳定的作用,但从局部上看,运动是不稳定的,任意初始条件的小扰动足以使相邻轨线相互排斥,而按指数型分离,收缩和分离两种力量的斗争与均衡,使轨线最后集中于有限范围内,靠拢又分开,伸展又折叠,无数次折叠最终形成复杂的奇怪吸引子,它代表混沌运动在相空间中的拓扑结构,在数学上奇怪吸引子是一个无限点集，其中任何一点任意次映射都不是自身，但仍在此集中，换言之，奇怪吸引子是吸引集中的一个“稠”（稠密轨线）。

表 4-3 吸引子及其特征标度

<table>
<tr><th colspan="3">类型</th><th>相图</th><th>时间历程</th><th>功率谱</th><th>里雅普诺夫指数谱 $\sigma_1>\sigma_2>\sigma_3$</th><th>维数 D</th><th>备注</th></tr>
<tr><td rowspan="4">普通吸引子</td><td rowspan="2">奇点（汇点）</td><td>稳定结点</td><td>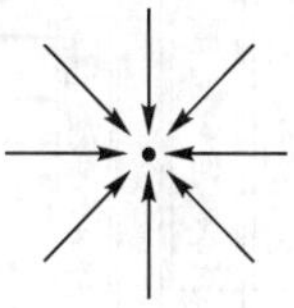</td><td rowspan="2">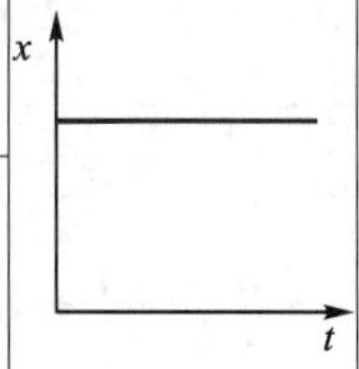</td><td rowspan="2">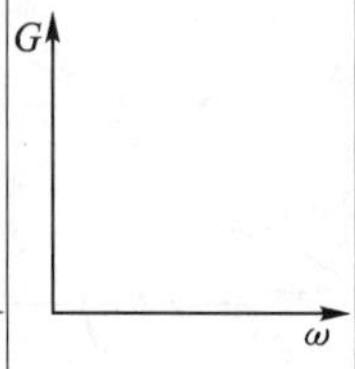</td><td rowspan="2">— — —</td><td rowspan="2">0</td><td rowspan="2">静止稳定平衡</td></tr>
<tr><td>稳定焦点</td><td></td></tr>
<tr><td colspan="2">极限环</td><td>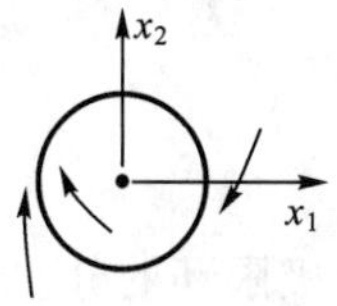</td><td>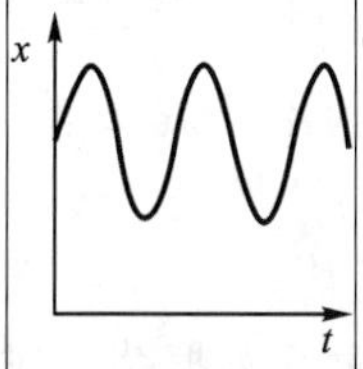</td><td>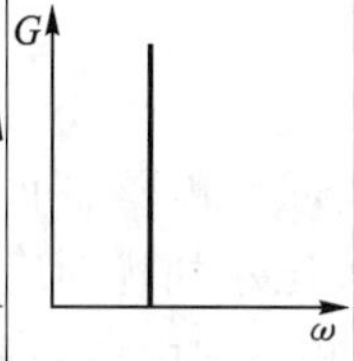</td><td>0 — —</td><td>1</td><td>周期</td></tr>
<tr><td colspan="2">环面</td><td>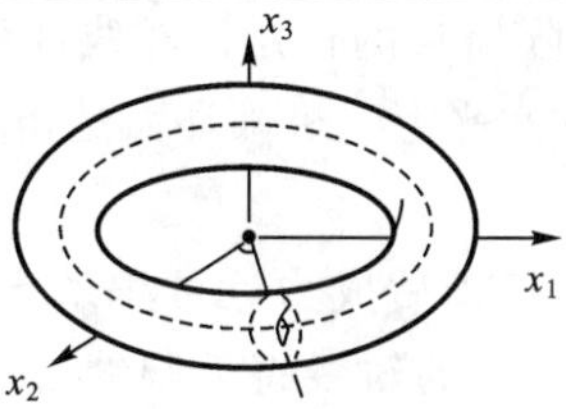</td><td>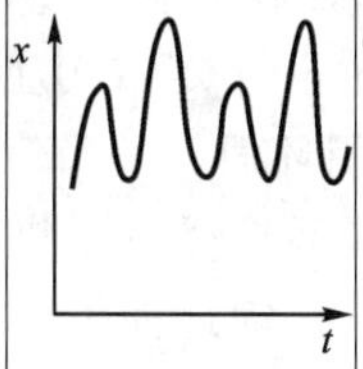</td><td>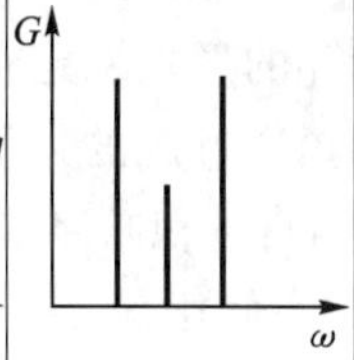</td><td>0 0 —</td><td>2</td><td>概周期</td></tr>
<tr><td>奇怪吸引子</td><td colspan="2">无穷连续轨线</td><td>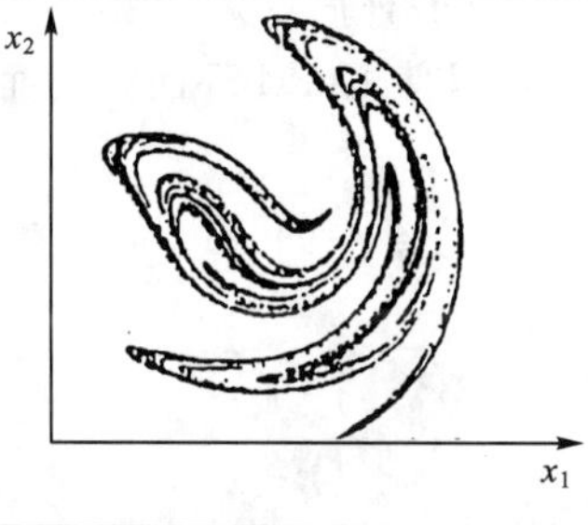</td><td>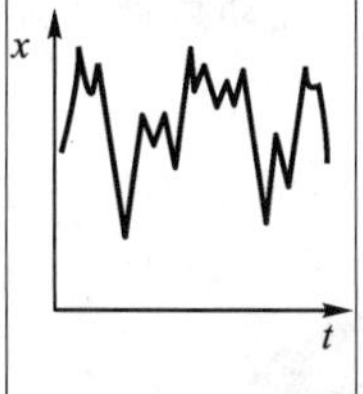</td><td>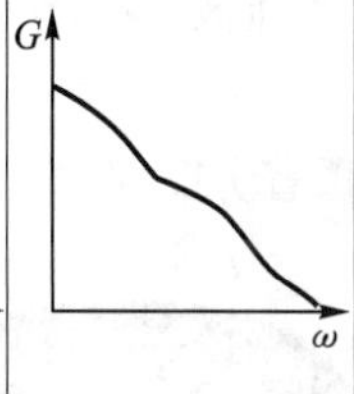</td><td>+ 0 —</td><td>2<
D<3
（分维）</td><td>混沌日本吸引子（Y. Ueda）</td></tr>
</table>

概括起来，奇怪吸引子有如下特征：(1) 运动对初始值的敏感依赖性。(2) 为局限于有限吸引域中的稳定吸引子。(3) 空间结构十分复杂，轨线无穷伸展，压缩，折叠。(4) 具有无穷层次的自相似结构即有分维的分形体。(5) 具有一切混沌的通有性（如倍周期分岔的普适常数）。(6) 具有统计性特征，有正的指数 σ，连续功率谱。(7) KAM 环面当频率比 α 为无理数时，是遍历的。(8) 不一定填满有限区域，往往具有一些空隙或空间。

运动的定常态有四种，即平衡态，周期态，概周期态和混沌态，在后三种之间，已发现有四种典型的通向混沌的道路，那就是倍周期分岔（Feigenbaum 分岔），阵发混沌过渡（Panteau-mannecille）、二次或三次霍普分岔（Hopf 分岔）、KAM 环面（Kolomogorov-Arnold-Miser）破裂，见图 4-11，二次霍普分岔中的极限环与环面上的频率比是不可公约的无理数，经过二至三次分岔后周期规律丧失而导致混沌。

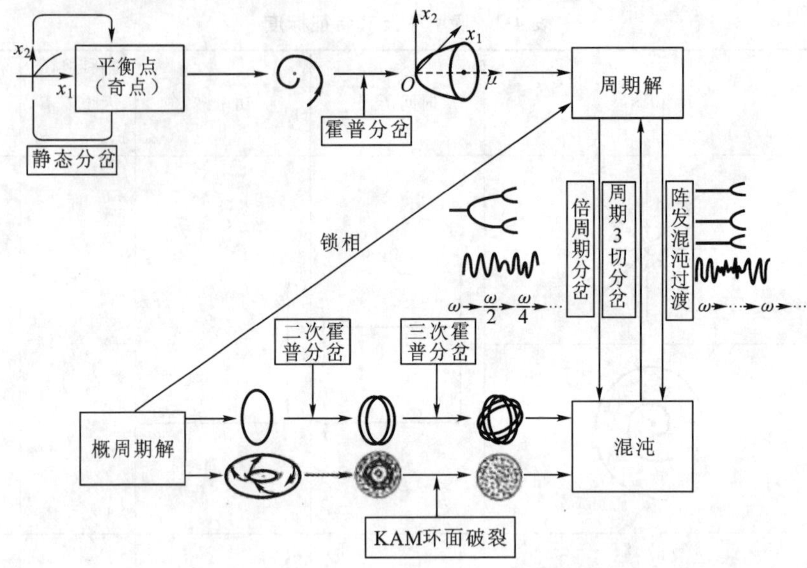

图 4-11　四种定常态及通向混沌的道路

图 4-11 中一些专业词汇解释如下：

霍普分岔：在参数值微小的扰动后，由稳定平衡点突变出极限环的分岔。

极限环，极限环面：相空间中由一种往复振荡形成的封闭环，极限环是孤立的，在极限环内外附近轨线都趋向此环，即非线性因素起着抑制振幅无限增长的作用。非线性系统尤其是自激振动系统都是以极限环的形式稳定在一个定常响应的水平上。极限环面是相空间一种螺旋振荡由公转和自转两种频率形成的封闭环面。

KAM 环面图 4-12(a)：可积哈密顿系统受一个微小扰动后成为近可积系统，该系统的轨线被限制于一个 $2n$ 维相空间中的一个 n 维环面上，环面上的轨线将无限缠绕环面而永不重合，轨线将布满环面，这种螺旋轨线对应概周期运动（两种或多种周期运动叠加）、近可积哈密顿系统两环面之间充满混沌区。一个小扰动可产生剧振足以使 KAM 环面破裂而导致全局混沌。

KAM 环面经二次霍普分岔可产生更为复杂的双环面，见图 4-12(b)。

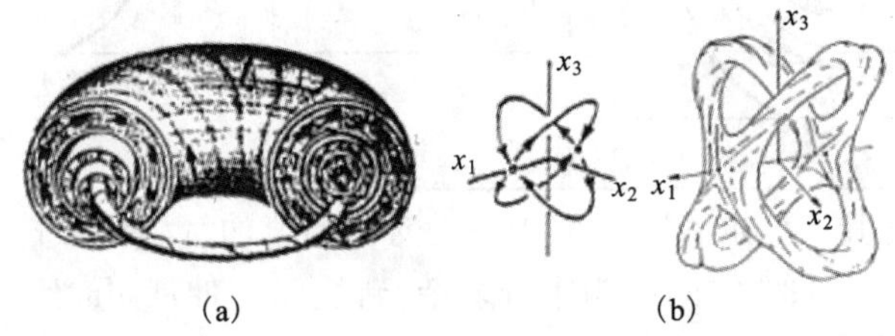

图 4-12　二维 KAM 环面及二维双环面

4　总结—— 混沌的概念及特征

混沌——在非线性动力系统中（耗散系统和不可积保守系统中）普遍出现的一种复杂运动，它貌似随机实是一种定常运动、即在宏观上无序无律而在微观上是一种有序有律的运动。

混沌的特征表现为：

(1) 宏观上的无序性：宏观上观察混沌运动，呈现一片混乱，貌似随机，其长期行为为不可预测。可分三个方面：① 内在随机性，这种随机性并非由外界因素驱动的而是在一定参数条件下系统自发产生的随机行为。② 非周期性，从一维映射看，当 $\mu_{\infty}=1.401\,5$ 时，周期运动转化为非周期运动。③ 局部的不稳定性，或称对初始值的敏感性。说的是耗散系统使相空间体积收缩，相轨线互相靠拢。而系统的非线性使它对初始条件极端敏感，给系统任何一个初始的微小扰动都可使轨道按指数形式分离，从而可能导致完全不同的终态。经过一长期过程，终导致无序的混沌运动。“确定性运动也可以产生随机运动”这一认识打破了数百年来束敷人们的确定论认识。

(2) 微观上的有序性：混沌运动不是真正的随机运动，它有在很深的背景下的规律性。① 具有无限层次的自相似拓扑结构或拓扑可传递。如在一维单峰映射的混沌带中有尺度更小阶次更高的不动点和周期运动，在 Poincare 截面中由河海(混沌)和岛屿(不动点、周期运动)填充，岛屿中又有更小的海与岛屿。这些有规的自相似结构都有 Feigenbaum 普适常数 δ、α，这种有规的自相似结构具有储存“记忆”的功能，人们称这种功能为“宏观量子化”。② 相空间中的奇怪吸引子具有混沌的特征量，如分维数，里雅普诺夫指数 $\sigma>0$，相关熵 $ds>0$。③ 具有结构的和测度的普适性，如运动轨线的分岔特征仅与一维映射 f 的单峰的连续的数学结构有关。用一维映射在不同的测度层次之间其嵌套结构相同。④ 已发现有四种典型的通向混沌的道路。由以上看，混沌与随机运动具有本质不同的特征。

(3) 有序与无序的互补性：从前，生物学界的有序论(进化论)和物理学界的无序论(热力学第二定律)将自然界运动规律截然分开，通过混沌论，以及更高的层次的新三论“耗散结构论、协同论，突变论”将二者结合为一体。混沌是二者的交接点，混沌和“新三论”填补了“确定沦”和“非确定论(概率论)”之间的鸿沟，引导人们辩证统一地更深刻全面地去认识客观世界。

混沌现象及其理论的研究目前还很年轻，只育 30 年的历史，远不像线性振动和随机振动理论研究得那样完善，需要从混沌的应用、计算、试验等方面加强，上升到理论作进一步的定性与定量研究。例如湍流是极高维的时空混沌现象，需要更深一步揭示其奥秘。随着超级计算机的出现，混沌的高精细度分析和混沌性态的长期预测都将有可能实现。

参考文献

[1] 郝柏林.从抛物线谈起——混沌动力学引论.上海:上海科技教育出版社,1993:1-96.

[2] 陈予恕.非线性振动系统的分叉和混沌理论.北京:高等教育出版社，1993:473-429.

[3] 刘秉正.非线性动力学与混沌基础.长春:东北师范大学出版社,1994:139-272.

[4] 王海期.非线性振动.北京:高等教育出版社,1992:239-261.

[5] [美]J·F·威尔逊.海洋结构动力学.杨国全译.北京:石油工业出版社,1991:86-97.

[6] 朱照宣.混沌与湍流//中国力学学会第三届全国流体力学学术会议论文文集.北京:科学出版社,1988:1-4.

[7] 庄礼贤,等.流体力学.合肥:中国科学技术大学出版社，1991:479-486.

[8] 中国力学学会办公室.现代流体力学进展.北京:科学出版社,1993:1-28.

五、湍流，湍流＝混沌？

【摘要】 湍流研究是一个流体力学中的经典问题，自200多年前雷诺实验发现湍流以来，有上千篇文章论述其生成机理及特性，对湍流是否混沌，近40年来也经过热烈的争论，莫衷一是。本文就湍流的拟序结构等问题进行了扼要地论述，根据混沌与湍流的5种同异点对比分析，最后对湍流是否是混沌给出了相近的结论。

1 层流—转捩—湍流

最早，1883年由雷诺 Reynold 在管流实验中发现在管流中存在两种流态，即层流和湍流。

层流随雷诺数的增高而过渡变成湍流，雷诺数 $Re=\frac{vr}{\mu}$，v 为平均速度，r 为管内半径，μ 为流体粘性系数，其物理意义是非线性的惯性力和粘性力之比，粘性力的作用是使流体稳定，而惯性力的作用是使原有流动产生不稳定因素，它越大，流体越趋向失稳和向湍流过渡，图5-1(a)之(1)当雷诺数<2 320时为层流。(2) 当雷诺数增加到某一临界值如 $Re_c \geqslant 2\ 320$ 时，则流动进入一个相当长的转捩过程，呈现间歇的团塞现象，从时间上看，湍流与层流交替出现，从空间上看，二者共存且有明显的分界面。(3) 当雷诺数增高到第二临界值——转捩临界雷诺数 Re_t（比如3 500～4 000）时流动进入全面湍流，流体呈现为大小不等的三维涡旋（涡团、涡管、涡片和涡丝），其脉动频率高达数千赫兹。

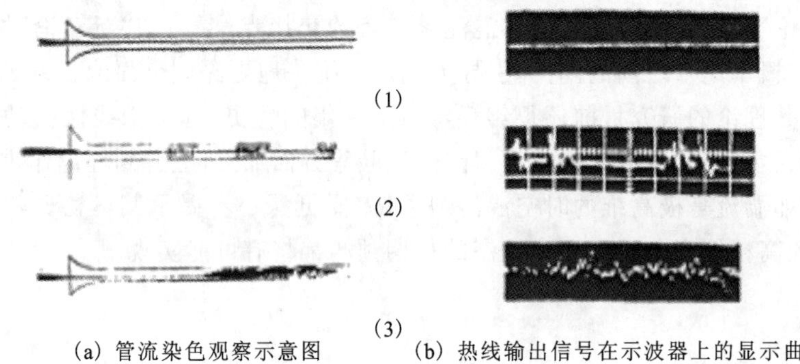

(a) 管流染色观察示意图　　(b) 热线输出信号在示波器上的显示曲线

图5-1　雷诺的管流实验

(1) 层流；(2) 转捩（间隙湍流）；(3) 湍流

涡旋的生成在形成湍流中起主要作用，典型例子有粘性流绕球问题。

图5-2(a)随流速和雷诺数的增加，层流失稳出现二维波和三维波，局部涡旋增强，内部剪切层形成，分离出卡门涡街（两列交错排列的涡旋），脉动频率提高，大涡分裂成小涡形成湍流斑，湍流斑扩展成全局湍流。图5-2(b)为卡门涡街实测图像。

2 湍流的基本概念

湍流是什么？根据《辞源》第76页的解释："湍流亦称紊流，水势急，急流的水，流体质点互相混杂，流线极不规则，流体的物理量的时间平均值有不规则的涨落，当水流动于直圆管中，其'雷诺数'大于2 300时呈湍流现象。"另外，《康熙大字典》解为杂流，日本以汉字表示为乱流，

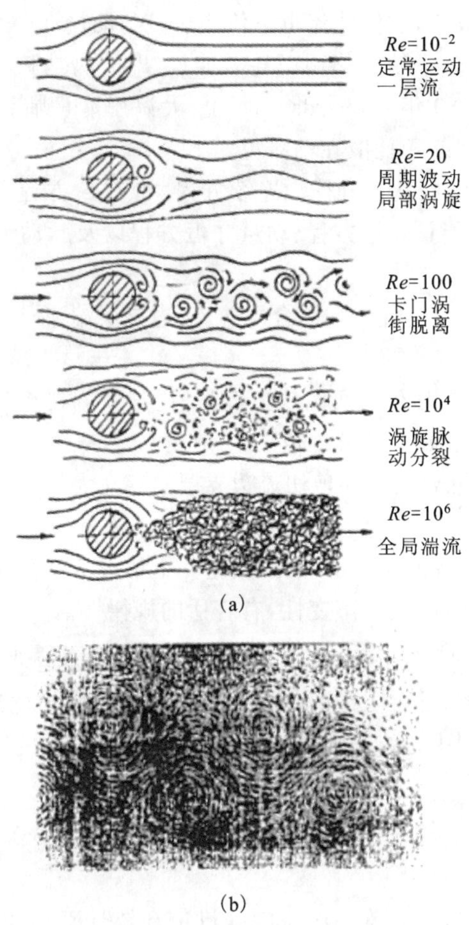

图 5-2 粘性流体绕球、涡旋→湍流

二者合为杂乱无序的在时间和空间上的流体随机运动。

按我国周培源的解释:湍流是一种不规则的涡旋运动,大尺度的涡旋是一种拟序结构,湍流不仅是随机信号的集合,而且是有序的拟序结构与随机信号的结合。

下面将在“4”中进一步讨论涡旋的拟序结构性。

3 湍流的特征

(1) 随机性:湍流是随时空变化的平均流动叠加上高频脉动形成的极端复杂的流体运动,它的特性参变量是不可预测的,只能用统计平均法描述和近似求解。由于湍流内部存在非线性因素,即使不存在外部扰动,由于初始条件的不确定性也可导致不可预测性或随机性(内在随机性)。

(2) 大雷诺数性质:湍流由大雷诺数来表征,只有在高速、高雷诺数的条件下,非线性才起主导作用,形成内在随机性的湍流。

(3) 涡旋与级串:湍流是以高频扰动涡为特征的有旋的三维运动,湍流中充斥着大大小小的漩涡,在漩涡尺度之间存在逐级能量传递作用,第一级大涡能量来自外界(平均流场),大涡失稳后产生二级小涡,小涡失稳后产生更小涡,最后最小尺度由分子粘性和湍流密度的大小决定。

(4) 扩散性和涡粘性:湍流中小尺寸涡旋对大尺度涡旋的作用是一种扩散作用,起着削弱湍流平均运动速度梯度的效果，它使湍流也可传递热量与动量。

(5) 耗散性：湍流由于分子粘性作用而耗散能量，即大涡是脉动能量的主要携带者，小涡为耗散能量的涡旋，正如 1989 年 Richardson 所说：大涡用能量哺育小涡，小涡照此把儿女养活，能量沿代代涡旋传递，但终于耗散在粘滞里。

(6) 连续性：流体动力学的基本方程为连续方程，如 *N-S* 方程(雷诺方程)，补上使方程组封闭求解的质量守恒方程、能量守恒方程、动量守恒方程以及脉动方程等，湍流对应连续能量谱。

(7) 流动特性：湍流具有混合能力，混合层湍流、边界层湍流、尾迹湍流都有不同的流动特性。

(8) 间歇性：湍流中具有时空的间歇现象，就是说某一刻在空间中的每一个点都有湍流，即有奇异性(非均匀各向同性)，具有分维数。

(9) 拟序结构：在湍流混合层中和剪切流边界层中存在大尺度拟序结构和触发现象，有时空互关联的记忆特性。

(10) 标度性：涡旋没有特征尺度(其大小相差 9 个量级)，都存在自相似的标度律，流体动力学方程本身存在对称不变性，尺度不变性，有普适的规律性。

(11) 湍流自由度 $N \approx R_e^{\frac{9}{4}}$，($N \approx 10^{10} \sim 10^{20}$，自由度即描述运动所需的独立变量数)，这是已激发的小涡体的自由度数，是有限维的，如达到充分激发，则描述湍流要用无限维 $N \approx \infty$ 的 Hibert 空间，在 Hibert 空间中，运动轨道最终被吸引到一个分维的奇怪吸引子上，此奇怪吸引子的上临界为 $R_e^{\frac{9}{4}}$。

4 湍流的拟序结构

从 20 世纪 60～80 年代，人们研究湍流的随机论和统计平均值，始终找不到出路。在 60 年代末，发现了湍流剪切流的性质是由大尺度涡旋运动所支配，而大涡是拟序结构，它不是随机的。这一重大突破，表明在表面上看来不规则的运动具有可检测的有序运动，所谓拟序结构或相干结构是在切变流场中不规则地触发的一种序列运动，是指从一次触发到下一次触发之间的流动状态，其经历的过程基本相同。

(1) 自由切变湍流的拟序结构，发生于混合层、湍流射流和湍尾流中。

1976 年 Konrad 在自由切变流中测得展向大涡，如图 5-3 所示。

图 5-3 展向大涡的拟序结构

1980 年，Aref 研究了离散涡点合并成涡片的过程，图 5-4 为涡片发展过程的动力学模型。

1981 年 Bernard 通过高速摄影的分析，认为混合层中的三维涡的拟序结构可设想为交叉的卷曲的马蹄涡，如图 5-5 所示为其动力学模型。

(2) 近壁湍流的拟序结构：近壁面的底层并非层流，而是触发湍流的重要区域，如图 5-6 所示为一明渠的近壁湍流——序列涡旋。

图 5-4　涡点到涡片的动力学模型

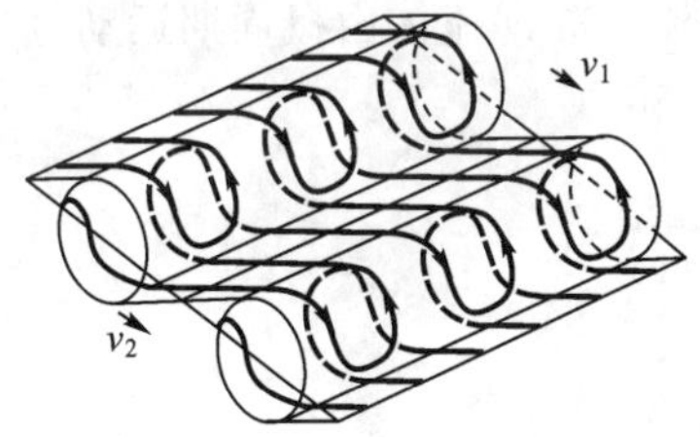

图 5-5　三维涡旋——马蹄涡结构

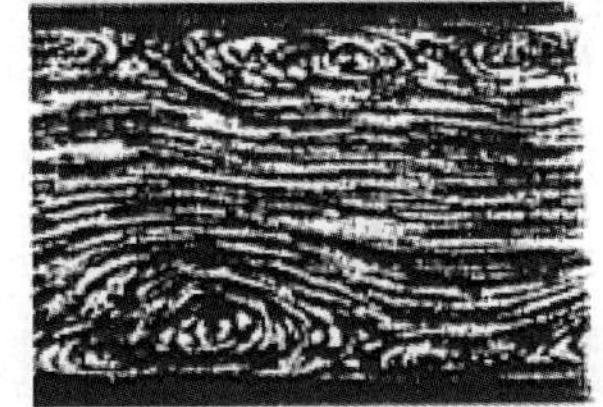

图 5-6　明渠的近壁涡旋

5　封闭双圆筒 Couette 流的转捩(H. Swinney & J. Collub)

试验模型如图 5-7(a)(b)所示，二圆筒之间充满液体。Ω_i，Ω_o 分别为内外筒的转动角速度，a、b 分别为内外筒的内外半径，$d=b-a$，内外筒的边界雷诺数分别为

$$Re_i=\frac{\Omega_i ad}{\mu},Re_o=\frac{\Omega_o bd}{\mu}$$

式中　μ——液体的粘滞系数。

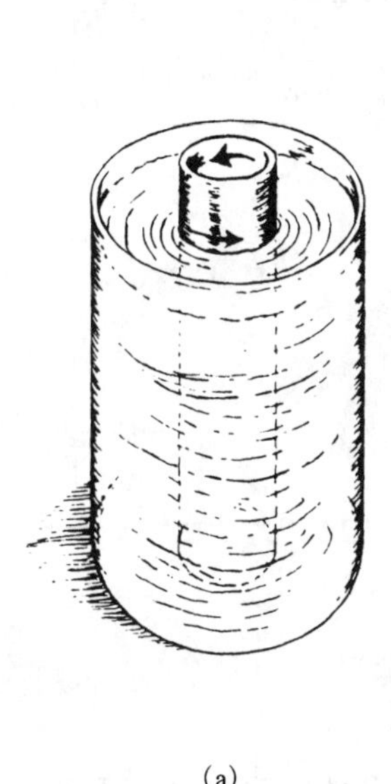

(a)

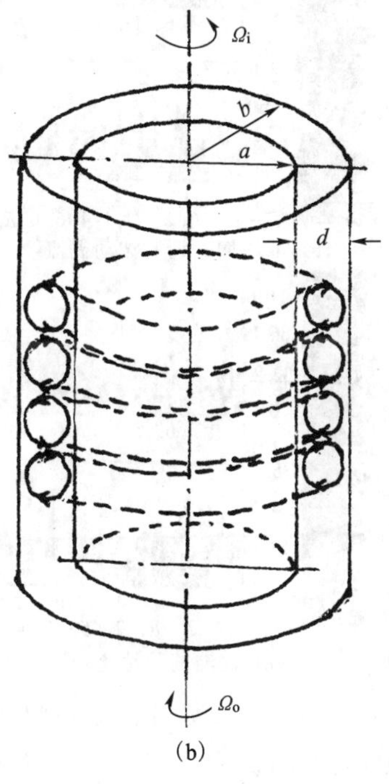

(b)

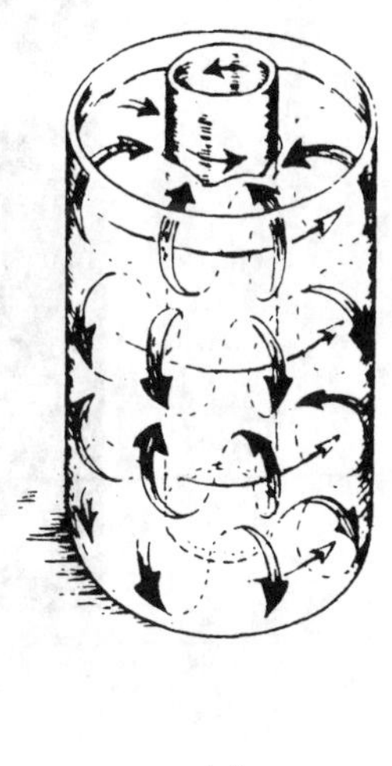

(c)

图 5-7　Couette 流的转捩试验

试验时，采取两种策略：外筒静止不动内筒转动和内外筒反向旋转，这样，可得到两种不同的流态变化和两种通向湍流的道路。

(1) 当外筒静止($\Omega_o=0$)，内筒由静态启动逐渐加速，$\Omega_i=0\sim2\ 500$ r/min，用激光散射光强测试。筒内流态的变化依次为：层流、泰勒涡流[环状反向涡流，如图 5-7(c)(b)所示]，单周期的波动涡流、概周期的调制波动涡流、混沌的弱涡流，图 5-8(a)(b)(c)给出后三个功率谱，在(c)的谱中出现宽带噪声即认为流动进入混沌。在流动变化的过程中，*N-S* 方程中的非线性作用被限制在泰勒涡环内，作用不大，而粘性项起主导作用，这使层流失稳，需要较大的扰动能量，这是第一种通向湍流的道路，叫做 Rualle-Takens 道路，即不动点(层流)→极限环(单周期波动)→二维环面(概周期波动)→奇怪吸引子(非周期湍流)，亦即流体由概周期运动直接转捩成湍流。

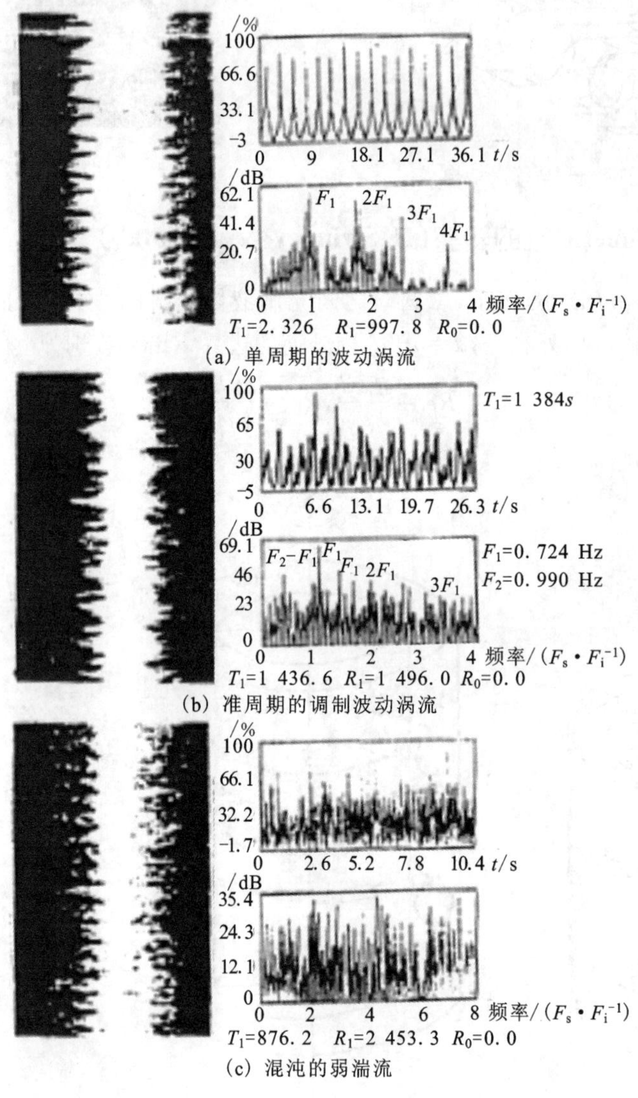

(a) 单周期的波动涡流

(b) 准周期的调制波动涡流

(c) 混沌的弱湍流

图 5-8 $\Omega_o=0$ 时的后三个流态序列及其功率谱

Rualle-Takens 发展了朗道的假设，认为：只要有三个互相不可公约的频率的振荡，就会出现湍流(混沌)。

(2) 当内外筒反向旋转，外筒反转到 $\Omega_o = 958$ r/min 维持不变，内筒正转到 $\Omega_i = 530$ r/min 以后稍加以增高，即可看到流态的变化依次为：单向螺旋流、交叉螺旋流、阵发湍斑、螺旋湍斑。这种试验在环隙 d 中某一个半径上形成一个流速为零的分界面——"软界面"，它将流场分为内流场和外流场，只要内流场的流动不冲破"软界面"，外流场就是层流，一旦扰动冲破"软界面"就形成剪切流和阵发湍流，激发湍流所需的能量极小。阵发湍流是在时间上层流被湍流的短暂激发所中断，随机地时而周期运动时而湍流，这就是通向湍流的第二条道路——Pomean 的阵发混沌进入湍流的道路。

6　流体的热力不稳定性和 Benard 试验

1900 年 Benard 最早对热力不稳定性流体层进行了试验研究，他在金属平板上铺上一层几毫米厚的鲸蜡，然后在板下加热，此流体运动分为两个阶段变化：

(1) 在垂直方向上的温差达到足够大之前，流体维持静止平衡状态，稍后，流体开始作随机运动，然后形成半规则形的格包，呈四至七边形。

(2) 格包形成大小相等，形状规则排列整齐的六边形格包，流体在包内向上、向外、向下、向内运动，称为 Benard 格包，如图 5-9 所示。

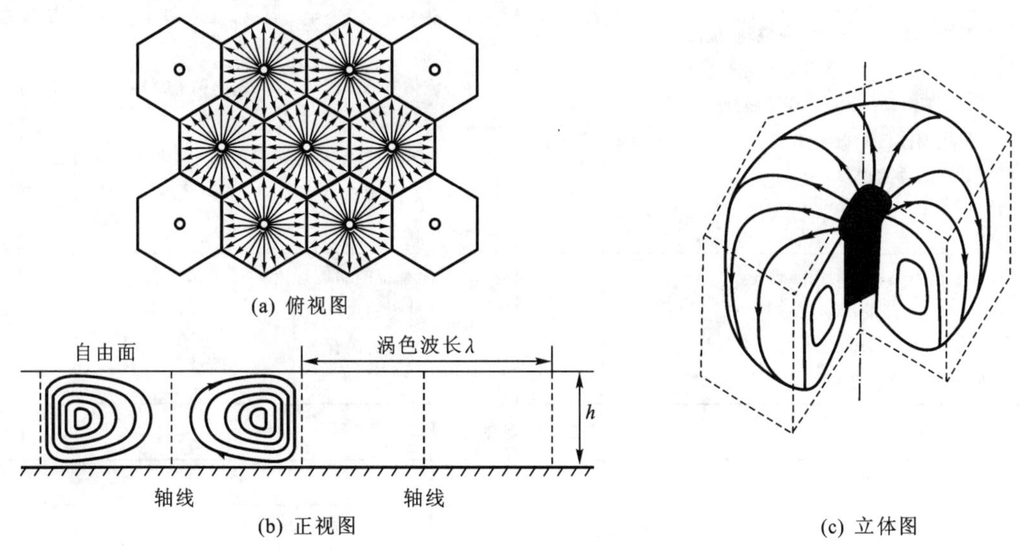

图 5-9　Benard 格包结构

7　湍流=混沌?

(1) 1971 年美国奇怪吸引子的发现者 D. Raelle 和 F. Takens 指出"流体系统经过有限多次分岔便出现混沌运动"，他们首次将湍流描述为混沌，称湍流为"流体混沌"。1985 年 Swinney 和 Gollub 也指出"湍流具有混沌运动的特征"。1989 年在《湍鉴》一书中说"湍流有奇怪吸引子"。

(2) 混沌与湍流的同异：见表 5-1 和表 5-2。

表 5-1　二者的共同点和对应性

混沌	湍流
1. 非线性弹性动力系统 混沌源于运动方程中的非线性项，有分岔、跳跃和滞后等状态突变现象	1. 非线性流体(不可压，可压)动力系统 湍流源于 N-S 方程中的非线性项($\boldsymbol{v}\cdot\nabla$梯度)，它使流动趋向不平稳，也有分岔、滞后等现象
2. 耗散系统相体积收缩，趋向整体稳定	2. N-S 方程有粘性力项，趋向整体稳定
3. 具有奇怪吸引子，内在随机性，对初值的敏感性，具有无穷内嵌套自相似结构(分形与分维)，链式结构，海岛图，具有正的里雅普诺夫系数，具有连续频谱	3. Lorenz 热对流运动有奇怪吸引子 具有宏观随机性，有序的大涡拟序结构与小涡的随机结构相结合，串级结构涡旋重接碰并图，有分维数，尾流与涡分离时里雅普诺夫指数由(－)忽变为(＋)，全局混沌的频率分布为宽带连续谱
4. 通向混沌的道路 (1) 倍周期分岔 P1,2,4,8,16,32,64,… 分频 $\omega,\omega/2,\omega/4,\omega/8,\cdots$ Feigenbaum 常数$\delta=4.669\,2$ $\alpha=2.5$ (2) 周期运动→阵发混沌→混沌(极限环) (3) 概周期运动→二次霍普分岔→混沌 概周期运动→KAM 环面破裂→混沌 范穗波周期波自激振子出现 P1,3,5,7,9 分岔(中嵌两种频率共存的过渡窗口) (4) 鞍节点分岔→混沌	4. 通向湍流的道路 (1) 封闭系统 Bernard 热对流的格包有 P64 分岔，有 δ、α 常数 有一些液体有 P1,2,4,8 的周期波动层流→转捩(间歇湍流)→湍流 (2) 流体失稳后产生不可通约的朗道自激振动(概周期运动)→湍流 有些流体有 P1,3,5,7 或 P2,4,6,8 或 P2,3,4,5 周期运动 (3) Taylor-Couette 流为概周期流动具有 δ、α 常数 热对流贝切美流由异宿轨道(不同鞍点间的流线)闭圈形成涡旋→湍流
5. 不可积保守系统的混沌理论 规则运动{封闭的周期轨迹；概周期的二维 KAM 环面} 不规则运动：特殊条件下的双环面结构	5. 封闭系统的涡旋理论 层流{封闭的涡丝；封闭的涡管} 湍流

表 5-2　二者的不同点

混沌	湍流
1. 弹性连续体，电磁体 系统的维数有限(1～3 维)	1. 可压、不可压流体连续体 系统的维数极高 $N=Re^{9/4}$ 或 $N=10^{10}\sim10^{20}$ 或 $N=\infty^{1}\sim\infty^{2}$
2. 运动用时间变量的常微分方程描述	2. 运动用时、空变量的偏微分方程描述
3. 具有非线性	3. 不单有非线性，N-S 方程具有不封闭性(它产生随机性)
4. 在保守系统中无混沌，而在一些不可积和近似可积系统中有混沌，在耗散系统中都有混沌	4. 仅在封闭系统中能观察到分岔现象，在开放系统中尚未证实有分岔
5. (杨振宁)：耗散系统具有混沌奇怪吸引子 奇怪吸引子和混沌解只有一维的、二维的，目前尚无三维的，一、二维的具有对初值的敏感性 在混沌解中无相应的脉动量	5. N-S 方程不具有奇怪吸引子，在客观上观察不到 二维熵谱是极不敏感的物理量，但是三维速度关联函数的熵谱是一个相当敏感的物理量，只有用它作标准与混沌解对比，才能看到二者的关系 用热线可测得湍流的脉动

从表5-1中可见，尽管湍流和混沌存在着相当多的共性，但是，从表5-2中可见：在非线性耗散系统中普遍存在奇怪吸引子——混沌，而在湍流的 *N-S* 方程却找不到奇怪吸引子，混沌维数只有1～3维，而湍流的维数非常高，$10^{10}\sim\infty$。可见，Raelle等人的观点“湍流即流体混沌”未免操之过急，全面而正确的结论应该是

湍流≠混沌

从20世纪70年代以来，经过前苏联的朗道和我国的杨振宁、朱照宣等人不断地苦苦论证，都没有得到所期望的湍流即混沌的结论。不过这些努力证明：用较成熟的混沌理论来指导更为复杂的湍流奥妙研究是一个正确的方向。

参考文献

[1]　蔡树棠．湍流理论．上海：上海交通大学出版社，1993．

[2]　是勋刚．湍流．天津：天津大学出版社，1994．

[3]　刘式达．孤波和湍流．上海：上海科技教育出版社，1995．

[4]　胡非．湍流．间歇性与大气边界层．北京：科学出版社，1995．

[5]　中国力学学会．第三届全国流体力学学术会议论文文集．北京：科学出版社，1988．

[6]　朱照宣．混沌和湍流//中国力学学会．第17届国际理论与应用力学大会中国学者论文集锦．北京：北京大学出版社，1991．

[7]　中国力学学会办公室．现代流体力学进展．北京：科学出版社，1993．

[8]　[美]易家训．流体力学．北京：高等教育出版社，1983．

附录一　陈如恒为第二作者的部分论文

1. 罗维东,陈如恒.空气包工作原理分析.《三缸钻井泵的研究》鉴定文集,1990.

2. 罗维东,陈如恒.石油钻机起升系统动力学模型研究.华东石油学院1985年研究生论文选集.

3. 徐达元,陈如恒.绞车滚筒轴在多层缠绕下的弹塑性分析.华东石油学院1985年研究生论文选集.

4. 董世民,陈如恒.三缸钻井泵的运动学和动力学.石油矿场机械,1988(2).

5. 董世民,陈如恒.三缸钻井泵载荷谱及被动轴疲劳强度计算.石油机械,1987(2).

6. 董世民,陈如恒.三缸钻井泵正反转载荷分析.《三缸钻井泵的研究》鉴定文集,1990.

7. 王渊,陈如恒.关于三缸泵吸入标准的探讨.石油矿场机械,1990(6).

8. 王渊,陈如恒.三缸钻井泵特性系统参数优选问题分析.第三届全国钻井泵技术研讨会报告,1987.

9. 雷小强,陈如恒.三缸泵液力端泵头应力分析及疲劳寿命估算.《三缸钻井泵的研究》鉴定文集,1990.

10. 潘毅,陈如恒.矿场往复泵阀的工作理论和实验研究.《三缸钻井泵的研究》鉴定文集,1990.

11. 任建民,陈如恒.三缸泵剩余液量计算.石油机械,1989(2).

12. 任建民,陈如恒.钻井泵空气包体积计算.石油机械,1989(4).

13. 任建民,陈如恒.钻井泵空气包作用机理及其性能评价.石油机械,1990(8).

14. 任建民,陈如恒.空气包特性参数的计算与钻井泵的匹配.石油机械,1990(11).

15. 任建民,陈如恒.钻井泵空气包实验.石油机械,1992(2).

16. 张来斌,陈如恒.往复泵-管路液力系统动态特性研究.石油学报,1994(4).

17. 张来斌,陈如恒.隔膜式空气包动态特性之研究.石油大学学报,1991(4).

18. 张来斌,陈如恒.钻井泵空气包设计方法研究.中国石油学会首届青年学术年会论文摘要集,1992.

19. 张来斌,陈如恒.往复泵锥阀的线性动态特性研究.石油矿场机械,1991(3).

20. Zhang Laibin, Chen Ruheng. The analysis of dynamic characteristics of reciprocating pump value. Proceedings of The 4th Asian International Coference on Fluid Machinery, Volume 2 October 1993, Suzhou China.

21. 张来斌，冯树强，陈如恒. 异型抽油机与常规抽油机的性能对比分析. 石油机械，1996 增刊.

22. 段梦兰，方华灿，陈如恒. 渤海老 2 号平台被水推到的调查结论. 石油矿场机械，1994(3).

23. 孔繁森，陈如恒. 三缸泵水击烈度的模糊分类. 石油矿场机械，1995(2).

24. 孔繁森，陈如恒. 机械设备模糊故障诊断中权重集隶属度函数的确定. 石油大学学报，1995(5).

25. 孔繁森，陈如恒. 三缸泵液力端的振动特性分析. 石油矿场机械，1996(1).

26. 孔繁森，陈如恒. 三缸泵液力端的模糊动力响应模拟. 石油机械，1996(3).

27. 孔繁森，陈如恒. 三缸泵动力端的振动监测与故障诊断(一)震动状态的模糊估计与功率谱分析. 石油矿场机械，1996(2).

28. 孔繁森，陈如恒. 三缸泵动力端的振动监测与故障诊断(二)倒频谱与幅值概率密度函数的应. 石油矿场机械，1996(3).

29. 孔繁森，陈如恒. 三缸泵液力端水击现象的缸外监测. 石油机械，1996(6).

30. 孔繁森，陈如恒. 三缸泵液力端振动的传递特性//第 3 届故障诊断技术国际会议报告与论文集. 中国吉林大学，1995(8).

31. Kong Fansen, Chen Ruheng. Vibrational transmission characteristic on the fluid-end of triplex chrilling pump. ICD'95 3rd International Coference on Technical Diagnostics and Techical Semina, Jilin China.

32. 孔繁森，陈如恒. 闭复 F 数定向模糊性探索. 中国石油学会第 2 届青年石油工作者学术年会报告，石油科技进展，1995(11).

33. 孙殿雨，陈如恒. 采油射流泵的进展评价. 石油机械，1996(7).

34. 孙殿雨，陈如恒，张来斌，黄红梅. 影响喷射泵性能的实验研究. 石油矿场机械，1996(2).

35. 刘洪斌，陈如恒. KZ-23 型液压震源车的液压系统动态分析. 石油物探，1994.

36. 刘猛，万邦烈，陈如恒. 深井采油设备的技术进展. 石油大学学报，1996(2).

37. 綦耀光，陈如恒，丁金祥. 游梁式抽油机运动规律分析. 钻采工艺，1996(2).

38. 綦耀光，陈如恒，韩维浩. 双圆弧齿轮轮齿固有频率与振型分析. 机械强度，1996(2).

39. 綦耀光，陈如恒. 91 型圆弧齿轮凹弧单点啮合行的有限元分析. 机械科学与技术，1996(4).

40. 张庆元，陈如恒，蒲荣春. F1300 型钻机泵机架的静力有限元分析. 石油机械，1997(10).

41. 张庆元，陈如恒，蒲荣春，罗世和. 钻井泵机架的静动态有限元分析. 石油学报，2000(2).

42. 张庆元，陈如恒，蒲荣春，罗世和. 钻井泵的动力特性分析及结构修改预测. 机械强度，2000(6).

43. 齐明侠，陈如恒. 石油钻机井架的静力非线性计算. 石油大学学报，1989(4).

44. 齐明侠，陈如恒. 钻井曲线的拟合. 石油矿场机械，1990(3).

45. 齐明侠，陈如恒，张来斌，王朝晖. 柴油机振动信号的自适应处理. 石油矿场机械，1999(2).

46. 陈笑天，陈如恒，张来斌. PZ12V190 柴油机故障诊断中的模式识别方法，1997 石油装备学术交流年会论文集. 北京：石油工业出版社，1997.

47. 张来斌，王朝晖，田立柱. 机械设备信号的李雅普诺夫指数判断. 石油矿场机械，2004(2).

48. 程方强，陈如恒，等. 直线振动筛钻屑运动轨迹仿真. 石油机械，1996 增刊.

49. 李崇杰，陈如恒，孙学俭. 在石油工业中开发利用机器人的一些设想. 华东石油学院 1988 年科学论文汇编.

50. 孙学俭，陈如恒，李崇杰. JPR-1 型井控排险机器人分析——用于切割、清理井场. 华东石油学院 1988 年科学论文汇编.

附录二 陈如恒主要著作

1. 石油高校教材编写组，陈如恒主编《石油矿场机械》(上、中、下册)，82 万字，1961 年中国工业出版社.

2. 华东石油学院矿机教研室编，陈如恒主编.《石油钻采机械》(上、下册)，132 万字，1980 年石油工业出版社(1988 全国高等学校优秀教材奖).

3. 陈如恒，沈家骏.《钻井机械的设计计算》53 万字，1995 年石油工业出版社(中国石油大学(北京)优秀教材一等奖).

4. 陈如恒，刘希望合译.《钻井的防斜理论和方法》，1965 年中国工业出版社.

5. 陈如恒，万邦烈，朱德一，等.《矿场专业英语》英文版一册，中译文版一册，1987 年中国石油大学(华东)铅印内部出版.

6. 陈如恒.《石油机械工程》. 1992～1997 年中国石油大学(北京)继续教育学院铅印内部出版.

7. 陈如恒第一起草人.《GB/T 8423－1997 石油钻采设备及专用管材词汇》. 1977 年标准出版社.

附录三 陈如恒发表的主要教学研究论文

1. 举一反三五例——兼论本科大学生的能力培养. 华东石油学院学报，1983(2).

2. 拓宽专业 探索新路. 华东石油学院《教学研究》期刊，1985(1).

3. 美国德州农业机械大学的教学情况. 华东石油学院《外国石油高等教育改革论文集》，1987(8).

4. 石油矿场机械教材编写的几点体会. 石油教育学会，《石油教育》创刊号，1988(10).

5. 我对研究生培养工作的几点认识. 石油高校科研和研究生工作会议论文集，1988.

6. 全面素质教育和教书育人. 中国石油大学(北京)，1996 年政治工作会议交流论文.

附录四 陈如恒负责和参与的主要科研工作

序号	时间	项目名称	项目来源 合作者	成果、产业化
1	1962 1963	焦化塔水力除焦装置总体设计	大庆石化厂 袁仲虞总工	由原石油部石油设计院施工设计,大庆石化厂造出安装投产
2	1965 1970	1 500 m液压钻机设计	大庆研究院矿机研究所 王祖成、王大秋、周光灿	制成在江汉机械所试验并打井数口,由于严重泄油故障报废
3	1972 1974	胜利1号沉垫式海洋钻井平台,钻机总装设计	胜利油田钻井工艺研究院 顾心怿院士	由陈如恒向石油部张文斌、李天相汇报通过。由天津大学设计平台,由北海船厂造出,在胜利孤岛打井数口,获国家科技进步2等奖(没有陈名)
4	1974 1975	300 m车裂水文钻机总体设计及部分施工图	上海探矿机械厂 张国兴	由地矿部钻探技术研究所完成全套设计成批投产并出口
5	1981 1985	1. 系统动力学之研究 2. 4 500 m钻机起升系统载荷谱测试	1. 国家教委博士点基金 2. 原石油部重点科研项目,兰州石油机械厂合作	成果报告由石油勘探开发研究院代理验收。发表多篇论文,为我国大型石油装备负载测试首次成功
6	1991 1993	1. 三缸钻井泵工作理论及强度研究 2. SL3NB1300钻井原型式试验,泵空气包、安全阀爆破试验 3. SL3NB1600A型钻井泵性能试验7项	青州石油机械厂 房今星、付玉林、李继志、李福海	1. 1991年原石油工业部上级鉴定,《三缸钻井泵的研究》文集,该研究获国家教委科技进步3等奖,1993 2. 通过SL3NB1300与1600泵的产品鉴定(山东省科技委)
7	1990 1995	F1300 钻井泵及SL3NB1300钻井泵机架的振动模态试验	宝鸡石油机械厂、胜利油田钻井工艺研究院周风石与青州石油机械厂房今星,原石油部制造局(物装公司) 黄志潜	部级鉴定,中国石油大学(北京)科研一等奖(部级国家评奖停止未批) 在两厂的改造中增强动刚度,延长寿命,扩大出口,为我国重大装备模态测试成功范例之一
8	1995	F1300钻井泵有限元分析,减轻重量研究	宝鸡石油机械厂 张庆元	厂级鉴定验收促成研发轻型泵
9	1993 1997	1. 故障诊断技术在钻采设备中的应用 2. 三缸泵的液力端及动力端故障诊断 3. PZ190型柴油机故障诊断技术 4. 抽油机双圆弧齿轮减速箱减震降噪研究	高教部博士点基金,石油天然气总公司科研项目 孔繁森、王朝晖、綦耀光	由华北油田科技处鉴定验收,获油田科技一等奖,在钻井三公司井队培训应用,制成故障诊断仪数台 获胜利油田科技三等奖

后 记

经过两年的诸方努力，"文集"终于出版了(2010年6月～2012年10月)。2009年6月早已编完文集第一卷(都是期刊发表的文章影印件)交由一出版单位审阅出版。不想耽搁近一年未实现。2011年将第一卷和第二卷合在一起向中国石油大学出版社申请出版计划，被接受但出版社活多要排队，为了争取时间，于是稿子打印的话便由学生和研究生"业余"勤工俭学来完成。时断时续用了一年的时间打印完成。接着由齐明侠教授和我对打印稿进行多次校核，也用约一年的"业余"时间。

至于全文集的文章选择也费了一番曲折，最早考虑以我为第一作者的文章50篇为第一卷，以我为第二作者的文章50篇为第二卷。但由于后者篇幅更大，短时内收集不齐而作罢，最终避重就轻，选择《混沌与分形》为第二卷内容，应该分装两本，第一卷内容不好拆分，只好两本合订成一本了。

此文集总结了我50年来的教学与科研主要成果。同时想为在校学生和石油装备工作者提供一本较好的参考资料。尤其是第二卷更为了进一步提高知识层次提供一个拐杖。我计划再用一年时间出版文集的第三卷，初定名为《机械系统分析动力学、模态分析及动态设计》(改编已有的校内印教材)，2015年计划编印第四卷。老有所为、老有所乐、乐在其中，我矢志为石油装备科技事业发挥光和热，贡献余生！

再次值得提出的是，相当多的论文参考了三大研究所和十大石油机械制造公司的内部资料(设计说明书、技术鉴定书和专利等)，谨在此对下列各单位给予的支持深表谢意：宝鸡石油机械有限责任公司、宏华石油设备集团有限公司、兰石国民油井工程有限公司(原兰州石油机械厂)、北京石油机械厂、荣盛机械制造有限公司、南阳二机石油装备(集团)有限公司、江汉第四石油机械厂、上海三商石油机械公司、青州石油机械公司(原益都水泵厂)、北京普世科石油机械新技术有限公司、兰州石油机械研究所及《石油矿场机械》期刊、江汉机械研究所及《石油机械》期刊、北京石油机械研究所(现采油采气装备研究所)以及《石油与装备》期刊等。

最后，特别感谢我的得意博士生齐明侠和綦耀光两位教授的倾力帮助。齐明侠教授在繁忙的教学与科研工作之余，从文集的筹划、收集文章、复印打印、编辑、联系出版社、校对清样等一系列工作从始到终付出大量劳动。感谢中国石油大学(华东)的校领导及学科建设处给予的大力支持和资助。中国石油大学出版社的同志们为文集的出版发行给予了周密而热情的支持，在此对他们致以衷心诚挚的谢意。

对文集中错误之处请读者不吝指出，对内容有咨询和意见请致函102200北京市昌平区中国石油大学机械与储运工程学院陈如恒，或致电话010—62342831，不胜欢迎企盼！

作 者

2011年9月

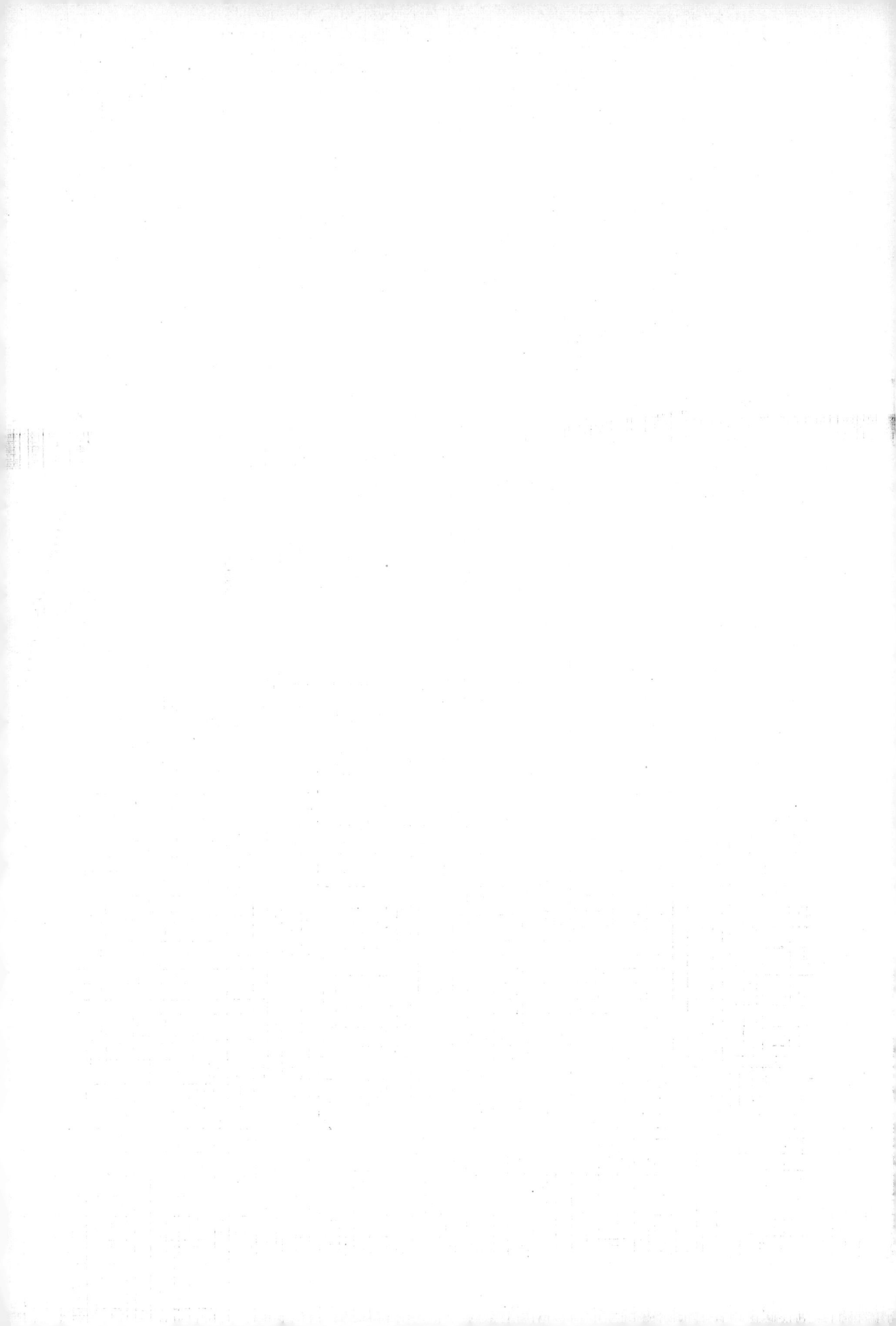